전자기학

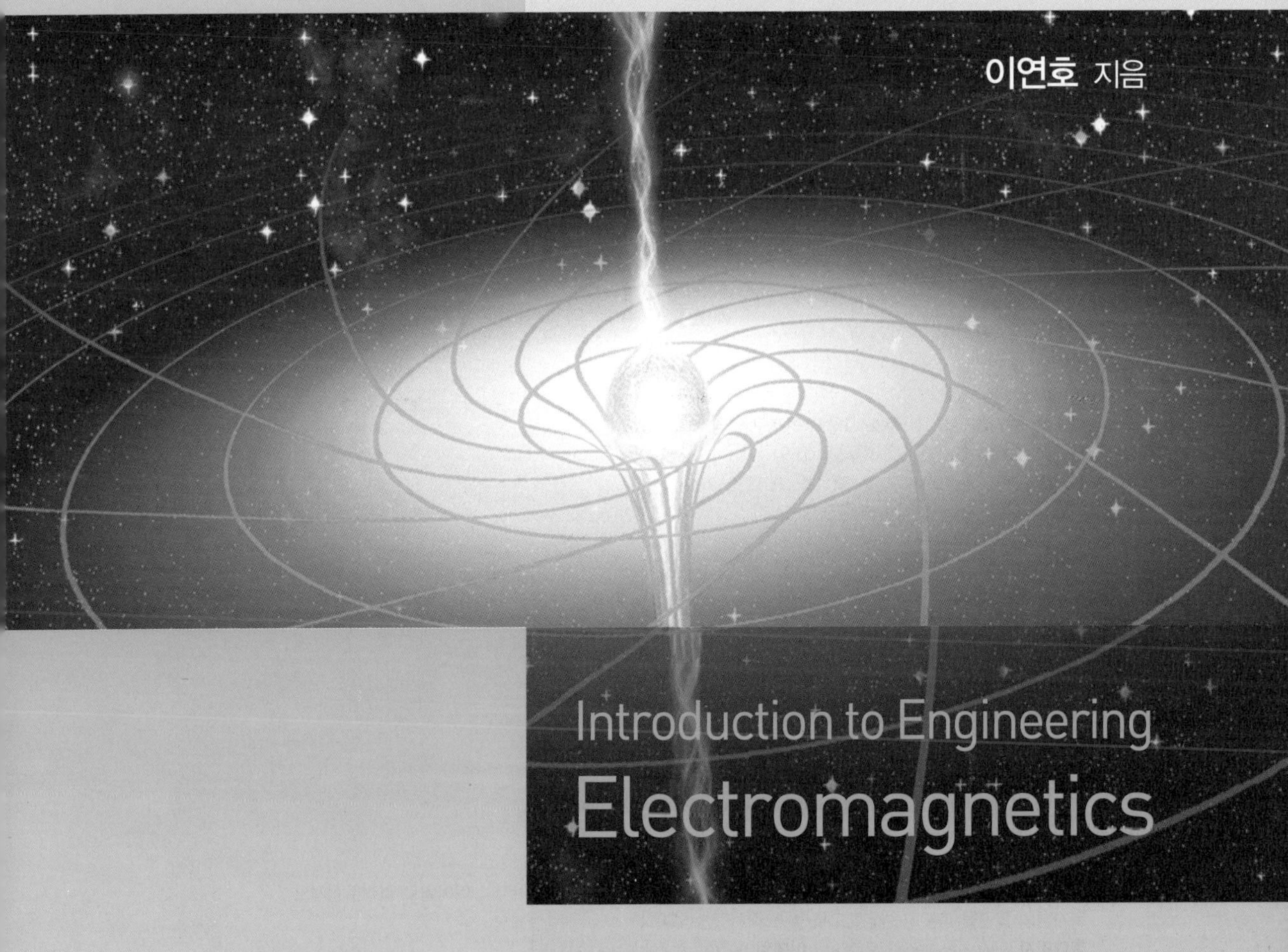

이연호 지음

Introduction to Engineering
Electromagnetics

한티미디어

저자 소개

이연호 pfyeonlee@skku.edu

서울대학교 전자공학과 학사

University of Southern California, PhD

현재 성균관대학교 전자전기공학부 교수

전자기학

발행일 2013년 3월 15일 초판 1쇄
2015년 2월 17일 2쇄
2019년 2월 20일 3쇄

지은이 이연호

펴낸이 김준호

펴낸곳 한티미디어 | **주소** 서울시 마포구 연남로 1길 67 1F

등 록 제 15-571호 2006년 5월 15일

전 화 02)332-7993~4 | **팩 스** 02)332-7995

ISBN 978-89-6421-149-6 93560

정 가 25,000원

마케팅 박재인 최상욱 김원국 | **편집** 김은수 유채원 | **관리** 김지영

Translation from the English language edition:
Introduction to Engineering Electromagnetics by Professor Yeon Ho Lee

이 책에 대한 의견이나 잘못된 내용에 대한 수정정보는 한티미디어 홈페이지나 이메일로 알려주십시오.
독자님의 의견을 충분히 반영하도록 늘 노력하겠습니다.

홈페이지 www.hanteemedia.co.kr | **이메일** hantee@hanteemedia.co.kr

---

PREFACE

이 책은 학부 2학년을 대상으로 개설되는 전기자기학 I 및 II를 위한 교재이다. 이 책의 전반부, 즉 1장에서는 벡터 대수 및 좌표계에 대해 설명하고, 2장에서는 벡터 미적분을 다룬다. 이들 두 장의 내용을 꼼꼼히 다루기 위해서는 대략 반 학기가 소요된다. 실제 강의에서 이들 두 장의 일부 내용이 생략되더라도 학생들에게는 이 후에 참고가 될 수 있도록 1장과 2장은 상세히 쓰여졌다. 3장에서 정전기 현상을 설명하고 4장에서 정전류에 대해 간략히 검토한 후 5장에서 정자기 현상을 설명한다. 이 책의 후반부는 시간에 따라 변하는 전기 및 자기장으로부터 시작하여 맥스웰 방정식을 6장에서 논하고, 파동의 일반적인 성질을 7장에서 설명한다. 이들 두 장에서 학생들은 시간에 따라 변하는 전기장과 자기장 사이의 관계를 이해하고 평면파의 개념을 배운다. 8장에서는 매질 내에서 진행하는 전자기파의 성질에 대해 공부한다. 그 다음 9장에서 전송선을 10장에서 도파로를 배운다.

전기자기학은 전자전기 전공의 기초과목이고 또한 학생들에게 많은 흥미를 유발하여 전자전기를 전공하도록 이끄는 것이 사실임에도 불구하고 일부 학생들에게 전기자기학은 어려운 과목으로 인식되고 있다. 전기자기학은 매우 다양한 물리적 개념을 다루고 있을 뿐 만 아니라 많은 양의 수학적 개념이 사용되고 있는데, 이들을 열거하면 벡터 함수, 좌표계, 미적분, 복소수등이다. 전기자기학에 대하여 학생들이 어려움을 느낀다면 그것은 사용되는 수학적 정리 및 개념의 양이 많아서가 아니라 이러한 수학적 규칙에 대한 완벽한 이해가 부족하고 이들을 전기자기 문제에 엄격하게 적용하여 문제를 해결하는 훈련이 되어있지 않기 때문이다. 더군다나 전기자기학에서 취급되는 많은 수의 물리량 및 상수들에 대한 표기에 일관성이 결여되면 학생들은 쉽게 혼동에 빠질 수 있다.

이 책에서는 전기자기학 개념을 좀 더 일관성있고 엄격하게 설명하는 것을 그 목적으로 하고 있다. 이러한 목적을 위하여 논리의 각 단계들이 자세히 설명되고 수학적 개념들이 엄격히 적용된다. 그러나 이것이 반드시 엄청난 양의 수식의 나열을 의미하는 것은 아니다. 오히려 본 저자는 대칭성 및 유일성 정리에 기초하여 전기자기 문제를 직관적으로 푸는 것을 선호한다. 이 책에서는 다음과 같은 점들이 고려되었다.

1. 학생들이 전기자기학 강의 첫 시간에 벡터장 개념에 대해 많은 혼동을 하게 되는데, 그 이유는 이제까지 주로 물체에 작용하는 힘을 표시하는 벡터에만 익숙해 있었기 때문이다. 이러한 벡터는 물체의 실제 움직임과 관련이 있지만 전기자기학에서 다루는 벡터장의 벡터들은 물체의 움직임과 무관한 경우가 대부분이다. 벡터장의 벡터는 공간상 한 점에서의 물리량을 의미하므로 공간상 다른 점으로의 이동이 불가하다.

2. 원통 좌표계와 구 좌표계는 각각 원통대칭과 구대칭이 존재할 때 사용된다. 구 좌표계에서의 위치벡터는 간단히 $R\mathbf{a}_R$로 표시되는데 여기서 반지름 방향으로의 단위벡터 $\mathbf{a}_R$은 상황에 따라 서로 다른 값을 가진다. 구 대칭이 존재할 때 이것은 상수로 해석되지만 그렇지 않으면 위치에 대한 함수로 주어진다. 이들 좌표계에서 베이스 벡터는 일반적으로 위치에 대한 함수이므로 이들은 미분 가능하고 또한 적분 가능하다.

3. 대칭성에 대한 고려는 가우스 법칙과 암페어 법칙의 핵심이다. 가우시안 면과 암페어 길을 구성하기 위하여 최종 해답, 즉 전속과 자기장에 대한 일반적인 형태를 알고 있어야 하는데 이것은 대칭성을 이용하면 해결 될 수 있다. 이 책에서는 전기자기학에 흔히 나타나는 대칭성에 대해 검토한다. 이러한 대칭성으로는 원통대칭 및 구대칭 이외에도 병진대칭, 2겹 회전대칭등이 있다. 이러한 대칭성을 이용하면 주어진 경계값 문제를 직관적으로 정확하게 풀 수 있다.

4. 기존 전기자기학 교재의 일관성이 결여된 표기법은 전기자기학을 어렵게 만드는 주 요인중의 하나이다. 어떤 저자들은 V_{12}를 이용하여 점 1과 점 2 사이의 전위차 $(V_1 - V_2)$를 표시하지만, 다른 저자들은 이것을 단위전하를 점 1 에서 점 2로 이동하는데 필요한 일의 양으로 해석하여 $V_2 - V_1$의 의미로 간주한다. 이 책에서 우리는 전위차를 위하여 새로운 표기법을 도입한다. 즉 $V_{1\text{-}2} = V_1 - V_2$로 표시하여 아래첨자 1−2가 등호 오른편의 빼기를 닮도록하며, 하이픈을 이용하여 거꾸로의 방향을 나타낸다(그 무언가가 2 에서 1로 진행함). 이런 표기에 의하면 전하 q_2에 의한

전하 q_1에서의 전기력을 명료하게 $\mathbf{F}_{1\text{-}2}=|\mathbf{F}_{1\text{-}2}|\mathbf{a}_{1\text{-}2}$로 표시할 수 있다. 반면 기존의 첨자 12를 이용하여 이 책에서는 그 무언가가 1 에서 2로 진행함을 의미한다. 따라서 Ψ_{12}는 루프 1에 흐르는 전류에 의해 루프 2에 링크되는 자속을 의미한다.

5. 하나의 전기 혹은 자기량은 서로 다른 형태로 주어질 수 있다. 이들 사이의 혼동을 피하기 위해, 예를 들어, 정전기장은 굵은서체 $\mathbf{E}$로 표기하며 시간에 따라 변하는 전기장은 필기체 $\mathscr{E}$로 표기한다. 전기장의 크기등의 스칼라는 일반체 E로 표기하며 복소진폭과 같은 복소수는 꼭대기에 캐럿(caret)을 붙여서 $\hat{E}_o$으로 표기한다. 전기장 위상자는 시간에 무관하므로 $\tilde{\mathbf{E}}$로 표기한다.

이 책은 300개의 그림을 포함하는데 실제의 데이터들은 모두 실측으로 그려지며, 대부분의 그림들은 3차원 전망으로 그려진다. 이 책의 각 절은 다수의 Example들이 포함되는데 이것을 이용하여 주어진 문제를 어떻게 해결하는 지를 보인다. 또한 각 절에서는 앞에서 설명한 개념을 이용하여 하나 혹은 두 단계를 거쳐서 쉽게 풀 수 있는 문제와 그 답을 Exercise로 만들어 제시하였다. 각 절의 끝에 제시되는 Review Question은 그 절의 주요 개념을 상기시키기 위하여 사용된다. 일방적인 질문들은 학생들에 의해 무시되는 경향이 있으므로 이러한 질문에 간접적인 힌트를 제시하여 학생들이 흥미를 느끼도록 하였다. 각 장의 끝에는 다수의 Problem들을 제시하여 앞에서 배운 개념을 실제의 전기자기 문제에 적용하는 훈련을 할 수 있도록 하였다.

CONTENTS

Chapter 8 전자파의 전파 특성 (TIME-HARMONIC ELECTROMAGNETIC WAVE) 501

Chapter 9 전송선로(TRANSMISSION LINE) 603

CHAPTER 1

벡터 및 좌표계

(VECTOR ALGEBRA AND COORDINATE SYSTEMS)

전기자기학(electromagnetics)은 자유공간 혹은 물질 내에서의 전기현상 및 자기현상을 공부하는 학문이다. 전기자기학은 정전기장을 다루는 정전기학(electrostatics), 정자기장을 다루는 정자기학(magnetostatics) 그리고 시간에 따라 변하는 전기장 및 자기장을 다루는 전기역학(electrodynamics)으로 구성된다. 모든 전기자기 이론은 전기자기 모델을 기초로 정립되는데, 이러한 모델은 전하 및 전류와 같은 원천(source), 전기장 및 자기장과 같은 물리량(physical quantity), 벡터 연산 및 좌표계와 같은 규칙(rule of operation), 쿨롱 법칙 및 맥스웰 방정식과 같은 자연계 법칙(law of nature)등으로 구성된다. 이 교재의 1장과 2장에서는 벡터 대수(vector algebra), 좌표계(coordinate system), 벡터 미적분(vector calculus)과 같은 전기자기 모델의 규칙들에 대해 설명한다.

전기자기학에서 사용되는 물리량은 스칼라(scalar)로 표시되거나 혹은 벡터(vector)로 표시될 수 있다. 스칼라는 온도와 같은 크기 정보만을 포함하는 물리량을 위해 사용되고, 반면 벡터는 바람의 속도처럼 크기와 방향 정보를 포함하는 물리량을 표시하기 위해 사용된다. 사인꼴 정상상태(sinusoidal steady-state)에서는 모든 전기자기 물리량이 시간에 따라 사인 모양으로 변화하는데, 이 경우 복소수(complex number)를 이용하면, 그 물리량이 스칼라이든 혹은 벡터이든 관계없이 사인꼴의 시간변화를 매우 편리하게 표시할 수 있다. 일반적으로 전기자기 물리량은 시간과 공간에 대한 함수로 주어진다. 물론 정전기 및 정자기 물리량들은 시간에 대해 독립적이다. 어떠한 경우든 전기자기 물리량은 공간에 대한 함수로 주어지므로, 스칼라장(scalar field) 혹은 벡터장(vector field)을 형성한다.

여러 수학법칙들은 전기자기 개념을 간단한 수식으로 표시할 수 있도록 하여주며, 또한 전기자기 모델을 만드는데 필수적이다. 벡터 대수, 벡터 미적분, 좌표계는 전기자기학을 공부하기 위해 필요한 3가지 수학 분야이다. 벡터 대수에서는 벡터 더하기(vector addition), 벡터 눈금바꿈(vector scaling), 벡터 점곱(dot product) 및 벡터 가위곱(cross product)과 같은 벡터 연산에 대해 논하고, 벡터 미적분에서는 그레이디언트(gradient), 다이버전스(divergence), 컬(curl)로 정의되는 벡터 연산자(vector operator)에 대해 설명한다. 좌표계를 이용하면, 점, 선, 곡면, 부피 등의 기하학적 요소들이 수학적 공식으로 손쉽게 표시될 수 있다. 물리법칙 및 물리량은 좌표계에 무관하므로, 주어진 기하학적 모양에 잘 들어맞는 좌표계를 선택하면 주어진 문제를 쉽게 풀 수 있다.

벡터 그 자체는 명확하게 정의되어 혼동의 여지가 없지만, 공간상에 분포하는 벡터, 혹은 벡터장을 다루는 경우 매우 세심한 주의가 필요하다. 그 이유는 하나의 벡터장은 서로 다른 성질의 벡터들을 포함하기 때문이다. 위치벡터(position vector)는 항상 좌표계의 원점에서 출발해 공간상의 한 점에서 끝나며, 그 끝점을 정의하기 위한 목적으로 사용된다. 거리벡터(distance vector)는 원점이 아닌 공간상의 한 점에서 출발해 공간상의 또 다른 한 점에서 끝나며, 두 점 사이의 거리 및 그 끝점의 방향을 표시하기 위한 목적으로 사용된다. 이때 두 점 사이의 거리 및 방향에 대한 정보들은 거리벡터 끝점에서 관찰되는 물리량이다. 반면 벡터장에 소속된 하나의 벡터는 공간상의 한 점에서의 물리량을 표시한다. 즉 이때의 벡터 크기 및 방향은 주어진 벡터의 시작점에서 관찰되는 물리량이다. 그러므로 이 경우 벡터의 끝점은 공간상의 한 점이 아니다. 베이스벡터(base vector)들은 3개의 서로 직각인 단위벡터(unit vector)들로 이루어져 있으며, 일반적으로 단위벡터의 방향은 위치에 대한 함수로 주어진다.

1.1 벡터와 벡터장(VECTOR AND VECTOR FIELD)

벡터는 크기와 방향 정보를 동시에 포함하는 물리량을 표시하기 위해 사용된다. 하나의 벡터는 하나의 화살을 이용해 쉽게 표시될 수 있다. 이때 화살의 길이는 벡터량의 크기를 나타내고, 화살촉은 주어진 벡터량의 방향을 나타낸다. 화살의 꼬리는 벡터의 시작점을 의미하고 화살촉은 벡터의 끝점을 의미한다. 일반적으로 벡터는 $\mathbf{A}$와 $\mathbf{B}$ 같이 굵은 글자로 표시되던지 혹은 $\vec{A}$와 $\vec{B}$ 같이 작은 화살을 이용해 표시된다. 주어진 벡터 $\mathbf{A}$는 아래와 같이 여러 가지 방식으로 표시될 수 있다.

$$\mathbf{A} = A\,\mathbf{a}_A = |\mathbf{A}|\,\mathbf{a}_A = A\frac{\mathbf{A}}{|\mathbf{A}|} \tag{1-1}$$

여기서 A와 $|\mathbf{A}|$은 벡터의 크기(magnitude)를 나타내며, $\mathbf{a}_A$와 $\mathbf{A}/|\mathbf{A}|$은 주어진 벡터의 단위벡터(unit vector)를 나타낸다. 벡터의 크기는 0보다 큰 실수값으로 주어지며, 그 단위(unit)는 곧 벡터 $\mathbf{A}$의 단위를 의미한다. 여기서 단위벡터 $\mathbf{a}_A$는 크기가 1인 벡터를 의미한다. 즉 $|\mathbf{a}_A|=1$이다. 단위벡터는 단지 방향을 표시하기 위해 사용될 뿐 어떤

특정한 단위로 가지고 있지 않다(dimensionless).

주어진 공간상의 각각의 점에서 각각 하나의 벡터가 정의되어 있다면, 우리는 이 공간상에 벡터장이 존재한다고 말한다. 벡터 함수는 이러한 벡터장을 표시하기 위한 수학적인 표현이며, 이것은 일반적으로 시간과 공간에 대한 함수다. [그림 1-1]은 3차원 공간상에 존재하는 하나의 벡터장을 나타낸다. 즉 공간상의 한 점 p_1에서 벡터 $\mathbf{A}$가 정의되어 있고, 또 다른 공간상의 점 p_2에서는 벡터 $\mathbf{A}'$가 정의되어 있다. 이 경우 벡터 $\mathbf{A}$의 크기와 방향은 점 p_1에서 정의되는 물리량임에 유의해야 한다.

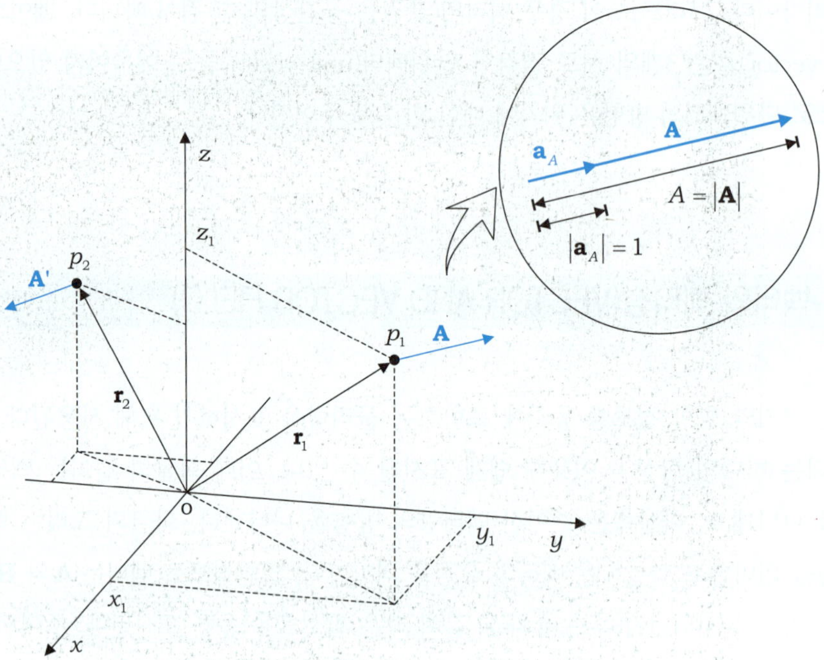

그림 1-1 3차원 공간에 존재하는 벡터장

직각좌표계(Cartesian coordinate system)에서 하나의 점 p_1은 [그림 1-1]에서처럼 3개의 좌표들 x_1, y_1, z_1에 의해 정의될 수 있다. 이 경우 점 p_1을 콜론(:)을 사용해 $p_1:(x_1, y_1, z_1)$로 표시하여, 그것이 일반적인 스칼라 함수 $p_1(x, y, z)$과 구별되도록 한다. 또한 점 p_1을 위치벡터 $\mathbf{r}_1$을 이용해 정의할 수 있다. 이때 위치벡터는 좌표계 원점에서 시작해 점 p_1에서 끝난다. 위치벡터 $\mathbf{r}_1$의 크기는 원점에서 점 p_1 까지의 거리를 나타내고, $\mathbf{r}_1$의 단위벡터는 원점에서 점 p_1로 가는 방향을 나타낸다.

예를 들어 주어진 공간에서의 바람의 흐름은 속도 벡터를 이용해 손쉽게 표시될 수 있는데, 만약 [그림 1-1]이 주어진 시간 $t = t_o$에서 바람의 흐름을 나타내는 속도 벡터장을 의미하는 경우, 벡터 **A**는 점 p_1에서 바람이 A[m/s]의 속력으로 $\mathbf{a}_A$가 가리키는 방향으로 불고 있음을 표시한다. 여기서 주목해야 할 사실은 벡터 **A**는 시간 $t = t_o$일 때 점 p_1에서 측정되는 값이다. 이 경우 벡터 **A**의 끝점(화살촉)은 공간상의 한 점을 의미하지 않는다. 마찬가지로, 벡터 **A′**는 시간 $t = t_o$일 때 점 p_2에서 바람이 A'[m/s]의 속력으로 단위벡터 $\mathbf{a}_{A'}$가 가리키는 방향으로 불고 있음을 나타낸다. 바람의 흐름이 벡터 함수 $\mathbf{F}(\mathbf{r}, t)$로 표시된다면, 여기서 **r**은 위치벡터이고 t는 시간이다. 벡터 **A**는 수학적으로 다음과 같이 표기된다.

$$\mathbf{F}(\mathbf{r}_1, t_o) = \mathbf{F}(x_1, y_1, z_1; t_o) = \mathbf{A} \tag{1-2}$$

위 식에서 $\mathbf{r}_1$은 좌표 x_1, y_1, z_1로 정의되는 점 p_1의 위치벡터다. 마찬가지로 벡터 **A′**는 수학적으로 다음과 같이 표기된다.

$$\mathbf{F}(\mathbf{r}_2, t_o) = \mathbf{A}' \tag{1-3}$$

위의 식들은 공간상의 서로 다른 두 점에서 동일한 시간 t_o일 때 측정되는 바람의 속도를 의미한다.

만약 점 p_2에 위치한 벡터 **A′**가 다른 점 p_1에 위치한 벡터 **A**와 그 크기와 방향이 같다면, 두 벡터는 동등한 벡터(equal vectors)들이다. 그러나 서로 다른 점들에 위치하므로 동일한 벡터(identical vectors)들은 아니다.

Exercise 1.1

다음의 항들이 벡터장을 표시하는지를 답하라.

(a) $\mathbf{A}(x)$ (b) $B(\mathbf{r})$

(c) $\mathbf{C}(\mathbf{r}_1)$ (d) $\mathbf{D}(\mathbf{r} - \mathbf{r}_1)$

Ans (a) 예 (b) 아니오 (c) 아니오 (d) 예

1.2 벡터 대수(VECTOR ALGEBRA)

1.2.1 벡터 더하기 및 빼기(Vector Addition and Subtraction)

두 벡터 **A**와 **B**의 합은 또 다른 벡터 **C**를 발생시킨다. 두 벡터 **A**와 **B**의 더하기는 수학적으로 아래와 같이 표기된다.

$$\boxed{\mathbf{A}+\mathbf{B}=\mathbf{C}} \tag{1-4}$$

일반적으로 벡터 더하기는 공간상의 한 점에서 정의되는 두 벡터들 사이에서 수행된다. 이러한 이유로 벡터 **C**는 두 벡터 **A**와 **B**가 위치한 동일한 공간상의 점에 위치한다.

평행사변형 법칙(parallelogram rule)과 머리-꼬리 법칙(head-to-tail rule)을 이용하면 벡터 더하기를 도식을 이용해 수행할 수 있다. [그림 1-2(a)]는 평행사변형 법칙을 나타내고 있는데, 벡터 **C**는 두 벡터 **A**와 **B**가 만드는 평행사변형의 대각선에 해당한다는 것을 보여준다. [그림 1-2(b) 와 (c)]는 머리-꼬리 법칙을 나타내는데, 벡터 **B** (혹은 **A**)가 옮겨져서 그 시작점이 벡터 **A** (혹은 **B**)의 끝점에 맞닿아 있다. 이때 벡터 **C**는 벡터 **A**(혹은 **B**)의 시작점에서 출발해 벡터 **B** (혹은 **A**)의 끝점에서 끝나는 벡터를 의미한다. 여기서 주목해야 할 사실은 하나의 벡터가 단순히 벡터 더하기를 위해 공간상에서 임시로 옮겨진다는 것이다.

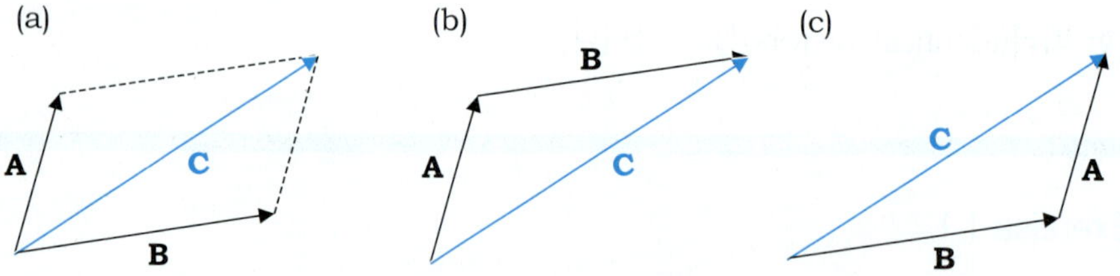

그림 1-2 두 벡터 **A** 와 **B**의 합

(a) 평행사변형 법칙(parallelogram rule), (b) 와 (c) 머리-꼬리 법칙(head-to-tail rule)

벡터 더하기는 결합법칙(associative law)과 가환법칙(commutative law)을 만족한다.

$$\mathbf{A} + (\mathbf{B} + \mathbf{C}) = (\mathbf{A} + \mathbf{B}) + \mathbf{C} \qquad \text{(결합법칙)} \tag{1-5a}$$

$$\mathbf{A} + \mathbf{B} = \mathbf{B} + \mathbf{A} \qquad \text{(가환법칙)} \tag{1-5b}$$

두 벡터가 공간상의 서로 다른 점들에 위치할 때 하나의 벡터가 옮겨져서 다른 벡터와 수학적으로 더해질 수 있지만, 이러한 벡터 더하기의 결과는 일반적으로 물리적인 의미를 가지지 못한다. [그림 1-2]에서 보는 것처럼 서로 다른 점에서의 공기의 흐름을 나타내는 두 속도 벡터들을 합하면, 그 결과 $\mathbf{A}+\mathbf{A}'$는 물리적으로 어떤 의미도 포함하지 않는다. 결론적으로 ***벡터장 내의 하나의 벡터는 공간상의 한 점에 고정되어 있다***. 이러한 벡터가 공간상에서 옮겨지면 그 물리적 의미가 소멸된다.

벡터 **B**를 벡터 **A**에서 뺀다는 것은 벡터 **A**와 벡터 **B**의 음벡터를 더하는 것과 동일하다.

$$\mathbf{A} - \mathbf{B} = \mathbf{A} + (-\mathbf{B}) = \mathbf{A} + B(-\mathbf{a}_B) \tag{1-6}$$

음벡터 $-\mathbf{B}$는 벡터 **B**와 마찬가지로 공간상의 동일한 점에 위치하며, **B**와 동일한 크기를 가지지만, **B**와 정반대 방향을 가리키고 있다. 벡터 빼기도 벡터 더하기와 마찬가지로 평행사변형 법칙과 머리-꼬리 법칙을 이용해 구할 수 있다.

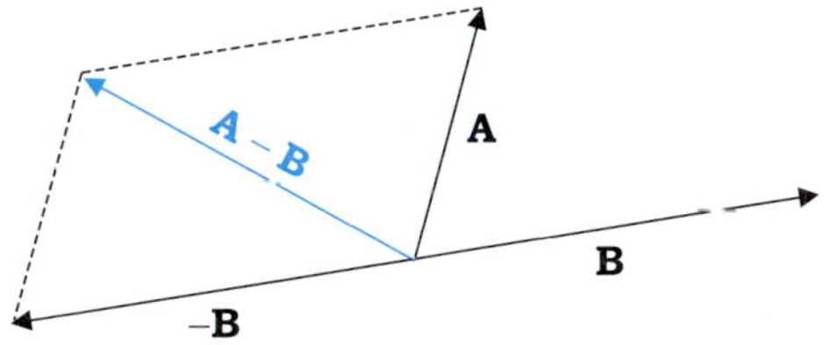

그림 1-3 벡터 빼기 **A**–**B**

두 위치벡터들 $\mathbf{r}_1$과 $\mathbf{r}_2$ 사이의 빼기는 당연히 $\mathcal{R} = \mathbf{r}_1 - \mathbf{r}_2$로 표기되며, 특별히 거리벡터로 명명된다. [그림 1-4]에서 보는 것처럼 거리벡터 $\mathcal{R}$은 위치벡터 $\mathbf{r}_2$에 의해 정의되는 점 p_2에서 시작해 위치벡터 $\mathbf{r}_1$에 의해 정의되는 점 p_1에서 끝난다. 여기서 주목해야 할 사실은 거리벡터 $\mathcal{R}$의 크기와 단위벡터는 점 p_1에, 즉 $\mathcal{R}$의 끝점에, 소속된 값들이다. 다시 말해, 거리벡터 $\mathcal{R}$은 점 p_1에서 관찰되는 물리량을 표시하기 위해 사용된다. 여기서 전기자기학에 매우 유용하게 사용될 수 있는 첨자 규칙에 대해 설명한다. 우리는 이 교재에서 거리벡터를 $\mathcal{R}_{1\text{-}2} = \mathbf{r}_1 - \mathbf{r}_2$로 표기한다. 첨자 1−2는 등호 오른쪽의 벡터 빼기를 닮도록 고안되었고, 첨자 1−2에 포함된 하이픈은 주어진 수식을 뒤에서 앞으로 읽는다는 것을 암시한다. 즉 $\mathcal{R}_{1\text{-}2}$는 점 2에서 시작해 점 1에서 끝나는 벡터다. 반면에 기존의 첨자 12는 이 책에서 그 무엇이 1에서 시작해 2에서 끝나는 것을 의미한다.

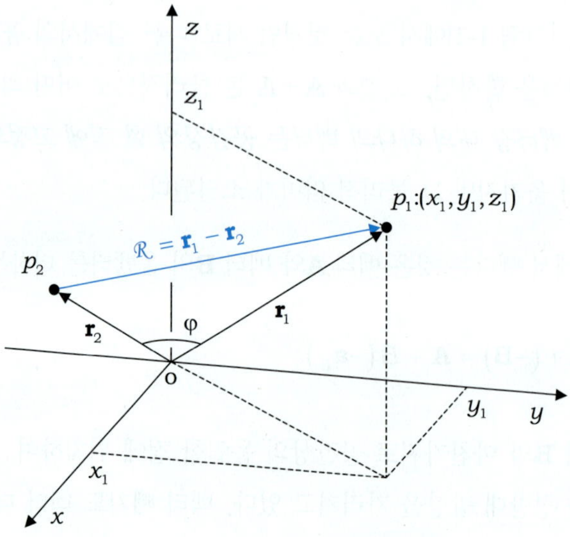

그림 1-4 거리벡터 $\mathcal{R}$은 $\mathcal{R}_{1\text{-}2}$로 표기될 수 있다.

Exercise 1.2

아래의 항들이 항상 올바른지 답하라.

(a) $-(-\mathbf{A}) = \mathbf{A}$ (b) $-(\mathbf{A} + \mathbf{B}) = -\mathbf{A} - \mathbf{B}$

(c) $\mathbf{A} - (\mathbf{B} - \mathbf{C}) = (\mathbf{A} - \mathbf{B}) - \mathbf{C}$

Ans (a) 예 (b) 예 (c) 아니오

1.2.2 벡터 눈금바꿈(Vector Scaling)

하나의 벡터를 하나의 스칼라로 곱하는 것을 벡터 눈금바꿈(vector scaling)이라 한다. 벡터 눈금바꿈은 벡터의 방향에 영향을 주지 않고 그 크기를 크게 혹은 작게 변화시킨다. 주어진 벡터 $\mathbf{A}$를 스칼라 k로 눈금바꿈하면 그 결과는 아래와 같이 표기된다.

$$k\mathbf{A} = kA\,\mathbf{a}_A \tag{1-7}$$

만약 k가 음의 값을 가지는 경우 주어진 벡터 $\mathbf{A}$는 크기가 변할 뿐만 아니라 방향이 180° 바뀐다.

벡터 눈금바꿈은 결합법칙(associative law), 가환법칙(commutative law), 배분법칙(distributive law)을 만족한다.

$$k(l\mathbf{A}) = l(k\mathbf{A}) \quad \text{(결합법칙)} \tag{1-8a}$$

$$k\mathbf{A} = \mathbf{A}k \quad \text{(가환법칙)} \tag{1-8b}$$

$$(k+l)\mathbf{A} = k\mathbf{A} + l\mathbf{A} \quad \text{(배분법칙)} \tag{1-8c}$$

Exercise 1.3

다음의 항들이 올바른지 답하라.

(a) $k(\mathbf{A} + \mathbf{B}) = k\mathbf{A} + k\mathbf{B}$ (b) $-k\mathbf{A} = k(-\mathbf{A})$

(c) $k(\mathbf{A} + c) = k\mathbf{A} + kc$

Ans (a) 예 (b) 예 (c) 아니오

1.2.3 스칼라곱(Scalar Product) 혹은 점곱(Dot Product)

스칼라곱과 벡터곱은 벡터 대수에서 정의되는 특별한 벡터 연산들이다. 이들은 단순히 하나의 벡터를 하나의 스칼라로 곱하는 것과는 매우 다르게 정의된다. 이들 이름들에 함축되어 있는 것처럼 두 벡터의 스칼라곱은 스칼라량으로 주어지고, 두 벡터의 벡터곱은 벡터량으로 주어진다. 스칼라곱은 두 벡터의 사잇각에 대한 코사인에 비례하고, 벡터곱은 두 벡터의 사잇각에 대한 사인에 비례한다. 이들을 이용하면 코사인 혹은 사인 항을 포함하는 수식들을 벡터를 이용해 매우 간단하게 표기할 수 있다. 벡터로 표기된 수식들은 일반적으로 매우 간단 명료할 뿐 아니라 벡터들이 이루는 기하학적 형상을 쉽게 유추할 수 있도록 해준다.

두 벡터 **A**와 **B** 사이의 스칼라곱 혹은 점곱을 **A** • **B**로 표기하며, "A 다트 B"로 읽는다. **A**와 **B** 사이의 점곱은 아래와 같이 정의된다.

$$\boxed{\mathbf{A}\cdot\mathbf{B} = AB\cos\theta_{AB}} \tag{1-9}$$

이 식에서 A와 B는 각각 벡터 **A**와 **B**의 크기를 의미하며 θ_{AB}는 두 벡터 사이의 $180°$보다 크지 않은 사잇각이다. 위의 식(1-9)에서 보듯이 두 벡터 사이의 점곱은 그 결과가 스칼라량으로 주어진다. 사잇각이 $0 \le \theta_{AB} < 90°$인 경우는 양의 실수, 사잇각이 $90° < \theta_{AB} \le 180°$인 경우는 음의 실수, 사잇각이 $\theta_{AB} = 90°$인 경우는 0이다(**A**와 **B**는 서로 직각이다. [그림 1-6] 참조). 만약 두 벡터가 공간상의 서로 다른 두 점에 위치해 있다면, 하나의 벡터가 또 다른 벡터의 위치로 옮겨져 그 벡터와 동일한 방법으로 표기된 후 비로소 두 벡터 사이의 점곱을 구할 수 있다(1-3절 참조).

식 (1-9)의 오른쪽 항 $B\cos\theta_{AB}$는 벡터 **B**의 벡터 **A**로의 투영을 의미한다(projection of **B** in the direction of **A**, or projection of **B** onto **A**)([그림 1-5] 참조). 이것은 또한 벡터 **B**의 벡터 **A** 방향으로의 스칼라성분(scalar component)을 의미한다. 따라서 점곱 **A** • **B**는 A와 **B**의 **A** 방향으로 투영 사이의 곱에 해당한다. 혹은 B와 **A**의 **B** 방향으로의 투영 사이의 곱이다.

벡터의 투영을 이용하면 주어진 하나의 벡터를 여러 개의 벡터성분(vector component)으로 분해할 수 있다. 여기서 벡터성분의 크기는 스칼라성분과 동일하고 그 방향은 스칼라성분을 구할 때 사용된 단위벡터와 동일하다. 예를 들면 벡터 **C**의 **A** 방향으로의 벡터성분은 $(\mathbf{C}\cdot\mathbf{a}_A)\mathbf{a}_A$로 표시될 수 있다. 여기서 $(\mathbf{C}\cdot\mathbf{a}_A)$는 스칼라성분을 의미하고, $\mathbf{a}_A$는 **A** 방향으로의 단위벡터다. 벡터의 분해는 벡터 더하기의 역연산이다. 따라서 벡터 더하기 $\mathbf{A}+\mathbf{B}=\mathbf{C}$는 벡터 **C**가 두 벡터 **A**와 **B**로 분해될 수 있음을 의미한다. 하나의 벡터는 하나의 평면 위에 투영될 수 있다. 이러한 투영은 그 벡터의 주어진 평면에 평행인 성분을 의미한다.

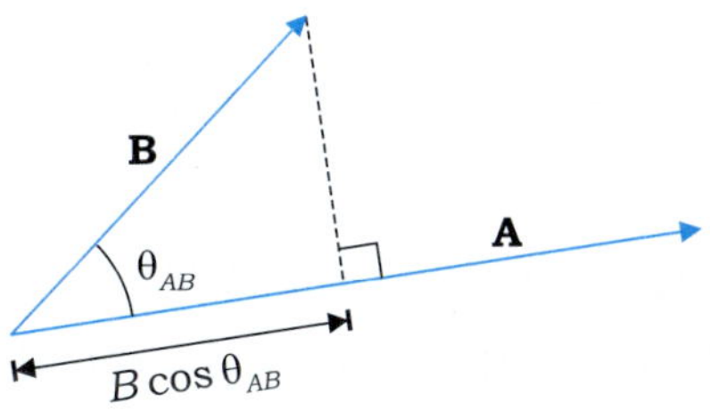

그림 1-5 벡터 **B**의 벡터 **A**로의 투영

식 (1-9)에서 보듯이 **A**와 **B**의 점곱은 두 벡터의 크기들의 곱보다 클 수 없다. 즉

$$\mathbf{A}\cdot\mathbf{B} \le AB \tag{1-10}$$

주어진 벡터가 자기 자신과 점곱이 되면 그 결과는 주어진 벡터의 크기를 제곱한 값이 된다.

$$\mathbf{A}\cdot\mathbf{A} = |\mathbf{A}|^2 = A^2 \tag{1-11}$$

식 (1-11)은 주어진 벡터의 크기를 구하는데 매우 유용하다.

$$A = |\mathbf{A}| = \sqrt{\mathbf{A}\cdot\mathbf{A}} \tag{1-12}$$

즉 벡터 **A**의 크기는 점곱 $\mathbf{A}\cdot\mathbf{A}$의 제곱근에 해당한다([그림 1-6] 참조).

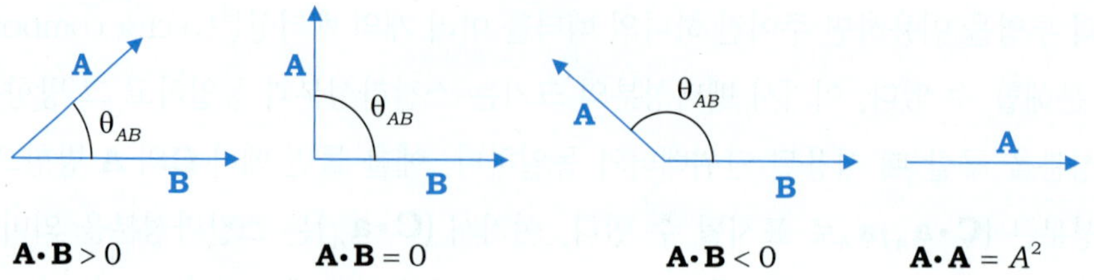

그림 1-6 벡터 **A**와 **B** 사이의 점곱

두 벡터의 점곱은 가환법칙(commutative law)과 배분법칙(distributive law)을 만족한다.

$$\mathbf{A}\cdot\mathbf{B} = \mathbf{B}\cdot\mathbf{A} \qquad \text{(가환법칙)} \tag{1-13a}$$

$$\mathbf{A}\cdot(\mathbf{B}+\mathbf{C}) = \mathbf{A}\cdot\mathbf{B} + \mathbf{A}\cdot\mathbf{C} \qquad \text{(배분법칙)} \tag{1-13b}$$

두 벡터 사이의 사잇각은 $\theta_{AB} = \theta_{BA}$의 관계가 있으므로 점곱의 가환법칙은 손쉽게 증명된다. 점곱의 배분법칙은 예제 1-2를 참고하면 쉽게 증명할 수 있다.

두 벡터 사이의 사잇각을 모르더라도 연속투영법(two-step projection)을 사용하면 하나의 벡터를 또 다른 벡터로 투영한 결과값을 쉽게 구할 수 있다. [그림 1-7]을 참조해,

① **A**를 **B**가 포함되는 평면 S 에 투영시켜 접선성분 $\mathbf{A}_T$를 얻는다.

② $\mathbf{A}_T$를 **B**의 방향으로 투영해 **A**의 **B** 방향으로의 투영을 얻는다.

연속투영법은 [그림 1-7]을 이용해 증명할 수 있다. 벡터 **A**는 수직성분 $\mathbf{A}_N$과 수평성분 $\mathbf{A}_T$로 분해될 수 있으므로, 벡터 **A**의 벡터 **B**로의 투영을 다음과 같이 표기할 수 있다.

$$\mathbf{A}\cdot\mathbf{a}_B = (\mathbf{A}_T + \mathbf{A}_N)\cdot\mathbf{a}_B = \mathbf{A}_T\cdot\mathbf{a}_B \tag{1-14}$$

위 식에서 $\mathbf{A}_N\cdot\mathbf{a}_B = 0$의 관계가 사용되었다. 오른쪽 항은 연속투영법을 증명하고 있다.

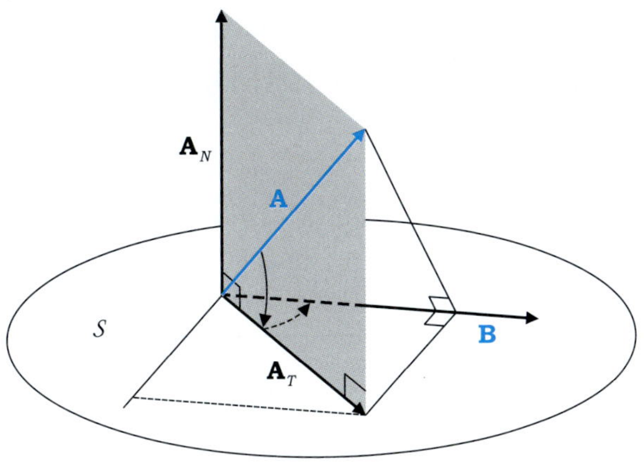

그림 1-7 연속투영법(two-step projection)

Example 1-1

[그림 1-4]를 참조해 거리벡터 $\mathcal{R}$의 크기를 $|\mathbf{r}_1|$, $|\mathbf{r}_2|$, $\mathbf{r}_1$과 $\mathbf{r}_2$ 사이의 사잇각 φ를 이용해 표기하라.

Solution

거리벡터 $\mathcal{R}$을 자신과 점곱하면

$$\begin{aligned}\mathcal{R}\cdot\mathcal{R} = \mathcal{R}^2 &= (\mathbf{r}_1 - \mathbf{r}_2)\cdot(\mathbf{r}_1 - \mathbf{r}_2) \\ &= r_1^2 + r_2^2 - \mathbf{r}_1\cdot\mathbf{r}_2 - \mathbf{r}_2\cdot\mathbf{r}_1\end{aligned} \tag{1-15}$$

위 식에서 두 위치벡터들 사이의 점곱은 아래와 같다.

$$\mathbf{r}_1\cdot\mathbf{r}_2 = \mathbf{r}_2\cdot\mathbf{r}_1 = r_1 r_2 \cos\varphi \tag{1-16}$$

식 (1-16)을 식 (1-15)에 대입하면

$$\mathcal{R}^2 = r_1^2 + r_2^2 - 2\, r_1 r_2 \cos\varphi \tag{1-17}$$

거리벡터의 크기는

$$\mathcal{R} = \left[r_1^2 + r_2^2 - 2\, r_1 r_2 \cos\varphi\right]^{1/2}$$

식 (1-17)은 코사인법칙(law of cosines)으로 알려져 있다. 이 법칙은 앞으로 많이 사용될 것이므로 미래의 참고를 위해 [그림 1-8]과 같이 정리해 다시 표기한다.

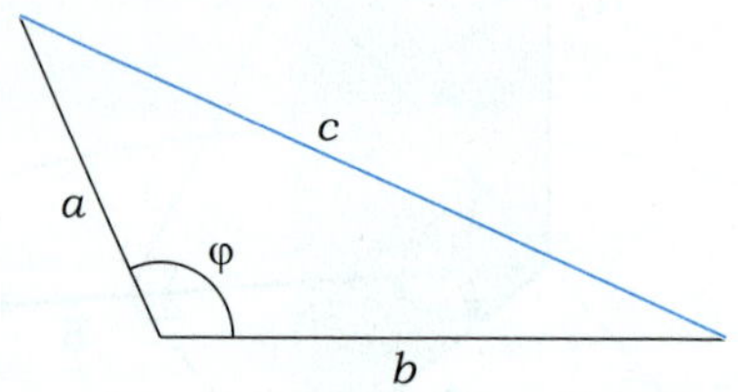

$$c^2 = a^2 + b^2 - 2ab\cos\varphi$$

그림 1-8 코사인법칙

Example 1-2

세 벡터가 같은 평면에 포함된 경우 식 (1-13b)의 점곱 배분법칙을 증명하라.

Solution

[그림 1-9]에서 유한 직선들 b, c, d는 각각 벡터 $\mathbf{B}$, $\mathbf{C}$ 그리고 $\mathbf{B}+\mathbf{C}$의 벡터 $\mathbf{A}$로의 투영을 의미한다. [그림 1-9]로 부터

$$d = b + c \tag{1-18}$$

식 (1-18)의 양변을 A로 곱하면

$$Ad = Ab + Ac \tag{1-19}$$

벡터 점곱을 이용해 식 (1-19)를 다시 쓰면

$$\mathbf{A}\cdot(\mathbf{B}+\mathbf{C}) = \mathbf{A}\cdot\mathbf{B} + \mathbf{A}\cdot\mathbf{C} \tag{1-20}$$

동일한 평면에 위치한 세 벡터들 사이의 배분법칙이 증명된다.

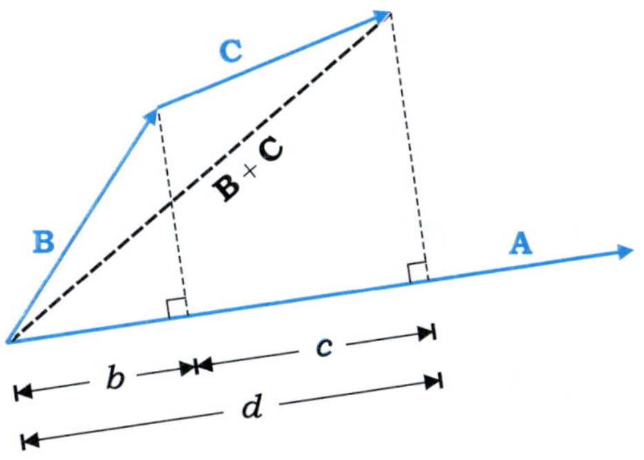

그림 1-9 벡터 점곱의 배분법칙

Exercise 1.4

다음의 점곱 $(\mathbf{A} + \mathbf{B}) \cdot (\mathbf{C} + \mathbf{D})$를 전개하고 사용된 법칙에 대해 언급하라.

Ans $\mathbf{A} \cdot \mathbf{C} + \mathbf{A} \cdot \mathbf{D} + \mathbf{B} \cdot \mathbf{C} + \mathbf{B} \cdot \mathbf{D}$, 점곱 배분법칙

Exercise 1.5

아래의 항들이 올바른지 답하라.

(a) $(-\mathbf{A}) \cdot (-\mathbf{B}) = \mathbf{A} \cdot \mathbf{B}$

(b) $(-\mathbf{A}) \cdot \mathbf{B} = -(\mathbf{A} \cdot \mathbf{B})$

(c) $(\mathbf{A} \cdot \mathbf{B}) \cdot \mathbf{C} = \mathbf{A} \cdot (\mathbf{B} \cdot \mathbf{C})$

Ans (a) 예 (b) 예 (c) 아니오

Exercise 1.6

만약 $\mathbf{A} \cdot \mathbf{B} < 0$인 경우, 이것을 벡터 투영을 이용하여 설명하시오.

Ans 벡터 $\mathbf{A}$의 투영이 $-\mathbf{B}$ 방향으로 형성됨

1.2.4 벡터곱(Vector Product) 혹은 가위곱(Cross Product)

두 벡터 **A**와 **B**의 벡터곱(vector product) 혹은 가위곱(cross product)을 **A**×**B**로 표기하고 "A 크로스 B"로 읽는다. **A**와 **B**의 가위곱은 아래와 같이 정의된다.

$$\mathbf{A} \times \mathbf{B} = AB \sin\theta_{AB}\, \mathbf{a}_N \tag{1-21}$$

여기서 θ_{AB}는 두 벡터 **A**와 **B** 사이의 180°보다 크지 않은 사잇각을 의미한다. $\mathbf{a}_N$은 단위벡터로, 두 벡터 **A**와 **B**에 의해 형성된 평면에 수직이고 다음과 같은 오른손규칙(right-hand rule)에 따라 그 방향이 결정된다. 즉 오른손 네 손가락들이 **A**에서 **B**로, 각도 θ_{AB}를 재는 방향으로 회전할 때, 오른손 엄지는 $\mathbf{a}_N$의 방향을 가리킨다. 일반적으로 벡터 가위곱은 공간상의 동일한 점에 위치한 두 벡터 사이에서 정의되고 계산된다. 그렇지 않은 경우, 하나의 벡터가 다른 벡터의 위치로 옮겨져 그 벡터와 같은 방식으로 표시된 후 두 벡터 사이의 가위곱이 가능하다(1-3절 참조).

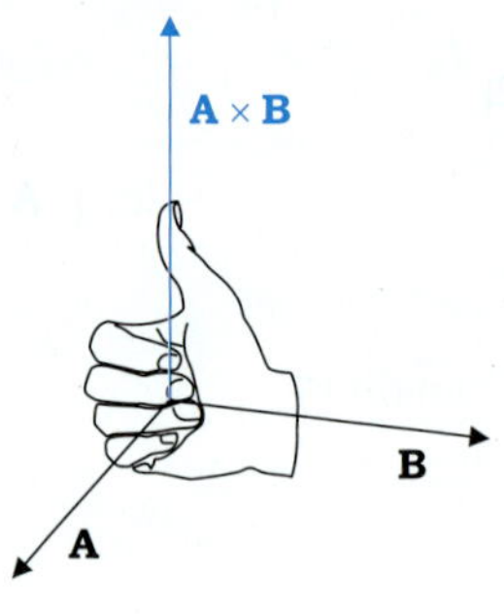

그림 1-10 오른손규칙

[그림 1-11]에서 보듯이 **A**와 **B** 사이의 사잇각이 0에서 180°로 증가하더라도 **A**×**B**의 방향은 변치 않는다.

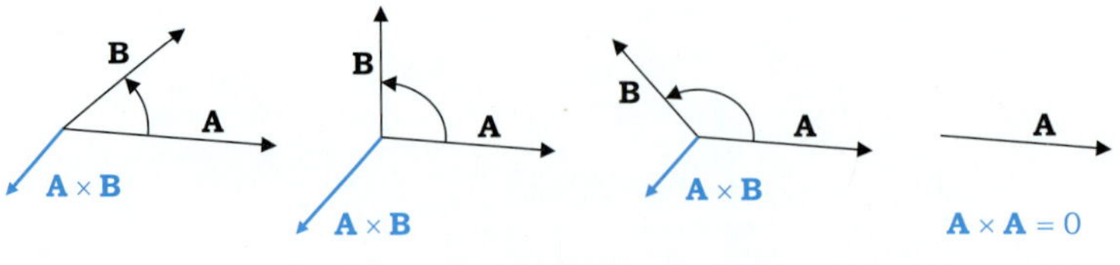

그림 1-11 두 벡터 **A**와 **B** 사이의 가위곱

가위곱의 크기는, 즉 $|\mathbf{A}\times\mathbf{B}|$, 두 벡터 **A**와 **B**가 만드는 평행사변형의 넓이를 표시한다. [그림 1-12]에서 보듯이 A는 평행사변형의 밑변을 의미하고 $B\sin\theta_{AB}$는 높이를 의미한다. 벡터 가위곱은 또한 공간상 한 점에서 하나의 직선까지의 수직거리(perpendicular distance)를 계산하는 데도 매우 유용하다. [그림 1-12]에서처럼 벡터 **B**의 끝점에서 벡터 **A**까지의 수직거리는 벡터 가위곱을 이용해 $|\mathbf{B}\times\mathbf{a}_A|$으로 구할 수 있다.

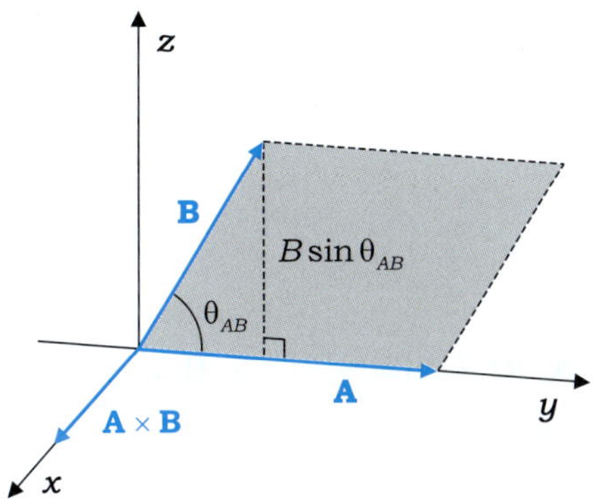

그림 1-12 $|\mathbf{A}\times\mathbf{B}|$은 두 벡터 **A**와 **B**가 만드는 평행사변형의 면적이다.

벡터 가위곱은 아래와 같이 배분법칙(distributive law)과 반가환법칙(anticommutative law)을 만족하지만, 결합법칙(associative law)은 만족시키지 못한다.

$$\mathbf{A}\times(\mathbf{B}\times\mathbf{C})\neq(\mathbf{A}\times\mathbf{B})\times\mathbf{C} \qquad \text{(결합법칙 불가)} \qquad (1\text{-}22a)$$

$$\mathbf{A}\times\mathbf{B}=-(\mathbf{B}\times\mathbf{A}) \qquad \text{(반가환법칙)} \qquad (1\text{-}22b)$$

$$\mathbf{A}\times(\mathbf{B}+\mathbf{C})=\mathbf{A}\times\mathbf{B}+\mathbf{A}\times\mathbf{C} \qquad \text{(배분법칙)} \qquad (1\text{-}22c)$$

반가환법칙은 오른손규칙을 이용하면 쉽게 증명된다. 즉 오른손 네 손가락이 반대방향으로 회전하면 오른손 엄지도 당연히 반대방향을 가리킨다.

Example 1-3

벡터 **A**가 두 벡터 **B**와 **C**에 의해 형성된 평면에 수직인 경우, 가위곱의 배분법칙 $\mathbf{A}\times(\mathbf{B}+\mathbf{C})=\mathbf{A}\times\mathbf{B}+\mathbf{A}\times\mathbf{C}$를 증명하라.

Solution

[그림 1-13]에서 두 벡터 **B**와 **C**는 평행사변형 P를 형성하고, 두 벡터 $\mathbf{A}\times\mathbf{B}$와 $\mathbf{A}\times\mathbf{C}$는 또 다른 평행사변형 P'를 형성한다.

B와 **C** 사이의 사잇각은

$$\theta_1 = \cos^{-1}\frac{\mathbf{B}\cdot\mathbf{C}}{BC} \tag{1-23}$$

두 벡터 $\mathbf{A}\times\mathbf{B}$와 $\mathbf{A}\times\mathbf{C}$ 사이의 사잇각도 θ_1과 동일하다. 이것의 증명을 위해, 벡터 **A**가 두 벡터 **B**와 **C**에 동시에 수직이라는 것을 고려해, 그 사잇각을 아래와 같이 계산한다.

$$\begin{aligned}\theta_2 &= \cos^{-1}\frac{(\mathbf{A}\times\mathbf{B})\cdot(\mathbf{A}\times\mathbf{C})}{(AB)(AC)} = \cos^{-1}\frac{[(\mathbf{A}\times\mathbf{B})\times\mathbf{A}]\cdot\mathbf{C}}{(AB)(AC)} \\ &= \cos^{-1}\frac{A^2\mathbf{B}\cdot\mathbf{C}}{(AB)(AC)} = \theta_1\end{aligned} \tag{1-24}$$

위의 계산에서, 식 (1-25)에서 주어지는 벡터 항등식 $\mathbf{U}\cdot(\mathbf{V}\times\mathbf{W})=(\mathbf{U}\times\mathbf{V})\cdot\mathbf{W}$가 사용되었다. 또한 위 식에서 $|\mathbf{A}\times\mathbf{B}=AB|$이고 $|\mathbf{A}\times\mathbf{C}|=AC$이다.

그리하여, [그림 1-13]에서 평행사변형 P'는 평행사변형 P와 닮은꼴이다. 즉 P'는 P가 A배만큼 확대되고 반시계방향으로 90° 회전한 꼴이다. 평행사변형 P의 두 변과 마찬가지로 평행사변형 P의 대각선도 확대되고 회전되어 평행사변형 P'의 대각선과 일치하게 된다. 즉 $\mathbf{A}\times(\mathbf{B}+\mathbf{C})=(\mathbf{A}\times\mathbf{B})+(\mathbf{A}\times\mathbf{C})$. 그리하여 주어진 세 벡터 사이의 가위곱 배분법칙은 증명된다.

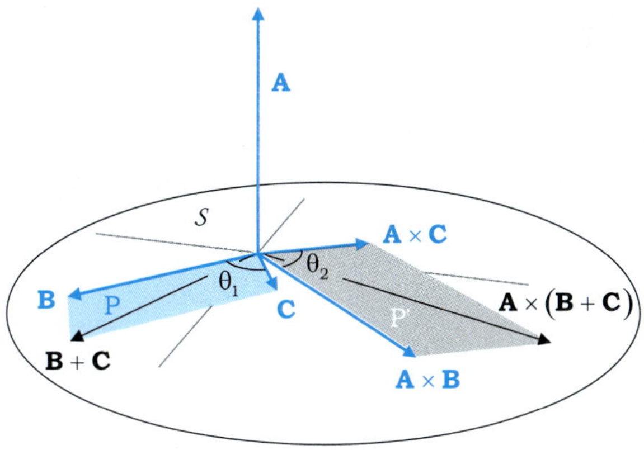

그림 1-13 가위곱의 배분법칙

Exercise 1.7

다음의 항들이 올바른지 답하라.

(a) $-(\mathbf{A} \times \mathbf{B}) = (-\mathbf{A}) \times (-\mathbf{B})$ (b) $-(\mathbf{A} \times \mathbf{B}) = (-\mathbf{A}) \times \mathbf{B}$

(c) $\mathbf{C} \times (\mathbf{A} \times \mathbf{B}) = (\mathbf{C} \times \mathbf{A}) \times (\mathbf{C} \times \mathbf{B})$

Ans (a) 아니오 (b) 예 (c) 아니오

Exercise 1.8

공간상의 한 점에 위치한 두 벡터 **A**와 **B**에 대해, **A**의 벡터성분 중에서 다음을 만족하는 성분을 구하라.

(a) **B**에 평행 (b) **B**에 수직

Ans (a) $(\mathbf{A} \cdot \mathbf{B})\mathbf{B} / B^2$ (b) $(\mathbf{B} \times \mathbf{A}) \times \mathbf{B} / B^2$

1.2.5 스칼라 삼중곱 및 벡터 삼중곱(Scalar and Vector Triple Products)

지금까지의 점곱 및 가위곱을 연장해 스칼라 삼중곱 및 벡터 삼중곱을 정의할 수 있다. 스칼라 삼중곱은 그 결과가 스칼라로 주어지고, 반면 벡터 삼중곱은 그 결과가 벡터로 주어진다.

(1) 스칼라 삼중곱(Scalar Triple Product)

$$\mathbf{A}\cdot(\mathbf{B}\times\mathbf{C})=\mathbf{B}\cdot(\mathbf{C}\times\mathbf{A})=\mathbf{C}\cdot(\mathbf{A}\times\mathbf{B}) \tag{1-25}$$

식 (1-25)에서 알 수 있는 것처럼 세 벡터들 사이에 순환순열(cyclic permutation) 관계가 존재한다. 즉 ABC−BCA−CAB이다. 또한 점과 가위를 맞바꾸어도 삼중곱은 변치 않는다는 것을 알 수 있다. 즉 $\mathbf{A}\cdot\mathbf{B}\times\mathbf{C}=\mathbf{A}\times\mathbf{B}\cdot\mathbf{C}$이다. 여기서 가위곱은 점곱보다 선행한다(그렇지 않으면 삼중곱이 성립되지 않는다).

스칼라 삼중곱 $\mathbf{A}\cdot(\mathbf{B}\times\mathbf{C})$는 세 벡터에 의해 형성되는 평행육면체의 부피를 나타낸다. [그림 1-14]에서 보듯이 $|\mathbf{B}\times\mathbf{C}|$은 밑면의 면적을 나타내고, $\mathbf{A}$의 $\mathbf{B}\times\mathbf{C}$ 방향으로의 투영은 평행육면체의 높이를 나타낸다.

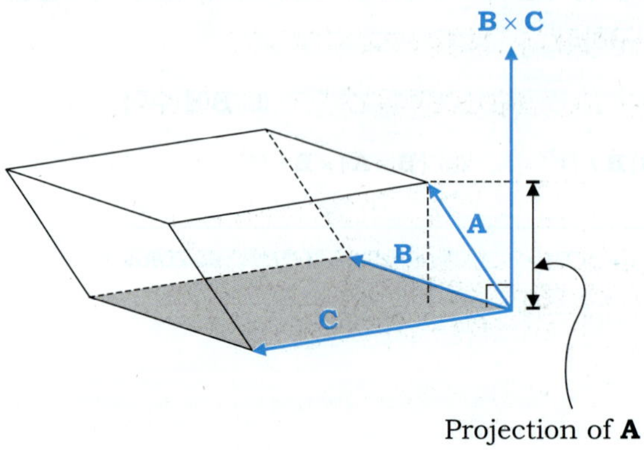

그림 1-14 스칼라 삼중곱 $\mathbf{A}\cdot(\mathbf{B}\times\mathbf{C})$

(2) 벡터 삼중곱(Vector Triple Product)

$$\mathbf{A}\times(\mathbf{B}\times\mathbf{C})=\mathbf{B}(\mathbf{A}\cdot\mathbf{C})-\mathbf{C}(\mathbf{A}\cdot\mathbf{B}) \tag{1-26}$$

벡터 삼중곱의 또 다른 명칭은 "BAC−CAB" 규칙이다. 세 벡터를 각각 성분형태로 전개한 후 식 (1-26)에 대입해 벡터 삼중곱을 증명할 수 있다(1-3절 참조).

벡터 삼중곱은 결합법칙을 만족하지 않는다.

$$\mathbf{A}\times(\mathbf{B}\times\mathbf{C})\neq(\mathbf{A}\times\mathbf{B})\times\mathbf{C} \tag{1-27}$$

위 식에서 알 수 있듯이 벡터 삼중곱에서 괄호는 반드시 필요하다.

Exercise 1.9

어떤 조건에서 $\mathbf{A}\cdot(\mathbf{B}\times\mathbf{C})$가 0이 되는지 답하라.

Ans $\mathbf{B}\parallel\mathbf{C}$ 혹은 세 벡터들이 같은 평면에 포함됨

Exercise 1.10

어떤 조건에서 $(\mathbf{A}\times\mathbf{B})\times\mathbf{A}$가 $\mathbf{B}$와 같아지는지 답하라.

Ans $\mathbf{A}\perp\mathbf{B}$ 그리고 $|\mathbf{A}|=1$

Exercise 1.11

다음의 항들이 올바른지 답하라.

(a) $\mathbf{A}\cdot(\mathbf{B}\times\mathbf{C})=\mathbf{A}\cdot(-\mathbf{B}\times-\mathbf{C})$ (b) $-\mathbf{A}\cdot(\mathbf{B}\times\mathbf{C})=\mathbf{A}\cdot(-\mathbf{B}\times\mathbf{C})$

Ans (a) 예 (b) 예

Review Questions with Hints

RQ 1.1 $\mathbf{A}$와 $\mathbf{B}$가 서로 다른 벡터장에서 정의될 때, 즉 $\mathbf{A}=\mathbf{F}(\mathbf{r}_1)$와 $\mathbf{B}=\mathbf{G}(\mathbf{r}_1)$, $\mathbf{A}+\mathbf{B}$는 공간상의 어떤 점에 위치하는가? [그림 1-1]

RQ 1.2 위치벡터와 거리벡터를 구별해 설명하라. [그림 1-4]

RQ 1.3 하나의 스칼라 $ab\cos 30^o$를 벡터로 표시하라. [(1-9)]

RQ 1.4 만약 $\mathbf{A}\cdot\mathbf{B}=\mathbf{A}\cdot\mathbf{C}$이면 반드시 $\mathbf{B}=\mathbf{C}$인가? [(1-9)]

RQ 1.5 만약 $\mathbf{A}\times\mathbf{B}=\mathbf{A}\times\mathbf{C}$이면 반드시 $\mathbf{B}=\mathbf{C}$인가? [(1-21)]

RQ 1.6 $\mathbf{B}$의 $\mathbf{A}$ 방향으로의 스칼라성분을 구하라. [그림 1-5]

RQ 1.7 가위곱에서의 오른손규칙을 설명하라. [그림 1-10]

RQ 1.8 가위곱의 배분법칙은 무엇에 근거하는가? [(1-21)]

1.3 직교좌표계(ORTHOGONAL COORDINATE SYSTEMS)

좌표계(coordinate system)내에서 점, 선, 면, 체적 등의 기하학적 요소들이 3개의 좌표(coordinates)들로 표시될 수 있으므로, 이들 좌표들 사이의 상관관계를 이용하면 위의 기하학적 요소들을 수식으로 표시할 수 있다. 좌표는 원점으로부터 하나의 좌표축을 따라 측정되는 거리이거나, 좌표축을 기준으로 회전된 각도이다. 공간상의 한 점에서 하나의 좌표를 고정시키고 나머지 두 좌표들을 변화시키면 하나의 면이 얻어지는데, 이렇게 얻어진 3개의 면들이 좌표계의 모든 점에서 서로 수직이면 이러한 좌표계를 직교좌표계(orthogonal coordinate system)라 한다. 오른손 좌표계(right-handed coordinate system)에서는 세 좌표들이 오른손규칙에 따라 나열된다. 즉 오른손 네 손가락이 첫째 좌표축에서 둘째 좌표축 방향으로 회전하면 오른손 엄지는 셋째 좌표축을 향한다. 직각좌표계(Cartesian or rectangular), 원통좌표계(cylindrical), 구좌표계(spherical)는 전기자기학에서 널리 사용되는 대표적인 좌표계들이다.

모든 물리법칙 및 물리량은 좌표계에 무관하므로 주어진 전기자기학 문제를 풀기 위해 어떤 좌표계를 사용해도 무관하다. 그러나 주어진 기하학적 형태에 잘 들어맞는 좌표계를 사용하면 주어진 문제를 매우 쉽게 풀 수 있다. 원통좌표계는 원통대칭(cylindrical symmetry)이 존재하는 문제에 유리하고, 구좌표계는 구대칭(spherical symmetry)이 존재하는 문제에 매우 유리하다. 전기자기학 문제는 일반적으로 원천(source)과 관찰자(observer)를 포함한다. 원천의 위치와 관찰자의 위치는 서로 독립이므로, 2개의 서로 독립적인 좌표계를 이용해, 원천의 공간상 분포를 하나의 좌표계에서 표시하고 관찰자의 위치를 또 다른 좌표계에서 표시하면 주어진 문제를 쉽게 풀 수 있다. 이러한 좌표 시스템을 섞음좌표계(mixed coordinate system)라 명명한다. 이러한 사실 때문에 공간상 한 점의 좌표들 혹은 벡터의 성분들을 한 좌표계에서 다른 좌표계로 변환시켜야 할 필요가 있다. 이러한 변환을 좌표변환(coordinate transformation)이라 한다.

1.3.1 직각좌표계(Cartesian Coordinate System)

직각좌표계 내의 한 점 $p_1:(x_1, y_1, z_1)$은 세 평면들, 즉 $x=x_1$, $y=y_1$, $z=z_1$ 평면들이 만나서 형성되는 점으로 정의된다. 점 p_1에서 세 단위벡터들 $\mathbf{a}_x$, $\mathbf{a}_y$, $\mathbf{a}_z$를 정의하고, 이들을 베이스벡터(base vectors)로 명명한다. 베이스벡터들은 점 p_1에서 각자 $x=x_1$, $y=y_1$, $z=z_1$ 평면에 수직이고, 각각 좌표가 증가하는 방향으로 향한다. 베이스벡터들은 직각좌표계에서는 위치에 무관하지만 다른 좌표계에서는 일반적으로 위치에 대한 함수이다.

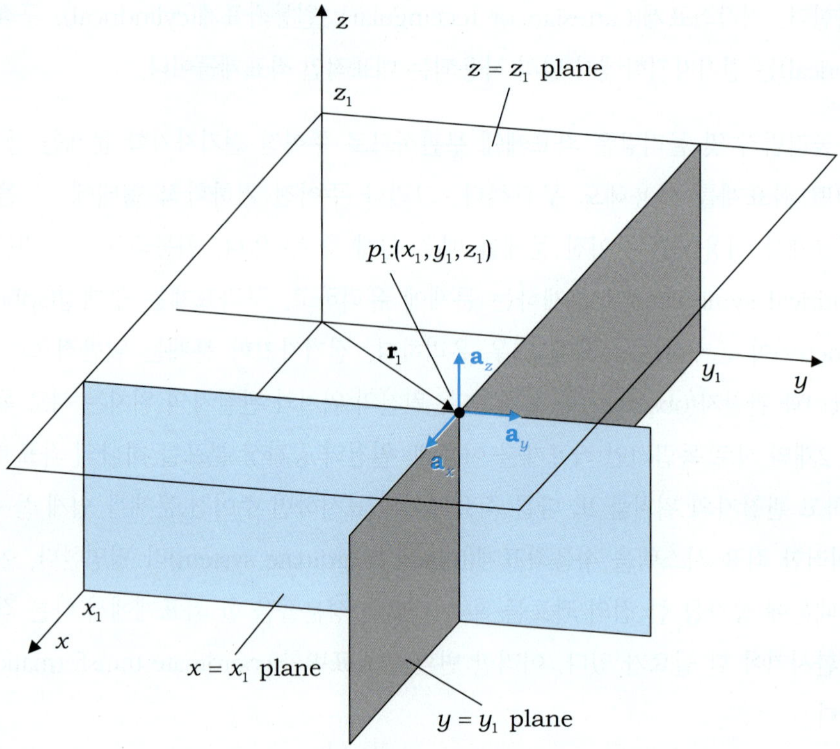

그림 1-15 직각좌표계에서 점 p_1의 위치벡터 및 베이스벡터들

직각좌표계의 베이스벡터들은 아래와 같은 직교규격관계(orthonormality relation)를 만족한다.

$$\mathbf{a}_x \cdot \mathbf{a}_y = \mathbf{a}_y \cdot \mathbf{a}_z = \mathbf{a}_z \cdot \mathbf{a}_x = 0 \tag{1-28a}$$

$$\mathbf{a}_x \cdot \mathbf{a}_x = \mathbf{a}_y \cdot \mathbf{a}_y = \mathbf{a}_z \cdot \mathbf{a}_z = 1 \tag{1-28b}$$

식 (1-28a)는 베이스벡터들이 서로 수직이라는 것을 나타내고, 식 (1-28b)는 베이스벡터들이 크기가 1인 단위벡터들이라는 것을 나타낸다.

오른손 직각좌표계의 베이스벡터들 사이에는 아래와 같은 순환순열(cyclic permutation)이 존재한다.

$$\mathbf{a}_x \times \mathbf{a}_y = \mathbf{a}_z \tag{1-29a}$$

$$\mathbf{a}_y \times \mathbf{a}_z = \mathbf{a}_x \tag{1-29b}$$

$$\mathbf{a}_z \times \mathbf{a}_x = \mathbf{a}_y \tag{1-29c}$$

식 (1-29)에서 세 단위벡터들은 오른손규칙을 따른다. 즉 오른손 네 손가락이 첫째 단위벡터에서 둘째 단위벡터 방향으로 선회하면 오른손 엄지 손가락은 셋째 단위벡터 방향을 가리킨다.

[그림 1-15]에서 보듯이 위치벡터 $\mathbf{r}_1$은 원점에서 시작해 점 $p_1:(x_1, y_1, z_1)$에서 끝난다. $\mathbf{r}_1$의 크기는 원점에서 점 p_1 까지의 거리를 나타내고, $\mathbf{r}_1$의 단위벡터는 원점에서 점 p_1을 향하는 방향을 가리킨다. 따라서 위치벡터 $\mathbf{r}_1$의 크기 및 방향은 점 p_1에 소속된 정보들이다. 이러한 이유로 위치벡터 $\mathbf{r}_1$의 크기 및 방향은 점 p_1의 좌표 및 점 p_1에서의 베이스벡터들에 의해 표시되어야 한다. 위치벡터 $\mathbf{r}_1$을 점 p_1의 베이스벡터 방향으로 투영하면 다음과 같은 벡터성분들을 얻을 수 있다. 즉 $x_1\mathbf{a}_x$, $y_1\mathbf{a}_y$, $z_1\mathbf{a}_z$이다. 일반화를 위해 첨자 1을 제거하면 직각좌표계에서의 위치벡터는 아래와 같은 성분형태(component form)로 표시된다.

$$\boxed{\mathbf{r} = x\mathbf{a}_x + y\mathbf{a}_y + z\mathbf{a}_z} \tag{1-30}$$

위 식에서 세 스칼라성분들 x, y, z는 위치벡터 $\mathbf{r}$에 의해 정의되는 공간상의 한 점의 좌표들과 동일하다. 마찬가지로 세 단위벡터들 $\mathbf{a}_x$, $\mathbf{a}_y$, $\mathbf{a}_z$는 위치벡터 $\mathbf{r}$에 의해 정의되는 공간상의 한 점에서의 베이스벡터들이다. 여기서 주목해야 할 사실은, 이들 베이스벡터들은 위치벡터의 끝점에서 정의되는 단위벡터들이다.

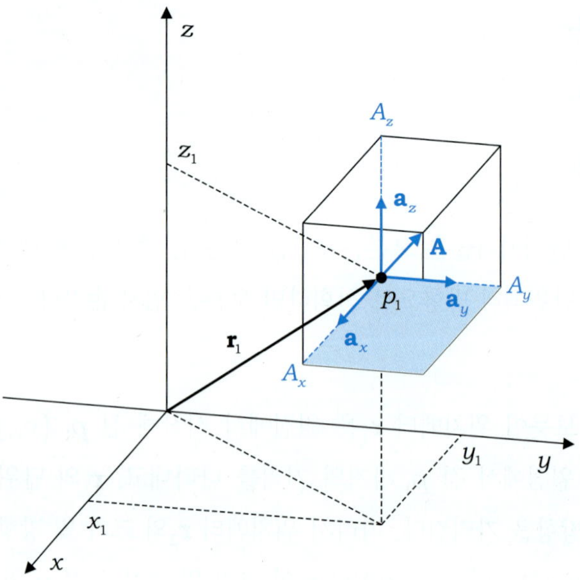

그림 1-16 벡터 $\mathbf{A}$가 직각좌표계의 한 점 $p_1:(x_1, y_1, z_1)$에서 정의됨

[그림 1-16]은 직각좌표계에서 벡터 $\mathbf{A}$가 위치벡터 $\mathbf{r}_1$에 의해 정의되는 점 p_1에 위치해 있다는 것을 보여준다. 예를 들어, 벡터 $\mathbf{A}$는 점 p_1에서의 바람의 속도를 나타내므로 $\mathbf{A}$는 p_1에 고정되어 있다고 가정한다. 이러한 이유로 벡터 $\mathbf{A}$의 크기와 단위벡터는 p_1의 좌표 및 p_1에서의 베이스벡터들로 표시되어야 한다. 앞에서와 마찬가지로 $\mathbf{A}$를 p_1에서의 베이스벡터들에 투영해 벡터 $\mathbf{A}$의 성분들을 얻는다. 직각좌표계에서 벡터 $\mathbf{A}$를 성분 형태로 전개하면 아래와 같다.

$$\boxed{\mathbf{A} = A_x\mathbf{a}_x + A_y\mathbf{a}_y + A_z\mathbf{a}_z} \tag{1-31}$$

위 식에서 스칼라성분들 A_x, A_y, A_z는 일반적으로 점 p_1의 좌표들 x_1, y_1, z_1에 따라 변한다. 여기서 주목해야 할 것은 위치벡터 $\mathbf{r}_1$의 끝점은 실제로 공간상에서 존재하는 점이지만 벡터 $\mathbf{A}$의 끝점은 공간상의 점이 아니라는 사실이다.

지금까지 우리는 특성이 서로 다른 4가지 벡터들에 대해 설명했다. 즉 위치벡터, 거리벡터, 벡터장 그리고 베이스벡터들이 그들이다. 위치벡터와 거리벡터는 공간상의 한 점에서 시작해 공간상의 또 다른 한 점에서 끝난다(위치벡터는 항상 원점에서 출발). 이 벡터들은 공간상의 두 점들 사이의 거리와 시작점을 기준으로 끝점의 방향을 표시하기 위해 사용된다. 여기서 중요한 점은 이러한 크기와 방향 정보들은 이들 벡터의 끝점에서 관찰되는 물리량을 표시하기 위해 사용된다는 사실이다. 베이스벡터들은 3개의 서로 직각인 단위벡터들로 이루어져 있으며 이들은 좌표가 증가하는 방향을 가리키고 있다. 베이스벡터들은 공간상의 한 점에서 관찰되는 벡터 물리량을 성분형태로 전개하는 데 필수적이다. 하나의 벡터장에서 정의되는 하나의 벡터 **A**는 공간상의 한 점(벡터 **A**의 시작점)에서 관찰되는 벡터 물리량을 표시하므로, 벡터 **A**의 끝점은 공간상의 점이 아니며 따라서 좌표로 표시될 수 없다. 이러한 이유로 벡터 **A**는 그 시작점에 고정된 벡터이고, 크기와 방향은 벡터 **A**의 시작점에서의 좌표와 그 점에서의 베이스벡터들로 표시되어야 한다.

지금까지 위치벡터, 거리벡터 하나의 벡터장 내의 벡터를 성분형태로 전개하는 방법에 대해 설명했다. 지금부터는 앞에서 설명한 여러 가지 벡터 연산들이 벡터성분들에 의해 어떻게 표현되는지에 대해 설명한다. 두 벡터 **A**와 **B**가 직각좌표계 내의 동일한 점 p_1에 위치한 경우, 이들은 아래와 같은 성분형태로 전개될 수 있다.

$$\mathbf{A} = A_x\mathbf{a}_x + A_y\mathbf{a}_y + A_z\mathbf{a}_z \tag{1-32a}$$

$$\mathbf{B} = B_x\mathbf{a}_x + B_y\mathbf{a}_y + B_z\mathbf{a}_z \tag{1-32b}$$

여기서 $\mathbf{a}_x$, $\mathbf{a}_y$, $\mathbf{a}_z$는 p_1에서의 베이스벡터들이다.

벡터 **A**와 벡터 **B**의 더하기는 단지 식 (1-32a)와 식 (1-32b)의 더하기에 불과하다. 즉

$$\boxed{\mathbf{A}+\mathbf{B} = (A_x + B_x)\mathbf{a}_x + (A_y + B_y)\mathbf{a}_y + (A_z + B_z)\mathbf{a}_z} \tag{1-33}$$

식 오른쪽의 x-성분은 왼쪽의 $(\mathbf{A}+\mathbf{B})$와 단위벡터 $\mathbf{a}_x$ 사이의 점곱에 의하여 쉽게 증명될 수 있다. 식 (1-13b)에 표시된 배분법칙과 (1-28)에 표시된 직교규격관계를 이용하면 아래와 같은 식을 쓸 수 있다.

$$(\mathbf{A}+\mathbf{B})\cdot\mathbf{a}_x = \mathbf{A}\cdot\mathbf{a}_x + \mathbf{B}\cdot\mathbf{a}_x = A_x + B_x$$

위 식의 결과는 식 (1-33) 오른쪽의 x-성분과 동일하다. 비슷한 방법으로 식 (1-33) 오른쪽의 y-성분과 z-성분을 증명할 수 있다.

벡터 **A**와 벡터 **B**의 점곱을 식 (1-32)를 이용해 기계적으로 표기하면 다음과 같다. 즉

$$\mathbf{A}\cdot\mathbf{B} = \left(A_x\mathbf{a}_x + A_y\mathbf{a}_y + A_z\mathbf{a}_z\right)\cdot\left(B_x\mathbf{a}_x + B_y\mathbf{a}_y + B_z\mathbf{a}_z\right) \tag{1-34}$$

그 다음, 식 (1-13b)의 배분법칙과 식 (1-28)의 직교규격관계를 이용하면 식 (1-34)를 매우 간단한 형태로 바꿀 수 있다. 그리하여 직교좌표계에서 벡터 **A**와 벡터 **B**의 점곱은 아래와 같다.

$$\boxed{\mathbf{A}\cdot\mathbf{B} = A_xB_x + A_yB_y + A_zB_z} \tag{1-35}$$

식 (1-35)로 표시되는 점곱은 식 (1-9)로 표시되는 접곱과 동일하다는 것을 숙지하여야 한다.

벡터 **A**와 벡터 **B**의 가위곱을 식 (1-32)를 이용해 기계적으로 표기하면 다음과 같다. 즉

$$\mathbf{A}\times\mathbf{B} = \left(A_x\mathbf{a}_x + A_y\mathbf{a}_y + A_z\mathbf{a}_z\right)\times\left(B_x\mathbf{a}_x + B_y\mathbf{a}_y + B_z\mathbf{a}_z\right) \tag{1-36}$$

식 (1-22c)의 배분법칙과 식 (1-29)의 순환순열을 이용하면 식 (1-36)을 전개할 수 있다. 그리하여 직교좌표계에서 벡터 **A**와 벡터 **B** 사이의 가위곱은 아래와 같이 표시된다.

$$\boxed{\mathbf{A}\times\mathbf{B} = \left(A_yB_z - A_zB_y\right)\mathbf{a}_x + \left(A_zB_x - A_xB_z\right)\mathbf{a}_y + \left(A_xB_y - A_yB_x\right)\mathbf{a}_z} \tag{1-37}$$

두 벡터 사이의 가위곱을 나타내는 식 (1-37)은 아래와 같이 간단한 행렬식으로 표시될 수 있다.

$$\boxed{\mathbf{A}\times\mathbf{B} = \begin{vmatrix} \mathbf{a}_x & \mathbf{a}_y & \mathbf{a}_z \\ A_x & A_y & A_z \\ B_x & B_y & B_z \end{vmatrix}} \tag{1-38}$$

식 (1-38) 오른쪽의 항은 수학적인 행렬과 무관하며, 단지 그 값을 행렬식을 계산하는 방식과 동일한 방식으로 구한다는 것을 의미한다.

지금까지 공간상의 한 점이 좌표 혹은 위치벡터에 의해 명시될 수 있다는 것을 배웠다. 다음은, 공간상의 한 점 $p_1:(x_1, y_1, z_1)$이 주어져 있을 때 그 점에 인접한 점 p_2를 어떻게 정의할 것인가에 대해 설명한다. 만약 점 p_1을 기준으로 점 p_2의 상대적 위치를 지정할 필요가 있을 때 원점에서 p_2로 진행하는 위치벡터 대신 p_1에서 p_2로 진행하는 미소 거리벡터를 이용하면 매우 편리하다. 이 경우 미분 좌표들 dx, dy, dz를 이용하면 그 인접한 점을 $p_2:(x_1+dx,\ y_1+dy,\ z_1+dz)$와 같이 표시할 수 있다. 여기서 공간상의 한 점에서 인접한 또 다른 점으로 진행하는 벡터를 미분길이 벡터(differential length vector) $d\mathbf{l}$로 정의한다. 미분길이 벡터는 미터 단위로 표시된다. 직각좌표계에서 미분길이 벡터는 미분좌표들 사이의 관계에 상관없이 항상 아래와 같이 표시된다.

$$\boxed{d\mathbf{l} = dx\,\mathbf{a}_x + dy\,\mathbf{a}_y + dz\,\mathbf{a}_z} \quad [\mathrm{m}] \tag{1-39}$$

여기서 미분좌표들 dx, dy, dz는 주어진 문제에 따라 서로 독립적이거나 혹은 서로 밀접한 관계를 가질 수 있다. 거리벡터 $\boldsymbol{\mathcal{R}}$과 미분길이 벡터 $d\mathbf{l}$은 모두 공간상의 한 점에서 시작해 또 다른 점에서 끝나지만, $d\mathbf{l}$의 크기와 방향은 $d\mathbf{l}$의 시작점에서 관찰되는 물리량을 표시하기 위해 사용되고, $\boldsymbol{\mathcal{R}}$의 크기와 방향은 $\boldsymbol{\mathcal{R}}$의 끝점에서 관찰되는 물리량을 표시하기 위해 사용된다는 차이가 있다.

[그림 1-17]에서 보듯이, $d\mathbf{l}$의 양 끝점들은 다음의 6개 평면과 연관되어 있다. 즉 $x=x_1$, $y=y_1$, $z=z_1$, $x=x_1+dx$, $y=y_1+dy$, $z=z_1+dz$ 평면들이다. 이들 6개의 평면은 하나의 직각육면체를 이루며, 가로, 세로, 높이는 각각 dx, dy, dz로 주어지고, 그 부피는 $dxdydz$로 주어진다. 여기서 $d\mathbf{l}$을 대각선으로 하는 직각육면체의 부피를 미분체적(differential volume)으로 정의한다. 따라서 직각좌표계에서 미분체적은 아래와 같다.

$$\boxed{dv = dx\,dy\,dz} \quad [\mathrm{m}^3] \tag{1-40}$$

미분체적 dv는 세제곱미터의 단위로 표시된다. 미분체적을 이용하면 3차원 공간상의 부피를 여러 개의 미소 체적으로 분해하는데 매우 유용하다.

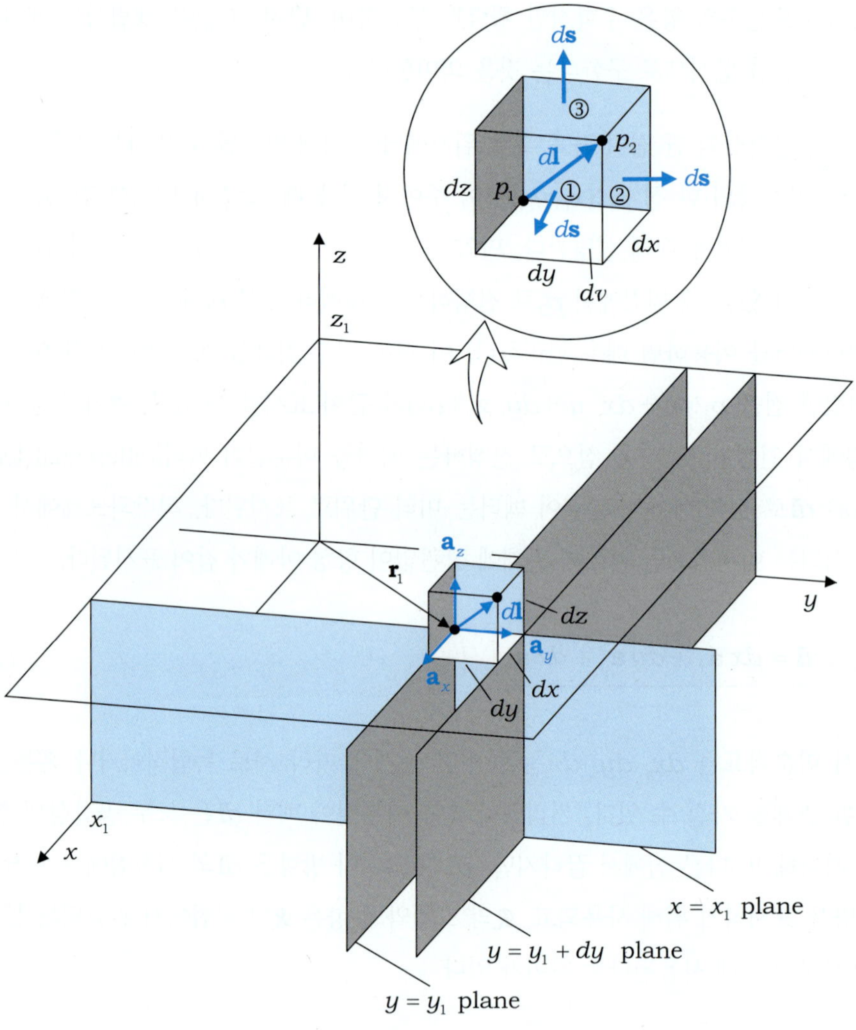

그림 1-17 직각좌표계에서의 미분길이 벡터 $d\mathbf{l}$, 미분면적 벡터 $d\mathbf{s}$, 미분체적 dv

미분체적은 [그림 1-17]에서 보듯이 6개의 미소 면들로 이루어져 있다. 이들 미소 면들은 그 면적이 $dxdy$이거나 $dydz$ 혹은 $dzdx$이다. 이들 미소 면들은 미분면적 벡터(differential area vector) $d\mathbf{s}$를 이용하면 편리하게 정의될 수 있다. 미분면적 벡터의 크기는 해당 미소 면의 면적을 나타내고, 그 단위벡터는 주어진 면에 수직이고, 주어진 미소체적의 바깥방향을 가리킨다. [그림 1-17]이 묘사하는 6개의 미소 면들에 대한 미분면적 벡터들은 아래와 같이 표시된다.

$d\mathbf{s} = dydz\,\mathbf{a}_x$ (면 ①) (1-41a)

$d\mathbf{s} = dxdz\,\mathbf{a}_y$ (면 ②) (1-41b)

$d\mathbf{s} = dxdy\,\mathbf{a}_z$ (면 ③) (1-41c)

$d\mathbf{s} = -dydz\,\mathbf{a}_x$ (1-41d)

$d\mathbf{s} = -dxdz\,\mathbf{a}_y$ (1-41e)

$d\mathbf{s} = -dxdy\,\mathbf{a}_z$ (1-41f)

위에서 후반의 3개는 [그림 1-17]에서 앞 면들에 의해 가려진 3개의 미소 면들에 대한 미분면적 벡터들이다. 이들 미분면적 벡터들은 제곱미터의 단위로 표시되며, 하나의 좌표가 항상 상수로 주어지는 3차원 공간상의 면(surface)을 여러 개의 미소 면들로 나누는데 매우 유용하다. 임의의 면에 대한 미분면적 벡터는 2장에서 설명하는 일반적 방법에 따라 정의될 수 있다.

Example 1-4

직각좌표계에서 주어진 한 점 $p:(2,-3,\sqrt{3})$에 대해 다음을 구하라.

(a) 위치벡터 $\mathbf{r}$ (b) $\mathbf{r}$의 크기

Solution

(a) $\mathbf{r}$의 스칼라성분은 주어진 점의 직각좌표계 좌표에 해당한다.

$$\mathbf{r} = 2\mathbf{a}_x - 3\mathbf{a}_y + \sqrt{3}\mathbf{a}_z$$

(b) 식 (1-11)을 이용하면

$$\mathbf{r}\cdot\mathbf{r} = \left(2\mathbf{a}_x - 3\mathbf{a}_y + \sqrt{3}\mathbf{a}_z\right)\cdot\left(2\mathbf{a}_x - 3\mathbf{a}_y + \sqrt{3}\mathbf{a}_z\right)$$

배분법칙과 직교규격관계를 이용하면

$$\mathbf{r}\cdot\mathbf{r} = (2)(2) + (-3)(-3) + \left(\sqrt{3}\right)\left(\sqrt{3}\right)$$
$$= 4 + 9 + 3 = 16$$

정답은

$$r = \sqrt{\mathbf{r} \cdot \mathbf{r}} = \sqrt{16} = 4$$

Example 1-5

두 벡터 $\mathbf{A} = 4\mathbf{a}_x + 3\mathbf{a}_y$와 $\mathbf{B} = \mathbf{a}_x + 2\mathbf{a}_y + 2\mathbf{a}_z$가 위치벡터가 $\mathbf{r} = -\mathbf{a}_x + 2\mathbf{a}_y + 4\mathbf{a}_z$인 직교좌표계 내의 한 점에서 정의되었다. 다음의 값들을 구하라.

(a) $\mathbf{A} \cdot \mathbf{B}$

(b) $\mathbf{A} \times \mathbf{B}$

(c) $\mathbf{A}$와 $\mathbf{B}$ 사이의 사잇각 θ_{AB}

Solution

(a) 식 (1-35)를 이용하면

$$\mathbf{A} \cdot \mathbf{B} = (4)(1) + (3)(2) + (0)(2) = 10$$

(b) 식 (1-38)을 이용하면

$$\mathbf{A} \times \mathbf{B} = \begin{vmatrix} \mathbf{a}_x & \mathbf{a}_y & \mathbf{a}_z \\ 4 & 3 & 0 \\ 1 & 2 & 2 \end{vmatrix}$$

$$= \mathbf{a}_x (3 \times 2 - 0 \times 2) - \mathbf{a}_y (4 \times 2 - 0 \times 1) + \mathbf{a}_z (4 \times 2 - 3 \times 1)$$

$$= 6\mathbf{a}_x - 8\mathbf{a}_y + 5\mathbf{a}_z$$

(c) $\mathbf{A}$와 $\mathbf{B}$의 크기는 다음과 같다.

$$A = |\mathbf{A}| = \sqrt{(4)^2 + (3)^2} = 5$$

$$B = |\mathbf{B}| = \sqrt{(1)^2 + (2)^2 + (2)^2} = 3$$

식 (1-9)로부터

$$\cos\theta_{AB} = \frac{\mathbf{A} \cdot \mathbf{B}}{AB} = \left(\frac{10}{5 \times 3}\right)$$

정답은

$$\theta_{AB} = \cos^{-1}\left(\frac{2}{3}\right) = 48.2^o$$

이 문제에서 위치벡터 $\mathbf{r}$은 $\mathbf{A}\cdot\mathbf{B}$, $\mathbf{A}\times\mathbf{B}$ 그리고 θ_{AB}와 무관하다.

Example 1-6

직교좌표계에서 하나의 벡터장이 $\mathbf{F}(\mathbf{r}) = yz\mathbf{a}_x - x^2\mathbf{a}_y + y\mathbf{a}_z$로 주어질 때 다음을 구하라.

(a) 위치벡터가 $\mathbf{r}_1 = \mathbf{a}_x + 2\mathbf{a}_y + 2\mathbf{a}_z$인 점에서의 벡터 $\mathbf{A}$

(b) $\mathbf{A}$의 벡터성분들 중에서 $\mathbf{r}_1$에 평행인 성분

(c) $\mathbf{A}$의 벡터성분들 중에서 $\mathbf{r}_1$에 수직인 성분

Solution

(a) $\mathbf{r} = \mathbf{r}_1$을 식 $\mathbf{F}(\mathbf{r})$에 대입해 벡터 $\mathbf{A}$를 구한다.

$$\begin{aligned}\mathbf{A} = \mathbf{F}(\mathbf{r}_1) &= (2)(2)\mathbf{a}_x - (1)^2\mathbf{a}_y + (2)\mathbf{a}_z \\ &= 4\mathbf{a}_x - \mathbf{a}_y + 2\mathbf{a}_z\end{aligned} \quad (1\text{-}42)$$

(b) $\mathbf{r}_1$의 크기는 아래와 같다.

$$r_1 = \sqrt{(1)^2 + (2)^2 + (2)^2} = 3$$

$\mathbf{r}_1$의 단위벡터는 아래와 같다.

$$\mathbf{a}_{r_1} = \frac{\mathbf{r}_1}{r_1} = \frac{1}{3}(\mathbf{a}_x + 2\mathbf{a}_y + 2\mathbf{a}_z)$$

$\mathbf{A}$를 $\mathbf{a}_{r_1}$로 투영하여 수평성분을 구한다.

$$A_{\parallel} \equiv \mathbf{A}\cdot\mathbf{a}_{r_1} = (4\mathbf{a}_x - \mathbf{a}_y + 2\mathbf{a}_z)\cdot\frac{1}{3}(\mathbf{a}_x + 2\mathbf{a}_y + 2\mathbf{a}_z) = 2$$

$\mathbf{r}_1$에 수평인 벡터성분은 다음과 같다.

$$\mathbf{A}_{\parallel} = A_{\parallel}\,\mathbf{a}_{r_1} = \frac{2}{3}\left(\mathbf{a}_x + 2\mathbf{a}_y + 2\mathbf{a}_z\right) \tag{1-43}$$

(c) [그림 1-18]을 참고해, 벡터 빼기를 이용해 $\mathbf{r}_1$에 수직인 벡터성분을 구한다.

$$\mathbf{A}_{\perp} = \mathbf{A} - \mathbf{A}_{\parallel}$$

식 (1-42)와 (1-43)을 이용하면

$$\mathbf{A}_{\perp} = \frac{1}{3}\left(10\mathbf{a}_x - 7\mathbf{a}_y + 2\mathbf{a}_z\right) \tag{1-44}$$

대안으로, 수직 벡터성분 $\mathbf{A}_{\perp}$을 아래와 같이 표시할 수 있다.

$$\mathbf{A}_{\perp} = \mathbf{a}_{r_1} \times \left(\mathbf{A} \times \mathbf{a}_{r_1}\right) \tag{1-45}$$

위 식의 괄호는 $\mathbf{A}_{\perp}$과 동일한 크기를 가지지만, 그 방향은 $\mathbf{A}_{\perp}$에 대해 90° 회전되어 있으므로, 괄호 밖의 가위곱을 이용해 그 방향을 회전시킨다.

우선 식 (1-45)의 괄호를 계산하면 다음과 같다.

$$\begin{aligned}
\mathbf{A} \times \mathbf{a}_{r_1} &= \frac{1}{3}\begin{vmatrix} \mathbf{a}_x & \mathbf{a}_y & \mathbf{a}_z \\ 4 & -1 & 2 \\ 1 & 2 & 2 \end{vmatrix} \\
&= \frac{1}{3}\Big[\mathbf{a}_x\left\{(-1)\times 2 - 2\times 2\right\} - \mathbf{a}_y\left(4\times 2 - 2\times 1\right) + \\
&\quad \mathbf{a}_z\left\{4\times 2 - (-1)\times 1\right\}\Big] \\
&= -2\,\mathbf{a}_x - 2\,\mathbf{a}_y + 3\,\mathbf{a}_z
\end{aligned}$$

그 다음 괄호 밖의 가위곱을 계산하면

$$\mathbf{A}_{\perp} = \mathbf{a}_{r_1} \times \left(\mathbf{A} \times \mathbf{a}_{r_1}\right) = \frac{1}{3}\begin{vmatrix} \mathbf{a}_x & \mathbf{a}_y & \mathbf{a}_z \\ 1 & 2 & 2 \\ -2 & -2 & 3 \end{vmatrix} = \frac{1}{3}\left(10\,\mathbf{a}_x - 7\mathbf{a}_y + 2\,\mathbf{a}_z\right) \tag{1-46}$$

식 (1-46)의 결과는 식 (1-44)의 결과와 동일하다.

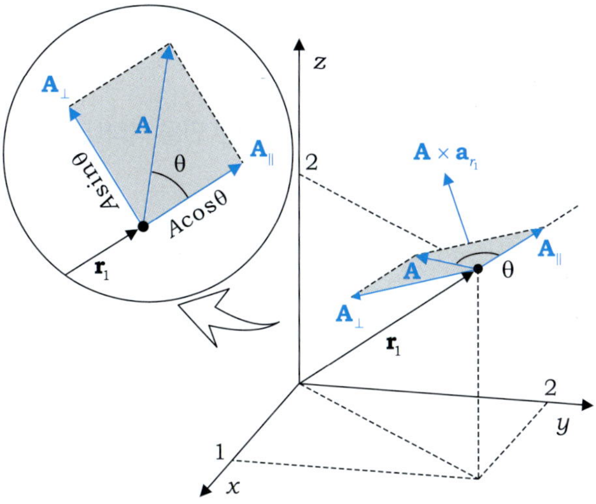

그림 1-18 벡터 **A**의 분해

Exercise 1.12

주어진 하나의 벡터 $\mathbf{A}=2\mathbf{a}_x+\mathbf{a}_y+3\mathbf{a}_z$에 대해 다음을 구하라.

(a) $|\mathbf{A}|$ (b) $\mathbf{a}_A$

(c) **A**와 x, y, z-축 사이의 사잇각

(d) 이것이 위치벡터인지 벡터장 내의 벡터인지 구별

Ans (a) $\sqrt{14}$ (b) $\mathbf{a}_A=0.535\mathbf{a}_x+0.267\mathbf{a}_y+0.802\mathbf{a}_z$
(c) $57.7°$, $74.5°$, $36.7°$ (d) 구별되지 않음

Exercise 1.13

벡터 $\mathbf{A}=4\mathbf{a}_x+3\mathbf{a}_y+8\mathbf{a}_z$를 xy-평면으로 투영하라.

Ans $\sqrt{4^2+3^2}=5$

Exercise 1.14

식 (1-41)(d)(e)(f)는 [그림 1-17]에 표시된 dv의 어떤 면을 나타내는가?

Ans 뒷면, 왼쪽면, 밑면

Exercise 1.15

다음 벡터의 크기와 방향은 공간상의 어떤 점에서의 물리량인가?

(a) 하나의 벡터장 내의 벡터 (b) $\mathbf{r}$

(c) $\mathcal{R}$ (d) $d\mathbf{l}$

(e) $d\mathbf{s}$

Ans (a) 시작점 (b) 끝점 (c) 끝점 (d) 시작점 (e) 시작점

Exercise 1.16

다음의 위치벡터 $\mathbf{r} = x\mathbf{a}_x + y\mathbf{a}_y + z\mathbf{a}_z$와 벡터장 내의 벡터 $\mathbf{A} = x\mathbf{a}_x + y\mathbf{a}_y + z\mathbf{a}_z$ 사이의 (a) 동질성 및 (b) 차이점을 설명하라.

Ans (a) 크기와 방향 (b) 위치

1.3.2 원통좌표계(Cylindrical Coordinate System)

원통좌표계 내의 한 점 $p_1:(\rho_1, \phi_1, z_1)$은 세 곡면들, 즉 반지름이 ρ_1이고 z-축을 축으로 하는 원통면, z-축을 중심으로 각도 ϕ_1 만큼 회전한 절반 평면, 그리고 $z = z_1$ 평면들이 만나서 형성되는 점으로 정의한다. 좌표 ρ_1은 z-축으로부터 측정된 반지름을 의미하고, 좌표 ϕ_1은 xy-평면상에서 $+x$-축을 기준으로 측정된 방위각(azimuth)을 나타낸다. 이러한 좌표들의 범위는 각각 $0 \le \rho < \infty$ [m], $0 \le \phi \le 2\pi$ [rad], $-\infty < z < \infty$ [m]이다. 공간상의 한 점 p_1에서의 베이스벡터들은 $\mathbf{a}_\rho$, $\mathbf{a}_\phi$, $\mathbf{a}_z$로 구성되는데, 이들은 각각 위에서 설명한 상수 좌표면(surface of constant coordinate)에 수직이고 좌표가 증가하는 방향으로 향한다. 여기서 주목해야 할 것은 $\mathbf{a}_z$는 상수 단위벡터이지만 $\mathbf{a}_\rho$와 $\mathbf{a}_\phi$는 위치에 대한 함수로 주어진다는 사실이다.

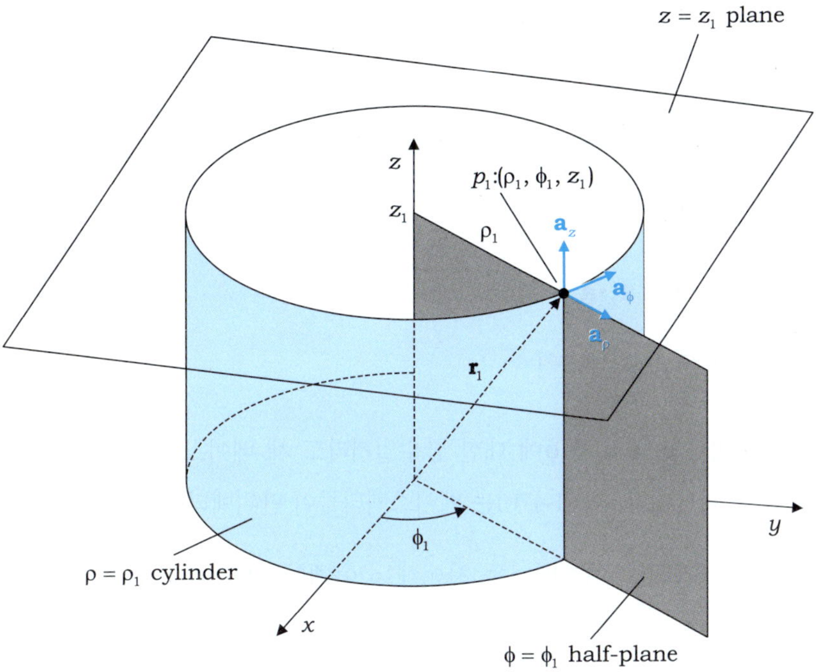

그림 1-19 원통좌표계

여기서 잠깐 원통대칭(cylindrical symmetry)에 대해 알아본다. 어떤 형상(geometry)이 원통대칭성을 띠는 경우, 이 형상을 z-축을 중심으로 회전시키거나 혹은 우리 자신이 좌표 ρ와 z는 고정시키고 ϕ를 변화시키면서 움직여도 그 모양이 변치 않는 것처럼 보

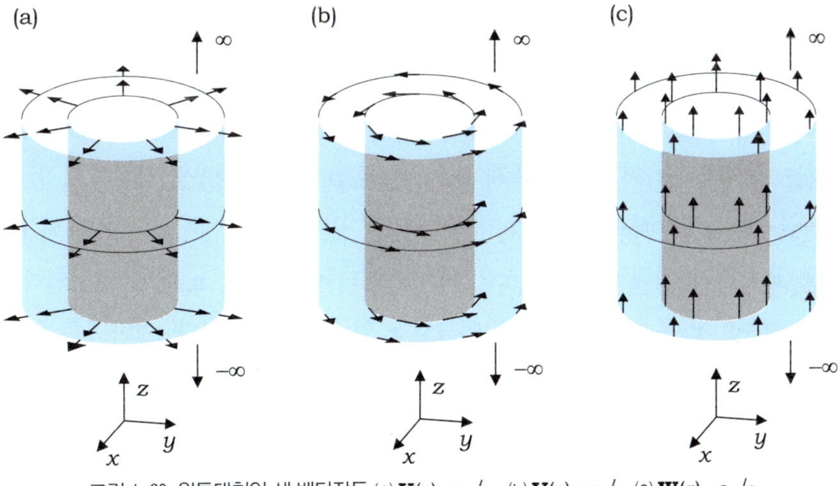

그림 1-20 원통대칭인 세 벡터장들 (a) $\mathbf{U}(\mathbf{r}) = \mathbf{a}_\rho/\rho$, (b) $\mathbf{V}(\mathbf{r}) = \mathbf{a}_\phi/\rho$, (c) $\mathbf{W}(\mathbf{r}) = \mathbf{a}_z/\rho$

인다. 예를 들어 세 벡터장들 $\mathbf{U}(\mathbf{r})=\mathbf{a}_\rho/\rho$, $\mathbf{V}(\mathbf{r})=\mathbf{a}_\phi/\rho$, $\mathbf{W}(\mathbf{r})=\mathbf{a}_z/\rho$는 모두 원통대칭성을 가진다([그림 1-20] 참조).

원통좌표계의 베이스벡터들은 다음의 직교규격관계(orthonormality relation)를 만족시킨다.

$$\mathbf{a}_\rho\cdot\mathbf{a}_\phi=\mathbf{a}_\phi\cdot\mathbf{a}_z=\mathbf{a}_z\cdot\mathbf{a}_\rho=0 \tag{1-47a}$$

$$\mathbf{a}_\rho\cdot\mathbf{a}_\rho=\mathbf{a}_\phi\cdot\mathbf{a}_\phi=\mathbf{a}_z\cdot\mathbf{a}_z=1 \tag{1-47b}$$

식 (1-47a)는, 비록 $\mathbf{a}_\rho$와 $\mathbf{a}_\phi$가 ϕ에 대한 함수일지라도 세 베이스벡터들은 항상 서로 수직이라는 것을 나타내고, 식 (1-47b)는 베이스벡터들이 단위벡터라는 것을 나타낸다.

오른손 원통좌표계의 베이스벡터들 사이에는 아래와 같은 순환순열(cyclic permutation)이 존재한다.

$$\mathbf{a}_\rho\times\mathbf{a}_\phi=\mathbf{a}_z \tag{1-48a}$$

$$\mathbf{a}_\phi\times\mathbf{a}_z=\mathbf{a}_\rho \tag{1-48b}$$

$$\mathbf{a}_z\times\mathbf{a}_\rho=\mathbf{a}_\phi \tag{1-48c}$$

위 식에서 세 단위벡터들은 오른손규칙을 따른다. 즉 오른손 네 손가락이 첫째 단위벡터에서 둘째 단위벡터 방향으로 선회하면 오른손 엄지 손가락은 셋째 단위벡터 방향을 가리킨다.

좌표계에 관계없이 위치벡터는 항상 원점에서 시작해 공간상의 한 점에서 끝난다. [그림 1-19]는 위치벡터 $\mathbf{r}_1$이 원통좌표계 내의 한 점 $p_1:(\rho_1, \phi_1, z_1)$을 지시하고 있음을 나타낸다. 앞 절의 직각좌표계에서와 마찬가지로, 원통좌표계에서의 위치벡터 $\mathbf{r}_1$을 성분형태로 표시하기 위해 $\mathbf{r}_1$을 점 p_1의 베이스벡터들 $\mathbf{a}_\rho$, $\mathbf{a}_\phi$, $\mathbf{a}_z$에 투영시킨다. [그림 1-19]에서 보듯이 $\mathbf{r}_1$은 항상 $\mathbf{a}_\phi$에 수직이므로 $\mathbf{r}_1$의 ϕ-성분은 0이다. 일반화를 위해 첨자 1을 생략하면, 원통좌표계의 위치벡터는 아래와 같이 표시된다.

$$\boxed{\mathbf{r}=\rho\mathbf{a}_\rho+z\mathbf{a}_z} \tag{1-49}$$

엄밀히 따져 $\mathbf{a}_\rho$는 ϕ에 대한 함수이므로 위 식의 위치벡터 $\mathbf{r}$은 좌표 ρ, ϕ, z를 가지는 공간상의 한 점을 정확하게 지시할 수 있다. 만약 주어진 문제의 기하학적 배열이 원통대칭성을 가지고 있다면, 위 식의 $\mathbf{a}_\rho$는 원통대칭성을 지닌 하나의 벡터장으로 취급되어 주어진 형상과 결합된다. 그리하여 원통대칭이 존재하는 경우 식 (1-49)의 위치벡터는 오직 ρ와 z의 함수로 주어진다(이때 $\mathbf{a}_\rho$는 $\mathbf{a}_z$와 마찬가지로 상수 단위벡터로 취급된다).

[그림 1-21]은 벡터 $\mathbf{A}$가 원통좌표계의 점 p_1:(ρ_1, ϕ_1, z_1)에 주어져 있다는 것을 나타낸다. 벡터 $\mathbf{A}$의 스칼라성분은 $\mathbf{A}$를 점 p_1의 베이스벡터들 $\mathbf{a}_\rho$, $\mathbf{a}_\phi$, $\mathbf{a}_z$로 투영하여 얻는다. 원통좌표계 내의 하나의 벡터 $\mathbf{A}$를 일반적인 성분형태로 표시하면 다음과 같다.

$$\boxed{\mathbf{A} = A_\rho \mathbf{a}_\rho + A_\phi \mathbf{a}_\phi + A_z \mathbf{a}_z} \tag{1-50}$$

여기서 A_ρ, A_ϕ, A_z는 $\mathbf{A}$의 스칼라성분들인데, 이들은 일반적으로 위치에 대한 함수들이다. 특히, 두 단위벡터들 $\mathbf{a}_\rho$와 $\mathbf{a}_\phi$는 ϕ에 대한 함수라는 것을 명심해야 한다. 윗식의 벡터 $\mathbf{A}$는 벡터장 내의 벡터이므로 그 크기와 방향은 점 p_1에 소속되어 있고, 이러한 이유로 $\mathbf{A}$의 끝점은 공간상의 한 점이 아니라는 것을 명심해야 한다(그 끝점의 좌표가 존재하지 않음).

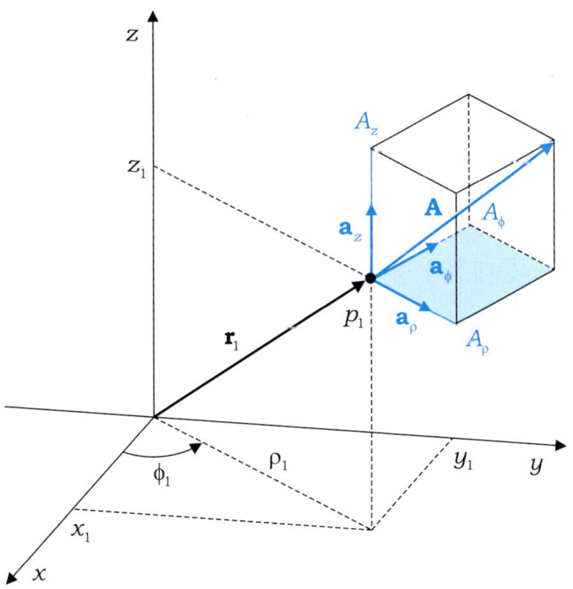

그림 1-21 원통좌표계 내에서 벡터 $\mathbf{A}$가 점 p_1:(ρ_1, ϕ_1, z_1)에 주어짐

주어진 문제의 형상(geometry)이 어떤 대칭성을 띠고 있는 지를 파악한다면 최종 해답이 가져야 할 수식 형태를 미리 알 수 있어 문제를 푸는데 매우 유리하다. 심지어 전기자기학의 어떤 문제들은 이러한 최종 해답에 대한 수식적 형태를 미리 파악할 것을 요구하기도 한다(가우스 법칙 및 암페어 법칙). 만약 전기 혹은 자기 원천이 원통대칭성을 띠고 있다면, 그 결과로 나타나는 전기 혹은 자기장도 원통대칭성을 가져야 한다. 원통대칭이 존재하는 상태에서는 해당 형상을 z-축을 중심으로 회전시켜도 모양에 변화가 없다. 그러므로 이러한 원천에 의해 발생된 전기 혹은 자기장은 좌표 ϕ에 독립이어야 한다. 즉 스칼라장인 경우 $G(\mathbf{r})=G(\rho, z)$와 같은 모양으로 주어지고, 벡터장인 경우 $\mathbf{H}(\mathbf{r})=H_\rho(\rho, z)\mathbf{a}_\rho+H_\phi(\rho, z)\mathbf{a}_\phi+H_z(\rho, z)\mathbf{a}_z$와 같은 모양으로 주어져야 한다. 일반적으로 원통대칭은 다른 대칭성들을 동반한다. 예를 들어, z-축을 따라 이동시켜도 변화가 없는 병진대칭(translational symmetry)과 하나의 수평축을 중심으로 180° 회전시켜도 변화가 없는 2겹 회전대칭(2-fold rotational symmetry) 등이다. z-축을 따라 놓여진 무한히 긴 도선은 앞에서 설명한 원통대칭, 병진대칭, 2겹 회전대칭을 모두 띠고 있다. z-축을 따라 존재하는 병진대칭은 결과값이 좌표 z에 독립이라는 것을 말해준다. 즉, 앞의 스칼라 및 벡터장들의 모양은 다음과 같이 더욱 간결해진다. 즉, $G(\mathbf{r})=G(\rho)$, $\mathbf{H}(\mathbf{r})=H_\rho(\rho)\mathbf{a}_\rho+H_\phi(\rho)\mathbf{a}_\phi+H_z(\rho)\mathbf{a}_z$이다. 여기에 더해 2겹 회전대칭은 벡터장이 ϕ-성분과 z-성분을 가질 수 없다는 것을 알려준다. 그 이유는 두 벡터성분들 $H_\phi(\rho)\mathbf{a}_\phi$와 $H_z(\rho)\mathbf{a}_z$ 는 위아래가 뒤바뀌도록 180° 회전되면, 그 부호가 바뀌는 것처럼 보이기 때문이다([그림 1-20] 참조). 결론적으로, 원통대칭, 병진대칭, 2겹 회전대칭이 존재하는 상태에서 최종 벡터장은 반드시 $\mathbf{H}(\mathbf{r})=H_\rho(\rho)\mathbf{a}_\rho$의 모양으로 주어져야 한다.

예를 들어 [그림 1-20]의 $\mathbf{U}(\mathbf{r})$는 원통대칭, 병진대칭, 2겹 회전대칭을 동시에 가지고 있고, $\mathbf{V}(\mathbf{r})$와 $\mathbf{W}(\mathbf{r})$는 원통대칭과 병진대칭만 가지고 있다.

두 벡터 $\mathbf{A}$와 $\mathbf{B}$가 원통좌표계의 한 점에서 주어질 때, 이들은 그 점의 베이스벡터들에 의해 아래와 같은 성분형태로 표시된다.

$$\mathbf{A}=A_\rho\mathbf{a}_\rho+A_\phi\mathbf{a}_\phi+A_z\mathbf{a}_z \tag{1-51a}$$

$$\mathbf{B}=B_\rho\mathbf{a}_\rho+B_\phi\mathbf{a}_\phi+B_z\mathbf{a}_z \tag{1-51b}$$

여기서 $\mathbf{a}_\rho$, $\mathbf{a}_\phi$, $\mathbf{a}_z$는 주어진 점의 베이스벡터들이다.

두 벡터 **A**와 **B** 사이의 더하기는 원통표계에서 아래와 같이 계산된다.

$$\mathbf{A}+\mathbf{B}=\left(A_\rho+B_\rho\right)\mathbf{a}_\rho+\left(A_\phi+B_\phi\right)\mathbf{a}_\phi+\left(A_z+B_z\right)\mathbf{a}_z \tag{1-52}$$

두 벡터 **A**와 **B** 사이의 점곱은, 식 (1-51)에 식 (1-13b)의 배분법칙과 식 (1-47)의 직교규격화를 적용하면, 원통좌표계에서 아래와 같이 주어진다.

$$\mathbf{A}\cdot\mathbf{B}=A_\rho B_\rho+A_\phi B_\phi+A_z B_z \tag{1-53}$$

두 벡터 **A**와 **B** 사이의 가위곱은, 식 (1-51)에 식 (1-22c)의 배분법칙과 식 (1-48)의 순환순열을 적용하면, 원통좌표계에서 아래와 같은 행렬식으로 표시된다.

$$\mathbf{A}\times\mathbf{B}=\begin{vmatrix}\mathbf{a}_\rho & \mathbf{a}_\phi & \mathbf{a}_z\\ A_\rho & A_\phi & A_z\\ B_\rho & B_\phi & B_z\end{vmatrix} \tag{1-54}$$

위의 식들 (1-52)~(1-54)에 표시된 벡터 연산들은 두 벡터 **A**와 **B**가 원통좌표계의 한 점에 동시에 주어진다는 것을 가정하고 있다. 예를 들면 하나의 벡터가 점 $(\rho, \phi, z)=(1, 0, 0)$에서 $\mathbf{A}=\mathbf{a}_\rho$로 주어지고, 또 다른 벡터가 점 $(\rho, \phi, z)=(1, \pi, 0)$에서 $\mathbf{B}=\mathbf{a}_\rho$로 주어지는 경우를 생각해보자. 이 때 **A**와 **B** 사이의 점곱은 얼핏 $\mathbf{A}\cdot\mathbf{B}=\mathbf{a}_\rho\cdot\mathbf{a}_\rho=1$로 생각할 수 있으나 실제의 정답은 −1이다. 그 이유는 이 벡터들이 공간상의 서로 다른 지점에서 서로 반대방향을 가리키고 있기 때문이다. ***벡터 연산은 공간상의 동일한 점에 위치한 벡터들에 대해 수행되어야 한다.***

미분길이 벡터 $d\mathbf{l}$은 원통좌표계의 한 점 $p_1:(\rho_1, \phi_1, z_1)$에서 그 이웃 점 $p_2:(\rho_2+d\rho, \phi_1+d\phi, z_1+dz)$로 진행한 미소 벡터이다. 직각좌표계에서와 마찬가지로 원통좌표계에서도 $d\mathbf{l}$의 크기와 방향은 p_1에서의, 혹은 $d\mathbf{l}$의 시작점에서의 물리량을 표시하기 위해 사용된다. 그러므로 $d\mathbf{l}$은 점 p_1의 베이스벡터들로 전개되어야 한다. [그림 1-22]에서 보듯이 $d\mathbf{l}$을 베이스벡터들 $\mathbf{a}_\rho$, $\mathbf{a}_\phi$, $\mathbf{a}_z$로 투영하면 $d\mathbf{l}$의 스칼라성분들을 각각 $d\rho$, $\rho_1 d\phi$, dz로

구할 수 있다. 여기서 주목할 사항은, $d\mathbf{l}$이 미터 단위로 표시되므로 미분각(differential angle) $d\phi$가 미분길이(differential length) $\rho_1 d\phi$로 환산되어야 한다. 일반화를 위해 첨자 1을 생략하면, 원통좌표계에서 미분길이 벡터 $d\mathbf{l}$은 다음과 같은 성분형태로 주어진다.

$$d\mathbf{l} = d\rho\,\mathbf{a}_\rho + \rho\,d\phi\,\mathbf{a}_\phi + dz\,\mathbf{a}_z \qquad [\mathrm{m}] \tag{1-55}$$

위 식에서 ρ, $\mathbf{a}_\rho$, $\mathbf{a}_\phi$는 모두 위치에 대한 함수이므로 원통좌표계에서의 $d\mathbf{l}$은 일반적으로 위치에 대한 함수다. 미분좌표들 $d\rho$, $d\phi$, dz 사이에 어떠한 관계가 존재하는 지에 상관없이 원통좌표계에서 미분길이 벡터는 항상 식 (1-55)로 표시된다.

미분길이 벡터 $d\mathbf{l}$의 양 끝점은 6개의 상수 좌표면(surface of constant coordinate)과 연관되어 있다. 이들 상수 좌표면은 [그림 1-22]에서 보듯이 부피가 dv인 미분체적을 형성한다. 미분체적의 대각선에 해당하는 $|d\mathbf{l}|$은 매우 작으므로 그 미분체적을 직각육면체로 가정할 수 있다. 가로, 세로, 높이가 각각 $d\rho$, $\rho_1 d\phi$, dz 그리고 체적이 $\rho_1 d\rho d\phi dz$이다. 원통좌표계에서의 미분체적은 아래와 같이 정의된다.

$$dv = \rho\,d\rho\,d\phi\,dz \qquad [\mathrm{m}^3] \tag{1-56}$$

비록 dv가 위치에 대한 함수이더라도 원통좌표계의 미분체적은 항상 식 (1-56)으로 정의된다. 이러한 미분체적은 원통좌표계 내의 체적을 여러 개의 미소 체적들로 분해하는데 매우 유용하다.

미분체적 dv는 [그림 1-22]에서 보듯이 6개의 미소 상수 좌표면으로 이루어져 있다. 미소 면 각각은 미분면적 벡터 $d\mathbf{s}$로 정의된다. $d\mathbf{s}$의 크기는 미소 면의 면적을 나타내고, $d\mathbf{s}$의 단위벡터는 그 면에 수직이고 미소체적의 바깥으로 향한다. [그림 1-22]가 보여주는 6개의 미소 면에 대한 미분면적 벡터는 아래와 같다.

$$d\mathbf{s} = \rho_1\,d\phi\,dz\,\mathbf{a}_\rho \qquad (\text{면 ①}) \tag{1-57a}$$

$$d\mathbf{s} = -d\rho\,dz\,\mathbf{a}_\phi \qquad (\text{면 ②}) \tag{1-57b}$$

$$d\mathbf{s} = \rho_1\,d\phi\,d\rho\,\mathbf{a}_z \qquad (\text{면 ③}) \tag{1-57c}$$

$$d\mathbf{s} = -\rho_1\, d\phi\, dz\, \mathbf{a}_\rho \tag{1-57d}$$

$$d\mathbf{s} = d\rho\, dz\, \mathbf{a}_\phi \tag{1-57e}$$

$$d\mathbf{s} = -\rho_1\, d\phi\, d\rho\, \mathbf{a}_z \tag{1-57f}$$

여기서 후반 3개의 식들은 앞 면들에 가려 보이지 않는 미소 면들에 대한 미분면적 벡터들이다. 식 (1-57)의 미분면적 벡터들은 하나의 상수 좌표면을 여러 개의 미소 면적들로 나누는데 매우 유용하다. 그러나 상수 좌표면이 아닌 경우 이들을 적용하기가 불가능하다. 예를 들면 $x = 1$ 평면 혹은 x-축에 평행인 원통면 등이 좋은 예이다.

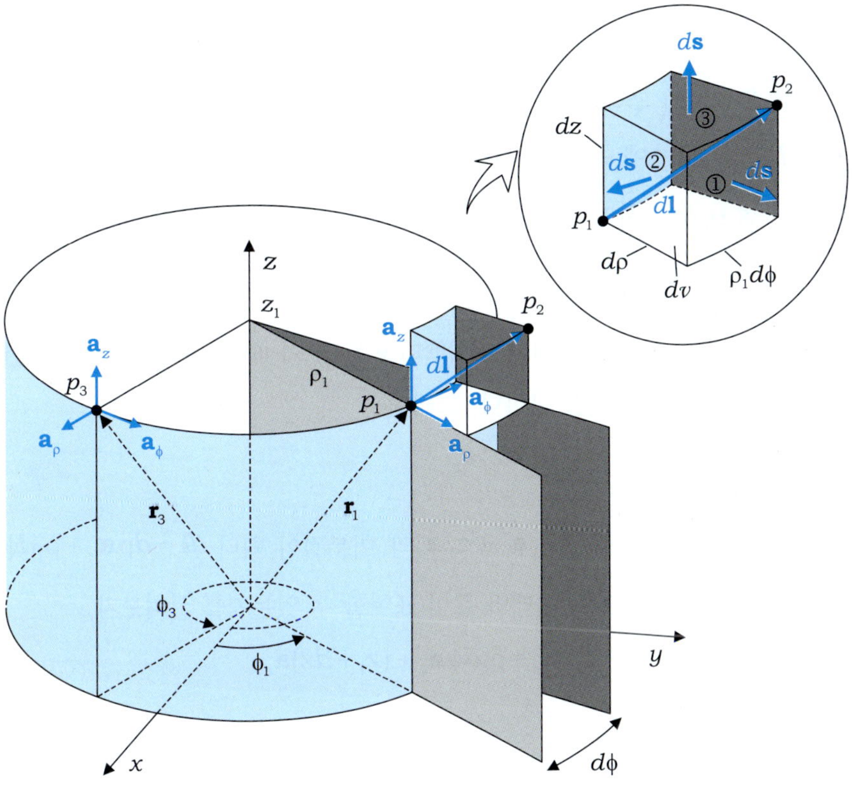

그림 1-22 원통좌표계에서 미분길이 벡터 $d\mathbf{l}$, 미분면적 벡터 $d\mathbf{s}$, 미분체적 dv

Example 1-7

[그림 1-22]의 세 점들 p_1:(ρ_1, ϕ_1, z_1), p_2, p_3에 대해 다음을 구하라.

(a) $\mathbf{r}_3$　　　　(b) p_2의 원통좌표

(c) $\mathbf{r}_2$

Solution

(a) $\mathbf{r}_3$을 p_3의 베이스벡터들 $\mathbf{a}_\rho$, $\mathbf{a}_\phi$, $\mathbf{a}_z$에 투영해 $\mathbf{r}_3$의 성분을 구한다.

$$\mathbf{r}_3 = \rho_1\,\mathbf{a}_\rho + z_1\,\mathbf{a}_z$$

위 식과 점 p_1의 위치벡터 $\mathbf{r}_1$에 대한 표현식은 동일하다. 원통대칭인 $\mathbf{a}_\rho$가 원통대칭을 띤 주어진 형상(geometry)과 합쳐지면 이들은 ϕ에 독립적이 되어 위치벡터도 ϕ에 독립적이 된다.

(b) 두 점 p_1과 p_2 사이의 좌표변화는 $d\rho$, $d\phi$, dz이다. 그러므로 p_2의 원통좌표는 $(\rho_1 + d\rho,\ \phi_1 + d\phi,\ z_1 + dz)$ 이다. (1-58)

(c) 식 (1-58)의 좌표점에 대한 위치벡터 $\mathbf{r}_2$를 p_2의 베이스벡터들 $\mathbf{a}_\rho$, $\mathbf{a}_\phi$, $\mathbf{a}_z$에 투영시켜 $\mathbf{r}_2$의 성분들을 구한다. 그러면

$$\mathbf{r}_2 = (\rho_1 + d\rho)\,\mathbf{a}_\rho + (z_1 + dz)\,\mathbf{a}_z \tag{1-59}$$

여기서 위치벡터 $\mathbf{r}_1 = \rho_1\,\mathbf{a}_\rho + z_1\,\mathbf{a}_z$와 미분길이 벡터 $d\mathbf{l} = d\rho\,\mathbf{a}_\rho + \rho_1 d\phi\,\mathbf{a}_\phi + dz\,\mathbf{a}_z$를 이용해 $\mathbf{r}_2$를 아래와 같이 표현할 수 있는지를 살펴보자.

$$\mathbf{r}_2 = \mathbf{r}_1 + d\mathbf{l} = (\rho_1 + d\rho)\mathbf{a}_\rho + \rho_1 d\phi\,\mathbf{a}_\phi + (z_1 + dz)\mathbf{a}_z \tag{1-60}$$

식 (1-59)의 단위벡터들은 점 p_2에 소속되어 있고, 식 (1-60)의 단위벡터들은 점 p_1에 소속되어 있다. 위치벡터는 그 끝점에서 주어지는 베이스벡터들을 이용해 전개한다라는 관점에서 식 (1-60)은 오답이다.

Example 1-8

원통좌표계에서 $\mathbf{a}_\rho$와 $\mathbf{a}_\phi$는 각각 벡터장을 형성한다. 이들은 공간상에서 매끄런 함수(smooth function)로 주어지므로, 연속적(continuous)이고 따라서 연속적인 편미분(continuous partial derivative)을 가진다. 다음을 증명하라.

(a) $\dfrac{\partial \mathbf{a}_\rho}{\partial \phi} = \mathbf{a}_\phi$ (b) $\dfrac{\partial \mathbf{a}_\phi}{\partial \phi} = -\mathbf{a}_\rho$

Solution

(a) [그림 1-23(a)]를 참조하여 $\mathbf{a}_\rho$의 ϕ에 대한 미분을 다음과 같이 쓸 수 있다.

$$\left.\frac{\partial \mathbf{a}_\rho}{\partial \phi}\right|_{\phi=\phi_1} = \lim_{\Delta\phi\to 0}\frac{\mathbf{a}_\rho^2 - \mathbf{a}_\rho^1}{\phi_2 - \phi_1} \equiv \lim_{\Delta\phi\to 0}\frac{\Delta\mathbf{a}'}{\Delta\phi} \tag{1-61}$$

여기서 $\mathbf{a}_\rho^1$과 $\mathbf{a}_\rho^2$는 각각 좌표 $\phi=\phi_1$과 $\phi=\phi_2$에서의 단위벡터들이다. 그림에서 $\bar{\mathbf{a}}_\rho^1$은 $\mathbf{a}_\rho^1$이 단지 옮겨진 것이므로, 이들은 동일한 단위벡터들이다. 세 벡터들 $\bar{\mathbf{a}}_\rho^1$, $\mathbf{a}_\rho^2$, $\Delta\mathbf{a}' = \mathbf{a}_\rho^2 - \bar{\mathbf{a}}_\rho^1$이 만드는 삼각형에 $\left|\bar{\mathbf{a}}_\rho^1\right| = \left|\mathbf{a}_\rho^2\right| = 1$을 적용하면

$$\left|\Delta\mathbf{a}'\right| = \left|\mathbf{a}_\rho^2\right|\Delta\phi = \Delta\phi \tag{1-62}$$

만약 $\Delta\phi \to 0$이면, $\mathbf{r}_2 \to \mathbf{r}_1$이고 $\mathbf{a}_\rho^2 \to \bar{\mathbf{a}}_\rho^1$이며 $\Delta\mathbf{a}'$는 $\mathbf{a}_\rho^1$에 수직이고 $\mathbf{a}_\phi$-방향을 가리킨다. 그러므로

$$\Delta\mathbf{a}' = \Delta\phi\,\mathbf{a}_\phi \tag{1-63}$$

식 (1-63)을 식 (1-61)에 대입하면

$$\boxed{\frac{\partial \mathbf{a}_\rho}{\partial \phi} = \mathbf{a}_\phi} \tag{1-64}$$

(b) [그림 1-23(b)]를 참조해 $\mathbf{a}_\phi$의 ϕ에 대한 미분을 다음과 같이 쓸 수 있다.

$$\left.\frac{\partial \mathbf{a}_\phi}{\partial \phi}\right|_{\phi=\phi_1} = \lim_{\Delta\phi\to 0}\frac{\mathbf{a}_\phi^2 - \mathbf{a}_\phi^1}{\phi_2 - \phi_1} \equiv \lim_{\Delta\phi\to 0}\frac{\Delta\mathbf{a}}{\Delta\phi} \tag{1-65}$$

여기서 $\mathbf{a}_\phi^1$과 $\mathbf{a}_\phi^2$는 각각 좌표 $\phi=\phi_1$과 $\phi=\phi_2$에서의 단위벡터들이다.

그림에서 $\bar{\mathbf{a}}_\phi^1$은 $\mathbf{a}_\phi^1$이 단지 옮겨진 것이므로, 두 벡터는 동일하다. 세 벡터들 $\bar{\mathbf{a}}_\phi^1$, $\mathbf{a}_\phi^2$, $\Delta\mathbf{a} = \mathbf{a}_\phi^2 - \bar{\mathbf{a}}_\phi^1$이 만드는 삼각형에 $|\bar{\mathbf{a}}_\phi^1| = |\mathbf{a}_\phi^2| = 1$을 적용하면

$$|\Delta\mathbf{a}| = |\mathbf{a}_\phi^2|\,\Delta\phi = \Delta\phi \tag{1-66}$$

만약 $\Delta\phi \rightarrow 0$이면, $\mathbf{r}_2 \rightarrow \mathbf{r}_1$이고 $\mathbf{a}_\phi^2 \rightarrow \bar{\mathbf{a}}_\phi^1$이며 $\Delta\mathbf{a}$는 $\mathbf{a}_\phi^1$에 수직이고 $-\mathbf{a}_\rho$-방향을 가리킨다. 그러므로

$$\Delta\mathbf{a} = -\Delta\phi\,\mathbf{a}_\rho \tag{1-67}$$

식 (1-67)을 식 (1-65)에 대입하면

$$\boxed{\frac{\partial\mathbf{a}_\phi}{\partial\phi} = -\mathbf{a}_\rho} \tag{1-68}$$

위의 식 (1-64)와 (1-68)은 다음 절의 좌표변환을 이용해 또 다시 증명된다.

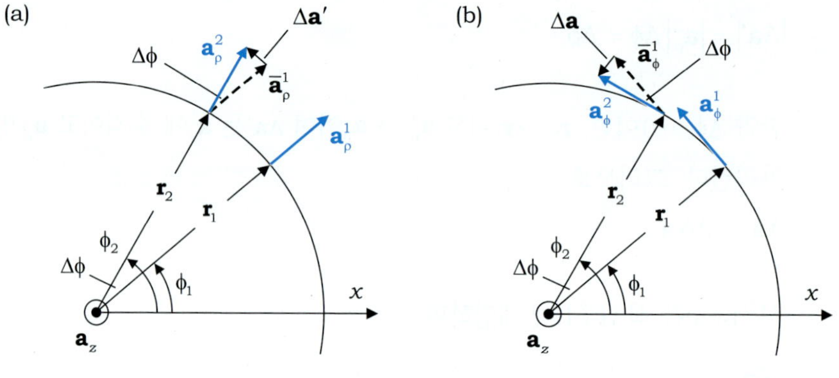

그림 1-23 (a) $\partial\mathbf{a}_\rho/\partial\phi$, (b) $\partial\mathbf{a}_\phi/\partial\phi$

Exercise 1.17

한 점 $p_1:(1, \sqrt{3}, 5)$이 직각좌표계에서 주어질 때 다음을 구하라.

(a) p_1의 원통좌표

(b) p_1의 위치벡터를 원통좌표로 표시

Ans (a) $p_1:(2, 60^o, 5)$ (b) $\mathbf{r}_1 = 2\mathbf{a}_\rho + 5\mathbf{a}_z$

Exercise 1.18

다음의 벡터장들이 원통대칭성을 가지는지 답하라.

(a) $\rho\mathbf{a}_z$

(b) $(\sin\phi)\mathbf{a}_\rho$

(c) $3\mathbf{a}_\phi$

(d) $(z-1)\mathbf{a}_\rho$

(e) $\mathbf{V}(\mathbf{r}) = \mathbf{a}_z \times \mathbf{r}$

Ans (a) 예 (b) 아니오 (c) 예 (d) 예 (e) 예

Exercise 1.19

두 점 $p_1:(2\sqrt{3}, 60^o, 4)$과 $p_2:(2, 90^o, 1)$가 원통좌표계에서 주어질 때 p_2에서 p_1로 진행하는 거리벡터를 직각좌표계에서 구하라.

Ans $\mathcal{R} = \sqrt{3}\,\mathbf{a}_x + \mathbf{a}_y + 3\,\mathbf{a}_z$

1.3.3 구좌표계(Spherical Coordinate System)

구좌표계 내의 한 점 $p_1:(R_1, \theta_1, \phi_1)$은 세 곡면들, 즉 반경이 R_1이고 원점에 중심을 둔 구면, 절반 각이 θ_1이고 꼭지점을 원점에 둔 원뿔면, 그리고 z-축을 중심으로 각도 ϕ_1 만큼 회전한 절반 평면들이 만나서 형성되는 점으로 정의한다. 좌표 R_1은 원점으로부터 측정된 반지름을 의미하고, θ_1은 $+z$-축을 기준으로 측정된 극각(polar angle)을 나타내고, ϕ_1은 xy-평면상에서 $+x$-축을 기준으로 측정된 방위각(azimuth)을 나타낸다. 이러한 좌표들의 범위는 각각 $0 \le R < \infty$ [m], $0 \le \theta \le \pi$ [rad], $0 \le \phi \le 2\pi$ [rad]이다. 점 p_1에서의 베이스벡터들은 $\mathbf{a}_R$, $\mathbf{a}_\theta$, $\mathbf{a}_\phi$이고, 이들은 앞에서 언급된 각각의 상수 좌표

평면에 수직이고 좌표가 증가하는 방향을 가리킨다. 구좌표계의 베이스벡터들 $\mathbf{a}_R$, $\mathbf{a}_\theta$, $\mathbf{a}_\phi$는 모두 위치에 대한 함수이다.

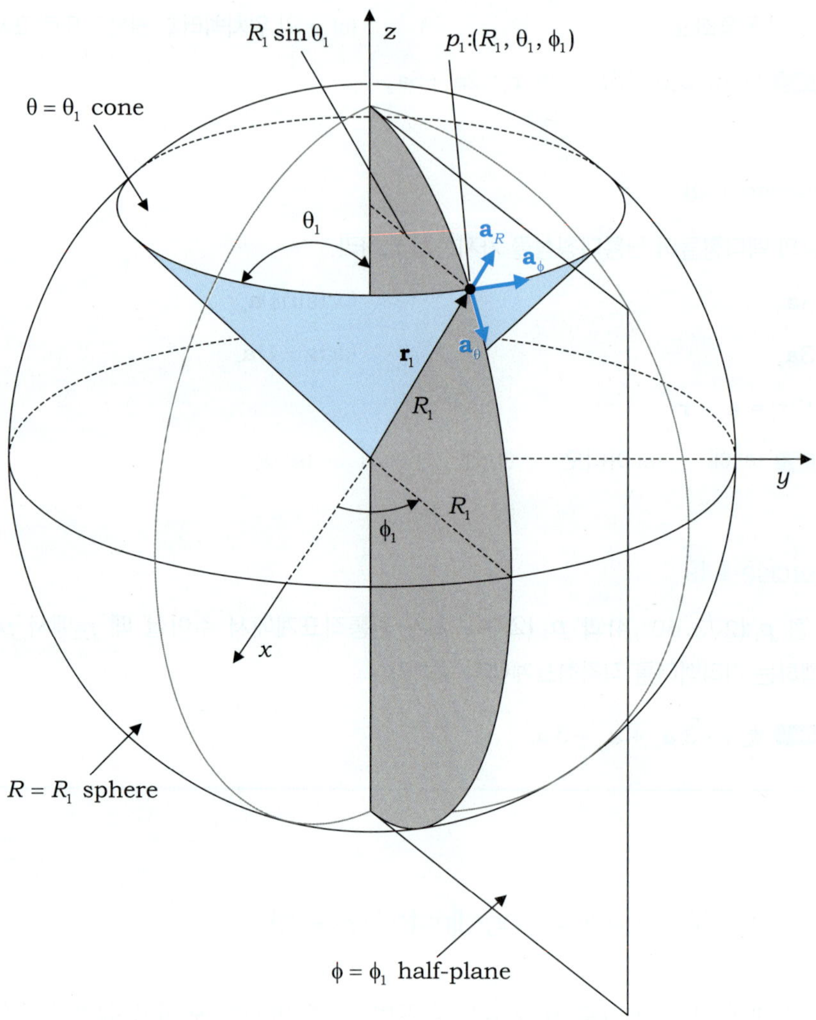

그림 1-24 구좌표계

어떤 형상(geometry)이 구대칭성을 띠고 있다면, 이 형상을 원점을 지나는 임의의 축을 중심으로 회전시키거나 혹은 우리 자신이 R 값은 고정시키고 θ와 ϕ를 변화시키면서 움직여도 그 모양이 변치 않는다. [그림 1-25]에서 보여주는 벡터장 $\mathbf{U}(\mathbf{r}) = \mathbf{a}_R$ 주위를 둘러보더라도 모양이 변치 않으므로 이 벡터장은 구대칭성을 띠고 있다. 반면 다음의 벡터장들 $\mathbf{V}(\mathbf{r}) = \mathbf{a}_\theta$, $\mathbf{W}(\mathbf{r}) = \mathbf{a}_\phi$는 구대칭성을 띠고 있지 않다. 왜냐하면, 이들이 x-축을 중심으로 180° 회전되면 벡터의 방향이 반전되는 것처럼 보이기 때문이다.

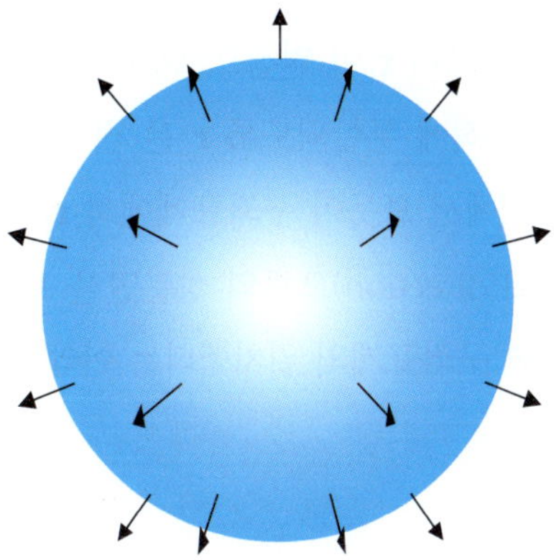

그림 1-25 구대칭성을 띤 벡터장 $\mathbf{U}(\mathbf{r}) = \mathbf{a}_R$

구좌표계의 베이스벡터들은 다음의 직교규격관계(orthonormality relation)를 만족시킨다.

$$\mathbf{a}_R \cdot \mathbf{a}_\theta = \mathbf{a}_\theta \cdot \mathbf{a}_\phi = \mathbf{a}_\phi \cdot \mathbf{a}_R = 0 \quad (1\text{-}69a)$$

$$\mathbf{a}_R \cdot \mathbf{a}_R = \mathbf{a}_\theta \cdot \mathbf{a}_\theta = \mathbf{a}_\phi \cdot \mathbf{a}_\phi = 1 \quad (1\text{-}69b)$$

식 (1-69a)에서 보는 것처럼 베이스벡터들이 위치에 대한 함수이더라도 세 베이스벡터들은 항상 서로 수직이다. 식 (1-69b)는 베이스벡터들이 단위벡터라는 것을 나타낸다.

오른손 구좌표계의 베이스벡터들 사이에는 아래와 같은 순환순열(cyclic permutation)이 존재한다.

$$\mathbf{a}_R \times \mathbf{a}_\theta = \mathbf{a}_\phi \quad (1\text{-}70a)$$

$$\mathbf{a}_\theta \times \mathbf{a}_\phi = \mathbf{a}_R \quad (1\text{-}70b)$$

$$\mathbf{a}_\phi \times \mathbf{a}_R = \mathbf{a}_\theta \quad (1\text{-}70c)$$

식 (1-70)의 세 벡터들은 오른손규칙을 따른다. 오른손 네 손가락이 첫째 단위벡터에서 둘째 단위벡터 방향으로 선회하면 오른손 엄지 손가락은 셋째 단위벡터 방향을 가리킨다.

[그림 1-24]는 구좌표계의 위치벡터 $\mathbf{r}_1$이 원점으로부터 점 p_1:(R_1, θ_1, ϕ_1)로 진행한 것을 표시한다. 위치벡터의 원래 목적에 부합되도록 $\mathbf{r}_1$은 점 p_1에서의 베이스벡터들에 의해 전개되어야 한다. [그림 1-24]에서 보듯이 구좌표계에서 $\mathbf{r}_1$은 항상 $\mathbf{a}_\theta$와 $\mathbf{a}_\phi$에 수직이므로 $\mathbf{r}_1$은 오직 지름방향(radial direction)으로의 성분만을 포함한다. 즉 $R_1\mathbf{a}_R$이다. 일반화를 위해 첨자 1을 생략하면 구좌표계의 위치벡터는 아래와 같다.

$$\boxed{\mathbf{r} = R\,\mathbf{a}_R} \tag{1-71}$$

엄밀히 따져 $\mathbf{a}_R$은 θ와 ϕ에 대한 함수이므로 식 (1-71)의 위치벡터 $\mathbf{r}$은 구좌표 R, θ, ϕ를 가지는 공간상의 한 점을 정확히 지시할 수 있다. 만약 주어진 형상이 구대칭성을 띠고 있다면 위 식의 $\mathbf{a}_R$은 구대칭성을 띤 하나의 벡터장으로 취급되어 주어진 형상과 결합된다. 그리하여 구대칭이 존재하는 경우 식 (1-41)의 위치벡터는 오직 R에 대한 함수로 주어진다. 즉, 구대칭이 존재하면 같은 반지름 거리의 두 점은 구별되지 못한다.

하나의 벡터 $\mathbf{A}$가 구좌표계의 점 p_1:(R_1, θ_1, ϕ_1)에 정의된 때([그림 1-26] 참조), 그 벡터를 점 p_1의 베이스벡터들 $\mathbf{a}_R$, $\mathbf{a}_\theta$, $\mathbf{a}_\phi$에 투영시켜 그것의 스칼라성분을 구한다. 구좌표계에서 벡터 $\mathbf{A}$는 아래와 같은 성분형태로 표시될 수 있다.

$$\boxed{\mathbf{A} = A_R\mathbf{a}_R + A_\theta\mathbf{a}_\theta + A_\phi\mathbf{a}_\phi} \tag{1-72}$$

여기서 A_R, A_θ, A_ϕ는 스칼라성분들이고, 이들은 일반적으로 위치에 대한 함수이다. 주목해야 할 것은, 위 식의 베이스벡터들은 모두 위치에 대한 함수이고, 이들은 특별히 벡터 $\mathbf{A}$가 위치한 공간상의 한 점에서 정의되는 베이스벡터들이다.

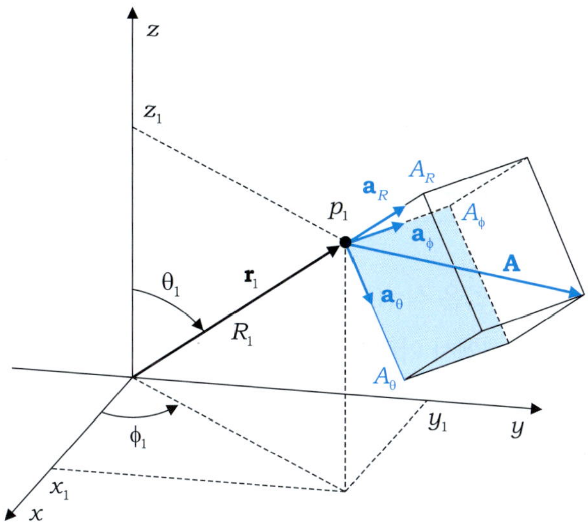

그림 1-26 벡터 **A**가 구좌표계의 한 점 $p_1:(R_1, \theta_1, \phi_1)$에서 정의됨

대칭성을 유심히 관찰하면 주어진 문제의 해답이 대략 어떤 형태인지를 알 수 있다. 만약 주어진 원천이 구대칭성을 띠고 있다면, 이것에 의해 발생되는 전기 혹은 자기장도 구대칭성을 띠어야 한다. 어떤 형상이 구대칭성을 띠고 있다면 $\mathbf{a}_\theta$- 혹은 $\mathbf{a}_\phi$-방향을 따라 그 주위를 둘러보아도 형상에 변화가 없는 것처럼 보인다. 그러므로 구대칭이 존재하는 경우 형상은 θ와 ϕ에 독립이다. 이것을 수식으로 표시하면, 스칼라장인 경우 $V(\mathbf{r}) = V(R)$의 모양으로 주어져야 하고, 벡터장인 경우 $\mathbf{D}(\mathbf{r}) = D_R(R)\mathbf{a}_R + D_\theta(R)\mathbf{a}_\theta + D_\phi(R)\mathbf{a}_\phi$의 모양으로 주어져야 한다. 여기에 더해 주어진 벡터장의 θ 성분과 ϕ-성분은 동시에 0이 되어야 한다. 그 이유는 벡터성분들 $D_\theta(R)\mathbf{a}_\theta$와 $D_\phi(R)\mathbf{a}_\phi$가 구대칭성을 띠고 있지 않기 때문이다(이들이 x-축을 중심으로 180° 회전되었을 때 벡터들의 방향이 반전되는 것처럼 보인다). 결론적으로 구대칭이 존재하는 경우 발생되는 벡터장은 $\mathbf{D}(\mathbf{r}) = D_R(R)\mathbf{a}_R$의 형태로 주어져야 한다.

두 벡터 **A**와 **B**가 구좌표계의 한 점에서 주어질 때, 이들은 그 점의 베이스벡터들에 의해 아래와 같은 성분형태로 표시된다.

$$\mathbf{A} = A_R\,\mathbf{a}_R + A_\theta\,\mathbf{a}_\theta + A_\phi\,\mathbf{a}_\phi \tag{1-73a}$$

$$\mathbf{B} = B_R\,\mathbf{a}_R + B_\theta\,\mathbf{a}_\theta + B_\phi\,\mathbf{a}_\phi \tag{1-73b}$$

여기서 $\mathbf{a}_R, \mathbf{a}_\theta, \mathbf{a}_\phi$는 주어진 점에서의 베이스벡터들이다.

두 벡터 **A**와 **B** 사이의 더하기는 구좌표계에서,

$$\mathbf{A}+\mathbf{B}=(A_R+B_R)\mathbf{a}_R+(A_\theta+B_\theta)\mathbf{a}_\theta+(A_\phi+B_\phi)\mathbf{a}_\phi \tag{1-74}$$

두 벡터 **A**와 **B** 사이의 점곱은 식 (1-73)에 식 (1-13b)의 배분법칙과 식 (1-69)의 직교규격화를 적용하면 구좌표계에서 아래와 같이 주어진다.

$$\mathbf{A}\cdot\mathbf{B}=A_RB_R+A_\theta B_\theta+A_\phi B_\phi \tag{1-75}$$

두 벡터 **A**와 **B** 사이의 가위곱은 식 (1-72)에 식 (1-22c)의 배분법칙과 식 (1-70)의 순환순열을 적용하면 구좌표계에서 아래와 같은 행렬식으로 표시된다.

$$\mathbf{A}\times\mathbf{B}=\begin{vmatrix}\mathbf{a}_R & \mathbf{a}_\theta & \mathbf{a}_\phi \\ A_R & A_\theta & A_\phi \\ B_R & B_\theta & B_\phi\end{vmatrix} \tag{1-76}$$

위의 식들 (1-74)~(1-76)에 표시된 벡터 연산들은 두 벡터 **A**와 **B**가 구좌표계의 한 점에 동시에 주어진다는 것을 가정하고 있다. 그렇지 않은 경우, 한 벡터가 다른 벡터의 위치로 옮겨져 그 점의 베이스벡터들로 전개된 후 위의 벡터 연산들이 수행되어야 한다.

미분거리 벡터 $d\mathbf{l}$은 구좌표계의 한 점 $p_1:(R_1, \theta_1, \phi_1)$에서 그 이웃 점 $p_2:(R_1+dR, \theta_1+d\theta, \phi_1+d\phi)$로 진행한다. $d\mathbf{l}$은 원래의 점 p_1에서의 어떤 물리량을 표시하기 위해 정의되므로 $d\mathbf{l}$은 p_1에서의 베이스벡터들로 전개되어야 한다. [그림 1-27]에서 보듯이 $d\mathbf{l}$의 $\mathbf{a}_R$, $\mathbf{a}_\theta$, $\mathbf{a}_\phi$ 방향으로의 투영은 각각 dR, $R_1 d\theta$, $R_1\sin\theta_1 d\phi$로 주어진다. 여기서 주목해야 할 것은 미분좌표들 dR, $d\theta$, $d\phi$가 각각 미분길이로 환산되며, 이러한 환산을 위해 각각 1, R_1, $R_1\sin\theta_1$로 주어지는 메트릭상수(metric coefficient)가 사용된다는 사실이다. 첨자 1을 생략하면, 구자표계의 미분길이 벡터는 아래와 같은 성분형태로 표시된다.

$$d\mathbf{l}=dR\,\mathbf{a}_R+R\,d\theta\,\mathbf{a}_\theta+R\sin\theta\,d\phi\,\mathbf{a}_\phi \tag{1-77}$$

구좌표계의 $d\mathbf{l}$은 R, $\mathbf{a}_R$, $\mathbf{a}_\theta$, $\mathbf{a}_\phi$로 인해 위치에 대한 함수로 주어진다. 여기서 주목해야 할 사항은, 미분좌표들 dR, $d\theta$, $d\phi$ 사이의 상관관계에 무관하게 구좌표계의 $d\mathbf{l}$은 항상 식 (1-77)로 표시된다(미분좌표들이 0이 아닌 경우).

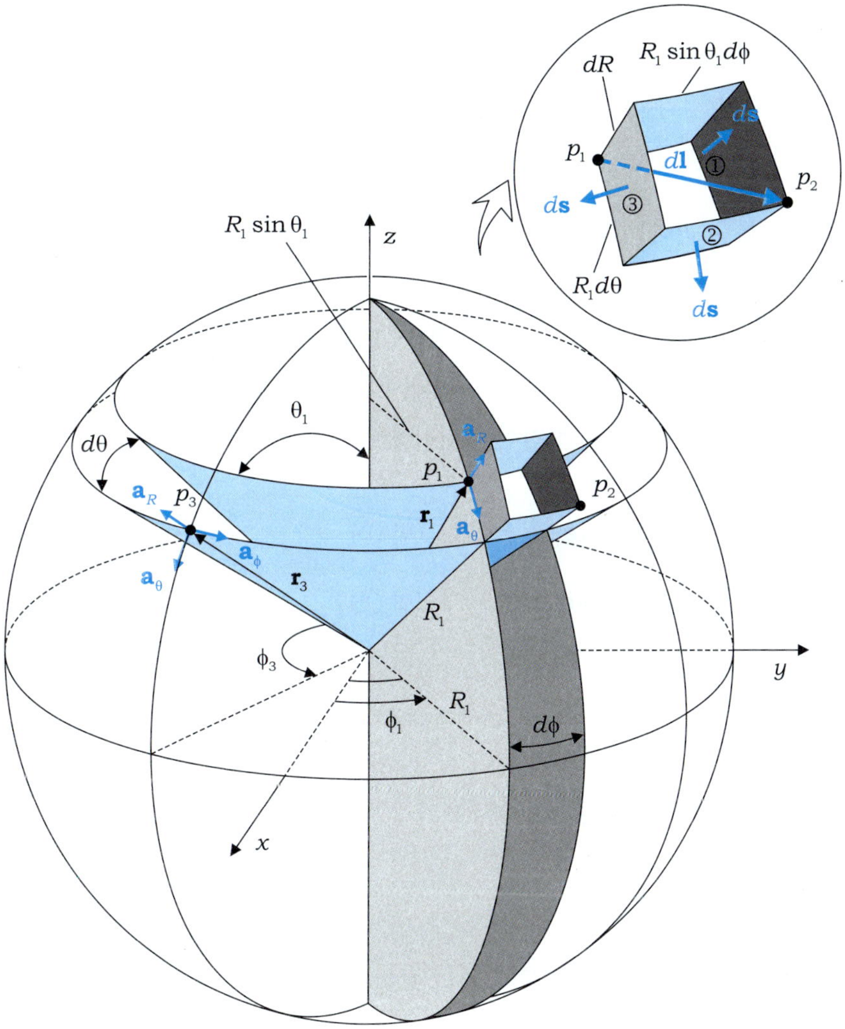

그림 1-27 구좌표계의 미분거리 벡터 $d\mathbf{l}$, 미분면적 벡터 $d\mathbf{s}$, 미분체적 dv

미분길이 벡터 $d\mathbf{l}$의 양 끝점은 6개의 상수 좌표면과 연관되어 있다. 이 면들은 [그림 1-27]에서 보듯이 구좌표계의 미분체적 dv를 정의하는데 사용된다. 크기 $|d\mathbf{l}|$이 매우 작다는 것을 고려하면, dv를 직각육면체로 간주할 수 있다. 즉 가로, 세로, 높이가 각

각 dR, $R_1 d\theta$, $R_1 \sin\theta_1 d\phi$이고, 체적이 $R_1^2 \sin\theta_1 dR d\theta d\phi$이다. 그리하여 구좌표계의 미분체적은 아래와 같이 정의된다.

$$\boxed{dv = R^2 \sin\theta \, dR d\theta d\phi} \quad [\mathrm{m}^3] \tag{1-78}$$

비록 dv가 반지름거리 R과 극각 θ에 대한 함수일지라도 구좌표계의 미분체적은 항상 식 (1-78)과 같이 정의된다. 이러한 미분체적은 구좌표계 내의 체적을 여러 개의 미소 체적들로 분해하는데 매우 유용하다.

미분체적 dv를 둘러싸는 6개의 미소 면들은 미분면적 벡터 $d\mathbf{s}$를 이용해 편리하게 정의될 수 있다. $d\mathbf{s}$의 크기는 미소 면의 면적을 나타내고, 그 단위벡터는 미소 면에 수직이며, 미분체적 바깥을 가리킨다. 크기 $|d\mathbf{l}|$이 매우 작다는 것을 고려하면, dv의 미소 면들을 모두 직각사각형으로 가정할 수 있다. [그림 1-27]에 표시된 6개의 미소 면들에 대한 미분면적 벡터들은 다음과 같이 주어진다.

$$d\mathbf{s} = R_1^2 \sin\theta_1 \, d\theta \, d\phi \, \mathbf{a}_R \qquad (\text{면 ①}) \tag{1-79a}$$

$$d\mathbf{s} = R_1 \sin\theta_1 \, dR \, d\phi \, \mathbf{a}_\theta \qquad (\text{면 ②}) \tag{1-79b}$$

$$d\mathbf{s} = -R_1 \, dR \, d\theta \, \mathbf{a}_\phi \qquad (\text{면 ③}) \tag{1-79c}$$

$$d\mathbf{s} = -R_1^2 \sin\theta_1 \, d\theta \, d\phi \, \mathbf{a}_R \tag{1-79d}$$

$$d\mathbf{s} = -R_1 \sin\theta_1 \, dR \, d\phi \, \mathbf{a}_\theta \tag{1-79e}$$

$$d\mathbf{s} = R_1 \, dR \, d\theta \, \mathbf{a}_\phi \tag{1-79f}$$

여기서 후반 3개의 식들은 앞 면들에 가려 보이지 않는 미소 면들에 대한 미분면적 벡터들을 표시한다. 식 (1-79)의 미분면적 벡터들은 하나의 상수 좌표면을 여러 개의 미소 면적으로 나누는데 매우 유용하다. 그러나 상수 좌표면이 아닌 경우 이들을 적용하기 불가능하다. 예를 들면, $z=1$ 평면 혹은 중심이 원점에서 벗어나 존재하는 구면 등이 그 예이다.

Example 1-9

[그림 1-26]을 참조하여 구좌표계의 한 점 p_1에서 주어지는 세 베이스벡터들 (a) $\mathbf{a}_R$ (b) $\mathbf{a}_\theta$ (c) $\mathbf{a}_\phi$ 를 $\mathbf{a}_x$, $\mathbf{a}_y$, $\mathbf{a}_z$ 방향으로 투영하라.

Solution

단위벡터 $\mathbf{a}_R$을 $z=0$ 평면에 투영하면 : $\sin\theta_1$ (1-80)

그 다음 연속투영을 이용해 아래의 항들을 얻는다.

$\mathbf{a}_R$의 $\mathbf{a}_x$로의 투영 : $\sin\theta_1\cos\phi_1$ (1-81a)

$\mathbf{a}_R$의 $\mathbf{a}_y$로의 투영 : $\sin\theta_1\sin\phi_1$ (1-81b)

$\mathbf{a}_R$의 $\mathbf{a}_z$로의 투영 : $\cos\phi_1$ (1-81c)

식 (1-81)의 항들을 정리하면

$$\boxed{\mathbf{a}_R = \sin\theta_1\cos\phi_1\,\mathbf{a}_x + \sin\theta_1\sin\phi_1\,\mathbf{a}_y + \cos\theta_1\,\mathbf{a}_z} \qquad (1\text{-}82)$$

단위벡터 $\mathbf{a}_\theta$를 $z=0$ 평면에 투영하면 : $\cos\theta_1$ (1-83)

연속투영을 이용하면

$\mathbf{a}_\theta$의 $\mathbf{a}_x$로의 투영 : $\cos\theta_1\cos\phi_1$ (1-84a)

$\mathbf{a}_\theta$의 $\mathbf{a}_y$로의 투영 : $\cos\theta_1\sin\phi_1$ (1-84b)

$\mathbf{a}_\theta$의 $\mathbf{a}_z$로의 투영 : $-\sin\theta_1$ (1-84c)

식 (1-84)의 항들을 정리하면

$$\boxed{\mathbf{a}_\theta = \cos\theta_1\cos\phi_1\,\mathbf{a}_x + \cos\theta_1\sin\phi_1\,\mathbf{a}_y - \sin\theta_1\,\mathbf{a}_z} \qquad (1\text{-}85)$$

그 다음 아래의 항들을 구한다.

$\mathbf{a}_\phi$의 $\mathbf{a}_x$로의 투영 : $-\sin\phi_1$ (1-86a)

$\mathbf{a}_\phi$의 $\mathbf{a}_y$로의 투영 : $\cos\phi_1$ (1-86b)

$\mathbf{a}_\phi$의 $\mathbf{a}_z$로의 투영 : 0 (1-86c)

식 (1-86)의 항들을 정리하면

$$\boxed{\mathbf{a}_\phi = -\sin\phi_1\,\mathbf{a}_x + \cos\phi_1\,\mathbf{a}_y} \tag{1-87}$$

위의 식들 (1-82), (1-85), (1-87)은 다음 절에서 논하는 좌표변환에 매우 유용하다.

Example 1-10

섞음좌표계에서 두 벡터장 $\mathbf{A}(\mathbf{r}) = (\cos\phi)\mathbf{a}_z$, $\mathbf{B}(\mathbf{r}) = R^2\mathbf{a}_R$이 존재할 때, 반지름 $R=2$인 구면 위에서 다음을 구하라.

(a) $\mathbf{A}\cdot\mathbf{B}$ (b) $\mathbf{A}\times\mathbf{B}$

Solution

주어진 구면은 $(R,\theta,\phi) = (2,\theta,\phi)$로 정의되므로, 이것을 이용하면 구면 위에서 벡터장들은 아래와 같이 표시된다.

$$\mathbf{A}(2,\theta,\phi) = (\cos\phi)\mathbf{a}_z$$

$$\mathbf{B}(2,\theta,\phi) = 4\,\mathbf{a}_R$$

이들을 이용하면

(a) $\mathbf{A}\cdot\mathbf{B} = 4\cos\phi(\mathbf{a}_z\cdot\mathbf{a}_R) = 4\cos\phi\cos\theta$

(b) $\mathbf{A}\times\mathbf{B} = 4\cos\phi(\mathbf{a}_z\times\mathbf{a}_R) = 4\cos\phi\sin\theta\,\mathbf{a}_\phi$

위의 점곱과 가위곱이 섞음좌표계에서 수행되는 것에 주목하라.

Exercise 1.20

반지름 $R=3$이고 중심을 원점에 둔 구면 위에서 다음을 구하라.

(a) $d\mathbf{s}$ (b) 구에 접한 평면 위에서의 $d\mathbf{l}$

Ans (a) $d\mathbf{s} = (9\sin\theta)d\theta\, d\phi\, \mathbf{a}_R$ (b) $d\mathbf{l} = 3d\theta\,\mathbf{a}_\theta + 3\sin\theta\, d\phi\, \mathbf{a}_\phi$

Exercise 1.21

위의 Exercise 1.20 (b)에 대한 답을 직각좌표계에서 구하라.

Ans $d\mathbf{l} = dx\,\mathbf{a}_x + dy\,\mathbf{a}_y + dz\,\mathbf{a}_z$

Exercise 1.22

다음의 벡터장들이 구대칭성을 띠는지를 답하라.

(a) $\mathbf{U}(\mathbf{r}) = (1/R^2)\mathbf{a}_R$ (b) $\mathbf{V}(\mathbf{r}) = (\cos\theta)\mathbf{a}_R$

(c) $\mathbf{W}(\mathbf{r}) = \mathbf{a}_\phi \times \mathbf{a}_\theta$ (d) $\mathbf{X}(\mathbf{r}) = (\mathbf{r}\cdot\mathbf{a}_z)\mathbf{a}_R$

Ans (a) 예 (b) 아니오 (c) 예 (d) 아니오

Review Questions with Hints

RQ 1.9 직교좌표계와 오른손 좌표계를 설명하라. [(1-28)(1-29)]

RQ 1.10 직교규격관계와 순환순열을 설명하라. [(1-28)(1-29)]

RQ 1.11 식 (1-9)의 $\mathbf{A}\cdot\mathbf{B}$가 어떻게 식 (1-35)의 성분형태로 표시될 수 있는 지 설명하라. [(1-32)(1-13b)(1-28)]

RQ 1.12 식 (1-21)의 $\mathbf{A}\times\mathbf{B}$가 어떻게 식 (1-37)의 성분형태로 표시될 수 있는 지 설명하라. [(1-32)(1-22c)(1-29)]

RQ 1.13 세 좌표계 내에서 $d\mathbf{l}$을 정의하라. [(1-39)(1-55)(1-77)]

RQ 1.14 세 좌표계 내에서 dv를 정의하라. [(1-40)(1-56)(1-78)]

RQ 1.15 폐곡면(closed surface) 위에서 $d\mathbf{s}$는 어느 방향을 가리키는가? [그림 1-17]

RQ 1.16 두 벡터 **A**, **B**가 공간상의 서로 다른 점에 위치할 때 식 (1-54)와 (1-76)을 사용할 수 없는 이유는? [(1-48)(1-70)]

1.4 좌표변환(COORDINATE TRANSFORMATION)

3차원 공간상의 한 점의 위치는 어느 좌표계를 사용하는 지에 관계없이 항상 일정하다. 앞 절에서 설명한 것처럼 서로 다른 좌표계는 서로 다른 방식으로 공간상의 한 점을 정의한다. 그러나 어떤 특정한 좌표계가 주어진 전기자기 문제를 푸는데 더 유용할 수 있으므로 주어진 점의 좌표를 한 좌표계에서 다른 좌표계로 변환할 필요가 있다. 이러한 작업을 좌표변환(coordinate transformation)이라 한다. 또한 공간상 한 점에 위치한 벡터의 크기와 방향도 좌표계에 무관하다. 서로 다른 좌표계는 서로 다른 베이스벡터를 가지고 있으므로, 벡터성분에 대한 표시는 서로 다른 좌표계에서 다르다. 벡터성분의 변환을 특별히 벡터성분의 좌표변환(coordinate transformation of the component of a vector)이라 부른다.

1.4.1 직각-직각 좌표변환(Cartesian-Cartesian)

우선 하나의 직각좌표계에서 또 다른 직각좌표계로의 좌표변환에 대해 설명한다. [그림 1-28]은 프라임좌표계(primed coordinate system)가 정상좌표계(unprimed coordinate system)에 대해 z-축을 중심으로 반시계방향으로 각도 φ 만큼 회전되었음을 보여준다. 공간상의 점 p_1은 정상좌표계에서 (x_1, y_1, z_1)로 표시되고, 프라임좌표계에서는 (x_1', y_1', z_1')로 표시된다. 이 점에서의 베이스벡터들은 각각 $(\mathbf{a}_x, \mathbf{a}_y, \mathbf{a}_z)$와 $(\mathbf{a}_{x'}, \mathbf{a}_{y'}, \mathbf{a}_{z'})$로 주어진다. 벡터 $\mathbf{A}$가 점 p_1에 정의된다면, 그 벡터는 아래와 같은 성분 형태로 표시될 수 있다.

$$\mathbf{A} = A_x\mathbf{a}_x + A_y\mathbf{a}_y + A_z\mathbf{a}_z \tag{1-88a}$$

$$\mathbf{A} = A_{x'}\,\mathbf{a}_{x'} + A_{y'}\,\mathbf{a}_{y'} + A_{z'}\,\mathbf{a}_{z'} \equiv \mathbf{A}' \tag{1-88b}$$

여기서 A_x, A_y, A_z는 정상좌표계에서의 스칼라성분들을 나타내고, $A_{x'}$, $A_{y'}$, $A_{z'}$는 프라임좌표계에서의 동일한 벡터 $\mathbf{A}$의 스칼라성분들이다.

벡터성분의 좌표변환은 해당 벡터 $\mathbf{A}$를 새로운 좌표계의 베이스벡터들에 투영함으로써 완성된다. 벡터 $\mathbf{A}$의 x'-축으로의 성분은 $\mathbf{A}$를 $\mathbf{a}_{x'}$에 투영하여 얻을 수 있다. 즉

$$\begin{aligned}\mathbf{A}\cdot\mathbf{a}_{x'} &= A_{x'}\\ &= (A_x\mathbf{a}_x + A_y\mathbf{a}_y + A_z\mathbf{a}_z)\cdot\mathbf{a}_{x'} = A_x\cos\varphi + A_y\sin\varphi\end{aligned} \tag{1-89}$$

여기서 $\mathbf{a}_x\cdot\mathbf{a}_{x'} = \cos\varphi$, $\mathbf{a}_y\cdot\mathbf{a}_{x'} = \sin\varphi$, $\mathbf{a}_z\cdot\mathbf{a}_{x'} = 0$이다([그림 1-28] 참조). 식 (1-89)에서와 마찬가지 방법으로 스칼라성분 $A_{y'}$와 $A_{z'}$는 점곱 $\mathbf{A}\cdot\mathbf{a}_{y'}$와 $\mathbf{A}\cdot\mathbf{a}_{z'}$로부터 얻어진다. 이들 결과를 행렬 수식으로 표시하면, 정상좌표계에서 프라임좌표계로의 $\mathbf{A}$의 벡터성분의 좌표변환은 아래와 같이 주어진다.

$$\boxed{\begin{bmatrix} A_{x'} \\ A_{y'} \\ A_{z'} \end{bmatrix} = \begin{bmatrix} \cos\varphi & \sin\varphi & 0 \\ -\sin\varphi & \cos\varphi & 0 \\ 0 & 0 & 1 \end{bmatrix}\begin{bmatrix} A_x \\ A_y \\ A_z \end{bmatrix}} \tag{1-90}$$

여기서 φ는 두 좌표계 사이의 회전 각도를 의미하며, 프라임좌표계가 반시계방향으로 회전된 때 양의 수로 주어진다. 식 (1-90)의 3×3 행렬을 변환행렬(transformation matrix)이라고 부른다. 이 변환행렬은 $\mathbf{T}$로 표시되므로로, 식 (1-90)은 간단히 $\mathbf{A}' = \mathbf{TA}$로 표시된다.

여기서 주목할 점은 식 (1-90)의 변환행렬 $\mathbf{T}$는 벡터 $\mathbf{A}$의 공간상 위치에 무관하다는 사실이다. 이것은 $\mathbf{T}$가 임의의 벡터에 적용될 수 있다는 것을 의미한다. 예를 들면, 위치벡터 등등이다. 위치벡터의 스칼라성분은 주어진 점의 직각좌표와 동일하므로 정상좌표계에서 위치벡터는 $\mathbf{r}_1 = x_1\mathbf{a}_x + y_1\mathbf{a}_y + z_1\mathbf{a}_z$이고, 프라임좌표계에서 위치벡터는 $\mathbf{r}_1 = x_1'\mathbf{a}_{x'} + y_1'\mathbf{a}_{y'} + z_1'\mathbf{a}_{z'}$로 표시된다. 이 표현식들을 식 (1-90)에 대입하면, 정상좌표계에서 프라임좌표계로의 공간상 한 점에 대한 좌표변환을 아래와 같이 구할 수 있다.

$$\begin{bmatrix} x' \\ y' \\ z' \end{bmatrix} = \begin{bmatrix} \cos\varphi & \sin\varphi & 0 \\ -\sin\varphi & \cos\varphi & 0 \\ 0 & 0 & 1 \end{bmatrix} \begin{bmatrix} x \\ y \\ z \end{bmatrix} \tag{1-91}$$

위 식에서 첨자 1은 생략되었다.

식 (1-90)과 (1-91)에 주어진 좌표변환에 φ 대신 $-\varphi$가 사용되면 그 변환방향이 반전된다. 즉 $-\varphi$가 사용되면 두 식은 프라임좌표계에서 정상좌표계로의 좌표변환을 의미한다.

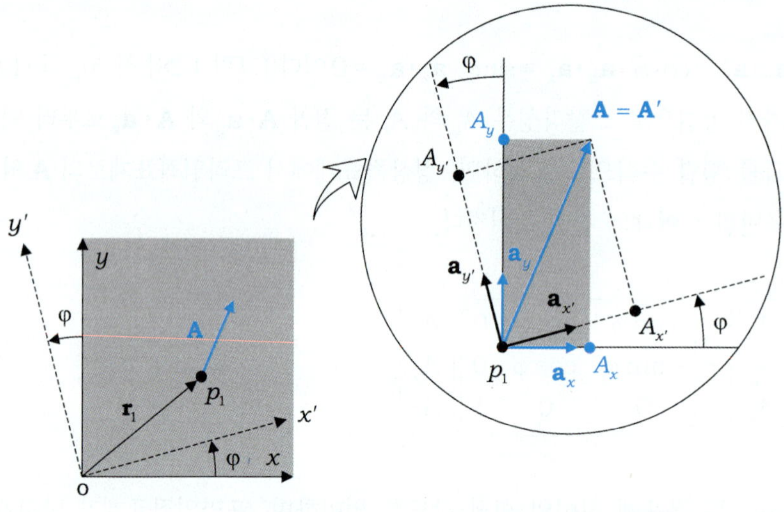

그림 1-28 프라임좌표계가 정상좌표계에 대해 반시계방향으로 φ 만큼 회전됨

만약 벡터 $\mathbf{A}$가 하나의 벡터장을 나타낸다면 그것의 스칼라성분들은 일반적으로 위치에 대한 함수로 주어진다. 즉 $A_x(x, y, z)$, $A_y(x, y, z)$, $A_z(x, y, z)$이다. 이 경우 벡

터 **A**에 대한 좌표변환은 다음과 같은 두 절차를 밟아서 수행된다. (1) 식 (1-90)을 이용해 **A**의 스칼라성분들을 좌표변환한다. (2) 식 (1-91)을 이용해 **A**가 위치한 지점에 대한 좌표변환을 한다.

직각-직각 좌표변환에서는 한 점의 좌표변환과 벡터성분에 대한 좌표변환에 동일한 변환행렬 **T**가 사용되지만 일반적인 경우에는 그렇지 않다(다음 절 참조).

Example 1-11

[그림 1-28]을 참조해 하나의 벡터장 $\mathbf{A} = 2x\mathbf{a}_x$에 대한 정상좌표계에서 프라임 좌표계로의 좌표변환을 수행하라.

Solution

식 (1-90)을 이용해 **A**의 성분에 대한 좌표변환을 실시하면

$$\begin{bmatrix} A_{x'} \\ A_{y'} \\ A_{z'} \end{bmatrix} = \begin{bmatrix} \cos\varphi & \sin\varphi & 0 \\ -\sin\varphi & \cos\varphi & 0 \\ 0 & 0 & 1 \end{bmatrix} \begin{bmatrix} 2x \\ 0 \\ 0 \end{bmatrix} \tag{1-92}$$

식 (1-92)를 다시 쓰면

$$\begin{aligned} \mathbf{A}' &= A_{x'}\mathbf{a}_{x'} + A_{y'}\mathbf{a}_{y'} + A_{z'}\mathbf{a}_{z'} \\ &= 2x\cos\varphi\,\mathbf{a}_{x'} - 2x\sin\varphi\,\mathbf{a}_{y'} \end{aligned} \tag{1-93}$$

식 (1-91)로부터

$$x = x'\cos\varphi - y'\sin\varphi \tag{1-94}$$

식 (1-94)를 식 (1-93)에 대입하면

$$\mathbf{A} = 2(x'\cos\varphi - y'\sin\varphi)\cos\varphi\,\mathbf{a}_{x'} - 2(x'\cos\varphi - y'\sin\varphi)\sin\varphi\,\mathbf{a}_{y'}$$

Exercise 1.23

벡터장 $\mathbf{A} = 4\mathbf{a}_x + 2\mathbf{a}_y + 3\mathbf{a}_z$가 정상좌표계에서 주어졌다. 점 $p:(2, 1, 3)$에서의 벡터를 각도 $\varphi = 30°$ 로 회전된 프라임좌표계에서 표시하라.

Ans $\mathbf{A} = (2\sqrt{3}+1)\mathbf{a}_{x'} + (-2+\sqrt{3})\mathbf{a}_{y'} + 3\,\mathbf{a}_{z'}$

1.4.2 원통-직각 좌표변환(Cylindrical-Cartesian)

[그림 1-21]은 벡터 $\mathbf{A}$가 원통좌표계의 한 점 $p_1:(\rho_1, \phi_1, z_1)$에서 주어진다는 것을 보여준다. 점 p_1에서의 베이스벡터들 $(\mathbf{a}_x,\ \mathbf{a}_y,\ \mathbf{a}_z)$는 또 다른 베이스벡터들 $(\mathbf{a}_\rho,\ \mathbf{a}_\phi,\ \mathbf{a}_z)$에 대해 $\mathbf{a}_z$를 중심으로 각도 $\varphi = -\phi_1$만큼 회전된 형태이다. [그림 1-21]과 [그림 1-28]을 비교하면 다음과 같은 사실을 알 수 있다. 즉 식 (1-90)에 $\varphi = -\phi_1$을 대입하면 이 식은 $\mathbf{A}$의 성분이 원통좌표계에서 직각좌표계로 좌표변환되는 것을 표시한다. 그리하여 원통좌표계에서 직각좌표계로의 벡터성분의 좌표변환은 다음과 같이 표시된다.

$$\begin{bmatrix} A_x \\ A_y \\ A_z \end{bmatrix} = \begin{bmatrix} \cos(-\phi_1) & \sin(-\phi_1) & 0 \\ -\sin(-\phi_1) & \cos(-\phi_1) & 0 \\ 0 & 0 & 1 \end{bmatrix} \begin{bmatrix} A_\rho \\ A_\phi \\ A_z \end{bmatrix} \tag{1-95}$$

여기서 주목해야 할 중요한 사항은 식 (1-95)의 각도 ϕ_1은 벡터 $\mathbf{A}$가 위치하고 있는 공간상 한 점의 ϕ 좌표라는 것이다. 식 (1-95)의 각도 $-\phi_1$을 ϕ_1로 대치하면 좌표변환의 방향이 반전된다. 그리하여 직각좌표계에서 원통좌표계로의 벡터성분의 좌표변환은 다음과 같이 표시된다.

$$\begin{bmatrix} A_\rho \\ A_\phi \\ A_z \end{bmatrix} = \begin{bmatrix} \cos(\phi_1) & \sin(\phi_1) & 0 \\ -\sin(\phi_1) & \cos(\phi_1) & 0 \\ 0 & 0 & 1 \end{bmatrix} \begin{bmatrix} A_x \\ A_y \\ A_z \end{bmatrix} \tag{1-96}$$

식 (1-95)에서와 마찬가지로 식 (1-96)의 각도 ϕ_1은 벡터 **A**가 위치한 지점의 ϕ 좌표이다.

공간상 한 점의 좌표를 원통좌표계에서 직각좌표계로 변환하는 경우 식 (1-95)를 사용할 수 있다. 그러나 그 반대방향으로 좌표변환을 하는 경우 식 (1-96)을 사용할 수 없다. 필요없는 혼동을 방지하기 위해 공간상 점의 좌표변환에 변환행렬을 사용하지 않는다. 대신 [그림 1-21]에 피타고라스 정리(Pythagorean theorem) 및 삼각법(trigonometry)을 적용해 원통좌표와 직각좌표 사이의 관계를 구한다. 즉

$$\boxed{\begin{aligned} x &= \rho\cos\phi \\ y &= \rho\sin\phi \\ z &= z \end{aligned}} \tag{1-97}$$

그리고

$$\boxed{\begin{aligned} \rho &= \sqrt{x^2+y^2} \\ \phi &= \tan^{-1}(y/x) \\ z &= z \end{aligned}} \tag{1-98}$$

위의 식들에서 첨자 1은 일반화를 위해 생략되었다.

Example 1-12

지시된 지점에서의 벡터를 직각좌표계에서 표시하라.

(a) 벡터장 $\mathbf{A} = 2\,\mathbf{a}_\rho + 3\,\mathbf{a}_\phi + \sqrt{3}\,\mathbf{a}_z$내의 한 점 $(\rho, \phi, z) = (4, 60^0, 5)$

(b) 벡터장 $\mathbf{B} = 2\,\mathbf{a}_\rho + 3\,\mathbf{a}_\phi + \sqrt{3}\,\mathbf{a}_z$내의 한 점 $(x, y, z) = (\sqrt{2}, 2, 1)$

(c) 원점에서 점 $(\rho, \phi, z) = (3,\ 45^\circ,\ 4)$로 진행한 벡터 **C**

Solution

(a) 식 (1-95)로부터

$$\begin{bmatrix} A_x \\ A_y \\ A_z \end{bmatrix} = \begin{bmatrix} \cos(-60^o) & \sin(-60^o) & 0 \\ -\sin(-60^o) & \cos(-60^o) & 0 \\ 0 & 0 & 1 \end{bmatrix} \begin{bmatrix} 2 \\ 3 \\ \sqrt{3} \end{bmatrix} = \begin{bmatrix} 1/2 & -\sqrt{3}/2 & 0 \\ \sqrt{3}/2 & 1/2 & 0 \\ 0 & 0 & 1 \end{bmatrix} \begin{bmatrix} 2 \\ 3 \\ \sqrt{3} \end{bmatrix}$$

이것을 정리하면

$$A_x = \frac{2-3\sqrt{3}}{2},\ \mathrm{A}_y = \frac{2\sqrt{3}+3}{2},\ \mathrm{A}_z = \sqrt{3}$$

정답은

$$\mathbf{A} = \left(1 - \frac{3}{2}\sqrt{3}\right)\mathbf{a}_x + \left(\sqrt{3} + \frac{3}{2}\right)\mathbf{a}_y + \sqrt{3}\mathbf{a}_z$$

(b) 식 (1-98)에 $(x, y, z) = (\sqrt{2}, 2, 1)$을 대입하면

$$\phi_1 = \tan^{-1}\left(2/\sqrt{2}\right) = 54.8^o$$

그러므로

$$\sin\phi_1 = 2/\sqrt{6} \text{ 그리고 } \cos\phi_1 = 1/\sqrt{3} \tag{1-99}$$

식 (1-95)에 **B**와 식 (1-99)를 대입하면

$$\begin{bmatrix} B_x \\ B_y \\ B_z \end{bmatrix} = \begin{bmatrix} \cos(-\phi_1) & \sin(-\phi_1) & 0 \\ -\sin(-\phi_1) & \cos(-\phi_1) & 0 \\ 0 & 0 & 1 \end{bmatrix} \begin{bmatrix} 2 \\ 3 \\ \sqrt{3} \end{bmatrix} = \begin{bmatrix} 1/\sqrt{3} & -2/\sqrt{6} & 0 \\ 2/\sqrt{6} & 1/\sqrt{3} & 0 \\ 0 & 0 & 1 \end{bmatrix} \begin{bmatrix} 2 \\ 3 \\ \sqrt{3} \end{bmatrix}$$

위의 식으로부터

$$B_x = \frac{2}{\sqrt{3}} - \sqrt{6},\ \mathrm{B}_y = \frac{4}{\sqrt{6}} + \sqrt{3},\ \mathrm{B}_z = \sqrt{3}$$

그러므로

$$\mathbf{B} = \left(\frac{2}{\sqrt{3}} - \sqrt{6}\right)\mathbf{a}_x + \left(\frac{4}{\sqrt{6}} + \sqrt{3}\right)\mathbf{a}_y + \sqrt{3}\mathbf{a}_z$$

(c) 벡터 **C**는 위치벡터이다.

식 (1-97)에 $(\rho, \phi, z) = (3, 45^0, 4)$를 대입하면

$$x = 3\cos 45^o = 3/\sqrt{2}$$

$$y = 3\sin 45^o = 3/\sqrt{2}$$

$$z = 4$$

그러므로

$$\mathbf{C} = \frac{3}{\sqrt{2}}\mathbf{a}_x + \frac{3}{\sqrt{2}}\mathbf{a}_y + 4\,\mathbf{a}_z$$

Exercise 1.24

식 (1-95)와 (1-96)의 변환행렬들은 서로에 대해 역행렬(inverse matrix)임을 증명하라.

Exercise 1.25

식 (1-96)과 (1-97)을 이용해 미분길이 벡터 $d\mathbf{l} = dx\,\mathbf{a}_x + dy\,\mathbf{a}_y + dz\,\mathbf{a}_z$를 원통좌표계의 미분길이 벡터로 좌표변환하라.

Ans $d\mathbf{l} = d\rho\,\mathbf{a}_\rho + \rho d\phi\,\mathbf{a}_\phi + dz\,\mathbf{a}_z$

1.4.3 구-직각 좌표변환(Spherical-Cartesian)

[그림 1-23]에서 보듯이 벡터 **A**가 구좌표계의 한 점 $p_1:(R_1, \theta_1, \phi_1)$에서 주어질 경우, **A**는 직각좌표계 혹은 구좌표계에서 아래와 같은 일반적인 성분형태로 표시된다.

$$\mathbf{A} = A_x \mathbf{a}_x + A_y \mathbf{a}_y + A_z \mathbf{a}_z \tag{1-100a}$$

$$\mathbf{A} = A_R\, \mathbf{a}_R + A_\theta\, \mathbf{a}_\theta + A_\phi\, \mathbf{a}_\phi \equiv \mathbf{A}' \tag{1-100b}$$

벡터 **A**′의 성분을 직각좌표계로 변환하기 위해 **A**′를 베이스벡터들 $\mathbf{a}_x, \mathbf{a}_y, \mathbf{a}_z$로 투영시킨다. 즉

$$\begin{aligned}\mathbf{A}' \cdot \mathbf{a}_x &= A_x \\ &= \left(A_R \mathbf{a}_R + A_\theta \mathbf{a}_\theta + A_\phi \mathbf{a}_\phi\right) \cdot \mathbf{a}_x \\ &= A_R \sin\theta_1 \cos\phi_1 + A_\theta \cos\theta_1 \cos\phi_1 - A_\phi \sin\phi_1\end{aligned}$$

여기서 $\mathbf{a}_R \cdot \mathbf{a}_x = \sin\theta_1 \cos\phi_1$, $\mathbf{a}_\theta \cdot \mathbf{a}_x = \cos\theta_1 \cos\phi_1$, $\mathbf{a}_\phi \cdot \mathbf{a}_x = -\sin\phi_1$인데, 이들은 앞 절의 식들 (1-82), (1-85), (1-87)에서 유래한다. A_x와 마찬가지로 A_y와 A_z를 점곱 $\mathbf{A}' \cdot \mathbf{a}_y$와 $\mathbf{A}' \cdot \mathbf{a}_z$로부터 얻을 수 있다. 그리하여 벡터 **A**의 성분에 대한 구좌표계에서 직각좌표계로의 변환은 아래 식으로 주어진다.

$$\begin{bmatrix} A_x \\ A_y \\ A_z \end{bmatrix} = \begin{bmatrix} \sin\theta_1 \cos\phi_1 & \cos\theta_1 \cos\phi_1 & -\sin\phi_1 \\ \sin\theta_1 \sin\phi_1 & \cos\theta_1 \sin\phi_1 & \cos\phi_1 \\ \cos\theta_1 & -\sin\theta_1 & 0 \end{bmatrix} \begin{bmatrix} A_R \\ A_\theta \\ A_\phi \end{bmatrix} \tag{1-101}$$

위의 식에서 보듯이 이러한 좌표변환에 사용되는 변환행렬은 각도 θ_1과 ϕ_1에 대한 함수이다. 여기서 주목해야 할 중요 사항은 θ_1과 ϕ_1이 벡터 **A**가 위치한 지점의 구좌표값들이라는 점이다.

식 (1-101)을 유도할 때 사용된 방법에 따라 벡터 **A**의 성분에 대한 직각좌교계에서 구좌표계로의 변환은 다음과 같이 주어진다.

$$\begin{bmatrix} A_R \\ A_\theta \\ A_\phi \end{bmatrix} = \begin{bmatrix} \sin\theta_1 \cos\phi_1 & \sin\theta_1 \sin\phi_1 & \cos\theta_1 \\ \cos\theta_1 \cos\phi_1 & \cos\theta_1 \sin\phi_1 & -\sin\theta_1 \\ -\sin\phi_1 & \cos\phi_1 & 0 \end{bmatrix} \begin{bmatrix} A_x \\ A_y \\ A_z \end{bmatrix} \tag{1-102}$$

식 (1-102)는 벡터 $\mathbf{A}$의 $\mathbf{a}_R$, $\mathbf{a}_\theta$, $\mathbf{a}_\phi$로의 투영에 기초하므로 당연히 점 p_1의 좌표값들 θ_1, ϕ_1에 대한 함수로 주어진다. 식 (1-102)의 변환행렬은 식 (1-101)의 변환행렬에 대해 역행렬(inverse matrix)이고, 또한 반대로도 똑같이 성립된다.

혼동을 피하기 위해 공간상 한 점의 좌표를 변환할 때 식을 (1-101)과 (1-102)를 사용하지 않는다. 대신 [그림 1-26]에 피타고라스 정리(Pythagorean theorem) 및 삼각법(trigonometry)를 적용해 점 p_1의 구좌표와 직각좌표 사이의 관계식을 구한다. 즉

$$\begin{aligned} x &= R\sin\theta\cos\phi \\ y &= R\sin\theta\sin\phi \\ z &= R\cos\theta \end{aligned} \tag{1-103}$$

그리고

$$\begin{aligned} R &= \sqrt{x^2 + y^2 + z^2} \\ \theta &= \tan^{-1}\left(\sqrt{x^2 + y^2} \,/\, z\right) \\ \phi &= \tan^{-1}(y / x) \end{aligned} \tag{1-104}$$

위의 식들에서 첨자 1은 일반화를 위해 생략되었다.

Example 1-13

좌표변환을 이용해 다음을 증명하라.

(a) $\dfrac{\partial \mathbf{a}_R}{\partial \theta} = \mathbf{a}_\theta$ (b) $\dfrac{\partial \mathbf{a}_R}{\partial \phi} = \sin\theta\, \mathbf{a}_\phi$

Solution

식 (1-101)을 이용해 $\mathbf{a}_R$을 직각좌표계로 변환시킨다.

$$\begin{bmatrix} A_x \\ A_y \\ A_z \end{bmatrix} = \begin{bmatrix} \sin\theta\cos\phi & \cos\theta\cos\phi & -\sin\phi \\ \sin\theta\sin\phi & \cos\theta\sin\phi & \cos\phi \\ \cos\theta & -\sin\theta & 0 \end{bmatrix} \begin{bmatrix} 1 \\ 0 \\ 0 \end{bmatrix}$$

위 식을 다시 쓰면

$$\begin{aligned} \mathbf{a}_R &= A_x\,\mathbf{a}_x + A_y\,\mathbf{a}_y + A_z\,\mathbf{a}_z \\ &= \sin\theta\cos\phi\,\mathbf{a}_x + \sin\theta\sin\phi\,\mathbf{a}_y + \cos\theta\,\mathbf{a}_z \end{aligned} \tag{1-105}$$

식 (1-105)의 양변을 θ로 미분하면

$$\frac{\partial \mathbf{a}_R}{\partial\theta} = \cos\theta\cos\phi\,\mathbf{a}_x + \cos\theta\sin\phi\,\mathbf{a}_y - \sin\theta\,\mathbf{a}_z \tag{1-106}$$

식 (1-105)의 양변을 ϕ로 미분하면

$$\frac{\partial \mathbf{a}_R}{\partial\phi} = -\sin\theta\sin\phi\,\mathbf{a}_x + \sin\theta\cos\phi\,\mathbf{a}_y \tag{1-107}$$

(a) 식 (1-102)를 이용해 식 (1-106)을 구좌표계로 좌표변환하면

$$\begin{bmatrix} A_R \\ A_\theta \\ A_\phi \end{bmatrix} = \begin{bmatrix} \sin\theta\cos\phi & \sin\theta\sin\phi & \cos\theta \\ \cos\theta\cos\phi & \cos\theta\sin\phi & -\sin\theta \\ -\sin\phi & \cos\phi & 0 \end{bmatrix} \begin{bmatrix} \cos\theta\cos\phi \\ \cos\theta\sin\phi \\ -\sin\theta \end{bmatrix}$$

위 식을 정리하여 다음을 얻는다.

$A_R = 0,\ A_\theta = 1,\ A_\phi = 0$

이 결과들을 조합하면

$$\begin{aligned} \frac{\partial \mathbf{a}_R}{\partial\theta} &= A_R\,\mathbf{a}_R + A_\theta\,\mathbf{a}_\theta + A_\phi\,\mathbf{a}_\phi \\ &= \mathbf{a}_\theta \end{aligned}$$

(b) 식 (1-102)를 이용해 식 (1-107)을 구좌표계로 좌표변환하면

$$\begin{bmatrix} A_R \\ A_\theta \\ A_\phi \end{bmatrix} = \begin{bmatrix} \sin\theta\cos\phi & \sin\theta\sin\phi & \cos\theta \\ \cos\theta\cos\phi & \cos\theta\sin\phi & -\sin\theta \\ -\sin\phi & \cos\phi & 0 \end{bmatrix} \begin{bmatrix} -\sin\theta\sin\phi \\ \sin\theta\cos\phi \\ 0 \end{bmatrix}$$

위 식을 정리해 다음을 얻는다.

$$A_R = 0,\ A_\theta = 0,\ A_\phi = \sin\theta\sin^2\phi + \sin\theta\cos^2\phi = \sin\theta$$

이 결과들을 정리하면

$$\begin{aligned} \frac{\partial \mathbf{a}_R}{\partial \phi} &= A_R\,\mathbf{a}_R + A_\theta\,\mathbf{a}_\theta + A_\phi\,\mathbf{a}_\phi \\ &= \sin\theta\,\mathbf{a}_\phi \end{aligned}$$

Exercise 1.26

하나의 벡터장 $\mathbf{A}(\mathbf{r}) = \mathbf{a}_R$을 직각좌표계로 변환하라.

Ans $\mathbf{A}(\mathbf{r}) = (x\,\mathbf{a}_x + y\,\mathbf{a}_y + z\,\mathbf{a}_z) / \sqrt{x^2 + y^2 + z^2}$

Exercise 1.27

변환행렬은 행렬식의 절대값이 1로 주어지는 유니테리 행렬(unitary matrix)임을 증명하라.

Ans $|\det \mathbf{T}| = 1$

Review Questions with Hints

RQ 1.17 직각-직각 좌표변환에 사용되는 변환행렬 **T**는 주어진 벡터의 위치에 대한 함수인가 그렇지 않은가? [(1-90), 그림 1-28]

RQ 1.18 공간상 한 점의 좌표에 대한 원통계와 직각계 사이의 좌표변환을 설명하라. [(1-97)(1-98)]

RQ 1.19 벡터성분들에 대한 원통계와 직각계 사이의 좌표변환을 설명하라. [(1-95)(1-96)]

RQ 1.20 공간상 한 점의 좌표에 대한 구계와 직각계 사이의 좌표변환을 설명하라. [(1-103)(1-104)]

RQ 1.21 벡터성분들에 대한 구계와 직각계 사이의 좌표변환을 설명하라. [(1-101)(1-102)]

RQ 1.22 식 (1-90), (1-95), (1-101)에 사용되는 각도들이 어떤 의미인지 설명하라. [그림 1-28,1-21,1-26]

PROBLEMS

1-1 [그림 1-29]에 주어진 세 벡터들에 대해 점곱의 결합법칙을 도식적으로 증명하라.

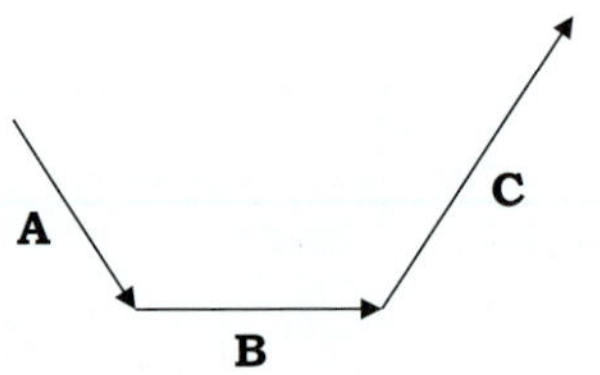

그림 1-29 한 평면상의 세 벡터들 (Problem 1-1)

1-2 두 벡터 **A**와 **B**가 [그림 1-30]에서 처럼 3차원 공간상에서 하나의 평행사변형을 형성한다. 이것의 xy-평면으로의 투영도 역시 평행사변형임을 증명하라.

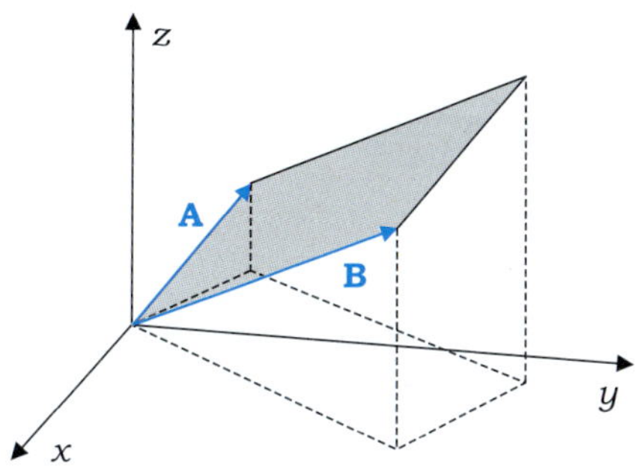

그림 1-30 두 벡터 **A**와 **B**에 의한 평행사변형(Problem 1-2)

1-3 동일 평면상의 세 벡터들에 대한 점곱 배분법칙이 Example 1-2에서 증명되었다. 이것을 참고하여 임의의 세 벡터에 대한 점곱 배분법칙을 연속투영법을 이용해 증명하라.

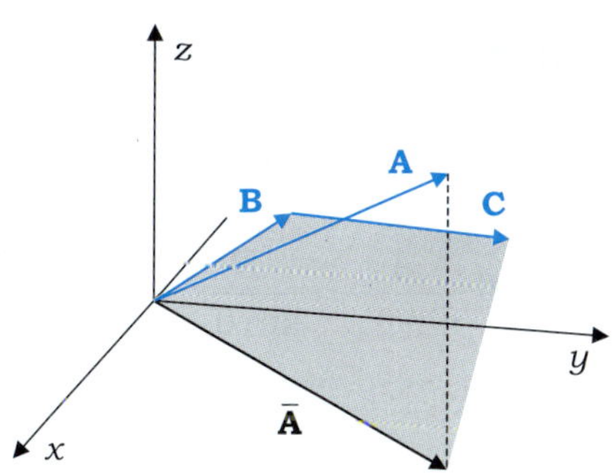

그림 1-31 임의의 세 벡터에 대한 점곱 배분법칙(Problem 1-3)

1-4 벡터 **A**가 두 벡터 **B**, **C**가 포함된 평면에 수직인 경우의 가위곱 배분법칙이 Example 1-3에서 증명되었다. 이것을 참고해 임의의 세 벡터에 대한 가위곱 배분법칙을 증명하시오.

[힌트 : $\mathbf{A} \times \mathbf{B} = \mathbf{A} \times \bar{\mathbf{B}}$]

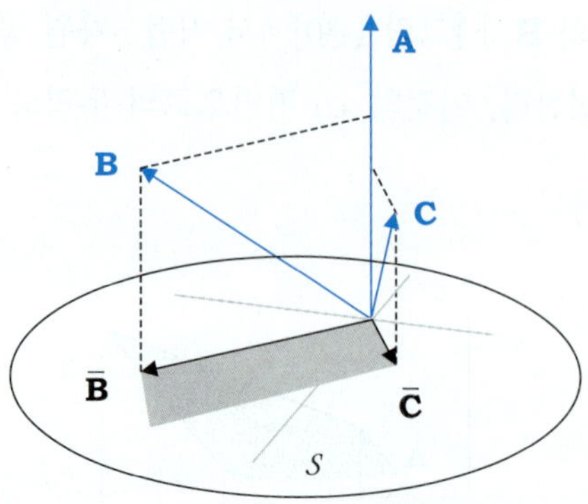

그림 1-32 임의의 세 벡터에 대한 가위곱 배분법칙(Problem 1-4)

1-5 두 벡터 **A**와 **B**가 하나의 평행사변형을 형성할 때

(a) 2개의 대각선을 **A**와 **B**로 표시

(b) 어떤 조건에서 두 대각선이 서로 수직인가?

(c) 두 대각선 벡터의 시작점들이 서로 맞닿도록 옮겨졌을 때 이들이 만드는 평행사변형의 면적을 구하라.

1-6 세 벡터들 **A**, **B**, **A**−**B**가 하나의 삼각형을 이룰 때 다음을 증명하라.

(a) 어떤 두 벡터들에 의한 평행사변형도 면적은 항상 일정

(b) 삼각형 사인법칙 $\dfrac{A}{\sin\theta_A}=\dfrac{B}{\sin\theta_B}=\dfrac{C}{\sin\theta_C}$

(세 변 A, B, C는 각각 꼭지각 θ_A, θ_B, θ_C를 마주 대한다.)

1-7 두 벡터들 $\mathbf{A}=2\mathbf{a}_x+\mathbf{a}_y+3\mathbf{a}_z$, $\mathbf{B}=-\mathbf{a}_x+2\mathbf{a}_y+\mathbf{a}_z$가 직각좌표계의 한 점에서 주어질 때 다음을 구하라.

(a) $\mathbf{a}_A$

(b) $\mathbf{B}-\mathbf{A}$

(c) $\mathbf{A}\cdot\mathbf{B}$

(d) $\mathbf{A}\times\mathbf{B}$

(e) θ_{AB}

(f) **B**의 성분 중 **A**에 평행인 것

(g) **B**의 성분 중 **A**에 수직인 것

1-8 벡터 $\mathbf{A}=\mathbf{a}_x+2\mathbf{a}_y+2\mathbf{a}_z$가 위치벡터 $\mathbf{r}=2\mathbf{a}_x+3\mathbf{a}_y+\sqrt{3}\,\mathbf{a}_z$에 위치한다. 아래의 벡터가 직각좌표계의 세 축과 만드는 각을 계산하라.

(a) $\mathbf{A}$ (b) $\mathbf{r}$

1-9 하나의 직선이 직각좌표계의 두 점 p_1:(1, 1, 0)과 p_2:(3, 2, 2)를 동시에 관통한다. 다음을 구하라.

(a) 점 p_1에서 p_2로 향하는 방향으로의 단위벡터 $\mathbf{a}_n$

(b) 점 p_1로부터 주어진 직선을 따라 거리 t 만큼 떨어진 점의 위치벡터

1-10 두 직선이 직각좌표계의 한 점 p_1에서 서로 직교한다. 첫째 직선은 점 p_2:(2, 1, 1)를 통과하고 둘째 직선은 두 점 p_3:(1, −1, 3)과 p_4:(−1, 1, 2)를 동시에 통과한다. 아래의 두 점들 사이의 거리를 구하라.

(a) p_1과 p_2 (b) p_1과 p_3

1-11 직각좌표계의 세 점 p_1:(2, 0, 0), p_2:(0, 1, 0), p_3:(0, 0, 1)이 만드는 하나의 평면에 대해 다음을 구하라.

(a) 그 평면에 수직이고 원점을 향하는 단위벡터

(b) 원점으로부터 평면까지의 수직거리

1-12 하나의 평면이 직각좌표계의 세 축을 각각 $x=a$, $y=b$, $z=c$에서 관통한다. 다음을 구하라.

(a) 평면에 수직인 단위벡터 (b) 평면을 표시하는 식

1-13 평면 S가 직각좌표계의 한 점 p_1:(3, 1, 2)을 통과하고 동시에 하나의 벡터 $\mathbf{k}=\mathbf{a}_x+2\mathbf{a}_y+4\mathbf{a}_z$에 수직이다. 평면의 식을 구하라.

1-14 3차원 공간상의 두 벡터 $\mathbf{A}$와 $\mathbf{B}$가 평행사변형 P를 형성한다. 두 벡터 $\mathbf{A}$와 $\mathbf{B}$의 xy-평면으로의 투영이 또 다른 평행사변형 P'를 형성할 때, P'의 면적이 $|\mathbf{a}_z\cdot(\mathbf{A}\times\mathbf{B})|$으로 주어진다는 것을 증명하라.

1-15 평행사변형 P가 두 벡터 $\mathbf{A}=3\mathbf{a}_x-\mathbf{a}_y+2\mathbf{a}_z$와 $\mathbf{B}=\mathbf{a}_x+2\mathbf{a}_y+\mathbf{a}_z$에 의해 만들어진다. P를 각각 $x=0$, $y=0$, $z=0$ 평면에 투영시키면 각각 평행사변형 P_1, P_2, P_3이 얻어진다. 다음을 구하라.

(a) 평행사변형 P에 수직인 단위벡터 $\mathbf{a}_n$

(b) P, P_1, P_2, P_3의 면적들

(c) $\mathbf{a}_n$의 스칼라성분들이 P_1, P_2, P_3의 면적들과 어떠한 관계인가.

1-16 두 벡터장 $\mathbf{A}=3\mathbf{a}_\rho+(4\sin\phi)\mathbf{a}_\phi$와 $\mathbf{B}=\rho^2\mathbf{a}_\rho+(\rho+z+2)\mathbf{a}_z$가 원통좌표계에서 주어질 때, 한 점 p_1:$(2, 30°, 1)$에서 다음을 구하라.

(a) $\mathbf{A}+\mathbf{B}$ (b) $\mathbf{A}\cdot\mathbf{B}$

(c) $\mathbf{A}\times\mathbf{B}$

1-17 하나의 삼각형이 직각좌표계의 세 점 p_1:$(2, 0, 1)$, p_2:$(-1, 1, 3)$, p_3:$(4, 2, -1)$에 의해 정의된다. 삼각형의 면적을 구하라.

1-18 원통좌표계의 하나의 벡터장 $\mathbf{H}(\mathbf{r})=(16/\rho^2)\mathbf{a}_\rho$가 두 점 p_1:$(2, 30°, 5)$과 p_2:$(2, 90°, 5)$에 각각 벡터 $\mathbf{H}(\mathbf{r}_1)=\mathbf{A}$와 $\mathbf{H}(\mathbf{r}_2)=\mathbf{B}$를 정의한다.

(a) $\mathbf{A}$와 $\mathbf{B}$를 원통좌표계에서 표시하라.

(b) 점 p_1에서 $\mathbf{A}\times\mathbf{a}_B$를 구하라. 여기서 $\mathbf{a}_B$는 $\mathbf{B}$의 단위벡터이다.

1-19 두 점 p_1:$(2, 90°, 5)$과 p_2:$(2, 60°, 5)$가 원통좌표계에서 주어진다. 원통좌표계에서

(a) p_1과 p_2의 위치벡터 $\mathbf{r}_1$과 $\mathbf{r}_2$를 구하라.

(b) 거리벡터 $\mathcal{R}_{1-2}=\mathbf{r}_1-\mathbf{r}_2$를 p_1의 베이스벡터들로 표시하라.

1-20 [그림 1-33]의 반쪽 원통의 면들은 각각 $\rho=4$, $\phi=30°$, $\phi=210°$, $z=0$, $z=5$ 평면에 의해 정의된다. 미분면적 벡터 $d\mathbf{s}$를 다음의 점들에서 구하라.

(a) p_1 (b) $p_2(\rho = 2)$

(c) p_3 (d) p_4

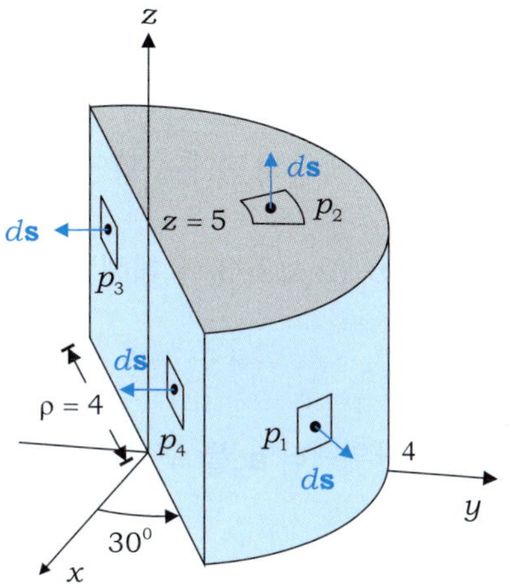

그림 1-33 반쪽 원통(Problem 1-20)

1-21 [그림 1-34]의 물체는 구좌표계에서 $R=6$, $\theta=30°$, $\phi=45°$, $\phi=225°$의 면들으로 정의된다. 다음의 점들에서 미분면적 벡터를 구하라.

(a) $p_1(\theta = 20°)$ (b) $p_2(R=4)$

(c) $p_3(R=4)$ (d) $p_4(R=5)$

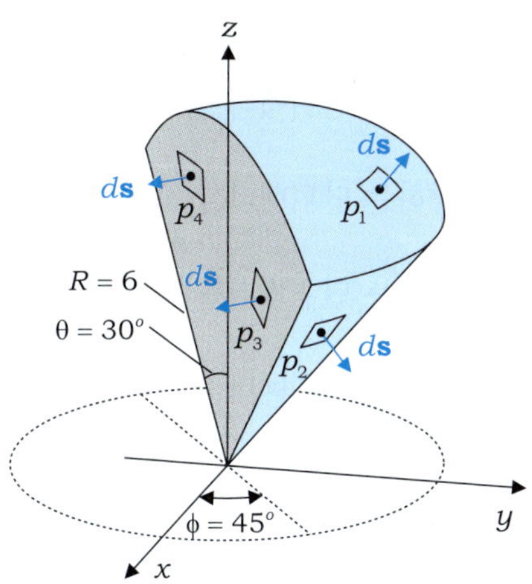

그림 1-34 반쪽 원뿔(Problem 1-21)

1-22 [그림 1-34]의 물체 내부 혹은 외부에서 벡터장이, 구좌표계에서 $\mathbf{E}=2R\mathbf{a}_R+R^2\cos\phi\mathbf{a}_\theta+100\sin\theta\cos\phi\mathbf{a}_\phi$로 정의된다. 물체 위의 세 점 p_1:(6, 20°, 60°), p_2:(4, 30°, 50°), p_3:(4, 20°, 45°)에서 다음을 구하라.

(a) $\mathbf{E}$

(b) $\mathbf{E}$의 벡터성분 중 물체의 표면에 수평인 성분과 수직인 성분

1-23 직각좌표계의 한 점 p_1:$(2, \sqrt{3}, 3)$에 대해 다음을 구하라.

(a) 원통좌표 (b) 구좌표

1-24 아래의 점들에서의 단위벡터 $\mathbf{a}_x$를 구좌표로 표시하라.

(a) $(x, y, z) = (1, -2, 3)$

(b) $(\rho, \phi, z) = (2, 30^\circ, \sqrt{2})$

(c) $(R, \theta, \phi) = (2, 45^\circ, 60^\circ)$

1-25 직각좌표계의 한 점 (2, 2, 1)에서의 벡터 $\mathbf{A}=\mathbf{a}_x+\mathbf{a}_y+0.5\mathbf{a}_z$에 대한 좌표변환을 수행하라.

(a) 원통좌표계로 (b) 구좌표계로

1-26 직각좌표계에서 두 점 p_1:(1, 1, 3)과 p_2:(−1, 2, 1)가 주어질 때

(a) p_1에서 p_2로 향하는 단위벡터를 직각좌표를 이용해 구하라.

(b) p_2에서 p_1로 향하는 단위벡터를 직각좌표를 이용해 구하라.

(c) p_1에서 p_2로 향하는 단위벡터를 원통좌표를 이용해 구하라.

(d) p_2에서 p_1로 향하는 단위벡터를 원통좌표를 이용해 구하라.

1-27 하나의 벡터장이 $\mathbf{A}=(2z+10)\mathbf{a}_x+x^2\mathbf{a}_y-y\mathbf{a}_z$로 주어질 때, 공간상의 두 점이 하나는 직각좌표 $p_1:(-1,\sqrt{3},1)$로, 다른 하나는 원통좌표 $p_2:(4,60^o,3)$로 정의되었다. 점 p_2에서의 $\mathbf{A}$의 벡터성분 중 점 p_1로 향하는 성분을 (a) 직각좌표로 (b) 원통좌표로 구하라.

1-28 다음을 직각좌표계에서 구좌표계로 좌표변환하라.

(a) 단위벡터 $\mathbf{a}_x$　　(b) 점 $p:(x, y, z)$

(c) 미분거리 벡터 $d\mathbf{l}$　　(d) 위치벡터 $\mathbf{r}$

1-29 [그림 1-35]의 팽이는 반쪽 각이 30°인 원뿔 면과 반지름이 5[cm]인 원반 평면으로 이루어져 있다. 팽이가 z-축을 중심으로 각속도 ω[rad/s]로 회전하고 있을 때 팽이 표면의 각 점에서의 선형속도 $\mathbf{v}$를 (a) 구좌표를 이용해 구하고 (b) 앞의 결과를 직각좌표계로 좌표변환하라.

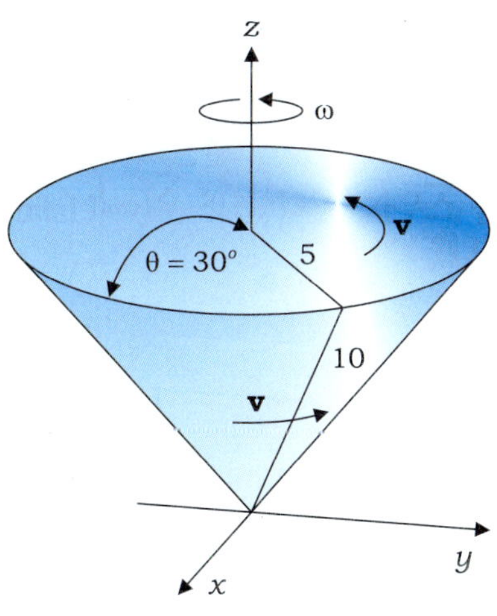

그림 1-35 각속도 ω로 회전하는 팽이(Problem 1-29)

1-30 [그림 1-36]에서 $\mathbf{r}$은 $\theta=30°$인 원뿔 면 상의 점에 대한 위치벡터이고, $\mathbf{r}'$는 $z=4$인 z-축 상의 점에 대한 위치벡터이다. 하나의 벡터장 $\mathbf{A}=\mathbf{r}\times(\mathbf{r}-\mathbf{r}')/|\mathbf{r}-\mathbf{r}'|$이 존재할 때, 원뿔 면 상에서의 $\mathbf{A}$를 구좌표로 표시하라.

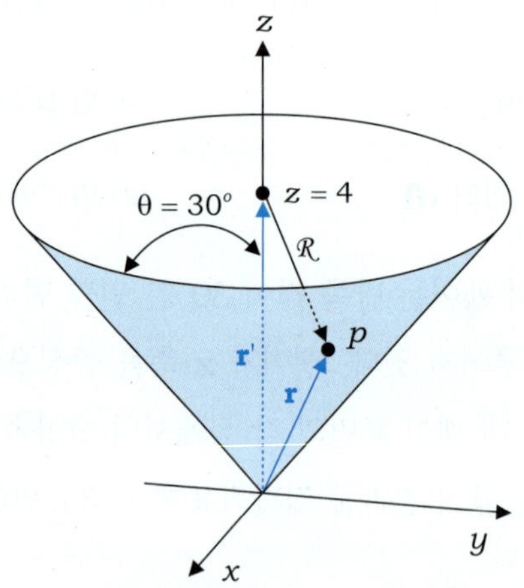

그림 1-36 원뿔면상의 벡터장(Problem 1-30)

CHAPTER

2

벡터 미적분 (VECTOR CALCULUS)

1장에서 전기자기학에서 널리 사용되는 세 좌표계에서 벡터장의 기본 개념 및 벡터 연산에 대해 설명했다. 위치벡터와 베이스벡터들을 이용해 3차원 공간상의 한 점 혹은 하나의 벡터가 어떻게 정의되는지를 공부했다. 또한 원통좌표계 혹은 구좌표계에서 흔히 나타나는 여러 가지 대칭성에 대해 깊이 있는 논의를 했다. 그 다음 서로 다른 좌표계에서 미분길이 벡터, 미분면적 벡터, 미분체적 등을 정의했다. 1장의 후반부에서는 한 점의 좌표 혹은 벡터성분들이 어떻게 하나의 좌표계에서 또 다른 좌표계로 좌표변환되는지를 배웠다.

전기자기학의 물리량은 일반적으로 공간상에 퍼져서 분포하는 형태로 주어진다. 만약 어떤 스칼라량 혹은 벡터량이 공간상에 분포하여 하나의 스칼라장 혹은 벡터장을 형성한다면, 그리고 만약 이들이 실제의 물리량을 표시한다면, 이들 스칼라 혹은 벡터장은 공간상에서 매끈한 함수(smooth function) 형태로 주어져 그 미분이 연속이어야 한다. 그 이유는 스칼라 혹은 벡터장 자신뿐만 아니라 그들 미분도 어떤 일정한 물리적 의미를 내포하기 때문이다. 예를 들어, 방안의 온도 분포는 그 무엇에 분명한 원인이 있고, 공간상 한 점에서 다른 점으로의 온도 변화는 분명히 어떤 자연법칙에 의해 이루어진다. 이러한 자연법칙은 어떤 물리량이 공간상의 한 점에서 다른 점으로 갑자기 변하는 것을 허용하지 않는다. 전기자기장은 일반적으로 3차원 공간상에 분포하므로 전기자기 법칙들은 전기자기장의 편미분(partial derivative)으로 표시된다.

이 장에서는 우선 3차원 공간상에 존재하는 곡선을 따라 분포하는, 혹은 곡면 위에 분포하는, 벡터장의 적분에 대해 설명한다. 그 다음 주어진 공간상에 존재하는 스칼라 혹은 벡터장의 미분에 대해 논하며, 전기자기 문제들을 위해 특별히 정의되는 그레이디언드, 다이버전스 그리고 컬 등의 벡터 연산자를 설명한다. 일반적으로, 스칼라 혹은 벡터장의 미분은 공간상 모든 점에서 정의되므로, 미분형태로 표시된 전기자기 법칙은 국소현상(local effect)을 설명하는데 유리하고, 적분형태의 전기자기 법칙은 비국소현상(nonlocal effect) 및 물리현상의 전체적 개념을 설명하는데 유리하다. 비국소현상은 일반적으로 원천의 위치와 관찰자의 위치가 서로 다른 것을 특징으로 한다. 그 다음 다이버전스 정리와 스토크스 정리에 대해 설명하고, 이들을 이용해 적분형태의 전기자기 법칙들이 어떻게 미분형태의 전기자기 법칙들로 전환되는지 설명한다. 마지막으로 헬름홀츠 정리에 대해 살펴본다.

2.1 선적분 및 면적분(LINE AND SURFACE INTEGRALS)

하나의 벡터장 $\mathbf{A}(\mathbf{r})$가 공간상에서 정의되면, $\mathbf{A}$의 선적분(line integral)은 주어진 적분길(integration path)을 따라 $\mathbf{A}$의 접선성분(tangential component)을 모두 더하는 것을 의미한다. 주어진 적분길의 시작점과 끝점이 동일한 경우 적분길은 닫힌 곡선 혹은 폐곡선(closed line)을 이룬다. 이때의 적분길을 C라 표기하면, 이러한 적분을 $\mathbf{A}$의 C 위에서의 폐선적분(closed line integral)이라 한다. 이것은 또한 $\mathbf{A}$의 C 주위로의 순환(circulation)으로도 불린다. 반면에 $\mathbf{A}$의 면적분(surface integral)은 $\mathbf{A}$의 법선성분(normal component)을 주어진 곡면 위에서 모두 더하는 것을 의미한다. 만약 주어진 곡면의 테두리 혹은 입구가 존재하지 않으면 이때의 곡면은 닫힌 곡면 혹은 폐곡면(closed surface)을 이루고, 이때의 적분을 $\mathbf{A}$의 폐면적분(closed surface integral)이라 한다.

2.1.1 곡선(Curve)

하나의 곡선은, 예를 들면, 하나의 전자가 통과하는 길을 나타낼 수 있다. 3차원 공간상의 곡선 C는 도움변수(parameter) t를 이용해 아래와 같은 위치벡터로 표시된다. 즉

$$\mathbf{r}(t) = x(t)\,\mathbf{a}_x + y(t)\,\mathbf{a}_y + z(t)\,\mathbf{a}_z \tag{2-1}$$

여기서 t는 t_i에서 시작해 t_t에서 끝난다(주어진 곡선의 시작점과 끝점을 의미). 식 (2-1)을 C의 도움변수식(parametric representation of C)이라 한다. 도움변수 t가 증가할 때 곡선 C 위에서의 점의 이동방향을 C의 플러스 방향(positive direction of C or direction of travel on C)이라 한다.

만약 함수 $\mathbf{r}(t)$이 위치에 대한 매끈한 함수(smooth function of position)이면, 위치벡터의 크기 및 방향이 공간상 한 점에서 다른 점으로 갑자기 변하지 않는다는 것을 의미한다. 이 경우 벡터 함수 $\mathbf{r}(t)$은 미분 가능하다(differentiable). 그리하여 $\mathbf{r}(t)$의 $t = t_1$에서의 미분은 다음과 같이 표시된다.

$$\mathbf{r}'(t)\Big|_{t=t_1} = \frac{d\mathbf{r}}{dt}\Big|_{t=t_1} = \lim_{\Delta t \to 0} \frac{\mathbf{r}(t_1 + \Delta t) - \mathbf{r}(t_1)}{\Delta t} \tag{2-2}$$

여기서 분모는 도움변수 t의 변화를 의미하고, 분자는 곡선 C 위의 인접한 두 점에 대한 위치벡터들 사이의 빼기이다. 즉 식 (2-2)의 분자는 $t = t_1$로 주어지는 점에서의 미분길이벡터($d\mathbf{r} = d\mathbf{l}$)를 의미한다. 이것은 C에 접하고(tangential), C의 플러스 방향으로 향한다. 그러므로 미분 $\mathbf{r}'(t_1)$는 $t = t_1$로 주어지는 C 위의 한 점에서의 접선을 나타낸다. [그림 2-1]에서 직선 L은 위치벡터 $\mathbf{r}(t_1)$과 $\mathbf{r}(t_1 + \Delta t)$로 표시되는 두 점 p_1과 p_2를 관통한다. 만약 $\Delta t \to 0$이면, 직선 L은 점 p_1에서의 C에 대한 접선(tangent)이 된다. 그리하여 $\mathbf{r}'(t)$는 곡선 C의 접선을 표시하는 식이라는 것을 알 수 있다.

일반화를 위해 첨자 1을 무시하면, 미분길이 벡터 $d\mathbf{l}$은 $\mathbf{r}'(t)$를 이용해 아래와 같이 표시될 수 있다.

$$d\mathbf{l} = \frac{d\mathbf{r}}{dt}dt = \mathbf{r}'(t)dt \tag{2-3}$$

여기서 $\mathbf{r}$은 곡선 C 위의 한 점의 위치벡터이고, t는 도움변수, $d\mathbf{l}$은 미분거리 벡터인데 이것은 C에 접하고 C의 플러스 방향으로 향한다. 여기서 주목할 것은 $d\mathbf{l}$의 크기와 방향은 $\mathbf{r}(t)$로 정의되는 C 위의 한 점에 소속된다는 것이다($d\mathbf{l}$의 시작점).

곡선 C의 접선벡터에 대한 단위벡터는 아래와 같다.

$$\mathbf{a}_T = \frac{\mathbf{r}'}{|\mathbf{r}'|} = \frac{d\mathbf{l}}{|d\mathbf{l}|} \tag{2-4}$$

이 단위벡터는 당연히 C의 플러스 방향으로 향한다.

또 다른 방법으로, 곡선 C는 그것의 x-좌표를 도움변수로 삼아 아래와 같이 표시될 수 있다.

$$\mathbf{r} = x\,\mathbf{a}_x + g(x)\,\mathbf{a}_y + h(x)\,\mathbf{a}_z \tag{2-5}$$

[그림 2-1]에서 보듯이 $g(x)$는 C의 xy-평면으로의 투영을 의미하고, $h(x)$는 C의 xz-평면으로의 투영을 의미한다.

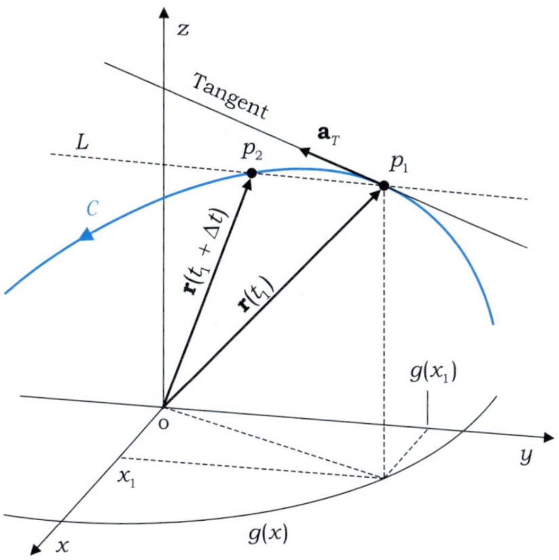

그림 2-1 곡선 C의 접선

Example 2-1

원 $x^2+y^2=16$ 위의 한 점 $p_1:(2, 2\sqrt{3}, 0)$에서 원의 접선방향으로의 단위벡터를 다음을 이용해 구하라.

(a) $\mathbf{r}(\phi)$ (b) $\mathbf{r}(x)$

(c) 원통좌표계의 $d\mathbf{l}$

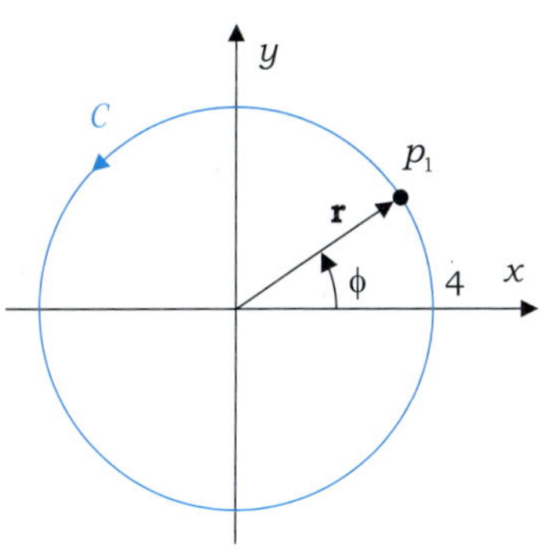

그림 2-2 반지름이 4인 원

Solution

(a) 주어진 원에 대한 도움변수식은 다음과 같다.

$$\mathbf{r}(\phi) = x(\phi)\,\mathbf{a}_x + y(\phi)\,\mathbf{a}_y = 4\cos\phi\,\mathbf{a}_x + 4\sin\phi\,\mathbf{a}_y \tag{2-6}$$

접선방향으로의 단위벡터는

$$\mathbf{a}_T = \frac{\mathbf{r}'}{|\mathbf{r}'|} = \frac{-4\sin\phi\,\mathbf{a}_x + 4\cos\phi\,\mathbf{a}_y}{\sqrt{(4\sin\phi)^2 + (4\cos\phi)^2}} = -\sin\phi\,\mathbf{a}_x + \cos\phi\,\mathbf{a}_y$$

점 p_1이 $\phi = 60°$에 해당하므로 이것을 대입하면

$$\mathbf{a}_T = -\left(\sqrt{3}/2\right)\mathbf{a}_x + (1/2)\,\mathbf{a}_y \tag{2-7}$$

(b) 영역 $y \geq 0$에서, 주어진 원의 식은 $y = \sqrt{16 - x^2}$ 이다. 이것을 이용해 도움변수식을 쓰면

$$\mathbf{r}(x) = x\,\mathbf{a}_x + y\,\mathbf{a}_y = x\,\mathbf{a}_x + \sqrt{16 - x^2}\,\mathbf{a}_y \quad (y \geq 0) \tag{2-8}$$

식 (2-8)의 양변을 x로 미분하면

$$\mathbf{r}'(x) = \mathbf{a}_x - \frac{x}{\sqrt{16 - x^2}}\,\mathbf{a}_y$$

점 p_1의 x-좌표, 즉 $x = 2$를 대입하면, 접선방향으로의 단위벡터는

$$\mathbf{a}_T = \frac{\mathbf{r}'}{|\mathbf{r}'|} = (\sqrt{3}/2)\,\mathbf{a}_x - (1/2)\,\mathbf{a}_y \tag{2-9}$$

식 (2-6)에서 ϕ가 증가하면, p_1은 원 위에서 반시계방향으로 움직이고, 식 (2-8)의 x가 증가하면 p_1은 시계방향으로 움직인다. 이러한 이유로 두 식 (2-7)과 (2-9)의 부호는 서로 반대이다.

(c) 1장에서와 마찬가지로 원통좌표계의 미분길이 벡터는 아래와 같이 주어진다.

$$d\mathbf{l} = d\rho\,\mathbf{a}_\rho + \rho d\phi\,\mathbf{a}_\phi + dz\,\mathbf{a}_z \tag{2-10}$$

원 위에서 $d\rho = 0 = dz$이므로

$$d\mathbf{l} = 4d\phi\mathbf{a}_\phi \tag{2-11}$$

식 (2-11)을 식 (2-4)에 대입하면

$$\mathbf{a}_T = \mathbf{a}_\phi$$

원통좌표계를 이용하면 문제의 답이 매우 간단하다는 것을 알 수 있다.

Exercise 2.1

z-축에 평행이고 점 $(x, y, z) = (2, 1, 3)$을 통과하는 직선의 도움변수식을 서술하라.

Ans $\mathbf{r}(t) = 2\mathbf{a}_x + \mathbf{a}_y + t\mathbf{a}_z \ (-\infty < t < \infty)$

Exercise 2.2

만약 $\mathbf{r}(x)$이 $y = x$로 표시되는 직선에 대한 도움변수식일 때 $|d\mathbf{r}/dx|$를 구하라.

Ans $\sqrt{2}$

2.1.2 선적분(Line Integral)

선적분은 정적분(definite integral)을 3차원 공간으로 확장시킨 것이다. 벡터장 $\mathbf{E}(\mathbf{r})$의 적분길 C 위에서의 선적분은 아래와 같이 표시된다.

$$\boxed{\int_C \mathbf{E} \cdot d\mathbf{l} = \int_C E_t(x, y, z)\, dl} \tag{2-12}$$

여기서 $d\mathbf{l}$은 적분길 C 위에서의 미분길이 벡터이고, E_t는 $\mathbf{E}$의 C 위에서의 접선성분(tangential component)이다. 그러므로 $\mathbf{E}$의 C 위에서의 선적분은 $\mathbf{E}$의 C에 대한 접선성분을 C를 따라 적분함을 의미한다.

[그림 2-3]에서 곡선 C가 N개의 직선조각(line segment)으로 나뉘었다. 각각의 직선조각은 미소길이 벡터 $\Delta\mathbf{l}$로 표시될 수 있다. 1장에서 설명한 것처럼 $\Delta\mathbf{l}_j$의 크기와 방향은 위치벡터 $\mathbf{r}_j$로 정의되는 점에 속한다. 그리하여 $\mathbf{E}$의 C 위에서의 선적분은 아래와 같이 표시된다.

$$\int_C \mathbf{E}\cdot d\mathbf{l} = \lim_{\substack{N\to\infty \\ |\Delta\mathbf{l}|\to 0}} \sum_j^N \mathbf{E}(\mathbf{r}_j)\cdot\Delta\mathbf{l}_j \tag{2-13}$$

여기서 $N\to\infty$이면, $\Delta\mathbf{l}$은 미분길이 벡터가 된다. 즉

$$\boxed{d\mathbf{l} = d\mathbf{r} = \mathbf{r}'dt} \tag{2-14}$$

이것은 식 (2-3)과 동일하다. 식 (2-14)를 식 (2-13)에 대입하면 $\mathbf{E}$의 선적분은 아래와 같이 $\mathbf{E}$의 t에 대한 정적분으로 바뀐다.

$$\boxed{\int_C \mathbf{E}\cdot d\mathbf{l} = \int_A^B \mathbf{E}\cdot\mathbf{r}'dt} \tag{2-15}$$

여기서 $\mathbf{r}' = d\mathbf{r}/dt$이고, A와 B는 적분길 C의 시작점과 끝점을 나타내고, t는 C에 대한 도움변수이다.

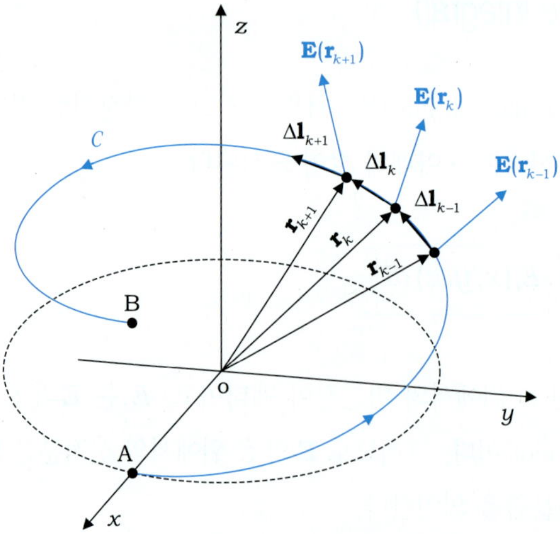

그림 2-3 벡터장 $\mathbf{E}$의 적분길 C 위에서의 선적분

1장에서 소개된 세 좌표계에서 **E**의 C 위에서의 선적분은 아래와 같이 표시된다.

직각좌표계:

$$\int_C \mathbf{E}\cdot d\mathbf{l} = \int_C \left(E_x\mathbf{a}_x + E_y\mathbf{a}_y + E_z\mathbf{a}_z\right)\cdot\left(dx\,\mathbf{a}_x + dy\,\mathbf{a}_y + dz\,\mathbf{a}_z\right) = \int_{x_1}^{x_2} E_x dx + \int_{y_1}^{y_2} E_y dy + \int_{z_1}^{z_2} E_z dz \tag{2-16a}$$

원통좌표계:

$$\int_C \mathbf{E}\cdot d\mathbf{l} = \int_C \left(E_\rho\mathbf{a}_\rho + E_\phi\mathbf{a}_\phi + E_z\mathbf{a}_z\right)\cdot\left(d\rho\,\mathbf{a}_\rho + \rho d\phi\,\mathbf{a}_\phi + dz\,\mathbf{a}_z\right) = \int_{\rho_1}^{\rho_2} E_\rho d\rho + \int_{\phi_1}^{\phi_2} E_\phi \rho d\phi + \int_{z_1}^{z_2} E_z dz \tag{2-16b}$$

구좌표계:

$$\int_C \mathbf{E}\cdot d\mathbf{l} = \int_C \left(E_R\mathbf{a}_R + E_\theta\mathbf{a}_\theta + E_\phi\mathbf{a}_\phi\right)\cdot\left(dR\,\mathbf{a}_R + Rd\theta\,\mathbf{a}_\theta + R\sin\theta\, d\phi\,\mathbf{a}_\phi\right) = \int_{R_1}^{R_2} E_R dR + \int_{\theta_1}^{\theta_2} E_\theta R d\theta + \int_{\phi_1}^{\phi_2} E_\phi R\sin\theta d\phi \tag{2-16c}$$

위의 식들에서 첨자 1은 적분길 C의 시작점을 나타내고 2는 끝점을 나타낸다.

만약 C가, 예를 들어 직각좌표계의 $z = z_o$평면 위에 존재하면, 그것은 $y = f(x)$의 형태로 주어진다. 이 경우 미분길이 벡터는 $d\mathbf{l} = dx\mathbf{a}_x + dy\mathbf{a}_y$로 단순화되고 **E**의 C 위에서의 선적분은 아래와 같이 표시된다.

$$\int_C \mathbf{E}\cdot d\mathbf{l} = \int_C \left(E_x\mathbf{a}_x + E_y\mathbf{a}_y + E_z\mathbf{a}_z\right)\cdot\left(dx\,\mathbf{a}_x + dy\,\mathbf{a}_y\right) = \int_{x_1}^{x_2} E_x\left(x, f(x), z_o\right)dx + \int_{y_1}^{y_2} E_y\left(f^{-1}(y), y, z_o\right)dy \tag{2-17}$$

여기서 시작점은 (x_1, y_1, z_o)으로 주어지고, 끝점은 (x_2, y_2, z_o)으로 주어진다.

만약 C가 하나의 좌표축에 평행이면 선적분은 더욱 단순화되어 정적분과 비슷한 모양이 된다. 예를 들어 C가 x-축에 평행인 직선이면 미분길이 벡터는 $d\mathbf{l} = dx\mathbf{a}_x$가 되고

E의 선적분은 다음과 같이 주어진다.

$$\int_C \mathbf{E} \cdot d\mathbf{l} = \int_{x_1}^{x_2} E_x(x, y_o, z_o)\, dx \tag{2-18}$$

여기서 $(x_1,\ y_o,\ z_o)$은 시작점이고 $(x_2,\ y_o,\ z_o)$은 끝점이다. 만약 식 (2-18)의 적분이 마이너스 x-방향을 따라 수행되어도 미분길이 벡터는 $d\mathbf{l} = dx\mathbf{a}_x$로 표시된다 ($d\mathbf{l} = -dx\mathbf{a}_x$가 아님). 그 대신 적분의 시작점과 끝점이 뒤바뀐다. 즉 x_2에서 x_1로 바뀐다. 식 (2-18)의 선적분과 정적분 사이에 다음과 같은 차이가 있다. 즉 도식적으로, 정적분은 피적분 함수(integrand)가 나타내는 곡선 아래의 면적을 의미하므로 적분상한(upper integration limit)은 적분하한(lower integration limit)보다 항상 크다.

벡터장 **E**의 선적분이 닫힌곡선 C를 따라 수행된다면 이때의 폐선적분은 적분기호 위의 작은 동그라미에 의해 일반 선적분과 구별된다. 즉

$$\boxed{\oint_C \mathbf{E} \cdot d\mathbf{l} = \oint_C E_t\, dl} \tag{2-19}$$

폐선적분은 **E**의 C 주위로의 순환(circulation of **E** around C)이라고도 불린다.

하나의 폐곡선 C 위에서 점이 진행하는 방향을 C의 플러스 방향(positive direction of C)이라고 부른다. 하나의 폐곡선 C는 하나의 면 S와 밀접한 연관이 있다. [그림 2-4]에서 보듯이 C는 S의 테두리에 해당하는데 이 때 S는 반드시 평면일 필요는 없다. 폐곡선 C의 플러스 방향, 혹은 C 위의 미분길이 벡터 $d\mathbf{l}$의 방향은 면 S 위의 미분면적 벡터 $d\mathbf{s}$와 오른손규칙(right-hand rule)에 의해 서로 묶여 있다. 즉 오른손 네 손가락이 C 위의 $d\mathbf{l}$ 방향으로 진행할 때 오른손 엄지는 S 위의 $d\mathbf{s}$ 방향을 가리킨다. 폐선적분이 마이너스 C의 방향으로 수행되는 경우 $d\mathbf{l}$의 부호를 바꾸는 대신 적분구간의 상 · 하한값을 뒤바꾼다. 예를 들어, $\phi_1 = 0$에서 $\phi_2 = 2\pi$까지 대신 $\phi_1 = 2\pi$에서 $\phi_2 = 0$까지로. 이런 이유로 미분길이 벡터 $d\mathbf{l}$은 항상 식 (1-39), (1-55) 혹은 (1-77)과 같은 형태로 표시된다.

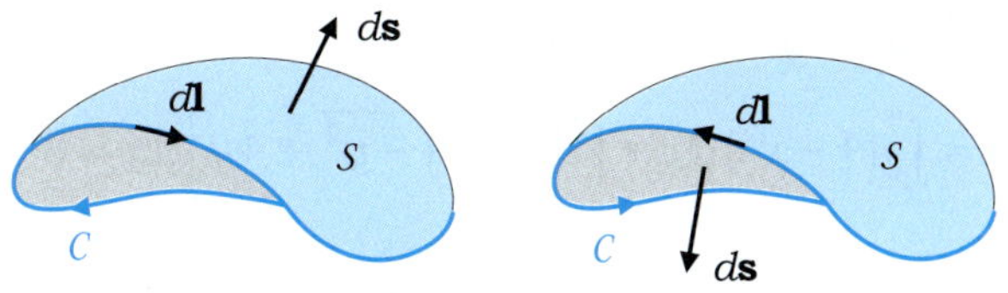

그림 2-4 $d\mathbf{l}$과 $d\mathbf{s}$ 사이의 오른손규칙

Example 2-2

벡터장 $\mathbf{E} = y^2\mathbf{a}_x + (2xy + 4y)\mathbf{a}_y$의 선적분을, 점 A:(2, 0, 0)에서 점 B:(0, 2, 0)까지, 아래의 적분길을 따라 수행하라.

(a) 직선 $y = -x + 2$

(b) 원 $x^2 + y^2 = 4$의 호를 따라 반시계방향

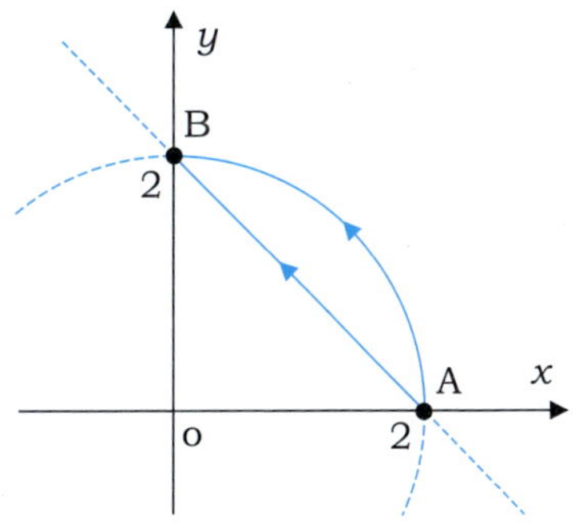

그림 2-5 두 적분길

Solution

(a) 선적분은 아래와 같이 표시된다.

$$\int_C \mathbf{E} \cdot d\mathbf{l} = \int_A^B \left[y^2\, \mathbf{a}_x + (2xy + 4y)\, \mathbf{a}_y \right] \cdot \left(dx\, \mathbf{a}_x + dy\, \mathbf{a}_y + dz\, \mathbf{a}_z \right)$$
$$= \int_2^0 y^2\, dx + \int_0^2 (2xy + 4y)\, dy \qquad (2\text{-}20)$$

식 (2-20)에 $y = -x + 2$를 대입하면

$$\int_C \mathbf{E} \cdot d\mathbf{l} = \int_2^0 (-x+2)^2\, dx + \int_0^2 [2y(2-y) + 4y]\, dy = 8$$

(b) 식 (2-20)에 $x^2 + y^2 = 4$를 대입하면

$$\int_C \mathbf{E} \cdot d\mathbf{l} = \int_2^0 (4 - x^2)\, dx + \int_0^2 \left[2y\sqrt{4 - y^2} + 4y \right] dy = 8$$

(a) 와 (b) 에서의 선적분 값들은 동일하다. 즉 주어진 벡터장 $\mathbf{E}$의 선적분은 적분길에 무관하다. 이러한 벡터장을 보존장(conservative field)이라 부른다.

Example 2-3

벡터장 $\mathbf{E} = \rho^2 \mathbf{a}_\rho + 3\sin\phi\, \mathbf{a}_\phi + 5z\mathbf{a}_z$가 존재할 때 [그림 2-6]에 보인 폐곡선 C 주위로의 순환을 구하라.

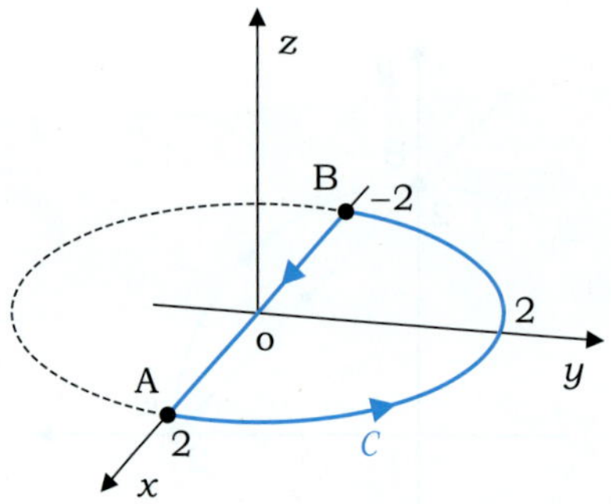

그림 2-6 폐곡선 C

Solution

폐선적분을 두 파트로 나누면

$$\oint_C \mathbf{E} \cdot d\mathbf{l} = \int_A^B \mathbf{E} \cdot d\mathbf{l} + \int_B^A \mathbf{E} \cdot d\mathbf{l} \tag{2-21}$$

반원 위에서 $d\mathbf{l} = 2d\phi\mathbf{a}_\phi$이므로, 식 (2-21) 오른쪽의 첫째 항은 아래와 같다.

$$\int_A^B \mathbf{E} \cdot d\mathbf{l} = \int_A^B (\rho^2\, \mathbf{a}_\rho + 3\sin\phi\, \mathbf{a}_\phi + 5z\, \mathbf{a}_z) \cdot (2d\phi\, \mathbf{a}_\phi)$$
$$= \int_{\phi=0}^{\phi=\pi} 6(\sin\phi)\, d\phi = 12$$

점 B에서 A까지의 직선길 위에서 $d\mathbf{l} = dx\mathbf{a}_x$, $\rho^2 = x^2$, $\mathbf{a}_\phi \cdot \mathbf{a}_x = 0$이다. 또한 선분 $\overline{Bo}$ 위에서 $\mathbf{a}_\rho \cdot \mathbf{a}_x = -1$이고 선분 $\overline{oA}$ 위에서는 $\mathbf{a}_\rho \cdot \mathbf{a}_x = 1$이다. 이들을 이용해 식 (2-21) 오른쪽의 둘째 항을 다시 쓰면

$$\int_B^A \mathbf{E} \cdot d\mathbf{l} = \int_B^A \left(\rho^2\, \mathbf{a}_\rho + 3\sin\phi\, \mathbf{a}_\phi + 5z\, \mathbf{a}_z\right) \cdot (dx\, \mathbf{a}_x)$$
$$= \int_{x=-2}^{x=0} -x^2 dx + \int_{x=0}^{x=2} x^2 dx = 0$$

그러므로 정답은

$$\oint_C \mathbf{E} \cdot d\mathbf{l} = 12$$

Exercise 2.3

위의 Example 2-3 에서 폐곡선 C가 z-축을 따라 옮겨져 $z = 4$ 평면상에 위치할 때 주어진 $\mathbf{E}$의 폐선적분을 구하라.

Ans 12

Exercise 2.4

벡터장 $\mathbf{E}$가 단위가 길이당 볼트(volt)일 때, $\mathbf{E}$의 선적분의 단위는?

Ans 볼트

2.1.3 면적분(Surface Integral)

하나의 곡면은 3차원 공간에서 일반적으로 $z = f(x, y)$ 혹은 $g(x, y, z) = k$(k는 상수)로 표시된다. 이것을 기초로 곡면 위의 한 점에 대한 위치벡터는 아래와 같이 표시될 수 있다.

$$\mathbf{r} = x\,\mathbf{a}_x + y\,\mathbf{a}_y + f(x, y)\,\mathbf{a}_z \tag{2-22}$$

위 식은 곡면의 도움변수식이다.

[그림 2-7]의 평면 S는 두 직선 $\mathcal{L}_1$과 $\mathcal{L}_2$를 포함하고 있다. 이들은 평면 S가 각각 $y=y_1$ 평면, $x=x_1$ 평면과 만나서 만드는 직선들이다. 여기서 x_1과 y_1은 S 위의 점 p_1의 좌표이다. 공간좌표 x와 y를 이용하면 두 직선 $\mathcal{L}_1$과 $\mathcal{L}_2$의 도움변수식들을 아래와 같이 쓸 수 있다.

$$\mathbf{r}(x) = x\,\mathbf{a}_x + y_1\,\mathbf{a}_y + f(x, y_1)\,\mathbf{a}_z \quad (\text{직선 } \mathcal{L}_1) \tag{2-23a}$$

$$\mathbf{r}(y) = x_1\,\mathbf{a}_x + y\,\mathbf{a}_y + f(x_1, y)\,\mathbf{a}_z \quad (\text{직선 } \mathcal{L}_2) \tag{2-23b}$$

식 (2-23a)에서 y_1은 상수로 취급되고, 식 (2-23b)에서 x_1은 상수로 취급된다. 식 (2-23)으로부터 점 p_1에서 각각 $\mathcal{L}_1$과 $\mathcal{L}_2$에 평행인 미분길이 벡터들을 아래와 같이 구할 수 있다.

$$d\mathbf{l}^1 = \left.\frac{\partial \mathbf{r}}{\partial x}\right|_{y=y_1} dx \equiv \mathbf{r}'_x dx \tag{2-24a}$$

$$d\mathbf{l}^2 = \left.\frac{\partial \mathbf{r}}{\partial y}\right|_{x=x_1} dy \equiv \mathbf{r}'_y dy \tag{2-24b}$$

여기서 첨자 1 과 2는 각각 직선 $\mathcal{L}_1$과 $\mathcal{L}_2$를 의미한다. 또한 $\mathbf{r}'_x$와 $\mathbf{r}'_y$는 각각 $\mathbf{r}$의 x와 y에 대한 편미분을 의미한다. 위의 두 미분길이 벡터 $d\mathbf{l}^1$과 $d\mathbf{l}^2$는 평면 S 위에서 그 면적이 $|d\mathbf{l}^1 \times d\mathbf{l}^2|$으로 주어지는 하나의 평행사변형을 형성한다. 이것을 기초로 면 S 위에서의 미분면적 벡터를 아래와 같이 정의할 수 있다.

$$\boxed{d\mathbf{s} = d\mathbf{l}^1 \times d\mathbf{l}^2 = (\mathbf{r}'_x \times \mathbf{r}'_y)\,dx\,dy} \tag{2-25}$$

여기서 주목할 것은, 1장에서 논한 미분면적 벡터들은 단지 식 (2-25)의 특수한 사례들이다. 예를 들어, $z=c$ 평면에 대해 식 (2-25)는 $d\mathbf{s} = dxdy\mathbf{a}_z$로 단순화되어 1 장의 결과와 동일하다. 식 (2-25)는 일반적인 곡면에 적용될 수 있다.

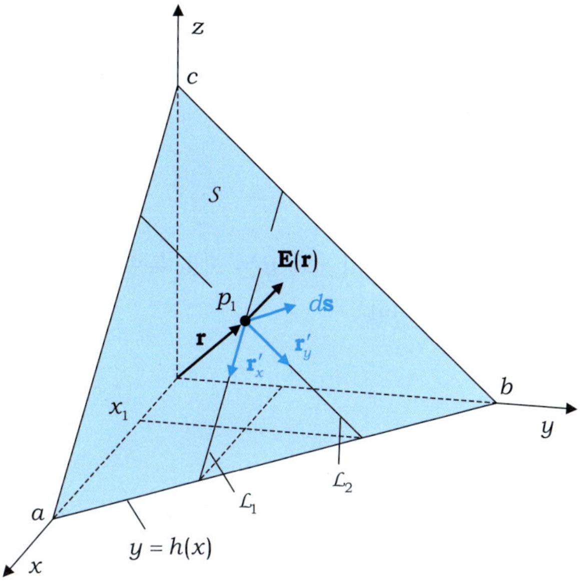

그림 2-7 미분면적 벡터 $d\mathbf{s} = (\mathbf{r}'_x \times \mathbf{r}'_y)dxdy$

벡터장 $\mathbf{E}(\mathbf{r})$의 면 S 위에서의 면적분은 아래와 같이 표시된다.

$$\int_S \mathbf{E}(\mathbf{r}) \cdot d\mathbf{s} = \int_S E_n ds \tag{2-26}$$

여기서 E_n은 S에 수직인 $\mathbf{E}$의 성분을 나타내고, $d\mathbf{s}$는 S 위의 미분면적 벡터를 나타낸다. ***벡터장 E의 면 S 위에서의 면적분은 E의 S에 수직인 성분의 적분을 의미한다.***

식 (2-22)와 (2-25)를 식 (2-26)에 대입하면 벡터장 $\mathbf{E}(\mathbf{r})$의 면 S 위에서의 면적분을 아래와 같이 쓸 수 있다.

$$\int_S \mathbf{E}(\mathbf{r}) \cdot d\mathbf{s} = \int_{x=0}^{x=a} \int_{y=0}^{y=h(x)} \mathbf{E}\left(x, y, f(x,y)\right) \cdot \left(\mathbf{r}'_x \times \mathbf{r}'_y\right) dydx \tag{2-27}$$

이 경우 면적분은 xy-평면상에서 x-축, y-축, 직선 $y = h(x)$에 둘러싸인 삼각형 영역에서의 이중적분(double integral)으로 바뀐다. 이 삼각형 영역은 주어진 면 S의 xy-평면으로의 투영에 해당한다.

만약 면 S가 $z = z_o$ 평면 위에서 직사각형이고 각각의 변이 x-축과 y-축에 평행이면 식 (2-27)은 더욱 단순화되어 아래와 같이 주어진다.

$$\int_S \mathbf{E} \cdot d\mathbf{s} = \int_{y_1}^{y_2} \int_{x_1}^{x_2} E_z(x, y, z_o) dx dy \tag{2-28}$$

여기서 $d\mathbf{s} = dxdy\mathbf{a}_z$이다. 식 (2-28)의 x와 y는 서로 독립이지만, 식 (2-27)에서 두 변수는 $y = h(x)$로 서로 연결되어 있다.

Example 2-4

[그림 2-7]에서 $a = b = c = 1$인 경우 평면 S의 면적을 구하라.

Solution

평면 S의 식은 다음과 같다.

$$x + y + z = 1 \tag{2-29}$$

평면 S의 도움변수식은 아래와 같다.

$$\mathbf{r} = x\,\mathbf{a}_x + y\,\mathbf{a}_y + (1 - x - y)\,\mathbf{a}_z$$

$\mathbf{r}$의 x 및 y에 대한 편미분은

$$\mathbf{r}'_x = \mathbf{a}_x - \mathbf{a}_z \tag{2-30a}$$

$$\mathbf{r}'_y = \mathbf{a}_y - \mathbf{a}_z \tag{2-30b}$$

식 (2-30)을 식 (2-25)에 대입해 S의 미분면적 벡터를 구한다.

$$d\mathbf{s} = (\mathbf{a}_x - \mathbf{a}_z) \times (\mathbf{a}_y - \mathbf{a}_z) dx dy = (\mathbf{a}_x + \mathbf{a}_y + \mathbf{a}_z) dx dy \tag{2-31}$$

평면 S가 xy-평면으로 투영되면, 빗변이 아래와 같은, 삼각형 영역을 형성한다.

$$x + y = 1 \tag{2-32}$$

식 (2-31)과 (2-32)를 이용해 면 S의 면적을 아래와 같이 구한다.

$$A = \int_S |d\mathbf{s}| = \int_{x=0}^{x=1}\int_{y=0}^{y=1-x} \sqrt{3}\ dydx = \frac{\sqrt{3}}{2}$$

Example 2-5

벡터장 $\mathbf{A} = 2\mathbf{a}_z$를 반지름이 5인 반구 표면 위에서 면적분하라([그림 2-8] 참조. 미분면적 벡터 $d\mathbf{s}$는 원점에서 멀어지는 방향으로 향한다).

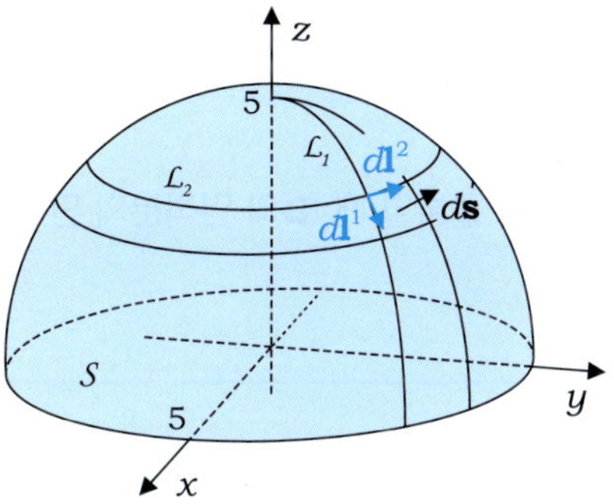

그림 2-8 반지름이 5인 반구 표면

Solution

반구 표면 위의 두 미분거리 벡터 $d\mathbf{l}^1$과 $d\mathbf{l}^2$는 아래와 같다.

$$d\mathbf{l}^1 = R\,d\theta\,\mathbf{a}_\theta = 5\,d\theta\,\mathbf{a}_\theta$$

$$d\mathbf{l}^2 = R\sin\theta\,d\phi\,\mathbf{a}_\phi = 5\sin\theta\,d\phi\,\mathbf{a}_\phi$$

반구 표면 위에서의 미분면적 벡터는

$$d\mathbf{s} = d\mathbf{l}^1 \times d\mathbf{l}^2 = 25\sin\theta\,d\theta\,d\phi\,\mathbf{a}_R$$

관계식 $\mathbf{a}_z \cdot \mathbf{a}_R = \cos\theta$를 이용해 면적분을 계산한다.

$$\int_S \mathbf{A}\cdot d\mathbf{s} = \int_S (2\mathbf{a}_z)\cdot(25\sin\theta\, d\theta\, d\phi\, \mathbf{a}_R)$$
$$= 50\int_{\phi=0}^{2\pi}\int_{\theta=0}^{\pi/2} \cos\theta\sin\theta\, d\theta\, d\phi$$
$$= 50\pi$$

Exercise 2.5

반지름이 5 인 구의 중심이 원점에 있을 때, $z \geq 4$인 영역내의 구 표면적을 구하라.

Ans 10π

Exercise 2.6

벡터장 **D**의 단위가 제곱미터당 쿨롱일 때, **D**의 면적분의 단위는?

Ans 쿨롱

Review Questions with Hints

RQ 2.1 **A**의 선적분에서 **A**의 어떤 성분이 서로 더해지는가? [(2-12)]

RQ 2.2 **A**의 면적분에서 **A**의 어떤 성분이 서로 더해지는가? [(2-26)]

RQ 2.3 어떤 조건에서 선적분이 정적분으로 간소화 되는가? [(2-18)]

RQ 2.4 어떤 조건에서 면적분이 이중적분으로 간소화 되는가? [(2-28)]

2.2 지향성 도함수와 그레이디언트(DIRECTIONAL DERIVATIVE AND GRADIENT)

하나의 스칼라장 $V(\mathbf{r})$는 하나의 스칼라량 V의 공간상 분포를 표시하기 위해 사용된다. 만약 V가 방안의 온도 혹은 전하에 의한 전위와 같은 물리량을 표시한다면 $V(\mathbf{r})$는 공간상 매끈한 함수로 표시되어 공간상 각 점에서 미분 가능하다. 또한 이 경우 공간상 한 점에서 $V(\mathbf{r})$는 그 어느 방향으로도 미분 가능하다. 점 p에서 $\mathbf{a}_l$-방향으로의 V의 미분을 점 p에서 V의 $\mathbf{a}_l$-방향으로의 지향성 도함수(directional derivative of V in the $\mathbf{a}_l$-direction at p)라고 부른다. 주어진 공간상 한 점에서의 방향성 미분의 최대값은 어떤 특별한 의미를 가지는데, 이것을 이용해 정의된 벡터 연산자를 그레이디언트(gradient)라 부른다.

스칼라장 $V(\mathbf{r})$의 방향성 미분은 dV/dl로 표시되며, 이것은 미분길이 dl이 증가하는 방향으로의 V의 미분을 의미한다. 위치벡터 $\mathbf{r}_1$로 정의되는 공간상 한 점에서 V의 $\mathbf{a}_l$-방향으로의 지향성 도함수는 아래와 같이 정의된다.

$$\left.\frac{dV}{dl}\right|_{\mathbf{r}_1,\mathbf{a}_l} = \lim_{dl\to 0}\frac{V(\mathbf{r}_1 + dl\,\mathbf{a}_l) - V(\mathbf{r}_1)}{dl} \tag{2-33}$$

여기서 dl은 $\mathbf{a}_l$-방향으로의 미분길이이다. 식 (2-33)에서 보듯이 지향성 도함수는 공간상 점의 위치뿐만 아니라 방향에 대한 함수이기도 하다. 따라서 공간상 한 점에서 무한한 갯수의 지향성 도함수가 존재한다(당연히 이들 중 최대값이 존재한다).

점 p에서의 스칼라 함수 V의 그레이디언트(gradient of V at point p)는 점 p에서 V의 최대 지향성 도함수의 크기 및 방향을 나타낸다.

점 p에서의 V의 그레이디언트는 아래와 같이 표기된다.

$$\boxed{grad\,V = \frac{dV}{dn}\mathbf{a}_n} \tag{2-34}$$

여기서 단위벡터 $\mathbf{a}_n$은 미분길이 벡터 dn이 증가하는 방향이고, 이것은 곧 지향성 도함수 dV/dn이 최대로 주어지는 방향이다.

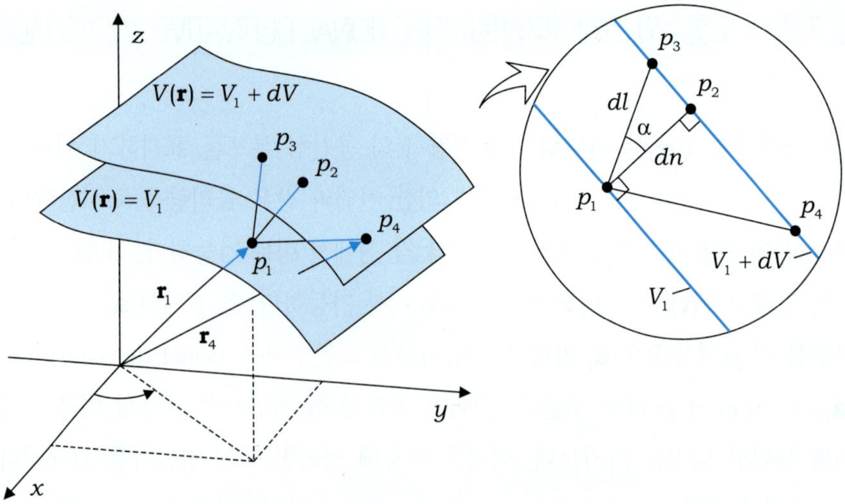

그림 2-9 상수 V 곡면

하나의 스칼라장 $V(\mathbf{r})$가 공간상에서 정의될 때, V 값이 $V(\mathbf{r}) = V_1$로 주어지는 공간상의 점들을 찾을 수 있다. 이러한 점들은, V가 실제의 물리량을 나타낸다면, 3차원 공간상에서 매끈한 곡면(smooth surface)을 형성한다. 비슷한 논리로 그 값이 $V_1 + dV$로 주어지는 또 다른 곡면은 V_1 곡면 근처에 존재하여야 한다(그림 2-9 참조). $V(\mathbf{r})$가 일가(single-valued) 함수인 경우 위의 두 곡면은 공간상에서 서로 만나지 않는다. [그림 2-9]를 참조해 V_1 곡면 위의 점 p_1에서 $V_1 + dV$ 곡면 위의 한 점(p_2, p_3 혹은 p_4)으로 이동하는 것을 가정해 보자. 세 경우에 대해 이동해야 하는 거리는 서로 다를지라도 관찰되는 V의 변화량은 dV로 일정하다. 만약 선분 $\overline{p_1 p_2}$가 두 곡면에 수직이면 이것은 점 p_1에서 그 인접한 곡면으로의 최단 거리이다. 결론적으로 공간상 한 점에서 V의 그레이디언트는 주어진 점을 통과하는 상수 V 곡면에 수직이다.

공간상 한 점에서의 V의 그레이디언트는 그 점에서 임의의 방향으로의 지향성 도함수를 구하는데 매우 유용하다. 수학의 연쇄법칙(chain rule)을 식 (2-34)에 적용하면

$$\frac{dV}{dl} = \frac{dV}{dn}\frac{dn}{dl} = \frac{dV}{dn}\cos\alpha = \frac{dV}{dn}\mathbf{a}_n \cdot \mathbf{a}_l \tag{2-35}$$

위 식에서, [그림 2-9]로부터 얻어지는 관계식들 $dn/dl = \cos\alpha$와 $\mathbf{a}_n \cdot \mathbf{a}_l = \cos\alpha$가 사용

되었다. 단위벡터 $\mathbf{a}_n$은 상수 V 곡면에 수직이고 $\mathbf{a}_l$은 dl이 증가하는 방향으로 향하고 있다. 두 식 (2-34)와 (2-35)를 결합하면 $\mathbf{a}_l$-방향으로의 지향성 도함수는 아래와 같다.

$$\boxed{\frac{dV}{dl} = grad\,V \cdot \mathbf{a}_l \equiv \nabla V \cdot \mathbf{a}_l} \tag{2-36}$$

V의 그레이디언트는 $gradV$ 혹은 ∇V('델 브이'로 읽음)로 표기한다. ***V의 $\mathbf{a}_l$-방향으로의 지향성 도함수는 ∇V와 $\mathbf{a}_l$의 점곱으로 주어진다.***

그 다음, 식 (2-36)으로부터 아래의 관계식을 구할 수 있다.

$$\boxed{dV = \nabla V \cdot dl\,\mathbf{a}_l = \nabla V \cdot d\mathbf{l}} \tag{2-37}$$

V의 $\mathbf{a}_l$-방향으로의 미분(differential)은 ∇V와 $\mathbf{a}_l$-방향으로 향하는 미분거리 벡터 $d\mathbf{l}$의 점곱으로 주어진다. 식 (2-36)과 (2-37)은 그레이디언트가 사용되는 2개의 중요한 응용이다.

직각좌표계에서 V의 전미분(total differential)은 수학적으로 아래와 같이 주어진다.

$$\begin{aligned} dV &= \frac{\partial V}{\partial x}dx + \frac{\partial V}{\partial y}dy + \frac{\partial V}{\partial z}dz \\ &= \left(\frac{\partial V}{\partial x}\mathbf{a}_x + \frac{\partial V}{\partial y}\mathbf{a}_y + \frac{\partial V}{\partial z}\mathbf{a}_z\right) \cdot (dx\,\mathbf{a}_x + dy\,\mathbf{a}_y + dz\,\mathbf{a}_z) \\ &= \left(\frac{\partial V}{\partial x}\mathbf{a}_x + \frac{\partial V}{\partial y}\mathbf{a}_y + \frac{\partial V}{\partial z}\mathbf{a}_z\right) \cdot d\mathbf{l} \end{aligned} \tag{2-38}$$

위의 식에서 오른쪽 항이 두 파트로 나뉘어 각각 벡터식으로 표시되었다. 이들 중 둘째 파트는 직각좌표계에서의 미분거리 벡터를 나타낸다. 두 식 (2-37)과 (2-38)을 비교하면 직각좌표계에서 V의 그레이디언트가 아래와 같이 주어진다는 것을 알 수 있다.

$$\nabla V = \frac{\partial V}{\partial x}\mathbf{a}_x + \frac{\partial V}{\partial y}\mathbf{a}_y + \frac{\partial V}{\partial z}\mathbf{a}_z = \left(\mathbf{a}_x\frac{\partial}{\partial x} + \mathbf{a}_y\frac{\partial}{\partial y} + \mathbf{a}_z\frac{\partial}{\partial z}\right)V \tag{2-39}$$

식 (2-39)로부터 델연산자(del operator)를 아래와 같이 정의한다.

$$\boxed{\nabla \equiv \mathbf{a}_x \frac{\partial}{\partial x} + \mathbf{a}_y \frac{\partial}{\partial y} + \mathbf{a}_z \frac{\partial}{\partial z}} \tag{2-40}$$

위의 델연산자는 오로지 직각좌표계에서만 정의된다.

비슷한 방법으로, 원통좌표계에서 V의 그레이디언트에 대한 표현식도 식 (2-37)로부터 구할 수 있다. 수학적으로, 원통좌표계에서 점 $p_1:(\rho_1, \phi_1, z_1)$에서 V의 전미분은 아래와 같이 표시된다.

$$\begin{aligned} dV &= \frac{\partial V}{\partial \rho} d\rho + \frac{\partial V}{\partial \phi} d\phi + \frac{\partial V}{\partial z} dz \\ &= \left(\frac{\partial V}{\partial \rho} \mathbf{a}_\rho + \frac{\partial V}{\partial \phi} \mathbf{a}_\phi + \frac{\partial V}{\partial z} \mathbf{a}_z \right) \cdot (d\rho\, \mathbf{a}_\rho + d\phi\, \mathbf{a}_\phi + dz\, \mathbf{a}_z) \\ &= \left(\frac{\partial V}{\partial \rho} \mathbf{a}_\rho + \frac{1}{\rho_1} \frac{\partial V}{\partial \phi} \mathbf{a}_\phi + \frac{\partial V}{\partial z} \mathbf{a}_z \right) \cdot d\mathbf{l} \end{aligned} \tag{2-41}$$

앞에서와 마찬가지로 식 (2-41)의 오른쪽 항이 두 파트로 나뉘어 각각 벡터식으로 표시되었다. 이때 맨 마지막 식의 둘째 파트는 원통좌표계의 미분거리 벡터를 나타낸다. 두 식 (2-37)과 (2-41)을 비교하면 식 (2-41)에서 맨 마지막 식의 첫째 파트가 원통좌표계에서의 V의 그레이디언트라는 것을 알 수 있다.

비슷한 방법으로, 구좌표계에서의 V의 전미분은 수학적으로 아래와 같이 표시된다.

$$\begin{aligned} dV &= \frac{\partial V}{\partial R} dR + \frac{\partial V}{\partial \theta} d\theta + \frac{\partial V}{\partial \phi} d\phi \\ &= \left(\frac{\partial V}{\partial R} \mathbf{a}_R + \frac{\partial V}{\partial \theta} \mathbf{a}_\theta + \frac{\partial V}{\partial \phi} \mathbf{a}_\phi \right) \cdot (dR\, \mathbf{a}_R + d\theta\, \mathbf{a}_\theta + d\phi\, \mathbf{a}_\phi) \\ &= \left(\frac{\partial V}{\partial R} \mathbf{a}_R + \frac{1}{R_1} \frac{\partial V}{\partial \theta} \mathbf{a}_\theta + \frac{1}{R_1 \sin\theta_1} \frac{\partial V}{\partial \phi} \mathbf{a}_\phi \right) \cdot d\mathbf{l} \end{aligned} \tag{2-42}$$

여기서 $d\mathbf{l}$은 구좌표계에서의 미분길이 벡터다. 식 (2-42)에서 맨 마지막 식의 첫째 파트가 구좌표계에서 V의 그레이디언트이다.

비록 델연산자가 직각좌표계에서 정의되지만, 관례적으로 ∇V는 다른 좌표계에서도 그레이디언트를 의미한다. 세 좌표계에서 V의 그레이디언트는 각각 다음과 같다.

$$\nabla V = \frac{\partial V}{\partial x}\mathbf{a}_x + \frac{\partial V}{\partial y}\mathbf{a}_y + \frac{\partial V}{\partial z}\mathbf{a}_z \quad \text{(직각)} \qquad (2\text{-}43a)$$

$$\nabla V = \frac{\partial V}{\partial \rho}\mathbf{a}_\rho + \frac{1}{\rho}\frac{\partial V}{\partial \phi}\mathbf{a}_\phi + \frac{\partial V}{\partial z}\mathbf{a}_z \quad \text{(원통)} \qquad (2\text{-}43b)$$

$$\nabla V = \frac{\partial V}{\partial R}\mathbf{a}_R + \frac{1}{R}\frac{\partial V}{\partial \theta}\mathbf{a}_\theta + \frac{1}{R\sin\theta}\frac{\partial V}{\partial \phi}\mathbf{a}_\phi \quad \text{(구)} \qquad (2\text{-}43c)$$

위의 식에서 첨자 1은 일반화를 위해 생략되었다.

일반적인 좌표계 (u, v, w)에서 V의 그레이디언트는 아래와 같다.

$$\nabla V = \left(\mathbf{a}_u \frac{1}{h_1}\frac{\partial}{\partial u} + \mathbf{a}_v \frac{1}{h_2}\frac{\partial}{\partial v} + \mathbf{a}_w \frac{1}{h_3}\frac{\partial}{\partial w}\right)V \qquad (2\text{-}44)$$

여기서 메트릭상수(metric coefficient)는

$$h_1 = 1,\quad h_2 = 1,\quad h_3 = 1 \qquad (u,v,w) = (x,y,z) \qquad (2\text{-}45a)$$

$$h_1 = 1,\quad h_2 = \rho,\quad h_3 = 1 \qquad (u,v,w) = (\rho,\phi,z) \qquad (2\text{-}45b)$$

$$h_1 = 1,\quad h_2 = R,\quad h_3 = R\sin\theta \qquad (u,v,w) = (R,\theta,\phi) \qquad (2\text{-}45c)$$

메트릭상수는 미소각도를 미소거리로 환산하는데 필요하다. 그러나 주목할 것은 전미분 dV는 메트릭상수와 무관하다는 것이다. 그 이유는 좌표가 각도이건 길이이건 상관없이 dV는 미분좌표로 표시되기 때문이다.

Example 2-6

직각좌표계의 스칼라장 $V(\mathbf{r}) = x^2 + 4yz$에 대해 점 p_1:(4, −1, 3)에서 다음을 구하라.

(a) V의 그레이디언트

(b) 벡터 $\mathbf{l} = 3\,\mathbf{a}_x - 2\,\mathbf{a}_y - \sqrt{3}\,\mathbf{a}_z$ 방향으로의 지향성 도함수

Solution

(a) 식 (2-43a)로부터 V의 그레이디언트를 구하면

$$\nabla V = \frac{\partial V}{\partial x}\mathbf{a}_x + \frac{\partial V}{\partial y}\mathbf{a}_y + \frac{\partial V}{\partial z}\mathbf{a}_z = 2x\,\mathbf{a}_x + 4z\,\mathbf{a}_y + 4y\,\mathbf{a}_z \tag{2-46}$$

위 식에 p_1의 좌표를 대입하면

$$\nabla V = 8\,\mathbf{a}_x + 12\,\mathbf{a}_y - 4\,\mathbf{a}_z$$

(b) 벡터 $\mathbf{l}$의 단위벡터는

$$\mathbf{a}_l = \frac{3}{4}\mathbf{a}_x - \frac{1}{2}\mathbf{a}_y - \frac{\sqrt{3}}{4}\mathbf{a}_z$$

식 (2-36)을 이용해 V의 $\mathbf{a}_l$-방향으로의 지향성 도함수를 구한다.

$$\frac{dV}{dl} = \nabla V \cdot \mathbf{a}_l = (8\,\mathbf{a}_x + 12\,\mathbf{a}_y - 4\,\mathbf{a}_z) \cdot \left(\frac{3}{4}\mathbf{a}_x - \frac{1}{2}\mathbf{a}_y - \frac{\sqrt{3}}{4}\mathbf{a}_z \right) = \sqrt{3}$$

Example 2-7

직각좌표계에서 $\nabla \dfrac{1}{\mathcal{R}}$을 구하라. 여기서 $\mathcal{R} = |\mathbf{r} - \mathbf{r}'|$이다.

Solution

정상좌표계(unprimed system)와 프라임좌표계(primed system)에서의 위치벡터들은 각각 다음과 같다.

$$\mathbf{r} = x\,\mathbf{a}_x + y\,\mathbf{a}_y + z\,\mathbf{a}_z$$

$$\mathbf{r}' = x'\mathbf{a}_x + y'\mathbf{a}_y + z'\mathbf{a}_z$$

이들을 이용한 거리벡터는 아래와 같다.

$$\mathcal{R} = \mathbf{r} - \mathbf{r}' = (x - x')\,\mathbf{a}_x + (y - y')\,\mathbf{a}_y + (z - z')\,\mathbf{a}_z \tag{2-47}$$

$|\mathbf{r} - \mathbf{r}'|$의 역수는 아래와 같다.

$$\frac{1}{|\mathbf{r} - \mathbf{r}'|} = \left[(x - x')^2 + (y - y')^2 + (z - z')^2\right]^{-1/2} \tag{2-48}$$

식 (2-48)의 편미분을 구하면 다음과 같다.

$$\frac{\partial}{\partial x}\frac{1}{|\mathbf{r} - \mathbf{r}'|} = -(x - x')\left[(x - x')^2 + (y - y')^2 + (z - z')^2\right]^{-3/2}$$

$$\frac{\partial}{\partial y}\frac{1}{|\mathbf{r} - \mathbf{r}'|} = -(y - y')\left[(x - x')^2 + (y - y')^2 + (z - z')^2\right]^{-3/2}$$

$$\frac{\partial}{\partial z}\frac{1}{|\mathbf{r} - \mathbf{r}'|} = -(z - z')\left[(x - x')^2 + (y - y')^2 + (z - z')^2\right]^{-3/2}$$

위의 식들을 묶으면

$$\nabla\frac{1}{|\mathbf{r} - \mathbf{r}'|} = -\frac{(x - x')\,\mathbf{a}_x + (y - y')\,\mathbf{a}_y + (z - z')\,\mathbf{a}_z}{\left[(x - x')^2 + (y - y')^2 + (z - z')^2\right]^{3/2}}$$

그리하여

$$\boxed{\nabla\frac{1}{\mathcal{R}} = -\frac{\mathcal{R}}{\mathcal{R}^3}} \tag{2-49}$$

위의 계산에서 델 연산자는 프라임좌표계에 독립이므로 오직 x-, y- 그리고 z-좌표에 대해 동작한다.

Example 2-8

하나의 구가 직각좌표계에서 $x^2+y^2+z^2=9$로 표시된다. 구 위의 점 (2, 2, 1)에서 바깥으로 향하는 단위벡터를 구하라.

Solution

주어진 구는 $f(x, y, z)=x^2+y^2+z^2$으로 표시되는 구집합(family of spheres)에 포함되고, 주어진 구는 $f(x, y, z)=9$로 표시된다. f의 그레이디언트는 상수 f 곡면에 직각이다.

f의 그레이디언트는 $\nabla f=2x\mathbf{a}_x+2y\mathbf{a}_y+2z\mathbf{a}_z$로 주어지고, 그 단위벡터는

$$\frac{\nabla f}{|\nabla f|}=\frac{x\,\mathbf{a}_x+y\,\mathbf{a}_y+z\,\mathbf{a}_z}{\sqrt{x^2+y^2+z^2}} \tag{2-50}$$

좌표$(x, y, z)=(2, 2, 1)$을 식 (2-50)에 대입하면, 주어진 구에 수직인 단위벡터는 다음과 같다.

$$\frac{1}{3}\left(2\,\mathbf{a}_x+2\,\mathbf{a}_y+\mathbf{a}_z\right) \tag{2-51}$$

위 식의 단위벡터는 구의 바깥을 향하므로 정답이다(그렇지 않다면 −1을 곱하면 됨).

다른 방법으로, 주어진 구는 구좌표계에서 $g(R, \theta, \phi)=R^2$으로 표시되는 구집합에 속하며, $g=9$로 정의된다. 구좌표계에서 g의 그레이디언트는

$$\nabla g=\frac{\partial g}{\partial R}\mathbf{a}_R+\frac{1}{R}\frac{\partial g}{\partial \theta}\mathbf{a}_\theta+\frac{1}{R\sin\theta}\frac{\partial g}{\partial \phi}\mathbf{a}_\phi=2R\,\mathbf{a}_R$$

∇g의 단위벡터는

$$\mathbf{a}_R \tag{2-52}$$

이것은 구에 수직이고 바깥을 향하므로 구좌표계에서의 정답이다.

Example 2-9

하나의 스칼라장 $V = (x^2+3)y^2$내에 반지름 1인 원이 원점을 중심으로 $z=0$ 평면에 놓여 있다.

(a) 점 p_1:(1, 0, 0)에서 점 p_2:(0, 1, 0)까지, 주어진 원을 따라 반시계방향으로, $\int_C \nabla V \cdot d\mathbf{l}$을 구하라.

(b) $\int_C \nabla V \cdot d\mathbf{l} = V(p_2) - V(p_1)$을 증명하라.

Solution

(a) 직각좌표계에서 V의 그레이디언트는

$$\nabla V = 2xy^2\,\mathbf{a}_x + 2y(x^2+3)\,\mathbf{a}_y$$

∇V의 선적분을 원의 식 $x^2+y^2=1$을 이용해 쓰면

$$\begin{aligned}\int_{p_1}^{p_2} \nabla V \cdot d\mathbf{l} &= \int_{(1,0,0)}^{(0,1,0)} \left[2xy^2\,\mathbf{a}_x + 2y(x^2+3)\,\mathbf{a}_y\right] \cdot (dx\,\mathbf{a}_x + dy\,\mathbf{a}_y + dz\,\mathbf{a}_z) \\ &= \int_{x=1}^{x=0} 2x(1-x^2)\,dx + \int_{y=0}^{y=1} 2y(1-y^2+3)\,dy = 3\end{aligned}$$

(b) ∇V의 선적분을 ∇V와 $d\mathbf{l}$의 정의를 이용해 쓰면

$$\begin{aligned}\int_{p_1}^{p_2} \nabla V \cdot d\mathbf{l} &= \int_{p_1}^{p_2} \left(\frac{\partial V}{\partial x}\mathbf{a}_x + \frac{\partial V}{\partial y}\mathbf{a}_y + \frac{\partial V}{\partial z}\mathbf{a}_z\right) \cdot (dx\,\mathbf{a}_x + dy\,\mathbf{a}_y + dz\,\mathbf{a}_z) \\ &= \int_{p_1}^{p_2} \frac{\partial V}{\partial x}dx + \frac{\partial V}{\partial y}dy + \frac{\partial V}{\partial z}dz = \int_{p_1}^{p_2} dV \\ &= V(p_2) - V(p_1) = 3\end{aligned}$$

하나의 스칼라장의 그레이디언트에 대한 선적분은 적분길에 무관하다. 그것은 오직 적분길의 시작점 및 끝점에 따라 결정된다.

Exercise 2.7

주어진 스칼라장 $V = \cos(2x + 3y + z)$에 대해 한 점 p:(2, 1, 1)에서 (a) V의 그레이디언트 및 (b) V의 $\mathbf{a}_x$-방향으로의 지향성 도함수를 구하라.

Ans (a) $-(2\mathbf{a}_x+3\mathbf{a}_y+\mathbf{a}_z)\sin(8)$ (b) $-2\sin(8)$

Exercise 2.8

스칼라장 V의 단위가 볼트(volt)인 경우 ∇V의 단위는?

Ans 단위 길이당 볼트

Exercise 2.9

다음의 식들이 항상 올바른가?

(a) $\nabla(U+V)=\nabla U+\nabla V$ (b) $\nabla(UV)=V\nabla U+U\nabla V$

(c) $\nabla(U^4)=4U^3(\nabla U)$ (d) $\nabla(1/U)=1/(\nabla U)$

Ans (a) 예 (b) 예 (c) 예 (d) 아니오

Review Questions with Hints

RQ 2.5 ∇V의 크기와 방향은 어떤 물리적 의미를 갖는가? [(2-34)]

RQ 2.6 공간상 한 점에서 $V=0$이면 그 점에서 항상 $\nabla V=0$인가? [(2-34)]

RQ 2.7 V의 $\mathbf{a}_l$-방향으로의 지향성 도함수는 V의 그레이디언트와 어떤 관계를 갖는가? [(2-36)]

Review Questions with Hints

RQ 2.8 직각좌표계에서 델 연산자를 정의하라. [(2-40)]

RQ 2.9 ∇V를 세 좌표계에서 표시하라. [(2-43)]

2.3 속과 속밀도(FLUX AND FLUX DENSITY)

속(flux)은 일반적으로 그 무언가의 흐름을 나타내는 개념인데, 이것은 단위 시간당 단위 면적당 기준점을 통과하는 스칼라량을 의미한다. 전기자기학에서는 속의 개념이 주어진 면을 통과하는 선속(flux line)을 의미한다. 이 경우 선속밀도(flux density)는 단위 면적당 선속을 의미한다. 속밀도 혹은 선속밀도는 공간상 하나의 벡터장을 형성한다.

기하학에서 정의되는 매끈한 곡선(smooth curve)은 곡선 위의 그 접선들이 곡선을 따라 오직 연속적으로 변한다는 것을 의미한다. 실제의 물리적인 벡터량은 그 방향이 공간상에서 갑작스럽게 변하지 않으므로, 우리는 벡터장 내의 점들을 연결하여 매끈한 선을 그려 각 점에서의 벡터가 항상 그 선에 접하도록 할 수 있다. 이러한 선들을 전기자기학에서 선속(field line or flux line)이라 부른다. 선속에 접한 접선은 주어진 점에서의 벡터의 방향을 의미하고, 주어진 점에서의 선속의 밀도는 그 점에서의 벡터의 크기를 나타낸다. 전기자기학에서는 2개의 선속밀도(flux density)가 사용되는데 하나는 단위 면적당 쿨롱으로 정의되는 전기 선속밀도(electric flux density) $\mathbf{D}$이고, 하나는 단위 면적당 웨버로 정의되는 자기 선속밀도(magnetic flux density) $\mathbf{B}$이다.

하나의 면을 통과하는 전체 속은 주어진 면에 대한 속밀도의 면적분이다. 예를 들어 밀도가 $n_e[\mathrm{m}^{-3}]$이고 속도가 $\mathbf{v}[\mathrm{m/s}]$인 전자구름(electron cloud)을 생각하여보자. 이 전자구름의 흐름은 속밀도를 이용해 단위 시간당, 단면적(cross section)의 단위 면적당, 통과하는 전자의 갯수로 표시된다. 여기서 단면적은 전자의 흐름에 직각인 평면을 의미한다. 전자구름에 대한 속밀도 $\mathbf{N}$은 전자밀도에 전자의 속도를 곱하여 정의한다. 즉

$$\mathbf{N} = n_e \mathbf{v} \quad [\mathrm{m}^{-2} \cdot \mathrm{s}^{-1}] \tag{2-53}$$

[그림 2-10]은 주어진 면 S 위의 미분면적 $|\mathbf{ds}|$가 단면적 위에서는 $|\mathbf{ds}|\cos\alpha$에 해당한다는 것을 보여준다. 그러므로 $|\mathbf{ds}|$를 통과하는 미분속 $d\Psi$는, 혹은 단위 시간당 $|\mathbf{ds}|$를 통과하는 전자의 개수는 아래와 같이 주어진다.

$$d\Psi = |\mathbf{N}||d\mathbf{s}|\cos\alpha = |\mathbf{N}||d\mathbf{s}|\mathbf{a}_N \cdot \mathbf{a}_s = \mathbf{N} \cdot d\mathbf{s}$$

여기서 $\cos\alpha$는 $\mathbf{N}$과 $d\mathbf{s}$ 방향으로의 단위벡터들 $\mathbf{a}_N$와 $\mathbf{a}_s$의 점곱으로 표시되었다. 그리하여 면 S를 통과하는 전체 속은 아래와 같다.

$$\boxed{\Psi = \int_S d\Psi = \int_S \mathbf{N} \cdot d\mathbf{s}} \tag{2-54}$$

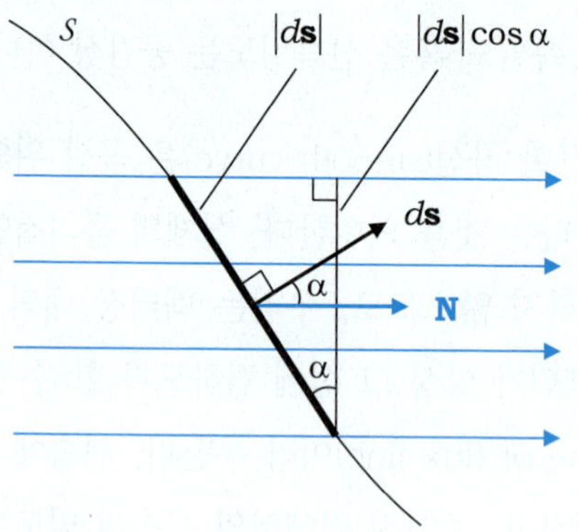

그림 2-10 여기서 $\mathbf{N}$은 속밀도, $d\mathbf{s}$는 미분면적 벡터, 미분속은 $d\Psi = \mathbf{N} \cdot d\mathbf{s}$

즉 면 S를 통과하는 전체 속은 면 S 위에서의 속밀도의 면적분이다. 여기서 주목할 것은 속밀도의 크기는 단면적의 단위 면적당 통과하는 물리량이다. 여기서 단면적은 속밀도에 수직인 평면이다.

선속은 주어진 벡터장이 공간상에서 어떻게 분포하는지를 도식적으로 보여준다([그림 2-11] 참조).

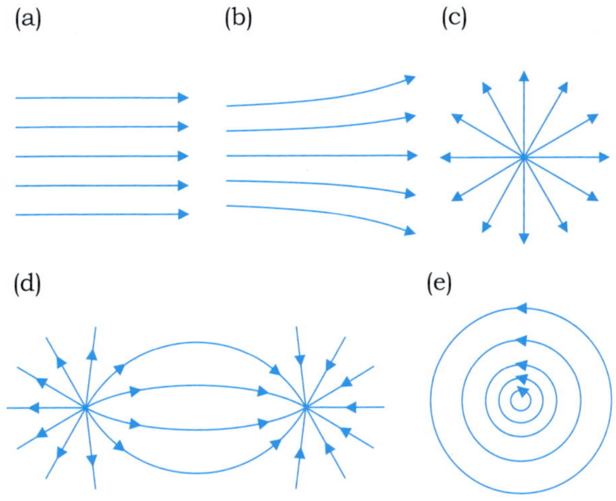

그림 2-11 선속 (a) 균일한 선속, (b) 점점 퍼지는 선속, (c) 발산 점원천에 의한 선속, (d) 선속이 점원천에서 발생하여 점 싱크(point sink)에서 끝남, (e) 순환원천(circulation source)에 의한 동심원 형태의 선속

Exercise 2.10

[그림 2-11(c)]의 선속을 참조하여, 그것의 전체 선속이 3차원 공간에서 보존된다면 구좌표계에서 선속밀도의 수식적 모양은?

Ans $\sim(1/R^2)\mathbf{a}_R$

Exercise 2.11

[그림 2-11(e)]의 선속을 참조하여, 그것의 순환이 3차원 공간에서 보존된다면 원통좌표계에서 선속밀도의 수식적 모양은?

Ans $\sim(1/\rho)\mathbf{a}_\phi$

Review Questions with Hints

RQ 2.10 선속과 선속밀도를 설명하라. [(2-54)]

RQ 2.11 선속밀도가 단위 면적당 선속으로 정의될 때, 단위면적은 어디서의 단위 면적인가? [그림 2-10]

RQ 2.12 식 (2-54)에서 점곱이 필요한 이유는? [그림 2-10]

2.4 다이버전스 및 다이버전스 정리(DIVERGENCE AND DIVERGENCE THEOREM)

다이버전스(divergence)는 벡터 연산자의 하나로 선속밀도, 혹은 단위 면적당 어떤 스칼라량으로 정의되는 벡터장에 작용한다. 다이버전스는 폐곡면 밖으로 빠져나오는 순 선속을 폐곡면에 둘러싸인 원천에 연관시키기 위한 목적으로 사용된다. 다이버전스는 원천에서 발생한 전체 선속이 3차원 공간상에서 보존된다는 것에 기초하고 있다. 다시 말하여 서로 다른 폐곡면들이 동일한 원천을 둘러싸고 있다면 폐곡면 밖으로 빠져나오는 순 선속은 일정하다. 또한 폐곡면이 어떠한 원천도 둘러싸고 있지 않다면 폐곡면 안쪽으로 들어가는 선속과 밖으로 빠져 나오는 선속은 같다. 이 경우 밖으로 빠져나오는 순 선속은 0이다. 다이버전스로부터 다이버전스 정리(divergence theorem)를 유도할 수 있는데 이것은 하나의 벡터장에 대한 폐면적분을 체적적분으로 변환시키는데 매우 유용하고, 반대의 경우에도 마찬가지다.

2.4.1 선속밀도의 다이버전스(Divergence of a Flux Density)

선속밀도 $\mathbf{D}$의 다이버전스는 $div\mathbf{D}$로 표기되는데 이것은 3차원 공간상에서 하나의 스칼라장을 형성한다. 공간상 한 점에서의 $\mathbf{D}$의 다이버전스는 주어진 점에 중심을 둔 미소체적과 관련이 있다. 즉

점 p_1에서 D의 다이버전스는 p_1에 중심을 둔 폐곡면 밖으로 빠져나오는 순 선속을 그 폐곡면에 둘러싸인 체적으로 나눈 후 그 미소체적을 p_1 위의 한 점으로 줄일 때 얻어지는 극한값이다.

점 p_1에서 **D**의 다이버전스는 아래와 같이 표시된다.

$$div\,\mathbf{D} \equiv \lim_{\Delta v \to 0} \frac{\oint_S \mathbf{D} \cdot d\mathbf{s}}{\Delta v} \tag{2-55}$$

적분기호 위의 조그만 동그라미는 면 S가 점 p_1에 중심을 둔 폐곡면임을 나타낸다. 여기서 Δv는 폐곡면 S에 둘러싸인 미소체적을 나타내고, $d\mathbf{s}$는 S 위에서의 미분면적 벡터로 폐곡면 S의 바깥쪽으로 향한다.

[그림 2-12]를 참조하여, 식 (2-55)의 다이버전스 정의를 점 p_1에 중심을 둔 직각육면체에 적용한다. 이때 육면체의 체적은 $\Delta v = \Delta x \Delta y \Delta z$이고, 각 변은 직각좌표계 축에 평행이다. 선속밀도가 $\mathbf{D} = D_x \mathbf{a}_x + D_y \mathbf{a}_y + D_z \mathbf{a}_z$일 때 **D**의 폐면적분을 구하기 위해 육면체의 각 면에서 **D**의 값을 알아야 한다. 그런데 육면체가 결국은 점 p_1로 줄어들게 되므로 육면체 한 면에서의 **D** 값을 점 p_1에 중심을 둔 테일러 급수(Taylor series)를 이용하여 표시한다. 식 (2-55)의 폐면적분을 육면체의 6면에 대한 면적분으로 나누면 아래와 같다.

$$\begin{aligned}
&\lim_{\Delta v \to 0} \oint_S \mathbf{D} \cdot d\mathbf{s} \\
&= \lim_{\Delta v \to 0} \left[\int_{S^1} \mathbf{D} \cdot d\mathbf{s} + \int_{S^2} \mathbf{D} \cdot d\mathbf{s} + \int_{S^3} \mathbf{D} \cdot d\mathbf{s} + \int_{S^4} \mathbf{D} \cdot d\mathbf{s} + \int_{S^5} \mathbf{D} \cdot d\mathbf{s} + \int_{S^6} \mathbf{D} \cdot d\mathbf{s} \right] \\
&= \lim_{\Delta v \to 0} \left[\mathbf{D}^1 \cdot d\mathbf{s}^1 + \mathbf{D}^2 \cdot d\mathbf{s}^2 + \mathbf{D}^3 \cdot d\mathbf{s}^3 + \mathbf{D}^4 \cdot d\mathbf{s}^4 + \mathbf{D}^5 \cdot d\mathbf{s}^5 + \mathbf{D}^6 \cdot d\mathbf{s}^6 \right]
\end{aligned} \tag{2-56}$$

여기서 첨자 1은, 예를 들어 $\mathbf{D}^1$이 면 1의 중심에서의 **D** 값임을 나타낸다. 육면체 각 면에서의 **D**를 p_1에 중심을 둔 테일러 급수를 이용하여 표시한 후 6면을 통해 밖으로 빠져나오는 선속을 아래와 같이 구한다.

$$\mathbf{D}^1 \cdot d\mathbf{s}^1 = \left[\mathbf{D}_o + \frac{\Delta x}{2} \frac{\partial \mathbf{D}}{\partial x}\bigg|_{\text{at } p_1} \right] \cdot d\mathbf{s}^1, \quad d\mathbf{s}^1 = \Delta y \Delta z\ \mathbf{a}_x \tag{2-57a}$$

$$\mathbf{D}^2 \cdot d\mathbf{s}^2 = \left[\mathbf{D}_o + \frac{\Delta y}{2} \frac{\partial \mathbf{D}}{\partial y}\bigg|_{\text{at } p_1} \right] \cdot d\mathbf{s}^2, \quad d\mathbf{s}^2 = \Delta x \Delta z\ \mathbf{a}_y \tag{2-57b}$$

$$\mathbf{D}^3 \cdot d\mathbf{s}^3 = \left[\mathbf{D}_o - \frac{\Delta x}{2} \frac{\partial \mathbf{D}}{\partial x}\bigg|_{\text{at } p_1} \right] \cdot d\mathbf{s}^3, \quad d\mathbf{s}^3 = -\Delta y \Delta z\ \mathbf{a}_x \tag{2-57c}$$

$$\mathbf{D}^4 \cdot d\mathbf{s}^4 = \left[\mathbf{D}_o - \frac{\Delta y}{2} \frac{\partial \mathbf{D}}{\partial y}\bigg|_{\text{at } p_1} \right] \cdot d\mathbf{s}^4, \quad d\mathbf{s}^4 = -\Delta x \Delta z\ \mathbf{a}_y \tag{2-57d}$$

$$\mathbf{D}^5 \cdot d\mathbf{s}^5 = \left[\mathbf{D}_o + \frac{\Delta z}{2} \frac{\partial \mathbf{D}}{\partial z}\bigg|_{\text{at } p_1} \right] \cdot d\mathbf{s}^5, \quad d\mathbf{s}^5 = \Delta x \Delta y\ \mathbf{a}_z \tag{2-57e}$$

$$\mathbf{D}^6 \cdot d\mathbf{s}^6 = \left[\mathbf{D}_o - \frac{\Delta z}{2} \frac{\partial \mathbf{D}}{\partial z}\bigg|_{\text{at } p_1} \right] \cdot d\mathbf{s}^6, \quad d\mathbf{s}^6 = -\Delta x \Delta y\ \mathbf{a}_z \tag{2-57f}$$

여기서 테일러 급수(브라켓 안의 항들)의 고차 항들은 무시되었다. 위 식의 브라켓 내의 마이너스 부호는 주어진 면이 점 p_1을 중심으로 좌표축의 마이너스 방향을 따라 물러나 존재한다는 것을 의미하고, $d\mathbf{s}$ 표현식에 있는 마이너스 부호는 $d\mathbf{s}$를 바깥방향으로 향하도록 하기 위한 것이다. 여기서 주목할 것은 식 (2-57a)의 $\mathbf{D}_o$와 $\mathbf{D}$의 편미분은 점 p_1에서의 값들이지만, 이들이 브라켓으로 묶이면 면 1의 중심에서의 $\mathbf{D}^1$을 표시한다. 식 (2-57)의 6개의 표현식들을 묶으면

$$\begin{aligned}
&\mathbf{D}^1 \cdot d\mathbf{s}^1 + \mathbf{D}^2 \cdot d\mathbf{s}^2 + \mathbf{D}^3 \cdot d\mathbf{s}^3 + \mathbf{D}^4 \cdot d\mathbf{s}^4 + \mathbf{D}^5 \cdot d\mathbf{s}^5 + \mathbf{D}^6 \cdot d\mathbf{s}^6 \\
&= \Delta x \Delta y \Delta z \left[\frac{\partial \mathbf{D}}{\partial x}\bigg|_{\text{at } p_1} \cdot \mathbf{a}_x + \frac{\partial \mathbf{D}}{\partial y}\bigg|_{\text{at } p_1} \cdot \mathbf{a}_y + \frac{\partial \mathbf{D}}{\partial z}\bigg|_{\text{at } p_1} \cdot \mathbf{a}_z \right] \\
&= \Delta x \Delta y \Delta z \left[\frac{\partial D_x}{\partial x}\bigg|_{\text{at } p_1} + \frac{\partial D_y}{\partial y}\bigg|_{\text{at } p_1} + \frac{\partial D_z}{\partial z}\bigg|_{\text{at } p_1} \right]
\end{aligned} \tag{2-58}$$

여기서 $\partial \mathbf{D}/\partial x = (\partial D_x/\partial x)\mathbf{a}_x + (\partial D_y/\partial x)\mathbf{a}_y + (\partial D_z/\partial x)\mathbf{a}_z$이고, 다른 편미분들도 비슷한 형태로 주어진다.

식 (2-56), (2-58) 그리고 미소체적 $\Delta v = \Delta x \Delta y \Delta z$를 식 (2-55)에 대입하면 직각좌표계에서 **D**의 다이버전스는 아래와 같이 주어진다.

$$div\,\mathbf{D} = \frac{\partial D_x}{\partial x} + \frac{\partial D_y}{\partial y} + \frac{\partial D_z}{\partial z} \tag{2-59}$$

D의 다이버전스는 스칼라량으로 **D**의 편미분이 계산되는 지점에서의 값이다. 델 연산자를 이용하면 **D**의 다이버전스는 아래와 같이 표시된다.

$$div\,\mathbf{D} = \nabla \cdot \mathbf{D} \tag{2-60}$$

위의 방법들을 사용하면 다른 좌표계에서의 $div\mathbf{D}$를 구할 수 있다. 일반적인 좌표계 $(u,\ v,\ w)$에서의 **D**의 다이버전스는 다음과 같이 주어진다.

$$\nabla \cdot \mathbf{D} = \frac{1}{h_1 h_2 h_3}\left[\frac{\partial}{\partial u}(h_2 h_3 D_u) + \frac{\partial}{\partial v}(h_1 h_3 D_v) + \frac{\partial}{\partial w}(h_1 h_2 D_w)\right] \tag{2-61}$$

여기서 h_1, h_2, h_3은 식 (2-45)의 메트릭상수들이다.

세 좌표계에서의 **D**의 다이버전스를 다시 쓰면

$$\nabla \cdot \mathbf{D} = \frac{\partial D_x}{\partial x} + \frac{\partial D_y}{\partial y} + \frac{\partial D_z}{\partial z} \quad \text{(직각)} \tag{2-62a}$$

$$\nabla \cdot \mathbf{D} = \frac{1}{\rho}\frac{\partial}{\partial \rho}(\rho D_\rho) + \frac{1}{\rho}\frac{\partial D_\phi}{\partial \phi} + \frac{\partial D_z}{\partial z} \quad \text{(원통)} \tag{2-62b}$$

$$\nabla \cdot \mathbf{D} = \frac{1}{R^2}\frac{\partial}{\partial R}(R^2 D_R) + \frac{1}{R\sin\theta}\frac{\partial}{\partial \theta}(D_\theta \sin\theta) + \frac{1}{R\sin\theta}\frac{\partial D_\phi}{\partial \phi} \quad \text{(구)} \tag{2-62c}$$

비록 델 연산자가 최초에 직각좌표계에서 정의되었지만, $\nabla \cdot \mathbf{D}$는 원통 혹은 구좌표계에서도 $div\mathbf{D}$를 의미한다. 이때 $\nabla \cdot \mathbf{D}$를 ∇과 $\mathbf{D}$ 사이의 점곱으로 해석하지 않는다.

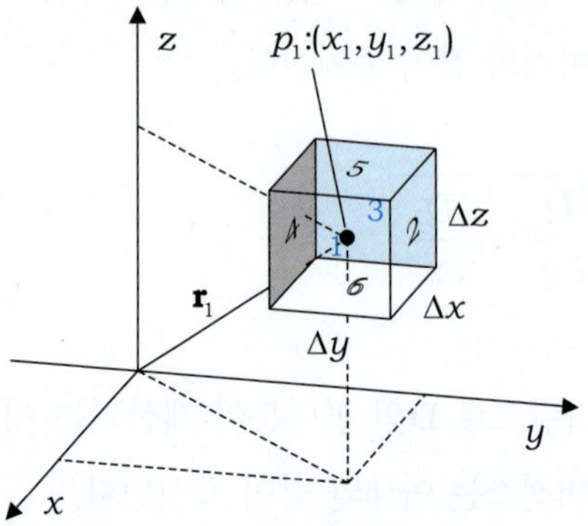

그림 2-12 미소체적을 가진 직각육면체

Example 2-10

구좌표계의 영역 $R > 0$에서 다음 함수의 다이버전스를 구하라.

(a) $\mathbf{D} = \dfrac{1}{R^2}\mathbf{a}_R$ (b) $\mathbf{A} = \dfrac{1}{R}\mathbf{a}_R$

Solution

(a) 식 (2-62c)를 이용하면

$$\nabla \cdot \mathbf{D} = \frac{1}{R^2}\frac{\partial}{\partial R}(R^2 D_R) + \frac{1}{R\sin\theta}\frac{\partial}{\partial\theta}(D_\theta \sin\theta) + \frac{1}{R\sin\theta}\frac{\partial D_\phi}{\partial\phi}$$

$$= \frac{1}{R^2}\frac{\partial}{\partial R}\left(R^2 \frac{1}{R^2}\right) = 0$$

(b) 식 (2-62c)를 이용하면

$$\nabla \cdot \mathbf{A} = \frac{1}{R^2}\frac{\partial}{\partial R}\left(R^2 \frac{1}{R}\right) = \frac{1}{R^2}$$

다이버전스가 0인 벡터장을 솔레노이드장(solenoidal)이라 부른다. 비록 **D**와 **A**의 다이버전스가 서로 다르더라도($\nabla \cdot \mathbf{D} = 0$, $\nabla \cdot \mathbf{A} \neq 0$), **D**와 **A**의 선속은 2차원 평면에서 [그림 2-11(c)]와 동일하게 주어진다. 위 결과식 $\nabla \cdot \mathbf{D} = 0$은 $R>0$ 영역에서 원천이나 씽크가 존재하지 않는다는 것을 의미한다. 그러나 원점을 둘러싸는 폐곡면 위에서 **D**를 면적분하면 0이 아니므로, **D**는 원점에 위치한 점원으로부터 발생된 것이 확실하다. 벡터장 **A**는 솔레노이드 장이 아니다. 결과식 $\nabla \cdot \mathbf{A} \neq 0$에서 알 수 있듯이 **A**는 $R>0$ 영역에 분산되어 존재하는 원천에 의해 발생된 것이 확실하다.

Example 2-11

벡터 항등식(vector identity) $\nabla \cdot (V\mathbf{A}) = (\nabla V) \cdot \mathbf{A} + V(\nabla \cdot \mathbf{A})$를 증명하라.

Solution

직각좌표계에서

$$\begin{aligned}
\nabla \cdot (V\mathbf{A}) &= \left[\frac{\partial}{\partial x}(VA_x) + \frac{\partial}{\partial y}(VA_y) + \frac{\partial}{\partial z}(VA_z)\right] \\
&= \left[\frac{\partial V}{\partial x}A_x + \frac{\partial V}{\partial y}A_y + \frac{\partial V}{\partial z}A_z\right] + \left[V\frac{\partial A_x}{\partial x} + V\frac{\partial A_y}{\partial y} + V\frac{\partial A_z}{\partial z}\right] \\
&= \left(\frac{\partial V}{\partial x}\mathbf{a}_x + \frac{\partial V}{\partial y}\mathbf{a}_y + \frac{\partial V}{\partial z}\mathbf{a}_z\right) \cdot \left(A_x\mathbf{a}_x + A_y\mathbf{a}_y + A_z\mathbf{a}_z\right) \\
&\quad + V\left(\frac{\partial A_x}{\partial x} + \frac{\partial A_y}{\partial y} + \frac{\partial A_z}{\partial z}\right)
\end{aligned}$$

위 식을 정리하면,

$$\boxed{\nabla \cdot (V\mathbf{A}) = (\nabla V) \cdot \mathbf{A} + V(\nabla \cdot \mathbf{A})} \quad (2\text{-}63)$$

Exercise 2.12

다음의 벡터장에 대한 다이버전스를 점 $(x, y, z) = (1, 1, \sqrt{6})$에서 구하라.

(a) $\mathbf{A} = x^2\,\mathbf{a}_x + 3z\,\mathbf{a}_y + yz\,\mathbf{a}_z$

(b) $\mathbf{A} = \left(3\cos\phi / R^2\right)\mathbf{a}_R + \left(4\sin\theta / R\right)\mathbf{a}_\theta - 2\,\mathbf{a}_\phi$

Ans (a) 3 (b) $\sqrt{3}/2$

Exercise 2.13

주어진 벡터장 $\mathbf{D}(\mathbf{r}) = \mathbf{A}\cos(\mathbf{k}\cdot\mathbf{r})$에 대해, 여기서 $\mathbf{r}$은 위치벡터이고 $\mathbf{A}$와 $\mathbf{k}$는 직각좌표계에서 상수, 어떤 조건에서 $\mathbf{D}$가 솔레노이드 장이 되는가?

Ans $\mathbf{A} \perp \mathbf{k}$

2.4.2 다이버전스 정리(Divergence Theorem)

비록 하나의 벡터장에 대한 다이버전스는 그 벡터장의 편미분으로 표시되지만, 다이버전스 개념은 폐곡면, 미소체적, 폐면적분을 내포하고 있다. 다이버전스 정리(divergence theorem)는 다이버전스 개념에서 유도되는데, 아래와 같이 기술된다. 즉 ***$\nabla\cdot\mathbf{D}$의 체적적분은 그 체적을 둘러 싸는 폐곡면 위에서의 $\mathbf{D}$의 면적분과 같다***. 다이버전스 정리를 수식적으로 표현하면

$$\int_{\mathcal{V}} \nabla\cdot\mathbf{D}\,dv = \oint_S \mathbf{D}\cdot d\mathbf{s} \tag{2-64}$$

여기서 S는 체적 $\mathcal{V}$를 둘러싸는 폐곡면이고, $d\mathbf{s}$는 S 위의 미분면적 벡터인데 항상 바깥쪽을 향한다.

다이버전스 정리를 증명하기 위해 [그림 2-13]의 유한한 체적 $\mathcal{V}$와 그것을 둘러싸는 폐곡면 S를 생각해보자. 여기서 편의상 체적 $\mathcal{V}$를 여러 개의 미소체적으로 나눈다. [그림 2-13]에서처럼 3개의 미소체적 Δv_{k-1}, Δv_k, Δv_{k+1}은 서로 맞닿아 있으며 이들의 윗면

들은 면 S와 맞닿아있다. 이러한 조건에서 만약 Δv_k의 오른쪽 면이 Δv_k에 속하는 것으로 취급되면 그 면 위의 미분면적 벡터 $d\mathbf{s}$는 오른쪽을 향하지만, 그 면이 Δv_{k+1}에 속하는 것으로 취급된다면 $d\mathbf{s}$는 왼쪽을 향한다. 여기서 미소체적 Δv_k의 중심에서의 $\mathbf{D}$의 다이버전스를 생각해보자. 즉

$$(\nabla \cdot \mathbf{D})_{\Delta v_k} = \lim_{\Delta v_k \to 0} \frac{\oint_{\Delta s_k} \mathbf{D} \cdot d\mathbf{s}}{\Delta v_k} \tag{2-65}$$

위 식에서 Δs_k는 Δv_k를 둘러싸는 폐곡면이다. 식 (2-65)를 다시 쓰면

$$\lim_{\Delta v_k \to 0} \left[(\nabla \cdot \mathbf{D})_{\Delta v_k} \Delta v_k \right] = \lim_{\Delta s_k \to 0} \left[\oint_{\Delta s_k} \mathbf{D} \cdot d\mathbf{s} \right] \tag{2-66}$$

식 (2-66)의 오른쪽 브라켓은 Δv_k 밖으로 빠져나오는 순 선속을 의미한다. 3차원 공간 상에서 선속이 보존된다는 것을 고려하면 이 선속은 결국 최외곽의 면 S를 통과하게 된다. 그리하여 경계면 S를 통과하는 총 선속은 각각의 미소체적에서 발생된 선속들의 합이다. 식 (2-66)을 이용해 총 선속을 표시하면 다음과 같다.

$$\lim_{\substack{N \to \infty \\ \Delta v_k \to 0}} \left[\sum_{k=1}^{k=N} (\nabla \cdot \mathbf{D})_{\Delta v_k} \Delta v_k \right] = \lim_{\substack{N \to \infty \\ \Delta s_k \to 0}} \left[\sum_{k=1}^{k=N} \oint_{\Delta s_k} \mathbf{D} \cdot d\mathbf{s} \right] \tag{2-67}$$

식 (2-67)의 왼쪽은 체적 V에서의 $\nabla \cdot \mathbf{D}$의 체적적분을 의미하고, 오른쪽은 모든 미소체적들의 모든 면에서의 $\mathbf{D}$의 면적분을 의미한다. 만약 하나의 면이 두 미소체적에 의해 공유된 상태라면 이 면 위에서의 두 $d\mathbf{s}$는 방향이 서로 반대이므로, 그 면에서의 면적분은 0이다. 따라서 식 (2-67)의 오른쪽은 경계면 S 위에서의 $\mathbf{D}$의 폐면적분을 나타내므로 다이버전스 정리가 증명된다.

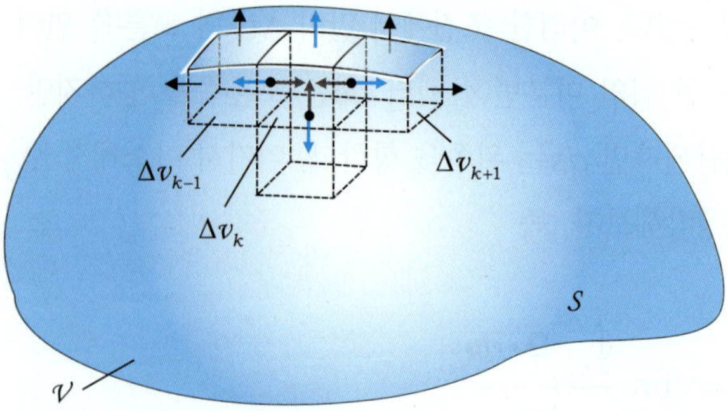

그림 2-13 면 S에 둘러싸인 체적 v가 여러 개의 미소체적으로 나뉜다

Example 2-12

주어진 선속밀도 $\mathbf{A}(\mathbf{r}) = x^2 y\mathbf{a}_x - x^2 y\mathbf{a}_y + z\mathbf{a}_z$에 대해, 한 변이 2이고 원점에 중심을 둔 정육면체를 이용해 다이버전스 정리를 증명하시오([그림 2-14] 참조).

Solution

정육면체 각 면에서의 $\mathbf{A}$의 면적분은 아래와 같다.

$$\int_{S_1} \mathbf{A} \cdot d\mathbf{s} = \int_{z=-1}^{z=1} \int_{y=-1}^{y=1} \left(x^2 y\,\mathbf{a}_x - x^2 y\,\mathbf{a}_y + z\,\mathbf{a}_z \right) \cdot (dydz\,\mathbf{a}_x) = (1)^2 \int_{y=-1}^{y=1} ydy \int_{z=-1}^{z=1} dz = 0 \qquad (x = 1\text{인 면})$$

$$\int_{S_2} \mathbf{A} \cdot d\mathbf{s} = \int_{z=-1}^{z=1} \int_{y=-1}^{y=1} \mathbf{A} \cdot (-dydz\,\mathbf{a}_x) = -(-1)^2 \int_{y=-1}^{y=1} ydy \int_{z=-1}^{z=1} dz = 0 \qquad (x = -1)$$

$$\int_{S_3} \mathbf{A} \cdot d\mathbf{s} = \int_{z=-1}^{z=1} \int_{x=-1}^{x=1} \mathbf{A} \cdot (dxdz\,\mathbf{a}_y) = -(1) \int_{x=-1}^{x=1} x^2 dx \int_{z=-1}^{z=1} dz = -\frac{4}{3} \qquad (y = 1)$$

$$\int_{S_4} \mathbf{A} \cdot d\mathbf{s} = \int_{z=-1}^{z=1} \int_{x=-1}^{x=1} \mathbf{A} \cdot (-dxdz\,\mathbf{a}_y) = (-1) \int_{x=-1}^{x=1} x^2 dx \int_{z=-1}^{z=1} dz = -\frac{4}{3} \qquad (y = -1)$$

$$\int_{S_5} \mathbf{A} \cdot d\mathbf{s} = \int_{y=-1}^{y=1} \int_{x=-1}^{x=1} \mathbf{A} \cdot (dxdy\, \mathbf{a}_z) \qquad (z=1)$$
$$= (1)\int_{x=-1}^{x=1} dx \int_{y=-1}^{y=1} dy = 4$$

$$\int_{S_6} \mathbf{A} \cdot d\mathbf{s} = \int_{y=-1}^{y=1} \int_{x=-1}^{x=1} \mathbf{A} \cdot (-dxdy\, \mathbf{a}_z) \qquad (z=-1)$$
$$= -(-1)\int_{x=-1}^{x=1} dx \int_{y=-1}^{y=1} dy = 4$$

위의 결과들을 결합하면 **A**의 폐면적분은

$$\oint_S \mathbf{A} \cdot d\mathbf{s} = \frac{16}{3} \tag{2-68}$$

그 다음 **A**의 다이버전스를 계산한다.

$$\nabla \cdot \mathbf{A} = \frac{\partial}{\partial x}(x^2 y) + \frac{\partial}{\partial y}(-x^2 y) + \frac{\partial}{\partial z}(z) = 2xy - x^2 + 1$$

정육면체에 대해 $\nabla \cdot \mathbf{A}$를 체적적분하면

$$\int_V \nabla \cdot \mathbf{A}\, dv = \int_{z=-1}^{z=1} \int_{y=-1}^{y=1} \int_{x=-1}^{x=1} (2xy - x^2 + 1)\, dxdydz$$
$$= 2\int_{x=-1}^{x=1} xdx \int_{y=-1}^{y=1} ydy \int_{z=-1}^{z=1} dz - \int_{x=-1}^{x=1} x^2 dx \int_{y=-1}^{y=1} dy \int_{z=-1}^{z=1} dz \tag{2-69}$$
$$+ \int_{x=-1}^{x=1} dx \int_{y=-1}^{y=1} dy \int_{z=-1}^{z=1} dz = \frac{16}{3}$$

두 식 (2-68)과 (2-69)가 같으므로 다이버전스 정리가 증명된다.

Example 2-13

주어진 선속밀도 $\mathbf{B}(\mathbf{r}) = \sin\phi\, \mathbf{a}_\phi$에 대해 반지름 2이고 높이 2이며 중심을 원점에 둔 원통을 이용해 다이버전스 정리를 증명하라([그림 2-14] 참조).

Solution

원통면에서의 **B**의 면적분을 구한다.

$$\int_{cylin} \mathbf{B}\cdot d\mathbf{s} = \int_{z=-1}^{z=1}\int_{\phi=0}^{\phi=2\pi} \sin\phi\, \mathbf{a}_\phi \cdot (2d\phi dz\, \mathbf{a}_\rho) = 0 \quad \text{(원통 옆면)}$$

$$\int_{top} \mathbf{B}\cdot d\mathbf{s} = \int_{\phi=0}^{\phi=2\pi}\int_{\rho=0}^{\rho=2} \sin\phi\, \mathbf{a}_\phi \cdot (\rho d\rho d\phi\, \mathbf{a}_z) = 0 \quad \text{(윗면)}$$

$$\int_{bottom} \mathbf{B}\cdot d\mathbf{s} = \int_{\phi=0}^{\phi=2\pi}\int_{\rho=0}^{\rho=2} \sin\phi\, \mathbf{a}_\phi \cdot (-\rho d\rho d\phi\, \mathbf{a}_z) = 0 \quad \text{(아랫면)}$$

위의 결과들을 결합하면 **B**의 폐면적분은

$$\oint_S \mathbf{B}\cdot d\mathbf{s} = \int_{cylind} \mathbf{B}\cdot d\mathbf{s} + \int_{top} \mathbf{B}\cdot d\mathbf{s} + \int_{bottom} \mathbf{B}\cdot d\mathbf{s} = 0 \tag{2-70}$$

다음 **B**의 다이버전스를 구한다.

$$\nabla\cdot\mathbf{B} = \frac{1}{\rho}\frac{\partial}{\partial\rho}(\rho B_\rho) + \frac{1}{\rho}\frac{\partial B_\phi}{\partial\phi} + \frac{\partial B_z}{\partial z} = \frac{1}{\rho}\cos\phi \tag{2-71}$$

$\nabla\cdot\mathbf{B}$의 원통에 대한 체적적분을 구한다.

$$\int_{\mathcal{V}} \nabla\cdot\mathbf{B}\, dv = \int_{z=-1}^{z=1}\int_{\phi=0}^{\phi=2\pi}\int_{\rho=0}^{\rho=2} \frac{1}{\rho}(\cos\phi)\rho\, d\rho d\phi dz = 4\sin\phi\Big|_{\phi=0}^{\phi=2\pi} = 0 \tag{2-72}$$

두 식 (2-70)과 (2-72)가 같으므로 다이버전스 정리가 증명된다.

비록 원통에서 $\nabla\cdot\mathbf{B}$를 체적 적분한 값이 0이라 하더라도(식 (2-72)), 원통 내의 각 지점에서의 $\nabla\cdot\mathbf{B}$는 0이 아닐 수 있다(식 (2-71)). 이것들은 선속이 원통 내 $-\pi/2<\phi<\pi/2$ 영역에 분포하는 원천에서 발생해 원통내 $\pi/2<\phi<3\pi/2$ 영역에 분포하는 씽크에서 끝난다는 것을 말해준다. 다이버전스는 원천 혹은 씽크가 공간상에 존재하는지를 확인하는데 매우 유용하다.

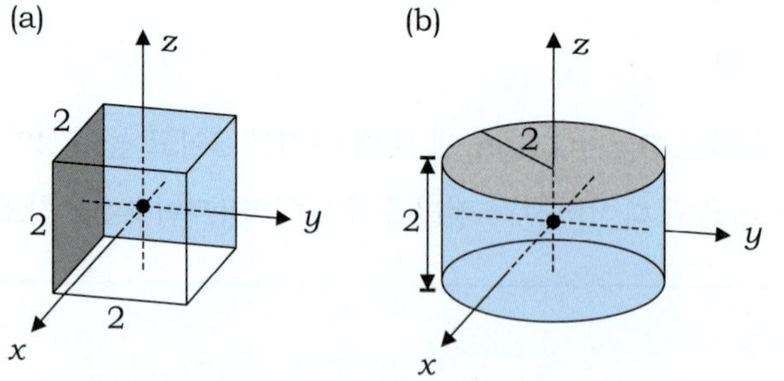

그림 2-14 정육면체 및 원통

Example 2-14

구좌표계의 벡터장 $\mathbf{A(r)} = (1/R^2)\mathbf{a}_R$에 대해 [그림 2-15]에서 보여주는 안쪽 반지름이 R_1이고 바깥 반지름이 R_2인 구 껍질에 대해 다이버전스 정리를 증명하라.

Solution

미분면적 벡터 $d\mathbf{s}$는 폐곡면 위에서 항상 바깥을 향한다. 그러므로 바깥 구면에서 $d\mathbf{s}$는 $\mathbf{a}_R$-방향이고 안쪽 구면에서 $d\mathbf{s}$는 $-\mathbf{a}_R$-방향이다.

두 구면 위에서의 $\mathbf{A}$의 면적분은 아래와 같다.

$$\int_{outer} \mathbf{A} \cdot d\mathbf{s} = \int_{\phi=0}^{\phi=2\pi} \int_{\theta=0}^{\theta=\pi} \frac{1}{R_2^2} \mathbf{a}_R \cdot (R_2^2 \sin\theta \, d\theta d\phi \, \mathbf{a}_R) = 4\pi \quad \text{(2-73a)}$$

$$\int_{inner} \mathbf{A} \cdot d\mathbf{s} = \int_{\phi=0}^{\phi=2\pi} \int_{\theta=0}^{\theta=\pi} \frac{1}{R_1^2} \mathbf{a}_R \cdot (-R_1^2 \sin\theta \, d\theta d\phi \, \mathbf{a}_R) = -4\pi \quad \text{(2-73b)}$$

그러므로 $\mathbf{A}$의 폐면적분은

$$\oint_S \mathbf{A} \cdot d\mathbf{s} = 4\pi - 4\pi = 0$$

그 다음 구좌표계에서 $\mathbf{A}$의 다이버전스를 구한다.

$$\nabla \cdot \mathbf{A} = \frac{1}{R^2} \frac{\partial}{\partial R}\left(R^2 \frac{1}{R^2} \right) = 0$$

$\nabla \cdot \mathbf{A}$의 체적적분과 $\mathbf{A}$의 폐면적분은 둘 다 0이다. 그러므로 다이버전스 정리가 증명된다.

식 (2-73)에서 4π의 선속이 안쪽 구면을 통해 주어진 체적 안으로 들어가고, 4π의 선속이 바깥쪽 구면을 통해 밖으로 나간다는 것을 알 수 있다. 또한 주어진 체적 내의 어디에서든 $\mathbf{A}$의 다이버전스는 0이므로 선속밀도 $\mathbf{A}$는 주어진 체적 내에서 발생되지 않는다.

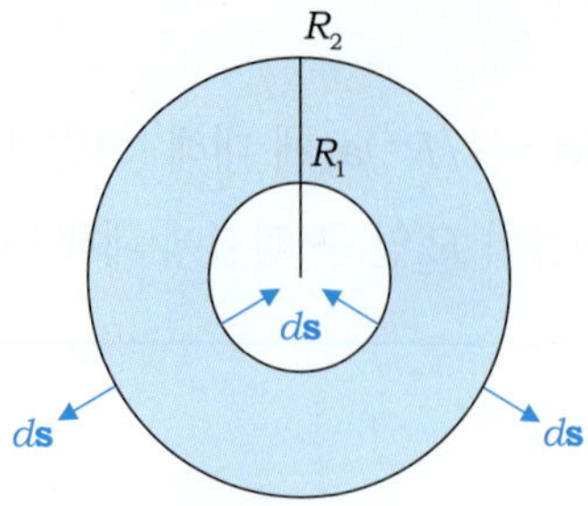

그림 2-15 속이 빈 구 껍질

Exercise 2.14

어떤 조건에서 $\oint_S \mathbf{A} \cdot d\mathbf{s} = 0$인가? 여기서 면 S가 체적 $\mathcal{V}$를 둘러싸고 있다.

Ans (1) $\mathcal{V}$내에서 $\mathbf{A} = 0$

(2) $\mathcal{V}$내에 원천 혹은 씽크가 없음

(3) $\mathcal{V}$내의 원천에서 나온 선속이 모두 $\mathcal{V}$내의 씽크로 감

Review Questions with Hints

RQ 2.13 선속밀도에 대한 다이버전스를 말로 설명하라. [(2-55)]

RQ 2.14 공간상 한 점에서 $\nabla \cdot \mathbf{A} = 0$이면 그 점에서 $\mathbf{A} = 0$인가? [(2-55)]

RQ 2.15 $\mathbf{D}$의 단위가 단위 면적당 쿨롱이면 $\nabla \cdot \mathbf{D}$의 단위는? [(2-55)]

RQ 2.16 다이버전스 정리를 말로 설명하라. [(2-64)]

RQ 2.17 다이버전스와 다이버전스 정리가 물리적으로 의미가 있으려면 주어진 벡터장의 단위는 무엇이어야 하는가? [(2-64)]

RQ 2.18 $\nabla \cdot \mathbf{D}$가 공간상에 분포한 점원천 혹은 점씽크의 존재를 확인시켜줄 수 있는가? 아니면 점원천의 존재는 어떻게 확인할 수 있는가? [(2-64)]

2.5 컬 및 스토크스 정리(CURL AND STOKES'S THEOREM)

간단한 순환원천(circulation source)은 동심원 형태의 선속을 발생시킨다. 예를 들어 무한히 긴 도선에 직류 전류가 흐르면 자기장은 도선 주위에 동심원 형태로 형성된다. 앞에서 설명한 것처럼 점 p_1에 중심을 둔 폐곡선 위에서의 벡터장 $\mathbf{H}$의 선적분을 점 p_1에서의 $\mathbf{H}$의 C 주위로의 순환이라 부른다. 다이버전스원천에 의한 선속이 공간상에서 보존되듯이 순환원천에 의한 선속도 공간상에서 보존된다. 즉 서로 다른 적분길이 동일한 순환원천을 둘러싸면 순환은 항상 일정하고, 적분길이 순환원천을 둘러싸지 않으면 폐곡선의 모양 및 위치에 관계없이 순환은 항상 0이다. 컬(curl)은 전기자기학에서 중요하게 사용되는 벡터 연산자의 하나로 단위 길이당 어떤 스칼라량으로 주어지는 벡터장에 작용한다. 벡터장의 컬은 벡터장의 순환이 적분길에 둘러싸인 순환원천에 직접적으로 연관되도록 정의된다. 컬의 정의로부터 스토크스 정리(Stokes's theorem)를 유도할 수 있는데, 이것은 폐선적분을 면적분으로 환산하는데 매우 유용하고, 반대방향으로도 마찬가지다.

2.5.1 벡터장의 컬(Curl of a Vector Field)

하나의 벡터장 $\mathbf{H}$의 컬은 $curl\,\mathbf{H}$로 표기되고, 그것은 공간상에서 또 다른 벡터장을 형성한다. $\mathbf{H}$의 컬은 공간싱의 한 점을 중심으로 하는 가상의 미소 폐곡선 혹은 루프(loop)를 가정하여 다음과 같이 정의된다. 즉

점 p_1에서 $curl\,\mathbf{H}$의 $\mathbf{a}_k$-방향으로의 성분은 점 p_1이 그 중심이고, 그 면이 $\mathbf{a}_k$에 수직인 루프 주위로의 $\mathbf{H}$의 순환을 그 루프의 면적으로 나눈 후 루프를 점 p_1로 수렴시키면서 얻는 극한값이다.

점 p_1에서 $curl\,\mathbf{H}$의 k-방향 성분은 수식적으로 다음과 같이 표시된다.

$$curl\,\mathbf{H}\cdot\mathbf{a}_k = \lim_{\Delta s\to 0}\frac{\oint_C \mathbf{H}\cdot d\mathbf{l}}{\Delta s} \tag{2-74}$$

여기서 C는 점 p_1에 중심을 둔 루프인데 그것의 면은 단위벡터 $\mathbf{a}_k$에 수직이고 그 면적은 Δs이다. Δs위의 단위벡터 $\mathbf{a}_k$와 C 위의 미분길이 벡터 $d\mathbf{l}$은 오른손규칙을 따른다. 오른손 네 손가락이 $d\mathbf{l}$ 방향으로 선회할 때 오른손 엄지가 $\mathbf{a}_k$-방향을 가리킨다.

> *점 p_1에서 $\mathbf{H}$의 컬은 하나의 벡터량이다. 그 크기는 루프의 단위 면적당 $\mathbf{H}$의 순환을 루프를 점 p_1로 수렴시키면서 얻는 극한값 중 최대값이고, 그 단위벡터는 이러한 최대값이 얻어질 때의 루프의 면에 수직이다.*

점 p_1에서 $\mathbf{H}$의 컬은 수식적으로 다음과 같이 표시된다.

$$curl\,\mathbf{H} = \lim_{\Delta s \to 0} \frac{\oint_C \mathbf{H} \cdot d\mathbf{l}}{\Delta s}\mathbf{a}_n \tag{2-75}$$

여기서 C는 점 p_1에 중심을 두고 단위 면적당 최대 순환이 얻어지도록 위치한 루프이고, Δs는 루프의 면적, $\mathbf{a}_n$은 루프 면에 수직인 방향이다. 앞에서와 마찬가지로 Δs 위의 $\mathbf{a}_n$과 C 위의 $d\mathbf{l}$의 방향은 오른손규칙을 따른다.

$curl\,\mathbf{H}$는 하나의 벡터이므로 아래와 같은 성분형태로 표시된다.

$$curl\,\mathbf{H} = (curl\,\mathbf{H})_x\,\mathbf{a}_x + (curl\,\mathbf{H})_y\,\mathbf{a}_y + (curl\,\mathbf{H})_z\,\mathbf{a}_z$$

위 식에서 x-성분은 $curl\,\mathbf{H}$의 x-축으로의 투영을 의미한다. 즉 $(curl\mathbf{H})_x = (curl\mathbf{H})\cdot\mathbf{a}_x$이다. 그리고 이것은 또한 yz-평면에서 루프 면적이 0으로 줄어들 때의 단위면적당 $\mathbf{H}$의 순환의 극한값이다.

[그림 2-16]은 하나의 직사각형 루프가 폭 Δw 높이 Δh이고 점 p_1이 그 중심이라는 것을 보여준다. 이 루프를 이용해 $\mathbf{a}_k = \sin\alpha\,\mathbf{a}_x + \cos\alpha\,\mathbf{a}_z$ 방향으로의 $curl\,\mathbf{H}$의 성분을 구하고자 한다. 주어진 루프 C의 면적이 0으로 줄어들 때 C 주위로의 $\mathbf{H}$의 순환은 다음과 같이 표시된다.

$$\lim_{\Delta s \to 0}\left[\oint_C \mathbf{H}\cdot d\mathbf{l}\right] = \lim_{\Delta s \to 0}\left[\mathbf{H}^1\cdot d\mathbf{l}^1 + \mathbf{H}^2\cdot d\mathbf{l}^2 + \mathbf{H}^3\cdot d\mathbf{l}^3 + \mathbf{H}^4\cdot d\mathbf{l}^4\right] \tag{2-76}$$

위 식에서 첨자 1은 루프 C의 변 ①을 나타내고, 그 변에서의 벡터장은 $\mathbf{H} = \mathbf{H}^1$이다. 이 루프는 최종적으로 p_1 위의 한 점으로 줄어들게 되므로 루프 한 변에서의 $\mathbf{H}$를 점 p_1에 중심을 둔 테일러 급수를 이용하여 구한다. 그리하여 식 (2-76)의 오른쪽의 각 항을 다시 쓰면 아래와 같다.

$$\mathbf{H}^1 \cdot d\mathbf{l}^1 = \left[\mathbf{H}_o + \frac{\Delta w}{2} \frac{\partial \mathbf{H}}{\partial y}\bigg|_{\text{at } p_1} \right] \cdot d\mathbf{l}^1, \qquad d\mathbf{l}^1 = -\Delta x\, \mathbf{a}_x + \Delta z\, \mathbf{a}_z \tag{2-77a}$$

$$\mathbf{H}^2 \cdot d\mathbf{l}^2 = \left[\mathbf{H}_o - \frac{\Delta x}{2} \frac{\partial \mathbf{H}}{\partial x}\bigg|_{\text{at } p_1} + \frac{\Delta z}{2} \frac{\partial \mathbf{H}}{\partial z}\bigg|_{\text{at } p_1} \right] \cdot d\mathbf{l}^2, \qquad d\mathbf{l}^2 = -\Delta w\, \mathbf{a}_y \tag{2-77b}$$

$$\mathbf{H}^3 \cdot d\mathbf{l}^3 = \left[\mathbf{H}_o - \frac{\Delta w}{2} \frac{\partial \mathbf{H}}{\partial y}\bigg|_{\text{at } p_1} \right] \cdot d\mathbf{l}^3, \qquad d\mathbf{l}^3 = +\Delta x\, \mathbf{a}_x - \Delta z\, \mathbf{a}_z \tag{2-77c}$$

$$\mathbf{H}^4 \cdot d\mathbf{l}^4 = \left[\mathbf{H}_o + \frac{\Delta x}{2} \frac{\partial \mathbf{H}}{\partial x}\bigg|_{\text{at } p_1} - \frac{\Delta z}{2} \frac{\partial \mathbf{H}}{\partial z}\bigg|_{\text{at } p_1} \right] \cdot d\mathbf{l}^4, \qquad d\mathbf{l}^4 = \Delta w\, \mathbf{a}_y \tag{2-77d}$$

여기서 주목할 것은, 예를 들어, 식 (2-77d)의 $\mathbf{H}_o$ 및 $\mathbf{H}$의 편미분은 점 p_1에서의 값들이지만 이들이 브라켓으로 묶이면 변 ④에서의 벡터값 $\mathbf{H}^4$에 해당한다. 식 (2-77)의 항들을 서로 더하여 다시 쓰면

$$\begin{aligned}
&(\mathbf{H}^1 \cdot d\mathbf{l}^1 + \mathbf{H}^3 \cdot d\mathbf{l}^3) + (\mathbf{H}^2 \cdot d\mathbf{l}^2 + \mathbf{H}^4 \cdot d\mathbf{l}^4) \\
&= -\Delta w \Delta x \frac{\partial \mathbf{H}}{\partial y}\bigg|_{p_1} \cdot \mathbf{a}_x + \Delta w\, \Delta z \frac{\partial \mathbf{H}}{\partial y}\bigg|_{p_1} \cdot \mathbf{a}_z \\
&\quad + \Delta w \Delta x \frac{\partial \mathbf{H}}{\partial x}\bigg|_{p_1} \cdot \mathbf{a}_y - \Delta w \Delta z \frac{\partial \mathbf{H}}{\partial z}\bigg|_{p_1} \cdot \mathbf{a}_y \\
&= \Delta w \Delta z \left[\frac{\partial H_z}{\partial y}\bigg|_{p_1} - \frac{\partial H_y}{\partial z}\bigg|_{p_1} \right] + \Delta w \Delta x \left[\frac{\partial H_y}{\partial x}\bigg|_{p_1} - \frac{\partial H_x}{\partial y}\bigg|_{p_1} \right]
\end{aligned} \tag{2-78}$$

위 식에서 $\partial \mathbf{H}/\partial x = (\partial H_x/\partial x)\mathbf{a}_x + (\partial H_y/\partial x)\mathbf{a}_y + (\partial H_z/\partial x)\mathbf{a}_z$로 주어지는 것에 주목하자. 식 (2-76)과 (2-78)을 식 (2-74)에 대입하면, $\mathbf{a}_k$에 직각인 평면에서의 단위 면적당

$\mathbf{H}$의 순환을 얻게 되는데 이것을 $(CIR\,\mathbf{H})_k$로 표시한다. 즉

$$(CIR\,\mathbf{H})_k = \lim_{\Delta s \to 0}\left\{\frac{\Delta z}{\Delta h}\left(\left.\frac{\partial H_z}{\partial y}\right|_{p_1} - \left.\frac{\partial H_y}{\partial z}\right|_{p_1}\right) + \frac{\Delta x}{\Delta h}\left(\left.\frac{\partial H_y}{\partial x}\right|_{p_1} - \left.\frac{\partial H_x}{\partial y}\right|_{p_1}\right)\right\}$$
$$= \sin\alpha\left(\frac{\partial H_z}{\partial y} - \frac{\partial H_y}{\partial z}\right) + \cos\alpha\left(\frac{\partial H_y}{\partial x} - \frac{\partial H_x}{\partial y}\right) \tag{2-79}$$

윗식에서 루프 면적 $\Delta s = \Delta w \Delta h$를 사용했고, [그림 2-16]에서 얻어지는 두 식 $\Delta z/\Delta h = \sin\alpha$와 $\Delta x/\Delta h = \cos\alpha$를 사용했다. 기호 $(CIR\,\mathbf{H})_k$는 그 면이 $\mathbf{a}_k$에 수직인 루프 주위로의 $\mathbf{H}$의 순환으로부터 얻어지는 $curl\,\mathbf{H}$의 k-성분을 표시한다. 반면에 기호 $(curl\,\mathbf{H})_k$는 벡터 $curl\,\mathbf{H}$를 $\mathbf{a}_k$-방향으로 투영하여 얻어지는 $curl\,\mathbf{H}$의 k-성분을 표시한다. 아래에서 $(curl\,\mathbf{H})_k$는 $(CIR\,\mathbf{H})_k$를 의미한다는 것을 증명한다.

만약 $\alpha = 90°$이면 루프 면은 x-축에 수직이 되어 $\mathbf{a}_k = \mathbf{a}_x$이고, 이때 식 (2-79)는 아래와 같이 간소화된다.

$$\boxed{(CIR\,\mathbf{H})_x = \frac{\partial H_z}{\partial y} - \frac{\partial H_y}{\partial z}} \tag{2-80a}$$

이것은 점 p_1에서 $x = x_1$ 평면 위의 단위 면적당 $\mathbf{H}$의 순환에 해당한다. 비슷한 방법으로 만약 $\alpha = 0°$이면 루프 면은 z-축에 수직이 되어 $\mathbf{a}_k = \mathbf{a}_z$이고, 이때 식 (2-79)는 아래와 같이 간소화된다.

$$\boxed{(CIR\,\mathbf{H})_z = \frac{\partial H_y}{\partial x} - \frac{\partial H_x}{\partial y}} \tag{2-80b}$$

이것은 점 p_1에서 $z = z_1$ 평면 위의 단위 면적당 $\mathbf{H}$의 순환에 해당한다. 동일한 방법으로 아래의 식을 얻을 수 있다.

$$\boxed{(CIR\,\mathbf{H})_y = \frac{\partial H_x}{\partial z} - \frac{\partial H_z}{\partial x}} \tag{2-80c}$$

그 다음, 식 (2-80)을 고려하여 식 (2-79)를 다음과 같이 쓸 수 있다.

$$(CIR\ \mathbf{H})_k = (\mathbf{a}_x \cdot \mathbf{a}_k)(CIR\ \mathbf{H})_x + (\mathbf{a}_z \cdot \mathbf{a}_k)(CIR\ \mathbf{H})_z$$

여기서 [그림 2-16]에서 얻어지는 식들 $\mathbf{a}_x \cdot \mathbf{a}_k = \sin\alpha$ 및 $\mathbf{a}_z \cdot \mathbf{a}_k = \cos\alpha$를 사용했다. 위 식을 임의의 단위벡터 $\mathbf{a}_k$로 확장하면 $(CIR\mathbf{H})_k$를 아래와 같이 표시할 수 있다.

$$\begin{aligned}(CIR\ \mathbf{H})_k &= (CIR\ \mathbf{H})_x \mathbf{a}_x \cdot \mathbf{a}_k + (CIR\ \mathbf{H})_y \mathbf{a}_y \cdot \mathbf{a}_k + (CIR\ \mathbf{H})_z \mathbf{a}_z \cdot \mathbf{a}_k \\ &= \left[(CIR\ \mathbf{H})_x \mathbf{a}_x + (CIR\ \mathbf{H})_y \mathbf{a}_y + (CIR\ \mathbf{H})_z \mathbf{a}_z\right] \cdot \mathbf{a}_k\end{aligned} \qquad (2\text{-}81)$$

식 (2-81)의 왼쪽은 임의의 벡터 $\mathbf{a}_k$에 수직인 평면 위의 단위 면적당 $\mathbf{H}$의 순환이라는 것에 주목하자. 그 다음 식 (2-81)의 브라켓이 $\mathbf{a}_n$-방향으로의 벡터라고 가정하자. 그러면 그 브라켓은 $\mathbf{a}_k = \mathbf{a}_n$일 때 최대가 되므로 브라켓은 단위 면적당 $\mathbf{H}$ 순환의 최대값이다. 즉 $curl\,\mathbf{H}$이다. 따라서 식 (2-81)의 브라켓 내의 각 항은 $curl\,\mathbf{H}$의 각 방향으로의 투영이다.

식 (2-80)으로부터 직각좌표계에서 $curl\,\mathbf{H}$를 성분형태로 표시하면

$$curl\ \mathbf{H} = \left(\frac{\partial H_z}{\partial y} - \frac{\partial H_y}{\partial z}\right)\mathbf{a}_x + \left(\frac{\partial H_x}{\partial z} - \frac{\partial H_z}{\partial x}\right)\mathbf{a}_y + \left(\frac{\partial H_y}{\partial x} - \frac{\partial H_x}{\partial y}\right)\mathbf{a}_z \qquad (2\text{-}82)$$

델 연산자를 이용하면 $curl\,\mathbf{H}$를 행렬식으로 표시할 수 있다. 즉

$$curl\ \mathbf{H} = \nabla \times \mathbf{H} = \begin{vmatrix} \mathbf{a}_x & \mathbf{a}_y & \mathbf{a}_z \\ \dfrac{\partial}{\partial x} & \dfrac{\partial}{\partial y} & \dfrac{\partial}{\partial z} \\ H_x & H_y & H_z \end{vmatrix}$$

일반적인 좌표계 $(u,\ v,\ w)$에서 $\mathbf{H}$의 컬은 다음과 같이 표시된다.

$$\nabla \times \mathbf{H} = \frac{1}{h_1 h_2 h_3}\begin{vmatrix} h_1\mathbf{a}_u & h_2\mathbf{a}_v & h_3\mathbf{a}_w \\ \dfrac{\partial}{\partial u} & \dfrac{\partial}{\partial v} & \dfrac{\partial}{\partial w} \\ h_1 H_u & h_2 H_v & h_3 H_w \end{vmatrix} \qquad (2\text{-}83)$$

여기서 h_1, h_2, h_3는 식 (2-45)에서 주어진 메트릭상수들이다. 세 좌표계에서 $\mathbf{H}$의 컬은 각각 다음과 같다.

$$\nabla \times \mathbf{H} = \begin{vmatrix} \mathbf{a}_x & \mathbf{a}_y & \mathbf{a}_z \\ \dfrac{\partial}{\partial x} & \dfrac{\partial}{\partial y} & \dfrac{\partial}{\partial z} \\ H_x & H_y & H_z \end{vmatrix} \quad \text{(직각)} \tag{2-84a}$$

$$\nabla \times \mathbf{H} = \frac{1}{\rho}\begin{vmatrix} \mathbf{a}_\rho & \rho\mathbf{a}_\phi & \mathbf{a}_z \\ \dfrac{\partial}{\partial \rho} & \dfrac{\partial}{\partial \phi} & \dfrac{\partial}{\partial z} \\ H_\rho & \rho H_\phi & H_z \end{vmatrix} \quad \text{(원통)} \tag{2-84b}$$

$$\nabla \times \mathbf{H} = \frac{1}{R^2 \sin\theta}\begin{vmatrix} \mathbf{a}_R & R\mathbf{a}_\theta & R\sin\theta\,\mathbf{a}_\phi \\ \dfrac{\partial}{\partial R} & \dfrac{\partial}{\partial \theta} & \dfrac{\partial}{\partial \phi} \\ H_R & RH_\theta & R\sin\theta\,H_\phi \end{vmatrix} \quad \text{(구)} \tag{2-84c}$$

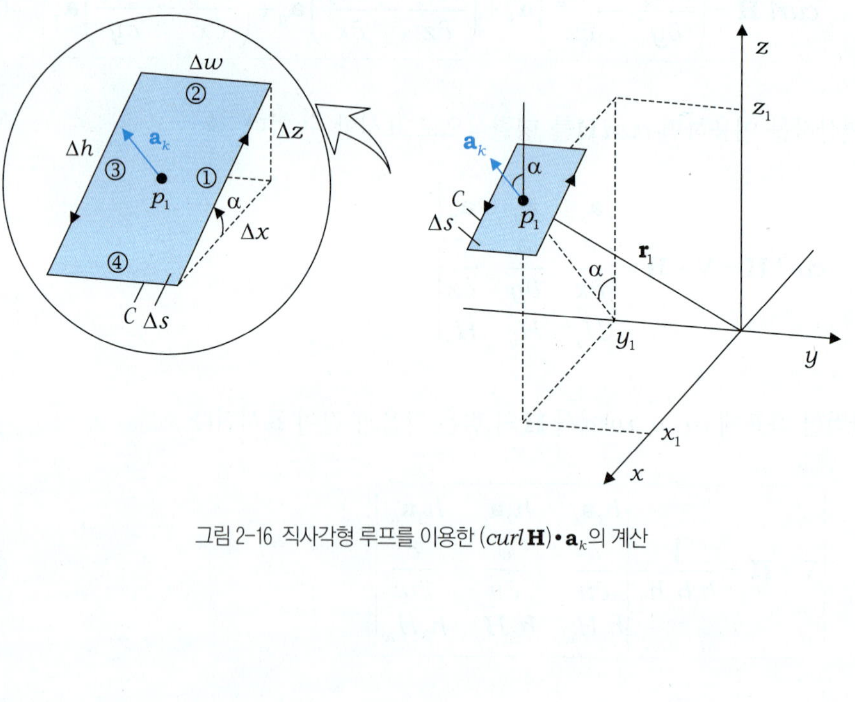

그림 2-16 직사각형 루프를 이용한 $(curl\,\mathbf{H})\cdot\mathbf{a}_k$의 계산

원통 및 구좌표계에서 **H**의 컬도 $\nabla\times\mathbf{H}$로 표시한다. 이때 이 기호를 ∇과 **H**의 가위곱으로 이해하지 않는다.

Example 2-15

원통좌표계의 $\rho > 0$ 영역에서 다음 벡터장들의 컬을 구하라.

(a) $\mathbf{F}_1 = \dfrac{1}{\rho^2}\mathbf{a}_\phi$　　(b) $\mathbf{F}_2 = \dfrac{1}{\rho}\mathbf{a}_\phi$

(c) $\mathbf{F}_3 = \mathbf{a}_\phi$　　(d) $\mathbf{F}_4 = \rho^2\,\mathbf{a}_\phi$

Solution

식 (2-84b)를 이용해 주어진 벡터장의 컬을 구할 수 있다.

$$\text{(a)}\ \nabla\times\mathbf{F}_1 = \frac{1}{\rho}\begin{vmatrix} \mathbf{a}_\rho & \rho\,\mathbf{a}_\phi & \mathbf{a}_z \\ \dfrac{\partial}{\partial\rho} & \dfrac{\partial}{\partial\phi} & \dfrac{\partial}{\partial z} \\ 0 & 1/\rho & 0 \end{vmatrix} = -\frac{1}{\rho^3}\mathbf{a}_z$$

$$\text{(b)}\ \nabla\times\mathbf{F}_2 = \frac{1}{\rho}\begin{vmatrix} \mathbf{a}_\rho & \rho\,\mathbf{a}_\phi & \mathbf{a}_z \\ \dfrac{\partial}{\partial\rho} & \dfrac{\partial}{\partial\phi} & \dfrac{\partial}{\partial z} \\ 0 & 1 & 0 \end{vmatrix} = 0$$

$$\text{(c)}\ \nabla\times\mathbf{F}_3 = \frac{1}{\rho}\begin{vmatrix} \mathbf{a}_\rho & \rho\,\mathbf{a}_\phi & \mathbf{a}_z \\ \dfrac{\partial}{\partial\rho} & \dfrac{\partial}{\partial\phi} & \dfrac{\partial}{\partial z} \\ 0 & \rho & 0 \end{vmatrix} = \frac{1}{\rho}\mathbf{a}_z$$

$$\text{(d)}\ \nabla\times\mathbf{F}_4 = \frac{1}{\rho}\begin{vmatrix} \mathbf{a}_\rho & \rho\,\mathbf{a}_\phi & \mathbf{a}_z \\ \dfrac{\partial}{\partial\rho} & \dfrac{\partial}{\partial\phi} & \dfrac{\partial}{\partial z} \\ 0 & \rho^3 & 0 \end{vmatrix} = 3\rho\,\mathbf{a}_z$$

이들의 선속이 [그림 2-17]에 표시되었다. $\mathbf{F}_2$의 컬은 $\rho > 0$ 영역에서 0이다. 컬이 0인 벡터장을 비회전장(irrotational field) 혹은 보존장(conservative field)이라 부른다. 벡터장 $\mathbf{F}_2$는 $\rho = 0$에 위치한 순환원천에 의해 발생했음이 분명하다. 그 이유는 $\rho > 0$ 영역에서 $\nabla \times \mathbf{F}_2 = 0$이지만($\rho > 0$ 영역에 순환원천이 존재하지 않음), z-축을 둘러싸는 루프에 주위로 $\mathbf{F}_2$의 순환이 0이 아니기 때문이다. 다른 벡터장들은 $\rho > 0$ 영역에 퍼져 분포하는 순환원천에 의해 발행했음이 분명하다. 그 이유는 이 영역에서 이들 벡터장의 컬이 0이 아니기 때문이다. 또한 이들 벡터장의 순환원천이 z-축을 따라 존재할 수도 있고 그렇지 않을 수도 있다. 예를 들면, $\lim_{\delta \to 0} \oint_C \mathbf{F}_3 \cdot d\mathbf{l} = \lim_{\delta \to 0} (\mathbf{a}_\phi \cdot \mathbf{a}_\phi) 2\pi\delta = 0$이므로 ($\delta$는 루프 C의 반지름) $\mathbf{F}_3$의 순환원천이 z-축을 따라 존재하지 않는다는 것을 알 수 있다.

하나의 외륜(paddle wheel)은 컬 원천에 대한 검출기로 사용될 수 있다. 컬이 0이 아니면 외륜이 회전한다. 컬의 방향과 외륜의 회전방향은 오른손규칙을 따른다. 오른손 네 손가락이 외륜의 회전방향으로 향하면 엄지는 컬의 방향을 가리킨다.

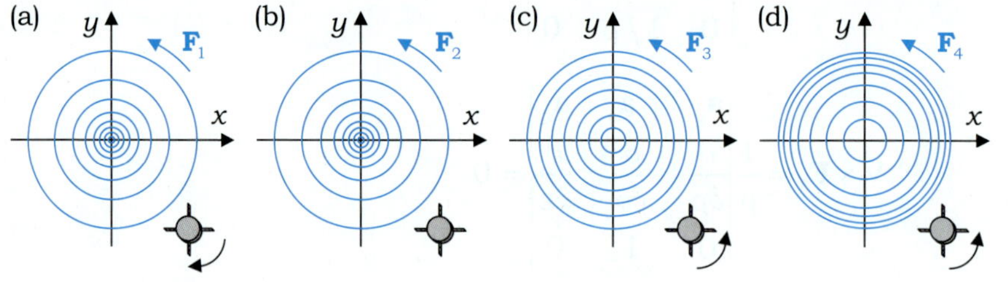

그림 2-17 네 벡터장에 대한 선속

Example 2-16

벡터 항등식 $\nabla\times(V\mathbf{A})=(\nabla V)\times\mathbf{A}+V(\nabla\times\mathbf{A})$를 직각좌표계에서 증명하라.

Solution

항등식 왼쪽을 성분형태로 전개하면

$$\nabla\times(V\mathbf{A})=\begin{vmatrix}\mathbf{a}_x & \mathbf{a}_y & \mathbf{a}_z\\ \dfrac{\partial}{\partial x} & \dfrac{\partial}{\partial y} & \dfrac{\partial}{\partial z}\\ VA_x & VA_y & VA_z\end{vmatrix}$$

$$=\mathbf{a}_x(\frac{\partial}{\partial y}VA_z-\frac{\partial}{\partial z}VA_y)+\mathbf{a}_y(\frac{\partial}{\partial z}VA_x-\frac{\partial}{\partial x}VA_z)+\mathbf{a}_z(\frac{\partial}{\partial x}VA_y-\frac{\partial}{\partial y}VA_x)$$

$$=\mathbf{a}_x(\frac{\partial V}{\partial y}A_z-\frac{\partial V}{\partial z}A_y)+\mathbf{a}_y(\frac{\partial V}{\partial z}A_x-\frac{\partial V}{\partial x}A_z)+\mathbf{a}_z(\frac{\partial V}{\partial x}A_y-\frac{\partial V}{\partial y}A_x)$$

$$+\mathbf{a}_xV(\frac{\partial A_z}{\partial y}-\frac{\partial A_y}{\partial z})+\mathbf{a}_yV(\frac{\partial A_x}{\partial z}-\frac{\partial A_z}{\partial x})+\mathbf{a}_zV(\frac{\partial A_y}{\partial x}-\frac{\partial A_x}{\partial y})$$

위 식을 다시 쓰면

$$\nabla\times(V\mathbf{A})=\begin{vmatrix}\mathbf{a}_x & \mathbf{a}_y & \mathbf{a}_z\\ \dfrac{\partial V}{\partial x} & \dfrac{\partial V}{\partial y} & \dfrac{\partial V}{\partial z}\\ A_x & A_y & A_z\end{vmatrix}+V\begin{vmatrix}\mathbf{a}_x & \mathbf{a}_y & \mathbf{a}_z\\ \dfrac{\partial}{\partial x} & \dfrac{\partial}{\partial y} & \dfrac{\partial}{\partial z}\\ A_x & A_y & A_z\end{vmatrix}$$

$$=(\nabla V)\times\mathbf{A}+V(\nabla\times\mathbf{A})$$

그러므로

$$\boxed{\nabla\times(V\mathbf{A})=(\nabla V)\times\mathbf{A}+V(\nabla\times\mathbf{A})} \tag{2-85}$$

Exercise 2.15

주어진 벡터장 $\mathbf{H}(\mathbf{r})=\mathbf{A}\sin(\mathbf{k}\cdot\mathbf{r})$의 컬을 구하라. 여기서 $\mathbf{r}$은 위치벡터이고 $\mathbf{A}$와 $\mathbf{k}$는 직각좌표계에서 상수들이다.

Ans $\nabla\times\mathbf{H}=(\mathbf{k}\times\mathbf{A})\cos(\mathbf{k}\cdot\mathbf{r})$

Exercise 2.16

Example 2-15의 $\mathbf{F}_2$를 참고하여, 단위 순환원천은 $\mathbf{F}_2$의 단위 순환을 발생시킨다는 가정하에, $\rho=0$에 위치한 순환원천의 세기를 구하라.

Ans $\lim_{\delta\to 0}\oint_C \mathbf{F}_2\cdot d\mathbf{l}=\lim_{\delta\to 0}\frac{1}{\delta}\mathbf{a}_\phi\cdot\mathbf{a}_\phi 2\pi\delta=2\pi$

2.5.2 스토크스 정리(Stokes's Theorem)

하나의 벡터장에 대한 컬은 그 벡터의 편미분으로 표시되지만, 컬은 하나의 닫힌루프(closed loop), 루프의 면, 벡터장에 대한 폐선적분에 의해 정의된다. 스토크스 정리(Stokes's theorem)는 컬의 정의로부터 유도된다. 즉 $\nabla\times\mathbf{H}$***를 하나의 면 위에서 면적분한것은 그 면의 테두리를 따라 수행된*** $\mathbf{H}$***의 폐선적분과 동일하다***. 스토크스 정리를 수식으로 표현하면 아래와 같다.

$$\int_S(\nabla\times\mathbf{H})\cdot d\mathbf{s}=\oint_C\mathbf{H}\cdot d\mathbf{l} \tag{2-86}$$

여기서 닫힌루프 C는 면 S의 테두리이다. 여기서 C 위의 $d\mathbf{l}$의 방향과 S 위의 $d\mathbf{s}$의 방향은 오른손규칙을 따른다.

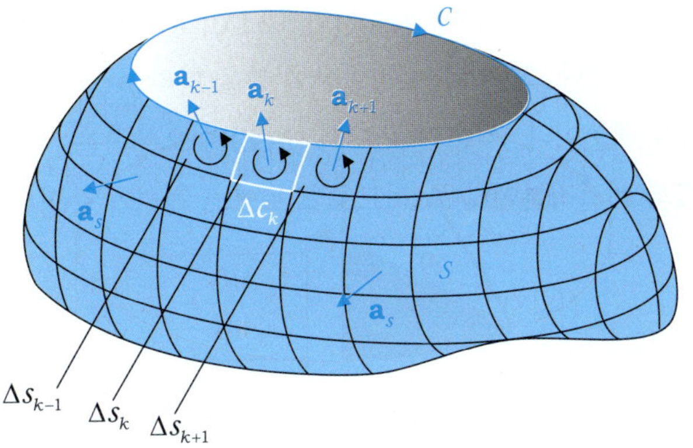

그림 2-18 열린면 S와 그것의 테두리 C

스토크스 정리를 증명하기 위해 [그림 2-18]의 열린면 S와 그것의 테두리 C를 이용한다. 편의상 S를 여러 개의 미소면들로 나눈다. [그림 2-18]은 3개의 미소면들 Δs_{k-1}, Δs_k 그리고 Δs_{k+1}이 서로 맞닿아 있고 그들의 윗변들은 테두리 C에 맞닿아 있다. 루프 C의 플러스 방향과 면 S의 수직방향 $\mathbf{a}_s$는 오른손규칙에 따라 [그림 2-18]과 같이 표시되었다. 이 경우 미소면 Δs_k에 직각인 단위벡터 $\mathbf{a}_k$는 $\mathbf{a}_s$의 방향을 따른다. 그러면 오른손 규칙에 따라 미소루프 Δc_k에서의 (Δs_k의 테두리에서의) 이동방향은 반시계방향으로 주어진다. 그림에서 보듯이 Δs_k의 오른쪽 변은 Δs_{k+1}의 왼쪽 변이 된다. 이 선분 위에서의 이동방향은, 그 선분이 Δs_k에 속해 있는 것으로 취급되면 윗방향이고, 그 선분이 Δs_{k+1}에 속해 있는 것으로 취급되면 아랫방향이다. 컬의 정의로부터 미소면 Δs_k의 중심점에서 다음의 식이 성립된다.

$$\lim_{\Delta s_k \to 0}\left[(\nabla \times \mathbf{H})\cdot \mathbf{a}_k \Delta s_k\right] = \lim_{\Delta c_k \to 0}\left[\oint_{\Delta c_k} \mathbf{H}\cdot d\mathbf{l}\right] \tag{2-87}$$

모든 미소면들에서의 $\mathbf{H}$의 순환을 모두 더하면

$$\lim_{\substack{N\to\infty \\ \Delta s_k \to 0}}\left[\sum_{k=1}^{N}(\nabla \times \mathbf{H})\cdot(\mathbf{a}_k \Delta s_k)\right] = \lim_{\substack{N\to\infty \\ \Delta c_k \to 0}}\left[\sum_{k=1}^{N}\oint_{\Delta c_k} \mathbf{H}\cdot d\mathbf{l}\right] \tag{2-88}$$

미석분학에 의하면 식 (2-88)의 왼쪽은 $\nabla\times\mathbf{H}$의 S 위에서의 면적분을 나타내고, 오른쪽은 모든 미소면의 모든 테두리에서의 $\mathbf{H}$의 선적분을 의미한다. 만약 주어진 테두리

가 서로 맞닿아 있는 두 미소면들에 공유되어 있다면, 그 선분은 식 (2-88)의 오른쪽의 선적분에 기여하지 못한다. 그 이유는 동일한 선분을 따라 두 번의 선적분이 서로 다른 방향으로 수행되기 때문이다. 결론적으로 식 (2-88)의 오른쪽은 오직 면 S의 테두리를 따라 수행되는 $\mathbf{H}$의 폐선적분이다. 그러므로 스토크스 정리가 증명된다.

Example 2-17

원통좌표계의 하나의 벡터장 $\mathbf{A} = \rho\cos\phi\mathbf{a}_\phi$에 대해 [그림 2-19]의 반지름이 a인 1/4 원반을 이용해 스토크스 정리를 증명하라.

Solution

원통좌표계에서 $\mathbf{A}$의 컬을 구한다.

$$\nabla \times \mathbf{A} = \frac{1}{\rho}\begin{vmatrix} \mathbf{a}_\rho & \rho\,\mathbf{a}_\phi & \mathbf{a}_z \\ \dfrac{\partial}{\partial\rho} & \dfrac{\partial}{\partial\phi} & \dfrac{\partial}{\partial z} \\ 0 & \rho^2\cos\phi & 0 \end{vmatrix} = 2\cos\phi\,\mathbf{a}_z$$

면 S 위에서 $\nabla\times\mathbf{A}$를 적분한다.

$$\int_S (\nabla\times\mathbf{A})\cdot d\mathbf{s} = \int_{\phi=0}^{\phi=\pi/2}\int_{\rho=0}^{\rho=a}(2\cos\phi\,\mathbf{a}_z)\cdot(\rho\, d\rho\, d\phi\,\mathbf{a}_z) = a^2 \tag{2-89}$$

그 다음 C 주위로의 $\mathbf{A}$의 순환을 세 파트로 나누어 계산한다.

$$\oint_C \mathbf{A}\cdot d\mathbf{l} = \int_{①}\mathbf{A}\cdot d\mathbf{l} + \int_{②}\mathbf{A}\cdot d\mathbf{l} + \int_{③}\mathbf{A}\cdot d\mathbf{l}$$

여기서

$$\int_{①}\mathbf{A}\cdot d\mathbf{l} = \int_{\rho=0}^{\rho=a}(\rho\cos 0^\circ\,\mathbf{a}_\phi)\cdot(d\rho\,\mathbf{a}_\rho) = 0$$

$$\int_{②}\mathbf{A}\cdot d\mathbf{l} = \int_{\phi=0}^{\phi=\pi/2}(a\cos\phi\,\mathbf{a}_\phi)\cdot(a\,d\phi\,\mathbf{a}_\phi) = a^2$$

$$\int_{③}\mathbf{A}\cdot d\mathbf{l} = \int_{\rho=a}^{\rho=0}(\rho\cos 90^\circ\,\mathbf{a}_\phi)\cdot(d\rho\,\mathbf{a}_\rho) = 0$$

그러므로 폐선적분 값은

$$\oint_C \mathbf{A} \cdot d\mathbf{l} = a^2 \tag{2-90}$$

식 (2-89)와 (2-90)은 동일하다. 그러므로 스토크스 정리가 증명된다.

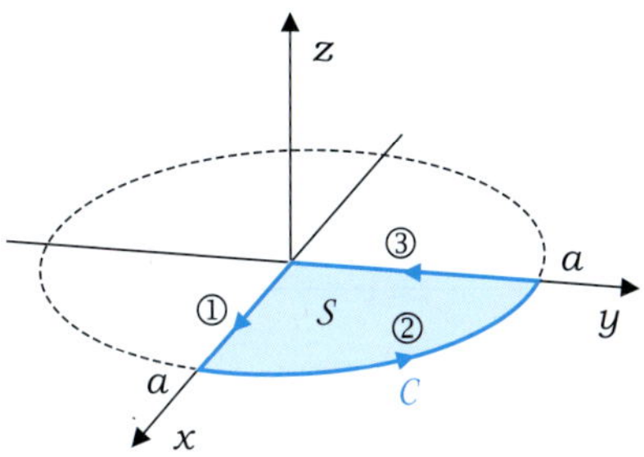

그림 2-19 1/4 원반

Exercise 2.17

스토크스 정리를 이용해 배분법칙 $\nabla \times (\mathbf{A}+\mathbf{B}) = \nabla \times \mathbf{A} + \nabla \times \mathbf{B}$를 증명하라.

Ans $\int_S [\nabla \times (\mathbf{A}+\mathbf{B})] \cdot d\mathbf{s} = \oint_C \mathbf{A} \cdot d\mathbf{l} + \oint_C \mathbf{B} \cdot d\mathbf{l} = \int_S [(\nabla \times \mathbf{A}) + (\nabla \times \mathbf{B})] \cdot d\mathbf{s}$

Review Questions with Hints

RQ 2.19 공간상 한 점에서의 컬을 말로 설명하라. [(2-75)]

RQ 2.20 공간상 한 점에서 $\nabla \times \mathbf{A} = 0$이면 그 점에서 항상 $\mathbf{A} = 0$인가? [(2-75)]

RQ 2.21 $\mathbf{A}$의 단위가 길이당 스칼라 량이면 $curl\,\mathbf{A}$의 단위는? [(2-75)]

RQ 2.22 보존벡터장을 어떻게 구별할 수 있는가? [그림 2-17]

RQ 2.23 스토크스 정리를 말로 설명하라. [(2-86)]

RQ 2.24 스토크스 정리를 주어진 벡터장의 단위에 관계없이 그 벡터장에 적용할 수 있는가? [(2-86)]

RQ 2.25 $\nabla\times\mathbf{H}$를 이용해 공간상에 퍼져 존재하는 순환원천 외에도 개별(discrete)의 순환원천의 존재를 알아낼 수 있는가? 아니면 어떤 방법을 이용하는가? [(2-86)]

2.6 이중 델 연산(DUAL OPERATIONS OF ∇)

지금까지 설명한 벡터 연산자들, 즉 그레이디언트, 다이버전스 그리고 컬은 편미분들의 특별한 조합으로 이루어져 있으며, 이들은 일정한 물리적 의미를 가지도록 정의되었다. 그레이디언트는 공간상 한 점에서의 지향성 미분의 최대값을 의미하고, 주어진 벡터장의 다이버전스를 계산하면 공간상 퍼져 존재하는 다이버전스원천의 존재 유무를 알 수 있다. 주어진 벡터장의 컬을 계산하면 공간상 퍼져 존재하는 소용돌이원천(vortex source)의 존재 유무를 알 수 있다. 이러한 벡터 연산들은 ∇ 연산자를 이용해 손쉽게 표시된다.

추가의 ∇ 연산자를 그레이디언트, 다이버전스 혹은 컬에 중복하여 적용시킬 수 있다. 비록 ∇ 연산자는 직각좌표계에서만 정의되지만 추가의 ∇ 연산자는 다른 좌표계에서 추가의 그레이디언트, 다이버전스 혹은 컬을 의미한다. 이중 ∇ 연산은 당연히 이차 편미분으로 주어진다. 비록 이중 ∇ 연산이 어떤 물리적 의미를 가지고 있지 않더라도 이것은 전기자기 이론을 전개하는데 매우 유용하다. 전기자기학에 자주 사용되는 이중 델 연산은 아래와 같다.

(a) 스칼라장 V에 대한 그레이디언트의 다이버전스(the divergence of the gradient of V)는 스칼라장으로 주어진다. 직각좌표계에서

$$\nabla \bullet \nabla V = \nabla \bullet \left(\frac{\partial V}{\partial x} \mathbf{a}_x + \frac{\partial V}{\partial y} \mathbf{a}_y + \frac{\partial V}{\partial z} \mathbf{a}_z \right) = \frac{\partial^2 V}{\partial x^2} + \frac{\partial^2 V}{\partial y^2} + \frac{\partial^2 V}{\partial z^2} \tag{2-91}$$

이것을 V의 라플라시안이라 부른다. 직각좌표계에서 라플라시안 연산자(Laplacian operator) 는 아래와 같이 정의된다.

$$\nabla^2 = \frac{\partial^2}{\partial x^2} + \frac{\partial^2}{\partial y^2} + \frac{\partial^2}{\partial z^2}$$

일반적인 좌표계(u, v, w)에서 라플라시안 연산자는 아래와 같다.

$$\begin{aligned}\nabla^2 &= \nabla \bullet \nabla \\ &= \frac{1}{h_1 h_2 h_3} \left[\mathbf{a}_u \frac{\partial}{\partial u}(h_2 h_3) + \mathbf{a}_v \frac{\partial}{\partial v}(h_1 h_3) + \mathbf{a}_w \frac{\partial}{\partial w}(h_1 h_2) \right] \\ &\qquad \bullet \left(\mathbf{a}_u \frac{1}{h_1} \frac{\partial}{\partial u} + \mathbf{a}_v \frac{1}{h_2} \frac{\partial}{\partial v} + \mathbf{a}_w \frac{1}{h_3} \frac{\partial}{\partial w} \right)\end{aligned} \tag{2-92}$$

여기서 메트릭상수는

$$h_1 = 1, \quad h_2 = 1, \quad h_3 = 1 \qquad (u, v, w) = (x, y, z) \qquad (\text{직각})$$

$$h_1 = 1, \quad h_2 = \rho, \quad h_3 = 1 \qquad (u, v, w) = (\rho, \phi, z) \qquad (\text{원통})$$

$$h_1 = 1, \quad h_2 = R, \quad h_3 = R \sin\theta \qquad (u, v, w) = (R, \theta, \phi) \qquad (\text{구})$$

라플라시안 연산자에서 점곱은 항상 다른 미분을 선행한다.

$$\mathbf{a}_u \frac{\partial}{\partial u} \bullet \mathbf{a}_v \frac{\partial}{\partial v} = \mathbf{a}_u \bullet \mathbf{a}_v \frac{\partial}{\partial u} \frac{\partial}{\partial v} \neq \mathbf{a}_u \bullet \frac{\partial}{\partial u} \left(\mathbf{a}_v \frac{\partial}{\partial v} \right)$$

세 좌표계에서 V의 라플라시안은 아래와 같다.

$$\nabla^2 V = \frac{\partial^2 V}{\partial x^2} + \frac{\partial^2 V}{\partial y^2} + \frac{\partial^2 V}{\partial z^2} \quad \text{(직각)} \tag{2-93a}$$

$$\nabla^2 V = \frac{1}{\rho}\frac{\partial}{\partial \rho}\left(\rho \frac{\partial V}{\partial \rho}\right) + \frac{1}{\rho^2}\frac{\partial^2 V}{\partial \phi^2} + \frac{\partial^2 V}{\partial z^2} \quad \text{(원통)} \tag{2-93b}$$

$$\nabla^2 V = \frac{1}{R^2}\frac{\partial}{\partial R}\left(R^2 \frac{\partial V}{\partial R}\right) + \frac{1}{R^2 \sin\theta}\frac{\partial}{\partial \theta}\left(\sin\theta \frac{\partial V}{\partial \theta}\right) + \frac{1}{R^2 \sin^2\theta}\frac{\partial^2 V}{\partial \phi^2} \quad \text{(구)} \tag{2-93c}$$

(b) 하나의 스칼라장의 그레이디언트의 컬은 항상 0이다.

$$\nabla \times (\nabla V) = 0 \tag{2-94}$$

식 (2-94)는 그레이디언트와 컬을 직접 계산하면 손쉽게 증명될 수 있다.

다른 방법으로, 식 (2-94)의 왼쪽에 스토크스 정리를 적용한다.

$$\int_S [\nabla \times (\nabla V)] \cdot d\mathbf{s} = \oint_C \nabla V \cdot d\mathbf{l} = \oint_C dV \tag{2-95}$$

식 (2-95)의 오른쪽에 식 (2-37)을 이용했다. 위 식 오른쪽의 폐선적분은 항상 0이다. 왜냐하면 닫힌루프 C의 시작점과 끝점은 동일하기 때문이다. 그리하여 식 (2-95) 왼쪽의 피적분 함수(integrand)는 S 위의 모든 점에서 0이다. 왜냐하면 면 S는 임의의 면이기 때문이다. 그러므로 위의 벡터 항등식은 증명된다.

(c) 하나의 벡터장에 대한 컬의 다이버전스(the divergence of the curl of a vector field)는 항상 0이다.

$$\nabla \cdot (\nabla \times \mathbf{A}) = 0 \tag{2-96}$$

식 (2-96)은 벡터장 $\mathbf{A}$의 표현식을 직접 대입하면 쉽게 증명될 수 있다.

다른 방법으로, 식 (2-96)의 왼쪽에 다이버전스 정리와 스토크스 정리를 연속적으로 적용하면 다음의 식이 얻어진다.

$$\int_{\mathcal{V}} \nabla \cdot (\nabla \times \mathbf{A})\, dv = \oint_{S} (\nabla \times \mathbf{A}) \cdot d\mathbf{s} = \oint_{C} \mathbf{A} \cdot d\mathbf{l} \tag{2-97}$$

주어진 체적 $\mathcal{V}$를 둘러싸는 폐곡면 S는 테두리가 없으므로 $C = 0$이고, 식 (2-97) 오른쪽의 폐선적분은 항상 0이다. 여기서 $\mathcal{V}$는 임의의 체적이므로 식 (2-97) 왼쪽의 피적분함수는 $\mathcal{V}$ 내의 모든 점에서 0이어야 한다. 그러므로 벡터 항등식이 증명된다.

(d) 벡터장에 대한 라플라시안은 그 결과가 벡터이다.

$$\nabla^2 \mathbf{E} = \frac{\partial^2 \mathbf{E}}{\partial x^2} + \frac{\partial^2 \mathbf{E}}{\partial y^2} + \frac{\partial^2 \mathbf{E}}{\partial z^2} = \left(\nabla^2 E_x\right)\mathbf{a}_x + \left(\nabla^2 E_y\right)\mathbf{a}_y + \left(\nabla^2 E_z\right)\mathbf{a}_z \tag{2-98}$$

(e) 벡터장의 다이버전스의 그레이디언트의 결과값은 벡터이다.

$$\begin{aligned}\nabla\nabla\cdot\mathbf{E} &= \left(\mathbf{a}_x \frac{\partial}{\partial x} + \mathbf{a}_y \frac{\partial}{\partial y} + \mathbf{a}_z \frac{\partial}{\partial z}\right)\left(\frac{\partial E_x}{\partial x} + \frac{\partial E_y}{\partial y} + \frac{\partial E_z}{\partial z}\right) \\ &= \left(\frac{\partial^2 E_x}{\partial x^2} + \frac{\partial^2 E_y}{\partial x \partial y} + \frac{\partial^2 E_z}{\partial x \partial z}\right)\mathbf{a}_x + \left(\frac{\partial^2 E_x}{\partial y \partial x} + \frac{\partial^2 E_y}{\partial y^2} + \frac{\partial^2 E_z}{\partial y \partial z}\right)\mathbf{a}_y \\ &\quad + \left(\frac{\partial^2 E_x}{\partial z \partial x} + \frac{\partial^2 E_y}{\partial z \partial y} + \frac{\partial^2 E_z}{\partial z^2}\right)\mathbf{a}_z\end{aligned} \tag{2-99}$$

대부분의 경우 식 (2-99)를 한꺼번에 계산하는 대신 $\nabla\cdot\mathbf{E}$를 계산하고, 그 다음 이것에 대한 그레이디언트를 계산하는 것이 더 쉬운 방법이다.

(f) 벡터장에 대한 컬의 컬(the curl of the curl of a vector field)은 그 결과가 벡터이다.

$$\nabla \times \nabla \times \mathbf{E} = \nabla\nabla\cdot\mathbf{E} - \nabla^2 \mathbf{E} \tag{2-100}$$

식 (2-100)은 $\mathbf{E}$의 표현식을 직접 대입하면 쉽게 증명될 수 있다.

Exercise 2.18

식 (2-94)와 (2-96)의 벡터 항등식을 각각 V와 $\mathbf{A}$의 표현식을 직접 대입하여 증명하라.

2.7 헬름홀츠 정리(HELMHOLTZ'S THEOREM)

하나의 벡터장이 주어진 공간상에서 독립적으로 정의되기 위해 그것의 다이버전스와 컬이 주어져야 하고 경계면에서 그것의 수직성분이 주어져야 한다.

만약 경계면이 무한대에 존재하고 여기서의 벡터장이 0이면, 벡터장은 그것의 다이버전스와 컬만으로 독립적으로 정의된다.

벡터장들은 그것의 다이버전스와 컬에 의해 다음과 같이 4부류로 분류된다.

(1) $\nabla \cdot \mathbf{A} = 0$ 그리고 $\nabla \times \mathbf{A} = 0$ (2-101a)

(2) $\nabla \cdot \mathbf{A} = 0$ 그리고 $\nabla \times \mathbf{A} \neq 0$ (2-101b)

(3) $\nabla \cdot \mathbf{A} \neq 0$ 그리고 $\nabla \times \mathbf{A} = 0$ (2-101c)

(4) $\nabla \cdot \mathbf{A} \neq 0$ 그리고 $\nabla \times \mathbf{A} \neq 0$ (2-101d)

다이버전스가 0인 벡터장을 솔레노이드장(solenoidal field)이라고 부르고 컬이 0인 벡터장을 비회전장(irrotational field)이라 부른다.

Example 2-18

하나의 벡터장 $\mathbf{A}$가 $\nabla\times\mathbf{A}=\mathbf{B}$로 정의되지만, 그것의 다이버전스가 주어지지 않으면 $\mathbf{A}$는 공간상에서 다가함수(many-valued function)임을 증명하라.

Solution

식 (2-94)를 이용해 아래의 식을 쓸 수 있다.

$$\nabla\times\mathbf{A}+\nabla\times(\nabla V)=\mathbf{B} \quad\rightarrow\quad \nabla\times(\mathbf{A}+\nabla V)=\mathbf{B}$$

여기서 V는 임의의 스칼라장이고 $\mathbf{A}+\nabla V$는 주어진 식을 만족하므로 $\mathbf{A}$는 다가함수이다.

Example 2-19

하나의 벡터장 $\mathbf{B}$가 $\nabla\cdot\mathbf{B}=0$으로 정의되지만, 그것의 컬이 주어지지 않으면 $\mathbf{B}$는 다가함수임을 증명하라.

Solution

식 (2-96)을 이용해 아래의 식을 쓸 수 있다.

$$\nabla\cdot\mathbf{B}+\nabla\cdot(\nabla\times\mathbf{K})=0 \quad\rightarrow\quad \nabla\cdot(\mathbf{B}+\nabla\times\mathbf{K})=0$$

여기서 $\mathbf{K}$는 임의의 벡터장이고, $\mathbf{B}+\nabla\times\mathbf{K}$는 주어진 식을 만족하므로 $\mathbf{B}$는 다가함수이다.

Exercise 2.19

다음의 벡터장이 솔레노이드장인지 비회전장인지 아니면 둘 다에 해당하는지를 판별하라.

(a) $-2xy\mathbf{a}_x + y^2\mathbf{a}_y + x^2\mathbf{a}_z$

(b) $\cos\phi\,\mathbf{a}_\rho - \sin\phi\,\mathbf{a}_\phi$

(c) $\mathbf{a}_R \sin(3R)/R^2$

Ans (a) 솔레노이드장 (b) 둘다에 해당 (c) 비회전장

Review Questions with Hints

RQ 2.26 헬름홀츠 정리를 말로 설명하시오.

RQ 2.27 솔레노이드장을 정의하시오. [(2-101)]

RQ 2.28 비회전장을 정의하시오. [(2-101)]

PROBLEMS

2-1 타원 $(x^2/16) + (y^2/4) = 1$ 위의 한 점 $p_1:(2, \sqrt{3}, 0)$에서의 접선벡터를 아래의 도움변수를 이용한 타원의 도움변수식을 이용해 구하라.

(a) t ($\cos t$ 와 $\sin t$)

(b) x (공간변수)

(c) 위 (a)의 t는 [그림 2-20]의 극좌표계의 각도 ϕ와 동일한가?

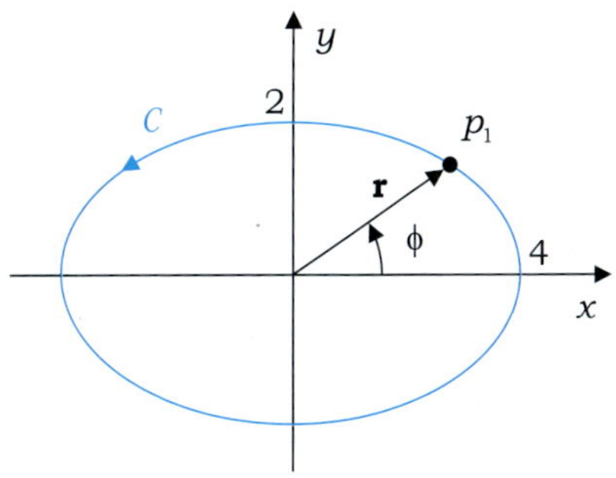

그림 2-20 타원(Problem 2-1)

2-2 닫힌루프 C가 반지름이 0.5이고, xy-평면상에서 점 ($x = 2$, $y = 1$)에 중심을 두고 있다([그림 2-21] 참조).

(a) C의 도움변수식을 각도 φ를 이용해 쓰라.

(b) C 위의 $d\mathbf{l}$의 표현식을 쓰라.

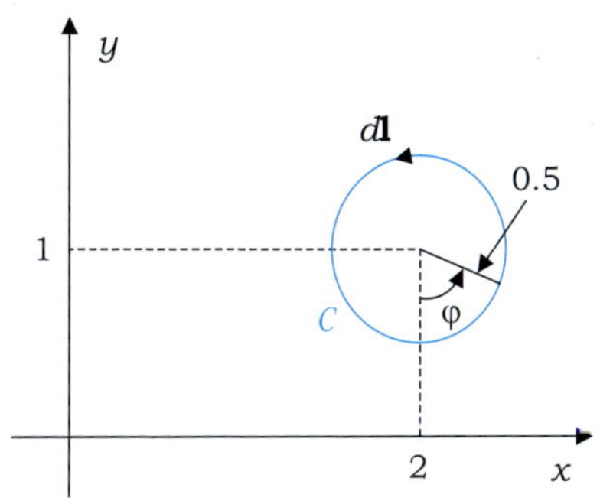

그림 2-21 한 점 ($x = 2$, $y = 1$)에 위치한 원(Problem 2-2)

2-3 하나의 벡터장 $\mathbf{E} = (x + y)^2(\mathbf{a}_x + \mathbf{a}_y)$에 대해 점 A:(−1, 0, 0)에서 점 B:(1, 2, 0)까지의 $\mathbf{E}$의 선적분을 [그림 2-22]에 표시한 (a) C_1, (b) C_2를 따라 구하라.

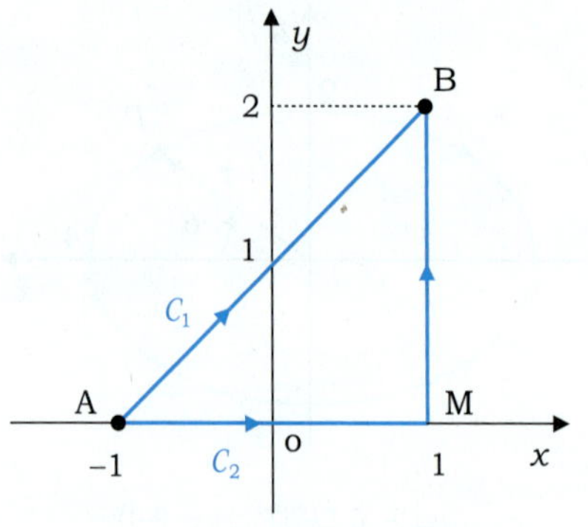

그림 2-22 두 적분길(Problem 2-3)

2-4 벡터장 $\mathbf{E}=y\mathbf{a}_x+z\mathbf{a}_y+x\mathbf{a}_z$의 선적분을 점 $A:(x=1,\ y=0,\ z=0)$에서 점 $B:(x=0,\ y=1,\ z=\pi/2)$까지 나선형 적분길 $\mathbf{r}(t)=\cos t\mathbf{a}_x+\sin t\mathbf{a}_y+t\mathbf{a}_z$를 따라 구하라.

2-5 구좌표계의 벡터장 $\mathbf{A}=R\sin\theta\cos\phi\mathbf{a}_R+\cos\theta\cos\phi\mathbf{a}_\theta-\sin\phi\mathbf{a}_\phi$ 내에서의 폐선적분을 [그림 2-23]에 보인 적분길 C를 따라 구하라.

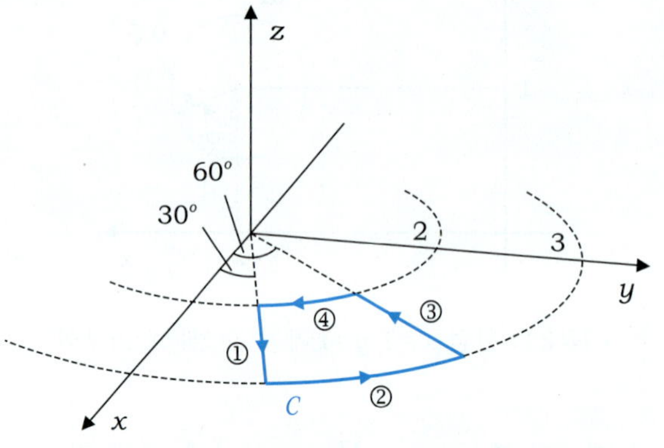

그림 2-23 폐곡선(Problem 2-5)

2-6 벡터장 $\mathbf{A}=\mathbf{a}_x$의 폐선적분을, 구좌표계에서 $R=4$, $\theta=30^\circ$ 그리고 $0\le\phi\le\pi/2$로 정의되는, 원을 따라 ϕ가 증가하는 방향으로 계산하시오.

2-7 [그림 2-24]에 보인 원형 띠의 면적을 구하라.

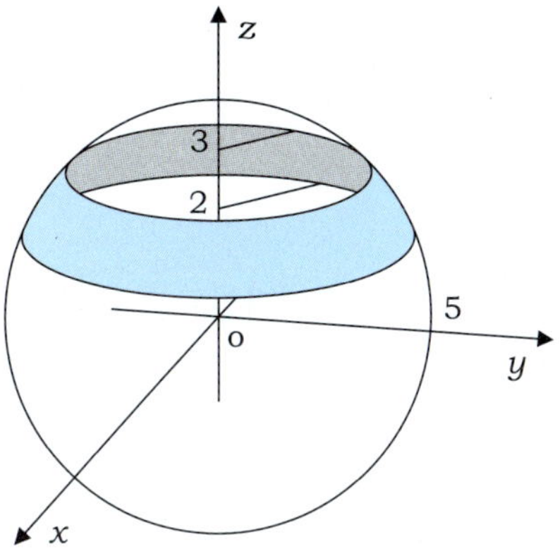

그림 2-24 원형 띠(Problem 2-7)

2-8 원통좌표계의 벡터장 $\mathbf{A} = \rho\mathbf{a}_\rho - 3\rho\cos\phi\mathbf{a}_\phi - 2z\mathbf{a}_z$ 내에 $\rho \leq 4$, $30^\circ \leq \phi \leq 210^\circ$ 그리고 $0 \leq z \leq 5$로 정의되는 반쪽 원통이 존재한다([그림 1-33] 참조). 이 원통면 위에서의 $\mathbf{A}$의 폐면적분을 구하라.

2-9 구좌표계 내의 벡터장 $\mathbf{D} = (3/R^2)\mathbf{a}_R + \cos^2\phi\mathbf{a}_\phi$내에 [그림 2-25]의 체적이 $0 \leq R \leq 4$와 $30^\circ \leq \phi \leq 60^\circ$로 정의된다. 이 체적 표면에서의 $\mathbf{D}$의 폐면적분을 구하라.

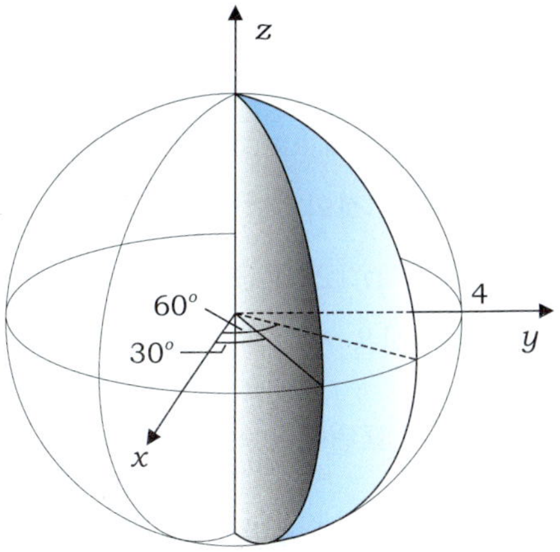

그림 2-25 구의 한 조각 (Problem 2-9)

2-10 다음 스칼라장들의 그레이디언트를 구하라.

(a) $U=3ze^{2x+y}+10$

(b) $V=5\rho\sin\phi-\ln(z^2+1)$

(c) $W=\sin\theta\cos\phi/R^2$

2-11 스칼라장 $V(\mathbf{r})=z$의 그레이디언트를 아래의 두 방법에 따라 구하고 그 결과들을 비교하라.

(a) ∇V를 직각좌표계에서 구하라.

(b) V를 구좌표로 변환한 후 그레이디언트를 구하라.

(c) 위 (b)의 결과를 다시 직각좌표로 변환하라.

2-12 두 선집합(family of curves)이 $z=0$ 평면에서 $f(x, y)=x^2+y^2=c_1$ 및 $g(x, y)=(x-6)^2+y^2=c_2$로 정의되었다. 여기서 c_1과 c_2는 상수이다. 점 p:(3, 4, 0)에서 두 곡선 사이의 작은 사잇각을 구하라.

2-13 타원체(ellipsoid)가 $x^2+y^2+z^2/4=5$로 정의되었다. 타원체 위의 한 점 p_1:(2, $\sqrt{3}$ / 2, 1)에서 다음을 구하라.

(a) 바깥을 향하는 단위벡터

(b) 접면의 표현식

2-14 하나의 면집합(family of surfaces)이 직각좌표계에서 $f(x, y, z)=x^2+y^2+4z^2=c$로 정의되었다. 하나의 곡선이 이 면집합을 수직으로 통과하며 동시에 점 p:(2, 6, 32)를 통과한다. x를 도움변수로 사용해 이 곡선의 도움변수식을 서술하라.

2-15 [그림 2-26]의 타원체 표면이 $x^2+y^2+2z^2=8$로 정의된다. 다음을 구하라.

(a) ρ와 ϕ를 이용한 타원체 표면의 도움변수식

(b) 타원체 위의 점 $p_1:(\sqrt{3},1,\sqrt{2})$에서 미분면적 벡터

(c) 그레이디언트를 이용해 점 p_1에서 타원체에 수직이고 바깥쪽으로 향하는 단위벡터를 구하고, 이것과 (b)에서 구한 벡터 사이의 방향을 비교하라.

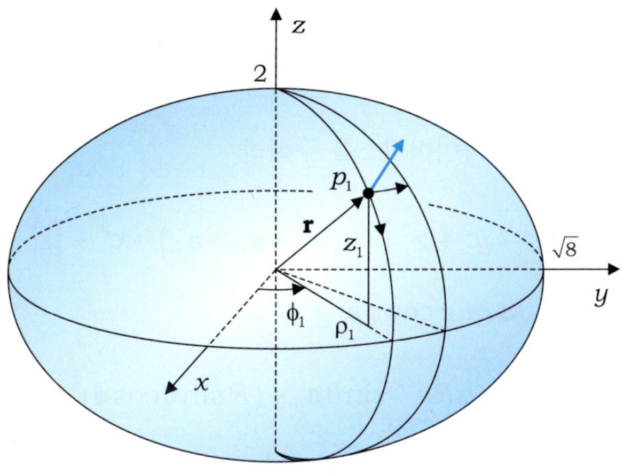

그림 2-26 타원체(Problem 2-15)

2-16 스칼라장 $f(\mathbf{r})=\mathbf{k}\cdot\mathbf{r}$이 직각좌표계에서 주어진다. 여기서 $\mathbf{r}$은 위치벡터이고 $\mathbf{k}=k_x\mathbf{a}_x+k_y\mathbf{a}_y+k_z\mathbf{a}_z$는 상수벡터이다.

(a) ∇f를 구하라.

(b) 식 $f(\mathbf{r})=c_1$(상수)은 어떤 기하학적 모양을 나타내는가?

(c) 위 (b)에서 상수 c_1의 물리적 의미는?

2-17 $x\approx x_o$영역에서 함수 $f(x)$는 테일러 급수 $f(x)=f(x_o)+f'(x_o)(x-x_o)$으로 전개된다. 여기서 f'는 f의 일차 미분이다. f의 그레이디언트을 이용해 위의 테일러 급수를 증명하라.

2-18 문제 2-10의 세 스칼라장 U, V, W에 대해, 이들의 그레이디언트를 직각좌표계의 점 p_1:(2, 2, 0)에서 점 p_2:(0, 0, 2)까지, 곡면 $x^2+y^2+2z^2=8$과 평면 $\phi=45°$가 만나서 형성하는 곡선을 따라 선적분하라.

(a) $\int_{p_1}^{p_2} \nabla U \cdot d\mathbf{l}$ (직각좌표 이용)

(b) $\int_{p_1}^{p_2} \nabla V \cdot d\mathbf{l}$ (원통좌표 이용)

(c) $\int_{p_1}^{p_2} \nabla W \cdot d\mathbf{l}$ (구좌표 이용)

2-19 다음 벡터장의 다이버전스를 구하라.

(a) $\mathbf{A} = \left[x^2+y^2+z^2\right]^{-1/2}\left(\mathbf{a}_x+\mathbf{a}_y+\mathbf{a}_z\right)$, $(x^2+y^2+z^2>0)$

(b) $\mathbf{B} = \ln\rho\,\mathbf{a}_\rho + \rho\cos\phi\,\mathbf{a}_\phi + z^3\,\mathbf{a}_z$

(c) $\mathbf{C} = R^{-3}\,\mathbf{a}_R + Re^{-R}\sin\theta\,\mathbf{a}_\theta + \left(R\sin\theta\cos\phi\right)^2\mathbf{a}_\phi$

2-20 주어진 벡터장 $\mathbf{D}=x\mathbf{a}_x$에 대한 다이버전스를 아래에서 제시하는 두 방법으로 구하고 그 결과들을 비교하라.

(a) 직각좌표계에서 $\nabla\cdot\mathbf{D}$를 구하라.

(b) $\mathbf{D}$를 구좌표로 변환한 후 다이버전스를 구하라.

2-21 하나의 벡터장 $\mathbf{A}=\rho\sin\phi(\sin\phi\mathbf{a}_\rho+\cos\phi\mathbf{a}_\phi)$가 원통좌표로 주어질 때, 다이버전스 정리를 $\rho=2$, $\rho=4$, $z=0$, $z=3$에 둘러싸인 체적에 대해

(a) 폐면적분 $\oint_s \mathbf{A}\cdot d\mathbf{s}$를 구하고

(b) 체적적분 $\int_v \nabla\cdot\mathbf{A}dv$를 구하여 증명하라.

2-22 하나의 벡터장 $\mathbf{D}=(\sin\phi/R)\mathbf{a}_R+\cos\phi\mathbf{a}_\phi$가 구좌표로 주어질 때, 다이버전스 정리를 [그림 2-27]과 같이 $1\le R\le 2$와 $\pi\le\phi\le 2\pi$로 정의되는 체적에 대해,

(a) 폐면적분 $\oint_s \mathbf{D}\cdot d\mathbf{s}$를 구하고

(b) 체적적분 $\int_v \nabla \cdot \mathbf{D} dv$를 계산하여 증명하라.

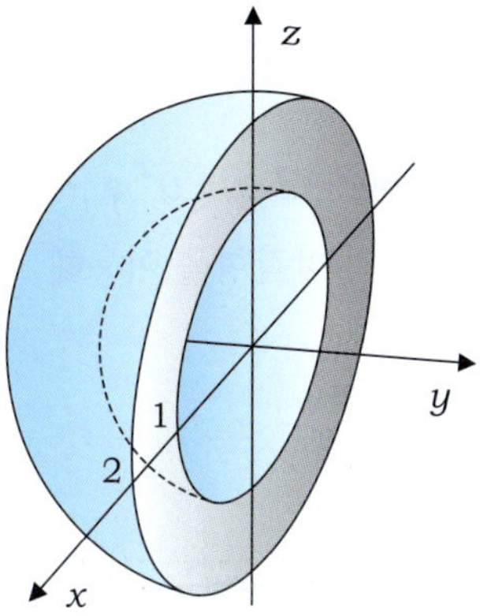

그림 2-27 반쪽 구 껍질(Problem 2-22)

2-23 직각좌표계에서 하나의 벡터장 $\mathbf{D}=3z^2\mathbf{a}_z$가 주어질 때, 다이버전스 정리를 반쪽 각도 $\theta=30°$의 원뿔과 $z=2$ 평면에 둘러싸인 체적에 대해

(a) 폐면적분 $\oint_S \mathbf{D}\cdot d\mathbf{s}$를 구하고

(b) 체적적분 $\int_v \nabla \cdot \mathbf{D} dv$를 구하여 증명하라.

2-24 벡터장 $\mathbf{A}=x^2\mathbf{a}_y - z\mathbf{a}_z$에 대한 컬을 아래에서 제시하는 두 방법으로 구하고 그 결과들을 비교하라.

(a) 직각좌표계에서 $\nabla \times \mathbf{A}$를 구하라.

(b) $\mathbf{A}$를 원통좌표로 변환한 후 컬을 구하고 그것을 직각좌표로 변환하라.

2-25 $\mathbf{H}$가 비회전장인 경우 $\mathbf{H}$의 선적분은 적분길에 무관함을 보여라.

2-26 벡터장 $\mathbf{H}=\left(x^2+(y-2)^2\right)^{-1}\left[-(y-2)\mathbf{a}_x + x\mathbf{a}_y\right]$에 대해 다음을 구하라.

(a) $\nabla \times \mathbf{H}$ ($x=0$과 $y=2$로 주어지는 점 제외)

(b) $\oint_{C_1} \mathbf{H}\cdot d\mathbf{l}$

(c) $\oint_{C_2} \mathbf{H} \cdot d\mathbf{l}$

여기서 C_1과 C_2는 반지름이 각각 1과 3인 동심원이고, 이들은 중심을 원점에 두고 xy-평면에 놓여 있다.

2-27 벡터장 $\mathbf{A}=(x-2y^2)\mathbf{a}_x+(2xy+y^2)\mathbf{a}_y$가 직각좌표계에서 주어질 때, [그림 2-28]의 xy-평면상의 삼각형을 이용해 스토크스 정리를 증명하라.

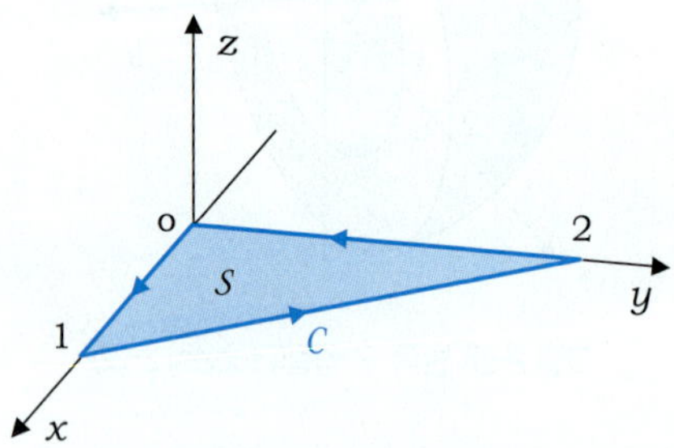

그림 2-28 xy-평면상의 삼각형 (Problem 2-27)

2-28 하나의 벡터장 $\mathbf{B}=(3\rho)^{-1}\mathbf{a}_\rho+\rho\cos^2\phi\mathbf{a}_\phi+\rho(1+\sin\phi)\mathbf{a}_z$가 원통좌표계에서 주어질 때, [그림 2-29]가 보여주는 속이 비고 윗면이 뚫린 원통의 바깥 표면을 이용해 스토크스 정리를 증명하라.

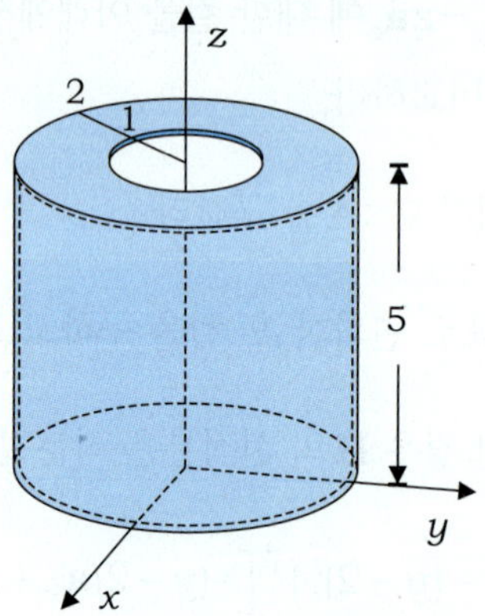

그림 2-29 속이 비고 윗면이 뚫린 원통(Problem 2-28)

2-29 하나의 벡터장 $\mathbf{H}=\mathbf{a}_R R+\mathbf{a}_\phi 3R\sin\theta$가 구좌표계에서 주어질 때, [그림 2-30]에서와 같은 원뿔면에 대해 스토크스 정리를

(a) 폐선적분 $\oint_C \mathbf{H}\cdot d\mathbf{l}$을 구하고

(b) 면적분 $\int_S (\nabla\times\mathbf{H})\cdot d\mathbf{s}$를 구하여 증명하라.

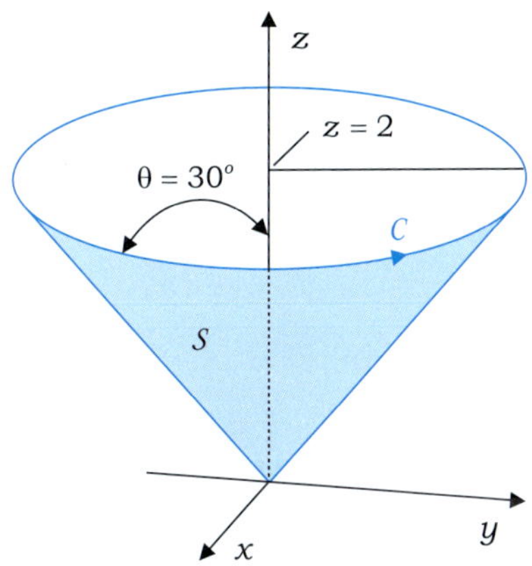

그림 2-30 원뿔면 (Problem 2-29)

2-30 하나의 벡터장이 직각좌표계에서 $\mathbf{E}(x,\ y,\ z)=\mathbf{A}\cos(\mathbf{k}\cdot\mathbf{r})$로 주어진다. 여기서 $\mathbf{A}$와 $\mathbf{k}$는 상수벡터 그리고 $\mathbf{r}$은 위치벡터이다. 어떤 조건에서 $\mathbf{E}$가

(a) 솔레노이드장이 되는가?

(b) 비회전장이 되는가?

CHAPTER

3

정전기학

(ELECTROSTATICS)

앞의 두 장에서 전기자기학에 필요한 수학적 개념에 대해 설명했다. 여기에는 벡터 대수, 좌표계 시스템, 벡터 미적분이 포함된다. 지금부터는 전기자기 개념에 대해 논하고 이들의 응용에 대해 설명할 것이다. 이 장에서는 정전하(static electric charge)와 이것에 의한 정전기장(static electric field)을 설명하는데 이러한 학문을 정전기학(electrostatics)이라 부른다. 정전하 및 정전기장은 공간상 한 점에서 다른 점으로 그 값이 변할 수 있지만 시간에 대해 상수인 물리량이다. 이 장에서, 정전기학의 모든 현상들은 전기장의 다이버전스 및 컬에 연관되어 있다는 것을 배우게 될 것이다. 이들 두 식은 정전기학의 가장 기본식인데, 헬름홀츠 정리에 의하면, 이들은 공간상의 주어진 영역에서 전기장을 독립적으로 정의하는데 사용된다.

이후 4장에서 정전류에 대해 검토하고, 5장에서는 정전류에 의해 유도되는 정자기장(static magnetic field)을 기본 벡터장으로 하는 정자기학(magnetostatics)을 논한다. 여기서 정자기학의 모든 현상들은 정자기장의 다이버전스와 컬에 연관되어 있다는 것을 배우게 될 것이다. 6장에서는 전기장과 자기장이 시간에 따라 변하는 경우 앞에서 설명한 정전기장 및 정자기장의 두 컬식이 어떻게 수정되는지를 배운다. 수정된 두 컬식과 두 다이버전스 식을 맥스웰 방정식이라 부르는데, 이들 네 식은 전자기 이론의 기본식들이다. 7장과 8장에서는 시간에 따라 변하는 전기장과 자기장이 서로 맞물려 형성되는 전자기파에 대해 설명한다.

전기자기학의 기본법칙들은 실험적 관찰과 일반화 과정 및 철저한 검증을 거쳐 완성되었다. 이들은 대개 수식을 이용하면 편리하게 표시될 수 있다. 그러나 하나의 전기자기 법칙이 다른 것으로부터 단지 수학적인 절차에 의해 유도될 수 있다는 것을 의미하는 것은 아니다. 물론 일부 전기자기 보조식들은 전기자기 기본식들로부터 일련의 수학적 절차에 따라 유도될 수 있다. 하나의 전기자기 문제는 여러 절차에 따라 그 답이 구해지는데 이때 각 절차가 물리적 사고에 기초한 것인지 아니면 수학적 개념에 기초 한 것인지 구별하여 이해할 필요가 있다.

정전기학은 전기자기학의 특수 케이스에 해당한다고 생각할 수 있지만 정전기학을 완벽하게 이해하는 것은 전기자기학을 이해하기 위해 매우 필요할 뿐만 아니라 정전기 관련 여러 현상들을 이해하고 응용하는 데도 매우 필요하다. 이러한 정전기의 응용에는 레이저 프린터, 액정디스플레이(Liquid Crystal Displays: LCD) 그리고 멤스의 기전스위치(electrostatic actuators in Microelectromechanical Systems: MEMS) 등이 있다.

이 장에서는 쿨롱 법칙을 설명하고 전기장의 개념을 정의한다. 그 다음 가우스 법칙과 전위의 개념을 다루고 이들로부터 어떻게 전기장을 구할 수 있는지를 배운다. 그 다음 우리의 관심을 물질 내로 확장하여 전속밀도를 정의한다. 여기서 전기장에 저장된 전기에너지에 대해 공부하며 하나의 축전기(capacitor)가 전기에너지를 어떻게 저장하는지 배운다. 이어 전기장에 대한 다이버전스와 컬을 결합하여 푸아송 방정식(Poisson's equation)과 라플라스 방정식(Laplace's equation)을 유도하고 이들이 경계값 문제(boundary value problem)를 어떻게 해결하는지를 배운다.

3.1 쿨롱 법칙(COULOMB'S LAW)

정전기 현상은 고대 그리스인들에 의해 관찰되었는데, 호박(amber)을 모피나 비단에 문지르면 솜부스러기나 짚오라기 등을 끌어당기는 현상을 말한다. 전자는 곧 그리스어로 호박을 의미한다. 이러한 현상이 정전하에 의해 발생한다는 것은 수세기가 지난 후에야 비로소 알게 된 사실이다. 가장 간단한 원자 모델에서 하나의 원자는 플러스 전기를 띠고 있는 원자핵과 그 주위를 도는 마이너스 전기를 띠고 있는 전자들로 구성되어 있다. 호박을 모피에 문지르면 모피의 속박전자(bound electron)를 떼어 호박에 주는 효과가 있으므로, 모피는 플러스 전기를 띠게 되고 호박은 마이너스 전기를 띠게 된다.

쿨롱 법칙(Coulomb's law)은 하나의 물리법칙으로, 자유공간상 두 점에 위치한 전하들 사이의 전기현상을 기술한다. 즉 두 전하 사이의 전기력(electric force)은 두 전하(charge)의 곱에 비례하고 두 전하 사이의 거리의 제곱에 반비례한다. 쿨롱 법칙을 수식으로 표현하면 아래와 같다.

$$F = \frac{1}{4\pi\varepsilon_o}\frac{q_1 q_2}{\mathcal{R}^2} \tag{3-1}$$

여기서 q_1과 q_2는 쿨롱(coulomb, [C])의 단위를 가진 전하들이고, $\mathcal{R}$은 미터로 표시되는 두 전하 사이의 거리다. 위 식에서 ε_o은 자유공간상 유전율(permittivity of free space or vacuum)로 단위 길이당 패럿(farads per meter [F/m])의 단위를 가지고 있다.

$$\varepsilon_o = 8.854 \times 10^{-12} \quad [\mathrm{F/m}]$$

자유공간상 유전율은 $\varepsilon_o \cong (1/36\pi) \times 10^{-9}[\mathrm{F/m}]$의 값을 사용해도 된다. 물질 내에서는 자유공간상 유전율 ε_o 대신 물체의 전기적 특성을 설명하는 유전율(permittivity) ε을 사용한다. 이것은 3-5 절에서 자세히 설명된다.

같은 극성(polarity)의 두 전하는 그들을 연결하는 직선상에서 서로 밀어내고, 반대 극성의 두 전하는 그 직선상에서 서로 잡아당긴다. 쿨롱 힘(Coulomb force)은 하나의 전하가 또 다른 전하에 미치는 전기력에 대한 또 다른 이름이다. 벡터 표기법을 이용하면 전하 q_2에 의해 전하 q_1에 작용하는 쿨롱 힘을 아래와 같이 쓸 수 있다.

$$\boxed{\mathbf{F}_1 = \frac{q_1 q_2}{4\pi\varepsilon_o \mathcal{R}_{1-2}^2}\mathbf{a}_{1-2}} \quad [\mathrm{N}] \tag{3-2}$$

여기서 $\mathcal{R}_{1-2}$과 $\mathbf{a}_{1-2}$는 아래와 같이 정의되는 거리벡터의 크기 및 단위벡터이다. 즉 거리벡터는

$$\boldsymbol{\mathcal{R}}_{1-2} = \mathbf{r}_1 - \mathbf{r}_2 \tag{3-3}$$

이것은 공간상 q_2의 위치에서 q_1의 위치로 진행한 벡터이다. 첨자 1−2 는 $\boldsymbol{\mathcal{R}}_{1-2}$가 "2에서 1로" 진행하는 벡터라는 것을 표시하며, 그 모양은 식 오른쪽의 벡터 빼기를 연상시킨다. 이 책에서는 첨자 $a-b$를 사용해 "b에서 a로"의 개념을 표시하며, 첨자 ab를 사용해 "a에서 b로"의 개념을 표시한다. 거리벡터 $\boldsymbol{\mathcal{R}}_{1-2}$의 단위벡터는 두 위치벡터 $\mathbf{r}_1$과 $\mathbf{r}_2$를 이용하면 아래와 같다.

$$\mathbf{a}_{1-2} = \frac{\boldsymbol{\mathcal{R}}_{1-2}}{\mathcal{R}_{1-2}} = \frac{\mathbf{r}_1 - \mathbf{r}_2}{|\mathbf{r}_1 - \mathbf{r}_2|} \tag{3-4}$$

식 (3-4)를 식 (3-2)에 대입하여 점전하 q_2에 의해 점전하 q_1에 작용하는 쿨롱 힘을 다음과 같이 표시한다.

$$\boxed{\mathbf{F}_1 = \frac{q_1 q_2}{4\pi\varepsilon_o}\frac{\mathbf{r}_1 - \mathbf{r}_2}{|\mathbf{r}_1 - \mathbf{r}_2|^3}} \quad [\text{N}] \tag{3-5}$$

여기서 $\mathbf{r}_1$과 $\mathbf{r}_2$는 각각 q_1과 q_2에 대한 위치벡터들이다.

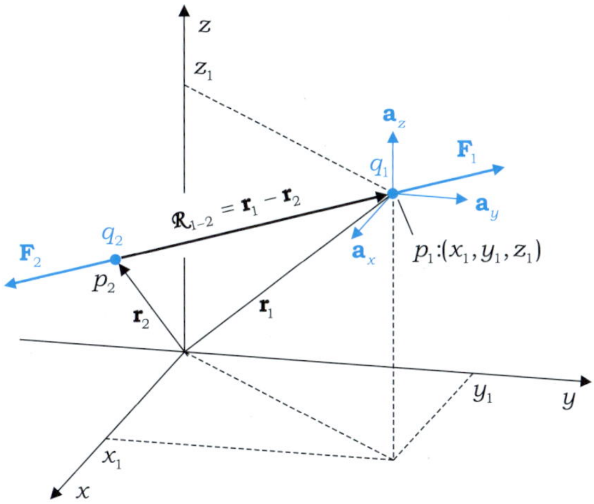

그림 3-1 위치벡터 $\mathbf{r}_1$과 $\mathbf{r}_2$에 위치한 두 전하

식 (3-5)의 벡터들의 상관관계가 [그림 3-1]에 표시되었다. 그림에서 보듯이 전하 q_1이 위치벡터 $\mathbf{r}_1$인 점 p_1에 놓여 있고, 전하 q_2가 위치벡터 $\mathbf{r}_2$인 점 p_2에 놓여 있다. 식 (3-5)에서 알 수 있듯이 공간상의 점 p_1은 전기력 $\mathbf{F}_1$이 측정되는 점으로 관찰점(field point)이라 부르고, 점 p_2는 원천이 놓여 있는 점으로 원천점(source point)이라 부른다. 이제부터 거리벡터는 원천점에서 관찰점으로 향하는 벡터를 의미한다. 이 경우 $\mathbf{r}_1$ 혹은 $\mathbf{r}$은 관찰점의 위치벡터를 나타내고, $\mathbf{r}_2$ 혹은 $\mathbf{r}'$는 원천점의 위치벡터를 나타낸다. 쿨롱 힘은 관찰점에서 측정되므로 쿨롱 힘에 관련된 벡터들, 즉 $\mathbf{F}_1$, $\mathbf{r}_1$, $\mathcal{R}_{1-2}$, $\mathbf{a}_{1-2}$를 관찰점 p_1에서 정의되는 베이스벡터들 $\mathbf{a}_x$, $\mathbf{a}_y$ 그리고 $\mathbf{a}_z$를 이용해 표시하여야 한다. 일반적으로 이들 벡터의 스칼라성분들은 관찰점 및 원천점의 좌표들에 대한 함수이다.

쿨롱 힘은 상호적인 힘이다. 즉 q_1에 의한 q_2에서의 힘은 $\mathbf{F}_1$과 같은 크기로 주어지고 방향은 반대이다: $\mathbf{F}_2 = -\mathbf{F}_1$. 수식적으로 표시하면

$$\mathbf{F}_2 = \frac{q_2 q_1}{4\pi\varepsilon_o}\frac{\mathbf{r}_2 - \mathbf{r}_1}{|\mathbf{r}_2 - \mathbf{r}_1|^3} = -\mathbf{F}_1 \tag{3-6}$$

여기서 주목할 것은 $\mathbf{F}_2$가 점 p_2에서 관찰되므로 $\mathbf{F}_2$는 p_2에서의 베이스벡터들로 표시되어야 한다. 이 경우 p_2가 관찰점이다.

Example 3-1

직각좌표계의 한 점 (1,1,3)에 위치한 점전하 q_2에 의해 점 (2,3,5)에 위치한 점전하 q_1에 작용하는 쿨롱 힘을 구하라.

Solution

전하 q_1과 q_2에 대한 위치벡터는

$$\mathbf{r}_1 = 2\,\mathbf{a}_x + 3\,\mathbf{a}_y + 5\,\mathbf{a}_z$$

$$\mathbf{r}_2 = \mathbf{a}_x + \mathbf{a}_y + 3\,\mathbf{a}_z$$

거리벡터는

$$\boldsymbol{\mathcal{R}}_{1-2} = \mathbf{r}_1 - \mathbf{r}_2 = \mathbf{a}_x + 2\mathbf{a}_y + 2\mathbf{a}_z$$

$\boldsymbol{\mathcal{R}}_{1-2}$의 크기와 단위벡터를 구하면 다음과 같다.

$$\mathcal{R}_{1-2} = |\mathbf{r}_1 - \mathbf{r}_2| = \sqrt{1+2^2+2^2} = 3 \tag{3-7a}$$

$$\mathbf{a}_{1-2} = \frac{1}{3}\mathbf{a}_x + \frac{2}{3}\mathbf{a}_y + \frac{2}{3}\mathbf{a}_z \tag{3-7b}$$

식 (3-7)을 식 (3-2)에 대입하여 q_1에 작용하는 쿨롱 힘을 구한다.

$$\mathbf{F}_1 = \frac{q_1 q_2}{4\pi\varepsilon_o 3^3}(\mathbf{a}_x + 2\,\mathbf{a}_y + 2\,\mathbf{a}_z)$$

Example 3-2

원점에 위치한 전하 q_2에 의해 점 $(x,y,z) = (2,3,\sqrt{3})$에 위치한 전하 q_1에 작용하는 전기력을 (a) 직각좌표 (b) 구좌표로 구하라.

Solution

(a) 두 전하에 대한 위치벡터는 각각

$$\mathbf{r}_1 = 2\mathbf{a}_x + 3\mathbf{a}_y + \sqrt{3}\mathbf{a}_z$$
$$\mathbf{r}_2 = 0$$

거리벡터와 그 크기는 아래와 같다.

$$\mathcal{R}_{1-2} = \mathbf{r}_1 - \mathbf{r}_2 = 2\mathbf{a}_x + 3\mathbf{a}_y + \sqrt{3}\mathbf{a}_z$$
$$|\mathcal{R}_{1-2}| = \sqrt{2^2 + 3^2 + (\sqrt{3})^2} = 4$$

식 (3-5)로부터, 전하 q_1에 작용하는 전기력은

$$\mathbf{F}_1 = \frac{q_1 q_2}{4\pi\varepsilon_o \mathcal{R}_{1-2}^3}\mathcal{R}_{1-2} = \frac{q_1 q_2}{\pi\varepsilon_o 4^4}(2\mathbf{a}_x + 3\mathbf{a}_y + \sqrt{3}\mathbf{a}_z) \qquad (3\text{-}8)$$

(b) 원점에서 q_1까지 반지름 거리는

$$R = \sqrt{2^2 + 3^2 + (\sqrt{3})^2} = 4$$

점원이 원점에 위치하므로 이 경우 거리벡터는 아래와 같다.

$$\mathcal{R}_{1-2} = 4\mathbf{a}_R$$

전하 q_2에 의해 전하 q_1에 작용하는 전기력은

$$\mathbf{F}_1 = \frac{q_1 q_2}{4\pi\varepsilon_o \mathcal{R}_{1-2}^2}\mathbf{a}_{1-2} = \frac{q_1 q_2}{\pi\varepsilon_o 4^3}\mathbf{a}_R \qquad (3\text{-}9)$$

좌표변환을 이용하면 두 식 (3-9)와 (3-8)의 결과가 동일하다는 것을 증명할 수 있다.

Exercise 3.1

전하 q_2가 다른 전하로부터 1[m] 떨어져 있을 때 q_2에 1[N]의 힘이 작용한다. 만약에 q_2에 0.5[N]의 힘이 작용한다면 그때의 거리는 얼마인가?

Ans 1.414[m]

3.2 전기장세기(ELECTRIC FIELD INTENSITY)

전기장세기(electric field intensity)는 ***단위전하가 받는 전기력***으로 정의된다. 하나의 전하 q가 자유공간상에서 위치벡터 $\mathbf{r}'$로 주어지는 점에 위치한 경우, 위치벡터 $\mathbf{r}$로 주어지는 한 점에서의 전기장세기는 아래와 같다.

$$\boxed{\mathbf{E}(\mathbf{r}) = \frac{q}{4\pi\varepsilon_o}\frac{\mathbf{r}-\mathbf{r}'}{|\mathbf{r}-\mathbf{r}'|^3}} \quad [\mathrm{V/m}] \tag{3-10}$$

이것은 단위 길이당 볼트(volts per meter)의 단위로 표시된다. 식 (3-10)은 하나의 벡터 함수이다. 즉 전하 q가 위치벡터 $\mathbf{r}'$에 놓여 있을 때 $\mathbf{E}(\mathbf{r})$는 위치벡터 $\mathbf{r}$에 놓인 단위전하에 작용하는 전기력 벡터이다. 벡터 함수 $\mathbf{E}(\mathbf{r})$는 하나의 벡터장을 정의하는데 이것을 전기장(electric field)이라 부른다. [그림 3-2]는 점전하 q에 의해 발생하는 전기장을 도식적으로 보여준다. 여기서 음영(shade)은 단지 시각적 효과를 위해 사용되었다.

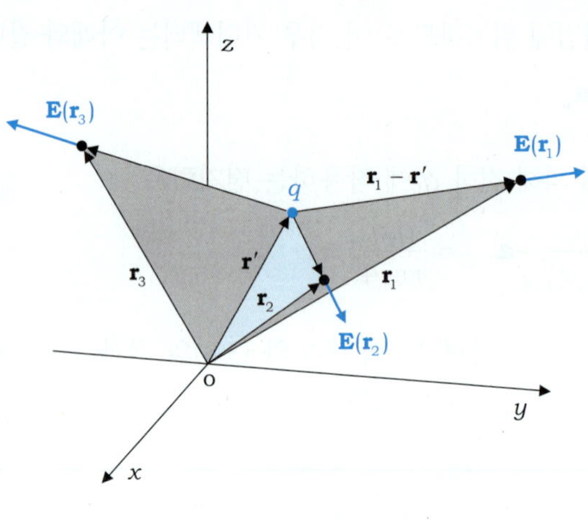

그림 3-2 위치벡터 $\mathbf{r}'$에 놓인 점전하 q에 의한 전기장

Example 3-3

점전하 q가 원점에 놓여 있을 때 발생되는 전기장을 (a)직각좌표 (b)구좌표로 구하라.

Solution

(a) 원천점과 관찰점의 위치벡터는 각각

$\mathbf{r} = x\,\mathbf{a}_x + y\,\mathbf{a}_y + z\,\mathbf{a}_z$

$\mathbf{r}' = 0$

거리벡터의 크기는

$|\mathcal{R}| = |\mathbf{r} - \mathbf{r}'| = \sqrt{x^2 + y^2 + z^2}$

식 (3-10)을 이용해 원점에 놓인 점전하에 의해 발생되는 전기장을 직각좌표계에서 아래와 같이 구할 수 있다. 즉

$$\mathbf{E}(\mathbf{r}) = \frac{q}{4\pi\varepsilon_o}\frac{x\,\mathbf{a}_x + y\,\mathbf{a}_y + z\,\mathbf{a}_z}{[x^2 + y^2 + z^2]^{3/2}} \qquad (3\text{-}11)$$

(b) 구좌표계의 원점에 놓인 점전하에 대한 거리벡터는 다음과 같다.

$\mathcal{R} = R\,\mathbf{a}_R$

그리하여 구좌표계 원점의 전하 q에 의해 발생된 전기장은 다음과 같다. 즉

$$\mathbf{E}(\mathbf{r}) = \frac{q}{4\pi\varepsilon_o R^2}\,\mathbf{a}_R \qquad (3\text{-}12)$$

원점의 점전하는 구대칭성을 띠고 있다. R 좌표를 고정시킨 채 θ와 ϕ 좌표를 변화시키면서 움직여도 전하의 모양은 변치 않는다. 이러한 이유로 1장에서 설명한 것과 마찬가지로, 이때 발생되는 벡터장은 θ와 ϕ에 독립이어야 하고, θ-성분과 ϕ-성분이 0이어야 한다.

식 (3-11)과 (3-12)에서 원점은 제외되는데 그 이유는 원점이 이미 점전하에 의해 점령당하여 그 점에서 전기장이 정의될 수 없기 때문이다.

Exercise 3.2

식 (3-12)의 $\mathbf{E}$는 영역 $R>0$에서 비회전장이고 또한 솔레노이드장임을 보여라.

Ans $\nabla\times\mathbf{E}=0$ 그리고 $\nabla\cdot\mathbf{E}=0$

3.2.1 다수의 전하에 의한 전기장(Electric Field Due to Discrete Charges)

전기장세기는 중첩의 원리(principle of superposition)를 따른다. 즉 ***다수의 전하에 의한 전체 $\mathbf{E}$는 각각의 전하에 의한 $\mathbf{E}$들의 벡터 합이다.*** 중첩의 원리는 다음과 같은 사실에 기초한다. 즉 하나의 전하에 의한 전기장은 다른 점에 존재하는 다른 전하 혹은 다른 전기장의 영향을 받지 않는다. 중첩의 원리에 따라 N개의 점전하에 의해 위치벡터 $\mathbf{r}$인 점에서 발생되는 전체 $\mathbf{E}$는 아래와 같이 표시된다. 즉

$$\mathbf{E}(\mathbf{r})=\sum_{j=1}^{N}\frac{q_j}{4\pi\varepsilon_o}\frac{\mathbf{r}-\mathbf{r}_j}{\left|\mathbf{r}-\mathbf{r}_j\right|^3} \tag{3-13}$$

여기서 q_j는 위치벡터 $\mathbf{r}_j$인 점에 놓인 전하이다. [그림 3-3]은 서로 다른 공간상 두 점에 놓인 전하 q_1과 q_2에 의해 발생된 전기장세기를 도식적으로 표시하고 있다. 여기서 음영은 시각적 효과를 위한 것이다.

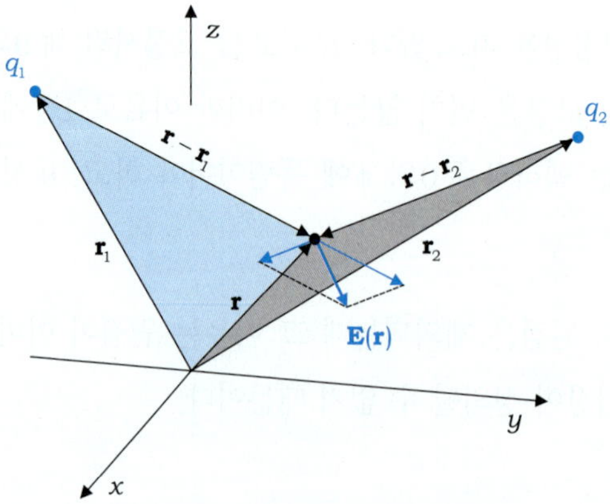

그림 3-3 전기장세기에 대한 중첩원리

Example 3-4

두 전하 $+q$와 $-q$가 서로 매우 가까이 존재하는 것을 전기쌍극자(electric dipole)라 한다([그림 3-4] 참조). 이것에 의한 전기장 $\mathbf{E}$를 구하라.

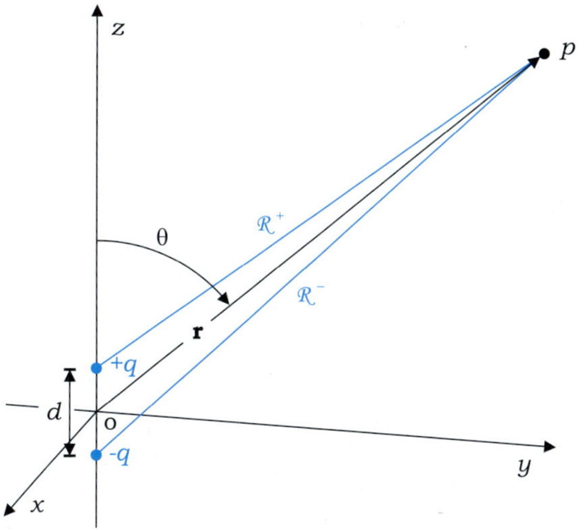

그림 3-4 전기쌍극자

Solution

직각좌표계에서 관찰점의 위치벡터는

$\mathbf{r} = x\,\mathbf{a}_x + y\,\mathbf{a}_y + z\,\mathbf{a}_z$

두 원천점의 위치벡터는 각각

$\mathbf{r}^+ = (d/2)\,\mathbf{a}_z$

$\mathbf{r}^- = (-d/2)\,\mathbf{a}_z$

두 거리벡터를 구하면 각각 다음과 같다.

$$\mathcal{R}^+ \equiv \mathbf{r} - \mathbf{r}^+ = x\,\mathbf{a}_x + y\,\mathbf{a}_y + (z - d/2)\,\mathbf{a}_z \quad (3\text{-}14a)$$

$$\mathcal{R}^- \equiv \mathbf{r} - \mathbf{r}^- = x\,\mathbf{a}_x + y\,\mathbf{a}_y + (z + d/2)\,\mathbf{a}_z \quad (3\text{-}14b)$$

코사인법칙을 두 삼각형 $(+q)op$와 $(-q)op$에 적용하면

$$\mathcal{R}^+ = \sqrt{r^2 + (\tfrac{1}{2}d)^2 - 2r(\tfrac{1}{2}d)\cos\theta} \tag{3-15a}$$

$$\mathcal{R}^- = \sqrt{r^2 + (\tfrac{1}{2}d)^2 - 2r(\tfrac{1}{2}d)\cos(\pi-\theta)} \tag{3-15b}$$

식 (3-13)을 이용하면 전기쌍극자에 의한 전기장을 일반적으로 아래와 같이 쓸 수 있다.

$$\mathbf{E}(\mathbf{r}) = \frac{q}{4\pi\varepsilon_o}\left[\frac{\boldsymbol{\mathcal{R}}^+}{(\mathcal{R}^+)^3} - \frac{\boldsymbol{\mathcal{R}}^-}{(\mathcal{R}^-)^3}\right] \tag{3-16}$$

만약 $|\mathbf{r}| \gg d$이면, 식 (3-15)의 근호(radicand)의 항 $(\frac{1}{2}d)^2$은 다른 항들에 비해 매우 작다. 이 경우 이항전개(binomial expansion)를 이용해, 즉 $(1 \pm a)^n \approx 1 \pm na$($a \ll 1$이고 n은 실수), 아래와 같은 식을 쓸 수 있다.

$$\frac{1}{(\mathcal{R}^+)^3} \cong \frac{1}{[r^2 - rd\cos\theta]^{3/2}} \cong \frac{1}{r^3}\left[1 + \frac{3}{2}\frac{d}{r}\cos\theta\right] \tag{3-17a}$$

$$\frac{1}{(\mathcal{R}^-)^3} \cong \frac{1}{[r^2 + rd\cos\theta]^{3/2}} \cong \frac{1}{r^3}\left[1 - \frac{3}{2}\frac{d}{r}\cos\theta\right] \tag{3-17b}$$

식 (3-14)와 (3-17)을 식 (3-16)에 대입하고 관계식 $|\mathbf{r}| = R$을 이용하면 아래와 같은 식을 얻을 수 있다.

$$\mathbf{E}(\mathbf{r}) = \frac{q}{4\pi\varepsilon_o R^3}\left[-d\,\mathbf{a}_z + \left(x\,\mathbf{a}_x + y\,\mathbf{a}_y + z\,\mathbf{a}_z\right)3\frac{d}{R}\cos\theta\right] \tag{3-18}$$

좌표변환에 의하면 아래의 관계식이 성립한다.

$$x\,\mathbf{a}_x + y\,\mathbf{a}_y + z\,\mathbf{a}_z = R\,\mathbf{a}_R \tag{3-19a}$$

$$-d\,\mathbf{a}_z = -d\cos\theta\,\mathbf{a}_R + d\sin\theta\,\mathbf{a}_\theta \tag{3-19b}$$

식 (3-19)를 식 (3-18)에 대입하면, 전기쌍극자에 의한 전기장은

$$\boxed{\mathbf{E}(\mathbf{r}) = \frac{qd}{4\pi\varepsilon_o R^3}[2\cos\theta\,\mathbf{a}_R + \sin\theta\,\mathbf{a}_\theta]} \tag{3-20}$$

전기쌍극자는 전기적인 관점에서의 가장 간단한 원자모델이다. 이것을 이용해 물질과 전기장과의 상호작용을 잘 설명할 수 있고, 주어진 물체의 전기적 특성을 손쉽게 표시할 수 있다.

Exercise 3.3

동일한 2개의 전하가 x-축 위에 각각 $x=-1$과 $x=3$에 놓여 있다. $\mathbf{E}$가 0이 되는 점의 위치는?

Ans x-축 위 $x=1$인 점

Exercise 3.4

하나의 점전하에 의한 $\mathbf{E}$가 비회전장이라는 이유만으로 다수 전하에 의한 전체 $\mathbf{E}$가 반드시 비회전장인가?

Ans 예, 왜냐하면 식 $\nabla \times \mathbf{E} = 0$은 선형식(linear equation)이다.

3.2.2 연속적인 전하분포에 의한 전기장 (Electric Field Due to a Continuous Charge Distribution)

많은 수의 불연속 전하들이 공간상 한 영역에 몰려 있고, 전하들 사이의 거리가 전하에서 관찰점까지의 거리보다 매우 작으면, 전하들의 불연속성을 무시하여 이들이 공간상에서 연속적으로 분포한다고 생각할 수 있다. 이런 조건하에서 주어진 공간상 영역을 여러 개의 미소체적으로 나누는 경우, 각 미소체적은 많은 수의 전하를 포함할 정도로 크지만 관찰점에서 보았을 때는 공간상 한 점으로 보이도록 매우 작다고 가정한다. 관찰점에서의 전기장세기는 각 미소체적들에 의한 전기장세기들의 합으로 주어진다.

공간상 주어진 체적 내의 전하를 정의하기 위해 우리는 체적전하밀도(volume charge density) ρ_v를 정의한다. 이것은 세제곱미터당 쿨롱(coulombs per cubic meter[$\mathrm{C/m^3}$]

의 단위를 가지고 있다. 체적전하밀도는 전기장세기를 구할 때 개별적인 더하기 대신 체적 적분을 사용하도록 해준다. 비슷한 방법으로, 공간상 하나의 면 위에 퍼져 존재하는 전하들에 대해 표면전하밀도(surface charge density) ρ_s를 정의한다. 이것은 제곱미터당 쿨롱(coulombs per square meter[$\mathrm{C/m^2}$])의 단위로 측정된다. 또한 전하가 하나의 직선을 따라 분포하는 경우 선전하밀도(line charge density) ρ_ℓ을 정의한다. 이것은 미터당 쿨롱(coulombs per meter[C/m])의 단위로 측정된다. 이 때 전체 전기장세기는 ρ_s 면 위에서의 면적분 혹은 ρ_ℓ 위에서의 선적분으로 주어진다.

만약 위치벡터가 $\mathbf{r}'$인 점을 중심으로 하는 미소체적 Δv가 미소전하 Δq를 포함하고 있다면, 그 점에서의 체적전하밀도는 다음과 같이 정의된다.

$$\rho_v(\mathbf{r}') = \lim_{\Delta v \to 0} \frac{\Delta q}{\Delta v} \quad [\mathrm{C/m^3}] \tag{3-21}$$

여기서 미소체적 Δv는 매우 많은 개별 전하들을 포함할 수 있을 만큼 크지만 위치벡터가 $\mathbf{r}'$인 관찰점에서는 한 점으로 보일 만큼 매우 작다. 일반적으로 체적전하밀도 $\rho_v(\mathbf{r}')$는 공간상에서 매끈한 함수로 주어지고, 따라서 그것의 편미분은 공간상에서 연속적이다.

공간상에서 체적전하밀도 $\rho_v[\mathrm{C/m^3}]$가 주어지면 이것의 전기장을 계산하기 위해 우선 주어진 영역을 N개의 미소체적으로 나눈다. 위치벡터 $\mathbf{r}_j'$인 점에 중심을 둔 미소체적 $\Delta v(\mathbf{r}_j')$는 총 $q_j = \rho_v(\mathbf{r}_j')\Delta v(\mathbf{r}_j')$의 전하를 포함하게 된다. 그 다음 이들 미소전하에 쿨롱 법칙을 적용한 후, 각각의 미소전하들의 전기장을 더하여 관찰점에서의 전기장세기를 구한다. 그 다음 $N \to \infty$, $\Delta v \to 0$일 때의 극한값을 취하여 위치벡터 $\mathbf{r}$에서의 전기장세기를 아래와 같이 구한다.

$$\mathbf{E}(\mathbf{r}) = \lim_{\substack{N \to \infty \\ \Delta v \to 0}} \sum_{j=1}^{N} \frac{\rho_v(\mathbf{r}_j')\Delta v(\mathbf{r}_j')}{4\pi\varepsilon_o} \frac{\mathbf{a}_{\mathcal{R}}}{|\mathbf{r} - \mathbf{r}_j'|^2} \tag{3-22}$$

여기서 $\mathbf{a}_{\mathcal{R}}$은 거리벡터 $\mathcal{R} = \mathbf{r} - \mathbf{r}_j'$의 단위벡터이다. 위 식에서 미소체적 $\Delta v(\mathbf{r}_j')$에 포함된 미소전하는 점전하로 취급된다는 것에 주목하자. 그럼에도 불구하고 식 (3-22)는 식 (3-13)과 구별된다. 왜냐하면 식 (3-22)의 체적전하밀도 ρ_v는 공간상에서 연속적인 함수이기 때문이다. 미적분학으로부터 식 (3-22)의 오른쪽이 총체적 $N\Delta v$에서의 체적적분에

해당한다는 것을 알 수 있다. 그리하여 체적전하밀도 ρ_v에 의한 전기장은

$$\mathbf{E}(\mathbf{r}) = \frac{1}{4\pi\varepsilon_o}\int_{v'}\frac{\rho_{v'}}{\mathcal{R}^2}\mathbf{a}_{\mathcal{R}}\,dv' \quad [\text{V/m}] \tag{3-23}$$

여기서 $\mathcal{R}$과 $\mathbf{a}_{\mathcal{R}}$은 거리벡터 $\boldsymbol{\mathcal{R}} = \mathbf{r} - \mathbf{r}'$의 크기와 단위벡터이고, $\mathbf{r}$과 $\mathbf{r}'$는 관찰점 및 원천점의 위치벡터들이다. 식 (3-23)이 섞음좌표(mixed coordinates)를 이용해 작성된다는 것에 주목하자. 프라임좌표는 원천점에서의 물리량을 표시하기 위해 사용되고 정상좌표는 관찰점에서의 물리량을 표시하기 위해 사용된다. 프라임좌표 축들과 정상좌표 축들은 서로 정확히 일치한다. 그들은 단지 다른 이름으로 불릴 뿐이다. 식 (3-23)의 체적적분은 프라임좌표계에서 수행되는데, 이때 정상좌표들은 상수로 취급된다. 단위벡터 $\mathbf{a}_{\mathcal{R}}$은 식 (3-23)의 적분기호 밖으로 나올 수 없다. 그 이유는 거리벡터가 프라임좌표에 대한 함수이기 때문이다. 즉, $\mathbf{r} - \mathbf{r}' = (x - x')\mathbf{a}_x + (y - y')\mathbf{a}_y + (z - z')\mathbf{a}_z$.

체적전하에서와 마찬가지로 표면전하밀도 ρ_s를 포함하는 면을 우선 여러 개의 미소면으로 나눈다. 하나의 미소면 ds'는 미소전하 $\rho_{s'}ds'$를 포함하는데 이것을 위치벡터 $\mathbf{r}'$인 점에서의 점전하로 가정한다. 이들 미소전하에 쿨롱 법칙을 적용하여 표면전하밀도 ρ_s에 의한 전기장을 아래와 같이 구한다. 즉

$$\mathbf{E}(\mathbf{r}) = \frac{1}{4\pi\varepsilon_o}\int_{s'}\frac{\rho_{s'}}{\mathcal{R}^2}\mathbf{a}_{\mathcal{R}}\,ds' \quad [\text{V/m}] \tag{3-24}$$

직각좌표계에서 $\boldsymbol{\mathcal{R}} = \mathcal{R}\mathbf{a}_{\mathcal{R}} = |\mathbf{r} - \mathbf{r}'|\mathbf{a}_{\mathcal{R}} = [(x - x')^2 + (y - y')^2 + (z - z')^2]^{1/2}\mathbf{a}_{\mathcal{R}}$이다. 식 (3-24)의 면적분은 프라임좌표계에서 수행되는데 이때 정상좌표들은 상수로 취급된다.

앞에서와 동일한 절차에 따라 선전하밀도 ρ_ℓ에 의한 전기장을 구할 수 있다. 미소길이 $d\ell'$는 미소전하 $\rho_{\ell'}d\ell'$를 포함하는데 이것은 위치벡터 $\mathbf{r}'$인 점에서의 점전하로 취급된다. 쿨롱 법칙을 이들 미소전하에 적용하면 선전하밀도 ρ_ℓ에 의한 전기장은 아래와 같다. 즉

$$\mathbf{E}(\mathbf{r}) = \frac{1}{4\pi\varepsilon_o}\int_{L'}\frac{\rho_{\ell'}}{\mathcal{R}^2}\mathbf{a}_{\mathcal{R}}\,d\ell' \quad [\text{V/m}] \tag{3-25}$$

여기서 $\boldsymbol{\mathcal{R}} = \mathcal{R}\mathbf{a}_{\mathcal{R}} = |\mathbf{r} - \mathbf{r}'|\mathbf{a}_{\mathcal{R}}$이다.

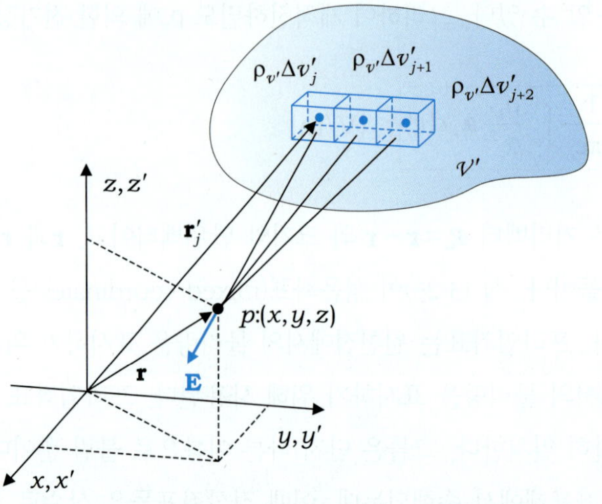

그림 3-5 체적전하밀도에 의한 전기장세기

Example 3-5

무한히 긴, 직선의, 균일한 선전하밀도 $\rho_{\ell o}$이 [그림 3-6]에서처럼 z-축을 따라 놓여 있을 때 이것에 의해 발생되는 전기장을 구하라.

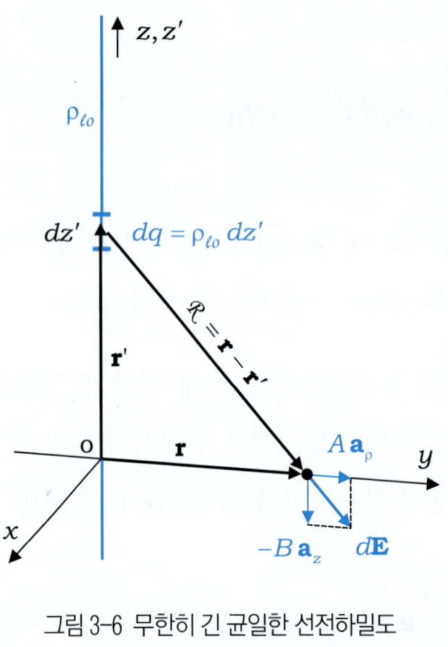

그림 3-6 무한히 긴 균일한 선전하밀도

Solution

주어진 선전하밀도의 원통대칭성을 고려하면 관찰점을 y-축 위의 한 점으로 가정하여도 일반화(generalization)에 어긋나지 않는다. 이 경우 관찰점과 원천점의 위치벡터는 각각 아래와 같다.

$$\mathbf{r} = \rho\,\mathbf{a}_\rho$$

$$\mathbf{r}' = z'\mathbf{a}_{z'}$$

거리벡터는 관찰점의 베이스벡터들 $\mathbf{a}_\rho$, $\mathbf{a}_\phi$, $\mathbf{a}_z$로 표시된다. 여기서 $\mathbf{a}_{z'} = \mathbf{a}_z$라는 것을 이용해 거리벡터를 표시하면

$$\mathcal{R} = \mathbf{r} - \mathbf{r}' = \rho\,\mathbf{a}_\rho - z'\mathbf{a}_z \tag{3-26}$$

원천점의 미소전하량은

$$dq = \rho_{\ell o}\,dz'$$

쿨롱 법칙에 의해 원천점의 미소전하 dq에 의한 관찰점에서 미소전기장 $d\mathbf{E}$는

$$d\mathbf{E} = \frac{\rho_{\ell o}\,dz'}{4\pi\varepsilon_o}\frac{\mathcal{R}}{\mathcal{R}^3} = \frac{\rho_{\ell o}\,dz'}{4\pi\varepsilon_o}\frac{\rho\,\mathbf{a}_\rho - z'\mathbf{a}_z}{(\rho^2 + z'^2)^{3/2}} \tag{3-27}$$

식 (3-27)로부터 다음과 같은 사실을 알 수 있다. $z' = a$와 $z' = -a$에 위치한 동일한 미소전하 $\rho_{\ell o}dz'$는 관찰점에서 $\mathbf{E}$의 z-축 방향으로의 성분을 서로 상쇄시킨다. 즉 $d\mathbf{E}\cdot\mathbf{a}_z = 0$이다.

$d\mathbf{E}$의 ρ-성분만을 더하면

$$\mathbf{E} = \int d\mathbf{E} = \frac{\rho_{\ell o}\,\rho\,\mathbf{a}_\rho}{4\pi\varepsilon_o}\int_{-\infty}^{\infty}\frac{dz'}{(\rho^2 + z'^2)^{3/2}} = \frac{\rho_{\ell o}\,\rho\,\mathbf{a}_\rho}{4\pi\varepsilon_o}\left[\left.\frac{z'/\rho^2}{\sqrt{\rho^2 + z'^2}}\right|_{z'=-\infty}^{z'=\infty}\right] \tag{3-28}$$

무한히 긴, 직선의, 균일한 선전하밀도 $\rho_{\ell o}$이 z-축을 따라 놓여 있을 때 이것에 의한 전기장은

$$\boxed{\mathbf{E} = \frac{\rho_{\ell o}}{2\pi\varepsilon_o\rho}\mathbf{a}_\rho} \quad [\mathrm{V/m}] \tag{3-29}$$

여기서 $\rho_{\ell o}$은 선전하밀도이고 ρ는 원통좌표계의 반지름 거리이다.

미래의 참고를 위해

$$\int \frac{dx}{(x^2+a^2)^{3/2}} = \frac{x/a^2}{\sqrt{x^2+a^2}} \tag{3-30}$$

여기서 선전하의 대칭성에 대해 알아보자. 무한히 긴, z-축을 따라 놓여 있는 선전하는 원통대칭(cylindrical symmetry), z-방향으로의 병진대칭(translational symmetry), x-축을 중심으로 한 2겹 회전대칭성(two-fold rotational symmetry)을 가지고 있다. 이러한 선전하는 z-축을 중심으로 회전시키거나 z-방향으로 평행이동 시키거나, x-축을 중심으로 180° 회전시켜도 그 모양이 변치 않는다. 이러한 조건에서 선전하에 의해 발생하는 전기장은 ϕ와 z에 독립이어야 하고, 그 전기장은 ϕ-성분과 z-성분을 가질 수 없다. 즉 $\mathbf{E}(\mathbf{r}) = E_\rho(\rho)\mathbf{a}_\rho$의 형태로 주어져야 하고, 식 (3-29)도 이런 형태다.

Example 3-6

균일한 선전하밀도 $\rho_{\ell o}$이 $z=0$ 평면에서 반지름이 a이고 중심이 원점인 하나의 원을 형성한다([그림 3-7] 참조).

(a) z-축 위의 한 점 $p_1:(0, 0, b)$에서 $\mathbf{E}$를 구하라.

(b) $b \to \infty$일 때 이 선전하가 원점에 위치한 점전하로 취급될 수 있다는 것을 보여라.

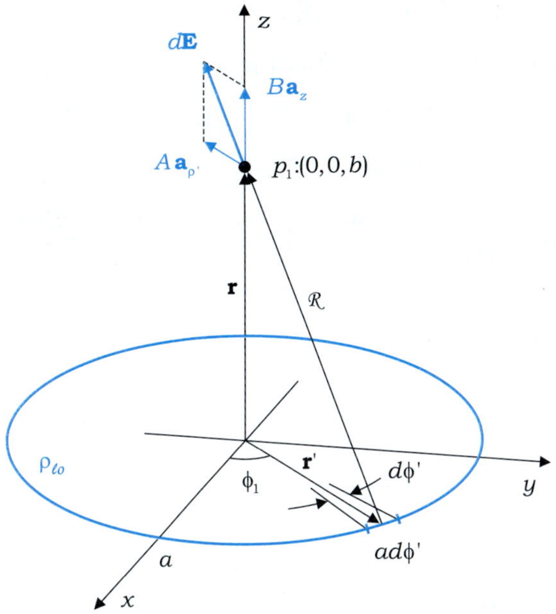

그림 3-7 원을 이루는 선전하밀도

Solution

(a) 관찰점과 원천점의 위치벡터들은 각각 다음과 같다.

$$\mathbf{r} = b\,\mathbf{a}_z$$

$$\mathbf{r}' = a\,\mathbf{a}_{\rho'} - a(\cos\phi_1\,\mathbf{a}_x + \sin\phi_1\,\mathbf{a}_y)$$

섞음좌표계에서 거리벡터는 아래와 같이 표시된다.

$$\mathcal{R} = \mathbf{r} - \mathbf{r}' = b\,\mathbf{a}_z - a\,\mathbf{a}_{\rho'}$$

단위벡터 $\mathbf{a}_{\rho'}$는 최종 결과식 $\mathbf{E}$에서 좌표변환되어 정상좌표로 표시되어야 한다.

위치벡터 $\mathbf{r}'$인 원천점에서의 미분전하는

$$dq = \rho_{\ell o} a d\phi'$$

위치벡터 $\mathbf{r}$인 관찰점에서의 미분전기장은

$$d\mathbf{E} = \frac{\rho_{\ell o} a d\phi'}{4\pi\varepsilon_o}\frac{\mathcal{R}}{\mathcal{R}^3} = \frac{\rho_{\ell o} a d\phi'}{4\pi\varepsilon_o}\frac{(-a\,\mathbf{a}_{\rho'} + b\,\mathbf{a}_z)}{(a^2+b^2)^{3/2}} \tag{3-31}$$

$\phi' = \phi_1$에 위치한 dq에 의한 $d\mathbf{E}$는 $\phi' = \phi_1 + \pi$에 위치한 dq에 의한 $d\mathbf{E}$와 모양이 똑같다. 그러나 $\phi' = \phi_1$에서의 $\mathbf{a}_{\rho'}$의 방향은 $\phi' = \phi_1 + \pi$에서의 $\mathbf{a}_{\rho'}$의 방향과 정반대이다. 그러므로 $\mathbf{a}_{\rho'}$-성분은 $d\mathbf{E}$에 기여하지 못한다. $d\mathbf{E}$의 z-성분들을 더하면 관찰점에서의 전기장은

$$\mathbf{E} = \int d\mathbf{E} = \frac{\rho_{\ell o}}{4\pi\varepsilon_o}\frac{ab\,\mathbf{a}_z}{(a^2+b^2)^{3/2}}\int_{\phi'=0}^{\phi'=2\pi} d\phi' = \frac{\rho_{\ell o}}{2\varepsilon_o}\frac{ab\,\mathbf{a}_z}{(a^2+b^2)^{3/2}} \tag{3-32}$$

(b) 원 위의 전체 전하는

$$Q = 2\pi a\,\rho_{\ell o} \tag{3-33}$$

식 (3-33)을 식 (3-32)의 $\rho_{\ell o}$에 대입하고, $b\to\infty$일 때의 근사값 $(a^2+b^2)^{3/2} \approx b^3$을 사용하면

$$\mathbf{E} = \frac{Q}{4\pi\varepsilon_o b^2}\mathbf{a}_z \tag{3-34}$$

식 (3-34)는 원점에 위치한 점전하 Q에 의해 발생하여 거리 b인 점에서 관찰되는 전기장과 동일하다.

Exercise 3.5

균일한 선전하밀도 $\rho_{\ell o}$이 z-축 위, $z = -10$에서 $z = 10$까지의 영역에 놓여 있다. 직각좌표계의 한 점 (3, 4, 0)에서 $\mathbf{E}$를 구하라.[힌트: 식 (3-28)]

Ans $\mathbf{E} = \dfrac{\rho_{\ell o}}{\pi\varepsilon_o 5\sqrt{5}}\left(\dfrac{3}{5}\mathbf{a}_x + \dfrac{4}{5}\mathbf{a}_y\right)$

Exercise 3.6

무한히 긴 선전하밀도 $\rho_{\ell o} = 3[\mathrm{nC/m}]$가 z-축에 평행이고, 직각좌표계의 한 점 (0, 2, 0)을 통과한다. 점 (4, 5, −2) 에서 $\mathbf{E}$를 구하라.

Ans $\mathbf{E} = 8.6\mathbf{a}_x + 6.5\mathbf{a}_y[\mathrm{V/m}]$

Review Questions with Hints

RQ 3.1 쿨롱 법칙을 말로 설명하라. [(3-1)]

RQ 3.2 원천점과 관찰점을 설명하라. [그림 3-2]

RQ 3.3 전기장세기를 정의하라. [(3-10)]

RQ 3.4 **E**의 중첩원리를 설명하라. [(3-13)]

RQ 3.5 체적전하밀도, 표면전하밀도, 선전하밀도의 단위는? [(3-23)(3-24)(3-25)]

RQ 3.6 하나의 점전하, 하나의 전기쌍극자, 하나의 무한히 긴 선전하에 의한 각각의 **E**는 거리에 따라 어떻게 변하는가? [(3-12)(3-20)(3-29)]

RQ 3.7 전기쌍극자의 **E**는 두 전하의 간격에 따라 어떻게 변하나? [(3-20)]

3.3 전속밀도 및 가우스 법칙(ELECTRIC FLUX DENSITY AND GAUSS'S LAW)

3.2절에서 원점에 놓인 전하에 의한 전기장을 식 (3-11)과 (3-12)에서와 같이 구했다. 점전하는 전기장을 발생시키는 가장 기본 원천이다. [그림 3-8(a)]는 중심에 놓인 점전하에 의해 발생된 전기장벡터를 공간상의 여러 점에서 표시한 것이고, [그림 3-8(b)]는 전기장선(electric field line)을 보여주고 있는데, 전기장벡터는 이 선에 항상 접선으로 주어진다. 이러한 개념을 임의의 점전하들의 분포에 적용하면, 공간상 한 점에서의 전기장세기는 각 점전하에 의한 전기장세기의 합으로 주어진다(중첩의 원리). 또한 각 점전하의 전기장선들을 더하면 매끈한(smooth) 형태의 전기장선이 얻어지는데 이것은 전기장벡터의 크기와 방향이 공간상에서 급작스럽게 변치 않는다는 것을 의미한다. 결론적으로 공간상에 분포하는 전하들에 의한 전기장선은 항상 매끈한 형태로 주어지고 이것은 전기장벡터가 공간상에서 연속적인 함수로 주어진다는 것과 일맥상통한다.

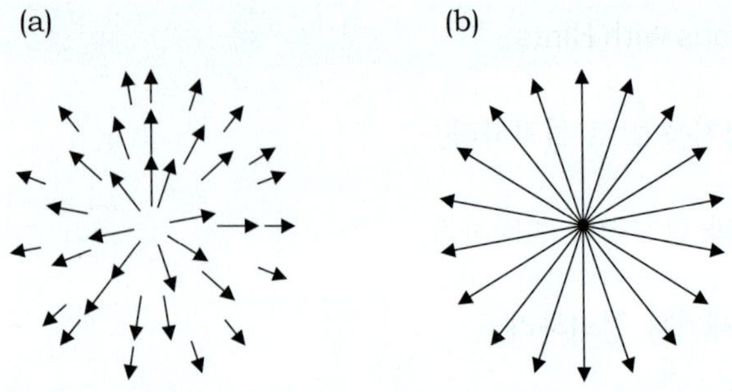

그림 3-8 점전하 (a) 전기장벡터 (b) 전기장선

3.3.1 전속밀도(Electric Flux Density)

[그림 3-9]가 보여주는 정전기유도(electrostatic induction) 실험에 대해 설명한다. 완벽한 도체의 두 동심구 사이를 유전체(dielectric)로 혹은 부도체(insulating material)로 채워서 이 영역에서의 자유전자의 움직임이 0이 되도록 한다. 그 다음 알짜전하(net charge) $+Q$[C]를 안쪽 구에 주면, 이들은 자유롭게 이동하여 그 구 표면에서 균일하게 분포하여 구 내부에 어떠한 전기장도 만들지 말아야 한다. 그 이유는 아무리 미세한 구 내부의 전기장도 무한대의 전류를 발생시켜 즉각적으로 전하를 재분포시키기 때문이다. 바깥쪽 구를 접지(ground)에 잠시 연결하여 방전(discharge)시킨 후 살펴보면, 두 도체 사이의 유전체의 종류에 무관하게 바깥쪽 구에 $-Q$[C]의 전하가 유도된다는 것을 알 수 있다. 이러한 정전기유도에 대해 초기의 선구자들은 그 무언가의 변위(displacement)가 혹은 전속(electric flux)이 안쪽 구에서 시작해 바깥쪽 구에서 끝나기 때문이라고 생각했다.

안쪽 구에서 시작되는 총 전속 Ψ는 안쪽 구의 알짜 전하량과 동일하다. 즉

$$\Psi = +Q \tag{3-35}$$

이것은 쿨롱(coulombs[C])의 단위로 표시된다. 여기서 전속밀도(electric flux density) $\mathbf{D}$를 단위 면적당 전속으로 정의한다. 이것은 제곱미터당 쿨롱(coulombs per square meter[C/m^2])의 단위로 표시된다. 전속밀도는 일반적으로 공간상에서 매끈한 함수로

주어지는 하나의 벡터장이다. 여기서 주목할 것은 **D**의 크기는 단면(cross section)의 단위 면적당 총 전속이라는 것이다. 여기서 단면은 **D**에 수직인 평면을 의미한다.

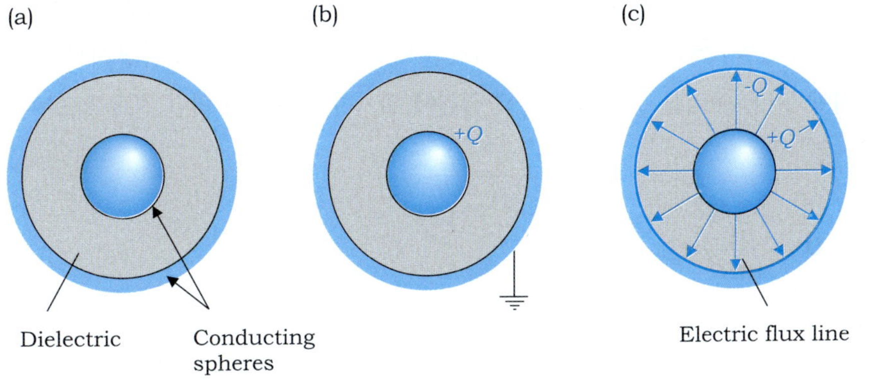

그림 3-9 정전기 유도. 총 전속은 알짜전하와 그 값이 동일하다.

여기서 잠시, 완벽한 구 도체의 표면에 균일하게 분포하는 표면전하가 어떤 대칭성을 띠는지를 살펴보자. 균일한 표면전하는 구대칭이다. 구좌표 R을 고정하고 θ와 ϕ를 변화시키면서 구 주위를 돌아도 그 표면전하는 변치 않는 것처럼 보인다. 1장에서 설명한 것처럼 주어진 전하의 구대칭은 전기장벡터가 θ와 ϕ에 독립이고, 또한 전기장벡터가 θ-성분과 ϕ-성분을 가질 수 없다는 것을 의미한다. 따라서 하나의 구 위의 균일한 표면전하에 의한 전속밀도는 반드시 $\mathbf{D} = G(R)\mathbf{a}_R$의 형태로 주어져야 한다.

[그림 3-9]의 두 동심구는 구대칭성을 띠고 있고 따라서 그들 표면에 균일하게 분포하는 전하들도 구대칭성을 띠게 된다. 결론적으로 두 도체 사이의 전속밀도는 $\mathbf{D} = D_R(R)\mathbf{a}_R$의 형태로 주어져야 한다. 총 전속을 구하기 위해 두 도체 사이에 반지름이 R_o인 가상의 구를 가정하자. 이 가상의 구에 대해 **D**의 폐면적분을 취하면 총 전속을 아래와 같이 구할 수 있다.

$$\Psi = \oint_S \mathbf{D} \cdot d\mathbf{S} = \int_{\phi=0}^{2\pi} \int_{\theta=0}^{\pi} D_R R_o^2 \sin\theta \, d\theta d\phi = 4\pi R_o^2 D_R \qquad (3\text{-}36)$$

총전속은 알짜전하와 같으므로($\Psi = +Q$), 반지름 R_o인 가상의 구 위의 전속밀도는 식 (3-36)으로부터 아래와 같이 주어진다.

$$\mathbf{D} = D_R\,\mathbf{a}_R = \frac{+Q}{4\pi R_o^{\,2}}\mathbf{a}_R \tag{3-37}$$

식 (3-37)의 전속밀도는 도체 사이의 유전체가 바뀌더라도 혹은 알짜전하의 양은 변하지 않은 채 안쪽 구를 한 점으로 축소시키고 바깥쪽 구를 무한대로 확장시켜도 항상 일정하여야 한다. 이러한 논리에 기초해 원점에 위치한 점전하에 의한 전속밀도는 아래와 같다. 즉

$$\boxed{\mathbf{D} = \frac{q}{4\pi R^2}\mathbf{a}_R} \quad [\mathrm{C/m^2}] \tag{3-38}$$

식 (3-38)은 점전하 주위의 유전체에 무관하다는 것에 주목해야 한다.

3.2절에서 구한 자유공간상 원점에 위치한 점전하 q의 전기장세기를 다시 쓰면

$$\mathbf{E} = \frac{q}{4\pi\varepsilon_o R^2}\mathbf{a}_R \tag{3-12}$$

식 (3-38)과 (3-12)를 비교하면, 자유공간상에서 $\mathbf{D}$와 $\mathbf{E}$의 관계식을 구할 수 있다. 즉

$$\boxed{\mathbf{D} = \varepsilon_o\mathbf{E}} \quad [\mathrm{C/m^2}] \tag{3-39}$$

여기서 ε_o은 자유공간상 유전율이다. 윗식은 자유공간에서의 $\mathbf{D}$와 $\mathbf{E}$ 사이의 구조식이다. 전기장에서와 마찬가지로 공간상에 연속적으로 분포하는 전하에 의한 전속밀도는 아래와 같이 표시된다.

$$\boxed{\mathbf{D}(\mathbf{r}) = \frac{1}{4\pi}\int_{V'}\frac{\rho_{v'}}{\mathcal{R}^2}\mathbf{a}_{\mathcal{R}}\,dv'} \quad (\text{체적전하밀도}) \tag{3-40a}$$

$$\boxed{\mathbf{D}(\mathbf{r}) = \frac{1}{4\pi}\int_{S'}\frac{\rho_{s'}}{\mathcal{R}^2}\mathbf{a}_{\mathcal{R}}\,ds'} \quad (\text{표면전하밀도}) \tag{3-40b}$$

$$\boxed{\mathbf{D}(\mathbf{r}) = \frac{1}{4\pi}\int_{L'}\frac{\rho_{\ell'}}{\mathcal{R}^2}\mathbf{a}_{\mathcal{R}}\,d\ell'} \quad (\text{선전하밀도}) \tag{3-40c}$$

직각좌표계에서 $\mathcal{R} = |\mathbf{r} - \mathbf{r}'| = [(x-x')^2 + (y-y')^2 + (z-z')^2]^{1/2}$이고 $\mathbf{a}_{\mathcal{R}}$은 $\boldsymbol{\mathcal{R}}$의 단위 벡터이다. 식 (3-40)이 섞음좌표로 주어진다는 것에 주목하자. 프라임좌표는 원천점에서의 물리량을 나타내고, 정상좌표는 관찰점에서의 물리량을 나타낸다.

자유공간이 아닌 물질 내에서 **D**는 식 (3-40)과 동일하게 주어진다. 그러나 기본식 (3-39)가 수정되어야 한다. 외부전기장에 의한 물질의 전기적 성질은 3.5절에서 설명한다.

Exercise 3.7

알짜전하 $+q$[C]가 정육면체 형태의 도체에 주어졌다. 이 물체로부터 발생하는 총 전속은?

Ans $+q$[C]

Exercise 3.8

[그림 3-9]의 안쪽 구가 이동하여 더 이상 동심구가 아님. (a) 아직도 $+q$와 $-q$가 두 구 위에서 균일한가? 그렇지 않다면, (b) 어떤 지점에서 전하밀도가 최대인가?[힌트: 도체 표면은 등전위면임. 3.4.4절 참조]

Ans (a) 아니오 (b) 두 구가 가장 근접한 점

Exercise 3.9

자유공간상 한 점에 위치한 점전하가 만드는 전속밀도에 대한 다이버전스를 구하라.

Ans $\nabla \cdot \mathbf{D} = 0$

3.3.2 가우스 법칙(Gauss's Law)

앞 절에서, 원점에 위치한 점원에 의한 전속밀도를 식 (3-38)로 구했다. 이 식의 다이버전스를 취하면, $R > 0$ 영역에서 $\nabla \cdot \mathbf{D} = 0$을 얻는다. 이 결과식은 하나의 폐곡면이 원점을 둘러싸지 않으면 그 곡면 위의 $\mathbf{D}$의 폐면적분은 항상 0이라는 것을 의미한다. 또한 식 (3-38)로부터 원점에 중심을 둔 구 표면에서 $\mathbf{D}$의 폐면적분을 구하면 그 값은 항상 q로 주어진다는 것을 알 수 있다. 그렇다면 원점을 둘러싸는 구 이외의 임의의 폐곡면 S 위에서의 $\mathbf{D}$의 적분도 항상 q인가? 여기에 답하기 위해 임의의 S에 둘러싸인 체적을 두 파트로 나눈다. 하나는 원점을 중심으로 한 작은 구, 다른 하나는 그 구와 S 사이의 체적이다. 이 둘째 체적을 둘러싸는 폐곡면은 S와 구 표면으로 이루어진다. 이 폐곡면 위에서의 $\mathbf{D}$의 적분은 항상 0이므로(그 체적에 어떤 원천도 포함되지 않음), $\mathbf{D}$의 S 위에서의 폐면적분은 안쪽 구 위에서의 $\mathbf{D}$의 폐면적분과 같아야 한다. 따라서 원점을 둘러싸는 임의의 폐곡면 위에서의 $\mathbf{D}$의 면적분은 항상 q이다. 중첩의 원리를 이용하면 점전하에 의한 전속밀도의 개념을 공간상에 분포하는 다수의 전하로 확장할 수 있다.

점전하에 의한 전속밀도를 공간상에 존재하는 임의의 전하분포에 대하여 일반화하면 가우스 법칙(Gauss's law)을 얻게 된다. 즉

> ***하나의 폐곡면 밖으로 빠져나오는 모든 전속을 더하면 그 폐곡면에 둘러싸인 전하의 양과 같다.***

가우스 법칙을 수학적으로 표시하면

$$\oint_S \mathbf{D} \cdot d\mathbf{s} = Q \quad \text{[C]} \tag{3-41}$$

적분기호 위의 조그만 동그라미는 S가 닫힌 면(closed surface)임을 나타낸다. 또한 적분기호 안의 점곱은 S 위의 미분면적 $|d\mathbf{s}|$를 $\mathbf{D}$의 단면에서의 면적으로 환산하기 위해 필요하다. 주목할 사항은, 폐곡면 위의 미분면적 벡터 $d\mathbf{s}$는 항상 바깥방향을 가리킨다는 것이다. 이러한 이유로 식 (3-41)의 왼쪽의 폐면적분이 양의 값이면, 전속 Q 쿨롱이 폐곡면 S 밖으로 빠져나오는 것을 의미한다.

가우스 법칙은 또한 체적전하밀도 ρ_v를 이용해 다음과 같이 쓸 수 있다. 즉

$$\oint_S \mathbf{D} \cdot d\mathbf{s} = \int_v \rho_v dv \tag{3-42}$$

여기서 $\mathcal{V}$는 닫힌면 S에 둘러싸인 체적을 나타낸다.

쿨롱 법칙은 정전기학의 가장 기본법칙이므로 언제든 필요한 경우 이것을 이용해 공간상 분포하는 전하에 대한 전기장을 구할 수 있다. 반면 가우스 법칙은 주어진 전하분포가 대칭성을 띠는 경우 매우 유용하게 사용될 수 있다. 그러나 가우스 법칙을 이용하기 위해서는 가우시안면(Gaussian surface)으로 불리는 가상의 닫힌면을 가정하여야 한다. 여기서 가우시안면은 단지 수학적으로 가정되는 가상의 면임을 주목해야 한다. 가우시안면을 이용하면 **D**의 폐면적분이 간단한 산수식으로 변할 수 있다. 가우시안면은 다음의 조건을 만족하도록 가정되어야 한다. 즉 가우시안면 위의 **D**는 ***항상 상수이고 그 면에 수직이다***($\mathbf{D} \cdot d\mathbf{s} = Dds = \text{constant}$). 그렇지 않으면 **D**는 ***가우시안면 일부분에서 그 면에 접한다***($\mathbf{D} \cdot d\mathbf{s} = 0$).

가우스 법칙의 점형식(point form) 혹은 미분형식(differential form)을 구하기 위해 식 (3-42)의 양변을 미소체적 Δv로 나눈다(이것은 작은 폐곡면에 둘러싸임). 미소체적 $\Delta v \to 0$일 때의 극한값을 취하면

$$\lim_{\Delta v \to 0} \frac{\oint_S \mathbf{D} \cdot d\mathbf{s}}{\Delta v} = \lim_{\Delta v \to 0} \frac{Q}{\Delta v} \tag{3-43}$$

식 (3-43)의 왼편은 **D**의 다이버전스이고 오른편은 공간상 한 점에서의 체적전하밀도이다(이 점은 Δv의 중심점이다). 점형식의 가우스 법칙은 아래와 같다. 즉

$$\nabla \cdot \mathbf{D} = \rho_v \quad [\mathrm{C/m^3}] \tag{3-44}$$

다른 방법으로, 식 (3-42)의 왼편에 다이버전스 정리를 적용하면 아래와 같다.

$$\int_v \nabla \cdot \mathbf{D} dv = \int_v \rho_v dv \tag{3-45}$$

체적 $\mathcal{V}$는 그것이 주어진 전하를 모두 포함하기만 한다면 임의일 수 있으므로 식 (3-45)의 두 피적분 함수는 $\mathcal{V}$의 모든 점에서 서로 같아야 한다. 즉 $\nabla \cdot \mathbf{D} = \rho_v$이다.

Example 3-7

균일한 체적전하밀도 ρ_{vo}이 [그림 3-10]과 같은 속이 빈 구(안쪽 반경 a, 바깥쪽 반경 b)를 형성한다. 이것에 의한 전기장세기를 구하라.

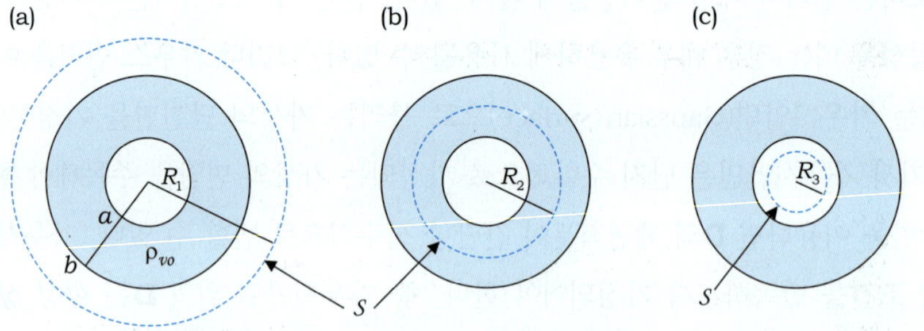

그림 3-10 속이 빈 구 형태의 체적전하밀도

Solution

주어진 전하는 구대칭성을 띠고 있으므로 전속밀도는 $\mathbf{D} = D_R(R)\mathbf{a}_R$의 형태로 주어진다. $\mathbf{D}$ 의 형태를 고려해 주어진 전하와 동심인 구를 가우시안면으로 가정한다.

(a) $R \geq b$인 영역에서, 반지름이 $R_1 \geq b$인 가우시안면을 통과하는 전속은

$$\oint_S \mathbf{D} \cdot d\mathbf{s} = \int_{\phi=0}^{2\pi} \int_{\theta=0}^{\pi} D_R R_1^2 \sin\theta \, d\theta d\phi = D_R 4\pi R_1^2 \tag{3-46}$$

여기서 미분면적 벡터는 $d\mathbf{s} = R_1^2 \sin\theta \, d\theta \, d\phi \mathbf{a}_R$이다. 그 다음 가우시안면에 둘러싸인 총 전하를 계산한다.

$$Q = \int_{\mathcal{V}} \rho_v dv = \int_{\phi=0}^{2\pi} \int_{\theta=0}^{\pi} \int_{R=a}^{b} \rho_{vo} R^2 \sin\theta \, dR \, d\theta \, d\phi = \rho_{vo} \frac{4\pi}{3}(b^3 - a^3) \tag{3-47}$$

여기서 미분체적은 $dv = R^2 \sin\theta \, dR d\theta \, d\phi$이다.

식 (3-46)과 (3-47)을 결합하면

$$D_R = \frac{\rho_{vo}}{3R_1^2}(b^3 - a^3)$$

그러므로 $R \geq b$인 영역에서, 일반화를 위해 첨자 1을 생략하면

$$\mathbf{D} = D_R\mathbf{a}_R = \frac{\rho_{vo}}{3R^2}(b^3 - a^3)\mathbf{a}_R$$

$$\mathbf{E} = \frac{\mathbf{D}}{\varepsilon_o} = \frac{\rho_{vo}}{3\varepsilon_o R^2}(b^3 - a^3)\mathbf{a}_R \tag{3-48}$$

(b) $a \leq R \leq b$인 영역에서 반지름이 $a \leq R_2 \leq b$인 가우시안면을 통과하는 전속은

$$\oint_S \mathbf{D} \cdot d\mathbf{s} = \oint_S D_R\,\mathbf{a}_R \cdot d\mathbf{s} = D_R 4\pi R_2^2$$

가우시안면에 둘러싸인 총 전하는

$$Q = \int_v \rho_v dv = \int_{\phi=0}^{2\pi}\int_{\theta=0}^{\pi}\int_{R=a}^{R_2} \rho_{vo} R^2 \sin\theta\, dR\, d\theta\, d\phi = \rho_{vo}\frac{4\pi}{3}(R_2^3 - a^3)$$

위의 두 식을 결합하면

$$D_R = \frac{\rho_{vo}}{3R_2^2}(R_2^3 - a^3)$$

그러므로 $a \leq R \leq b$인 영역에서, 일반화를 위해 첨자 2를 생략하면

$$\mathbf{D} - \frac{\rho_{vo}}{3R^2}(R^3 - a^3)\mathbf{a}_R$$

$$\mathbf{E} = \frac{\mathbf{D}}{\varepsilon_o} = \frac{\rho_{vo}}{3\varepsilon_o R^2}(R^3 - a^3)\mathbf{a}_R \tag{3-49}$$

(c) $R \leq a$인 영역에서 반지름이 $R_3 \leq a$인 가우시안면은 어떤 알짜전하도 둘러싸지 않는다. 그러므로 $D_R = 0$이다. 그러므로 영역 $R \leq a$에서

$$\mathbf{D} = 0 = \mathbf{E} \tag{3-50}$$

공간상의 한 영역에서 **D**의 폐면적분이 0이더라도 그 영역의 모든 점에서 $\mathbf{D} = 0$이라는 것을 의미하지는 않는다. 그러나 위의 예제에서는 **D**가 항상 $\mathbf{D} = D_R(R)\mathbf{a}_R$형태로 주어져야 한다. 그러므로 이 경우 $D_R = 0$이면, 이것은 주어진 영역의 모든 점에서 $\mathbf{D} = 0$이라는 것을 의미한다.

식 (3-48)~(3-50)에서 주어지는 전기장세기의 절대값이 $\rho_{vo}/3\varepsilon_o$으로 정규화되어, 그것이 $a = 2$이고 $b = 4$인 경우에 대하여 [그림 3-11]에 R에 대한 함수로 그려졌다. 그림에서 보듯이 $|\mathbf{E}|$은 각 영역에서 매끈한 함수로 주어지고 각각의 영역에서 연속이다.

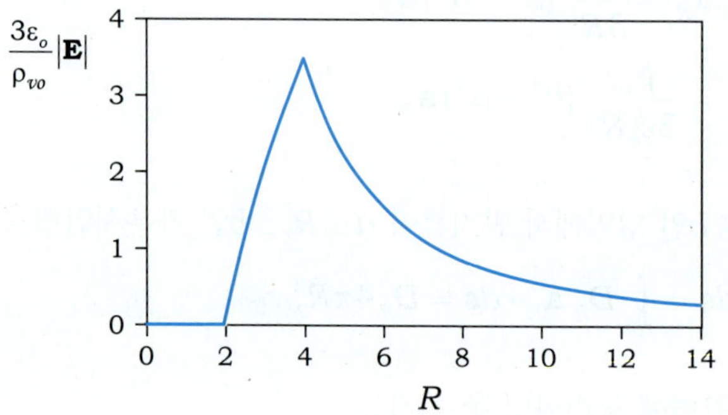

그림 3-11 정규화된 $|\mathbf{E}|$이 R의 함수로 표시됨

식 (3-48)을 다시 쓰면

$$\mathbf{E} = \frac{1}{4\pi\varepsilon_o R^2}\left[\rho_{vo}\frac{4\pi}{3}(b^3 - a^3)\right]\mathbf{a}_R = \frac{Q}{4\pi\varepsilon_o R^2}\mathbf{a}_R \tag{3-51}$$

윗식의 브라켓은 속이 빈 구에 포함된 총 전하 Q를 의미한다. 영역 $R \geq b$에서의 전기장세기는 마치 모든 전하가 구 중앙의 한 점에 모여있는 경우와 동일하다. 그 이유는 속이 빈 구와 중앙의 점은 동일한 구대칭성을 가지기 때문이다.

Example 3-8

무한히 긴, 직선의, 균일한 선전하밀도 $\rho_{\ell o}$이 [그림 3-12] 처럼 z-축에 놓여 있을 때 이것에 의한 $\mathbf{E}$를 구하라.

Solution

주어진 표면전하는 다음과 같은 대칭성을 띠고 있다.

(1) x-축과 y-축으로의 병진대칭, 그러므로

$\mathbf{D}$는 x와 y에 독립

(2) z-축을 중심으로 한 회전대칭, 그러므로

$\mathbf{D}$의 x-성분과 y-성분이 영이다

(3) x-축을 중심으로 한 2겹 회전대칭, 그러므로

$\mathbf{D} = D_z(z)\mathbf{a}_z$ (영역 $z > 0$)

$\mathbf{D} = -D_z(z)\mathbf{a}_z$ (영역 $z < 0$)

이러한 $\mathbf{D}$의 형태를 고려하여 [그림 3-13]에서와 같이 표면전하에 걸쳐진 직각육면체의 표면을 가우시안면으로 삼는다.

직각육면체의 각 면을 통과하는 전속은 아래와 같다.

$$\int_{top} \mathbf{D} \cdot d\mathbf{s} = \int_{top} D_z \mathbf{a}_z \cdot dxdy\, \mathbf{a}_z = AD_z$$

$$\int_{bottom} \mathbf{D} \cdot d\mathbf{s} = \int_{bottom} -D_z \mathbf{a}_z \cdot (-dxdy)\, \mathbf{a}_z = AD_z$$

$$\int_{sides} \mathbf{D} \cdot d\mathbf{s} = 0$$

그리하여 가우시안면을 통과하는 순 전속은

$$\oint_S \mathbf{D} \cdot d\mathbf{s} = 2AD_z \qquad (3\text{-}55)$$

그 다음, 가우시안면에 둘러싸인 총 전하를 계산한다.

$$Q = \int_A \rho_{so} ds = \rho_{so} A \qquad (3\text{-}56)$$

두 식 (3-55)와 (3-56)을 결합하면

$$D_z = \frac{\rho_{so}}{2}$$

그러므로 $z > 0$인 영역에서

$$\mathbf{D} = \frac{\rho_{so}}{2}\mathbf{a}_z \qquad [\mathrm{C/m^2}]$$

$$\boxed{\mathbf{E} = \frac{\rho_{so}}{2\varepsilon_o}\mathbf{a}_z} \qquad [\mathrm{V/m}] \tag{3-57}$$

비슷한 방법으로 $z<0$인 영역에서

$$\mathbf{D} = -\frac{\rho_{so}}{2}\mathbf{a}_z \qquad [\mathrm{C/m^2}]$$

$$\boxed{\mathbf{E} = -\frac{\rho_{so}}{2\varepsilon_o}\mathbf{a}_z} \qquad [\mathrm{V/m}] \tag{3-58}$$

표면전하가 유한한 평면을 형성한다면 위의 (1)과 (2)의 대칭성이 존재하지 않는다. 그런 경우 가우시안면을 찾아내기가 거의 불가능하므로 쿨롱 법칙을 이용해 **E**를 구한다.

Exercise 3.10

자유공간상 두 표면전하밀도 ρ_{so}과 $-\rho_{so}$이 각각 $z=3$과 $z=0$의 무한 평면을 형성할 때 **E**를 구하라.

Ans $\mathbf{E} = -(\rho_{so}/\varepsilon_o)\mathbf{a}_z$(영역 $0<z<3$), $\mathbf{E}=0$(영역 $z>3$ 혹은 $z<0$)

Exercise 3.11

균일 체적전하밀도 ρ_{vo}이 자유공간상에서 반지름 a의 구를 형성한다. 다음의 영역에서 $\nabla\cdot\mathbf{D}$를 구하라.

(a) $R<a$ (b) $R>a$

Ans (a) $\nabla\cdot\mathbf{D} = \rho_{vo}$ (b) $\nabla\cdot\mathbf{D} = 0$

Exercise 3.12

속이 비고 두께가 무시되는 하나의 구가 균일한 표면전하밀도를 가지고 있다. 구 내에서 $\mathbf{E} = 0$임을 증명하라.

Ans 구대칭성으로부터 $\mathbf{D} = D_R(R)\mathbf{a}_R$. 구 내에서 $4\pi R^2 D_R = 0$

Review Questions with Hints

RQ 3.8 가우스 법칙을 말로 설명하라. [(3-41)]

RQ 3.9 어떤 조건에서 가우스 법칙이 $\mathbf{E}$를 구하기 위해 사용될 수 있는가? [그림 3-12]

RQ 3.10 공간상 한 점에서 $\nabla \cdot \mathbf{D} = 0$이면 그 점에서 $\mathbf{E} = 0$인가? [(3-12)(3-38)]

RQ 3.11 자유공간상 임의의 전하분포에 의한 전기장선은 항상 매끈한 곡선들로 주어지는가? [(3-13), 그림 3-8]

3.4 전위(ELECTRIC POTENTIAL)

앞 질에서 쿨롱 법칙과 가우스 법칙은 주어진 전하의 전기장을 구하는 가장 직접적인 방법이라는 것을 배웠다. 쿨롱 법칙의 벡터 더하기는 어떤 문제의 경우 매우 까다로울 수 있고, 가우스 법칙은 일정한 대칭성을 띠는 문제에만 적용될 수 있다는 단점이 있다. 전위(electric potential)는 전기장을 구하는 간접적인 방법인데, 이것은 전기력(electric force)과 한 일(work done) 사이의 관계로부터 정의된다. 전위는 전하분포 혹은 다른 전위로부터 얻어지는 스칼라량이다. 이런 이유로 전위를 다루기가 매우 쉽다. 더구나 전위는 그 자신이 물리적 의미를 가지는데, 전기장내에서 단위전하를 공간상 한 점에서 다른 점으로 옮길 때 한 일의 양이다. 전위는 또한 경계값 문제를 푸는데 매우 중요한 역할을 한다. 이런 문제에서는 주어진 영역 내의 전기장을 경계면에서 주어지는 전하분포 혹은 전위를 이용해 계산한다.

3.4.1 전하를 움직일 때의 한 일의 양(Work Done in Moving a Charge)

공간상 한 영역에 전기장이 존재하는 경우, 주어진 하나의 전하에 작용되는 전기력이 외부의 힘에 의해 상쇄될 때 비로소 그 전하를 공간상의 다른 점으로 옮길 수 있다. 전기장 $\mathbf{E}$ 내에서 전하 q를 $\mathbf{a}_l$-방향으로 움직이는 경우를 생각해보자. 우선 전하 q에 작용하는 전기력을 구하면

$$\mathbf{F}_e = q\mathbf{E} \quad [\mathrm{N}]$$

이 전기력 $\mathbf{F}_e$를 상쇄하기 위해 외부의 힘 $\mathbf{F}_{ext}$를 그 전하에 인가하여 $\mathbf{F}_e + \mathbf{F}_{ext} = 0$의 관계가 되도록 하여야 한다. 그러므로 외부의 힘은 아래와 같이 표시된다.

$$\mathbf{F}_{ext} = -q\mathbf{E} \quad [\mathrm{N}]$$

전하 q를 $\mathbf{a}_l$-방향으로 미분거리 dl만큼 이동시키는 경우 한 일의 양은 아래와 같다.

$$dW = \mathbf{F}_{ext} \cdot \mathbf{a}_l \, dl = -q(\mathbf{E} \cdot \mathbf{a}_l) \, dl \tag{3-59}$$

관계식 $d\mathbf{l} = dl\mathbf{a}_l$을 식 (3-59)에 대입하면 전기장 $\mathbf{E}$ 내에서 전하 q를 벡터 미분거리 $d\mathbf{l}$만큼 이동시킬 때 한 일 혹은 소모한 에너지(energy expended)는 아래와 같다.

$$\boxed{dW = -q\mathbf{E} \cdot d\mathbf{l}} \quad [\mathrm{J}] \tag{3-60}$$

여기서 주목할 것은 식 (3-60) 오른쪽의 마이너스 부호로 인하여, 왼쪽의 dW의 플러스 값은 외부 힘이 한 일의 양을 나타낸다.

그리하여 전기장 $\mathbf{E}$ 내에서 전하 q를 공간상 한 점 B에서 A로 이동시킬 때 한 일의 총량은 다음과 같다.

$$\boxed{W = \int_B^A dW = -q\int_B^A \mathbf{E} \cdot d\mathbf{l}} \quad \text{[J]} \tag{3-61}$$

비록 한 일의 양은 스칼라 값이지만 그것은 방향성을 포함하고 있다. W의 플러스 값은 우리가 한 일의 양을 나타내며 마이너스 값은 전기장이 한 일의 양을 나타낸다.

Exercise 3.13

전기장 $\mathbf{E} = y\mathbf{a}_x + 2x\mathbf{a}_y$ 내에서 점 (2,3,0)에 위치한 전하가 $\mathbf{a}_l$-방향으로 단위길이만큼 움직였다. 최대의 한 일이 얻어지는 $\mathbf{a}_l$-방향을 구하라.

Ans $\mathbf{a}_l = -(3/5)\mathbf{a}_x - (4/5)\mathbf{a}_y$

3.4.2 다수의 전하에 의한 전위(Electric Potential Due to a Charge Distribution)

전위차(potential difference)는 V_{A-B}로 표기되며, 플러스 단위전하를 시작점 B에서 끝점 A로 움직이는데 한 일의 양으로 정의된다. 전기장 $\mathbf{E}$ 내에서 두 점 A와 B 사이의 전위차는

$$\boxed{V_{A-B} = -\int_B^A \mathbf{E} \cdot d\mathbf{l}} \quad \text{[V]} \tag{3-62}$$

이것은 볼트(volt[V])의 단위를 가지고 있다. 앞에서 설명한 것처럼 이 책에서 첨자 A-B는 "B에서 A로"의 개념을 표시하기 위해 사용된다.

절대전위 혹은 전위(absolute electric potential or electric potential)는 공간상 주어진 한 점과 영전위 기준점(zero reference point) 사이의 전위차를 의미한다. 여기서 영전위 기준점은 일반적으로 무한대에 존재하는 점이다. 그렇지 않다면 주어진 문제에서 그 위치가 공간상 어느 한 점, 선 혹은 면으로 주어진다. 공간상 한 점 A의 전위는 일반적으로 아래와 같이 표시된다.

$$\boxed{V_A = -\int_{\infty}^{A} \mathbf{E} \cdot d\mathbf{l}} \quad [\mathrm{V}] \tag{3-63}$$

전위차는 전위를 이용해 다음과 같이 표시될 수 있다. 즉

$$\boxed{V_{A-B} = V_A - V_B = -\int_{\infty}^{A} \mathbf{E} \cdot d\mathbf{l} + \int_{\infty}^{B} \mathbf{E} \cdot d\mathbf{l}} \quad [\mathrm{V}] \tag{3-64}$$

전위는 공간상의 함수로 주어지고 주어진 영역에서 하나의 스칼라장을 형성한다.

여기서 원점에 놓인 점전하 q에 의한 전위를 살펴보자. 식 (3-12)에 표시된 전기장을 식 (3-63)에 대입하면, 구좌표계의 한 점 $A:(R_1, \theta_1, \phi_1)$에서의 전위는

$$V = -\int_{\infty}^{A} \mathbf{E} \cdot d\mathbf{l} = -\int_{\infty}^{R_1} \frac{q}{4\pi\varepsilon_o R^2} dR = \frac{q}{4\pi\varepsilon_o R_1} \tag{3-65}$$

여기서 관계식 $d\mathbf{l} = dR\mathbf{a}_R + Rd\theta\mathbf{a}_\theta + (R\sin\theta)d\phi\mathbf{a}_\phi$가 사용되었다. 일반화를 위해 첨자 1을 생략하면, 원점에 위치한 점전하에 의한 전위는

$$\boxed{V = \frac{q}{4\pi\varepsilon_o R}} \quad [\mathrm{V}] \tag{3-66}$$

위의 식은 V가 오직 R에 대한 함수로만 주어진다는 것을 보여준다. 다시 말해 V는 적분길에 무관하다.

[그림 3-14]를 참조하여, 전위차가 적분길에 무관하다는 것은 에너지 보존법칙과 밀접한 연관이 있다는 것을 보일 수 있다. 그림에서 보듯이 전기장 내의 두 점을 잇는 서로 다른 2개의 길을 생각하여보자. 만약 전위차 V_{A-B}가 적분길에 따라 그 값이 다르다면, 하나의 전하를 점 B에서 점 A까지 에너지 소모가 덜한 길을 따라 이동시키고, 그 다음 다른 길을 따라 다시 점 A로 돌아오면 알짜 에너지(net energy)를 얻을 수 있다. 이것은 분명한 에너지 보존법칙의 위배이다. 그러므로 에너지 보존법칙에 따라 ***전위차는 적분길에 무관하다***.

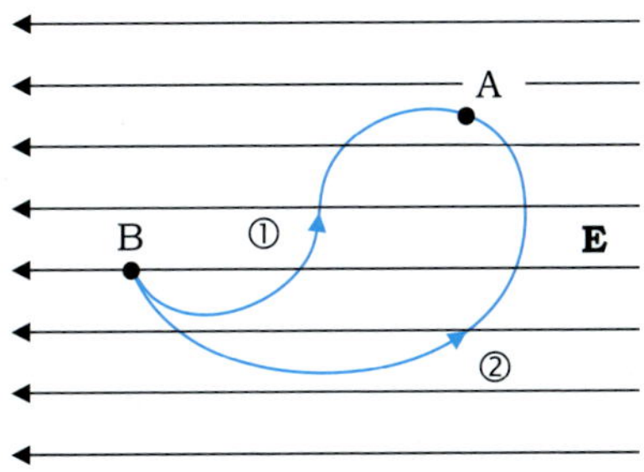

그림 3-14 전위차 V_{A-B}는 적분길에 무관

전위는 전기장과 마찬가지로 중첩의 원리를 만족시킨다. 그러므로 위치벡터 $\mathbf{r}_1, \mathbf{r}_2, \cdots, \mathbf{r}_N$인 점에 위치한 N개의 점전하들 $q_1, q_2, \cdots, q_N$에 의한 전위는 다음과 같다.

$$V = \frac{1}{4\pi\varepsilon_o}\sum_{j=1}^{N}\frac{q_j}{|\mathbf{r}-\mathbf{r}_j|} \tag{3-67}$$

연속적으로 분포하는 전하에 의한 전위는 식 (3-67)을 이용해, 즉 q_j를 $\rho_{v'}dv'$, $\rho_{s'}ds'$혹은 $\rho_{\ell'}d\ell'$로 대치하고, $\mathbf{r}-\mathbf{r}_j$를 거리벡터 $\mathcal{R}=\mathbf{r}-\mathbf{r}'$로 대치하고, $N\to\infty$일 때의 극한값을 취하여 구할 수 있다. 이러한 절차에 따라 전위는 다음과 같이 주어진다.

$$V = \frac{1}{4\pi\varepsilon_o}\int_{\mathcal{V}'}\frac{\rho_{v'}}{\mathcal{R}}dv' \qquad \text{(체적전하)} \tag{3-68a}$$

$$V = \frac{1}{4\pi\varepsilon_o}\int_{S'}\frac{\rho_{s'}}{\mathcal{R}}ds' \qquad \text{(표면전하)} \tag{3-68b}$$

$$V = \frac{1}{4\pi\varepsilon_o}\int_{\mathcal{L}'}\frac{\rho_{\ell'}}{\mathcal{R}}d\ell' \qquad \text{(선전하)} \tag{3-68c}$$

위 식들에서 영전위 기준점은 무한대로 가정되었다.

점전하에 의한 전위는 $1/R$로 변하고, 동일한 점전하에 의한 전기장은 $1/R^2$로 변한다.

Example 3-10

무한히 긴, 직선의, 균일한 선전하밀도 $\rho_{\ell o}$이 자유공간상에서 [그림 3-15]에서 처럼 z-축을 따라 놓여 있다. 두 점 $A:(\rho_A, \phi_A, 0)$과 $B:(\rho_B, \phi_B, 0)$사이의 전위차 V_{A-B}를 원통좌표계에서 구하라.

Solution

2가지 방법으로 문제를 풀어볼 것이다. 첫째 방법에서는 식 (3-62)를 이용하고, 둘째 방법에서는 식 (3-68c)와 (3-64)를 이용한다.

(a) V_{A-B}, 식 (3-62)를 이용

식 (3-54)로 주어진, 선전하 $\rho_{\ell o}$의 전계 $\mathbf{E}$를 식 (3-62)에 대입하고 원통좌표계의 $d\mathbf{l} = d\rho\mathbf{a}_\rho + \rho d\phi\mathbf{a}_\phi + dz\mathbf{a}_z$를 이용하면

$$V_{A-B} = -\int_B^A \mathbf{E}\cdot d\mathbf{l} = -\int_B^A \frac{\rho_{\ell o}}{2\pi\varepsilon_o\rho}\mathbf{a}_\rho \cdot \left(d\rho\mathbf{a}_\rho + \rho d\phi\,\mathbf{a}_\phi + dz\,\mathbf{a}_z\right)$$

$$= -\int_{\rho=\rho_B}^{\rho=\rho_A} \frac{\rho_{\ell o}}{2\pi\varepsilon_o\rho} d\rho$$

여기서 ρ_A, ρ_B, $\rho_{\ell o}$은 상수이고 ρ는 변수이다.

선전하밀도 $\rho_{\ell o}$에 의한 두 점 A와 B 사이의 전위차는

$$\boxed{V_{A-B} = \frac{\rho_{\ell o}}{2\pi\varepsilon_o}\ln\left(\frac{\rho_B}{\rho_A}\right)} \tag{3-69}$$

여기서 ρ_A와 ρ_B는 원통좌표계의 반지름 거리이고, $\rho_{\ell o}$은 선전하밀도이다.

(b) V_{A-B}, 식 (3-68c)와 (3-64)를 이용

관찰점과 원천점의 위치벡터 $\mathbf{r} = \rho_A\mathbf{a}_\rho$와 $\mathbf{r}' = z'\mathbf{a}_{z'} = z'\mathbf{a}_z$를 이용해 거리벡터와 그것의 크기를 구한다.

$$\boldsymbol{\mathcal{R}} = \mathbf{r} - \mathbf{r}' = \rho_A\,\mathbf{a}_\rho - z'\,\mathbf{a}_z$$

$$\mathcal{R} = \sqrt{\rho_A^2 + z'^{\,2}}$$

식 $dl' = dz'$를 식 (3-68c)에 대입하여 점 A에서의 전위를 계산한다.

$$V_A = \frac{1}{4\pi\varepsilon_o}\int_{z'=-\infty}^{z'=\infty} \frac{\rho_{\ell o} dz'}{\sqrt{\rho_A^2 + z'^2}} = \frac{\rho_{\ell o}}{4\pi\varepsilon_o} \ln\left[z' + \sqrt{\rho_A^2 + z'^2}\right]_{z'=-\infty}^{z'=\infty} = \infty$$

마찬가지로 점 B에서의 전위는

$$V_B = \frac{1}{4\pi\varepsilon_o}\int_{z'=-\infty}^{z'=\infty} \frac{\rho_{\ell o} dz'}{\sqrt{\rho_B^2 + z'^2}} = \infty$$

이 경우 두 전위가 모두 무한대이므로 전위차는 전위를 이용해 표시할 수 없다는 것을 알 수 있다.

미래의 참조를 위해

$$\int \frac{dx}{\sqrt{x^2 + a^2}} = \ln\left(x + \sqrt{x^2 + a^2}\right) \tag{3-70}$$

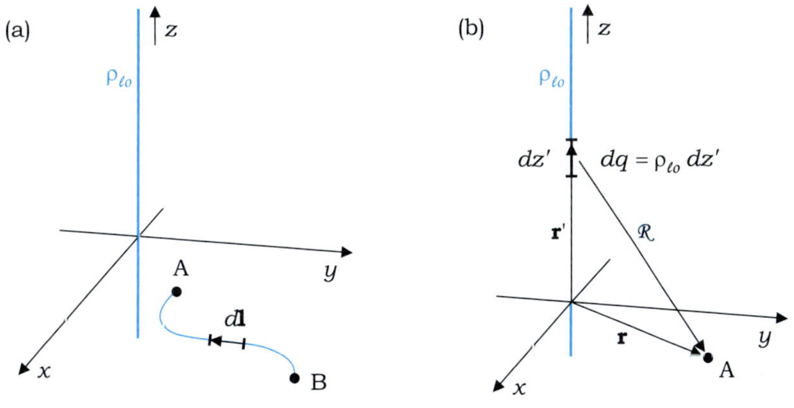

그림 3-15 무한히 긴 선전하밀도

Example 3-11

균일한 선전하밀도 $\rho_{\ell o}$이 [그림 3-16]과 같이 $z=0$ 평면에서 반지름 a인 4분원호를 형성한다. 점 (0, 0, 1)에서의 V를 원통좌표계에서 구하라.

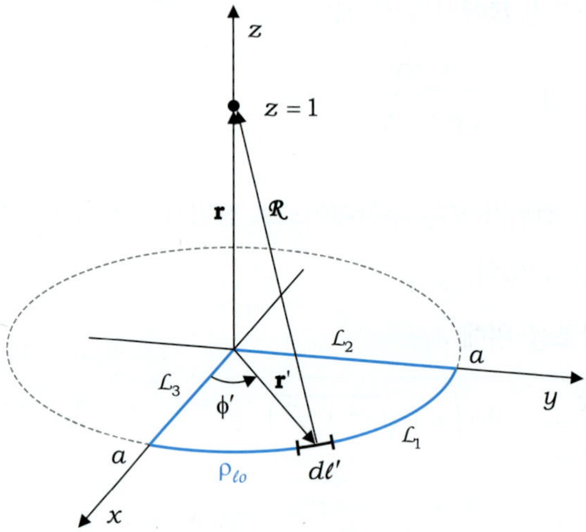

그림 3-16 4분원호의 선전하밀도

Solution

z-축 위의 관찰점의 위치벡터는

$\mathbf{r} = \mathbf{a}_z$

섞음좌표계에서 원천점들의 위치벡터는 아래와 같다.

$\mathbf{r}' = a\,\mathbf{a}_{\rho'}$ ($\mathcal{L}_1$ 위의 점)

$\mathbf{r}' = y'\,\mathbf{a}_{y'}$ ($\mathcal{L}_2$ 위의 점)

$\mathbf{r}' = x'\,\mathbf{a}_{x'}$ ($\mathcal{L}_3$ 위의 점)

거리벡터의 크기는 아래와 같이 표시된다.

$$\mathcal{R} = |\mathbf{r}-\mathbf{r}'| = |\mathbf{a}_z - a\,\mathbf{a}_{\rho'}| = \sqrt{1+a^2} \quad (\mathcal{L}_1 \text{ 위의 점}) \tag{3-71a}$$

$$\mathcal{R} = |\mathbf{r}-\mathbf{r}'| = |\mathbf{a}_z - y'\,\mathbf{a}_{y'}| = \sqrt{1+y'^2} \quad (\mathcal{L}_2 \text{ 위의 점}) \tag{3-71b}$$

$$\mathcal{R} = |\mathbf{r} - \mathbf{r}'| = |\mathbf{a}_z - x'\mathbf{a}_{x'}| = \sqrt{1 + x'^2} \qquad (\mathcal{L}_3 \text{ 위의 점}) \qquad (3\text{-}71c)$$

미분길이는

$$d\ell' = a\,d\phi' \qquad (\mathcal{L}_1 \text{ 위의 점}) \qquad (3\text{-}72a)$$

$$d\ell' = dy' \qquad (\mathcal{L}_2 \text{ 위의 점}) \qquad (3\text{-}72b)$$

$$d\ell' = dx' \qquad (\mathcal{L}_3 \text{ 위의 점}) \qquad (3\text{-}72c)$$

식 (3-68c)를 세 파트로 나누면

$$V = \frac{1}{4\pi\varepsilon_o}\int_{\mathcal{L}'}\frac{\rho_{\ell o}}{\mathcal{R}}d\ell' = \frac{\rho_{\ell o}}{4\pi\varepsilon_o}\left[\int_{\mathcal{L}_1}\frac{1}{\mathcal{R}}d\ell' + \int_{\mathcal{L}_2}\frac{1}{\mathcal{R}}d\ell' + \int_{\mathcal{L}_3}\frac{1}{\mathcal{R}}d\ell'\right] \qquad (3\text{-}73)$$

두 식 (3-71)과 (3-72)를 식 (3-73)에 대입하면

$$V = \frac{\rho_{\ell o}}{4\pi\varepsilon_o}\left[\int_{\phi'=0}^{\pi/2}\frac{1}{\sqrt{1+a^2}}a\,d\phi' + \int_{y'=0}^{a}\frac{1}{\sqrt{1+y'^2}}dy' + \int_{x'=0}^{a}\frac{1}{\sqrt{1+x'^2}}dx'\right]$$

$$= \frac{\rho_{\ell o}}{4\pi\varepsilon_o}\left[\frac{a\pi}{2\sqrt{1+a^2}} + \ln\left(y' + \sqrt{1+y'^2}\right)\Big|_{y'=0}^{a} + \ln\left(x' + \sqrt{1+x'^2}\right)\Big|_{x'=0}^{a}\right]$$

그러므로

$$V = \frac{\rho_{\ell o}}{4\pi\varepsilon_o}\left[\frac{a\pi}{2\sqrt{1+a^2}} + 2\ln\left(a + \sqrt{1+a^2}\right)\right]$$

여기서 주목할 사항은, 식 (3-73) 오른쪽의 세 적분들은 정적분으로 계산되어야 한다(선적분의 세 파트가 아님). 그 이유는 플러스 전하는 항상 플러스의 전위를 발생시키기 때문이다. 따라서 식 (3-73)의 각각의 적분은 좌표가 증가하는 방향으로 적분되어야 한다.

식 (3-63)과 (3-68c)는 서로 다른 종류의 적분을 포함하고 있다. 식 (3-63)은 **E**의 선적분을 포함하고, 식 (3-68c)는 선전하밀도에 대한 정적분을 포함하고 있다.

Exercise 3.14

[그림 3-10]의 ρ_{vo}에 대한 전위를 $R > b$인 영역에서 구하라.

Ans $V = \dfrac{1}{4\pi\varepsilon_o R}\left[\rho_{vo}\dfrac{4\pi}{3}(b^3 - a^3)\right]$

Exercise 3.15

[그림 3-10]의 ρ_{vo}에 의한 $\mathbf{E}$와 V가 모든 전하가 원점에 몰려 있다고 가정하여 얻은 결과와 동일한 이유는?

Ans 전속밀도가 항상 $\mathbf{D} = D_R(R)\mathbf{a}_R$의 형태로 주어진다.

3.4.3 보존장(Conservative Field)

지금까지 설명한 것들을 정리하면, 전위차 V_{A-B}는 단위전하를 점 B에서 점 A로 이동시킬 때 한 일의 양을 의미하고 이것은 B로부터 A까지 $\mathbf{E}$의 선적분에 마이너스 부호를 붙인 것이다. 만약 움직인 방향이 바뀌어 A에서 B까지이면, 그 선적분은 V_{B-A}로 표시되는데 이것은 단지 적분 시작점과 끝점이 뒤바뀐 것이므로 $-V_{A-B}$를 의미한다. [그림 3-14]를 참조하여 만약 단위전하를 B에서 A로 적분길 ①을 따라 이동시키고 다시 적분길 ②를 따라 B로 돌아오는 경우 총 한 일의 양은 아래와 같이 표시된다.

$$V_{A-B}^{①} + V_{B-A}^{②} = -\int_{B}^{①A} \mathbf{E} \cdot d\mathbf{l} - \int_{A}^{②B} \mathbf{E} \cdot d\mathbf{l} \tag{3-74}$$

위 식의 왼편에서 관계식 $V_{A-B}^{①} = V_{A-B}^{②}$가 성립하는데 이것은 전위차가 적분길에 무관하기 때문이고, 또한 관계식 $V_{B-A}^{②} = -V_{A-B}^{②}$가 성립하는데 이것은 적분의 시작점과 끝점이 뒤바뀌었기 때문이다. 결론적으로 식 (3-74)의 왼쪽은 0이고 오른쪽은 길 ①과 길 ②로 이루어진 닫힌 곡선 주위로의 $\mathbf{E}$의 폐선적분이다. 이러한 사실로부터 $\mathbf{E}$의 폐선적분은 항상 0이다.

$$\boxed{\oint_C \mathbf{E} \cdot d\mathbf{l} = 0} \tag{3-75}$$

식 (3-75)는 에너지 보존법칙에 기초를 두고 있으므로 이 식은 정전기학의 기본식이다.

그 다음, 식 (3-75)에 스토크스 정리를 적용하여 다시 쓰면 아래의 식을 얻는다.

$$\int_S (\nabla \times \mathbf{E}) \cdot d\mathbf{s} = 0$$

여기서 면 S는 임의의 면이므로 피적분 함수는 S 위의 모든 점에서 0이다. 즉

$$\boxed{\nabla \times \mathbf{E} = 0} \tag{3-76}$$

따라서 정전기장은 비회전장(irrotational field)이고 보존장(conservative field)이다.

식 (3-75)와 (3-76)은 정전기의 경우에만 해당한다. 전기장이 시간에 따라 변하는 경우 전기장의 컬이나 폐선적분은 0이 아니다.

Exercise 3.16

식 (3-20)의 $\mathbf{a}_\theta$ 항이 없어도 나머지 $\mathbf{E}(\mathbf{r})$는 또 다른 전하분포에 의한 정전기장을 의미하는가?

Ans 아니오, 왜냐하면 $\nabla \times \mathbf{E} \neq 0$.

Exercise 3.17

세 벡터장들, 원점의 점전하에 의한 $\mathbf{E}$ (식 (3-12) 참조), 원점 외의 점에 위치한 점전하에 의한 $\mathbf{E}'$, 다수의 전하에 의한 $\mathbf{E}''$이 주어질 때, 식 (3-12)를 이용하여 $\nabla \times \mathbf{E} = 0$을 증명하라. 그 다음 $\nabla \times \mathbf{E}' = 0 = \nabla \times \mathbf{E}''$인 이유를 설명하시오.

Ans $\nabla \times \mathbf{E}$는 좌표계에 무관, $\mathbf{E}$는 중첩의 원리를 따른다.

3.4.4 $\mathbf{E}$와 V의 마이너스 그레이디언트($\mathbf{E}$ As the Negative Gradient of V)

전위의 미분 dV는 단위전하를 미분길이 벡터 $d\mathbf{l}$을 따라 움직였을 때 한 일의 양이다. 즉

$$dV = -\mathbf{E} \cdot d\mathbf{l} \tag{3-77}$$

2.2절로부터, 하나의 스칼라 함수 V에 대한 미분은 아래와 같다.

$$dV = (\nabla V) \cdot d\mathbf{l} \tag{3-78}$$

이것은 식 (2-37)에서와 같이 V의 그레이디언트와 미분길이 벡터 $d\mathbf{l}$ 사이의 점곱이다. 식 (3-77)과 (3-78)을 비교하면

$$\boxed{\mathbf{E} = -\nabla V} \quad [\mathrm{V/m}] \tag{3-79}$$

정전기장은 전위의 그레이디언트의 마이너스 값이다. 식 (3-79)를 이용하면, 주어진 전하분포에서 우선 V를 구하고, 그 다음 이것에 마이너스 그레이디언트를 취하여 $\mathbf{E}$를 얻을 수 있다. 식 (3-79)는 $\mathbf{E}$가 보존장이라는 것과 잘 일치한다. 즉 $\nabla \times \mathbf{E} = 0$이다.

전위는 한 일의 양이라는 확실한 물리적 의미를 가지고 있으므로, 공간상에서 매끈한 함수로 표시된다. 그렇지 않으면 그것의 미분이, 즉 전기력이 공간상에서 급작스럽게 변한다는 것을 의미하여 자연현상에 위배된다. 전위를 나타내는 스칼라장이 공간상의 한 영역에 존재하면, V가 상수로 주어지는 공간상 점들은 하나의 매끈한 면을 형성하는데 이것을 등전위면(equipotential surface)이라 부른다. 이 등전위면은 항상 전기장선에 수직인데 그 이유는 하나의 전하를 등전위면 위에서 움직이면 한 일의 양이 0이기 때문이다.

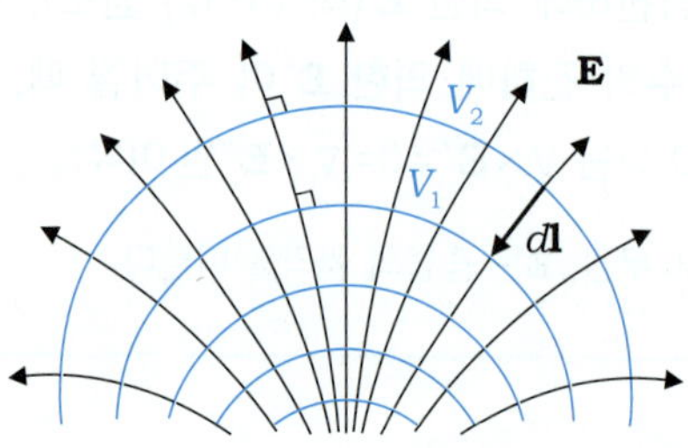

그림 3-17 등전위면(파란선)은 항상 전기장선(검은선)에 수직. $V_1 - V_2 = -\mathbf{E} \cdot d\mathbf{l}$.

Example 3-12

[그림 3-4]를 참조하여, 자유공간상 원점에 놓인 전기쌍극자에 대한 V와 $\mathbf{E}$를 구하라.

Solution

식 (3-66)의 R을 $\mathcal{R}^+$ 혹은 $\mathcal{R}^-$로 대치한다. 이들은 전기쌍극자의 두 전하로부터 관찰점까지의 각각의 거리이다. 중첩원리를 적용하면 전기쌍극자에 의한 전위를 다음과 같이 쓸 수 있다.

$$V = \frac{q}{4\pi\varepsilon_o}\left(\frac{1}{\mathcal{R}^+} - \frac{1}{\mathcal{R}^-}\right) \tag{3-80}$$

코사인법칙을 두 삼각형 $(+q)op$와 $(-q)op$에 적용하고, $r \gg d$의 조건에서 이산전개를 식 (3-15)에 적용하면

$$\mathcal{R}^+ \cong r - \tfrac{1}{2}d\cos\theta \tag{3-81a}$$

$$\mathcal{R}^- \cong r + \tfrac{1}{2}d\cos\theta \tag{3-81b}$$

식 (3-81)을 식 (3-80)에 대입하면

$$V \cong \frac{q}{4\pi\varepsilon_o}\frac{d\cos\theta}{(r - \frac{1}{2}d\cos\theta)(r + \frac{1}{2}d\cos\theta)} \cong \frac{1}{4\pi\varepsilon_o}\frac{qd\cos\theta}{r^2} \tag{3-82}$$

여기서 전기 쌍극자모멘트(electric dipole moment)를 $\mathbf{p} = q\mathbf{d}$로 정의한다. 이때 $\mathbf{d}$는 $-q$에서 $+q$로 향하는 벡터이다. 전기 쌍극자모멘트 $\mathbf{p} = q\mathbf{d}$와 위치벡터 $\mathbf{r} = R\mathbf{a}_R$을 이용해 식 (3-82)를 다시 쓰면

$$\boxed{V = \frac{1}{4\pi\varepsilon_o}\frac{\mathbf{p}\cdot\mathbf{a}_R}{R^2}} \quad \text{[V]} \tag{3-83}$$

그 다음 V에 대한 마이너스 그레이디언트를 취하면

$$\mathbf{E} = -\nabla V = -\left(\mathbf{a}_R\frac{\partial}{\partial R} + \mathbf{a}_\theta\frac{1}{R}\frac{\partial}{\partial\theta} + \mathbf{a}_\phi\frac{1}{R\sin\theta}\frac{\partial}{\partial\phi}\right)\left(\frac{qd\cos\theta}{4\pi\varepsilon_o R^2}\right)$$

그리하여 원점에 위치한 전기쌍극자에 의한 전기장은

$$\boxed{\mathbf{E} = \frac{p}{4\pi\varepsilon_o R^3}(2\cos\theta\,\mathbf{a}_R + \sin\theta\,\mathbf{a}_\theta)} \qquad [\text{V/m}] \tag{3-84}$$

여기서 p는 쌍극자모멘트 $\mathbf{p}$의 크기를 나타낸다. 식 (3-84)는 당연히 식 (3-20)과 동일하다. 전기쌍극자에 의한 $\mathbf{E}$는 거리의 세제곱에 반비례하고 점전하에 의한 $\mathbf{E}$는 거리의 제곱에 반비례한다.

수치해석을 이용해 식 (3-84)로부터 yz-평면상에서의 전기장선과 등전위면을 계산하여 [그림 3-18]에 실측도(plot to scale)를 표시했다. 그림에서 보듯이 전기장선은 등전위면에 항상 직각이다. 식 (3-83)에서 알 수 있듯이 평면 $z=0$은 전위 $V=0$인 등전위면이다($\mathbf{p}\cdot\mathbf{a}_R=0$).

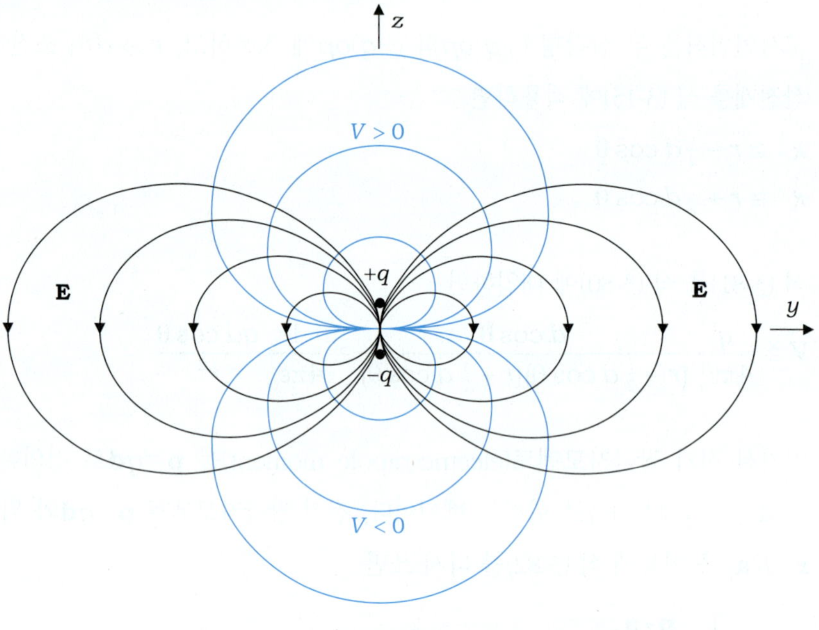

그림 3-18 전기쌍극자의 전기장선(검정)과 등전위면(파랑)

Example 3-13

균일한 표면전하밀도 ρ_{so}이 반지름 a인 원반을 형성한다. 이 원반이 $z=0$ 평면에 놓여 있고 중심이 원점에 있을 때 점 $(0, 0, b)$에서의 V와 $\mathbf{E}$를 계산하라.

Solution

관찰점과 원천점의 위치벡터 $\mathbf{r} = b\mathbf{a}_z$와 $\mathbf{r}' = \rho'\mathbf{a}_{\rho'}$를 이용해 두 점 사이의 거리를 표시하면

$$\mathcal{R} = |\mathbf{r} - \mathbf{r}'| = |b\,\mathbf{a}_z - \rho'\,\mathbf{a}_{\rho'}| = \sqrt{b^2 + \rho'^2}$$

원반 위의 미분면적은 다음과 같다.

$$ds' = \rho'\,d\rho' d\phi'$$

식 (3-68b)로부터

$$V = \frac{1}{4\pi\varepsilon_o}\int_{S'}\frac{\rho_{so}}{\mathcal{R}}ds' = \frac{\rho_{so}}{4\pi\varepsilon_o}\int_{\phi'=0}^{2\pi}\int_{\rho'=0}^{a}\frac{\rho'}{\sqrt{b^2+\rho'^2}}d\rho' d\phi'$$
$$= \frac{\rho_{so}}{2\varepsilon_o}\left[\sqrt{b^2+a^2} - b\right] \tag{3-85}$$

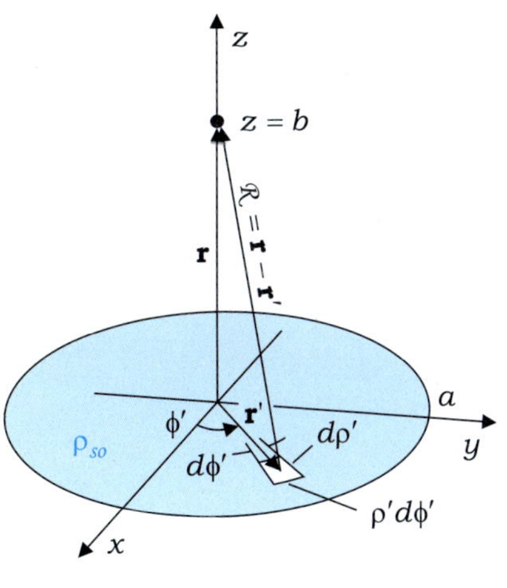

그림 3-19 원반 형태의 균일한 표면전하밀도 ρ_{so}

일반화를 위해 식 (3-85)의 b를 z로 대치하면 z-축 위에서의 전위는

$$V = \frac{\rho_{so}}{2\varepsilon_o}\left[\sqrt{z^2+a^2} - z\right] \tag{3-86}$$

식 (3-86)은 $x = y = 0$을 가정하여 얻어지므로 $\mathbf{a}_x$-혹은 $\mathbf{a}_y$-방향으로의 지향성 도함수(directional derivative)가 0이다. 그럼에도 불구하고 식 (3-86)에 마이너스 그레이디언트를 취하여 $\mathbf{E}$를 구할 수 있다. 그 이유는 주어진 표면전하는 z-축 위에서 오직 z-성분만을 가지기 때문이다. 그러므로

$$E_z = -\frac{dV}{dz} = \frac{\rho_{so}}{2\varepsilon_o}\left[1 - \frac{z}{\sqrt{z^2+a^2}}\right]$$

점 (0, 0, b)에서의 전기장세기는

$$\mathbf{E} = \frac{\rho_{so}}{2\varepsilon_o}\left[1 - \frac{b}{\sqrt{b^2+a^2}}\right]\mathbf{a}_z \tag{3-87}$$

Exercise 3.18

다음의 전하가 만드는 등전위면의 모양을 설명하라.

(a) 원점에 놓인 점전하 (b) z-축에 놓인 무한히 긴 선전하

Ans (a) 동심구면 (b) 동축 원통면

Exercise 3.19

[그림 3-17]에서 $V_1 > V_2$임을 보여라.

Ans $\mathbf{E} \cdot d\mathbf{l} < 0$

Exercise 3.20

[그림 3-18]에서 $z = 0$평면이 $V = 0$의 등전위면임을 보여라.

Ans $z = 0$ 평면은 식 (3-83)에서 $\mathbf{p} \cdot \mathbf{a}_R = 0$에 해당

Review Questions with Hints

RQ 3.12 한 일의 양이 음수 값이면 무엇을 의미하는가? [(3-60)]

RQ 3.13 공간상 한 점에서 $\mathbf{E}=0$이면 그 점에서 반드시 $V=0$인가? [(3-63)]

RQ 3.14 공간상 한 점에서 $V=0$이면 그 점에서 반드시 $\mathbf{E}=0$인가? [(3-63)]

RQ 3.15 왜 $\nabla\times\mathbf{E}=0$이 정전기학의 기본식인가? [그림 3-14]

RQ 3.16 식 $\mathbf{E}=-\nabla V$에서 마이너스 부호의 의미는? [그림 3-17]

RQ 3.17 V의 표현식에 사용되는 서로 다른 두 종류의 적분은 무엇인가? [(3-63)(3-68)]

3.5 정전기장 내의 유전체(DIELECTRIC IN A STATIC ELECTRIC FIELD)

지금까지 자유공간상의 정전기장에 대해 설명했다. 지금부터는 외부에서 인가된 전기장 내에 존재하는 물질에 대해 논한다. 원자모델에 의하면 하나의 물질은 자유공간 내에서 3차원 격자를 이루는 원자들의 집합으로 취급된다. 하나의 원자에 대한 껍질모델(shell model)에서 전자들은 원자핵을 둘러싸는 껍질들을 일정한 순서로 채워 나간다. 가장 바깥의 껍질에 위치하는 전자들을 바깥전자(valence electrons)라 하는데, 이들은 한 물질의 전기적 특성을 결정한다. 물질들은 그 전기적 특성에 의해 세 가지 부류로 나뉜다: 도체, 반도체, 부도체이다.

도체에서는 바깥전자를 동여매는 힘이 미약하여 전자들은 쉽게 원자로부터 떨어져 나와 한 원자에서 다른 원자로 이주한다. 이러한 전자를 자유전자(free electron) 혹은 전도전자(conduction electron)라 부른다. 외부에서 인가된 전기장에 의해 자유전자들은 짧은 시간 동안 가속된 후 물질 내의 불순물 혹은 격자 결함에 의해 임의의 방향으로 산란된다. 이러한 반복적인 가속 및 임의의 산란은 결론적으로 전자들을 일정한 속도로 움직이게 하여 도체 내에 전도전류(conduction current)를 형성한다. 부도체 혹은 유전체(dielectric)에서는 바깥전자들이 원자힘에 의해 매우 단단히 매여 있어 외부의 적당한 힘으로는 떨어져 나오기 어렵다. 그럼에도 불구하고 외부의 전기장은 전자들이 더 무겁고 플러스 전하를 띠고 있는 원자핵으로부터 거리상 더 멀어지게 하여 두 전하가 서로 분리되는 효과를 발생시킨다. 이러한 전하들은 속박전하(bound charge)라 부른다. 속박전하들은 전도전류를 발생시킬 수는 없지만 물질 내에 전기쌍극자들을 만들어낸다. 전기쌍극자는 극성이 서로 반대이고, 서로 매우 가까이 위치한, 동일한 크기의 두 전하가 쌍을 이루고 있는 것을 지칭한다. 반도체는 비교적 적은 양의 자유전자를 포함하고 있어서 도체와 부도체 중간의 전기적 특성을 가지고 있다.

유전체의 원자들은 정상상태에서는 전기적으로 중립이지만, 외부에서 가해지는 전기장의 도움으로, 크기가 큰 지 작은 지의 문제일 뿐, 항상 전기 쌍극자모멘트를 발생시킨다. 각각의 전기쌍극자의 불연속 특성이 무시되는 거시적인 관점에서, 쌍극자의 전기장들은 더해져서 분극장(polarization field)을 형성한다. 이것은 일반적으로 물질 내에서 위치에 대한 함수로 주어진다. 분극장은 외부전기장에 반대방향으로 형성되므로, 두 전기장을 합한 내부전기장(internal electric field)은 항상 외부 정전기장보다 그 크기가 작다. 외부전기장과 내부전기장 사이의 비는 물질의 상대유전율(relative permittivity)이라 불린다. 이것은 유전체의 특징을 나타내는 상수인데 그 물질의 전기적 특성을 표시한다.

어떤 유전체의 극성분자(polar molecule)들은 외부전기장이 없어도 영구 전기쌍극자를 형성하는데, 이것은 결합 내에서 바깥전자들이 비대칭적으로 공유되기 때문이다. 예를 들어, 물 분자는 극성분자인데 각각의 수소-산소 결합은 구부러진 형태의 극성공유결합(polar covalent bond) 형태로 존재한다. 외부전기장이 존재하지 않으면 극성분자들은 임의의 방향으로 향하므로 전체적으로 알짜 쌍극자모멘트를 생산하지 못한다. 그러나 외부에서 인가된 전기장이 존재하는 경우, 극성분자들은 이것에 정렬하므로 알짜 쌍극자모멘트를 만들어낸다. 외부전기장이 사라지면 비극성분자(nonpolar molecule)들은 원래의 무작위 상태로 원위치되지만, 극성분자들은 물질에 따라 무작위 상태로 원위치 될 수도 있고 그렇지 않을 수도 있다.

3.5.1 전기분극(Electric Polarization)

전기쌍극자는 $+q$와 $-q$의 두 전하가 매우 짧은 거리 $|\mathbf{d}|$로 서로 떨어져 있는 것을 지칭하는데, 이것에 대한 쌍극자모멘트(dipole moment)는 하나의 벡터로 다음과 같이 정의된다.

$$\mathbf{p} = q\,\mathbf{d} \quad [\mathrm{C \cdot m}] \tag{3-88}$$

여기서 $\mathbf{d}$는 $-q$에서 $+q$로 진행하는 벡터이다. 전기쌍극자의 불연속 특성이 무시되는 조건에서는 아래와 같이 전기분극(electric polarization) $\mathbf{P}$ 혹은 전기쌍극자밀도(dipole moment density)를 정의한다.

$$\mathbf{P(r)} = \lim_{\Delta v \to 0} \frac{1}{\Delta v} \sum_{j=1}^{n\Delta v} \mathbf{p}_j \qquad [\mathrm{C/m^2}] \tag{3-89}$$

여기서 n은 쌍극자밀도(단위 부피당 쌍극자 개수)이고, Δv는 위치벡터 $\mathbf{r}$에 중심을 둔 미소체적이다. 비록 쌍극자모멘트 $\mathbf{p}_j$가 Δv에 포함된 개별 벡터들이지만, 전기분극 $\mathbf{P(r)}$는 물질 내에서 위치에 대한 연속 함수로 주어진다.

전기분극은 유전체 표면에 표면전하를 발생시킨다. [그림 3-20]은 외부의 전기장에 의해 유전체 내에 전기쌍극자가 발생한 것을 보여준다. 전기 쌍극자모멘트는 단위벡터 $\mathbf{a}_p$에 정렬한 상태인데, 이 방향은 표면에 수직인 단위벡터 $\mathbf{a}_n$과 θ의 각을 이룬다. 그림에서 검은색 점은 전기쌍극자의 중앙을 의미하고, 쌍극자의 두 전하는 각각 + 와 - 기호로 표시되는데, 이들은 거리 d만큼 떨어져 있다. 편의상 주어진 유전체를 두께가 $\frac{1}{2}d\cos\theta$인 가상의 여러 층으로 나눈다. [그림 3-20(a)]에서 보듯이, 층 2 는 동일한 양의 플러스 전하와 마이너스 전하를 포함하는데, 이들은 중심이 층 3 혹은 층 1 에 위치한 전기쌍극자들이 기여한 전하들이다. 반면 [그림 3-20(b)]에서 보듯이, 층 1 과 자유공간에는 알짜 플러스 전하들이 존재하는데, 이들은 중심이 층 2 혹은 층 1에 위치한 쌍극자들이 기여한 전하들이다. 층 1 과 자유공간상의 알짜 플러스 전하는 유전체 표면 위에서 표면전하를 형성한다.

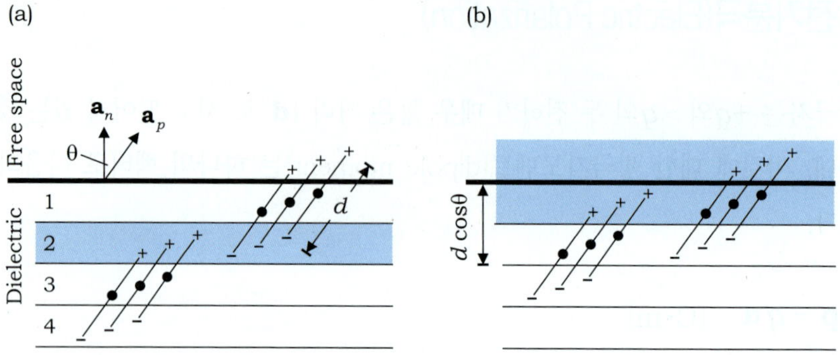

그림 3-20 분극표면전하
(a) 층 2 의 알짜전하는 0임, (b) 층 1 과 자유공간의 알짜전하는 유전체의 표면전하이다.

유전체 표면 위의 미소면적 Δs에서의 알짜전하는 다음과 같다. 즉

$$\begin{aligned}\Delta Q &= qn\left[d\Delta s\cos\theta\right] \\ &= (qnd)(\Delta s)\,\mathbf{a}_p\cdot\mathbf{a}_n = \mathbf{P}\cdot\mathbf{a}_n(\Delta s)\end{aligned} \tag{3-90}$$

여기서 브라켓은 체적이 $\Delta s \times d\cos\theta\,[\mathrm{m}^3]$인 직각육면체의 체적을 나타낸다: 표면에서 층 2의 바닥까지 걸쳐 있다. 식 (3-90)에서, q는 전기쌍극자의 속박전하를 의미하고, n은 쌍극자의 밀도이고, 전기분극은 $\mathbf{P} = (qnd)\mathbf{a}_p$로 주어진다. 식 (3-90) 양변을 Δs로 나누고, $\Delta s \to 0$일 때의 극한을 취하면, 분극표면전하밀도(polarization surface charge density) ρ_{PS}를 얻는다.

$$\boxed{\rho_{PS} \equiv \mathbf{P}\cdot\mathbf{a}_n} \quad [\mathrm{C/m^2}] \tag{3-91}$$

여기서 $\mathbf{P}$는 유전체 표면에서의 전기분극이고, $\mathbf{a}_n$은 표면에 수직이고 유전체 바깥을 향하는 단위벡터이다. 분극표면전하(polarization surface charge) Q_{PS}는 유전체 표면에 유도된 총 전하를 의미하며 다음과 같이 주어진다.

$$\begin{aligned}Q_{PS} &= \oint_S \rho_{PS}\,ds \\ &= \oint_S (\mathbf{P}\cdot\mathbf{a}_n)\,ds = \oint_S \mathbf{P}\cdot d\mathbf{s}\end{aligned} \tag{3-92}$$

여기서 S는 유전체를 둘러싸는 폐경계면을 나타낸다.

만약 유전체에 알짜전하가 없어서 전기적으로 중성이라면 분극표면전하 Q_{PS}는 물체 내의 분극체적전하(polarization volume charge) Q_{PV}에 의해 상쇄되어야 한다. 즉

$$\begin{aligned} Q_{PV} &= -Q_{PS} = -\oint_S \mathbf{P} \cdot d\mathbf{s} \\ &= -\int_{\mathcal{V}} \nabla \cdot \mathbf{P}\, dv \end{aligned} \tag{3-93}$$

여기서 다이버전스 정리가 사용되었다. 위의 적분식으로부터 분극체적전하밀도(polarization volume charge density) ρ_{PV}를 다음과 같이 정의한다.

$$\boxed{\rho_{PV} \equiv -\nabla \cdot \mathbf{P}} \qquad [\mathrm{C/m^3}] \tag{3-94}$$

만약 전기분극 $\mathbf{P}$가 유전체 내에서 상수이어서 $\nabla \cdot \mathbf{P} = 0$이면, 그 내부에서 $\rho_{PV} = 0$이고, 따라서 $Q_{PV} = 0 = Q_{PS}$이다. 비록 알짜 분극체적전하와 알짜 분극표면전하가 0이어도 분극표면전하밀도 ρ_{PS}는 유전체 표면에서 0이 아닐 수 있다.

분극전하밀도 ρ_{PS}와 ρ_{PV}는 유전체 내에 분극전기장(polarization electric field)을 아래와 같이 발생시킨다.

$$\mathbf{E}_P = \frac{1}{4\pi\varepsilon_o} \oint_{S'} \frac{\rho_{PS'}}{\mathcal{R}^2} \mathbf{a}_{\mathcal{R}}\, ds' + \frac{1}{4\pi\varepsilon_o} \int_{\mathcal{V}'} \frac{\rho_{PV'}}{\mathcal{R}^2} \mathbf{a}_{\mathcal{R}}\, dv' \tag{3-95}$$

여기서 $\mathcal{R}$과 $\mathbf{a}_{\mathcal{R}}$은 거리벡터 $\mathcal{R} = \mathbf{r} - \mathbf{r}'$의 크기와 단위벡터이다. 식 (3-95)에 사용되는 자유공간의 유전율 ε_o으로부터 알 수 있듯이, 분극전기장 $\mathbf{E}_p$에 관한 한 분극전하밀도 ρ_{PS}와 ρ_{PV}가 자유공간에 놓여 있다고 가정한다.

Example 3-14

외부전기장이 반경이 a이고, 높이가 b이며, z-축을 따라 놓인 원통 유전체에 상수 전기분극 $\mathbf{P} = P_o \mathbf{a}_z$를 유도한다. 다음을 구하라.

(a) 분극전하밀도 ρ_{PS}와 ρ_{PV}

(b) 분극전하 Q_{PS}와 Q_{PV}

Solution

(a) 식 (3-91)로부터

$$\rho_{PS} = \mathbf{P}\cdot\mathbf{a}_n = (P_o\,\mathbf{a}_z)\cdot\mathbf{a}_\rho = 0 \qquad \text{(옆면)}$$

$$\rho_{PS} = (P_o\,\mathbf{a}_z)\cdot(\pm\mathbf{a}_z) = \pm P_o \qquad \text{(±, 윗면 및 아랫면)}$$

식 (3-94)로부터

$$\rho_{PV} = -\nabla\cdot\mathbf{P} = -\nabla(P_o\,\mathbf{a}_z) = 0$$

(b) 총 분극표면전하는

$$Q_{PS} = \oint_S \rho_{PS}ds = \int_{side}\rho_{PS}ds + \int_{top}\rho_{PS}ds + \int_{bottom}\rho_{PS}ds$$
$$= 0 + P_o\pi a^2 - P_o\pi a^2 = 0$$

총 분극체적전하는

$$Q_{PV} = \int_V \rho_{PV}\,dv = 0$$

상수 **P**는 ρ_{PS}를 오직 윗면과 아랫면에서만 발생시킨다.

Exercise 3.21

등방성(isotropic) 물질에 가해진 외부전기장 **E**가 상수 전기분극 $\mathbf{P} = P_o\mathbf{a}_x$를 유도한다. 이 때 **E**의 방향은?

Ans $+\mathbf{a}_x$(**P**가 **E**에 평행이면 그 물체는 등방성이다)

Exercise 3.22

등방성 물질내에서 알짜전하가 영인 점에서 ρ_{PV}는 항상 영임을 보여라.

Ans 물질 내에서 $\nabla\cdot\mathbf{D} = 0$, 따라서 $\nabla\cdot\mathbf{P} = 0$

3.5.2 유전상수(Dielectric Constant)

알짜전하 $\rho_v[C/m^3]$가 하나의 유전체에 주입되면, 이것의 전기장은 외부전기장으로서 전기분극 **P**를 발생시키고 분극체적전하밀도 ρ_{PV}를 유도한다. ρ_v에 의한 외부 전기장과 ρ_{PV}에 의한 분극전기장의 합은 물체 내의 내부전기장을 형성한다. 식 (3-44)를 이용해, 내부전기장과 물체 내의 전하와의 관계를 아래와 같이 쓸 수 있다.

$$\begin{aligned}\nabla\cdot(\varepsilon_o\mathbf{E}) &= \rho_v + \rho_{PV}\\ &= \rho_v - \nabla\cdot\mathbf{P}\end{aligned} \tag{3-96}$$

여기서 식 (3-94)의 ρ_{PV}가 사용되었다. 내부전기장에 관한 한 전하밀도 ρ_v와 ρ_{PV}는 자유공간에 놓여 있다고 가정한다. 식 (3-96)을 다시 쓰면

$$\nabla\cdot(\varepsilon_o\mathbf{E}+\mathbf{P}) = \rho_v \tag{3-97}$$

여기서 유전체 내의 전속밀도(electric flux density) **D**를 아래와 같이 ***새로이*** 정의한다. 즉

$$\boxed{\mathbf{D} = \varepsilon_o\mathbf{E}+\mathbf{P}} \quad [C/m^2] \tag{3-98}$$

D에 대한 또 다른 이름은 변위밀도(displacement density)이다. 식 (3-98)을 식 (3-97)에 대입하면 새로이 정의된 전속밀도에 의해 유전체 내의 가우스 법칙은 아래와 같이 주어진다.

$$\boxed{\nabla\cdot\mathbf{D} = \rho_v} \quad [C/m^3] \tag{3-99}$$

물체 내의 전속밀도는 식 (3-99)에 의하면 오직 외부에서 주입된 알짜전하 ρ_v와 연관되어 있다(물체 내의 유도된 분극전하와 무관하다). 따라서 ***가우스 법칙은 물체에 무관하게 성립된다***. 식 (3-99)에 다이버전스 정리를 이용하면 적분형태의 가우스 법칙을 다음과 같이 쓸 수 있다.

$$\boxed{\oint_S \mathbf{D}\cdot d\mathbf{s} = Q} \tag{3-100}$$

가우스 법칙에 의하면 폐곡면 밖으로 빠져 나오는 전속은 그 곡면에 둘러싸인 알짜전하의 양과 같은데, 이것은 전하 주위의 물체에 무관하다.

하나의 균질(homogenous)이고, 선형성(linear)을 띠고, 등방성(isotropic)의 유전체(단순매질이라고 불린다) 내에서 전기분극은 물체 내의 전기장세기에 비례한다. 즉

$$\boxed{\mathbf{P} = \varepsilon_o \chi_e \mathbf{E}} \quad [\mathrm{C/m^2}] \tag{3-101}$$

상수 χ_e는 전기감수율(electric susceptibility)이라 불린다. 일반적으로 χ_e는 위치에 대한 함수(inhomogeneous)이고, $\mathbf{E}$의 크기(nonlinear) 및 방향(anisotropic)에 대한 함수이다. 이 책에서는 단순매질 만을 다루는데, 그런 경우 χ_e는 상수이고 $\mathbf{E}$의 크기 및 방향에 무관하다. 식 (3-101)을 식 (3-98)에 대입하면

$$\mathbf{D} = \varepsilon_o(1+\chi_e)\mathbf{E} \equiv \varepsilon_o \varepsilon_r \mathbf{E} \equiv \varepsilon \mathbf{E} \qquad [\mathrm{C/m^2}] \tag{3-102}$$

그리하여 아래와 같은 물질의 구조식(constitutive relation)이 얻어진다.

$$\boxed{\mathbf{D} = \varepsilon \mathbf{E}} \tag{3-103}$$

여기서 ε은 물질의 유전율(permittivity)이고, ε_r은 상대유전율(relative permittivity) 혹은 유전상수(dielectric constant)이고, ε_o은 자유공간의 유전율(permittivity of free space)이다. 유전상수는 물질의 전기적 특성을 표시하는 상수이다. 만약 어떤 물질의 ε_r이 주어지면 전기감수율은 식 (3-102)로부터 $\chi_e = \varepsilon_r - 1$로 구할 수 있다.

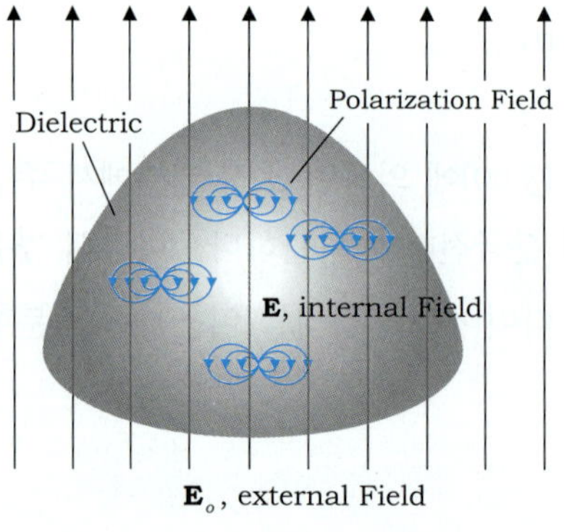

그림 3-21 내부전기장 $\mathbf{E}$는 외부전기장과 분극전기장의 합이다.

[그림 3-21]은 한 유전체가 외부전기장 $\mathbf{E}_o$내에 놓여있는 상황을 묘사한다. 비록 유도된 분극벡터 $\mathbf{P}$가 물체 내에서 전기장과 평행이라 하더라도 $\mathbf{P}$에 의해 발생된 분극전기장은 외부전기장에 반대방향이어서, 물체의 내부 정전기장은 외부에서 가해진 정전기장보다 항상 그 값이 작다. 유전상수는 외부전기장과 내부전기장 사이의 비례상수이다. 유전상수가 크다는 것은 주어진 물질의 원자들이 전기장에 더 민감하게 반응하여 더 큰 분극전기장을 형성시키고 따라서 더 작은 내부전기장을 유도한다는 것을 의미한다.

Example 3-15

알짜전하 $+q$[C]가 반지름이 a인 도체 구에 주어졌다. 그 다음 이 구가 [그림 3-22(a)]에서처럼 안쪽 반지름 b, 바깥쪽 반지름 c, 유전상수 ε_r인 속이 빈 유전체 구에 둘러싸였다. 유전체 안쪽 및 바깥쪽 표면에서의 분극표면전하를 구하라.

Solution

주어진 시스템의 구대칭성에 의해 $\mathbf{D}$는 항상 $\mathbf{D} = D_R(R)\mathbf{a}_R$의 형태로 주어진다. $b \le R \le c$인 영역에서 가우스 법칙에 의해 아래의 식을 쓸 수 있다.

$$4\pi R^2 D_R = 4\pi R^2(\varepsilon_o \varepsilon_r E_R) = +q$$

그러므로

$$\mathbf{E} = E_R\,\mathbf{a}_R = \frac{q}{4\pi\varepsilon_o\varepsilon_r R^2}\mathbf{a}_R \qquad (3\text{-}104)$$

식 (3-104)를 식 (3-101)에 대입하고 관계식 $\chi_e = \varepsilon_r - 1$을 이용하면

$$\mathbf{P} = \varepsilon_o \chi_e \mathbf{E} = \frac{\varepsilon_r - 1}{\varepsilon_r}\frac{q}{4\pi R^2}\mathbf{a}_R \qquad (3\text{-}105)$$

식 (3-105)를 식 (3-91)에 대입하고 반지름 $R = b$인 안쪽 구에서는 바깥으로의 단위벡터가 $\mathbf{a}_n = -\mathbf{a}_R$이라는 것을 이용하면

$$\rho_{PS1} = \mathbf{P}\cdot\mathbf{a}_n = -\frac{\varepsilon_r - 1}{\varepsilon_r}\frac{q}{4\pi b^2} \qquad (R = b) \qquad (3\text{-}106)$$

식 (3-105)를 식 (3-91)에 대입하고, 반지름 $R = c$인 바깥쪽 구에서는 바깥으로의 단위벡터가 $\mathbf{a}_n = \mathbf{a}_R$이라는 것을 이용하면

$$\rho_{PS2} = \mathbf{P} \cdot \mathbf{a}_n = \frac{\varepsilon_r - 1}{\varepsilon_r} \frac{q}{4\pi c^2} \qquad (R = c) \tag{3-107}$$

식 (3-105)로부터, 유전체 내에서 $\nabla \cdot \mathbf{P} = 0$이고 따라서 $\rho_{PV} = 0$이다.

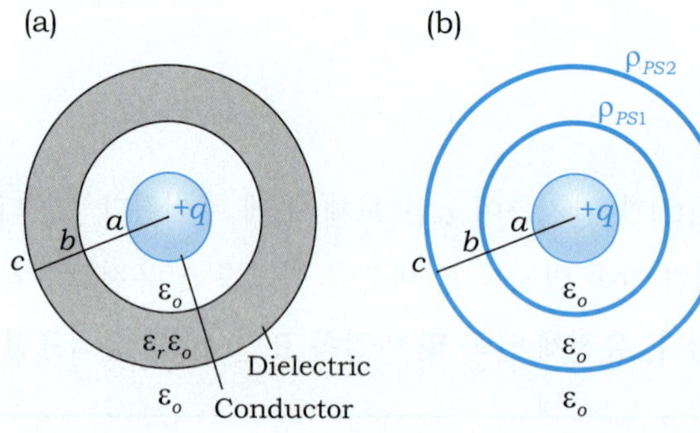

그림 3-22 알짜전하가 속이 빈 유전체 구에 둘러싸임

내부전기장에 관한 한 해당 유전체는 자유공간상에 놓여진 분극전하로 대치될 수 있다([그림 3-22(b)] 참조). 영역 $b < R < c$에서 가우스 법칙으로부터

$$4\pi R^2(\varepsilon_o E_R) = q + 4\pi b^2 \rho_{PS1} \tag{3-108}$$

식 (3-106)을 식 (3-108)에 대입하면

$$\mathbf{E} = \frac{q}{4\pi\varepsilon_o\varepsilon_r R^2}\mathbf{a}_R \qquad (b < R < c) \tag{3-109}$$

식 (3-109)는 식 (3-104)와 동일하다. 영역 $b < R < c$에서 $\mathbf{D}$는 식 (3-109)의 $\mathbf{E}$에 유전율 $\varepsilon = \varepsilon_o \varepsilon_r$을 곱하여 얻는다. 여기서 주목할 것은, $\mathbf{D}$는 ρ_{PS1}과 ρ_{PS2}로부터 직접 구할 수 없다.

Exercise 3.23

물 분자가 영구 쌍극자를 가진다는 것을 고려하여 물의 ε_r이 온도에 따라 감소한다는 것을 설명하라.

Ans 열교란(thermal agitation)에 의한 무작위 정렬(random orientation).

Exercise 3.24

등방성 물질 내에서 정전기장에 의한 ε_r이 1보다 작을 수 있는가?

Ans 아니오 ($\mathbf{P}$는 항상 $\mathbf{E}$에 평행)

Exercise 3.25

왜 ρ_{PS}는 식 (3-96) 혹은 (3-99)에 포함되지 않는가?

Ans ρ_{PS}에 의한 $\mathbf{E}$에 대해 $\nabla \cdot (\varepsilon_o \mathbf{E}) = 0$

3.5.3 유전체 표면에서의 경계면 조건 (Boundary Conditions at a Dielectric Interface)

지금까지의 설명은 두 식 $\oint_S \mathbf{D} \cdot d\mathbf{s} = Q$와 $\oint_C \mathbf{E} \cdot d\mathbf{l} = 0$을 중심으로 이루어졌는데, 이들은 각각 가우스 법칙과 $\mathbf{E}$의 비회전성을 나타내는 식들이다. 이들은 정전기장을 설명하는데 가장 기본이 되는 식이다. 그 이유는 헬름홀츠 정리에 의해 설명될 수 있다. 즉, 이들의 미분형태 식들은 물체의 존재여부에 관계없이 주어진 공간상에서 $\mathbf{E}$에 대한 유일한 해를 구할 수 있도록 해주기 때문이다. 구체적으로 $\mathbf{D}$가 물체 내에서 새로이 정의되므로 가우스 법칙은 물체 존재여부에 무관하고, $\mathbf{E}$의 비회전성은 에너지 보존법칙에 기초하므로 물체의 존재여부에 무관하다.

균일한 매질(homogeneous material)에서 정전기장은 위치에 대한 매끈한 함수로 주어지므로 $\mathbf{E}$의 방향이 공간상의 한 점에서 다른 점으로 갑자기 변하지 않는다. 이것은 점전하에 의한 $\mathbf{E}$가 위치에 대한 매끈함 함수이고 $\mathbf{E}$가 중첩의 원리를 따르기 때문이다.

그러나 서로 다른 유전율을 가지는 두 물체 사이의 경계면에서 전기장선은 갑자기 변할 수 있다. 이러한 경계면에서 **E**와 **D**가 갖추어야 할 조건들을 경계면 조건(boundary condition)이라 한다.

E와 **D**에 대한 경계면 조건을 구하기 위해 [그림 3-23]과 같이 유전율이 각각 ε_1과 ε_2로 주어지는 두 물체 사이의 경계면을 검토한다. 우선 직사각형 루프 $abcda$에 대해 $\mathbf{E}_1$과 $\mathbf{E}_2$가 각각 윗변과 아랫변에서의 전기장세기라고 가정하여 **E**의 직사각형 루프 주위로의 순환을 계산한다. 루프의 높이 Δh가 0으로 줄어들면 $\mathbf{E}_1$과 $\mathbf{E}_2$는 경계면 양쪽의 전기장세기를 나타내게 된다. **E**의 비회전성 성질에 따라 **E**의 직사각형 주위로의 순환은 0이 되어야 한다. 즉

$$\begin{aligned}\oint_{abcd} \mathbf{E}\cdot d\mathbf{l} &= \int_a^b \mathbf{E}\cdot d\mathbf{l} + \int_b^c \mathbf{E}\cdot d\mathbf{l} + \int_c^d \mathbf{E}\cdot d\mathbf{l} + \int_d^a \mathbf{E}\cdot d\mathbf{l} \\ &= (E_{1t})\Delta w + \int_b^c \mathbf{E}\cdot d\mathbf{l} + (-E_{2t})\Delta w + \int_d^a \mathbf{E}\cdot d\mathbf{l} \\ &= 0\end{aligned} \tag{3-110}$$

여기서 첨자 t는 접선(tangential) 성분을 나타낸다. 높이 Δh가 0으로 줄어들면 직사각형 왼쪽과 오른쪽 변에서의 선적분은 0이 된다. 이러한 조건에서 식 (3-110)은 다음과 같이 표시된다.

$$(E_{1t})\Delta w + (-E_{2t})\Delta w = 0$$

그리하여 **E**의 접선성분에 대한 경계면 조건은 아래와 같이 주어진다.

$$\boxed{E_{1t} = E_{2t}} \quad [\text{V/m}] \tag{3-111}$$

E의 접선성분은 서로 다른 두 물체 사이의 경계면에서 연속이다. 식 (3-103)을 식 (3-111)에 대입하면 **D**의 접선성분에 대한 경계면 조건을 구할 수 있다.

$$\frac{D_{1t}}{\varepsilon_1} = \frac{D_{2t}}{\varepsilon_2} \tag{3-112}$$

D의 접선성분은 경계면에서 불연속이다.

그 다음 가우스 법칙을 [그림 3-23]과 같이 단면이 Δs이고 높이가 Δh인 원통에 적용한다. 이때 $\mathbf{D}_1$과 $\mathbf{D}_2$는 원통의 윗면과 아랫면에서의 전속밀도인데, 원통의 높이 Δh가 0으로 줄어들면 $\mathbf{D}_1$과 $\mathbf{D}_2$는 경계면 양쪽에서의 전속밀도를 나타낸다. $\mathbf{D}$를 원통면에 대해 폐면적분하면 원통에 포함되는 표면전하와 같아야 한다. 즉

$$\begin{aligned}\oint_S \mathbf{D}\cdot d\mathbf{s} &= \int_{top} \mathbf{D}\cdot d\mathbf{s} + \int_{bottom} \mathbf{D}\cdot d\mathbf{s} + \int_{side} \mathbf{D}\cdot d\mathbf{s} \\ &= D_{1n}\Delta s - D_{2n}\Delta s + \int_{side} \mathbf{D}\cdot d\mathbf{s} \\ &= \rho_s \Delta s\end{aligned} \tag{3-113}$$

여기서 n은 법선(normal) 성분을 의미한다. 위 식에서 ρ_s는 경계면에서의 표면전하밀도이고, 따라서 $\rho_s\Delta s$는 Δh가 0으로 줄어들 때 원통에 포함되는 알짜 표면전하이다. 원통높이 Δh가 0으로 줄어들므로 원통 옆면에서의 $\mathbf{D}$의 면적분은 0이다. 이러한 조건에서 식 (3-113)은 아래와 같이 주어진다.

$$D_{1n}\Delta s - D_{2n}\Delta s = \rho_s \Delta s$$

그러므로 $\mathbf{D}$의 법선성분에 대한 경계면 조건은 아래와 같이 주어진다.

$$\boxed{D_{1n} - D_{2n} = \rho_s} \quad [\mathrm{C/m^2}] \tag{3-114}$$

경계면에 표면전하가 0인 경우($\rho_s = 0$) 경계면 조건은 아래와 같다.

$$\boxed{D_{1n} = D_{2n}} \tag{3-115}$$

경계면에서 표면전하가 0인 경우 $\mathbf{D}$의 법선성분은 경계면에서 연속이다. 식 (3-103)을 식 (3-115)에 대입하면, $\mathbf{E}$의 법선성분에 대한 경계면 조건을 아래와 같이 얻는다. 즉

$$\varepsilon_1 E_{1n} = \varepsilon_2 E_{2n} \tag{3-116}$$

$\mathbf{E}$의 법선성분은 경계면에서 불연속이다.

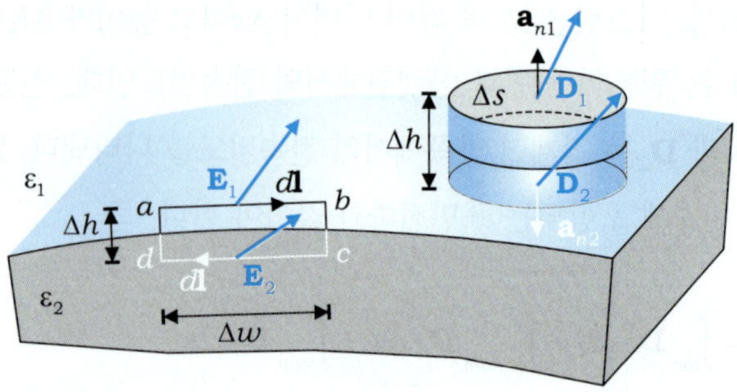

그림 3-23 유전율이 각각 ε_1과 ε_2로 주어지는 두 유전체 사이의 경계면

Example 3-16

$\mathbf{E}_1$과 $\mathbf{E}_2$는 유전율이 각각 ε_1과 ε_2이며 서로 맞닿아 있는 두 유전체 내의 전기장 세기를 나타낸다([그림 3-24] 참조). E_2와 θ_2를 $E_1, \varepsilon_1, \varepsilon_2, \theta_1$을 이용해 표시하라(표면전하는 0이다).

Solution

$\mathbf{E}_1$의 경계면에서의 법선 및 접선성분은 아래와 같다.

$$E_{1n} = E_1 \cos\theta_1$$
$$E_{1t} = E_1 \sin\theta_1$$

$\mathbf{E}$의 접선성분은 경계면에서 연속이다.

$$E_{2t} = E_{1t} = E_1 \sin\theta_1 \tag{3-117}$$

$\mathbf{D}$의 법선성분은 경계면에서 연속이다.

$$\begin{aligned} D_{2n} &= D_{1n} \\ &= \varepsilon_1 E_{1n} = \varepsilon_1 E_1 \cos\theta_1 \end{aligned} \tag{3-118}$$

식 $D_{2n} = \varepsilon_2 E_{2n}$을 이용해 식 (3-118)을 다시 쓰면

$$E_{2n} = \frac{\varepsilon_1}{\varepsilon_2} E_1 \cos\theta_1 \tag{3-119}$$

식 (3-117)과 (3-119)를 결합하면

$$E_2 = \sqrt{(E_{2t})^2 + (E_{2n})^2} = E_1\sqrt{\sin^2\theta_1 + (\varepsilon_1/\varepsilon_2)^2\cos^2\theta_1}$$

$\mathbf{E}_2$와 경계면에 수직인 단위벡터 사이의 각도를 식 (3-117)과 (3-119)로부터 구한다.

$$\theta_2 = \tan^{-1}\frac{E_{2t}}{E_{2n}} = \tan^{-1}\left[\frac{\varepsilon_2}{\varepsilon_1}\tan\theta_1\right] \tag{3-120}$$

[그림 3-24]에서 $\theta_1 > \theta_2$이므로 식 (3-120)에서 $\varepsilon_1 > \varepsilon_2$이다.

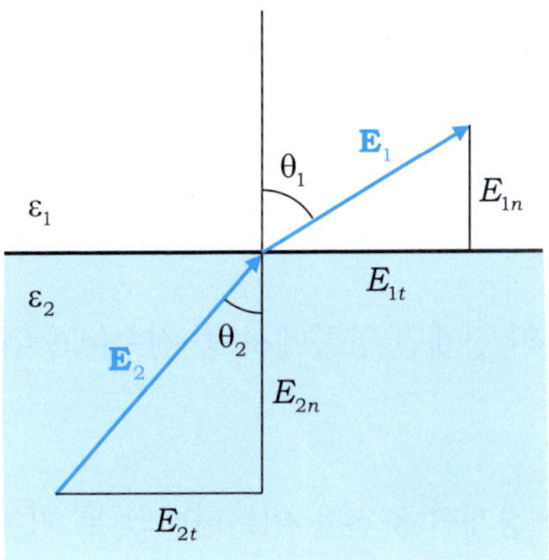

그림 3-24 두 유전체 사이의 경계면

Exercise 3.26

자유공간과 체적전하밀도 ρ_v를 지닌 물체 사이의 경계면에서 **D**의 법선성분에 대한 경계면 조건은?

Ans $D_{1n} = D_{2n}$

Review Questions with Hints

RQ 3.18 전기분극과 이것에 의해 유도되는 분극전하와의 관계를 설명하라. [(3-91)(3-94)]

RQ 3.19 물질 내에서의 가우스 법칙을 서술하라. [(3-99)(3-100)]

RQ 3.20 유전체의 분극전하는 유전체의 어떤 파라미터에 의해 결정되는가? [(3-101)]

RQ 3.21 유전체에서 $\mathbf{D}$와 $\mathbf{E}$ 사이의 관계식을 서술하라. [(3-103)]

RQ 3.22 표면전하를 포함하지 않는 경계면에서의 E_t와 D_n의 경계면 조건을 설명하라. [(3-111)(3-115)]

RQ 3.23 두 유전체 사이의 경계면에서 정전기장선이 반사하는가? [그림 3-24]

RQ 3.24 두 유전체 사이의 경계면 양쪽에서 총 전속(electric flux)은 보존되는가? [(3-115)]

RQ 3.25 $\mathbf{D}$와 $\mathbf{E}$에 대한 경계면 조건을 미분형태의 두 기본식(다이버전스 및 컬)에서 구할 수 있는가? [(3-99)(3-76)]

3.6 정전기장 내의 완전도체(PERFECT CONDUCTOR IN A STATIC ELECTRIC FIELD)

비록 하나의 도체가 매우 많은 수의 자유전자를 가지고 있더라도, 정상의 상태에서 그 도체는 전기적으로 중성이다. 전자의 마이너스 전하는 이온화된 격자원자들의 플러스 전하와 상쇄된다. 따라서 도체에 알짜전하가 존재하지 않는다. 외부에서 가해진 전기장이 없는 경우 전자들은 격자의 불순물 혹은 결함들과 충돌 후 산란되어 무작위 방향으로 진행한다. 그러므로 전자들의 알짜 움직임은 0이다. 반면 외부로부터 전기장이 가해지면 자유전자들은 충돌 사이의 평균시간 동안 알짜속도를 얻게 되어 도체 내에 전도전류를 발생시킨다. 전도도(conductivity)는 물체 내에 전기장이 존재하는 경우 전자들이 어느 정도의 전도전류를 발생시키는지에 대한 파라미터다. 완벽한 도체는 전도도가 무한대이고 완벽한 유전체는 전도도가 0이다.

만약 알짜전하가 완전도체에 주입되면 그 전하들은 도체 표면에 분포하여 도체 내부에 어떤 전기장도 만들지 않아야 한다. 그렇지 않다면 무한한 전도전류가 주어진 전하를 즉각적으로 재분포시켜 결국 도체 내의 전기장은 0이 된다. 따라서 완전도체 내에서 항상 아래의 관계식이 성립한다.

$$\boxed{\mathbf{E} = 0} \tag{3-121}$$

$$\boxed{\rho_v = 0} \tag{3-122}$$

여기서 ρ_v는 도체 내의 알짜 체적전하밀도이다.

[그림 3-25]에서처럼 자유공간에 존재하는 하나의 완전도체를 검토한다. **E**의 직각사각형 루프, *abcda*, 주위로의 순환은 물체의 존재 여부에 관계없이 0이다.

$$\begin{aligned}\oint_{abcd} \mathbf{E} \cdot d\mathbf{l} &= \int_a^b \mathbf{E} \cdot d\mathbf{l} + \int_b^c \mathbf{E} \cdot d\mathbf{l} + \int_c^d \mathbf{E} \cdot d\mathbf{l} + \int_d^a \mathbf{E} \cdot d\mathbf{l} \\ &= (E_{1t})\Delta w + \int_b^c \mathbf{E} \cdot d\mathbf{l} + 0 + \int_d^a \mathbf{E} \cdot d\mathbf{l} \\ &= 0\end{aligned} \tag{3-123}$$

여기서 t는 접선성분을 나타낸다. 루프의 밑변 cd에 대한 선적분은 0이다. 그 이유는 완전도체 내에서 $\mathbf{E} = 0$이기 때문이다. 루프의 높이 Δh가 0으로 줄어들면 왼쪽과 오른쪽 변 da와 bc에서의 선적분은 0이다. 이러한 조건에서 식 (3-123)은 아래와 같이 주어진다.

$$(E_{1t})\Delta w = 0$$

그러므로 완전도체의 표면에서 항상 아래의 관계식이 성립한다.

$$\boxed{E_t = 0} \tag{3-124}$$

완전도체 표면에서 **E***의 접선성분은 항상 0이다.* 이것은 하나의 전하를 완전도체 표면을 따라 움직여도 한 일의 양에 0이라는 것을 의미한다. 완전도체의 표면은 등전위면이다.

그 다음 [그림 3-25]에서처럼 도체에, 그 반쪽이 잠긴 원통을 이용해, 가우스 법칙을 적용한다. 원통면에서의 **D**의 폐면적분은 원통에 둘러싸인 표면전하와 같다. 즉

$$\begin{aligned}\oint_s \mathbf{D} \cdot d\mathbf{s} &= \int_{top} \mathbf{D} \cdot d\mathbf{s} + \int_{bottom} \mathbf{D} \cdot d\mathbf{s} + \int_{side} \mathbf{D} \cdot d\mathbf{s} \\ &= D_{1n}\Delta s + 0 + \int_{side} \mathbf{D} \cdot d\mathbf{s} \\ &= \rho_s \Delta s\end{aligned} \tag{3-125}$$

여기서 n은 법선성분을 나타낸다. 위 식에서 ρ_s는 완전도체 위의 표면전하밀도를 나타내므로 $\rho_s\Delta s$는 원통에 둘러싸인 총 표면전하이다. 완전도체 내에서 $\mathbf{E} = 0 = \mathbf{D}$이므로 원통 밑면에서의 면적분은 0이다. 또한 $\Delta h \to 0$이므로 원통 옆면에서의 면적분도 0이다. 이러한 조건에서 식 (3-125)는 아래와 같이 변한다.

$$D_{1n}\Delta s = \rho_s \Delta s$$

그러므로 완전도체의 표면에서는 항상 아래와 같은 관계식이 성립한다.

$$\boxed{D_n = \rho_s} \tag{3-126}$$

완전도체 표면에서 **D***의 법선성분은 완전도체 위의 알짜 표면전하밀도와 같다.* 여기서 주목할 것은 식 (3-126)의 ρ_s는 도체 위의 알짜 표면전하로 분극전하와는 무관하다.

식 (3-124)와 (3-126)은 완전도체와 완전유전체 사이의 경계면에서도 성립된다.

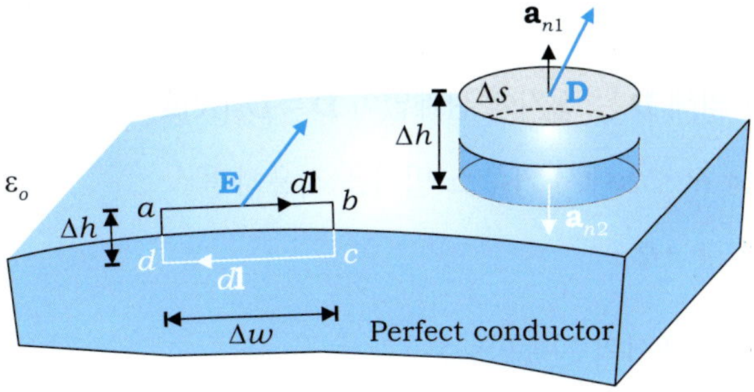

그림 3-25 완전도체와 자유공간 사이의 경계면

Example 3-17

알짜전하 $+q$[C]가 완전도체이고 반지름이 a인 구에 주입되었다. 그 다음 이 구는 완전도체이고 안쪽 반지름 b 바깥쪽 반지름 c인 속이 빈 구에 둘러싸였다([그림 3-26] 참조). 바깥도체의 반지름 $R=b$인 안쪽 표면과, 반지름 $R=c$인 바깥쪽 표면에 유도되는 표면전하밀도를 각각 구하고, 이들의 원천이 무엇인지 다음의 두 경우에 대해 구하라. (a) 바깥도체가 전기적으로 고립됨, (b) 바깥도체가 접지됨.

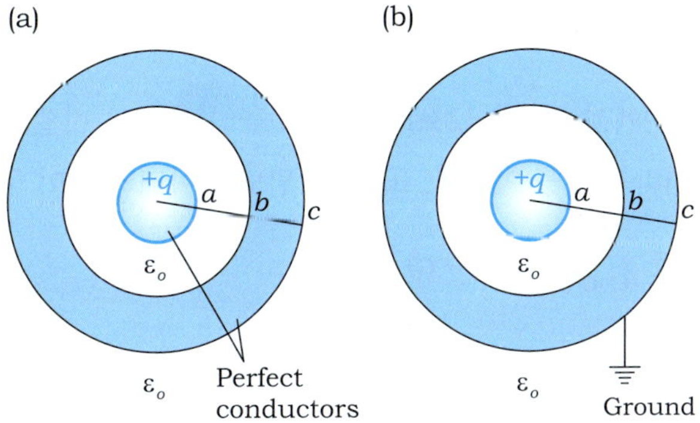

그림 3-26 알짜전하 $+q$[C]를 가진 구가 속이 빈 구에 둘러싸임

Solution

구대칭성에 의해 $\mathbf{D}$는 접지에 관계없이 $\mathbf{D} = D_R(R)\mathbf{a}_R$의 형태로 주어진다.

(a) 영역 $a < R \leq b$에서 가우스 법칙을 적용하면

$$4\pi R^2 D_R = +q$$

$R = b$인 면에서의 전속밀도는

$$\mathbf{D} = D_R\,\mathbf{a}_R = \frac{q}{4\pi b^2}\mathbf{a}_R \tag{3-127a}$$

$R = b$인 면에서 식 (3-127a)와 (3-126)을 이용하고, 바깥으로의 단위벡터가 $\mathbf{a}_n = -\mathbf{a}_R$이라는 것을 이용해 표면전하밀도를 아래와 같이 구한다.

$$\rho_s^i = -D_R = -\frac{q}{4\pi b^2} \qquad (R = b) \tag{3-127b}$$

영역 $R \geq c$에서 가우시안면에 둘러싸인 알짜전하는 $+q$인데, 그 이유는 바깥쪽 도체가 전기적으로 중성이기 때문이다. 가우스 법칙으로부터

$$4\pi R^2 D_R = +q$$

$R = c$인 면에서의 전속밀도는

$$\mathbf{D} = D_R\,\mathbf{a}_R = \frac{q}{4\pi c^2}\mathbf{a}_R \tag{3-128a}$$

$R = c$인 면에서, 식 (3-128a)와 (3-126)을 이용하고 바깥으로의 단위벡터가 $\mathbf{a}_n = \mathbf{a}_R$이라는 것을 이용해, 표면전하밀도를 아래와 같이 구한다.

$$\rho_s^o = D_R = \frac{q}{4\pi c^2} \qquad (R = c) \tag{3-128b}$$

$R = b$인 면 위의 마이너스 전하 ρ_s^i는 바깥쪽 도체의 자유전자로부터 유래하고, $R = c$인 면 위의 플러스 전하 ρ_s^o는 바깥쪽 도체의 이온화된 격자원자로부터 유래한다. 안쪽 구 위의 $+q$와 바깥쪽 구의 안쪽 면의 ρ_s^i는 서로 협력하여 바깥쪽 구 내에서 $\mathbf{E} = 0$이 되도록 한다.

(b) 바깥쪽 구가 접지되어 있으므로 그것의 전위는 0이다. 어떤 전기장선도 바깥 구에서 접지로 진행하지 않는다. 그러므로

$$D_n = 0 = \rho_s^o \qquad (R = c)$$

영역 $a < R \leq b$에서 $\mathbf{D}$는 파트 (a)에서와 동일하다. 즉

$$\rho_s^i = -\frac{q}{4\pi b^2} \qquad (R = b)$$

두 전하 $+q$와 ρ_s^i가 협동으로 영역 $b < R < \infty$에서 $\mathbf{E} = 0$을 만든다. 표면전하 ρ_s^i는 접지로부터 공급된 알짜전하이다.

Exercise 3.27

무한한 도체 평면($z = 0$ 평면)이 접지되어 있고, 이것에 대해 점전하 $+q$가 $1[\mathrm{m}]$ 위에 떨어져 존재한다. 이 도체 평면에 유도되는 총 전하는?

Ans $-q$

Exercise 3.28

앞의 Exercise 3.27의 점전하 $+q$와 도체 평면 사이의 전기장선의 모양을 설명하라.

Ans 전기장선들이 $+q$에서 시작해 도체 평면에 수직으로 끝난다.

Review Questions with Hints

RQ 3.26 완전도체 내에서 $\mathbf{E} = 0 = \rho_v$인 이유는? [(3-121)(3-122)]

RQ 3.27 완전도체와 완전유전체 사이의 경계면에서의 $\mathbf{E}$와 $\mathbf{D}$의 경계면 조건은 무엇인가? [(3-124)(3-126)]

RQ 3.28 비록 완전도체의 표면에 알짜전하가 존재하여도 그 면은 등전위면인가? [(3-121)(3-124)]

3.7 정전기장의 포텐셜에너지(ELECTROSTATIC POTENTIAL ENERGY)

앞에서 설명한 것처럼 공간상 한 점의 전위는 단위전하를 무한대에서 주어진 점까지 전기장을 거슬러서 가져올 때 한 일의 양이다. 다시 말해 주어진 점에서의 전위와 전하의 곱은 그 전하의 포텐셜에너지(potential energy)이다. 그러나 이 전하를 제 위치에 계속 머무르게 하기 위해 쿨롱 힘에 대응하는 외부 힘을, 예를 들면 기계적인 힘을 가하여 두 힘이 상쇄되도록 하여야 한다. 만약 이러한 외부의 힘이 제거되면 전하의 포텐셜에너지가 운동에너지(kinetic energy)로 변환되어, 전하는 가속이 되고 다시 무한대로 원위치될 것이다. 이러한 개념을 확장하여 여러 전하들로 이루어진 전하의 집합에 이것을 적용하면, 그 전하들을 집합시키는데 한 일의 양은 그 전하 집합의 포텐셜에너지로 저장된다.

동일한 극성을 가진 전하들의 집합에 저장된 포텐셜에너지를 계산하기 위해 각각의 전하를 무한대에서 지정된 장소로 옮겨오는데 한 일의 양을 계산하고 더한다. 첫째 전하 q_1을 무한대에서 자유공간상의 한 점으로 옮겨올 때 한 일의 양은 0이다. 즉

$$W_1 = 0 \tag{3-129}$$

둘째 전하 q_2를 전하 q_1 근처의 지정된 점으로 옮겨오는 경우 q_1에 의해 발생된 전기장을 거슬러서 움직여야 하므로 에너지가 소모되고, 그 에너지는 다음과 같이 주어진다.

$$W_2 = q_2\left[\frac{q_1}{4\pi\varepsilon_o \mathcal{R}_{2-1}}\right] \tag{3-130}$$

이것은 단순히 전하 q_2와 전하 q_1에 의해 발생한 전위의 곱이다. 여기서 첨자 2-1은 $\mathcal{R}_{2-1} = |\mathbf{r}_2 - \mathbf{r}_1|$이 전하 '1'에서 전하 '2'까지의 거리임을 나타낸다. 관계식 $\mathcal{R}_{2-1} = \mathcal{R}_{1-2}$를 이용해 식 (3-130)을 다시 쓰면

$$W_2 = \frac{1}{2}\frac{q_2 q_1}{4\pi\varepsilon_o \mathcal{R}_{2-1}} + \frac{1}{2}\frac{q_1 q_2}{4\pi\varepsilon_o \mathcal{R}_{1-2}} \tag{3-131}$$

위에서와 동일한 절차에 따라 셋째 전하 q_3을 두 전하 q_1과 q_2 근처의 지정된 점으로 옮기기 위해 소모하는 에너지는 아래와 같다.

$$\begin{aligned} W_3 &= q_3\left[\frac{q_1}{4\pi\varepsilon_o\mathcal{R}_{3-1}}\right]+q_3\left[\frac{q_2}{4\pi\varepsilon_o\mathcal{R}_{3-2}}\right] \\ &= \frac{1}{2}\left[\frac{q_3q_1}{4\pi\varepsilon_o\mathcal{R}_{3-1}}+\frac{q_3q_2}{4\pi\varepsilon_o\mathcal{R}_{3-2}}\right]+\frac{1}{2}\left[\frac{q_1q_3}{4\pi\varepsilon_o\mathcal{R}_{1-3}}+\frac{q_2q_3}{4\pi\varepsilon_o\mathcal{R}_{2-3}}\right] \end{aligned} \tag{3-132}$$

마찬가지로 W_3은 전하 q_3과 이전의 전하들 q_1과 q_2가 발생시킨 전위의 곱으로 주어진다. 식 (3-132)는 관계식 $\mathcal{R}_{a-b}=\mathcal{R}_{b-a}$를 이용해 다시 쓰여졌음에 주목하자. 그 다음, 세 값들 W_1, W_2, W_3을 더하여 처음 세 전하를 집합시키는데 소모한 에너지의 양을 아래와 같이 구한다.

$$\begin{aligned} &W_1+W_2+W_3 \\ &=\frac{q_1}{2}\left[\frac{q_2}{4\pi\varepsilon_o\mathcal{R}_{1-2}}+\frac{q_3}{4\pi\varepsilon_o\mathcal{R}_{1-3}}\right]+\frac{q_2}{2}\left[\frac{q_1}{4\pi\varepsilon_o\mathcal{R}_{2-1}}+\frac{q_3}{4\pi\varepsilon_o\mathcal{R}_{2-3}}\right] \\ &\quad+\frac{q_3}{2}\left[\frac{q_1}{4\pi\varepsilon_o\mathcal{R}_{3-1}}+\frac{q_2}{4\pi\varepsilon_o\mathcal{R}_{3-2}}\right]=\frac{1}{2}\left(q_1V_1+q_2V_2+q_3V_3\right) \end{aligned} \tag{3-133}$$

식 (3-133)의 세 브라켓은 세 전하 q_1, q_2, q_3이 위치한 각각의 점에서의 각각의 전위 V_1, V_2, V_3을 의미한다. 이러한 절차를 계속 따라가면 총 N개의 전하집합에 저장된 총 에너지를 다음과 같이 구할 수 있다.

$$\boxed{W_E=\frac{1}{2}\sum_{j=1}^{N}q_jV_j} \quad [\mathrm{J}] \tag{3-134}$$

여기서 V_j는 전하 q_j가 위치한 점에서의 전위인데 이것은 q_j를 제외한 나머지 모든 전하들에 의해 발생된 것이다.

불연속 전하에서와 마찬가지로 연속적으로 분포하는 전하에 대해 그 안에 저장된 에너지를 계산할 수 있다. 주어진 체적전하밀도 ρ_v에 대해, 식 (3-134)의 q_j를 미소전하 $\rho_v\Delta v_j$로 대치하고, $N\to\infty$이며 $\Delta v\to 0$일 때의 극한값을 취하면, 체적전하밀도 ρ_v의

에너지를 구할 수 있다. 즉

$$W_E = \lim_{\substack{N\to\infty \\ \Delta v\to 0}} \frac{1}{2}\sum_{j=1}^{N} \rho_v \Delta v_j V_j \tag{3-135}$$

미적분학으로부터 우리는 식 (3-135)의 오른쪽은 함수 $\rho_v \mathcal{V}$에 대한 체적적분이라는 것을 알 수 있다. 그리하여 체적전하밀도 ρ_v의 전기 포텐셜에너지(electrostatic potential energy)는 아래와 같이 구해진다.

$$\boxed{W_E = \frac{1}{2}\int_{\mathcal{V}} \rho_v V\, dv} \quad [\mathrm{J}] \tag{3-136}$$

여기서 $\mathcal{V}$는 체적전하밀도 ρ_v가 차지하는 체적이고, V는 체적 $\mathcal{V}$ 내의 한 점에서의 전위이다.

대개의 경우 포텐셜에너지를 전하밀도 대신 $\mathbf{E}$와 $\mathbf{D}$를 이용해 표시하면 더 유용하다. 가우스 법칙을 이용해 식 (3-136)을 다시 쓰면

$$W_E = \frac{1}{2}\int_{\mathcal{V}} (\nabla\cdot\mathbf{D}) V\, dv \tag{3-137}$$

식 (3-137)을 벡터 항등식 $\nabla\cdot(V\mathbf{D}) = V(\nabla\cdot\mathbf{D}) + \mathbf{D}\cdot(\nabla V)$를 이용해 다시 쓰면

$$\begin{aligned} W_E &= \frac{1}{2}\int_{\mathcal{V}} \nabla\cdot(V\mathbf{D})\, dv - \frac{1}{2}\int_{\mathcal{V}} \mathbf{D}\cdot(\nabla V)\, dv \\ &= \frac{1}{2}\oint_S V\mathbf{D}\cdot d\mathbf{s} + \frac{1}{2}\int_{\mathcal{V}} \mathbf{D}\cdot\mathbf{E}\, dv \end{aligned} \tag{3-138}$$

위에서 다이버전스정리와 관계식 $\mathbf{E} = -\nabla V$가 사용되었다. 위 식에서 S는 체적 $\mathcal{V}$를 둘러싸는 폐곡면인데, 이것은 주어진 전하를 모두 둘러싸기에 충분히 크다면 무작위의 폐곡면일 수 있다. 식 (3-138)의 오른쪽의 폐면적분을 검토하자. 여기서 면 S가 반지름 R인 구 표면이고 이것이 무한대로 증가한다고 가정하자. 이때 $R\to\infty$이면 폐면적분 내의 세 항들 V, $|\mathbf{D}|$, $|d\mathbf{s}|(=R^2\sin\theta\, d\theta\, d\phi)$는 각각 $1/R$, $1/R^2$, R^2에 대한 함수로 주어진다. 따라서 폐면적분은 $1/R$에 대한 함수로 주어지므로 $R\to\infty$일 때 그 값은

0이다. 그러므로 전기 포텐셜에너지는 아래와 같이 표시된다.

$$\boxed{W_E = \frac{1}{2}\int_v \mathbf{D}\cdot\mathbf{E}\,dv} \quad [\text{J}] \tag{3-139}$$

매질의 구조식 $\mathbf{D} = \varepsilon\mathbf{E}$를 사용하면 식 (3-139)는 아래와 같이 표시될 수 있다.

$$\boxed{W_E = \frac{1}{2}\int_v \varepsilon E^2 dv} \tag{3-140}$$

식 (3-140)으로부터 전기 에너지밀도(electrostatic energy density) w_e를 다음과 같이 정의할 수 있다.

$$\boxed{w_e = \frac{1}{2}\mathbf{D}\cdot\mathbf{E}} \quad [\text{J/m}^3] \tag{3-141}$$

이것은 세제곱미터당 줄(joule per cubic meter)로 표시된다.

Example 3-18

균일한 체적선하밀도 ρ_v가 자유공간에서 안쪽 반지름 a, 바깥쪽 반지름 b의 속이 빈 구를 형성한다([그림 3-27] 참조). 이것의 포텐셜에너지를 구하라.

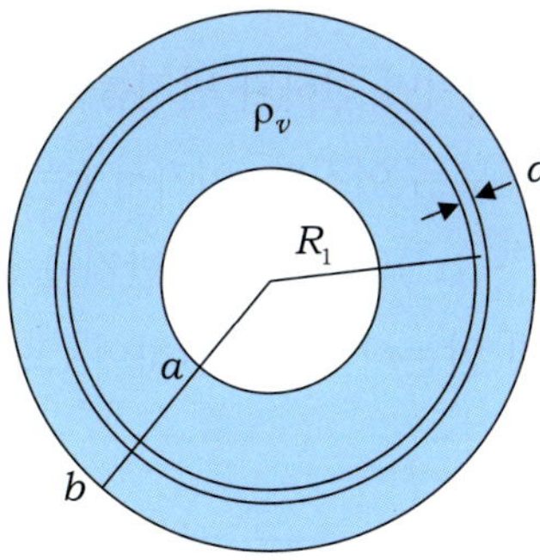

그림 3-27 속이 빈 구 형태의 체적전하밀도

Solution

얇은 구 껍질 형태의 전하층을 하나씩 쌓을 때 한 일의 양을 계산하여 전체 에너지를 계산한다. 우선 반지름이 R_1인 구에 포함된 총 전하를 구하면

$$Q = \rho_v \frac{4\pi}{3}\left(R_1^3 - a^3\right)$$

$R = R_1$에서의 전위는 마치 Q가 원점에서의 점원일 때와 동일하다. 즉

$$V = \frac{Q}{4\pi\varepsilon_o R_1} = \frac{1}{4\pi\varepsilon_o R_1}\left[\rho_v \frac{4\pi}{3}\left(R_1^3 - a^3\right)\right] \tag{3-142}$$

반지름이 R_1이고 두께가 dR인 매우 얇은 구 껍질에 포함된 전하는

$$dq = \rho_v 4\pi R_1^2 dR \tag{3-143}$$

미분전하 dq를 무한대에서 $R = R_1$인 면으로 옮겨올 때 소모되는 에너지는 식 (3-142)와 (3-143)으로부터 구할 수 있다. 즉

$$dW = Vdq = \left[\rho_v^2 \frac{4\pi}{3\varepsilon_o} R_1\left(R_1^3 - a^3\right)\right] dR$$

주어진 체적전하를 조합하는데 소모되는 총 에너지는 다음과 같다.

$$\begin{aligned} W_E = \int dW &= \rho_v^2 \frac{4\pi}{3\varepsilon_o}\int_{R=a}^{R=b} R\left(R^3 - a^3\right) dR \\ &= \rho_v^2 \frac{4\pi}{3\varepsilon_o}\left[\frac{1}{5}(b^5 - a^5) - a^3\frac{1}{2}(b^2 - a^2)\right] \end{aligned} \tag{3-144}$$

식 (3-144)에서 만약 $a = 0$이면 전하가 반지름이 b인 구를 형성하고 이때의 포텐셜에너지는 kb^5의 형태로 주어진다. 여기서 k는 상수이다. 식 (3-144)에서 보듯이 W_E는 단순히 $k(b^5 - a^5)$의 형태(즉, 반지름 b인 구의 W_E 빼기 반지름 a인 구의 W_E)로 주어지지 않는다. 다시 말하여, 포텐셜에너지는 중첩의 원리를 만족하지 않는다.

Exercise 3.29

동일한 전하 1[μC]의 세 점전하가 자유공간 상에서 x-축을 따라 1[m]씩 떨어져 있다. 이들의 포텐셜에너지를 구하라.

Ans 0.022[J]

Exercise 3.30

2개의 평행이고 무한한 평면이 각각 ρ_s와 $-\rho_s$의 전하를 띠고 있고, 서로 거리 a만큼 떨어져 있다. 그들 사이의 공간에서 에너지밀도를 구하라.

Ans $w_e = \rho_s^2/(2\varepsilon_o)$

Review Questions with Hints

RQ 3.29 체적전하밀도의 전기 포텐셜에너지 표현식을 서술하라. [(3-136)]

RQ 3.30 전기 포텐셜에너지를 전기장을 이용해 표시하라. [(3-140)]

RQ 3.31 전기 에너지밀도를 정의하라. [(3-141)]

3.8 경계값 문제(ELECTROSTATIC BOUNDARY VALUE PROBLEMS)

지금까지는 주어진 전하분포에 대한 전기장을 구하는 방법에 대해 공부했다. 그러나 대부분 실제의 문제에서 전하분포가 주어지지 않을 수 있다. 이 절에서는 푸아송 방정식(Poisson's equation), 라플라스 방정식(Laplace's equation), 이미지 방법(method of images)을 설명한다. 이들을 이용하면 경계면에서 주어지는 전하분포 혹은 전위를 이용해 주어진 영역 내에서의 전위 및 전기장을 구할 수 있다. 경계면값이 주어지는 정전기 문제를 경계값 문제(boundary value problem)라 부른다.

3.8.1 푸아송 및 라플라스 방정식(Poisson's and Laplace's Equations)

정전기장에 대한 2개의 기본식으로부터 논의를 시작한다. 즉

$$\nabla \cdot \mathbf{D} = \rho_v \tag{3-145}$$

$$\nabla \times \mathbf{E} = 0 \tag{3-146}$$

이 절에서의 논의를 균질(homogeneous)하고, 선형(linear)이고, 등방성(isotropic)인 매질에 국한하면 $\mathbf{E}$와 $\mathbf{D}$에 대한 관계식은 아래와 같다.

$$\mathbf{D} = \varepsilon \mathbf{E} \tag{3-147}$$

이러한 조건에서 유전율 ε은 상수이므로 $\mathbf{E}$의 크기 및 방향에 무관하다. 이미 알고 있듯이 $\mathbf{E}$와 V 사이의 관계는 아래와 같다.

$$\mathbf{E} = -\nabla V \tag{3-148}$$

식 (3-147)과 (3-148)을 식 (3-145)에 대입하면,

$$-\nabla \cdot \varepsilon(\nabla V) = \rho_v \tag{3-149}$$

유전율 ε은 단순매질에서 상수이므로 이것을 다이버전스 연산자 밖으로 내보낼 수 있다. 그리하여 푸아송 방정식(Poisson's equation)은 아래와 같다.

$$\boxed{\nabla^2 V = -\frac{\rho_v}{\varepsilon}} \tag{3-150}$$

연산자 ∇^2을 "del squared"로 읽는다. 이것은 스칼라장에 대한 그레이디언트에 다이버전스를 취한 것이다. 주어진 영역에 체적전하가 존재하지 않으면 푸아송 방정식은 라플라스 방정식(Laplace's equation)으로 바뀐다. 즉

$$\boxed{\nabla^2 V = 0} \tag{3-151}$$

푸아송 방정식과 라플라스 방정식은 모두 2차 미분방정식이므로, 2개의 경계면 조건에 의해 2개의 적분상수가 결정되면, 주어진 영역에서 유일해(unique solution)를 가지게 된다. 체적전하가 존재하지 않는 영역에서 라플라스 방정식을 푸는 경우, 다른 전하들, 예를 들면 점, 선 혹은 면전하들은 경계값으로 사용된다.

직각좌표계에서 라플라스 방정식은 아래와 같은 모양으로 주어진다.

$$\boxed{\frac{\partial^2 V}{\partial x^2} + \frac{\partial^2 V}{\partial y^2} + \frac{\partial^2 V}{\partial z^2} = 0} \qquad \text{(직각좌표)} \tag{3-152a}$$

원통 및 구좌표계에서의 V의 라플라시안은 각각의 좌표계에서 V의 그레이디언트에 다이버전스를 취하여 계산할 수 있다. 원통 및 구좌표계에서의 라플라스 방정식은 다음과 같다. 즉

$$\boxed{\frac{1}{\rho}\frac{\partial}{\partial \rho}\left(\rho \frac{\partial V}{\partial \rho}\right) + \frac{1}{\rho^2}\left(\frac{\partial^2 V}{\partial \phi^2}\right) + \frac{\partial^2 V}{\partial z^2} = 0} \qquad \text{(원통좌표)} \tag{3-152b}$$

$$\boxed{\frac{1}{R^2}\frac{\partial}{\partial R}\left(R^2 \frac{\partial V}{\partial R}\right) + \frac{1}{R^2 \sin\theta}\frac{\partial}{\partial \theta}\left(\sin\theta \frac{\partial V}{\partial \theta}\right) + \frac{1}{R^2 \sin^2\theta}\frac{\partial^2 V}{\partial \phi^2} = 0} \qquad \text{(구좌표)} \tag{3-152c}$$

Exercise 3.31

다음의 함수들이 라플라스 방정식을 만족한다는 것을 보여라.

(a) $V = e^{-2x}\cos(2y)$ (b) $V = \ln[\tan(\theta/2)]$

3.8.2 유일성 정리(Uniqueness Theorem)

미적분학에 따르면 푸아송 방정식과 같은 2차 미분방정식은 2개의 독립적인 동차해(homogeneous solution)를 가지는데, 이들은 주어진 공간상 영역에 원천이 존재하지 않는 것처럼 가정하여 얻은 해를 의미한다. 이들이 주어진 경계면 조건을 만족시키도록 선형적으로 결합되면, 이 선형결합(linear combination)은 주어진 영역에서의 유일한 해가 된다. 이것을 유일성 정리(uniqueness theorem)라 한다. 즉 ***푸아송 방정식의 해가 주어진 경계면 조건을 만족하면 그것은 주어진 영역에서 유일한 해이다***. 유일성 정리를 이용하면 푸아송 방정식을 직관적인 방법으로 풀 수 있는데, 이 경우 단지 경계면 조건을 만족하는 시험적인 해(trial solution)를 찾아내기만 하면 된다.

유일성 정리를 증명하기 위해 아래의 절차를 따른다. 우선 V_1과 V_2가 체적 $\mathscr{V}$이고 경계면이 폐곡면 S로 주어지는 영역 $\mathscr{R}$에서 푸아송 방정식의 두 해라고 가정한다. 즉

$$\nabla^2 V_1(\mathbf{r}) = -\frac{\rho_v}{\varepsilon} \tag{3-153a}$$

$$\nabla^2 V_2(\mathbf{r}) = -\frac{\rho_v}{\varepsilon} \tag{3-153b}$$

또한 V_1과 V_2는 동일한 경계면 조건을 가진다고 가정하자. 즉

$$V_1(\mathbf{r}_s) = V_2(\mathbf{r}_s) = V_s \tag{3-154}$$

여기서 $\mathbf{r}_s$는 경계면 S에 놓인 점에 대한 위치벡터이다.

영역 $\mathscr{R}$에서 또 다른 스칼라장을 정의한다. 즉

$$\bar{V}(\mathbf{r}) \equiv V_1(\mathbf{r}) - V_2(\mathbf{r}) \tag{3-155}$$

식 (3-153)과 (3-154)를 이용해 $\bar{V}(\mathbf{r})$의 라플라시안과 경계면에서의 $\bar{V}(\mathbf{r})$의 경계값을 아래와 같이 구한다.

$$\nabla^2 \bar{V}(\mathbf{r}) = \nabla^2 V_1(\mathbf{r}) - \nabla^2 V_2(\mathbf{r}) = 0 \tag{3-156a}$$

$$\bar{V}(\mathbf{r}_s) = V_1(\mathbf{r}_s) - V_2(\mathbf{r}_s) = 0 \tag{3-156b}$$

식 (3-156a)와 (3-156b)의 미분방정식과 경계값은 영역 $\mathscr{R}$ 에서의 또 다른 하나의 경계값 문제로 취급된다.

두 함수 $\bar{V}$와 $\nabla\bar{V}$가 벡터 항등식 $\nabla\cdot(A\mathbf{V}) = A(\nabla\cdot\mathbf{V}) + \mathbf{V}\cdot(\nabla A)$의 A와 $\mathbf{V}$를 대신하도록 하면 아래와 같은 식을 쓸 수 있다.

$$\nabla\cdot\left(\bar{V}\,\nabla\bar{V}\right) = \bar{V}\left(\nabla\cdot\nabla\bar{V}\right) + \nabla\bar{V}\cdot\left(\nabla\bar{V}\right)$$

위 식의 양변을 체적 $\mathcal{V}$에 대해 체적적분하면

$$\int_{\mathcal{V}} \nabla\cdot\left(\bar{V}\,\nabla\bar{V}\right)dv = \int_{\mathcal{V}} \bar{V}\left(\nabla\cdot\nabla\bar{V}\right)dv + \int_{\mathcal{V}} \nabla\bar{V}\cdot\left(\nabla\bar{V}\right)dv \tag{3-157}$$

식 (3-157) 오른쪽의 첫째 항은 식 (3-156a)로 인하여 0이 된다. 식 (3-157)의 왼쪽 항을 다이버전스정리를 이용해 다시 쓰고, 식 (3-156b)의 경계면 조건을 대입하면

$$\int_{\mathcal{V}} \nabla\cdot\left(\bar{V}\,\nabla\bar{V}\right)dv = \oint_S \left(\bar{V}\,\nabla\bar{V}\right)\cdot d\mathbf{s} = 0$$

그러므로 식 (3-157)은 다음과 같이 단순화 된다.

$$\int_{\mathcal{V}} \nabla\bar{V}\cdot\left(\nabla\bar{V}\right)dv = 0 \tag{3-158}$$

위 식의 피적분 함수는 항상 플러스 값이므로, 체적 $\mathcal{V}$내의 모든 점에서 $\nabla\bar{V} = 0$이어야 한다. 이것으로부터 $\bar{V}$의 값은 항상 상수이어야 한다는 것을 알 수 있다.

$$\bar{V}(\mathbf{r}) = V_1(\mathbf{r}) - V_2(\mathbf{r}) = C \tag{3-159}$$

여기서 C는 상수이고, $\mathbf{r}$은 영역 $\mathscr{R}$ 내의 한 점의 위치벡터이다. 식 (3-159)는 영역 $\mathscr{R}$ 내의 모든 점에서 만족되어야 하는데, $\mathscr{R}$의 경계면 S 위의 점들에서도 만족되어야 한다. 식 (3-156b)의 경계값을 식 (3-159)에 대입하면 $C = 0$을 얻는다. 그러므로 영역 $\mathscr{R}$

의 모든 점에서 아래의 관계식이 성립한다.

$$V_1(\mathbf{r}) = V_2(\mathbf{r}) \quad (3\text{-}160)$$

따라서 유일성 정리가 증명된다.

위의 증명은 ρ_v의 존재 여부에 무관하므로 라플라스 방정식의 해에 대해서도 유일성 정리가 증명된다. 라플라스 방정식의 해를 시행착오(trial and error)를 거쳐 경계면 조건을 만족하도록 찾아내면 그것은 주어진 영역에서의 유일한 해이다.

Exercise 3.32

긴 도체 홈통(trough)이 z-축을 따라 놓여 있고 전위가 0으로 유지된다. 그 단면은 각 변이 b인 정사각형으로 ⊏ 모양이다(밑변, x-축; 옆변, y-축).

(a) 함수 $V = \sinh(n\pi x/b)\sin(n\pi y/b)$, $n = 1, 2, \cdots$가 라플라스 방정식 및 경계면 조건을 만족하는가?

(b) 왜 유일해로 주어지지 않는가?

Ans (a) 예
(b) 2개의 경계면 조건이 필요

3.8.3 경계값 문제들(Examples of Boundary Value Problems)

Example 3-19

2개의 평행인 평판도체가 거리 d로 떨어져 있고, 전위가 각각 $V=0$과 $V=V_o$으로 유지된다([그림 3-28] 참조). 두 도체 사이 공간은 체적전하밀도 $\rho_v = \rho_o \sin(\pi z/d)$의 전하들로 채워져 있다. $\mathbf{E}$의 도체 가장자리에서의 휘어짐 현상(fringing effect)을 무시하고 다음을 구하라.

(a) 두 도체 사이 공간에서의 전위

(b) 두 도체에 유도되는 표면전하밀도

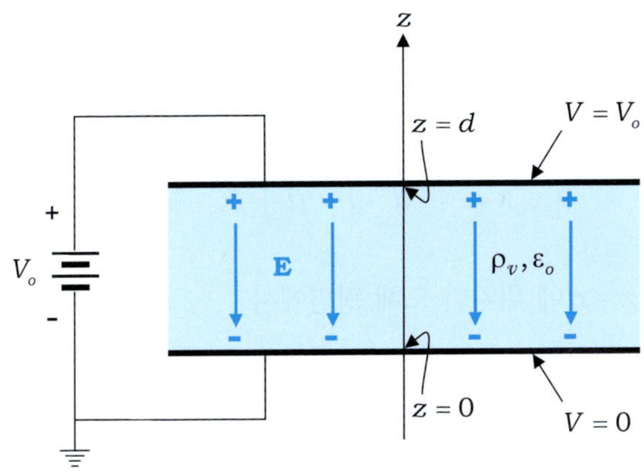

그림 3-28 두 평판도체 사이가 체적전하로 채워짐

Solution

(a) 전기장선의 휘어짐 현상이 무시되면, 두 평판이 무한히 크다고 가정하고 **E**와 V를 구한다. x-축과 y-축으로의 병진대칭(translational symmetry)을 고려하면 직각좌표계에서 푸아송 방정식은 아래와 같이 축소된다. 즉

$$\frac{d^2V}{dz^2} = -\frac{\rho_o}{\varepsilon_o}\sin\left(\frac{\pi}{d}z\right)$$

윗식 양변을 z에 대해 두 번 적분하면

$$V = \frac{\rho_o}{\varepsilon_o}\left(\frac{d}{\pi}\right)^2 \sin\left(\frac{\pi}{d}z\right) + c_1 z + c_2 \tag{3-161}$$

여기서 c_1과 c_2는 적분상수이다.

경계면 조건을 식 (3-161)에 대입하면

$$V(z=0) = 0 = c_2 \tag{3-162a}$$

$$V(z=d) = V_o = c_1 d \tag{3-162b}$$

식 (3-162)와 (3-161)을 결합하여 두 도체 사이의 공간에서 V를 구한다.

$$V = \frac{\rho_o}{\varepsilon_o}\left(\frac{d}{\pi}\right)^2 \sin\left(\frac{\pi}{d}z\right) + \frac{V_o}{d}z \tag{3-163}$$

(b) 식 (3-163)으로부터 두 도체 사이의 공간에서 전기장을 구한다.

$$\mathbf{E} = -\nabla V = -\left[\frac{\rho_o d}{\varepsilon_o \pi}\cos\left(\frac{\pi}{d}z\right) + \frac{V_o}{d}\right]\mathbf{a}_z$$

$z = 0$과 $z = d$에 위치한 도체 평면에서

$$\mathbf{D}(0) = \varepsilon_o \mathbf{E}(0) = \varepsilon_o\left[-\frac{\rho_o d}{\varepsilon_o \pi} - \frac{V_o}{d}\right]\mathbf{a}_z$$

$$\mathbf{D}(d) = \varepsilon_o \mathbf{E}(d) = \varepsilon_o\left[\frac{\rho_o d}{\varepsilon_o \pi} - \frac{V_o}{d}\right]\mathbf{a}_z$$

여기서, $z = 0$ 평면에서 도체 바깥으로의 수직 단위벡터는 $\mathbf{a}_n = \mathbf{a}_z$이고, $z = d$ 평면에서 도체 바깥으로의 수직 단위벡터는 $\mathbf{a}_n = -\mathbf{a}_z$이다. 식 (3-126)으로부터 도체 위의 표면전하밀도를 아래와 같이 구한다.

$$\rho_s = D_z(0) = -\frac{\rho_o d}{\pi} - \frac{\varepsilon_o V_o}{d} \qquad (z = 0\text{에서}) \tag{3-164a}$$

$$\rho_s = -D_z(d) = -\frac{\rho_o d}{\pi} + \frac{\varepsilon_o V_o}{d} \qquad (z = d\text{에서}) \tag{3-164b}$$

식 (3-164)의 두 표면전하밀도는 그 값이 서로 다르다. 전하밀도 $\pm\varepsilon_o V_o/d$는 전위차 V_o에 의해 발생하고, 전하밀도 $-\rho_o d/\pi$는 두 도체 사이의 체적 $1 \times 1 \times d[\text{m}^3]$에 포함된 알짜전하 $2\rho_o d/\pi$에 의해 발생한다.

Example 3-20

2개의 반 무한 평판도체가 [그림 3-29] 처럼 쐐기(wedge)모양으로 주어진다. 각각은 x-축에 대해 ϕ_1과 ϕ_2의 각도를 이루고, 전위가 V_1과 V_2로 주어진다. 다음의 영역에서 V를 구하라.

(a) $\phi_1 \le \phi \le \phi_2$

(b) $\phi_2 \le \phi \le (\phi_1 + 2\pi)$

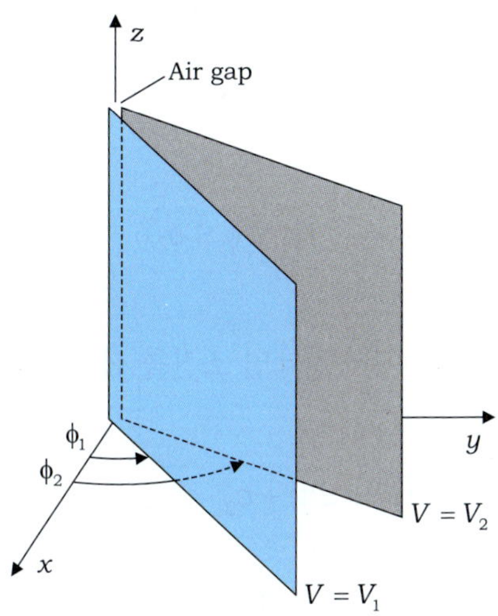

그림 3-29 쐐기 모양의 2개의 반 무한 평판도체

Solution

유일성 정리를 고려하고, $\phi = \phi_1$ 평면과 $\phi = \phi_2$ 평면이 등전위면임을 고려하여, 상수 ϕ 평면이 항상 등전위면이라고 가정한다. 이러한 조건에서 V는 ρ과 z에 무관하므로 원통좌표계에서의 라플라스 방정식은 아래와 같이 축소된다.

$$\nabla^2 V = \frac{1}{\rho^2}\frac{\partial^2 V}{\partial \phi^2} = 0 \tag{3-165}$$

양변을 각각 ϕ로 두 번 적분하고, 적분상수를 c_1과 c_2로 표시하면

$$V = c_1\phi + c_2 \tag{3-166}$$

(a) 영역 $\phi_1 \le \phi \le \phi_2$에서 경계면 조건을 식 (3-166)에 적용하면

$$V(\phi_1) = V_1 = c_1\phi_1 + c_2 \tag{3-167a}$$

$$V(\phi_2) = V_2 = c_1\phi_2 + c_2 \tag{3-167b}$$

위 식들을 풀어 c_1과 c_2를 구하면

$$c_1 = \frac{V_1 - V_2}{\phi_1 - \phi_2}$$

$$c_2 = V_1 - \frac{V_1 - V_2}{\phi_1 - \phi_2}\phi_1$$

그러므로 정답은

$$V = \frac{V_1 - V_2}{\phi_1 - \phi_2}(\phi - \phi_1) + V_1 \quad (\phi_1 \le \phi \le \phi_2) \tag{3-168}$$

(b) 영역 $\phi_2 \le \phi \le (\phi_1 + 2\pi)$에서 경계면 조건을 식 (3-166)의 일반해에 적용하면

$$V(\phi_2) = V_2 = c_1\phi_2 + c_2$$

$$V(\phi_1 + 2\pi) = V_1 = c_1(\phi_1 + 2\pi) + c_2$$

위 식들을 풀어 c_1과 c_2를 구하면

$$c_1 = \frac{V_2 - V_1}{\phi_2 - \phi_1 - 2\pi}, \quad \text{그리고} \quad c_2 = V_2 - \frac{V_2 - V_1}{\phi_2 - \phi_1 - 2\pi}\phi_2$$

그러므로 정답은

$$V = \frac{V_2 - V_1}{\phi_2 - \phi_1 - 2\pi}(\phi - \phi_2) + V_2 \quad (\phi_2 \le \phi \le (\phi_1 + 2\pi)) \tag{3-169}$$

식 (3-168)과 (3-169)의 전위는 각각의 영역에서 라플라스 방정식 및 주어진 경계면 조건을 만족하므로 각각 유일해이다. 이들은 초기의 가정, 즉 상수 ϕ 평면은 항상 등전위면이라는 가정과 잘 일치한다.

Example 3-21

2개의 동심의, 매우 얇은, 도체 구 사이의 공간이 유전율 ε의 유전체로 채워졌다([그림 3-30] 참조). 두 구는 반지름이 각각 a와 b이고 전위가 V_1과 V_2이다. 다음의 영역에서 V를 구하라. (a) $R > b$, (b) $a \le R \le b$, (c) $0 < R \le a$

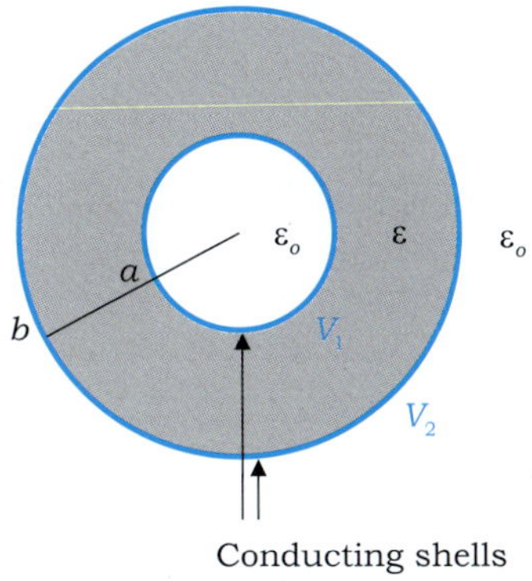

그림 3-30 2개의 동심 구 사이가 유전체로 채워짐

Solution

구대칭성을 고려하면, 구좌표계에서 라플라스 방정식은 아래와 같이 축소된다.

$$\nabla^2 V = \frac{1}{R^2}\frac{\partial}{\partial R}\left(R^2 \frac{\partial V}{\partial R}\right) = 0$$

양변을 R에 대해 두번 적분하고, 적분상수를 c_1과 c_2로 표시하면

$$V = \frac{c_1}{R} + c_2 \tag{3-170}$$

(a) 영역 $R > b$에서 경계면 조건을 식 (3-170)에 적용하면

$$V(R = b) = V_2 = \frac{c_1}{b} + c_2 \tag{3-171a}$$

$$V(R = \infty) = 0 = c_2 \tag{3-171b}$$

식 (3-171)을 c_1과 c_2에 대해 풀면

$$c_1 = bV_2$$

$$c_2 = 0$$

그러므로 정답은

$$V = \frac{bV_2}{R} \qquad (R > b) \tag{3-172a}$$

(b) 영역 $a \le R \le b$에서 경계면 조건을 식 (3-170)에 적용하면

$$V(R = a) = V_1 = \frac{c_1}{a} + c_2$$

$$V(R = b) = V_2 = \frac{c_1}{b} + c_2$$

위 식을 c_1과 c_2에 대해 풀면

$$c_1 = \frac{ab}{b-a}(V_1 - V_2)$$

$$c_2 = V_1 - \frac{b}{b-a}(V_1 - V_2)$$

그러므로 정답은

$$V = V_1 + \left[\frac{a}{R} - 1\right]\frac{b}{b-a}(V_1 - V_2) \qquad (a \le R \le b) \tag{3-172b}$$

(c) 영역 $0 < R \le a$에서 전기장이 0이므로

$$V = V_1 \tag{3-172c}$$

3.8.4 영상법(Method of Images)

전기쌍극자의 전기장선들은 [그림 3-31(a)]에서처럼 중앙의 평면에 대해 대칭이다. 또한 전기장선들은 그 중앙 평면에 항상 수직이므로 그 평면은 하나의 등전위면이다. 중앙 평면은 수식적으로 $\mathbf{p}\cdot\mathbf{a}_R=0$으로 표시되는데 이것을 식 (3-83)에 대입하면 중앙 평면의 전위가 $V=0$이라는 것을 알 수 있다. 여기서 잠시 [그림 3-31(b)]에 표시된 하나의 경계값 문제를 검토하자. 그림에서 보듯이 점전하 $+q$가 완전도체이고 접지되어 전위가 0으로 주어지는 무한히 큰 평면에 대해 거리 $d/2$ 만큼 떨어져 있다. 포텐셜이론에 의하면 이 경우 전기장선들은 점전하에서 시작해 도체평면에 수직으로 끝난다. [그림 3-31(b)]의 전기장선들은 [그림 3-31(a)]의 윗 부분에 있는 전기장선들과 동일하다. 그 이유는 두 전기장선들이 동일한 경계면 조건을 만족시키기 때문이다. 반복한다면, 라플라스 방정식과 주어진 경계면 조건을 만족하는 해는 주어진 영역에서 유일한 해이다.

영상법(method of images)을 이용하면 전위가 0인 도체평면들이 포함되는 문제들에서 전기장을 쉽게 구할 수 있다. 이 방법에서는 도체평면 위에 존재하는 전하분포를, 주어진 전하분포와 그것의 이미지로 대치하고, 주어진 도체평면은 무시한 채 전기장을 구한다. 주어진 문제의 전기장은 중앙 평면 위의 영역에서 얻어지는 전기장에 해당한다. 전기장의 중첩원리에 따라 영상법은 연속적인 전하분포 혹은 등전위면에도 적용될 수 있다.

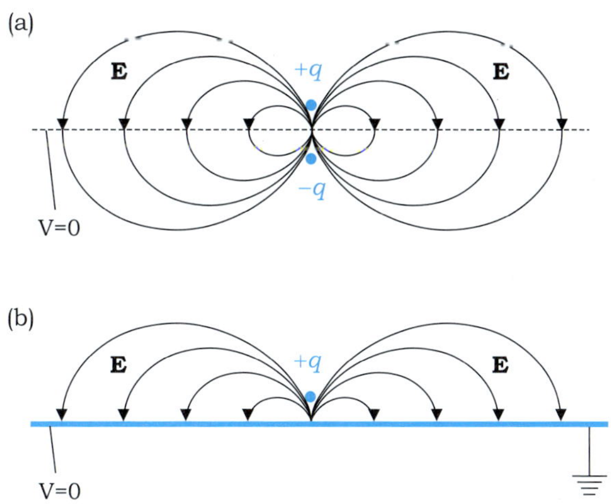

그림 3-31 (a) 전기쌍극자의 선기상, (b) 도체평면 위의 집진하

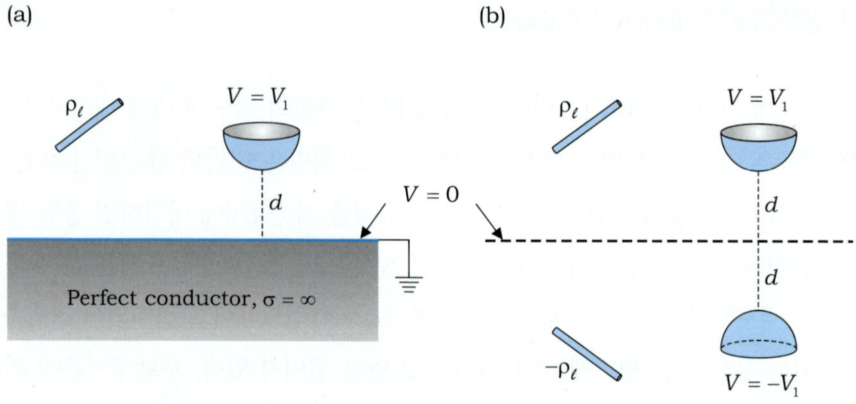

그림 3-32 (a) 경계값 문제, (b) 영상법

Example 3-22

두 전하 $+Q$와 $-Q$가 [그림 3-33]에서처럼 서로 이미지 관계에 있다. 대칭성을 고려하면 전기장선들은 중앙 평면에 대해 서로 대칭이어야 한다. 여기에 더하여 전기장선들은 중앙 평면에 대해 항상 수직인가?

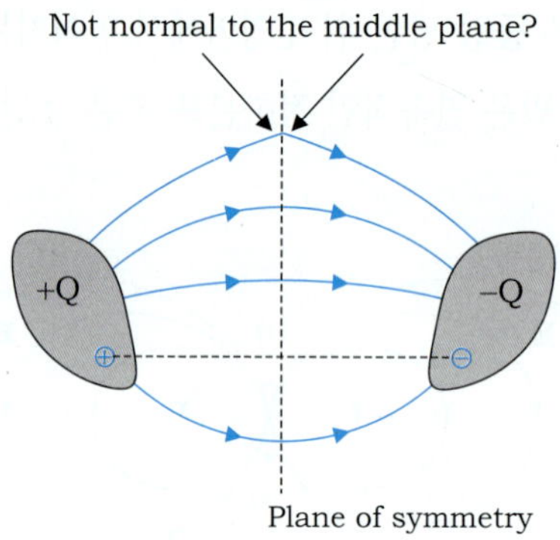

그림 3-33 대칭적인 두 전하에 의한 대칭적인 전기장선

Solution

두 대칭적인 전하 $+Q$와 $-Q$를 중앙 평면에 걸쳐서 존재하는 여러 개의 전기쌍극자의 합으로 생각할 수 있다. 하나의 전기쌍극자에 의한 전기장선은 공간상에서 매끈한 곡선으로 주어지므로, 중첩 원리에 따라 $+Q$와 $-Q$에 의한 전기장선도 매끈한 곡선으로 주어지고 따라서 중앙 평면에 대해서 전기장선은 항상 수직이다.

Example 3-23

다음의 경우에 대해 등전위면에 대한 표현식을 구하라.

(a) 2개의 무한히 긴, 가느다란, 직선이 서로 평행이고 거리 $2d$만큼 떨어져 있다. 이들은 각각 선전하밀도 ρ_ℓ과 $-\rho_\ell$을 가지고 있다.

(b) 2개의 무한히 긴, 직선의 도선이 동일한 반지름 β_1로 주어지고, 서로 평행이며, 중심 축 사이의 거리가 $2\alpha_1$로 주어진다. 이들은 각각 전위 V_1과 $-V_1$으로 유지된다.

Solution

(a) [그림 3-34(a)]를 참조하여 점 p에서의 전위 V를 식 (3-69)를 이용해 아래와 같이 구한다.

$$V = \frac{\rho_\ell}{2\pi\varepsilon_o}\left[\ln\frac{\mathcal{R}_{1-0}}{\mathcal{R}_1} - \ln\frac{\mathcal{R}_{2-0}}{\mathcal{R}_2}\right] \tag{3-173}$$

여기서 $\mathcal{R}_1$(혹은 $\mathcal{R}_2$)는 점 p에서 선전하 ρ_ℓ(혹은 $-\rho_\ell$)까지의 수직거리이고, $\mathcal{R}_{1-0}$(혹은 $\mathcal{R}_{2-0}$)은 영전위 기준점에서 선전하 ρ_ℓ(혹은 $-\rho_\ell$)까지의 수직거리이다.

여기서 $y=0$ 평면을 영전위 기준점으로 가정하면 $\mathcal{R}_{1-0} = \mathcal{R}_{2-0}$의 관계식을 얻는다. 이러한 조건에서 식 (3-173)은 아래와 같이 축소된다. 즉

$$V = \frac{\rho_\ell}{2\pi\varepsilon_o} \ln \frac{\mathcal{R}_2}{\mathcal{R}_1} \tag{3-174}$$

$\mathcal{R}_1$과 $\mathcal{R}_2$에 대한 직각좌표계에서의 표현식을 식 (3-174)에 대입하면

$$\boxed{V = \frac{\rho_\ell}{4\pi\varepsilon_o} \ln\left[\frac{(y+d)^2 + z^2}{(y-d)^2 + z^2}\right]} \tag{3-175}$$

식 (3-175)를 다시 써서 파라미터 K를 다음과 같이 정의한다.

$$\boxed{\exp\left[\frac{4\pi\varepsilon_o V}{\rho_\ell}\right] = \frac{(y+d)^2 + z^2}{(y-d)^2 + z^2} \equiv K} \tag{3-176}$$

윗식의 둘째 등식을 아래와 같이 다시 쓴다.

$$(y+d)^2 + z^2 = K\left[(y-d)^2 + z^2\right] \tag{3-177}$$

식 (3-177)을 다시 정리하면

$$\boxed{(y-\alpha)^2 + z^2 = \beta^2} \tag{3-178}$$

여기서

$$\boxed{\alpha = d\frac{K+1}{K-1}} \tag{3-179a}$$

$$\boxed{\beta = \frac{2d\sqrt{K}}{K-1}} \tag{3-179b}$$

전위 V_1의 등전위면을 구하기 위해 아래의 절차를 따른다.

(1) $V = V_1$을 식 (3-176)에 대입하여 $K = K_1$을 구한다.

(2) $K = K_1$을 식 (3-179)에 대입하여 $\alpha = \alpha_1$과 $\beta = \beta_1$을 구한다.

(3) α_1과 β_1을 식 (3-178)에 대입하여 yz-평면 위에서의 등전위면에 대한 수식을 얻는다.

전위 $V=V_1$의 등전위면은 반지름 β_1이고 중심이 $y=\alpha_1$에 있는 원통면에 해당한다([그림 3-34(b)] 참조). 식 (3-176)에서 보듯이 $K>1$이면 $V>0$이다(원통이 영역 $y>0$에 존재), 또한 $K<1$이면 $V<0$이다(원통이 영역 $y<0$에 존재).

여기서 영전위 기준점을 확인하여 보자. 전위 $V=0$에 대해 식 (3-176)과 (3-179)로부터 $K=1$과 $\alpha=\beta=\infty$를 얻게 되는데 이것은 식 (3-178)에서 보듯이 $y=0$ 평면에 해당한다. 그러므로 풀이 초기에 가정했던 영전위 기준점은 유효하다.

(b) 두 도선에 대한 단면을 [그림 3-34(c)]에 표시했는데, 이들은 중앙 평면을, 즉 $y=0$ 평면을 중심으로 서로 이미지 관계에 있다. 영상법에 따라 왼쪽 도선을 전위 $V=0$인 무한히 큰 중앙 평면으로, 즉 $y=0$ 평면으로 대치한다. 그러면 이것은 [그림 3-34(b)]에서와 동일한 하나의 경계값 문제가 된다. 이 경계값 문제는 [그림 3-34(a)]에서와 같이 2개의 서로 평행인 등가 선전하(equivalent line charge)를 이용해 풀 수 있다.

주어진 α_1과 $\beta_1(\alpha_1>\beta_1)$값을 이용해 식 (3-179)로부터 K와 d 값을 얻는다.

$$\sqrt{K_1}=\frac{\alpha_1+\sqrt{\alpha_1^2-\beta_1^2}}{\beta_1} \tag{3-180a}$$

$$d=\alpha_1\frac{K_1-1}{K_1+1}=\frac{\beta_1}{2}\frac{K_1-1}{\sqrt{K_1}} \tag{3-180b}$$

그 다음 K_1과 V_1을 식 (3-176)에 대입하여 등가 선전하밀도를 구한다.

$$\rho_\ell=\frac{4\pi\varepsilon_o V_1}{\ln K_1} \tag{3-181}$$

그 다음 ρ_ℓ과 d를 식 (3-175)에 대입하면 전위 V의 등전위면에 대한 표현식을 구할 수 있다.

$$V=\frac{\rho_\ell}{4\pi\varepsilon_o}\ln\left[\frac{(y+d)^2+z^2}{(y-d)^2+z^2}\right] \tag{3-182}$$

위에서와 동일한 절차에 따라 서로 평행인 무한히 긴 선전하와 무한히 긴 원통 도체를 포함하는 경계값도 풀 수 있다.

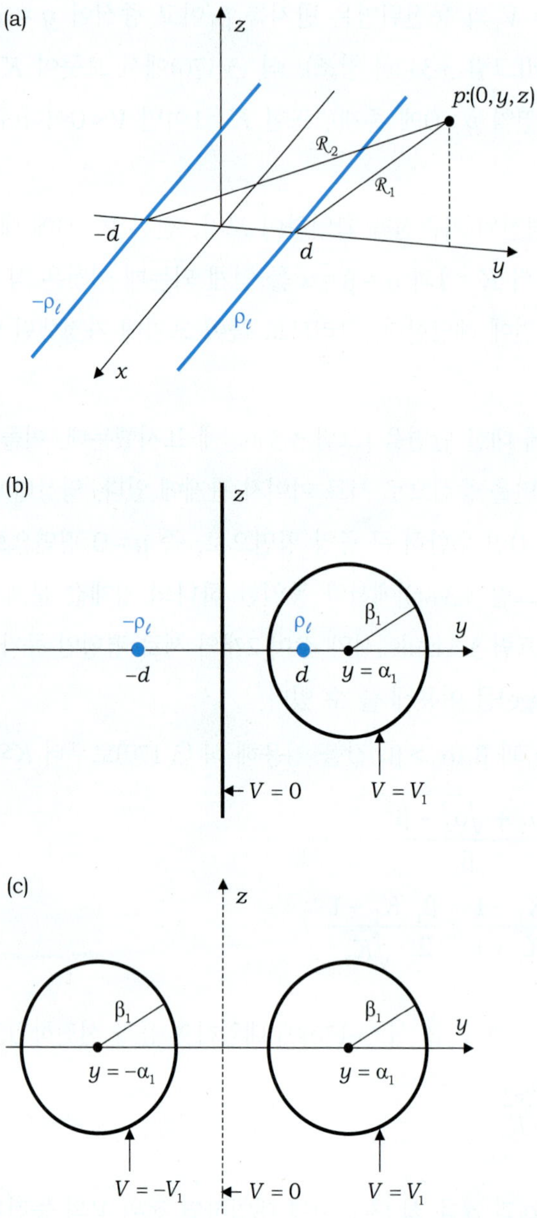

그림 3-34 (a) 평행인 두 선전하, (b) 두 등전위면($V=0$, $V=V_1$), (c) 두 등전위면($V=V_1$, $V=-V_1$)

2개의 무한히 긴 선전하밀도(± 1[nC/m])가 자유공간에서 서로 평행이고 서로 2[m] 만큼 떨어져 있다. 이때의 등전위면을 yz-평면상에서 계산하여 그린 실측도가 [그림 3-35]에 표시되었다.

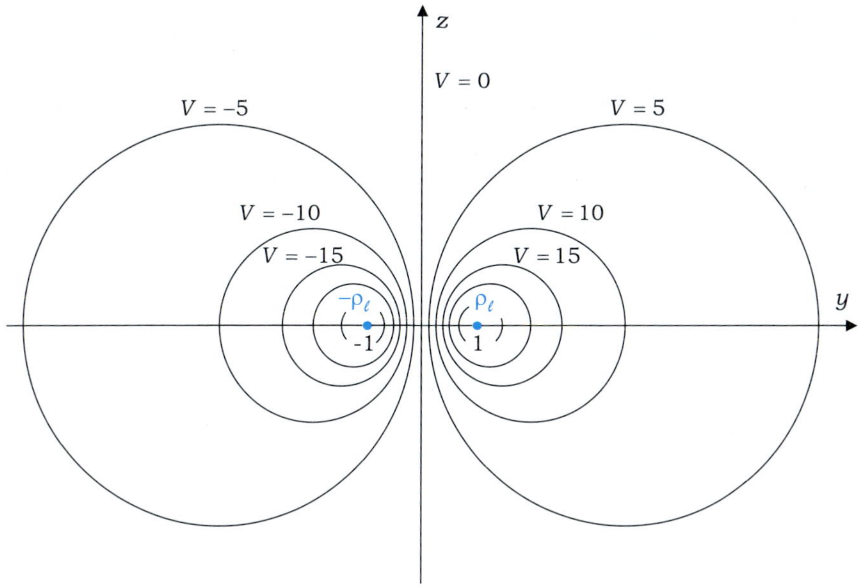

그림 3-35 평행인 선전하밀도 $\pm 1[\mathrm{nC/m}]$가 자유공간에서 서로 $2[\mathrm{m}]$ 떨어져 있을때의 등전위면

Exercise 3.33

[그림 3-31(b)]의 도체평면의 전위가 0이 아니더라도 (a) 전기장선들은 도체에 수직인가? (b) 전기장선들은 [그림 3-31(a)]의 위쪽과 동일한가? (c) 그렇지 않다면 그 이유는?

Ans (a) 예 (b) 아니오 (c) 도체 위의 알짜전하

Exercise 3.34

[그림 3-34(b)]에서 처럼 선전하 ρ_ℓ과 전위 $V=0$인 $y=0$ 평면의 경계값 문제에서 x-축으로의 단위 길이당 $y=0$ 평면에 유도되는 면전하는?

Ans $-\dfrac{\rho_\ell d}{\pi(d^2+z^2)}[\mathrm{C/m}]$

Review Questions with Hints

RQ 3.32 푸아송 방정식 및 라플라스 방정식을 서술하라. [(3-150)(3-151)]

RQ 3.33 푸아송 방정식과 라플라스 방정식을 비균질, 비선형, 비등방성 물질 내에서 사용할 수 있는가? [(3-149)]

RQ 3.34 전위에 대한 유일성 정리를 설명하라. [(3-160)]

RQ 3.35 전위 V에 대한 유일해를 얻기 위해 몇 개의 경계면 조건이 필요한가? [(3-161)]

RQ 3.36 하나의 스칼라장이 자유공간에서 라플라스 방정식을 만족시키지 못해도 하나의 전위장을 표시할 수 있는가? [(3-149)]

RQ 3.37 어떤 조건에서 시험적인 해가 체적전하를 포함하지 않는 경계값 문제의 유일해가 될 수 있는가? [(3-165)(3-167)]

RQ 3.38 영상법은 어떤 법칙들에 기초하여 성립하는가? [그림 3-31,3-32]

3.9 축전기 및 정전용량(CAPACITOR AND CAPACITANCE)

어떤 두 도체가 유전체를 사이에 두고 서로 분리되어 있다면 이들은 모양, 크기에 관계없이 항상 하나의 축전기(capacitor)를 형성한다. 축전기는 두 도체 위에 축적된 전하에 의해 유전체 내에 형성되는 전기장에 그 에너지를 저장할 수 있다. [그림 3-36]은 전기적으로 중성인 두 도체가 유전율이 ε인 유전체에 파묻힌 것을 보여준다. 여기서 도체 1의 일부 전자를 떼어내 도체 2에 주입하는 것을 가정하여보자. 이렇게 하면 도체 2는 주입된 전자에 의해 마이너스 전기를 띠게 되고 도체 1은 이온화된 격자원자들로 인하여 플러스 전기를 띠게 된다. 두 도체는 똑같은 전하에 부호가 반대인 알짜전하를 가지게 된다. 실제의 경우, 두 도체 사이의 전하의 분리는 두 도체에 연결된 dc 전압원천에 의해 이루어진다.

앞에서 설명한 것처럼 도체의 알짜전하들은 도체 표면에 위치하여 도체 내에 전기장을 형성시키지 말아야 한다. 이런 이유로 도체는 등전위의 상태로 존재한다. 두 도체 사이의 전위차 V는 당연히 도체의 알짜전하에 의해 유전체에 형성된 $\mathbf{E}$에 의해 발생된다. 만약 두 도체 사이의 분리된 전하량이 증가하면 이것은 도체의 표면전하밀도 ρ_s를 증가시킬 뿐 전하의 분포를 변화시키지는 않는다. 그렇지 않다면 도체 내에 전기장이 형성된다. 따라서 분리된 전하량이 k배 만큼 증가하면 ρ_s, $\mathbf{E}$, V의 크기도 모두 똑같이 k배 만큼 증가한다. 이것은 앞에서 설명한 식들 $\rho_s = D_n = \varepsilon E_n$ 및 $\mathbf{E} = -\nabla V$를 살펴보면 쉽게 이해할 수 있다. ρ_s와 V 사이의 선형적 관계는 도체의 알짜전하와 두 도체의 전위차 사이의 비가 주어진 축전기에서 항상 일정해야 한다는 것을 말해준다.

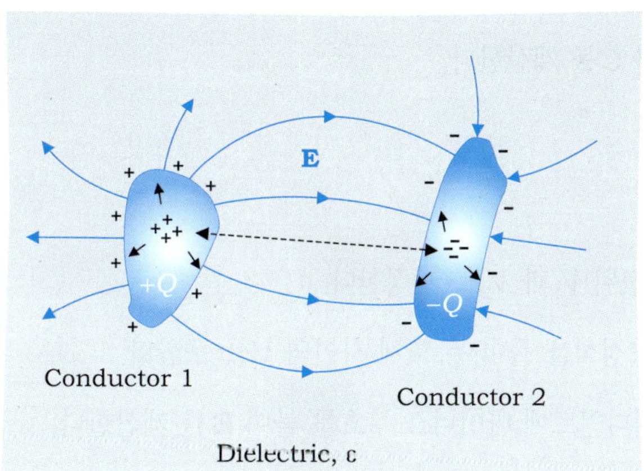

그림 3-36 유전체 내의 두 도체

두 도체 사이에 전하를 분리할 때 에너지가 소모된다. 그 이유는 전하의 분리는 이미 유전체 내에 존재하는 전기장을 거슬러서 수행되기 때문이다. 전하 분리시 한 일의 양은 축전기의 포텐셜에너지로 저장된다. 도체 위의 일정한 양의 알짜전하에 의해 발생되는 $\mathbf{E}$는 유전체에 따라 다르고 또한 도체의 모양, 크기, 도체 사이의 거리에 따라 다르다.

축전기(capacitor)의 정전용량(capacitance)은 도체 사이에 $1\,V$의 전위차를 형성시키기 위해 필요한 도체 위의 분리된 전하량이다. 즉

$$\boxed{C = \frac{Q}{V}} \quad [\mathrm{F}] \tag{3-183}$$

정전용량은 패럿 단위로 표시되며 이것은 단위 볼트당 쿨롱과 동일하다. 정전용량은 Q와 V 사이의 선형적 관계 때문에 전체전하 Q와 전위차 V에 독립적이다.

두 도체 사이의 정전용량은 아래의 절차에 따라 식 (3-183)으로부터 구할 수 있다.

1. 두 도체에 전하 $+Q$와 $-Q$를 가정한다.
2. 대칭성을 고려하여 좌표계 시스템을 결정한다.
3. Q에 의한 $\mathbf{E}$를 쿨롱 법칙, 가우스 법칙, 혹은 다른 방법으로 구한다.
4. $\mathbf{E}$의 선적분에 마이너스 부호를 붙여 V를 구한다.
5. Q/V로부터 C를 계산한다.

또 다른 방법으로

1. 두 도체에 전위 V_1과 V_2를 가정한다.
2. 라플라스 방정식을 풀어 두 도체 사이의 V를 구한다.
3. V의 그레이디언트에 마이너스 부호를 붙여 $\mathbf{E}$를 계산한다.
4. 식 $\rho_s = \varepsilon E_n$으로부터 표면전하밀도를 계산하고 총 표면전하 Q를 구한다.
5. 식 $Q/(V_1 - V_2)$로부터 C를 구한다.

3.9.1 평행판 축전기(Parallel-Plate Capacitor)

하나의 평행판 축전기는 단면이 S인 2개의 평행한 평판도체로 이루어져 있는데, 이들 사이는 두께 d, 유전율 ε인 유전체로 채워져 있다([그림 3-37] 참조). 이것의 정전용량을 구하기 위해 위, 아래 도체에 각각 $+Q$와 $-Q$의 전하가 주어진다고 가정한다. 두 도체 사이의 거리 d가 평판의 폭보다 매우 작으면 도체 가장자리에서의 $\mathbf{E}$의 휘어짐 현상을 무시할 수 있으므로 마치 평판이 무한대인 것으로 가정하여 **E**를 구한다. 이러한 가정 하에서 평판 위의 전하는 균일하고 그때의 표면전하밀도는 아래와 같다. 즉

$$\rho_s = \pm\frac{Q}{S} \tag{3-184}$$

식 (3-57)과 (3-58)에 중첩의 원리를 적용하면, 축전기 밖에서의 전기장은 $\mathbf{E}=0$이고, 두 도체 사이의 공간에서 전기장은 아래와 같다.

$$\mathbf{E} = \frac{-\rho_s}{\varepsilon}\mathbf{a}_z \tag{3-185}$$

그리하여 두 도체 사이의 전위차는

$$V_{1-2} = -\int_2^1 \mathbf{E}\cdot d\mathbf{l} = \frac{\rho_s}{\varepsilon}d \tag{3-186}$$

그러므로 평행판 축전기의 정전용량은 다음과 같다.

$$\boxed{C = \frac{Q}{V_{1-2}} = \frac{\varepsilon S}{d}} \quad [\mathrm{F}] \tag{3-187}$$

정전용량은 표면적과 유전율에 비례하고 두 도체 사이의 거리에 반비례한다.

식 (3-185)를 식 (3-139)에 대입하면 축전기에 저장된 전기에너지를 구할 수 있다. 즉

$$\begin{aligned} W_E &= \frac{1}{2}\int_v \mathbf{D}\cdot\mathbf{E}dv = \frac{\varepsilon}{2}\int_v E^2 dv \\ &= \frac{\rho_s^2}{2\varepsilon}Sd = \frac{1}{2}\left(\frac{\varepsilon S}{d}\right)\left[\frac{\rho_s d}{\varepsilon}\right]^2 \end{aligned} \tag{3-188}$$

식 (3-188)에서 괄호는 정전용량을 나타내고 브라켓은 축전기 양단의 전위차이다. 이들을 고려하면 평행판 축전기에 저장된 전기에너지는 다음과 같이 표시될 수 있다.

$$\boxed{W_E = \frac{1}{2}CV^2} \quad [\mathrm{J}] \tag{3-189}$$

저장된 에너지는 정전용량과 전위차의 제곱에 비례한다.

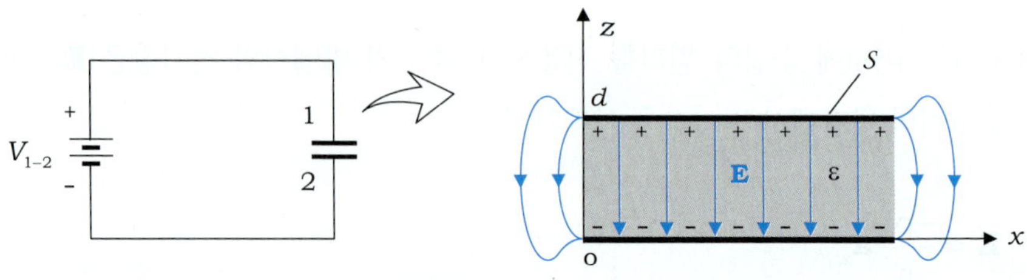

그림 3-37 평행판 축전기

만약 도체 위의 총 전하량을 고정시키고 도체의 면적을 증가시키면, 도체 위의 ρ_s와 도체 사이 공간의 $\mathbf{E}$는 모두 감소한다. 이것은 도체 사이의 전위차 $1V$를 위해 더 많은 전하분리가 이루어져야 한다는 것을 의미하므로, 정전용량이 더 크다는 것을 뜻한다. 비슷하게, 도체 사이의 유전체가 유전율이 더 큰 유전체로 교체되면, 유전체 내의 전기장세기는 감소한다. 그리하여 전위차 $1V$를 위해 더 많은 전하분리가 이루어져야 하므로 정전용량은 증가한다. 비록 두 도체 사이의 거리가 감소하여도 두 도체 사이의 공간에서의 전기장세기는 변하지 않는다. 그러나 이 경우 전위차 V를 계산하기 위한 적분길이 짧아져서 전위차 $1V$를 위한 전하분리가 증가하여야 하고 따라서 정전용량도 증가한다.

3.9.2 축전기들(Examples of Capacitors)

Example 3-24

길이 L의 동축 축전기가 반지름이 각각 a와 b인 2개의 동축 원통도체로 이루어져 있고, 두 도체 사이는 유전율 ε의 유전체로 채워져 있다([그림 3-38] 참조). 도체 가장자리에서의 $\mathbf{E}$의 휘어짐 현상을 무시하고 다음의 두 절차에 따라 정전용량을 구하라.

(a) 두 도체 위에 전하 $\pm Q$를 가정

(b) 두 도체에 전위 $\pm V_1$을 가정

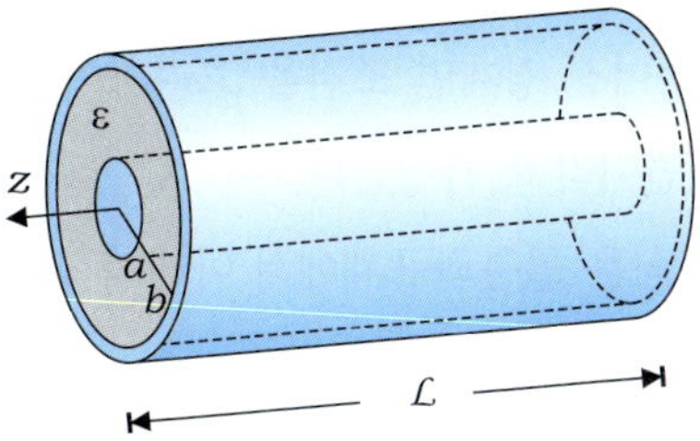

그림 3-38 동축 축전기

Solution

(a) 안쪽과 바깥쪽 원통에 각각 전하 $+Q$와 $-Q$가 존재한다고 가정한다. 가장자리 현상을 무시하면 전하들은 도체 위에서 균일하고, 도체 사이 공간에서의 $\mathbf{E}$는 마치 동축 축전기가 무한히 길다고 가정한 경우와 그 값이 같다. 이때의 전하분포는 원통대칭, z-방향으로의 병진대칭, x-축을 중심으로 2겹 회전 대칭성을 지닌다. 이러한 대칭성을 고려하면 발생되는 전기장은 어디에서나 $\mathbf{E} = E_\rho(\rho)\mathbf{a}_\rho$의 형태로 주어져야 한다.

영역 $a < \rho < b$에서 가우스 법칙으로부터 다음을 얻는다.

$\varepsilon E_\rho 2\pi\rho\mathcal{L} = Q$

두 도체 사이의 공간에서 전기장세기는

$$\mathbf{E} = E_\rho \mathbf{a}_\rho = \frac{Q}{2\pi\varepsilon\rho\mathcal{L}}\mathbf{a}_\rho$$

두 도체 사이의 전위차는 아래와 같이 계산된다.

$$V_{a-b} = -\int_{\rho=b}^{\rho=a} \mathbf{E}\cdot d\mathbf{l} = -\int_{\rho=b}^{\rho=a} \frac{Q}{2\pi\varepsilon\rho\mathcal{L}}\mathbf{a}_\rho \cdot \left(\mathbf{a}_\rho d\rho\right) = \frac{Q}{2\pi\varepsilon\mathcal{L}}\ln\left(\frac{b}{a}\right)$$

따라서 동축 축전기의 정전용량은 아래와 같다.

$$C = \frac{Q}{V_{a-b}} = \frac{2\pi\varepsilon\mathcal{L}}{\ln(b/a)} \quad [\mathrm{F}] \tag{3-190}$$

(b) 안쪽과 바깥쪽 원통에 각각 전위 $+V_1$과 $-V_1$을 가정한다. 유일성 정리를 염두에 두고 또한 주어진 경계면 조건을 고려하여, z-축을 중심으로 하는 모든 원통면은 등전위면이라고 가정한다. 이러한 조건에서 V는 ϕ와 z에 독립이고 라플라스 방정식은 원통좌표계에서 아래와 같이 축소된다.

$$\frac{1}{\rho}\frac{\partial}{\partial\rho}\left(\rho\frac{\partial V}{\partial\rho}\right) = 0$$

일반해를 적분상수 c_1과 c_2를 이용하여 아래와 같이 쓸 수 있다.

$$\mathrm{V} = c_1 \ln\rho + c_2 \tag{3-191}$$

식 (3-191)에 경계면 조건을 적용하여 아래의 식들을 얻는다.

$$\mathrm{V}_1 = c_1 \ln a + c_2 \tag{3-192a}$$

$$-\mathrm{V}_1 = c_1 \ln b + c_2 \tag{3-192b}$$

식 (3-192)에서 구한 c_1과 c_2를 식 (3-191)에 대입하면

$$\mathrm{V} = V_1 - 2V_1\frac{\ln(\rho/a)}{\ln(b/a)}$$

V의 그레이디언트에 음의 부호를 붙여 전기장을 구한다.

$$\mathbf{E} = \frac{2V_1}{\ln(b/a)}\frac{1}{\rho}\mathbf{a}_\rho$$

$$\mathbf{D} = \varepsilon\mathbf{E} = \frac{2\varepsilon V_1}{\ln(b/a)}\frac{1}{\rho}\mathbf{a}_\rho$$

$\rho = a$에 위치한 원통면에서의 표면전하밀도 ρ_s와 총 표면전하 Q는 아래와 같이 얻어진다.

$$\rho_s = D_\rho = \frac{2\varepsilon V_1}{\ln(b/a)}\frac{1}{a}$$

$$Q = 2\pi a\mathcal{L}\rho_s = \frac{4\pi\varepsilon V_1\mathcal{L}}{\ln(b/a)}$$

그러므로 정전용량은 다음과 같다.

$$C = \frac{Q}{2V_1} = \frac{2\pi\varepsilon L}{\ln(b/a)} \quad [\text{F}] \tag{3-193}$$

Example 3-25

자유공간상에 놓여 있는 반지름이 a인 도체 구의 정전용량을 구하라.

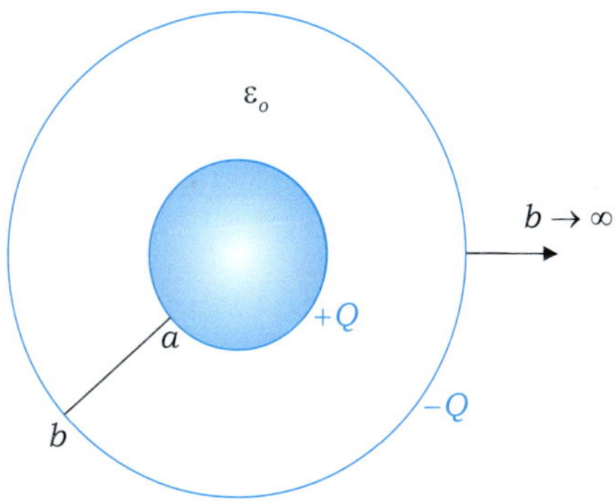

그림 3-39 자유공간상의 도체 구

Solution

우선 반지름이 각각 a와 b인 동심구로 이루어진 동심구 축전기의 정전용량을 계산한 후, 바깥 구의 반지름을 무한대로 보내 주어진 축전기의 정전용량을 구한다([그림 3-39] 참조). 각각의 구에 전하 $+Q$와 $-Q$가 주어진다고 가정하면 이 시스템은 구대칭성을 가진다. 구대칭성이 존재하는 시스템의 전기장은 $\mathbf{E} = E_R(R)\mathbf{a}_R$의 형태로 주어진다.

영역 $a < R < b$에서, 가우스 법칙으로부터 관계식 $D_R 4\pi R^2 = Q$를 얻는다. 따라서 전기장세기는 아래와 같다.

$$\mathbf{E} = E_R\mathbf{a}_R = \frac{Q}{4\pi\varepsilon_o R^2}\mathbf{a}_R$$

두 구 사이의 전위차는

$$V_{a-b} = -\int_{R=b}^{R=a} \mathbf{E} \cdot d\mathbf{l} = -\int_{R=b}^{R=a} \frac{Q}{4\pi\varepsilon_o R^2} \mathbf{a}_R \cdot (\mathbf{a}_R dR) = \frac{Q}{4\pi\varepsilon_o}\left(\frac{1}{a} - \frac{1}{b}\right)$$

동심구 축전기의 정전용량은

$$C = \frac{Q}{V_{a-b}} = 4\pi\varepsilon_o \left(\frac{1}{a} - \frac{1}{b}\right)^{-1} \quad [\mathrm{F}] \tag{3-194}$$

위 식에서 $b \to \infty$일 때의 극한을 취하면 고립된 도체 구의 정전용량을 아래와 같이 구할 수 있다.

$$C = 4\pi\varepsilon_o a \quad [\mathrm{F}] \tag{3-195}$$

Example 3-26

반지름 β_1이고 길이 $\mathcal{L}$인 두 원통형 도체가 중심거리 $2\alpha_1$로 떨어져서 서로 평행이다([그림 3-40] 참조). 전기장의 가장자리 현상을 무시하고 두 도체 사이의 정전용량을 구하라.

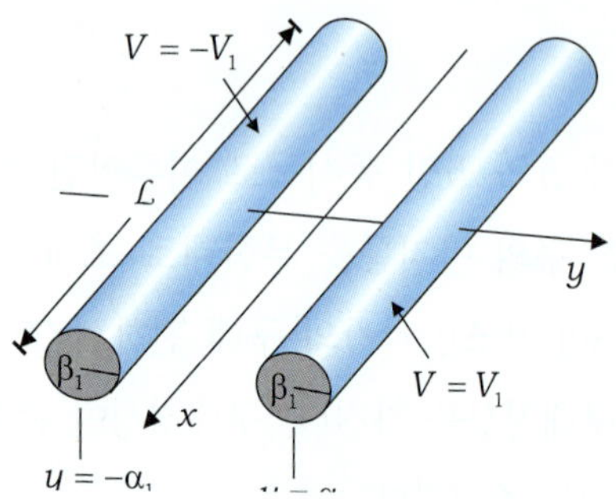

그림 3-40 두 평행의 원통형 도체

Solution

두 도체에 전위 V_1과 $-V_1$을 가정하면 주어진 문제는 [그림 3-34(c)]와 같은 경계값 문제가 되는데, 이것은 다시 [그림 3-34(a)]에서 주어지는 등가 선전하를 이용해 풀 수 있다. 우선 식 (3-180a)를 이용해 K_1을 구하고, 이것을 식 (3-181)에 대입하여 아래의 등가 선전하밀도를 구한다.

$$\rho_\ell = \frac{4\pi\varepsilon_o V_1}{\ln K_1}$$

길이 $\mathcal{L}$인 도체 위의 총 전하는

$$Q = \rho_\ell \mathcal{L} = \frac{4\pi\varepsilon_o V_1}{\ln K_1}\mathcal{L}$$

그러므로 정전용량은 아래와 같다.

$$C = \frac{Q}{2V_1} = \frac{\pi\varepsilon_o \mathcal{L}}{\ln\left[\alpha_1 + \sqrt{\alpha_1^2 - \beta_1^2}\right] - \ln\beta_1}$$

항등식 $\ln(a + \sqrt{a^2 - 1}) = \cosh^{-1} a \ (a > 1)$을 이용해 정전용량을 아래와 같이 다시 쓸 수 있다.

$$C = \frac{\pi\varepsilon_o \mathcal{L}}{\cosh^{-1}(\alpha_1 / \beta_1)} \quad [\text{F}] \tag{3-196}$$

만약 $\alpha_1 \gg \beta_1$이면, 정전용량은 아래와 같이 근사화될 수 있다.

$$C = \frac{\pi\varepsilon_o \mathcal{L}}{\ln(2\alpha_1 / \beta_1)} \quad [\text{F}] \tag{3-197}$$

Exercise 3.35

[그림 3-39]를 참조하여 동심구 축전기의 정전용량을 라플라스 방정식을 풀어서 구하라.

Ans $C = 4\pi\varepsilon_o(a^{-1}-b^{-1})^{-1}$[F]

Exercise 3.36

2개의 축전기가 다음과 같이 연결될 때 어떤 물리량이 동일한가?

(a) 병렬 (b) 직렬

Ans (a) 전위차 (b) 총 전하

Exercise 3.37

만약 $b/a \approx 1$이면 식 (3-190)의 동축 축전기는 식 (3-187)의 평행판 축전기로 근사화된다는 것을 보여라.[힌트: $\ln(b/a) \approx (b/a) - 1$]

Review Questions with Hints

RQ 3.39 정전용량을 정의하라. [(3-183)]

RQ 3.40 평행판 축전기, 동축 축전기, 동심구 축전기의 정전용량을 서술하라. [(3-187)(3-190)(3-194)]

RQ 3.41 축전기에 저장된 에너지 식을 서술하라. [(3-189)]

PROBLEMS

3-1 세 전하가 자유공간상 x-축 위에서 다음과 같이 정렬되었다. $q_1=+Q$[C]가 $x=\ell$에, $q_2=-Q$[C]가 $x=2\ell$에, 알려지지 않은 전하 q_3가 $x=3\ell$에 놓여 있다. q_1에 작용하는 힘이 0이 되도록 q_3의 값을 결정하라.

3-2 점전하 $q_1=+Q$[C]가 z-축 위 $z=a$에 놓여 있고 또 다른 점전하 $q_2=+Q$[C]가 y-축 위에 놓여 있다. q_2에 작용하는 힘 중 $\mathbf{a}_y$-방향으로의 성분이 최대가 될 때의 q_2의 y-축 위에서의 위치를 구하라.

3-3 [그림 3-41]에서처럼 서로 다른 극성의 동일한 전하가 한 변이 a인 정육면체의 모서리에 놓여 있다. 원점에 놓인 양의 전하에 작용하는 알짜 전기력을 구하라.

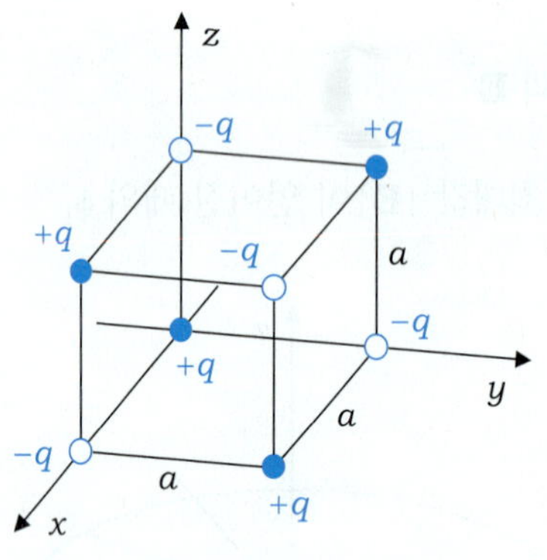

그림 3-41 정육면체 모서리의 전하들(Problem 3-3)

3-4 동일한 q[C]의 세 점전하가 반지름이 a인 원의 테두리에 동일한 간격으로 떨어져 있다. 다른 전하들에 의해 한 전하에 작용하는 전기력을 구하라.

3-5 전자의 전기력과 중력을 비교하기 위해 [그림 3-42]에서처럼 반지름 $a=0.1$[m]인 반 구 형태의 부도체 사발에 세 전자가 들어 있는 경우 전자들의 높이 h를 구하라. 전자와 사발 표면 사이의 마찰은 무시된다[힌트: 전자 전하 $q=-1.6\times10^{-19}$[C], 질량 $m_e=9.1\times10^{-31}$[Kg]].

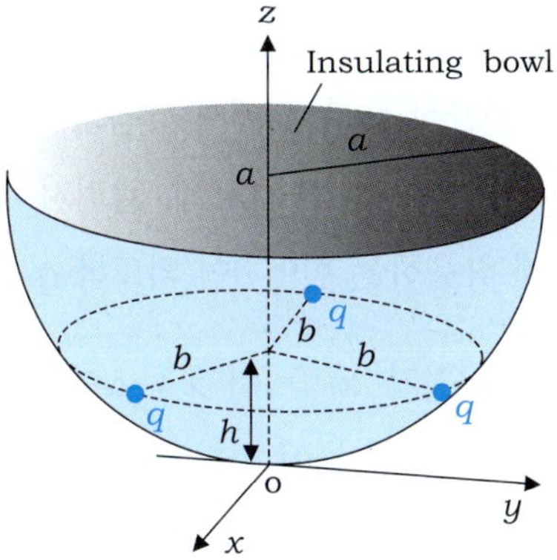

그림 3-42 부도체 사발 안의 세 전자(Problem 3-5)

3-6 균일한 선전하밀도 ρ_ℓ이 [그림 3-43]에서처럼 $z = 0$ 평면에서 $\rho = a$, $0 \leq \phi \leq \phi_1$로 정의되는 원호를 따라 존재할 때 다음을 구하라.

(a) 원점에서의 $\mathbf{E}$

(b) 원점에서 최대값 $|\mathbf{E}|$이 얻어질 때의 ϕ_1

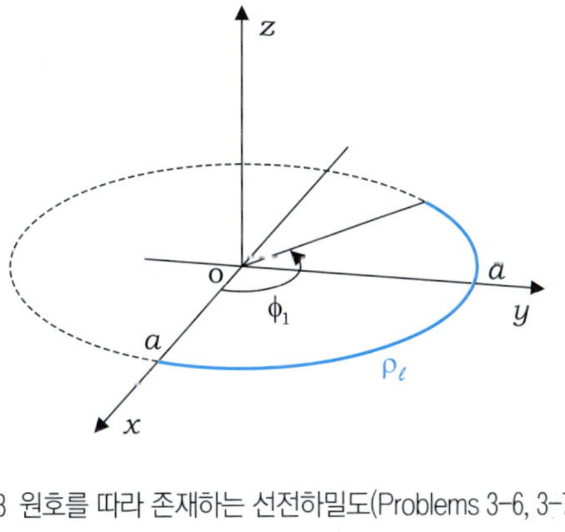

그림 3-43 원호를 따라 존재하는 선전하밀도(Problems 3-6, 3-7, 3-29)

3-7 [그림 3-43]의 선전하밀도 ρ_ℓ이 각도 $\phi_1 = \pi$로 주어질 때, 원점으로부터 거리 b에 있고 z-축에 위치한 한 점에서의 $\mathbf{E}$를 구하라.

3-8 무한히 긴, 직선의, 균일한 선전하밀도 ρ_ℓ이 자유공간에서 z-축에 평행이고 점 $(x, y, z) = (2, 1, 3)$을 통과한다. 이것에 의한 $\mathbf{E}$를 구하라.

3-9 2개의 무한히 긴, 균일한 선전하밀도 ρ_ℓ이 동시에 z-축에 평행이고, 직각좌표계의 점 $(a, 0, 0)$과 $(-a, 0, 0)$을 각각 통과한다. 자유공간 내의 점 $(0, b, 0)$에서 $\mathbf{E}$를 구하라.

3-10 균일한 면전하밀도 ρ_s가 $y = 0$평면 위에서 무한히 길고 좁은 영역 $-a \le x \le a$, $-\infty \le z \le \infty$에 존재한다. 자유공간 내의 한 점 $(x, y, z) = (0, b, 0)$에서 $\mathbf{E}$를 구하라.

3-11 문제 3-10의 ρ_s가 차지하는 영역을 무한히 길고 폭이 dx인 가느다란 선들의 집합으로 생각할 수 있다. 따라서 각각은 무한히 긴 선전하로 가정된다. 다음을 구하라.

(a) 한 선의 등가 선전하밀도

(b) 각각의 선들에 의한 $\mathbf{E}$를 모두 더하여 점 $(x, y, z) = (0, b, 0)$에서의 전체 $\mathbf{E}$를 구하라.

3-12 알짜전하 Q[C]가 $z = 0$ 평면에서, 중심이 원점에 있고 반지름이 a인 원반에 균일하게 분포한다. $+z$-축 위의 한 점 p가 원점으로부터 거리 b 만큼 떨어져 있을 때 다음을 구하라.

(a) 원반에서의 표면전하밀도 ρ_s

(b) 점 p에서의 전기장세기 $\mathbf{E}_1$

여기서 $\mathbf{E}_2$는 미치 ρ_s가 그 값은 변치 않고 단지 넓이가 xy-평면에서 무한대일 때의 점 p에서의 전기장세기이고, 반면 $\mathbf{E}_3$은 마치 ρ_s가 원점에서의 점전하 Q[C]로 줄어들었을 때의 점 p에서의 전기장세기라고 가정한다. $\mathbf{E}_1$이 다음의 전기장세기로 근사화되기 위해 필요한 거리 b의 범위를 구하라.

(c) $\mathbf{E}_2$, 허용오차 1% 이내

(d) $\mathbf{E}_3$, 허용오차 1% 이내

3-13 균일한 체적전하밀도 ρ_v가 [그림 2-27]에서처럼 안쪽 반지름 1, 바깥쪽 반지름 2인 속이 빈 반 구를 형성한다. 원점에서의 $\mathbf{E}$를 구하라.

3-14 전기쌍극자의 전기장세기가 $\mathbf{E}(\mathbf{r}) = (qd/4\pi\varepsilon_o R^3)[2\cos\theta\,\mathbf{a}_R + \sin\theta\,\mathbf{a}_\theta]$로 주어진다. 상수 ϕ 평면에서의 전기장선에 대한 표현식을 써라.
[힌트: $dR/(Rd\theta) = E_R/E_\theta$]

3-15 세 점전하 3[μC], −5[μC], 4[μC]이 각각 세 점 $(x, y, z) = (1[\text{cm}], 0, 0)$, $(0, 1[\text{cm}], 0)$, $(0, 0, 3[\text{cm}])$에 위치할 때 한 변이 4[cm]이고 중심이 원점에 있고 각 면이 좌표축에 직각인 정육면체 밖으로 빠져 나오는 총 전속을 구하라.

3-16 무한히 긴 선전하밀도 20[nC/m]가 x-축 위에 놓여 있다. 반지름이 10[cm]이고 중심이 원점에 있는 구 표면 밖으로의 총 전속을 구하라.

3-17 정전기유도 실험에서 바깥 구는 완전도체이다. 가우스 법칙을 이용해 바깥 구에 유도되는 전하 $-q$[C]가 모두 안쪽 표면에 분포해야 한다는 것을 보여라.

3-18 두 균일한 표면전하밀도 ρ_{s1}과 ρ_{s2}가 자유공간에서 반지름이 각각 a와 $b(0<a<b)$이고 중심이 원점인 동심구를 형성한다. 공간상 모든 점에서의 $\mathbf{D}$를 구하라.

3-19 균일한 면전하밀도 5[μC/m²]가 자유공간에서 반지름 10[cm]이고 중심이 원점인 구를 형성한다. 반면 무한히 긴 선전하밀도 0.1[μC/m]는 y-축에 평행이고 직각좌표계의 한 점 (0,0,20[cm])을 통과한다. 점 (0,1[m],0)에서의 $\mathbf{D}$를 구하라.

3-20 구좌표계에서 전속밀도가 $\mathbf{D} = \mathbf{a}_R/R$로 주어진다. 안쪽 반지름이 a, 바깥쪽 반지름이 $b(0<a<b)$이고 원점에 중심을 둔 속이 빈 구 내에서의 총 전하를 구하라.

3-21 직각좌표계에서 체적전하밀도가 $\rho_v = e^{-|z|}$[C/m³]로 주어진다. 공간상 모든 점에서의 전기장세기를 구하라.

3-22 직각좌표계에서 체적전하밀도가 $\rho_v = 1/\cosh^2(z)$[C/m^3]로 주어진다. 미분형태의 가우스 법칙과 주어진 전하의 대칭성을 고려하여 공간상 모든 점에서의 **D**를 구하라[힌트: $d\tanh(x)/dx = 1/\cosh^2(x)$].

3-23 균일한 표면전하밀도 ρ_s를 가진 무한 평면이 $6x+3y+2z=12$로 정의된다. 직각좌표계의 한 점 p_o:(0.5, 1, 1)에서의 **E**를 구하라.

3-24 2개의 무한히 큰, 평행의, 완전도체의 평판이 [그림 3-44]에서처럼 자유공간 내에서 거리 d만큼 서로 떨어져 있다. 두 평판이 서로 반대 극성의 균일 표면전하밀도를 가지고 있을 때, 이들 전하는 안쪽 면 (윗평판 아랫면, 아랫평판 윗면)에 분포해야 한다는 것을 보여라[힌트: 중첩의 원리, 가우스 법칙].

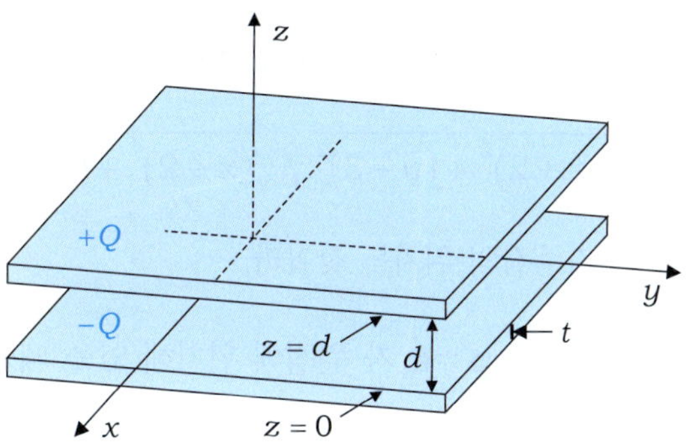

그림 3-44 평행인 두 평판(Problem 3-24)

3-25 직각좌표계에서 전기장이 $\mathbf{E} = y\mathbf{a}_x + x\mathbf{a}_y$로 주어질 때, 3[μC]의 전하를 점 p_1:(3, 4, 0)에서 점 p_2:(0, 1, 0)까지 다음의 적분길을 따라 움직일 때 한 일의 양을 구하라.

(a) 포물선 $y = (x-1)^2$

(b) 직선 $y = x+1$

(c) **E**는 보존장인가?

(d) (c)의 답을 $\nabla \times \mathbf{E}$를 이용해 확인하라.

3-26 다음의 두 벡터장 $\mathbf{E}_1 = e^{-|z|}\mathbf{a}_x$과 $\mathbf{E}_2 = \mathbf{a}_\theta/R^2$에 대해 이들이 정전기장을 나타내는지를 확인하라.

3-27 2개의 무한히 긴, 평행의, 균일한 선전하밀도 ρ_ℓ과 $-\rho_\ell$이 동시에 z-축에 평행이고 각각 점 $(a, 0, 0)$과 점 $(-a, 0, 0)$을 지난다. 원점이 영전위 기준점일 때 V를 구하라.

3-28 문제 3-27과 동일한 두 선전하에 대해 영전위 기준점이 점 $(b, 0, 0)$에 놓일 때, 여기서 $|b|<|a|$, 모든 지점에서의 V를 구하라.

3-29 [그림 3-43]의 선전하밀도 ρ_ℓ을 참조하여, (a) $\phi_1 \neq 2\pi$일 때 점 $p:(0, 0, b)$에서의 V를 구하라. (b) (a)의 결과에 마이너스 그레이디언트를 취하면 점 p에서의 $\mathbf{E}$를 얻는 수 있는가? 그렇지 않다면 그 이유는 무엇인가?

3-30 직각좌표계에서 전위가 다음과 같이 주어진다.

$$V = 8\ln\left(\sqrt{(x+2)^2+(y+3)^2} \,/\, \sqrt{(x-2)^2+(y-3)^2}\right)$$

이때 영전위 기준점의 위치를 찾아라.

3-31 전기 쌍극자모멘트 $\mathbf{p} = \mathbf{a}_z$가 원점에 위치해 있을 때 $x = 0$평면에서의 등전위면 표현식을 구하라.

3-32 2개의 무한히 넓은, 평행인, 매우 얇은, 완전도체의 평판이 z-축과 각각 $z = 0.2[\mathrm{m}]$와 $z = 0$에서 직교하며, 각각 균일한 표면전하밀도 $\rho_s = 45[\mu\mathrm{C/m^2}]$와 $\rho_s = -45[\mu\mathrm{C/m^2}]$를 가진다. 두 도체 사이 공간의 아래쪽 반은 유전율이 $\varepsilon_r = 1.5$인 유전체로 채워져 있다. 아래쪽 도체가 전위 $V = 0$으로 유지될 때 다음을 구하라.

(a) 영역 $0 < z < 0.2[\mathrm{m}]$에서의 $\mathbf{D}$, $\mathbf{E}$, $\mathbf{P}$, V

(b) 도체 위의 총 표면전하밀도(알짜 및 유도된 전하)

3-33 $q[\mathrm{C}]$의 점전하가 반지름이 a인 구 형태의 유전체($\varepsilon_r = 2.5$)의 중심에 위치하고 있을 때 다음을 구하라.

(a) 모든 지점에서의 **D**, **E**, **P**

(b) 유전체 내의 유도된 ρ_{PV}와 ρ_{PS}

3-34 두께가 d이고 매우 넓은 평판유전체가 [그림 3-45]와 같이 전기장 $\mathbf{E}_1 = 5\,\mathbf{a}_y + 5\sqrt{3}\,\mathbf{a}_z$ 내에서, 평면 $z=0$ 위에 놓여 있다. 유전체 내의 전기장벡터 $\mathbf{E}_2$는 z축과 45° 각도를 이룬다. 다음을 구하라.

(a) 유전체 내의 E_2와 ε_r

(b) 평면 $z=0$과 평면 $z=d$ 위의 유도된 ρ_{PS}

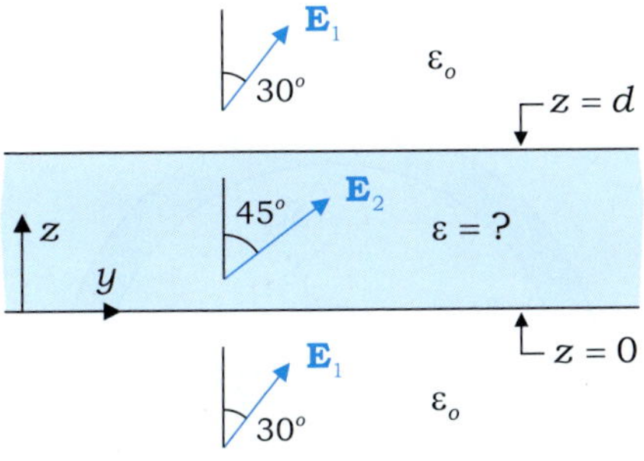

그림 3-45 전기장 내의 평판유전체(Problem 3-34)

3-35 [그림 3-45]의 평판유전체는, 내부 전기장세기에 관한 한 [그림 3-46]과 같이 외부전기장 $\mathbf{E}_1 = 5\,\mathbf{a}_y + 5\sqrt{3}\,\mathbf{a}_z$에 의해 유도된 표면전하밀도 ρ_{PS}와 $-\rho_{PS}$로 대치될 수 있다. 영역 $0<z<d$에서의 전기장세기 $\mathbf{E}_2$를 구하고 그 결과를 문제 3-34와 비교하라.

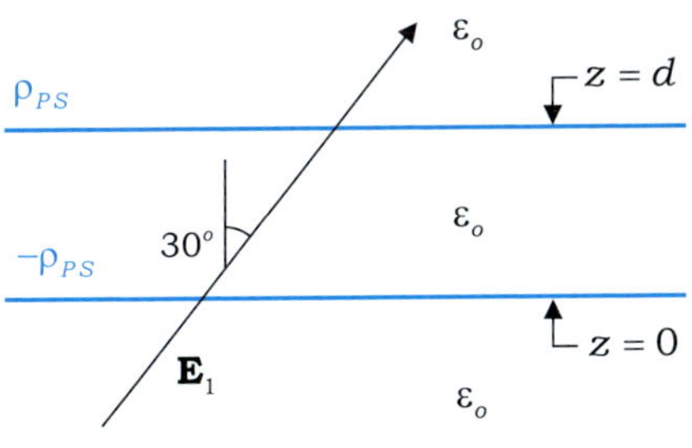

그림 3-46 그림 3-45의 평판유전체가 분극표면전하밀도로 대치됨(Problem 3-35)

3-36 반지름이 a인 구 형태의 완전도체가 [그림 3-47]과 같이 반지름이 b, c인 속이 빈 구 형태의 완전도체로 둘러싸여 있다. 두 도체 사이 공간의 아래쪽 반은 ε_r의 유전체로 채워져 있다. 두 도체에 각각 알짜전하 $+Q$와 $-Q$가 주어질 때 다음을 구하라.

(a) 두 도체 사이 공간에서의 $\mathbf{E}$(공기와 유전체)

(b) 도체 위에서의 $+Q$와 $-Q$의 분포

(c) 유전체-도체 경계면에서의 분극표면전하

(d) 도체 안에서 $\mathbf{E}$는 0인가?

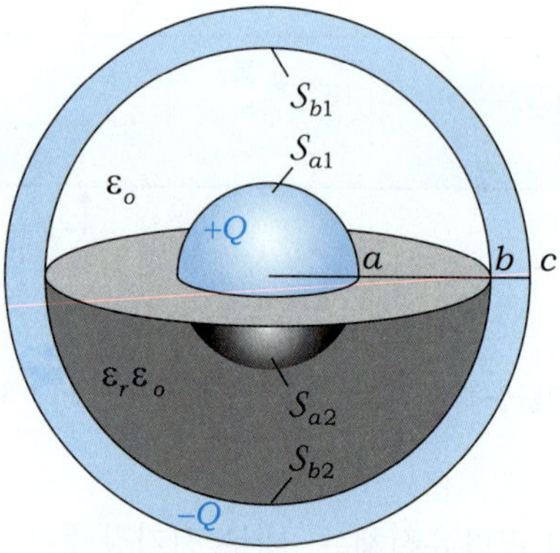

그림 3-47 동심구 사이의 아래쪽 반이 유전체로 채워짐(Problem 3-36)

3-37 z축을 따라 분포하는 무한히 긴 선전하가 [그림 3-48]과 같이 오목한 곡면을 가진 무한히 긴 막대 유전체와 평행하다. 유전체 안의 전기장 $\mathbf{E}_2$가 x-축과 평행하도록 만드는 오목한 곡면 S의 표현식을 찾고자 한다. 곡면 S는 위치벡터는 $\mathbf{r}=x(t)\mathbf{a}_x+y(t)\mathbf{a}_y$로 표시될 수 있는데, 여기서 t는 도움변수이다. 이때 S에 접하는 단위벡터는 $\mathbf{a}_T=A(x'\mathbf{a}_x+y'\mathbf{a}_y)$로 주어지고, S에 수직인 단위벡터는 $\mathbf{a}_N=A(-y'\mathbf{a}_x+x'\mathbf{a}_y)$로 주어진다. 여기서 $x'=dx/dt$, $y'=dy/dt$, A는 상수이다. 아래의 것들을 x, y, x', y', E_1을 사용해 나타내라.

(a) S 위의 접선 및 법선성분들 $|\mathbf{E}_{1T}|$, $|\mathbf{E}_{1N}|$, $|\mathbf{E}_{2T}|$, $|\mathbf{E}_{2N}|$

(b) S를 위한 미분방정식

(c) $h \ll c$이고 $(dx/dy) \ll 1$일 때 S가 $(\varepsilon_r - 1)x^2 + \varepsilon_r y^2 = (\varepsilon_r - 1)c^2$으로 표시됨을 보여라.

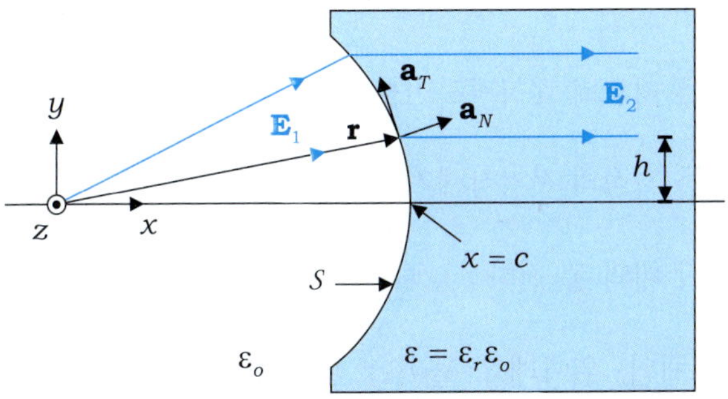

그림 3-48 오목 곡면에 의한 평행 전기장선 (Problem 3-37)

3-38 5[nC]의 동일한 3개의 점전하가 직각삼각형의 세 꼭짓점에 위치한다. 직각좌표계에서 점 (1,0,0), (0,0,0), (0,1,0)에 해당(미터 단위)한다. 세 전하의 포텐셜에너지를 구하라.

3-39 균일한 표면전하밀도 2[μC/m^2]가 반지름이 10[cm] 이고 중심을 원점에 둔 하나의 구를 형성한다. 이것의 포텐셜에너지를 구하라.

3-40 [그림 3-27]의 체적전하밀도 ρ_v의 포텐셜에너지를 다음을 이용해 구하라.

(a) 식 (3-140)

(b) 식 (3-136)

3-41 식 $x^2 + y^2 + (z-2)^2 = 4$로 정의되는 완전도체의 구 표면이 자유공간에서 전위 10[V] 로 유지된다. 구 바깥에서의 전위를 표시하기 위해 다음의 세 함수를 고려한다. 이들은 최소한 경계면 조건(구 표면에서 $V = 10$[V])을 만족시킨다. 어떤 함수가 구 바깥에서의 전위 V에 대한 유일해인가?

(a) $V = \left[x^2 + y^2 + (z-2)^2\right] + 6$

(b) $V = \sqrt{x^2 + y^2 + (z-2)^2} + 8$

(c) $V = 20 / \sqrt{x^2 + y^2 + (z-2)^2}$

3-42 자유공간 내의 전위가 구좌표계에서 $V = V_o e^{-2R}/R$로 주어진다. 다음을 구하라.

(a) 모든 지점의 체적전하밀도 ρ_v

(b) 모든 지점의 전기장세기

(c) 공간 내의 총 전하

3-43 완전도체의, 위아래로 늘어난 형태의 타원체면이 $4x^2 + 4y^2 + z^2 = 4$로 정의된다. 이것은 체적전하밀도 ρ_o[C/m^3]으로 채워져 있고 접지되어 있다. 모든 지점에서의 유전율이 $\varepsilon = \varepsilon_o$일 때, 모든 지점에서의 V와 $\mathbf{E}$를 구하라.

3-44 2개의 무한히 크고, 평행이며, 완전도체인 매우 얇은 평판도체가 z-축과 $z=20$[cm] 및 $z=0$에서 각각 직교한다. 위쪽 도체의 전위는 10[V] 이고 아래쪽 도체의 전위는 0이다. 두 도체 사이 공간의 아래 반은 체적전하밀도 4[nC/m^3]를 가지는 유전체이다($\varepsilon_r = 2.0$). 두 도체 사이 공간에서 V와 $\mathbf{E}$를 구하라(공기 및 유전체).

3-45 자유공간에서 평행한 두 도체평면이 각각 $2x + y + 3z = 6$과 $2x + y + 3z = 12$로 정의되었다. 첫째 도체의 전위는 10[V] 이고 둘째 도체의 전위는 0이다. 모든 지점에서 V를 구하라.

3-46 반쪽 각이 θ_o이고 완전도체인 원뿔면의 전위가 V_o으로 주어진다. 이것은 전위 0인 또 다른 완전도체면($z=0$평면)과 [그림 3-49]에서처럼 매우 가까이 붙어있다. 다음을 구하라.

(a) 영역 $\theta_o < \theta < \pi/2$에서의 V와 $\mathbf{E}$

(b) 두 도체면 위의 표면전하밀도

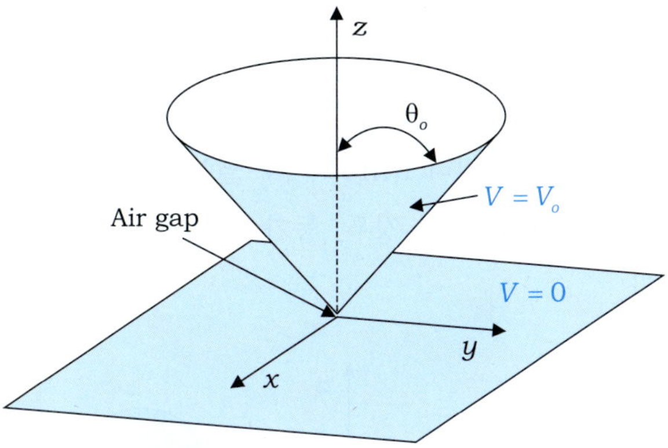

그림 3-49 경계값 문제(Problem 3-46)

3-47 하나의 점전하 Q가 [그림 3-50]에서처럼 무한히 크고, 직각으로 구부러지고, 접지되어 있고, 완전도체인 면에 거리 d만큼 떨어져 있다. 다음을 구하라.

(a) xy-평면의 1/4분면에서 V와 $\mathbf{E}$

(b) 도체 위에 유도된 ρ_s

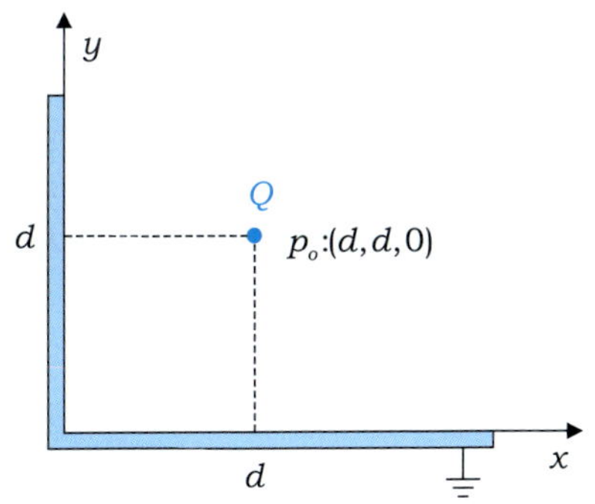

그림 3-50 L 모양으로 구부러진 완전도체면(Problem 3-47)

3-48 무한히 길고, 직선의, 균일한 선전하밀도 5[nC/m]가 무한히 크고, 접지되고, xy-평면에 일치하는, 완전도체면 위에서 거리 2[m] 만큼 떨어져서 x-축과 평행이다. 영역 $z > 0$에서 $\mathbf{E}$에 대한 표현식을 서술하라.

3-49 2개의 매우 길고, 평행이고, 반지름이 0.1[m]인 원통도체가 [그림 3-51]에서처럼 축 사이 거리 1[m]로 서로 떨어져 있다. 두 도체의 전위가 각각 −100[V]와 100[V]인 경우, 등가 선전하밀도의 크기와 공간상 위치를 구하라.

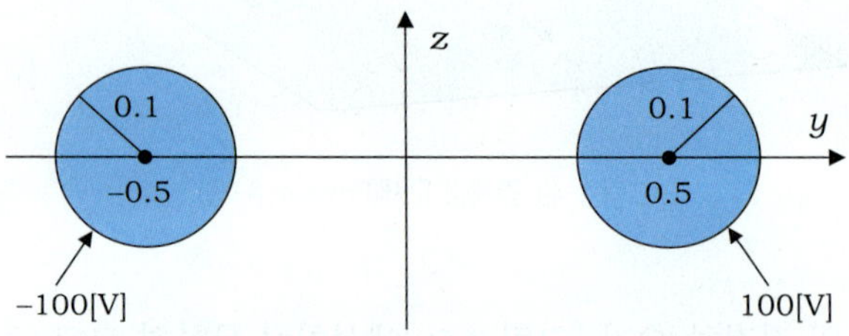

그림 3-51 2개의 평행인 원통 도체(Problem 3-49)

3-50 매우 긴 선전하밀도 $\rho_\ell = -2$[nC/m]가 매우 길고 완전도체인 반지름 0.2[m]의 원통도체에 평행이다. [그림 3-52]에서처럼 두 도체는 축 사이 거리 0.85[m]로 서로 떨어져 있다. 원통도체에 알짜전하가 미터당 2[nC]이 되도록 주어질 때 다음을 구하라.

(a) 원통도체 바깥의 V

(b) 원통 위의 점 p_1, p_2, p_3에서의 표면전하밀도

완전도체인 원통의 표면에서 전하가 균일하게 분포하는가?

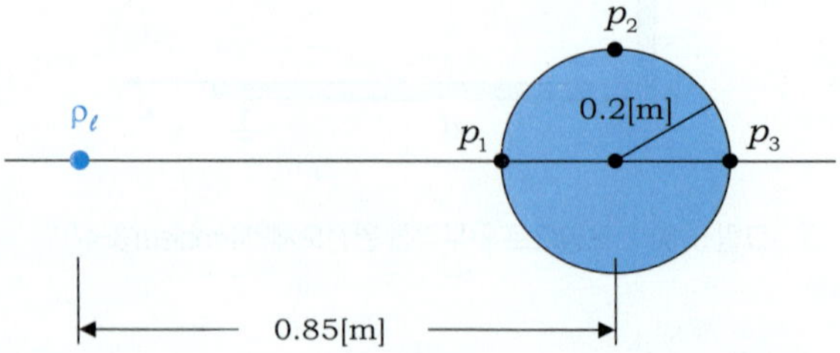

그림 3-52 매우 긴 선전하밀도와 평행인 원통도체(Problem 3-50)

3-51 하나의 평행판 축전기가 서로 평행이고, 면적이 S이며, 서로 거리 d로 떨어진 2개의 평판도체로 이루어져 있다. [그림 3-53]에서처럼 두 도체 사이 공간 아래쪽 반은 유전율 ε_1의 유전체로 채워져 있다. 도체 가장자리에서의 전기장선 휘어짐 현상을 무시했을 때 정전용량이 $C^{-1} = C_1^{-1} + C_2^{-1}$로 주어지는 것을 증명하라. 여기서 C_1과 C_2는 각 층의 정전용량이다.

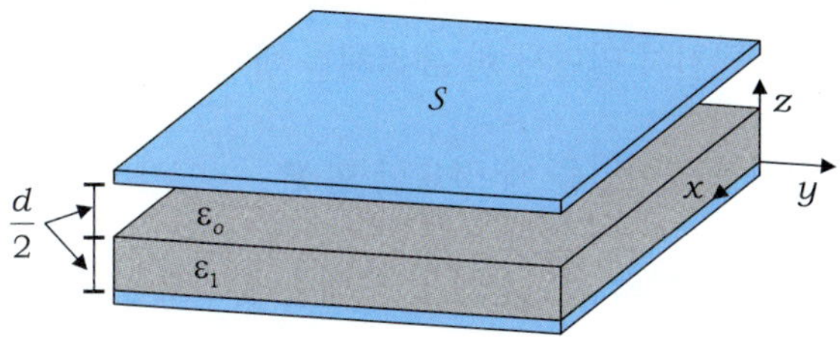

그림 3-53 평행판 축전기(Problem 3-51)

3-52 [그림 3-54]의 축전기에서, 두 도체 사이 공간의 왼쪽 반은 유전율 ε_1의 유전체로 채워져 있고, 두 도체는 각각 전위 V_o과 0으로 주어졌다. 가장자리에서의 전기장선 휘어짐을 무시하면, 정전용량이 $C = C_1 + C_2$로 주어짐을 증명하라. 여기서 C_1과 C_2는 각 영역의 정전용량이다.

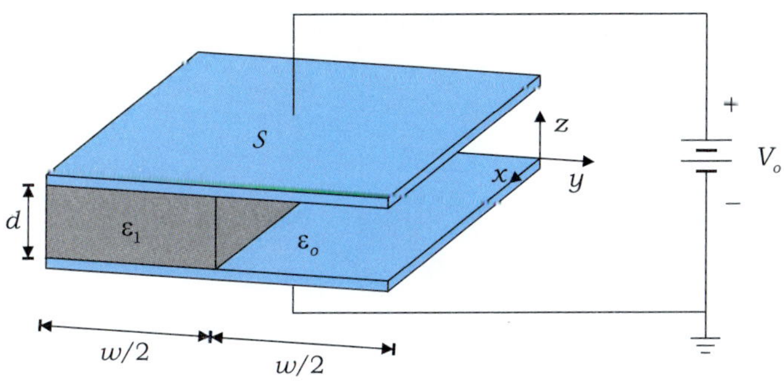

그림 3-54 평행판 축전기(Problem 3-52)

3-53 평행판 축전기의 두 평행판은 면적이 S이고, 이들은 각각 $z = d$와 $z = 0$ 평면에 놓여 있다. 이 축전기는 상대유전율이 $\varepsilon_r = \sqrt{z+1}$인 비균질 유전체로 채워져 있다. 가장자리에서의 전기장선 휘어짐을 무시하고 이 축전기의 정전용량을 구하라.

3-54 하나의 유전체($\varepsilon = \varepsilon_1$)로 채워진 평행판 축전기가 시간 $-\infty < t < t_o$ 동안 전압 V_o으로 충전되었다. 시간 $t = t_o$에서 스위치를 연 후 새로운 유전체($\varepsilon = \varepsilon_2$)를 천천히 밀면서 헌 유전체를 밖으로 빼낸다. 다음을 구하라.

(a) 유전체를 밀어넣을 때 필요한 힘 $\mathbf{F}$

(b) 두 도체 사이의 전위차를 y에 대한 함수로 표시

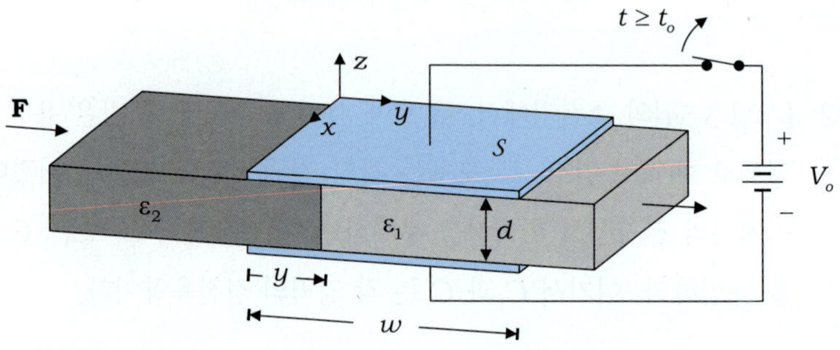

그림 3-55 평행판 축전기에서의 유전체 교체(Problem 3-54)

CHAPTER

4

정전류

(STEADY ELECTRIC CURRENT)

앞의 장에서 우리는 공간에 고정되어 있고 시간에 대해 상수인 정전하에 논의의 초점을 맞추었다. 그렇지 않은 경우에 우리는 전하들이 순식간에 정적인 상태의 분포를 취한다고 가정했다. 하지만 전하는 전기장의 영향을 받아 움직일 수 있다. 도체 안에서 움직이는 전하는 전도전류(conduction current)를 이루는 반면, 진공 안에서 움직이는 전하는 대류전류(convection current)가 된다. 기초 회로이론에서 배운, 하나의 저항에 걸리는 전압은 그 저항값과 그것에 흐르는 전류의 곱으로 주어진다는 옴의 법칙(Ohm's law)과 이러한 법칙에 따라 작동하는 전도전류에 여러분은 익숙할 것이다. 전하 보존법칙에 의하면 전하는 생성되거나 파괴될 수 없는데, 이 법칙은 전기자기학에서는 연속방정식(equation of continuity)으로 나타나고, 회로이론에서는 전기회로의 한 접합으로 흘러 들어가는 모든 전류의 합은 영이 된다는 키르히호프 전류법칙(Kirchhoff's current law)으로 나타난다. 거시적 관점에서, 도선에 흐르는 전류는 단위 시간 동안 기준점을 통과한 전하량으로 정의될 수 있다. 전류의 크기와 방향이 주어진 공간 내에서 위치의 함수로 주어지면, 미시적 관점에서, 우리는 전류밀도를 단위 시간당 기준점의 단위면적을 통과하는 전하량으로 정의한다.

전기자기학에서 우리는 서로 다른 세 종류의 전류를 다룬다 : 전도전류, 대류전류, 변위전류밀도. 하나의 도체에서, 느슨하게 매여있던 바깥전자는 원자로부터 분리되어 자유전자 혹은 전도전자가 되어 전자바다(sea of electrons)를 형성한다. 외부에서 가해진 전기장 안에서 자유전자는 표류속도라 불리는 평균속도를 얻어 전도전류를 생성한다. 반면에 진공이나 희박한 기체 안에서 움직이는 전하는 대류전류를 형성한다. 음극선관의 전자빔이나 광전자 증배기의 가속된 전자, 번개에서의 전기 방전등은 대류전류의 몇몇 예시이다. 전도전류나 대류전류가 전자의 움직임과 직접적인 관련이 있다면, 변위전류밀도는 전자를 포함하지 않는 등가 전류(equivalent current)인데, 시간에 따라 변화하는 자기장에 관한 한 이것은 전도전류나 대류전류와 동일한 동작 특성을 보인다.

4.1 대류전류(CONVECTION CURRENT)

대류전류(convection current)는 진공에서 움직이는 전자에 의해 생성된다. 전류의 공간적 변화를 설명하기 위해 전류밀도(current density)를 단위시간 동안 단면의 단위면적을 통과하는 전하량으로 정의한다. 이러한 정의로부터 전류밀도가 일종의 속밀도(flux density)라는 것을 알 수 있다. 전류밀도는 제곱미터당 암페어(amperes per square meter[A/m^2]) 혹은 단위 시간당 제곱미터당 쿨롱(coulombs per square meter per second[$C/m^2 \cdot sec$])으로 측정된다. 전류가 스칼라량인 반면, 전류밀도는 공간상의 위치에 따라 변하는 하나의 벡터장을 형성한다. 전류밀도가 단면 혹은 전류방향에 수직인 평면을 통과하는 전류로 정의된다는 것에 주목하여야 한다.

[그림 4-1]과 같이 균일한 체적전하밀도 $\rho_v[C/m^3]$의 전하가 일정한 속도 $\mathbf{v}$로 면 S를 통과하는 것을 살펴보자. 짧은 시간 Δt동안 미소면적 Δs를 지나는 총 전하는 아래와 같다.

$$\Delta Q = \rho_v |\mathbf{v}| \Delta t\, \Delta s \cos\theta \tag{4-1}$$

위의 식에서 $\Delta s\cos\theta$는 단면에서 구해지는 Δs의 등가 면적, 즉 Δs를 $\mathbf{v}$에 수직인 평면에 투영한 면적이다. 관계식 $\cos\theta = \mathbf{a_v} \cdot \mathbf{a}_s$를 사용하면, 여기서 $\mathbf{a_v}$는 $\mathbf{v}$ 방향으로의 단위벡터이고 $\mathbf{a}_s$는 Δs 면에 수직인 단위벡터임, 우리는 식 (4-1)을 아래와 같이 표시할 수 있다.

$$\Delta Q = \rho_v |\mathbf{v}| \Delta t\, \Delta s(\mathbf{a_v} \cdot \mathbf{a}_s) = \rho_v \mathbf{v} \cdot \Delta \mathbf{s}\, \Delta t \tag{4-2}$$

여기서 $\mathbf{v} = |\mathbf{v}|\mathbf{a_v}$와 $\Delta s = \Delta s \mathbf{a}_s$를 사용했다. 따라서 미소면적 Δs를 통과하는 미소전류는

$$\Delta I = \frac{\Delta Q}{\Delta t} = \rho_v \mathbf{v} \cdot \Delta \mathbf{s} \equiv \mathbf{J} \cdot \Delta \mathbf{s} \tag{4-3}$$

식 (4-3)으로부터 전류밀도 $\mathbf{J}$는 다음과 같이 정의된다.

$$\boxed{\mathbf{J} \equiv \rho_v \mathbf{v}} \quad [\text{A/m}^2] \tag{4-4}$$

여기서 ρ_v는 체적전하밀도이고 $\mathbf{v}$는 전하의 속도이다. 전류밀도는 제곱미터당 암페어(ampere per square meter [A/m^2])의 단위를 갖는다. 전류밀도는 하나의 벡터인데, 그 단위벡터는 전류가 흐르는 방향을 가리키고 그 크기는 단위 시간당 단면의 단위면적을 지나는 전하를 나타낸다. 주어진 면 S를 지나는 총 전류는 S에 대한 $\mathbf{J}$의 면적분으로 주어진다. 즉

$$\boxed{I = \int_S \mathbf{J} \cdot d\mathbf{s}} \quad [\text{A}] \tag{4-5}$$

이때의 전류는 암페어(ampere [A])로 측정된다.

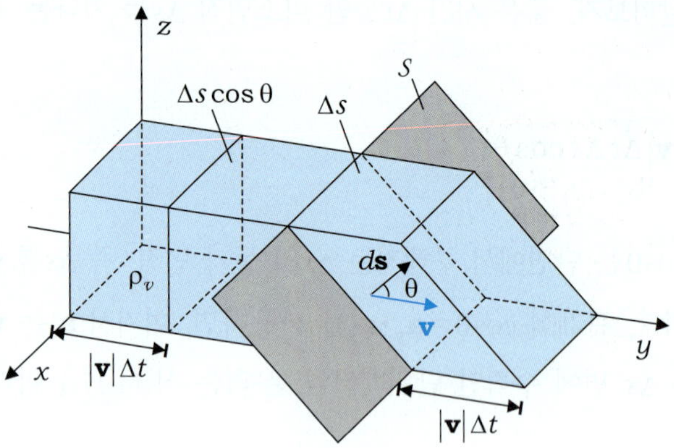

그림 4-1 속도 $\mathbf{v}$로 움직이는 체적전하밀도 ρ_v

Example 4-1

전자구름이 [그림 4-2]와 같이 광전자 증배기 안의 두 전극 사이에서 가속된다. $y = 0$평면에서 체적전하밀도는 ρ_o[C/m^3]으로 균일하다고 가정하는데, 이것은 전자의 마이너스 전하로 인하여 마이너스 값을 가진다. 전자구름은 $y = 0$과 $y = d$에 있는 전극들을 각각 v_o[m/s]과 v_1[m/s]의 속도로 관통한다. 전자구름에 의한 전류밀도를 다음의 평면에서 구하라. (a) $y = 0$ 평면, (b) $y = d$ 평면.

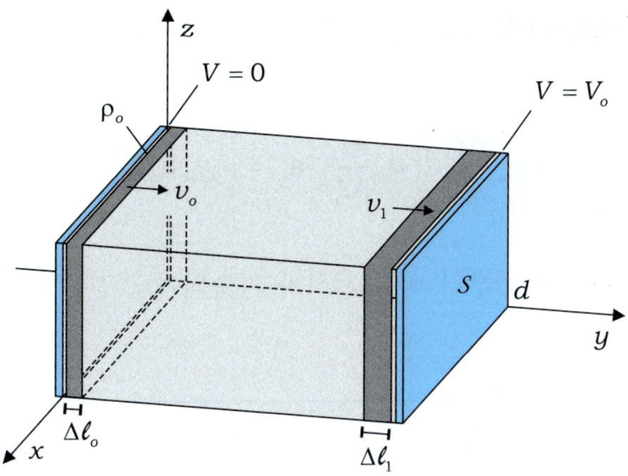

그림 4-2 전자구름이 $y = 0$과 $y = d$에 위치한 전극 사이에서 가속됨.

Solution

(a) $y = 0$ 평면 위의 한 점에서 전류밀도는

$$\mathbf{J} = \rho_o v_o \mathbf{a}_y \tag{4-6}$$

(b) 시간 Δt동안 전자가 이동한 미소거리는

$$\Delta \ell_o = v_o \Delta t \qquad (y = 0\text{에서})$$

$$\Delta \ell_1 = v_1 \Delta t \qquad (y = d\text{에서})$$

두 식을 합하면

$$v_1 = v_o \frac{\Delta \ell_1}{\Delta \ell_o} \tag{4-7}$$

시간 Δt동안 $y = 0$ 평면을 관통하는 전하는 $\rho_o \Delta \ell_o S$이고, $y = d$ 평면을 관통하는 전하는 $\rho_1 \Delta \ell_1 S$이며, 이때 S는 전자빔의 단면적이다. 전하 보존법칙에 따라 두 전하량은 같아야 한다. 즉

$$\rho_1 = \rho_o \frac{\Delta \ell_o}{\Delta \ell_1} \tag{4-8}$$

식 (4-7)과 (4-8)을 식 (4-4)에 대입하면, $y=d$ 평면 위의 한 점에서 전류밀도를 아래와 같이 구할 수 있다.

$$\mathbf{J} = \rho_1 v_1 \mathbf{a}_y = \left(\rho_o \frac{\Delta\ell_o}{\Delta\ell_1}\right)\left(v_o \frac{\Delta\ell_1}{\Delta\ell_o}\right)\mathbf{a}_y = \rho_o v_o \mathbf{a}_y \tag{4-9}$$

식 (4-6)과 (4-9)로부터 비록 전하가 가속되어도 전류밀도는 똑같다는 것을 알 수 있다.

Exercise 4.1

CRT의 음극이 온도 800°C일 때 전류밀도 0.5[A/cm^2]이고 반지름이 0.24[mm]인 전자빔을 만든다. 전자빔에 흐르는 전류를 구하라.

Ans 0.9[mA]

Review Questions with Hints

RQ 4.1 전류밀도, 체적전하밀도, 전하의 속도 사이의 관계는? [(4-4)]

RQ 4.2 전류밀도와 한 면을 통과하는 총 전하 사이의 관계는? [(4-5)]

RQ 4.3 가속되고 있는 전하도 정전류를 생성할 수 있는가? [그림 4-2]

4.2 전도전류와 옴의 법칙(CONDUCTION CURRENT AND OHM'S LAW)

도체 구리는 매우 높은 전도도를 가진 대표적 물질이다. 1개의 바깥전자(valence electron)를 가지는 구리 원자들은 면심입방 결정구조(face-centered cubic crystal structure)를 이루며 규칙적인 자리에 배열되어 있다. 느슨하게 매여 있는 바깥전자들은 격자원자들로부터 쉽게 분리되어 도체 내에서 전자구름을 형성한다. 전자구름의 마이너스 전하와 구리 이온의 플러스 전하 사이의 정전기력은 고체 구리의 금속결합의 원동력이다. 도체의 열에너지로 인하여 자유전자들은 원자와 원자 사이를 이동하며, 그 도중에 결정 결함, 불순물, 특히 진동하고 있는 격자원자들과 충돌한다. 외부에서 가해진 전기장이 없을 때, 자유전자들은 무작위한 방향으로 움직이므로 알짜변위를 나타내지 않는다. 하지만 외부전기장은 자유전자들이 격자와 부딪히기 전에 일정한 방향으로 이들을 가속시킨다. 자유전자의 가속과 무작위 충돌의 끝없는 순환 속에서 자유전자는 표류속도(drift velocity)라고 불리는 정속도를 얻으며, 매질 안에서 전도전류(conduction current)라고 불리는 정전류를 형성한다.

외부에서 가해진 전기장 $\mathbf{E}$의 영향 아래, 하나의 전자는 격자와 충돌하기 전에 도체 안에서 $\mathbf{v}$의 속도로 가속된다. 이것을 수학적으로 표현하면,

$$\mathbf{v} = \mathbf{v}_o + \frac{e\mathbf{E}}{m_e}t_o \qquad [\text{m/s}]$$

여기서 $\mathbf{v}_o$은 충돌 직후의 전자속도, t_o은 전자가 다시 격자와 부딪히기 전까지의 시간이며, e와 m_e는 각각 전자의 전하와 질량이다. 그리하여 전자들의 평균속도는 다음과 같이 주어진다.

$$\bar{\mathbf{v}} = \frac{1}{N}\sum_{j=1}^{N}\left[\mathbf{v}_{oj} + \frac{e\mathbf{E}}{m_e}t_{oj}\right] = \frac{e\mathbf{E}}{m_e}\bar{t}_o \qquad [\text{m/s}] \tag{4-10}$$

여기서 충돌 직후 전자의 속도 $\mathbf{v}_{oj}$의 크기와 방향이 무작위이므로 식 (4-10)에서 전자의 초기속도의 평균은 0이다. 윗식에서 $\bar{t}_o$은 충돌 사이의 평균시간(mean time between collisions)이고, $\bar{\mathbf{v}}$는 자유전자의 표류속도(drift velocity)이다.

식 (4-10)에서 볼 수 있듯이 자유전자의 표류속도는 금속 도체 내의 전기장세기에 비례한다. 즉

$$\boxed{\mathbf{v}_e = -\mu_e \mathbf{E}} \quad [\text{m/s}] \tag{4-11}$$

여기서 μ_e는 전자이동도(electron mobility)이며 단위 시간당 단위 볼트당 제곱미터(square meters per volt per second $[\text{m}^2/\text{V}\cdot\text{sec}]$)로 측정된다. 예를 들어, 구리에서 $\mu_e = 0.0032[\text{m}^2/\text{V}\cdot\text{sec}]$이고, 은에서 $\mu_e = 0.0056[\text{m}^2/\text{V}\cdot\text{sec}]$이다.

식 (4-11)을 식 (4-4)에 대입하면 전도전류밀도(conduction current density)를 아래와 같이 구할 수 있다. 즉

$$\mathbf{J} = -\rho_e \mu_e \mathbf{E} \quad [\text{A/m}^2] \tag{4-12}$$

여기서 ρ_e는 자유전자의 체적전하밀도로 다음과 같이 주어진다.

$$\rho_e = n_e e \tag{4-13}$$

여기서 n_e는 자유전자의 개수밀도(단위 부피당 전자의 개수)이며, e는 전자의 전하로 $e = -1.602 \times 10^{-19}[\text{C}]$이다. 금속 도체에서 $\mathbf{J}$는 언제나 $\mathbf{E}$와 평행하다: 식 (4-12)의 마이너스 부호는 ρ_e의 마이너스 부호에 의해 상쇄된다.

식 (4-13)을 식 (4-12)에 대입하면 각 지점에서의 옴 법칙(point form of Ohm's law)을 다음과 같이 구할 수 있다.

$$\boxed{\mathbf{J} = \sigma \mathbf{E}} \quad [\text{A/m}^2] \tag{4-14}$$

금속 도체의 전도도(conductivity) σ는 다음과 같이 정의된다.

$$\boxed{\sigma = -n_e e \mu_e} \quad [\text{S/m}] \tag{4-15}$$

이것은 미터당 지멘스(siemens per meter [S/m]) 혹은 미터당 볼트당 암페어(amperes per volt per meter [A/V•m])로 측정된다. 여기서 전도도 σ는 항상 플러스 값임을 주목하라. 예를 들어, 구리에서 $\sigma = 5.80 \times 10^7$[S/m]이고, 은에서 $\sigma = 6.17 \times 10^7$[S/m]이다.

반도체는 전자와 양공(hole), 두 종류의 전하운반자(charge carrier)를 포함한다. 이들 모두 반도체의 전도도에 영향을 끼친다. 이것을 수식으로 표현하면

$$\sigma = n_e |e| \mu_e + n_h |e| \mu_h \qquad [\mathrm{S/m}] \tag{4-16}$$

여기서 $|e|$은 전자전하의 절대값이고, n_e는 n_h는 개수밀도, μ_e와 μ_h는 각각 전자와 양공의 이동도이다. 진성반도체(intrinsic semiconductor)의 전도도는 온도에 따라 증가하지만 금속의 전도도는 감소한다. 그 이유는 진성반도체의 전하운반자의 개수는 온도에 따라 증가하는 반면, 도체에서의 전자이동도는 온도에 따라 감소하기 때문이다. 반도체에서 전도도는 일반적으로 10과 10^{-10}[S/m] 사이의 범위에 있다. 진성실리콘에서 300K일 때 $\mu_e = 0.14[\mathrm{m^2/V \cdot s}]$, $\mu_h = 0.045[\mathrm{m^2/V \cdot s}]$, $n_e = n_h = 1.0 \times 10^{16}[\mathrm{m^{-3}}]$이고, 게르마늄의 경우 300K일 때 $\mu_e = 0.39[\mathrm{m^2/V \cdot s}]$, $\mu_h = 0.19[\mathrm{m^2/V \cdot s}]$, $n_e = n_h = 2.3 \times 10^{19}[\mathrm{m^{-3}}]$이다.

Example 4-2

전도도 $\sigma = 5.8 \times 10^7$[S/m], 전자이동도 $\mu_e = 0.0032[\mathrm{m^2/V \cdot sec}]$인 지름 2[mm]의 구리 도선에 대해 다음을 구하라.

(a) 자유전자의 개수밀도

(b) 전류가 25[A]일 때 전자의 표류속도

Solution

(a) 식 (4-15)로부터 다음을 얻는다.

$$n_e = \frac{\sigma}{|e|\mu_e} = \frac{5.8\times10^{7}}{(1.6\times10^{-19})(0.0032)}$$
$$= 1.13\times10^{29}[\mathrm{m}^{-3}]$$

(b) 도선의 전류밀도는

$$\mathrm{J} = \frac{current}{area} = \frac{25}{\pi(10^{-3})^2} = 7.96\times10^{6}[\mathrm{A/m^2}]$$

식 (4-4)로부터 표류속도는

$$v = \frac{\mathrm{J}}{\rho_v} = \frac{\mathrm{J}}{n_e|e|} = \frac{7.96\times10^{6}}{1.13\times10^{29}\cdot1.6\times10^{-19}}$$
$$= 4.4\times10^{-4}[\mathrm{m/s}]$$

25[A]의 전류가 흐르는 구리도선의 자유전자는 0.44[mm/s]의 표류속도를 가지며, 이것은 빛에 근접한 속도로 진행하는 전류펄스에 비교하면 매우 느리다. 이러한 차이는 7장의 파동이론으로 설명될 수 있다.

Exercise 4.2

고체 구리와 은의 자유전자 개수밀도 사이의 비를 알려진 σ와 μ 값들을 통해 구하라.

Ans $n_e^{Cu}/n_e^{Ag} = 1.65$

Exercise 4.3

300K의 진성실리콘에서 전자로 인한 전도도와 양공에 의한 전도도 사이의 비를 구하라.

Ans $\sigma_e/\sigma_h = 3.1$

Review Questions with Hints

RQ 4.4 자유전자들이 충돌 사이에 가속됨에도 불구하고 금속 도체에서 표류속도가 일정한 이유는 무엇인가? [(4-10)]

RQ 4.5 도체마다 전도도가 다른 이유는 무엇인가? [(4-15)]

RQ 4.6 Ag 가 Cu 보다 큰 σ 값을 갖는 이유는 무엇인가(n_e, μ_e, 혹은 모두)? [(4-15)]

4.3 저항(RESISTANCE)

유한한 전도도를 갖는 도체를 저항(resistor)이라 한다. [그림 4-3]과 같은 균질한 전도물질에 옴의 법칙을 적용함으로써 전도물질에서의 전압-전류 관계식을 길이 $\mathcal{L}$, 단면적 S, 전도도 σ를 이용하여 표시할 수 있다. 전압 V_{a-b}를 단자 a와 b 사이에 인가하면 전기장 $\mathbf{E}$가 높은 전위의 단자 a에서 낮은 전위의 단자 b를 향하도록 형성된다. 전기장 $\mathbf{E}$가 단면적 S에서 균일하다고 가정할 수 있다면 유도된 전류밀도 $\mathbf{J}$ 또한 S에서 균일하며, 이러한 물질을 균질한 전도물질(homogeneous conducting material)이라 부른다. 이 경우 단면적 S를 통과하는 총 전류 I는 아래와 같이 구해진다.

$$I = \int_S \mathbf{J} \cdot d\mathbf{s} = JS = \sigma ES \tag{4-17}$$

여기서 식 (4-14)가 사용되었다. 식 (3-62)로부터 단자 사이의 전압과 도체 내의 전기장 세기 사이의 관계식을 다음과 같이 얻을 수 있다.

$$V_{a-b} = -\int_b^a \mathbf{E} \cdot d\mathbf{l} = E\mathcal{L} \tag{4-18}$$

식 (4-17)을 식 (4-18)과 결합하면 전압-전류 사이의 관계식을 구할 수 있다. 즉

$$\boxed{\frac{V_{a-b}}{I} = \frac{\mathcal{L}}{\sigma S} \equiv R} \quad [\Omega] \tag{4-19}$$

여기서 $\mathcal{L}$은 도체길이, S는 단면적, σ는 전도도이다. 전압과 전류 사이의 비를 저항(resistance)이라 하며 옴(ohms[Ω])의 단위로 측정한다. 저항 R은 비저항(resistivity) ρ를 이용해 다음과 같이 쓸 수 있다.

$$\boxed{R = \frac{\rho\mathcal{L}}{S}} \quad [\Omega] \tag{4-20}$$

비저항은 전도도의 역수, 즉 $\rho = 1/\sigma$이고, 단위는 옴미터(ohm meters[Ω·m]) 이다. 비저항 ρ는 원통좌표계의 반지름 거리 ρ, 선전하밀도 ρ_ℓ등과 혼동해서는 안된다.

식 (4-19)로부터 다음과 같이 옴의 법칙을 얻을 수 있다.

$$\boxed{V = RI} \quad [\mathrm{V}] \tag{4-21}$$

즉, 저항에 걸리는 전압은 저항값과 저항에 흐르는 전류를 곱한 것과 같다. 식 (4-21)에서 첨자 a-b는 간소화를 위해 생략되었다.

전도율(conductance) G는 저항 R의 역수이다.

$$G = \frac{1}{R} = \frac{\sigma S}{\mathcal{L}} \quad [\mathrm{S}] \tag{4-22}$$

전도율의 단위는 지멘스(siemens, [S])이고, 전도도의 단위는 미터당 지멘스(siemens per meter, [S/m]) 이다.

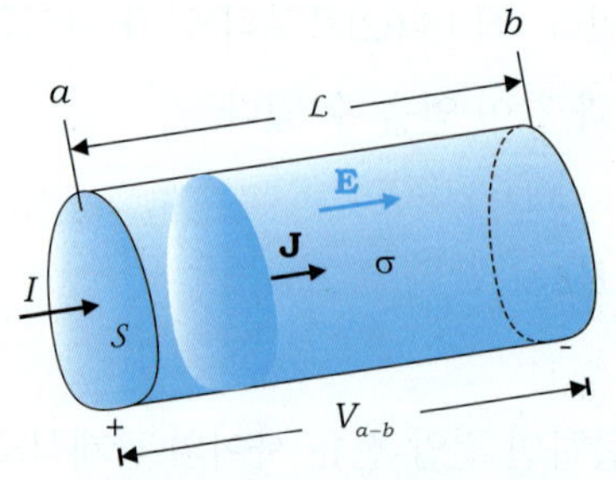

그림 4-3 유한한 전도도의 균질 전도물질

균질한 전도물질의 저항은 경계값 문제를 풀어서 구할 수 있다. 일반적으로 저항은 다음과 같은 절차에 따라 구할 수 있다.

1. 도체의 양 단자 사이에 전위차 V_o을 가정한다.
2. 좌표계를 선택한다.
3. 라플라스 방정식을 풀어서 V를 구한다.
4. $\mathbf{E} = -\nabla V$로부터 전기장을 구한다.
5. $\mathbf{J} = \sigma\mathbf{E}$와 $I = \int_S \mathbf{J} \cdot d\mathbf{s}$로부터 전류밀도와 총 전류를 구한다.
6. V_o/I로부터 R을 구한다.

Example 4-3

전도도가 σ인 전도물질이 [그림 4-4(a)]와 같이 단면이 직사각형인 반쪽 고리 모양으로 주어진다. 똑 같은 물질이 [그림 4-4(b)]에서는 직선 막대 형태로 주어지는데, 그 단면과 체적은 반쪽 고리와 동일하다. 모서리에서의 전기장 휘어짐 현상을 무시하고 두 물체의 저항을 구하라.

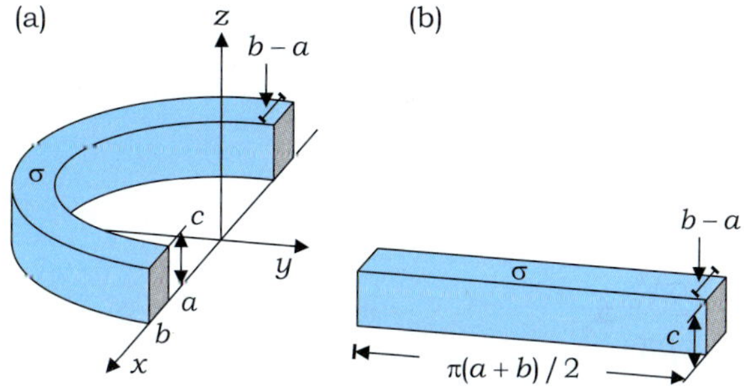

그림 4-4 똑같은 물질에, 똑같은 단면 및 체적을 가진 반쪽 고리와 직선 막대

Solution

(a) 가장자리 효과를 무시하면, 반쪽 고리가 원통좌표계에서 ρ- 와 z-방향으로 무한히 뻗어 있는 것처럼 가정하여 반쪽 고리에서의 V를 구할 수 있다. 경계면 조건을 위해 $\phi=\pi$일 때 $V=V_o$으로 가정하고, $\phi=2\pi$일 때 $V=0$으로 가정한다. 유일성 정리를 고려하여 ϕ가 상수인 면들을 등전위면이라 가정한다. 이러한 조건에서 V는 모든 지점에서 ρ와 z에 독립이고, 라플라스 방정식은 다음과 같이 축소된다.

$$\frac{d^2V}{d\phi^2}=0$$

적분상수 c_1과 c_2를 포함하는 일반해는 아래와 같이 표시된다.

$$V=c_1\phi+c_2 \tag{4-23}$$

식 (4-23)에 경계면 조건을 적용하면

$$V(\phi=\pi)=V_o=\pi c_1+c_2$$

$$V(\phi=2\pi)=0=2\pi c_1+c_2$$

위 식을 c_1과 c_2에 대해 풀고, 그 결과를 식 (4-23)에 대입하면

$$V=-\frac{V_o}{\pi}\phi+2V_o$$

따라서 도체 내의 전류밀도는

$$\mathbf{J}=\sigma\mathbf{E}=-\sigma\nabla V$$

$$=\frac{\sigma V_o}{\rho\pi}\mathbf{a}_\phi$$

직사각형 단면을 통과하는 총 전류는 다음과 같다.

$$I=\int_s \mathbf{J}\cdot d\mathbf{s}=\int_{z=0}^{z=c}\int_{\rho=a}^{\rho=b}\frac{\sigma V_o}{\rho\pi}\mathbf{a}_\phi\cdot(d\rho dz\,\mathbf{a}_\phi)$$

$$=\frac{\sigma V_o}{\pi}c\ln(b/a)$$

그러므로 반쪽 고리의 저항은

$$R_1 = \frac{V_o}{I} = \frac{\pi}{\sigma c \ln(b/a)} \tag{4-24}$$

(b) 막대 저항은 다음과 같이 식 (4-19)로부터 간단하게 얻을 수 있다.

$$R_2 = \frac{\mathcal{L}}{\sigma S} = \frac{\pi(a+b)}{2\sigma c(b-a)} \tag{4-25}$$

수치적 계산에 의해 직선 막대의 저항이 반쪽 고리의 저항보다 크다는 사실을 확인할 수 있다. 즉 $R_2 > R_1$이다.

Exercise 4.4

No. 10 AWG 구리 도선은 지름이 2.588[mm] 이고 저항이 3.277[Ω/Km]인 것으로 일람표에 나와 있다. 이 저항값이 타당한지 계산하여 확인하라.

Exercise 4.5

도선의 부피는 일정하게 유지하면서 길이를 늘일 때 도선의 저항과 도선의 길이 사이의 관계를 구하라.

Ans $R \sim \mathcal{L}^2$

Review Questions with Hints

RQ 4.7 옴의 법칙을 말로 설명하라. [(4-21)]

RQ 4.8 저항을 전도도를 이용해 표시하라. [(4-19)]

RQ 4.9 저항을 비저항을 이용해 표시하라. [(4-20)]

4.4 연속방정식(EQUATION OF CONTINUITY)

전하보존 원리에 의하면 전하는 생성되거나 소멸될 수 없다. 전하는 오로지 플러스와 마이너스 전하의 짝으로만 생성된다. 그러므로 전기적으로 중성인 도체에서 자유전자의 마이너스 전하는 이온화된 격자원자의 플러스 전하와 균형을 이루고 있다. 방전된(discharged) 도체의 알짜전하는 0이다. 의심할 여지없이 전자와 이온화된 원자의 재결합에는 정확히 하나의 마이너스와 하나의 플러스 전하가 사용되어 도체의 알짜전하에는 어떤 변화도 일어나지 않는다. 전하보존 원리는 자연의 법칙이며, 전기자기학에서는 연속방정식(equation of continuity)으로 표현된다.

폐곡면 S를 통과하여 밖으로 흐르는 알짜전류를 생각해보자. 이때의 알짜전류는 폐곡면 S 위에서의 전류밀도 $\mathbf{J}$의 면적분으로 주어진다. 즉

$$I = \oint_S \mathbf{J} \cdot d\mathbf{s} \tag{4-26}$$

식을 간단히 하기 위해 이 전류밀도가 플러스 전하의 움직임으로 인하여 발생된다고 가정하자. 만약 폐곡면 S를 통하여 밖으로 흘러나가는 알짜전류 I가 0이 아니라면, 면 S에 둘러싸인 총 전하 Q는 전하보존 원리에 의해 시간에 따라 감소해야 한다. 즉

$$I = -\frac{dQ}{dt} = -\frac{d}{dt}\int_{\mathcal{V}} \rho_v dv \tag{4-27}$$

여기서 ρ_v는 체적전하밀도, $\mathcal{V}$는 S에 의해 둘러싸인 부피이다. 다이버전스 정리를 사용해 식 (4-26)과 (4-27)을 합하면

$$\begin{aligned}\int_{\mathcal{V}} \nabla \cdot \mathbf{J}\, dv &= -\frac{d}{dt}\int_{\mathcal{V}} \rho_v dv \\ &= \int_{\mathcal{V}} \left(-\frac{d\rho_v}{dt}\right) dv\end{aligned} \tag{4-28}$$

위 식에서 $\mathcal{V}$는 시간에 영향을 받지 않기 때문에 시간에 대한 미분이 체적적분 안으로 들어갈 수 있다. 그 다음, $\mathcal{V}$가 모든 전하를 둘러싸고 있다면 $\mathcal{V}$는 무작위일 수 있으므

로 식 (4-28)의 두 피적분 함수는, 등식을 만족시키기 위해, $\mathcal{V}$의 모든 지점에서 서로 같아야 한다.

$$\boxed{\nabla \cdot \mathbf{J} = -\frac{\partial \rho_v}{\partial t}} \tag{4-29}$$

이 식을 연속방정식(equation of continuity)이라 부른다. 이 식이 의미하는 바는

폐곡면을 통하여 밖으로 흘러나가는 알짜전류는 그 곡면에 둘러싸인 전하의 시간미분의 마이너스 값이다.

식 (4-29)의 전류밀도 $\mathbf{J}$는 전도 혹은 대류전류밀도이거나 혹은 둘 다일 수 있다.

정적조건에서 전류밀도 ρ_v는 시간의 영향을 받지 않으므로 식 (4-29)는 다음과 같이 축소된다.

$$\boxed{\nabla \cdot \mathbf{J} = 0} \tag{4-30}$$

식 (4-30)을 부피 $\mathcal{V}$에 대해 적분하고 다이버전스 정리를 적용하면

$$\begin{aligned} \oint_S \mathbf{J} \cdot d\mathbf{s} &= 0 \\ &= \int_{S_1} \mathbf{J} \cdot d\mathbf{s} + \int_{S_2} \mathbf{J} \cdot d\mathbf{s} + \int_{S_3} \mathbf{J} \cdot d\mathbf{s} + \dots \end{aligned} \tag{4-31}$$

여기서 $\mathbf{J}$의 S에 대한 폐면적분은 S를 구성하는 면들에 대한 $\mathbf{J}$의 면적분들로 나뉘었다. 식 (4-31)의 오른쪽 항들은 [그림 4-5]와 같이 면 S의 각 부분을 통과하는 전류를 의미한다. 식 (4-31)을 이런 전류들로 표시하면 키르히호프의 전류법칙(Kirchhoff's current law)을 얻을 수 있다. 즉

$$\sum_j I_j = 0 \tag{4-32}$$

이것은 접합으로부터 흘러나가는 모든 전류의 합은 0이 됨을 의미한다.

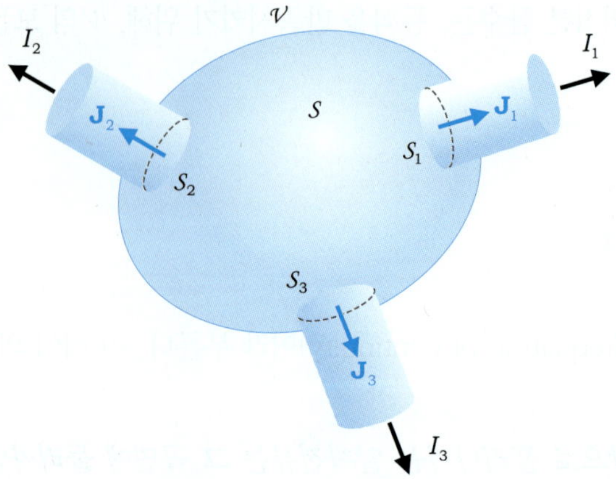

그림 4-5 키르히호프의 전류법칙

4.4.1 완화시간상수(Relaxation Time Constant)

앞에서 설명했듯이, 도체에 주입된 알짜전하는 도체 내에서 $\rho_v = 0$, $\mathbf{E} = 0$을 만족시키기 위해 도체 표면에 분포해야 한다. 연속방정식을 이용하면 알짜전하가 정적 분포에 도달하기까지의 시간을 계산할 수 있다. 도체 내부에 체적전하밀도 ρ_v가 주어진 경우를 생각해보자. 이 알짜전하는 도체 내에서 가우스 법칙에 따라 전기장을 형성할 것이다. 즉

$$\nabla \cdot \mathbf{E} = \frac{\rho_v}{\varepsilon}$$

옴의 법칙 $\mathbf{J} = \sigma \mathbf{E}$를 이용해 윗식을 다음과 같이 고쳐 쓸 수 있다.

$$\nabla \cdot \mathbf{J} = \frac{\sigma}{\varepsilon}\rho_v \tag{4-33}$$

여기서 균질한, 선형의, 등방성 물질을 가정하면, 전도도 σ는 상수이며 $\mathbf{E}$에 무관하다. 식 (4-33)을 식 (4-29)에 대입하면,

$$\frac{\partial \rho_v}{\partial t} + \frac{\sigma}{\varepsilon}\rho_v = 0 \tag{4-34}$$

식 (4-34)를 풀어서 초기조건 $\rho_v(t=0)=\rho_o$을 적용하면 아래의 결과를 얻는다.

$$\rho_v(t) = \rho_o e^{-(\sigma/\varepsilon)t} \tag{4-35}$$

알짜전하가 도체 표면으로 퍼짐에 따라 도체 내의 초기 체적전하밀도 ρ_o은 시간에 따라 지수함수적으로 감소한다. 체적전하밀도는 완화시간상수(relaxation time constant) τ 동안에 그 초기값의 $1/e$ 혹은 36.8%로 줄어든다. 여기서

$$\tau = \frac{\varepsilon}{\sigma} \quad [\mathrm{S}] \tag{4-36}$$

예를 들어 $\sigma = 5.80\times10^{7}[\mathrm{S/m}]$와 $\varepsilon \cong \varepsilon_o = 8.854\times10^{-12}[\mathrm{F/m}]$를 식 (4-36)에 대입하면, 구리의 완화시간상수 $\tau = 1.53\times10^{-19}[\mathrm{s}]$를 얻을 수 있는데, 이것은 전기자기학에서 접하는 것들 중 가장 짧은 시간이다.

Exercise 4.6

유전상수가 2.7이고 비저항이 $5\times10^{14}[\Omega\cdot\mathrm{m}]$인 호박(amber)의 완화시간상수를 구하라.

Ans 3.3 시간

Exercise 4.7

구리와 은에서 $\varepsilon \cong \varepsilon_o$을 가정할 때 두 도체의 완화시간상수 비를 구하라.

Ans $\tau_{Cu}/\tau_{Ag} = 1.06$

Review Questions with Hints

RQ 4.10 연속방정식을 서술하라. [(4-29)]

RQ 4.11 정적조건 아래에서 연속방정식을 서술하라. [(4-30)]

RQ 4.12 키르히호프 전류법칙을 설명하라. [(4-32)]

RQ 4.13 완화시간상수에 대한 표현식을 서술하라. [(4-36)]

RQ 4.14 τ와 ε 사이의 선형관계를 전기분극과 내부전기장을 이용해 설명할 수 있는가? [그림 3-21]

4.5 전력손실과 줄의 법칙(POWER DISSIPATION AND JOULE'S LAW)

지금까지의 내용을 간결하게 요약하면, 외부에서 가해진 전기장은 도체 내의 자유전자를 충돌 사이의 짧은 시간 동안 가속시킨다. 가속된 자유전자는 곧 격자원자와 충돌하고 임의의 방향으로 흩어진다. 가속과 충돌의 과정에서 자유전자는 전기장으로부터 운동에너지를 얻고 그것을 격자원자의 열에너지로서 방출한다. 즉 전기장의 포텐셜에너지 중 일부가 자유전자의 운동에너지로 바뀌고 결국 열로 사라진다.

기초 회로이론으로부터 이미 전압과 전류 사이의 곱으로 표현되는 전력에 대해 알고 있다. 그러나 이 장에서는 에너지와 힘 사이의 일반적인 관계로부터 전력을 유도할 것이다. 전기장 $\mathbf{E}$가 하나의 자유전자에 쿨롱 힘을 가하여 $d\mathbf{l}$ 방향으로 $|d\mathbf{l}|$만큼 움직이게 하였다고 가정하자. 이러한 전자의 이동이 짧은 시간 dt 동안 이루어졌다면 전기장에 의해 전자에게 전달된 전력은 아래와 같이 주어진다.

$$p = \frac{e\mathbf{E} \cdot d\mathbf{l}}{dt} = e\mathbf{E} \cdot \mathbf{v} \quad [\mathrm{W}] \tag{4-37}$$

여기서 e는 전자의 전하이고, $\mathbf{v} = d\mathbf{l}/dt$는 매질에서 자유전자의 표류속도를 의미한다. 식 (4-37)을 이용하면, 미소부피 dv에 포함된 자유전자에 전달된 총 전력은 다음과 같다.

$$\begin{aligned} dP &= (n_e dv)\, p = (n_e dv)\, e\mathbf{E} \cdot \mathbf{v} \\ &= \mathbf{E} \cdot \mathbf{J}\, dv \end{aligned} \quad [\mathrm{W}] \tag{4-38}$$

여기서 n_e와 $\mathbf{v}$는 각각 자유전자의 개수밀도와 표류속도이며, $\mathbf{J}$는 식 (4-14)로 정의되는 전류밀도이다.

부피 $\mathcal{V}$에서 소모되는 총 전력은 dP를 주어진 부피에 대해 적분하여 구한다. 즉

$$\boxed{P = \int_{\mathcal{V}} \mathbf{E} \cdot \mathbf{J}\, dv} \quad [\mathrm{W}] \tag{4-39}$$

이것이 바로 줄의 법칙(Joule's law)이다. 식 (4-39)의 전력은 와트(watts, [W]) 혹은 단위 시간당 줄(joules per second) 로 측정된다.

식 (4-39)로부터 체적전력밀도를 다음과 같이 정의한다.

$$\frac{dP}{dv} = \mathbf{E} \cdot \mathbf{J} \quad [\mathrm{W/m^3}] \tag{4-40}$$

이것은 미분형태의 줄의 법칙(point form of Joule's law)이다.

식 (4-39)에 표시된 줄의 법칙을 흔히 쓰이는 형태인 $P = VI$로 바꿀 수 있다. 미소부피가 $dv = d\ell ds$로 정의되는 직선 도선을 고려해보자. 이때 $d\ell$은 도선을 따라 주어지는 미소길이이고 ds는 단면에서의 미소면적이다. 전기장세기 $\mathbf{E}$가 도선의 방향에 평행이고 단면에서 균일하다고 가정하면 식 (4-39)를 다음과 같이 다시 쓸 수 있다.

$$P = \int_{\mathcal{V}} \mathbf{E} \cdot \mathbf{J}\, dv = \left(\int_{L} E\, d\ell\right)\left(\int_{S} J\, ds\right) = VI \quad [\mathrm{W}] \tag{4-41}$$

식 (4-21)에 표현된 옴의 법칙을 식 (4-41)에 대입하면 옴 전력손실(ohmic power loss)에 대한 식을 얻을 수 있다.

$$\boxed{P = I^2 R} \quad [\text{W}] \tag{4-42}$$

이것은 저항 R에서 소모된 전력을 의미한다.

Example 4-4

느린 끊김(slow-blow) 타입의 은(silver) 퓨즈는 퓨즈의 정격전류보다 2배 큰 전류가 흐르면 10초 이내에 회로를 차단하도록 설계되어 있다. 금속 은의 비열(specific heat)은 0.233[J/g•K], 밀도는 10.49[g/cm^3], 비저항(resistivity)은 1.59×10^{-8}[Ω•m], 녹는점(melting point)은 1235[K]이다. 이러한 계수들이 온도의 영향을 받지 않는다고 가정할 때, 20[A]의 직류를 정격으로 하는 은 퓨즈의 지름을 구하라.

Solution

은 퓨즈가 단면적 S[m^2], 길이 $\mathcal{L}$[m]를 가진다고 가정하자. 퓨즈의 온도를 293[K](실온)에서 1235[K](녹는점)으로 올리기 위해 필요한 열에너지는

$$\begin{aligned} W_T &= 0.233\left[\frac{\text{J}}{\text{g}\cdot\text{K}}\right]\times 10.49\left[\frac{\text{g}}{\text{cm}^3}\right]\times\left(S\times\mathcal{L}\times 10^6\right)[\text{cm}^3]\times(1235-293)[\text{K}] \\ &= (S\mathcal{L})\times 2.30\times 10^9[\text{J}] \end{aligned}$$

저항 R에 흐르는 40[A]의 직류에 의해 10[s] 동안 소모된 총 전기에너지는

$$W_E = I^2 R\times 10[\text{s}] = 40^2\times\frac{1.59\times 10^{-8}\mathcal{L}}{S}\times 10 = 2.54\times 10^{-4}\frac{\mathcal{L}}{S}[\text{J}]$$

W_T를 W_E와 같다고 놓으면 지름 D를 다음과 같이 구할 수 있다.

$$S^2 \equiv (\pi D^2/4)^2 = \frac{2.54\times 10^{-4}}{2.30\times 10^9} = 1.10\times 10^{-13}$$

그러므로 퓨즈의 직경은 다음과 같다.

$$D = 0.65[\text{mm}]$$

Exercise 4.8

Exercise 4-4에서 언급된 No. 10 AWG의 구리 도선은 30[A]를 정격으로 한다. 킬로미터당 이 도선에서 손실되는 전력의 최대값을 구하라.

Ans 2.95[KW]

Exercise 4.9

110[V] 와 220[V] 2개의 전압원이 각각 동일한 전송선을 통하여 각각 동일한 부하(load)에 같은 양의 전력을 전달한다. 두 도선에서의 (a) 전류 사이의 비, (b) 손실전력 사이의 비를 구하라.

Ans (a) $I_{110}/I_{220} = 2$ (b) $P_{110}/P_{220} = 4$

Exercise 4.10

(a) 병렬, (b) 직렬로 연결된 저항에서 소모된 총 전력은 각각의 저항에서 소모된 전력들의 합인가?

Ans (a) 예 (b) 예

Review Questions with Hints

RQ 4.15 줄의 법칙을 전류밀도로 표시하라. [(4-39)]

RQ 4.16 옴 전력손실에 대한 표현식을 서술하라. [(4-42)]

RQ 4.17 송전선에서 옴 전력손실을 줄이기 위한 방법은? [(4-42)]

4.6 경계면에서의 정상전류(STEADY CURRENTS AT AN INTERFACE)

헬름홀츠 정리에 의하면 정전류밀도 $\mathbf{J}$의 다이버전스와 컬이 공간상의 한 영역에서 명시된다면 그 영역의 각 점에서의 단일 정전류값들이 결정된다. 식 (4-30)에 주어진 정전류에 대한 연속방정식은 $\mathbf{J}$의 다이버전스를 정의하고 있다. 즉

$$\boxed{\nabla \cdot \mathbf{J} = 0} \qquad (4\text{-}43)$$

식 (4-43)은 주어진 영역에서 매질에 독립이라는 것에 주목하여야 한다. 그 다음, 전기자기학의 기본법칙인 $\nabla \times \mathbf{E} = 0$과 옴의 법칙 $\mathbf{J} = \sigma\mathbf{E}$를 결합하면 $\mathbf{J}$의 컬을 다음과 같이 얻는다.

$$\boxed{\nabla \times (\mathbf{J} / \sigma) = 0} \qquad (4\text{-}44)$$

윗식에서, 일반적으로, 전도도 σ는 컬 연산자 밖으로 나갈 수 없는데 그 이유는 σ가 비균질매질에서 위치에 대한 함수일 수 있고 또한 서로 다른 두 물체 사이의 경계면에서 변하기 때문이다. 식 (4-43)과 (4-44)는 정전류밀도에 대한 2개의 기본식이다.

식 (4-43)의 체적적분을 구하고 식 (4-44)의 면적분을 구한 후, 각각에 대해 다이버전스 정리와 스토크스 정리를 적용하면, 이 식들을 적분형태로 쓸 수 있다. 즉

$$\oint_S \mathbf{J} \cdot d\mathbf{s} = 0 \qquad (4\text{-}45)$$

$$\oint_C \frac{1}{\sigma} \mathbf{J} \cdot d\mathbf{l} = 0 \qquad (4\text{-}46)$$

여기서 S는 폐곡면이고, C는 폐곡선인데 이들은 서로 독립이다. 식 (4-46)의 전도도 σ는 적분 밖으로 나갈 수 없는데, 이는 폐곡선 C가 서로 다른 전도도를 가지는 매질들을 연이어 관통할 수도 있기 때문이다.

서로 다른 전도도 σ_1과 σ_2를 가지는 두 도체 사이의 경계면에서의 **J**의 경계면 조건은 3장에서 설명한 **E**와 **D**의 경계면 조건을 찾는 절차와 동일한 절차에 따라 구할 수 있다. 결론적으로 전류밀도에 대한 경계면 조건은 아래와 같다.

$$\boxed{J_{1n} = J_{2n}} \tag{4-47}$$

$$\boxed{\frac{J_{1t}}{\sigma_1} = \frac{J_{2t}}{\sigma_2}} \tag{4-48}$$

여기서 n과 t는 각각 수직성분과 접선성분을 나타낸다. **J**의 수직성분은 경계면에서 연속인 반면, **J**의 접선성분은 경계면에서 불연속이다.

Example 4-5

유전율이 각각 ε_1과 ε_2, 전도도가 각각 σ_1과 σ_2인 두 손실유전체가 평면 $z = 0$을 경계면으로 서로 인접해 있다. 영역 2$(z < 0)$에서 정전류밀도가 $\mathbf{J}_2 = b\mathbf{a}_y + c\mathbf{a}_z$[A/m^2]로 주어질 때 다음을 구하라.

(a) 영역 1$(z > 0)$에서의 $\mathbf{J}_1$

(b) $\mathbf{E}_1$과 $\mathbf{E}_2$

(c) 경계면에 유도된 표면전하밀도

Solution

(a) 영역 1에서 $\mathbf{J}_1 = J_{1y}\mathbf{a}_y + J_{1z}\mathbf{a}_z$라고 가정하자. 그러면 경계면 조건으로부터

$$J_{1y} = \frac{\sigma_1}{\sigma_2} b \qquad \text{(접선성분)}$$

$$J_{1z} = c \qquad \text{(법선성분)}$$

두 성분을 합하면

$$\mathbf{J}_1 = \frac{\sigma_1}{\sigma_2} b\,\mathbf{a}_y + c\,\mathbf{a}_z$$

(b) 옴의 법칙을 이용하여 두 영역에서의 전기장을 구한다.

$$\mathbf{E}_1 = \frac{\mathbf{J}_1}{\sigma_1} = \frac{b}{\sigma_2}\mathbf{a}_y + \frac{c}{\sigma_1}\mathbf{a}_z$$

$$\mathbf{E}_2 = \frac{\mathbf{J}_2}{\sigma_2} = \frac{b}{\sigma_2}\mathbf{a}_y + \frac{c}{\sigma_2}\mathbf{a}_z$$

(c) 경계면에서 **D**의 수직성분은 각각 다음과 같다.

$$D_{1z} = \varepsilon_1 E_{1z} = c\frac{\varepsilon_1}{\sigma_1}$$

$$D_{2z} = \varepsilon_2 E_{2z} = c\frac{\varepsilon_2}{\sigma_2}$$

경계면에서 **D**의 수직성분에 대한 경계 조건을 이용하면

$$\rho_s = D_{1z} - D_{2z} = c\left(\frac{\varepsilon_1}{\sigma_1} - \frac{\varepsilon_2}{\sigma_2}\right) \quad [\mathrm{C/m^2}] \tag{4-49}$$

유도된 ρ_s는 2개의 맞닿은 도체의 완화시간상수 차이에 비례한다는 점에 주목하라.

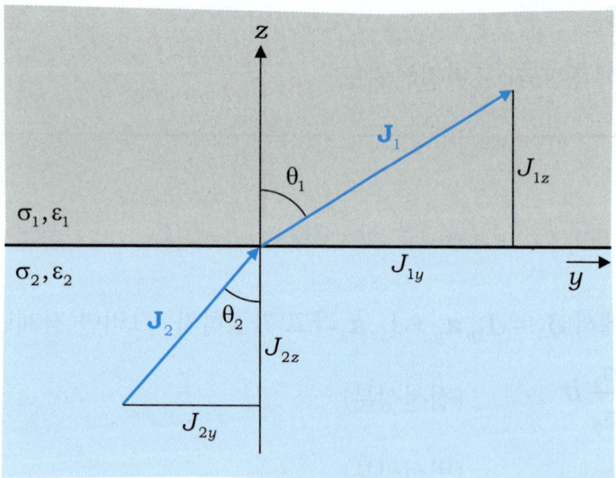

그림 4-6 경계면의 정전류

Exercise 4.11

[그림 4-6]을 참조하여 두 전도도 사이의 비를 **J**의 경사각도를 이용해 표시하라.

Ans $\tan\theta_1/\tan\theta_2 = \sigma_1/\sigma_2$

Review Questions with Hints

RQ 4.18 **J**에 관한 두 개의 기본식을 서술하라. [(4-43)(4-44)]

RQ 4.19 **J**의 경계면 조건에 대해 설명하라. [(4-47)(4-48)]

RQ 4.20 **J**의 어떤 성분이 도체-도체 경계면에서 유도되는 표면전하와 연관있는가? [(4-49)]

4.7 D와 J의 유사성(ANALOGY BETWEEN D AND J)

유전율 ε은 유전체의 특성을 표시하는 파라미터이고, 전도도 σ는 도체의 특성을 표시하는 파라미터이다. 유전율 ε과 전도도 σ를 가진 어떤 물체가 전기장 **E** 안에 위치할 때, 전속밀도 **D**는 ε에 의해 **E**에 연결되고, 전류밀도 **J**는 σ에 의해 **E**에 연결된다. 즉

$$\mathbf{D} = \varepsilon\mathbf{E} \tag{4-50a}$$

$$\mathbf{J} = \sigma\mathbf{E} \tag{4-50b}$$

D의 폐면적분이 그 면에 둘러싸인 알짜전하 Q와 동일한 것과 같은 원리로 **J**의 폐면적분은 그 면 밖으로 흘러나가는 총전류 I와 동일하다. 즉

$$\oint_S \mathbf{D}\cdot d\mathbf{s} = Q \tag{4-51a}$$

$$\oint_S \mathbf{J} \cdot d\mathbf{s} = I \tag{4-51b}$$

위의 식들에서 S는 동일한 폐곡면으로 가정할 수 있다. 또한 경계면 조건에 의하면 **D**와 **J**는 모두 완전도체의 표면과 직각으로 만나야 한다. 이러한 사실들에 기초하여 **D**, ε, Q는 각각 **J**, σ, I와 각각 매우 유사하다는 것을 알 수 있다.

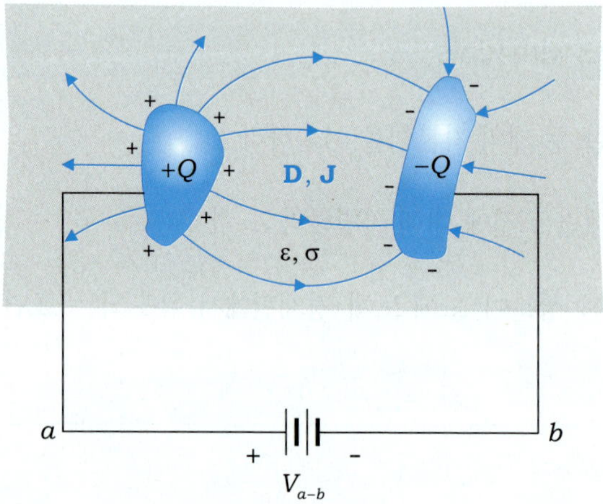

그림 4-7 **D**와 **J** 사이의 유사성

전도도가 0이 아닌 손실유전체 안에 삽입된 2개의 완전도체가 [그림 4-7]과 같이 직류전원에 연결되어 있는 경우를 검토하여보자. **D**와 **J**사이의 유사성으로부터 두 도체 사이의 정전용량과 누출저항 사이의 간단한 관계식를 유도할 수 있는데, 이것은 알려진 저항값으로부터 정전용량을 알아내거나 혹은 그 반대 작업에 매우 유용하게 사용될 수 있다. [그림 4-7]을 참조하여, 두 도체 사이의 전위 차이를 아래와 같이 표시할 수 있다.

$$V_{a-b} = -\int_b^a \mathbf{E} \cdot d\mathbf{l} \tag{4-52}$$

식 (4-51b)와 (4-52)로부터 두 도체 사이의 누출저항을 다음과 같이 표시할 수 있다.

$$R = \frac{V_{a-b}}{I} = \frac{-\int_b^a \mathbf{E} \cdot d\mathbf{l}}{\oint_S \mathbf{J} \cdot d\mathbf{s}} \tag{4-53}$$

다음으로, 식 (4-51a)와 (4-52) 로부터 두 도체 사이의 정전용량을 다음과 같이 표시한다.

$$C = \frac{Q}{V_{a-b}} = \frac{\oint_S \mathbf{D} \cdot d\mathbf{s}}{-\int_b^a \mathbf{E} \cdot d\mathbf{l}} \tag{4-54}$$

식 (4-53)의 **E**에 대한 선적분은 식 (4-54)의 그것과 정확히 일치한다. ε과 σ가 상수로 주어지는 단순매질을 가정하고 식 (4-50)을 이용해 식 (4-53)과 (4-54) 사이의 곱을 구하면

$$\boxed{RC = \frac{\varepsilon}{\sigma}} \tag{4-55}$$

2개의 도체를 포함하는 하나의 시스템에서 R과 C의 곱은 두 도체 사이의 매질의 완화 시간상수와 동일하다. 식 (4-55)를 사용해 알려진 정전용량 값으로부터 누출저항을 구할 수 있고, 그 반대도 마찬가지다. 관계식 $R = 1/G$를 이용하면, 식 (4-55)를 다음과 같이 다시 쓸 수 있다.

$$\boxed{\frac{C}{G} = \frac{\varepsilon}{\sigma}} \tag{4-56}$$

여기서 주목할 것은 식 (4-55)와 (4-56)은 ε과 σ가 모두 상수로 주어지는 단순한 매질에서만 성립된다는 것이다.

Example 4-6

동축 축전기가 유전율이 ε이고 전도도가 σ인 손실유전체로 채워져 있을 때, 단위길이당 누출저항을 구하라. 여기서 안쪽 도체의 반지름은 a이고 바깥쪽 도체의 내부 반지름은 b이다.

Solution

식 (3-190)으로부터 동축 축전기의 단위 길이당 정전용량은

$$C = \frac{2\pi\varepsilon}{\ln(b/a)} \quad [\mathrm{F/m}]$$

식 (4-55)로부터 누출저항은

$$R = \frac{\varepsilon}{\sigma}\frac{1}{C} = \frac{\ln(b/a)}{2\pi\sigma} \quad [\Omega] \tag{4-57}$$

4.3장에서 주어진 R을 구하는 방식을 따른다 해도 식 (4-57)과 동일한 결과를 얻는다.

Exercise 4.12

정전용량이 0.01[μF]인 평행판 축전기의 두 판 사이에 $\varepsilon_r=2.5$, $\sigma=10^{-3}$[S/m]인 손실유전체가 존재할 때 이것의 누출저항을 구하라.

Ans $R = 2.2[\Omega]$

Exercise 4.13

Example 4-6의 동축 축전기의 누출저항을 4.3절의 R에 대한 절차에 따라 구하라.

Review Questions with Hints

RQ 4.21 무슨 이유로 **D**와 **J**의 벡터장선들이 동일한가? [(4-50)]

RQ 4.22 **D**와 **J** 사이의 유사성에 대한 표현식을 서술하라. [(4-50)(4-51)]

RQ 4.23 정전용량과 누출저항 사이의 관계식을 서술하라. [(4-55)]

PROBLEMS

4-1 전류밀도가 $\mathbf{J}=0.3\mathbf{a}_y+0.4\mathbf{a}_z[\mathrm{A/cm^2}]$로 주어질 때, [그림 4-8]과 같이 $\rho=a=2[\mathrm{cm}]$, $0\le\phi\le\pi$, $0\le z\le b=2[\mathrm{cm}]$로 정의되는 원통표면을 통과하는 총 전류를 구하라.

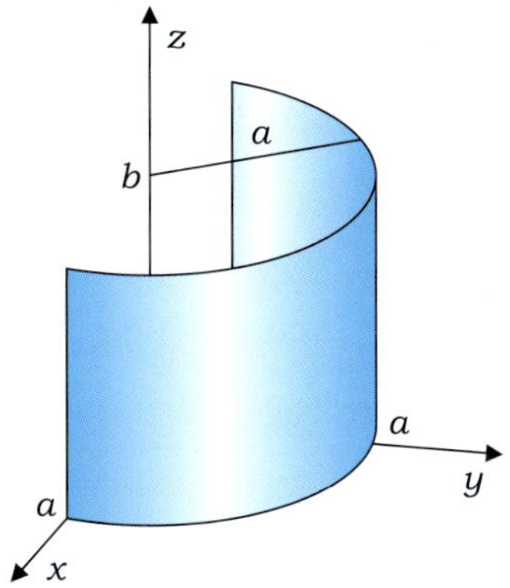

그림 4-8 원통면 (Problem 4-1)

4-2 원통좌표계에서 전류밀도가 $\mathbf{J}=20e^{-10\rho^2}\,\mathbf{a}_z$로 주어진다(ρ의 단위는 미터). [그림 4-9]와 같이 $R=0.4[\mathrm{m}]$, $0\le\theta\le 50^\circ$로 정의되는 구표면을 통과하여 흐르는 총 전류를 구하라.

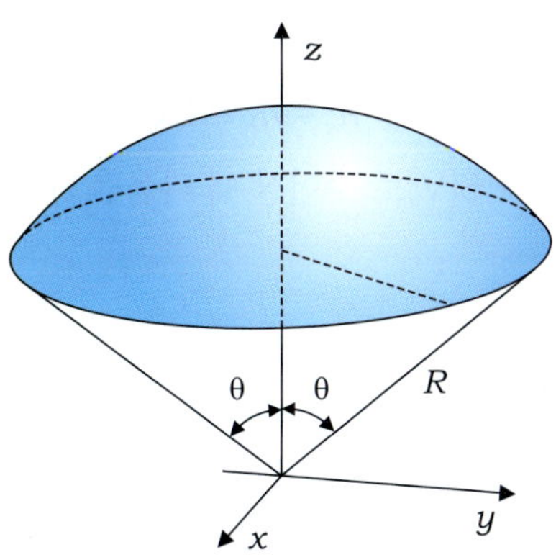

그림 4-9 구의 표면 (Problem 4-2)

4-3 [그림 4-9]의 구면($R=0.4$[m], $\theta=50°$)을 참조하여, 전류밀도가 원통좌표계에서 $\mathbf{J} = 6\cos(\rho^2)\,\mathbf{a}_z$ [A/m^2]로 주어질 때(ρ의 단위는 미터) 주어진 면을 통과하여 흐르는 총 전류를 구하라[힌트: 연속방정식].

4-4 평면 $z=0$에 위치한 가열된 음극은 밀도가 N[electrons/m^2•sec]으로 주어지는 열전자를 방출한다. 평면 $z=d$에 위치한 양극은 음극보다 전위가 V_o[V] 만큼 높은데 이것은 전자들을 z-방향으로 가속시킨다. 다음을 위치에 대한 함수로 나타내라.

(a) 전자의 속도

(b) 체적전하밀도

(c) 전극 사이의 전류밀도

(전자의 질량은 m이고 전하는 e이다)

4-5 반지름이 a인 직선 도선이 전도물질($\sigma=\sigma_1$)로 이루어져 있고 그 표면이 또 다른 전도물질($\sigma=\sigma_2$)로 코팅되어 있다. 단면에서의 전기장이 균일할 때 도선의 중심과 코팅에 같은 크기의 전류가 흐르게 하려면 코팅된 도선의 바깥 반지름은 얼마가 되어야 하는가?

4-6 직사각형 단면이 4[mm]×2[mm]인 실리콘 막대의 길이가 10[mm]이다. 온도가 300K일 때 진성실리콘에서 μ_e = 0.14[m^2/V•s], μ_h = 0.045[m^2/V•s], $n_e=n_h=1.0\times10^{16}$[m^{-3}]이다. 막대의 길이를 따라 전압강하가 5[V]로 주어질 때 다음을 구하라.

(a) 전도도

(b) 총 전류

(c) 저항

(d) 실리콘 막대에서 소비된 전력

4-7 진성실리콘이 소량의 도너로 도핑되었을 때 온도 300K에서 전자의 밀도가 10% 증가했다. 이러한 도핑으로 인한 전도도의 증가를 구하라[힌트: 알려진 전자와 정공의 이동도 값을 이용].

4-8 동축의, 완전도체의 두 원통면의 반지름이 각각 $a = 5$[cm], $b = 6$[cm]이고 길이가 10[cm] 이다. 두 도체 사이의 공간이 전도도가 $\sigma = 7 \times 10^4$[S/m]인 흑연으로 채워져 있다. 가장자리에서의 전기장 휘어짐 현상을 무시하고 두 도체 사이의 저항을 구하라.

4-9 전도도가 σ인 옴 매질이 [그림 4-10]과 같이 반지름이 각각 a와 b이고 중심이 같은 2개의 반구면 사이의 공간을 채우고 있다. 가장자리에서의 전기장 휘어짐 현상을 무시하고 두 도체 사이의 저항을 구하라.

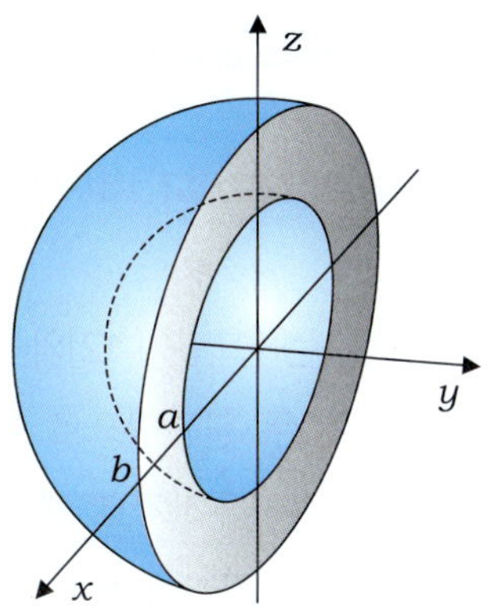

그림 4-10 옴 매질로 채워진 중심이 같은 반구면 (Problem 4-9)

4-10 구리의 전도도는 온도에 따라 $\sigma = \sigma_o\left[1 + \alpha\left(T - T_o\right)\right]^{-1}$로 변한다. 여기서 T는 섭씨온도이고, $T_o = 20$℃일 때 $\sigma_o = 5.8 \times 10^7$[S/m]이며, 온도계수 $\alpha = 0.0039$[℃$^{-1}$]이다. 다음의 온도에서 지름이 0.2[mm]이고 길이가 10[m]인 구리도선의 저항을 구하라.

(a) $T = -30$℃

(b) $T = 40$℃

4-11 [그림 4-11]과 같이 반지름이 a와 b이며 중심이 같은 2개의 완전도체 구 껍질이 주어진다. 이들 사이의 공간이 전도도 σ와 유전율 ε을 갖는 손실 유전체로 채워져 있다. 이 누설 축전기는 $\pm Q_o$[C]으로 충전되었고, 시간 $t=0$일 때 전원에서 분리되었다. 시간에 따라 변하는 전류로 인한 전자기 유도를 무시하고, 시간 $t>0$일 때 두 도체 사이의 전류밀도를 구하라.

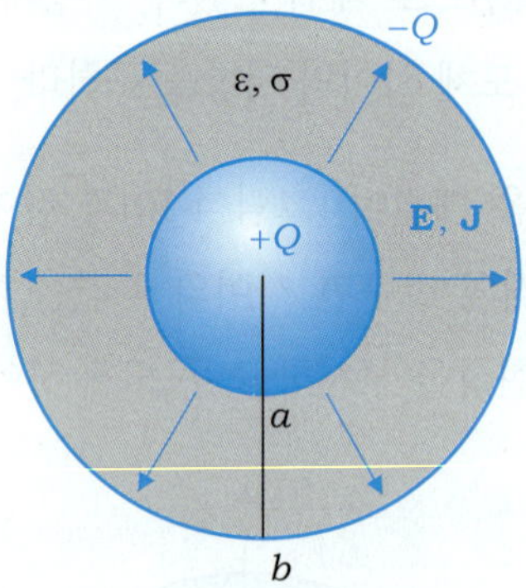

그림 4-11 구 껍질 형태의 손실유전체 (Problem 4-11)

4-12 길이가 L인 동축 축전기는 [그림 4-12]와 같이 반지름이 각각 a와 c이고, 동축이며, 완전도체인 두 원통면으로 이루어져 있다. 두 도체 사이의 공간은 2개의 서로 다른 손실유전체로 채워져 있다. $a<\rho<b$일 때 σ_1과 ε_1, $b<\rho<c$일 때 σ_2와 ε_2. 이것이 V_o[V]의 전압원에 연결되어 있을 때 두 도체 사이에서 (a) 전류밀도 (b) 저항을 구하라.

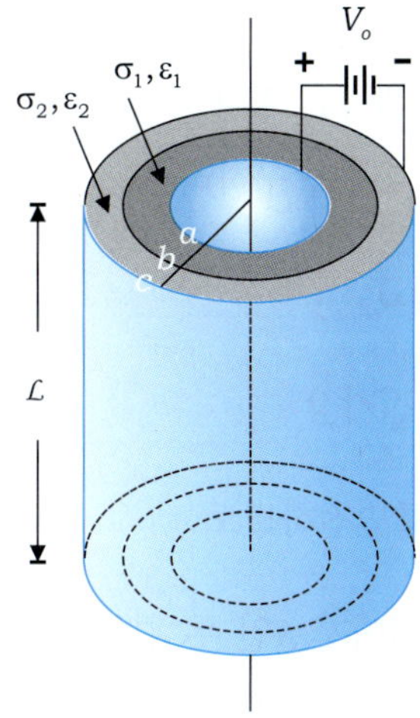

그림 4-12 2개의 서로 다른 물질로 채워진 동축 축전기(Problems 4-12, 4-13)

4-13 [그림 4-12]의 동형 축전기가 시간 $t = t_o$일 때 전압원과 분리되었는데, 이 때 안쪽 도체에서 알짜전하 Q_o[C]이 측정되었다. 시간 $t > t_o$일 때 두 도체 사이의 전류밀도를 구하라.

4-14 넓이가 S인 2개의 평행한 도체판이 각각 $z = d$, $z = 0$ 평면과 일치하도록 위치하고, 각각 전위 $V = V_o$, $V = 0$으로 유지된다. 두 도체 사이의 공간이 전도도가 $\sigma = \sigma_o\sqrt{1+(z/d)}$인 비균질 물질로 채워져 있을 때, 가장자리에서의 전기장 휘어짐 현상을 무시하고 다음을 구하라.

(a) 전류밀도

(b) 전기장세기

(c) 두 도체 사이의 저항

4-15 평면 $z=0$은 2개의 손실유전체가 만나는 경계면이다. $z<0$일 때 σ_1과 ε_1, $z>0$일 때 σ_2와 ε_2. 영역 $z<0$에서 전류밀도는 $\mathbf{J}_1=2\mathbf{a}_y+3\mathbf{a}_z$[A/m^2]로 균일하다. 다음을 구하라.

(a) 영역 $z>0$에서 $\mathbf{J}_2$

(b) 두 영역에서의 전기장

(c) 경계면에서의 표면전하밀도

4-16 평행판 축전기가 넓이가 S인 두 평행판으로 이루어져 있다. 두 도체는 두께 d, 전도도 σ, 유전율 ε의 손실유전체에 의해 서로 분리되어 있다. 이 축전기는 전압원에 의해 $V=V_o$으로 완전 충전되었으며 시간 $t=0$일 때 전원에서 분리되었다. 시간 $t>0$일 때 다음을 구하라.

(a) 도체 위의 전하밀도

(b) 유전체 내에서 소비된 전력

(c) 유전체 내에서 소비된 총 에너지와 시간 $t=0$일 때 축전기에 저장되어 있던 총 에너지가 같음을 보여라.

CHAPTER

5

정자기학 (MAGNETOSTATICS)

3장에서 정전기학에 논의의 초점을 맞추어, 전기장 **E**와 전속밀도 **D**에 관련된 전기현상을 공부했다. 논의의 첫머리에, 자유공간에 놓여 있는 두 정전하 사이의 상호작용을 설명하기 위해 전기장을 정의하고 사용했다. 그 다음 외부의 전기장과 주어진 매질 사이의 상호연관을 설명하기 위해 전속밀도를 정의하고 사용했다. 또한 **D**와 **E** 사이의 관계로부터 주어진 물질의 유전율 ε을 정의할 수 있었다. 그리하여 공간상 한 영역에서의 정전기장은 그 영역에서 정의되는 두 기본식, 즉 $\nabla \cdot \mathbf{D} = \rho_v$와 $\nabla \times \mathbf{E} = 0$에 의해 결정된다는 것을 배웠다.

이 장에서 논의의 초점을 정자기학(magnetostatics)에 맞추어 자기장(magnetic field) **H**와 자속밀도(magnetic flux density) **B**에 관련된 자기현상을 공부한다. 단순매질에서 **E**와 **D**가 물질 구조식 $\mathbf{D} = \varepsilon\mathbf{E}$에 의해 연관되듯이 단순 자성체에서 **H**와 **B**는 물질 구조식 $\mathbf{B} = \mu\mathbf{H}$에 의해 서로 연관되어 있다. 정전기장이 두 기본식에 의해 결정되듯이 정자기장도 두 기본식에 $\nabla \cdot \mathbf{B} = 0$과 $\nabla \times \mathbf{H} = \mathbf{J}$에 의해 결정된다. 이러한 것들로부터 **E**와 **H** 사이 그리고 **D**과 **B** 사이에 유사성(analogy)이 존재한다는 것을 알 수 있다. 이러한 유상성을 이용하면 정자기학을 이해하는데 많은 도움이 되지만 모든 정자기학의 개념이 이러한 유사성만을 이용해 이해될 수는 없다. 예를 들어, **E**가 전하에 작용하는 전기력(electric force)과 연관이 있듯이, **B**는 움직이고 있는 전하에 작용하는 자기력(magnetic force)과 밀접한 연관이 있다. 또한 **D**가 유전체에서 새로이 정의될 때 사용되는 절차와 동일한 절차에 따라 자성체에서 **H**는 새로이 정의된다.

자성(magnetism)은 고대인들에 의해 철(iron) 조각 등을 끌어당기는 로드스톤(lodestone)으로부터 발견되었다. 로드스톤은 천연자성을 띠는 철광석(magnetite) 조각들을 일컫는데 이들은 주로 고대도시 마그네시아(Magnesia) 근처에서 발견되었다. 자석(magnet)은 마그네시아의 돌(Magnesian stone)이라는 그리스어에서 유래된다. 자성은 전기와 무관하다고 생각되어졌는데, 1819년 한스 크리스챤 에르스텟(Hans Christian Oersted)은 전류가 흐르는 도선 근처에서 나침반의 바늘이 움직이는 것을 발견했다. 에르스텟의 관찰은 자기장과 전기장 사이에 어떤 연관이 있다는 것을 말해준다. 즉 전기장이 도선에 전류를 흐르게 하면 그 전류에 의해 자기장이 발생된다. 그러나 이러한 연관은 완벽하지 않다. 그 이유는 정자기장은 정전기장을 발생시키지 못하기 때문이다. 6 장에서, 시간에 따라 변하는 **B**가 시간에 따라 변하는 **E**를 발생시킨다는 것을 배우게 되는데 이때 비로소 자기장과 전기장의 연관이 완벽해진다.

정전류(steady current)가 혹은 직류전류(direct current)가 정자기장을 발생시킨다. 이 장의 첫머리에 비오-사바르 법칙에 대해 논하고 이것이 어떻게 하나의 정자기장을 하나의 정전류에 연관시키는지를 배운다. 그 다음, 가우스 법칙이 쿨롱 법칙의 특별한 경우인 것처럼, 암페어 법칙이 비오-사바르 법칙의 특별한 경우이라는 것을 배운다. 암페어 법칙은 주어진 문제의 형상이 어떤 대칭성을 띨 때 매우 유용하게 이용될 수 있다. 외부에서 인가된 자기장과 자성물질과의 상호작용을 설명하기 위해 자기화벡터(magnetization vector) 개념을 이용한다. 자성체의 자기화가 그 물질 내의 총 자속밀도에 미치는 영향을 고려하여 물질 내의 자기장벡터가 새로이 정의된다. 그리하여 자기화로부터 자성체의 구조식 $\mathbf{B} = \mu\mathbf{H}$가 유도된다. 여기서 투자율(permeability) μ는 자성체의 특징을 나타내는 파라미터이다. 정자기장에 대한 두 기본식 $\nabla \cdot \mathbf{B} = 0$과 $\nabla \times \mathbf{H} = \mathbf{J}$가 모두 설명된 후, 서로 다른 자성체 사이의 경계면에서 $\mathbf{B}$와 $\mathbf{H}$에 대한 경계면 조건을 유도하고 토의한다. 그 다음 계속해서 유도용량(inductance), 자기에너지(magnetic energy), 회전력(torque)에 대해 논한다.

5.1 로렌츠 힘(LORENTZ FORCE EQUATION)

하나의 전하 q는 그것이 정지해 있던지 움직이던지에 관계없이 전기장 $\mathbf{E}$ 안에서 전기력(electric force) $\mathbf{F}_e$를 받는다. 즉

$$\mathbf{F}_e = q\mathbf{E} \quad [\text{N}] \tag{5-1}$$

전기장세기 $\mathbf{E}$가 단위전하에 작용하는 전기력으로 정의되는 것처럼 자속밀도(magnetic flux density) $\mathbf{B}$는 움직이고 있는 단위전하에 작용하는 자기력으로 정의될 수 있다. 자기력은 수학적으로 다음과 같이 표시된다.

$$\mathbf{F}_m = q\mathbf{v} \times \mathbf{B} \quad [\text{N}] \tag{5-2}$$

자속밀도 $\mathbf{B}$는 테슬라(tesla[T]) 혹은 제곱미터당 웨버(weber per square meter[Wb/m^2])의 단위로 표시된다.

만약 하나의 전하 q가 전기장 $\mathbf{E}$와 자속밀도 $\mathbf{B}$가 동시에 존재하는 공간에서 속도 $\mathbf{v}$로 움직인다면, 그 전하에 작용하는 총 힘은 아래와 같다. 즉

$$\boxed{\mathbf{F} = \mathbf{F}_e + \mathbf{F}_m = q(\mathbf{E} + \mathbf{v} \times \mathbf{B})} \quad [\mathrm{N}] \tag{5-3}$$

이것을 로렌츠 힘의 식(Lorentz force equation) 이라고 부른다.

여기서 주목할 것은 $\mathbf{F}_e$는 전하가 움직이던 그렇지 않던 그 전하에 적용되지만, $\mathbf{F}_m$은 오직 움직이고 있는 전하에만 적용된다. $\mathbf{F}_m$은 전하가 움직이는 방향에 혹은 $\mathbf{v}$의 방향에 항상 수직이므로 비록 $\mathbf{F}_m$의 근원이 자기장이더라도 자기에너지의 소모가 발생하지 않는다. 다시 말하여 $\mathbf{B}$에 저장된 자기에너지가 전하의 운동에너지로 변환되지 않는다. 이런 이유로 자기장은 전하의 움직이는 방향을 변화시킬 수는 있어도 전하의 속력을 변화시키지는 못한다.

Example 5-1

균일한 자속밀도 $\mathbf{B} = B_o\mathbf{a}_z$ 안에서 하나의 전자가 시간 $t = 0$일 때 $\mathbf{v} = v_o\mathbf{a}_y$의 속도로 x-축을 직각으로 통과한다.

(a) 시간 $t \geq 0$동안 전자는 xy-평면에서 원을 따라 움직이는 것을 증명하라.

(b) 원의 반지름 r_o을 전자의 전하량 e, 질량 m, 초기 속력 v_o으로 표시하라.

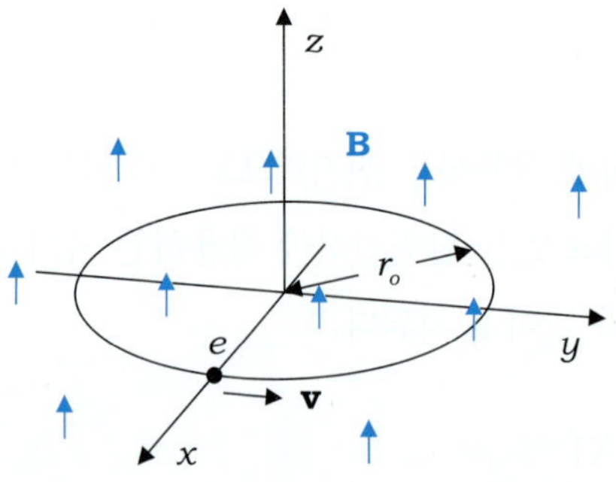

그림 5-1 자속밀도 안에서 움직이는 전자

Solution

(a) 전자에 작용하는 자기력은

$$\mathbf{F}_m = e\,\mathbf{v} \times \mathbf{B} \tag{5-4}$$

$\mathbf{B}$는 $|\mathbf{v}|$를 변화시키지 못하므로 시간 $t \geq 0$ 동안 $|\mathbf{F}_m|$은 상수이고, $\mathbf{F}_m$은 항상 전자가 이동하는 방향에 수직이다. 따라서 $\mathbf{F}_m$은 구심력으로 작용하여 전자의 궤도는 원을 그린다.

(b) 만약 전자가 원 위에서 $\mathbf{v} = v_o \mathbf{a}_\phi$의 속도로 움직이면, 식 (5-4)로부터 다음의 식을 쓸 수 있다.

$$\mathbf{F}_m = -|e| v_o B_o (\mathbf{a}_\phi \times \mathbf{a}_z) = -|e| v_o B_o \,\mathbf{a}_\rho \qquad (e<0) \tag{5-5}$$

정상상태에서 $\mathbf{F}_m$은 전자의 질량 X 가속도와 평형을 이룬다.

$$\begin{aligned} m\frac{d\mathbf{v}}{dt} = m\frac{d\mathbf{v}}{d\phi}\frac{d\phi}{dt} &= m v_o \frac{d\mathbf{a}_\phi}{d\phi}\frac{d\phi}{dt} \\ &= m v_o(-\mathbf{a}_\rho)\omega \end{aligned} \tag{5-6}$$

위에서 식 (1-68)의 관계식 $d\mathbf{a}_\phi/d\phi = -\mathbf{a}_\rho$를 사용했고 또한 식$\phi = \omega t$(각속도 곱하기 시간)를 사용했다.

식 (5-5)와 (5-6)을 결합하면

$$\omega = \frac{|e| B_o}{m} \qquad [\mathrm{rad/s}] \tag{5-7}$$

관계식 $v_o = r_o \omega$를 식 (5-7)에 대입하여 원의 반지름을 다음과 같이 구한다.

$$r_o = \frac{m v_o}{|e| B_o} \qquad [\mathrm{m}]$$

Exercise 5.1

[그림 5-1]을 참조하여, 시간 $t \geq 0$동안 전자를 직선상에서 움직이도록 하기 위해 기존의 $\mathbf{B}$에 더해 추가로 필요한 전기장세기 $\mathbf{E}$를 구하라.

Ans $\mathbf{E} = -v_o B_o \mathbf{a}_x$

5.2 비오-사바르 법칙(THE BIOT-SAVART LAW)

앞에서 자속밀도(magnetic flux density) $\mathbf{B}$를 일종의 힘장(force field)으로 정의했다. 그 다음 자기장(magnetic field) $\mathbf{H}$에 관심의 초점을 맞추어, 이것을 정전류(steady current)에 의해 발생하는 하나의 벡터장(vector field)으로 정의한다.

비오-사바르 법칙(Biot-Savart law)은 실험으로부터 나온 법칙인데, 이것에 의하면 미분거리 벡터 $d\mathbf{l}'$를 따라 흐르는 정전류 I에 의해 발생하는 미분자기장세기 $d\mathbf{H}$는 아래와 같다.

$$\boxed{d\mathbf{H} = \frac{I\,d\mathbf{l}' \times \mathbf{a}_{\mathcal{R}}}{4\pi \mathcal{R}^2}} \qquad [\mathrm{A/m}] \tag{5-8}$$

미분값 $d\mathbf{H}$는 위치벡터가 $\mathbf{r}$로 주어지는 관찰점(field point)에 위치한 벡터로 간주되고, 미분전류 $I d\mathbf{l}'$는 위치벡터가 $\mathbf{r}'$로 주어지는 원천점(source point)에 위치한 벡터로 간주된다. 여기서 미분전류 $I d\mathbf{l}'$는 정전류 I가 흐르는 도선의 한 토막을 나타낸다. 두께가 무시되는 매우 가느다란 도선을 지금부터는 필라멘트(filament)라 부른다. 식 (5-8)에서 $\mathcal{R}$과 $\mathbf{a}_{\mathcal{R}}$은 거리벡터 $\boldsymbol{\mathcal{R}} = \mathbf{r} - \mathbf{r}'$의 크기와 단위벡터를 나타낸다. 필라멘트전류 I는 암페어(ampere[A]) 단위로 표시되고, 자기장세기(magnetic field intensity) $\mathbf{H}$는 미터당 암페어(ampere per meter[A/m]) 단위로 표시된다.

식 (5-8)의 가위곱은 $d\mathbf{H}$의 방향($I d\mathbf{l}'$와 $\mathbf{a}_{\mathcal{R}}$이 만드는 평면에 수직) 및 $d\mathbf{l}'$와 $\mathbf{a}_{\mathcal{R}}$ 사이

의 사이각에 대한 사인(sine)을 동시에 표시하고 있다. 여기서 주목할 것은, 가위곱 $d\mathbf{l}' \times \mathbf{a}_{\mathcal{R}}$은, 비록 그것이 프라임좌표(primed coordinates)로 표시되더라도, 정상좌표(unprimed coordinates)로 표시되는 관찰점에 위치한 벡터라는 사실이다([그림 5-2] 참조). 식 (5-8)에서 보듯이 $\mathbf{E}$가 전하와 관찰점 사이 거리의 제곱에 반비례하는 것과 마찬가지로 자기장세기는 전류요소와 관찰점 사이 거리의 제곱에 반비례한다. 그러나 $\mathbf{E}$가 거리벡터 $\boldsymbol{\mathcal{R}}$에 항상 평행인 것과 달리 자기장벡터 $d\mathbf{H}$는 항상 $\boldsymbol{\mathcal{R}}$에 수직이다.

최종 자기장세기 $\mathbf{H}$는, 합하여져서 온전한 필라멘트전류 I를 형성하는 전류요소들이 발생시키는 자기장세기의 합으로 주어진다. 즉

$$\boxed{\mathbf{H} = \int_{C'} \frac{I\,d\mathbf{l}' \times \mathbf{a}_{\mathcal{R}}}{4\pi \mathcal{R}^2}} \qquad [\text{A/m}] \tag{5-9}$$

여기서 적분길 C'는 전류 I가 흐르는 필라멘트에 해당한다.

4장에서 설명한 것과 마찬가지로 전류가 체적 $\mathcal{V}$를 통과하여 흐르는 경우, 이 전류는 $\mathbf{J} = \rho_v \mathbf{v}$로 표시되는 전류밀도(current density)에 의해 정의될 수 있다. 여기서 전류밀도는 체적전하밀도 ρ_v와 전하속도 $\mathbf{v}$ 사이의 곱이다. 비슷한 방법으로, 만약 전류가 하나의 면에 제한되어 흐른다면 이것은 $\mathbf{J}_s = \rho_s \mathbf{v}$로 표시되는 표면전류밀도(surface current density)로 정의될 수 있다. 여기서 ρ_s는 표면전하밀도이다. 이러한 체적 혹은 표면전류에 대한 등가 전류요소(current element)들은 아래와 같이 주어진다.

$$\boxed{I\,d\mathbf{l}' = \mathbf{J}'\,dv' = \mathbf{J}'_s\,ds'} \tag{5-10}$$

미분체적 dv' 혹은 미분면적 ds'는 위치벡터가 $\mathbf{r}'$인 원천점에 그 중심을 두고 있다고 가정한다. 식 (5-10)에서 기호 ' ' ' 는 주어진 값이 원천점의 전류와 밀접한 관계가 있다는 것을 표시한다. 식 (5-10)을 식 (5-9)에 대입하면 비오-사바르 법칙을 다음과 같이 쓸 수 있다.

$$\boxed{\mathbf{H} = \int_{\mathcal{V}'} \frac{\mathbf{J}' \times \mathbf{a}_{\mathcal{R}}\,dv'}{4\pi \mathcal{R}^2}} \qquad [\text{A/m}] \tag{5-11}$$

$$\mathbf{H} = \int_{S'} \frac{\mathbf{J}'_s \times \mathbf{a}_{\mathcal{R}} ds'}{4\pi\mathcal{R}^2} \quad [\mathrm{A/m}] \tag{5-12}$$

여기서 $\mathcal{R}$과 $\mathbf{a}_{\mathcal{R}}$은 거리벡터 $\boldsymbol{\mathcal{R}} = \mathbf{r} - \mathbf{r}'$의 크기와 단위벡터를 나타낸다. 여기서 주목할 것은, 비록 $\mathbf{J}'$와 $\mathbf{a}_{\mathcal{R}}$이 프라임좌표로 표시되더라도, 가위곱 $\mathbf{J}' \times \mathbf{a}_{\mathcal{R}}$은 관찰점에서의 베이스벡터로 전개되어야 한다는 것이다.

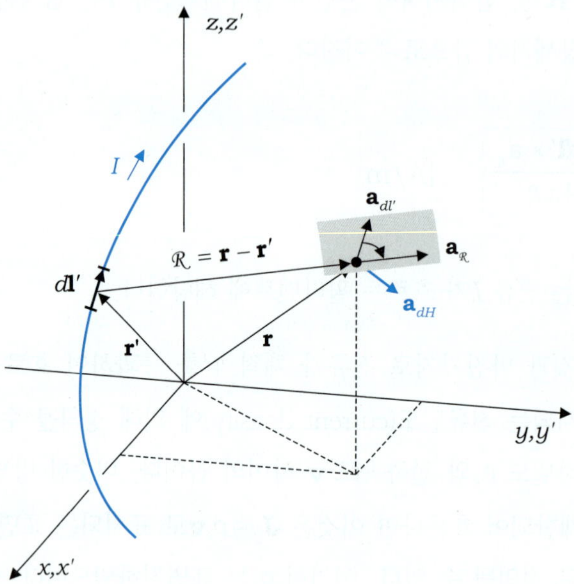

그림 5-2 위치벡터 $\mathbf{r}'$에서의 전류 $Id\mathbf{l}'$에 의한 위치벡터 $\mathbf{r}$에서의 자기장 $d\mathbf{H}$

비록 식 (5-9), (5-11), (5-12)로 주어지는 비오-사바르 법칙이 섞음좌표계를 사용하더라도 프라임좌표계의 좌표축들과 정상좌표계의 좌표축들은 서로 정확하게 일치한다. 이들은 단지 다른 이름으로 불려질 뿐이다. 섞음좌표계를 쓰는 이유는 $\mathbf{H}$에 대한 적분식에서 변수들(원천점의 좌표들)과 상수들(관찰점의 좌표들)을 구별하기 위함이다.

Example 5-2

z-축에 따라 놓여 있는 무한히 긴 직선의 필라멘트에 정전류 I가 흐르고 있다. 이것에 의한 자기장 $\mathbf{H}$를 구하라.

Solution

대칭성을 고려하여 원통좌표계를 이용하고, 편의상 [그림 5-3]에서처럼 관찰점이 $z = 0$ 평면 위에 있다고 가정한다.

관계식 $\mathbf{a}_{z'} = \mathbf{a}_z$를 이용해 거리벡터를 관찰점의 베이스벡터들로 전개한다.

$$\mathcal{R} = \mathbf{r} - \mathbf{r}' = \rho\,\mathbf{a}_\rho - z'\,\mathbf{a}_{z'}$$
$$= \rho\,\mathbf{a}_\rho - z'\,\mathbf{a}_z$$

필라멘트를 따라 주어지는 미분거리 벡터도 관찰점의 베이스벡터들을 이용해 표시한다. 즉

$$d\mathbf{l}' = dz'\,\mathbf{a}_z$$

식 (5-9)로부터 다음 식을 얻는다.

$$\mathbf{H} = \int_{z'=-\infty}^{z'=+\infty} \frac{I\,dz'\,\mathbf{a}_z \times (\rho\,\mathbf{a}_\rho - z'\,\mathbf{a}_z)}{4\pi\mathcal{R}^3} = \frac{I\,\mathbf{a}_\phi}{4\pi}\int_{z'=-\infty}^{z'=+\infty} \frac{\rho\,dz'}{(\rho^2 + z'^2)^{3/2}}$$
$$= \mathbf{a}_\phi \frac{I\rho}{4\pi} \frac{z'/\rho^2}{\sqrt{\rho^2 + z'^2}}\Bigg|_{z'=-\infty}^{z'=+\infty} \tag{5-13}$$

여기서 $\mathbf{a}_\phi$는 z'에 독립이므로 적분기호 밖으로 빠져나올 수 있다. 위에서 관계식 $\mathbf{a}_z \times \mathbf{a}_\rho = \mathbf{a}_\phi$, $\mathbf{a}_z \times \mathbf{a}_z = 0$ 그리고 적분 $\int (x^2 + a^2)^{-3/2} dx = (x/a^2)(x^2 + a^2)^{-1/2} + C$를 이용했다.

그리하여 무한히 긴 직선 필라멘트에 흐르는 전류 I에 의한 자기장세기는 다음과 같다.

$$\boxed{\mathbf{H} = \frac{I}{2\pi\rho}\mathbf{a}_\phi} \quad [\mathrm{A/m}] \tag{5-14}$$

H *의 방향과 전류의 방향은 오른손규칙에 의해 다음과 같이 주어진다. 오른손 네 손가락이* ***H*** *의 방향으로 회전하면 오른손 엄지는 전류의 방향을 가리킨다.*

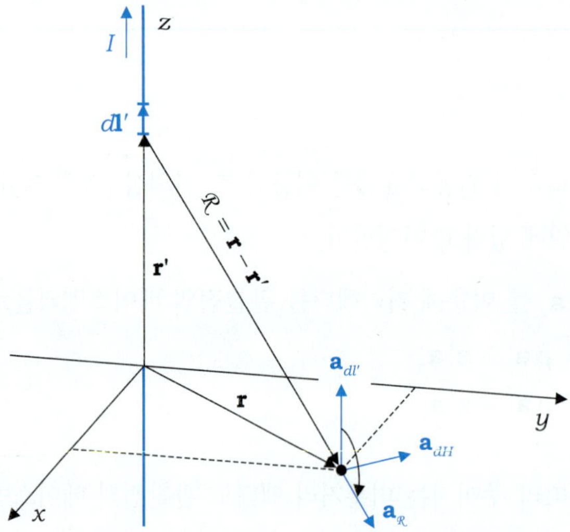

그림 5-3 전류 I가 흐르는 매우 긴 필라멘트에 의한 자기장

여기서 주어진 문제의 대칭성이 결과값 $\mathbf{H}$에 대해 무엇을 말하는지 살펴보자. 무한히 긴 필라멘트전류는 원통대칭(cylindrical symmetry)(z-축을 중심으로 돌려도 변화가 없음)을 가지며 z-축을 따라 병진대칭(translational symmetry in the z-direction)(z-축을 따라 움직여도 변화가 없음)을 가진다. 따라서 결과값 $\mathbf{H}$는 ϕ(cylindrical symmetry) 및 z(translational symmetry)에 독립이다. 또한 가위곱 $d\mathbf{l}'\times\mathbf{a}_{\mathcal{R}}$이 항상 $\mathbf{a}_\phi$-방향으로 주어진다는 것을 알고 있다. 결론적으로 $\mathbf{H}$는 오직 ρ에 대한 함수로 주어지며 ϕ-성분만을 가져야 하는데, 이러한 사실은 식(5-14)에서 명백하게 드러난다.

여기서 잠시, [그림 5-4]에서처럼 유한한 길이의 필라멘트에 전류가 $z=z_1$에서 $z=z_2(z_1<z_2)$까지 흐를 때 이것의 자기장을 구하는 식에 대해 알아보자. 식(5-13)으로부터, xy-평면 위의 한 점에서의 $\mathbf{H}$는 다음과 같이 얻어진다. 즉

$$\mathbf{H} = \mathbf{a}_\phi \frac{I}{4\pi\rho}\left(\frac{z'}{\sqrt{\rho^2+z'^2}}\Bigg|_{z'=z_1}^{z'=z_2}\right) = \mathbf{a}_\phi \frac{I}{4\pi\rho}\left(\frac{z_2}{\sqrt{\rho^2+z_2^2}} - \frac{z_1}{\sqrt{\rho^2+z_1^2}}\right)$$

[그림 5-4]에서와 같이 각도 θ_1과 θ_2가 정의될 때, 유한한 길이의 필라멘트전류 I로부터 거리 ρ에 떨어진 점에서의 자기장세기는 다음과 같다.

$$\mathbf{H} = \frac{I}{4\pi\rho}[\cos\theta_1 + \cos\theta_2]\mathbf{a}_\phi \qquad [\mathrm{A/m}] \tag{5-15}$$

위의 식 (5-15)는 원점의 위치에 무관하다는 것에 주목하자. 또한 $\mathbf{H}$의 방향은 오른손규칙을 따른다: 오른손 네 손가락이 $\mathbf{H}$의 방향으로 회전하면 오른손 엄지는 I의 방향을 가리킨다.

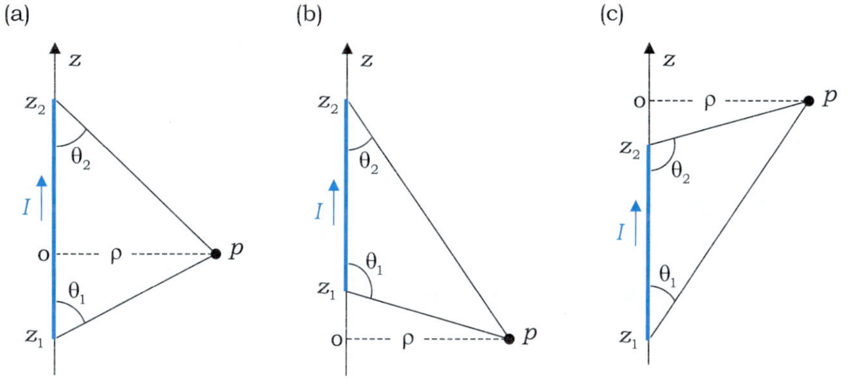

그림 5-4 유한한 필라멘트전류에 의한 $\mathbf{H}$

Example 5-3

[그림 5-5]에서 보듯이 L 모양으로 구부러진 필라멘트에 전류 I가 흐를 때 직각 좌표계의 한 점 p:$(a, b, 0)$ $(a>0,\ b>0)$에서 $\mathbf{H}$를 구하라.

Solution

영역 $y<0$에 존재하는 필라멘트 조각에 대해, 다음의 값들 $\theta_1=0$, $\theta_2=\alpha$, $\rho=a$를 식 (5-15)에 대입하여, 자기장세기를 아래와 같이 구한다.

$$\mathbf{H}_1 = \frac{I}{4\pi a}[1+\cos\alpha](-\mathbf{a}_z)$$

영역 $x<0$에 존재하는 필라멘트 조각에 대해, 다음의 값들 $\theta_1=\beta$, $\theta_2=0$, $\rho=b$를 식 (5-15)에 대입하여, 자기장세기를 아래와 같이 구한다.

$$\mathbf{H}_2 = \frac{I}{4\pi b}[\cos\beta + 1](-\mathbf{a}_z)$$

위의 식들에서 방향 $-\mathbf{a}_z$는 오른손규칙에 따라 결정되었다.

[그림 5-5]에서 다음의 관계식을 구한다.

$$\cos\alpha = -\sin(\alpha - 90^o) = -\frac{b}{\sqrt{a^2+b^2}}$$

$$\cos\beta = -\sin(\beta - 90^o) = -\frac{a}{\sqrt{a^2+b^2}}$$

그리하여 점 p에서의 자기장세기는 다음과 같다.

$$\mathbf{H} = \mathbf{H}_1 + \mathbf{H}_2 = \frac{I}{4\pi a}\left[1 - \frac{b}{\sqrt{a^2+b^2}}\right](-\mathbf{a}_z) + \frac{I}{4\pi b}\left[-\frac{a}{\sqrt{a^2+b^2}} + 1\right](-\mathbf{a}_z)$$
$$= \mathbf{a}_z \frac{I}{4\pi ab}\left[\sqrt{a^2+b^2} - (a+b)\right]$$

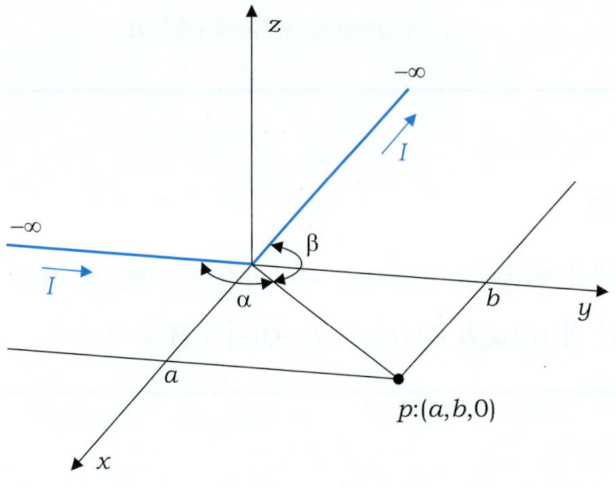

그림 5-5 L 모양으로 구부러진 필라멘트

Example 5-4

하나의 필라멘트가 [그림 5-6]에서처럼 xy-평면에서 반지름이 a인 원을 형성한다. 전류 I가 필라멘트에서 반시계방향으로 흐를 때 점 $p:(0, 0, b)$에서 $\mathbf{H}$를 구하라.

Solution

원통좌표계에서 거리 및 미분길이 벡터들은 아래와 같이 주어진다.

$\mathcal{R} = \mathbf{r} - \mathbf{r}' = b\,\mathbf{a}_z - a\,\mathbf{a}_{\rho'}$

$d\mathbf{l}' = a\,d\phi'\,\mathbf{a}_{\phi'}$

비록 $\mathcal{R}$과 $d\mathbf{l}'$가 $\mathbf{a}_{\rho'}$와 $\mathbf{a}_{\phi'}$에 대한 함수이어도, 가위곱 $d\mathbf{l}' \times \mathbf{a}_{\mathcal{R}}$은 $\mathbf{a}_\rho$, $\mathbf{a}_\phi$, $\mathbf{a}_z$로 표시되어야 한다. 식 (5-9)로부터 다음의 식을 얻는다.

$$\mathbf{H} = \int_{C'} \frac{I\,d\mathbf{l}' \times \mathbf{a}_{\mathcal{R}}}{4\pi\mathcal{R}^2} = \int_{\phi'=0}^{\phi'=2\pi} \frac{Ia\,d\phi'\,\mathbf{a}_{\phi'} \times (b\,\mathbf{a}_z - a\,\mathbf{a}_{\rho'})}{4\pi\mathcal{R}^3}$$

위의 식을 두 파트로 나누면

$$\mathbf{H} = \frac{Iab}{4\pi(a^2+b^2)^{3/2}} \int_{\phi'=0}^{\phi'=2\pi} \mathbf{a}_{\rho'} d\phi' + \frac{Ia^2\mathbf{a}_z}{4\pi(a^2+b^2)^{3/2}} \int_{\phi'=0}^{\phi'=2\pi} d\phi'$$

단위벡터 $\mathbf{a}_{\rho'}$는 ϕ'에 대한 함수인데, 이것을 ϕ'에 대해 0에서 2π까지 적분하면 그 값은 0이다.

따라서 z-축 위의 한 점에서 자기장세기는 다음과 같다.

$$\boxed{\mathbf{H} = \frac{Ia^2}{2(a^2+b^2)^{3/2}}\mathbf{a}_z} \quad [\text{A/m}] \qquad (5\text{-}16)$$

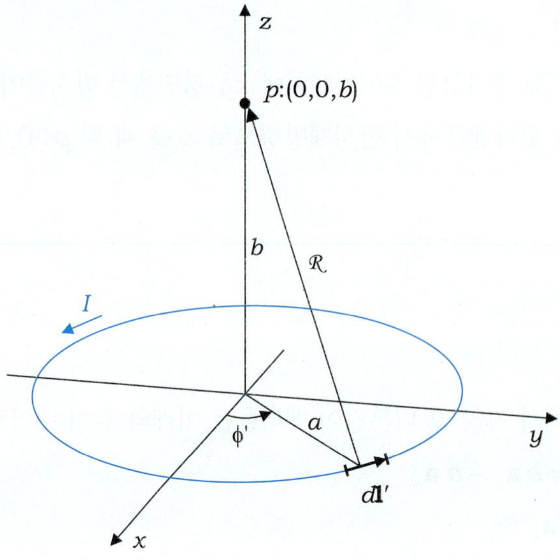

그림 5-6 원형 필라멘트에 흐르는 전류 I

Exercise 5.2

한 변이 a인 정사각형 필라멘트가 xy-평면에서, 중심이 원점에 있고, 각각의 변은 각각의 좌표축에 직각이다. 전류 I가 반시계방향으로 흐를 때 원점에서의 $\mathbf{H}$를 구하라.

Ans $\mathbf{H} = \mathbf{a}_z I 2\sqrt{2} / (\pi a)$

Exercise 5.3

유한한 필라멘트에 전류 I가 $z = z_1$에서 $z = z_2$로 흐를 때, $\mathbf{H}$는 두 선분 $\overline{z_1 z_o}$과 $\overline{z_o z_2}$ $(z_1 < z_o < z_2)$에 의한 자기장세기들의 합임을 보여라.

Ans $\cos\theta + \cos(\pi - \theta) = 0$

Review Questions with Hints

RQ 5.1 로렌츠 힘의 식을 말로 설명하라. [(5-3)]

RQ 5.2 비오-사바르 법칙에 이용되는 두 좌표계 시스템의 좌표축들의 상대적인 방향은? [그림 5-2]

RQ 5.3 비오-사바르 법칙에 사용되는 가위곱의 물리적 의미는? [그림 5-2]

RQ 5.4 무한히 긴 필라멘트에 흐르는 전류 I에 의한 $\mathbf{H}$는 거리에 따라 어떻게 변하는가? [(5-14)]

RQ 5.5 유한한 길이의 필라멘트에 흐르는 전류 I에 의한 $\mathbf{H}$의 식을 서술하라. [(5-15)]

5.3 암페어 법칙(AMPERE'S CIRCUITAL LAW)

암페어 법칙(Ampere's circuital law)은 정전기학의 가우스 법칙과 유사하게, 주어진 문제가 어떤 대칭성을 띠고 있다면, 이 문제를 간단한 산수를 이용해 풀 수 있도록 하여 준다. 암페어 법칙은 비오-사바르 법칙의 특수한 케이스로 5.5절에서 보듯이 비오-사바르 법칙으로부터 유도될 수 있다. 미분형태의 가우스 법칙이 $\mathbf{D}$의 다이버전스와 공간상 전하분포 사이의 연관을 설명하는 것처럼, 암페어 법칙은 $\mathbf{H}$의 컬과 공간상 전류분포 사이의 연관을 설명한다.

암페어 법칙에 의하면, ***폐곡선 주위로의 $\mathbf{H}$의 폐선적분은 그 폐곡선에 둘러싸인 전류와 같다***. 암페어 법칙은 아래와 같이 표시된다.

$$\oint_C \mathbf{H} \cdot d\mathbf{l} = I \tag{5-17}$$

윗식에서 폐곡선 C 위에서의 움직이는 방향과 전류 I가 흐르는 방향은 오른손규칙을 따른다. 오른손 네 손가락이 C의 플러스 방향을 향하면, 엄지 손가락은 전류가 흐르는 방향을 가리킨다.

[그림 5-7]을 참조하여, 식 (5-17)의 둘러싸인 전류 I는 전류밀도 $\mathbf{J}$를 폐곡선 C에 둘러싸인 곡면 위에서 면적분한 것과 같다는 것을 증명할 수 있다. 정적인 상태의 연속방정식(equation of continuity in a static condition)이 $\nabla \cdot \mathbf{J} = 0$으로 주어지는데, 이것에 의하면 $\mathbf{J}$의 폐곡면 S_o 위에서의 면적분은 0이다. 이것을 수학적으로 표시하면

$$\oint_{S_o} \mathbf{J} \cdot d\mathbf{s} = 0 \tag{5-18}$$

여기서 폐곡면 S_o이 [그림 5-7(a)]에서처럼 속이 빈 닫힌 반구(hemisphere)를 형성한다고 가정하자. 식 (5-18)을 고려하면, 밑면을 통해 반구에 들어가는 전류는 구 표면을 통해 밖으로 나가는 전류와 그 값이 동일하다. 만약 [그림 5-7(b)]에서처럼 밑면이 제거되면 반구의 테두리는 하나의 폐곡선 C를 형성한다. [그림 5-7(b)]에서 보듯이, C에 둘러싸인 전류는 C를 테두리로 하는 곡면 S를 통과하는 전류와 그 값이 같다. 여기서, 고정된 테두리 C에 대하여 S_o은 임의의 닫힌 곡면이므로 S도 역시 임의의 곡면일 수 있다.

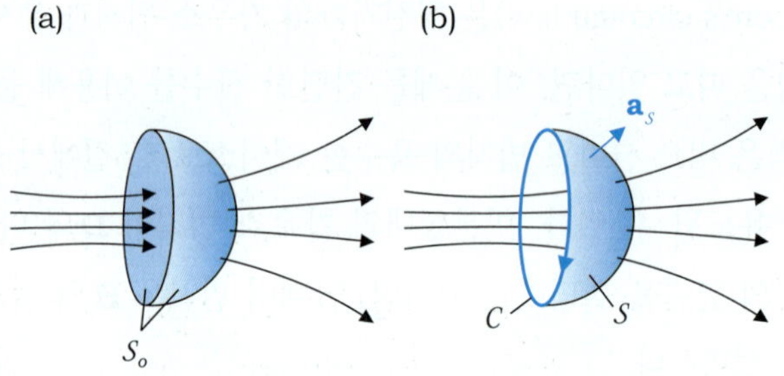

그림 5-7 루프 C에 둘러싸인 전류는 면 S를 통과하는 전류와 같다.

앞에서 설명한 것들을 기초로 암페어 법칙은 전류밀도 $\mathbf{J}$를 이용해 아래와 같이 표시될 수 있다.

$$\boxed{\oint_C \mathbf{H} \cdot d\mathbf{l} = \int_S \mathbf{J} \cdot d\mathbf{s}} \tag{5-19}$$

여기서 S는 폐곡선 C에 둘러싸인 면이다. C 위의 $d\mathbf{l}$의 방향과 S 위의 $d\mathbf{s}$의 방향은 오른손규칙을 따른다. 오른손 네 손가락이 $d\mathbf{l}$ 방향을 향하면 오른손 엄지는 $d\mathbf{s}$ 방향을 가리킨다. 암페어 법칙에 의하면, ***하나의 폐곡선 주위로의 H의 폐선적분은 그 곡선에 둘러싸인 곡면을 통과하는 전류와 같다.***

식 (5−19)의 왼편에 스토크스 정리를 적용하면 아래의 식을 얻을 수 있다.

$$\int_S \nabla \times \mathbf{H} \cdot d\mathbf{s} = \int_S \mathbf{J} \cdot d\mathbf{s} \qquad (5\text{-}20)$$

윗식의 S는 임의의 곡면이므로, 등식이 만족되기 위해서 양편의 피적분 함수가 면 S 위의 모든 점에서 동일하여야 한다. 그리하여 미분형태의 암페어 법칙(point form of Ampere's circuital law)이 아래와 같이 얻어진다.

$$\boxed{\nabla \times \mathbf{H} = \mathbf{J}} \qquad (5\text{-}21)$$

식 (5-21)은 정자기장을 설명하는 2개의 기본식 중의 하나다. 여기서 주목할 것은, 식 (5-17), (5-19), (5-21)로 주어지는 암페어 법칙은 정자기장에만 해당한다는 것이다. 시간에 따라 변하는 자기장에 대해 암페어 법칙은, 패러데이가 발견한 전자기 유도현상을 설명하기 위해, 수정되어야 한다. 이 주제는 6장에서 다루어진다.

식 (5-19)의 암페어 법칙은 어떤 일정한 조건이 만족될 때 자기장세기 $\mathbf{H}$를 매우 쉽게 구할 수 있도록 해준다. 이때 필요한 조건은 ***폐곡선 C 위에서 H가 상수이고 곡선 C에 접해야 한다.*** 이러한 조건을 만족하도록 선택된 폐곡선을 암페어길(Amperian path)이라 부른다.

Example 5-5

무한히 긴 필라멘트가 z-축을 따라 놓여 있고, 그 위에 전류 I가 $+z$-방향으로 흐른다. 암페어 법칙을 이용해 $\mathbf{H}$를 구하라.

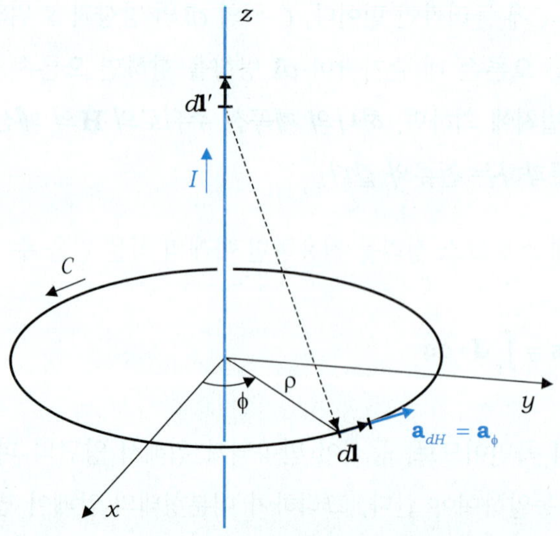

그림 5-8 무한히 긴 필라멘트전류와 암페어길

Solution

앞의 Example 5-2에서 설명한 것처럼, 무한히 긴 필라멘트전류는 원통대칭, 병진대칭을 보인다. 또한 비오-사바르 법칙으로부터, 즉 $Id\mathbf{l}' \times \mathbf{a}_{\mathcal{R}}$으로부터 $d\mathbf{H}$가 항상 $\mathbf{a}_\phi$-방향으로 주어진다는 것을 알 수 있다. 따라서 $\mathbf{H}$는 $\mathbf{H} = H_\phi(\rho)\mathbf{a}_\phi$형태로 주어져야 한다. $\mathbf{H}$는 오직 ρ의 함수로만 주어지고 오직 ϕ-성분만을 가진다. 이들을 고려하여 z-축에 중심을 둔 하나의 원을 암페어길로 가정한다.

반지름이 ρ인 원형 암페어길에 암페어 법칙을 적용하면

$$\oint_C \mathbf{H} \cdot d\mathbf{l} = \int_{\phi=0}^{2\pi} H_\phi(\rho)\,\mathbf{a}_\phi \cdot \left(\rho\, d\phi\, \mathbf{a}_\phi\right) = H_\phi(\rho)\, 2\pi\rho$$
$$= I$$

이것을 정리하면

$$\mathbf{H} = H_\phi(\rho)\,\mathbf{a}_\phi = \frac{I}{2\pi\rho}\mathbf{a}_\phi \tag{5-22}$$

이 결과는 비오-사바르 법칙을 이용해 얻은 식 (5-14)와 동일하다.

Example 5-6

무한히 긴 동축케이블이 [그림 5-9]처럼 반지름이 a인 안쪽 도체와 반지름이 b와 c인 바깥쪽 도체로 이루어졌다. 전류 I는 이들 도체에서 서로 반대방향으로 흐르지만 각 도체에서 균일하다. 암페어 법칙을 이용해 $\mathbf{H}$를 구하라.

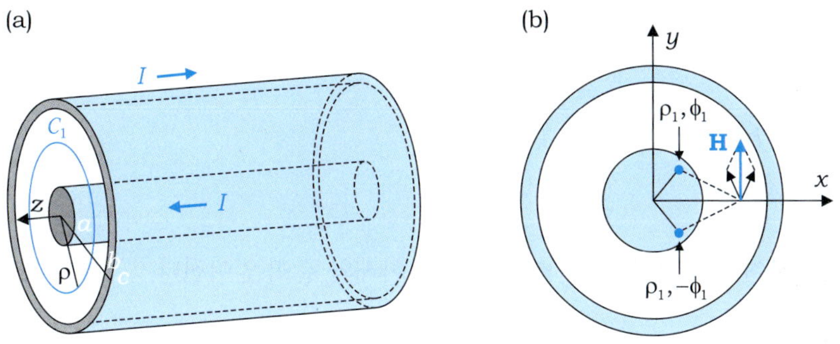

그림 5-9 전류 I가 동축케이블에 흐르고 있음

Solution

주어진 형상으로부터 동축케이블이 원통대칭, z-방향으로의 병진대칭을 가진다는 것을 알 수 있다. 따라서 $\mathbf{H}$는 ϕ와 z에 독립이다. 그 다음, 안쪽 도체의 전류를 많은 수의 필라멘트전류들의 합이라고 가정하면 하나의 필라멘트전류에 의한 $\mathbf{H}$는 원주를 따라 형성되므로(circumferential) [그림 5-9(b)]에서처럼 (ρ_1, ϕ_1)과 $(\rho_1, -\phi_1)$에 위치한 두 필라멘트전류들에 의한 $\mathbf{H}$는 $\mathbf{a}_\phi$-방향으로 형성된다. 따라서 $\mathbf{H}$의 최종 형태는 $\mathbf{H} = H_\phi(\rho)\mathbf{a}_\phi$로 주어져야 하는데, 이것은 도체 안에서도 마찬가지이다.

영역 $0 < \rho \le a$에서 반지름 ρ인 원 주위로의 $\mathbf{H}$의 폐선적분은 아래와 같다.

$$\oint_C \mathbf{H} \cdot d\mathbf{l} = \int_{\phi=0}^{2\pi} H_\phi(\rho)\,\mathbf{a}_\phi \cdot \left(\rho\, d\phi\, \mathbf{a}_\phi\right) = 2\pi\rho H_\phi(\rho) \tag{5-23}$$

주어진 원형 적분길에 둘러싸인 전류는

$$\frac{\pi\rho^2}{\pi a^2} I$$

위 두 식을 결합하면

$$\mathbf{H} = H_\phi \mathbf{a}_\phi = \frac{I\rho}{2\pi a^2}\mathbf{a}_\phi \qquad (0 < \rho \le a) \tag{5-24a}$$

다른 영역에서의 $\mathbf{H}$의 폐선적분은 식 (5-23)과 동일하다. 단지 닫힌 적분길에 둘러싸인 전류의 크기가 다르다. 즉

$$I \qquad (a \le \rho \le b)$$

$$I\frac{c^2 - \rho^2}{c^2 - b^2} \qquad (b \le \rho \le c)$$

$$0 \qquad (\rho \ge c)$$

그리하여 동축케이블의 자기장세기는 아래와 같이 얻어진다.

$$\mathbf{H} = \frac{I}{2\pi\rho}\mathbf{a}_\phi \qquad (a \le \rho \le b) \tag{5-24b}$$

$$\mathbf{H} = \frac{I}{2\pi\rho}\frac{c^2 - \rho^2}{c^2 - b^2}\mathbf{a}_\phi \qquad (b \le \rho \le c) \tag{5-24c}$$

$$\mathbf{H} = 0 \qquad (\rho \ge c) \tag{5-24d}$$

동축케이블 주위에 위치하는 원형의 암페어길은 알짜전류를 둘러싸지 않으므로 식 (5-24d)에서와 같이 동축케이블 외부의 자기장은 0이다. 일반적으로 하나의 폐곡선 주위로의 $\mathbf{H}$의 선적분이 0이라 하더라도 그 폐곡선 위에서 $\mathbf{H}$가 항상 0이라는 보장은 없다. 예를 들어, 균일한 벡터장 $\mathbf{H} = \mathbf{a}_z$ 안에서 항상 $\oint_C \mathbf{H} \cdot d\mathbf{l} = 0$이다. 그러나 이 예제에서는 $\mathbf{H}$의 형태가 항상 $\mathbf{H} = H_\phi(\rho)\mathbf{a}_\phi$로 알려져 있다. 따라서 $\mathbf{H}$의 순환이 0이면 이것은 주어진 적분길 위에서 $H_\phi = 0 = \mathbf{H}$임을 의미하고, 따라서 모든 지점에서 $\mathbf{H} = 0$임을 의미한다.

Example 5-7

토로이드(toroid)에 코일(coil)이 매우 촘촘히 총 N번 감겨 있다(공기 심(air core)을 가정). [그림 5-10]에서처럼 토로이드 안쪽 반지름은 a이고 바깥쪽 반지름은 b이다. 토로이드에 전류 I가 흐를 때 모든 지점의 $\mathbf{H}$를 구하라.

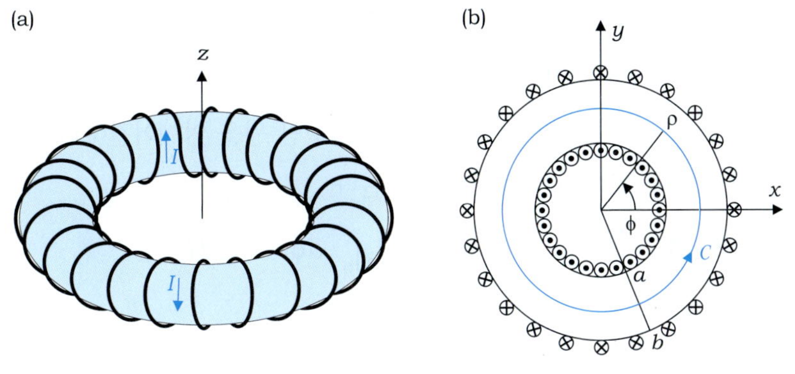

그림 5-10 토로이드 코일

Solution

매우 촘촘한 코일의 토로이드는 원통대칭(z-축을 중심으로 한 회전대칭)을 보이므로 $\mathbf{H}$는 ϕ에 독립이다. 만약 토로이드가 x-축을 중심으로 180° 회전되면 모양에는 변화가 없고 단지 전류의 방향이 뒤바뀌는 것처럼 보인다. 원래의 토로이드에서 전류의 방향이 뒤바뀌면 $\mathbf{H}$의 방향도 뒤바뀐다. 이러한 사실로부터 $\mathbf{H}$가 ρ-성분을 가지지 못한다는 것을 알 수 있다. 그 이유는, 벡터성분 $H_\rho \mathbf{a}_\rho$는 그것이 x-축을 중심으로 180° 회전되어도 변화가 없기 때문이다. 지금까지 논의의 결과 $\mathbf{H}$는 $\mathbf{H} = H_\phi(\rho, z)\mathbf{a}_\phi + H_z(\rho, z)\mathbf{a}_z$의 형태로 주어져야 한다. 이상적인 토로이드 코일에서 $\phi = \phi_1$ 평면을 통과하는 전류는 0이다. 다시 말하여 $\phi = \phi_1$ 평면 위에 놓인 폐곡선 C_1 주위로의 $\mathbf{H}$의 순환은 항상 0이다. 즉

$$\oint_{C_1} \mathbf{H} \cdot d\mathbf{l} = \oint_{C_1} (H_\phi \mathbf{a}_\phi + H_z \mathbf{a}_z) \cdot (d\rho\, \mathbf{a}_\rho + dz\, \mathbf{a}_z) = \oint_{C_1} H_z(\rho, z) dz = 0 \tag{5-25}$$

$\phi = \phi_1$ 평면에서 $d\mathbf{l} = d\rho \mathbf{a}_\rho + dz \mathbf{a}_z$이다. 여기서 폐곡선 C_1이, 왼쪽 변은 $\rho = \rho_1$에 위치하고 오른쪽 변은 $\rho = \rho_2$에 위치하는 직사각형으로 가정하자. 즉 $\phi = \phi_1$ 평면 위에서 z-축에 평행인 직사각형이다. 이때 식 (5-25)는 C_1의 높이에 관계없이 항상 만족되어야 하므로 관계식 $H_z(\rho_1, z) = H_z(\rho_2, z)$를 얻는다. 이것은 H_z가 ρ에 독립이라는 것을 의미한다. 그러나 주어진 토로이드의 크기가 유한하므로 $\rho = \infty$에서 토로이드는 원점 위의 한 점으로 간주된다. 따라서 무한대에서 $\mathbf{H} = 0$이다.

즉, H_z는 모든 지점에서 0이어야 한다. 지금까지의 논의를 종합하면 토로이드의 $\mathbf{H}$는 $\mathbf{H} = H_\phi(\rho, z)\mathbf{a}_\phi$의 형태로 주어져야 한다.

토로이드 내부($a < \rho < b$)에서 반지름이 ρ인 원을 암페어길 C라고 가정하면, 암페어 법칙으로부터 아래의 식을 얻는다.

$$\oint_C \mathbf{H} \cdot d\mathbf{l} = \oint_C H_\phi \mathbf{a}_\phi \cdot \rho d\phi \mathbf{a}_\phi = \rho H_\phi \int_0^{2\pi} d\phi = 2\pi\rho H_\phi$$

폐곡선 C가 총 NI의 전류를 둘러싸므로, 암페어 법칙으로부터 다음 식을 얻는다.

$$H_\phi = \frac{NI}{2\pi\rho}$$

그러므로 토로이드 내부에서 자기장세기는 아래와 같다.

$$\mathbf{H} = H_\phi \mathbf{a}_\phi = \frac{NI}{2\pi\rho}\mathbf{a}_\phi \qquad \text{(내부)} \tag{5-26a}$$

토로이드 외부에서 C에 둘러싸인 알짜전류는 0이므로,

$$\mathbf{H} = 0 \qquad \text{(외부)} \tag{5-26b}$$

식 (5-26a)의 자기장세기는 $\mathbf{H} = H_\phi(\rho)\mathbf{a}_\phi$의 형태인데, 이것은 예측된 $\mathbf{H} = H_\phi(\rho, z)\mathbf{a}_\phi$의 형태에서 벗어나지 않는다.

Exercise 5.4

반지름 a의 매우 긴 원통 유전체가 매우 얇게 도체 코팅되었다. 이 코팅에 균일한 표면전류밀도 $\mathbf{J}_s = J_o\mathbf{a}_z$[A/m]의 전류가 흐를 때 모든 지점의 $\mathbf{H}$는?

Ans $\mathbf{H} = 0$ $(\rho < a)$, $\mathbf{H} = \mathbf{a}_\phi J_o a/\rho$ $(\rho > a)$

Exercise 5.5

토로이드 코일이 직각사각형의 단면을 가질 때 토로이드 내의 $\mathbf{H}$의 형태는?

Ans $\mathbf{H} = H_\phi(\rho)\mathbf{a}_\phi$

Review Questions with Hints

RQ 5.6 암페어 법칙을 말로 설명하라. [(5-17)]

RQ 5.7 폐곡선에 둘러싸인 전류의 의미는 무엇인가? [그림 5-7]

RQ 5.8 식 (5-17)과 (5-19)에서 C의 플러스 방향은 무엇에 의해 결정되는가? [그림 5-7]

RQ 5.9 암페어길을 찾는 방법에 대해 설명하라. [그림 5-8]

RQ 5.10 길이가 유한한 필라멘트에 흐르는 전류에 암페어 법칙을 사용할 수 있는가? [(5-15)]

RQ 5.11 $\mathbf{H}$의 순환이 0이면 이것은 루프 위의 모든 점에서 $\mathbf{H}=0$이라는 것을 의미하는가? [(5-22), 그림 5-8]

RQ 5.12 암페어 법칙을 미분형태로 표시하라. [(5-21)]

5.4 자속밀도(MAGNETIC FLUX DENSITY)

앞 절에서, 자속밀도 $\mathbf{B}$는 $\mathbf{B}$안에서 움직이는 하나의 전하가 받는 힘으로 정의되었다. 정전기학의 $\mathbf{D}$와 $\mathbf{E}$가 자유공간에서 구조식 $\mathbf{D}=\varepsilon_o\mathbf{E}$로 연관되어 있듯이 $\mathbf{B}$와 $\mathbf{H}$도 자유공간에서 아래의 구조식으로 연관되어 있다. 즉

$$\boxed{\mathbf{B}=\mu_o\mathbf{H}} \quad [\mathrm{T}] \text{ 혹은 } [\mathrm{Wb/m^2}] \tag{5-27}$$

자속밀도는 테슬라(tesla[T]) 혹은 제곱미터당 웨버(webers per square meter[Wb/m^2])로 표시된다. 여기서 상수 μ_o은 자유공간의 투자율(permeability of free space)이고 그 값은 아래와 같다.

$$\mu_o = 4\pi\times10^{-7} \quad [\mathrm{H/m}] \tag{5-28}$$

이것은 단위 미터당 헨리(henrys per meter)로 표시된다.

주어진 면 S를 통과하는 총 자속(total magnetic flux)은 **B**를 주어진 면 위에서 적분하여 얻는다.

$$\Phi = \int_S \mathbf{B} \cdot d\mathbf{s} \quad [\text{Wb}] \tag{5-29}$$

이것은 웨버(webers)의 단위로 표시된다. 식 (5-29)의 점곱은 S 위의 미분면적 $|d\mathbf{s}|$을 **B**의 단면에서의 등가 면적으로 환산하기 위해 필요하다. 이것은 $|\mathbf{B}|$이 **B**에 수직인 면에서 단위 면적당 통과하는 자속으로 정의되었기 때문이다.

정전기학에서 전기장선은 항상 플러스 전하에서 시작해 마이너스 전하에서 끝난다. 따라서 폐곡면 밖으로의 알짜전속은, 만약 그 곡면이 알짜전하를 둘러싼다면, 0이 아니다. 반면 자속은 항상 시작점으로 돌아와 끝나므로 폐곡선 형태로 주어진다. 그 이유는 자연계에 독립된 자기전하(magnetic charge) 혹은 독립된 자기극성(magnetic pole)이 존재하지 않기 때문이다. 예를 들어, 영구자석의 극성을 분리하고자 그것을 매우 작은 조각을 분쇄하여도 각 조각은 항상 북극과 남극을 가진다.

식 (5-8)의 비오-사바르 법칙으로부터 미분전류 $Id\mathbf{l}'$는 항상 동심원 형태의 자기장선을 발생시킨다는 것을 알고 있다. 여기에 자기장의 중첩원리(principle of superposition)를 적용하면 임의의 전류분포에 의한 자기장선은 항상 폐곡선으로 주어진다는 것을 알 수 있다.

자기 가우스 법칙(Gauss's law for magnetism)에 의하면 ***폐곡면 밖으로 나오는 총 자속은 항상 0이다***. 이것을 수학적으로 표시하면

$$\boxed{\oint_S \mathbf{B} \cdot d\mathbf{s} = 0} \tag{5-30}$$

식 (5-30)은 자기전하가 존재하지 않는다는 것의 수학적 표현이고 또한 자속보존법칙(law of conservation of magnetic flux)의 수학적 표현이다. 다이버전스 정리를 식 (5-30)에 적용하면, 미분형태의 자기 가우스 법칙을 얻는다.

$$\boxed{\nabla \cdot \mathbf{B} = 0} \tag{5-31}$$

식 (5-21)과 (5-31)이 정자기장에 대한 2개의 기본식이라는 것을 기억해야 한다.

지금까지 2개의 기본식을, **H**의 컬과 **B**의 다이버전스를, 구하였는데 이들은 헬름홀츠 정리에 따라 공간상 한 영역에서의 정자기장의 유일해를 구하는데 필수적이다. 3장에서 **E**의 컬과 **D**의 다이버전스를 구하였는데 이들은 공간상 한 영역에서 정전기장의 유일해를 구하는데 필수적이었다. 미래의 참고를 위해 정전기장과 정자기장에 대한 기본식들을 다음과 같이 모아놓는다.

$$\boxed{\begin{aligned} &\nabla \times \mathbf{E} = 0 \\ &\nabla \cdot \mathbf{D} = \rho_v \\ &\nabla \times \mathbf{H} = \mathbf{J} \\ &\nabla \cdot \mathbf{B} = 0 \end{aligned}} \tag{5-32}$$

다이버전스 정리와 스토크스 정리를 이용하면 위의 기본식들을 아래와 같은 적분형태로 쓸 수 있다.

$$\boxed{\begin{aligned} &\oint_C \mathbf{E} \cdot d\mathbf{l} = 0 \\ &\oint_S \mathbf{D} \cdot d\mathbf{s} = \int_V \rho_v \, dv \\ &\oint_C \mathbf{H} \cdot d\mathbf{l} = \int_S \mathbf{J} \cdot d\mathbf{s} \\ &\oint_S \mathbf{B} \cdot d\mathbf{s} = 0 \end{aligned}} \tag{5-33}$$

비록 **E**와 **H** 사이에 상호연관이 없을지라도 시간에 따라 변하는 전기장과 자기장 사이에는 매우 밀접한 연관이 존재하여, 시간에 따라 변하는 하나의 전기장은 시간에 따라 변하는 하나의 자기장을 발생시키고, 반대로도 마찬가지다. 전기장과 자기장이 시간에 따라 변하는 경우 식 (5-32)의 두 다이버전스 식은 계속 유효하지만, 두 컬식들은 패러데이의 전자기 유도실험 및 맥스웰의 변위전류밀도(displacement current density)를 포함하도록 수정되어야 한다.

Example 5-8

반지름이 a이고 속이 빈 얇은 도체 구에 2개의 매우 긴 필라멘트가 [그림 5-11]과 같이 연결되었다. 필라멘트전류 I는 구 위에서 표면전류밀도 $\mathbf{J}_s = \mathrm{J}_s \mathbf{a}_\theta$를 형성하는데 이것은 $\mathbf{a}_\phi$-방향으로 균일하다. 다음을 보여라[힌트: 헬름홀츠 정리].

(a) $z = 0$ 평면에서 $H_z = 0$

(b) 구 바깥에서 $\mathbf{H} = -\mathbf{a}_\phi \dfrac{I}{2\pi\rho}$

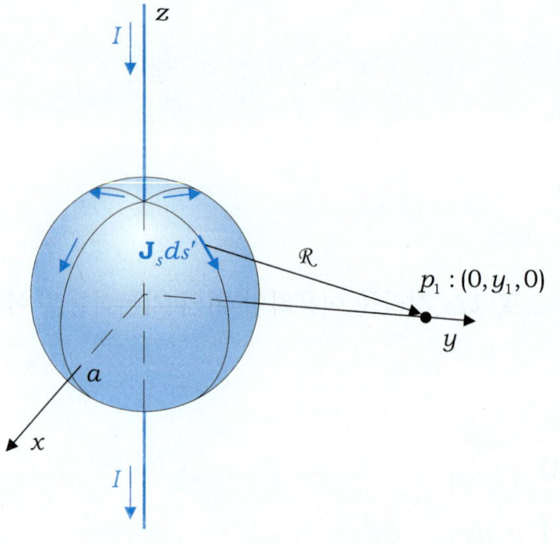

그림 5-11 도체 구 껍질이 2개의 필라멘트에 연결됨

Solution

(a) 원천점 (a, θ', ϕ')에서의 미분표면전류 $\mathrm{J}_s ds' \mathbf{a}_{\theta'}$에 의한 관찰점 $p_1 : (0, y_1, 0)$에서의 미분자기장 $d\mathbf{H}$를 식 (5-12)로부터 구한다.

$$d\mathbf{H} = \frac{\mathrm{J}_s ds' \mathbf{a}_{\theta'} \times \mathbf{a}_{\mathcal{R}}}{4\pi \mathcal{R}^2} \tag{5-34}$$

원천점과 관찰점의 위치벡터들은 다음과 같다.

$$\mathbf{r}' = a\sin\theta'\cos\phi'\,\mathbf{a}_{x'} + a\sin\theta'\sin\phi'\,\mathbf{a}_{y'} + a\cos\theta'\,\mathbf{a}_{z'}$$

$$\mathbf{r} = y_1\mathbf{a}_y$$

거리벡터와 그 크기는 아래와 같다.

$$\mathcal{R} = \mathbf{r} - \mathbf{r}' = \mathcal{R}\,\mathbf{a}_{\mathcal{R}} = -a\sin\theta'\cos\phi'\,\mathbf{a}_x + (y_1 - a\sin\theta'\sin\phi')\,\mathbf{a}_y - a\cos\theta'\,\mathbf{a}_z$$

$$\mathcal{R} = \left[a^2\sin^2\theta'\cos^2\phi' + (y_1 - a\sin\theta'\sin\phi')^2 + a^2\cos^2\theta'\right]^{1/2}$$

위에서 $\mathcal{R}$이 $\mathbf{a}_x$, $\mathbf{a}_y$, $\mathbf{a}_z$로 전개되는데, 그 이유는 $\mathbf{a}_{x'} = \mathbf{a}_x$, $\mathbf{a}_{y'} = \mathbf{a}_y$, $\mathbf{a}_{z'} = \mathbf{a}_z$이기 때문이다.

좌표변환 $\mathbf{a}_{\theta'} = \cos\theta'\cos\phi'\mathbf{a}_x + \cos\theta'\sin\phi'\mathbf{a}_y - \sin\theta'\mathbf{a}_z$를 식 (5-34)에 대입하여 아래식을 얻는다.

$$d\mathbf{H} = \frac{J_s ds'}{4\pi\mathcal{R}^3}\begin{vmatrix} \mathbf{a}_x & \mathbf{a}_y & \mathbf{a}_z \\ \cos\theta'\cos\phi' & \cos\theta'\sin\phi' & -\sin\theta' \\ -a\sin\theta'\cos\phi' & (y_1 - a\sin\theta'\sin\phi') & -a\cos\theta' \end{vmatrix}$$

$d\mathbf{H}$의 z-성분을 구한다.

$$d\mathbf{H}\cdot\mathbf{a}_z = \frac{J_s ds'}{4\pi\mathcal{R}^3}y_1\cos\theta'\cos\phi'\mathbf{a}_z$$

두 점 (a, θ', ϕ')와 $(a, \pi-\theta', \phi')$에 위치한 미분전류들은 협동하여 $z=0$ 평면 위의 점 p_1에서 $d\mathbf{H}\cdot\mathbf{a}_z = 0$을 만든다. 또한 비오-사바르 법칙으로부터 알 수 있듯이 필라멘트전류는 오직 $\mathbf{a}_\phi$-방향으로 $\mathbf{H}$를 발생시킨다. 이런 사실과 원통대칭을 고려하면, 구 밖의 $z=0$ 평면 위의 모든 점들에서 $\mathbf{H}\cdot\mathbf{a}_z = 0$이라는 것을 알 수 있다. 만약 $z=0$ 평면을 하나의 경계면으로 가정하면, 이 경계면 위에서 $\mathbf{H}$의 수직성분은 0이라는 것을 알 수 있다: $\mathbf{H}\cdot\mathbf{a}_z = 0$이다. 이러한 경계값은 문제 (b)를 풀 때 매우 유용한데, 그 이유는 헬름홀츠 정리를 위하여 경계면에서의 벡터의 수직성분이 명시되어야 하기 때문이다.

(b) 구 바깥의 $z\geq 0$인 영역에서 하나의 시험적인 해 $\mathbf{H} = -\mathbf{a}_\phi I/(2\pi\rho)$는 암페어 법칙을 만족할 뿐만 아니라 두 기본식($\nabla\cdot\mathbf{B} = 0$, $\nabla\times\mathbf{H} = 0$) 및 경계면 조건($H_z = 0$)을 만족시킨다. 그러므로 헬름홀츠 정리에 따라 이 시험적인 해는 주

어진 영역에서의 유일해이다. 똑같은 논리로 주어진 시험적인 해는 구 바깥 영역 $z \leq 0$에서도 유일해이다.

Review Questions with Hints

RQ 5.13 자기 가우스 법칙을 말로 설명하라. [(5-30)]

RQ 5.14 자기장선이 항상 폐곡선으로 주어진다는 것을 수학식으로 표시하라. [(5-30)]

RQ 5.15 자속보존법칙을 서술하라. [(5-30)]

RQ 5.16 정자기장에 대한 두 기본식을 서술하라. [(5-32)(5-33)]

5.5 벡터 자기포텐셜(VECTOR MAGNETIC POTENTIAL)

3장에서 $\mathbf{E}$의 비회전장 성질 $\nabla\times\mathbf{E}=0$에 기초하여 포텐셜 V가 식 $\mathbf{E}=-\nabla V$로부터 정의될 수 있다는 것을 배웠다. 또한 포텐셜은 스칼라이므로 $\mathbf{E}$보다 취급하기가 더 수월하다는 것을 경험했다. 예를 들어 포텐셜을 이용하는 경우, 주어진 전하분포로부터 V를 계산하고 그 다음 V에 마이너스 그레이디언트를 취하여 $\mathbf{E}$를 구할 수 있다. 이것과 동일하게 스칼라 자기포텐셜 V_m을 식 $\mathbf{H}=-\nabla V_m$에 의거하여 정의할 수 있다. 그러나 $\mathbf{H}$는 회전장이므로 포텐셜 V_m은 다가함수(many-valued)이다. 한 예로, 무한히 긴 필라멘트전류에 의한 자기장에서 스칼라 자기포텐셜은 $V_m=-I\phi/(2\pi)$로 주어진다. 그러나 ϕ가 2π 보다 커질 경우 포텐셜 V_m은 공간상 한 점에서 여러 값을 가지게 된다. 또한 관계식 $\nabla\times\mathbf{H}=\nabla\times(-\nabla V_m)=\mathbf{J}$는 V_m이 $\mathbf{J}=0$인 영역에서만 유효하다는 것을 말해준다. 이 장에서 우리는 벡터 자기포텐셜 $\mathbf{A}$에 대해 논한다. 이것을 이용하면 주어진 공간에서 전류의 존재 여부에 관계없이 $\mathbf{B}$를 손쉽게 구할 수 있다.

자속밀도 $\mathbf{B}$의 솔레노이드 성질은 수학적으로 $\nabla\cdot\mathbf{B}=0$으로 표시된다. 벡터 항등식 $\nabla\cdot(\nabla\times\mathbf{U})=0$을 이용해 벡터 자기포텐셜(vector magnetic potential) $\mathbf{A}$를 아래와 같이 정의한다. 즉

$$\boxed{\mathbf{B}=\nabla\times\mathbf{A}} \tag{5-35}$$

$\mathbf{A}$의 단위는 미터당 웨버(weber per meter[Wb/m])이다. 주어진 전류 분포로부터 벡터 자기포텐셜 $\mathbf{A}$를 구한 후 $\mathbf{A}$의 컬을 취하면 $\mathbf{B}$를 구할 수 있다.

비오-사바르 법칙으로부터 벡터 자기포텐셜 $\mathbf{A}$와 전류밀도 $\mathbf{J}$ 사이의 관계식을 구할 수 있다. 비오-사바르 법칙을 $\mathbf{B}$에 대해 다시 쓰면

$$\mathbf{B}=\frac{\mu_o}{4\pi}\int_{C'}\frac{I\,d\mathbf{l}'\times\boldsymbol{\mathcal{R}}}{\mathcal{R}^3} \tag{5-36}$$

앞의 2.2절에서 주어진 식을 다시 쓰면

$$\nabla\frac{1}{\mathcal{R}}=-\frac{\boldsymbol{\mathcal{R}}}{\mathcal{R}^3} \tag{2-49}$$

여기서 거리벡터 $\boldsymbol{\mathcal{R}}=\mathbf{r}-\mathbf{r}'$로 주어진다. 식 (2-49)를 식 (5-36)에 대입하면 아래 식을 얻을 수 있다.

$$\mathbf{B}=-\frac{\mu_o I}{4\pi}\int_{C'}d\mathbf{l}'\times\left(\nabla\frac{1}{\mathcal{R}}\right)$$

식 $U=1/\mathcal{R}$과 식 $\mathbf{L}=d\mathbf{l}'$를 벡터 항등식 $\nabla\times(U\mathbf{L})=(\nabla U)\times\mathbf{L}+U(\nabla\times\mathbf{L})$에 대입하고, 이 식을 윗식의 오른쪽에 대입하면 아래의 식을 얻을 수 있다.

$$\mathbf{B}=\frac{\mu_o I}{4\pi}\int_{C'}\left[\nabla\times\left(\frac{d\mathbf{l}'}{\mathcal{R}}\right)-\frac{1}{\mathcal{R}}(\nabla\times d\mathbf{l}')\right]=\frac{\mu_o I}{4\pi}\int_{C'}\nabla\times\left(\frac{d\mathbf{l}'}{\mathcal{R}}\right) \tag{5-37}$$

위에서 식 $\nabla\times d\mathbf{l}'=0$을 사용하는데, 이 식은 ∇이 오직 정상좌표(unprimed coordinates)에만 적용되므로 항상 성립된다. 식 (5-37) 오른쪽의 컬 연산자는 적분기호 밖으로 나올

수 있는데 그 이유는 이것이 적분길 C'에 독립이기 때문이다. 그리하여 식 (5-37)은 아래와 같이 축소된다.

$$\mathbf{B} = \nabla \times \int_{C'} \frac{\mu_o I\, d\mathbf{l}'}{4\pi \mathcal{R}} \qquad (5\text{-}38)$$

식 (5-38)과 (5-35)로부터 **A**에 대한 표현식을 아래와 같이 얻는다.

$$\boxed{\mathbf{A} = \int_{C'} \frac{\mu_o I\, d\mathbf{l}'}{4\pi \mathcal{R}}} \quad [\text{Wb/m}] \quad (\text{선전류}) \qquad (5\text{-}39a)$$

여기서 선적분은 전류 I가 흐르는 필라멘트를 따라 계산된다. 만약 전류가 체적 $\mathcal{V}$ 혹은 면 S에 분포한다면, **J** 혹은 $\mathbf{J}_s$에 의한 **A**를 구하기 위해 식 (5-10)의 등가 전류요소들을 식 (5-39a)에 대입하면 된다.

$$\boxed{\mathbf{A} = \int_{\mathcal{V}'} \frac{\mu_o \mathbf{J}'}{4\pi \mathcal{R}} dv'} \quad [\text{Wb/m}] \quad (\text{체적전류}) \qquad (5\text{-}39b)$$

$$\boxed{\mathbf{A} = \int_{S'} \frac{\mu_o \mathbf{J}_s'}{4\pi \mathcal{R}} ds'} \quad [\text{Wb/m}] \quad (\text{표면전류}) \qquad (5\text{-}39c)$$

여기서 $\mathcal{R}$은 거리벡터 $\boldsymbol{\mathcal{R}} = \mathbf{r} - \mathbf{r}'$의 크기이다.

식 (5-39)는 비오-사바르 법칙보다 더 단순한데 그 이유는 이 식이 가위곱을 포함하지 않기 때문이다. 벡터 자기포텐셜 **A**는 다가함수일 수 있는데 그 이유는 $\nabla \cdot \mathbf{A}$가 아직 결정되지 않았기 때문이다. 예를 들어, 식 $\mathbf{B} = \nabla \times \mathbf{A}$에서 **A** 대신 $\mathbf{A} + \nabla\varphi$를 대입하여도 **B**에는 변화가 없다. 다음 절에서 증명되는 것처럼 관계식 $\nabla \cdot \mathbf{A} = 0$이 성립하므로, $\varphi = 0$으로 가정하면 편리하다.

벡터 자기포텐셜 **A**는 물리적 의미를 가지고 있다. **A**의 폐선적분은 그 적분길에 둘러싸인 면을 통과하는 총 자속과 같다. 하나의 면 S를 통과하는 자속은

$$\Phi = \int_S \mathbf{B} \cdot d\mathbf{s}$$

식 $\mathbf{B} = \nabla \times \mathbf{A}$를 대입하고 스토크스 정리를 적용하면

$$\Phi = \int_S (\nabla \times \mathbf{A}) \cdot d\mathbf{s} = \oint_C \mathbf{A} \cdot d\mathbf{l} \tag{5-40}$$

폐곡선 C 주위로의 $\mathbf{A}$의 순환은 C에 둘러싸인 자속과 같다.

5.5.1 비오-사바르 법칙으로부터 암페어 법칙의 유도 (Ampere's Circuital Law from The Biot-Savart Law)

벡터 자기포텐셜을 이용하면 미분형태의 암페어 법칙을 비오-사바르 법칙으로부터 유도할 수 있다. 우선, 자유공간에서 $\mathbf{H}$의 컬을 두 관계식 $\mathbf{B} = \mu_o \mathbf{H}$와 $\mathbf{B} = \nabla \times \mathbf{A}$를 이용해 다음과 같이 쓴다.

$$\nabla \times \mathbf{H} = \frac{1}{\mu_o} \nabla \times \mathbf{B} = \frac{1}{\mu_o} \nabla \times \nabla \times \mathbf{A} \tag{5-41}$$

벡터 항등식 $\nabla \times \nabla \times \mathbf{A} = \nabla(\nabla \cdot \mathbf{A}) - \nabla^2 \mathbf{A}$를 식 (5-41)에 대입하면

$$\nabla \times \mathbf{H} = \frac{1}{\mu_o} \left[\nabla (\nabla \cdot \mathbf{A}) - \nabla^2 \mathbf{A} \right] \tag{5-42}$$

여기서 잠시 논의의 초점을 돌려 식 (5-39b)로부터 $\mathbf{A}$의 다이버전스는 항상 0이라는 것을 증명할 수 있다. 식 (5-39c)의 양변에 다이버전스를 취하면 다음의 식을 얻을 수 있다.

$$\nabla \cdot \mathbf{A} = \nabla \cdot \int_{\mathcal{V}'} \frac{\mu_o \mathbf{J}'}{4\pi \mathcal{R}} dv' = \frac{\mu_o}{4\pi} \int_{\mathcal{V}'} \nabla \cdot \left(\frac{\mathbf{J}'}{\mathcal{R}} \right) dv' \tag{5-43}$$

윗식에서 다이버전스 연산자는 체적적분 안으로 들어갈 수 있는데 이것은 다이버전스가 $\mathcal{V}'$에 무관하기 때문이다. 식 (5-43)의 체적적분은 0인데 다음의 벡터 항등식을 이용하면 쉽게 증명할 수 있다.

$$\nabla \cdot \left(\frac{\mathbf{J}'}{\mathcal{R}}\right) = \left(\nabla \frac{1}{\mathcal{R}}\right) \cdot \mathbf{J}' + \frac{1}{\mathcal{R}} \nabla \cdot \mathbf{J}' = \left(\nabla \frac{1}{\mathcal{R}}\right) \cdot \mathbf{J}' \tag{5-44a}$$

$$\nabla' \cdot \left(\frac{\mathbf{J}'}{\mathcal{R}}\right) = \left(\nabla' \frac{1}{\mathcal{R}}\right) \cdot \mathbf{J}' + \frac{1}{\mathcal{R}} \nabla' \cdot \mathbf{J}' = \left(\nabla' \frac{1}{\mathcal{R}}\right) \cdot \mathbf{J}' \tag{5-44b}$$

식 (5-44)에서 관계식 $\nabla \cdot \mathbf{J}' = 0$을 사용하였는데, 이것은 ∇이 프라임좌표와 무관하기 때문에 항상 성립한다. 또한 관계식 $\nabla' \cdot \mathbf{J}' = 0$을 사용하는데, 이것은 정전류가 항상 만족시켜야 하는 연속방정식이다. 항등식 $\nabla(1/\mathcal{R}) = -\nabla'(1/\mathcal{R})$을 이용하여, 여기서 $\mathcal{R} = \left[(x-x')^2 + (y-y')^2 + (z-z')^2\right]^{1/2}$, 식 (5-44a)와 (5-44b)를 묶으면 아래의 식이 얻어진다.

$$\boxed{\nabla \cdot \left(\frac{\mathbf{J}'}{\mathcal{R}}\right) = -\nabla' \cdot \left(\frac{\mathbf{J}'}{\mathcal{R}}\right)} \tag{5-45}$$

식 (5-45)를 식 (5-43)에 대입하고 다이버전스 정리를 이용하면

$$\nabla \cdot \mathbf{A} = -\frac{\mu_o}{4\pi} \int_{\mathcal{V}'} \nabla' \cdot \left(\frac{\mathbf{J}'}{\mathcal{R}}\right) dv' = -\frac{\mu_o}{4\pi} \oint_{S'} \frac{\mathbf{J}' \cdot d\mathbf{s}'}{\mathcal{R}} \tag{5-46}$$

식 (5-46)의 체적 $\mathcal{V}'$를 전류 $\mathbf{J}'$가 모두 포함되도록 선택하되 $\mathbf{J}'$ 주위의 빈 공간도 같이 포함되도록 하면, $\mathcal{V}'$의 경계면 S'를 통과하는 전류는 0이 된다. 따라서 식 (5-46) 오른쪽의 폐면적분은 0이다. 즉

$$\boxed{\nabla \cdot \mathbf{A} = 0} \tag{5-47}$$

위의 식은 벡터 자기포텐셜 $\mathbf{A}$가 솔레노이드장임을 보여준다. 그 다음 식 (5-47)을 식 (5-42)에 대입하면 아래의 관계식을 얻을 수 있다.

$$\boxed{\nabla \times \mathbf{H} = -\frac{1}{\mu_o} \nabla^2 \mathbf{A}} \tag{5-48}$$

즉, **H**의 컬은 **A**의 라플라시안에 선형적으로 비례한다.

그 다음, **A**의 라플라시안은 원천전류 **J**로부터 얻을 수 있다. 우선 **A**의 라플라시안은 하나의 벡터이므로 세 성분으로 이루어져 있다.

$$\nabla^2 \mathbf{A} = (\nabla^2 A_x)\,\mathbf{a}_x + (\nabla^2 A_y)\,\mathbf{a}_y + (\nabla^2 A_z)\,\mathbf{a}_z \tag{5-49}$$

식 (5-39b)를 식 (5-49)에 대입하고, 단위벡터 $\mathbf{a}_x$를 포함하는 항들을 모으면 아래식이 얻어진다.

$$\nabla^2 A_x = \nabla^2 \int_{\mathcal{V}'} \frac{\mu_o}{4\pi}\left(\frac{J'_x}{\mathcal{R}}\right) dv' = \frac{\mu_o}{4\pi}\int_{\mathcal{V}'} J'_x \left(\nabla^2 \frac{1}{\mathcal{R}}\right) dv' \tag{5-50}$$

여기서 $\mathcal{R}$은 거리벡터 $\boldsymbol{\mathcal{R}} = \mathbf{r} - \mathbf{r}'$의 크기이다. 식 (5-50)에서 라플라시안 연산자 ∇^2은 프라임좌표에 무관하므로 적분기호 안으로 들어갈 수 있다.

여기서 관찰점을 중심으로 하는 작은 영역에 관심의 초점을 모으고, 위치벡터 $\mathbf{r}'$인 원천점이 위치벡터 $\mathbf{r}$인 관찰점으로 서서히 접근하는 상황을 가정해보자. 이러한 조건에서 식 (5-50)의 항 $\nabla^2(1/\mathcal{R})$은 전류밀도 J'_x에 비하여 매우 빨리 증가하여, $\mathbf{r}' = \mathbf{r}$일 때 무한대가 된다. 이것을 고려하면 식 (5-50)의 체적적분은 관찰점을 둘러싸는 미소체적 Δ'에서의 체적적분과 동일하고 이때의 계산오차는 무시될 수 있다. 그러나 $\mathbf{r}' = \mathbf{r}$에서 $\nabla^2(1/\mathcal{R}) = \infty$이므로 주어진 미소체적 Δ'의 중앙점을 공간상의 한 점으로 취급하여 제외하고 체적적분을 수행한다. 새로운 미소체적을 [그림 5-12]에서처럼 $\overline{\Delta}'$로 표시한다. 당분간 $\overline{\Delta}'$를 속이 빈 구 형태로 가정하는데, 바깥 반지름이 α 안쪽 반지름이 δ이다. 이후 δ는 0으로 줄어든다. 바깥 반지름 α는 충분히 짧아서 미소체적 $\overline{\Delta}'$ 내에서 J'_x는 상수로 취급되고, 반면 충분히 길어서 그 바깥 표면에서 $\nabla^2(1/\mathcal{R}) \approx 0$의 근사화가 성립된다([그림 5-12] 참조). 그러므로 미소체적 $\overline{\Delta}'$ 내에서 $J'_x(\mathbf{r}') = J_x(\mathbf{r})$이고, 전류밀도 J'_x는 식 (5-50)의 체적적분 밖으로 빠져나올 수 있다. 즉

$$\nabla^2 A_x = \frac{\mu_o J_x}{4\pi}\int_{\overline{\Delta}'} \left(\nabla^2 \frac{1}{\mathcal{R}}\right) dv' \tag{5-51a}$$

항등식 $\nabla^2 U = \nabla \cdot \nabla U$를 이용하고 다이버전스 정리를 적용하면 식 (5-51a)는 아래와 같이 주어진다.

$$\nabla^2 A_x = \frac{\mu_o J_x}{4\pi}\int_{\overline{\Delta}'} \nabla \cdot \nabla \frac{1}{\mathcal{R}} dv' = \frac{\mu_o J_x}{4\pi} \lim_{\delta \to 0} \oint_{S_1+S_2} \left(\nabla \frac{1}{\mathcal{R}} \right) \cdot d\mathbf{s}' \tag{5-51b}$$

여기서 $S_1 + S_2$는 $\overline{\Delta}'$의 경계면을 의미한다. 식 (5-51b)에서 안쪽 반지름을 0으로 줄이되($\delta \to 0$) 그 중앙점은 항상 체적적분에서 제외되도록 한다. 그 이유는 $\overline{\Delta}'$의 중앙에서 $\nabla^2(1/\mathcal{R}) = \infty$이기 때문이다. 바깥쪽 경계면 S_2 위에서 $\nabla^2(1/\mathcal{R}) \approx 0$이므로, 식 (5-51b)의 적분은 안쪽 경계면 S_1 위에서의 폐면적분으로 축소된다. 관계식 $\nabla(1/\mathcal{R}) = -(\mathbf{a}_{\mathcal{R}}/\mathcal{R}^2)$을 이용하고, 면 S_1 위에서의 바깥방향으로의 단위벡터는 거리벡터 방향 $\mathbf{a}_{s'} = \mathbf{a}_{\mathcal{R}}$로 주어진다는 것을 고려하여, 식 (5-51b)를 아래와 같이 쓸 수 있다.

$$\begin{aligned}\nabla^2 A_x &= -\frac{\mu_o J_x}{4\pi} \lim_{\delta \to 0} \oint_{S_1} \frac{\mathbf{a}_{\mathcal{R}}}{\mathcal{R}^2} \cdot d\mathbf{s}' = -\frac{\mu_o J_x}{4\pi} \lim_{\delta \to 0} \left[\frac{4\pi\delta^2}{\delta^2} \right] \\ &= -\mu_o J_x \end{aligned} \tag{5-52a}$$

여기서 $4\pi\delta^2$은 $\mathcal{R} = \delta$에 존재하는 면 S_1의 면적을 나타낸다. A_x에서와 동일한 방법으로 A_y와 A_z에 대한 라플라시안을 구할 수 있다. 즉

$$\nabla^2 A_y = -\mu_o J_y \tag{5-52b}$$

$$\nabla^2 A_z = -\mu_o J_z \tag{5-52c}$$

식 (5-52)로부터 벡터 푸아송 방정식(vector Poisson's equation)을 얻는다.

$$\boxed{\nabla^2 \mathbf{A} = -\mu_o \mathbf{J}} \tag{5-53}$$

그 다음, 식 (5-53)을 식 (5-48)에 대입하면 미분형태의 암페어 법칙을 유도할 수 있다.

$$\nabla \times \mathbf{H} = \mathbf{J}$$

이전에 설명한 것처럼, 비오-사바르 법칙이 원천점의 전류요소 $Id\mathbf{l}'$를 관찰점의 미분 자기장세기 $d\mathbf{H}$에 연관시키는 것처럼, 미분형태의 암페어 법칙은 공간상 한 점에서의 $\mathbf{H}$의 컬을 그 점에서의 전류밀도에 연관시킨다. 따라서 미분형태의 암페어 법칙은 정자기학의 국소현상(local effect)을 설명하는데 매우 유용하다.

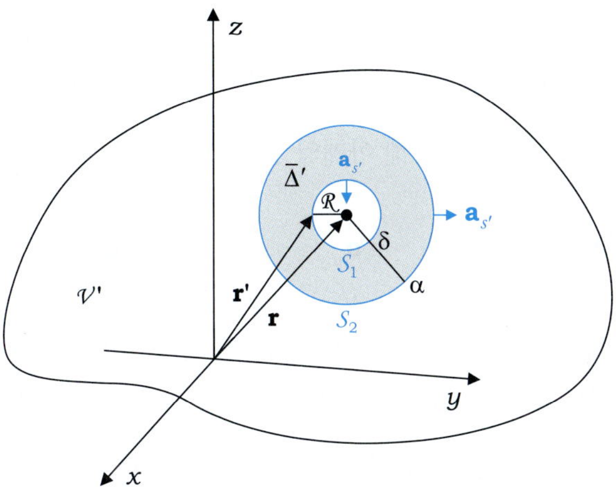

그림 5-12 미소체적 $\bar{\Delta}'$는 두 면 S_1과 S_2에 둘러싸여 있음

Example 5-9

균일한 전류밀도 $\mathbf{J}_s = J_o \mathbf{a}_y$를 가지는 무한 평면이 $z = 0$ 평면과 일치한다. 벡터 자기포텐셜을 이용해 z-축 위에서 $\mathbf{H}$를 구하라.

Solution

식 (5-39c)로부터, 위치벡터 $\mathbf{r}'$에서의 전류요소 $\mathbf{J}_s ds'$에 의한 위치벡터 $\mathbf{r}$에서의 벡터 포텐셜 $d\mathbf{A}$는 아래와 같다.

$$d\mathbf{A} = \frac{\mu_o J_o \mathbf{a}_y}{4\pi\mathcal{R}} ds'$$

여기서 $\mathcal{R} = |\mathbf{r} - \mathbf{r}'| = \left[(x - x')^2 + (y - y')^2 + z^2\right]^{1/2}$이다.

일반적인 관찰점 (x, y, z)에서의 벡터 자기포텐셜은 아래와 같다.

$$\mathbf{A} = \int_{y'=-\infty}^{\infty}\int_{x'=-\infty}^{\infty} \frac{\mu_o J_o \mathbf{a}_y}{4\pi \mathcal{R}} dx'dy'$$

이 때 자속밀도는 다음과 같다.

$$\mathbf{B} = \nabla \times \mathbf{A} = \frac{\mu_o J_o}{4\pi}\int_{y'=-\infty}^{\infty}\int_{x'=-\infty}^{\infty} \nabla \times \frac{\mathbf{a}_y}{\mathcal{R}} dx'dy' \tag{5-54}$$

식 (5-54)의 피적분 함수는 직각좌표계에서의 관계식 $\mathcal{R} = |\mathbf{r} - \mathbf{r}'| = \left[(x-x')^2 + (y-y')^2 + z^2\right]^{1/2}$을 이용해 아래와 같이 계산된다.

$$\nabla \times \frac{\mathbf{a}_y}{\mathcal{R}} = \begin{vmatrix} \mathbf{a}_x & \mathbf{a}_y & \mathbf{a}_z \\ \dfrac{\partial}{\partial x} & \dfrac{\partial}{\partial y} & \dfrac{\partial}{\partial z} \\ 0 & \left[(x-x')^2 + (y-y')^2 + z^2\right]^{-1/2} & 0 \end{vmatrix} = \left[z\,\mathbf{a}_x - (x-x')\,\mathbf{a}_z\right]\left[(x-x')^2 + (y-y')^2 + z^2\right]^{-3/2} \tag{5-55}$$

식 (5-55)를 식 (5-54)에 대입하면

$$\mathbf{B} = \frac{\mu_o J_o}{4\pi}\int_{y'=-\infty}^{\infty}\int_{x'=-\infty}^{\infty} \frac{\mathbf{a}_x z\, dx'dy'}{\left[(x-x')^2 + (y-y')^2 + z^2\right]^{3/2}} - \frac{\mu_o J_o}{4\pi}\int_{y'=-\infty}^{\infty}\int_{x'=-\infty}^{\infty} \frac{\mathbf{a}_z (x-x')\, dx'dy'}{\left[(x-x')^2 + (y-y')^2 + z^2\right]^{3/2}} \tag{5-56}$$

식 (5-56)의 오른쪽 둘째 적분의 피적분 함수는 x'에 대한 홀수 함수이므로 그 적분값은 0이다. 또한 적분구간이 $-\infty$에서 ∞까지임을 고려하면, 첫째 적분은 아래와 같이 주어진다.

$$\mathbf{B} = \frac{\mu_o J_o}{4\pi}\int_{y'=-\infty}^{\infty}\int_{x'=-\infty}^{\infty} \frac{\mathbf{a}_x z\, dx'dy'}{\left[(x')^2 + (y')^2 + z^2\right]^{3/2}} \tag{5-57}$$

관계식 $(x')^2 + (y')^2 = (\rho')^2$과 $dx'dy' = \rho' d\rho' d\phi'$를 식 (5-57)에 대입하여 주어진 적분을 원통좌표계에서 계산한다.

$$\mathbf{B} = \frac{\mu_o J_o\, z\, \mathbf{a}_x}{4\pi}\int_{\phi'=0}^{2\pi}\int_{\rho'=0}^{\infty}\frac{\rho' d\rho' d\phi'}{\left[(\rho')^2 + z^2\right]^{3/2}} = \frac{\mu_o J_o\, z\, \mathbf{a}_x}{4\pi}\left.\frac{-2\pi}{\left[(\rho')^2 + z^2\right]^{1/2}}\right|_{\rho'=0}^{\rho'=\infty}$$

$$= \frac{\mu_o J_o\, z\, \mathbf{a}_x}{2|z|}$$

그리하여

$$\mathbf{B} = \frac{\mu_o J_o\, \mathbf{a}_x}{2} \qquad (z>0)$$

$$\mathbf{B} = -\frac{\mu_o J_o\, \mathbf{a}_x}{2} \qquad (z<0)$$

따라서 자기장세기는 아래와 같다.

$$\mathbf{H} = \frac{\mathbf{B}}{\mu_o} = \frac{J_o}{2}\mathbf{a}_x \quad (z>0) \tag{5-58a}$$

$$\mathbf{H} = -\frac{J_o}{2}\mathbf{a}_x \qquad (z<0) \tag{5-58b}$$

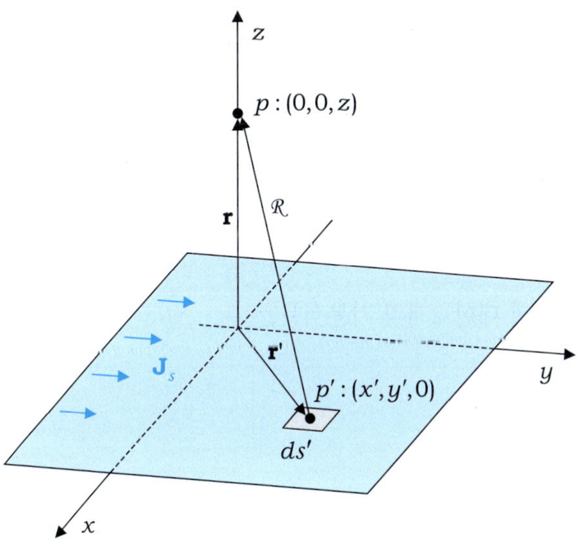

그림 5-13 균일한 전류밀도를 가진 무한 평면

Exercise 5.6

반지름 a의 원형 필라멘트가 $z = 0$ 평면에서 그 중심을 원점에 두고 놓여 있다. 여기에 전류 I가 흐를 때 점(0, 0, b)에서의 $\mathbf{A}$를 구하라.

Ans 0

Exercise 5.7

[그림 5-13]의 표면전류 $\mathbf{J}_s$는 x- 및 y-방향으로 병진대칭성을 띠고 있다. 식 (5-39c)와 (5-53)을 이용해 $\mathbf{A}$의 수학적 형태를 찾아라.

Ans 식 (5-39c)에서 $\mathbf{A} = A_y(z)\mathbf{a}_y$. 식 (5-53) 에서 $\mathbf{A} = (C_1 z + C_2)\mathbf{a}_y$.

Review Questions with Hints

RQ 5.17 벡터 자기포텐셜을 정의하라. [(5-35)]

RQ 5.18 $\mathbf{A}$와 원천전류와의 관계식을 서술하라. [(5-39)]

RQ 5.19 벡터 푸아송방정식을 서술하라. [(5-53)]

RQ 5.20 식 (5-39)에 주어진 세 식들 중 벡터 푸아송방정식의 해가 될 수 있는 것은? [(5-39b)]

RQ 5.21 벡터장 $\mathbf{A}$에 대한 2개의 기본식은? [(5-36)(5-47)]

5.6 자기쌍극자(MAGNETIC DIPOLE)

자기쌍극자(magnetic dipole)는 전류가 흐르는 매우 작은 루프를 의미하는데 루프의 지름은 루프와 관찰점 사이의 거리보다 매우 작다고 가정한다. 자기쌍극자는 자기현상을 공부하기 위해 사용되는 가장 간단한 원자모델(model of an atom for magnetism)이다. 이것을 이용하면 물질들의 자기성질을 매우 쉽게 이해할 수 있다. 자기쌍극자에 대해 자세히 알아보기 위해 [그림 5-14]에서처럼 중심을 원점에 두고, 반지름이 a이며, $z=0$ 평면에 놓여 있고, 전류 I가 흐르는, 작은 원형 필라멘트를 검토하자. 편의상 관찰점 p가 yz-평면에 놓여 있다고 가정한다. 점 p'는 미분전류요소 $Id\mathbf{l}'$가 놓여 있는 원천점이다. 식 (5-39a)로부터, p에서의 벡터 자기포텐셜은 아래와 같이 표시된다.

$$\mathbf{A} = \frac{\mu_o I}{4\pi}\oint_{C'}\frac{d\mathbf{l}'}{\mathcal{R}} \tag{5-59}$$

섞음좌표계를 이용해 $\mathbf{r}$, $\mathbf{r}'$, $\boldsymbol{\mathcal{R}}$을 직각좌표계의 베이스벡터들 $\mathbf{a}_x$, $\mathbf{a}_y$, $\mathbf{a}_z$를 이용하여 전개하고, 이들의 스칼라성분들은 구좌표를 이용하여 표시한다. 즉

$$\mathbf{r} = R\sin\theta\,\mathbf{a}_y + R\cos\theta\,\mathbf{a}_z$$

$$\mathbf{r}' = a\cos\phi'\mathbf{a}_x + a\sin\phi'\mathbf{a}_y$$

$$\mathcal{R}^{-1} = |\mathbf{r}-\mathbf{r}'|^{-1} = \left[R^2 + a^2 - 2aR\sin\theta\sin\phi'\right]^{-1/2}$$

매우 먼 거리($R \gg a$)를 가정하여, 이항전개(binomial expansion)를 이용해 거리 역수에 해당하는 항 $\mathcal{R}^{-1}$을 아래와 같이 근사적으로 표시한다.

$$\begin{aligned}\mathcal{R}^{-1} &= \frac{1}{R}\left[1+\frac{a^2}{R^2}-\frac{2a}{R}\sin\theta\sin\phi'\right]^{-1/2}\\ &\cong \frac{1}{R}\left(1+\frac{a}{R}\sin\theta\sin\phi'\right)\end{aligned} \tag{5-60}$$

위에서 a^2/R^2과 같은 고차항은 무시되었다.

그 다음, 원천점 p'에서의 미분거리 벡터 $d\mathbf{l}' = ad\phi'\mathbf{a}_{\phi'}$를 관찰점 p에서의 베이스벡터들을 이용해 전개한다. 즉

$$d\mathbf{l}' = a\,d\phi'(\cos\phi'\sin\theta\,\mathbf{a}_R + \cos\phi'\cos\theta\,\mathbf{a}_\theta + \sin\phi'\,\mathbf{a}_\phi) \qquad (5\text{-}61)$$

식 (5-60)과 (5-61)을 식 (5-59)에 대입하여 아래의 식을 얻는다.

$$\begin{aligned}\mathbf{A} &= \frac{\mu_o I}{4\pi}\int_{\phi'=0}^{2\pi}\frac{1}{R}\left(1+\frac{a}{R}\sin\theta\sin\phi'\right)a\,d\phi'\big(\cos\phi'\sin\theta\,\mathbf{a}_R \\ &\qquad\qquad + \cos\phi'\cos\theta\,\mathbf{a}_\theta + \sin\phi'\,\mathbf{a}_\phi\big) \\ &= \frac{\mu_o I}{4\pi}\frac{a}{R}\mathbf{a}_\phi\int_{\phi'=0}^{2\pi}\left(\frac{a}{R}\sin\theta\sin\phi'\right)\sin\phi'\,d\phi'\end{aligned}$$

그리하여

$$\boxed{\mathbf{A} = \frac{\mu_o I a^2}{4R^2}\sin\theta\,\mathbf{a}_\phi} \quad [\text{Wb/m}] \qquad (5\text{-}62)$$

벡터표기를 위하여, 자기 쌍극자모멘트(magnetic dipole moment) $\mathbf{m}$을 이용하여 벡터 자기포텐셜을 아래와 같이 쓴다.

$$\boxed{\mathbf{A} = \frac{\mu_o \mathbf{m}\times\mathbf{a}_R}{4\pi R^2}} \quad [\text{Wb/m}] \qquad (5\text{-}63)$$

여기서 자기 쌍극자모멘트는 아래와 같이 정의된다.

$$\boxed{\mathbf{m} = I\pi a^2\mathbf{a}_z = IS\,\mathbf{a}_z} \quad [\text{A}\cdot\text{m}^2] \qquad (5\text{-}64)$$

자기 쌍극자모멘트는 하나의 벡터인데, 그 크기는 루프에 둘러싸인 면적과 루프에 흐르는 전류 사이의 곱을 의미하고, 그 방향은 루프의 면에 수직이며 오른손규칙을 따른

다. 오른손 네 손가락이 루프의 전류방향으로 향하면 엄지는 **m**의 방향을 가리킨다.

구좌표계에서 **A**의 컬을 취하면 자속밀도 **B**를 구할 수 있다. 즉

$$\boxed{\mathbf{B}=\frac{\mu_o m}{4\pi R^3}\left(2\cos\theta\,\mathbf{a}_R+\sin\theta\,\mathbf{a}_\theta\right)}\qquad [\mathrm{T}] \tag{5-65}$$

식 (5-65)에서 자기쌍극자의 **B**가 전기쌍극자의 **E**와 유사하다는 것을 알 수 있다. 식 (5-65)의 m과 μ_o을 각각 p와 $1/\varepsilon_o$으로 대치하면 식 (5-65)의 **B**는 식 (3-84)의 **E**와 정확하게 똑같다. 두 식 (3-84)와 (5-65)는 다음의 조건, $R \gg d$ 및 $R \gg a$가 만족될 때의 원거리장(far-field pattern)을 의미한다.

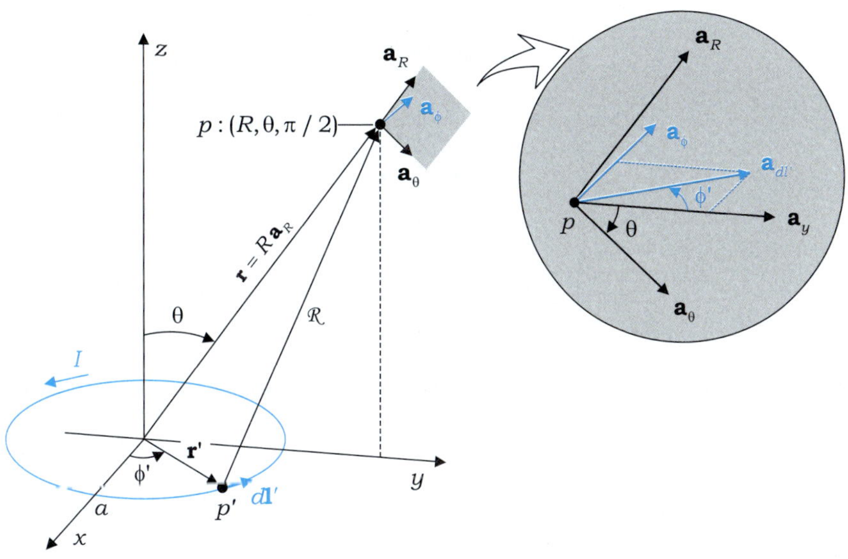

그림 5-14 자기쌍극자

전기쌍극자의 전기장선과 자기쌍극자의 자기장선을 이산전개에 의존하지 않고 수치해석을 이용해 정확하게 계산한 다음 그린 실측도가 [그림 5-15]에 주어졌다.

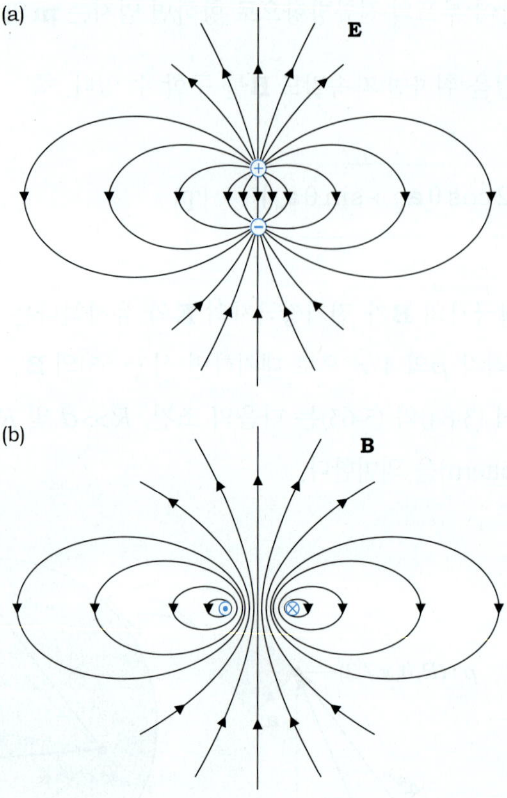

그림 5-15 근거리장 선들 (a) 전기쌍극자, (b) 자기쌍극자

Exercise 5.8

원점에 있는 자기쌍극자의 자기장선을 원거리에서, yz-평면 위에서, 표시하기 위해 필요한 미분방정식을 구하라[힌트: 식 (5-65)].

Ans $\dfrac{dz}{dy} = \dfrac{B_z}{B_y} = \dfrac{2\cos^2\theta - \sin^2\theta}{3\sin\theta\cos\theta}$, 여기서 $\theta = \tan^{-1}\left(\dfrac{y}{z}\right)$

Exercise 5.9

원점에 놓여 있는 자기 쌍극자모멘트 $\mathbf{m} = m\mathbf{a}_z$에 대해, 원점에 중심을 둔 하나의 구 위의 어떤 점에서 $|\mathbf{B}|$가 최대인가?

Ans 구와 z-축이 만나는 점.

Review Questions with Hints

RQ 5.22 자기쌍극자와 자기 쌍극자모멘트를 설명하라. [그림 5-14, (5-64)]

RQ 5.23 전기쌍극자와 자기쌍극자의 원거리장 선들을 구별할 수 있는가? [(3-84)(5-65)]

RQ 5.24 전기쌍극자와 자기쌍극자의 근거리장 선을 그려라. [그림 5-15]

5.7 자성체(MAGNETIC MATERIALS)

가장 간단한 원자모델은 플러스 전하를 띠는 하나의 원자핵과 마이너스 전하를 띠고 원자핵 주위를 도는 전자들로 이루어져 있다. 궤도를 돌고 있는 전자는 원자의 자기쌍극자 모멘트를 만들어낸다. 전자스핀(electron spin) 및 원자핵스핀(nuclear spin)은 자기 쌍극자모멘트를 발생시키는 또 다른 요인으로 양자역학에 기초하고 있다. 그러나 원자핵 스핀에 의한 모멘트는 궤도전자와 전자스핀에 의한 그것보다 3자리수 이하의 작은 값을 가지므로 대부분의 경우 무시된다.

어떤 물질의 자기성질은 그 격자원자들과 외부에서 가해진 자기장과의 상호작용에 의해 결정된다. 외부자기장이 존재하지 않는 경우 반자성체(diamagnetic material)의 궤도전자에 의한 쌍극자모멘트는 전자스핀에 의한 쌍극자모멘트와 상쇄되어 격자원자들은 알짜 쌍극자모멘트를 가지지 못한다. 그러나 외부자기장은 궤도전자에 원심력 혹은 구심력을 가하게 된다. 전자의 궤도는 양자화되어 변할 수 없으므로 전자의 속도가 감소하여 외부자기장에 의해 전자에 가해지는 자기력을 상쇄시킨다. 궤도전자와 전자스핀에 의한 쌍극자모멘트들 사이의 불균형은 반자성체에 알짜 쌍극자모멘트를 발생시키는데 이것은 외부자기장과 반대방향으로 형성된다. 금, 은, 구리, 납, 실리콘과 같은 반자성체는 마이너스 부호의 자기감수율(magnetic susceptibility)을 가지는데 대략 -10^{-5}의 값으로 주어진다. 따라서 이들의 상대투자율(relative permeability)은 1보다 약간 작은 값으로 주어진다. 초전도체(superconductor)는 완벽한 반자성체로 감수율이 $\chi_m = -1$이고 상대투자율이 $\mu_r = 0$이다. 어떤 자속도 초전도체 안에 존재할 수 없다($\mathbf{B} = 0$). 이것은 초전도체가 자기장을 완벽하게 밀어낸다는 것을 의미하며, 또한 초전도체가 자기장에 의해 공중부양(levitated)될 수 있음을 의미한다. 모든 물질은 비록 그것이 다른 강력한 자기현상에 파묻혀서 드러나지 않을 뿐 항상 반자성체 현상을 지니고 있다.

자기 쌍극자모멘트가 궤도전자 및 전자스핀에 의해 발생될 때 이들은 상자성체(paramagnetic material)에서 서로 완벽하게 상쇄되지 않는다. 반자성체에서 자기쌍극자가 외부자기장에 의해서 발생되는데 반하여, 상자성체의 원자들은 외부자기장의 영향이 없이도 영구 쌍극자모멘트를 형성한다. 정상인 상태에서 영구 쌍극자모멘트는 임의의 방향으로 형성되므로 상자성체에 알짜 쌍극자모멘트가 존재하지 않는다. 그러나 외부자기장이 상자성체에 주어지면, 영구 쌍극자모멘트들은 외부자기장에 정렬하여 물체 내에 알짜 쌍극자모멘트를 발생시키고, 이것은 다시 물체 내의 자기장세기를 증가시킨다. 공기, 알루미늄, 백금, 티타늄, 텅스텐과 같은 상자성체는 자기감수율이 대략 10^{-5}로 주어져서 상대투자율이 1보다 약간 크게 주어진다. 대부분의 경우 반자성체와 상자성체의 투자율을 $\mu = \mu_o$으로 가정하고 이들을 비자성체로 취급한다.

강자성체(ferromagnetic material) 원자들은 강력한 전자스핀에 의해 매우 큰 영구 쌍극자모멘트를 가진다. 외부자기장이 없는 경우 전자스핀들은, 원자간 힘에 의해 서로 결합되어, 자기구역(magnetic domain)이라 불리는 물체의 아주 작은 영역들에서 같은 방향으로 서로 정렬된다. 각각의 자기구역에서 쌍극자모멘트가 완벽하게 한 방향으로 정렬된 것을 보고 자기구역이 완벽하게 자기화되었다고 말한다. 정상인 경우, 서로 다른 스핀방향을 가진 각각의 자기구역들은 강자성체 내에서 임의의 상태로 분포하므로 물체 내의 알짜 쌍극자모멘트는 0이다. 그러나 외부자기장이 강자성체 내에 존재하면 외부자기장과 동일한 방향의 전자스핀을 가진 자기구역들이 주위의 다른 자기구역을 축소시키고 대신 자신의 영역을 확장한다. 그 결과 매우 큰 알짜 쌍극자모멘트가 만들어진다. 철, 코발트, 니켈 같은 강자성체의 상대투자율은 250~5000 사이의 큰 값을 갖고, 그들의 합금인 퍼멀로이(permalloy), 뮤메탈(mumetal) 등은 상대투자율이 10^5까지 올라간다. 반자성체 혹은 상자성체와 달리 강자성체는 비선형 물질인데, 그것의

μ_r은 자기장세기에 따라 변할 뿐만 아니라 그 물체의 이전의 자기상태(magnetic state)에 따라 달라진다.

5.7.1 자기화 및 등가 전류밀도(Magnetization and Equivalent Current Density)

물질의 원자모델에 의거하여 하나의 자기화된 물체를, 진공 중의 등가 격자점(equivalent lattice point)들이 각각 자기 쌍극자모멘트로 채워진 것으로 가정할 수 있다. 물체의 거시적 자기성질(macroscopic magnetic property)을 설명하기 위해 자기화(magnetization) **M**을 단위 부피당 자기 쌍극자모멘트로 정의한다. 즉

$$\mathbf{M} = \lim_{\Delta v \to 0} \frac{1}{\Delta v} \sum_{j=1}^{n\Delta v} \mathbf{m}_j \qquad [\text{A/m}] \tag{5-66}$$

여기서 n은 격자원자들의, 혹은 자기쌍극자들의, 밀도이고, $\mathbf{m}_j$는 미소체적 Δv에 포함된 쌍극자모멘트 벡터를 의미한다. **M**은 공간상 연속적인 함수이지만, $\mathbf{m}_j$는 공간상 한 점에 위치한 벡터이다. 자기화 **M**은 단위 미터당 암페어(amperes per meter)로 표시된다. 어떤 물체가 0이 아닌 **M**을 가지면 이 물체가 자기화(magnetized) 되었다고 말한다.

자기화 **M**은 주어진 물체의 표면에 전류를 유도한다. 자화표면전류를 검토하기 위해 [그림 5-16]에서 보듯이 영역 $z < 0$의 자성체와 영역 $z > 0$의 자유공간(혹은 공기)이 만드는 경계면에 대해 생각해 본다. 편의상 하나의 자기쌍극자를 전류 I가 흐르는 한 변이 a인 정사각형 루프로 가정한다. 그림에서 루프의 중앙은 점(dot)으로 표시되었다. 전류 루프의 쌍극자모멘트 **m**은, 혹은 단위벡터 $\mathbf{a}_m$은 자성체 표면에 수직이고 밖으로 향하는 단위벡터 $\mathbf{a}_n$과 각도 θ를 이루고 있는데, 여기서 $\mathbf{a}_n$은 z-축 방향으로의 단위벡터 $\mathbf{a}_z$와 평행하다고 가정한다. 또한 자성체가 외부자기장에 의해 완전히 자기화되어 자기화벡터 **M**을 가진다고 가정한다. 따라서 외부자기장, **M**, **m**은 모두 단위벡터 $\mathbf{a}_m$에 평행이다. 논의의 편의상 주어진 자성체를 두께가 $(a/2)\sin\theta$인 여러 개의 가상층으로 나눈다. 이러한 물체에 대한 옆 모양이 [그림 5-16(a)]에 표시되었다. 이 그림에서 작은 동그라미 안의 점(혹은 가위)은 사각형 루프의 윗면(혹은 아랫면)에서의 전류

의 방향을 나타낸다. [그림 5-16(a)]에서 보듯이 층 1에 중심을 둔 쌍극자들은 공기에서의 알짜전류를 형성하는데 이것은 종이평면 바깥을 향한다. 비슷하게, 중심을 층 2 에 둔 쌍극자들에 의해 층 1에 알짜전류가 형성되는데 이것도 종이평면 밖으로 향한다. 반면 중심을 층 1 혹은 층 3에 둔 쌍극자들은 협동하여 층 2에 알짜전류가 0이 되도록 한다. 공기와 층 1에 흐르는 알짜전류들은 자기화에 의해 물체의 표면에 유도된 전류를 의미한다.

물체의 앞면을 보여주는 [그림 5-16(b)]를 참조하여, 물체의 표면에 유도되는 표면전류밀도를 계산할 수 있다. 그림에서, 자기 쌍극자모멘트 $\mathbf{m}$이 표면에 수직인 단위벡터 $\mathbf{a}_n$에 대해 회전되어 있으므로, 정사각형 전류루프는 $a \times a\sin\theta$의 직사각형으로 보인다. 앞에서 설명한 것처럼, 중심을 오직 층 1 혹은 층 2에 둔 쌍극자들만이 표면전류에 기여한다. 더 구체적으로, 하나의 쌍극자는 길이 a의 필라멘트전류를 표면에 흐르게 하는데, 이것은 다름 아닌 정사각형 루프의 윗면에 해당한다. [그림 5-16(b)]의 색칠한 영역에 그 중심을 둔 쌍극자들이 $x=0$ 평면을 통과하여 흐르는 표면전류에 기여한다. 이들에 기초하여 표면전류밀도는 y-축의 단위 길이당 기준점($x=0$ 평면)을 통과하여 흐르는 전류로 정의된다. 그리하여 표면전류밀도의 크기는 아래와 같이 계산된다.

$$\mathrm{J}_{ms} = In(a^2\sin\theta) = n|\mathbf{m}|\sin\theta$$

여기서 n은 쌍극자의 밀도이고, 괄호는 [그림 5-16(b)]의 색칠한 영역의 면적이다. 관계식 $\mathbf{M} = n|\mathbf{m}|$을 사용하고, 전류가 x-방향으로 흐른다는 것을 고려하여, 자화표면전류밀도(magnetization surface current density) $\mathbf{J}_{ms}$는 아래와 같이 정의된다.

$$\boxed{\mathbf{J}_{ms} = \mathbf{M} \times \mathbf{a}_n} \quad [\mathrm{A/m}] \tag{5-67}$$

여기서 $\mathbf{a}_n$은 물체 표면에 수직이고 바깥으로 향하는 단위벡터이다. $\mathbf{J}_{ms}$의 단위는 미터당 암페어(Ampere per meter)이다.

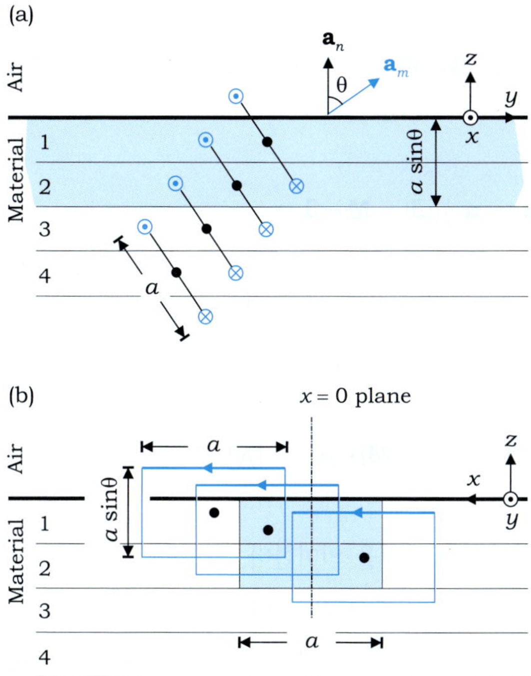

그림 5-16 자화표면전류. 정사각형의 전류 루프. (a) 옆 그림, (b) 앞 그림

자기화 $\mathbf{M}$은 물체 안에서 자화전류밀도(magnetization current density) $\mathbf{J}_m$을 발생시킬 수 있는데, 이것은 제곱미터당 암페어(Amperes per square meter)로 표시된다. [그림 5-17]은 표면전류밀도 $\mathbf{J}_{ms}$가, 자기화 $\mathbf{M}$을 가지며 영역 $z \leq 0$에 존재하는 물질의 표면에 유도된 것을 표시한다. 연속방정식에 따라, 만약 물체 표면에 놓인 하나의 루프 C를 통과하여 흐르는 알짜 표면전류가 0이 아니면 물체 내부에서 표면으로 흐르는 또 다른 전류가 반드시 존재하여야 한다. 이러한 전류를 자화전류라 부른다. 자화전류와 자화표면전류는 둘 다 자기쌍극자의 전류루프에 그 원인이 있다. [그림 5-17]에 보인 정사각형 루프의 전류는 물체 안에서는 자화전류로 작용하고 동시에 물체 표면에서는 자화표면전류로 작용한다.

[그림 5-17]을 참조하여, 루프 C 위의 미분길이 $|d\mathbf{l}|$을 통과하여 흐르는 미분표면전류 dI_{ms}는 자화표면전류밀도 $\mathbf{J}_{ms}$를 이용해 다음과 같이 표시된다.

$$dI_{ms} = \mathbf{J}_{ms} \cdot (|d\mathbf{l}|\, \mathbf{a}_\rho) = (\mathbf{M} \times \mathbf{a}_n) \cdot \mathbf{a}_\rho\, |d\mathbf{l}|$$

여기서 $\mathbf{a}_\rho$는 $d\mathbf{l}$에, 즉 루프에 수직인 단위벡터이고, $\mathbf{J}_{ms}$는 식 (5-67)로 주어진다. 벡터 항등식 $(\mathbf{A}\times\mathbf{B})\cdot\mathbf{C}=\mathbf{A}\cdot(\mathbf{B}\times\mathbf{C})$를 이용하여 $d\mathbf{l}$을 통과하는 미분표면전류를 아래와 같이 표시한다.

$$dI_{ms} = \mathbf{M}\cdot(\mathbf{a}_n \times \mathbf{a}_\rho)|d\mathbf{l}| = \mathbf{M}\cdot d\mathbf{l}$$

위에서 관계식 $\mathbf{a}_n\times\mathbf{a}_\rho=\mathbf{a}_\phi$를 이용해 $d\mathbf{l}$의 방향을 표시했다. 물체 표면에 위치한 루프 C를 통과하여 흐르는 알짜 표면전류는 아래와 같다.

$$I_{ms} = \oint_C \mathbf{M}\cdot d\mathbf{l} = \int_S (\nabla\times\mathbf{M})\cdot d\mathbf{s} \quad \text{[A]} \tag{5-68}$$

여기서 S는 C에 둘러싸인 물체면을 의미한다. 위 식에서 스토크스 정리가 사용되었다. 그 다음, 연속방정식에 따라 식 (5-68)의 표면전류 I_{ms}는 루프 면 S를 통과하는 전류와 같아야 한다. 이때 S를 통과하는 전류는 자화전류밀도(magnetization current density) $\mathbf{J}_m$의 면적분으로 주어진다. 즉

$$I_{ms} = \int_S \mathbf{J}_m\cdot d\mathbf{s} \quad \text{[A]} \tag{5-69}$$

식 (5-68)과 (5-69)에서, 루프 C와 그것에 둘러싸인 면 S는 무작위일 수 있으므로 두 면적분의 피적분 함수들은 물체의 표면에서 항상 서로 같아야 한다. 그리하여

$$\boxed{\mathbf{J}_m = \nabla\times\mathbf{M}} \quad [\text{A/m}^2] \tag{5-70}$$

식 (5-67)과 (5-70)에서 보듯이 자화된 물체의 자기화 $\mathbf{M}$은 물체 안에 자화전류밀도 $\mathbf{J}_m$을 발생시키고, 물체 표면에서 자화표면전류밀도 $\mathbf{J}_{ms}$를 발생시킨다. 비록 $\mathbf{J}_m$이 물체 안에서 0이라 해도 $\mathbf{M}$이 상수인 경우 $\mathbf{J}_{ms}$는 항상 물체 표면에서 유도된다.

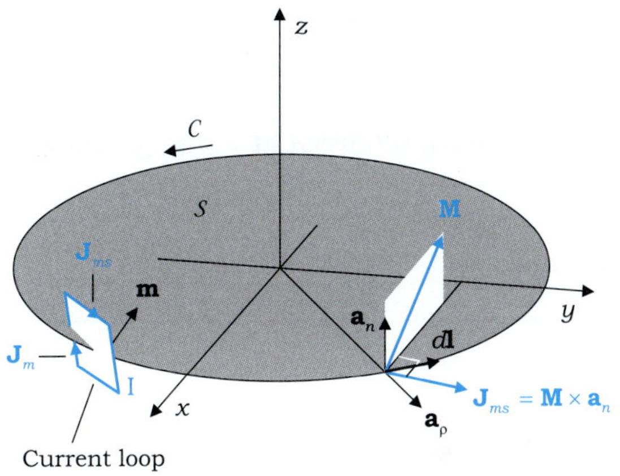

그림 5-17 자화전류 및 자화표면전류

Example 5-10

영구자석이 반지름 a, 높이 b의 원통형태로 주어지며, 균일한 자기화벡터 $\mathbf{M} = M_o \mathbf{a}_z$를 가지고 있다. $\mathbf{J}_m$과 $\mathbf{J}_{ms}$를 구하라.

Solution

식 (5-70)으로부터

$$\mathbf{J}_m = \nabla \times (M_o \mathbf{a}_z) = 0$$

식 (5-67)으로부터

$$\mathbf{J}_{ms} = \mathbf{M} \times \mathbf{a}_n = M_o \mathbf{a}_z \times \mathbf{a}_z = 0 \qquad \text{(윗면)}$$

$$\mathbf{J}_{ms} = M_o \mathbf{a}_z \times (-\mathbf{a}_z) = 0 \qquad \text{(아랫면)}$$

$$\mathbf{J}_{ms} = M_o \mathbf{a}_z \times \mathbf{a}_\rho = M_o \mathbf{a}_\phi \qquad \text{(옆면)}$$

위 결과로부터 주어진 영구자석이 반지름 a, 높이 b인 원통형 도체면에 흐르는 표면전류밀도 $\mathbf{J}_s = M_o \mathbf{a}_\phi$로 대치될 수 있다는 것을 알 수 있다.

Exercise 5.10

반지름 a인 구 형태의 자성체가 자기화벡터 $\mathbf{M} = M_o \mathbf{a}_z$를 가질때, 표면에서의 $\mathbf{J}_{ms}$를 구하라.

Ans $M_o \sin\theta\, \mathbf{a}_\phi$[A/m]

Review Questions with Hints

RQ 5.25 자기화 $\mathbf{M}$을 정의하라. [(5-66)]

RQ 5.26 $\mathbf{J}_{ms}$와 $\mathbf{J}_m$이 자기화 $\mathbf{M}$에 어떤 연관이 있는가? [(5-67)(5-70)]

RQ 5.27 $\mathbf{J}_{ms}$와 $\mathbf{J}_m$의 단위는? [(5-67)(5-70)]

RQ 5.28 자기화된 물체 안의 한 점에서 $\mathbf{J}_m = 0$이면 그 점에서 $\mathbf{M} = 0$인가? [(5-70)]

5.7.2 투자율(Permeability)

앞의 정전기학에서 하나의 유전체와 외부전기장 사이의 상호연관을 논했다. 외부전기장에 의해 전기분극이 발생하면 이것은 분극전기장을 발생시킨다. 외부전기장과 분극전기장의 합은 물체 안의 내부전기장이라는 것을 배웠다. 물체 안에서 전속밀도 $\mathbf{D}$를 새로이 정의해 $\nabla \cdot \mathbf{D}$는 물체 안의 알짜전하에, 즉 외부전기장을 발생시키는 원천에 연관이 되도록 했다. 또한 $\mathbf{D}$와 $\mathbf{E}$ 사이의 관계로부터 주어진 물질의 유전율이 어떻게 정의되는지를 배웠다.

자성체 안의 자속밀도 $\mathbf{B}$는 유전체 안의 전기장세기 $\mathbf{E}$와 유사하다. 외부자기장이 자기화 $\mathbf{M}$을 발생시키고 물체 안에 자화전류밀도 $\mathbf{J}_m$을 유도하면, 외부자속과 $\mathbf{J}_m$에 의한 자속의 합은 물체 안의 자속밀도 $\mathbf{B}$와 같다. 물체 안에서 $\mathbf{H}$를 새로이 정의해 그것이 물체 안에서 유도된 $\mathbf{J}_m$을 배제하고 자유전류 $\mathbf{J}$와 연관되도록 한다. 여기서 $\mathbf{J}$는 외부 자기장의 원천을 의미한다. 그리하여 자성체내에서의 $\mathbf{B}$는 자유전류 및 자화전류에 의해 발생한 자속밀도이다. 즉

$$\nabla \times \frac{\mathbf{B}}{\mu_o} = \mathbf{J} + \mathbf{J}_m = \mathbf{J} + \nabla \times \mathbf{M} \quad (5\text{-}71)$$

여기서 $\mathbf{J}$는 자유전류(conduction and/or convection current)이고, $\mathbf{J}_m$은 물체 내의 유도된 자화전류이다. 식 (5-71)의 μ_o으로부터 식 (5-71)이 물질의 원자모델에 기초하고 있음을 알 수 있다: $\mathbf{B}$에 관한 한 주어진 자성체는 자유공간에 놓여 있는 자화전류로 대치된다. 식 (5-71)을 다시 쓰면

$$\nabla \times \left(\frac{\mathbf{B}}{\mu_o} - \mathbf{M} \right) = \mathbf{J} \quad (5\text{-}72)$$

여기서 물체 내의 $\mathbf{H}$를 아래와 같이 새로이 정의한다.

$$\mathbf{H} \equiv \frac{\mathbf{B}}{\mu_o} - \mathbf{M} \quad (5\text{-}73)$$

즉

$$\boxed{\mathbf{B} = \mu_o (\mathbf{H} + \mathbf{M})} \quad [\mathrm{T}] \quad (5\text{-}74)$$

새로 정의된 $\mathbf{H}$로 인하여 미분형태의 암페어 법칙은 물체의 존재 여부에 관계없이 항상 아래와 같이 표시된다.

$$\boxed{\nabla \times \mathbf{H} = \mathbf{J}} \quad [\mathrm{A/m^2}] \quad (5\text{-}75)$$

식 (5-75)의 $\mathbf{J}$는 물체 안에서 유도된 자화전류를 제외한 자유전류라는 것에 주목해야 한다. 식 (5-75)를 적분형태로 변환하기 위해 식 (5-75)의 양변을 면 S에 대해 면적분한다. 즉

$$\int_S (\nabla \times \mathbf{H}) \cdot d\mathbf{s} = \int_S \mathbf{J} \cdot d\mathbf{s}$$

윗식 왼쪽에 스토크스 정리를 적용하고, 식 오른쪽은 총 전류 I라는 것을 인식하면 암페어 법칙이 아래와 같이 얻어진다. 이 식은 물체의 존재 여부에 무관하다.

$$\boxed{\oint_C \mathbf{H} \cdot d\mathbf{l} = I} \quad [\mathrm{A}] \tag{5-76}$$

여기서 I는 루프 C에 둘러싸인 전류, 혹은 C를 테두리로 하는 면 S를 통과하는 총 전류이다. 자기화는 자기장세기에 따라 변한다. 즉

$$\boxed{\mathbf{M} = \chi_m \mathbf{H}} \quad [\mathrm{A/m}] \tag{5-77}$$

여기서 χ_m은 자기감수율(magnetic susceptibility)인데, 균질의, 선형적이고, 등방성 물체에서는 상수이고 $\mathbf{H}$의 크기 및 방향에 무관하다.

식 (5-77)을 식 (5-74)에 대입하면 $\mathbf{B}$와 $\mathbf{H}$ 사이의 구조식을 얻게 되는데, 이것은 아래와 같이 서로 다른 형태로 표시될 수 있다.

$$\boxed{\mathbf{B} = \mu_o(1 + \chi_m)\mathbf{H} = \mu_o\mu_r\mathbf{H} = \mu\mathbf{H}} \quad [\mathrm{T}] \tag{5-78}$$

여기서 μ는 투자율(permeability)인데 미터당 헨리(henrys per meter[H/m])로 표시되고, μ_o은 자유공간의 투자율이고, μ_r은 상대투자율(relative permeability)인데 단순매질에서는 무차원의 상수이다.

식 (5-78)으로부터 실질적인 문제를 푸는데 필요한 χ_m과 μ 사이의 관계식을 구할 수 있다. 즉

$$\chi_m = \frac{\mu}{\mu_o} - 1 \tag{5-79}$$

이것은 단순매질에서 무차원의 상수로 $\mathbf{H}$에 독립이다. 일반적으로 χ_m은 위치에 대한

함수(비균질), **H**의 크기에 대한 함수(비선형), **H**의 방향에 대한 함수(비등방성)일 수 있다.

자성체는 μ_r에 따라 세 부류로 분류될 수 있다.

$$\mu_r \lesssim 1 \qquad \text{(반자성체)} \tag{5-80a}$$

$$\mu_r \gtrsim 1 \qquad \text{(상자성체)} \tag{5-80b}$$

$$\mu_r \gg 1 \qquad \text{(강자성체)} \tag{5-80c}$$

반자성체에서 χ_m은 대략 $-10^{-6} \sim -10^{-4}$이고, 상자성체에서 χ_m는 대략 $10^{-5} \sim 10^{-3}$이고, 강자성체에서 χ_m은 대략 $10^1 \sim 10^5$이다.

정리하면, 암페어 법칙과 자기 가우스 법칙은 정자기장에 대한 기본식인데 이들을 이용하면, 헬름홀츠 정리에 따라, 주어진 영역에서 물체의 존재 여부에 관계없이 자기장의 유일한 해를 구할 수 있다. 이들은 적분형태 혹은 미분형태로 표시될 수 있다. 즉

$$\boxed{\oint_C \mathbf{H} \cdot d\mathbf{l} = I} \tag{5-81a}$$

$$\boxed{\oint_S \mathbf{B} \cdot d\mathbf{s} = 0} \tag{5-81b}$$

$$\boxed{\nabla \times \mathbf{H} = \mathbf{J}} \tag{5-81c}$$

$$\boxed{\nabla \cdot \mathbf{B} = 0} \tag{5-81d}$$

두 벡터장 **B**와 **H**는 아래의 구조식으로 연결되어 있다.

$$\mathbf{B} = \mu \mathbf{H} \tag{5-82}$$

여기서 투자율 μ는 단순매질에서 상수이며 **H**에 독립이다.

Example 5-11

전류 I가 흐르는 매우 긴 도선이 자유공간에서 z-축에 놓여 있다. 이 도선은 투자율 μ_1의 속이 빈 원통에 둘러싸여 있는데, [그림 5-18]에서처럼 안쪽 반지름은 a이고 바깥쪽 반지름은 b이다. 다음을 구하라

(a) 암페어 법칙을 이용해 $\mathbf{H}$와 $\mathbf{B}$

(b) 속이 빈 원통에서의 자화전류밀도

(c) 안쪽 및 바깥쪽 면에서의 자화표면전류밀도

Solution

$\mathbf{H}$에 관한 한, 속이 빈 원통은 완전히 무시될 수 있는데 그 이유는 원통이 자유전류와 무관하기 때문이다. 대칭성을 고려하면 $\mathbf{H}$가 $\mathbf{H} = H_\phi(\rho)\mathbf{a}_\phi$의 형태로 주어지므로 도선에 중심을 둔 하나의 원을 암페어 적분길로 삼는다.

(a) 영역 $0<\rho<a$에서, 암페어 법칙으로부터

$$\mathbf{H} = H_\phi \mathbf{a}_\phi = \frac{I}{2\pi\rho}\mathbf{a}_\phi, \text{ 그리고 } \mathbf{B} = \mu_o\mathbf{H} = \frac{I\mu_o}{2\pi\rho}\mathbf{a}_\phi \tag{5-83a}$$

영역 $a \le \rho \le b$에서, 암페어 법칙으로부터

$$\mathbf{H} = \frac{I}{2\pi\rho}\mathbf{a}_\phi, \text{ 그리고 } \mathbf{B} = \mu_1\mathbf{H} = \frac{I\mu_1}{2\pi\rho}\mathbf{a}_\phi \tag{5-83b}$$

영역 $\rho > b$에서

$$\mathbf{H} = \frac{I}{2\pi\rho}\mathbf{a}_\phi, \text{ 그리고 } \mathbf{B} = \mu_o\mathbf{H} = \frac{I\mu_o}{2\pi\rho}\mathbf{a}_\phi \tag{5-83c}$$

위에서 $\mathbf{H}$에 대한 표현식은 속이 빈 원통의 존재 여부에 관계없이 동일하다는 것에 주목하자.

(b) 영역 $a \le \rho \le b$에서, 식 (5-83b)를 식 (5-77)에 대입하여 다음을 얻는다.

$$\mathbf{M} = \chi_m\mathbf{H} = \left(\frac{\mu_1}{\mu_o} - 1\right)\frac{I}{2\pi\rho}\mathbf{a}_\phi \tag{5-84}$$

원통좌표계에서 식 (5-84)의 컬을 취하면

$$\nabla \times \mathbf{M} = 0$$

그리하여 식 (5-70)으로부터

$$\mathbf{J}_m = 0$$

(c) $\rho = a$에 위치한 원통면에서, 식 (5-84)로부터 자기화벡터를 구한다.

$$\mathbf{M} = \left(\frac{\mu_1}{\mu_o} - 1\right)\frac{I}{2\pi a}\mathbf{a}_\phi \tag{5-85}$$

$\rho = a$에서의 표면에 수직이고 바깥으로 향하는 단위벡터는 $\mathbf{a}_n = -\mathbf{a}_\rho$이다. 식 (5-67)과 (5-85)로부터 자화표면전류밀도를 구한다.

$$\mathbf{J}_{ms1} = \mathbf{M} \times \mathbf{a}_n = \left(\frac{\mu_1}{\mu_o} - 1\right)\frac{I}{2\pi a}\mathbf{a}_z \qquad (\rho = a) \tag{5-86}$$

마찬가지로, $\rho = b$에 위치한 원통면에서, 식 (5-84)로부터 자기화벡터를 구한다.

$$\mathbf{M} = \left(\frac{\mu_1}{\mu_o} - 1\right)\frac{I}{2\pi b}\mathbf{a}_\phi \tag{5-87}$$

$\rho = b$에서의 표면에 수직이고 바깥으로 향하는 단위벡터는 $\mathbf{a}_n = \mathbf{a}_\rho$이다. 식 (5-67)과 (5-87)로부터 자화표면전류밀도를 구한다.

$$\mathbf{J}_{ms2} = \mathbf{M} \times \mathbf{a}_n = -\left(\frac{\mu_1}{\mu_o} - 1\right)\frac{I}{2\pi b}\mathbf{a}_z \qquad (\rho = b) \tag{5-88}$$

식 (5-86)과 (5-88)에서 보듯이, 속이 빈 원통의 두 원통면에 동일한 크기의 자화표면전류가 서로 반대방향으로 흐른다.

자성체에 자유전류가 없다면 암페어 법칙으로부터 물체 안에서는 항상 $\nabla \times \mathbf{H} = 0$이 성립한다. 이 경우 식 (5-77)과 (5-70)으로부터 물체 안에서 $\nabla \times \mathbf{M} = 0$이고 따라서 $\mathbf{J}_m = 0$이라는 것을 알 수 있다. 이러한 조건에서 총 자속은 외부자속과 $\mathbf{J}_{ms}$에 의해 발생되는 자속의 합으로 주어진다(Example 5-12 참조).

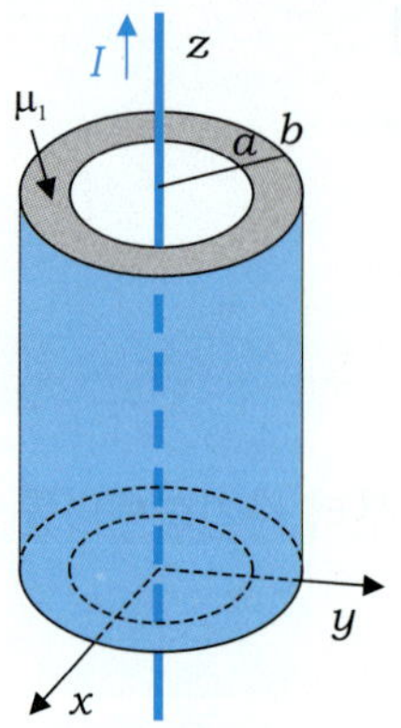

그림 5-18 매우 긴 필라멘트전류가 속이 빈 원통에 둘러싸임

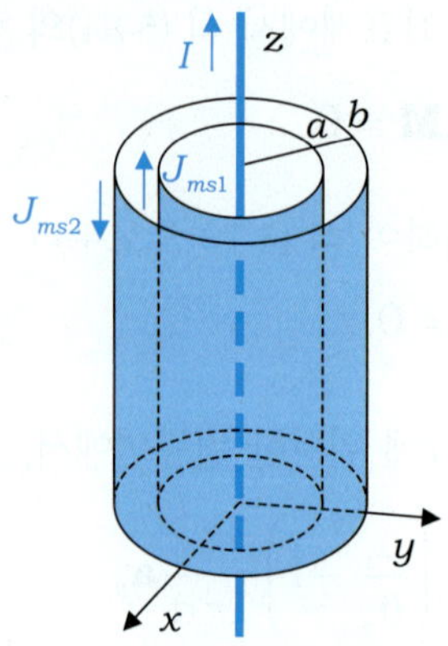

그림 5-19 자화표면전류밀도가 원통 자성체를 대치함

Example 5-12

Example 5-11의 속이 빈 원통에 자유전류가 0이므로, 총 자속은 [그림 5-19]에서처럼 외부자속과 자화표면전류밀도($\mathbf{J}_{ms1}$과 $\mathbf{J}_{ms2}$)에 의해 발생하는 자속의 합이다. 모든 지점에서 $\mathbf{B}$를 구하고 앞의 Example 5-11의 결과와 비교하라.

Solution

대칭성을 고려하면 $\mathbf{B}$는 모든 지점에서 $\mathbf{B} = B_\phi(\rho)\,\mathbf{a}_\phi$의 형태로 주어진다.

영역 $0<\rho<a$에서 암페어 법칙을 이용하면

$$\oint_C (\mathbf{B}/\mu_o)\cdot d\mathbf{l} = I, \text{ 즉 } \left(B_\phi/\mu_o\right)2\pi\rho = I$$

그러므로 자속밀도는

$$\mathbf{B} = B_\phi\,\mathbf{a}_\phi = \frac{I\mu_o}{2\pi\rho}\mathbf{a}_\phi \quad (0<\rho<a) \tag{5-89a}$$

영역 $a<\rho<b$에서 암페어 법칙으로부터

$$\oint_C (\mathbf{B}/\mu_o)\cdot d\mathbf{l} = I + 2\pi a\,J_{ms1}$$

식 (5-86)의 J_{ms1}을 윗식에 대입하면

$$\left(\frac{B_\phi}{\mu_o}\right)2\pi\rho = I + 2\pi a\left(\frac{\mu_1}{\mu_o}-1\right)\frac{I}{2\pi a}$$

그리하여 자속밀도는 아래와 같다.

$$\mathbf{B} = B_\phi\,\mathbf{a}_\phi = \frac{I\mu_1}{2\pi\rho}\mathbf{a}_\phi \qquad (0<\rho<b) \tag{5-89b}$$

영역 $\rho > b$에서 암페어 법칙으로부터

$$\oint_C (\mathbf{B}/\mu_o)\cdot d\mathbf{l} = I + 2\pi a\,J_{ms1} - 2\pi b\,J_{ms2}$$

식 (5-86)과 (5-88)의 J_{ms1}과 J_{ms2}를 윗식에 대입하면

$$\left(\frac{B_\phi}{\mu_o}\right)2\pi\rho = I + 2\pi a\left(\frac{\mu_1}{\mu_o}-1\right)\frac{I}{2\pi a} - 2\pi b\left(\frac{\mu_1}{\mu_o}-1\right)\frac{I}{2\pi b}$$

그러므로 자속밀도는 아래와 같다.

$$\mathbf{B} = B_\phi\,\mathbf{a}_\phi = \frac{I\mu_o}{2\pi\rho}\mathbf{a}_\phi \qquad (\rho > b) \tag{5-89c}$$

식 (5-89)의 세 결과들은 식 (5-83)의 그것들과 동일하다. 각 영역에서 **H**는 관계식 $\mathbf{H}=\mathbf{B}/\mu$를 이용해 구한다. 여기서 주목할 것은 **H**는 자화전류로부터 직접 구할 수 없다는 것이다.

만약 투자율이 매우 큰 물체에 외부자기장에 의해 자기화 **M**이 형성되면, 이것은 물체의 안과 밖의 자기장선을 변형시킨다. [그림 5-20(a)]를 참고하여, 매우 큰 μ를 가지는 작은 원통형 자성체를 균일한 자기장 **B** 내에 위치시키는 경우를 검토하자. 계산의 편의상 원통 표면의 자화표면전류를 정전류가 흐르는 하나의 원형 루프로 가정한다. 그 다음 수치계산법을 이용해 루프에 의한 자기장선을 계산한 후, 외부자기장선과 더하여 [그림 5-20(b)]에서처럼 실측으로 표시했다. 그림에서 보듯이 자기장선들은 μ가 큰 물체 안에 집중되어 있고, 총 자속은 물체의 안과 밖에서 보존된다. 이러한 예로부터 μ가 큰 물체로 만들어진 구조물이 자기장선들을 가두어 일정한 방향으로 향하도록 할 수 있다는 것을 알 수 있다.

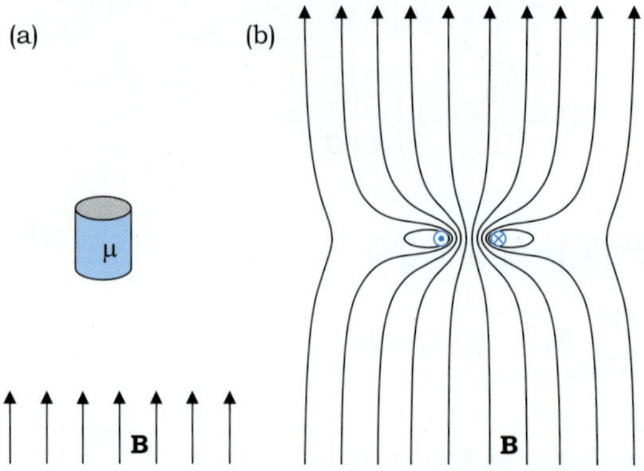

그림 5-20 균일장 **B** 내의 강자성체 (a) 원통형의 강자성체, (b) 유도된 **M**은 원통 안과 밖에서 **B**를 변형시킨다.

Exercise 5.11

어떤 물체 안에서 |**M**|이 |**H**|보다 10배 큰 경우, 그 물체의 χ_m과 μ_r을 구하라.

Ans $\chi_m = 10$, $\mu_r = 11$

Exercise 5.12

$\mu_r = 250$인 니켈 안에서 $|\mathbf{B}| = 0.02[\mathrm{T}]$인 경우, 물체 안의 χ_m, H, M을 구하라.

Ans $\chi_m = 249$, $H = 63.7[\mathrm{A/m}]$, $M = 15.9\times10^3[\mathrm{A/m}]$

Review Questions with Hints

RQ 5.29 자성체 안에서 **B**를 발생시키는 두 요인은? [(5-74)]

RQ 5.30 자성체 안에서 **H**를 발생시키는 요인은? [(5-75)]

RQ 5.31 χ_m, μ_r, μ를 정의하라. [(5-78)]

RQ 5.32 μ_r을 이용해 자성체를 분류하라. [(5-80)]

RQ 5.33 유한한 크기의 매우 큰 μ의 원통 자성체를 외부자기장을 이용해 $\mathbf{M} = M_o \mathbf{a}_z$와 같이 균일하게 자화시킬 수 있는가? [그림 5-20]

5.7.3 자기 히스테리시스(Magnetic Hysteresis)

외부자기장은 강자성체를 매우 강하게 자화시킬 수 있다. 강자성체의 독특한 자기성질은 물체 내의 자기구역(magnetic domain) 때문이다. 강자성체에서 **B**와 **H** 사이의 관계는 매우 비선형적인데, 예를 들면 외부자기장이 사라진 이후에도 그 물체는 많은 양의 **M**을 계속 보유하고, 또한 그 물체의 상대투자율은 자기장세기에 따라 변한다. 그러나 강자성체가 큐리 온도 이상으로 가열되면 그 물체는 강자성체 성질을 완전히 잃어버리고 상자성체처럼 작동한다.

강자성체의 원자들은 전자스핀에서 유래하는 영구 자기 쌍극자모멘트를 가진다. 이들 쌍극자모멘트들은 강력한 원자간 힘에 의해 자기구역이라 불리는 작은 공간상 영역에서 서로 정렬하려는 성질을 가지고 있다. 자기구역은 마이크로미터에서 밀리미터까지 매우 다양한 크기와 모양을 가진다. 각각의 자기구역은 균일한 자기화벡터를 가지고 완전히 자화된 상태를 유지하는데, 이것은 한 자기구역 안의 모든 쌍극자모멘트가 한 방향으로 향하고 있다는 것을 의미한다. 외부자기장이 없는 경우 자기구역은 임의의 방향으로 향하므로 전체적으로 알짜 쌍극자모멘트를 가지지 못한다. 그러나 외부자기장이 걸리면, 자기화벡터가 외부자기장과 평행한 자기구역들은 주위의 자기구역을 침범하여 자신들의 영역을 확장한다. 그 결과 물체 내에 매우 큰 알짜 쌍극자모멘트가 생성된다. 이때 외부자기장이 사라지더라도 이러한 자기구역을 다시 나누어 원래의 무작위 상태로 되돌리는 것은 불가능하다. 대신 잔류 쌍극자모멘트가 물체 안에 남게 된다. 이러한 현상을 자기 히스테리시스(magnetic hysteresis)라 부른다. 즉 현재 물체의 자기상태가 물체의 이전 자기상태에 따라 달라진다. 큐리 온도보다 높은 온도에서 강자성체는 상자성체처럼 행동한다. 즉 자기구역을 형성하지 못하고 개별적인 쌍극자모멘트들이 임의의 방향으로 향하고 있다. 예로, 철의 큐리 온도는 770℃이다.

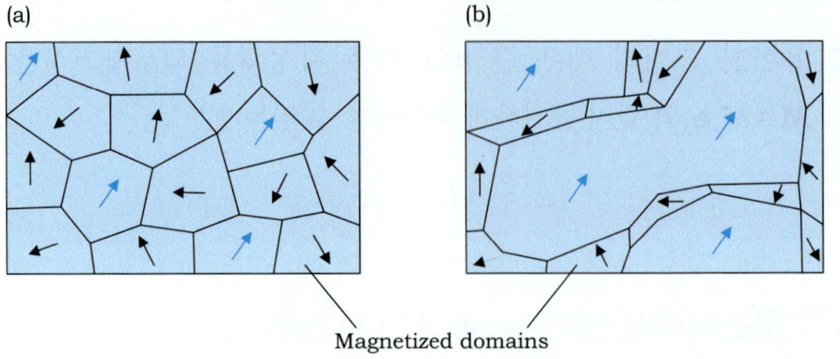

그림 5-21 강자성체의 자기구역 (a) 외부자기장이 0, (b) 보통 강도의 외부자기장이 걸림

강자성체의 자기성질은 B-H 자화곡선을 이용해 잘 설명될 수 있다. 이것은 물체 안에서 측정되는 자속밀도 B를 물체에 가해진 자기장세기 H의 함수로 표시한 것이다. 우리의 완전히 비자기화된 강자성체를 이용해 논의를 시작한다. 우선 이 물체의 외부자기장을 0에서 H_1로 증가시킨다. 이 상황은 주어진 물체를 솔레노이드 코일 안에 넣고 코일의 전류를 증가시키는 실제 상황과 동일하다. 그러면 물체 안의 자속밀도는 [그림 5-22(a)]에서 보듯이 0에서 B_1까지 초기자화곡선(initial magnetization curve)이라 불리는 점선을 따라 증가한다. 여기서 만약 H를 H_1에서 0까지 감소시켜도 물체 안의 B는 0으로 줄어들지 않고 B-H 곡선의 위쪽 길을 따라 B_r이 된다. 이 값을 잔류전속밀도(residual flux density)라 한다. 자기화가 자기장을 따라잡지 못하고 뒤처지는 현상을 히스테리시스라 하는데 이것은 그리스어로 "뒤처짐"을 의미한다. 물체 내의 잔류전속밀도를 0으로 만들기 위해 강제자기장(coercive field intensity) H_c를 반대방향으로 걸어야 한다. 강자성체에서 B_r과 H_c는 최대 자기장세기 H_1에 대한 함수이다.

만약 외부자기장세기 H가 두 최대값 $\pm H_1$ 사이에서 주기적으로 변한다면 B의 변화는 B-H 도표에서 닫힌 곡선으로 표시되는데 이것을 히스테리시스 루프(hysteresis loop)라 부른다. 히스테리시스 루프의 모양과 크기는 강자성체에 따라 다르고 또한 물체에 걸리는 최대 자기장세기에 따라 다르다. 히스테리시스 루프는 B와 H 사이에 존재하는 비선형관계 때문에 발생한다. 강자성체에서 투자율 μ는 H에 대한 비선형 함수인데, 이것은 B-H 도표에서 B/H 값으로 주어진다. 이 비는 B-H 도표의 곡선에 대한 접선이 아님을 인지하여야 한다. 히스테리시스 루프의 면적은 주기적으로 변화하는 자기화의 한 주기 동안에 단위 체적당 열에너지로 소모되는 에너지에 해당한다. 경질 강자성체(hard ferromagnetic material)는 [그림 5-22(a)]에서처럼 넓은 히스테리시스 루프를 가지고, 연질 강자성체(soft ferromagnetic material)는 [그림 5-22(b)]에서처럼 좁은 히스테리시스 루프를 가진다. 영구자석은 강자성체에 잔류자속밀도가 존재하기 때문에 가능하다. 매우 큰 강제자기장을 가진 경질 강자성체를 이용하면 더 좋은 영구자석을 만들 수 있는데 그 이유는 잔류자속밀도가 손쉽게 사라지지 않기 때문이다.

만약 외부자기장세기 H 가 매우 강해서 모든 쌍극자모멘트가 H 에 정렬되면 이 강자성체는 포화되었다고 말한다. 이때 H 를 더욱 증가시켜도 자기화에는 영향이 없다. 포화점을 지나 B가 증가할 수 있는데 이것은 오로지 외부자기장에 의해 자속이 더해지기 때문이다.

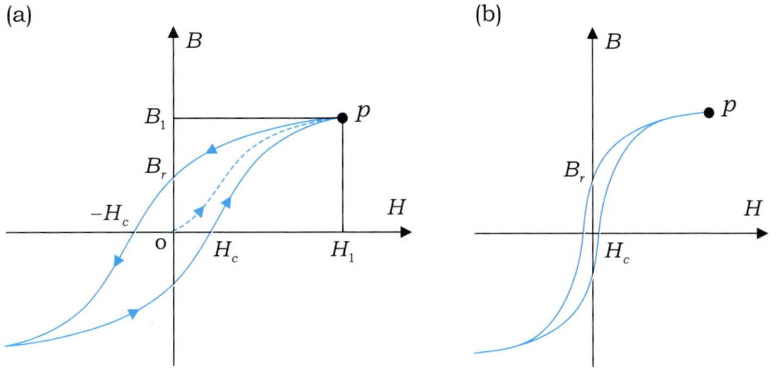

그림 5-22 히스테리시스 루프 (a) 경질 강자성체, (b) 연질 강자성체

Exercise 5.13

원자들의 밀도가 $8.5\times10^{28}[\mathrm{m}^{-3}]$인 철의 포화자기화는 $7.9\times10^{5}[\mathrm{A/m}]$이다. 원자 하나의 자기 쌍극자모멘트는?

Ans $9.3\times10^{-24}[\mathrm{A\cdot m^2}]$

Exercise 5.14

[그림 5-22(b)]의 포화점 p에서, 그 곡선의 접선은 H-축에 대해 7° 도 기울어져 있고, 원점에서 p까지의 직선은 45° 기울어져 있다. p에서 μ_r은?

Ans $\mu_r = \tan 45^\circ / \tan 7^\circ = 8.1$(처음 각은 μ, 다음 각은 μ_o에 연관)

Review Questions with Hints

RQ 5.34 히스테리시스 루프는 무엇인가? [그림 5-22]

RQ 5.35 잔류자속밀도와 강제자기장을 설명하라. [그림 5-22]

RQ 5.36 자기구역과 큐리 온도를 설명하라. [그림 5-21]

5.7.4 자기 경계면 조건(Magnetic Boundary Conditions)

자기 가우스 법칙은 자속보존법칙을 의미한다. 주변의 물체에 관계없이 하나의 폐곡면 밖으로 빠져나오는 알짜자속은 항상 0이다. 암페어 법칙도 역시 주변의 물체에 무관하게 성립된다. 이러한 사실들로부터 정자기장에 대한 2개의 기본식은 공간상의 어떤 영역에서도 항상 만족되어야 한다는 것을 알 수 있다. 심지어 두 물체 사이의 경계면에서도 만족된다. 주어진 하나의 경계면에서의 $\mathbf{B}$와 $\mathbf{H}$에 대한 경계면 조건을 유도하기 위해 $\mathbf{E}$와 $\mathbf{D}$의 경계면 조건에 사용하였던 동일한 절차를 따른다.

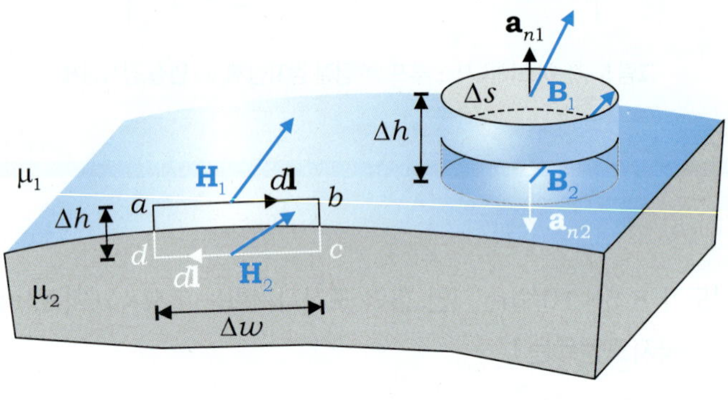

그림 5-23 두 물체(μ_1과 μ_2) 사이의 경계면

[그림 5-23]을 참조하여, 직사각형 루프 $abcda$에 암페어 법칙을 적용하여 아래의 식을 얻는다.

$$\oint_C \mathbf{H} \cdot d\mathbf{l} = H_{1t}\Delta w - H_{2t}\Delta w + \int_b^c \mathbf{H} \cdot d\mathbf{l} + \int_d^a \mathbf{H} \cdot d\mathbf{l} \\ = \mathrm{J}_{sn}\Delta w \tag{5-90}$$

여기서 t는 접선성분을 의미하고 J_{sn}은 표면전류 중 루프 면에 수직인 방향으로의 성분이다. 루프의 높이 Δh가 0으로 줄어들면 루프의 왼쪽과 오른쪽 변을 따라 수행되는 **H**의 선적분은 0이지만, 루프에 의해 표면전류 $\mathrm{J}_{sn}\Delta w$가 항상 둘러싸인다. 그리하여 경계면에서의 **H**의 접선성분에 대한 경계면 조건은 아래와 같다.

$$\boxed{H_{1t} - H_{2t} = \mathrm{J}_{sn}} \tag{5-91}$$

경계면에 표면전류밀도 J_{sn}이 존재하면 **H**의 접선성분은 경계면을 사이에 두고 서로 불연속이다. 경계면에 수직인 단위벡터 $\mathbf{a}_{1-2}$를 사용하면 **H**에 대한 경계면 조건을 더 일반화된 식으로 표시할 수 있다. 여기서 $\mathbf{a}_{1-2}$는 매질 2 에서 매질 1로 향하는 단위벡터이다. 즉

$$\boxed{\mathbf{a}_{1-2} \times (\mathbf{H}_1 - \mathbf{H}_2) = \mathbf{J}_s} \tag{5-92}$$

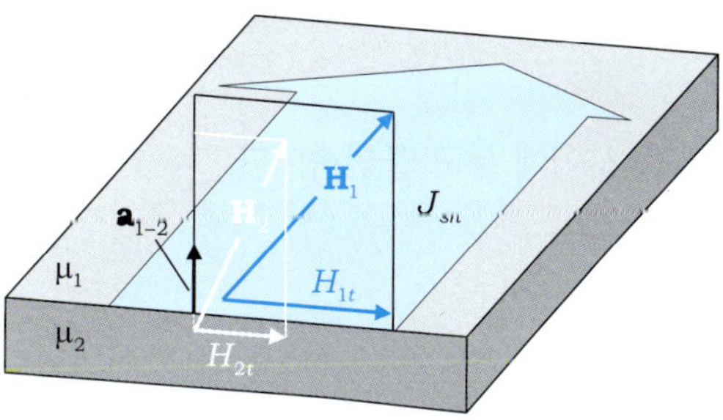

그림 5-24 표면전류가 존재할 때의 H_t의 경계면 조건

만약 하나의 경계면이 유한한 전도도(conductivity)를 가지는 두 매질 사이에 형성된다면, 그 경계면에 표면전류가 흐르지 못한다. 표면전류는 완전도체 표면에서만 흐를 수 있다. 대부분의 실질적 문제에 있어 경계면에서의 표면전류는 0이다($\mathbf{J}_s = 0$). 따라서 **H**의 접선성분에 대한 경계면 조건은 다음과 같이 주어진다.

$$\boxed{H_{1t} = H_{2t}} \tag{5-93}$$

즉 **H** 의 접선성분은 경계면을 사이에 두고 서로 연속이다. 식 (5-93)에 구조식 $\mathbf{B} = \mu\mathbf{H}$를 적용하면

$$\frac{B_{1t}}{\mu_1} = \frac{B_{2t}}{\mu_2} \tag{5-94}$$

즉 **B**의 접선성분은 경계면을 사이에 두고 서로 불연속이다.

그 다음 [그림 5-23]을 참조하여, 경계면에 걸쳐 있는 원통에 자기 가우스 법칙을 적용한다. **D**에서 사용되었던 동일한 절차에 따라 **B**의 법선성분에 대한 경계면 조건을 아래와 같이 구할 수 있다. 즉

$$\boxed{B_{1n} = B_{2n}} \tag{5-95}$$

B의 법선성분은 경계면을 사이에 두고 서로 연속이다. 구조식 $\mathbf{B} = \mu\mathbf{H}$를 식 (5-95)에 대입하면

$$\mu_1 H_{1n} = \mu_2 H_{2n} \tag{5-96}$$

H의 법선성분은 경계면을 사이에 두고 불연속이다.

Example 5-13

자유공간과 철($\mu = 1000\mu_o$) 사이의 경계면에서 $\mathbf{B}_1$이 경계면에 수직인 벡터와 $\theta_1 = 1.0°$의 각을 이룬다. 다음을 구하라.

(a) 철에서의 $\mathbf{B}_2$의 방향

(b) 비 B_2/B_1

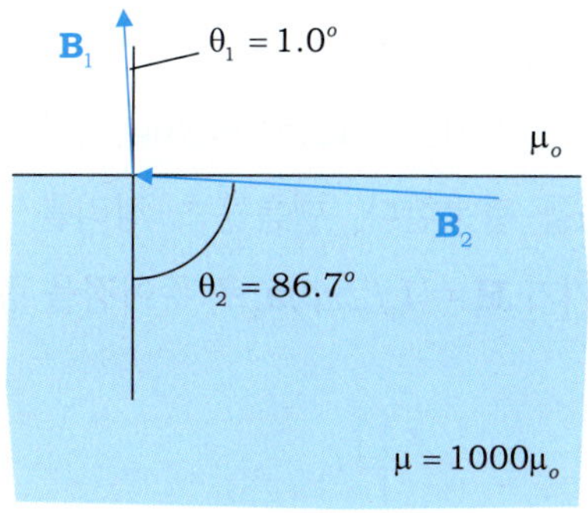

그림 5-25 자유공간과 철($\mu = 1000\mu_o$) 사이의 경계면

Solution

(a) **H**와 **B**에 대한 경계면 조건으로부터

$$\frac{1}{\mu}B_{2t} = \frac{1}{\mu_o}B_1 \sin(1^o) \quad (\textbf{H}\text{의 접선성분}) \tag{5-97a}$$

$$B_{2n} = B_1 \cos(1^o) \quad (\textbf{B}\text{의 법선 성분}) \tag{5-97b}$$

철 안에서

$$\tan\theta_2 = \frac{B_{2t}}{B_{2n}} = \frac{(\mu/\mu_o)B_1 \sin(1^o)}{B_1 \cos(1^o)} = 17.46$$

그러므로 $\theta_2 = 86.7^\circ$이다.

(b) 두 식 (5-97a)와 (5-97b)를 결합하면

$$B_2 = \sqrt{(B_{2t})^2 + (B_{2n})^2} = B_1\sqrt{(1000\mu_o/\mu_o)^2 \sin^2(1^o) + \cos^2(1^o)}$$

그러므로 $B_2/B_1 = 17.5$이다.

Example 5-14

전류 I_o이 흐르는 긴 필라멘트가 [그림 5-26]에서와 같이 반지름이 a인 부도체 구($\mu = \mu_o \mu_r$, $\sigma = 0$)를 관통한다. 헬름홀츠 정리를 이용해 원통좌표계의 영역 $\rho > 0$에서 자기장세기가 $\mathbf{H} = (I_o/2\pi\rho)\mathbf{a}_\phi$로 주어짐을 증명하라.

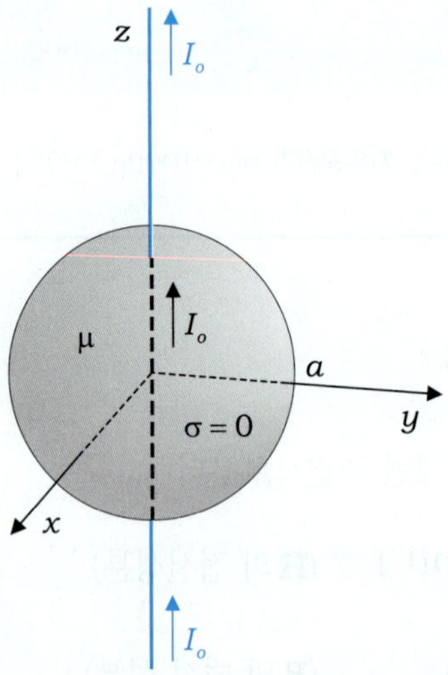

그림 5-26 전류 I_o의 필라멘트가 부도체 구를 관통함

Solution

주어진 $\mathbf{H}$는 구의 안과 밖에서 암페어 법칙을 만족한다. 주어진 $\mathbf{H}$는 구 표면에 접하고 따라서 경계면(구 표면)을 사이에 두고 연속이므로 경계면 조건을 만족시킨다. 또한 주어진 $\mathbf{H}$는 영역 $\rho > 0$에서 $\nabla \times \mathbf{H} = 0$과 $\nabla \cdot \mathbf{B} = 0$을 만족시키고 무한대에서 0이다. 따라서 주어진 $\mathbf{H}$는 헬름홀츠 정리에 따라 유일해이다.

만약 부도체가 육면체로 주어지면, 문제에서 주어진 $\mathbf{H}$는 해가 될 수 없는데 그 이유는 주어진 $\mathbf{H}$가 육면체 표면에서 경계면 조건을 만족시키지 못하기 때문이다.

Exercise 5.15

두 유전체(μ_1, μ_2) 사이의 경계면에서, θ_1과 θ_2 사이의 관계식을 μ_1과 μ_2를 이용해 표시하라([그림 5-25] 참조).

Ans $\tan\theta_1/\tan\theta_2 = \mu_1/\mu_2$

Exercise 5.16

어떤 경계면 조건이 자속보존법칙과 연관이 있는가?

Ans $B_{1n} = B_{2n}$

Review Questions with Hints

RQ 5.37 표면전류가 없는 경계면에서의 **B**와 **H**의 경계면 조건을 서술하라. [(5-93)-(5-96)]

RQ 5.38 표면전류가 존재하는 경계면에서 자속은 보존되는가? [(5-95)]

RQ 5.39 표면전류가 존재하지 않는 경계면에서 자기장선은 항상 구부러지는가? [(5-94)(5-95)]

5.8 인덕터 및 유도용량(INDUCTOR AND INDUCTANCE)

정자기학에서의 인덕터(inductor)는 정전기학에서의 축전기(capacitor)와 유사하다. 축전기가 전기장에 에너지를 축적하는 것처럼 하나의 인덕터는 자기장에 에너지를 축적할 수 있다. 일반적인 인덕터는 도선을 여러 번 감아서 만들므로, 한번 감긴 도선은 가장 간단한 인덕터이다. 자기장선들이 전류가 흐르고 있는 하나의 루프에 의해 발생되었다면 그들은 반드시 루프 면을 통과하여 그 루프를 둘러싸는 닫힌 곡선을 형성한다.

정전용량(capacitance)이 도체에 축적된 전하와 두 도체 사이의 전위차 사이의 비로 주어지는 것처럼 유도용량(inductance)은 전류루프에 걸리는 자속과 루프에 흐르는 전류 사이의 비로 정의된다.

[그림 5-27]에서 보듯이 전류 I_1이 흐르는 하나의 닫힌루프 C_1과 그것에 인접한 또 하나의 닫힌루프 C_2를 가정하자. 루프 C_1의 전류 I_1이 자속밀도 $\mathbf{B}_1$을 발생시키면 그 자속의 일부가 루프 C_2의 면 S_2를 통과한다. 상호자속(mutual flux) Φ_{12}는 전류 I_1에 의해 발생되어 루프 C_2에 걸리는 자속을 의미한다. 즉

$$\Phi_{12} = \int_{S_2} \mathbf{B}_1 \cdot d\mathbf{s} \tag{5-98}$$

만약 C_2에 도선이 N_2번 감겨 있다면 연계자속(magnetic flux linkage) Λ_{12}는 아래와 같이 주어진다.

$$\Lambda_{12} = N_2 \Phi_{12} \tag{5-99}$$

여기서 Φ_{12}는 루프 C_2의 한번 감긴 도선에 걸리는 자속을 의미한다. 이 책에서 첨자 '12'는 그 무언가 "1에서 2로"를 의미하고, 첨자 '1-2' 는 그 무언가 "2에서 1로"를 의미한다.

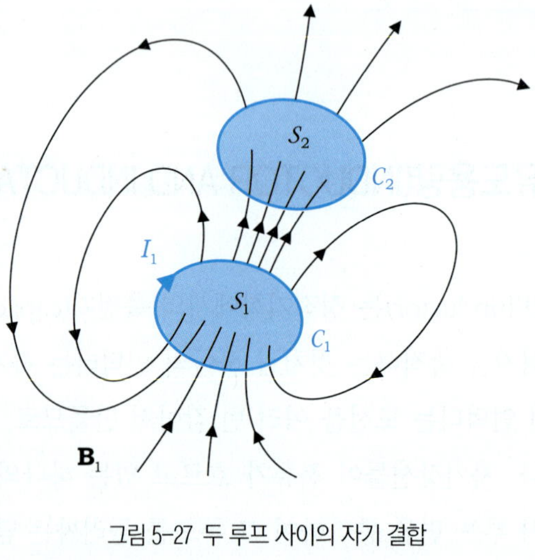

그림 5-27 두 루프 사이의 자기 결합

[그림 5-28]을 참조하여 루프 C_2의 연계자속(flux linkage)은 C_2에 둘러싸인 면을 통과하는 총 자속이라는 것을 증명할 수 있다. 루프 C_2가 두 번 감겨 있고, 각각은 [그림 5-28]에서처럼 면 Σ_1과 면 Σ_2를 둘러싸고 있다고 가정하자. 만약 루프 C_2를 풀어서 하나의 큰 루프로 만들면 C_2에 둘러싸인 총면적은 $S=\Sigma_1+\Sigma_2$로 주어지고, 또한 동일한 값의 자속 Φ_{12}가 면 S를 두 번 똑같은 방향으로 통과한다는 것을 알 수 있다. 그러므로 C_2의 연계자속은 $2\Phi_{12}$가 된다. 이들을 바탕으로 연계자속은 한번 감긴 도선의 자속과 도선의 감김 수 사이의 곱이라는 것을 알 수 있다.

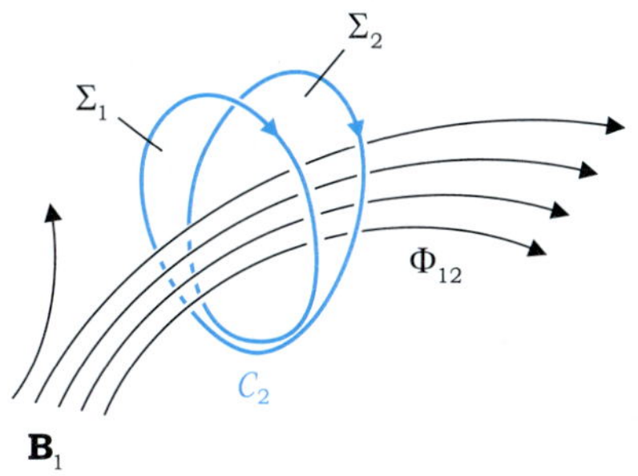

그림 5-28 두 번 감긴 도선의 연계자속

2개의 서로 인접한 루프 C_1과 C_2는 [그림 5-27]에서처럼 상호자속에 의해 자기적으로 결합되어 있다. 이러한 자기결합을 설명하기 위해 루프 C_1과 C_2 사이에 상호유도용량(mutual inductance)을 아래와 같이 정의한다.

$$\boxed{M_{12}=\frac{\Lambda_{12}}{I_1}=\frac{N_2}{I_1}\int_{S_2}\mathbf{B}_1\cdot d\mathbf{s}} \qquad [\mathrm{H}] \tag{5-100}$$

여기서 N_2는 루프 C_2의 감김 수이고, S_2는 루프 C_2의 한번 감긴 도선에 둘러싸인 면을 나타내고, $\mathbf{B}_1$은 루프 C_1에 흐르는 전류 I_1에 의해 발생된 자속밀도이다. 상호유도용량은 헨리(henrys[H])의 단위로 표시되는데, 자기화벡터 $\mathbf{M}$과 혼동하지 말아야 한다. 단순매질에서 투자율 μ는 상수이고 $\mathbf{B}$의 크기 및 방향에 독립인데, 암페어 법칙 $\nabla\times(\mathbf{B}/\mu)=\mathbf{J}$에 의하면 $\mathbf{B}_1$은 C_1에 흐르는 전류 I_1에 비례한다. 이런 이유로 식 (5-100)에 주어진 상호유도용량은 전류 I_1에 독립이다.

마찬가지로 상호유도용량 M_{21}은 C_1의 연계자속과 C_2의 전류 I_2 사이의 비로 정의된다. 선형매질에서 투자율 μ는 $\mathbf{B}$의 크기에 독립인데, 이 경우 아래의 관계식을 얻을 수 있다.

$$\boxed{M_{12} = M_{21}} \quad [\text{H}] \tag{5-101}$$

이 식은 5-5절의 상호에너지 개념을 이용하면 쉽게 증명된다.

자속이 루프 C_1의 전류 I_1에 의해 발생되면, 그것은 자신의 루프에 연계될 수 있다. 이러한 자속을 연계자속 Λ_{11}로 표기한다. 루프 C_1의 자기유도용량(self-inductance) 혹은 유도용량(inductance)은 C_1의 연계자속과 C_1의 전류 I_1 사이의 비로 정의된다. 즉

$$\boxed{L_1 = \frac{\Lambda_{11}}{I_1} = \frac{N_1}{I_1}\int_{S_1} \mathbf{B}_1 \cdot d\mathbf{s}} \quad [\text{H}] \tag{5-102}$$

여기서 N_1은 C_1의 감김 수이고, S_1은 C_1의 한번 감긴 도선에 둘러싸인 면을 의미한다. 유도용량은 헨리(henrys[H])의 단위로 표시된다. 비록 유도용량이 전류에 무관하지만 그것은 도체의 형상 및 도체 주위 물체의 투자율에 따라 매우 다른 값을 갖는다.

주어진 인덕터의 유도용량은 아래의 절차에 따라 그 값을 계산할 수 있다.

1. 도체에 전류 I가 흐른다고 가정한다.
2. 대칭성을 고려하여 좌표계를 선정한다.
3. 비오-사바르 혹은 암페어 법칙을 이용해 I로부터 $\mathbf{B}$를 계산한다.
4. 연계자속 $\Lambda = N\Phi = N\int \mathbf{B} \cdot d\mathbf{s}$를 계산한다.
5. 비 $L = \Lambda / I$로부터 L을 구한다.

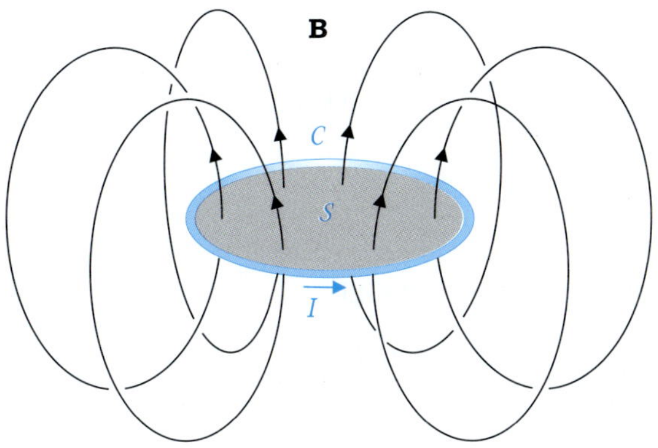

그림 5-29 유도용량은 연계자속과 전류 사이의 비다.

Example 5-15

[그림 5-30]에 주어진, 자유공간에 놓인 매우 긴 도선과 직사각형 루프 사이의 상호유도용량을 구하라.

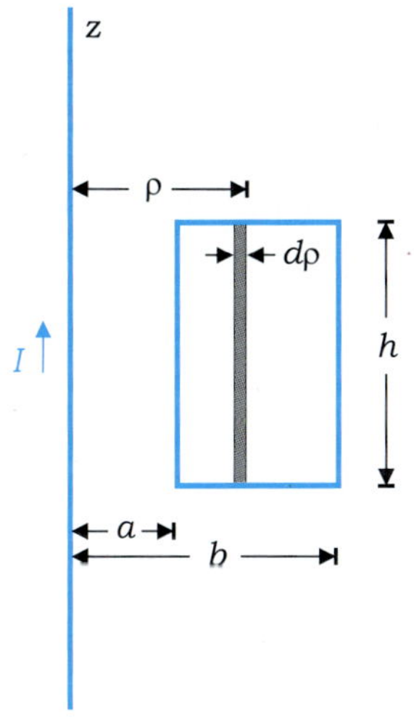

그림 5-30 매우 긴 도선과 직사각형 루프

Solution

직선 도선에 전류 I를 가정하면, 이때 발생되는 자속밀도는 아래와 같다.

$$\mathbf{B}_1 = \frac{\mu_o I}{2\pi\rho}\mathbf{a}_\phi$$

직사각형 루프의 연계자속을 구한다.

$$\Lambda_{12} = \Phi_{12} = \int_{S_2} \mathbf{B}_1 \cdot d\mathbf{s} = \int_{\rho=a}^{\rho=b} \frac{\mu_o I}{2\pi\rho}\mathbf{a}_\phi \cdot \left(hd\rho\, \mathbf{a}_\phi\right)$$
$$= \frac{\mu_o Ih}{2\pi}\ln\frac{b}{a}$$

윗식에서 미분면적 벡터 $d\mathbf{s}$는 폭 $d\rho$의 매우 좁은 띠에 직각이고(종이 평면에 직각), $\mathbf{B}_1$에 평행이다.

그러므로 상호유도용량은

$$M_{12} = \frac{\Lambda_{12}}{I} = \frac{\mu_o h}{2\pi}\ln\frac{b}{a} \quad \text{[H]} \tag{5-103}$$

직사각형 루프에 전류 I를 가정하고 직선 도선에 연계된 자속을 구하여 상호유도용량을 구하는 것은 쉽지 않다. 그러나 이렇게 구한 상호유도용량은 식 (5-103)과 동일하여야 한다. 그 이유는 자유공간이 선형매질이기 때문이다.

Example 5-16

공기를 심(core)으로 하고 반지름이 a인 매우 긴 솔레노이드에 단위 길이당 도선이 N번 매우 촘촘히 감겨 있다. 단위 길이당 유도용량을 구하라.

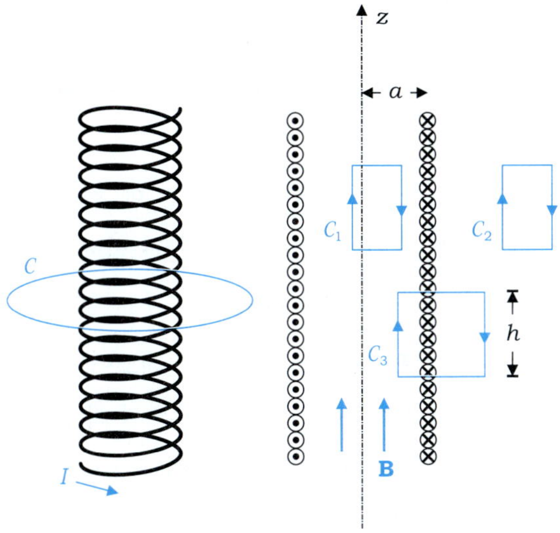

그림 5-31 매우 긴 솔레노이드

Solution

솔레노이드의 대칭성에 대해 알아보자.

(1) 주어진 솔레노이드는 원통대칭(z-축을 중심으로 돌려도 변화가 없음), z-방향으로의 병진대칭(z-방향으로 옮겨도 변화가 없음)을 가지고 있다. 따라서 $\mathbf{B}$는 일단 $\mathbf{B} = B_\rho(\rho)\mathbf{a}_\rho + B_\phi(\rho)\mathbf{a}_\phi + B_z(\rho)\mathbf{a}_z$의 모양으로 예상된다.

(2) 솔레노이드의 위아래를 뒤집어도, 혹은 x-축을 중심으로 180° 돌려도 모양에 변화가 없고 단지 전류방향이 뒤바뀌는 것처럼 보인다. 만약 원래의 솔레노이드에서 전류 방향을 바꾸면 발생되는 $\mathbf{B}$는 모든 지점에서 방향이 바뀌어야 한다. 그러나 벡터성분 $B_\rho\mathbf{a}_\rho$는 위아래를 뒤집어도 그 방향이 변치 않는다. 따라서 솔레노이드의 $\mathbf{B}$는 ρ-성분을 가질 수 없다. 즉 $\mathbf{B} = B_\phi(\rho)\mathbf{a}_\phi + B_z(\rho)\mathbf{a}_z$이다.

(3) 이상적인 솔레노이드에서 전류는 오직 $\mathbf{a}_\phi$-방향으로 흐른다. 따라서 [그림 5-31]의 루프 C를 통과하여 흐르는 전류는 0이다. 암페어 법칙을 루프 C에 적용하면 아래의 식을 얻을 수 있다.

$$\oint_C (\mathbf{B} / \mu_o) \cdot d\mathbf{l} = \int_{\phi=0}^{2\pi} (B_\phi(\rho) / \mu_o)\, \mathbf{a}_\phi \cdot (\rho d\phi\, \mathbf{a}_\phi) = 0$$

이 식의 해는 $B_\phi = 0$으로 주어지므로 솔레노이드의 $\mathbf{B}$는 $\mathbf{B} = B_z(\rho)\mathbf{a}_z$의 형태로 주어져야 한다.

암페어 법칙을 [그림 5-31]의 루프 C_1과 C_2에 적용하고, 자속밀도를 $\mathbf{B} = B_z(\rho)\mathbf{a}_z$로 가정하면, $\mathbf{B}$가 솔레노이드의 안과 밖에서 모두 상수로 주어져야 한다는 것을 알 수 있다. 즉 $\boxed{\mathbf{B} = B_z \mathbf{a}_z}$

그 다음, 무한대에서 $\mathbf{B} = 0$이고 따라서 솔레노이드 바깥에서 $\mathbf{B} = 0$이라는 것을 증명한다. 우선 솔레노이드를 매우 많은 수의 동일한 원형 루프들을 수직으로 쌓아놓은 것으로 가정한다. 하나의 루프에 흐르는 전류에 의한 자기장세기는 거리에 따라 $1/R^3$으로, 혹은 원통좌표계에서 $1/(z^2+\rho^2)^{3/2}$으로 주어진다(식 (5-65) 참조). 이들을 고려하면, 먼 거리에서의 자기장세기는 $B \sim \int (z^2 + \rho^2)^{-3/2} dz \sim 1/\rho^2$로 대략 주어진다는 것을 알 수 있는데, 무한대에서 그 값은 0이다. 따라서 솔레노이드 바깥에서 $\mathbf{B} = 0$이다.

암페어 법칙을 [그림 5-31]의 루프 C_3에 적용하면

$$hH_z = NIh$$

그러므로 솔레노이드 내부에서

$$\mathbf{H} = NI\, \mathbf{a}_z \tag{5-104a}$$

$$\mathbf{B} = \mu_o NI\, \mathbf{a}_z \tag{5-104b}$$

솔레노이드의 단면을 통과하는 자속은 아래와 같이 계산할 수 있다.

$$\Phi = B\pi a^2 = \mu_o NI\pi a^2$$

따라서 단위 길이당 연계자속은 아래와 같다.

$$\Lambda = N\Phi = \mu_o N^2 I \pi a^2$$

그러므로 단위 길이당 유도용량은 아래와 같이 얻어진다.

$$L = \frac{\Lambda}{I} = \mu_o N^2 \pi a^2 \qquad [\mathrm{H/m}] \tag{5-105}$$

Example 5-17

매우 긴 동축케이블이 반지름이 a인 안쪽 도체와 반지름이 b이고 두께가 무시되는 도체 원통면으로 이루어져 있다([그림 5-32] 참조). 전류 I가 안쪽 도체에서 균일하게 흐르고 이것이 균일한 표면전류로 바뀌어 바깥쪽 도체를 통해 되돌아간다. 케이블의 단위 길이당 유도용량을 구하라.

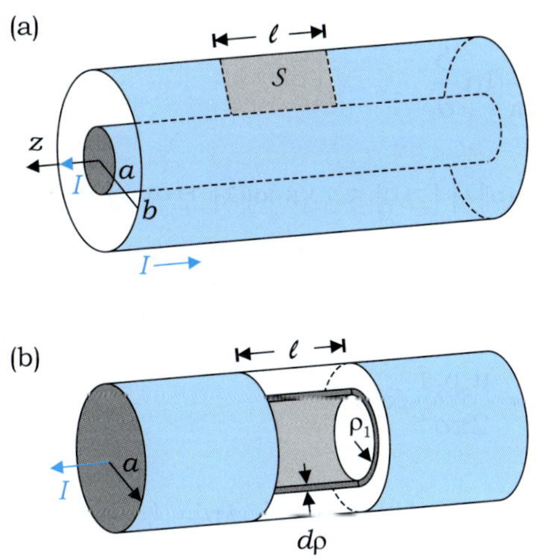

그림 5-32 동축케이블(바깥쪽 도체의 두께는 무시됨)

Solution

대칭성을 고려하면 $\mathbf{B} = B_\phi(\rho)\mathbf{a}_\phi$ 형태의 자속밀도를 예상할 수 있다. 암페어 법칙을 이용해 다음을 얻을 수 있다.

$$\mathbf{B} = 0 \qquad (\rho > b) \tag{5-106a}$$

$$\mathbf{B} = \frac{\mu_o I}{2\pi\rho}\mathbf{a}_\phi \qquad (a < \rho < b) \tag{5-106b}$$

$$\mathbf{B} = \frac{\mu_o \rho I}{2\pi a^2}\mathbf{a}_\phi \qquad (0 \le \rho \le a) \tag{5-106c}$$

(1) 영역 $a < \rho < b$에서 [그림 5-32(a)] 에 보인 면 S를 통과하는 자속은 아래와 같다.

$$\Phi = \int_S \mathbf{B} \cdot d\mathbf{s} = \int_{\rho=a}^{\rho=b} \frac{\mu_o I}{2\pi\rho}\ell d\rho = \frac{\mu_o I\ell}{2\pi}\ln\frac{b}{a}$$

단위 길이당 안쪽 도체에 연계된 자속은 다음과 같다.

$$\Lambda_1 = \frac{\Phi}{\ell} = \frac{\mu_o I}{2\pi}\ln\frac{b}{a} \tag{5-107}$$

(2) 영역 $0 \le \rho \le a$에서 [그림 5-32(b)]에서 보인 것처럼 반지름 ρ_1, 두께 $d\rho$, 길이 l 인 원통 껍질(cylindrical shell)을 검토한다. 식 (5-106c)를 이용해 이 원통 껍질 안에 있는 자속을 계산하면 다음과 같다.

$$d\Phi = B_\phi \ell d\rho = \frac{\mu_o \rho_1 I}{2\pi a^2}\ell d\rho \tag{5-108}$$

여기서 주목할 것은, 식 (5-108)의 $d\Phi$는 부분적인 전류 $I_1 = \rho_1^2 I/a^2$에 의해 발생된 것이다(전체 전류 I가 아님). 이 전류는 원통 껍질에 둘러싸인 전류이다. 케이블의 단위 길이당 미분연계자속은 $d\Phi / \ell$과 I_1/I 사이의 곱으로 주어진다. 즉

$$d\Lambda = \frac{d\Phi}{\ell}\frac{\rho_1^2}{a^2} = \frac{\mu_o \rho_1^3 I}{2\pi a^4}d\rho$$

안쪽 도체의 총 연계자속은 단위 길이당 다음과 같다.

$$\Lambda_2 = \int d\Lambda = \int_{\rho=0}^{\rho=a} \frac{\mu_o \rho^3 I}{2\pi a^4} d\rho = \frac{\mu_o I}{8\pi} \tag{5-109}$$

위의 식에서 일반화를 위해 ρ의 첨자 1이 생략되었다.

단위 길이당 동축케이블의 총 연계자속은 Λ_1과 Λ_2의 합으로 주어진다. 그러므로 동축케이블 단위 길이당 유도용량은 아래와 같다.

$$L = \frac{\Lambda_1 + \Lambda_2}{I} = \frac{\mu_o}{2\pi} \ln\frac{b}{a} + \frac{\mu_o}{8\pi} \quad [\text{H/m}] \tag{5-110}$$
$$\equiv L_{ex} + L_{in}$$

식 (5-110)에서 L_{ex}는 외부유도용량(external inductance)이고, L_{in}은 내부유도용량(internal inductance)이다.

Example 5-18

동일한 반지름 a의 두 원통 도체가 서로 평행이고 자유공간에서 축 사이 거리 $b(b >> a)$로 서로 떨어져 있다. [그림 5-33] 처럼 두 도체에 균일한 전류가 서로 반대방향으로 흐른다. 두 도체의 단위 길이당 외부 및 내부유도용량을 구하라.

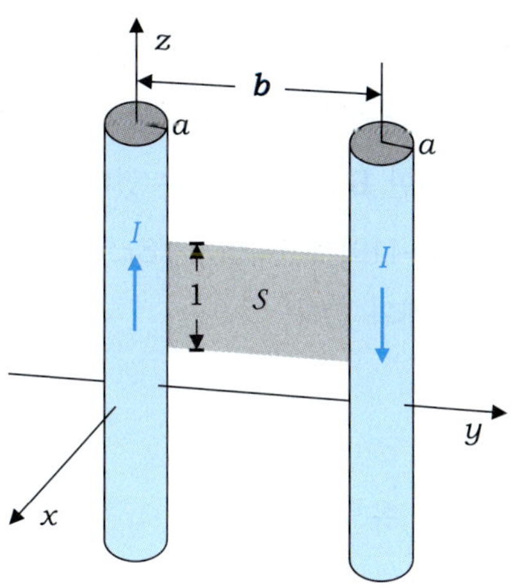

그림 5-33 두 원통 도체에 균일하고 서로 반대방향인 전류가 흐른다.

Solution

yz-평면의 영역 $a<y<(b-a)$에서 왼쪽 도체에 의한 $\mathbf{B}$를 암페어 법칙을 이용해 아래와 같이 구한다.

$$\mathbf{B}_1 = -\frac{\mu_o I}{2\pi y}\mathbf{a}_x$$

동일한 영역에서 오른쪽 도체에 의한 $\mathbf{B}$는 아래와 같이 얻어진다.

$$\mathbf{B}_2 = -\frac{\mu_o I}{2\pi(b-y)}\mathbf{a}_x$$

$b>>a$ 조건에서, 단위 길이당 두 도체의 연계자속은 $\mathbf{B}_1+\mathbf{B}_2$를 [그림 5-33]에서 보인 면 S 위에서 면적분하여 구한다.

$$\Lambda_{ex} = \int_S (\mathbf{B}_1 + \mathbf{B}_2)\cdot d\mathbf{s} = \frac{\mu_o I}{2\pi}\int_{y=a}^{y=b-a}\left[\frac{1}{y} + \frac{1}{b-y}\right]dy$$
$$= \frac{\mu_o I}{\pi}\ln\left(\frac{b-a}{a}\right) \cong \frac{\mu_o I}{\pi}\ln\frac{b}{a}$$

단위 길이당 외부유도용량은 다음과 같다.

$$L_{ex} = \frac{\Lambda_{ex}}{I} = \frac{\mu_o}{\pi}\ln\frac{b}{a} \tag{5-111}$$

왼쪽 도체의 내부에 두 종류의 $\mathbf{B}$가 존재한다. 하나는 그 내부전류 I에 의해 발생된 것이고 다른 하나는 오른쪽 도체의 전류에 의해 발생된 것이다. $b>>a$ 조건에서 오른쪽 도체에 의한 $\mathbf{B}$는 무시될 수 있다. 따라서 왼쪽 도체의 내부유도용량은 단위 길이당 식 (5-110)에서처럼 $\mu_o/8\pi$이다. 그러므로 두 도체의 단위 길이당 내부유도용량은 아래와 같다.

$$L_{in} = \frac{\mu_o}{4\pi} \quad [\text{H/m}] \tag{5-112}$$

두 도체의 단위 길이당 총 유도용량은

$$L = L_{ex} + L_{in} = \frac{\mu_o}{\pi}\left[\ln\frac{b}{a} + \frac{1}{4}\right] \quad [\text{H/m}] \tag{5-113}$$

Exercise 5.17

[그림 5-32]의 동축케이블이 투자율 μ_1의 도체와 투자율 μ_2의 절연체로 만들어졌다. 단위 길이당 외부 및 내부유도용량은?

Ans $L_{ex} = \frac{\mu_2}{2\pi}\ln\frac{b}{a}$ [H/m], $L_{in} = \frac{\mu_1}{8\pi}$

Exercise 5.18

[그림 5-10]의 토로이드 코일의 평균 반지름이 $\rho_o = (a+b)/2 >> (b-a)$ 이어서 내부의 $\mathbf{B}$가 상수로 근사화 된다. 유도용량을 구하라.

Ans $L = \frac{\mu_o N^2 (b-a)^2}{4(a+b)}$ [H]

Exercise 5.19

루프 C_1에서 첫째 감김이 다른 감김 위에 올려져 있고, 또 다른 루프 C_2에서는 두 감김이 서로 직각으로 주어진다. 두 루프의 반지름이 같은 경우 두 루프의 유도용량을 비교하라.

Ans $L_1 > L_2$

Exercise 5.20

z-축을 따라 놓여 있는 직선 도선과 xy-평면에 놓여 있는 원형 루프 사이의 상호유도용량은?

Ans $M_{12} = 0$

Review Questions with Hints

RQ 5.40 연계자속의 의미는 무엇인가? [(5-99)]

RQ 5.41 상호유도용량과 자기유도용량을 정의하라. [(5-100)(5-102)]

RQ 5.42 동축케이블에서 내부유도용량과 외부유도용량을 구별하여 설명하라. [(5-110)]

5.9 자기에너지(MAGNETIC ENERGY)

전기 에너지밀도가 $w_e = \frac{1}{2}\varepsilon E^2$로 정의되는 것처럼 자기 에너지밀도는 $w_m = \frac{1}{2}\mu H^2$로 정의되는데, 이것이 이 절의 주제이다. 3장에서 w_e에 대한 표현식을 구하기 위해 하나의 전하분포를 가정하고 이것의 포텐셜에너지를, 각 전하를 무한대에서 공간상의 주어진 위치로 옮길 때 한 일의 양을 계산하여 구했다. 그러나 전류가 흐르는 시스템에 대한 자기에너지는 전기에너지를 구하는 방법으로 구할 수 없다. 그 이유는 전하와 같은 독립적인 원천이 자기장에는 없기 때문이다. 도선에 흐르는 전류가 자기장을 발생시킨다는 사실에 기초하여, 전류요소들을 무한대에서 공간상 주어진 위치로 옮기면서 한 일의 양을 계산하여 자기에너지를 구하기는 불가능하다.

이것을 증명하기 위해 평행인 두 도선에 전류가 서로 반대방향으로 흐르는 경우를 검토하자. 두 도선이 서로 가까이 되도록 하려면 도선에 작용하는 자기력을 거슬러서 일을 하여야 한다. 그러나 이때 두 도선 사이의 자기장이 증가하고 이것은 도선에 전압을 유도하여 자기장의 증가를 억제하는 방향으로 전류가 흐르도록 한다. 따라서 도선에 일정한 전류가 흐르게 하기 위해 전류원천이 추가로 일을 하여야 한다. 그리하여 자기장 에너지는 우리가 한 일 외에도 전류원천이 한 일도 포함되어 있다.

5.9.1 인덕터 내의 자기에너지(Magnetic Energy in an Inductor)

인덕터는 전도성 소자(conducting device)로 자기유도용량을 가지며 자기장에 에너지를 저장한다. 기초 회로이론으로부터 인덕터에 교류전류 $\mathscr{i}$가 흐르면 인덕터 양단에 전압이 식 $\mathscr{v} = Ld\mathscr{i}/dt$에 의해 주어진다는 것을 알고 있다. 지금부터 시간에 따라 변하는 양은 필기체 서체를 이용해 표시하기로 한다. 인덕터에 대한 $\mathscr{v}-\mathscr{i}$ 관계식은 6장에서 패러데이 법칙을 이용해 증명될 수 있으므로, 이 절에서는 단지 이 식을 이용해 자기에너지에 대한 관계식을 유도한다.

우선 유도용량 L을 가진 하나의 도체 루프를 검토해 보자. 이 루프에 흐르는 전류 $\mathscr{i}$를 0에서 일정한 값 I까지 증가시키면 그 전류는 루프의 연계자속을 발생시킬 뿐만 아니라 패러데이의 유도법칙에 의해 루프에 역전압 v를 발생시킨다. 전압과 전류의 곱 vi는 전류원천에 의해 제공된 전력(power)을 의미하고, 이것은 곧 시간당 자기장에 저장된 에너지이다. 그리하여 총 자기에너지는 아래와 같이 주어진다. 즉

$$W_m = \int vi\, dt = \int i\, L \frac{di}{dt} dt = L\int_{i=0}^{i=I} i\, di \tag{5-114}$$

식 (5-114)로부터 인덕터에 저장된 자기에너지는 아래와 같이 표시된다.

$$\boxed{W_m = \frac{1}{2}LI^2} \quad [\text{J}] \tag{5-115}$$

식 $L = \Lambda/I = N\Phi/I$를 식 (5-115)에 대입하면, 인덕터의 자기에너지는

$$\boxed{W_m = \frac{1}{2}\Lambda I = \frac{1}{2}NI\Phi} \quad [\text{J}] \tag{5-116}$$

여기서 I는 루프에 흐르는 정전류이고, N은 루프의 권선수(number of turns)이고, Φ는 한번 감긴 도선의 자속이고, Λ는 루프의 연계자속(magnetic flux linkage)이다.

그 다음, 전류가 각각 I_1과 I_2로 주어지는 인접한 두 루프 C_1과 C_2를 검토하자([그림 5-34] 참조). 이 경우 각 루프의 연계자속은 아래와 같이 표시된다.

$$\Lambda_1 = N_1\left(\Phi_{11} + \Phi_{21}\right) \tag{5-117a}$$

$$\Lambda_2 = N_2\left(\Phi_{12} + \Phi_{22}\right) \tag{5-117b}$$

여기서 N_1과 N_2는 각각 루프 C_1과 C_2의 권선수이다. 위 식에서 Φ_{12}는 루프 C_1의 전류 I_1에 의해 발생되어 루프 C_2에 연계된 자속이고, Φ_{21}은 루프 C_2의 전류 I_2에 의해 발생되어 루프 C_1에 연계된 자속이다. 또한 Φ_{11}(혹은 Φ_{22})은 루프 C_1(혹은 C_2)에 흐르는 전류 I_1(혹은 I_2)에 의해 발생되어 자신의 루프 C_1(혹은 C_2)에 연계된 자속을 의미한다. 식 (5-117)을 식 (5-116)에 대입하면, 두 루프에 저장된 자기에너지는 아래와 같다.

$$W_m = \frac{1}{2}(\Lambda_1 I_1 + \Lambda_2 I_2) = \frac{1}{2}N_1 I_1(\Phi_{11} + \Phi_{21}) + \frac{1}{2}N_2 I_2(\Phi_{12} + \Phi_{22})$$

다음의 관계식들, 즉 자기유도용량 $L_1 = N_1\Phi_{11}/I_1$, $L_2 = N_2\Phi_{22}/I_2$, 상호유도용량 $M_{12} = N_2\Phi_{12}/I_1$, $M_{21} = N_1\Phi_{21}/I_2$, 관계식 $M_{12} = M_{21}$을 이용하면 두 루프에 저장된 자기에너지를 아래와 같이 표시할 수 있다.

$$\boxed{W_m = \frac{1}{2}L_1 I_1^2 + \frac{1}{2}L_2 I_2^2 \pm M_{12} I_1 I_2} \qquad [\mathrm{J}] \tag{5-118}$$

플러스 부호는 두 전류 I_1과 I_2가 동일 방향으로 흐르는 경우에 사용하고, 마이너스 부호는 두 전류가 서로 반대방향으로 흐를 때 사용한다.

식 (5-118)의 오른쪽 항들의 물리적 의미를 찾기 위해 시간 $t = 0$에서 전류가 $i_1 = i_2 = 0$인 두 루프를 고려한다. 루프 C_1의 전류 i_1을 영으로 유지한 채 루프 C_2의 전류 i_2를 0에서 I_2까지 증가시킨다. 이때 루프 C_2에 연결된 전류원천이 한 일의 양은 식 (5-118)의 오른쪽 둘째 항으로 표시된다. $i_1 = 0$이므로 루프 C_1에서의 한 일의 양은 0이다. 그 다음 루프 C_2의 전류를 I_2로 유지한 채 루프 C_1의 전류 i_1을 0에서 I_1까지 증가시킨다. 이때 루프 C_1에 연결된 전류원천이 한 일의 양은 식 (5-118) 오른쪽의 첫째 항으로 표시된다. 그러나 이 경우 전류 i_1이 0에서 I_1로 증가할 때 상호자속 Φ_{12}가 시간에 따라 변하므로, 루프 C_2에 전압 v_{12}가 발생하여 루프 C_2의 전류를 줄여서 루프 C_2의 연계자속의 변화를 방지하려 한다. 루프 C_2의 전류를 I_2로 유지하기 위하여 루프 C_2에 연결된 전류원천은 추가적인 일을 하여야 한다. 그 추가적인 한 일의 양은 식 $v_{12} = M_{12} di_1/dt$를 이용해 아래와 같이 표시된다.

$$W_{12} = \int v_{12} I_2 dt = M_{12} I_2 \int_{i_1=0}^{i_1=I_1} di_1 = M_{12} I_1 I_2 \tag{5-119}$$

그리하여 식 (5-118) 오른쪽의 셋째 항은 식 (5-119)에 주어진 추가적인 한 일의 양이라는 것을 알 수 있다.

만약 I_1과 I_2가 서로 반대방향으로 흐른다면 상호자속 Φ_{12}는 C_2의 연계자속을 줄이게 된다. 이때 v_{12}는 C_2의 전류를 증가시키는 방향으로 발생되므로 추가적인 한 일의 양은 마이너스 값으로 주어진다($W_{12}<0$).

만약 W_m에 대한 계산을, 우선 C_1의 전류를 $i_1=0$으로 유지하고 전류 i_2를 0에서 I_2로 증가시키면서 수행하여도 식 (5-118)과 동일한 결과를 얻게 된다. 물론 이 경우 M_{12} 대신 M_{21}이 사용된다. 두 루프의 자기에너지는 어떤 전류를 시작으로 그 계산을 하는 지에 무관하다. 그러므로 식 (5-101)에 주어진 관계식 $M_{12}=M_{21}$은 증명된다.

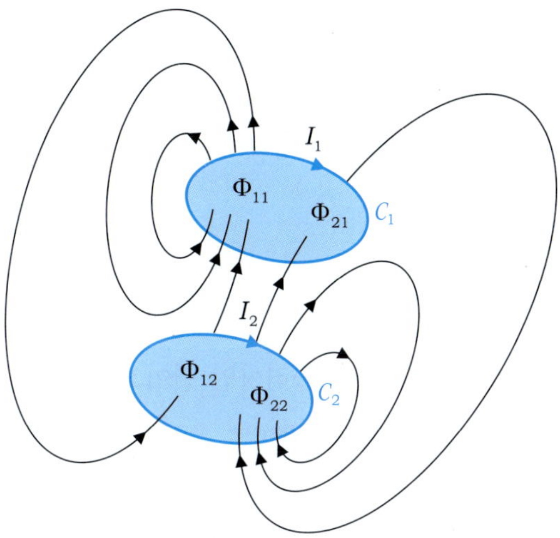

그림 5-34 인접한 두 루프에 같은 방향으로 전류가 흐름

5.9.2 정자기장의 에너지(Magnetic Energy in Terms of Magnetic Field)

3장에서 전기에너지가 **D**와 **E**로 표시된 것처럼 자기에너지도 **B**와 **H**로 표시되면 매우 유용하다. [그림 5-35]에서처럼 $z=0$ 평면에서 반시계방향으로 전류 I가 흐르고 있는 직사각형 루프를 검토하자. 이것을 루프 C'로 명명한다. 이 전류에 의해 발생되는 자기장선들은 당연히 C'에 둘러싸인 면 S'를 통과하여 닫힌 곡선 형태로 주어진다. C'가 단순매질로 둘러싸여 있는 가장 간단한 경우를 가정한다. [그림 5-35]의 또 다른 루프 C는 가상적인 닫힌 루프 형태로 자기장선들 중의 하나와 일치하며, 암페어길로 사용된다. 그리하여 암페어 법칙을 루프 C에 적용하면

$$\oint_C \mathbf{H} \cdot d\mathbf{l} = NI \tag{5-120}$$

여기서 N은 루프 C'의 감긴 도선의 수이고, $d\mathbf{l}$은 루프 C 위의 미분거리 벡터인데, 이것은 $\mathbf{H}$와 $\mathbf{B}$에 항상 평행이다. 왜냐하면 C는 자기장선 중의 하나이기 때문이다.

루프 C'의 전류 I에 의한 총 자속은 자속밀도 $\mathbf{B}'$의 면 S' 위에서의 면적분으로 주어진다. 즉

$$\Phi = \int_{S'} \mathbf{B}' \cdot d\mathbf{s}'$$

윗식을 식 (5-116)에 대입하면 루프 C'의 전류 I에 의한 자기에너지는 아래와 같다.

$$W_m = \frac{1}{2} NI \int_{S'} \mathbf{B}' \cdot d\mathbf{s}' \tag{5-121}$$

여기서 S'는 $z = 0$ 평면에서 루프 C'에 둘러싸인 면이고, $\mathbf{B}'$은 면 S' 위에서의 자속밀도이다. 식 (5-120)을 식 (5-121)에 대입하면

$$\begin{aligned} W_m &= \frac{1}{2}\left[\oint_C \mathbf{H} \cdot d\mathbf{l}\right]\left[\int_{S'} \mathbf{B}' \cdot d\mathbf{s}'\right] = \int_{S'} \frac{1}{2}\left[\oint_C (\mathbf{B}' \cdot d\mathbf{s}')\,\mathbf{H} \cdot d\mathbf{l}\right] \\ &\equiv \int_{S'} dW \end{aligned} \tag{5-122}$$

여기서 S'와 C, 따라서 $d\mathbf{s}'$와 $d\mathbf{l}$은 서로 독립이므로, 식 (5-122)의 선적분이 면적분 안으로 들어갈 수 있다. 위의 식에서 dW는 면적분의 안쪽을 표시하기 위해 사용된다. 그 다음 [그림 5-35]에서 보여주는 링을 검토하자. 이것은 미분면적 ds'를 통과하는 자기장선 다발에 의해 형성되었다. 자속보존법칙에 의해 아래와 같은 관계식이 성립한다는 것을 알 수 있다.

$$d\Phi = \mathbf{B}' \cdot d\mathbf{s}' = \mathbf{B} \cdot d\mathbf{s} \tag{5-123}$$

비록 $d\mathbf{s}'$는 S' 위에서 항상 z-축에 평행이지만 $d\mathbf{s}$의 크기와 방향은 링 안에서 위치에

대한 함수로 주어진다. 여기서 크기 $|d\mathbf{s}|$(혹은 ds)는 링의 단면적을 나타낸다. 크기 $|d\mathbf{s}'|$(혹은 ds')도 링의 단면이지만 이것은 면 S'(혹은 $z=0$ 평면) 위에서의 값을 의미한다. 식 (5-123)을 식 (5-122)에 대입하면

$$dW = \frac{1}{2}\left[\oint_C (\mathbf{B}\cdot d\mathbf{s})\,\mathbf{H}\cdot d\mathbf{l}\right]$$

벡터들 **H**, $d\mathbf{l}$, $d\mathbf{s}$가 모두 C에 접한다는 사실로부터 위의 식을 다음과 같이 표시할 수 있다.

$$dW = \frac{1}{2}\left[\oint_C (\mathbf{B}\cdot\mathbf{H})\,d\mathbf{s}\cdot d\mathbf{l}\right] = \oint_C \frac{1}{2}(\mathbf{B}\cdot\mathbf{H})\,ds\,dl \qquad (5\text{-}124)$$

윗식의 $ds\,dl$은 링 안의 미분체적을 나타내므로, 식 (5-124)의 오른쪽은 $\frac{1}{2}\mathbf{B}\cdot\mathbf{H}$를 링 체적에 대하여 적분한 값이다. 식 (5-122)와 (5-124)를 결합하면 총 자기에너지 W_m은 $\frac{1}{2}\mathbf{B}\cdot\mathbf{H}$를 자기장선이 분포하는 모든 공간에 대해 체적적분한 것과 같다. 즉

$$\boxed{W_m = \frac{1}{2}\int_v \mathbf{B}\cdot\mathbf{H}\,dv} \quad [\text{J}] \qquad (5\text{-}125)$$

단순매질에서 μ는 상수이고 **B**에 독립이므로 식 (5-125)를 아래와 같이 쓸 수 있다.

$$\boxed{W_m = \frac{\mu}{2}\int_v H^2 dv = \frac{1}{2\mu}\int_v B^2 dv} \quad [\text{J}] \qquad (5\text{-}126)$$

식 (5-126)을 참고로 자기 에너지밀도를 $\frac{1}{2}\mathbf{B}\cdot\mathbf{H}$로 정의할 수 있는데 이것은 단위 부피당 에너지를 의미한다.

위의 식으로부터 하나의 전도성 소자의 자기에너지가 구해지면 그 소자의 유도용량은 식 (5-115)로부터 구할 수 있다. 즉

$$\boxed{L = \frac{2W_m}{I^2}} \quad [\text{J}] \qquad (5\text{-}127)$$

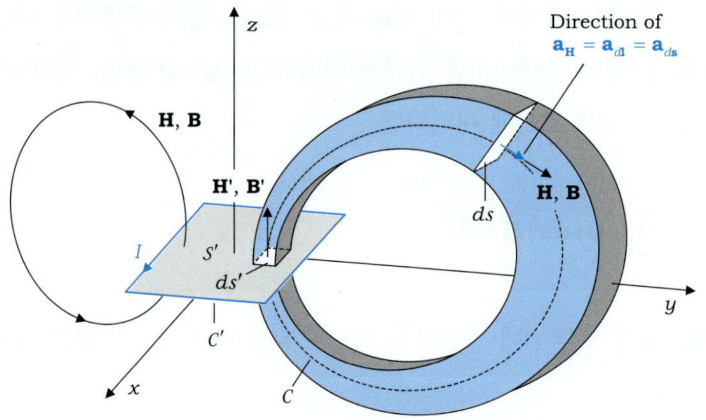

그림 5-35 자기장선 다발이 만드는 링

Example 5-19

[그림 5-32]의 동축케이블을 참고하여, 단위 길이당 유도용량을 케이블에 저장된 자기에너지를 이용해 구하라.

Solution

영역 $a<\rho<b$에서 식 (5-106b)를 식 (5-126)에 대입하여 자기에너지를 구한다.

$$W_{m1} = \frac{1}{2\mu_o}\int_{\phi=0}^{\phi=2\pi}\int_{\rho=a}^{\rho=b}\left[\frac{\mu_o I}{2\pi\rho}\right]^2 \rho d\rho d\phi = \frac{\mu_o I^2}{4\pi}\ln\frac{b}{a} \tag{5-128a}$$

영역 $0\le\rho\le a$에서 식 (5-106c)를 식 (5-126)에 대입하여 자기에너지를 구한다.

$$W_{m2} = \frac{1}{2\mu_o}\int_{\phi=0}^{\phi=2\pi}\int_{\rho=0}^{\rho=a}\left[\frac{\mu_o \rho I}{2\pi a^2}\right]^2 \rho d\rho d\phi = \frac{\mu_o I^2}{16\pi} \tag{5-128b}$$

식 (5-128)을 식 (5-127)에 대입하여 단위 길이당 유도용량을 아래와 같이 구한다.

$$L = \frac{2}{I^2}\left(W_{m1}+W_{m2}\right) = \frac{\mu_o}{2\pi}\ln\frac{b}{a} + \frac{\mu_o}{8\pi} \qquad [\mathrm{H/m}] \tag{5-129}$$

이 결과는 이전의 식 (5-110)과 동일하다.

Example 5-20

[그림 5-32]의 동축케이블에 흐르는 전류 I[A]가 안쪽 도체에서 비균일하여, 원통좌표계에서 전류밀도 $\mathbf{J} = 2I\rho^2/(\pi a^4)\mathbf{a}_z[\mathrm{A/m^2}]$로 표시된다. 단위 길이당 내부유도용량을 다음의 방법으로 구하라.

(a) 연계자속

(b) 자기에너지

Solution

영역 $0 \le \rho \le a$에서 암페어 법칙을 반지름이 $\rho(0 \le \rho_1 \le a)$인 암페어 적분길에 적용하면

$$2\pi\rho_1 H_\phi = \int_{\phi=0}^{\phi=2\pi}\int_{\rho=0}^{\rho=\rho_1} \frac{2I\rho^2}{\pi a^4}\rho d\rho d\phi = I\frac{\rho_1^4}{a^4}$$

일반화를 위해 ρ의 첨자 1을 제거하면

$$H_\phi = \frac{\rho^3 I}{2\pi a^4} \tag{5-130}$$

(a) [그림 5-32(b)]에서처럼 반지름 ρ_1, 두께 $d\rho$, 길이 1인 원통껍질 안에 들어 있는 자속을 계산하면 아래와 같다.

$$d\Phi - \mu_o I I_\phi \ell d\rho - \frac{\mu_o \rho_1^3 I}{2\pi a^4}\ell d\rho$$

위의 미분자속 $d\Phi$는 반지름 ρ_1의 원통에 둘러싸인 부분적인 전류 I_1에 의해 발생한다. 부분전류 I_1을 구하기 위하여 $\mathbf{J}$를 안쪽 도체의 단면에 놓인 반지름이 ρ_1인 원반 위에서 적분한다.

$$I_1 = I\frac{\rho_1^4}{a^4}$$

그리하여 원통껍질에 흐르는 전류의 단위 길이당 연계자속은 $d\Phi / \ell$과 I_1/I의 곱으로 주어진다. 즉

$$d\Lambda = \frac{d\Phi}{\ell}\frac{I_1}{I} = \frac{\mu_o \rho_1^7 I}{2\pi a^8} d\rho$$

그러므로 안쪽 도체의 단위 길이당 총 연계자속은 아래와 같이 계산된다.

$$\Lambda = \int d\Lambda = \int_{\rho=0}^{\rho=a} \frac{\mu_o \rho^7 I}{2\pi a^8} d\rho = \frac{\mu_o I}{16\pi}$$

따라서 단위 길이당 내부유도용량은 아래와 같다.

$$L = \frac{\Lambda}{I} = \frac{\mu_o}{16\pi} \quad [\mathrm{H/m}] \tag{5-131}$$

(b) 식 (5-130)을 식 (5-126)에 대입하여 안쪽 도체의 단위 길이당 자기에너지를 아래와 같이 구한다.

$$W_m = \frac{\mu_o}{2}\int_{\phi=0}^{\phi=2\pi}\int_{\rho=0}^{\rho=a} H^2 \rho d\rho d\phi = \frac{\mu_o}{2} 2\pi \left(\frac{I}{2\pi a^4}\right)^2 \int_{\rho=0}^{\rho=a} \rho^7 d\rho$$

$$= \frac{\mu_o I^2}{32\pi} [\mathrm{J/m}]$$

따라서 단위 길이당 내부유도용량은

$$L = \frac{2W_m}{I^2} = \frac{\mu_o}{16\pi} [\mathrm{H/m}] \tag{5-132}$$

이 결과는 파트 (a)의 결과와 동일하다.

Exercise 5.21

동일한 반지름의 공기 심에 동일한 권선수를 가진 두 솔레노이드의 길이가 각각 ℓ과 2ℓ로 주어진다. 이들에 저장된 자기에너지 사이의 비를 구하라.

Ans $W_m^{\ell} / W_m^{2\ell} = 2$

Review Questions with Hints

RQ 5.43 유도용량을 이용해 자기에너지를 표시하라. [(5-115)]

RQ 5.44 연계자속을 이용해 자기에너지를 표시하라. [(5-116)]

RQ 5.45 자기에너지를 자기장을 이용해 표시하라. [(5-125)]

RQ 5.46 인접한 두 루프에 저장된 자기에너지 표현식을 서술하라. [(5-118)]

5.10 자기력 및 회전력(MAGNETIC FORCE AND TORQUE)

로렌츠 힘에 의하면 자속밀도 $\mathbf{B}$에서 속도 $\mathbf{v}$로 움직이는 전하 q에 $\mathbf{F}_m = q\mathbf{v}\times\mathbf{B}$의 자기력이 작용한다. 전류가 흐르는 도선은 필연적으로 자유전자의 움직임이 동반되므로 도선이 비록 자속밀도 안에서 정지해 있더라도 그 도선에 자기력이 작용한다.

5.10.1 도선에 작용하는 자기력 (Magnetic Force on a Current-Carrying Conductor)

균일한 단면 $S[\text{m}^2]$에 균일한 전자밀도 $n[\text{m}^{-3}]$을 가지고 속도 $\mathbf{v}[\text{m/s}]$로 움직이는 하나의 직선 도체를 가정하자. 미분길이 $|d\mathbf{l}|$의 도체 토막에는 총 전하 $enS|d\mathbf{l}|$이 포함되어 있다. 여기서 전자의 전하는 $e = -1.6\times10^{-19}[\text{C}]$이다. 자속밀도 $\mathbf{B}$에 의해 주어진 도선 토막에 작용하는 자기력은 아래와 같다.

$$d\mathbf{F}_m = enS|d\mathbf{l}|\mathbf{v}\times\mathbf{B} \tag{5-133a}$$

$$= -enS|\mathbf{v}|d\mathbf{l}\times\mathbf{B} \tag{5-133b}$$

여기서 $d\mathbf{l}$은 도선의 전류방향과 동일 방향이지만, 전자가 움직이는 방향에 반대방향이다. 전류밀도 $\mathbf{J} = en\mathbf{v}$와 총 전류 $I = |\mathbf{J}|S$를 이용하면 식 (5-133a)와 (5-133b)를 아래와 같이 쓸 수 있다.

$$d\mathbf{F}_m = \mathbf{J} \times \mathbf{B}\, dv \tag{5-134a}$$

$$d\mathbf{F}_m = I\, d\mathbf{l} \times \mathbf{B} \tag{5-134b}$$

여기서 미분체적 $dv = S|d\mathbf{l}|$이다. 식 (5-134)를 이용하며, 전류가 흐르는 도선에 작용하는 자기력을 전류밀도 $\mathbf{J}$ 혹은 전류 I를 이용해 아래와 같이 쓸 수 있다.

$$\boxed{\mathbf{F}_m = \int_V \mathbf{J} \times \mathbf{B}\, dv} \quad [\mathrm{N}] \tag{5-135a}$$

$$\boxed{\mathbf{F}_m = I \oint_C d\mathbf{l} \times \mathbf{B}} \quad [\mathrm{N}] \tag{5-135b}$$

식 (5-135b)에서 미분길이 벡터 $d\mathbf{l}$은 전류가 흐르는 방향으로 향하는데 이것은 적분길 C의 플러스 방향과 일치한다. 전류는 일반적으로 닫힌루프에서 흐르므로 식 (5-135b)는 루프 주위로의 폐선적분을 의미한다. 식 (5-135b)는 두께가 무시되는 매우 얇은 도선을 가정하고 작성된 식이라는 것에 주목해야 한다.

다음, 각각 전류 I_1과 I_2가 흐르는 평행한 두 도선 사이의 자기력에 대해 논한다. 첫째 도선은 둘째 도선의 전류에 의해 발생된 자속밀도 안에서 자기력을 받고, 그 반대로도 마찬가지다. 둘째 도선 C_2의 전류 I_2에 의해 발생되어 첫째 도선 C_1에 걸리는 자속밀도를 $\mathbf{B}_{1-2}$로 표기한다. 식 (5-9)의 비오-사바르 법칙을 이용하면

$$\mathbf{B}_{1-2} = \frac{\mu_o I_2}{4\pi} \oint_{C_2} \frac{d\mathbf{l}_2 \times \mathbf{a}_{\mathcal{R}}}{\mathcal{R}^2} \tag{5-136}$$

여기서 $\mathbf{a}_{\mathcal{R}}$은 위치벡터 $\mathcal{R} = \mathbf{r}_1 - \mathbf{r}_2$의 단위벡터이다. 그 다음 식 (5-135b)로부터, 자속밀도 $\mathbf{B}_{1-2}$ 안에서 전류 I_1이 흐르는 첫째 도선 C_1에 작용하는 자기력을 구할 수 있다.

$$\mathbf{F}_1 = I_1 \oint_{C_1} d\mathbf{l}_1 \times \mathbf{B}_{1-2} \tag{5-137}$$

식 (5-136)을 식 (5-137)에 대입하면

$$\boxed{\mathbf{F}_1 = \frac{\mu_o}{4\pi} I_1 I_2 \oint_{C_1} \oint_{C_2} \frac{d\mathbf{l}_1 \times (d\mathbf{l}_2 \times \mathbf{a}_{\mathcal{R}})}{\mathcal{R}^2}} \quad [\mathrm{N}] \tag{5-138}$$

식 (5-138)을 한꺼번에 계산하는 것은 쉽지 않다. 대부분의 경우 식 (5-138)을 식 (5-136)과 (5-137)로 나누어 계산하는 것이 편리하다.

Example 5-21

자유공간에서 길이 d[m]로 서로 떨어져 있는 두 평행 도선이 하나의 전송선을 형성한다. I[A]의 전류가 [그림 5-36]에서처럼 서로 반대방향으로 흐를 때 도선의 단위 길이당 자기력을 계산하라.

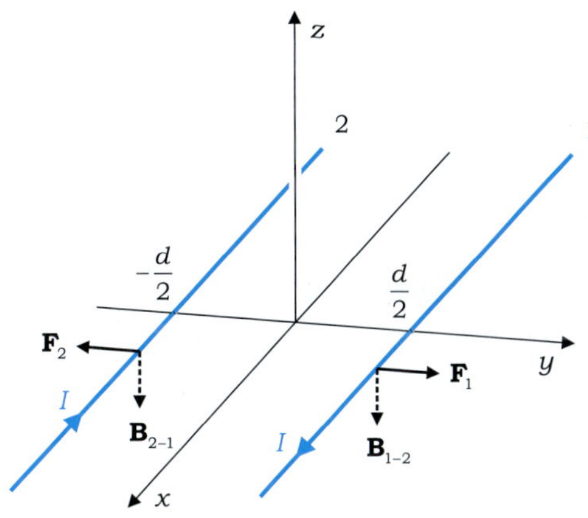

그림 5-36 서로 반대방향의 전류가 흐르는 두 평행 도선

Solution

비오-사바르 법칙을 이용해, 도선 2의 전류 I에 의해 발생하여 도선 1에 걸리는 $\mathbf{B}$는 아래와 같다.

$$\mathbf{B}_{1-2} = -\frac{\mu_o I}{2\pi d}\mathbf{a}_z \tag{5-139}$$

도선 1 위의 미분길이 벡터는

$$d\mathbf{l}_1 = dx\,\mathbf{a}_x$$

식 (5-137)을 이용해 도선 1의 단위 길이당 걸리는 자기력을 구한다.

$$\mathbf{F}_1 = I\oint_{C_1} d\mathbf{l}_1 \times \mathbf{B}_{1-2} = I\int_{x=0}^{x=1} dx\,\mathbf{a}_x \times \left(-\frac{\mu_o I}{2\pi d}\mathbf{a}_z\right)$$

$$= \frac{\mu_o I^2}{2\pi d}\mathbf{a}_y$$

서로 반대방향으로 흐르는 전류에 의한 자기력은 반발력으로 작용하므로 도선 2에 작용하는 자기력은

$$\mathbf{F}_2 = -\mathbf{F}_1 = -\frac{\mu_o I^2}{2\pi d}\mathbf{a}_y$$

Exercise 5.22

자속밀도 $\mathbf{B} = B_o\mathbf{a}_z$ 내에서, 원점에 중심을 두고 xy-평면에 놓여 있는 원형 루프에 전류가 흐를 때 루프에 작용하는 알짜 자기력을 구하라.

Ans 0

5.10.2 가상 일에 의한 자기력(Magnetic Force Involved in a Virtual Work)

앞에서 로렌츠 힘을 이용해 자속밀도 내에서 움직이는 전하에 작용하는 자기력과 전류가 흐르는 도선에 작용하는 자기력을 구했다. 여기서 자기력을 구하는 또 다른 방법에 대해 설명한다. 이 방법은 가상변위원리(method of virtual displacement)로 불리는데 에너지-힘의 기본 관계식에 기초하고 있다. 에너지는 힘의 선적분이다. [그림 5-37]에서 보듯이 전자석의 코일에 흐르는 전류가 심(core), 간극(gap), 전기자(armature)에 전속밀도 **B**를 발생시킨다. 가장자리에서의 자기장 휘어짐 현상을 무시하면 간극에서의 **B**는 심에서의 **B**와 동일하다. 이것은 **B**의 법선성분이 경계면에서 연속이라는 경계면 조건에 부합한다. 전기자에 힘 **F**를 가하여 전기자를 아랫방향으로 $d\ell$ 만큼 이동시킨 경우에 대해 검토해보자. 전기자를 움직일 때 한 일의 양은 증가된 간극에 추가로 존재

하는 자기장에 저장된다. 이러한 논리에 기초하여, 전기자에 작용하는 끌림힘 $\mathbf{F}_m$을 구하기 위해 전기자가 가상적으로 윗방향으로 움직였다고 가정하고 그 줄어든 간극에 저장되었던 자기장 에너지를 계산한다.

만약 전기자가 가상적으로 윗방향으로 거리 $|d\mathbf{l}|$ 만큼 이동하였다면, 이것은 마치 자기력 $\mathbf{F}_m$이 전기자를 벡터 미분거리 $d\mathbf{l}$ 만큼 이동시킨 것으로 해석할 수 있다. 이러한 움직임은 자기에너지 W_m의 부분적인 소모를 의미하므로 아래의 관계식을 쓸 수 있다.

$$\mathbf{F}_m \cdot d\mathbf{l} = -dW_m \tag{5-140}$$

식 (5-140)의 오른쪽은 간극에 저장된 자기에너지의 감소분을 의미한다. 스칼라 W_m에 대한 미분은 W_m의 그레이디언트로 표시할 수 있으므로 식 (5-140)은 아래와 같이 표시된다.

$$\mathbf{F}_m \cdot d\mathbf{l} = -\left(\nabla W_m\right) \cdot d\mathbf{l} \tag{5-141}$$

윗식으로부터 다음의 관계식을 얻는다.

$$\boxed{\mathbf{F}_m = -\nabla W_m} \quad [\mathrm{N}] \tag{5-142}$$

전기자의 끌림힘은 간극에 저장된 자기에너지의 마이너스 그레이디언트에 해당한다.

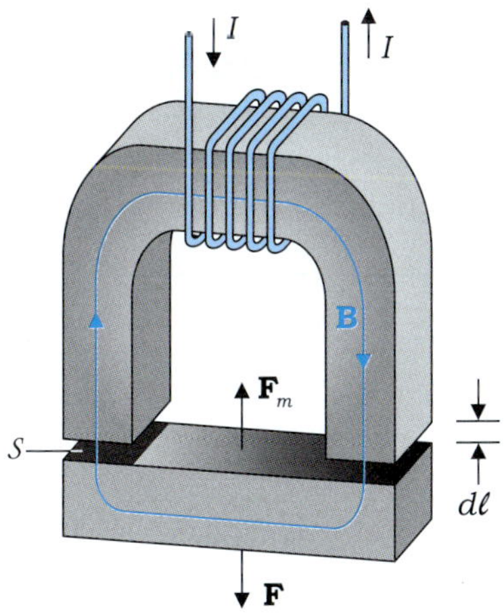

그림 5-37 전자석과 전기자

Example 5-22

[그림 5-37]에 보인 단면 S의 전자석에서 권선수 N인 코일에 전류 I가 흐르는데, 이로 인하여 전자석의 심, 전기자, 간극에 균일한 자속밀도 $\mathbf{B}$가 존재한다. 자기력 $\mathbf{F}_m$을 $\mathbf{B}$와 S를 이용해 표시하라.

Solution

전기자가 윗방향으로 $d\ell$ 만큼 가상적으로 움직이면, 간극의 자기에너지는 아래의 양 만큼 감소한다.

$$dW_m = -2\left[\frac{B^2}{2\mu_o} S\, d\ell\right] \tag{5-143}$$

식 (5-143)을 식 (5-140)에 대입하고 관계식 $\mathbf{dl} = d\ell\, \mathbf{a}_z$를 이용하면($\mathbf{a}_z$는 윗방향을 가리킨다) 다음의 결과를 얻는다.

$$\mathbf{F}_m = \frac{B^2}{\mu_o} S\, \mathbf{a}_z \quad [\mathrm{N}] \tag{5-144}$$

Exercise 5.23

[그림 5-37]의 전자석에서 면 S 위의 견인압력은 간극에 저장된 자기 에너지밀도와 같다는 것을 보여라.

Ans $P = |\mathbf{F}_m|/2S = B^2/2\mu_o [\mathrm{N/m^2}]$

5.10.3 자기 회전력(Magnetic Torque)

어떤 물체를 하나의 회전축을 중심으로 회전시킬 수 있다. [그림 5-38]에서처럼 모멘트 지렛대(moment arm)는 회전축으로부터 힘이 가해지는 지점까지의 거리벡터 $\mathbf{r}$을 의미한다. 물체의 각가속도(angular acceleration)는 모멘트 지렛대의 길이와 지렛대에 수직인 힘에 따라 결정된다. 토크(torque)는 모멘트 지렛대와 가해진 힘 사이의 가위곱으로 정의된다.

$$\boxed{\mathbf{T} = \mathbf{r} \times \mathbf{F}} \quad [\mathrm{N \cdot m}] \tag{5-145}$$

토크는 뉴턴-미터(newton-meter) 단위로 표시된다.

[그림 5-38]은 하나의 막대기가, 원점으로부터 한 점 p까지, xy-평면 위에 놓여 있는 것을 나타낸다. xy-평면에 평행인 힘 $\mathbf{F}$가 점 p에 가해지면 그 막대기는 z-축을 중심으로 회전한다. 식 (5-145)로부터 토크의 크기는 아래와 같다.

$$T = rF_{\phi} = dF \tag{5-146}$$

여기서 r은 모멘트 지렛대의 길이이고, F_{ϕ}는 $\mathbf{r}$에 수직인 $\mathbf{F}$의 스칼라성분이고, d는 등가 모멘트 지렛대(effective moment arm)로 원점으로부터 벡터 $\mathbf{F}$까지의 수직거리이다. 토크의 방향은 오른손규칙을 따른다. 오른손 네 손가락이 물체의 회전방향으로 향하면 오른손 엄지는 토크의 방향을 가리킨다.

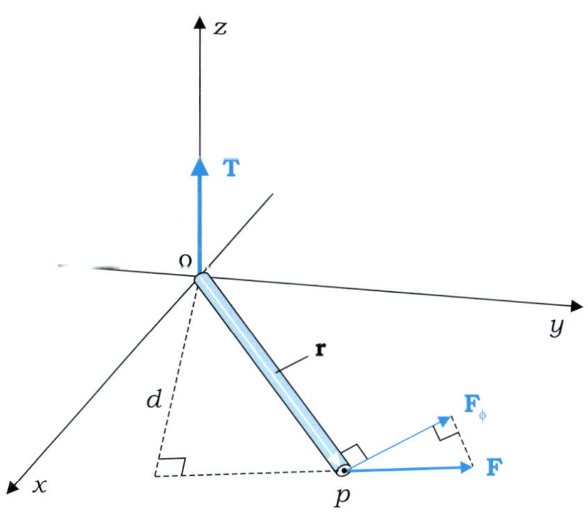

그림 5-38 막대기에 가해진 토크 $\mathbf{T}$

외부자기장은 전류가 흐르는 루프에 토크를 가하여 루프의 자기 쌍극자모멘트가 외부 자기장에 평행이 될 때까지 회전시킨다. [그림 5-39]에서처럼 전류 I가 흐르는 작은 직사각형 루프를 검토하자. 균일한 자속밀도 $\mathbf{B}$가 y-축에 평행으로 주어질 때, 주어진 루프는 x-축을 중심으로 회전하도록 제한되어 있다. 시간 $t=0$에서 루프의 자기 쌍극자 모멘트 $\mathbf{m}$은 y-축과 각도 α을 이룬다. 벡터장 $\mathbf{B}$는 로렌츠 힘에 따라 전류 I가 흐르는 루프의 네 변에 자기력을 가한다. 루프의 윗변과 아랫변에 작용하는 자기력 $\mathbf{F}_1$과 $\mathbf{F}_2$는, 협동하여, 루프에 다음과 같은 토크를 가한다.

$$\mathbf{T} = -d\left(F_1 + F_2\right)\mathbf{a}_x \tag{5-147}$$

여기서 d는 루프의 윗변 및 아랫변에 대한 등가 모멘트 지렛대이다. 반면 루프의 왼쪽과 오른쪽에 가해지는 자기력 $\mathbf{F}_3$과 $\mathbf{F}_4$는 루프의 회전축에 평행(parallel)이거나 엇평행(anti-parallel)이므로 토크를 발생시키지 못한다. 식 (5-135b)로부터 $\mathbf{F}_1$과 $\mathbf{F}_2$의 크기를 구하면

$$F_1 = F_2 = IwB \tag{5-148}$$

여기서 w는 직사각형 루프의 폭이다. 식 (5-148)과 관계식 $d=(h/2)\sin\alpha$를 식 (5-147)에 대입하면 루프에 작용하는 토크를 아래와 같이 구할 수 있다.

$$\mathbf{T} = -hwIB\sin\alpha\,\mathbf{a}_x = -mB\sin\alpha\,\mathbf{a}_x \tag{5-149}$$

여기서 h는 루프의 높이다. 윗식에서 m은 $\mathbf{m}=hwI\mathbf{a}_n$으로 정의되는 루프의 자기쌍극자 모멘트의 크기이고, 단위벡터 $\mathbf{a}_n$은 루프면에 수직이고 오른손 네 손가락이 루프의 전류방향으로 향할 때 오른손 엄지가 가리키는 방향으로 향한다. 자속밀도 $\mathbf{B}$ 안에서, 벡터표기를 이용하여, 자기 쌍극자모멘트 $\mathbf{m}$에 작용하는 토크를 아래와 같이 표시할 수 있다.

$$\boxed{\mathbf{T} = \mathbf{m}\times\mathbf{B}} \quad [\mathrm{N\cdot m}] \tag{5-150}$$

토크는 자기 쌍극자모멘트 $\mathbf{m}$이 $\mathbf{B}$에 평행이 될 때까지 루프를 회전시킨다.

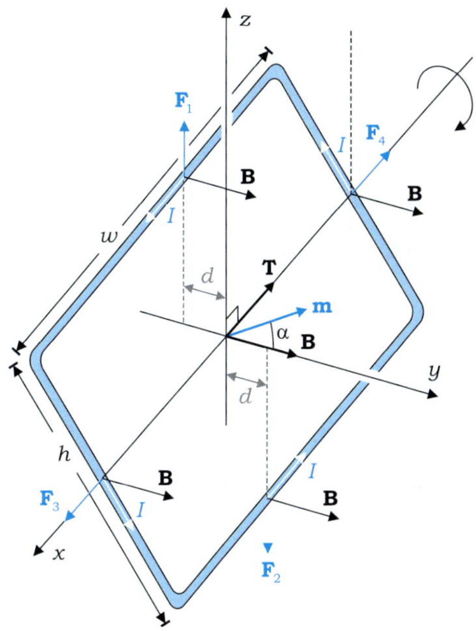

그림 5-39 균일한 **B** 안에 위치한 직사각형 루프

Example 5-23

반지름이 a인 원형 루프가 중심을 원점에 두고 xy-평면에 놓여 있다. [그림 5-40]에서처럼 균일한 자속밀도 $\mathbf{B} = B_y \mathbf{a}_y + B_z \mathbf{a}_z$ 안에서 전류 I가 반시계방향으로 흐를 때 원점을 중심으로 하는 토크를 구하라.

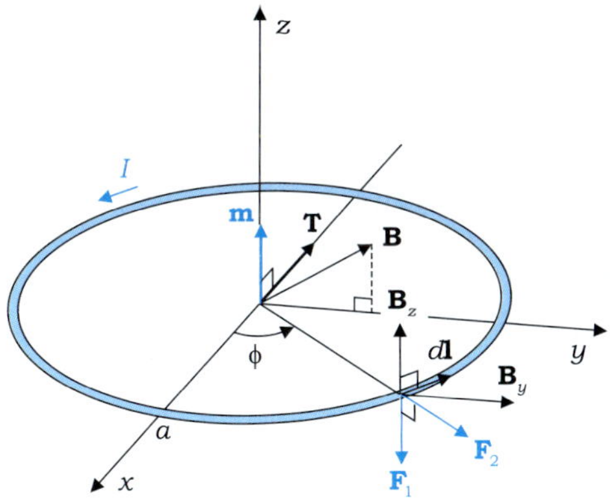

그림 5-40 균일한 **B** 안에 존재하는 원형 루프

Solution

식 (5-135b)로부터, 미분전류요소 $Id\mathbf{l} = Iad\phi\mathbf{a}_\phi$에 작용하는 미분자기력을 아래와 같이 구할 수 있다.

$$\begin{aligned} d\mathbf{F} &= Iad\phi\mathbf{a}_\phi \times (B_y\mathbf{a}_y + B_z\mathbf{a}_z) \\ &= -aIB_y \sin\phi\, d\phi\, \mathbf{a}_z + aIB_z d\phi\, \mathbf{a}_\rho \\ &\equiv \mathbf{F}_1 + \mathbf{F}_2 \end{aligned}$$

전류요소 $Id\mathbf{l}$에 의한 원점을 중심으로 하는 미분토크는

$$\begin{aligned} d\mathbf{T} = \mathbf{r} \times (\mathbf{F}_1 + \mathbf{F}_2) &= a\,\mathbf{a}_\rho \times (-aIB_y \sin\phi\, d\phi\, \mathbf{a}_z + aIB_z d\phi\, \mathbf{a}_\rho) \\ &= a^2 IB_y \sin\phi\, d\phi\, \mathbf{a}_\phi \end{aligned}$$

루프의 알짜토크는

$$\mathbf{T} = \int d\mathbf{T} = a^2 IB_y \int_{\phi=0}^{\phi=2\pi} \mathbf{a}_\phi \sin\phi\, d\phi \tag{5-151}$$

단위벡터 $\mathbf{a}_\phi$는 ϕ에 대한 함수이므로 적분기호 밖으로 나올 수 없다. 관계식 $\mathbf{a}_\phi = -\sin\phi\mathbf{a}_x + \cos\phi\mathbf{a}_y$를 이용해 식 (5-151)을 다시 쓰면

$$\begin{aligned} \mathbf{T} &= a^2 IB_y \int_{\phi=0}^{\phi=2\pi} (-\sin^2\phi\, \mathbf{a}_x + \sin\phi\cos\phi\, \mathbf{a}_y) d\phi \\ &= -\pi a^2 IB_y \mathbf{a}_x \end{aligned}$$

쌍극자모멘트 $\mathbf{m} = \pi a^2 I \mathbf{a}_z$를 이용하면 루프에 작용하는 토크를, 벡터표기를 이용해, 아래와 같이 쓸 수 있다.

$$\mathbf{T} = \mathbf{m} \times \mathbf{B} \tag{5-152}$$

식 (5-150)과 (5-152)에서 보듯이, 전류가 흐르는 루프의 토크는 루프의 모양에 관계없이 똑같은 형태로 주어진다.

Exercise 5.24

[그림 5-39]의 직사각형 루프를 참고하여, 이 루프가 아랫변에 평행인 축을 중심으로 회전하도록 제한되어 있을 때의 토크를 구하라.

Ans $\mathbf{T} = \mathbf{m} \times \mathbf{B}$

Exercise 5.25

똑같은 길이의 테두리를 가진 똑같은 전류가 흐르는 정사각형 루프와 원형 루프가 균일한 $\mathbf{B}$ 안에 놓여 있을 때 두 토크의 크기를 비교하라.

Ans $T_{square}/T_{circle} = \pi/4$

Review Questions with Hints

RQ 5.47 자속밀도에 의해 전류가 흐르는 도선에 작용하는 자기력의 표현식을 서술하라. [(5-135b)]

RQ 5.48 가상전위의 관점에서 자기력과 자기에너지 사이의 관계식을 서술하라. [(5-142)]

RQ 5.49 균일한 자속밀도에 의한 자기쌍극자에 작용하는 토크의 표현식을 서술하라. [(5-150)]

RQ 5.50 전류가 흐르는 루프에서 $\mathbf{T} = 0$이면 루프 위의 모든 점에서 $\mathbf{F}_m = 0$인가? [그림 5-40]

RQ 5.51 $\mathbf{B}$가 균일하지 않아도 관계식 $\mathbf{T} = \mathbf{m} \times \mathbf{B}$가 항상 성립하는가? [(5-151)]

PROBLEMS

5-1 자유공간의 균일한 자속밀도 $\mathbf{B} = B_o \mathbf{a}_z$ 안에서 점전하 q가 시간 $t = 0$일 때 $\mathbf{v} = a\mathbf{a}_x + b\mathbf{a}_y$의 속도로 움직인다. 시간 $t \geq 0$동안 전하가 일직선상에서 움직이도록 하기 위해 필요한 전기장 $\mathbf{E}$를 구하라.

5-2 직사각형 단면적 $h \times w[\text{m}^2]$를 가진 도체가 [그림 5-41]과 같이 y-축을 따라 $-\infty$부터 ∞까지 뻗어 있다. 균일한 자속밀도 $\mathbf{B} = B_o \mathbf{a}_z[\text{T}]$가 존재하는 상태에서 그 도체에 전류 $I[\text{A}]$가 단면적에 고르게 분포하여 흐른다.

(a) 균일한 밀도 $n[\text{m}^{-3}]$을 가지는 자유전자들의 표류속도를 구하라.

(b) 전자에 가해지는 자기력은 도체 내에서 전기장을 형성하며, 이때의 전기력은 앞의 자기력을 상쇄하여 평형을 이룬다. 전자의 전하가 e일 때 도체의 홀 전압(Hall voltage)이 $V_H = IB_o(hn|e|^{-1})[\text{V}]$임을 증명하라.

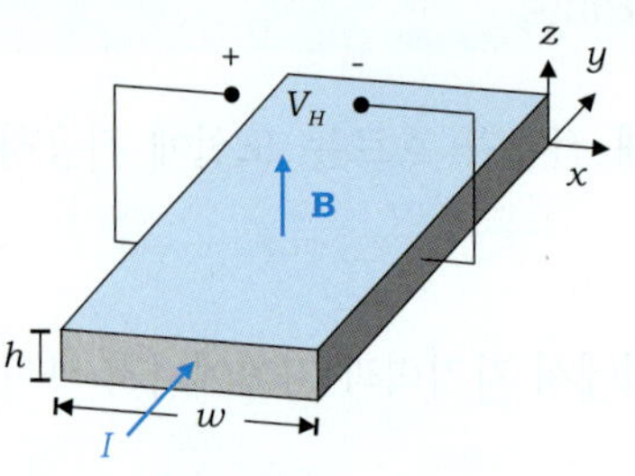

그림 5-41 홀 전압(Hall voltage) (Problem 5-2)

5-3 매우 긴 필라멘트전류 I가 [그림 5-42]와 같이 직각좌표계의 한 점(0,1,0)을 지나 $+z$-방향으로 흐른다. 모든 지점에서 $\mathbf{H}$를 구하라.

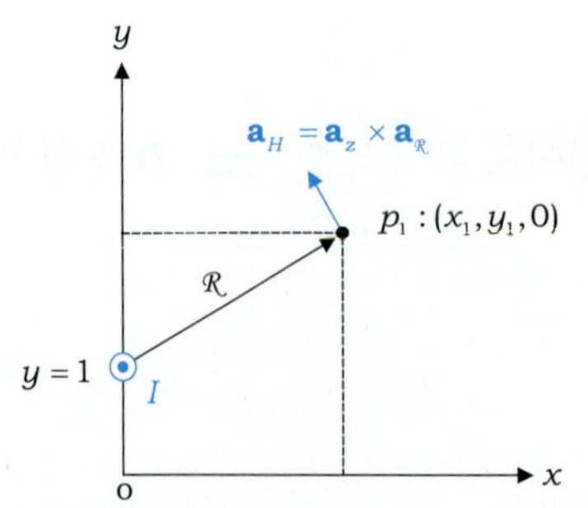

그림 5-42 매우 긴 필라멘트전류(Problem 5-3)

5-4 2개의 매우 긴 필라멘트가 직각좌표계에서 각각 점 p_1:(0, −1, 0)과 p_2:(0, 1, 0)를 지나며 z-축과 평행하다. 이들에 각각 $-\mathbf{a}_z$-와 $+\mathbf{a}_z$-방향으로 전류 I가 흐를 때 다음 지점에서의 $\mathbf{H}$를 구하라.

(a) (0, 2, 0) (b) (2, 0, 0)

5-5 한 변이 a인 정삼각형 도선이 [그림 5-43]과 같이 xy-평면에 중심을 원점에 두고 놓여 있다. 전류 I가 반시계방향으로 흐를 때 원점에서의 $\mathbf{H}$를 구하라.

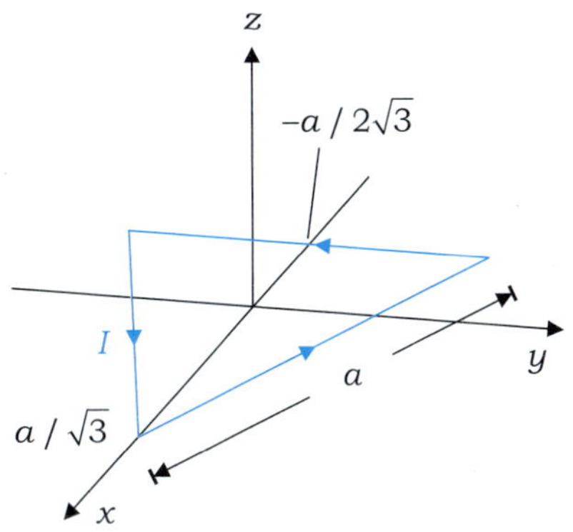

그림 5-43 정삼각형 도선 (Problem 5-5)

5-6 밀도 $\mathbf{J}_s = J_o\mathbf{a}_y$의 표면전류가 [그림 5-44]와 같이 $z=0$, $-a \le x \le a$로 정의되는 영역에 제한되어 흐르고 있다. 다음을 이용해 점 p:(0, 0, b)에서의 $\mathbf{H}$를 구하라.

(a) 비오-사바르 법칙

(b) 등가 선전류(매우 길고 폭이 dx인 좁은 띠에 흐르면서 합해지면 $\mathbf{J}_s$를 형성)

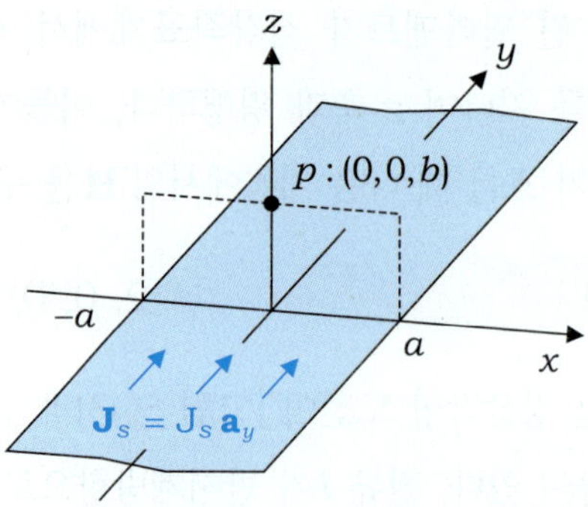

그림 5-44 제한된 영역의 표면전류밀도 (Problem 5-6)

5-7 밀도 $\mathbf{J}_s = (\pi/\rho)\mathbf{a}_\phi$의 표면전류가 [그림 5-45]와 같이 $z = 0$과 $a \leq \rho \leq b$로 정의되는 영역에 제한되어 있다. z-축 위의 한 점 $(0, 0, d)$에서의 $\mathbf{H}$를 구하라.

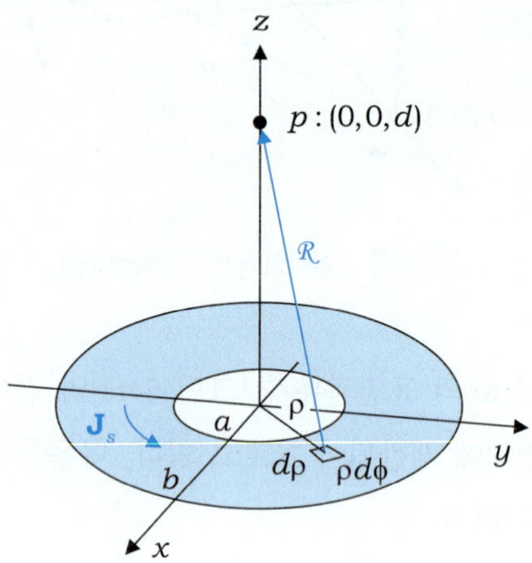

그림 5-45 표면전류밀도(Problem 5-7)

5-8 밀도 $\mathbf{J}_s = 3\mathbf{a}_\phi$[A/m]의 표면전류가 [그림 5-46]과 같이 $\rho = 0.4$[m]와 $0 \leq z \leq 0.2$[m]로 정의되는 영역에 제한되어 있다. z-축 위의 한 점 (0,0, 0.5[m])에서의 $\mathbf{H}$를 구하라.

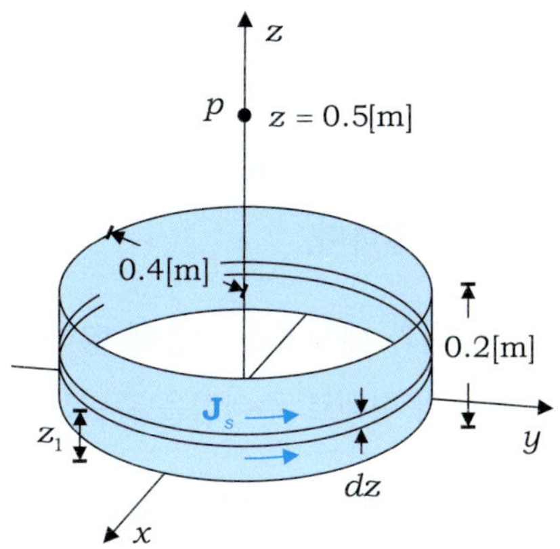

그림 5-46 표면전류밀도(Problem 5-8)

5-9 반지름이 a인 매우 긴 도선이 z-축을 따라 놓여 있고, 전류 I[A]가 도선의 단면에 균일하게 분포하여 $+z$-방향으로 흐른다.

(a) 전류밀도 $\mathbf{J}$를 구하라.

(b) 도체 내의 $\mathbf{H}$를 구하라.

(c) 도체 내에서 $\nabla\times\mathbf{H}=\mathbf{J}$ 임을 보여라.

5-10 전류밀도 $\mathbf{J}=J_o\mathbf{a}_y[\text{A/m}^2]$가 영역 $-d\le z\le d$, $-\infty\le(x, y)\le\infty$ 안에서 무한한 널빤지 형태로 주어진다. 대칭성을 고려하여 (a) $\mathbf{H}$가 x와 y에 독립임을 보여라. 무한히 긴 직선전류의 자기장은 원주를 따라 형성되므로 (b) $\mathbf{H}$가 x-성분만을 가짐을 보여라, 즉 $\mathbf{H}=H_x(z)\mathbf{a}_x$. (c) 영역 $z>0$에서 $\mathbf{H}=H_x(z)\mathbf{a}_x$이면, 영역 $z<0$에서 $\mathbf{H}=-H_x(|z|)\mathbf{a}_x$임을 보여라. (d) 암페어 법칙을 사용해 모든 지점에서의 $\mathbf{H}$를 구하라.

5-11 밀도 $\mathbf{J}_s=J_o\mathbf{a}_y$의 균일한 표면전류가 xy-평면에 무한히 펼쳐져 있다. 문제 5-10에서 $\mathbf{H}$를 구하기 위해 사용한 방법을 따라 (a) 영역 $z>0$에서 $\mathbf{H}=H_o\mathbf{a}_x$이고, 영역 $z<0$에서 $\mathbf{H}=-H_o\mathbf{a}_x$임을 보여라. 이때 H_o는 상수이다. (b) 모든 지점에서의 $\mathbf{H}$를 구하라.

5-12 한 쪽으로 무한히 긴 필라멘트가 [그림 5-47]과 같이 xy-평면으로 표시되는 무한히 넓은 도체평면과 직교한다. 전류 I는 필라멘트에서 $-z$-방향으로 흐르고, 도체평면 위에서는 $\mathbf{a}_\rho$-방향으로 표면전류밀도 $\mathbf{J}_s$를 형성한다. $\mathbf{J}_s$는 $\mathbf{a}_\phi$-방향으로 균일하다.

(a) 비오-사바르 법칙과 대칭성을 이용해 영역 $z \geq 0$에서 $\mathbf{J}_s$에 의한 $\mathbf{H}$가 $\mathbf{H} = H_o(\rho, z)\mathbf{a}_\phi$의 형태로 주어짐을 증명하라.

(b) 헬름홀츠 정리를 이용해 시험적인 해 $\mathbf{H} = -I\mathbf{a}_\phi/(2\pi\rho)$가 영역 $z \geq 0$에서 유일해가 된다는 것을 보여라.

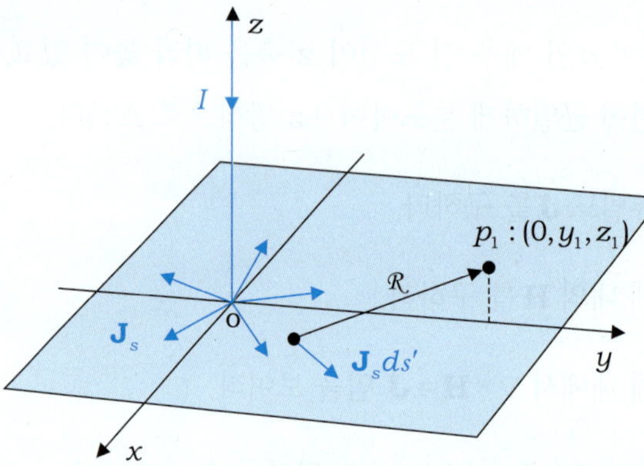

그림 5-47 매우 긴 필라멘트가 매우 넓은 도체평면에 수직 (Problem 5-12)

5-13 반지름이 a이고 높이가 b이며 속이 빈 완전도체의 원통이, [그림 5-48]과 같이 $-z$-방향으로 전류 I가 흐르는 2개의 매우 긴 도선과 연결되어 있다. 표면전류밀도 $\mathbf{J}_{s1}$, $\mathbf{J}_{s2}$, $\mathbf{J}_{s3}$는 각각 원통의 윗면, 옆면, 아랫면에서 ϕ-방향으로 균일하다.

(a) 비오-사바르 법칙과 대칭성을 사용해 원통 밖의 xy-평면에서 $\mathbf{H}$는 $\mathbf{H} = H_o(\rho)\mathbf{a}_\phi$의 형태로 존재함을 보여라.

(b) 헬름홀츠 정리를 이용해 시험적인 해 $\mathbf{H} = -I\mathbf{a}_\phi/(2\pi\rho)$가 원통 바깥에서 유일해임을 보여라.

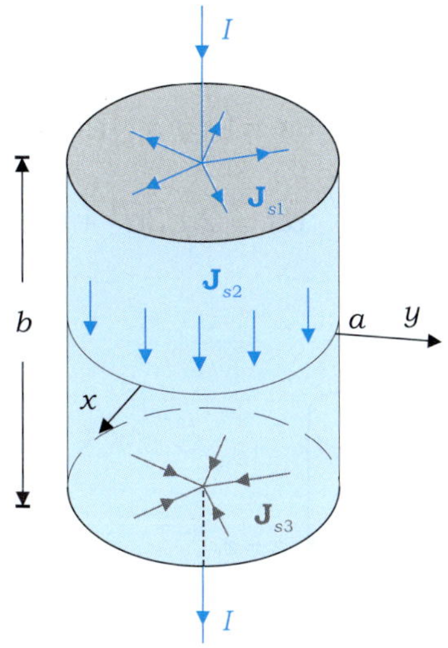

그림 5-48 속이 빈 원통이 두 도선에 연결됨(Problem 5-13)

5-14 길이가 유한한 필라멘트가 $z=-a$에서 $z=a$까지 뻗어 있고 $+z$-방향으로 전류 I가 흐른다.

(a) 원통좌표계의 한 점 $p:(\rho, \phi, z)$에서 $\mathbf{A}$를 구하라.

(b) $\mathbf{A}$로부터 $\mathbf{B}$를 구하라.

5-15 z-축을 중심으로 놓여 있는 매우 긴 솔레노이드는 반지름이 a인 공기 심(core)에 단위 길이당 N번 코일이 감겨있다. 이 코일에 ϕ-방향으로 전류 I가 흐를 때

(a) 식 (5-39)와 대칭성을 이용해 $\mathbf{A}$가 $\mathbf{A}=A_\phi(\rho)\mathbf{a}_\phi$의 형태로 주어지는 것을 보여라.

(b) $\mathbf{B}$가 솔레노이드 내부에서는 상수이고 외부에서는 0인 것을 이용해 $A_\phi(\rho)$를 구하라.

5-16 얇은 도체판이 [그림 5-49]와 같이 반지름이 a이고 중심이 z-축 위에 있는 무한히 긴 원통을 형성한다. 그 표면에 균일한 표면전류밀도 $\mathbf{J}_s=J_o\mathbf{a}_\phi$가 흐를 때 이 원통을 여러 개의 자기쌍극자로 분해하여 솔레노이드 바깥의

한 점 $(b, 0, 0)$ 에서 $\mathbf{H} = 0$임을 증명하라.

[힌트: $\int \left(x^2 + a^2\right)^{-3/2} dx = \left(x / a^2\right)\left(x^2 + a^2\right)^{-1/2} + C,$

$\int_0^\infty \left(x^2 + a^2\right)^{-5/2} dx = 2 / 3a^4 + C$]

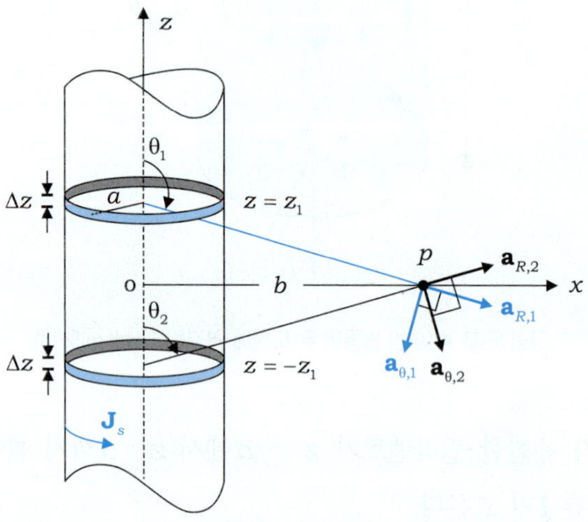

그림 5-49 얇은 도체판으로 된 원통을 여러 개의 전류 루프로 분해 (Problem 5-16)

5-17 니켈 금속의 상대투자율은 $\mu_r = 50$이고, 원자량은 58.69[g/mol]이고, 밀도는 8.91[g/cm^3]이다. 이 금속이 $B = 0.4$[T]의 자속밀도에 의해 완전히 자화되었을 때 다음을 구하라.

(a) 자기화 $\mathbf{M}$의 크기

(b) 한 원자당 자기 쌍극자모멘트 $\mathbf{m}$

5-18 두께가 t이고 무한히 넓은 자성체 평판이 xy-평면 위에 놓여 있다. 이 평판 아래($z < 0$)에 균일한 자기장이 $\mathbf{H} = 1.02 \times 10^5 \mathbf{a}_z$[A/m]로 주어질 때 평판 내부($0 \le z \le t$)의 자기화가 $\mathbf{M} = 10^5 \mathbf{a}_z$[A/m]로 주어진다. 이 물질의 μ를 구하라.

5-19 [그림 5-50]과 같이 반지름이 각각 a와 b이고 동일한 축을 가진 2개의 얇은 도체 원통들 사이 공간이 서로 다른 자성체($0 < \phi < \pi$일 때 μ_1,

$\pi<\phi<2\pi$일 때 μ_2)로 채워져 있다. 두 원통은 $z=-\infty$와 $z=\infty$ 사이에 뻗어 있고 그 위에 전류 I가 서로 반대방향으로 흐른다.

(a) 사이 공간에서의 $\mathbf{B}$와 $\mathbf{H}$

(b) $\rho=a$에 위치한 표면에서의 I의 분포

(c) $\rho=a$에 위치한 표면에서의 자화표면전류밀도

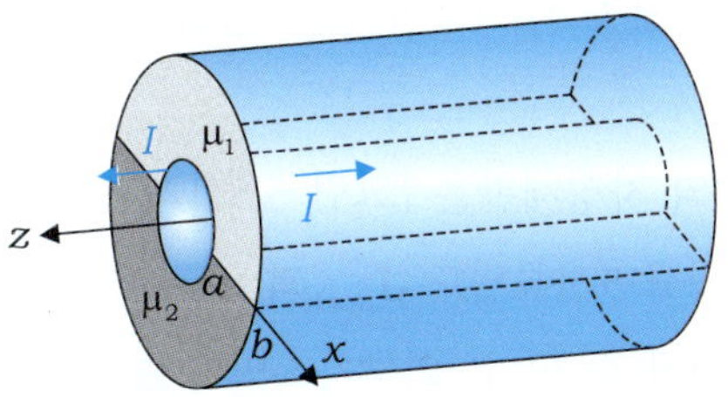

그림 5-50 두 자성체로 채워진 동축케이블 (Problems 5-19와 5-25)

5-20 반지름이 b인 매우 긴 솔레노이드의 심이 서로 다른 두 물질(반지름이 $\rho<a$일 때 μ_1, 반지름이 $a<\rho\leq b$일 때 μ_2)로 이루어져 있다. 이것의 중심은 z-축에 있고, 단위 길이당 N번의 코일이 감겨 있으며, 전류 I가 $\mathbf{a}_\phi$-방향으로 흐른다. 솔레노이드 내부에서의 $\mathbf{B}$와 $\mathbf{H}$를 구하라.

5-21 $z-0$ 평면은 인접한 2개의 서로 다른 자성체 (영역 $z>0$에서 $\mu_1=10\mu_o$, 영역 $z<0$에서 $\mu_2=20\mu_o$) 사이의 경계면이다. 이 면에 균일한 표면전류밀도 $\mathbf{J}_s=5\mathbf{a}_y$[A/m]가 흐르고, 영역 $z>0$에서 자기장세기가 $\mathbf{H}=12\mathbf{a}_x+20\mathbf{a}_y+23\mathbf{a}_z$[A/m]로 주어진다. 영역 $z<0$에서의 $\mathbf{H}$를 구하라.

5-22 [그림 5-51]과 같이 투자율 μ의 무한히 넓은 자성체판이 두께 d이고, $z=0$ 평면 위에 놓여 있다. 판 아래($z<0$)에서 자속밀도 $\mathbf{B}_1$은 z-축과 θ_1의 각도를 이룬다. 주어진 값들 B_1, θ_1, μ를 이용해 다음을 구하라.

(a) B_2, B_3, θ_2, θ_3

(b) 평면 $z=0$과 $z=d$에서 자화표면전류밀도

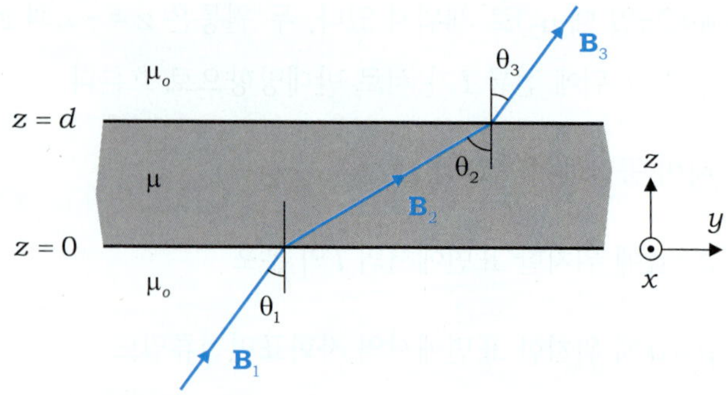

그림 5-51 두께 d 의 무한히 넓은 자성체판(Problem 5-22)

5-23 [그림 5-51]의 자성체판은 [그림 5-52]와 같이 자유공간상의 $z=0$ 평면에 놓인 자화표면전류밀도 $\mathbf{J}_{ms1}$과 $z=d$ 평면에 놓인 자화표면전류밀도 $\mathbf{J}_{ms2}$로 대치될 수 있다. 외부자속밀도 $\mathbf{B}_1$ 및 $\mathbf{J}_{ms1}$과 $\mathbf{J}_{ms2}$에 의한 자속밀도를 모두 더하여 $\mathbf{B}$를 구하고 이 값을 문제 5-22 와 비교하라.

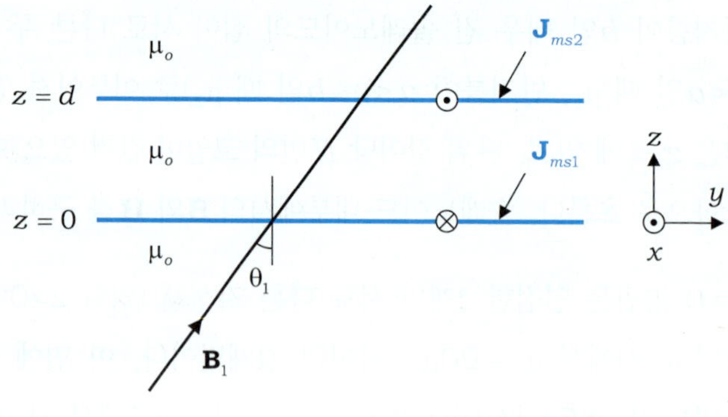

그림 5-52 자유공간에 놓여 있는 두 자화표면전류밀도 (Problem 5-23)

5-24 원통형 영구자석이 z-축에 따라 놓여 있으며 균일한 자기화 $\mathbf{M}=M_o\mathbf{a}_z$를 가진다. 모서리에서의 휘어짐을 무시하고, 자석 내부의 자기장은 균일하다고 가정한다.

(a) 자석의 내부와 윗면 바로 위에서의 $\mathbf{B}$를 구하라.

(b) 자석 윗면의 바로 위에서 $\mathbf{B}=B_1\mathbf{a}_z$일 때 자석 내부의 $\mathbf{H}$를 구하라.

5-25 [그림 5-50]의 동축케이블은 서로 다른 물질 μ_1과 μ_2로 채워져 있고 두 도체에 서로 반대방향으로 전류 I가 흐른다. 케이블 단위 길이당 다음의 값을 구하라.

(a) 저장된 에너지

(b) 유도용량

5-26 [그림 5-53]과 같이 투자율이 μ이고 직사각형 단면적 $(b-a)\times h$를 가진 토로이드에 코일이 총 N번 촘촘하게 감겨 있다. 이것의 유도용량을 구하라.

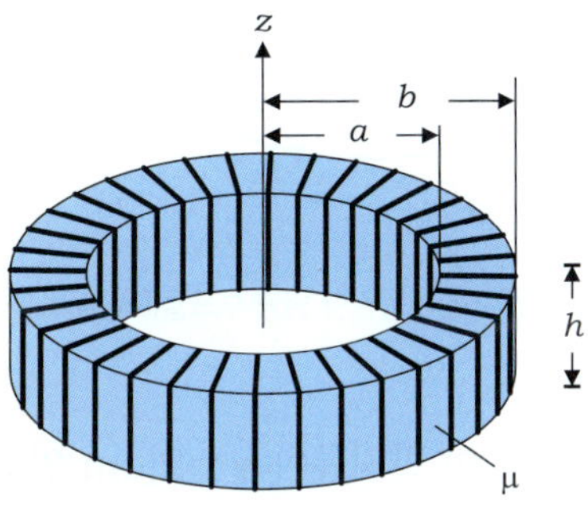

그림 5-53 토로이드 코일

5-27 [그림 5-54]와 같이 동일한 직사각형 단면적에 서로 다른 투자율을 가진 2개의 포개진 토로이드에 코일이 총 N번 촘촘하게 감겨 있다. 이것의 유도용량을 구하라.

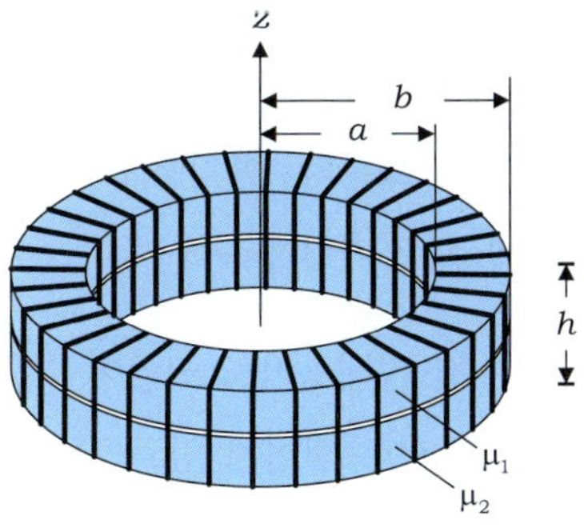

그림 5-54 2개의 포개진 토로이드 심에 감긴 토로이드 코일(Problem 5-27)

5-28 2개의 동일한, 원형의, 도체 루프들이 [그림 5-55]와 같이 z-축을 따라 놓여 있다. 조건 $a \ll b$를 가정하고 자기 쌍극자모멘트의 벡터 자기포텐셜을 이용해 상호유도용량을 구하라.

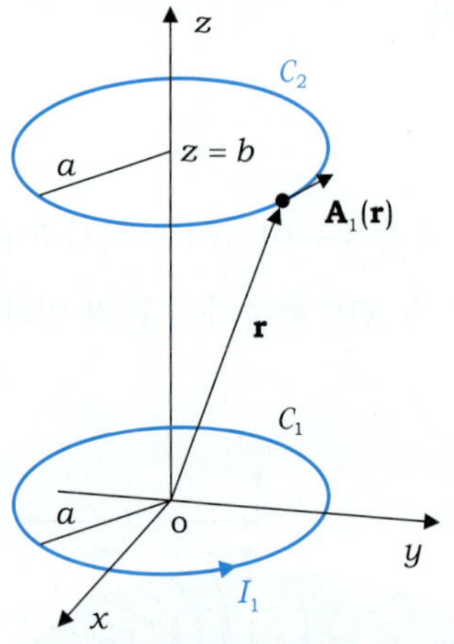

그림 5-55 2개의 동일한 원형 루프들(Problem 5-28)

5-29 매우 긴 동축케이블이 반지름이 $a = 2$[cm]인 안쪽 원통도체와 내부 반지름이 $b = 4$[cm]이고 외부 반지름이 $c = 5$[cm]인 속이 빈 바깥쪽 원통도체로 이루어져 있다. 두 도체에서 $\mu = \mu_o$이고, 전류 I가 서로 반대방향으로 흐를 때, 단위 길이당 바깥 도체의 내부유도용량을 구하고 안쪽 도체의 그것과 비교하라.

5-30 문제 5-29와 동일한 동축케이블에서, 즉 반지름이 $a = 2$[cm], $b = 4$[cm], $c = 5$[cm]인 두 원통 도체에서, 안쪽 도체에 $+z$-방향으로 $I = 10$[A]의 전류가, 바깥쪽 도체에 $-z$-방향으로 같은 크기의 전류가 단면적에 고루 분포하여 흐른다. 반지름 $\rho = 5$[cm]의 가장 바깥쪽 표면에 단위 면적당 축적된 총 자기력을 구하라.

5-31 반지름이 a인 매우 긴 솔레노이드 코일이, [그림 5-56]과 같이 약간의 공기 틈을 사이에 두고 서로 떨어져 있는, 2개의 철심막대($\mu \gg \mu_o$)에 단위 길이당 N번 감겨 있다. 코일에 전류 I가 흐를 때 모서리에서의 자기장 휘어짐 현상을 무시하고 두 철심막대 사이에 작용하는 힘을 구하라.

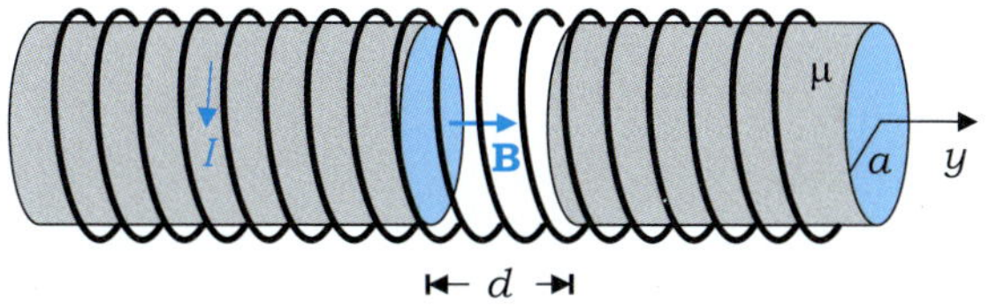

그림 5-56 솔레노이드 내의 2개의 인접한 철심막대

5-32 동일한 쌍극자모멘트 $\mathbf{m}_1 = \mathbf{m}_2 = m_o \mathbf{a}_z$를 가진 두 자기쌍극자가 자유공간에서 서로 다른 점에 위치한다. $\mathbf{m}_1$은 원점에 위치한 반면 $\mathbf{m}_2$는 직각좌표계의 한 점 p:$(1, \sqrt{2}, 1)$에 위치한다. 두 쌍극자들에 가해지는 각각의 토크를 구하라.

5-33 균일한 자기장 $\mathbf{B} = B_o \mathbf{a}_y$내에서 [그림 5-57]과 같이 하나의 회로기판이 x-축을 회전축으로 하고 있다. 기판 위에 한 변이 a인 정삼각형 회로가 있으며, 이것에 전류 I가 반시계방향으로 흐른다.

(a) 기판이 xy-평면과 일치할 때의 토크를 구하라.

(b) 토크가 $\mathbf{T} = \mathbf{m} \times \mathbf{B}$로 표시됨을 보여라.

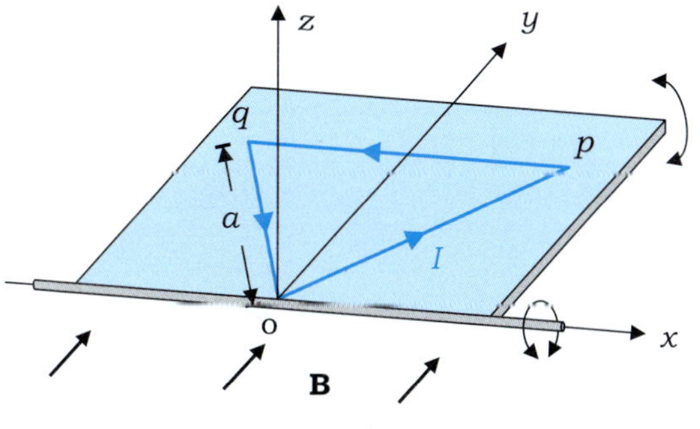

그림 5-57 토크에 의해 회로기판이 x-축을 중심으로 회전

CHAPTER

6

시변 전기자기장 및 맥스웰 방정식

(TIME-VARYING FIELDS AND MAXWELL' S EQUATIONS)

지금까지는 시간에 따라 그 값들이 변치 않는 정전기장 및 정자기장에 대해 설명했다. 이것을 요약하면, 주어진 정전하 분포에 의해 발생되는 전기장과 전속밀도는 구조식 $\mathbf{D} = \varepsilon\mathbf{E}$에 의해 서로 연관되어 있는데, 이 식으로부터 주어진 물체의 유전율을 정의할 수 있다. 여기서 $\mathbf{E}$의 비회전장 성질, 즉 $\nabla\times\mathbf{E} = 0$은 에너지 보존법칙으로부터 유래되었고, 가우스 법칙, 즉 $\nabla\cdot\mathbf{D} = \rho_v$는 전하로부터의 전속이 보존된다는 것에 기초하고 있다. 비슷하게, 정전류 분포에 의해 발생되는 자기장과 자속밀도는 구조식 $\mathbf{B} = \mu\mathbf{H}$에 의해 서로 연관되어 있는데, 이 식으로부터 주어진 물체의 투자율을 정의할 수 있다. 여기서 $\mathbf{B}$의 솔레노이트 성질, 즉 $\nabla\cdot\mathbf{B} = 0$은 자기장선들이 닫힌 곡선을 형성한다는 것으로부터 유래되었고, 관계식 $\nabla\times\mathbf{H} = \mathbf{J}$로 표시되는 암페어 법칙은 정전류 주위로의 $\mathbf{H}$의 순환이 보존된다는 사실에 기초하고 있다. 이들은 정자기장에 대한 두 기본식인데 이 식들을 이용하면 공간상 주어진 영역에서 $\mathbf{B}$와 $\mathbf{H}$에 대한 유일해를 구할 수 있다.

정전기장과 정자기장 사이에는 상호연관이 존재하지 않는다. 그러나 이들은 하나의 도체에서 동시에 존재할 수 있는데, 예를 들어 하나의 정전기장이 도체 내에 정전류를 발생시키면, 이것 주위로 정자기장이 발생한다. 이 경우 정자기장은 정전기장을 발생시키지 못한다. 그러나 시간에 따라 변하는 전류에 의해 발생되는 전기장 및 자기장은 서로 결합되어 전자파를 형성하고, 이것은 자유공간 혹은 물체 안에서 퍼져간다.

이 장에서는 시간에 따라 변하는 전기장 및 자기장에 대해 설명하며, 7장에서는 파동운동(wave motion)에 대해 설명하고, 8장에서는 서로 다른 매질을 진행하는 전자파들을 학습한다. 지금부터는 혼동을 피하기 위해 시간에 따라 변하는 벡터 전기장 및 자기장을 볼드 필기체 $\mathscr{E}$와 $\mathscr{H}$로 표시하고 벡터장의 스칼라성분을 보통의 필기체로, 예를 들어 $\mathscr{D}_x$와 $\mathscr{B}_x$로 표시한다. 그 외의 시간에 따라 변하는 벡터장 및 스칼라장은, 예를 들어 시간에 따라 변하는 전류밀도와 시간에 따라 변하는 체적전하밀도를 볼드 이탤릭과 이탤릭으로 $\boldsymbol{J}$와 ρ_v로 각각 표시한다.

시간에 따라 변하는 전자기장은 그것이 단순히 시간에 따라 변한다는 사실 외에도 여러 면에서 정전기장 및 정자기장과 구별된다. 우선 시간에 따라 변하는 전자기장은 가속되고 있는 전자들 혹은 시간에 따라 변하는 전류에 의해 발생된다. 둘째, 시간에 따라 변하는 전기장과 자기장은 서로 결합되어 전기장이 자기장을 유도하고, 그 반대로도 마찬가지다. 정전기장 혹은 정자기장이 그것의 다이버전스와 컬에 의해 정의되는 것처럼, 시간에 따라 변하는 전기장 및 자기장도 그들의 다이버전스와 컬에 의해 정의된다. 전기 가우스 법칙과 자기 가우스 법칙은 시간에 따라 변하는 경우에도 계속 이전과 마찬가지로 성립된다. 즉 $\nabla \cdot \mathscr{D} = \rho_v$, $\nabla \cdot \mathscr{B} = 0$이다. 그러나 $\mathscr{E}$와 $\mathscr{H}$에 대한 2개의 컬은 각각 패러데이의 전자파유도 및 맥스웰의 변위전류밀도 개념을 위해 수정되어야 한다. 맥스웰 방정식은 다음의 네 식으로 이루어져 있다. 즉 $\mathscr{E}$의 컬, $\mathscr{H}$의 컬, $\mathscr{D}$의 다이버전스, $\mathscr{B}$의 다이버전스이다. 시간에 따라 변하는 전자기장은 항상 이들 네 식을 모두 다 만족시켜야 한다.

6.1 패러데이 법칙(FARADAY'S LAW)

마이클 패러데이는 영구자석이 하나의 도체 루프 근처에서 움직이거나 혹은 그 루프가 영구자석 근처에서 움직이면 그 도체 루프에 기전력(electromotive force(emf))이 유도된다는 것을 발견했다. 기전력은 다름 아닌 도체 루프에 유도된 전압을 의미한다. 패러데이의 전자기 유도법칙(Faraday's law of electromagnetic induction)에 의하면 ***도체 루프에 유도되는 기전력은 그 루프에 연계된 자속의 시간에 대한 미분의 마이너스 값이다.***

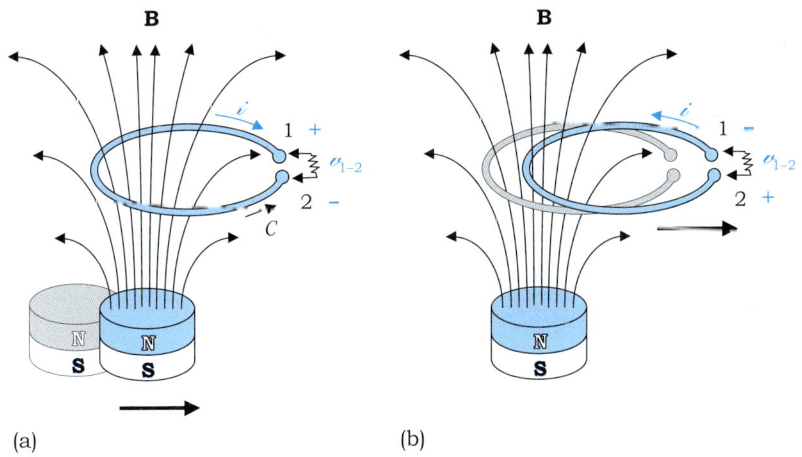

그림 6-1 전자기 유도. 루프에 유도된 기전력(emf)이 전류 i와 단자 전압 v_{1-2}를 발생시킴. (a) $v_{1-2} > 0$, $emf < 0$, (b) $v_{1-2} < 0$, $emf > 0$, (반시계방향이 C의 플러스 방향인 경우)

패러데이 전자기 유도법칙에 의하여, N번 감긴 루프에 유도되는 기전력은 아래와 같은 수식으로 주어진다.

$$emf = -\frac{d\Lambda}{dt} = -N\frac{d\Phi}{dt} \quad [\text{V}] \tag{6-1}$$

여기서 Λ는 루프의 연계자속이고, Φ는 루프의 한번 감긴 도선의 자속이다. 기전력 emf는 루프에 유도되는 전기장의 폐선적분에 해당한다. 즉

$$emf = \oint_C \mathscr{E} \cdot d\mathbf{l} \quad [\text{V}] \tag{6-2}$$

여기서 주목할 것은 emf의 부호는 루프의 전기장 $\mathscr{E}$의 부호뿐만 아니라 루프 C의 플러스 방향과도 밀접한 연관이 있다. 그리하여 플러스 emf는 $\mathscr{E}$가 C의 플러스 방향으로 유도된다는 것을 의미한다. 식 (6-2)의 emf 혹은 $\mathscr{E}$는 식 (6-1)과 같이 시간에 따라 변하는 자속에 의해 유도되지만, 그들은 시간에 따라 변하는 값일 수도 있고 그렇지 않을 수도 있다. 정전기장이 비회전장 혹은 보존장인 것과 달리 $\mathscr{E}$의 폐선적분은 0이 아니므로 비존장이다. 따라서 $\mathscr{E}$는 전위의 마이너스 그레이디언트로 표시될 수 없다. 여기서 유도된 전기장세기 $\mathscr{E}$는 루프에 전류 i를 발생시키는데, 이 전류의 방향은 $\mathscr{E}$의 방향과 동일하다.

식 (6-1)과 (6-2)에서 알 수 있듯이 패러데이 법칙은 루프 C 주위로의 $\mathscr{E}$의 선적분과 루프 C에 둘러싸인 면 위에서의 $\mathscr{B}$의 면적분을 이용해 아래와 같이 쓸 수 있다.

$$emf = \oint_C \mathscr{E} \cdot d\mathbf{l} = -\frac{d}{dt}\int_S \mathscr{B} \cdot d\mathbf{s} \tag{6-3}$$

만약 루프의 권선수가 1보다 크면, 윗식의 선적분은 모든 감긴 도선을 따라 수행되어야 하고, 면적분은 각 감긴 도선에 둘러싸인 모든 면 위에서 수행되어야 한다. 루프 C 위의 $d\mathbf{l}$의 방향과 면 S 위의 $d\mathbf{s}$의 방향은 오른손규칙을 따른다. 오른손 엄지가 $d\mathbf{s}$ 방향을 가리키면 오른손 네 손가락은 $d\mathbf{l}$ 방향 혹은 C의 플러스 방향을 가리킨다.

식 (6-1)과 (6-3)의 마이너스 부호는 렌츠 법칙(Lenz's law)을 따른다. 즉 루프의 *emf*는 루프에 전류를 흐르게 하여, 이때 발생된 자속을 포함한 루프의 총 연계자속의 변화가 저지되도록 한다.

[그림 6-1]이 보여주는 간단한 전자기유도를 이용해 루프에서의 *emf*, 단자 전압 $\mathscr{v}_{1-2}$, 유도된 전류 $\mathscr{i}$, 전기장세기 $\mathscr{E}$ 사이의 관계를 설명한다. [그림 6-1(a)]에서 영구자석이 오른쪽으로 움직이면 루프의 연계자속이 시간에 따라 증가한다. 패러데이 법칙와 렌츠 법칙에 의해 전기장세기 $\mathscr{E}$와 전류 $\mathscr{i}$가 동일한 방향으로 루프에 유도된다. 만약 단자 1-2가 열려 있다면 전류 $\mathscr{i}$는 단자 1에 플러스 전하를 단자 2에는 마이너스 전하를 축적하므로, 단자전압은 $\mathscr{v}_{1-2}>0$이다: 단자 1이 단자 2보다 높은 전위에 있다. 이 단자전압에 의해 *emf*가 상쇄되어 루프에 더 이상 전류가 흐르지 않는다. 만약 저항 R이 단자 양단에 연결되었다면 옴 전류(ohmic current)가 단자 1에서 단자 2로 저항을 통해 흐르는데, 이것이 바로 루프에 유도된 전류 $\mathscr{i}$이다. 기전력 *emf*는 루프 주위로 $\mathscr{E}$를 폐선적분한 것이다. 이것의 부호는 $\mathscr{E}$의 방향과 루프의 플러스 방향 사이의 관계에 의해 결정된다. 여기서 주목할 것은, 단자전압 $\mathscr{v}_{1-2}$는 외부에서 인가된 것이 아닌 루프에서 유도된 전압이라는 사실이다. 만약 $\mathscr{v}_{1-2}$가 외부에서 인가된 전압이라면 루프의 전기장세기의 방향과 전류의 방향은 [그림 6-1]의 그것과 반대이어야 한다. 비슷한 논리로 [그림 6-1(b)]에서 루프가 오른쪽으로 움직이면 루프의 연계자속은 시간에 따라 감소한다. 따라서 루프의 $\mathscr{E}$와 $\mathscr{i}$는 반시계방향으로 유도되어, 마이너스 단자전압이 형성되고, $\mathscr{v}_{1-2}<0$, 그때의 *emf*는 플러스 값을 갖는다. 왜냐하면 그림에서처럼 C의 플러스 방향이 반시계방향으로 설정되었기 때문이다. 여기서 C의 플러스 방향은 우리의 편의에 의해 정해졌다는 사실에 주목하자.

Exercise 6.1

[그림 6-1]에서 시계방향이 C의 플러스 방향이라면 이때 [그림 6-1(a)와 (b)]에서 유도되는 *emf*의 부호는?

Ans (a) 플러스 (b) 마이너스

6.1.1 변압기 기전력(Transformer *emf*)

식 (6-3)의 오른쪽 면적분은 주어진 면 S의 서로 다른 부분을 통과하는 미소자속들의 합으로 이해될 수 있다. 이 경우 미소자속은 자속밀도 $\mathscr{B}$와 미소면적 벡터 $\Delta\mathbf{s}$ 사이의 점곱으로 표시된다: $\Delta\Phi = \mathscr{B} \cdot \Delta\mathbf{s}$이다. 여기서 $\Delta\mathbf{s}$의 방향과 크기는 루프 C가 시간에 따라 움직이는 경우, 시간에 대한 함수로 주어진다. 루프의 *emf*는 $\Delta\Phi$의 시간미분에 비례하므로, 다음과 같은 세 경우에 0이 아닌 값을 가진다.

(1) 루프는 고정, $\mathscr{B}$는 시간에 따라 변함 : $d(\Delta\Phi)/dt = (d\mathscr{B}/dt) \cdot \Delta\mathbf{s}$

(2) 루프가 정자기장 $\mathbf{B}$안에서 움직임 : $d(\Delta\Phi)/dt = \mathbf{B} \cdot d(\Delta\mathbf{s})/dt$

(3) 루프와 $\mathscr{B}$가 모두 시간에 따라 변함 : $d(\Delta\Phi)/dt = d(\mathscr{B} \cdot \Delta\mathbf{s})/dt$

변압기 기전력(transformer *emf*)은 시간에 따라 변하는 자기장 내의 고정된 루프에서 발생된다(위의 케이스 (1)에 해당함). 이 경우 $d\mathbf{s}$는 $d(\Delta\Phi)/dt$에 무관하므로, 식 (6-3)의 시간미분은 적분기호 안으로 들어올 수 있다. 따라서 변압기 기전력은 아래와 같은 수식으로 표현된다.

$$\boxed{emf_t = \oint_C \mathscr{E} \cdot d\mathbf{l} = -\int_S \frac{\partial \mathscr{B}}{\partial t} \cdot d\mathbf{s}} \quad [\mathrm{V}] \tag{6-4}$$

여기서 첨자 t는 변압기(transformer)를 의미한다. 반복하면, 식 (6-3)의 시간미분은 적분기호 안으로 들어와 시간에 대한 편미분으로 바뀌었다. 그 다음, 스토크스 정리를 이용하면 식 (6-4)를 아래와 같이 쓸 수 있다.

$$\int_S (\nabla \times \mathscr{E}) \cdot d\mathbf{s} = -\int_S \frac{\partial \mathscr{B}}{\partial t} \cdot d\mathbf{s} \tag{6-5}$$

주어진 면 S는 그것이 루프 C에 둘러싸여 있기만 하다면 무작위일 수 있다. 그러므로 식 (6-5)를 만족시키기 위해 그 두 피적분 함수는 S 위의 모든 점에서 동일한 값으로 주어져야 한다. 그러므로 미분형태의 패러데이 법칙은 아래와 같이 주어진다.

$$\nabla \times \mathscr{E} = -\frac{\partial \mathscr{B}}{\partial t} \tag{6-6}$$

이 식은 맥스웰 방정식의 네 식들 중의 하나이다.

Example 6-1

자속밀도 $\mathscr{B}(t) = \mathbf{a}_z B_o \cos(\omega t)$ 안에 반지름이 a인 원형 루프가 xy-평면에 놓여있다. 루프에 유도되는 emf를 구하라.

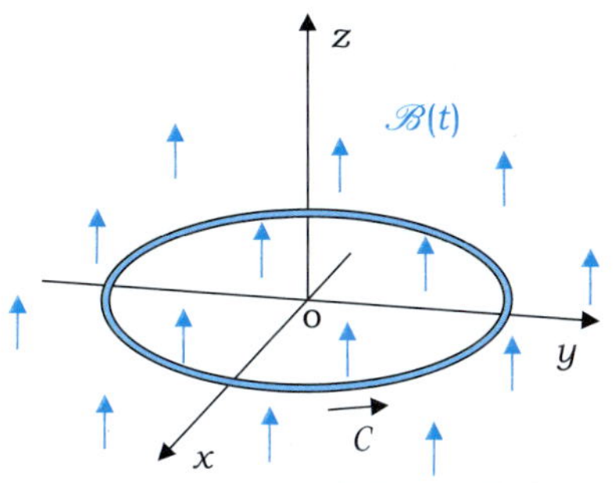

그림 6-2 시간에 따라 변하는 자속밀도 안의 원형 루프

Solution

[그림 6-2]에서처럼 반시계방향을 루프의 플러스 방향으로 삼으면, 미분면적 벡터 $d\mathbf{s}$는 +z-축을 향한다(오른손규칙). 그 루프의 연계자속을 구하면

$$\Phi = \int_S \mathscr{B} \cdot d\mathbf{s} = \int_{\phi=0}^{\phi=2\pi} \int_{\rho=0}^{\rho=a} \mathbf{a}_z B_o \cos(\omega t) \cdot (\mathbf{a}_z \rho \, d\rho \, d\phi)$$
$$= \pi B_o a^2 \cos(\omega t)$$

루프에 유도된 변압기 기전력은 다음과 같다.

$$emf_t = -\frac{d\Phi}{dt} = \pi B_o a^2 \omega \sin(\omega t)$$

기전력 emf가 플러스 부호일 때는 루프의 전기장이 C의 플러스 방향으로 유도된다는 것을 의미한다. 즉 반시계방향이다.

규격화된 연계자속(normalized flux linkage) $\overline{\Phi}$와 규격화된 기전력(normalized electromotive force) $\overline{emf}$ 가 [그림 6-3]에 시간에 대한 함수로 표시되었다. 음영으로 표시된 영역에서 $\overline{\Phi}$는 시간에 따라 증가하므로 $\overline{emf}$ 가 마이너스로 주어진다($\mathscr{E}$는 루프에서 시계방향으로 주어짐).

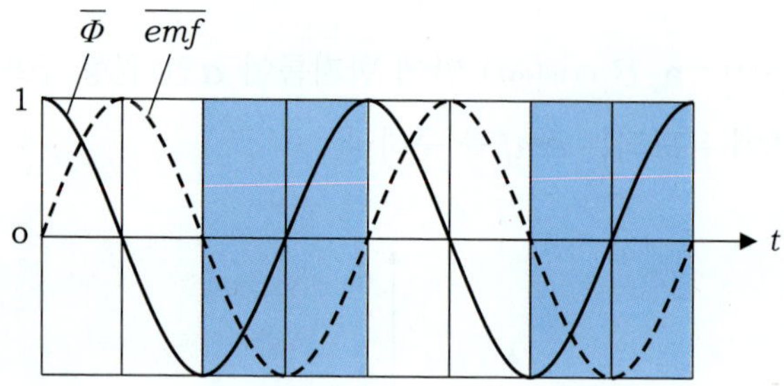

그림 6-3 규격화된 연계자속과 *emf*가 시간에 대한 함수로 표시됨

Exercise 6.2

자속밀도 $\mathscr{B}(t) = \mathbf{a}_z B_o \cos\omega t$내에서, 반지름 a의 원형 루프와 한 변 b의 정사각형 루프에 똑같은 (a) emf (b) $\mathscr{E}$가 유도되기 위한 a와 b 사이의 관계는?

Ans (a) $\pi a^2 = b^2$ (b) $2a = b$

(1) 이상적인 변압기(Ideal Transformer)

변압기는 교류용 소자로 패러데이 전자기 유도법칙에 따라 작동한다. [그림 6-4]는 하나의 심(core)에 두 코일이 감긴 형태의 변압기를 보여준다. 이상적인 변압기의 심은 무한대 투자율($\mu = \infty$)의 무손실 자성체로 만들어져, 모든 자속이 심 내부로 제한되어 존재하고 따라서 자속의 손실없이 두 코일이 자기적으로 결합된다.

감김 수 N_1의 1차 코일(primary coil)이 교류 전압원천 $\mathscr{V}_1$에 연결되고, 감김 수 N_2의 2차

코일(secondary coil)이 저항 R_L에 연결된 경우를 검토하자. 원천전압 v_1과 1차 회로의 전류 i_1는 자기심에 자속 Φ를 발생시킨다. 여기서 자속 Φ는 1차 및 2차 코일에 동시에 연계된다. 이러한 조건에서, 패러데이 법칙에 따라, 두 코일의 emf는 아래와 같다.

$$emf_1 = v_1 = -N_1 \frac{d\Phi}{dt} \tag{6-7a}$$

$$emf_2 = v_2 = -N_2 \frac{d\Phi}{dt} \tag{6-7b}$$

식 (6-7a)에서 기전력 emf_1이 원천전압 v_1을 상쇄한다는 것을 알 수 있다. 그렇지 않으면 1차 회로에 무한대의 전류가 흐른다. 반면 2차 코일의 기전력 emf_2는 저항 R_L 양단에 전압 v_2가 걸리도록 하여 2차 회로에 전류 i_2가 흐르게 한다([그림 6-4] 참조). 에너지 보존법칙에 따라, 1차 회로에서 소모되는 전력 $P_1 = v_1 i_1$은 2차회로에서 소모되는 전력 $P_2 = v_2 i_2$와 같아야 한다. 즉

$$\begin{aligned} P_1 &= v_1 i_1 \\ &= P_2 = v_2 i_2 \end{aligned} \tag{6-8}$$

두 식 (6-7)과 (6-8)로부터 아래의 관계식을 얻는다.

$$\frac{v_1}{v_2} = \frac{i_2}{i_1} = \frac{N_1}{N_2} \equiv \alpha \tag{6-9}$$

여기서 α는 감김비(turns ratio)이다. 전압비 v_1/v_2는 감김비에 비례하고, 전류비 i_1/i_2는 감김비에 반비례한다.

[그림 6-4(a)와 6-4(b)]의 두 변압기는 그들의 2차 코일이 서로 반대방향으로 감겨 있다. 그러므로 [그림 6-4(b)]의 v_2의 극성과 i_2의 방향은 [그림 6-4(a)]에 보인 그들과 서로 반대이다.

식 (6-9)에서 보듯이 변압기는 전압과 전류를 변환시킬 수 있고 또한 회로의 임피던스를 변환시킬 수 있다. 1차 회로에서 변압기는 등가 임피던스 Z_1로 대치될 수 있다. 즉

$$Z_1 = \frac{v_1}{i_1} = \frac{(N_1 / N_2)v_2}{(N_2 / N_1)i_2} \tag{6-10}$$

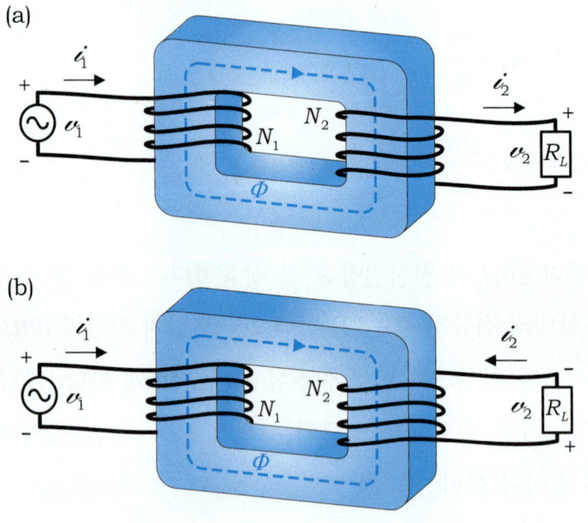

그림 6-4 2차 코일이 서로 반대로 감긴 두 변압기

만약 원천전압 v_1이 시간에 따라 주기적으로 변하고 부하임피던스가 Z_2로 주어지면, 1차회로에서 전압원천에 직접 연결되는 등가 임피던스는 아래와 같다.

$$Z_1 = \left(\frac{N_1}{N_2}\right)^2 Z_2 \tag{6-11}$$

위에서처럼 임피던스 변환은 감김수의 제곱과 관계가 있다.

Exercise 6.3

전압 110V를 220V로 변환하기 위해 사용되는 변압기의 감김비?

Ans 0.5

6.1.2 운동 기전력(Motional *emf*)

운동 기전력(motional *emf*)은 정자기장 내에서 움직이는 루프에 발생되는 기전력을 의미한다(6.1.1 절의 케이스 (2)에 해당). 수식으로 표현하면

$$\boxed{emf_m = \oint_C \mathscr{E} \cdot d\mathbf{l} = -\frac{d}{dt}\int_S \mathbf{B} \cdot d\mathbf{s}} \quad [\mathrm{V}] \tag{6-12}$$

균일한 정자기장 **B** 안에서 루프가 회전하거나, 혹은 비균일한 정자기장 **B**에서 루프가 직선상에서 움직여도 그 루프에 기전력이 발생할 수 있다.

[그림 6-5]에서 보듯이 폭과 높이가 각각 x_o과 y_o인 직사각형 루프가, 자속밀도가 $\mathbf{B} = B_o\mathbf{a}_z$로 균일하게 주어지는 영역($y \ge y_o$)에서 일정한 속도 $\boldsymbol{v} = v_o\mathbf{a}_y$로 움직인다. 시간 $0 \le t \le y_o/v_o$ 동안 루프에 발생하는 운동 기전력은 식 (6-12)를 이용해 아래와 같이 쓸 수 있다.

$$\begin{aligned} emf_m &= -\frac{d}{dt}\int_S \mathbf{B} \cdot d\mathbf{s} \\ &= -\frac{d}{dt}\left(B_o x_o v_o t\right) = -B_o x_o v_o \end{aligned} \tag{6-13}$$

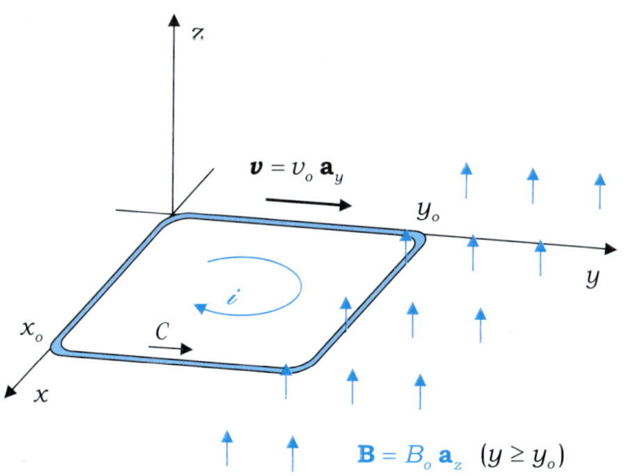

그림 6-5 정자기장에서 움직이는 루프의 운동 기전력

위에서 반시계방향이 루프의 플러스 방향으로 가정되었다. 그러므로 $d\mathbf{s}$는 오른손규칙에 따라 $+z$-방향을 가리킨다. 식 (6-13)의 마이너스 부호는 전기장과 전류가 루프에서 시계방향으로 유도된다는 것을 표시한다. 렌츠 법칙에 따라 루프의 전류 i는, 루프의 연계자속이 시간에 따라 증가하는 것이 억제되도록 시계방향으로 유도된다.

운동 기전력은 자기장 안에서 움직이는 루프 내의 전자들에 작용하는 자기력과 밀접한 연관이 있다. 로렌츠 힘의 식으로부터, 정자기장 $\mathbf{B}$ 내에서 $\boldsymbol{v}$의 속도로 움직이는 도체 내의 하나의 전자에 작용하는 자기력은 아래와 같다.

$$\boldsymbol{F}_m = e\boldsymbol{v} \times \mathbf{B} \tag{6-14}$$

여기서 e는 -1.6×10^{-19}[C]로 주어지는 전자의 전하량이다. 도체 안의 단위전하에 작용하는 자기력을 운동 전기장세기(motional electric field intensity)라 부른다.

$$\boxed{\mathscr{E}_m = \frac{\boldsymbol{F}_m}{e} = \boldsymbol{v} \times \mathbf{B}} \tag{6-15}$$

윗식의 $\mathscr{E}_m$을 주어진 도선 루프 주위로 폐선적분하여 운동 기전력을 아래와 같이 구한다.

$$\boxed{emf_m = \oint_C \mathscr{E}_m \cdot d\mathbf{l} = \oint_C (\boldsymbol{v} \times \mathbf{B}) \cdot d\mathbf{l}} \quad [\text{V}] \tag{6-16}$$

여기서 $\boldsymbol{v}$는 도체 루프의 속도이고, $\mathbf{B}$는 시간에 따라 변치 않는 자속밀도이다.

식 (6-16)을 이용해 운동 기전력을 어떻게 구하는지를 알아보기 위해 [그림 6-5]의 직사각형 루프를 고려하자. 식 (6-15)를 루프에 적용하면 루프의 오른쪽 변이 운동 기전력 emf_m에 기여한다는 것을 알 수 있다. 윗변 혹은 아랫변은 운동 기전력에 기여하지 못하는데 그 이유는 유도된 $\mathscr{E}_m$이 도선에 수직이기 때문이다. 또한 루프의 왼쪽 변도 운동 기전력에 기여하지 못하는데 그 이유는 시간 $0 < t < y_o/v_o$ 동안 왼쪽 변이 $\mathbf{B}=0$인 영역을 통과하기 때문이다. 따라서 식 (6-16)으로부터 루프의 운동 기전력은 아래와 같이 주어진다.

$$\begin{aligned} emf_m &= \int_{x=x_o}^{x=0} (\boldsymbol{v} \times \mathbf{B}) \cdot d\mathbf{l} \\ &= \int_{x=x_o}^{x=0} v_o B_o \, \mathbf{a}_x \cdot \mathbf{a}_x dx = -B_o x_o v_o \end{aligned} \tag{6-17}$$

이것은 식 (6-13)의 결과와 동일하다.

그 다음 [그림 6-6]에서와 같은 전통적인 운동 기전력의 예에 대해 생각해보자. 여기서 도체 미끄럼 막대(slide bar)가 균일한 자속밀도 $\mathbf{B} = B_o \mathbf{a}_z$에서 두 평행 도체의 레일(rail) 위에서 움직인다. 스위치 S_1이 열려 있는 경우, 유도된 기전력은 S_1의 단자전압으로 나타난다. 식 (6-16)으로부터 미끄럼 막대에 유도된 운동 기전력은 아래와 같이 구해진다.

$$\begin{aligned} emf_m &= \int_u^l (\boldsymbol{v} \times \mathbf{B}) \cdot d\mathbf{l} \\ &= \int_{x=0}^{x=x_o} v_o B_o \, \mathbf{a}_x \cdot \mathbf{a}_x dx = v_o B_o x_o \end{aligned} \tag{6-18}$$

여기서 u와 l은 미끄럼 막대가 레일과 만나는 위쪽과 아래쪽 점을 의미한다. 식 (6-18)의 적분구간(u에서 l)은 미끄럼 막대, 레일, 단자 1과 2로 이루어진 루프에서 시계방향을 플러스 방향으로 가정하였기 때문이다. 식 (6-18)의 플러스 운동 기전력은 유도된 $\mathscr{E}_m$이 미끄럼 막대에서 $+x$-방향으로 주어진다는 것을 의미한다. 이들을 고려하면 [그림 6-6]의 단자전압은 아래와 같이 주어진다.

$$\mathscr{v}_{1-2} = v_o B_o x_o \tag{6-19}$$

플러스 단자전압 $\mathscr{v}_{1-2}$는 단자 1의 전위가 단자 2보다 높다는 것을 의미한다.

[그림 6-6]을 참조해 $\mathscr{E}_m$과 $\mathscr{v}_{1-2}$ 사이의 관계에 대해 알아보자. 식 (6-15)의 전기장세기 $\mathscr{E}_m$은 미끄럼 막대에 작용하는 자기력을 의미하는데, 이것에 의해 자유전자는 점 u 쪽으로 움직이고 따라서 플러스 전하가 점 l에 쌓이게 된다. 이러한 전하 분리에 의한 내부전기장은 $\mathscr{E}_m$을 상쇄하여 더 이상의 전하분리가 일어나지 않도록 한다. 결론적으로, $\mathscr{E}_m$이 미끄럼 막대에서 전하를 분리시키면, 이것은 미끄럼 막대 양단의 전위 차이로 나타나고, 이것은 바로 단자전압 $\mathscr{v}_{1-2}$를 의미한다.

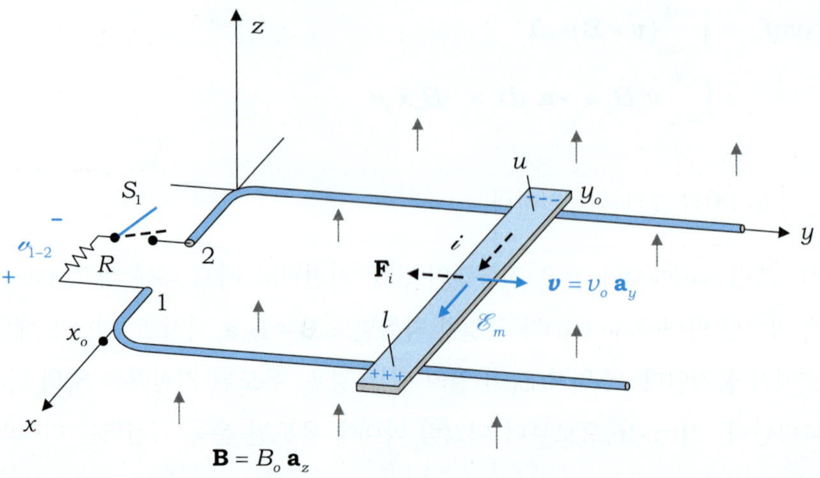

그림 6-6 미끄럼 막대가 도체 레일 위에서 움직인다.

이러한 기전력은 식 (6-12)를 이용하면 직접적으로 아래와 같이 구할 수 있다. 즉

$$\begin{aligned} emf_m &= -\frac{d}{dt}\int_S \mathbf{B}\cdot d\mathbf{s} \\ &= -\frac{d}{dt}\int_S B_o\,\mathbf{a}_z\cdot(-dxdy\,\mathbf{a}_z) = \frac{d}{dt}\left[B_o x_o\left(y_o + v_o t\right)\right] \end{aligned} \tag{6-20}$$

윗식에서 $d\mathbf{s}$는 오른손규칙에 따라 $-z$-방향을 가리킨다. 식 (6-20)은 식 (6-18)의 결과와 동일하다.

만약 스위치 S_1이 닫히면 운동 기전력은 미끄럼 막대, 레일, 저항 R로 이루어진 닫힌 루프에 전류 i를 흐르게 한다. 전류 i가 흐르는 미끄럼 막대가 자속밀도 내에서 $\boldsymbol{v}$의 속도로 움직이면 그 막대에 $-\boldsymbol{v}$-방향으로 자기력이 작용한다. 따라서 미끄럼 막대를 움직이기 위해 에너지가 소모되어야 한다. 전류 i가 흐르는 미끄럼 막대에 작용하는 자기력은 식 (5-135b)로부터 아래와 같이 구할 수 있다.

$$\begin{aligned} \mathbf{F}_i &= i\int_C d\mathbf{l}\times\mathbf{B} \\ &= i\int_{x=0}^{x=x_o} B_o(-\mathbf{a}_y)dx = -i\,B_o x_o\,\mathbf{a}_y \end{aligned} \quad [\mathrm{N}] \tag{6-21}$$

여기서 $d\mathbf{l} = dx\mathbf{a}_x$이고 $\mathbf{B} = B_o\mathbf{a}_z$이다. 여기서 주목할 것은 식 (6-21)의 적분은 미끄럼 막대에 흐르는 전류의 방향을 따라 수행된다. 자기력 $\mathbf{F}_i$는 미끄럼 막대가 속도 $\boldsymbol{v} = v_o\mathbf{a}_y$로 움직이는 것을 방해하는 방향으로 작용하므로, 막대를 움직이기 위해 에너지가 소모되어야 한다. 미끄럼 막대를 $\boldsymbol{v} = v_o\mathbf{a}_y$의 속도로 움직이기 위해 아래와 같은 전력소모가 이루어진다.

$$P_{me} = -\mathbf{F}_i \cdot \boldsymbol{v} = i B_o x_o v_o \qquad [\text{W}] \tag{6-22}$$

여기서 $-\mathbf{F}_i$는 막대에 작용하는 자기력을 상쇄하기 위해 외부에서 가하는 기계적인 힘이다. 에너지 보존법칙에 의해, 기계적인 힘에 의한 에너지 소모는 저항 R에서의 전기에너지 소모와 같아야 한다. 식 (6-19)의 v_{1-2}를 이용하면 전력을 아래와 같이 쓸 수 있다.

$$P_{el} = i v_{1-2} = i B_o x_o v_o \qquad [\text{W}] \tag{6-23}$$

식 (6-22)와 (6-23)의 두 결과는 서로 같다: $P_{me} = P_{el}$

Exercise 6.4

[그림 6-5]의 자속밀도 $\mathbf{B} = B_o\mathbf{a}_z$가 영역 $0 \le y \le y_o$에 제한되어 있을 때 루프의 기전력을 구하라.

Ans $B_o x_o v_o$[V], 시간 $0 \le t \le (y_o/v_o)$동안

Exercise 6.5

스위치 S_1이 열려 있을 때 미끄럼 막대를 움직일 때 한 일의 양은 어떻게 되는가?

Ans v_{1-2}

6.1.3 시변 자기장 내의 루프의 이동 (A Loop Moving in a Time-Varying Magnetic Field)

하나의 닫힌루프가 시간에 따라 변하는 자기장 내에서 움직일 때의 그 루프에 유도되는 기전력에 대해 알아보자. 이 경우 총 기전력은 변압기 기전력과 운동 기전력의 합으로 주어진다. 즉

$$\begin{aligned} emf &= \oint_C \mathscr{E} \cdot d\mathbf{l} \\ &= -\int_S \frac{\partial \mathscr{B}}{\partial t} \cdot d\mathbf{s} + \oint_C (\boldsymbol{v} \times \mathscr{B}) \cdot d\mathbf{l} \end{aligned} \quad [\mathrm{V}] \tag{6-24}$$

여기서 C는 시간에 따라 변하는 $\mathscr{B}$ 안에서 $\boldsymbol{v}$로 움직이는 루프를 표시하고, S는 C에 의해 둘러싸인 면을 표시한다. $d\mathbf{s}$와 $d\mathbf{l}$의 방향은 오른손규칙을 따른다. 식 (6-24)의 오른쪽 면적분은 면 S가 고정되었다고 가정할 때 얻어지는 변압기 기전력이고, 반면 폐선적분은 $\mathscr{B}$가 시간에 대해 고정되었다고 가정할 때 계산되는 운동 기전력이다. 식 (6-24)의 총 기전력은 간단히 식 (6-3)과 같이 표현될 수 있다. 즉

$$emf = \oint_C \mathscr{E} \cdot d\mathbf{l} = -\frac{d}{dt}\int_S \mathscr{B} \cdot d\mathbf{s} \qquad [\mathrm{V}] \qquad (6\text{-}3)(6\text{-}25)$$

이 경우 전속밀도와 루프가 시간에 따라 변할 수 있으므로 시간미분이 적분기호 안으로 들어갈 수 없다. 스토크스 정리를 위의 폐선적분에 적용하고, 면 S가 무작위일 수 있는 것을 이용하면 다음을 구할 수 있다.

$$\nabla \times \mathscr{E} = -\frac{\partial \mathscr{B}}{\partial t} + \nabla \times (\boldsymbol{v} \times \mathscr{B}) \tag{6-26}$$

윗식의 오른쪽 첫째 항은 변압기 기전력에서 기인하고, 둘째 항은 운동 기전력에서 기인한다.

Example 6-2

변이 각각 a와 b로 주어지는 직사각형 루프가 [그림 6-7]에서처럼 시간에 따라 변하는 자속밀도 $\mathscr{B} = B\sin(\omega t)\mathbf{a}_y$ 안에서 x-축을 중심으로 각속도 ω_o으로 회전하고 있다. 루프면에 수직인 단위벡터 $\mathbf{a}_S$는 $+y$-축과 각도 $\varphi = \omega_o t + \alpha$를 이룬다. 여기서 α는 상수이다. 시간 $t = t_1$일 때 다음을 구하라. (a) 변압기 기전력, (b) 운동 기전력, (c) 식 (6-25)를 이용한 총 기전력.

Solution

(a) 시간 $t = t_1$에서 루프의 총 연계자속은 아래와 같다.

$$\begin{aligned}\Phi &= \int \mathscr{B} \cdot d\mathbf{s} = B\sin(\omega t_1)\mathbf{a}_y \cdot ab\,\mathbf{a}_s \\ &= abB\sin(\omega t)\big|_{t=t_1} \cos\left(\varphi(t_1)\right)\end{aligned} \tag{6-27}$$

변압기 기전력은 식 (6-27)의 φ를 상수로 고정하고 주어진 연계자속을 시간에 대해 미분하여 얻는다.

$$emf_t = -\frac{d\Phi}{dt}\bigg|_{\substack{t=t_1,\\ \varphi=\text{constant}}} = -\omega abB\cos(\omega t_1)\cos\left(\varphi(t_1)\right) \tag{6-28}$$

단위벡터 $\mathbf{a}_S$와 오른손규칙으로부터 알 수 있듯이 루프의 기전력은 루프의 모서리 1, 2, 3, 4 의 순서로 통과하면서 계산하여야 한다. 따라서 식 (6-28)에서 플러스 기전력은 단자 I이 단자 II보다 높은 전위에 있다는 것을 나타낸다.

(b) 운동 기전력은, 식 (6-16)의 $\mathscr{B}$를 시간 $t = t_1$에서의 고정된 값으로 취급하면, 다음과 같이 계산된다.

$$\begin{aligned}emf_m &= \oint_C (\boldsymbol{v} \times \mathscr{B}) \cdot d\mathbf{l} \\ &= \int_1^2 \left[\omega_o \left(\tfrac{1}{2}b\right)\mathbf{a}_S \times \mathbf{a}_y B\sin(\omega t_1)\right] \cdot (dx\,\mathbf{a}_x) \\ &\quad + \int_3^4 \left[\omega_o \left(\tfrac{1}{2}b\right)(-\mathbf{a}_S) \times \mathbf{a}_y B\sin(\omega t_1)\right] \cdot (dx\,\mathbf{a}_x) \\ &= \omega_o abB\sin(\omega t_1)\sin\varphi(t)\big|_{t=t_1}\end{aligned} \tag{6-29}$$

식 (6-29)에서 루프의 아랫변과 윗변에 대해 각각 $\boldsymbol{v} = \omega_o \left(\frac{1}{2}b\right)(\pm\mathbf{a}_S)$를 사

용했다. 루프의 왼쪽 혹은 오른쪽 변에 의한 기전력은 0인데 그 이유는 $\boldsymbol{v}\times\mathscr{B}$가 도선에 수직이기 때문이다.

(c) 관계식 $\varphi=\omega_o t+\alpha$를 식 (6-27)에 대입하면, 시간에 따라 변하는 루프의 연계자속을 아래와 같이 얻을 수 있다.

$$\Phi = abB\sin(\omega t)\cos(\omega_o t+\alpha)$$

시간 $t=t_1$에서의 총 기전력은

$$\begin{aligned} emf &= -\left.\frac{d\Phi}{dt}\right|_{t=t_1} \\ &= -\omega abB\cos(\omega t_1)\cos(\omega_o t_1+\alpha) \\ &\quad +\omega_o abB\sin(\omega t_1)\sin(\omega_o t_1+\alpha) \end{aligned} \tag{6-30}$$

식 (6-30)에서 ω와 ω_o을 혼동하지 말아야 한다. ω는 $\mathscr{B}$의 각주파수(angular frequency)이고 ω_o은 루프의 각속도(angular speed)이다. 식 (6-30)의 결과는 식 (6-28)과 (6-29)의 결과를 합한 것과 똑같다.

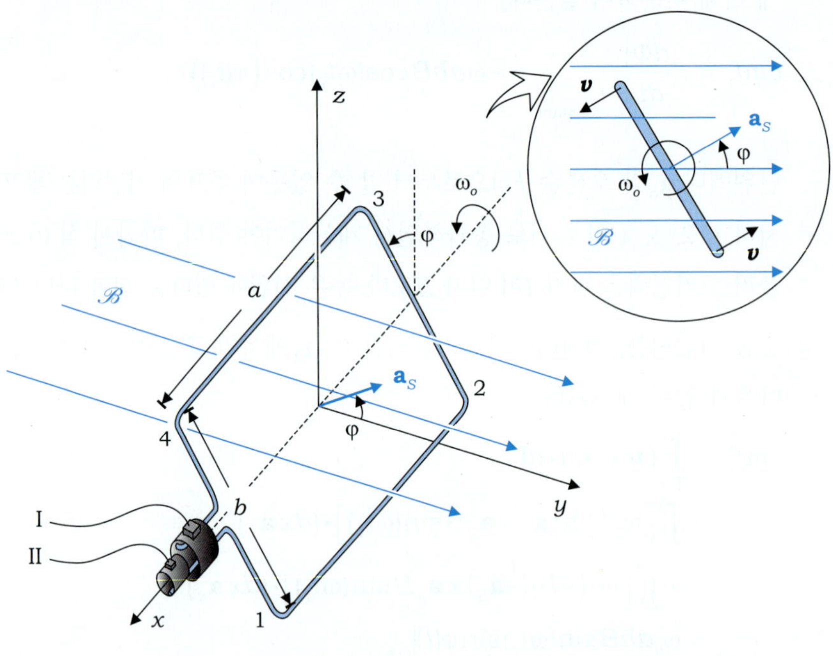

그림 6-7 시간에 따라 변하는 자기장 내에서 회전하는 직사각형 루프

Exercise 6.6

[그림 6-6]의 미끄럼 막대가 자속밀도 $\mathscr{B} = \mathbf{a}_z B_o \cos(\omega_o t)$안에서 $\boldsymbol{v} = v_o \mathbf{a}_y$의 속도로 움직이는데, 시간 $t = 0$일 때 x-축을 지난다. 시간 $t \geq 0$에서 단자전압 v_{1-2}를 구하라.

Ans $v_{1-2} = x_o v_o B_o [\cos(\omega_o t) - \omega_o t \sin(\omega_o t)]$

Review Questions with Hints

RQ 6.1 패러데이의 전자기 유도법칙을 설명하라. [(6-1)]

RQ 6.2 렌츠 법칙을 설명하라. [(6-1)]

RQ 6.3 마이너스 기전력은 무엇을 의미하는가. [(6-2), 그림 6-3]

RQ 6.4 총 기전력이 변압기 기전력과 운동 기전력의 합으로 주어지는 경우에 대해 설명하라. [(6-24)]

6.2 변위전류밀도(DISPLACEMENT CURRENT DENSITY)

6-1절에서 보듯이 시간에 따라 변하는 전기장은 보존장이 아니다. 이 경우 정전기장의 비회전장 성질을 표시하는 식 $\nabla \times \mathbf{E} = 0$은 패러데이의 전자기유도에 적합하도록 $\nabla \times \mathscr{E} = -\partial \mathscr{B}/\partial t$로 수정되어야 한다. 또한 자기장이 시간에 따라 변하는 경우, 정자기장에 대한 암페어 법칙을 나타내는 식 $\nabla \times \mathbf{H} = \mathbf{J}$는 맥스웰의 변위전류 개념에 적합하도록 수정되어야 한다.

시간에 따라 자기장이 변하는 경우 암페어 법칙은 연속방정식을 만족시키지 못한다. 우선 미분형태의 암페어 법칙을 쓰면

$$\nabla \times \mathbf{H} = \mathbf{J} \tag{6-31}$$

윗식의 양변에 다이버전스를 취해 다음을 구한다.

$$\nabla \cdot \nabla \times \mathbf{H} = \nabla \cdot \mathbf{J}$$

윗식의 왼쪽은 항상 0인데 그 이유는 벡터 항등식 $\nabla \cdot \nabla \times \mathbf{U} = 0$때문이다. 따라서 위의 식은 $\nabla \cdot \mathbf{J} = 0$으로 축소된다. 이 식을 연속방정식 $\nabla \cdot \boldsymbol{J} = -\partial \rho_v / \partial t$와 비교하면 암페어 법칙은 주어진 전자기 시스템이 시간에 따라 변치 않는 경우에만 적용될 수 있다는 것을 알 수 있다.

하나의 축전기가 시간에 따라 증가하는 전류 i에 의해 충전되고 있을 때, 이것에 암페어 법칙을 적용하면, 서로 모순되는 두 결론에 다다른다. [그림 6-8]에서와 같이 축전기 도선 주위에 닫힌루프 C를 가정하고 이것에 둘러싸인 2개의 서로 다른 면 S_1과 S_2를 가정하자. 면 S_1은 [그림 6-8(a)]에서처럼 평평하고, S_2는 [그림 6-8(b)]에서처럼 축전기의 한 도체를 둘러싸는 열려 있는 주머니 형태이다. [그림6-8(a)]에서 C와 S_1에 대해 암페어 법칙을 적용하면 C 주위로의 $\mathbf{H}$의 폐선적분은 0이 아닌데 그 이유는 전류 i가 면 S_1을 관통하기 때문이다. 그러나 [그림 6-8(b)]에서 C와 S_2에 암페어 법칙을 적용하면, 면 S_2를 실질적으로 관통하는 전도전류는 0이므로, C 주위로의 $\mathbf{H}$의 폐선적분은 0이라는 상반된 결론에 다다른다.

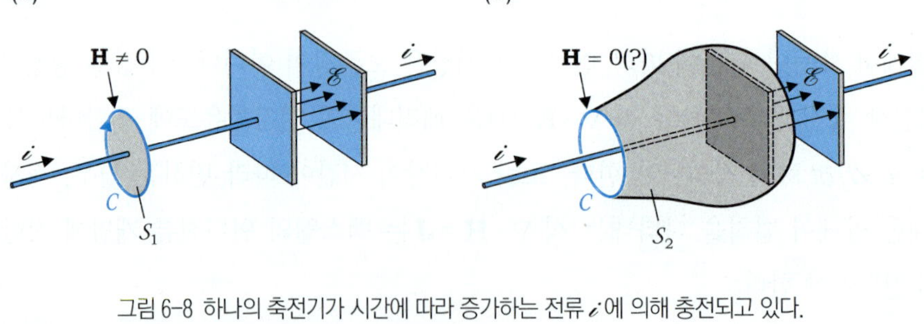

그림 6-8 하나의 축전기가 시간에 따라 증가하는 전류 i에 의해 충전되고 있다.
루프 C가 면 S_1 혹은 S_2를 둘러싸고 있다.

전도전류가 시변 자기장의 유일한 원천은 아니다. 만약 전도전류 i가 시간에 따라 증가하면, 축전기 두 도체 사이의 공간에 전도전류가 0이더라도 그 영역에 시변 자기장이 유도된다. 축전기가 총 전하 $\pm\mathcal{Q}$[C]을 가지면, 두 도체 사이의 공기영역에 전기장세기는 아래와 같다. 즉

$$\mathscr{E} = \frac{\mathcal{Q}}{\varepsilon_o A}\mathbf{a}_z \tag{6-32}$$

여기서 A는 축전기 도체의 면적인데 그 평판도체들은 z-축에 수직이다. 식 (6-32)에서 도체 가장자리에서의 전기장 휘어짐 현상은 무시되었다. 그 다음, 윗식의 양변을 시간에 대해 미분하고 관계식 $i = d\mathcal{Q}/dt$를 이용하면 아래의 식을 얻을 수 있다.

$$\frac{\partial\left(\varepsilon_o \mathscr{E}\right)}{\partial t} = \frac{i}{A}\mathbf{a}_z \tag{6-33}$$

식 (6-33)의 오른쪽은 전류밀도와 똑같은 단위를 가지고, 왼쪽의 괄호 항은 전속밀도를 나타낸다. 식 (6-33)으로부터 변위전류밀도(displacement current density) $\boldsymbol{J}_D$를 전속밀도 $\mathscr{D}$의 시간에 대한 미분으로 정의한다. 즉

$$\boxed{\boldsymbol{J}_D \equiv \frac{\partial \mathscr{D}}{\partial t}} \quad [\mathrm{A/m^2}] \tag{6-34}$$

비록 변위전류밀도가 자유전자의 실질적인 움직임과는 무관하지만 시간에 따라 변하는 자기장에 관한 한 그것은 하나의 전도전류(conduction current) 혹은 대류전류(convection current)와 동일하게 작용한다. 평판 축전기에서 전도전류는 축전기 도선 주위에 자기장을 발생시키고, 변위전류는 두 도체 사이의 공간에 자기장을 발생시킨다. 평판 축전기가 유한한 전도도의 유전체로 채워진 경우, 이 물체 안에 전도전류와 변위전류가 동시에 흐르고, 이들은 동시에 자기장을 발생시킨다. 손실유전체 안에서의 전도전류와 변위전류의 합은 축전기 도선에 흐르는 전도전류와 같다. 이 경우 도체의 높은 전도도 때문에 도체 내의 변위전류는 무시된다. 전자기장이 시간에 따라 변하는 경우 미분형태의 암페어 법칙은 변위전류밀도를 포함하여 아래와 같이 수정된다.

$$\nabla \times \mathscr{H} = \boldsymbol{J} + \frac{\partial \mathscr{D}}{\partial t} \tag{6-35}$$

윗식은 일반화된 암페어 법칙(generalized Ampere's law) 혹은 암페어 법칙(Ampere's law)으로 불린다. 식 (6-35)의 전류밀도 $\boldsymbol{J}$는 시간에 따라 변하는 전도전류 혹은 대류전류를 의미한다. 스토크스 정리를 식 (6-35)에 적용하면 적분형태의 암페어 법칙을 구할 수 있다.

$$\oint_C \mathscr{H} \cdot d\mathbf{l} = \int_S \left(\boldsymbol{J} + \frac{\partial \mathscr{D}}{\partial t} \right) \cdot d\mathbf{s} \tag{6-36}$$

그 다음, 식 (6-35)가 연속방정식을 만족시키는지를 확인해보자. 윗식의 양변에 다이버전스를 취하고 왼편에 다이버전스 정리를 적용하면 아래의 식을 얻는다.

$$\nabla \cdot \nabla \times \mathscr{H} = \nabla \cdot \boldsymbol{J} + \frac{\partial}{\partial t}(\nabla \cdot \mathscr{D}) \tag{6-37}$$

식 (6-37)의 맨 오른쪽항에서 다이버전스와 시간미분의 순서가 바뀌었다. 벡터 항등식 $\nabla \cdot \nabla \times \mathbf{U} = 0$과 가우스 법칙 $\nabla \cdot \mathscr{D} = \rho_v$ 를 이용하면 식 (6-37)은 아래와 같이 축소된다.

$$0 = \nabla \cdot \boldsymbol{J} + \frac{\partial \rho_v}{\partial t} \tag{6-38}$$

윗식은 연속방정식을 의미하므로 언제나 만족되어야 한다.

Example 6-3

[그림 3-37]과 같은 평판 축전기의 양단에 교류전압 $v_{1-2} = V_o \sin \omega t$가 인가되었다. 가장자리의 전기장 휘어짐을 무시하고, 두 도체 사이의 무손실 유전체 안의 변위전류는 축전기 도선의 전도전류와 같다는 것을 증명하라.

Solution

두 도체 사이에 균일한 전기장 $\mathscr{E}$를 가정하고, $\mathscr{D}$를 관계식 $v_{1-2} = \mathscr{E}d$와 $\mathscr{D} = \varepsilon\mathscr{E}$를 이용해 구하면

$$\mathscr{D} = -\mathbf{a}_z \varepsilon \frac{V_o}{d} \sin \omega t$$

그리하여 변위전류밀도는

$$\boldsymbol{J}_D = \frac{\partial \mathscr{D}}{\partial t} = -\mathbf{a}_z \omega\varepsilon \frac{V_o}{d} \cos \omega t$$

$-z$-방향으로 흐르는 총 변위전류는

$$\begin{aligned} I_D &= \int_S J_D ds = S\omega\varepsilon \frac{V_o}{d} \cos \omega t \\ &= CV_o \omega \cos \omega t \end{aligned} \tag{6-39}$$

식 (6-39)에서 S는 평판도체의 면적이고, C는 $C = \varepsilon S/d$로 주어지는 축전기 정전용량이다.

회로이론으로부터, 축전기 도선의 전도전류는 아래와 같이 주어진다.

$$I_C = C \frac{dV_{1-2}}{dt} = CV_o \omega \cos \omega t \tag{6-40}$$

식 (6-39)와 (6-40)의 두 결과는 동일하다.

Exercise 6.7

시간에 따라 변하는 전기장 $\mathscr{E} = \mathbf{a}_z E_o \cos(\omega t - k\rho)/\rho$ [V/m]가 자유공간에서 주어질 때 변위전류밀도를 원통좌표계로 구하라.

Ans $\boldsymbol{J}_D = -\mathbf{a}_z \omega\varepsilon_o E_o \sin(\omega t - k\rho)/\rho$ [A/m^2]

Review Questions with Hints

RQ 6.5 변위전류밀도의 물리적 의미는 무엇인가? [(6-35)]

RQ 6.6 $\partial\mathscr{D}/\partial t$의 단위는 무엇인가? [(6-34)]

RQ 6.7 어떤 물리법칙이 변위전류 개념의 기초가 되는가? [(6-38)]

6.3 맥스웰 방정식(MAXWELL'S EQUATIONS)

1873년에 제임스 클락 맥스웰은 지금까지 실험적으로 알려진 쿨롱, 가우스, 암페어, 패러데이 법칙 및 변위전류 개념을 한데 묶어 통합된 전자기 이론을 발표했다. 이 이론은 시간에 따라 변하는 전기장 및 자기장이 반드시 만족시켜야 하는 4개의 기본식들로 이루어져 있는데 이것을 맥스웰 방정식이라 부른다. 맥스웰 방정식은 매질에 관계없이 항상 성립한다. 맥스웰 방정식은 적분형태 혹은 미분형태로 표시할 수 있는데 적분형태는 각 식들의 물리적 의미를 표현하는데 유리하고, 미분형태는 주어진 공간상 영역의 각 지점에서의 전기장 및 자기장을 표시하는데 유리하다.

미분형태의 맥스웰 방정식은 아래와 같다.

$$\boxed{\nabla \times \mathscr{E} = -\frac{\partial \mathscr{B}}{\partial t}} \tag{6-41a}$$

$$\boxed{\nabla \times \mathscr{H} = \boldsymbol{J} + \frac{\partial \mathscr{D}}{\partial t}} \tag{6-41b}$$

$$\boxed{\nabla \cdot \mathscr{D} = \rho_v} \tag{6-41c}$$

$$\boxed{\nabla \cdot \mathscr{B} = 0} \tag{6-41d}$$

이 식들은 각각 패러데이 법칙, 암페어 법칙, 가우스 법칙, 자기 가우스 법칙으로 불린다. 전자기 문제를 풀기 위해 보조관계식들이 필요한데, $\mathscr{D}$와 $\mathscr{E}$사이의 관계식과 $\mathscr{B}$와 $\mathscr{H}$사이의 관계식은 전자기 매질의 구조식으로 아래와 같다.

$$\mathscr{D} = \varepsilon \mathscr{E} \tag{6-42a}$$

$$\mathscr{B} = \mu \mathscr{H} \tag{6-42b}$$

여기서 ε은 유전율이고 μ는 투자율이다. 전도전류와 대류전류는 각각 다음과 같이 정의된다.

$$\boldsymbol{J} = \sigma \mathscr{E} \tag{6-43a}$$

$$\boldsymbol{J} = \rho_v \boldsymbol{v} \tag{6-43b}$$

여기서 σ는 전도도이고, ρ_v는 체적전하밀도, $\boldsymbol{v}$는 전하밀도의 이동속도이다. $\mathscr{E}$와 $\mathscr{B}$가 존재하는 상태에서 하나의 전하 q가 받는 힘을 구하기 위해 아래의 로렌츠 힘의 식을 이용한다.

$$\boldsymbol{F} = q\left(\mathscr{E} + \boldsymbol{v} \times \mathscr{B}\right) \tag{6-44}$$

여기서 $\boldsymbol{v}$는 전하의 이동속도이다. 시간에 따라 변하는 경우 연속방정식은 아래와 같다.

$$\nabla \cdot \boldsymbol{J} = -\frac{\partial \rho_v}{\partial t} \tag{6-45}$$

이것은 전하 보존법칙에 기초하고 있다.

Example 6-4

자유공간에서 $\mathscr{E} = E_o \mathbf{a}_x \cos(\omega t - kz)$, $\mathscr{H} = E_o \mathbf{a}_y \sqrt{\varepsilon_o / \mu_o} \cos(\omega t - kz)$이고 전파상수가 $k = \omega\sqrt{\mu_o \varepsilon_o}$일 때, $\mathscr{E}$와 $\mathscr{H}$가 맥스웰 방정식을 만족하고 따라서 하나의 전자기장이라는 것을 보여라.

Solution

$\mathscr{E}$와 $\mathscr{H}$를 식 (6-41a)에 대입하면

$$kE_o \mathbf{a}_y \sin(\omega t - kz) = \omega E_o \mathbf{a}_y \sqrt{\mu_o \varepsilon_o} \sin(\omega t - kz) \quad \text{(6-46a)}$$

$\boldsymbol{J} = 0$(자유공간)을 가정하고 주어진 두 벡터장을 식 (6-41b)에 대입하면

$$-kE_o \mathbf{a}_x \sqrt{\varepsilon_o / \mu_o} \sin(\omega t - kz) = -\omega \varepsilon_o E_o \mathbf{a}_x \sin(\omega t - kz) \quad \text{(6-46b)}$$

식 (6-46a)와 (6-46b)는 관계식 $k = \omega\sqrt{\mu_o \varepsilon_o}$에 의해 항상 성립한다.

$\rho_v = 0$(자유공간)을 가정하고, 주어진 벡터장을 식 (6-41c)에 대입하면

$$\nabla \cdot \mathscr{D} = \nabla \cdot \left[\varepsilon_o E_o \mathbf{a}_x \cos(\omega t - kz)\right] = 0 \quad \text{(6-46c)}$$

주어진 벡터장을 식 (6-41d)에 대입하면

$$\nabla \cdot \left[\mu_o E_o \mathbf{a}_y \sqrt{\varepsilon_o / \mu_o} \cos(\omega t - kz)\right] = 0 \quad \text{(6-46d)}$$

$\mathscr{D}$가 x에 독립이므로 식 (6-46c)는 항상 만족되고, $\mathscr{B}$가 y에 독립이므로 식 (6-46d)는 항상 만족된다. 그러므로 주어진 $\mathscr{E}$와 $\mathscr{H}$는 맥스웰 방정식을 만족하며, 하나의 전자기장을 형성한다.

마찬가지로, 두 벡터장 $\mathscr{E} = E_o \mathbf{a}_x \cos(\omega t + kz)$와 $\mathscr{H} = -E_o \mathbf{a}_y \sqrt{\varepsilon_o / \mu_o} \cos(\omega t + kz)$도 맥스웰 방정식을 만족하므로 자유공간에서 또 다른 전자기장을 형성한다.

Exercise 6.8

다음의 벡터장들이 자유공간에서 맥스웰 방정식을 만족하는가?

(a) $\mathscr{E}=\mathbf{a}_x E_o e^{j(\omega t-kz)}$

(b) $\mathscr{E}=\mathbf{a}_z E_o \cos(k\rho)\cos(\omega t)$

(c) $\mathscr{E}=\mathbf{a}_z E_o \cos(ky)\cos(\omega t)$

(d) $\mathscr{E}=\mathbf{a}_z E_o \sin(\omega t-kz)$

여기서 E_o, ω, $k=\omega\sqrt{\varepsilon_o\mu_o}$는 상수이고, ρ는 원통좌표계의 반지름 거리다.

[힌트: $\mathscr{E}$로부터 $\mathscr{H}$를 구하고, 이것이 다시 $\mathscr{E}$를 만드는지 확인]

Ans (a) 예 (b) 아니오 (c) 예 (d) 아니오

6.3.1 적분형태 맥스웰 방정식(Maxwell's Equations in Integral Form)

미분형태의 맥스웰 방정식은, 다이버전스 및 스토크스 정리를 이용하면, 적분형태로 표시될 수 있다. 적분은 일반적으로 선, 면, 체적과 같은 기하학적 요소들을 포함하므로 두 매질 사이의 경계면에서 전자기장의 경계면 조건을 구하는데 매우 유용하다.

적분형태의 맥스웰 방정식은 아래와 같이 주어진다.

$$\oint_C \mathscr{E}\cdot d\mathbf{l} = -\int_S \frac{\partial \mathscr{B}}{\partial t}\cdot d\mathbf{s} \tag{6-47a}$$

$$\oint_C \mathscr{H}\cdot d\mathbf{l} = \int_S \left[\boldsymbol{J} + \frac{\partial \mathscr{D}}{\partial t}\right]\cdot d\mathbf{s} \tag{6-47b}$$

$$\oint_S \mathscr{D}\cdot d\mathbf{s} = \int_v \rho_v\, dv \tag{6-47c}$$

$$\oint_S \mathscr{B}\cdot d\mathbf{s} = 0 \tag{6-47d}$$

여기서 $d\mathbf{l}$과 $d\mathbf{s}$의 방향은 오른손규칙을 따른다. 오른손 엄지가 면 S 위의 $d\mathbf{s}$ 방향을 가리키면, 오른손 네 손가락은 루프 C 위의 $d\mathbf{l}$ 방향으로 회전한다.

6.3.2 전자기장의 경계면 조건(Electromagnetic Boundary Conditions)

3 장과 5 장에서 정전기장 및 정자기장에 대한 기본식들을 이용해 서로 다른 매질 사이의 경계면에서 **E**, **D**, **H**, **B**에 대한 경계면 조건들을 구했다. 마찬가지 방법으로 서로 다른 두 매질 사이의 경계면에서 $\mathscr{E}$, $\mathscr{D}$, $\mathscr{H}$, $\mathscr{B}$에 대한 경계면 조건을 구할 수 있다. $\mathscr{E}$와 $\mathscr{H}$의 접선성분에 대한 경계면 조건은 패러데이 법칙과 암페어 법칙을, 경계면에 걸쳐 있는, 직사각형 루프에 적용하여 얻을 수 있고, $\mathscr{D}$와 $\mathscr{B}$의 법선성분에 대한 경계면 조건은, 경계면에 걸쳐 있는, 원통에 가우스 법칙과 자기 가우스 법칙을 적용하여 얻을 수 있다. 비록 패러데이 법칙이 추가적인 항 $\partial\mathscr{B}/\partial t$를 포함하고 암페어 법칙이 변위전류밀도 $\partial\mathscr{D}/\partial t$를 포함하지만, 이들 항들은 경계면 조건에 영향을 미치지 못한다. 그 이유는 직사각형 루프의 높이가 0으로 줄어들면 이들 추가 항에 대한 면적분이 0이 되기 때문이다. 결론적으로 정전기장 혹은 정자기장에서 구한 이전의 경계면 조건은 시간에 따라 변하는 전자기장에도 똑같이 적용될 수 있다.

요약하면, $\mathscr{E}$와 $\mathscr{H}$의 접선성분에 대한 경계면 조건은 다음과 같다.

$$\boxed{\mathscr{E}_{1t} = \mathscr{E}_{2t}} \tag{6-48a}$$

$$\boxed{\mathscr{H}_{1t} - \mathscr{H}_{2t} = J_s} \tag{6-48b}$$

여기서 t는 접선성분을 나타내고, J_s는 경계면에서 $\mathscr{H}$의 접선성분에 수직방향으로 흐르는 표면전류를 나타낸다.

$\mathscr{D}$와 $\mathscr{B}$의 법선성분에 대한 경계면 조건은 다음과 같다.

$$\boxed{\mathscr{D}_{1n} - \mathscr{D}_{2n} = \rho_s} \tag{6-48c}$$

$$\boxed{\mathscr{B}_{1n} = \mathscr{B}_{2n}} \tag{6-48d}$$

여기서 n은 법선성분을 나타내고, ρ_s는 경계면에 존재하는 표면전하밀도이다.

전자기학에서 마주치게 되는 중요한 2개의 경계면에 대해 검토하자. (1) 2개의 무손실 유전체 사이의 경계면, (2) 무손실 유전체와 완전도체 사이의 경계면.

무손실 유전체의 전도도는 0이므로 두 무손실 유전체 사이의 경계면에서 표면전하 및 표면전류는 0이다. 즉

$$\rho_s = J_s = 0 \tag{6-49}$$

두 무손실 유전체 사이의 경계면에서 시간에 따라 변하는 전기장 및 자기장에 대한 경계면 조건은 아래와 같이 주어진다.

$$\boxed{\mathscr{E}_{1t} = \mathscr{E}_{2t}} \tag{6-50a}$$

$$\boxed{\mathscr{H}_{1t} = \mathscr{H}_{2t}} \tag{6-50b}$$

$$\boxed{\mathscr{D}_{1n} = \mathscr{D}_{2n}} \tag{6-50c}$$

$$\boxed{\mathscr{B}_{1n} = \mathscr{B}_{2n}} \tag{6-50d}$$

$\mathscr{E}$와 $\mathscr{H}$의 접선성분과 $\mathscr{D}$와 $\mathscr{B}$의 법선성분은 주어진 경계면에서 모두 연속이다.

그 다음, 무한대의 전도도($\sigma = \infty$)를 가지는 완전도체를 검토한다. 대부분의 경우, 은, 구리, 금, 알루미늄 같은 도체들은 전도도가 $\sigma \sim 10^7$[S/m] 근처의 매우 큰 값을 가지므로 경계면 조건에 관한 한 이들을 완전도체로 가정할 수 있다. 무한대 전도도는 완전도체 특유의 성질과 밀접한 연관이 있다. 즉 완전도체 안의 전기장세기는 항상 0이다. 그러므로 완전도체에 알짜전하가 존재한다면 이것은 반드시 도체 표면에 분포하여야 하고, 완전도체에 전류가 흐른다면 이것은 반드시 표면전류 형태로 존재할 수밖에 없다. $\mathscr{E}$와 $\mathscr{H}$는 상호 연관되어 있으므로 완전도체 안에서 시간에 따라 변하는 자기장도 항상 0이어야 한다. 그리하여 완전도체로 이루어진 영역 2에서는

$$\mathscr{E}_2 = 0 = \mathscr{D}_2 \tag{6-51a}$$

$$\mathscr{H}_2 = 0 = \mathscr{B}_2 \tag{6-51b}$$

무손실 유전체(영역 1)와 완전도체(영역 2) 사이의 경계면에서는 아래의 경계면 조건이 성립된다.

$$\boxed{\mathscr{E}_{1t} = 0} \tag{6-52a}$$

$$\boxed{\mathscr{H}_{1t} = J_s} \tag{6-52b}$$

$$\boxed{\mathscr{D}_{1n} = \rho_s} \tag{6-52c}$$

$$\boxed{\mathscr{B}_{1n} = 0} \tag{6-52d}$$

여기서 t와 n은 각각 접선과 법선성분을 나타낸다. 주목할 것은 경계면에 수직인 단위 벡터는 항상 도체 밖으로 향한다. 예를 들어 $\mathscr{D}_{1n}$은 도체 표면에서 도체 밖으로 향하는 $\mathscr{D}$의 수직성분이다.

전도도가 무한대인 완전도체 안에서 전기장세기는, 그것이 시간에 따라 변하든 그렇지 않든, 항상 0으로 주어져야 한다. 이 경우 $\mathscr{E}$와 $\mathscr{H}$의 상호연관으로 $\mathscr{H}$도 완전도체 안에서 항상 0으로 주어진다(정자기장 $\mathbf{H}$는 정전기장 $\mathbf{E}$와 상호연관이 없으므로 완전도체 내에서 항상 0이 될 필요는 없다). 무손실 유전체와 완전도체 사이의 경계면에 표면전하밀도 ρ_s가 존재한다면, 이 표면전하는 도체 위의 알짜전하로 유전체 내에 전기장을 발생시키는 원천이거나, 외부전기장이 도체에 도달하여 그 표면에 형성시킨 표면전하로 이해될 수 있다. 도체 위의 표면전류밀도 $\mathbf{J}_s$는 유전체와 도체 안에 $\mathbf{H}$를 발생시키는 원천일 수 있지만, 외부자기장에 의해 도체 표면에 유도된 표면전류일 수 없다. 그 이유는 외부자기장 $\mathbf{H}$의 접선성분은 도체 위에 표면전류를 유도하지 않고도 그 경계면에 연속일 수 있기 때문이다. 그러나 식 (6-51b)와 (6-52b)에서 보듯이 완전도체 위에 존재하는 시간에 따라 변하는 $\boldsymbol{J}_s$는 도체 밖의 $\mathscr{E}$와 $\mathscr{H}$를 발생시키는 원천이거나, 외부로부터 전파되어 도체에 도달한 전자기파가 도체 위에 형성시킨 표면전류일 수 있다. 비슷한 논리로 식 (6-51a)와 (6-52c)의 시간에 따라 변하는 표면전하밀도 ρ_s는 도체 밖에 하나의 전자기파를 발생시키는 원천이거나, 외부로부터 전파되어 도체에 도달한 전자기파가 도체 위에 형성시킨 표면전하로 이해될 수 있다.

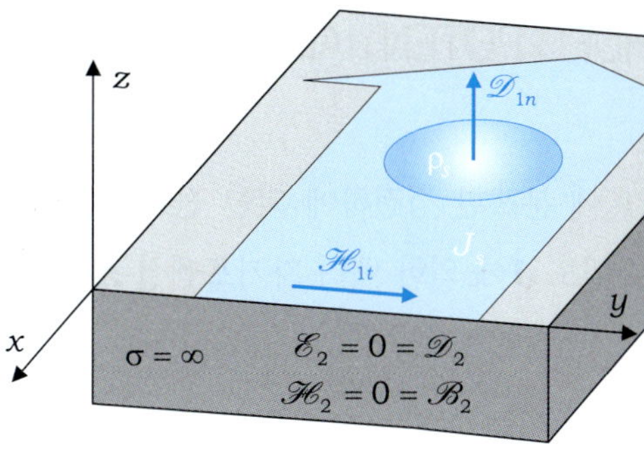

그림 6-9 무손실 유전체와 완전도체 사이의 경계면

Exercise 6.9

두 자기장 $\mathscr{H}_1 = \mathbf{a}_x H_o \cos(\omega t - kz)$와 $\mathscr{H}_2 = \mathbf{a}_x H_o \cos(\omega t + kz)$가 자유공간($z > 0$)에 동시에 존재할 때, 완전도체($z \le 0$) 표면 위의 $\boldsymbol{J}_s$는?

Ans $\boldsymbol{J}_s = \mathbf{a}_y 2H_o \cos(\omega t)$ [A/m]

Review Questions with Hints

RQ 6.8 미분형태의 맥스웰 방정식을 서술하라. [(6-41)]

RQ 6.9 적분형태의 맥스웰 방정식을 서술하라. [(6-47)]

RQ 6.10 맥스웰 방정식은 어떤 실험적인 관찰들에 기초하고 있는가? [(6-41)]

RQ 6.11 무엇이 $\mathscr{E}$와 $\mathscr{H}$를 서로 결합되도록 만드는가? [(6-41b)]

RQ 6.12 $\mathscr{E}$와 $\mathscr{H}$의 일반적인 경계면 조건을 서술하라. [(6-48)]

RQ 6.13 완전도체에서 $\mathscr{E} = 0 = \mathscr{H}$인 이유는? [(6-43a)(6-41a)]

RQ 6.14 완전도체 표면에서 $\mathscr{E}_t = 0$, $\mathscr{H}_n = 0$인 이유는? [(6-51)]

6.4 지연전위(RETARDED POTENTIAL)

앞의 3장과 5장에서, 체적 $\mathcal{V}'$에 분포한 정전하에 의한 전위 V는 식 (3-68a)로 표시되었고, 체적 $\mathcal{V}'$에 분포한 전류밀도 $\mathbf{J}$에 의한 벡터 자기포텐셜 $\mathbf{A}$는 식 (5-39b)로 표시되었다. 이들을 다시 쓰면

$$V(\mathbf{r}) = \int_{\mathcal{V}'} \frac{\rho_v(\mathbf{r}')dv'}{4\pi\varepsilon\mathcal{R}} \quad [\mathrm{V}] \tag{3-68a)(6-53a}$$

$$\mathbf{A}(\mathbf{r}) = \int_{\mathcal{V}'} \frac{\mu\mathbf{J}(\mathbf{r}')dv'}{4\pi\mathcal{R}} \quad [\mathrm{Wb/m}] \tag{5-39b)(6-53b}$$

여기서 $\mathcal{R} = |\mathbf{r} - \mathbf{r}'|$인데 이것은 위치벡터 $\mathbf{r}$인 관찰점과 위치벡터 $\mathbf{r}'$인 원천점 사이의 거리이다. 만약 원천전하와 원천전류가 시간에 따라 변하면, 시간에 따라 변하는 전위 및 자기포텐셜을 얻기 위해, 단순히 위의 식에서 $\rho_v(\mathbf{r}')$를 $\rho_v(\mathbf{r}', t)$로 대치하고 $\mathbf{J}(\mathbf{r}')$를 $\boldsymbol{J}(\mathbf{r}', t)$로 대치하려 시도할 수 있다. 그러나 이 경우 $V(\mathbf{r}, t)$의 마이너스 그레이디언트와 $\mathbf{A}(\mathbf{r}, t)$의 컬을 수학적으로 계산할 수는 있지만 맥스웰 방정식을 만족시키지 못하므로, 시간에 따라 변하는 전기장 혹은 시간에 따라 변하는 자속밀도가 될 수 없다.

만약 원천전하 및 전류가 시간에 따라 변하면 멀리 떨어진 지점에서의 전위 및 자기포텐셜은 시간지체없이 즉각적으로 반응하지는 못한다. 예를 들어, 위치벡터 $\mathbf{r}$의 전위 V_1이 위치벡터 $\mathbf{r}'$에 위치한 정전하 ρ_1에 의해 발생하였다고 가정하자. 만약 $\mathbf{r}'$의 전하가 갑자기 ρ_1에서 ρ_2로 변한다면, $\mathbf{r}$의 전위가 V_1에서 V_2로 바뀔 때까지 일정한 시간이 흘러야 한다. 다시 말해, $\mathbf{r}'$에서 발생한 변화가 $\mathbf{r}$에서 관찰되기 위해 $\mathcal{R}/v$의 시차가 있어야 한다. 여기서 v는 원천점에서 관찰점까지의 전파속도이고 $\mathcal{R}$은 두 지점 사이의 거리이다. 그러므로 시간 $t = t_1$에서의 전위 $V(\mathbf{r}, t_1)$와 벡터 자기포텐셜 $\boldsymbol{A}(\mathbf{r}, t_1)$는 이른 시간 $t = t_1 - \mathcal{R}/v$일 때의 원천 $\rho_v(\mathbf{r}', t_1 - \mathcal{R}/v)$와 $\boldsymbol{J}(\mathbf{r}', t_1 - \mathcal{R}/v)$에 연관되어 있다. 이러한 반응속도를 고려하면, 시간에 따라 변하는 전위 및 벡터 자기포텐셜은 아래와 같이 주어져야 한다.

$$\boxed{V(\mathbf{r}, t) = \int_{\mathcal{V}'} \frac{\rho_v(t - \mathcal{R}/v)dv'}{4\pi\varepsilon\mathcal{R}}} \quad [\mathrm{V}] \tag{6-54a}$$

$$\boxed{\boldsymbol{A}(\mathbf{r},t) = \int_{\mathcal{V}'} \frac{\mu \boldsymbol{J}(t - \mathcal{R}/v)}{4\pi\mathcal{R}} dv'} \quad \text{[Wb/m]} \tag{6-54b}$$

이들은 각각 지연 스칼라포텐셜(retarded scalar potential)과 지연 벡터포텐셜(retarded vector potential)이라 불린다. 자유공간에서 빛의 속도는 $v = c = 1/\sqrt{\varepsilon_o \mu_o}$로 주어진다. 여기서 ε_o은 자유공간의 유전율이고 μ_o은 자유공간의 투자율이다.

지연포텐셜은 복사(radiation)와 연관된 문제들을 해결하는데 매우 유용하다. 다음은 벡터 자기포텐셜 $\boldsymbol{A}$의 정의로부터 시작해 지연 포텐셜에 관련된 여러 가지 유용한 식들을 유도한다. 정자기학에서 벡터 자기포텐셜 $\mathbf{A}$가 자속밀도 $\mathbf{B}$의 솔레노이드 성질 및 벡터 항등식 $\nabla \cdot (\nabla \times \mathbf{U}) = 0$으로부터 정의되는 것처럼, 시간에 따라 변하는 벡터 자기포텐셜 $\boldsymbol{A}$는 아래의 식으로 정의된다. 즉

$$\boxed{\mathscr{B} = \nabla \times \boldsymbol{A}} \tag{6-55}$$

윗식을 패러데이 법칙에 대입하면

$$\nabla \times \mathscr{E} = -\frac{\partial \mathscr{B}}{\partial t} = -\frac{\partial}{\partial t}(\nabla \times \boldsymbol{A}) \tag{6-56}$$

위에서 시간미분과 컬의 순서를 바꾸어 아래의 식을 얻는다.

$$\nabla \times \left(\mathscr{E} + \frac{\partial \boldsymbol{A}}{\partial t} \right) = 0 \tag{6-57}$$

식 (6-57)과 벡터 항등식 $\nabla \times (\nabla W) = 0$을 비교하면 시간에 따라 변하는 하나의 스칼라장 V를 아래와 같이 정의할 수 있다.

$$\mathscr{E} + \frac{\partial \boldsymbol{A}}{\partial t} = -\nabla V \tag{6-58}$$

혹은

$$\boxed{\mathscr{E} = -\nabla V - \frac{\partial \boldsymbol{A}}{\partial t}} \tag{6-59}$$

정적인 시스템에서는 $\partial \boldsymbol{A}/\partial t=0$이므로 식 (6-59)는 익숙한 $\mathbf{E}=-\nabla V$로 변한다.

그 다음 식 (6-55)를 식 (6-41b)의 암페어 법칙에 대입하면

$$\nabla \times \nabla \times \boldsymbol{A} = \mu \boldsymbol{J} + \mu \frac{\partial \mathscr{D}}{\partial t} \tag{6-60}$$

식 (6-59)를 식 (6-60)에 대입하고 벡터 항등식 $\nabla\times\nabla\times\mathbf{U}=\nabla(\nabla\cdot\mathbf{U})-\nabla^2\mathbf{U}$를 이용하여 아래의 식을 얻는다.

$$\nabla^2 \boldsymbol{A} - \mu\varepsilon \frac{\partial^2 \boldsymbol{A}}{\partial t^2} = -\mu \boldsymbol{J} + \nabla\left(\nabla \cdot \boldsymbol{A} + \mu\varepsilon \frac{\partial V}{\partial t}\right) \tag{6-61}$$

여기서 구조식 $\mathscr{D}=\varepsilon\mathscr{E}$를 사용했다.

만약 식 (6-61)로부터 스칼라 포텐셜 V와 벡터 자기포텐셜 $\boldsymbol{A}$를 구한다면 (6-59)와 식 (6-55)로부터 각각 $\mathscr{E}$와 $\mathscr{B}$를 구할 수 있다. 선형대수에서, 2개의 변수값들을 구하려면 서로 독립인 2개의 식이 필요하다. 또한 헬름홀츠 정리에 의하면 하나의 벡터장 $\boldsymbol{A}$의 유일해를 구하려면 식 (6-55)로 주어지는 $\boldsymbol{A}$의 컬에 더하여 $\boldsymbol{A}$의 다이버전스도 알고 있어야 한다. 이런 사실에 기초하여 만약 아래와 같은 관계식을 가정한다면, 즉

$$\boxed{\nabla \cdot \boldsymbol{A} = -\mu\varepsilon \frac{\partial V}{\partial t}} \tag{6-62}$$

이것은 로렌츠 조건(Lorentz condition for potentials)이라 불린다. 이런 조건하에서 식 (6-61)은 벡터 자기포텐셜의 비동차 파동방정식(inhomogeneous wave equation for vector potential)이 된다.

$$\boxed{\nabla^2 \boldsymbol{A} - \mu\varepsilon \frac{\partial^2 \boldsymbol{A}}{\partial t^2} = -\mu \boldsymbol{J}} \tag{6-63}$$

정적 상태에서 식 (6-62)는 식 (5-47)의 관계식 $\nabla \cdot \mathbf{A} = 0$으로 축소되고 식 (6-63)은 식 (5-53)의 벡터 푸아송 방정식으로 축소된다.

식 (6-59)를 가우스 법칙에 대입하여 아래의 식을 얻는다.

$$\begin{aligned}\frac{\rho_v}{\varepsilon} &= \nabla \cdot \left(-\nabla V - \frac{\partial \boldsymbol{A}}{\partial t} \right) \\ &= -\nabla^2 V - \frac{\partial}{\partial t}(\nabla \cdot \boldsymbol{A})\end{aligned} \qquad (6\text{-}64)$$

식 (6-62)의 로렌츠 조건을 식 (6-64)에 대입하면 스칼라 포텐셜의 비등차 파동방정식(inhomogeneous wave equation for scalar potential)을 얻는다.

$$\boxed{\nabla^2 V - \mu\varepsilon \frac{\partial^2 V}{\partial t^2} = -\frac{\rho_v}{\varepsilon}} \qquad (6\text{-}65)$$

정적 상태에서 식 (6-65)는 푸아송 방정식으로 축소된다. 식 (6-63)과 (6-65)에서 알 수 있듯이, $\boldsymbol{A}$와 V에 대한 파동방정식은 로렌츠 조건으로 인하여 서로 분리되어 매우 대칭적인 형태로 주어진다.

식 (6-63)과 (6-65)에서 $\rho_v = 0 = \boldsymbol{J}$를 가정하면 이 식들은 $\boldsymbol{A}$와 V에 대한 등차미분파동 방정식이 되고 이들에 대한 해는 각각 $\boldsymbol{U}(t \pm \mathcal{R}/v)$와 $W(t \pm \mathcal{R}/v)$의 형태로 주어진다. 이들은 원천이 존재하지 않는 영역에서 $v = 1/\sqrt{\mu\varepsilon}$의 속도로 진행하는 파(wave)를 의미한다.

Example 6-5

원점에 위치한 높이가 h[m]인 전류요소에 교류 $I(t) = I_o \cos(\omega t)$ [A]가 흐르고 있다. 자유공간 내의 한 점 p에서 지연 벡터 자기포텐셜을 구하라.

Solution

자유공간에서의 빛의 속도 $c = 1/\sqrt{\varepsilon_o \mu_o}$ 를 이용해 식 (6-54b)를 도선에 흐르는 전류에 대해 다시 쓰면

$$\boldsymbol{A}(\mathbf{r}, t) = \int_{\mathcal{L}'} \frac{\mu_o I(t - \mathcal{R}/c)}{4\pi \mathcal{R}} \mathbf{a}_z dl' \tag{6-66}$$

높이 h가 매우 작으면, $\mathcal{R} = |\mathbf{r} - \mathbf{r}'| \cong R$로 근사화 할 수 있다. 여기서 R은 구좌표계의 반지름 거리이다. 식 (6-66)의 선적분을 계산하면

$$\boldsymbol{A}(\mathbf{r}, t) = \frac{\mu_o h}{4\pi R} I_o \cos\left[\omega(t - R/c)\right] \mathbf{a}_z \tag{6-67}$$

여기서 c는 자유공간에서의 빛의 속도이다. 원점으로부터 R 거리까지의 벡터 자기포텐셜은 R/c 만큼 시간이 지연된다. 이때 지연시간은 원점에서 관찰점까지 전자파가 진행하는데 걸리는 시간이다.

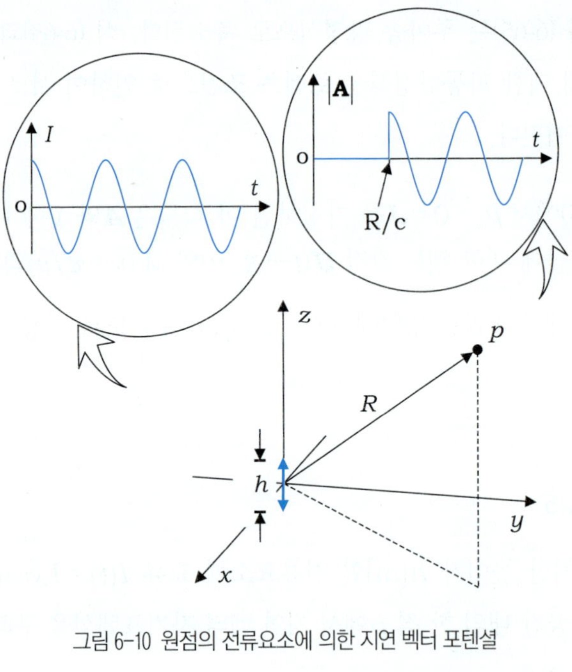

그림 6-10 원점의 전류요소에 의한 지연 벡터 포텐셜

Exercise 6.10

정적인 상태를 가정하여 식 (6-55), (6-62), (6-63)으로부터 미분형태의 암페어 법칙을 유도하라.

Ans $\nabla \times \mathbf{H} = \mathbf{J}$

Exercise 6.11

식 (6-59)로부터 패러데이 법칙을 유도하라.

Ans $\nabla \times \mathscr{E} = -\dfrac{\partial \mathscr{B}}{\partial t}$

Review Questions with Hints

RQ 6.15 시변 상태에서의 스칼라 포텐셜 V와 벡터 자기포텐셜 $\boldsymbol{A}$를 정의하라. [(6-59)(6-55)]

RQ 6.16 $\mathscr{E}$와 $\mathscr{B}$가 어떻게 V와 $\boldsymbol{A}$로부터 얻어지는지 설명하라. [(6-59)(6-55)]

RQ 6.17 V와 $\boldsymbol{A}$에 대한 비동차 파동방정식을 서술하라. [(6-65)(6-63)]

RQ 6.18 V와 $\boldsymbol{A}$는 공간상을 진행하는 파로 주어지는가? [(6-54)]

PROBLEMS

6-1 반지름이 a인 원형 루프가 xy-평면 위에 있으며 그 중심이 원점에 위치할 때, 자속밀도 $\mathscr{B}(t) = \mathbf{a}_z B_o \rho^{-1} \cos(\omega t - k\rho)$에 의해 유도되는 기전력을 구하라. 여기서 ρ는 원통좌표계의 반지름거리, t는 시간이고, B_o, ω, k는 상수이다.

6-2 [그림 6-11]과 같이 자속밀도 $\mathscr{B} = B_o \mathbf{a}_x \sin(ky)\sin(\omega t)$안에 직사각형 도선 루프가 저항 R에 연결되어 yz-평면에 위치한다. 다음을 구하라.

(a) 단자 1과 2 사이의 유도 전압 v_{1-2}

(b) 자체 유도용량 L의 루프에 흐르는 전류

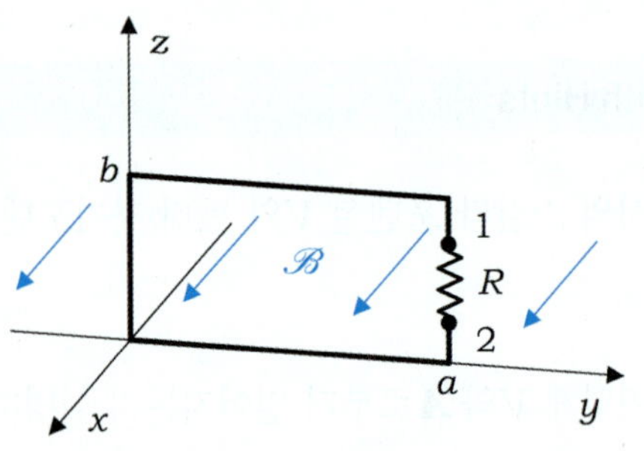

그림 6-11 저항이 연결된 직사각형 루프(Problem 6-2)

6-3 [그림 6-12]와 같이 직사각형 도선 루프가 정자속밀도 $\mathbf{B} = B_o \mathbf{a}_x$ 안에서 각속도 ω_o으로 z-축을 중심으로 회전한다. 다음을 이용해 루프에 유도되는 전압을 구하라.

(a) 운동 기전력

(b) 루프의 연계자속

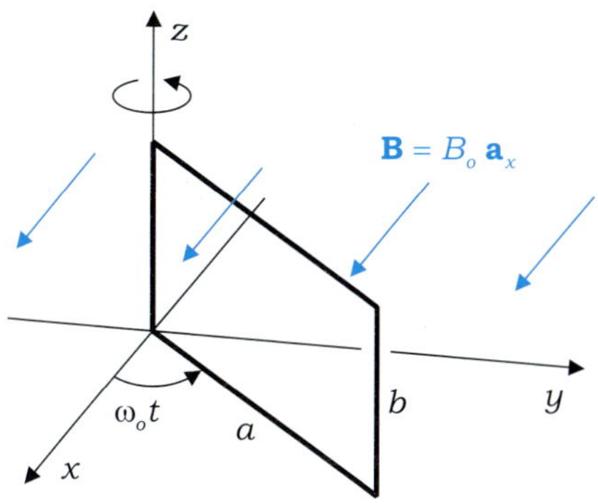

그림 6-12 하나의 루프가 **B** 안에서 회전함(Problem 6-3)

6-4 Example 5-15의 [그림 5-30]에서처럼 z-축을 따라 놓여 있는 직선 도선에 전류 I가 흐르고 이것이 $\mathbf{B}$를 만들 때, 직사각형 루프가 $\mathbf{a}_\rho$-방향으로 $\mathbf{v} = v_o \mathbf{a}_\rho$의 일정한 속도로 움직이고 있다. 루프에 유도되는 emf를 구하라.

6-5 반지름이 a인 도체 원판이 [그림 6-13]과 같이 균일한 정자속밀도 $\mathbf{B} = B_o \mathbf{a}_z$ 안에서 각속도 ω_o으로 회전한다. 축이 무시할 정도로 얇을 때, 전극 1과 2 사이에 유도되는 emf를 구하라.

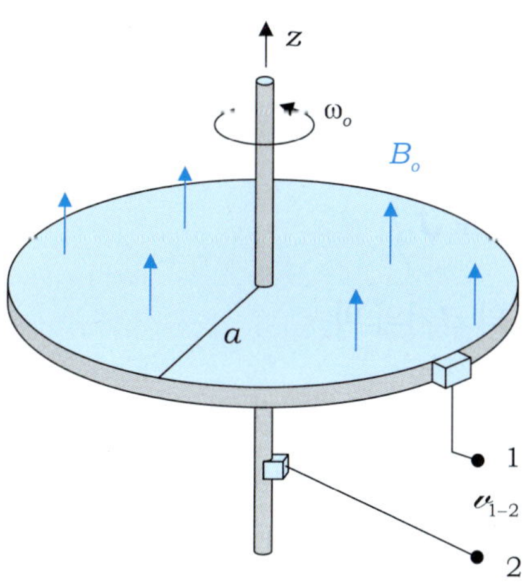

그림 6-13 도체 원반이 정자속밀도 **B** 안에서 회전(Problem 6-5)

6-6 반지름이 a이고 높이가 h인 얇은 도체 원판이 유한한 전도도 σ와 투자율 μ_o의 물질로 만들어져 있다. 이 원판은 [그림 6-14]와 같이 xy-평면 위에 놓여 있고, 균일한 시변 자속밀도 $\mathscr{B} = \mathbf{a}_z B_o \cos\omega t$ 안에 위치한다. 원판 위의 서로 다른 점에서, *emf*의 시간지연을 무시하고 또한 원판 전류에 의한 자기장을 무시할 때, 다음을 구하라.

(a) 반지름이 ρ인 원을 따라 유도되는 *emf*

(b) 원판에서의 시간평균 소모전력의 총량

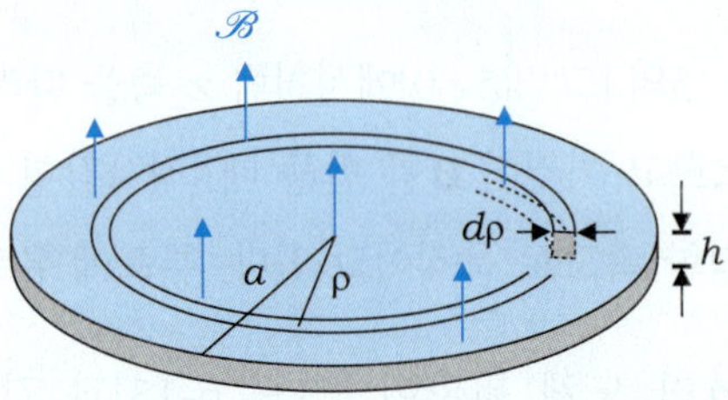

그림 6-14 시간에 따라 변하는 $\mathscr{B}$ 내의 도체 원판(Problem 6-6)

6-7 유한한 전도도 σ와 유전율 ε을 갖는 손실유전체에 시변 전기장 $\mathscr{E} = E_o \mathbf{a}_x \cos(\omega t - kz)$가 주어질 때 다음을 구하라.

(a) 전도전류밀도 $\boldsymbol{J}_C$

(b) 변위전류밀도 $\boldsymbol{J}_D$

(c) $\boldsymbol{J}_C$와 $\boldsymbol{J}_D$의 크기의 비

6-8 유한한 길이 $\mathcal{L}$의 동축축전기가 반지름이 a와 $b(a < b)$인 2개의 원통 도체 껍질로 이루어져 있다. 이것이 ε과 μ_o를 갖는 유전체로 채워져 있고 ac-전압원 $\mathscr{v} = V_o \cos\omega t$에 연결되어 있다. 모서리에서의 전기장 휘어짐 현상과 도체 사이 간극에서의 $\mathscr{v}$의 시간지연을 무시하고 다음을 구하라.

(a) 전도전류

(b) 도체 사이 간극에서의 변위전류

6-9 ε과 μ_o를 갖는 무한히 큰 무손실 유전체에 대해

(a) 미분형태의 맥스웰 방정식을 서술하라.

(b) 전기장 $\mathscr{E} = (E_1 \mathbf{a}_x + E_2 \mathbf{a}_y)\cos(\omega t - kz)$가 주어질 때 $\mathscr{H}$를 구하라.

(c) k를 ω, ε, μ_o로 나타내라.

6-10 시변이지만 공간에서 균일한 벡터장 $\mathscr{E}(t) = E_o \mathbf{a}_x \cos\omega t$는 자유공간에서 전자기장을 형성하지 못한다는 것을 증명하기 위해 다음의 절차를 따르라.

(a) 주어진 $\mathscr{E}$를 맥스웰 방정식에 대입하여 $\mathscr{H}$를 구하라.

(b) (a)에서 구한 $\mathscr{H}$를 맥스웰 방정식에 대입하여 $\mathscr{E}$를 구하라.

(c) 주어진 $\mathscr{E}$와 (b)에서 구한 $\mathscr{E}$를 비교하라.

6-11 자유공간에서 전기장 $\mathscr{E} = \mathbf{a}_x f(t - z\sqrt{\mu_o \varepsilon_o})$가 주어질 때

(a) 맥스웰 방정식에 $\mathscr{E}$를 대입하여 $\mathscr{H}$를 구하라.

(b) $\mathscr{E}$와 $\mathscr{H}$가 4개의 맥스웰 방정식을 모두 만족함을 보여라.

(c) f의 어떤 조건 아래서 $\mathscr{E}$와 $\mathscr{H}$가 맥스웰 방정식을 만족하는가?

6-12 평면 $z = 0$은 자유공간($z < 0$)과 매질상수 $\varepsilon = n^2\varepsilon_o$ 및 μ_o의 무손실 유전체($z \geq 0$)사이의 경계면이다. 자유공간에서 전기장은 $\mathscr{E}_o = E_i \mathbf{a}_x \cos(\omega t - z\omega\sqrt{\mu_o \varepsilon_o}) + E_r \mathbf{a}_x \cos(\omega t + z\omega\sqrt{\mu_o \varepsilon_o})$이고, 유전체 내에서 전기장은 $\mathscr{E}_1 = E_t \mathbf{a}_x \cos(\omega t - zn\omega\sqrt{\mu_o \varepsilon_o})$이다. 여기서 n, ω, E_i, E_r, E_t는 상수이다.

(a) 각각의 영역에서 자기장이

$$\mathscr{H}_o = \sqrt{\varepsilon_o / \mu_o}\left[E_i \mathbf{a}_y \cos(\omega t - z\omega\sqrt{\mu_o \varepsilon_o}) - E_r \mathbf{a}_y \cos(\omega t + z\omega\sqrt{\mu_o \varepsilon_o})\right]$$

$$\mathscr{H}_1 = n\sqrt{\varepsilon_o / \mu_o} E_t \mathbf{a}_y \cos(\omega t - zn\omega\sqrt{\mu_o \varepsilon_o})$$

로 주어짐을 보여라.

(b) E_t와 E_r을 E_i와 n으로 나타내라[힌트: 경계면 조건].

6-13 평면 $z=0$은 완전도체($z \geq 0$)와 자유공간($z<0$) 사이의 경계면이다. 자유공간에 전기장 $\mathscr{E}_1 = E_1 \mathbf{a}_x \cos(\omega t - k_y y - k_z z)$과 $\mathscr{E}_2 = E_2 \mathbf{a}_x \cos(\omega t - k_y y - k_z z)$가 공존하며, 이때 E_1, E_2, ω, k_y, k_z는 상수이다. 다음을 구하라.

(a) E_1/E_2

(b) 자유공간에서의 자기장

(c) 경계면 $z=0$에 유도되는 표면전류밀도

6-14 자유공간에 벡터 자기포텐셜 $\boldsymbol{A} = A_o \mathbf{a}_x \cos[\omega(t - z/c)]$가 주어질 때 다음을 이용해 $\mathscr{E}$를 구하라.

(a) $\mathscr{B} = \nabla \times \boldsymbol{A}$와 $\nabla \times \mathscr{H} = \dfrac{\partial \mathscr{D}}{\partial t}$

(b) $\nabla \cdot \boldsymbol{A} = -\mu\varepsilon \dfrac{\partial V}{\partial t}$와 $\mathscr{E} = -\nabla V - \dfrac{\partial \boldsymbol{A}}{\partial t}$

6-15 자유공간에 벡터 자기포텐셜이 $\boldsymbol{A} = A_o \mathbf{a}_z (1/R) \cos[\omega(t - R/c)]$로 주어진다. 여기서 R은 구좌표계의 반지름 거리, $c = 1/\sqrt{\varepsilon_o \mu_o}$는 빛의 속도이다. 매우 먼 거리($R \to \infty$)에서 전기장과 자기장이 각각 $\mathscr{E} = -A_o \omega \mathbf{a}_\theta (1/R) \sin[\omega(t - R/c)] \sin\theta$와 $\mathscr{H} = -A_o \omega \sqrt{\varepsilon_o / \mu_o}\, \mathbf{a}_\phi (1/R) \sin[\omega(t - R/c)] \sin\theta$로 주어짐을 보여라.

CHAPTER

7

파동
(WAVE MOTION)

7.1 1차원 파(ONE-DIMENSIONAL WAVE)

매질(medium)에 가해진 변형(disturbance)이 그 모양이 변치 않고 공간에서 진행하면 이것을 파(wave)라 부른다. 스프링의 물질파, 호수 표면 위의 물결파, 공기의 음파 등은 진행파의 좋은 예이다. 파에는 두 종류가 있다. 예를 들어, [그림 7-1(a)]에서와 같은 스프링의 파는 종파(longitudinal wave)인데 매질이 움직이는 방향과 파가 진행하는 방향이 서로 평행이다. 반면 [그림 7-1(b)]의 스프링 파는 횡파(transverse wave)인데 매질이 움직이는 방향과 파가 진행하는 방향이 서로 수직이다. 비록 하나의 파가 에너지를 공간상 한 점에서 다른 점으로 전달할 수 있지만, 매질 자체는 공간상에서 진행하지 않는다. 이것이 바로 하나의 파가 매우 빠른 속도로 진행할 수 있는 이유다.

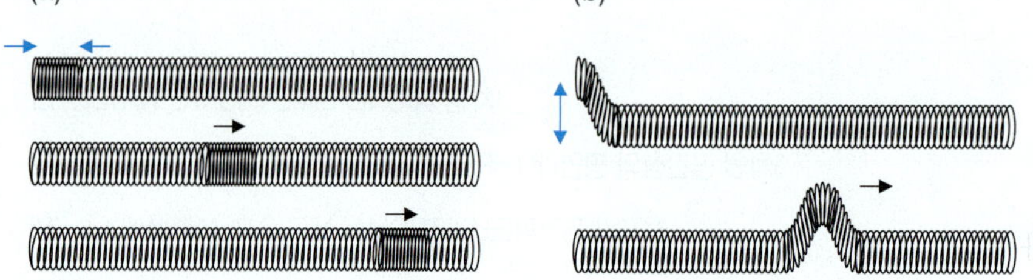

그림 7-1 스프링에서의 파 (a) 종파(longitudinal wave), (b) 횡파(transverse wave)

[그림 7-1(b)]의 파는 수평축을 따라 진행하는데, 이 축을 $+x$-축으로 삼는다. 매질의 변형은, 혹은 스프링의 공간상 분포는 오직 x-축을 따라 변하므로 이러한 파를 1차원 파라 부른다. 매질의 변형에 대한 표현식을 파동함수(wavefunction)라 부르는데, 이것은 일반적으로 시간과 공간에 대한 함수로 주어진다. 즉

$$\psi = f(x,t) \tag{7-1}$$

하나의 파동함수가 되기 위해 함수 f는 시간과 공간상에서 매끈하여 x와 t에 대한 미분이 존재하여야 한다. 파동함수는 주어진 파에 대한 모든 정보를 포함하고 있다. 예를 들어, 파의 모양, 진행방향, 진행속도 등. 하나의 진행파가 파동함수에 의해 수학적

으로 정확하게 표현되더라도, 이것을 종이 위에 그릴 수 없는데 그 이유는 이러한 진행파는 시간과 공간에 대한 함수로 주어지기 때문이다. 이러한 어려움을 우회하여, 변수 t를 일정한 시간에 고정하고 ψ를 위치에 대한 함수로 표시한다. 이것을 파의 단면도(profile)라 부른다. 파의 단면도는 특정 시간에 찍은 파의 사진에 비유된다. 또 다른 방법으로 변수 x를 공간상 한 점으로 고정하고 그 지점에서 ψ를 시간에 대한 함수로 표시한다.

[그림 7-2]는 각각 시간 $t=0$과 $t=t_1$에서의 2개의 파 단면도를 동시에 보여준다. 첫째 단면도는 함수 $f(x)$로 표시되고, 둘째 단면도는 함수 $\bar{f}(x)$로 표시된다. 즉

$$\psi(x,0)=f(x) \tag{7-2a}$$

$$\psi(x,t_1)=\bar{f}(x) \tag{7-2b}$$

여기서 ψ는 일반적인 파동함수이고, f와 $\bar{f}$는 특별히 시간 $t=0$과 t_1에서의 파동함수이다. [그림 7-2]에서 보듯이, 둘째 파 단면도는 첫째 것과 비교하여 오른쪽으로 vt_1만큼 이동한 상태이다. 여기서 v는 파의 이동속도이다. 이것을 고려하여 둘째 파 단면도를 아래와 같이 쓸 수 있다.

$$\psi(x,t_1)=f(x-vt_1) \tag{7-3}$$

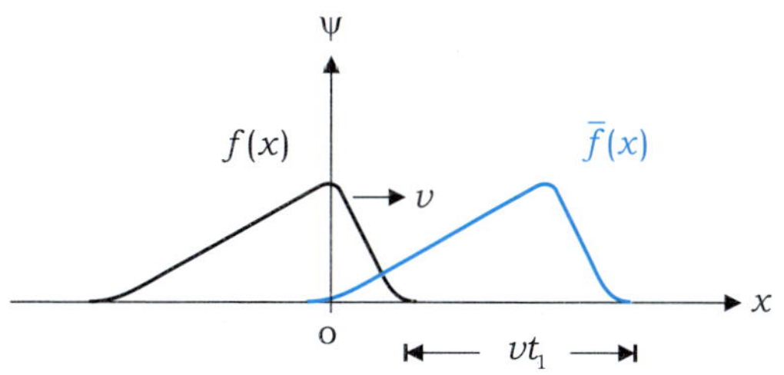

그림 7-2 서로 다른 시간의 파 단면도: $\psi(x,0)=f(x), \psi(x,t_1)=\bar{f}(x)$

식 (7-3)의 t_1을 0에서 무한대까지 변하는 값으로 가정하면, 파동함수에 대한 일반적인 표현식을 다음과 같이 쓸 수 있다. 즉

$$\boxed{\psi(x,t) = f(x - vt)} \tag{7-4}$$

만약 파가 $-x$-방향으로 진행한다면 그 파의 파동함수는 아래와 같다.

$$\boxed{\psi(x,t) = f(x + vt)} \tag{7-5}$$

시간 $t = 0$에서 식 (7-4)와 (7-5)로 표시되는 두 파는 동일한 단면도를 갖는다. 그러나 시간 $t > 0$일 때 [그림 7-3]에서 보듯이 두 파는 서로 점점 멀어진다.

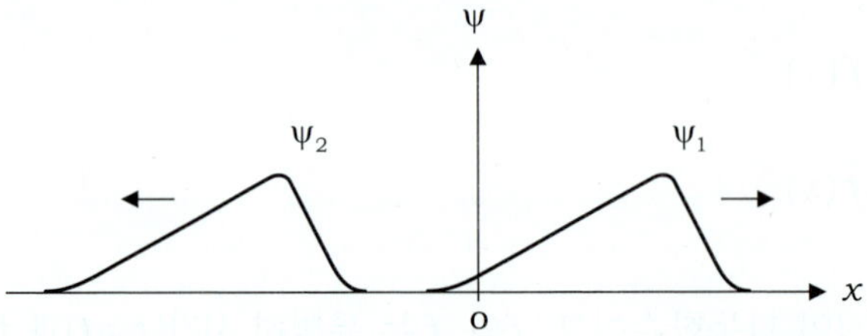

그림 7-3 $\psi_1 = f(x - vt)$와 $\psi_2 = f(x + vt)$로 표시되는 두 파

미분파동방정식(differential wave equation)은 맥스웰 이전에 이미 잘 알려졌었고, 여러 매질에서의 파동(wave motion)을 설명하는데 사용되었다. 무손실 매질에서 이것은 등차(homogeneous), 2차(second order), 선형(linear), 편미분(partial differential) 방정식이다. 1차원 공간에서 미분파동방정식은 아래와 같이 주어진다.

$$\frac{\partial^2 \psi}{\partial x^2} = \frac{1}{v^2}\frac{\partial^2 \psi}{\partial t^2} \tag{7-6}$$

여기서 파의 속도 v는 균질(homogeneous)이고 선형(linear)인 매질에서 상수로 주어진다. 7-3절에서 알 수 있듯이 맥스웰 방정식들을 결합하면 3차원 미분파동방정식을 얻을 수 있다. 그러나 이 장에서 1차원 공간을 진행하는 파에 대해서 논한다. 직접 대입 방법을 이용하면 식 (7-6)의 미분파동방정식은 다음과 같은 2개의 독립적인 해를 갖는다는 것을 증명할 수 있다.

$$\psi = f(x \pm vt) \qquad (7\text{-}7)$$

직접 대입하면 아래의 식도 식 (7-6)을 만족하는 두 해가 된다는 것을 증명할 수 있다.

$$\psi = f(vt \pm x) \qquad (7\text{-}8)$$

여기서 주목할 것은 식 (7-7)과 (7-8)의 함수 f는, 그것의 2차 미분이 가능하기만 하면 무작위일 수 있다는 점이다. 윗식의 인수에 포함된 플러스 부호는 주어진 파가 $-x$-방향으로 진행한다는 것을 나타내고, 마이너스 부호는 $+x$-방향으로 진행함을 나타낸다.

Example 7-1

함수 $f(x)$가 [그림 7-4] 처럼 주어질 때 $\psi_1 = f(x - vt)$와 $\psi_2 = f(vt - x)$로 표시되는 두 진행파를 시간 $t = t_1$에서 위치에 대한 함수로 그려라.

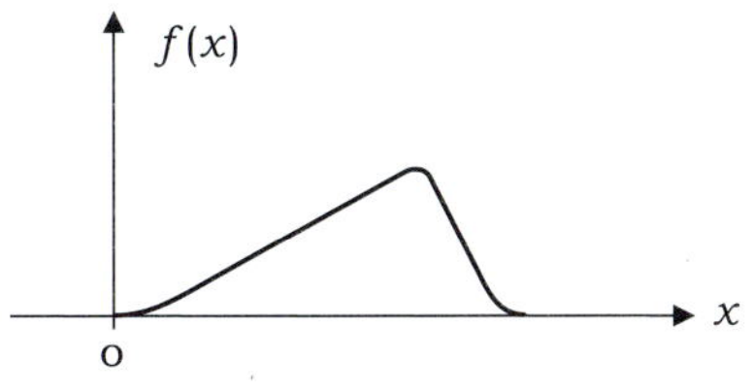

그림 7-4 히니의 매끈한 함수

Solution

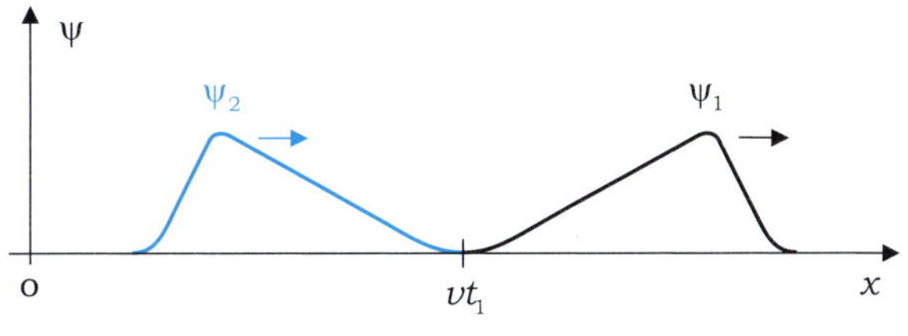

그림 7-5 $\psi_1 = f(x - vt_1)$과 $\psi_2 = f(vt_1 - x)$로 주어지는 두 진행파

Example 7-2

다음의 함수들이 균질이고 선형적인 매질에서 진행하는 파를 표시하는가?

(a) $\psi = e^{-(x-3t)^2}$

(b) $\psi = \sin(2xt)$

Solution

(a) $$\frac{\partial^2 \psi}{\partial x^2} = -2e^{-(x-3t)^2} + 4(x-3t)^2 e^{-(x-3t)^2}$$

$$\frac{\partial^2 \psi}{\partial t^2} = -18e^{-(x-3t)^2} + 36(x-3t)^2 e^{-(x-3t)^2}$$

두 항들에 대한 비를 구하면 아래와 같다.

$$v^2 = \frac{\partial^2 \psi}{\partial t^2} / \frac{\partial^2 \psi}{\partial x^2} = 9$$

이것은 상수 속력 $v = 3$을 가지고 진행하는 파이다.

(b) $$\frac{\partial^2 \psi}{\partial x^2} = -(2t)^2 \sin(2xt)$$

$$\frac{\partial^2 \psi}{\partial t^2} = -(2x)^2 \sin(2xt)$$

$$\frac{\partial^2 \psi}{\partial t^2} / \frac{\partial^2 \psi}{\partial x^2} = \left(\frac{x}{t}\right)^2 \neq \text{constant}$$

이것은 진행파가 아니다.

Exercise 7.1

다음의 파들의 진행방향은?

(a) $\psi = f(-x-t)$ (b) $\psi = 10\sin^2(-z+5t)$

(c) $\psi = \cos(4z-3t+10)$

Ans (a) $-x$-방향 (b) $+z$-방향 (c) $+z$-방향

Exercise 7.2

직접 대입하여 다음의 함수들이 1차원 미분파동방정식을 만족시킨다는 것을 보여라.

(a) $\psi = f(-x-vt)$ (b) $\psi = f(t+x/v)$

(c) $\psi = f(t-x/v)$

Exercise 7.3

파동함수 ψ의 파가 종파인가 횡파인가?

(a) $\psi = 5\mathbf{a}_x\cos(2x-3t)$ (b) $\psi = 4\mathbf{a}_y\cos(2x-3t)$

Ans (a) 종파 (b) 횡파

Review Questions with Hints

RQ 7.1 파동함수가 균질한 선형매질에서 시간과 공간에 대해 매끈한 함수로 주어져야 하는 이유는? [(7-6)]

RQ 7.2 파동함수 중에 무엇이 파의 진행방향을 결정하는가? [(7-7)]

7.1.1 조화파(Harmonic Wave)

파의 단면도가 사인(sine) 혹은 코사인(cosine) 곡선으로 주어지면, 그 파를 조화파(harmonic wave)라 부른다. 관례상 조화파는 코사인 함수를 이용해 표시한다. 조화파의 파동함수는 일반적으로 다음과 같은 형태를 띠게 된다.

$$\psi = A\cos\left[k(x - vt) + \varphi_o\right] = A\cos\left[kx - \omega t + \varphi_o\right] \tag{7-9}$$

여기서 A는 진폭(amplitude), k는 전파상수(propagation constant)이고 ω는 각주파수(angular frequency)인데 이것은 주파수에 2π를 곱한 값이다. 즉 $\omega = 2\pi f$이다. 식 (7-9)의 코사인 함수의 전체 인수를 위상(phase)이라 부른다. 위상 φ는 시간과 공간에 대한 함수이다. 즉

$$\varphi = kx - \omega t + \varphi_o \tag{7-10}$$

여기서 ϕ_o은 초기위상(initial phase)이라 불리는 상수이다.

조화파의 위상속도(phase velocity)는 주어진 파의 마루(crest)가 $+x$-축을 따라 이동하는 속도이다. 예를 들어 하나의 조화파가 위상속도 v_p로 진행한다면, 그 파의 마루는 시간 Δt 동안 x-축을 따라 거리 $v_p \Delta t$ 만큼 움직인다는 것을 의미한다. 이 경우 움직인 거리 즉 $\Delta x = v_p \Delta t$가 의미하는 바는, 시간 $t = t_1$일 때 점 $x = x_1$에 위치한 마루가 이후의 시간 $t = t_1 + \Delta t$일 때는 점 $x = x_1 + \Delta x$에 위치한다는 것을 의미한다. 이러한 상황은, 파의 위상을 이용하면, 아래와 같은 수식으로 표시될 수 있다. 즉

$$\varphi_1 = kx_1 - \omega t_1 + \varphi_o = k(x_1 + \Delta x) - \omega(t_1 + \Delta t) + \varphi_o$$

이 관계식은 파의 마루들이 공간상 서로 다른 지점에 위치하여도 그 위상은 동일하다는 사실에 기초하고 있다. 위상 차이가 2π의 상수 배로 주어지는 조화파의 두 마루를 구별할 수 없다. 윗식을 다시 쓰면

$$k\Delta x - \omega\Delta t = 0$$

앞에서 설명한 것처럼 위상속도는 $v_p = \Delta x/\Delta t$ 이므로 이것을 윗식에 이용하여 아래의 관계식을 얻는다.

$$\boxed{v_p = \frac{\omega}{k}} \quad [\mathrm{m/s}] \tag{7-11}$$

조화파의 위상속도는 각주파수와 전파상수와의 비이다.

조화파는 시간과 공간에 대해 동시에 주기적이므로 2개의 주기를 갖는다: 공간주기(spatial period) 혹은 파장(wavelength) λ, 그리고 시간주기(temporal period) τ이다. 만약 어떤 전자기 문제의 최종 결과물이 조화파 형태로 주어지면, 이때의 전자기 시스템은 사인꼴 정상상태(sinusoidal steady-state)에 있다고 말한다. 이러한 조건에서 하나의 조화파의 서로 다른 마루를 구별한다는 것은 별 의미가 없다(사인 함수는 무한히 반복되기 때문이다). 만약 두 마루가 공간상의 서로 다른 점에서 같은 시간에 관찰된다면 이것은 단순히 두 지점에서의 시간 위상이 똑같다는 것을 의미한다. 서로 한 파장만큼 떨어져 있는 두 지점에서 관찰되는 두 조화파는 시간에 대해 동일한 특성을 나타낸다. 이것을 수식으로 표현하면

$$A\cos\left[k(x_1 + \lambda) - \omega t\right] = A\cos\left(kx_1 - \omega t\right) \tag{7-12}$$

이 식으로부터 관계식 $k\lambda = 2\pi$를 얻는다. 비슷한 논리로, 한 시간주기만큼 차이 나는 두 시간 $t = t_1$과 $t = t_1 + \tau$에서, 조화파의 공간상 분포는 동일하다. 즉

$$A\cos\left[kx - \omega(t_1 + \tau)\right] = A\cos\left(kx - \omega t_1\right) \tag{7-13}$$

이 식으로부터 관계식 $\omega\tau = 2\pi$를 얻을 수 있다. 이들 관계식들을 다시 쓰면 조화파의 전파상수와 각주파수는 아래와 같이 주어진다.

$$\boxed{k = \frac{2\pi}{\lambda}} \quad [\mathrm{rad/m}] \tag{7-14}$$

$$\boxed{\omega = \frac{2\pi}{\tau} = 2\pi f} \quad [\mathrm{rad/s}] \tag{7-15}$$

여기서 λ는 파장, τ는 시간주기, f는 주파수이다. 식 (7-14)와 (7-15)를 식 (7-11)에 대입하면 다음과 같은 유용한 관계식을 얻을 수 있다.

$$\boxed{v_p = f\lambda} \quad [\text{m/s}] \tag{7-16}$$

조화파의 위상속도는 주파수와 파장의 곱으로 주어진다.

조화파의 시간특성과 공간분포 사이의 관계를 알아보기 위해 [그림 7-6]을 검토하자. 여기서 하나의 조화파가 $x = 0$에 위치한 원천에 의해 발생되어 시간 $0 \le t \le t_1$ 동안 속도 v로 진행하고 있다. 시간 $t = t_1$에서의 공간분포가 그림에 그려졌고, 두 점 $x = x_1$과 $x = x_2$에서 조화파의 시간 특성은 조그만 그림에 표시되었다. 시간 영역에서 파동함수를 나타내는 곡선은 공간 영역에서의 곡선에 대해 서로 뒤집어진 형태로 주어짐을 알 수 있다. 이것은 식 (7-9)의 파동함수의 인수에 포함된 마이너스 부호 때문이다.

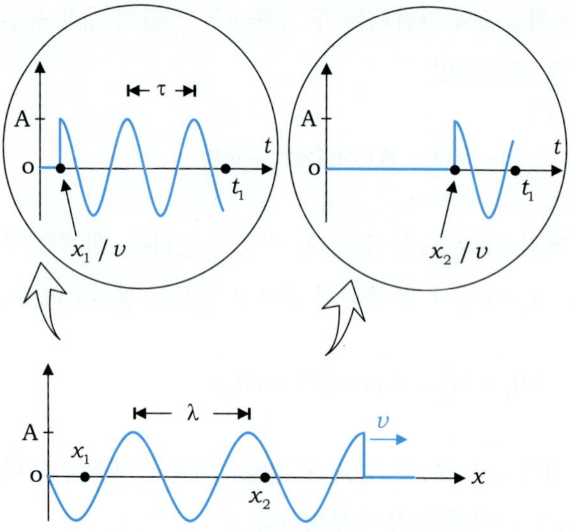

그림 7-6 파동함수의 공간분포(큰 그림)와 시간특성(작은 그림)

Example 7-3

주어진 하나의 조화파 $\psi = -4\cos[2\pi(0.2x - 3t)]$에 대해 다음을 구하라. (a) 진폭, (b) 진행방향, (c) 파장, (d) 시간주기, (e) 주파수, (f) 위상속도

Solution

(a) 4

(b) $+x$−direction

(c) $k = \dfrac{2\pi}{\lambda} = 2\pi \times 0.2 \;\rightarrow\; \lambda = 5[\text{m}]$

(d) $\omega = \dfrac{2\pi}{\tau} = 2\pi \times 3 \;\rightarrow\; \tau = \dfrac{1}{3}[\text{sec}]$

(e) $\omega = 2\pi f = 2\pi \times 3 \;\rightarrow\; f = 3[1/\text{sec}]$

(f) $v_p = \dfrac{\omega}{k} = f\lambda = 15[\text{m/s}]$

Exercise 7.4

조화파가 $+x$-방향으로 속도 $v_p = 10[\text{m/s}]$로 진행할 때 점 $x = 0$에서의 시간특성이 [그림 7-7]과 같이 주어진다. 이 조화파의 파동함수를 코사인으로 표시하라.

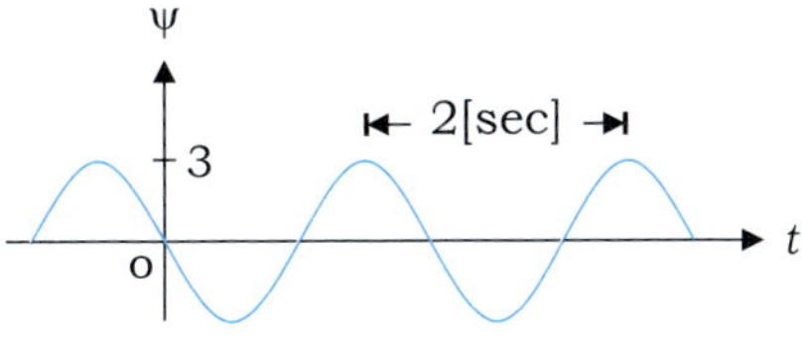

그림 7-7 조화파의 시간특성

Ans $\psi = 3\cos(0.1\pi x - \pi t - \pi/2)$

7.1.2 복소형태의 조화파(Complex Form of a Harmonic Wave)

조화파는 수학적으로 다루기가 매우 까다로운데 그 이유는 그것이 사인, 코사인 같은 삼각함수로 표현되기 때문이다. 예를 들어 코사인으로 표시되는 2개의 단순한 조화파를 더하는 경우에, 귀찮게도 여러 가지 삼각함수 공식들이 사용되어야 한다. 이러한 어려움은 코사인 대신 복소 지수함수(complex exponential)를 사용해 해결할 수 있다. 이 방법은 조화파를 다룰 때 몇 가지 면에서 장점으로 작용하는데, 첫째로 복소 지수함수는 조화파의 중첩을 계산할 때 유리하고, 둘째로 위상과 임피던스를 계산할 때 유용하게 쓰인다.

이미 잘 알고 있듯이 하나의 복소수(complex number) $\hat{z}$는 실수부와 허수부로 이루어져 있다. 즉

$$\hat{z} = x + iy \tag{7-17}$$

여기서 $i = \sqrt{-1}$이고, x와 y는 실수값을 가진다. 실수 지수함수 $\exp(x)$는 복소 지수함수 $\exp(\hat{z})$로 확장될 수 있는데 이때 오일러 공식(Euler formula)을 사용한다. 즉

$$\boxed{e^{\pm i\theta} \equiv \cos\theta \pm i\sin\theta} \tag{7-18}$$

식 (7-18)로부터 아래의 관계식을 얻는다.

$$\cos\theta = \mathrm{Re}\left[e^{i\theta}\right] = \frac{1}{2}\left[e^{i\theta} + e^{-i\theta}\right] \tag{7-19a}$$

$$\sin\theta = \mathrm{Im}\left[e^{i\theta}\right] = \frac{1}{2i}\left[e^{i\theta} - e^{-i\theta}\right] \tag{7-19b}$$

여기서 Re[.]와 Im[.]은 각각 실수부와 허수부를 나타낸다.

관례상 조화파를 위해 복소 지수함수의 실수부가 사용된다. 다음을 검토하자.

$$\psi(x,t) = A\cos\left(kx - \omega t + \varphi_o\right) = \mathrm{Re}\left[Ae^{i(kx-\omega t+\varphi_o)}\right] \tag{7-20}$$

이것은 조화파의 실순시형태(real instantaneous form)이다. 이제부터는, 실제의 파는 실수부에 해당한다는 것을 염두에 두고, 조화파의 파동함수를 단순하게 아래와 같이 표시한다.

$$\psi = Ae^{i(kx-\omega t+\varphi_o)} \tag{7-21}$$

이것을 조화파의 복소형태(complex form)라 부른다. 이때의 ψ는 복소수이고 이것은 실수인 ψ와 구별되어야 한다. 주어진 문제를 사인꼴 정상상태에서 풀 때, 복소형태를 이용해 결과를 얻고 그것의 실수부를 취하여 실순시형태의 답을 얻는다.

식 (7-21)의 복소형태를 아래와 같이 다시 쓸 수 있다.

$$\psi = \left[(Ae^{i\varphi_o})e^{ikx}\right]e^{-i\omega t} \equiv \left[\hat{A}e^{ikx}\right]e^{-i\omega t} \tag{7-22}$$

윗식의 $\hat{A}$를 복소진폭(complex amplitude)이라 부르는데, 다음과 같이 정의된다.

$$\hat{A} = Ae^{j\varphi_o} \tag{7-23}$$

여기서 A는 진폭(amplitude)이고 φ_o은 위상각(phase angle)이다. 이 책에서 복소수는 위쪽에 ^ (해트(hat) 혹은 캐럿(caret))를 붙여서 표시한다.

조화파가 선형매질을 통과할 때 그 주파수는 변치 않는다. 주파수 불변을 고려하여, 식 (7-22)의 조화 시간종속항(harmonic time-dependence term) $e^{-i\omega t}$를 생략하고 조화파에 대한 파동함수를 아래와 같이 표시한다.

$$\boxed{\psi = \hat{A}e^{ikx}} \tag{7-24}$$

여기서 $\hat{A}$는 복소진폭이다. 만약 하나의 조화파가 윗식과 같이 시간독립 복소형태(time-independent complex form)로 주어지면 실순시 값 ψ를 구하기 위해 ψ에 $e^{-i\omega t}$

를 곱하고 그것의 실수부를 취하면 된다.

식 (7-21)의 복소형태에 i 대신 $-i$를 사용하여도 식 (7-20)의 최종적인 실순시형태에는 변화가 없다. 실질적인 전자기 문제를 푸는 경우, 비록 i의 사용이 어떤 경우 특별히 유용하더라도 $-i$의 사용이 더 선호된다. 혼동을 피하기 위해 $-i$를 $-j$로 표시한다. 여기서 $j = \sqrt{-1}$을 의미한다. 그러므로 조화파의 복소형태는 또 다른 방법으로 아래와 같이 표시될 수 있다.

$$\psi = \hat{A}e^{j(\omega t - kx)} \tag{7-25}$$

앞의 $e^{-i\omega t}$에서와 마찬가지로 시간종속항 $e^{j\omega t}$를 식 (7-25)에서 생략할 수 있는데, 이것은 선형매질을 통과할 때 주파수는 변치 않는다는 사실에 기초한다. 그러므로 하나의 조화파는 간단히 아래와 같이 표시된다.

$$\boxed{\tilde{\psi} = \hat{A}e^{-jkx}} \tag{7-26}$$

이것은 조화파의 위상자형태(phasor form)이다. 이후 위상자는 윗첨자 ~(tilde)를 이용해 표시한다. 실순시 값 ψ는 위상자 $\tilde{\psi}$에 $e^{j\omega t}$를 곱한 후 그 실수부를 취하여 얻는다. 즉

$$\psi = \mathrm{Re}\left[\hat{A}e^{-jkx}e^{j\omega t}\right] = A\cos(\omega t - kx + \varphi_o) \tag{7-27}$$

여기서 복소진폭은 $\hat{A} = Ae^{j\varphi_o}$으로 정의된다.

식 (7-24)와 (7-26)의 두 복소형태는 각각 뚜렷한 장점 및 단점을 가지고 있다. 식 (7-24)의 복소형태는 어떤 한 순간에 조화파의 공간적 분포를 도식적으로 표현하는데 매우 유리하다. 예를 들어 시간 Δt가 경과한 후의 주어진 파의 공간상 분포는, 이전 시간의 그것을 파가 진행하는 방향으로 거리 $v\Delta t$ 만큼 이동시킨 것에 불과하다. 반면 식 (7-26)의 위상자형태는 공간상 서로 다른 지점에서의 조화파의 시간지연을 표시하는데 매우 유리하다. 플러스 값의 위상은 그 지점의 시간위상이 앞서 간다는 것을 의미한다. 이것은 또한 임피던스를 다루는데 매우 유용하다. 예를 들어 고유임피던스(intrinsic impedance)의

플러스 위상각은 단순히 전기장의 시간위상이 자기장의 그것을 앞서 간다는 것을 의미한다. 여기서 주의할 것은 주어진 한 문제에서 하나의 복소형태가 일관성 있게 사용되어야 한다는 것이다. 위상자형태는 다음 장에서 매우 유용하게 사용된다.

조화파의 시간종속항이 $e^{-i\omega t}$로 표시되면 식 (7-24)의 복소 지수함수의 지수는 공간위상(space-phase)을 의미하고, 반면 시간종속항이 $e^{j\omega t}$로 표시되면 식 (7-26)의 지수는 시간위상(time-phase)을 표시한다.

Example 7-4

[그림 7-8]과 같이 자유공간상에서 똑같은 파동함수 $\psi_o = \psi_1 = Ae^{i\pi x - i(3\pi\times10^8)t}$로 주어지는 두 조화파가 있다. 파 ψ_1은 영역 $(2[\mathrm{m}] \le x \le 3.5[\mathrm{m}])$에 존재하는 무손실 유전체에 입사하여 전파상수 $k = 2\pi[\mathrm{rad/m}]$를 가지고 진행한 후 빠져 나온다. 단순화를 위해 경계면에서의 반사는 무시되고 경계면에서 파동함수는 항상 연속이라고 가정한다. 다음의 것들에 대한 실순시 값을 구하라.

(a) ψ_2 (b) ψ_3

(c) 위상차이 $\Delta\varphi$

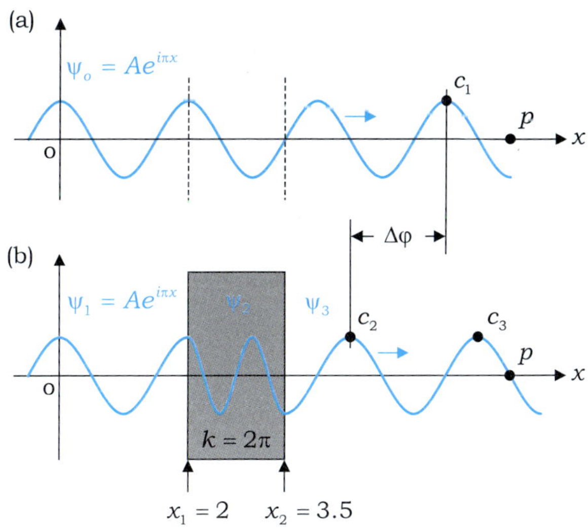

그림 7-8 두 조화파

Solution

(a) $x = 2[\mathrm{m}]$에 위치한 경계면을 통과하기 바로 직전, 시간독립 복소형태로 ψ_1을 표시하면

$$\psi_1(x=2) = Ae^{i\pi 2} = A \tag{7-28}$$

전파상수 $k = 2\pi$인 매질에서의 주어진 파의 시간독립 복소형태는 일반적으로 아래와 같다.

$$\psi_2(x) = Ce^{ikx} = Ce^{i2\pi x} \quad (C, \text{ 상수}) \tag{7-29}$$

식 (7-28)과 (7-29)의 두 파는 $x = 2[\mathrm{m}]$에서 경계면 조건에 의해 서로 같아야 한다. 따라서

$$A = Ce^{j4\pi}$$

윗식을 식 (7-29)에 대입하면

$$\psi_2(x) = Ae^{i2\pi x} \tag{7-30}$$

영역 $2[\mathrm{m}] \le x \le 3.5[\mathrm{m}]$에서 실순시 값은

$$\psi_2 = \mathrm{Re}\left[Ae^{i2\pi x}e^{-i\omega t}\right] = A\cos\left(2\pi x - 3\pi \times 10^8 t\right)$$

(b) $x = 3.5[\mathrm{m}]$의 경계면을 통과하기 바로 직전 식 (7-30)으로부터 다음을 얻는다.

$$\psi_2(x=3.5) = Ae^{i2\pi\times 3.5} = Ae^{i\pi} \tag{7-31}$$

영역 $x \ge 3.5[\mathrm{m}]$에서의 파동함수의 일반적인 식은 영역 $x < 2[\mathrm{m}]$에서의 그것과 동일하다.

$$\psi_3(x) = C'e^{i\pi x} \quad (C', \text{ 상수}) \tag{7-32}$$

식 (7-31)과 (7-32)의 두 파는 경계면 $x = 3.5[\mathrm{m}]$에서, 경계면 조건에 따라, 서로 같아야 한다.

$$\psi_3(x=3.5) = C'e^{i\pi 3.5} = Ae^{i\pi}$$

즉

$C' = Ae^{-i0.5\pi}$

윗식을 식 (7-32)에 대입하면

$\psi_3(x) = Ae^{-i0.5\pi}e^{i\pi x}$

영역 $x \geq 3.5$[m]에서 실순시 값은

$$\psi_3 = \text{Re}\left[Ae^{-i0.5\pi}e^{i\pi x}e^{-i\omega t}\right] = A\cos\left(\pi x - 3\pi\times10^8 t - 0.5\pi\right) \quad (7\text{-}33)$$

(c) $x = x_p$ 평면의 점 p에서 두 파는 아래와 같이 표시된다.

$\psi_o = A\cos(\pi x_p - 3\pi\times10^8 t)$

$\psi_3 = A\cos(\pi x_p - 3\pi\times10^8 t - 0.5\pi)$

[그림 7-8]의 두 마루 c_1과 c_3을 관찰하면 ψ_3이 ψ_o보다 점 p에 더 빨리 도달한다. 따라서 ψ_3이 ψ_o을 시간위상 0.5π[rad]만큼 앞선다. 반면 두 마루 c_1과 c_2를 관찰하면, ψ_3이 ψ_o보다 시간위상이 1.5π[rad]만큼 뒤처진다.

Example 7-5

하나의 조화파 $\tilde{\psi} = Ae^{-j0.5\pi x + j\omega t}$($e^{-i\omega t}$대신 $e^{j\omega t}$가 사용됨)가 [그림 7-9] 처럼 자유공간에서 $+x$-방향으로 진행한다.

(a) $x = x_1$과 $x = x_2$에서 ψ를 ωt에 대해 그려라.

(b) $\psi(x_2, t)$가 $\psi(x_1, t)$에 대해 얼마만큼 시간위상이 지연되는가?

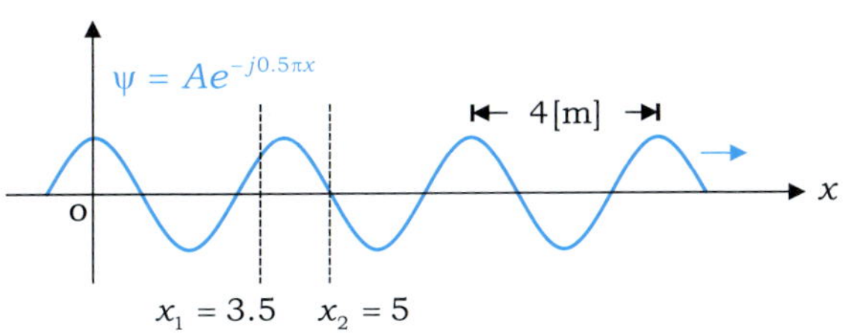

그림 7-9 하나의 조화파

Solution

(a) 점 $x = x_1$과 점 $x = x_2$에서의 두 파는 각각 아래와 같이 주어진다.

$$\tilde{\psi}(x_1) = Ae^{-j0.5\pi\times3.5} = Ae^{-j1.75\pi}$$

$$\tilde{\psi}(x_2) = Ae^{-j0.5\pi\times5} = Ae^{-j2.5\pi}$$

이들의 실순시 값을 구하면

$$\psi(x_1, t) = A\cos(\omega t - 1.75\pi)$$

$$\psi(x_2, t) = A\cos(\omega t - 2.5\pi)$$

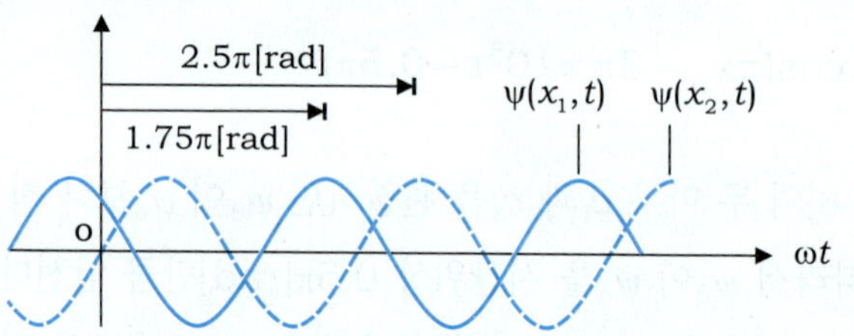

그림 7-10 점 $x = x_1$과 $x = x_2$에서의 조화파의 시간특성

(b) 위상차이를 구하면

$$\Delta\varphi = \varphi_2 - \varphi_1 = (\omega t - 2.5\pi) - (\omega t - 1.75\pi)$$
$$= -0.75\pi$$

윗식의 마이너스 부호는 $\psi(x_2, t)$가 $\psi(x_1, t)$에 대해 시간위상이 0.75π[rad] 만큼 지연됨을 의미한다.

Exercise 7.5

주어진 위상자 $\tilde{\psi} = 2e^{j4.3}$에 대해 각주파수 ω로 진동하는 실순시 값을 구하라.

Ans $\psi = 2\cos(\omega t + 4.3)$

Exercise 7.6

다음에 주어진 위상자 쌍에 대해 $\tilde{\psi}_2$가 $\tilde{\psi}_1$에 대해 얼마만큼 시간위상이 지연되는지를 구하라.

(a) $\tilde{\psi}_1 = 2e^{j4.3}$, $\tilde{\psi}_2 = 3e^{j2.1}$

(b) $\tilde{\psi}_1 = 4e^{j\pi}$, $\tilde{\psi}_2 = -4e^{j1.2\pi}$

(c) $\tilde{\psi}_1 = 6e^{j0.7\pi}$, $\tilde{\psi}_2 = 5e^{j1.8\pi}$

(d) $\tilde{\psi}_1 = 2e^{-j0.6}$, $\tilde{\psi}_2 = 2e^{-j1.8}$

Ans (a) 2.2[rad] (b) 0.8π[rad] (c) 0.9π[rad] (d) 1.2[rad]

Review Questions with Hints

RQ 7.3 1차원 조화파에 대한 위상을 설명하라. [(7-10)]

RQ 7.4 위상속도를 설명하라. [(7-11)(7-16)]

RQ 7.5 전파상수를 정의하고 그 단위가 무엇인지 설명하라. [(7-14)]

RQ 7.6 오일러 공식을 서술하라. [(7-18)]

RQ 7.7 파의 주파수를 위상자로부터 알아낼 수 있는가? [(7-11)(7-26)]

7.2 3차원 공간상의 평면파(THREE-DIMENSIONAL PLANE WAVE)

식 (7-6)의 미분파동방정식을 3차원으로 확장하면 아래와 같은 3차원 미분파동방정식을 얻을 수 있다.

$$\nabla^2 \psi = \frac{1}{v^2}\frac{\partial^2 \psi}{\partial t^2} \tag{7-34}$$

여기서 ∇^2은 라플라시안 연산자이고, v는 주어진 매질에서의 파의 위상속도이다. 3차원 공간상에서 파의 진행은 전적으로 식 (7-34)에 의해 결정된다. 이 절에서 식 (7-34)에 대한 가장 간단한 해는 균일평면파(uniform plane wave)로, 동일 위상의 공간상 점들이 평면을 형성하고, 매질의 변위가 이 평면에서 상수이고 균일하다는 것을 증명한다. 하나의 파가 3차원 공간에서 진행할 때 그 에너지는 일반적으로 횡단면에서 점점 퍼지므로, 파의 단면도는 위치에 따라 모양이 변한다. 그러나 균일평면파는 공간상에서 단면도가 일정하게 주어지는 유일한 파이다(즉 수학적인 이상적인 진행파이다). 지금부터 3차원 파를 식 (7-34)의 미분파동방정식을 만족하는, 공간과 시간에 따라 변하는 하나의 벡터장으로 정의한다.

3차원 미분파동방정식은 아래와 같은 2개의 독립적인 일반해를 가진다.

$$\boxed{\psi = A_o \cos\left[(k_x x + k_y y + k_z z) \pm \omega t + \varphi_o\right]} \tag{7-35}$$

여기서 φ_o은 상수위상이다. 식 (7-35)를 식 (7-34)에 직접 대입하여 증명할 수 있다. 만약 두 일반해가 선형적으로 결합되어 주어진 경계면 조건을 만족시키면 그것은 특수해(particular solution)가 되어, 유일성 정리에 의해, 주어진 영역에서의 유일해가 된다. 식 (7-35)를 복소형태로 다시 쓰면

$$\boxed{\psi = \hat{A} e^{i\mathbf{k}\cdot\mathbf{r} \pm i\omega t}} \tag{7-36}$$

여기서 복소진폭은 $\hat{A} = A_o \exp(i\varphi_o)$이고, 벡터 $\mathbf{k}$는 파수벡터(wavevector)로 직각좌표계에서 다음과 같이 주어진다.

$$\mathbf{k} = k_x \mathbf{a}_x + k_y \mathbf{a}_y + k_z \mathbf{a}_z \tag{7-37a}$$

$$|\mathbf{k}| = \sqrt{k_x^2 + k_y^2 + k_z^2} = \frac{2\pi}{\lambda} \tag{7-37b}$$

위에서 λ는 파장이고, $\mathbf{r}$은 직각좌표계에서 아래와 같이 주어지는 위치벡터이다.

$$\mathbf{r} = x\,\mathbf{a}_x + y\,\mathbf{a}_y + z\,\mathbf{a}_z \tag{7-38}$$

식 (7-35)의 3차원 파는, 오직 x-축을 따라 진행하도록 제한된다면, 식 (7-9)의 1차원 파로 축소된다.

하나의 3차원 파가 공간상 한 영역에 존재할 때, 그것의 위상은 주어진 영역에서 하나의 스칼라장을 형성한다. 이때의 위상은 시간을 고정하면 공간상에서 매끈한 함수로 주어진다. 따라서 같은 위상값을 갖는 점들을 모으면 이들은 주어진 공간에서 매끈한 곡면을 형성한다. 이러한 곡면을 동위상면(phase front) 혹은 파면(wavefront)이라 부른다. 여기서 식 (7-36)으로 표시되는 파를 검토하여 공간상에서 위상이 어떻게 분포하는지를 살펴볼 것이다. 식 (7-36)에서 보듯이 그 위상은 전적으로 지수항 $\mathbf{k} \cdot \mathbf{r}$에 의해 결정된다. 이 항은 상수인 파수벡터 $\mathbf{k}$와 위치에 따라 변하는 위치벡터 $\mathbf{r}$ 사이의 점곱이다. 위상이 상수 a로 주어지는 공간상의 점들을 찾기 위해 다음의 관계식을 만족하는 위치벡터를 찾을 것이다.

$$\mathbf{k} \cdot \mathbf{r} = a \tag{7-39}$$

여기서 $\mathbf{r}$은 위치벡터, $\mathbf{k}$는 파수벡터이다. 만약 $\mathbf{r}_o$이 윗식을 만족하는 위치벡터들 중의 하나라면, 즉 $\mathbf{k} \cdot \mathbf{r}_o = a$이면 식 (7-39)를 아래와 같이 다시 쓸 수 있다.

$$\mathbf{k} \cdot (\mathbf{r} - \mathbf{r}_o) = 0 \tag{7-40}$$

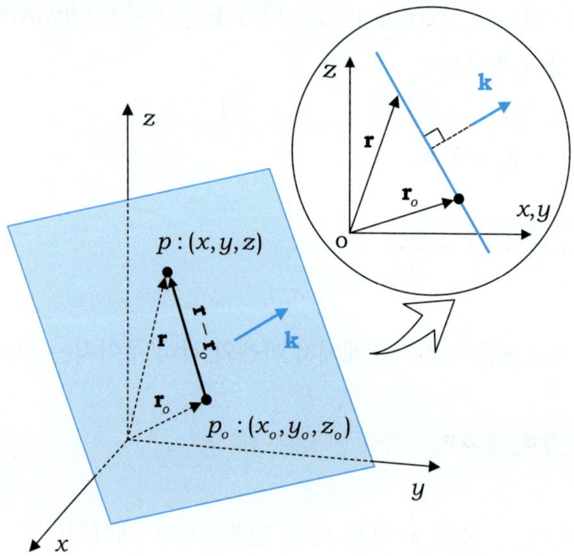

그림 7-11 파면은 파수벡터 **k**에 수직이다.

여기서 **k**와 $\mathbf{r}_o$은 상수이고, **r**은 식 (7-40)을 만족하는 공간상의 점들에 대한 위치벡터이다. 식 (7-40)의 점곱으로부터 벡터 $\mathbf{r}-\mathbf{r}_o$은 벡터 **k**에 수직인 평면에 놓여 있어야 한다는 것을 알 수 있다([그림 7-11] 참조). 다시 말하여 식 (7-40)의 위치벡터 **r**은 파수벡터 **k**에 수직이고 $\mathbf{r}_o$의 점을 포함하는 평면 위의 점들을 향한다. 결론적으로 식 (7-35) 혹은 (7-36)으로 표시되는 파는 3차원 공간에서 평면 파면을 가지는데 이러한 파면 위에서 값 혹은 매질의 변위(disturbance)는 상수이고 균일하다. 이러한 파를 균일평면파(uniform plane wave)라 부른다.

균일평면파의 파면은 파수벡터의 방향을 따라 주기적으로 형성된다. 파면은 λ 혹은 파장거리마다 반복적으로 나타난다. **k**-방향으로 λ 만큼 떨어져 있는 두 점은 벡터표기를 이용하면 각각 위치벡터 **r**과 $\mathbf{r}+\lambda\mathbf{a}_k$로 정의될 수 있다. 주어진 파의 주기성을 고려하면 두 점에서의 매질의 변위는 똑같다. 즉

$$\hat{A}e^{i\mathbf{k}\cdot\mathbf{r}} = \hat{A}e^{i\mathbf{k}\cdot(\mathbf{r}+\lambda\mathbf{a}_k)} \tag{7-41}$$

식 (7-41)의 등호로부터 관계식 $\lambda\mathbf{k}\cdot\mathbf{a}_k = 2\pi$이 주어진다. 그러므로

$$\boxed{k = \frac{2\pi}{\lambda}} \quad [\mathrm{rad/m}] \tag{7-42}$$

이것을 파수(wavenumber)라 한다.

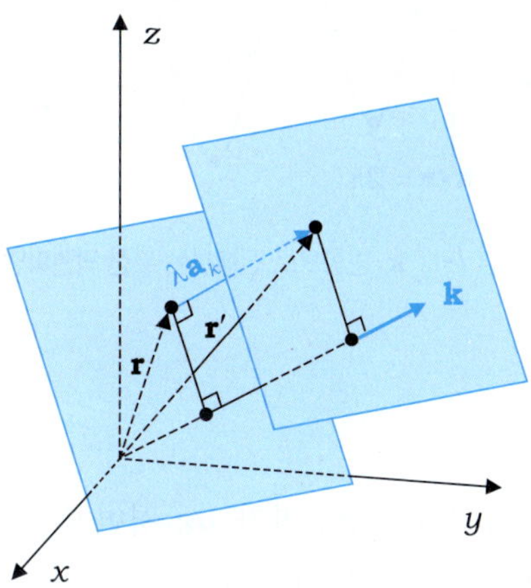

그림 7-12 동일한 위상의 두 파면

[그림 7-13]은 식 (7-36)에 주어진 균일평면파의 진행을 설명하는데 매우 유용하다. 그림에서 평행인 평면들은 파면을 나타내는데 이들은 $\mathbf{k}$에 수직이고 시간이 지남에 따라 $\mathbf{k}$의 방향을 따라 동시에 이동한다. 이들은 무한히 넓어 종이 위에 그리기가 불가능한데, 하나의 코사인 곡선을 이용하면 편리하게 대치하여 나타낼 수 있다. 코사인 곡선의 각 점은 하나의 무한 평면파면을 나타내는데, 이 파면은 주어진 점을 지나면서 수평축에 수직이다. 여기서 수평축의 좌표값은 주어진 파면의 위상값을 나타내며, 수직축은 파면에서의 매질의 변위를 나타낸다.

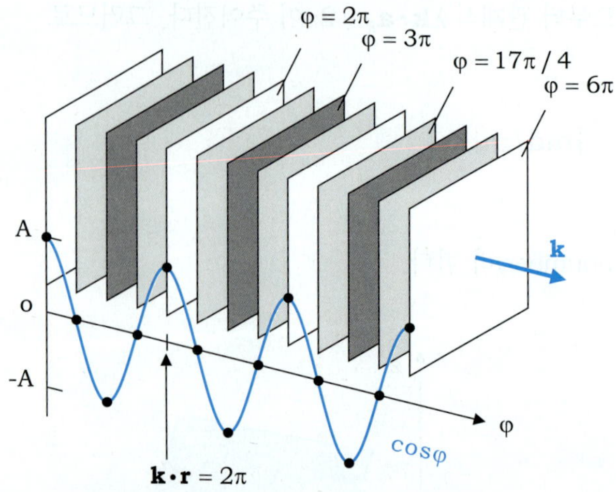

그림 7-13 **k**-방향으로 진행하는 무한 평면파면

Example 7-6

[그림 7-14]는 진폭 A의 균일평면파가 yz-평면에서, y-축과 각 θ를 이루는 파수벡터 $\mathbf{k}$를 따라 진행하는 것을 보여준다.

(a) 복소형태의 파동함수를 서술하라.

(b) 각각 y-축과 z-축을 따라 관찰되는 공간상 주기 λ_y와 λ_z를 구하라.

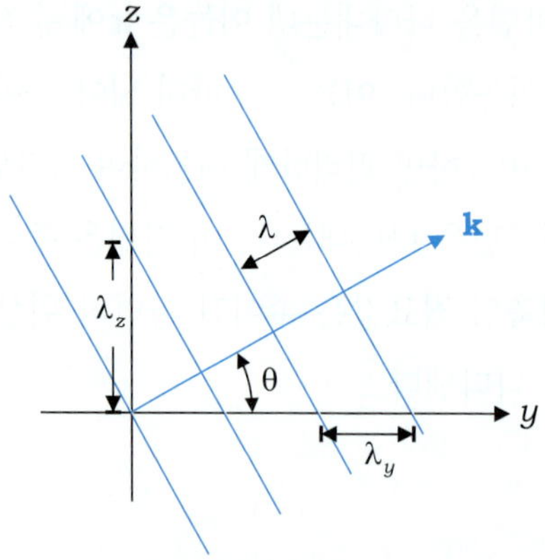

그림 7-14 균일평면파의 파면들

Solution

(a) 파수벡터를 벡터성분으로 표시하면

$$\mathbf{k} = \frac{2\pi}{\lambda}(\cos\theta\,\mathbf{a}_y + \sin\theta\,\mathbf{a}_z)$$

그러므로 복소형태의 파동함수는 아래와 같다.

$$\psi = Ae^{i\frac{2\pi}{\lambda}(y\cos\theta + z\sin\theta) - i\omega t} \tag{7-43}$$

(b) 식 (7-43)으로부터 $y = y_1$과 $y = y_1 + \lambda_y$에서의 위상은

$$\varphi_1 = \frac{2\pi}{\lambda}y_1\cos\theta - \omega t \qquad (y = y_1) \tag{7-44a}$$

$$\varphi_2 = \frac{2\pi}{\lambda}\left(y_1 + \lambda_y\right)\cos\theta - \omega t \qquad (y = y_1 + \lambda_y) \tag{7-44b}$$

두 점 사이의 위상차는 2π, 즉 $\varphi_2 - \varphi_1 = 2\pi$이므로, 식 (7-44)로부터 다음의 관계식을 얻는다.

$$\lambda_y = \frac{\lambda}{\cos\theta}$$

마찬가지로 $z = z_1$과 $z = z_1 + \lambda_z$로 주어지는 두 점 사이의 위상차가 2π임을 고려하면 다음을 구할 수 있다.

$$\lambda_z = \frac{\lambda}{\sin\theta}$$

Exercise 7.7

[그림 7-11]에서 위상 a의 파면과 위상 0인 원점 사이의 거리를 구하라.

Ans a/k

Exercise 7.8

[그림 7-14]에서 y-축을 따라 측정되는 위상속도를 ω와 λ_y로 표시하라.

Ans $\omega\lambda_y/2\pi$

Review Questions with Hints

RQ 7.8 파수벡터에는 주어진 파에 대한 어떤 정보들이 포함되어 있는가? [(7-37)]

RQ 7.9 코사인 파동함수 위의 한 점과 파면 사이의 관계를 설명하라. [그림 7-13]

RQ 7.10 균일평면파의 위상속도는 측정방향에 무관한가? [그림 7-14]

7.3 전자기 평면파(ELECTROMAGNETIC PLANE WAVE)

자유공간에서는 자유전하와 전류가 0이므로 맥스웰 방정식은 다음과 같이 주어진다.

$$\nabla \times \mathscr{E} = -\mu_o \frac{\partial \mathscr{H}}{\partial t} \tag{7-45a}$$

$$\nabla \times \mathscr{H} = \varepsilon_o \frac{\partial \mathscr{E}}{\partial t} \tag{7-45b}$$

$$\nabla \cdot \mathscr{E} = 0 \tag{7-45c}$$

$$\nabla \cdot \mathscr{H} = 0 \tag{7-45d}$$

여기서 ε_o과 μ_o은 각각 자유공간의 유전율과 투자율이다. 순시전기장 및 순시자기장은 벡터로 표시되는데 이들의 각 벡터성분은 시간과 공간에 대한 함수이다. $\mathscr{E}$와 $\mathscr{H}$에 대한 일반적인 형태는 다음과 같다.

$$\mathscr{E}(\mathbf{r},t) = \mathscr{E}_x(\mathbf{r},t)\,\mathbf{a}_x + \mathscr{E}_y(\mathbf{r},t)\,\mathbf{a}_y + \mathscr{E}_z(\mathbf{r},t)\,\mathbf{a}_z \tag{7-46a}$$

$$\mathscr{H}(\mathbf{r},t) = \mathscr{H}_x(\mathbf{r},t)\,\mathbf{a}_x + \mathscr{H}_y(\mathbf{r},t)\,\mathbf{a}_y + \mathscr{H}_z(\mathbf{r},t)\,\mathbf{a}_z \tag{7-46b}$$

식 (7-45a) 양변에 컬을 취하고 식 (7-45b)를 대입하면 아래의 관계식을 얻는다.

$$\nabla \times \nabla \times \mathscr{E} = -\varepsilon_o\mu_o \frac{\partial^2 \mathscr{E}}{\partial t^2}$$

윗식에 벡터 항등식 $\nabla\times\nabla\times\mathbf{U} = \nabla\nabla\cdot\mathbf{U} - \nabla^2\mathbf{U}$을 이용하고 식 (7-45c)를 대입하면 3차원 미분파동방정식을 구할 수 있다.

$$\boxed{\nabla^2 \mathscr{E} = \varepsilon_o\mu_o \frac{\partial^2 \mathscr{E}}{\partial t^2}} \tag{7-47}$$

위에서 $\mathscr{E}$의 세 벡터성분은 서로 독립이므로 식 (7-47)은 3개의 스칼라 미분파동방정식으로 나뉠 수 있다. 직각좌표계에서

$$\nabla^2 \mathscr{E}_x = \varepsilon_o\mu_o \frac{\partial^2 \mathscr{E}_x}{\partial t^2} \tag{7-48a}$$

$$\nabla^2 \mathscr{E}_y = \varepsilon_o\mu_o \frac{\partial^2 \mathscr{E}_y}{\partial t^2} \tag{7-48b}$$

$$\nabla^2 \mathscr{E}_z = \varepsilon_o\mu_o \frac{\partial^2 \mathscr{E}_z}{\partial t^2} \tag{7-48c}$$

다음의 세 균일평면파들이 위의 세 미분파동방정식의 해가 된다.

$$\mathscr{E}_x(\mathbf{r},t) = E_1 \cos\left(\mathbf{k}\cdot\mathbf{r} - \omega t + \varphi_x\right) \tag{7-49a}$$

$$\mathscr{E}_y(\mathbf{r},t) = E_2 \cos\left(\mathbf{k}\cdot\mathbf{r} - \omega t + \varphi_y\right) \tag{7-49b}$$

$$\mathscr{E}_z(\mathbf{r},t) = E_3 \cos\left(\mathbf{k}\cdot\mathbf{r} - \omega t + \varphi_z\right) \tag{7-49c}$$

여기서 $\mathbf{k}$는 파수벡터이고, $\mathbf{r}$은 위치벡터, ω는 각주파수, φ_x, φ_y, φ_z는 상수 위상값들이다. 식 (7-48)로부터 알 수 있듯이 식 (7-49)에서 $\mathbf{k}$는 그 방향에 관계없이 크기는 항상 $k = \omega\sqrt{\varepsilon_o\mu_o}$로 주어진다. 식 (7-49)의 세 성분이 합해져서 자유공간을 진행하는 하나의 전자파를 형성하므로 세 성분의 $\mathbf{k}$는 방향이 동일하여야 한다. 그렇지 않으면 이들은 서로 독립인 세 진행파를 의미한다. 여기서 기억할 것은, 각주파수가 서로 다르거나 혹은 파수벡터(크기 혹은 방향)가 서로 다르면 그 균일평면파들은 서로 독립이다. 식 (7-49)의 세 성분을 합하여 3차원 공간을 진행하는 하나의 균일평면파를 아래와 같이 얻을 수 있다.

$$\boxed{\mathscr{E}(\mathbf{r},t) = \mathrm{Re}\left[\hat{\mathbf{E}}_o e^{i\mathbf{k}\cdot\mathbf{r} - i\omega t}\right]} \tag{7-50}$$

여기서 $\hat{\mathbf{E}}_o$은 벡터 복소진폭으로 아래와 같이 정의된다.

$$\hat{\mathbf{E}}_o = E_x e^{i\varphi_x}\,\mathbf{a}_x + E_y e^{i\varphi_y}\,\mathbf{a}_y + E_z e^{i\varphi_z}\,\mathbf{a}_z \tag{7-51a}$$

특수한 경우를 제외하고 (8.2.3 절 참조), 위의 세 상수위상은 동일하다고 가정한다 ($\varphi_x = \varphi_y = \varphi_z = \varphi_o$). 따라서 벡터 복소진폭은 아래과 같이 표시된다.

$$\hat{\mathbf{E}}_o = E_o e^{j\varphi_o}\,\mathbf{a}_E \tag{7-51b}$$

여기서 E_o은 진폭, φ_o은 위상각, $\mathbf{a}_E$는 전기장세기 방향으로의 단위벡터이다. $\hat{\mathbf{E}}_o$은 하나의 벡터인데, 그 스칼라성분은 일반적으로 복소수이다. 공간상에서 식 (7-50)의 전자기파는, 벡터 복소진폭 $\hat{\mathbf{E}}_o$을 제외하면, 7-2절에서 논한 스칼라 파와 동일한 특성을 가지고 있다. 달리 말하면, 식 (7-50)은 하나의 벡터량에 대해 그것이 시간과 공간에서 어떤 분포를 가지는지를 나타내고, 반면 식 (7-36)은 하나의 스칼라량에 대해 그것의 시간과 공간에서의 분포를 나타낸다. 식 (7-50)의 전자기 평면파는 $\mathbf{k}$의 방향으로, 아래의 위상속도로, 진행한다. 즉

$$v_p = \frac{\omega}{k} = \frac{1}{\sqrt{\varepsilon_o \mu_o}} \cong 3 \times 10^8 \quad [\mathrm{m/s}] \tag{7-52}$$

이것은 자유공간에서의 위상속도이다. 이 위상속도는 자유공간에서는 빛의 속도이므로 파수(wavenumber)는 아래와 같이 표시된다.

$$\boxed{k = \frac{\omega}{c}} \tag{7-53}$$

윗식은 자유공간에서만 성립한다. 물체 내에서 윗식의 c는 v_p로 대치되어야 하는데, 이 위상속도는 주어진 매질의 특성을 나타내는 파라미터이다.

$\mathscr{E}$에서와 마찬가지로, 자기장에 대한 미분파동방정식을 얻을 수 있다. 즉

$$\boxed{\nabla^2 \mathscr{H} = \varepsilon_o \mu_o \frac{\partial^2 \mathscr{H}}{\partial t^2}} \tag{7-54}$$

윗식에 대한 가장 간단한 해는 아래와 같이 표시되는 균일평면파이다.

$$\boxed{\mathscr{H}(\mathbf{r}, t) = \mathrm{Re}\left[\hat{\mathbf{H}}_o e^{i\mathbf{k}\cdot\mathbf{r} - i\omega t}\right]} \tag{7-55}$$

여기서 $\hat{\mathbf{H}}_o$은 벡터 복소진폭이다. $\mathscr{E}$와 $\mathscr{H}$는 서로 밀접하게 연관되어 있으므로 식 (7-47)과 (7-54) 중 하나를 풀고, 맥스웰 방정식 (7-45a) 혹은 (7-45b)로부터 다른 벡터장을 구해 자유공간을 진행하는 전자기파에 대한 표현식을 구할 수 있다.

Exercise 7.9

직접 대입하여 식 (7–50)이 식 (7–47)의 해임을 보여라.

Exercise 7.10

식 (7–47)의 또 다른 해는 $\mathscr{E}(\mathbf{r}, t) = \mathrm{Re}\left[\hat{\mathbf{E}}_o e^{i\mathbf{k}\cdot\mathbf{r}+i\omega t}\right]$로 주어짐을 보여라.

Exercise 7.11

두 식 (7–50)과 (7–55)를 식 (7–45)에 대입하여 자유공간에서의 비 $|\mathbf{E}_o/\mathbf{B}_o|$을 구하라.

Ans c

7.3.1 전자기파의 횡파 특성(Transverse Electromagnetic Wave)

맥스웰 방정식에 의하면 시간에 따라 변하는 $\mathscr{E}$는 그것에 수직인 방향으로 $\mathscr{H}$를 유도하고, 시간에 따라 변하는 $\mathscr{H}$는 그것에 수직인 방향으로 다시 $\mathscr{E}$를 유도한다. 시간에 따라 변하는 전기장과 자기장은 끝없이 서로를 유도하고, 이렇게 결합된 것들은 공간상에서 빛의 속도로 진행하는 하나의 전자기파를 형성한다. $\mathscr{E}$와 $\mathscr{H}$ 사이의 상호연관, 수직관계, 대칭성은 이들이 만드는 전자기파는 $\mathscr{E}$와 $\mathscr{H}$에 수직인 방향으로 진행할 것이라는 것을 알려준다.

만약 하나의 균일평면파가 z-방향으로 진행한다면, 그것의 평면 파면은 z-축에 수직이라는 것을 의미한다. 이때 전기장세기 및 자기장세기는 파면에서 상수이고 균일하므로 $\mathscr{E}$는 x- 와 y-좌표에 독립이다. 즉

$$\frac{\partial \mathscr{E}(\mathbf{r}, t)}{\partial x} = \frac{\partial \mathscr{E}(\mathbf{r}, t)}{\partial y} = 0 \tag{7-56}$$

식 (7-56)을 기초로 $\mathscr{E}$에 대한 일반적인 표현식을 아래와 같이 축소하여 쓸 수 있다.

$$\mathscr{E}(\mathbf{r},t) = \mathscr{E}_x(z,t)\,\mathbf{a}_x + \mathscr{E}_y(z,t)\,\mathbf{a}_y + \mathscr{E}_z(z,t)\,\mathbf{a}_z \tag{7-57}$$

식 (7-57)을 식 (7-45c)에 대입하면

$$\nabla \bullet \mathscr{E} = \frac{\partial \mathscr{E}_z}{\partial z} = 0 \tag{7-58}$$

위의 식은 $\mathscr{E}_z$가 z-축 위에서 상수임을 나타낸다. 여기서 z-방향은 주어진 파가 진행하는 방향이다. 전자기 개념에서 전기장과 자기장은 시간과 공간에서 변하여야 한다. 즉 공간상에서 상수인 전기장은 전자기파를 형성할 수 없다. 따라서

$$\mathscr{E}_z = 0 \tag{7-59}$$

식 (7-59)를 식 (7-57)에 대입하면, z-방향으로 진행하는 균일평면파의 전기장세기는 다음과 같은 형태로 주어진다.

$$\mathscr{E} = \mathscr{E}_x(z,t)\,\mathbf{a}_x + \mathscr{E}_y(z,t)\,\mathbf{a}_y \tag{7-60}$$

$\mathscr{E}$의 방향은 주어진 파가 진행하는 방향에 수직이다.

그 다음 식 (7-60)을 식 (7-45a)에 대입하면

$$-\frac{\partial \mathscr{E}_y}{\partial z}\mathbf{a}_x + \frac{\partial \mathscr{E}_x}{\partial z}\mathbf{a}_y = -\mu_o \frac{\partial \mathscr{H}_x}{\partial t}\mathbf{a}_x - \mu_o \frac{\partial \mathscr{H}_y}{\partial t}\mathbf{a}_y - \mu_o \frac{\partial \mathscr{H}_z}{\partial t}\mathbf{a}_z \tag{7-61}$$

식 (7-61)을 만족시키기 위해 $\mathscr{H}_z$는 시간에 대해 상수이어야 하는데, 이것은 전자기 개념상 허용되지 않으므로 아래와 같은 조건을 얻게 된다.

$$\mathscr{H}_z = 0$$

$\mathscr{H}$의 방향도 역시 주어진 파가 진행하는 방향에 수직이다. 이러한 논의의 결론으로 ***전자기파는 횡파이다***.

시변 전기장 및 자기장 $\mathscr{E}$와 $\mathscr{H}$는 서로 수직이며, 둘 다 파수벡터 $\mathbf{k}$에 수직이다. 이 세 벡터의 방향은 오른손규칙을 따른다. 오른손 네 손가락이 $\mathscr{E}$에서 $\mathscr{H}$로 회전하면 오른손 엄지는 $\mathbf{k}$의 방향을 가리킨다. 즉

$$\boxed{\mathbf{a}_E \times \mathbf{a}_H = \mathbf{a}_k} \tag{7-62}$$

여기서 $\mathbf{a}_E$, $\mathbf{a}_H$, $\mathbf{a}_k$는 각각 $\mathscr{E}$, $\mathscr{H}$, $\mathbf{k}$ 방향으로의 단위벡터이다. 식 (7-62)는 어떤 시간에서도, 공간상의 어떤 점에서도 항상 만족된다.

Example 7-7

전기장 $\mathscr{E} = E_o \mathbf{a}_x \cos(kz - \omega t)$는 자유공간을 진행하는 하나의 균일평면파를 나타낸다. 이것의 자기장을 구하라.

Solution

$\mathscr{E}$를 식 (7-45a)에 대입하면

$$\mathbf{a}_y E_o \frac{\partial}{\partial z}\cos(kz - \omega t) = -\mu_o \frac{\partial}{\partial t}\left(\mathscr{H}_x \mathbf{a}_x + \mathscr{H}_y \mathbf{a}_y + \mathscr{H}_z \mathbf{a}_z\right) \tag{7-63a}$$

윗식의 왼편은 y-성분만을 포함하므로

$$\mathscr{H}_x = \mathscr{H}_z = 0$$

따라서 식 (7-63a)는 다음과 같이 축소된다.

$$kE_o \sin(kz - \omega t) = \mu_o \frac{\partial \mathscr{H}_y}{\partial t} \tag{7-63b}$$

윗식의 양변을 t에 대해 적분하여 다음을 구한다.

$$\mathscr{H}_y = \sqrt{\frac{\varepsilon_o}{\mu_o}} E_o \cos(kz - \omega t)$$

그리하여 주어진 파의 자기장은

$$\mathscr{H} = \sqrt{\frac{\varepsilon_o}{\mu_o}} E_o \, \mathbf{a}_y \cos(kz - \omega t) \tag{7-64}$$

$\mathscr{E}$와 $\mathscr{H}$에 대한 두 표현식은 진폭을 제외하면 정확하게 일치한다(두 진폭은 $\sqrt{\varepsilon_o / \mu_o}$배 만큼 차이가 난다). 이 경우 전기장과 자기장은 동위상(in phase)이라 말한다. 전기장 및 자기장세기 벡터들은 서로 수직이고 $\mathscr{E} \times \mathscr{H}$는 파의 진행 방향 혹은 $\mathbf{k}$의 방향과 평행이다.

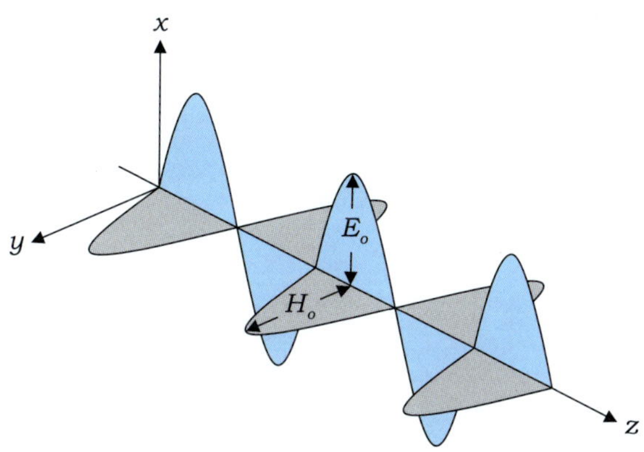

그림 7-15 z-방향으로 진행하는 하나의 전자기파

Exercise 7.12

하나의 균일평면파의 파수벡터가 $\mathbf{a}_x + 2\mathbf{a}_y$에 평행이고, 그것의 전기장세기 벡터는 $\mathbf{a}_z$에 평행이다. 이때 $\mathscr{H}$의 방향은?

Ans 벡터 $2\mathbf{a}_x - \mathbf{a}_y$에 평행인 방향

Review Questions with Hints

RQ 7.11 자유공간에서의 맥스웰 방정식을 서술하라. [(7-45)]

RQ 7.12 $\mathscr{E}$에 대한 미분파동방정식을 쓰고 그것의 균일평면파 표현식을 서술하라. [(7-47)(7-50)]

RQ 7.13 파수를 정의하라. [(7-42)(7-53)]

RQ 7.14 $\mathscr{E}$, $\mathscr{H}$, $\mathbf{k}$의 단위벡터들에 대한 관계식을 서술하라. [(7-62)]

RQ 7.15 하나의 전자기 평면파의 $\mathscr{E}$와 $\mathscr{H}$의 진폭 사이의 비는 얼마인가? [(7-64)]

PROBLEMS

7-1 다음의 식들이 자유공간에서의 진행파를 의미하는가?

(a) $\psi = (2x - 3t)^2$

(b) $\psi = \sin(2x^2 - 3t^2)$

(c) $\psi = \cos(x^2 + t^2 + 2xt)$

(d) $\psi = e^{-3x} e^{j2t - jx}$

7-2 다음의 ψ가 전자기파인가에 관계없이 자유공간을 진행하는 파인가?

(a) $\psi = (5\mathbf{a}_x + 4\mathbf{a}_z)\cos(2z - 3t)$

(b) $\psi = 5\mathbf{a}_x \cos(2z - 3t) + 4\mathbf{a}_y \sin(2z - 3t)$

7-3 주어진 진행파 $\psi = e^{2+j1.2} e^{j100\pi t - j0.02\pi z}$에 대해 다음을 구하라.

(a) 진폭 (b) 파장

(c) 주파수 (d) 위상속도

(e) 진행방향

7-4 x-방향으로, 위상속도 $v_p = 10[\text{m/s}]$로 진행하는 조화파의 단면도가 시간 $t = 0.5[\text{s}]$일 때 [그림 7-16]과 같이 주어진다. 이것의 파동함수를 코사인 함수를 이용해 표현하라.

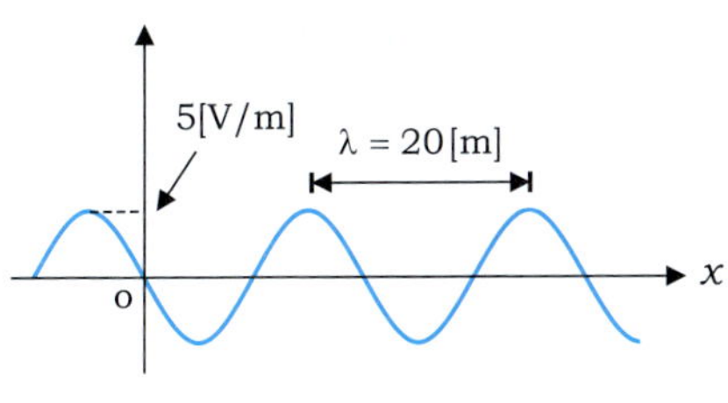

그림 7-16 조화파의 단면도(Problem 7-14)

7-5 자유공간($x<0$)에서 조화파가 $\psi = A_o e^{ikx-i\omega t}$로 주어진다. 여기서 k는 전파상수이다. 이 파는 [그림 7-17]과 같이 영역 $0 \le x \le d$에 존재하는 유전체를 통과한다. 유전체에서의 전파상수는 $k' = nk$이다. 영역 $x > d$에서 이 파는 유전체를 통과하지 않은 파에 대해 위상이 90° 지연된다. 단순화를 위해 경계면에서의 반사는 무시하고 또한 경계면 사이에서 파는 연속이라고 가정한다. 다음을 구하라.

(a) 유전체 안에서의 ψ_1

(b) 유전체를 통과한 후의 ψ_2

(c) n 값을 d와 λ를 이용해 표시

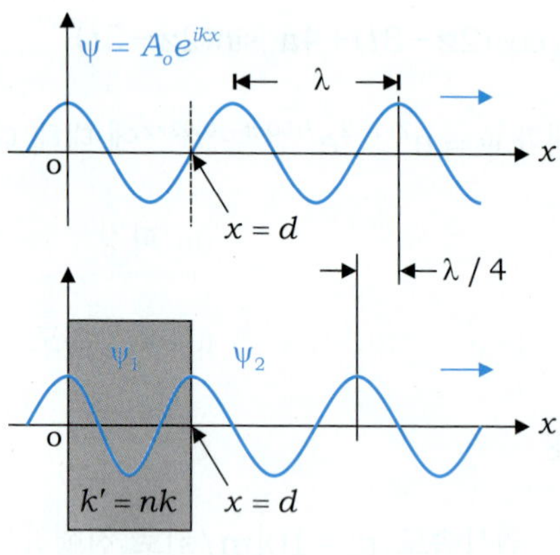

그림 7-17 유전체에 의한 위상지연 (Problem 7-5)

7-6 파장이 $\lambda = 0.25\pi$[m]인 균일평면파의 파면이 시간 $t = t_o$일 때 직각좌표계의 축들과 각각 $x = 1/2$, $y = 1/\sqrt{3}$, $z = 1/3$에서 만난다. 이 파는 원점에서 점점 멀어지는 파이다. 시간 $t = t_o$일 때 원점의 위상이 0이다. 다음을 구하라.

(a) 파수벡터

(b) 시간 $t = t_o$일 때 이 파면의 위상값

7-7 파수벡터가 $\mathbf{k} = 5\,\mathbf{a}_x + 3\,\mathbf{a}_y + \sqrt{2}\,\mathbf{a}_z$이고 주파수가 60[Hz]인 균일평면파에 대해 다음을 구하라.

(a) 위상속도

(b) x-축을 따라 측정된 위상속도

7-8 파수벡터 $\mathbf{k} = 10(\mathbf{a}_x + 2\mathbf{a}_y + 2\mathbf{a}_z)$의 균일평면파에 대해 다음을 구하라.

(a) 파장

(b) x-축을 따라 잰 공간주기

7-9 위상속도 $v_p = 50[\mathrm{m/s}]$로 진행하는 균일평면파의 파동함수가 $\psi = 5e^{i40\pi(x+2y+2z)-i\omega t}$로 주어진다. 시간 $t = 0$일 때 이 파의 파면이 $x = 0.5[\mathrm{m}]$에서 x-축과 만난다. 시간 $t = 0.02[\mathrm{s}]$일 때 이 파면과 x-축이 만나는 점의 위치는?

7-10 시간 $t=0$일 때 평면 파면이 직각좌표계의 세 축과 각각 $x = 3$, $y = 2\sqrt{3}$, $z = 2$에서 만난다. 이 파면은 $t = 0.2[\mathrm{s}]$일 때 원점을 지난다. 다음을 구하라.

(a) 단위 파수벡터

(b) 위상속도

7-11 다음의 ψ가 자유공간을 진행하는 횡파인 전자기파를 나타내는가?

(a) $\psi = (\mathbf{a}_x - i2\mathbf{a}_y)e^{i10z}$

(b) $\psi = (1 + i0.5)\mathbf{a}_x e^{-i12.5z+i0.3}$

(c) $\psi = 3e^{i1.4}\,\mathbf{a}_x e^{i(2y-5z)}$

(d) $\psi = 2\mathbf{a}_y e^{i(3y+8z)}$

(e) $\psi = (15\mathbf{a}_x + 12\mathbf{a}_y)e^{i(4x-5y+3z)}$

(f) $\psi = (15\mathbf{a}_x + i12\mathbf{a}_y)e^{i(4x-5y+3z)}$

(g) $\psi = 12\mathbf{a}_x e^{i(-20x+15y+34z)}$

7-12 전자기 평면파의 전기장은 자유공간에서 $\mathbf{E} = (3\,\mathbf{a}_x + 4\,\mathbf{a}_y)e^{i10^6 z}$로 주어지고, 이것의 시간종속은 $e^{-i\omega t}$로 표시된다. 다음 항들에 대한 실순시 값을 구하라.

(a) $\mathbf{E}$

(b) $\mathbf{H}$

7-13 자유공간에서 전자기 평면파의 전기장이 $\mathbf{E} = \left[(1+i2)\,\mathbf{a}_x + \mathbf{a}_y\right]e^{i10^4 z - i0.8}$로 주어지고 이때의 시간종속은 $e^{-i\omega t}$로 표시된다. 다음 항들에 대한 실순시 값을 구하라.

(a) $\mathbf{E}$

(b) $\mathbf{H}$

7-14 전기장 $\mathscr{E} = \mathbf{E}_o \cos(3x + 4y - \omega t)$[V/m]는 자유공간에서 진행하는 하나의 전자기 평면파를 나타낸다. $\mathscr{E}$의 x- 및 z-성분에 대한 진폭이 각각 $E_{ox} = 12$[V/m] 및 $E_{oz} = 10$[V/m]로 주어질 때 다음을 구하라.

(a) 파수벡터 $\mathbf{k}$, (b) 각주파수 ω, (c) $\mathbf{E}_o$에 대한 표현식.

7-15 자유공간상 원점에서 $\mathscr{E}$와 $\mathscr{H}$는 각주파수 $\omega = 9\times10^9$[rad/s]로 진동한다. 원점에서 $\mathscr{E}$의 진폭과 방향은 $20\mathbf{a}_z$[V/m]로 주어지고, $\mathscr{H}$의 진폭과 방향은 $(1/90\pi)(9\mathbf{a}_x - 12\mathbf{a}_y)$[A/m]로 주어진다. 모든 점에서의 $\mathscr{E}$와 $\mathscr{H}$의 실순시 값을 구하라.

CHAPTER 8

전자파의 전파 특성

(TIME-HARMONIC ELECTROMAGNETIC WAVE)

7장에서 맥스웰 방정식을 결합하여 전기장 $\mathscr{E}$와 자기장 $\mathscr{H}$에 대한 각각의 미분파동방정식을 유도했다. 시변 상태에서 $\mathscr{E}$와 $\mathscr{H}$는 서로 연관되어 있으므로 $\mathscr{E}$에 대한 미분파동방정식 하나만으로 주어진 공간을 진행하는 전자기파의 일반적인 전파특성을 설명할 수 있다. 미분파동방정식은 등차의, 2차의, 편미분이다. 1차원 공간에서, 일반해는 서로 반대방향으로 진행하는 두 파의 선형결합으로 표시된다. 반면 3차원 공간에서 일반해는 여러 개의 균일평면파의 합으로 표시되는데 이러한 평면파는, 크기는 같고 방향은 서로 다른 파수벡터들을 가지고 있다. 2개의 경계값을 일반해에 적용하면 주어진 영역에서의 유일해를 구할 수 있다. 하나의 전자기파가 선형매질을 진행할 때 비록 그것의 파수벡터와 속도는 변할지라도 그것의 주파수는 변치 않는다. 이런 사실에 기초하여 조화 전자기파의 파동함수에서 공간변수 x, y, z를 시간변수 t와 분리하여, 주어진 파를 위상자로 혹은 t에 독립인 항들로 표시하면 매우 편리하다. 지금부터 시간에 따라 주기적으로 변하는 물리량들을 $e^{j\omega t}$를 이용해 표시한다. 여기서 $j=\sqrt{-1}$이다. 따라서 진폭이 1이고 파수벡터가 $\mathbf{k}$인 균일평면파는 단순히 $e^{-j\mathbf{k}\cdot\mathbf{r}}$로 표시한다.

이 장에서 시간에 따라 주기적으로 변하는 전자기파(time-harmonic electromagnetic wave)가 서로 다른 매질에서, 즉 자유공간, 도체, 무손실 유전체, 손실유전체에서, 어떻게 진행하는지를 논한다. 또한 하나의 전자기파의 서로 다른 편광(polarization)에 대해 설명하고, 이러한 파에 의해 전달되는 전력(power)에 대해 논한다. 나아가 서로 다른 매질 사이의 경계면에서 전자기파가 어떻게 반사하고 굴절하는지를 배운다.

8.1 위상자(PHASOR)

완벽한 유전체는 그 안에 자유전하 혹은 자유전류를 가질 수 없으므로 항상 $\rho_v=0$과 $\boldsymbol{J}=0$으로 주어진다. 만약 이 매질이 균질(homogeneous), 선형(linear), 등방(isotropic)성의 물질이라면, 유전율 ε과 투자율 μ는 상수로서 전기장 및 자기장의 크기와 방향에 무관하다. 이러한 조건에서 유전체 내의 맥스웰 방정식은 아래와 같이 주어진다.

$$\nabla \times \mathscr{E} = -\mu \frac{\partial \mathscr{H}}{\partial t} \tag{8-1a}$$

$$\nabla \times \mathscr{H} = \varepsilon \frac{\partial \mathscr{E}}{\partial t} \tag{8-1b}$$

$$\nabla \cdot \mathscr{E} = 0 \tag{8-1c}$$

$$\nabla \cdot \mathscr{H} = 0 \tag{8-1d}$$

여기서 $\mathscr{E}$와 $\mathscr{H}$는 실순시 전기장 및 자기장을 나타낸다. 7장에서 설명한 것처럼 맥스웰 방정식은 결합되어 하나의 미분파동방정식으로 표시될 수 있다. 즉

$$\nabla^2 \mathscr{E} = \mu\varepsilon \frac{\partial^2 \mathscr{E}}{\partial t^2} \tag{8-2}$$

무한히 큰 매질에서, 혹은 무제한(unbounded)의 매질에서 식 (8-2)의 일반해는 단순히 하나의 균일평면파로 주어진다. 즉

$$\mathscr{E}(\mathbf{r}, t) = \mathrm{Re}\left[\hat{\mathbf{E}}_o e^{-j\mathbf{k}\cdot\mathbf{r}+j\omega t}\right] \tag{8-3}$$

여기서 $j = \sqrt{-1}$이다. 7장에서 설명한 것처럼 식 (8-3)의 복소진폭 벡터 $\hat{\mathbf{E}}_o$은 벡터로서 그 스칼라성분들은 일반적으로 복소수이다. 또한 윗식의 위상항 $-\mathbf{k}\cdot\mathbf{r}$은 주어진 파의 파면이 3차원 공간에서 파수벡터 $\mathbf{k}$에 수직인 무한 평면이라는 것을 말해준다. 만약 $\hat{\mathbf{E}}_o$이 공간상에서 상수이면 전기장세기는 파면 위에서 균일하므로, 이러한 파를 균일평면파라 부른다. 식 (8-3)의 시간종속항 $e^{j\omega t}$는 $\mathscr{E}$가 시간에 대해 주기적으로 변한다는 것을 말해주므로 이러한 파를 시간조화파(time-harmonic wave)라 부른다. 7장에서 배운 것처럼 식 (8-2)의 미분파동방정식으로부터 파수벡터는 아래와 같다. 즉

$$\mathbf{k} = \omega\sqrt{\mu\varepsilon}\,\mathbf{a}_k \tag{8-4}$$

여기서 ω는 각주파수이고 $\mathbf{a}_k$는 단위벡터이다. 여기서 주목할 것은, 비록 식 (8-2)가 물질 파라미터 ε과 μ를 통하여 파수벡터 $\mathbf{k}$의 크기를 지정하지만, $\mathbf{k}$의 방향에 대해 어떠한 제한도 하지 않는다는 것이다. 이 후에 설명하겠지만, 만약 매질이 무제한이라면

$\mathbf{k}$의 방향은 원천의 위치에 의해 결정되고, 매질의 크기가 유한하다면 추가적으로 경계면에 따라 결정된다.

우선, 하나의 균일평면파가 서로 다른 두 매질 사이의 경계면에 입사하는 경우를 살펴보자. 이 경우 입사파의 일부는 반사되어 원래의 매질로 되돌아가므로, 이 매질에서의 총 전기장세기는 당연히 입사파와 반사파의 전기장세기의 합으로 주어진다. 이것을 수식으로 표시하면 다음과 같다. 즉

$$\mathscr{E}(\mathbf{r},t) = \mathrm{Re}\left[\left(\hat{\mathbf{E}}_o^i e^{-j\mathbf{k}_i\cdot\mathbf{r}} + \hat{\mathbf{E}}_o^r e^{-j\mathbf{k}_r\cdot\mathbf{r}}\right)e^{j\omega t}\right] \tag{8-5}$$

여기서 i와 r은 각각 입사파와 반사파를 의미한다. 식 (8-5)로 주어지는 일반해는 오직 조건 $|\mathbf{k}_i| = |\mathbf{k}_r| = \omega\sqrt{\mu\varepsilon}$이 만족되기만 하면 된다. 입사파의 파수벡터 $\mathbf{k}_i$의 방향은 일반적으로 문제에서 주어지지만, 반사파의 파수벡터 $\mathbf{k}_r$의 방향은 경계면에 의해 결정될 것이다. 식 (8-5)를 더 일반화된 식으로 표현하면

$$\boxed{\mathscr{E}(\mathbf{r},t) = \mathrm{Re}\left[\tilde{\mathbf{E}}(x,y,z)e^{j\omega t}\right]} \tag{8-6}$$

식 (8-6)에서 공간변수들은 시간변수와 완전히 분리되었다. 식 (8-6)의 벡터장 $\tilde{\mathbf{E}}(x,y,z)$를 위상자(phasor)라 부르는데 이것은 일반적으로 복소수이고, 시간에 대해 독립이지만, 공간상에서 위치에 대한 함수로 주어진다. 위상자는 윗첨자 ~(tilde)로 표시되며, 공간상에서 일반적으로 상수인 복소진폭 $\hat{\mathbf{E}}_o^i$ 및 $\hat{\mathbf{E}}_o^r$과 혼동하지 말아야 한다. 사인꼴 정상상태(sinusoidal steady state)에서 하나의 위상자는, 일반적으로, 여러 개의 균일평면파의 합을 의미하는데, 이들은 크기는 같고 방향은 서로 다른 파수벡터들을 가지고 있다. $\mathbf{E}$에 대한 실순시 값은 주어진 위상자 $\tilde{\mathbf{E}}$에 조화 시간종속항 $e^{j\omega t}$를 곱하고 그 실수부를 취하여 구할 수 있다.

$\mathscr{E}$에서와 마찬가지로, 맥스웰 방정식을 결합하여 자기장 $\mathscr{H}$에 대한 미분파동방정식을 유도할 수 있는데 그 모양은 식 (8-2)와 동일하다. 따라서 $\mathscr{H}$에 대한 일반적인 해는 식 (8-6)과 동일하게 주어진다. 즉

$$\boxed{\mathscr{H}(\mathbf{r},t) = \mathrm{Re}\left[\tilde{\mathbf{H}}(x,y,z)e^{j\omega t}\right]} \tag{8-7}$$

여기서 $\tilde{\mathbf{H}}(x, y, z)$는 자기장 위상자이다.

Example 8-1

주어진 위상자 $\tilde{\mathbf{E}} = \mathbf{a}_y E_o \cos(k_1 x) e^{-jk_3 z}$를 2개의 균일평면파로 분해하고 그 파면을 그려라.

Solution

오일러 식을 이용해 주어진 위상자를 아래와 같이 다시 쓸 수 있다.

$$\tilde{\mathbf{E}} = \mathbf{a}_y E_o \frac{1}{2}\left[e^{jk_1 x} + e^{-jk_1 x}\right]e^{-jk_3 z} = \mathbf{a}_y \frac{E_o}{2} e^{-j(-k_1 x + k_3 z)} + \mathbf{a}_y \frac{E_o}{2} e^{-j(k_1 x + k_3 z)}$$
$$\equiv \tilde{\mathbf{E}}' + \tilde{\mathbf{E}}''$$

윗식에서 $\tilde{\mathbf{E}}'$와 $\tilde{\mathbf{E}}''$는 각각 파수벡터 $\mathbf{k}' = -k_1 \mathbf{a}_x + k_3 \mathbf{a}_z$와 $\mathbf{k}'' = k_1 \mathbf{a}_x + k_3 \mathbf{a}_z$를 가진 균일평면파를 의미한다. 두 파가 같은 매질에서 진행하고 있으므로, 관계식 $|\mathbf{k}'| = |\mathbf{k}''| = \sqrt{k_1^2 + k_3^2}$이 성립한다. [그림 8-1]에서 보는 것처럼 파면들은 파수벡터에 수직이고 서로 평행인 무한 평면들로 이루어져 있다. [그림 8-1]에서 파장을 $\lambda = 2\pi / \sqrt{k_1^2 + k_3^2}$로 찾아낼 수 있고, 파면의 기울기 각을 $\theta = \tan^{-1}(k_1 / k_3)$로 찾아낼 수 있다.

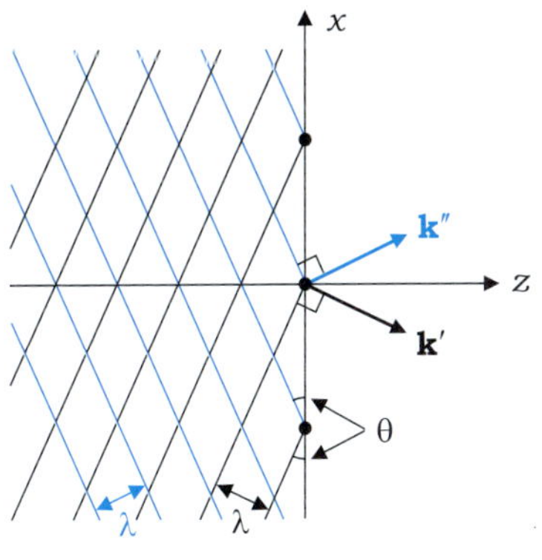

그림 8-1 두 균일평면파의 중첩

Exercise 8.1

주어진 위상자 $\tilde{\mathbf{A}} = A_o(\mathbf{a}_x + j\mathbf{a}_y)$의 실순시 값을 구하라.

Ans $\mathscr{A} = A_o \mathbf{a}_x \cos(\omega t) - A_o \mathbf{a}_y \sin(\omega t)$

Exercise 8.2

하나의 벡터장 $\mathscr{B} = B_o \mathbf{a}_x \cos(10t)\cos(15t - 30z)$를 위상자형태로 표시할 수 있는가? 그렇지 않다면 그 이유는?

Ans 아니오, 주파수가 $\omega = 5$와 $\omega = 25$로 2개임.

8.1.1 위상자형태의 맥스웰 방정식(Maxwell's Equations in Phasor Form)

사인꼴 정상상태(sinusoidal steady state)에서 맥스웰 방정식은 위상자형태로 표시될 수 있다. 우선 식 (8-6)과 (8-7)로 주어지는 $\mathscr{E}$와 $\mathscr{H}$에 대한 위상자들을 식 (8-1a)에 대입하여 아래의 식을 얻는다.

$$\nabla \times \mathrm{Re}\left[\tilde{\mathbf{E}}(x, y, z)e^{j\omega t}\right] = -\mu \frac{\partial}{\partial t} \mathrm{Re}\left[\tilde{\mathbf{H}}(x, y, z)e^{j\omega t}\right] \tag{8-8}$$

위에서 3개의 연산자들 즉, 컬, 시간미분 그리고 실수부 취하기는 서로 독립이므로, 식 (8-8)을 다음과 같이 쓸 수 있다.

$$\mathrm{Re}\left[e^{j\omega t}\, \nabla \times \tilde{\mathbf{E}}(x, y, z)\right] = -\mu\, \mathrm{Re}\left[\tilde{\mathbf{H}}(x, y, z)\, j\omega\, e^{j\omega t}\right]$$

연산자 Re[..]와 조화 시간항 $e^{j\omega t}$을 윗식의 양변에서 똑같이 제거하면, 위상자형태의 패러데이 법칙을 얻는다.

$$\nabla \times \tilde{\mathbf{E}} = -j\omega\mu\tilde{\mathbf{H}}$$

위에서와 똑같은 절차를 따라 다른 식들을 위상자형태로 표현할 수 있다. 그리하여 균질의, 선형의, 등방성의 완전유전체에서 위상자형태의 맥스웰 방정식은 아래와 같이 주어진다.

$$\nabla \times \tilde{\mathbf{E}} = -j\omega\mu\tilde{\mathbf{H}} \tag{8-9a}$$

$$\nabla \times \tilde{\mathbf{H}} = j\omega\varepsilon\tilde{\mathbf{E}} \tag{8-9b}$$

$$\nabla \cdot \tilde{\mathbf{E}} = 0 \tag{8-9c}$$

$$\nabla \cdot \tilde{\mathbf{H}} = 0 \tag{8-9d}$$

반복하면, 전기장 및 자기장 위상자 $\tilde{\mathbf{E}}$와 $\tilde{\mathbf{H}}$는 오직 공간변수에 대한 함수일 뿐 시간에 대해 독립이다. 이들은 벡터이고 이들의 세 스칼라성분은 일반적으로 복소수이다.

식 (8-9a)와 (8-9b)를 결합하면 위상자형태의 시간조화 파동방정식(time-harmonic wave equation)을 얻을 수 있다. 식 (8-9a) 양변에 컬을 취하고 식 (8-9b)를 대입하면

$$\begin{aligned}\nabla \times \nabla \times \tilde{\mathbf{E}} &= -j\omega\mu\nabla \times \tilde{\mathbf{H}} \\ &= \omega^2\mu\varepsilon\tilde{\mathbf{E}}\end{aligned} \tag{8-10}$$

벡터 항등식 $\nabla\times\nabla\times\mathbf{E} = \nabla\nabla\cdot\mathbf{E} - \nabla^2\mathbf{E}$을 식 (8-10)의 왼쪽에 적용하고, 식 (8-9c)를 대입하여 벡터 헬름홀츠 식(vector Helmholtz's equation)을 얻는다.

$$\nabla^2\tilde{\mathbf{E}} + k^2\tilde{\mathbf{E}} = 0 \tag{8-11}$$

여기서 파수(wavenumber) k는 아래와 같다.

$$k = \omega\sqrt{\mu\varepsilon} = \frac{\omega}{v} = \frac{2\pi}{\lambda} \qquad [\mathrm{rad/m}] \tag{8-12}$$

위에서 ω는 각주파수, μ는 투자율, ε은 유전율, λ는 파장이다. 물체 안에서 파의 속력은 $v = c/\sqrt{\mu_r\varepsilon_r}$로 표시되는데 μ_r과 ε_r은 각각 상대투자율(relative permeability)과 상대유진율(relative permittivity)이고 $c = 1/\sqrt{\mu_o\varepsilon_o}$는 진공에서의 빛의 속도이다.

Exercise 8.3

진공에서의 전기장 위상자 $\tilde{\mathbf{E}} = A\,\mathbf{a}_x e^{jkz+j\varphi}$에서 A와 φ는 상수이다. k 값을 구하라.

Ans $k = \omega\sqrt{\mu_o \varepsilon_o}$

Review Questions with Hints

RQ 8.1 일반적인 조화 전기장세기를 위상자형태로 서술하라. [(8-6)]

RQ 8.2 위상자형태의 맥스웰 방정식을 서술하라. [(8-9)]

RQ 8.3 벡터 헬름홀츠 식을 서술하라. [(8-11)]

8.2 균질매질 내의 전자파(WAVES IN HOMOGENOUS MEDIA)

하나의 균질매질(homogeneous medium)은 한 종류의 물질로 이루어져 있으며 투자율과 유전율은 그 매질 내에서 상수이다. 균질매질은 경계면을 가지고 있지 않으므로 하나의 균일평면파가 반사 혹은 굴절되지 않고 무한정 진행할 수 있다.

8.2.1 무손실 유전체 내의 균일평면파 (Uniform Plane Wave in a Lossless Dielectric)

무손실 유전체는 완벽한 유전체를 의미하며, 그 안에서 전자기파는 에너지 손실없이 진행할 수 있다. 무손실 유전체 안의 전자기파의 진행 특성은 동작주파수뿐만 아니라 매질의 구조적 파라미터인 ε와 μ에 따라 변한다. 이러한 세 인자는 진행파의 파수에 모두 포함되어 있다. 즉 $k = \omega\sqrt{\varepsilon\mu}$ 이다.

우선 직각좌표계에서 아래와 같이 표시되는 벡터 헬름홀츠 식으로부터 출발하자.

$$\nabla^2\left(\tilde{E}_x \mathbf{a}_x + \tilde{E}_y \mathbf{a}_y + \tilde{E}_z \mathbf{a}_z\right) + k^2\left(\tilde{E}_x \mathbf{a}_x + \tilde{E}_y \mathbf{a}_y + \tilde{E}_z \mathbf{a}_z\right) = 0 \tag{8-13}$$

여기서 $\tilde{E}_x$, $\tilde{E}_y$, $\tilde{E}_z$는 전기장 위상자 $\tilde{\mathbf{E}}$의 세 스칼라성분이다. 직각좌표계의 단위벡터들은 서로 독립이므로 식 (8-13)은 세 개의 스칼라 헬름홀츠 식으로 분해될 수 있다.

$$\nabla^2\tilde{E}_x + k^2\tilde{E}_x = 0 \tag{8-14a}$$

$$\nabla^2\tilde{E}_y + k^2\tilde{E}_y = 0 \tag{8-14b}$$

$$\nabla^2\tilde{E}_z + k^2\tilde{E}_z = 0 \tag{8-14c}$$

한 예로, 식 (8-14a)를 다시 쓰면 $\tilde{E}_x$에 대한 3차원 미분파동방정식을 아래와 같이 쓸 수 있다.

$$\frac{\partial^2\tilde{E}_x}{\partial x^2} + \frac{\partial^2\tilde{E}_x}{\partial y^2} + \frac{\partial^2\tilde{E}_x}{\partial z^2} + k^2\tilde{E}_x = 0 \tag{8-15}$$

직접 대입을 해보면 하나의 균일평면파가 식 (8-15)의 일반해가 된다는 것을 알 수 있다.

$$\tilde{E}_x = \hat{E}_{ox}e^{-j(k_x x + k_y y + k_z z)} = \hat{E}_{ox}e^{-j\mathbf{k}\cdot\mathbf{r}} \tag{8-16}$$

여기서 $\hat{E}_{ox}$는 복소진폭(complex amplitude)이다(위상자는 ~로 복소진폭은 ^로 표시됨). 비슷한 방법으로 $\tilde{\mathbf{E}}$의 y- 와 z-성분을 구할 수 있다.

$$\tilde{E}_y = \hat{E}_{oy}e^{-j\mathbf{k}\cdot\mathbf{r}} \tag{8-17}$$

$$\tilde{E}_z = \hat{E}_{oz}e^{-j\mathbf{k}\cdot\mathbf{r}} \tag{8-18}$$

식 (8-16)~(8-18)에 주어진 세 성분들이 동일한 파수벡터를 갖는다면, 이들은 결합되어 하나의 균일평면파를 형성한다. 결론적으로, 무한한 무손실 유전체 안에서 벡터 헬름홀츠 식의 일반해는 파수벡터 $\mathbf{k}$를 가지고 3차원 공간을 진행하는 균일평면파로 주어진다. 이 파의 전기장 위상자는 여러 형태로 표시될 수 있다.

$$\tilde{\mathbf{E}} = \tilde{E}_x \mathbf{a}_x + \tilde{E}_y \mathbf{a}_y + \tilde{E}_z \mathbf{a}_z = \left(\hat{E}_{ox} \mathbf{a}_x + \hat{E}_{oy} \mathbf{a}_y + \hat{E}_{oz} \mathbf{a}_z\right) e^{-j\mathbf{k}\cdot\mathbf{r}}$$

혹은

$$\boxed{\tilde{\mathbf{E}} = \hat{\mathbf{E}}_o e^{-j\mathbf{k}\cdot\mathbf{r}}} \tag{8-19}$$

여기서 복소진폭 벡터 $\hat{\mathbf{E}}_o$은 전기장의 진폭과 방향을 나타내는데 일반적으로 다음과 같이 표시된다.

$$\boxed{\hat{\mathbf{E}}_o = \hat{E}_o \mathbf{a}_E = E_o e^{j\varphi_o} \mathbf{a}_E} \tag{8-20}$$

여기서 $\hat{E}_o$은 복소진폭이고, E_o은 진폭, φ_o은 위상각, $\mathbf{a}_E$는 $\mathbf{E}$ 방향으로의 단위벡터이다. 무한 매질을 진행하는 하나의 파에 대해 상수위상 φ_o은 물리적으로 중요하지 않으므로 편의상 0으로 가정한다(수식의 간략화를 위해 이후 첨자 ^는 생략될 수 있다).

식 (8-19)의 균일평면파는 3개의 서로 다른 벡터를 포함하는데 이들을 잘 구별하여 혼동하지 말아야 한다. 파수벡터 $\mathbf{k}$는 파장이 얼마인지 말해주며 동시에 파의 진행방향을 알려준다. 지수 $-\mathbf{k}\cdot\mathbf{r}$에 포함된 위치벡터 $\mathbf{r}$은 주어진 점에서의 전기장의 시간위상이 $-\mathbf{k}\cdot\mathbf{r}$라는 것을 표시하고 있다. 마지막으로 복소진폭 벡터 $\hat{\mathbf{E}}_o$은 시간에 따라 진동하고 있는 전기장세기의 진폭 및 진동방향을 표시한다.

식 (8-19)의 균일평면파는 벡터 헬름홀츠 식의 해인데, 앞에서 설명한 것처럼 벡터 헬름홀츠 식은 맥스웰 방정식의 두 컬식으로부터 유도된다. 이 평면파가 전자기파이기 위해 식 (8-9c)의 가우스 법칙도 만족해야 한다. 즉

$$\nabla\cdot\tilde{\mathbf{E}} = -j\left(\mathbf{k}\cdot\hat{\mathbf{E}}_o\right)e^{-j\mathbf{k}\cdot\mathbf{r}} = 0$$

윗식의 등호는 다음의 관계식이 만족될 때에 성립한다. 즉

$$\boxed{\mathbf{k}\cdot\hat{\mathbf{E}}_o = 0} \tag{8-21}$$

식 (8-21)로부터 복소진폭 벡터 $\hat{\mathbf{E}}_o$은 항상 파수벡터 $\mathbf{k}$에 수직이라는 것을 알 수 있다. 다시 말하여 전기장벡터 $\tilde{\mathbf{E}}$는 파면에 항상 평행으로 주어진다. 그러므로 전자기파는 횡파이다.

식 (8-19)의 전기장을 식 (8-9a)에 대입하면 아래의 식을 얻을 수 있다.

$$\begin{aligned}\nabla\times\tilde{\mathbf{E}} &= -j\mathbf{k}\times\hat{\mathbf{E}}_o e^{-j\mathbf{k}\cdot\mathbf{r}}\\ &= -j\omega\mu\tilde{\mathbf{H}}\end{aligned} \tag{8-22}$$

식 (8-12)의 k를 식 (8-22)에 대입하면, 전기장과 자기장 위상자 사이의 관계식을 구할 수 있다. 즉

$$\boxed{\tilde{\mathbf{H}} = \frac{1}{\eta}\left(\mathbf{a}_k\times\tilde{\mathbf{E}}\right)} \tag{8-23}$$

여기서 $\mathbf{a}_k$는 파수벡터 $\mathbf{k}$ 방향으로의 단위벡터이다. 투자율 μ와 유전율 ε의 매질에서 고유임피던스(intrinsic impedance) η는 아래와 같이 정의된다.

$$\boxed{\eta = \sqrt{\frac{\mu}{\varepsilon}}} \quad [\Omega] \tag{8-24}$$

이것은 주어진 매질의 특성 파라미터이다. 식 (8-19)를 식 (8-23)에 대입하면 자기장도 역시 전기장과 똑같은 파수벡터를 갖는 균일평면파 형태로 주어진다. 즉

$$\begin{aligned}\tilde{\mathbf{H}} &= \frac{1}{\eta}\left(\mathbf{a}_k\times\hat{\mathbf{E}}_o\right)e^{-j\mathbf{k}\cdot\mathbf{r}}\\ &\equiv \hat{\mathbf{H}}_o e^{-j\mathbf{k}\cdot\mathbf{r}}\end{aligned} \tag{8-25}$$

비록 $\tilde{\mathbf{E}}$와 $\tilde{\mathbf{H}}$는 식 (8-19)와 (8-25)에서처럼 동일한 형태로 주어지지만 복소진폭 벡터 $\hat{\mathbf{E}}_o$과 $\hat{\mathbf{H}}_o$은 3차원 공간에서 서로 수직이다. 식 (8-25)에 식 $\hat{\mathbf{E}}_o = \hat{E}_o\,\mathbf{a}_E$를 이용하면 복소진폭 벡터 $\hat{\mathbf{H}}_o$은 다음과 같이 주어진다.

$$\hat{\mathbf{H}}_o = \frac{\hat{E}_o}{\eta}(\mathbf{a}_k \times \mathbf{a}_E) \equiv \hat{H}_o \mathbf{a}_H \qquad (8\text{-}26)$$

식 (8-26)에서 보듯이 고유임피던스 η는 복소진폭 $\hat{E}_o$과 $\hat{H}_o$ 사이의 비다. 고유임피던스는 옴(ohm[Ω])의 단위로 측정되며, 자유공간에서 $\eta_o = \sqrt{\mu_o / \varepsilon_o} = 120\pi \cong 377[\Omega]$이다. 무손실 유전체에서 η는 실수인데, 이것은 자기장이 전기장과 항상 동위상이라는 것을 의미한다. 반면 손실유전체(lossy dielectric)에서 η는 복소수인데 이것은 자기장과 전기장 사이에 위상차가 존재한다는 것을 의미한다. 그럼에도 불구하고 다음 세 벡터들, $\hat{\mathbf{E}}_o$, $\hat{\mathbf{H}}_o$, $\mathbf{k}$의 단위벡터들은 3차원공간에서 서로 수직이다. 즉 $\mathbf{a}_k = \mathbf{a}_E \times \mathbf{a}_H$이다. 이들은 오른손규칙을 따른다. 오른손 네 손가락이 전기장벡터에서 자기장벡터 쪽으로 회전하면 오른손 엄지는 파수벡터를 가리킨다. 이러한 사실들로부터 전기장 및 자기장 벡터들은, $\mathbf{k}$에 수직인, 파면에 평행이라는 것을 알 수 있다. 즉 전자기파는 횡파이다.

전기장과 자기장의 실순시 값들은 식 (8-19) 및 식 (8-23)의 위상자로부터 구할 수 있다. 즉

$$\mathscr{E}(\mathbf{r}, t) = \mathbf{a}_E E_o \cos(\omega t - \mathbf{k} \cdot \mathbf{r}) \qquad (8\text{-}27a)$$

$$\mathscr{H}(\mathbf{r}, t) = \mathbf{a}_H \frac{E_o}{\eta} \cos(\omega t - \mathbf{k} \cdot \mathbf{r}) \qquad (8\text{-}27b)$$

식 (8-26)으로부터 파수벡터, 전기장벡터, 자기장벡터의 단위벡터들 사이의 직교관계식을 구할 수 있다.

$$\boxed{\mathbf{a}_k = \mathbf{a}_E \times \mathbf{a}_H} \qquad (8\text{-}28)$$

무손실 유전체에서, 전기장 및 자기장은 서로 같은 위상으로 주어지고, 이들의 결합으로 형성되는 전자기파는 $\mathbf{k}$ 방향으로 진행한다([그림 8-2] 참조).

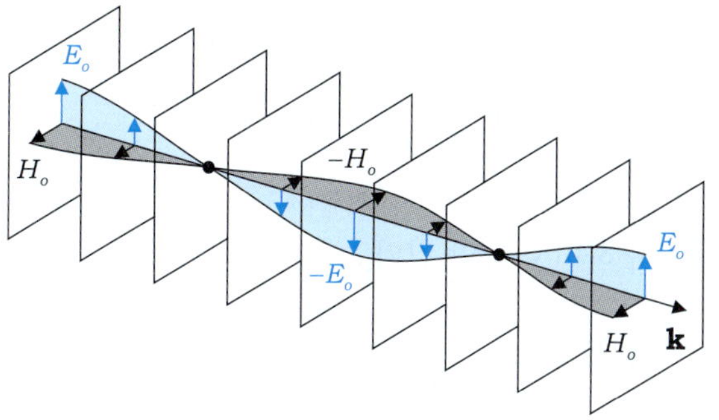

그림 8-2 무손실 유전체 안에서의 균일평면파

Example 8-2

균일평면파 $\tilde{\mathbf{E}} = \mathbf{a}_x E_o(1+j)e^{-jkz}$가 주파수 2[GHz]로, $\varepsilon_r = 4$이고 $\mu_r = 1$인 유전체에서 진행하고 있다. 다음을 구하라.

(a) $\mathscr{E}$와 $\mathscr{H}$

(b) 파장

Solution

(a) 위상자를 다시 쓰면

$$\tilde{\mathbf{E}} = \mathbf{a}_x E_o \sqrt{2} e^{j\pi/4} e^{-jkz} \tag{8-29}$$

실순시 값을 구하면

$$\mathscr{E} = \text{Re}\left[\mathbf{a}_x E_o \sqrt{2} e^{j\pi/4} e^{-jkz} e^{j\omega t}\right] = \mathbf{a}_x E_o \sqrt{2} \cos(\omega t - kz + \pi/4)$$

식 (8-29)를 식 (8-23)에 대입하여 아래의 식을 얻는다. 식 (8-29)에서 $\mathbf{a}_k = \mathbf{a}_z$이다.

$$\tilde{\mathbf{H}} = \frac{1}{\eta}(\mathbf{a}_k \times \tilde{\mathbf{E}}) = \frac{1}{\eta}(\mathbf{a}_z \times \mathbf{a}_x) E_o \sqrt{2} e^{j\pi/4} e^{-jkz}$$
$$= \frac{1}{\eta}\mathbf{a}_y E_o \sqrt{2} e^{j\pi/4} e^{-jkz}$$

고유임피던스를, 주어진 매질 파라미터를 이용하여, 아래와 같이 계산한다.

$$\eta = \sqrt{\frac{\mu_o}{\varepsilon_o \varepsilon_r}} = 188.5[\Omega]$$

실순시 값을 구하면 아래와 같다.

$$\mathscr{H} = \text{Re}\left[\frac{1}{\eta}\mathbf{a}_y E_o \sqrt{2} e^{j\pi/4} e^{-jkz} e^{j\omega t}\right] = \mathbf{a}_y \frac{E_o}{\eta}\sqrt{2}\cos\left(\omega t - kz + \frac{\pi}{4}\right)$$

(b) 식 (8-12)로부터

$$k = \omega\sqrt{\varepsilon\mu} = \frac{\omega\sqrt{\varepsilon_r}}{1/\sqrt{\mu_o \varepsilon_o}} = \frac{2\pi \times 2 \times 10^9 \times 2}{3 \times 10^8}$$

그러므로 $\lambda = \dfrac{2\pi}{k} = 7.5[\text{cm}]$

Exercise 8.4

전기장 위상자가 $\tilde{\mathbf{E}} = 4(2\,\mathbf{a}_x + j\,\mathbf{a}_y)e^{-j600z}$ 인 평면파가 $\eta = 200$의 매질을 통과할 때 자기장 위상자를 구하라.

Ans $\tilde{\mathbf{H}} = 0.02(-j\,\mathbf{a}_x + 2\,\mathbf{a}_y)e^{-j600z}$

Review Questions with Hints

RQ 8.4 균일평면파를 위상자형태로 서술하라. [(8-19)]

RQ 8.5 무손실 매질의 고유임피던스를 정의하라. [(8-24)]

RQ 8.6 $\tilde{\mathbf{E}}$의 복소진폭 벡터를 정의하라. [(8-20)]

RQ 8.7 무손실 유전체에서 위상자 $\tilde{\mathbf{H}}$와 $\tilde{\mathbf{E}}$사이의 관계식을 서술하라. [(8-23)]

8.2.2 포인팅 벡터 및 전력전달(Poynting Vector and Power Flow)

앞에서 에너지가 정전기장 및 정자기장에 저장된다는 것을 배우고, 또한 정전기 및 정자기 에너지밀도가 각각 (1/2)**D**·**E** 및 (1/2)**B**·**H**로 정의된다는 것을 배웠다. 에너지는 시간에 따라 변하는 전기장 및 자기장에도 저장될 수 있다. 이 경우 저장된 에너지는 주어진 전자기파와 동일한 속도 및 방향으로 진행한다. 이러한 것들로부터 하나의 전자기파가 에너지를 공간상의 한 점에서 다른 점으로 이동시킬 수 있고 따라서 부하에 전력을 공급할 수 있다는 것을 알 수 있다. 이 절에서 전자기파의 전력밀도(power density)에 대해 논하고 이것이 공간상에서 어떻게 진행하는 지를 설명한다.

맥스웰 방정식의 두 컬 식으로부터 논의를 시작한다. 즉

$$\nabla \times \mathscr{E} = -\frac{\partial \mathscr{B}}{\partial t} \tag{8-30a}$$

$$\nabla \times \mathscr{H} = \mathbf{J} + \frac{\partial \mathscr{D}}{\partial t} \tag{8-30b}$$

다음의 벡터 항등식은 2개의 매끈한 벡터장에 대해 항상 성립한다.

$$\nabla \cdot \left(\mathscr{E} \times \mathscr{H}\right) = \mathscr{H} \cdot \left(\nabla \times \mathscr{E}\right) - \mathscr{E} \cdot \left(\nabla \times \mathscr{H}\right) \tag{8-31}$$

식 (8-30)을 식 (8-31)에 대입하여 다음을 얻는다.

$$-\nabla \cdot \left(\mathscr{E} \times \mathscr{H}\right) = \mathscr{E} \cdot \mathbf{J} + \mathscr{E} \cdot \frac{\partial \mathscr{D}}{\partial t} + \mathscr{H} \cdot \frac{\partial \mathscr{B}}{\partial t} \tag{8-32}$$

단순매질에서 ε, μ, σ는 상수인데, 이런 조건하에서 식 (8-32)의 오른쪽 항들을 다음과 같이 다시 쓸 수 있다.

$$\mathscr{E} \cdot \frac{\partial \mathscr{D}}{\partial t} = \frac{\varepsilon}{2}\frac{\partial}{\partial t}\left(\mathscr{E} \cdot \mathscr{E}\right) = \frac{1}{2}\frac{\partial}{\partial t}\left(\mathscr{D} \cdot \mathscr{E}\right) \tag{8-33a}$$

$$\mathscr{H} \cdot \frac{\partial \mathscr{B}}{\partial t} = \frac{\mu}{2}\frac{\partial}{\partial t}\left(\mathscr{H} \cdot \mathscr{H}\right) = \frac{1}{2}\frac{\partial}{\partial t}\left(\mathscr{B} \cdot \mathscr{H}\right) \tag{8-33b}$$

식 (8-33)을 식 (8-32)에 다시 대입하여 아래의 식을 얻는다.

$$-\nabla \cdot (\mathscr{E} \times \mathscr{H}) = \mathscr{E} \cdot \boldsymbol{J} + \frac{1}{2}\frac{\partial}{\partial t}(\mathscr{D} \cdot \mathscr{E}) + \frac{1}{2}\frac{\partial}{\partial t}(\mathscr{B} \cdot \mathscr{H}) \tag{8-34}$$

그 다음, 식 (8-34)의 양변을 체적 $\mathscr{V}$에 대해 적분하고 다이버전스 정리를 적용하여 아래 식을 얻는다.

$$-\oint_S (\mathscr{E} \times \mathscr{H}) \cdot d\mathbf{s} = \int_{\mathscr{V}} \mathscr{E} \cdot \boldsymbol{J}\, dv + \frac{\partial}{\partial t}\left[\int_{\mathscr{V}} \frac{1}{2}(\mathscr{D} \cdot \mathscr{E})\, dv\right] + \frac{\partial}{\partial t}\left[\int_{\mathscr{V}} \frac{1}{2}(\mathscr{B} \cdot \mathscr{H})\, dv\right] \tag{8-35}$$

윗식의 오른쪽 첫째 항은 체적 $\mathscr{V}$ 안에서의, 옴 법칙에 의한 전력손실을 의미하고, 오른쪽의 두 브라켓 안에 있는 항들은 $\mathscr{V}$ 안에서 $\mathscr{E}$와 $\mathscr{H}$에 저장되는 에너지를 의미한다. 따라서 오른쪽의 둘째 및 셋째 항의 합은 단위 시간당 $\mathscr{V}$ 안에서 증가하는 에너지 양이다. 즉 저장되는 에너지의 시간미분이다. 이러한 논의의 결과, 식 (8-35)의 왼편은 체적 $\mathscr{V}$에 입사하는 총 순시전력을 의미한다. 이러한 전력 중에서 일부는 $\mathscr{V}$ 안에서 소모되고 나머지는 $\mathscr{V}$ 안에서 전자기 에너지로 저장된다. 식 (8-35)는 포인팅 정리 (Poynting's theorem)라 불리는데, 주어진 체적에 입사하는 알짜전력은 그 체적 안에서 옴 법칙에 의해 소모되는 전력과 그 체적 안에서 단위 시간당 증가하는 에너지의 합과 같다.

식 (8-35)의 면적분으로부터 그 피적분 함수 $\mathscr{E} \times \mathscr{H}$를 순시전력밀도(instantaneous power density)로 해석하며, 이것을 단위 면적당 전력(watts per square meter)으로 표시한다. 순시전기장 $\mathscr{E}$와 순시자기장 $\mathscr{H}$를 가진 전자기파의 포인팅 벡터(Poynting vector) **S**는 아래와 같이 정의된다.

$$\mathbf{S} = \mathscr{E} \times \mathscr{H} \qquad [\mathrm{W/m^2}] \tag{8-36}$$

여기서 **S**의 단위는 제곱미터당 와트(watt per square meter)이다. 포인팅 벡터는 전기장벡터와 자기장벡터에 수직이고, 파수벡터에 평행이다. 이것은 또한 전력이 이동되는 방향을 가리킨다.

대부분의 실제 문제에서 시간평균 전력밀도가 그것의 순시값에 비하여 더 쓸모가 있다. 시간평균 전력밀도는 전기장 및 자기장 위상자로 표현될 수 있다. 시간평균 전력밀도에 대한 표현식을 유도할 때 전기장과 자기장을 코사인 대신 복소지수로 표시하면 더 편리하다. 진폭 E_o, 복소진폭 $\hat{E}_o$, 복소진폭 벡터 $\hat{\mathbf{E}}_o$, 위상자 $\tilde{\mathbf{E}}$가 $\mathscr{E}$의 표현식에 어떻게 사용되는지를 알아보기 위해 다음의 식을 쓴다.

$$\begin{aligned}
\mathscr{E} &= \mathbf{a}_E E_o \cos(\omega t - \mathbf{k}\cdot\mathbf{r} + \varphi_e) \\
&= \frac{1}{2}\left[\mathbf{a}_E \left(E_o e^{j\varphi_e}\right) e^{j\omega t - j\mathbf{k}\cdot\mathbf{r}} + \mathbf{a}_E \left(E_o e^{-j\varphi_e}\right) e^{-j\omega t + j\mathbf{k}\cdot\mathbf{r}}\right] \\
&\equiv \frac{1}{2}\left[\left(\mathbf{a}_E \hat{E}_o\right) e^{-j\mathbf{k}\cdot\mathbf{r}} e^{j\omega t} + \left(\mathbf{a}_E \hat{E}_o^*\right) e^{+j\mathbf{k}\cdot\mathbf{r}} e^{-j\omega t}\right] \\
&\equiv \frac{1}{2}\left[\hat{\mathbf{E}}_o e^{-j\mathbf{k}\cdot\mathbf{r}} e^{j\omega t} + \hat{\mathbf{E}}_o^* e^{+j\mathbf{k}\cdot\mathbf{r}} e^{-j\omega t}\right] \\
&\equiv \frac{1}{2}\left[\tilde{\mathbf{E}} e^{j\omega t} + \tilde{\mathbf{E}}^* e^{-j\omega t}\right]
\end{aligned} \tag{8-37a}$$

여기서 *는 공액 복소수를 나타낸다. 마찬가지로 자기장세기의 실순시 값을 아래와 같이 표현한다.

$$\mathscr{H} = \mathbf{a}_H H_o \cos(\omega t - \mathbf{k}\cdot\mathbf{r} + \varphi_h) = \frac{1}{2}\left[\tilde{\mathbf{H}} e^{j\omega t} + \tilde{\mathbf{H}}^* e^{-j\omega t}\right] \tag{8-37b}$$

식 (8-37a)와 (8-37b)를 식 (8-36)에 대입하면

$$\begin{aligned}
\mathbf{S} &= \frac{1}{2}\left[\tilde{\mathbf{E}} e^{j\omega t} + \tilde{\mathbf{E}}^* e^{-j\omega t}\right] \times \frac{1}{2}\left[\tilde{\mathbf{H}} e^{j\omega t} + \tilde{\mathbf{H}}^* e^{-j\omega t}\right] \\
&= \frac{1}{4}\left[\tilde{\mathbf{E}} \times \tilde{\mathbf{H}} e^{j2\omega t} + \tilde{\mathbf{E}}^* \times \tilde{\mathbf{H}}^* e^{-j2\omega t} + \tilde{\mathbf{E}} \times \tilde{\mathbf{H}}^* + \tilde{\mathbf{E}}^* \times \tilde{\mathbf{H}}\right]
\end{aligned} \tag{8-38}$$

일반적인 실순시 함수 $\mathbf{G}$에 대한 시간평균은 다음과 같이 정의된다.

$$\langle \mathbf{G} \rangle = \frac{1}{T}\int_{-T/2}^{T/2} \mathbf{G}\, dt$$

여기서 T는 $\mathbf{G}$의 시간상 주기이다. 식 (8-38)의 시간평균을 취하면 시간평균 전력밀도(time-average power density) 혹은 시간평균 포인팅 벡터(time-average Poynting vector)가 얻어진다.

$$\boxed{\langle \mathbf{S} \rangle = \frac{1}{2}\mathrm{Re}\left[\tilde{\mathbf{E}} \times \tilde{\mathbf{H}}^{*}\right]} \qquad [\mathrm{W/m^2}] \tag{8-39}$$

여기서 $\tilde{\mathbf{E}}$와 $\tilde{\mathbf{H}}$는 각각 전기장과 자기장 위상자이고, $*$는 공액 복소수를 의미한다. 식 (8-34)의 전기장 및 자기장은 모두 시간에 따라 주기적으로 변하므로 식 (8-34) 오른쪽의 둘째 및 셋째 항에 대한 시간평균은 0이다. 따라서 식 (8-34) 양변의 시간평균을 취하면, 포인팅 정리는 아래와 같이 축소된다.

$$-\nabla \cdot \langle \mathscr{E} \times \mathscr{H} \rangle = \langle \mathscr{E} \cdot \boldsymbol{J} \rangle \tag{8-40a}$$

전기장세기와 전류밀도에 대한 위상자를 사용하면

$$-\nabla \cdot \langle \mathbf{S} \rangle = \frac{1}{2}\mathrm{Re}\left[\tilde{\mathbf{E}} \cdot \tilde{\mathbf{J}}^{*}\right] \tag{8-40b}$$

단위 체적당 시간평균 옴 전력손실(윗식의 오른쪽)은 시간평균 포인팅 벡터의 다이버전스의 마이너스 값과 같다(윗식의 왼쪽).

식 (8-39)의 시간평균 포인팅 벡터를 이용하면 같은 방향으로 진행하는 두 파의 총 시간평균 전력밀도를 계산할 수 있다. 이 경우 총 전력밀도는 총 전기장세기 및 총 자기장세기로부터 구한다. 시간평균 포인팅 벡터를 이용하면, 만약 두 파가 서로 독립이라면, 총 전력밀도는 각각의 시간평균 전력밀도의 합이라는 것을 쉽게 증명할 수 있다. 시간평균 포인팅 벡터를 이용하면, 예를 들어, 동일 방향으로 진행하는 두 파의 위상자가 각각 $\tilde{\mathbf{E}}_1 = 2\,\mathbf{a}_x$와 $\tilde{\mathbf{E}}_2 = 3\,\mathbf{a}_y$로 주어지면 이들은 서로 독립이고, 동일 방향으로 진행하는 두 파의 위상자가 각각 $\tilde{\mathbf{E}}_3 = 2\,\mathbf{a}_x$와 $\tilde{\mathbf{E}}_4 = 3\,\mathbf{a}_x$로 주어지면 이들은 하나의 위상자 $\tilde{\mathbf{E}} = \tilde{\mathbf{E}}_3 + \tilde{\mathbf{E}}_4 = 5\,\mathbf{a}_x$로 표시되는 하나의 파로 취급되어야 한다는 것을 증명할 수 있다.

Example 8-3

주어진 전자기파의 전기장 및 자기장이 $\mathscr{E}(\mathbf{r},t)=\mathbf{a}_x E_o \cos(\omega t - kz)$ 및 $\mathscr{H}(\mathbf{r},t)=\mathbf{a}_y E_o \sqrt{\varepsilon/\mu}\cos(\omega t - kz)$로 주어질 때 다음을 이용해 $\langle \mathbf{S}\rangle$를 구하라.

(a) $\mathscr{E}$와 $\mathscr{H}$ (b) $\tilde{\mathbf{E}}$와 $\tilde{\mathbf{H}}$

Solution

(a) 식 (8-36)으로부터

$$\mathbf{S} = \mathscr{E}\times\mathscr{H} = \mathbf{a}_z E_o^2 \sqrt{\varepsilon/\mu}\cos^2(\omega t - kz)$$

삼각함수를 이용해 윗식을 다시 쓰면

$$\mathbf{S} = \mathbf{a}_z E_o^2 \sqrt{\varepsilon/\mu}\,\tfrac{1}{2}\left[1+\cos(2\omega t - 2kz)\right]$$

윗식의 시간평균을 구하면

$$\langle \mathbf{S}\rangle = \mathbf{a}_z \frac{E_o^2}{2}\sqrt{\frac{\varepsilon}{\mu}} \tag{8-41}$$

(b) 전기장 및 자기장 위상자는

$$\tilde{\mathbf{E}} = \mathbf{a}_x E_o e^{-jkz}$$

$$\tilde{\mathbf{H}} = \mathbf{a}_y E_o \sqrt{\varepsilon/\mu}\, e^{-jkz}$$

식 (8-39)로부터

$$\langle \mathbf{S}\rangle = \tfrac{1}{2}\mathrm{Re}\left[\tilde{\mathbf{E}}\times\tilde{\mathbf{H}}^*\right] = \tfrac{1}{2}\mathrm{Re}\left[\left(\mathbf{a}_x E_o e^{-jkz}\right)\times\left(\mathbf{a}_y E_o\sqrt{\varepsilon/\mu}\, e^{-jkz}\right)^*\right]$$
$$= \tfrac{1}{2}E_o^2\sqrt{\varepsilon/\mu}\,\mathrm{Re}\left[\left(\mathbf{a}_x e^{-jkz}\right)\times\left(\mathbf{a}_y e^{jkz}\right)\right]$$

그리하여

$$\langle \mathbf{S} \rangle = \mathbf{a}_z \frac{E_o^2}{2}\sqrt{\frac{\varepsilon}{\mu}}$$

이 결과는 식 (8-41)과 동일하다.

Exercise 8.5

자유공간상의 전자기파 $\tilde{\mathbf{E}} = 10\mathbf{a}_x e^{-j600(3y+4z)}$에 대해, $z = 0$ 평면의 단위 면적을 통과하여 흐르는 시간평균 전력은?

Ans $1/(3\pi)$[W]

Review Questions with Hints

RQ 8.8 포인팅 정리를 말로 설명하라. [(8-34)]

RQ 8.9 $\mathscr{E}$와 $\mathscr{H}$를 이용해 포인팅 벡터를 표시하라. [(8-36)]

RQ 8.10 전기장 및 자기장 위상자를 이용해 시간평균 전력밀도를 표시하라. [(8-39)]

8.2.3 균일평면파의 편광(Polarization of a Uniform Plane Wave)

전자기 평면파는 횡파이므로 이것의 전기장벡터는 그 파면에 평행이다. 진행파의 편광(polarization)은 그 전기장벡터가 공간상의 한 점에서 시간에 따라 어떻게 변하는지를 말해준다. 만약 전기장벡터의 끝이 시간에 따라 직선상에서 왔다갔다 한다면 이 파는 선형편광(linearly polarized)되어 있다고 말한다. 만약 전기장벡터 끝의 궤적이 원을 형성한다면 이 파는 원형편광(circularly polarized)되어 있다고 말한다. 일반적으로 전기장벡터 끝의 궤적은 횡단면에서 타원을 이룬다. 하나의 평면파에 대해 전기장벡터만 추적하면 되는데 그 이유는 자기장벡터는 식 (8-25)에 의해 전기장벡터와 밀접한 연관이 있기 때문이다.

(1) 선형편광파(Linearly Polarized Wave)

하나의 평면파가 $+z$-방향으로 진행한다면, 전기장벡터는 반드시 xy-평면 위에 놓이게 되며, 일반적으로 하나의 x-성분과 하나의 y-성분을 가지게 된다. 이러한 파의 전기장 위상자는 일반적으로 아래와 같이 표시된다.

$$\tilde{\mathbf{E}} = \hat{\mathbf{E}}_o e^{-jkz} = \left(\hat{E}_{ox}\mathbf{a}_x + \hat{E}_{oy}\mathbf{a}_y\right)e^{-jkz} \tag{8-42}$$

여기서 $\hat{E}_{ox}$와 $\hat{E}_{oy}$는 각각 x-와 y-성분의 복소진폭이다.

만약 그 진폭들이 실수이면, 즉 $\hat{E}_{ox} = E_{ox}$ 그리고 $\hat{E}_{oy} = E_{oy}$이면, 실순시 전기장세기는 아래와 같이 주어진다.

$$\begin{aligned} \mathscr{E} &= \text{Re}\left[\left(E_{ox}\mathbf{a}_x + E_{oy}\mathbf{a}_y\right)e^{-jkz}e^{j\omega t}\right] \\ &= \left(E_{ox}\mathbf{a}_x + E_{oy}\mathbf{a}_y\right)\cos\left(\omega t - kz\right) \end{aligned} \tag{8-43}$$

z가 상수인 평면 위의 한 점에서, 식 (8-43)의 전기장세기는 벡터 $E_{ox}\mathbf{a}_x+E_{oy}\mathbf{a}_y$에 평행인 직선상에서 시간에 따라 진동한다. 이러한 파는 $E_{ox}\mathbf{a}_x+E_{oy}\mathbf{a}_y$ 방향으로 선형편광(linearly polarized)되어 있다고 말한다. 식 (8-43)에서 보듯이 우리는 주어진 파를 2개의 평면파의 합으로 생각할 수 있다. 하나는 x-방향으로 선형편광되어 있고 하나는 y-방향으로 선형편광되어 있다([그림 8-3] 참조). 두 진폭 E_{ox}와 E_{oy}는 실수이므로 두 성분은 서로 동위상이고 이들을 표시하는 두 코사인 곡선은 [그림 8-3]에서 보듯이 동일한 점에서 z-축과 만난다.

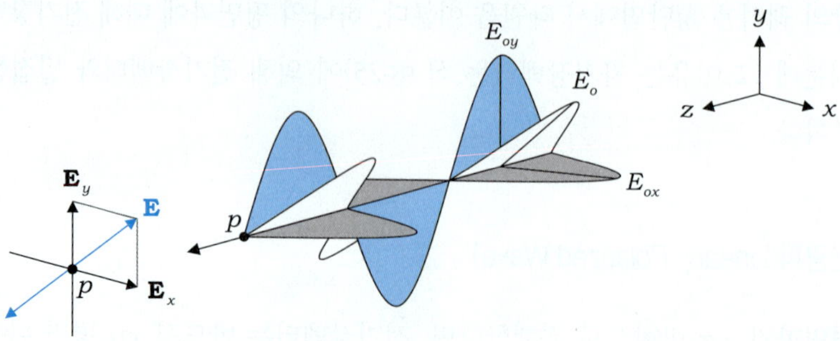

그림 8-3 선형편광된 평면파

Example 8-4

자유공간을 진행하는 선형편광된 평면파 $\tilde{\mathbf{E}} = E_o\left(\mathbf{a}_x + \sqrt{3}\mathbf{a}_y\right)e^{-jkz}$에 대해 다음을 구하라.

(a) $\mathbf{E}$와 x-축 사이의 각 (b) 시간평균 전력밀도

Solution

(a) $\mathbf{E}$의 회전각은

$$\theta = \tan^{-1}\left(\sqrt{3}\right) = 60^o$$

(b) 식 (8-23)으로부터 자기장 위상자를 구한다.

$$\tilde{\mathbf{H}} = \sqrt{\varepsilon_o / \mu_o}\,\mathbf{a}_z \times E_o\left(\mathbf{a}_x + \sqrt{3}\mathbf{a}_y\right)e^{-jkz} = E_o\sqrt{\varepsilon_o / \mu_o}\left(\mathbf{a}_y - \sqrt{3}\mathbf{a}_x\right)e^{-jkz}$$

식 (8-39)로부터

$$\begin{aligned}\langle\mathbf{S}\rangle &= \tfrac{1}{2}\mathrm{Re}\left[E_o\left(\mathbf{a}_x + \sqrt{3}\mathbf{a}_y\right)e^{-jkz} \times \left\{E_o\sqrt{\varepsilon_o / \mu_o}\left(\mathbf{a}_y - \sqrt{3}\mathbf{a}_x\right)e^{-jkz}\right\}^*\right] \\ &= \tfrac{1}{2}E_o^2\sqrt{\varepsilon_o / \mu_o}\left(\mathbf{a}_x + \sqrt{3}\mathbf{a}_y\right)\times\left(\mathbf{a}_y - \sqrt{3}\mathbf{a}_x\right) \\ &= \tfrac{1}{2}E_o^2\sqrt{\varepsilon_o / \mu_o}\left(1+3\right)\mathbf{a}_z\end{aligned}$$

총 시간평균 전력밀도는 각 성분의 시간평균 전력밀도의 합이다.

Exercise 8.6

다음의 파들이 선형편광되어 있는가?

(a) $\tilde{\mathbf{E}} = 4\left(\mathbf{a}_x e^{j0.2} + \mathbf{a}_y e^{j0.2}\right)e^{-j300z}$

(b) $\tilde{\mathbf{E}} = \left(3\mathbf{a}_x - \mathbf{a}_y\right)e^{+j400z}$

(c) $\tilde{\mathbf{E}} = 2\left(\mathbf{a}_x e^{-j0.3} + \mathbf{a}_y e^{j0.3}\right)e^{-j500z}$

(d) $\tilde{\mathbf{E}} = \left[\mathbf{a}_x \sin(30^o) + \mathbf{a}_y \cos(30^o)\right]e^{-j600z}$

Ans (a) 예 (b) 예 (c) 아니오 (d) 예

(2) 원형편광파(Circularly Polarized Wave)

전기장세기 $\mathbf{E}$의 두 성분의 진폭 $\hat{E}_{ox}$와 $\hat{E}_{oy}$가 크기는 같지만($|\hat{E}_{ox}| = |\hat{E}_{oy}| = E_o$), y-성분이 x-성분에 대해 시간상 90° 위상지연되는 경우, 이런 파를 오른손 원형편광파(right-hand circularly polarized wave)라 부른다. 오른손 원형편광파의 전기장 위상자는 일반적으로 아래와 같이 표시된다. 즉

$$\tilde{\mathbf{E}} = \left(E_o\mathbf{a}_x - jE_o\mathbf{a}_y\right)e^{-jkz} = \left(E_o\mathbf{a}_x + E_o e^{-j\pi/2}\mathbf{a}_y\right)e^{-jkz} \tag{8-44}$$

실순시형태의 전기장세기는 아래와 같이 표현된다.

$$\mathscr{E}(z,t) = \mathbf{a}_x E_o \cos\left(\omega t - kz\right) + \mathbf{a}_y E_o \cos\left(\omega t - kz - \pi/2\right) \tag{8-45}$$

여기서 상수 z 평면, 혹은 단순히 $z=0$ 평면 위의 한 점에서 전기장벡터를 검토하자. 이 경우 식 (8-45)는 아래와 같이 축소된다.

$$\mathscr{E}\left(0,t\right) = \mathbf{a}_x E_o \cos\left(\omega t\right) + \mathbf{a}_y E_o \sin\left(\omega t\right) \tag{8-46}$$

시간 $t=0$에서 전기장세기는 $\mathscr{E}(0,0) = E_o\mathbf{a}_x$인데, 이것은 $+x$-축에 평행이다. 그 다음 이후의 시간 $t=\pi/(2\omega)$에서 전기장세기는 $\mathscr{E}(0,\pi/2\omega) = E_o\mathbf{a}_y$인데, 이것은 $+y$-

축에 평행이다. 이러한 관찰에 근거하여 시간이 지남에 따라 전기장벡터는 xy-평면상에서 반시계방향으로 회전하되 그 크기는 변치 않는다는 것을 알 수 있다([그림 8-4] 참조). 변수 ωt가 2π만큼 변하면 전기장벡터는 한 바퀴를 돌고 그때의 전기장벡터의 끝은 원형 궤적을 형성한다. 이러한 성질의 파를 오른손 원형편광파라 부른다. 이때의 편광방향은 전기장벡터의 회전방향과 파의 진행방향 사이의 관계에 의해 결정된다. 오른손 네 손가락이 전기장벡터의 회전을 따라가면 오른손 엄지는 파의 진행방향을 가리킨다.

[그림 8-4]는 $+z$-방향으로 진행하는 하나의 오른손 원형편광파를 보여준다. 그림에서 보듯이 y-성분은 x-성분에 대해 시간위상이 90° 지연된다. 이것은 y-성분이, 주어진 기준점 p에, x-성분보다 시간주기의 ¼ 시간만큼 뒤처져 도달한다는 것을 의미한다. 다시 말해, 공간상에서 y-성분을 나타내는 코사인 곡선이 x-성분을 나타내는 코사인 곡선보다 $-z$-방향으로 파장의 ¼ 거리만큼 뒤로 물러나 있다는 것을 의미한다. 두 성분은 똑같은 속도로 똑같은 방향으로 진행하므로, 그들 사이의 위상관계는 공간상의 모든 점에서 시간에 관계없이 항상 일정하다. 여기서 주목할 것은, 위상차이는 상대적인 값이므로 y-성분이 x-성분을 시간위상이 270° 선행한다고 말할 수 있다.

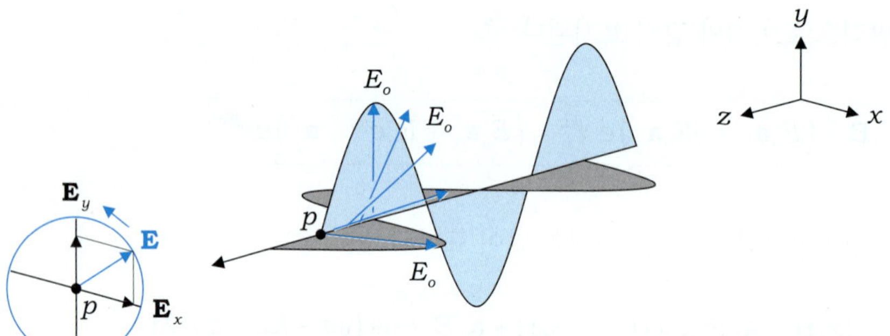

그림 8-4 오른손 원형편광파

그 다음, 두 성분의 진폭은 동일하지만 y-성분이 x-성분보다 시간위상이 90° 선행하는 경우를 검토하자. 이러한 파를 왼손 원형편광파(left-hand circularly polarized wave)라 부른다. 왼손 네 손가락이 전기장벡터의 회전을 따라가면 왼손 엄지는 파의 진행방향을 가리킨다. 왼손 원형편광파의 전기장 위상자는 일반적으로 아래와 같이 표시된다.

$$\tilde{\mathbf{E}} = \left(E_o \mathbf{a}_x + jE_o \mathbf{a}_y\right) e^{-jkz} = \left(E_o \mathbf{a}_x + E_o e^{j\pi/2} \mathbf{a}_y\right) e^{-jkz} \tag{8-47}$$

실순시형태의 전기장세기는 아래와 같이 주어진다.

$$\mathscr{E}(z,t) = \mathbf{a}_x E_o \cos\left(\omega t - kz\right) + \mathbf{a}_y E_o \cos\left(\omega t - kz + \pi/2\right) \tag{8-48}$$

앞에서와 동일한 절차를 따라가면, $z = 0$ 평면 위의 한 점에서 전기장세기는 아래와 같이 오직 시간에 대한 함수로만 주어진다. 즉

$$\mathscr{E}(0,t) = \mathbf{a}_x E_o \cos\left(\omega t\right) - \mathbf{a}_y E_o \sin\left(\omega t\right) \tag{8-49}$$

시간 $t = 0$에서 전기장세기는 $\mathscr{E}(0, 0) = E_o \mathbf{a}_x$인데 이것은 $+x$-축에 평행이다. 그 다음 시간 $t = \pi/(2\omega)$에서 전기장세기는 $\mathscr{E}(0, \pi/2\omega) = -E_o \mathbf{a}_y$인데 이것은 $-y$-축에 평행이다. 이러한 관찰에 근거해 시간이 지남에 따라 전기장벡터는 xy-평면에서 시계방향으로 회전하지만 그 크기는 변치 않는다는 것을 알 수 있다. 변수 ωt가 2π만큼 변함에 따라 전기장벡터는 시계방향으로 한 바퀴 회전하고 이때의 전기장벡터 끝은 원형 궤적을 형성한다.

[그림 8-5]는 하나의 왼손 원형편광파를 보여준다. 이 파의 y-성분은 x-성분에 대해 시간위상이 90° 선행한다. 따라서 y-성분은 x-성분보다 기준점 p에 시간주기의 ¼ 시간만큼 먼저 도달한다. 다시 말해 공간상에서 y-성분을 표시하는 코사인 곡선은 x-성분을 표시하는 코사인 곡선보다 파장의 ¼ 거리만큼 $+z$-방향으로 당겨진 형태이다.

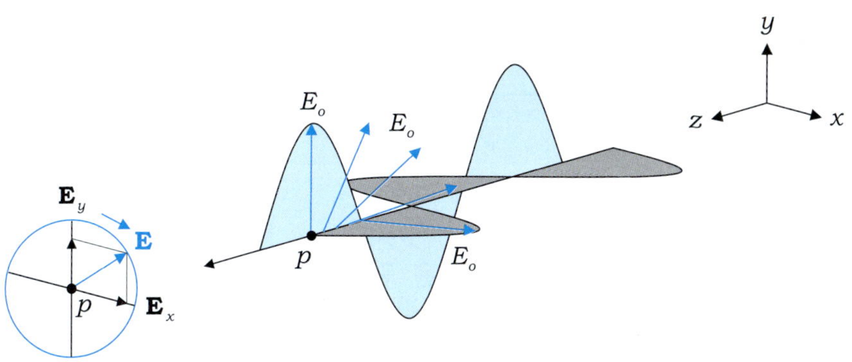

그림 8-5 왼손 원형편광파

Example 8-5

선형편광파 $\tilde{\mathbf{E}}_1 = E_o\,\mathbf{a}_x e^{-jkz}$를 2개의 원형편광파로 분해하라.

Solution

$\tilde{\mathbf{E}}_1$의 표현식 오른쪽에 $(1/2)jE_o\mathbf{a}_y$를 더하고 빼서 다음의 식을 얻는다.

$$\tilde{\mathbf{E}}_1 = \frac{1}{2}\Big[\big(E_o\,\mathbf{a}_x - jE_o\,\mathbf{a}_y\big) + \big(E_o\,\mathbf{a}_x + jE_o\,\mathbf{a}_y\big)\Big]e^{-jkz} \tag{8-50}$$

윗식의 오른쪽에서, 첫째 항은 하나의 오른손 원형편광파를 나타내고 둘째 항은 하나의 왼손 원형편광파를 나타낸다.

정반대 관점에서 보면, 두 전기장벡터가 똑같은 크기로, xy-평면에서 서로 반대방향으로 회전하며, 동시에 $+x$-축에서 서로 교차한다면, 이 두 파를 합하면 $+x$-축으로 선형편광된 파가 된다.

Exercise 8.7

다음의 원형편광된 파의 구체적인 편광 상태는?

(a) $\tilde{\mathbf{E}} = 10\big(j\mathbf{a}_x + \mathbf{a}_y\big)e^{-j300z}$ (b) $\tilde{\mathbf{E}} = 20\big(j\mathbf{a}_x - \mathbf{a}_y\big)e^{-j400z}$

(c) $\tilde{\mathbf{E}} = 30\big(\mathbf{a}_x - j\mathbf{a}_y\big)e^{+j500z}$

Ans (a) 오른손 (b) 왼손 (c) 왼손

(3) 타원편광파(Elliptically Polarized Wave)

하나의 균일평면파가 선형편광이나 혹은 원형편광이 아니면 그 파가 타원편광(elliptically polarized)되어 있다고 말한다. 전기장벡터의 끝은 그 파가 진행하는 방향에 수직인 평면에서 타원 궤적을 그린다. 선형편광 및 원형편광은 타원편광의 특수한

경우에 해당한다. 타원편광된 파의 전기장벡터는 일반적으로 다음과 같이 표시된다.

$$\boxed{\tilde{\mathbf{E}} = \left(E_{ox}\mathbf{a}_x + E_{oy}e^{j\varphi}\mathbf{a}_y\right)e^{-jkz}} \tag{8-51}$$

여기서 E_{ox}와 E_{oy}는 플러스의 실수값이다. 위상각 φ는 두 성분 사이의 위상차를 나타낸다. 타원편광파의 실순시 값은 아래와 같이 주어진다.

$$\mathscr{E} = E_{ox}\mathbf{a}_x \cos\left(\omega t - kz\right) + E_{oy}\mathbf{a}_y \cos\left(\omega t - kz + \varphi\right) \tag{8-52}$$

여기서 전기장벡터는 그 크기와 방향이 모두 시간에 따라 변한다.

하나의 타원편광파의 전기장벡터를 $z = 0$ 평면의 한 점에서 살펴보자. 이 지점에서 전기장벡터는 시간에 대한 함수로만 주어진다. 즉

$$\mathscr{E}_x = E_{ox}\cos\left(\omega t\right) \tag{8-53a}$$

$$\mathscr{E}_y = E_{oy}\cos\left(\omega t + \varphi\right) \tag{8-53b}$$

위상차이가 $0 < \varphi < \pi$ 인 경우, 시간 $t = 0$일 때, 전기장세기는 $\mathscr{E}_x = E_{ox}$ 이고 $\mathscr{E}_y = E_{oy}\cos\varphi$이다. 따라서 전기장벡터는 크기가 $\sqrt{E_{ox}^2 + E_{oy}^2\cos^2\varphi}$이고, φ 값에 따라 xy-평면의 1사분면 혹은 4사분면에 위치한다. 이후의 시간 $t = \pi/(2\omega)$에서, 전기장세기는 $\mathscr{E}_x = 0$이고 $\mathscr{E}_y = -E_{oy}\sin\varphi$이다. 따라서 전기장벡터는 크기가 $|E_{oy}\sin\varphi|$이고 $-y$-축에 평행이다. 이러한 관찰에 근거해, 시간이 증가함에 따라 전기장벡터가 xy-평면에서, 비록 그 크기는 변하더라도, 시계방향으로 회전한다는 것을 알 수 있다. 이러한 파를 왼손 타원편광파(left-hand elliptically polarized wave)라 부른다.

만약 y-성분이 x-성분에 대해 시간위상이 지연되면, 즉 식 (8-51)에서 $-\pi < \varphi < 0$이면 이러한 파를 오른손 타원편광파(right-hand elliptically polarized wave)라 부른다.

편광상태를 표시하는 타원은 진폭비 E_{oy}/E_{ox}와 위상각 φ에 따라 그 모양이 변한다. [그림 8-6]은 하나의 타원을 보여주는데, 장축(major axis)이 x'-축을 따라 $2E'_{ox}$ 이고 단축(minor axis)이 y'-축을 따라 $2E'_{oy}$로 주어진다. 다음의 절차에 따라 타원의 기울

어진 각도 θ를 구할 수 있다. 전기장벡터의 끝이 [그림 8-6]과 같은 타원을 이루는 왼손 타원편광파를 살펴보자. 이 파의 전기장세기를 프라임 좌표계에서 표시하면 다음과 같다. 즉

$$E'_x = E'_{ox}\cos(\omega t + \varphi') \tag{8-54a}$$

$$E'_y = -E'_{oy}\sin(\omega t + \varphi') \tag{8-54b}$$

여기서 두 진폭 E'_{ox}와 E'_{oy}, 위상각 φ′은 일반적인 표현식 (8-53)의 E_{ox}, E_{oy}, φ를 이용해 표시할 수 있다. 식 (8-53)의 전기장세기를 프라임 좌표계로 좌표변환하면 아래의 관계식을 얻는다.

$$\mathscr{E}'_x = E_{ox}\cos(\omega t)\cos\theta + E_{oy}\cos(\omega t + \varphi)\sin\theta \tag{8-55a}$$

$$\mathscr{E}'_y = -E_{ox}\cos(\omega t)\sin\theta + E_{oy}\cos(\omega t + \varphi)\cos\theta \tag{8-55b}$$

식 (8-54)와 (8-55)를 결합하면 다음의 관계식을 얻을 수 있다.

$$\tan(2\theta) = \frac{2E_{ox}E_{oy}\cos\varphi}{(E_{ox})^2 - (E_{oy})^2} \tag{8-56}$$

만약 φ = 0이면 식 (8-56)은 $\tan\theta = E_{oy}/E_{ox}$로 축소되어 선형편광파를 나타낸다.

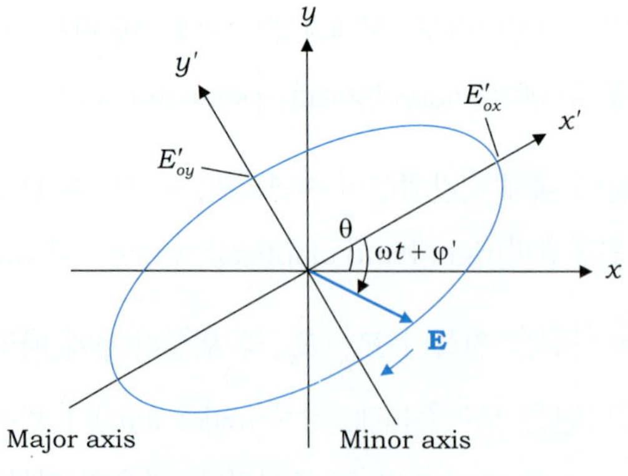

그림 8-6 각도 θ로 기울어진 타원

Example 8-6

자유공간에서 전기장 위상자 $\tilde{\mathbf{E}} = \left(E_{ox}\mathbf{a}_x + E_{oy}e^{j\varphi}\mathbf{a}_y\right)e^{-jkz}$로 표시되는 균일평면파의 시간평균 전력밀도를 구하라.

Solution

식 (8-23)으로부터 자기장 위상자를 구한다.

$$\tilde{\mathbf{H}} = \frac{1}{\eta_o}\left(\mathbf{a}_k \times \tilde{\mathbf{E}}\right) = \frac{1}{\eta_o}\mathbf{a}_z \times \left(E_{ox}\mathbf{a}_x + E_{oy}e^{j\varphi}\mathbf{a}_y\right)e^{-jkz}$$

$$= \frac{1}{\eta_o}\left(E_{ox}\mathbf{a}_y - E_{oy}e^{j\varphi}\mathbf{a}_x\right)e^{-jkz}$$

시간평균 포인팅 벡터를 구하면

$$\langle \mathbf{S} \rangle = \frac{1}{2}\mathrm{Re}\left[\tilde{\mathbf{E}} \times \tilde{\mathbf{H}}^*\right]$$

$$= \frac{1}{2\eta_o}\mathrm{Re}\left[\left(E_{ox}\mathbf{a}_x + E_{oy}e^{j\varphi}\mathbf{a}_y\right)e^{-jkz} \times \left(E_{ox}\mathbf{a}_y - E_{oy}e^{-j\varphi}\mathbf{a}_x\right)e^{jkz}\right]$$

$$= \frac{1}{2\eta_o}\left(E_{ox}^2 + E_{oy}^2\right)\mathbf{a}_z$$

시간평균 전력밀도는 선형편광으로 주어지는 각각의 성분파의 시간평균 전력밀도의 합과 같다.

Exercise 8.8

식 (8-51)에서 $0 \le \varphi \le 2\pi$이고 $E_{ox} = 2E_{oy}$일 때 전기장벡터 끝점의 궤적을 그려라.

Ans

$\varphi = 0$, $\frac{\pi}{4}$, $\frac{\pi}{2}$, $\frac{3\pi}{4}$, π, $\frac{5\pi}{4}$, $\frac{3\pi}{2}$, $\frac{7\pi}{4}$, 2π

Review Questions with Hints

RQ 8.11 균일평면파의 편광을 설명하라. [그림 8-3,8-4,8-5]

RQ 8.12 균일평면파가 어떤 조건에서 선형편광 혹은 원형편광 되는가? [(8-42)(8-44)(8-47)]

RQ 8.13 오른손과 왼손 원형편광파들은 서로 독립인가? [(8-44)(8-47)]

8.2.4 손실매질 내의 균일평면파(Uniform Plane Wave in a Lossy Medium)

이 절에서 손실매질을 진행하는 전자기파에 대해 논한다. 자유전자를 갖고 있는 유전체 혹은 한정된 전도도를 가진 도체는 손실매질의 좋은 예이다. 하나의 평면파는 이러한 손실매질에서 진행할 수 있는데 이 파가 매질을 진행함에 따라 필연적으로 그 전력에 손실이 발생한다. 유전체에서의 전력손실은 두 가지 경우에 발생한다. 첫째, 진행파의 전기장이 물체 안에 전기쌍극자를 발생시키면 쌍극자의 두 전하는, 입사한 전기장과 똑 같은 주파수로 진동한다. 그러나 서로 인접한 원자들 사이의 강한 상호연관은 전기쌍극자들이 전기장과 동위상으로 진동하도록 허락하지 않는다. 이러한 위상지연은 전기쌍극자의 감폭(damping)으로 나타나고 이로 인하여 진행파의 전력이 열로 사라진다. 둘째, 손실유전체의 자유전자들은 입사파의 전기장 안에서 전류가 흐르도록 하므로 물질 내의 진행파에 전력손실을 초래한다.

손실유전체 안에서, 전기쌍극자의 감폭과 전도전류에 의한 전력손실은 복소유전율 $\hat{\varepsilon} = \varepsilon' - j\varepsilon''$을 통하여 미분파동방정식에 반영된다. 이것의 실수부는 매질을 진행하는 파의 전파상수를 나타내고, 허수부는 매질 내에서의 진행파의 감쇠를 설명한다.

진행파의 자기장은 자기 쌍극자모멘트를 통하여 격자원자들과 반응할 수 있으므로 그 진행파는 자기쌍극자의 감폭에 의해 발생하는 추가적인 전력손실을 겪을 수 있다. 앞에서와 마찬가지로, 복소투자율을 도입하여 손실매질에서의 전력손실을 설명할 수 있다. 그러나 대부분의 현실적인 매질에서 자기반응은 매우 미약하여 무시될 수 있으므로 이러한 매질에서는 $\mu = \mu_o$으로 가정한다.

(1) 감폭 손실매질(Lossy Dielectric with a Damping Force)

어떤 매질이 균질(ε과 μ가 상수)이고, 선형(ε과 μ가 $\mathscr{E}$와 $\mathscr{H}$의 크기에 무관)이며, 등방성(ε과 μ가 $\mathscr{E}$와 $\mathscr{H}$의 방향에 무관)이고, 손실(ε이 복소수)이 존재하는 유전체라면, 위상자형태의 맥스웰 방정식은 다음과 같이 주어진다.

$$\nabla \times \tilde{\mathbf{E}} = -j\omega\mu\tilde{\mathbf{H}} \tag{8-57a}$$

$$\begin{aligned}\nabla \times \tilde{\mathbf{H}} &= j\omega\hat{\varepsilon}\,\tilde{\mathbf{E}} \\ &= j\omega\left(\varepsilon' - j\varepsilon''\right)\tilde{\mathbf{E}} = j\omega\varepsilon_o\left(\varepsilon_r' - j\varepsilon_r''\right)\tilde{\mathbf{E}}\end{aligned} \tag{8-57b}$$

$$\nabla \cdot \tilde{\mathbf{E}} = 0 \tag{8-57c}$$

$$\nabla \cdot \tilde{\mathbf{H}} = 0 \tag{8-57d}$$

여기서, 주어진 물체 안에서 식 (8-57c)와 같이 자유전자가 0이고, 식 (8-57b)와 같이 전도전류가 0으로 가정한다. 우리는 식 (8-57b)의 복소유전율은 물체 안에 유도되는 전기 쌍극자의 감폭에 기인한다고 가정한다. 식 (8-57)으로부터 헬름홀츠 식을 아래와 같이 유도한다.

$$\nabla^2\tilde{\mathbf{E}} + \hat{k}^2\tilde{\mathbf{E}} = 0 \tag{8-58}$$

여기서 복소파수(complex wavenumber)는 아래와 같이 정의된다.

$$\boxed{\hat{k} = \omega\sqrt{\mu\hat{\varepsilon}} = \omega\sqrt{\mu\left(\varepsilon' - j\varepsilon''\right)}} \tag{8-59}$$

식 (8-58)이 식 (8-11)과 오직 상수 $\hat{k}$에 차이가 있으므로, 식 (8-58)의 일반해는 복소파수를 갖는 균일평면파로 주어진다. 즉

$$\boxed{\tilde{\mathbf{E}} = \hat{\mathbf{E}}_o e^{-j\hat{k}\mathbf{a}_k \cdot \mathbf{r}}} \tag{8-60}$$

여기서 $\mathbf{a}_k$는 파가 진행하는 방향으로의 단위벡터이다. 무한히 큰 매질에서는 일반적으로 $\mathbf{a}_k = \mathbf{a}_z$로 놓을 수 있다. 이러한 조건에서 전기장 위상자는 아래와 같이 표시된다.

$$\tilde{\mathbf{E}} = \hat{\mathbf{E}}_o e^{-j\hat{k}z} \equiv \hat{\mathbf{E}}_o e^{-\gamma z} \tag{8-61}$$

여기서 전파상수(propagation constant) γ는 다음과 같이 정의된다.

$$\gamma = j\hat{k} = j\omega\sqrt{\mu(\varepsilon' - j\varepsilon'')} \equiv \alpha + j\beta \qquad [\mathrm{m}^{-1}] \tag{8-62}$$

윗식에서 α는 감쇠상수(attenuation constant)인데 미터당 네퍼(nepers per meter[Np/m])로 표시되고, β는 위상상수(phase constant)인데 미터당 라디안(radians per meter)으로 표시된다. 식 (8-62)로부터 α와 β에 대한 표현식을 얻을 수 있다.

$$\alpha = \omega\sqrt{\frac{\mu\varepsilon'}{2}}\left[\sqrt{1+\left(\frac{\varepsilon''}{\varepsilon'}\right)^2} - 1\right]^{1/2} \qquad [\mathrm{Np/m}] \tag{8-63a}$$

$$\beta = \omega\sqrt{\frac{\mu\varepsilon'}{2}}\left[\sqrt{1+\left(\frac{\varepsilon''}{\varepsilon'}\right)^2} + 1\right]^{1/2} \qquad [\mathrm{rad/m}] \tag{8-63b}$$

무손실 유전체에서 $\varepsilon'' = 0$인데 이때 감쇠상수는, 예상할 수 있는 것처럼, $\alpha = 0$으로 주어진다. α와 β의 물리적 의미는 아래에서 설명된다. 다음의 비 $\varepsilon''/\varepsilon'$는 손실탄젠트(loss tangent)로 불리며 아래와 같이 표시된다.

$$\tan\xi = \frac{\varepsilon''}{\varepsilon'} \tag{8-64}$$

이것은 주어진 매질의 전력손실을 표시하는 하나의 파라미터로 사용된다. 여기서 각도 ξ는 손실각(loss angle)이다.

식 (8-62)~(8-64)의 파라미터를 가진 손실유전체에서를 진행하는 하나의 전자기파를 살펴보자. 식 (8-62)를 식 (8-61)에 대입하여 진행파의 전기장을 아래와 같이 위상자형태와 실순시형태로 표시한다.

$$\tilde{\mathbf{E}} = (\hat{E}_o \mathbf{a}_E) e^{-\alpha z} e^{-j\beta z} \quad (8\text{-}65a)$$

$$\mathscr{E} = (E_o \mathbf{a}_E) e^{-\alpha z} \cos(\omega t - \beta z + \varphi) \quad (8\text{-}65b)$$

여기서 $\mathbf{a}_E$는 전기장벡터의 단위벡터이고 φ는 $\hat{E}_o$의 위상각이다. 식 (8-65)에서 감쇠상수 α는 진폭이 $+z$-방향으로 얼마나 빨리 감소하는지를 나타내고, 위상상수 β는 고정된 시간에 위상이 $+z$-축을 따라 어떻게 변하는지를 나타낸다. 감쇠상수 α는 일반적인 매질에서 항상 플러스 값인데 그 이유는 이러한 매질에서 전기장의 진폭이 파의 진행에 따라 감소하기 때문이다.

만약 z-축 위의 두 점이 서로 λ만큼 떨어져 있다면, 이 점들에서의 전기장세기의 위상차이는 2π이다. 즉 $\beta\lambda = 2\pi$이다. 따라서 위상상수와 파장과는 다음과 같이 연관되어 있다.

$$\boxed{\beta = \frac{2\pi}{\lambda}} \quad [\mathrm{rad/m}] \quad (8\text{-}66)$$

파장 λ는 손실유전체에서 ε' 뿐만 이니라 ε''에 대한 함수로 주어지는데 이것은 식 (8-63b)로부터 자명한 사실이다.

주어진 매질이 무손실이든 그렇지 않든 관계없이 위상속도는 항상 아래와 같이 주어진다.

$$\boxed{v_p = \frac{\omega}{\beta}} \quad [\mathrm{m/s}] \quad (8\text{-}67)$$

이것도 역시 $\hat{\varepsilon}$의 실수부와 허수부에 대한 함수로 주어진다.

손실탄젠트 $\varepsilon''/\varepsilon'$는 식 (8-63b)의 β, 식 (8-66)의 λ, 식 (8-67)의 v_p가 손실이 무시되는

동일한 매질에서 각각의 해당 값들에 비하여 얼마나 차이가 나는지를 보여준다.

식 (8-65a)의 전기장 위상자를 식 (8-57a)에 대입하면 자기장 위상자를 얻을 수 있다. 즉

$$\nabla \times \tilde{\mathbf{E}} = \nabla \times \left(\hat{E}_o \mathbf{a}_E e^{-\gamma z}\right) = -\gamma \mathbf{a}_z \times \left(\hat{E}_o \mathbf{a}_E e^{-\gamma z}\right)$$
$$= -j\omega\mu\tilde{\mathbf{H}}$$

$$\tilde{\mathbf{H}} = \sqrt{\frac{\hat{\varepsilon}}{\mu}}\hat{E}_o(\mathbf{a}_z \times \mathbf{a}_E)e^{-\gamma z} = \frac{\hat{E}_o}{\hat{\eta}}(\mathbf{a}_z \times \mathbf{a}_E)e^{-\alpha z}e^{-j\beta z} \tag{8-68}$$

여기서 복소 고유임피던스(complex intrinsic impedance) $\hat{\eta}$는 다음과 같이 정의된다.

$$\boxed{\hat{\eta} = \sqrt{\frac{\mu}{\hat{\varepsilon}}} = \sqrt{\frac{\mu}{\varepsilon' - j\varepsilon''}}} \quad [\Omega] \tag{8-69}$$

이것은 전기장과 자기장의 복소진폭 사이의 비다. 즉 $\hat{\eta} = \hat{E}_o / \hat{H}_o$이다. 식 (8-69)로부터 손실유전체에서 $\tilde{\mathbf{E}}$와 $\tilde{\mathbf{H}}$ 사이에 항상 위상차가 존재한다는 것을 알 수 있다.

Example 8-7

손실유전체($\varepsilon' = 2\varepsilon_o$, $\mu = \mu_o$)를 진행하는 전자기파의 위상자가 $\tilde{\mathbf{E}} = \mathbf{a}_x E_o e^{-0.3z} e^{-j0.5z}$로 주어질 때 그 매질의 고유임피던스를 구하라.

Solution

주어진 위상자로부터 $\alpha = 0.3$, $\beta = 0.5$의 값을 얻는다.

식 (8-63)으로부터

$$\left(\frac{\alpha}{\beta}\right)^2 = \frac{\sqrt{1 + (\varepsilon''/\varepsilon')^2} - 1}{\sqrt{1 + (\varepsilon''/\varepsilon')^2} + 1} \tag{8-70}$$

위의 값 α와 β를 식 (8-70)에 대입하여 손실탄젠트를 구하면

$$\frac{\varepsilon''}{\varepsilon'} = 1.88 \tag{8-71}$$

주어진 값 $\varepsilon' = 2\varepsilon_o$과 손실탄젠트를 식 (8-69)에 대입하여 복소 고유임피던스를 구한다.

$$\hat{\eta} = \sqrt{\frac{\mu_o}{2\varepsilon_o}} \frac{1}{\sqrt{1 - j(\varepsilon''/\varepsilon')}} = \frac{120\pi}{\sqrt{2}} \frac{1}{\sqrt{1 - j1.88}} = 183\, e^{j0.54} \tag{8-72}$$

$\tilde{\mathbf{H}}$가 $\tilde{\mathbf{E}}$에 대해 시간위상이 0.54 라디안 만큼 지연된다.

Exercise 8.9

주어진 전자기파 $\mathscr{E} = -\mathbf{a}_y 0.5e^{-0.3z}\sin(10^8 t + 2z)$에 대해 다음을 구하라.

(a) α (b) β

(c) v_p (d) 진행방향

(e) $\hat{\mathbf{E}}_o$

Ans (a) $\alpha = 0.3[\mathrm{Np/m}]$ (b) $\beta = 2[\mathrm{rad/m}]$ (c) $v_p = 5 \times 10^7[\mathrm{m/s}]$

(d) $-z$–direction (e) $\hat{\mathbf{E}}_o = 0.5e^{j\pi/2}[\mathrm{V/m}]$

(2) 저 전도도의 손실유전체(Lossy Dielectric of a Low Conductivity)

전도전류가 손실매질에서의 전력손실의 주 요인이다. 하나의 유전체가 유한한 전도도를 가지며, 감폭에 의한 유전체 내의 손실이 무시된다면, 맥스웰 방정식은 아래와 같이 주어진다.

$$\nabla \times \tilde{\mathbf{E}} = -j\omega\mu\tilde{\mathbf{H}} \tag{8-73a}$$

$$\nabla \times \tilde{\mathbf{H}} = \tilde{\mathbf{J}} + j\omega\varepsilon\tilde{\mathbf{E}} = (\sigma + j\omega\varepsilon)\tilde{\mathbf{E}} \tag{8-73b}$$

$$\nabla \cdot \tilde{\mathbf{E}} = 0 \tag{8-73c}$$

$$\nabla \cdot \tilde{\mathbf{H}} = 0 \tag{8-73d}$$

전기 혹은 자기쌍극자의 감폭이 무시되는 매질에서 ε과 μ는 실수로 주어진다. 위의 식으로부터 비록 주어진 매질이 자유전자를 포함하고 있더라도($\sigma \neq 0$), 알짜전하는 포함하고 있지 않다는 것을 알 수 있다($\rho_v = 0$). 식 (8-73b)의 전류밀도 위상자 $\tilde{\mathbf{J}}$는 진행파의 전기장에 의해 형성된 전도전류를 나타낸다. 식 (8-73b)를 다시 쓰면

$$\begin{aligned}\nabla \times \tilde{\mathbf{H}} &= j\omega\left(\varepsilon - j\frac{\sigma}{\omega}\right)\tilde{\mathbf{E}} \\ &\equiv j\omega(\varepsilon' - j\varepsilon'')\tilde{\mathbf{E}} \equiv j\omega\hat{\varepsilon}\,\tilde{\mathbf{E}}\end{aligned} \tag{8-74}$$

여기서 복소유전율 $\hat{\varepsilon}$는 다음과 같이 새로이 정의된다.

$$\boxed{\hat{\varepsilon} \equiv \varepsilon' - j\varepsilon'' = \varepsilon - j\frac{\sigma}{\omega}} \quad [\mathrm{F/m}] \tag{8-75}$$

무한히 크고 유한한 전도도를 가진 손실유전체에 아래와 같은 평면파가 진행할 수 있다.

$$\boxed{\tilde{\mathbf{E}} = \hat{\mathbf{E}}_o e^{-\gamma z}} \tag{8-76}$$

주어진 값 $\varepsilon' = \varepsilon$과 $\varepsilon'' = \sigma/\omega$를 식 (8-62)와 (8-63)에 대입하면 전파상수, 감쇠상수, 위상상수를 아래와 같이 구할 수 있다.

$$\boxed{\gamma \equiv \alpha + j\beta = j\omega\sqrt{\mu\varepsilon}\sqrt{\left(1 - j\frac{\sigma}{\omega\varepsilon}\right)}} \quad [\mathrm{m^{-1}}] \tag{8-77}$$

$$\boxed{\alpha = \omega\sqrt{\frac{\mu\varepsilon}{2}}\left[\sqrt{1 + \left(\frac{\sigma}{\omega\varepsilon}\right)^2} - 1\right]^{1/2}} \quad [\mathrm{Np/m}] \tag{8-78a}$$

$$\beta = \omega\sqrt{\frac{\mu\varepsilon}{2}}\left[\sqrt{1+\left(\frac{\sigma}{\omega\varepsilon}\right)^2}+1\right]^{1/2} \quad [\text{rad/m}] \tag{8-78b}$$

비슷한 방법으로 식 (8-69)로부터 복소 고유임피던스를 구할 수 있다.

$$\hat{\eta} = \sqrt{\frac{\mu}{\varepsilon}}\sqrt{\frac{1}{1-j\sigma/(\omega\varepsilon)}} \quad [\Omega] \tag{8-79}$$

이러한 경우 손실탄젠트는 아래와 같다.

$$\tan\xi = \frac{\varepsilon''}{\varepsilon'} = \frac{\sigma}{\omega\varepsilon} \tag{8-80}$$

손실탄젠트가 $\tan\xi = \sigma/\omega\varepsilon < 0.1$로 주어지는 일반적인 저손실 유전체에서 $\alpha/\beta < 0.05$이고, $\hat{\eta}$의 위상각은 0.05[rad] 보다 작다.

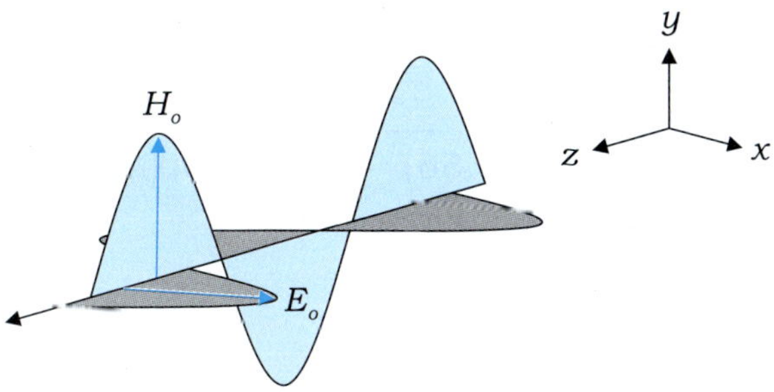

그림 8-7 저손실 유전체에서 **H**는 **E**보다 시간위상이 항상 지연된다.

Example 8-8

비자성체($\mu=\mu_o$)에서 주파수 100[MHz]일 때, 복소 고유임피던스가 $\hat{\eta} = 200e^{j0.5}$이다. 감쇠상수와 위상상수를 구하라.

Solution

식 (8-79)의 항 $1-j\sigma(\omega\varepsilon)$을 극형식(polar form)으로 다시 쓰면

$$1-j\sigma/(\omega\varepsilon)=\sqrt{1+(\sigma/\omega\varepsilon)^2}\,e^{-j\xi}$$

이것을 식 (8-79)에 대입하면 고유임피던스는 다음과 같다.

$$\hat{\eta}=\sqrt{\frac{\mu_o}{\varepsilon_o\varepsilon_r}}\frac{e^{j\xi/2}}{\left[1+(\sigma/\omega\varepsilon)^2\right]^{1/4}}=200e^{j0.5} \tag{8-81}$$

식 (8-81)의 두 지수함수를 서로 같다고 놓으면 $\xi=1$을 얻는다. 따라서 $\tan\xi=\tan(1)=1.56$이다.

위에서 구한 손실탄젠트를 식 (8-81)에 대입하면

$$\frac{377}{\sqrt{\varepsilon_r}}\frac{1}{\left[1+(1.56)^2\right]^{1/4}}=200 \;\rightarrow\; \varepsilon_r=1.92$$

식 (8-78a)로부터

$$\begin{aligned}\alpha&=\omega\sqrt{\mu_o\varepsilon_o}\sqrt{\frac{\varepsilon_r}{2}}\left[\sqrt{1+\left(\frac{\sigma}{\omega\varepsilon}\right)^2}-1\right]^{1/2}\\&=\frac{2\pi\times10^8}{3\times10^8}\sqrt{\frac{1.92}{2}}\left[\sqrt{1+(1.56)^2}-1\right]^{1/2}=1.90[\mathrm{Np/m}]\end{aligned} \tag{8-82}$$

식 (8-78b)로부터

$$\begin{aligned}\beta&=\omega\sqrt{\mu_o\varepsilon_o}\sqrt{\frac{\varepsilon_r}{2}}\left[\sqrt{1+\left(\frac{\sigma}{\omega\varepsilon}\right)^2}+1\right]^{1/2}\\&=\frac{2\pi\times10^8}{3\times10^8}\sqrt{\frac{1.92}{2}}\left[\sqrt{1+(1.56)^2}+1\right]^{1/2}=3.47[\mathrm{rad/m}]\end{aligned} \tag{8-83}$$

비 $\alpha/\beta=0.55\gg0.05$와 손실탄젠트 $\tan\xi=1.56$을 고려하면, 주어진 매질은 고손실 매질이다.

Example 8-9

하나의 전자기파 $\tilde{\mathbf{E}} = \mathbf{a}_x 300e^{-0.21z-j(2.2z)}$[V/m]가 고유임피던스 $\hat{\eta} = 220 + j21$ [Ω]의 매질을 통과한다. 평면 $z = 0.5$[m]에서 $\langle \mathbf{S} \rangle$를 구하라.

Solution

자기장 위상자를 구하면

$$\tilde{\mathbf{H}} = \frac{1}{\hat{\eta}}(\mathbf{a}_z \times \tilde{\mathbf{E}}) = \mathbf{a}_y \frac{300}{220 + j21} e^{-0.21z-j(2.2z)}$$

시간평균 포인팅 벡터를 구하면

$$\begin{aligned} \langle \mathbf{S} \rangle = \frac{1}{2}\mathrm{Re}\left[\tilde{\mathbf{E}} \times \tilde{\mathbf{H}}^*\right] &= \mathbf{a}_z \frac{1}{2}\mathrm{Re}\left[\frac{300^2 e^{-0.42z}}{220 - j21}\right] \\ &= \mathbf{a}_z (202.7) e^{-0.42z} \end{aligned} \tag{8-84}$$

그러므로 평면 $z = 0.5$[m]에서

$$\langle \mathbf{S} \rangle = \mathbf{a}_z (202.7) e^{-0.42 \times 0.5} = 164.3\,\mathbf{a}_z [\mathrm{W/m^2}]$$

Exercise 8.10

저손실 유전체의 손실탄젠트를 이용해 비 α/β를 표시하라.

Ans $\alpha/\beta \cong (1/2)\tan\xi$

Exercise 8.11

손실각을 이용해 손실유전체의 $\tilde{\mathbf{H}}$가 $\tilde{\mathbf{E}}$에 비해 얼마만큼 시간위상이 지연되는지를 표시하라.

Ans $\xi/2$

Review Questions with Hints

RQ 8.14 손실유전체 안에서의 진행파의 감쇠상수 및 위상상수를 정의하라. [(8-63)(8-78)]

RQ 8.15 손실유전체에서의 손실탄젠트를 정의하라. [(8-64)(8-80)]

RQ 8.16 어떤 조건에서 유전율이 복소수가 되는가? [(8-57b)(8-73b)]

RQ 8.17 손실유전체에서의 고유임피던스를 설명하라. [(8-69)(8-79)]

(3) 양도체(Good Conductor)

양도체의 전도도는 비록 무한대가 아니더라도 일반적으로 매우 크므로, 식 (8-77)~ (8-80)에서 $\sigma/\omega\varepsilon \gg 1$을 가정할 수 있다. 이러한 조건에서, 식 (8-73b)에서 보듯이 도체 내의 변위전류(displacement current)는 전도전류(conduction current)에 비하여 무시될 수 있다. 양도체 안에서 식 (8-77)의 전파상수 γ는 아래와 같이 축소되어 표시된다.

$$\gamma \cong j\omega\sqrt{\mu\varepsilon}\sqrt{-j\frac{\sigma}{\omega\varepsilon}} = \frac{1+j}{\sqrt{2}}\sqrt{\omega\mu\sigma} \equiv \alpha + j\beta \tag{8-85}$$

윗식에서 아래의 관계식을 사용했다.

$$\sqrt{-j} = \left[e^{-j\pi/2}\right]^{1/2} = e^{-j\pi/4} = \frac{1-j}{\sqrt{2}} \tag{8-86}$$

식 (8-85)에서 보듯이, 양도체 내의 감쇠상수와 위상상수는 그 크기가 서로 같다. 즉

$$\boxed{\alpha = \beta = \sqrt{\pi f \mu\sigma}} \tag{8-87}$$

여기서 $\omega = 2\pi f$이다. 양도체에서 α와 β는 둘다 $\sqrt{f}$와 $\sqrt{\sigma}$에 대한 함수로 주어진다.

양도체에서 전기장의 위상자형태와 실순시형태는 다음과 같이 주어진다(위상각을 영으로 가정).

$$\begin{aligned}\tilde{\mathbf{E}} &= \hat{\mathbf{E}}_o e^{-\alpha z} e^{-j\beta z} \\ &= \left(E_o\, \mathbf{a}_E\right) e^{-z\sqrt{\pi f \mu\sigma}} e^{-jz\sqrt{\pi f \mu\sigma}}\end{aligned} \tag{8-88}$$

$$\mathscr{E} = \left(E_o\, \mathbf{a}_E\right) e^{-z\sqrt{\pi f \mu\sigma}} \cos\left(\omega t - z\sqrt{\pi f \mu\sigma}\right) \tag{8-89}$$

전기장세기의 진폭은 $e^{-\alpha z}$로 감쇠된다. 즉 z-축을 따라 거리 $1/\sqrt{\pi f \mu\sigma}$만큼 이동함에 따라 진폭은 $e^{-1} = 0.368$의 비로 감소된다. 이러한 거리를 δ로 표시하고 이것을 침투두께(depth of penetration) 혹은 표피두께(skin depth)라 부른다. 즉

$$\boxed{\delta = \frac{1}{\sqrt{\pi f \mu\sigma}} = \frac{1}{\alpha} = \frac{1}{\beta}} \quad [\mathrm{m}] \tag{8-90}$$

표피두께는 미터 단위로 표시된다. 이것은 하나의 전자기파가 주어진 도체에 얼마나 잘 침투하는지를 알려준다. 마이크로파 주파수에서 침투두께는 매우 얇아서 전기장과 이때 유도되는 전류가 도체 표면의 두께 δ인 매우 얇은 층에 모두 몰려 있다고 생각할 수 있다. 이것을 응용하면은 은으로 코팅된 황동(brass)을 이용해 도파관(waveguide)를 만들면 전체 은으로 된 도파관에 비해 저렴한 비용으로 동일한 성능을 얻을 수 있다.

관계식 $\beta = 2\pi/\lambda$을 이용하면 침투두께를 아래와 같이 매우 간단한 식으로 표시할 수 있다.

$$\delta = \frac{\lambda}{2\pi} \tag{8-91}$$

여기서 λ는 도체 안에서의 파장이다. 식 (8-91)에 의하면, 진행파의 한 주기 중 매우 작은 부분이(1/6보다 작은 부분) 도체의 침투두께 안에 들어 있다는 것을 알 수 있다. 영역 $z \geq 0$에 존재하는 도체 안에서의 전자파를 묘사하기 위해 전기장세기 $|\mathscr{E}| = e^{-z/\delta}\cos(\omega t - z/\delta)$를 시간 $t = 0$과 $t = \pi/(2\omega)$일 때 z에 대한 함수로 그리면 [그림 8-8]과 같다.

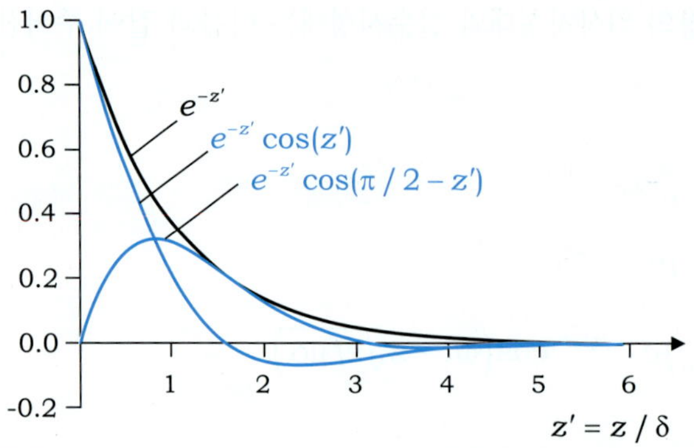

그림 8-8 시간 $t=0$과 $t=\pi/(2\omega)$일 때의 도체 안에서의 전기장세기 $|\mathscr{E}|=e^{-z/\delta}\cos(\omega t - z/\delta)$

식 (8-90)으로부터, 양도체에서 진행하는 파의 위상속도는 아래와 같이 얻어진다.

$$v_p = \frac{\omega}{\beta} = 2\sqrt{\frac{\pi f}{\mu\sigma}} \quad [\mathrm{m/s}] \tag{8-92}$$

양도체에서의 위상속도는 주파수에 대한 함수로 주어지고, 일반적으로 이것은 자유공간에서의 그것보다 매우 작다. 예를 들어 구리에서의 위상속도는 주파수 1[GHz]에서 $v_p = 1.3\times10^4$[m/s]이다.

Example 8-10

전도도가 $\sigma = 5.8\times10^7$[S/m]인 구리의 침투두께를 주파수에 대한 함수로 표시하라.

Solution

식 (8-90)에 $\mu \approx \mu_o$을 이용하면

$$\delta = \frac{1}{\sqrt{\pi f \mu_o \sigma}} = \frac{1}{\sqrt{\pi f \times 4\pi\times10^{-7}\times5.8\times10^{7}}}$$

그리하여 구리의 침투두께는

$$\delta = \frac{0.066}{\sqrt{f}} \quad [\text{m}]$$

예를 들어 주파수 $f = 1$[GHz]일 때 구리의 침투두께는 고작 2.1[μm]이다.

양도체는 $\sigma/\omega\varepsilon \gg 1$의 특성을 가지고 있다. 식 (8-79)로부터 양도체의 고유임피던스를 아래와 같이 유도할 수 있다.

$$\hat{\eta} \cong \sqrt{\frac{j\omega\mu}{\sigma}} = (1+j)\sqrt{\frac{\pi f \mu}{\sigma}}$$

양도체의 고유임피던스는 전도도와 침투두께를 이용해 다음과 같이 표시될 수 있다.

$$\boxed{\hat{\eta} = \frac{(1+j)}{\sigma\delta}} \quad [\Omega] \tag{8-93}$$

식 (8-93)에 의하면 양도체 안에서 자기장은 전기장에 비하여 시간위상이 항상 45° 지연된다.

다음은 양도체 안에서 진행파에 의해 전달되는 전력밀도에 대해 살펴보자. 전자기 평면파가 양도체 안에서 x-방향으로 편광되어 있고 +z-방향으로 진행한다면 이때의 전기장 및 자기장 위상자는 아래와 같이 주어진다. 즉,

$$\boxed{\tilde{\mathbf{E}} = \mathbf{a}_x E_o e^{-(1+j)z/\delta}} \tag{8-94a}$$

$$\boxed{\tilde{\mathbf{H}} = \frac{1}{\hat{\eta}}\left(\mathbf{a}_z \times \tilde{\mathbf{E}}\right) = \mathbf{a}_y \frac{\sigma\delta}{1+j} E_o e^{-(1+j)z/\delta}} \tag{8-94b}$$

시간평균 포인팅 벡터는

$$\langle \mathbf{S} \rangle = \frac{1}{2}\text{Re}\left[\tilde{\mathbf{E}} \times \tilde{\mathbf{H}}^*\right] = \frac{1}{2}\text{Re}\left[\mathbf{a}_z E_o^2 \frac{\sigma\delta(1+j)}{2} e^{-2z/\delta}\right]$$

그리하여 영역 $z \geq 0$에 존재하는 양도체 안에서

$$\boxed{\langle \mathbf{S} \rangle = \mathbf{a}_z \frac{\sigma\delta}{4} E_o^2 e^{-2z/\delta}} \qquad [\mathrm{W/m^2}] \tag{8-95}$$

여기서 E_o은 도체 표면(평면 $z=0$)에서의 전기장의 진폭이고, σ는 전도도, δ는 주어진 도체의 침투두께이다. 시간평균 전력밀도는 파가 도체 안에서 진행함에 따라 급격히 줄어든다. 표면으로부터 δ거리에 있는 지점에서의 $\langle \mathbf{S} \rangle$는 표면에서의 값의 $e^{-2}=0.135$에 해당한다.

표피두께를 이용하면 양도체 안에서의 전력손실을 ac-저항(ac resistance)으로 표시할 수 있다. [그림 8-9]를 참조해 횡단면 $w \times \ell [\mathrm{m^2}]$로 주어지는 양도체 안에서 하나의 전자기 평면파가 x-축으로 편광되어 있고 $+z$-방향으로 진행하는 경우에 대해 살펴보자. 이 진행파의 전기장은 도체 안에 시변 전류밀도를 발생시킨다. 이 전류밀도를 위상자 형태로 표시하면

$$\tilde{\mathbf{J}} = \mathbf{a}_x \sigma E_o e^{-(1+j)z/\delta} = \mathbf{a}_x \mathrm{J}_o e^{-(1+j)z/\delta} \tag{8-96}$$

전도도 σ이고 부피가 $w \times \ell \times d[\mathrm{m^3}]$인 도체 안에서의 총 시간평균 손실전력은 아래와 같이 계산된다.

$$\begin{aligned}\langle P \rangle &= \int_v \frac{1}{2} \mathrm{Re}\left[\tilde{\mathbf{J}} \cdot \tilde{\mathbf{E}}^*\right] dv = \frac{1}{2\sigma} w\ell \,\mathrm{Re}\left[\int_{z=0}^{z=d} \tilde{\mathbf{J}} \cdot \tilde{\mathbf{J}}^* dz\right] \\ &= \frac{1}{2\sigma} w\ell \mathrm{J}_o^2 \int_{z=0}^{z=d} e^{-2z/\delta} dz\end{aligned}$$

표피두께가 매우 얇은 경우, $\delta \ll d$, 도체 안의 총 시간평균 손실전력은 다음과 같이 주어진다.

$$\boxed{\langle P \rangle = \frac{1}{4\sigma} w\ell\, \delta \mathrm{J}_o^2} \qquad [\mathrm{W}] \tag{8-97}$$

여기서 $w\ell$는 도체의 단면적을 나타내고 δ는 표피두께를 나타낸다. 여기서 주목할 것은, J_o은 도체 표면에서의 전류밀도의 진폭이다(이것은 표면전류밀도가 아니다). 그 다음 식 (8-96)을 이용해 도체에 흐르는 총 ac-전류를 구할 수 있다. 이것의 위상자 $\tilde{I}_T$는 아래와 같이 표시된다.

$$\tilde{I}_T = \int_S \tilde{\mathbf{J}} \cdot d\mathbf{s} = w J_o \int_{z=0}^{z=d} e^{-(1+j)z/\delta} dz \quad [A]$$
$$= \frac{w\delta J_o}{1+j} \, [A] \qquad (8\text{-}98)$$

여기서 총 전류 $\tilde{I}_T$가 단면 $w \times \delta [m^2]$, 길이 $\ell[m]$의 얇은 도체판 안에서 균일하게 흐른다고 가정한다. 그러면, 이미 알고 있듯이, 전류 $\tilde{I}_T$가 흐르는 도체판에서의 손실전력은 아래와 같다.

$$\boxed{\langle P \rangle = \frac{1}{2} R_{ac} \, \mathrm{Re}\left[\tilde{I}_T \tilde{I}_T^*\right]} \quad [W] \qquad (8\text{-}99)$$

식 (8-97)을 식 (8-99)와 비교하고, 또한 식 (8-98)을 사용하면 ac-저항(ac resistance) R_{ac}를 다음과 같이 구할 수 있다.

$$\boxed{R_{ac} = \frac{\ell}{\sigma \delta w}} \quad [\Omega] \qquad (8\text{-}100)$$

위의 식에 따르면 dc-저항 $R_{dc} = \ell / \sigma w d [\Omega]$인 도체 안에서의 총 손실전력은, 단면이 $w \times \delta [m^2]$이고 길이가 $\ell[m]$이며 ac-저항이 $R_{ac} = \ell / \sigma \delta w [\Omega]$인 얇은 도체판에 총 전류가 균일하게 흐를 때의 총 손실전력과 같다. 다시 말해, 도체 안에서의 총 시간평균 손실전력은 식 (8-97)과 같이 도체 표면에서의 전류밀도 J_o을 이용해 표시할 수도 있고 혹은 식 (8-99)와 같이 도체의 총 전류 $\tilde{I}_T$를 이용해 표시할 수도 있다.

총 전류의 실순시 값은 식 (8-98)로부터 다음과 같이 구한다.

$$i_T = \mathrm{Re}\left[\tilde{I}_T e^{j\omega t}\right] = w\delta \frac{J_o}{\sqrt{2}} \cos\left(\omega t - \frac{\pi}{4}\right) \qquad (8\text{-}101)$$

관계식 $J_o = \sigma E_o$ 을 식 (8-101)에 대입하면 실순시 전류 i_T와 도체 표면에서의 전기장세기 E_o 사이의 관계를 구할 수 있다.

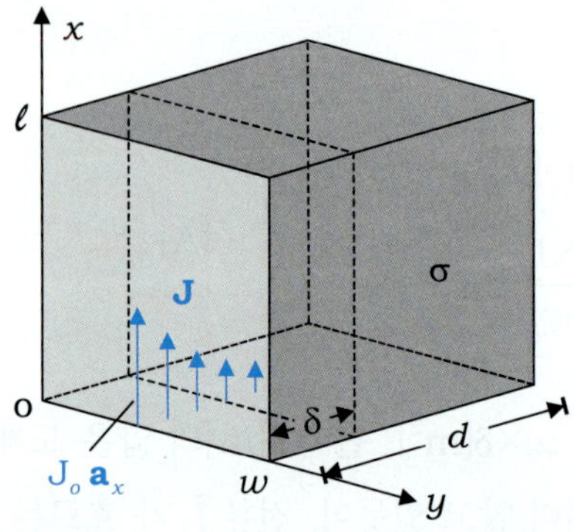

그림 8-9 도체 안으로의 전자파의 침투

Example 8-11

[그림 8-9]를 참조하여, 단면 $w \times \ell[\mathrm{m}^2]$인 도체 표면을 통해 도체 안으로 들어가는 총 전력을 구하라.

Solution

식 (8-95)로부터 평면 $z = 0$에서의 시간평균 전력밀도를 구하면

$$\langle \mathbf{S} \rangle = \mathbf{a}_z \frac{\sigma\delta}{4} E_o^2$$

이 단면을 통과하는 총 전력은

$$\langle P \rangle = \int_{x=0}^{\ell} \int_{y=0}^{w} \langle \mathbf{S} \rangle \cdot d\mathbf{s} = \frac{1}{4} \sigma\delta E_o^2 w\ell = \frac{1}{4\sigma} w\delta \ell J_o^2 \tag{8-102}$$

여기서 $d\mathbf{s}$의 방향은 $\langle \mathbf{S} \rangle$의 방향과 일치한다(체적 바깥으로의 방향이 아니다). 식 (8-102)의 총 통과전력은 식 (8-97)에서 주어지는 도체 안에서의 총 손실전력과 같아서 에너지 보존법칙을 만족시킨다.

Exercise 8.12

주파수가 1[KHz]일 때 전도도가 $\sigma = 4$[S/m]인 바닷물의 표피두께는?

Ans 8.0[m]

Exercise 8.13

도체 안으로의 어떤 거리에서 시간평균 전력밀도가 표면에서의 그것의 1%로 주어지는가?

Ans $2.3 \times \delta$

Exercise 8.14

반지름이 1[mm] 이고 길이 1[Km] 인 구리 도선에서 주파수가 1[MHz]일 때의 ac-저항을 구하라.

Ans $R_{ac} = 41.5[\Omega]$

Review Questions with Hints

RQ 8.18 양도체 안에서의 평면파에 대한 감쇠상수와 위상상수를 정의하라. [(8-87)]

RQ 8.19 도체의 표피두께를 설명하라. [(8-90)]

RQ 8.20 양도체의 고유임피던스 표현식을 시술하라. [(8-93)]

RQ 8.21 양도체 안에서 진행하는 전자기파의 시간평균 전력밀도 표현식을 서술하라. [(8-95)]

8.3 경계면에서의 평면파(PLANE WAVES AT AN INTERFACE)

하나의 전자기파가 서로 다른 매질 사이의 경계면에 입사하면, 이 파의 일부는 경계면으로부터 반사되고 나머지는 경계면을 통과하여 다른 매질로 진행한다. 이 세 진행파의 전기장과 자기장은 주어진 경계면에서 맥스웰 방정식이 요구하는 경계면 조건들을 만족시켜야 한다. 그런데 입사파의 위상은 경계면 위에서 위치에 대한 함수로 주어지므로([그림 8-1]의 $z=0$ 평면 참조), 경계면 위에서 반사파(reflected wave)와 투과파(transmitted wave)의 위상도 입사파(incident wave)의 그것과 동일하게 변해야만 경계면 조건이 만족될 수 있다. 그렇지 않은 경우 세 진행파는 경계면에서 서로 연관지어질 수 없다. 이후에 설명하겠지만, 이러한 경계면 위에서의 동일 위상변화는 경계면에서의 반사법칙 및 굴절법칙과 밀접한 연관이 있다.

이 절에서 우선 두 매질 사이의 경계면에 수직으로 입사하는 균일평면파에 대해 살펴보고 정재파(standing wave)에 대해 설명한다. 그 다음 주어진 경계면에 비스듬히 입사하는 균일평면파를 이용해 반사법칙과 굴절법칙을 설명하고 프레넬 식을 유도하여 반사계수(reflection coefficient)와 투과계수(transmission coefficient)를 설명한다. 또한 반사전력과 투과전력을 구하고 경계면에서의 반사율(reflectance)과 투과율(transmittance)을 설명한다.

8.3.1 평면파의 수직 입사(Normal Incidence of a Plane Wave)

이 절에서 [그림 8-10]에서와 같이 두 매질 사이의 무한히 큰 평면 경계면에 수직으로 입사하는 균일평면파에 대해 논한다. 이 평면파는 x-방향으로 선형편광되어 있고 영역 $z \le 0$의 매질 1에서 $+z$-방향으로 진행한다. 그 다음 이 파는 $z=0$ 평면의 경계면에 수직으로 입사한다. 이러한 입사파의 전기장과 자기장 위상자는 아래와 같다.

$$\tilde{\mathbf{E}}^i = \mathbf{a}_x E_o^i e^{-j\beta_1 z} \tag{8-103a}$$

$$\tilde{\mathbf{H}}^i = \mathbf{a}_y \frac{E_o^i}{\eta_1} e^{-j\beta_1 z} \tag{8-103b}$$

여기서 i는 입사파를 의미하고 1은 매질 1을 의미한다. 위상상수 β_1과 고유임피던스 η_1은 무손실 매질 1에서 둘 다 실수이다. 일반성을 해치지 않으면서, 진폭 E_o^i이 실수라고 가정한다. 윗식에서 자기장벡터는 식 (8-28)에 따라 $+y$-방향으로 주어진다.

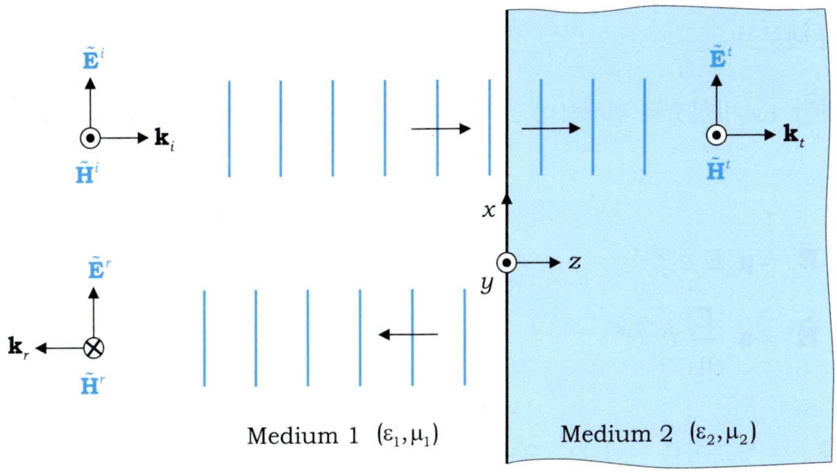

그림 8-10 평면 경계면에 수직으로 입사하는 평면파

입사파 전기장세기 $\tilde{\mathbf{E}}^i$는 식 (8-103)에서 보듯이 $z=0$인 경계면 위에서 상수이다. 이러한 조건에서 반사파와 투과파의 전기장세기들도 경계면 위에서 상수이어야 한다. 이러한 요구사항은 전기장의 접선성분은 경계면에서 연속이라는 경계면 조건을 만족시키기 위한 필요 선결조건이다. 이러한 필수조건은 반사파와 투과파가 $+z$- 혹은 $-z$-방향으로 진행하는 균일평면파이고 그 파면이 $z=0$ 평면에 평행하여야 한다는 것을 말해준다.

반사파는 $-z$-방향으로 진행하고, 그것의 전기장 및 자기장 위상자는 아래와 같이 표시된다.

$$\tilde{\mathbf{E}}^r = \mathbf{a}_x E_o^r e^{j\beta_1 z} \tag{8-104a}$$

$$\tilde{\mathbf{H}}^r = -\mathbf{a}_y \frac{E_o^r}{\eta_1} e^{j\beta_1 z} \tag{8-104b}$$

위에서 r은 반사파를 나타낸다(E_o^r을 실수로 가정). 여기서 주목할 것은 $\tilde{\mathbf{E}}^r$이 $-x$-방향 대신 $+x$-방향으로 향하는 것으로 가정되었는데 이것은 단지 편의를 위한 것이다. 이러한 조건에서, 식 (8-28)에 따라 $\tilde{\mathbf{H}}^r$은 $-y$-방향으로 향한다. 식 (8-104)의 위상상수와 고유임피던스는 식 (8-103)의 그들과 동일하다. 그 이유는 이들 두 파가 같은 매질에서 진행하기 때문이다.

투과파는 $+z$-방향으로 진행하며 그것의 전기장 및 자기장 위상자는 아래와 같이 표시된다.

$$\tilde{\mathbf{E}}^t = \mathbf{a}_x E_o^t e^{-j\beta_2 z} \tag{8-105a}$$

$$\tilde{\mathbf{H}}^t = \mathbf{a}_y \frac{E_o^t}{\eta_2} e^{-j\beta_2 z} \tag{8-105b}$$

여기서 t는 투과파를 나타낸다(E_o^t를 실수로 가정). 매질 2에서 위상상수 β_2와 고유임피던스 η_2는 일반적으로 매질 1의 그것들과 동일하지 않다.

그 다음, 경계면 조건을 식 (8-103)~(8-105)의 전기장 및 자기장에 적용하여 진폭 E_o^r과 E_o^t를 입사파 진폭 E_o^i를 이용해 표시한다. $z=0$의 경계면에서 $\mathbf{E}$와 $\mathbf{H}$의 접선성분은 각각 연속이어야 한다. 즉

$$E_o^i + E_o^r = E_o^t \tag{8-106a}$$

$$\frac{E_o^i}{\eta_1} - \frac{E_o^r}{\eta_1} = \frac{E_o^t}{\eta_2} \tag{8-106b}$$

식 (8-106a)의 왼쪽은 매질 1에서의 두 전기장세기의 합이고 오른쪽은 매질 2에서의 전기장세기이다. 식 (8-106b)는 당연히 자기장세기에 대한 경계면 조건을 나타낸다.

반사계수(reflection coefficient) Γ와 투과계수(transmission coefficient) τ는 식 (8-106a)와 (8-106b)로부터 구할 수 있다. 즉

$$\boxed{\Gamma \equiv \frac{E_o^r}{E_o^i} = \frac{\eta_2 - \eta_1}{\eta_2 + \eta_1}} \tag{8-107a}$$

$$\boxed{\tau \equiv \frac{E_o^t}{E_o^i} = \frac{2\eta_2}{\eta_2 + \eta_1}} \qquad \text{(8-107b)}$$

식 (8-107)은 무한히 큰 평면 경계면에 수직으로 입사하는 균일평면파에 적용된다는 것에 주목해야 한다. 만약 $\eta_1 > \eta_2$이면, 반사율 Γ는 음수가 되는데 이것은 경계면에서의 반사로 인하여 전기장의 방향이 정반대로 바뀐다는 것을 의미한다. 반면 투과계수 τ는 항상 양수로 주어짐에 주목하자. 식 (8-107)은 두 손실유전체 사이의 경계면에서도 성립한다(반사 및 투과계수에 복소 고유임피던스를 사용하면 된다). 이 경우 반사계수와 투과계수는 일반적으로 복소수로 주어진다.

식 (8-107)으로부터 아래의 관계식이 성립한다는 것을 알 수 있다.

$$\boxed{1 + \Gamma = \tau} \qquad \text{(8-108)}$$

이 관계식은 입사파가 경계면에 수직으로 입사하는 경우에만 성립한다는 것에 주목하자.

Example 8-12

고유임피던스가 각각 η_1과 η_2인 두 매질의 경계면에 하나의 균일평면파가 수직으로 입사한다. 에너지 보존법칙을 이용해 관계식 $|\Gamma|^2 + (\eta_1/\eta_2)|\tau|^2 = 1$을 유도하라.

Solution

입사파, 반사파, 투과파의 시간평균 전력밀도를 식 (8-103)~(8-105)로부터 얻는다.

$$\langle \mathbf{S}^i \rangle = \frac{1}{2}\text{Re}\left[\tilde{\mathbf{E}}^i \times \tilde{\mathbf{H}}^{i*}\right] = \mathbf{a}_z \frac{1}{2\eta_1}|E_o^i|^2 \qquad \text{(8-109a)}$$

$$\langle \mathbf{S}^r \rangle = -\mathbf{a}_z \frac{1}{2\eta_1}|E_o^r|^2 = -\mathbf{a}_z \frac{1}{2\eta_1}|\Gamma|^2 |E_o^i|^2 \qquad \text{(8-109b)}$$

$$\langle \mathbf{S}^t \rangle = \mathbf{a}_z \frac{1}{2\eta_2}|E_o^t|^2 = \mathbf{a}_z \frac{1}{2\eta_2}|\tau|^2 |E_o^i|^2 \qquad \text{(8-109c)}$$

에너지 보존법칙으로부터 다음의 식을 쓴다.

$$\left|\langle \mathbf{S}^i \rangle\right| = \left|\langle \mathbf{S}^r \rangle\right| + \left|\langle \mathbf{S}^t \rangle\right| \tag{8-110}$$

식 (8-109)를 식 (8-110)에 대입하여 다음의 관계식을 얻는다.

$$\boxed{|\Gamma|^2 + \frac{\eta_1}{\eta_2}|\tau|^2 = 1} \tag{8-111}$$

Exercise 8.15

자유공간($z<0$)을 진행하는 진행파 $\tilde{\mathbf{E}}^i = \mathbf{a}_x 10 e^{-j\beta_1 z}(f = 2[\text{GHz}])$가, 영역 $z \geq 0$에 존재하는, 유전체($\varepsilon_2 = 2\varepsilon_o$, $\mu_2 = \mu_o$)에 입사한다. $\tilde{\mathbf{E}}^r$과 $\tilde{\mathbf{E}}^t$는?

Ans $\tilde{\mathbf{E}}^r = -\mathbf{a}_x 1.72 e^{-j41.9z}$ 그리고 $\tilde{\mathbf{E}}^t = \mathbf{a}_x 8.28 e^{-j59.2z}$

Exercise 8.16

파장 $\lambda = 500[\text{nm}]$의 빛이 굴절률 $n = \sqrt{\varepsilon_r} = 1.5$의 유리판에 수직 입사한다. 유리판 앞면에서 입사파에 대한 반사파의 전력의 크기는?

Ans 4%

(1) 정재파비(Standing Wave Ratio)

매질 1에서의 총 전기장세기는 그 매질에서 서로 반대방향으로 진행하는 두 파의 각각의 전기장세기의 합과 같다. 즉

$$\begin{aligned}\tilde{\mathbf{E}}_1 = \tilde{\mathbf{E}}^i + \tilde{\mathbf{E}}^r &= \mathbf{a}_x E_o^i e^{-j\beta_1 z}\left[1 + \Gamma e^{j2\beta_1 z}\right] \\ &\equiv \mathbf{a}_x \hat{E}_1\end{aligned} \tag{8-112}$$

여기서 Γ는 식 (8-107a)로 주어지는 반사계수이다. 앞에서 설명한 것처럼, 두 인접한

매질 중 하나가 손실매질이면 반사계수는 복소수로 주어진다. 즉

$$\Gamma = |\Gamma| e^{j\phi} \tag{8-113}$$

여기서 ϕ는 위상각이다. 식 (8-113)을 식 (8-112)에 대입하면, 매질 1에서의 전기장 위상자 $\tilde{\mathbf{E}}_1$의 크기는 다음과 같이 표시된다.

$$\hat{E}_1 = E_o^i e^{-j\beta_1 z}\left[1 + |\Gamma| e^{j(2\beta_1 z + \phi)}\right] \tag{8-114}$$

복소진폭 $\hat{E}_1$은 복소수인데, 이것의 크기는 매질 1에서 각주파수 ω로 진동하는 총 전기장세기의 진폭을 의미하고, 이것의 위상각은 시간에 따라 주기적으로 변하는 총 전기장의 시간위상 지연을 표시한다.

이 경우 z-축 위에서 전기장세기의 최대 진폭은 식 (8-114) 오른쪽 브라켓의 두 항이 동위상인 지점에서 관찰된다. 즉

$$\boxed{\left|\hat{E}_1\right|_{\max} = E_o^i\left(1 + |\Gamma|\right)} \tag{8-115a}$$

$$\boxed{z_{\max} = -\frac{1}{2\beta_1}(\phi + 2\pi n)} \qquad (n = 0, \pm 1, \pm 2, \ldots) \tag{8-115b}$$

위의 식들은 반사계수와 밀접한 연관이 있는데, 최대진폭 $\left|\hat{E}_1\right|_{\max}$은 Γ의 크기에 따라 달라지고, 최대진폭이 관찰되는 지점 $z_{\max}$는 Γ의 위상각에 따라 달라진다. 반면 최소진폭은 브라켓 안의 두 항이 서로 180°의 위상차이 나는 z-축 위의 한 점에서 관찰된다. 즉

$$\boxed{\left|\hat{E}_1\right|_{\min} = E_o^i\left(1 - |\Gamma|\right)} \tag{8-116a}$$

$$\boxed{z_{\min} = -\frac{1}{2\beta_1}(\phi + 2\pi n + \pi)} \qquad (n = 0, \pm 1, \pm 2, \ldots) \tag{8-116b}$$

식 (8-115b)와 (8-116b)에서 두 인접한 최대값 혹은 두 인접한 최소값들 사이의 거리는 z-축을 따라 π/β_1로 주어진다는 것을 알 수 있다. 이 거리는 매질 1에서의 입사파 혹은 반사파의 ½ 파장에 해당한다.

위의 식 (8-114)를 다시 쓰면

$$\begin{aligned}\hat{E}_1 &= E_o^i e^{-j\beta_1 z}\left[1-|\Gamma|+|\Gamma|+|\Gamma|e^{j(2\beta_1 z+\phi)}\right] \\ &= E_o^i e^{-j\beta_1 z}\left(1-|\Gamma|\right)+E_o^i|\Gamma|e^{j\phi/2}\left[2\cos\left(\beta_1 z+\phi/2\right)\right]\end{aligned} \tag{8-117}$$

매질 1에서의 총 전기장세기의 실순시 값은 식 (8-117)로부터 얻어진다. 즉

$$\begin{aligned}\mathscr{E}_1 &= E_o^i\left(1-|\Gamma|\right)\cos\left(\omega t-\beta_1 z\right) \\ &\quad +2E_o^i|\Gamma|\cos\left(\beta_1 z+\phi/2\right)\cos\left(\omega t+\phi/2\right)\end{aligned} \tag{8-118}$$

윗식의 오른쪽 첫째 항은 진폭이 $E_o^i(1-|\Gamma|)$인 진행파를 나타내고, 둘째 항은 정재파(standing wave)를 나타내는데 이것은 진폭이 $2E_o^i|\Gamma|\cos(\beta_1 z+\phi/2)$이고 각주파수 ω로 진동한다. 비록 정재파는 동일한 진폭의 두 평면파로 이루어져 있지만 이것은 매질 내에서 진행하지 못한다. 그 이유는 그 정재파를 이루는 두 평면파가 서로 반대 방향으로 진행하기 때문이다. 식 (8-118)로부터 다음의 사항을 알아낼 수 있다.

진폭 E_o^i인 하나의 진행파가 경계면에 수직 입사하면, 그 일부분 $|\Gamma|E_o^i$는 경계면에서 반사하여 입사파와 정반대 방향으로 진행한다. 이 반사파는 입사파와 간섭을 일으켜 매질 1에서 정재파를 형성한다. 반면 그 나머지 $(1-|\Gamma|)E_o^i$는 어떤 방해도 받지 않고 $+z$-방향으로 진행한다. 여기서 진행파의 진폭은 매질 1에서 z 축을 따라 상수이지만, 정재파의 진폭은 z에 대한 함수로 주어진다. 이것은 식 (8-118)에 있는 항 $\cos(\beta_1 z+\phi/2)$ 때문이다.

반사계수가 $|\Gamma|=0.5$이고 $\phi=0$인 경우, 식 (8-118)의 진행파와 정재파의 전기장세기를 세 시간 $\omega t=0$, $\pi/4$, π에서 변수 $\beta_1 z$에 대한 함수로 그리면 [그림 8-11]과 같다.

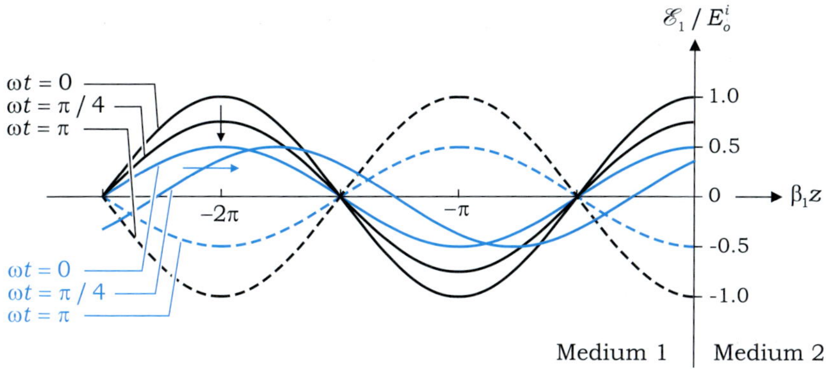

그림 8-11 매질 1의 진행파(파랑)와 정재파(검정)

식 (8-118)의 총 전기장세기를($|\Gamma|=0.5$와 $\phi=0$을 가정하고) 시간 $\omega t=0$, $\pi/4$, $\pi/2$, $3\pi/4$, π일 때, 변수 $\beta_1 z$에 대한 함수로 그리면 [그림 8-12]과 같이 주어진다. [그림 8-12]에서 보듯이 총 전기장세기를 나타내는 곡선은 시간이 지남에 따라 오른쪽으로 이동하는데, 시간이 $0<\omega t<\pi/2$인 경우 그 진폭은 점점 감소하고, 시간이 $\pi/2<\omega t<\pi$인 경우 그 반대로 진폭이 점점 증가한다. 두 파랑 곡선은 전기장세기의 포락선(envelope)을 나타내는데, z-축 위의 한 점에서 총 전기장세기는 각주파수 ω로 시간에 따라 두 파랑 곡선 사이에서 진동한다는 것을 의미한다. 포락선의 피크는 식 (8-115b)에서와 같이 반사계수의 위상각에 대한 함수로 주어진다.

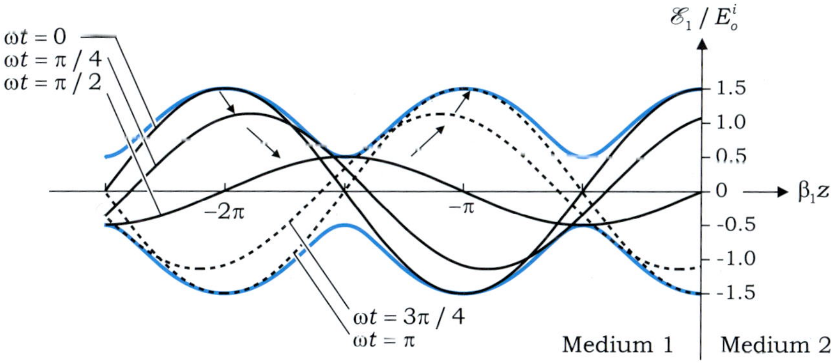

그림 8-12 매질 1 에서의 총 전기장세기

정재파비(standing wave ratio) S는 매질 1 에서의 총 전기장세기의 최대진폭과 최소 진폭 사이의 비다.

$$S = \frac{\left|\hat{E}_1\right|_{\max}}{\left|\hat{E}_1\right|_{\min}} = \frac{1+|\Gamma|}{1-|\Gamma|} \tag{8-119}$$

이것은 단위가 없는 값이다. $|\Gamma|$는 영에서 1 까지 변하는 반면 정재파비 S는 1에서 ∞까지 변한다. 정재파비는 로그 스케일로 표시될 수 있다. 즉 데시벨을 이용해 $20\log_{10}S$[dB]로 표시된다. 예를 들어 $S=4$는 $20\log_{10}4=12.04$[dB]에 해당한다. 정재파비 S는 포인팅 벡터 **S**, 혹은 지멘스를 나타내는 단위 [S]와 혼동하지 말아야 한다.

Example 8-13

자유공간($z<0$)에 $S=4$인 정재파가 형성되었다. 최초의 최대진폭은 평면 $z=0$에 위치한 경계면에서 0.2[m]의 거리에 떨어져 있고, 두 인접한 최대진폭들 사이의 거리는 0.5[m]이다. 영역 $z\geq0$에 위치한 매질의 고유임피던스 η_2를 구하라.

Solution

최대진폭이 관찰되는 인접한 두 지점 사이의 거리는 반파장에 해당한다.

$$\lambda = 2\times0.5[\text{m}],\ \text{따라서}\ \beta_1 = \frac{2\pi}{\lambda} = 2\pi \tag{8-120}$$

첫째 최대진폭은 식 (8-115b)에서 $n=0$에 해당한다. 즉

$$z_{\max} = -\frac{1}{2\beta_1}\phi = -0.2[\text{m}] \tag{8-121}$$

식 (8-120)을 식 (8-121)에 대입하면

$$\phi = 0.8\pi \tag{8-122}$$

식 (8-119)로부터

$$|\Gamma| = \frac{S-1}{S+1} = \frac{4-1}{4+1} = 0.6 \tag{8-123}$$

식 (8-122)와 (8-123)을 결합하여 반사계수를 구한다.

$$\Gamma = 0.6e^{j0.8\pi} \tag{8-124}$$

식 (8-107a)를 다시 쓰면

$$\frac{\eta_2}{\eta_1} = \frac{1+\Gamma}{1-\Gamma} \tag{8-125}$$

식 (8-124)와 값 $\eta_1 = \eta_o = 377[\Omega]$을 식 (8-125)에 대입하면 매질 2의 고유임피던스는 아래와 같다.

$$\eta_2 = 377\frac{1+0.6e^{j0.8\pi}}{1-0.6e^{j0.8\pi}} = 154e^{j0.83}[\Omega]$$

Example 8-14

하나의 평면파 $\mathscr{E}^i = \mathbf{a}_x 20\cos(3\times10^9 t - 17.3z)$가 영역 $z<0$의 무손실 유전체를 진행하여 영역 $z\geq0$의 손실유전체(ε_r=4, σ=0.5[S/m])에 부딪친다. 다음을 구하라. Γ, S, $z=0$의 경계면으로부터 최초 최대진폭 지점까지의 거리.

Solution

영역 $z<0$에 존재하는 입사파에 대해

$$\omega = 3\times10^9 [\text{rad/s}]$$

$$\beta_1 = \omega\sqrt{\mu_o\varepsilon_o\varepsilon_r} = 17.3, \text{ 따라서 } \sqrt{\varepsilon_r} = 1.73$$

$$\eta_1 = \sqrt{\frac{\mu_o}{\varepsilon_o\varepsilon_r}} = \frac{377}{1.73} = 217.92$$

영역 $z \geq 0$에 위치한 매질의 고유임피던스는 식 (8-79)로부터 구한다.

$$\eta_2 = \sqrt{\frac{\mu_o}{\varepsilon}}\sqrt{\frac{1}{1-j\sigma/(\omega\varepsilon)}} = \frac{377}{2}\sqrt{\frac{1}{1-j0.5/\left(3\times10^9\times4\times8.854\times10^{-12}\right)}}$$

$$= 188.50\sqrt{\frac{1}{1-j4.71}} = 85.90e^{j0.68}$$

식 (8-107a)로부터 반사계수를 구한다.

$$\Gamma = \frac{\eta_2-\eta_1}{\eta_2+\eta_1} = \frac{85.90\cos(0.68)-217.92+j85.90\sin(0.68)}{85.90\cos(0.68)+217.92+j85.90\sin(0.68)}$$

$$= \frac{-151.13+j54.01}{284.71+j54.01} = \frac{160.49e^{j2.80}}{289.79e^{j0.19}} = 0.55e^{j2.61}$$

식 (8-119)로부터 정재파비를 구한다.

$$S = \frac{1+|\Gamma|}{1-|\Gamma|} = \frac{1+0.55}{1-0.55} = 3.44$$

주어진 값들 ϕ=2.61 그리고 $\beta_1=17.3$, $n=0$을 식 (8-115b)에 대입하면

$$z_{\max} = -\frac{\phi}{2\beta_1} = -\frac{2.61}{2\times17.3} = -7.5[\text{cm}]$$

Exercise 8.17

입사파 $\tilde{\mathbf{E}}^i$가 0.5[rad] 만큼 위상지연 된다면, 즉 $\tilde{\mathbf{E}}^i e^{-j0.5}$일 때 식 (8-115b), (8-116b), (8-119)에 변화가 생기는가?

Ans 아니오

(2) 완전도체가 포함된 경계면(Interface Involving a Perfect Conductor)

완전도체의 전도도는 무한대이다. 이 경우 식 (8-93)에서 보듯이 완전도체의 고유임피던스는 0이다. 무손실 유전체가 영역 $z<0$에 존재하고 완전도체가 영역 $z\geq 0$에 존재하는 경우를 가정해보자. 고유임피던스 $\eta_2=0$을 식 (8-107)에 대입하면 반사계수가 $\Gamma=-1$로 얻어지는데, 이것은 입사파가 모두 반사되고, 반사파는 입사파에 대해 위상이 180° 차이 난다는 것을 말해준다.

만약 입사파가 균일평면파로, 매질 1에서 x-축으로 선형편광되어 있고 $+z$-방향으로 진행한다면, 입사파와 반사파의 전기장세기의 표현식은 각각 식 (8-103)과 (8-104)와 동일하다. 완전도체 표면의 반사계수 $\Gamma=E_o^r/E_o^i=-1$을 이용하면 매질 1에서의 총 전기장세기 및 자기장세기를 아래와 같이 표시할 수 있다.

$$\begin{aligned}\tilde{\mathbf{E}}_1=\tilde{\mathbf{E}}^i+\tilde{\mathbf{E}}^r&=\mathbf{a}_xE_o^i\left[e^{-j\beta_1z}-e^{j\beta_1z}\right]\\&=-\mathbf{a}_xj2E_o^i\sin(\beta_1z)\end{aligned}\tag{8-126a}$$

$$\begin{aligned}\tilde{\mathbf{H}}_1=\tilde{\mathbf{H}}^i+\tilde{\mathbf{H}}^r&=\mathbf{a}_y\frac{E_o^i}{\eta_1}\left[e^{-j\beta_1z}+e^{j\beta_1z}\right]\\&=\mathbf{a}_y\frac{2E_o^i}{\eta_1}\cos(\beta_1z)\end{aligned}\tag{8-126b}$$

매질 1에서의 총 전기장세기 및 총 자기장세기의 실순시 값은 아래와 같다.

$$\begin{aligned}\mathscr{E}&=\mathbf{a}_x2E_o^i\sin(\beta_1z)\cos(\omega t-\pi/2)\\&=\mathbf{a}_x2E_o^i\sin(\beta_1z)\sin(\omega t)\end{aligned}\tag{8-127a}$$

$$\mathscr{H}=\mathbf{a}_y\frac{2E_o^i}{\eta_1}\cos(\beta_1z)\cos(\omega t)\tag{8-127b}$$

식 (8-127)에서 보듯이 입사파와 반사파는 완전한 정재파를 만든다. 진행파-성분이 0이다. 위 식에서 공간변수 z는 시간변수 t와 완전히 분리되어 있다. 정재파는 진행하지 못하므로 부하에 전력을 전달하지 못한다. 이러한 사실은 식 (8-126)을 식 (8-39)에 대입하면, $\tilde{\mathbf{E}}_1\times\tilde{\mathbf{H}}_1^*$이 허수가 되어 $\langle\mathbf{S}\rangle=0$이 되므로 쉽게 증명된다. 혹은 완전도체의 고유임피던스 $\eta_2 = 0$을 식 (8-39)에 대입하여 $\tau = 0$을 얻어서 파워가 전달되지 못한다는 것을 증명할 수 있다.

식 (8-127)의 총 $\mathscr{E}$와 총 $\mathscr{H}$가 변수 $\beta_1 z$의 함수로 서로 다른 시간에 그려진다면 [그림 8-13]과 같다. 그림에서 보듯이 총 $\mathscr{E}$는 도체의 표면에서 항상 0인데 이것은 도체 표면에서 전기장의 접선성분은 항상 0이라는 경계면 조건과 일치한다. 진폭이 0인 지점은 교점(node)이라 불리는데 z-축을 따라 주기적으로 나타나며 그 주기는 입사파의 반파장에 해당한다. $\mathscr{H}$의 교점도 $\mathscr{E}$의 교점과 동일한 주기로 z-축을 따라 나타나는데 $\mathscr{H}$의 첫째 교점은 도체 표면에서 거리가 $\lambda/4$ 만큼 떨어진 곳에 위치한다.

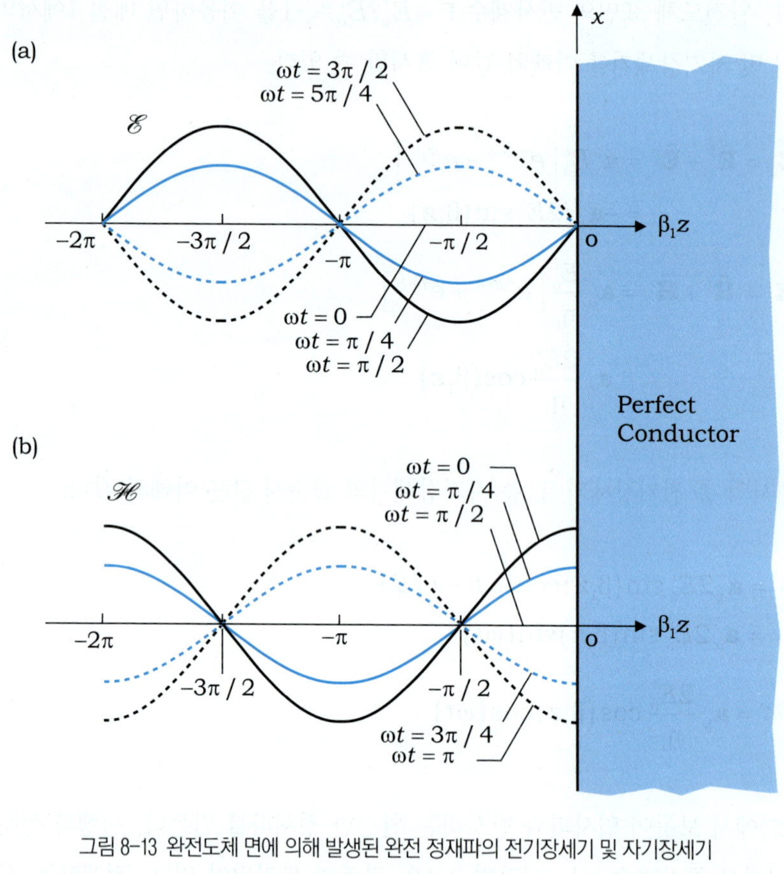

그림 8-13 완전도체 면에 의해 발생된 완전 정재파의 전기장세기 및 자기장세기

Example 8-15

오른손 원형편광 평면파 $\tilde{\mathbf{E}}^i = \left(E_o\mathbf{a}_x - jE_o\mathbf{a}_y\right)e^{-j\beta z}$가 자유공간($z$<0)을 진행하여 평면 z=0에 위치한 완전도체 평면에 수직으로 부딪친다. 다음을 구하라.

(a) $\mathscr{E}^r$과 이것의 편광상태

(b) 도체 표면에 유도된 표면전류밀도

(c) 자유공간의 총 전기장세기의 실순시 값

Solution

(a) 반사계수 $\Gamma = 1$을 이용해 반사파의 전기장 위상자를 다음과 같이 표시한다.

$$\tilde{\mathbf{E}}^r = \Gamma\left(E_o\mathbf{a}_x - jE_o\mathbf{a}_y\right)e^{j\beta z} = \left(-E_o\mathbf{a}_x + jE_o\mathbf{a}_y\right)e^{j\beta z} \quad (8\text{-}128)$$

반사파의 실순시 값은 다음과 같다.

$$\begin{aligned}\mathscr{E}^r &= \mathrm{Re}\left[\left(-E_o\mathbf{a}_x + e^{j\pi/2}E_o\mathbf{a}_y\right)e^{j\beta z}e^{j\omega t}\right] \\ &= -\mathbf{a}_x E_o\cos\left(\omega t + \beta z\right) - \mathbf{a}_y E_o\sin\left(\omega t + \beta z\right)\end{aligned} \quad (8\text{-}129)$$

평면 $z = 0$에서 다음의 값들을 얻을 수 있다.

$$\mathscr{E}^r = -\mathbf{a}_x E_o \qquad \text{시간 } \omega t = 0\text{일 때} \quad (8\text{-}130a)$$

$$\mathscr{E}^r = -\mathbf{a}_y E_o \qquad \text{시간 } \omega t = \pi/2\text{일 때} \quad (8\text{-}130b)$$

왼손 네 손가락이 식 (8-130)의, 시간에 따라 변하는, $\mathscr{E}^r$을 따라가면 왼손 엄지는 반사파가 진행하는 방향을 가리킨다([그림 8-14] 참조). 따라서 주어진 반사파는 왼손 원형편광파이다. 일반적으로 원형편광파가 완전도체 표면에서 반사되면 그 편광상태가 뒤바뀐다.

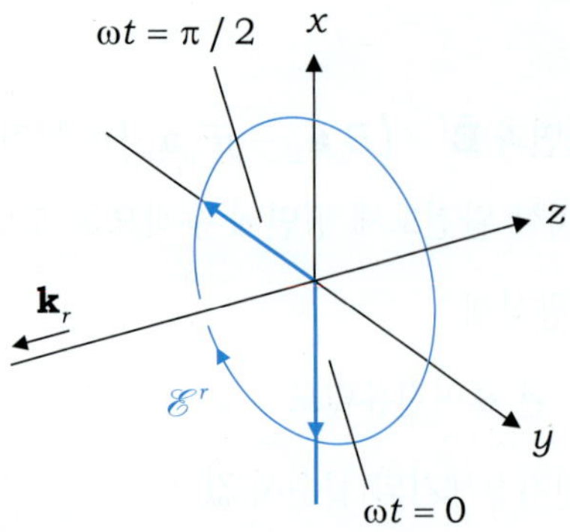

그림 8-14 평면 $z = 0$에 위치한 완전도체 평면에 의한 원형편광파의 반사

(b) 자유공간에서 입사파와 반사파의 자기장세기는 각각 아래와 같다.

$$\tilde{\mathbf{H}}^i = \frac{1}{\eta_o}\left(\mathbf{a}_k \times \tilde{\mathbf{E}}^i\right) = \frac{1}{\eta_o}\mathbf{a}_z \times \left(E_o\mathbf{a}_x - jE_o\mathbf{a}_y\right)e^{-j\beta z}$$
$$= \frac{E_o}{\eta_o}\left(\mathbf{a}_y + j\mathbf{a}_x\right)e^{-j\beta z} \tag{8-131}$$

$$\tilde{\mathbf{H}}^r = \frac{1}{\eta_o}\left(\mathbf{a}_k \times \tilde{\mathbf{E}}^r\right) = \frac{1}{\eta_o}\left(-\mathbf{a}_z\right) \times \left(-E_o\mathbf{a}_x + jE_o\mathbf{a}_y\right)e^{j\beta z}$$
$$= \frac{E_o}{\eta_o}\left(\mathbf{a}_y + j\mathbf{a}_x\right)e^{j\beta z} \tag{8-132}$$

평면 $z = 0$에서의 총 자기장세기는 식 (8-131)과 (8-132)로부터 다음과 같이 얻는다.

$$\tilde{\mathbf{H}}(0) = \tilde{\mathbf{H}}^i(0) + \tilde{\mathbf{H}}^r(0) = \frac{2E_o}{\eta_o}\left(\mathbf{a}_y + j\mathbf{a}_x\right) \tag{8-133}$$

표면에 수직이고 바깥으로 향하는 단위벡터 $\mathbf{a}_n = -\mathbf{a}_z$를 이용해 도체 표면에 유도되는 표면전류밀도를 계산하면

$$\tilde{\mathbf{J}}_s = \mathbf{a}_n \times \tilde{\mathbf{H}}(0) = \left(-\mathbf{a}_z\right) \times \frac{2E_o}{\eta_o}\left(\mathbf{a}_y + j\mathbf{a}_x\right)$$
$$= \frac{2E_o}{\eta_o}\left(\mathbf{a}_x - j\mathbf{a}_y\right) \tag{8-134}$$

(c) 자유공간에서의 총 전기장세기는 아래와 같다.

$$\tilde{\mathbf{E}} = \tilde{\mathbf{E}}^i + \tilde{\mathbf{E}}^r = \left(E_o\mathbf{a}_x - jE_o\mathbf{a}_y\right)e^{-j\beta z} + \left(-E_o\mathbf{a}_x + jE_o\mathbf{a}_y\right)e^{j\beta z}$$
$$= -\mathbf{a}_x 2jE_o\sin(\beta z) - \mathbf{a}_y 2E_o\sin(\beta z)$$

이것의 실순시 값은 아래와 같다.

$$\mathscr{E} = \mathrm{Re}\left[\tilde{\mathbf{E}}e^{j\omega t}\right] = \mathrm{Re}\left[\mathbf{a}_x 2E_o\sin(\beta z)e^{j(\omega t-\pi/2)} - \mathbf{a}_y 2E_o\sin(\beta z)e^{j\omega t}\right]$$
$$= 2E_o\sin(\beta z)\left[\mathbf{a}_x\sin(\omega t) - \mathbf{a}_y\cos(\omega t)\right]$$

Exercise 8.18

완전도체 평면($z = 0$)에 의해 각주파수 $\omega = 5\times10^8[\mathrm{rad/s}]$의 정재파가 자유공간($z < 0$)에 형성된다. 최초의 최대진폭이 발생하는 위치는?

Ans $z = -0.94[\mathrm{m}]$

Exercise 8.19

[그림 8-13]을 참조하여 (a) 매질 1에서의 정재파비, (b) 반사계수의 위상각을 구하라.

Ans (a) $S = \infty$ (b) $\phi = \pi[\mathrm{rad}]$

Review Questions with Hints

RQ 8.22 유전체-유전체 경계면에 수직으로 입사하는 평면파에 대한 반사계수와 투과계수 표현식을 서술하라. [(8-107)]

RQ 8.23 경계면에 수직으로 입사하는 평면파의 Γ와 τ를 이용해 에너지 보존법칙을 서술하라. [(8-111)]

RQ 8.24 정재파와 정재파비를 설명하라. [(8-119)]

RQ 8.25 정재파에서 최대진폭이 나타나는 인접한 두 점 사이의 거리는? [(8-115)]

RQ 8.26 완전도체 표면에 수직으로 입사하는 평면파의 반사계수는? [(8-126)]

8.3.2 평면파의 경사입사(Oblique Incidence of a Plane Wave)

일반적인 경우 하나의 균일평면파가 서로 다른 유전체 사이의 경계면에 비스듬히 입사할 수 있다. 이 경우, 수직입사의 경우와 마찬가지로 입사파의 일부는 경계면에서 반사되고 나머지는 다른 매질로 투과하여 진행한다. 일정한 조건에서 입사파는 오직 반사만 할 수도 있고 또는 오직 투과만 할 수도 있다.

경계면에서의 파들의 진행특성은 입사파의 입사방향과 편광상태에 따라 크게 달라진다. 입사면(plane of incidence)은 기준이 되는 평면으로, 입사파의 파수벡터와 경계면에 수직인 단위벡터에 의해 정의되는 평면이다. 이후에 증명될 수 있는 것처럼, 입사파, 반사파, 투과파의 파수벡터들은 모두 입사면에 포함되어야 한다. 따라서 파의 진행방향을 파수벡터와 경계면에 수직인 단위벡터 사이의 각도로 표시하면 편리하다. [그림 8-15]는 입사각(angle of incidence), 반사각(angle of reflection), 투과각(angle of transmission)이 어떻게 정의되는지를 보여주며 이들은 각각 θ_i, θ_r, θ_t로 표시된다. 이들은 0과 $\pi/2$ 사이의 값을 갖는다.

그 다음, 주어진 파의 편광상태를 표기하기 위해 수직편광(perpendicular polarization)과 수평편광(parallel polarization)을 정의하는데, 이름에 나타난 것처럼 전기장벡터가 입사면에 수직이거나 수평이라는 것을 의미한다. 여기서 주목할 것은, 하나의 파에 있어서 수직편광과 수평편광은 항상 서로 수직의 관계이다.

[그림 8-14]의 입사면을 참조하여 입사파, 반사파, 투과파의 전기장 위상자를 아래와 같이 표시한다.

$$\tilde{\mathbf{E}}^i = \mathbf{E}_o^i e^{-j\mathbf{k}_i \cdot \mathbf{r}} = \mathbf{E}_o^i e^{-j[(k_i \sin\theta_i)x + (k_i \cos\theta_i)z]} \tag{8-135a}$$

$$\tilde{\mathbf{E}}^r = \mathbf{E}_o^r e^{-j\mathbf{k}_r \cdot \mathbf{r}} = \mathbf{E}_o^r e^{-j[(k_r \sin\theta_r)x - (k_r \cos\theta_r)z]} \tag{8-135b}$$

$$\tilde{\mathbf{E}}^t = \mathbf{E}_o^t e^{-j\mathbf{k}_t \cdot \mathbf{r}} = \mathbf{E}_o^t e^{-j[(k_t \sin\theta_t)x + (k_t \cos\theta_t)z]} \tag{8-135c}$$

여기서 i, r, t는 각각 입사파, 반사파, 투과파를 의미하고, k는 파수벡터 $\mathbf{k}$의 크기를 나타낸다. 다음의 값들 $\mathbf{E}_o^i$, k_i, θ_i가 주어지면 우리는 경계면 조건을 이용하면 다음의 값 $\mathbf{E}_o^r$, $\mathbf{E}_o^t$, k_r, k_t, θ_r, θ_t를 구할 수 있다.

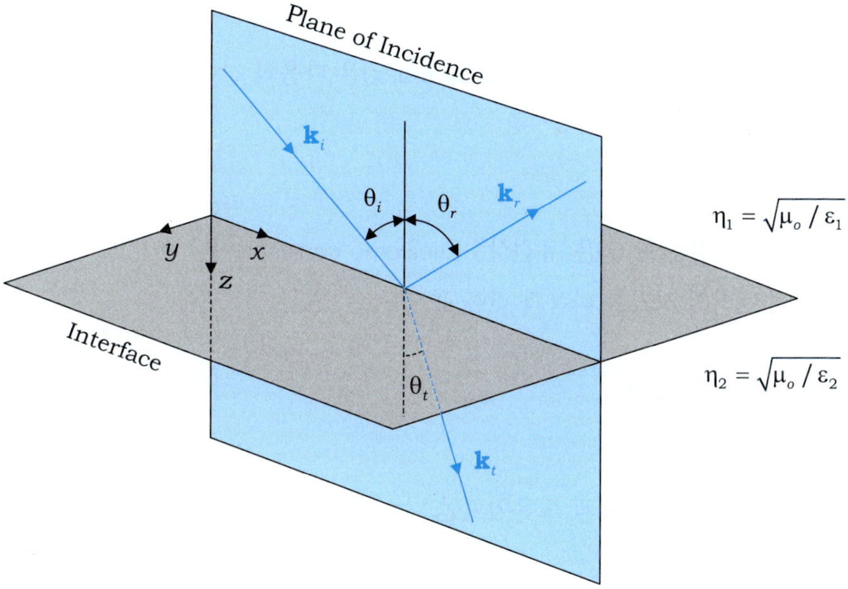

그림 8-15 두 유전체 사이의 경계면에서의 입사면

여기서 서로 다른 유전율을 갖는 무손실 비자성($\alpha = 0$, $\mu = \mu_o$)의 두 유전체 사이의 경계면을 검토한다. 우선 경계면 조건을 식 (8-135)에 적용하여, 전기장의 접선성분이 경계면에서 연속이 되도록 만든다. 즉 $\left(\tilde{\mathbf{E}}^i\right)_{\tan} + \left(\tilde{\mathbf{E}}^r\right)_{\tan} = \left(\tilde{\mathbf{E}}^t\right)_{\tan}$이다. 여기서 tan는 접선성분(tangential component)을 나타낸다. 그 다음 $z = 0$을 식 (8-135)에 대입하고, 앞의 경계면 조건을 적용하여 아래 식을 얻는다.

$$\left(\mathbf{E}_o^i\right)_{\tan} e^{-j(k_i \sin\theta_i)x} + \left(\mathbf{E}_o^r\right)_{\tan} e^{-j(k_r \sin\theta_r)x} = \left(\mathbf{E}_o^t\right)_{\tan} e^{-j(k_t \sin\theta_t)x} \tag{8-136}$$

위의 식을 살펴보면, 왼쪽에 있는 두 공간함수의 합이 오른쪽에 있는 또 다른 공간함수와 등호로 연결되어 있다. 이 식의 세 항들이 모두 똑같은 모양의 함수로 주어질 때, 이 식의 등호가 경계면의 모든 점에서 성립될 수 있다. 따라서 이 식의 세 지수는 동일하여야 한다. 즉

$$\boxed{k_i \sin\theta_i = k_r \sin\theta_r = k_t \sin\theta_t} \tag{8-137}$$

식 (8-137)이 의미하는 바는 $\mathbf{k}_r$과 $\mathbf{k}_t$의 접선성분은 $\mathbf{k}_i$의 접선성분과 같아야 한다는 것이다.

비자성 무손실 유전체의 굴절률(refractive index)은 다음과 같이 정의된다.

$$n = \sqrt{\varepsilon / \varepsilon_o} = \sqrt{\varepsilon_r} \tag{8-138}$$

여기서 ε_r은 상대유전율 혹은 유전상수(dielectric constant)이다. 이것을 이용하면 파수 혹은 파수벡터의 크기를 다음과 같이 표시할 수 있다.

$$k = \omega\sqrt{\mu_o \varepsilon} = n\frac{\omega}{c} \tag{8-139}$$

여기서 주목할 것은, 굴절률과 고유임피던스는 아래의 관계식으로 주어진다는 것이다.

$$\eta = \eta_o / n \tag{8-140}$$

여기서 자유공간의 고유임피던스는 $\eta_o = \sqrt{\mu_o / \varepsilon_o}$이다.

입사파와 반사파가 같은 매질에 있으므로 관계식 $k_i = k_r$을 얻는다. 따라서 식 (8-137)의 첫째 등호로부터 반사법칙(law of reflection)을 유도한다.

$$\boxed{\theta_i = \theta_r} \tag{8-141}$$

그 다음, 식 (8-139)의 도움을 받아서 식 (8-137)의 둘째 등호로부터 스넬의 굴절법칙(Snell's law of refraction)을 유도할 수 있다.

$$\boxed{n_1 \sin\theta_i = n_2 \sin\theta_t} \tag{8-142}$$

여기서 θ_i와 θ_t는 각각 입사각 및 투과각이고, n_1과 n_2는 각각 매질 1 과 2의 굴절률이다. 반사법칙과 굴절법칙은 파수 사이의 관계식, 즉 식 (8-137)으로부터 유도되므로, 이들은 경계면에서의 진행파의 편광상태에 관계없이 항상 성립된다.

Example 8-16

파수벡터 $\mathbf{k}_i = \mathbf{a}_x + \sqrt{3}\,\mathbf{a}_y + 2\sqrt{3}\,\mathbf{a}_z$의 평면파가 영역 $z<0$의 자유공간을 진행하여 영역 $z \ge 0$의 유전체($\varepsilon_r = 1.69$, $\mu_r = 1$) 표면에 입사한다. (a) $\mathbf{k}_r$, (b) $\mathbf{k}_t$를 구하라.

Solution

(a) 반사법칙은 다음의 두 파트로 이루어진다.

(Ⅰ) $\theta_r = \theta_i$

(Ⅱ) $\mathbf{k}_i$와 $\mathbf{k}_r$은 입사면에 포함되어 있다.

따라서

$$\mathbf{k}_r = \mathbf{a}_x + \sqrt{3}\,\mathbf{a}_y - 2\sqrt{3}\,\mathbf{a}_z$$

(b) 굴절법칙은 두 파트로 이루어진다.

(Ⅰ) $n_i \sin\theta_i = n_t \sin\theta_t$

(Ⅱ) $\mathbf{k}_i$와 $\mathbf{k}_t$는 입사면에 포함되어 있다.

스넬 법칙으로부터 $\mathbf{k}_t$의 접선성분과 $\mathbf{k}_i$의 접선성분은 같아야 한다.

$$\mathbf{k}_t = \mathbf{a}_x + \sqrt{3}\,\mathbf{a}_y + k_{tz}\,\mathbf{a}_z$$

여기서 k_{tz}는 미지수

주어진 값 $k_t = n_t k_i = 1.3 \times 4$를 윗식에 대입하여 아랫식을 얻는다.

$$(5.2)^2 = 1 + (\sqrt{3})^2 + (k_{tz})^2$$

따라서

$$\mathbf{k}_t = \mathbf{a}_x + \sqrt{3}\,\mathbf{a}_y + 4.8\,\mathbf{a}_z$$

Exercise 8.20

굴절률 1.33의 호수 안에서 햇빛의 굴절각의 최대값은?

Ans 48.8°

Exercise 8.21

매질 $1(z<0)$ 안에서 파수벡터 $\mathbf{k}_i = 3\mathbf{a}_x + 4\mathbf{a}_y + 5\mathbf{a}_z$인 진행파가 경계면 $z=0$에 입사한다. 굴절률이 각각 $n_1 = 1.2$, $n_2 = 2.4$일 때 $\mathbf{k}_r$과 $\mathbf{k}_t$는?

Ans $\mathbf{k}_r = 3\mathbf{a}_x + 4\mathbf{a}_y - 5\mathbf{a}_z$, $\mathbf{k}_t = 3\mathbf{a}_x + 4\mathbf{a}_y + \sqrt{175}\,\mathbf{a}_z$

(1) 수직편광파(Perpendicular Polarization)

하나의 균일평면파가 수직편광(perpendicular polarization) 혹은 s-편광(s-polarization) 되어 있다면 그것의 전기장벡터는 항상 입사면에 수직이다. [그림 8-16]에서처럼 하나의 진행파가 경계면에 비스듬히 입사하는 경우를 살펴보자. 경계면에서 진행파들의 진행방향은 나중에 결정되겠지만, 우선 반사파와 투과파도 입사파와 같이 수직 평광된 균일평면파로 주어져야 한다. 그렇지 않으면 경계면 조건을 만족시킬 수 없다. 세 진행파가 모두 수직편광 되었다고 가정하면 그들의 전기장 위상자는 아래와 같이 표시된다.

$$\tilde{\mathbf{E}}^i = \mathbf{a}_y E_o^i e^{-j\mathbf{k}_i\cdot\mathbf{r}} = \mathbf{a}_y E_o^i e^{-j[(k_i \sin\theta_i)x + (k_i\cos\theta_i)z]} \tag{8-143a}$$

$$\tilde{\mathbf{E}}^r = \mathbf{a}_y E_o^r e^{-j\mathbf{k}_r\cdot\mathbf{r}} = \mathbf{a}_y E_o^r e^{-j[(k_r \sin\theta_r)x - (k_r\cos\theta_r)z]} \tag{8-143b}$$

$$\tilde{\mathbf{E}}^t = \mathbf{a}_y E_o^t e^{-j\mathbf{k}_t\cdot\mathbf{r}} = \mathbf{a}_y E_o^t e^{-j[(k_t \sin\theta_t)x + (k_t\cos\theta_t)z]} \tag{8-143c}$$

윗식에서 계산의 편의상, 세 전기장벡터들이 모두 $+y$-방향을 가리킨다고 가정한다. 윗식의 두 각 θ_r과 θ_t는 반사법칙 및 굴절법칙에 의해 입사각 θ_i에 연관되어 있다. 식 (8-26)을 고려하여 자기장 위상자를 아래와 같이 표시할 수 있다.

$$\tilde{\mathbf{H}}^i = (\mathbf{a}_i \times \mathbf{a}_y)\frac{E_o^i}{\eta_1}e^{-j\mathbf{k}_i\cdot\mathbf{r}} = (-\mathbf{a}_x \cos\theta_i + \mathbf{a}_z \sin\theta_i)\frac{E_o^i}{\eta_1}e^{-j\mathbf{k}_i\cdot\mathbf{r}} \quad \text{(8-144a)}$$

$$\tilde{\mathbf{H}}^r = (\mathbf{a}_r \times \mathbf{a}_y)\frac{E_o^r}{\eta_1}e^{-j\mathbf{k}_r\cdot\mathbf{r}} = (\mathbf{a}_x \cos\theta_r + \mathbf{a}_z \sin\theta_r)\frac{E_o^r}{\eta_1}e^{-j\mathbf{k}_r\cdot\mathbf{r}} \quad \text{(8-144b)}$$

$$\tilde{\mathbf{H}}^t = (\mathbf{a}_t \times \mathbf{a}_y)\frac{E_o^t}{\eta_2}e^{-j\mathbf{k}_t\cdot\mathbf{r}} = (-\mathbf{a}_x \cos\theta_t + \mathbf{a}_z \sin\theta_t)\frac{E_o^t}{\eta_2}e^{-j\mathbf{k}_t\cdot\mathbf{r}} \quad \text{(8-144c)}$$

위에서 우리는 다음의 관계식들 $\mathbf{a}_i = \mathbf{a}_x \sin\theta_i + \mathbf{a}_z \cos\theta_i$, $\mathbf{a}_r = \mathbf{a}_x \sin\theta_r - \mathbf{a}_z \cos\theta_r$, $\mathbf{a}_t = \mathbf{a}_x \sin\theta_t + \mathbf{a}_z \cos\theta_t$를 사용하였는데 이들은 각각 파수벡터 $\mathbf{k}_i$, $\mathbf{k}_r$, $\mathbf{k}_t$의 단위벡터들이다. 식 (8-114)에서 위치벡터는 직각좌표계에서 $\mathbf{r} = x\mathbf{a}_x + y\mathbf{a}_y + z\mathbf{a}_z$로 표시된다. 여기서 주목할 것은, 위상자 $\tilde{\mathbf{H}}^i$, $\tilde{\mathbf{H}}^r$, $\tilde{\mathbf{H}}^t$로 주어지는 자기장벡터들이 모두 입사면에 포함되어 있다는 사실이다.

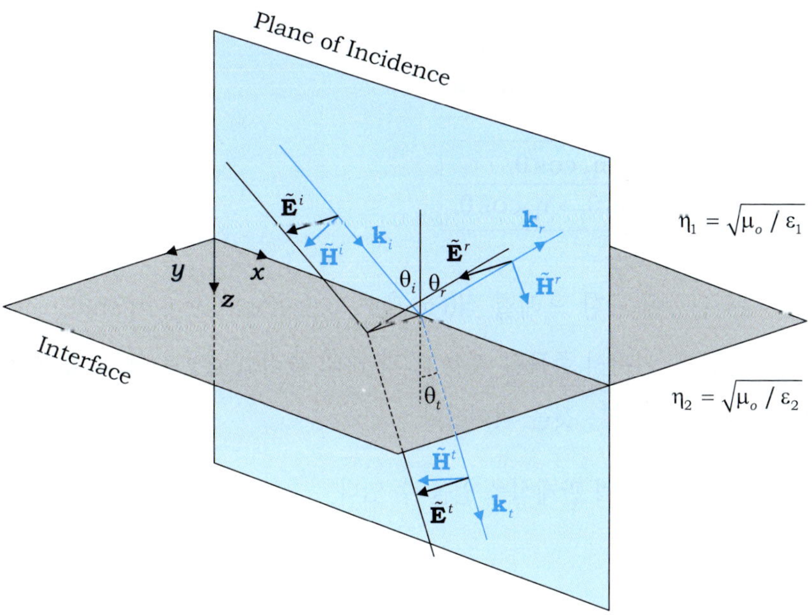

그림 8-16 경계면에서 수직편광의 세 균일평면파

평면 $z=0$과 일치하는 경계면에 $\mathbf{E}$와 $\mathbf{H}$에 대한 경계면 조건을 적용하면

$$\tilde{\mathbf{E}}^i\Big|_{z=0,\tan} + \tilde{\mathbf{E}}^r\Big|_{z=0,\tan} = \tilde{\mathbf{E}}^t\Big|_{z=0,\tan}$$

$$\tilde{\mathbf{H}}^i\Big|_{z=0,\tan} + \tilde{\mathbf{H}}^r\Big|_{z=0,\tan} = \tilde{\mathbf{H}}^t\Big|_{z=0,\tan}$$

여기서 tan는 접선성분을 의미한다. 식 (8-143)과 (8-144)를 윗식에 대입하면 아래의 관계식들을 구할 수 있다.

$$E_o^i + E_o^r = E_o^t \tag{8-145a}$$

$$-\cos\theta_i \frac{E_o^i}{\eta_1} + \cos\theta_r \frac{E_o^r}{\eta_1} = -\cos\theta_t \frac{E_o^t}{\eta_2} \tag{8-145b}$$

식 (8-137)을 고려하여, 공통의 지수함수가 윗식의 양변에서 생략되었다.

수직편광에 대한 반사계수(reflection coefficient) $\Gamma_\perp$과 투과계수(transmission coefficient) $\tau_\perp$이 식 (8-145)로부터 구해진다.

$$\boxed{\Gamma_\perp = \frac{E_o^r}{E_o^i} = \frac{\eta_2\cos\theta_i - \eta_1\cos\theta_t}{\eta_2\cos\theta_i + \eta_1\cos\theta_t}} \tag{8-146a}$$

$$\boxed{\tau_\perp = \frac{E_o^t}{E_o^i} = \frac{2\eta_2\cos\theta_i}{\eta_2\cos\theta_i + \eta_1\cos\theta_t}} \tag{8-146b}$$

이 식들은 수직편광에 대한 프레넬 식(Fresnel's equations for perpendicular polarization)으로 불린다. 여기서 주목할 것은 $\Gamma_\perp$과 $\tau_\perp$의 플러스 값들은 $\tilde{\mathbf{E}}^r$과 $\tilde{\mathbf{E}}^t$가 $\tilde{\mathbf{E}}^i$와 같은 방향으로 향하고 있다는 것을 의미한다.

식 (8-146)으로부터 아래의 관계식을 얻을 수 있다.

$$\boxed{1+\Gamma_\perp = \tau_\perp} \tag{8-147}$$

이 관계식은 입사각에 관계없이 항상 성립한다.

수직입사($\theta_i = 0 = \theta_t$)인 경우 식 (8-146)은 식 (8-107)로 축소됨을 알 수 있다. 만약 매질 2가 완전도체($\eta_2 = 0$)이면 입사각에 관계없이 항상 $\Gamma_\perp = -1$이고 $\tau_\perp = 0$이다. 이때 식 (8-143)으로부터, $\tilde{\mathbf{E}}^i$와 $\tilde{\mathbf{E}}^r$이 서로를 상쇄하여 도체 표면에서 전기장의 접선성분이 0이 된다는 것을 알 수 있다.

식 (8-143)과 (8-144)에서 파수벡터 $\mathbf{k}_r$과 $\mathbf{k}_t$는 $\mathbf{k}_i$와 마찬가지로 입사면에 포함된다고 가정했다. 만약 그렇지 않은 경우 $\mathbf{k}_r$과 $\mathbf{k}_t$는 y-방향 성분을 갖게 되고 그리하여 $\tilde{\mathbf{E}}^r$과 $\tilde{\mathbf{E}}^t$는 y에 따라 변하게 된다. 그러나 $\tilde{\mathbf{E}}^i$는 y에 독립이므로 이 경우 경계면 조건이 만족될 수 없다.

Example 8-17

하나의 평면파 $\mathscr{E}^i = 10\mathbf{a}_y \cos\left(\omega t - \sqrt{3}\,x - z\right)$가 자유공간($z < 0$)을 진행하여 영역 $z \geq 0$에 존재하는 무손실 유전체($\varepsilon_r = 4$)에 입사한다. 다음을 구하라.

(a) $\mathbf{k}_i$와 θ_i

(b) $\mathscr{E}^r$

(c) 영역 $z < 0$에서 총 전기장세기

Solution

(a) $\mathscr{E}^i$의 위상자형태는 아래와 같다.

$$\tilde{\mathbf{E}}^i = 10\mathbf{a}_y e^{-j\left(\sqrt{3}\,x + z\right)}$$

$\tilde{\mathbf{E}}^i$의 파수벡터는

$$\mathbf{k}_i = \sqrt{3}\,\mathbf{a}_x + \mathbf{a}_z$$

입사각은 $\mathbf{k}_i$와 $\mathbf{a}_z$ 사이의 작은 각이다.

$$\theta_i = \tan^{-1}\frac{\sqrt{3}}{1} = 60^0$$

(b) 주어진 값 $\theta_i = 60°$, $n_1 = 1$, $n_2 = 2$를 스넬 법칙($n_1 \sin\theta_i = n_2 \sin\theta_t$)에 대입하면

$$\cos\theta_t = \sqrt{1-\left(\frac{n_1}{n_2}\sin\theta_i\right)^2} = 0.901$$

관계식 $\eta = \eta_o/n$을 이용해 식 (8-146a)를 다시 쓰면

$$\Gamma_\perp = \frac{n_1\cos\theta_i - n_2\cos\theta_t}{n_1\cos\theta_i + n_2\cos\theta_t} = \frac{\cos 60^o - 2\times 0.901}{\cos 60^o + 2\times 0.901} = -0.57$$

주어진 값 $k_r = k_i = 2$, $\theta_r = \theta_i = 60°$를 식 (8-143b)에 대입하여 다음을 얻는다.

$$\tilde{\mathbf{E}}^r = \mathbf{a}_y(-0.57)10e^{-j\left[\left(2\sin 60^o\right)x-\left(2\cos 60^o\right)z\right]} = \mathbf{a}_y(-5.7)e^{-j\left(\sqrt{3}x-z\right)}$$

$$\mathscr{E}^r = \text{Re}\left[\tilde{\mathbf{E}}^r e^{j\omega t}\right] = \mathbf{a}_z(-5.7)\cos\left(\omega t-\sqrt{3}x+z\right)$$

(c) 영역 $z<0$에서 총 전기장세기를 위상자형태로 쓰면 아래와 같다.

$$\begin{aligned}\tilde{\mathbf{E}} = \tilde{\mathbf{E}}^i + \tilde{\mathbf{E}}^r &= \mathbf{a}_y e^{-j\sqrt{3}x}\left[10e^{-jz} - 5.7e^{jz}\right]\\ &= \mathbf{a}_y e^{-j\sqrt{3}x}\left[(15.7-5.7)e^{-jz} - 5.7e^{+jz}\right]\\ &= \mathbf{a}_y e^{-j\sqrt{3}x}\left[15.7e^{-jz} - 11.4\cos z\right]\end{aligned}$$

총 전기장세기를 실순시 값으로 표시하면 아래와 같다.

$$\begin{aligned}\mathscr{E} &= \text{Re}\left[\tilde{\mathbf{E}}e^{j\omega t}\right]\\ &= \mathbf{a}_y\left[15.7\cos\left(\omega t-\sqrt{3}\,x-z\right) - 11.4\cos(z)\cos\left(\omega t-\sqrt{3}\,x\right)\right]\end{aligned}$$

Exercise 8.22

어떤 조건에서 $\Gamma_\perp$이 무손실 유전체 사이의 경계면에서 (a) 양의 값, (b) 음의 값을 갖는가?

Ans (a) $\eta_1 < \eta_2$ (b) $\eta_1 > \eta_2$

(2) 수평편광파(Parallel Polarization)

하나의 균일평면파가 수평편광(parallel polarization) 혹은 p-편광(p-polarization) 되어 있다면 그것의 전기장벡터는 입사면에 항상 평행이다. 수직편광에서 사용한 절차에 따라 수평편광일 때의 반사계수와 투과계수를 구할 수 있다. 혼동을 피하기 위해 전기장벡터의 플러스 방향을 다음과 같이 정의한다. 즉 주어진 진행파의 파수벡터와 그것의 전기장벡터를 동시에 경계면에 투영하였을 때 이들이 서로 평행이면, 이때의 전기장벡터의 방향을 플러스 방향으로 정의한다([그림 8-17] 참조). 그러면 자기장 $\mathbf{H}$의 방향은 관계식 $\mathbf{a}_k = \mathbf{a}_E \times \mathbf{a}_H$에 따라 자동으로 결정된다. [그림 8-17]에서와 같이 경계면에 비스듬히 입사하는 균일평면파에 대해 반사파와 입사파도 수평편광인 균일평면파로 주어져야 한다. 이 경우 세 진행파의 전기장 위상자는 아래와 같이 표시된다.

$$\tilde{\mathbf{E}}^i = \left(\mathbf{a}_x \cos\theta_i - \mathbf{a}_z \sin\theta_i\right) E_o^i e^{-j\left[(k_i \sin\theta_i)x + (k_i \cos\theta_i)z\right]} \tag{8-148a}$$

$$\tilde{\mathbf{E}}^r = \left(\mathbf{a}_x \cos\theta_r + \mathbf{a}_z \sin\theta_r\right) E_o^r e^{-j\left[(k_r \sin\theta_r)x - (k_r \cos\theta_r)z\right]} \tag{8-148b}$$

$$\tilde{\mathbf{E}}^t = \left(\mathbf{a}_x \cos\theta_t - \mathbf{a}_z \sin\theta_t\right) E_o^t e^{-j\left[(k_t \sin\theta_t)x + (k_t \cos\theta_t)z\right]} \tag{8-148c}$$

만약 $\mathbf{E}$와 $\mathbf{k}$를 경계면에 투영(projection)했을 때 그들이 서로 평행이면, 전기장벡터는 플러스 방향으로 향한다고 말한다. 윗식에서 두 각 θ_r과 θ_t는 반사법칙 및 굴절법칙에 의해 입사각 θ_i에 연관되어 있다. 식 (8-26)을 고려하여 자기장 위상자를 아래와 같이 쓸 수 있다.

$$\tilde{\mathbf{H}}^i = \mathbf{a}_y \frac{E_o^i}{\eta_1} e^{-j\left[(k_i \sin\theta_i)x + (k_i \cos\theta_i)z\right]} \tag{8-149a}$$

$$\tilde{\mathbf{H}}^r = -\mathbf{a}_y \frac{E_o^r}{\eta_1} e^{-j\left[(k_r \sin\theta_r)x - (k_r \cos\theta_r)z\right]} \tag{8-149b}$$

$$\tilde{\mathbf{H}}^t = \mathbf{a}_y \frac{E_o^t}{\eta_2} e^{-j\left[(k_t \sin\theta_t)x + (k_t \cos\theta_t)z\right]} \tag{8-149c}$$

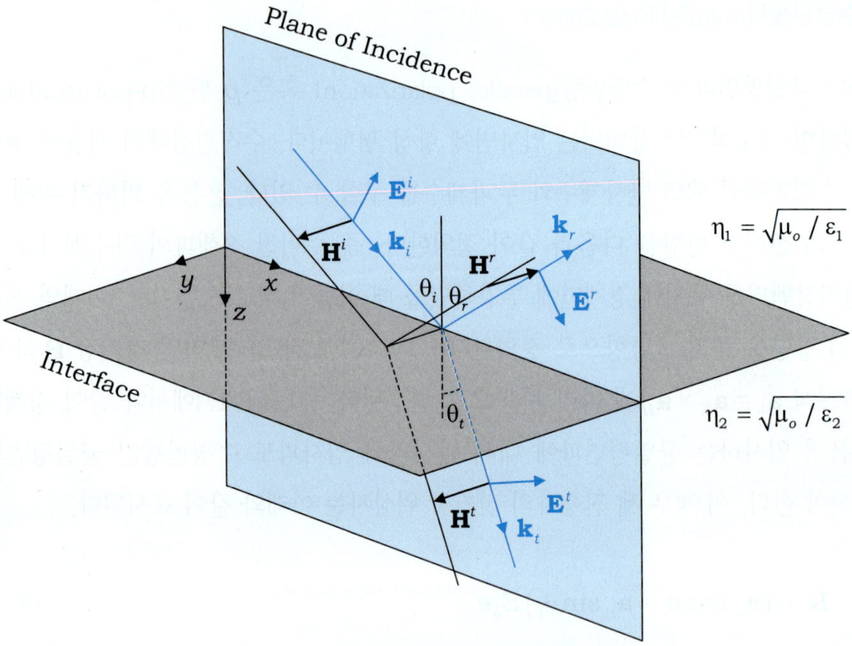

그림 8-17 경계면에서 수평편광의 세 균일평면파

평면 $z = 0$과 일치하는 경계면에 $\mathbf{E}$와 $\mathbf{H}$에 대한 경계면 조건을 적용하면

$$\tilde{\mathbf{E}}^i\Big|_{z=0,\tan} + \tilde{\mathbf{E}}^r\Big|_{z=0,\tan} = \tilde{\mathbf{E}}^t\Big|_{z=0,\tan}$$

$$\tilde{\mathbf{H}}^i\Big|_{z=0,\tan} + \tilde{\mathbf{H}}^r\Big|_{z=0,\tan} = \tilde{\mathbf{H}}^t\Big|_{z=0,\tan}$$

식 (8-148)과 (8-149)를 위의 식들에 대입하면

$$\cos\theta_i E_o^i + \cos\theta_r E_o^r = \cos\theta_t E_o^t \tag{8-150a}$$

$$\frac{E_o^i}{\eta_1} - \frac{E_o^r}{\eta_1} = \frac{E_o^t}{\eta_2} \tag{8-150b}$$

식 (8-137)을 고려하여, 공통의 지수함수가 윗식의 양변에서 생략되었다. 수평편광에 대한 반사계수 $\Gamma_{\parallel}$과 투과계수 $\tau_{\parallel}$이 식 (8-150)으로부터 구해진다.

$$\Gamma_{\parallel} = \frac{E_o^r}{E_o^i} = \frac{\eta_2 \cos\theta_t - \eta_1 \cos\theta_i}{\eta_2 \cos\theta_t + \eta_1 \cos\theta_i} \tag{8-151a}$$

$$\tau_{\parallel} = \frac{E_o^t}{E_o^i} = \frac{2\eta_2 \cos\theta_i}{\eta_2 \cos\theta_t + \eta_1 \cos\theta_i} \tag{8-151b}$$

이 식들은 수평편광에 대한 프레넬 식(Fresnel's equations for parallel polarization)으로 불린다. 여기서 주목할 것은 $\Gamma_{\parallel}$과 $\tau_{\parallel}$의 플러스 값들은 $\tilde{\mathbf{E}}^r$과 $\tilde{\mathbf{E}}^t$의 x-성분이 $\tilde{\mathbf{E}}^i$의 x-성분과 평행이라는 것을 의미한다.

식 (8-151)로부터 아래의 관계식을 얻는다.

$$1 + \Gamma_{\parallel} = \tau_{\parallel}\left(\frac{\cos\theta_t}{\cos\theta_i}\right) \tag{8-152}$$

이 식의 오른쪽은 식 (8-147)의 오른쪽과 같지 않음에 주목하자.

수직입사($\theta_i = 0 = \theta_t$)인 경우, 식 (8-151)과 (8-152)는 각각 식 (8-107)과 (8-108)로 축소된다. 만약 매질 2가 완전도체($\eta_2 = 0$)라면 입사각에 관계없이 항상 $\Gamma_{\parallel} = -1$이고 $\tau_{\parallel} = 0$이다. 이 경우 식 (8-148)에서 보듯이 $\tilde{\mathbf{E}}^i$와 $\tilde{\mathbf{E}}^r$의 접선성분은 도체 표면에서 서로 상쇄된다. 그러나 $\tilde{\mathbf{E}}^i$와 $\tilde{\mathbf{E}}^r$의 법선성분의 합은 도체 표면에서 반드시 0일 필요는 없다.

첫째 매질의 진행파가 굴절률이 더 큰 둘째 매질($n_1 < n_2$)에서 반사되면, 이것은 외부반사(external reflection)라 불린다. 그 반대의 경우는 내부반사(internal reflection)라 불린다. 반사계수와 투과계수를 입사각 θ_i의 함수로 그릴 수 있는데 [그림 8-18(a)]는 외부반사($n_1 = 1$ and $n_2 = 1.5$)인 경우이고, [그림 8-18(b)]는 내부반사($n_1 = 1.5$이고 $n_2 = 1$)인 경우이다. 입사각 θ_i가 0에서 90°로 증가함에 따라 두 그림에서 $|\Gamma_{\perp}|$은 주어진 초기값에서 최대값 1까지 단순히 증가한다. 그러나 $|\Gamma_{\parallel}|$은 주어진 초기값에서부터 감소하여 0이 된 후 다시 증가하여 최대값 1이 된다. 이러한 사실에 기초하여 수직편광파가 수평편광파보다 반사를 더 잘한다고 말할 수 있다.

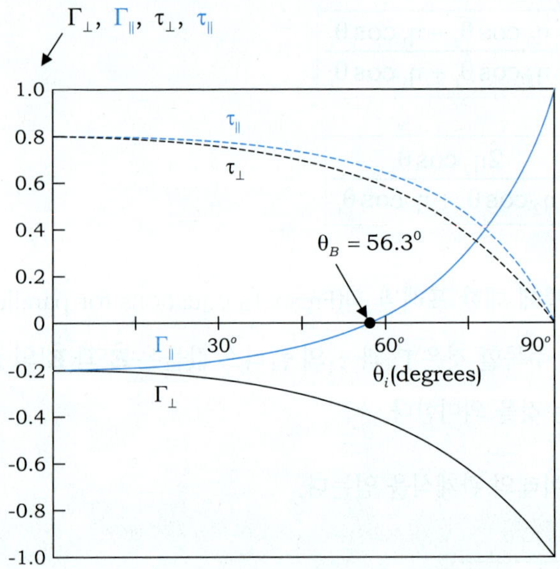

그림 8-18 (a) 외부반사(n_1=1, n_2=1.5)

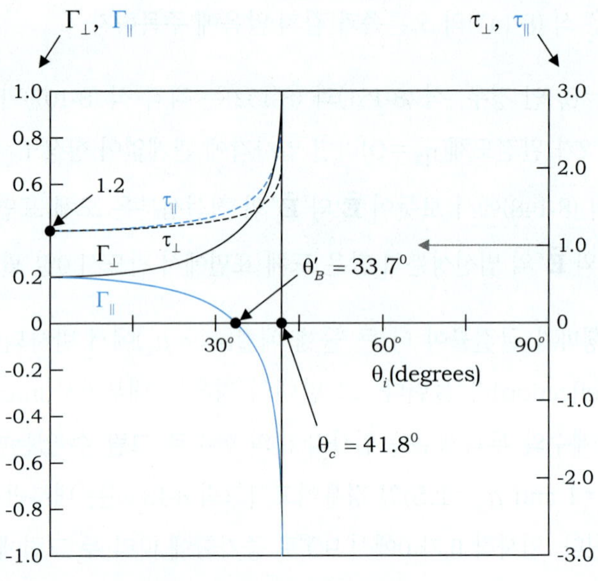

그림 8-18 (b) 내부반사(n_1=1.5, n_2=1)

Example 8-18

평행편광인 균일평면파 $\tilde{\mathbf{E}}^i = 4\mathbf{a}_E e^{-j(2x+3z)}$가 자유공간 $(z<0)$을 진행하여 영역 $z \geq 0$에 존재하는 무손실 유전체$(\varepsilon_r = 2.25)$에 입사한다. 다음을 구하라.

(a) 직각좌표계에서 $\mathbf{a}_E$의 표현식

(b) $\tilde{\mathbf{E}}^r$

(c) $\tilde{\mathbf{E}}^t$

Solution

(a) 파수벡터 $\mathbf{k}_i = 2\mathbf{a}_x + 3\mathbf{a}_z$로부터, 입사각을 구하면

$$\theta_i = \tan^{-1}\frac{2}{3} \cong 33.7^o$$

평행편광 방향은 다음의 두 조건으로부터 구할 수 있다. 즉

$$\mathbf{a}_E \cdot \mathbf{k}_i = 0,\ (\mathbf{a}_E)_x \parallel (\mathbf{k}_i)_x$$

첫째 조건으로부터 : $\mathbf{a}_E \parallel \pm(3\mathbf{a}_x - 2\mathbf{a}_z)$

둘째 조건으로부터 : $\mathbf{a}_E \parallel (3\mathbf{a}_x - 2\mathbf{a}_z)$

따라서

$$\mathbf{a}_E = \frac{1}{\sqrt{13}}(3\mathbf{a}_x - 2\mathbf{a}_z)$$

입사파의 전기장 위상자는 아래와 같다.

$$\tilde{\mathbf{E}}^i = \frac{4}{\sqrt{13}}(3\mathbf{a}_x - 2\mathbf{a}_z)e^{-j(2x+3z)} \quad (8\text{-}153a)$$

(b) 주어진 값들 $n_1 = 1$과 $n_2 = \sqrt{2.25} = 1.5$를 스넬 법칙$(n_1 \sin\theta_i = n_2 \sin\theta_t)$에 대입하면

$$\theta_t = \sin^{-1}\left(\frac{1}{1.5}\sin 33.7^o\right) \cong 21.7^o$$

식 (8-151a)에 관계식 $\eta = \eta_o / n$을 이용해 다음을 얻는다.

$$\Gamma_{\parallel} = \frac{n_1 \cos\theta_t - n_2 \cos\theta_i}{n_1 \cos\theta_t + n_2 \cos\theta_i} = \frac{\cos 21.7^o - 1.5 \times \cos 33.7^o}{\cos 21.7^o + 1.5 \times \cos 33.7^o} = -0.15$$

식 (8-148b)에 주어진 값들 $E_o^i = 4$, $\Gamma_{\parallel} = -0.15$, $k_r = k_i = \sqrt{13}$, $\theta_r = \theta_i = 33.7°$를 대입하면

$$\begin{aligned}\tilde{\mathbf{E}}^r &= (\mathbf{a}_x \cos\theta_r + \mathbf{a}_z \sin\theta_r)\Gamma_{\parallel} E_o^i e^{-j[(k_r \sin\theta_r)x - (k_r \cos\theta_r)z]} \\ &= (0.83\mathbf{a}_x + 0.55\mathbf{a}_z)(-0.15 \times 4) e^{-j[2x-3z]} \qquad (8\text{-}153b) \\ &= -(0.50\mathbf{a}_x + 0.33\mathbf{a}_z) e^{-j[2x-3z]}\end{aligned}$$

(c) 식 (8-151b)로부터 다음을 구한다.

$$\tau_{\parallel} = \frac{2n_1 \cos\theta_i}{n_1 \cos\theta_t + n_2 \cos\theta_i} = \frac{2\cos 33.7^o}{0.929 + 1.5\cos 33.7^o} = 0.76$$

식 (8-148c)에 주어진 값들 $k_t = k_i\sqrt{\varepsilon_r} = 1.5\sqrt{13}$과 $\theta_t = 21.7°$를 대입하여 다음을 얻는다.

$$\begin{aligned}\tilde{\mathbf{E}}^t &= (\mathbf{a}_x \cos\theta_t - \mathbf{a}_z \sin\theta_t)\tau_{\parallel} E_o^i e^{-j[(k_t \sin\theta_t)x + (k_t \cos\theta_t)z]} \\ &= (0.93\mathbf{a}_x - 0.37\mathbf{a}_z) 0.76 \times 4 e^{-j[2.00x+5.03z]} \qquad (8\text{-}153c) \\ &= (2.84\mathbf{a}_x - 1.13\mathbf{a}_z) e^{-j[2.00x+5.03z]}\end{aligned}$$

Exercise 8.23

평면파 $\tilde{\mathbf{E}} = \mathbf{a}_E 10 e^{-j[3x+2y+4z]}$가 자유공간($z<0$)을 진행하여 평면 $z=0$의 경계면에 입사할 때, 평행편광을 위한 $\mathbf{a}_E$의 표현식은?

Ans $\mathbf{a}_E = (12\mathbf{a}_x + 8\mathbf{a}_y - 13\mathbf{a}_z)/\sqrt{377}$

(3) 브루스터 각(Brewster Angle)

평행편광의 균일평면파는 브루스터 각(Brewster angle)이라 불리는 각도로 경계면에 입사하면 전혀 반사하지 않는다. 따라서 그 진행파는 인접한 매질로 모두 투과하여 진행한다. 외부반사의 브루스터 각 θ_B는 내부반사의 브루스터 각 θ'_B과 상보관계(complementary)에 있다. 즉 $\theta_B + \theta'_B = 90^o$이다([그림 8-18] 참조). 브루스터 각은 편광각(polarization angle)이라고도 불린다. 무편광(unpolarized)의 진행파가 경계면에 브루스터 각으로 입사하면 오직 수직편광의 성분만이 반사를 하여 마치 하나의 편광기(polarizer)처럼 작동한다.

만약 하나의 매질이 무손실이고 비자성이면, 그것의 고유임피던스는 굴절률을 이용하면 $\eta = \eta_o / n$으로 표시된다. 이러한 두 물질 사이의 경계면에서의 반사계수는, 스넬 법칙을 식 (8-151a)에 적용하면, 다음과 같다.

$$\boxed{\Gamma_{\parallel} = \frac{\tan(\theta_t - \theta_i)}{\tan(\theta_t + \theta_i)}} \tag{8-154}$$

만약 $\theta_t + \theta_i = 90^\circ$이면 식 (8-154)에서 $\Gamma_{\parallel} = 0$을 얻게 되므로, 관계식 $\theta_i = 90^\circ - \theta_t = \theta_B$가 성립된다는 것을 알 수 있다. 브루스터 각으로 입사하는 경우, 스넬 법칙을 다시 쓰면

$$\begin{aligned} n_1 \sin\theta_B &= n_2 \sin\theta_t \\ &= n_2 \sin(90^o - \theta_B) \end{aligned}$$

이 식을 정리하면 브루스터 각과 굴절률 사이의 관계식을 구할 수 있다.

$$\boxed{\tan\theta_B = \frac{n_2}{n_1}} \tag{8-155}$$

이것은 매질 1에서 진행하여 매질 2에 부딪치는 진행파에 대한 브루스터 각이다. 비슷한 방법으로 매질 2에서 진행하여 매질 1에 부딪치는 진행파에 대한 브루스터 각은 아래와 같이 표시된다.

$$\tan\theta_B' = \frac{n_1}{n_2} \tag{8-156}$$

식 (8-155)와 (8-156)을 결합하면 아래의 관계식을 얻을 수 있다.

$$\theta_B + \theta_B' = 90^\circ \tag{8-157}$$

즉 두 브루스터 각은 서로 상보관계에 있다.

비슷한 방법으로, 무손실이고 비자성의 두 매질 사이의 경계면에서 식 (8-146a)로 주어지는 반사계수는 아래와 같은 형태로 표시할 수 있다.

$$\boxed{\Gamma_\perp = \frac{\sin(\theta_t - \theta_i)}{\sin(\theta_t + \theta_i)}} \tag{8-158}$$

여기서 분자가 영이 되거나 혹은 분모가 무한대가 되지 않으므로, 수직편광에 대한 브루스터 각은 존재하지 않는다([그림 8-18] 참조).

Example 8-19

[그림 8-19]와 같이 평행편광의 균일평면파가 평행 유전체판의 앞면에 브루스터 각 θ_B로 입사한다. 이 파는 유전체판의 뒷면에서도 마찬가지로 반사하지 않는다는 것을 증명하라.

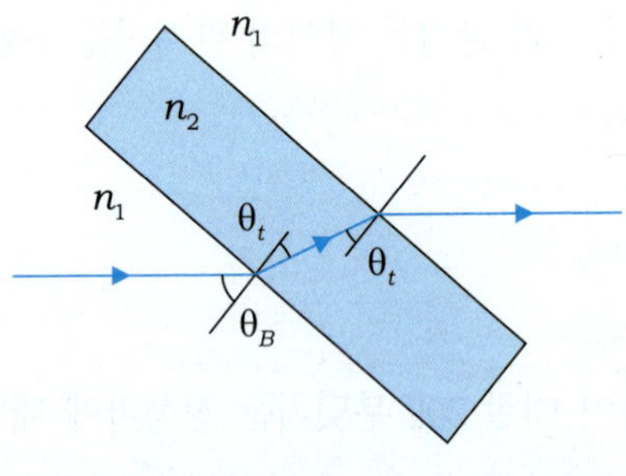

그림 8-19 평행 유전체판에 입사하는 평행편광의 평면파

Solution

식 (8-154)에서 구한 값 $\theta_B = 90^\circ - \theta_t$를 식 (8-155)에 대입하면

$$\frac{n_2}{n_1} = \frac{\sin\theta_B}{\cos\theta_B} = \frac{\cos\theta_t}{\sin\theta_t} \tag{8-159}$$

식 (8-159)와 (8-156)을 비교하면 관계식 $\theta_t = \theta'_B$를 얻는데 이것은 유전체판 안의 진행파는 뒷면에 또 다른 브루스터 각으로 입사한다는 것을 의미한다. 따라서 유전체판 뒷면에서도 반사는 일어나지 않는다.

Exercise 8.24

자유공간에 놓여 있는 굴절률 $n=2.42$의 다이아몬드의 θ_B와 θ'_B를 구하라.

Ans $\theta_B = 67.5^\circ, \theta'_B = 22.5^\circ$

Review Questions with Hints

RQ 8.27 입사면을 설명하라. [그림 8-15]

RQ 8.28 수직편광과 수평편광을 정의하라. [그림 8-16,8-17]

RQ 8.29 스넬의 굴절법칙을 서술하라. [(8-142)]

RQ 8.30 프레넬 식을 서술하라. [(8-146)(8-151)]

RQ 8.31 브루스터 각을 설명하라. [(8-155)]

8.3.3 전반사(Total Internal Reflection)

이제 유전체-유전체 경계면에서 균일평면파의 내부반사에 관심을 모으고 이때 발생하는 전반사(total internal reflection(TIR))에 대해 논한다. 내부반사는 하나의 진행파가 매질 1에서 굴절률이 더 작은 매질 2 ($n_1 > n_2$)에 부딪칠 때 발생한다 이 경우 스넬의 굴절법칙에 의하면 매질 2에서 측정되는 투과각 θ_t는 매질 1에서 측정되는 입사각 θ_i보다 항상 크다. 만약 입사각 θ_i를 0에서 큰 값으로 차차 증가시키면, 투과각 θ_t는 0에서 출발하여 90°에 도달하는데, 입사각 θ_i가 90°가 되기 이전에 그 최대치에 도달한다. 여기서 투과각 $\theta_t = 90°$에 해당하는 입사각을 임계각(critical angle) θ_c라 부른다. θ_i를 임계각보다 더 큰 값으로 증가시키면 진행파의 매질 2로의 투과는 더 이상 발생하지 않고 입사파는 경계면에서 모두 반사한다. 이런 현상을 전반사(total internal reflection)라 부른다. 주어진 값 $\theta_t = 90°$를 스넬의 굴절법칙에 대입하면 임계각은 다음과 같이 정의된다.

$$\boxed{\sin\theta_c = \frac{n_2}{n_1}} \tag{8-160}$$

여기서 $n_1 > n_2$가 가정되었다.

전반사가 발생하는 경우 비록 전자기 에너지가 매질 2로 전달되지는 않지만 매질 2에 잔류 전자기장이 존재하여야 한다. 그렇지 않으면 경계면 조건이 만족되지 못한다. 만약 $\theta_i > \theta_c$이면, 스넬의 굴절법칙은 투과각 θ_t에 대한 실수 값을 허락하지 않는다. 즉

$$\cos\theta_t = \pm\sqrt{1-\sin^2\theta_t} = \pm j\sqrt{(n_1/n_2)^2\sin^2\theta_i - 1} \tag{8-161}$$

여기서 $n_1 > n_2$이다. 매질 2에서의 전기장을 구하기 위해 식 (8-161)을 식 (8-143b) 혹은 식 (8-148b)에 대입한다.

$$\boxed{\begin{aligned}\tilde{\mathbf{E}}^t &= \mathbf{a}_E E_o^t e^{-j[(k_t\sin\theta_t)x+(k_t\cos\theta_t)z]} \\ &= \mathbf{a}_E E_o^t e^{-\alpha_e z} e^{-j\beta_e x}\end{aligned}} \tag{8-162}$$

여기서

$$\mathbf{a}_E = \mathbf{a}_y \qquad \text{(수직편광)}$$

$$\mathbf{a}_E = \mathbf{a}_x \cos\theta_t - \mathbf{a}_z \sin\theta_t \qquad \text{(수평편광)}$$

스넬의 굴절법칙을 이용해, 양의 상수인 α_e와 β_e가 아래와 같이 정의된다.

$$\begin{aligned} k_t \sin\theta_t &= k_t (n_1 / n_2) \sin\theta_i \\ &\equiv \beta_e \end{aligned} \tag{8-163a}$$

$$\begin{aligned} k_t \cos\theta_t &= \pm j k_t \sqrt{(n_1 / n_2)^2 \sin^2\theta_i - 1} \\ &\equiv -j\alpha_e \end{aligned} \tag{8-163b}$$

식 (8-163b)에서 음의 부호가 사용되는데 그 이유는 아래에서 명백히 드러난다. 식 (8-162)로 정의되는 파를 에버네센트 파(evanescent wave)라 부른다. 이 파의 진폭은 z-축 방향으로 지수함수적으로 감소하고, 위상은 x-축 방향으로 주기적으로 변한다. 다시 말해 에버네센트 파는 경계면을 따라 진행하지만 그 진폭은 경계면에 수직인 방향으로 감쇠된다. 이 파는 경계면에 제한되어 하나의 표면파(surface wave)를 형성한다.

식 (8-161)을 식 (8-146a)와 (8-151a)에 대입하여 전반사가 일어날 때의 반사계수를 아래와 같이 구한다.

$$\Gamma_{\perp} = \frac{\eta_2 \cos\theta_i - j\eta_1 \sqrt{(n_1 / n_2)^2 \sin^2\theta_i - 1}}{\eta_2 \cos\theta_i + j\eta_1 \sqrt{(n_1 / n_2)^2 \sin^2\theta_i - 1}} \tag{8-164a}$$

$$\Gamma_{\parallel} = \frac{j\eta_2 \sqrt{(n_1 / n_2)^2 \sin^2\theta_i - 1} - \eta_1 \cos\theta_i}{j\eta_2 \sqrt{(n_1 / n_2)^2 \sin^2\theta_i - 1} + \eta_1 \cos\theta_i} \tag{8-164b}$$

위에서 $\Gamma_{\perp}$은 $(a-jb)/(a+jb)$의 형태로 주어지고, $\Gamma_{\parallel}$은 $(-c+jd)/(c+jd)$의 형태로 주어진다. 따라서 아래와 같은 관계식이 항상 성립된다는 것을 알 수 있다.

$$|\Gamma_{\perp}| = |\Gamma_{\parallel}| = 1 \tag{8-165}$$

입사파의 편광상태에 관계없이, 입사파의 에너지는 경계면에서 모두 반사되어 되돌아간다.

Example 8-20

[그림 8-20]의 유전체 평판 도파로는 x-방향과 y-방향으로 무한대이고, 굴절률이 $n_1 > n_2$로 주어진다. 코어와 클래딩 사이의 경계면에서 전반사가 일어나기 위한 입사각의 최대값 θ_m을 구하라.

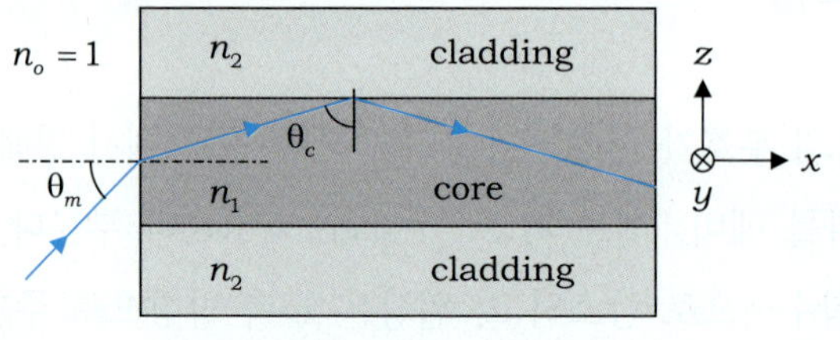

그림 8-20 유전체 평판 도파로

Solution

스넬 법칙을 입구의 면에 적용하면 아래의 식을 얻을 수 있다.

$$n_o \sin\theta_m = n_1 \sin(90^o - \theta_c)$$
$$= n_1 \cos\theta_c$$

코어-클래딩 경계면의 임계각은 다음과 같다.

$$\sin\theta_c = n_2 / n_1$$

위의 두 식을 결합하면

$$n_o \sin\theta_m = n_1\sqrt{1-(n_2/n_1)^2}$$

따라서 최대 입사각은 다음과 같다.

$$\theta_m = \sin^{-1}\left[\frac{1}{n_o}\sqrt{n_1^2 - n_2^2}\right]$$

입사각이 θ_m보다 작으면 코어-클래딩 경계면에서의 연속적인 전반사에 의해 입사파는 유전체 평판 도파로를 따라 진행한다.

Exercise 8.25

자유공간에 놓여 있는 굴절률 $n=2.42$인 다이아몬드의 θ_c를 구하라.

Ans $\theta_c = 24.4°$

Exercise 8.26

유전체-유전체 경계면에서의 에버네센트 파와 양도체에서의 에버네센트 파를 구별하여 설명하라.

Review Questions with Hints

RQ 8.32 전반사를 설명하라. [그림 8-20]

RQ 8.33 임계각을 정의하라. [(8-160)]

RQ 8.34 둘째 매질에서의 에버네센트 파를 설명하라. [(8-162)]

8.3.4 반사율 및 투과율(Reflectance and Transmittance)

8-2.2절에서 설명한 것처럼 단위 면적당 시간평균 전력은 포인팅 벡터 $\langle \mathbf{S} \rangle$로 정의된다. 주어진 한 표면에 도달하는 전자기 전력에 관심이 있다면, 이때의 단위 면적당 시간평균 전력을 복사속밀도(radiant flux density) 혹은 조사밀도(irradiance) I라 부른다. 즉

$$I \equiv \langle \mathbf{S} \rangle = \frac{1}{2}\mathrm{Re}\left[\tilde{\mathbf{E}} \times \tilde{\mathbf{H}}^*\right] = \mathrm{Re}\left[\frac{E_o^2}{2\eta^*}\right] \qquad [\mathrm{W/m^2}] \tag{8-166}$$

여기서 E_o은 전기장세기 진폭이고, η는 매질의 고유임피던스이며, $*$는 공액 복소수를 의미한다. 무손실 비자성 매질에서 조사밀도는 아래와 같이 표시된다.

$$\boxed{I = \frac{1}{2}\sqrt{\frac{\varepsilon}{\mu_o}}E_o^2 = \frac{n}{2\eta_o}E_o^2} \qquad [\mathrm{W/m^2}] \tag{8-167}$$

여기서 n은 주어진 매질의 굴절률이고, η_o은 자유공간의 고유임피던스이다. 조사밀도는 제곱미터당 와트(watts per square meter[$\mathrm{W/m^2}$])의 단위로 측정된다.

[그림 8-21]에서 단면 A는 입사파, 반사파, 투과파가 주어진 경계면과 만나서 만드는 단면이다. 경계면의 단면 A로부터 세 진행파의 단면이 각각 $A\cos\theta_i$, $A\cos\theta_r$, $A\cos\theta_t$로 주어진다는 것을 알 수 있다. 만약 세 진행파의 복사속밀도가 각각 I_i, I_r, I_t라면, 세 진행파에 포함된 총전력은 각각 $I_i A\cos\theta_i$, $I_r A\cos\theta_r$, $I_t A\cos\theta_t$이다.

반사율(reflectance) R은 반사전력과 입사전력 사이의 비다. 즉

$$\boxed{R = \frac{I_r A\cos\theta_r}{I_i A\cos\theta_i} = \left(\frac{E_o^r}{E_o^i}\right)^2 = \Gamma^2} \tag{8-168}$$

여기서 Γ는 반사계수이고, 반사법칙으로부터 $\theta_r = \theta_i$이다. 반사율이 단순히 반사계수의 제곱이라는 것을 알 수 있다.

비슷한 방법으로, 투과율(transmittance) T는 투과전력과 입사전력 사이의 비다. 즉

$$\boxed{T = \frac{I_t A \cos\theta_t}{I_i A \cos\theta_i} = \left(\frac{n_2 \cos\theta_t}{n_1 \cos\theta_i}\right)\tau^2} \tag{8-169}$$

여기서 n_1과 n_2는 각각 입사매질과 투과매질의 굴절률이다. 투과율은 단순히 투과계수의 제곱으로 주어지지 않는다.

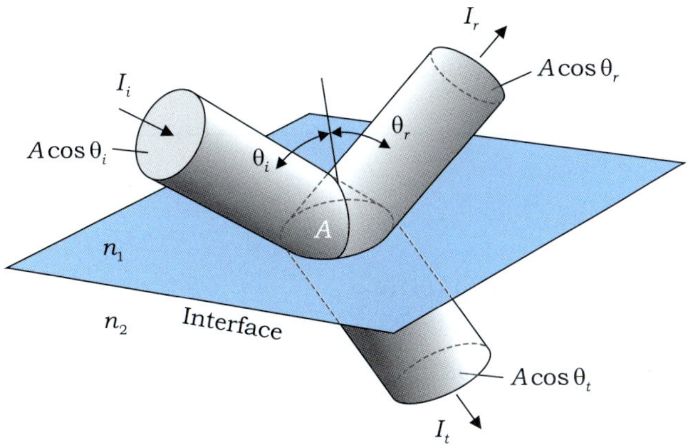

그림 8-21 경계면에서의 유한한 단면의 세 진행파

에너지 보존법칙에 따르면 반사파와 투과파의 전력의 합은 입사파의 그것과 동일하여야 한다. 즉

$$I_i A \cos\theta_i = I_r A \cos\theta_r + I_t A \cos\theta_t \tag{8-170}$$

식 (8-170)의 양변을 $I_i A \cos\theta_i$로 나누면 아래의 식을 얻는다.

$$1 = \frac{I_r}{I_i} + \frac{I_t \cos\theta_t}{I_i \cos\theta_i} \tag{8-171}$$

식 (8-168)과 (8-169)를 식 (8-171)에 대입하면 아래의 관계식을 얻을 수 있다.

$$\boxed{1 = R + T} \tag{8-172}$$

반사율과 투과율 사이의 합은 항상 1 인데 이것은 입사파의 편광상태와 매질에서의 전

력손실에 관계없이 항상 성립된다. 반사율은 편광상태 및 매질에 관계없이 경계면에서 항상 $R=|\Gamma|^2$이므로, 투과율을 관계식 $T=1-|\Gamma|^2$으로부터 구할 수 있다.

Example 8-21

Example 8-18의 세 식 (8-153a), (8-153b), (8-153c)로 표시되는 세 진행파에 대해

(a) 경계면에서 단위 면적당 각각의 전력을 구하라.

(b) 경계면에서 에너지 보존법칙을 증명하라.

Solution

(a) 경계면의 단위 면적당 입사전력은

$$I_i\cos\theta_i=\frac{1}{2\eta_o}(E_o^i)^2\cos\theta_i=\frac{1}{2\times 377}\left[(3.33)^2+(2.22)^2\right]\cos(33.69^o)$$
$$=17.68\ [\mathrm{mW}]$$

경계면의 단위 면적당 반사전력은

$$I_r\cos\theta_r=\frac{1}{2\eta_o}(E_o^r)^2\cos\theta_r=\frac{1}{2\times 377}\left[(0.49)^2+(0.32)^2\right]\cos(33.69^o)$$
$$=0.38\ [\mathrm{mW}]$$

경계면의 단위 면적당 투과전력은

$$I_t\cos\theta_t=\frac{\sqrt{2.25}}{2\times 377}(E_o^t)^2\cos\theta_t$$
$$=\frac{1.5}{2\times 377}\left[(2.84)^2+(1.13)^2\right]\cos(21.69^o)$$
$$=17.27\ [\mathrm{mW}]$$

(b) 입사전력은 17.68[mW]이고, 계산된 반사전력과 투과전력의 합은 17.65[mW]로 주어진다. 계산상 소수점 오류를 무시하면 에너지 보존법칙이 만족된다.

Exercise 8.27

평행편광의 균일평면파가 경계면에 브루스터 각으로 입사할 때 $\tau_{\parallel}$과 $T_{\parallel}$을 두 매질의 굴절률로 표시하라.

Ans $\tau_{\parallel}=n_1/n_2$ 그리고 $T_{\parallel}=1$

Review Questions with Hints

RQ 8.35 조사밀도를 정의하라. [(8-166)]

RQ 8.36 반사율과 투과율을 정의하라. [(8-168)(8-169)]

RQ 8.37 에너지 보존법칙을 경계면에서의 반사율과 투과율을 이용해 나타내라. [(8-172)]

8.4 분산매질 내의 진행파(WAVES IN DISPERSIVE MEDIA)

물질의 원자모델에 의하면, 하나의 유전체는 사유공간상의 등기 격자점에 놓여 있는 개별 원자들의 집합으로 생각할 수 있다. 주파수 ω의 전자기파가 유전체에 입사하면 그 전기장은 물체 내에, 동일 주파수 ω로 진동하는, 전기 쌍극자모멘트를 발생시킨다. 전기쌍극자는 물체 내에 2차파(secondary wave)를 발생시키는데 이것은 입사파와 동일한 주파수, 동일한 속도로 진행한다. 그러나 전기쌍극자의 감폭(damping)은 2차파가 입사파에 대해 위상 지연 혹은 선행하도록 만든다. 입사파와 2차파의 합은 물체 안에서의 진행파(internal wave)를 형성한다. 그 파가 물체 안에서 진행할 때 그 위상지연은 계속 누적되어 물체 안에서의 위상속도는 자유공간에서의 위상속도와 다르게 된다. 전기쌍극자의 감폭은 주파수에 대한 함수이므로 물체 내의 위상속도도 역시 주파수에 대한 함수로 주어진다. 이러한 현상을 분산(dispersion)이라 부른다.

지금까지 주로 하나의 주파수와 하나의 위상속도로 진행하는 균일평면파에 대해 논했다. 그러나 하나의 신호파가 정보를 전달하기 위해서는 디지털 펄스와 같이 짧은 시간 동안 정의되어야 한다. 하나의 파동묶음(wavepacket)은 하나의 진행파로서 시간과 공간에서 그 크기가 제한된 진행파를 의미하는데, 푸리에 해석에 의하면, 이것은 주파수 띠(band of frequencies)를 가지고 있다. 하나의 분산매질에서 서로 다른 주파수의 진행파는 서로 다른 위상속도로 진행하여 파동묶음에 퍼짐현상(broadening)이 발생한다. 파동묶음은 군속도(group velocity)로 진행하는데 이것은 에너지가 전달되는 속도이다.

여기서 동일한 진폭을 가지지만 서로 약간 다른 각주파수 $\omega^- = \omega_o - \Delta\omega$와 $\omega^+ = \omega_o + \Delta\omega$를 가지고 자유공간을 진행하는, 두 조화파의 간섭에 의해 발생되는 파동묶음에 대해 살펴본다. 이 두 진행파는 x-방향으로 편광되어 있고 z-방향으로 진행한다고 가정한다. 이 경우 총 전기장세기는 아래와 같이 표시된다.

$$\begin{aligned}\mathscr{E}(z,t) &= \mathbf{a}_x E_o \cos\left(\omega^- t - \beta^- z\right) + \mathbf{a}_x E_o \cos\left(\omega^+ t - \beta^+ z\right) \\ &= \mathbf{a}_x 2E_o \cos\left(\Delta\omega t - \Delta\beta z\right)\cos\left(\omega_o t - \beta_o z\right)\end{aligned} \tag{8-173}$$

여기서 사용된 관계식들은 아래와 같다.

$$\Delta\omega = \frac{1}{2}\left(\omega^+ - \omega^-\right) \tag{8-174a}$$

$$\Delta\beta = \frac{1}{2}\left(\beta^+ - \beta^-\right) \tag{8-174b}$$

$$\omega_o = \frac{1}{2}\left(\omega^+ + \omega^-\right) \tag{8-174c}$$

$$\beta_o = \frac{1}{2}\left(\beta^+ + \beta^-\right) \tag{8-174d}$$

식 (8-173)에서 보듯이 파동묶음의 전기장세기는 각 주파수 ω_o으로 매우 빠르게 진동하지만, 그 포락선(envelope)은 각주파수 $\Delta\omega$로 매우 천천히 변한다([그림 8-22(b)] 참조). 균일평면파에서와 마찬가지로, 파동묶음의 위상속도는 상수 위상의 점이 진행하는 속도이다: 예를 들면 전기장세기를 나타내는 곡선의 마루(crest)가 진행하는 속도. 이 위상속도는, 그 마루와 같이 이동하는 관찰자가 이동한 거리 Δz와 이때 흐른 시간

Δt 사이의 비로 결정된다. 따라서 위상속도는 아래와 같다.

$$\boxed{v_p = \frac{\omega_o}{\beta_o}} \quad [\text{m/s}] \tag{8-175}$$

진행파 마루의 속도인 위상속도와 달리, 군속도(group velocity) 는 파동묶음의 포락선의 이동 속도이다. 위상속도에서와 마찬가지로, 파동묶음의 포락선 피크와 같이 이동하는 관찰자의 이동거리 Δz와 이때 흐른 시간 Δt 사이의 비를 이용해 군속도를 구할 수 있다. 식 (8-173)에서 포락선 피크는 관계식 $(\Delta\omega t - \Delta\beta z) = 0$으로 정의된다. $\Delta\omega \to 0$이고 $\Delta\beta \to 0$일 때의 극한값을 이용하면 군속도를 아래와 같이 구할 수 있다.

$$\boxed{v_g = \frac{d\omega}{d\beta}} \quad [\text{m/s}] \tag{8-176}$$

군속도는 파동묶음의 변조된 진폭이 진행하는 속도이자 그 파의 에너지가 진행하는 속도이다. 반면 위상속도는 파면이 진행하는 속도인데 이것은 진행파들 사이의 간섭을 설명할 때 매우 유용하다([그림 8-22] 참조). 위상속도와 군속도는 하나의 균일평면파에서는 동일한 값으로 주어진다.

비록 위상속도와 군속도가 하나의 분산매질에서 주파수에 대한 함수로 주어지지만 이 둘은 서로 다른 주파수 영역에서 서로 다른 특성을 나타낸다. 정상분산(normal dispersion) 영역에서 굴절률 n은 주파수에 따라 증가하고, 따라서 군속도 v_g는 위상속도 v_p보다 작은 값으로 주어진다. 반면 비정상분산(anomalous dispersion) 영역에서 굴절률은 주파수에 따라 감소하므로 v_g는 항상 v_p보다 크다.

[그림 8-22]를 이용하면 v_g와 v_p사이의 관계를 정성적으로 이해할 수 있다. 그림에서 세 점 A, B, C는 약간 더 큰 주파수 ω^+를 가진 진행파의 세 마루를 나타낸다. 한 관찰자가 이들과 동일한 속도 v_p^+로 움직인다고 가정하자. 정산분산 영역에서 굴절률 $n^+ > n^-$의 관계로 인하여, 더 낮은 주파수 ω^-의 진행파가 ω^+의 진행파보다 더 빨리 움직인다. 따라서 시간이 지남에 따라 포락선의 피크는, 혹은 두 마루가 겹쳐진 점은, 이동 중인 관찰자에게는 점 B에서 점 A로 이동하는 것처럼 보인다([그림 8-22(a)] 참조).

따라서 정상분산 영역에서 v_g는 v_p보다 작다. 반면, 비정상분산 영역에서는 굴절률 $n^+ < n^-$의 관계로 인하여 ω^+의 진행파가 ω^-의 진행파보다 빨리 움직인다. 따라서 ω^+의 진행파와 같이 이동 중인 관찰자에게는 시간에 따라 포락선 피크가 점 B에서 점 C로 이동하는 것처럼 보인다. 그러므로 이 경우 v_g는 v_p보다 크다.

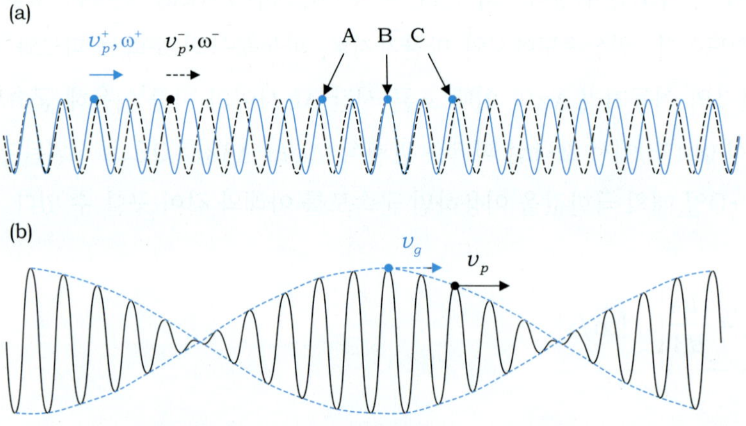

그림 8-22 서로 약간 다른 주파수를 가진 두 진행파 사이의 간섭

[그림 8-23]은 하나의 분산매질에서의 ω-β 도표를 (a) 정상분산 및 (b) 비정상분산 영역에서 그린 것이다. 원점에서 곡선 위의 한 점으로 향하는 직선의 기울기는 주어진 주파수 ω_o에서의 진행파의 위상속도를 나타낸다. 반면 곡선 위의 접선의 기울기는 평균주파수가 ω_o인 파동묶음의 군속도이다.

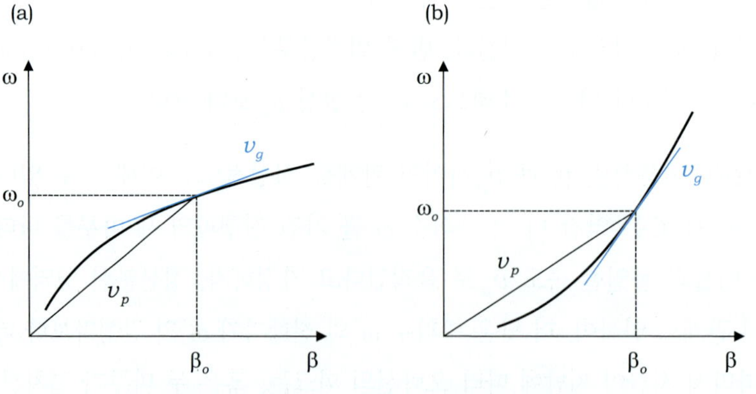

그림 8-23 분산매질의 ω-β 도표 (a) 정상분산, (b) 비정상분산

Example 8-22

자유공간을 진행하는 파동묶음이 식 (8-173)으로 표시될 때 다음을 구하라.

(a) $\mathscr{H}(z,t)$

(b) $\langle \mathbf{S} \rangle$

Solution

(a) 관계식 $|\mathscr{H}| = |\mathscr{E}|\sqrt{\varepsilon_o/\mu_o}$와 $\mathbf{a}_k = \mathbf{a}_E \times \mathbf{a}_H$를 이용해 아래의 식을 얻는다.

$$\mathscr{H}(z,t) = \mathbf{a}_y 2E_o\sqrt{\varepsilon_o/\mu_o}\cos(\Delta\omega t - \Delta\beta z)\cos(\omega_o t - \beta_o z) \tag{8-177}$$

위상의 시간주기는 $\tau_1 = 2\pi/\omega_o$이고 포락선의 시간주기는 $\tau_2 = 2\pi/\Delta\omega$이다. 여기서 $\tau_1 \ll \tau_2$이다.

(b) 포인팅 벡터를 쓰면

$$\begin{aligned}\mathbf{S} &= \mathscr{E} \times \mathscr{H} \\ &= \mathbf{a}_z 4E_o^2\sqrt{\varepsilon_o/\mu_o}\cos^2(\Delta\omega t - \Delta\beta z)\cos^2(\omega_o t - \beta_o z)\end{aligned} \tag{8-178}$$

시간평균 전력밀도는 다음과 같이 표시된다.

$$\langle \mathbf{S} \rangle = \frac{1}{T}\int_{-T/2}^{T/2} \mathbf{S}\,dt \qquad (\tau_1 \ll T \ll \tau_2) \tag{8-179}$$

식 (8-178)을 식 (8-179)에 대입하면

$$\langle \mathbf{S} \rangle = \mathbf{a}_z 2E_o^2\sqrt{\varepsilon_o/\mu_o}\cos^2(\Delta\omega t - \Delta\beta z) \tag{8-180}$$

식 (8-180)은 파동묶음의 시간평균 전력밀도가 군속도 $\Delta\omega/\Delta\beta$로 진행함을 보여준다.

Exercise 8.28

하나의 분산매질의 굴절률이 식 $n = n_o(1 + \omega/\omega_o)$로 주어질 때 주파수 $\omega = \omega_o$에서 위상속도와 군속도를 구하라.

Ans $v_p = c/2n_o$, $v_g = c/3n_o$(c, 진공에서의 빛의 속도)

Review Questions with Hints

RQ 8.38 분산을 말로 설명하라. [그림 8-23]

RQ 8.39 군속도를 정의하라. [(8-176)]

RQ 8.40 ω-β 도표에서 위상속도와 군속도를 정의하라. [그림 8-23]

PROBLEMS

8-1 고유임피던스 η의 물체에 실순시 전기장 $\mathscr{E}$가 주어질 때 전기장 및 자기장 위상자 $\tilde{\mathbf{E}}$와 $\tilde{\mathbf{H}}$를 구하라.

(a) $\mathscr{E} = \mathbf{a}_x E_o e^{-\alpha z} \sin(\omega t - \beta z + \pi / 4)$가 $\eta = \eta_o e^{j\pi/4}$인 물체에 주어짐

(b) $\mathscr{E} = -\mathbf{a}_x E_o e^{-\alpha z} \cos(\omega t + \beta z)$가 $\eta = \eta_o e^{-j\pi/4}$인 물체에 주어짐

(c) $\mathscr{E} = \mathbf{a}_y E_o \cos(kz) \cos(\omega t)$가 자유공간에 주어짐

8-2 전기장 $\mathscr{E}$가 문제 8-1 에서와 같이 주어질 때 시간평균 전력밀도 $\langle \mathbf{S} \rangle$를 구하라.

8-3 자유공간에서 전기장 위상자가 $\tilde{\mathbf{E}} = 6\mathbf{a}_x e^{-j3y-j4z}$ [V/m]로 주어질 때 다음을 구하라.

(a) 진행방향, 파장, 주파수

(b) 자기장 위상자 $\tilde{\mathbf{H}}$

(c) 하나의 면이 $0 \le x \le 1$[m], $0 \le y \le 2$[m], $z = 0$으로 정의될 때, 이 면을 통과하는 시간평균 전력.

8-4 주파수 200[MHz]의 균일평면파가 무손실 유전체($\varepsilon_r = 12$, $\mu_r = 5$)를 진행할 때 다음을 구하라.

(a) β
(b) λ
(c) v_p
(d) η

8-5 자기장 위상자 $\tilde{\mathbf{H}} = (10 - j2)(3\mathbf{a}_y + j5\mathbf{a}_z)e^{-j20x}$가 무손실 유전체($\varepsilon_r = 2.5$, $\mu_r = 4$)에서 주어질 때 전기장 위상자 $\tilde{\mathbf{E}}$를 구하라.

8-6 자유공간의 한 점 a에서 진기장세기 $\mathscr{E}$가 시간에 따라 주기적으로 변하는데, 진폭이 5.3[V/m]이고 벡터 $\mathbf{A} = (2\mathbf{a}_x - \sqrt{3}\,\mathbf{a}_y)$의 방향으로 그 크기가 변한다. 점 b는 점 a와 동일한 전기장세기 위상을 갖는 점 a에 가장 가까운 이웃이다. 점 a에서 점 b로의 거리벡터가 $\mathcal{R} = \sqrt{3}\,\mathbf{a}_x + 2\mathbf{a}_y + 3\mathbf{a}_z$[m]로 주어질 때 모든 지점의 $\mathscr{E}$를 구하라.

8-7 하나의 전자기 평면파는 전기장 위상자 $\tilde{\mathbf{E}} = \mathbf{a}_E E_o e^{-j\mathbf{k}\cdot\mathbf{r}}$로 표시될 수 있다. 여기서 $\mathbf{a}_E$는 단위벡터, $\mathbf{k}$는 파수벡터, $\mathbf{r}$은 위치벡터이다. 위상자형태의 맥스웰 방정식을 이용해 다음의 관계식을 구하라.

(a) $\mathbf{k} \times \tilde{\mathbf{E}} = \omega\mu\tilde{\mathbf{H}}$

(b) $\mathbf{k} \times (\mathbf{k} \times \tilde{\mathbf{E}}) = -\omega^2\mu\varepsilon\tilde{\mathbf{E}}$

(c) $\mathbf{k} \cdot \tilde{\mathbf{E}} = 0$

(d) $\mathbf{k} \cdot \left(\mathbf{k} \times \tilde{\mathbf{E}}\right) = 0$

8-8 원통좌표계의 전기장 위상자 $\tilde{\mathbf{E}} = E_o \rho^{-1} e^{-jkz} \mathbf{a}_\rho (k = \omega\sqrt{\mu_o \varepsilon_o})$가 자유공간을 진행하는 전자기파라는 것을 (a) 맥스웰 방정식, (b) 헬름홀츠 식을 이용해 증명하고, (c) 자기장 위상자 $\tilde{\mathbf{H}}$를 구하라.

8-9 자유공간의 위상자 $\tilde{\mathbf{E}} = \left(E_o \mathbf{a}_x + jE_o \mathbf{a}_y\right) e^{+jkz}$에 대해 다음을 구하라.

(a) 진행방향 (b) $\tilde{\mathbf{H}}$

(c) $\mathscr{E}$ (d) 편광상태

8-10 선형편광 진행파 $\tilde{\mathbf{E}} = \left(E_{ox} \mathbf{a}_x + E_{oy} \mathbf{a}_y\right) e^{-jkz}$를 2개의 원형편광파로 분리하라.

8-11 두 원형편광파 $\tilde{\mathbf{E}}_R = \left(E_o \mathbf{a}_x - jE_o \mathbf{a}_y\right) e^{-jkz}$ 와 $\tilde{\mathbf{E}}_L = \left(E_o \mathbf{a}_x + jE_o \mathbf{a}_y\right) e^{-jkz}$가 동시에 하나의 얇은 광학판을 통과하면 $\tilde{\mathbf{E}}_R$의 위상은 θ[rad] 만큼 증가하지만 $\tilde{\mathbf{E}}_L$에는 어떤 변화도 없다. 합해진 하나의 파 $\tilde{\mathbf{E}}_R + \tilde{\mathbf{E}}_L$이 광학판을 통과하기 (a) 직전 (b) 직후에 어떤 편광상태에 있는지를 구하라.

8-12 선형편광파 $\tilde{\mathbf{E}} = E_o \mathbf{a}_y e^{-jkz}$가 [그림 8-24]와 같이 사분파장판(quarter-wave plate)에 입사하는데 이 광학판의 느린축(slow axis)은 x-축에 대해 30° 회전되어 있다. 느린축에 평행인 전기장-성분은 이것에 직각인, 빠른축에 평행인 전기장-성분에 비하여 위상이 90° 지연된다. 광학판을 통과한 후의 편광상태를 구하라.

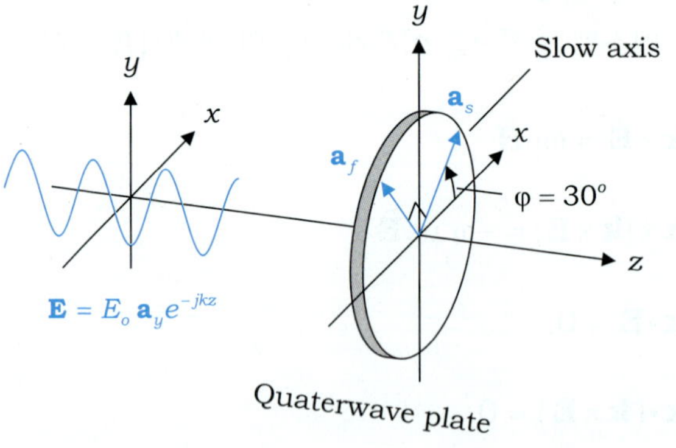

그림 8-24 사분파장판을 통과하는 선형편광파(Problem 8-12)

8-13 주파수 100[MHz]의 전자기 평면파가 비자성 매질을 진행할 때 전기장 위상자가 $\tilde{\mathbf{E}} = 2.4\,\mathbf{a}_x e^{-0.1z} e^{-j6z}$로 주어진다. ε'_r, ε''_r, $\tilde{\mathbf{H}}$를 구하라.

8-14 하나의 균일평면파가 하나의 유전체에서 $+z$-방향으로 진행한다. 이 유전체는 $\varepsilon'_r = 2.53$, $\mu = \mu_o$, 손실탄젠트가 0.03이다. 평면 $z = 0.5$[m] 위의 한 점에서 전기장세기는 시간에 따라 주기적으로 변한다. 즉 $\mathscr{E}(z = 0.5, t) = 400\,\mathbf{a}_x \sin(2\pi \times 10^8 t - \pi/8)$. 이 매질 안에서의 $\tilde{\mathbf{E}}$를 구하라.

8-15 각주파수 $\omega = 3 \times 10^9$[rad/s]의 균일평면파가 무한히 크고, 비자성의, 손실유전체 안에서 $+z$-방향으로 진행한다. 이것의 전력은 32.3[cm] 진행할 때마다 10[dB]씩 감소하고 이것의 $\tilde{\mathbf{H}}$는 $\tilde{\mathbf{E}}$에 비하여 위상이 항상 0.22[rad] 지연된다. 이 매질의 $\hat{\eta}$를 구하라.

8-16 두 비자성 유전체($\mu_r = 1$)는 동일한 유전율($\varepsilon_r = 2.25$)를 가지지만 서로 다른 전도도($\sigma = 0$, $\sigma = 50$[S/m])를 가진다. 만약 주파수 100[MHz]의 평면파가 각각의 유전체에서 진행할 때 두 진행파의 (a) β (b) λ (c) v_p 값들을 비교하라.

8-17 비자성 유전체에서 진행하는 평면파의 전기장세기 및 자기장세기가 각각 $\mathscr{E}(z,t) = \mathbf{a}_x 967.1 e^{-\alpha z} \cos\left(1.5 \times 10^9 t - \beta z\right)$와 $\mathscr{H}(z,t) = \mathbf{a}_y 10 e^{-\alpha z} \cos\left(1.5 \times 10^9 t - \beta z - 0.7194\right)$로 주어진다.

다음을 구하라. (a) η, (b) ε_r, (c) σ, (d) α, (e) β

8-18 비자성의 유전체에 주파수 $f = 1$[GHz]의 전자기 평면파가 진행할 때 $\alpha = 20.32$[Np/m]이고 $\beta = 38.85$[rad/m]이다. 다음을 구하라.

(a) 손실탄젠트

(b) 유전상수

(c) 고유임피던스

8-19 손실유전체($\varepsilon_r = 1.5,\ \mu_r = 1$)에 주파수 50[MHz] 의 전자기 평면파가 진행할 때 $\beta = 120$[rad/m]로 주어진다. 다음을 구하라.

(a) 손실탄젠트

(b) 전도도 σ

8-20 위상자 $\tilde{\mathbf{E}} = \mathbf{a}_x 300 e^{-0.21z - j(2.2z)}$[V/m]로 표시되는 전자기 평면파가 고유임피던스 $\hat{\eta} = 220 + j21$[Ω]인 매질을 진행한다. (a) 시간평균 포인팅 벡터 $\langle \mathbf{S} \rangle$를 구하라. 그 다음, $z = 0.5$[m]에서 단위 부피당 시간평균 옴 전력손실을 다음을 이용해 구하라. (b) $-\nabla \cdot \langle \mathbf{S} \rangle$ (c) $(1/2)\mathrm{Re}[\tilde{\mathbf{E}} \cdot \tilde{\mathbf{J}}^*]$.

8-21 일반적으로 레이저 포인터의 빔 세기는 1[mW/mm^2]이다. 레이저 빔을 단색 평면파로 가정하여 그 전기장세기를 구하라.

8-22 주파수 30[MHz]의 평면파의 전력밀도는 양도체 안에서 거리 0.15[mm]를 진행함에 따라 10[dB] 감소한다. 비자성 물질을 가정하고 (a) σ, (b) $\hat{\eta}$를 구하라.

8-23 양도체($\sigma = 10^7$[S/m], $\mu = \mu_o$) 안에서 $+z$-방향으로 진행하는 주파수 100[MHz]의 평면파에 대해 (a) δ, (b) $\hat{\eta}$, (c) v_p를 구하라.

8-24 공기로 채워진 동축케이블이 반지름이 a인 안쪽 도체와 안쪽 반지름이 b인 바깥쪽 도체로 이루어져 있다. 표피두께 δ가 반지름 a 및 바깥쪽 도체의 두께보다 매우 작다고 가정하고 동축케이블의 단위 길이당 ac-저항을 구하라.

8-25 하나의 균일평면파가 두 무손실 유전체 사이의 경계면에 수직으로 입사한다. 이때 반사파와 투과파의 전력밀도는 동일하다. (a) 정재파비, (b) 비 η_2/η_1을 구하라.

8-26 균일평면파가 평면 $z = 0$에 위치한 경계면에 수직입사하여 $S = 4.0$의 정재파를 공기($z<0$)에 형성한다. 이때 영역 $z \geq 0$에 존재하는 비자성, 무손실의 유전체에 투과된 전력밀도는 5[W/m^2]이다. 입사파의 진폭을

구하라.

8-27 파장 630[nm]의 빨간 빛이 자유공간에서 하나의 균일평면파를 형성하여 양도체($\sigma = 5\times10^7$[S/m], $\mu = \mu_o$)의 표면에 수직으로 입사한다.

(a) $|\Gamma|$를 구하라.

(b) 파장 350[nm]의 보라색 빛이 동일한 표면에 수직입사할 때 $|\Gamma|$의 퍼센티지 변화를 구하라.

8-28 평면 $z = 0$은 알루미늄 호일($\sigma = 3.82\times10^7$[S/m], $\mu = \mu_o$)의 앞면에 해당하는데 이것의 두께는 침투두께($t = \delta$)와 같다. 자유공간($z < 0$)을 진행하는 파장 0.5[μm]의 파랑색 평면파가 평면 $z = 0$에서 전기장세기가 $\mathscr{E} = 100\mathbf{a}_x\cos(2\pi ft)$[V/m]로 주어진다. 호일 내에서 다음을 구하라. (a) 주파수 f, (b) 침투두께 δ, (c) 복소 고유임피던스 $\hat{\eta}$

8-29 문제 8-28 에서와 같이 파랑색 빛이 알루미늄 호일에 수직으로 입사할 때, 호일의 앞면과 뒷면에서 한번씩의 반사는 고려하되 중복 내부반사를 무시하고, 호일 외부($z > t$)에서의 전기장 위상자 $\tilde{\mathbf{E}}$를 구하라.

8-30 하나의 균일평면파 $\tilde{\mathbf{E}}^i = -300\mathbf{a}_y e^{-j(10x+15z)}$가 자유공간($z < 0$)을 진행한 후 평면 $z = 0$에 해당하는 유전체($n = 1.30$)의 표면에 입사한다. 다음을 구하라.

(a) 입사각

(b) $\tilde{\mathbf{E}}^r$과 $\tilde{\mathbf{E}}^t$

(c) R과 T

8-31 자유공간($z < 0$)에서 위상자 $\tilde{\mathbf{E}}^i = 100(-4\mathbf{a}_x + 3\mathbf{a}_z)e^{-j(9x+12z)}$의 균일평면파가 주어질 때, 영역 $z \geq 0$에 존재하는 유전체($n = 1.30$)에 의한 $\tilde{\mathbf{E}}^r$과 $\tilde{\mathbf{E}}^t$를 구하라.

8-32 위상자가 $\tilde{\mathbf{E}}^i = (2\mathbf{a}_x - \mathbf{a}_z)30\sqrt{5}\, e^{-j(10x+20z)}$ 인 전자기파가 자유공간 $(z<0)$을 진행하여 영역 $z \geq 0$에 존재하는 완전도체에 반사된다. 다음을 구하라.

(a) $\tilde{\mathbf{H}}^i$, $\tilde{\mathbf{E}}^r$, $\tilde{\mathbf{H}}^r$

(b) 평면 $z=0$에서의 $\tilde{\mathbf{E}}$와 $\tilde{\mathbf{H}}$

(c) 평면 $z=0$에 유도되는 $\tilde{\mathbf{J}}_s$

8-33 위상자 $\tilde{\mathbf{E}}^i = (2\mathbf{a}_x + 2\mathbf{a}_y - 4\mathbf{a}_z)e^{-j(4x+8y+6z)}$의 균일평면파가 자유공간 $(z<0)$에 주어질 때, 이것을 두 성분으로 나누어 각각의 전기장벡터가 평면 $z=0$에 각각 수직 및 수평이 되도록 하라.

8-34 문제 8-33에서의 $\tilde{\mathbf{E}}^i$를 참조하여, 만약 평면 $z=0$이 영역 $z>0$에 존재하는 완전도체의 표면에 해당할 때, 반사파의 전기장 위상자를 구하라.

8-35 하나의 균일평면파가 위상자 $\tilde{\mathbf{E}}^i = 4\mathbf{a}_E e^{-j(x+\sqrt{3}z)}$를 가지고 영역 $z<0$의 자유공간을 진행하여, 영역 $z \geq 0$의 무손실 유전체($\varepsilon_r = 2.25$, $\mu_r = 1$)에 입사한다. 그 입사파는 수직편광-성분의 진폭이 3[V/m]로 주어진다.

(a) 입사파 $\tilde{\mathbf{E}}^i$를 수직성분과 수평성분으로 분해하라.

(b) 반사파 $\tilde{\mathbf{E}}^r$에 대한 표현식을 서술하라.

8-36 평면 $z=0$는 자유공간$(z<0)$과 굴절률 $n_2 = 1.46$인 용융석영(fused quartz)$(z \geq 0)$사이의 경계면이다. 자유공간에서 파장 $\lambda_o = 0.633$[nm], 전력밀도 $\langle \mathbf{S} \rangle = 10$[mW/mm^2]인 균일평면파가 그 경계면에 브루스터각으로 입사하여 용융석영에 모두 투과하여 진행할 때 다음을 구하라.

(a) 파수벡터 $\mathbf{k}_i$와 $\mathbf{k}_t$

(b) 입사파와 반사파의 편광방향으로의 단위벡터들

(c) $\mathscr{E}^i$와 $\mathscr{E}^t$에 대한 표현식들

8-37 하나의 원형편광파가 위상자 $\tilde{\mathbf{E}}^i = (3\mathbf{a}_x + j5\mathbf{a}_y - 4\mathbf{a}_z)e^{-j10^6(4.8x+3.6z)}$ 를 가지고 자유공간($z<0$)을 진행한 후 평면 $z=0$에 해당하는 유전체($n=1.52$)의 표면에서 반사한다. 다음을 구하라.

(a) $\tilde{\mathbf{E}}^i$의 편광상태

(b) $\tilde{\mathbf{E}}^r$의 표현식

(c) $\tilde{\mathbf{E}}^r$의 편광상태

8-38 직각프리즘이 굴절률 $n=1.52$인 크라운 유리로 만들어졌다. 입사파가 빗변에서 전반사하기 위해 필요한 입사각의 범위를 구하라.

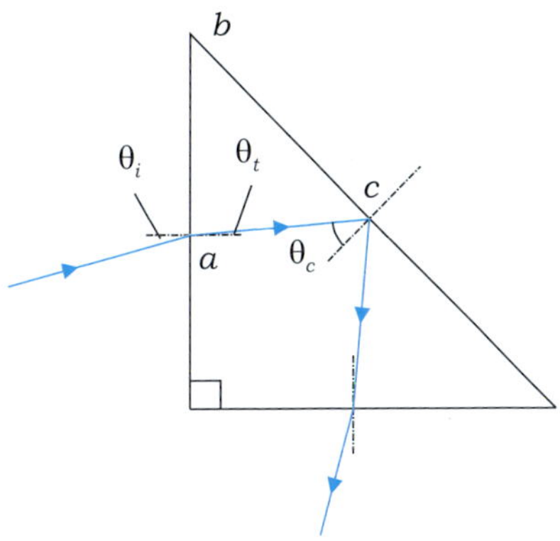

그림 8-25 직각 프리즘 (Problem 8-38)

8-39 식 (8-162)에 주어진 에버네센트 파가 수직편광되어 있다. 즉 $\mathbf{a}_E = \mathbf{a}_y$이다.

(a) $\tilde{\mathbf{H}}^t$를 구하라.

(b) 경계면을 통과하는 전력이 0임을 보여라.

8-40 주파수 500[MHz]의 평면파가 공기에서 손실매질($\sigma = 10$[S/m], $\varepsilon = \varepsilon_o$, $\mu = \mu_o$)의 표면에 입사한다. 투과전력과 입사전력 사이의 비를 구하라.

8-41 진폭 $E_o = 30[\mathrm{V/m}]$의 균일평면파가 평면 $z = 0$에 수직입사 및 반사하여 공기($z < 0$)에 $S = 4$의 정재파를 만든다. 하나의 손실매질이 $z = 0$에서 $z = \infty$까지 존재하며 단면이 $1[\mathrm{m}] \times 1[\mathrm{m}]$로 주어질 때 이 물체에서 소모된 총 전력을 구하라.

8-42 비자성 양도체의 전도도가 주파수에 독립이라고 가정하고 (a) 위상속도, (b) 군속도를 구하라.

CHAPTER

9

전송선로

(TRANSMISSION LINE)

지금까지의 전자기파에 대한 설명은 무한 매질 혹은 서로 접하고 있는 두 무한 매질에 제한되었다. 미분파동방정식을 풀면 이러한 매질에서의 전자기파는 균일평면파의 형태로 주어진다는 것을 알 수 있다. 균일평면파는 무제한의(unbounded), 인도되지 않는(unguided) 진행파인데 이것의 전기장은 모든 공간에 존재하고 그 에너지는 공간상의 모든 지점에 퍼져 있다. 이러한 무제한의 인도되지 않은 진행파는 라디오 혹은 TV 신호를 송출하기에는 적합할지라도 전자기 에너지 혹은 정보를 공간상의 한 지점에서 다른 지점으로 전달하기에는 비효율적이다.

전송선로(transmission line)는 일반적으로 평행한 두 도체로 이루어지는데, 전자기 에너지 및 정보를 원천(source)에서 부하(load)까지 전달하는데 더 효율적이다. 전송선로는 수직 전자기파(TEM: transverse electromagnetic wave)를 전달시킬 수 있는데, 이러한 전자기파의 전기장 및 자기장벡터는 이 파가 진행하는 방향에 수직으로 주어진다. 전송선로를 따라 진행하는 TEM 파는 무한 매질에서 진행하는 하나의 균일평면파와 매우 비슷한 파동 전파특성을 가진다.

널리 사용되는 전송선로에는 도선선로(two-wire lines), 동축케이블(coaxial cables), 스트립선로(striplines) 등이 있다. 도선선로는 전력 송전선, TV 안테나 선 등에 사용되고, 동축케이블은 TV 선, 고주파 전자기기 사이의 연결 등에 사용된다. 스트립선로는 프린트 기법을 이용해 유전체 기판 위에 쉽게 만들 수 있는데 집적회로의 전자부품들을 연결할 때 사용된다.

전송선로와 일반 전기회로를 비교하기 위해 주파수 1000[KHz]의 AM 라디오 파를 살펴보자. 이 파의 파장은 자유공간에서 300[m]이다. 이러한 긴 파장으로 인하여, 만약 하나의 저항이 길이 10[cm]인 도선을 통하여 주파수 1000[KHz]로 작동하는 전압원에 연결되었다면, 그 저항과 도선의 모든 점에서의 시간위상은 동일하다고 가정할 수 있다. 반면 주파수 2.45[GHz]의 마이크로파가 전송선로를 따라 진행한다면, 이것의 파장이 12.2[cm]이므로 이 파의 전기장세기는 전송선로를 따라 거리 6.1[cm] 이동할 때마다 위상이 180° 변한다는 것을 알 수 있다.

우리는 전송선로를 따라 전파되는 전자기파의 특성을 설명하기 위해 전자기이론 혹은 회로이론을 사용할 수 있다. 회로이론은 전압 및 전류파를 다루는데, 이들은 간단한 1차원 스칼라파이다. 반면 전자기이론은 전기장과 자기장을 다루는데 이들은 3차원 공간을 진행하는 벡터파이다. 여기서는 회로이론을 이용해 전송선로의 동작을 설명한다.

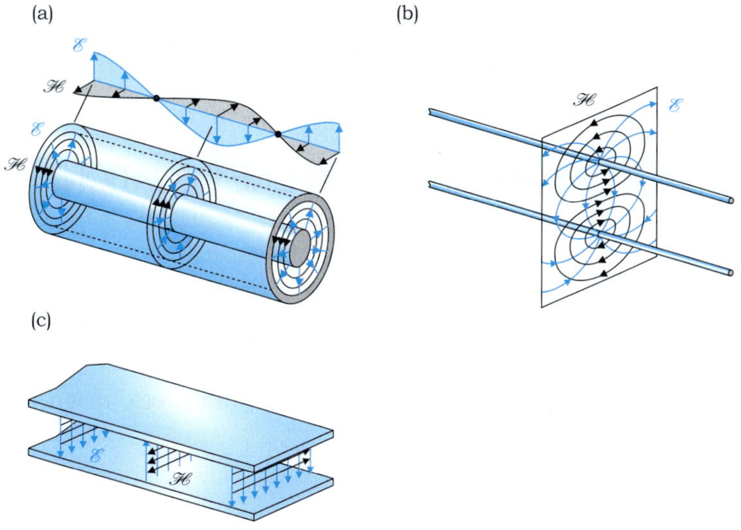

그림 9-1 세 전송선로 (a) 동축케이블, (b) 도선선로, (c) 평판선로

[그림 9-1]은 널리 사용되는 세 전송선로와 그 단면에서의 전기장 및 자기장의 분포를 보여준다. 전송선로를 따라 반파장의 거리를 이동하면 전기장 및 자기장벡터들의 방향이 180° 바뀐다는 것을 알 수 있다. 여기서 [그림 9-1(a)]를 참조하여 동축케이블의 두 도체 사이의 전자기파의 분포에 대해 살펴보자. 정확한 전자기장의 분포는 미분파동방정식을 풀고 경계면 조건을 적용하여 구할 수 있다. 여기서 이러한 정확한 절차를 따르지 않을 것이다. 대신 더 간단한 방법으로, 이전에 동축케이블에서 구한 정전기 및 정자기장을 간단한 파동이론 및 대칭성을 이용해 시변인 경우로 확장한다. 만약 하나의 동축케이블이 z-축을 따라 놓여 있다면 그 단면에서의 정전기장 및 정자기장 분포는, 동축케이블이 z-축을 따라 병진대칭성을 가지므로, z에 독립이다. 시변인 경우 전기장 및 자기장벡터들이 시간에 따라 변하지만 단면에서의 분포는 정전기장 및 정자기장의 분포와 동일하다고 가정할 수 있다. 이것을 준-정전자기 조건(quasi-static-field condition)이라 한다. 이러한 조건은 전류 혹은 전압원이 시변인 전자기장에 비해 매우 느리게 변하는 경우 성립된다. 이때 단면에서의 전자기장 분포는 동축케이블을 진행하는 전자기파의 단면도(profile)에 해당한다. 포인팅 벡터 $\mathbf{S} = \mathscr{E} \times \mathscr{H}$로부터, 전자기파

가 z-방향으로 전송선로를 따라 에너지 손실 없이 전송된다는 것을 알 수 있다. 단면에서의 전자기장 분포는 z에 독립이므로 전송선로를 따라 변하는 전자기장은 간단한 하나의 코사인 곡선을 이용해 표시할 수 있다.

9.1 전송선로 방정식(TRANSMISSION LINE EQUATIONS)

전송선로 방정식은 2개의 1차원, 편미분방정식으로, 전송선로의 전압 및 전류 사이의 관계를 정의한다. 전송선로를 따라 진행하는 하나의 수직 전자기파(TEM wave)에 대해 그 수직 전기장(transverse electric field) 및 수직 자기장(transverse magnetic field)은 시변 전압 v와 시변 전류 i에 다음과 같이 연관되어 있다.

$$v = -\int \mathscr{E} \cdot d\mathbf{l} \tag{9-1a}$$

$$i = \oint \mathscr{H} \cdot d\mathbf{l} \tag{9-1b}$$

전압과 전류는 시간에 따라 변할 뿐만 아니라 전송선로 위의 위치에 따라 변하므로 전송선로를 따라 진행하는 진행파로 취급된다. 식 (9-1)은 하나의 전송선로 문제가 전자기파 혹은 전압-전류파를 이용해 풀릴 수 있다는 것을 보여준다. 전압-전류파는 1차원 스칼라파인 반면 전자기파는 3차원 벡터파이다. 따라서 전압-전류파는 수학적으로 다루기가 더 쉽다. 더구나 저손실 전송선로에서 임피던스 개념이 사용되기 위해서는 전압-전류파가 사용되어야 한다. 그러나 전송선로에 대한 엄격한 해석을 위해서는 당연히 전자기이론이 사용되어야 한다.

하나의 전송선로는 [그림 9-2(a)]에서와 같이 직렬저항(series resistance) **R**, 유도용량(inductance) **L**, 정전용량(capacitance) **C**, 분로컨덕턴스(shunt conductance) **G**로 이루어진 하나의 전기회로라고 생각할 수 있다. 직렬저항 **R**은 도체의 유한한 전도도 때문이고, 분로컨덕턴스 **G**는 두 도체 사이 절연체의 전도도가 0이 아니기 때문이다. 이러한 파라미터들은 전송선로의 길이에 비례하므로 그 등가 전기회로는 [그림 9-2(b)]에서처럼, 일반적인 묶음회로망(lumped-element circuit)이 아닌 분산회로망(distributed-parameter network)으로 주어진다. [그림 9-2(b)]에서 회로 파라미터 R, L, C, G는 각각 미터당 옴(ohms per meter[Ω/m]), 미터당 헨리(henrys per meter[H/m]), 미터당 파라드(farads per meter[F/m]), 미터당 지멘스(siemens per meter[S/m])로 표시된다.

앞에서 설명한 것처럼, 만약 하나의 TEM 파가 전송선로에서 진행한다면 그 단면에서의 $\mathscr{E}$와 $\mathscr{H}$의 분포는 정전기장 및 정자기장의 그것과 동일하다. 따라서 회로 파라미터 값들을, 전송선로에 정전기장 및 정자기장이 존재한다고 가정하여 구할 수 있다.

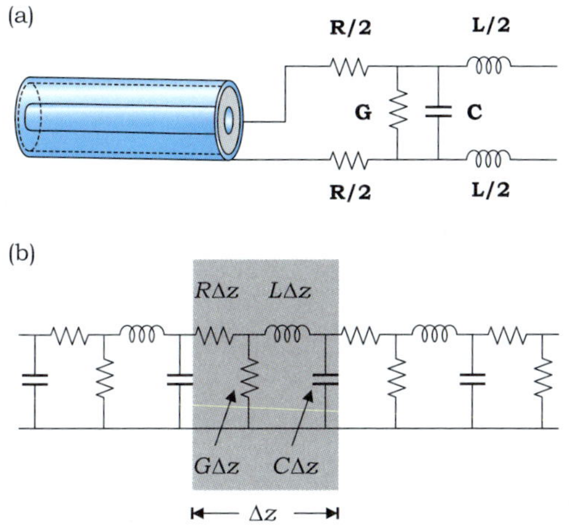

그림 9-2 전송선로 및 그것의 등가 분산회로

전송선로에서의 전압-전류 관계식을 얻기 위해 길이 Δz의 전송선로 조각을 살펴보자. 이 조각은 [그림 9-3]에서와 같은 등가회로로 표시될 수 있다. 여기서 $R\Delta z$은 저항, $L\Delta z$은 유도용량, $C\Delta z$은 정전용량, $G\Delta z$는 컨덕턴스이다. 키르히호프의 전압법칙을 이 회로에 적용하면 아래의 관계식을 얻는다.

$$\mathscr{v}(z,t) = R\Delta z \mathscr{i}(z,t) + L\Delta z \frac{\partial \mathscr{i}(z,t)}{\partial t} + \mathscr{v}(z+\Delta z, t)$$

윗식을 다시 쓰면

$$-\frac{v(z+\Delta z,t)-v(z,t)}{\Delta z}=Ri(z,t)+L\frac{\partial i(z,t)}{\partial t} \quad (9\text{-}2)$$

위에서 Δz가 0으로 줄어들 때의 극한값을 취하면 아래의 식을 얻는다.

$$\boxed{-\frac{\partial v(z,t)}{\partial z}=Ri(z,t)+L\frac{\partial i(z,t)}{\partial t}} \quad (9\text{-}3)$$

그 다음, 주어진 회로의 위쪽 교점(node)에 키르히호프 전류법칙을 적용하여 아래의 식을 얻는다.

$$i(z,t)=i(z+\Delta z,t)+G\Delta z\,v(z+\Delta z,t)+C\Delta z\frac{\partial v(z+\Delta z,t)}{\partial t}$$

이 식을 다시 쓰면

$$-\frac{i(z+\Delta z,t)-i(z,t)}{\Delta z}=Gv(z+\Delta z,t)+C\frac{\partial v(z+\Delta z,t)}{\partial t} \quad (9\text{-}4)$$

이 식에서 $\Delta z\to 0$일 때의 극한값을 취하여 아랫식을 얻는다.

$$\boxed{-\frac{\partial i(z,t)}{\partial z}=Gv(z,t)+C\frac{\partial v(z,t)}{\partial t}} \quad (9\text{-}5)$$

식 (9-3)과 (9-5)를 전송선로 방정식(transmission-line equations)이라 부른다.

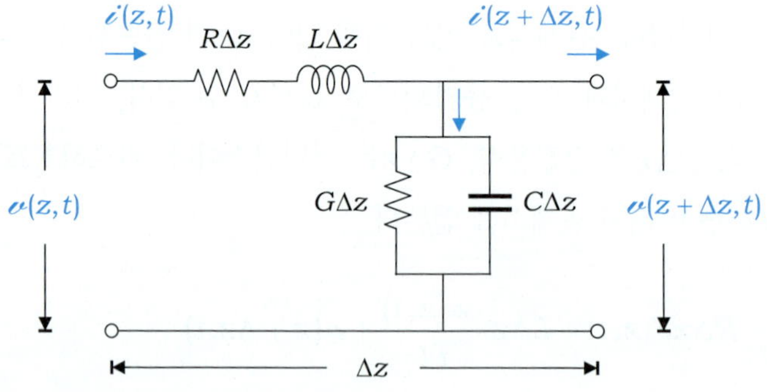

그림 9-3 길이 Δz 인 전송선로 조각의 등가회로

9.1.1 위상자형태의 전송선로 방정식 (Phasor Form of Transmission Line Equations)

사인꼴 정상상태에서, 전압과 전류는 시간조화(time-harmonic) 함수로 주어지고 따라서 아래와 같은 위상자형태로 표시될 수 있다.

$$v(z,t) = \mathrm{Re}\left[\tilde{V}(z)e^{j\omega t}\right] \tag{9-6a}$$

$$i(z,t) = \mathrm{Re}\left[\tilde{I}(z)e^{j\omega t}\right] \tag{9-6b}$$

여기서 $\tilde{V}(z)$와 $\tilde{I}(z)$는 각각 전압 위상자와 전류 위상자이다. 이러한 위상자는 일반적으로 복소수이고 오직 z에 대한 함수로만 주어진다. 식 (9-6)을 식 (9-3)과 (9-5)에 대입하면 위상자형태의 전송선로 방정식을 얻을 수 있다. 즉

$$\boxed{-\frac{\partial \tilde{V}}{\partial z} = (R + j\omega L)\tilde{I}} \tag{9-7a}$$

$$\boxed{-\frac{\partial \tilde{I}}{\partial z} = (G + j\omega C)\tilde{V}} \tag{9-7b}$$

그 다음, 위의 식들에서 $\tilde{V}$와 $\tilde{I}$에 대한 2차 시간미분을 취하고 오른편의 $\partial \tilde{V} / \partial z$와 $\partial \tilde{I} / \partial z$에 각각 식 (9-7a)와 (9-7b)를 대입하면 아래의 관계식을 얻을 수 있다.

$$\frac{\partial^2 \tilde{V}}{\partial z^2} = (R + j\omega L)(G + j\omega C)\tilde{V} \tag{9-8a}$$

$$\frac{\partial^2 \tilde{I}}{\partial z^2} = (G + j\omega C)(R + j\omega L)\tilde{I} \tag{9-8b}$$

위의 식들로부터 $\tilde{V}$와 $\tilde{I}$에 대한 1차원 헬름홀츠 식을 얻을 수 있다. 즉

$$\boxed{\frac{\partial^2 \tilde{V}}{\partial z^2} - \gamma^2 \tilde{V} = 0} \tag{9-9a}$$

$$\frac{\partial^2 \tilde{I}}{\partial z^2} - \gamma^2 \tilde{I} = 0 \tag{9-9b}$$

여기서 전파상수(propagation constant) γ는 아래와 같이 정의된다.

$$\gamma = \sqrt{(R + j\omega L)(G + j\omega C)} \tag{9-10}$$

식 (9-9)를 만족하는 전압 및 전류는 전송선로를 따라 전파하는 진행파를 형성하고 이들의 전파특성은 전파상수(propagation constant) γ에 의해 결정된다.

9.1.2 파라미터 관계식(Relationship between Parameters)

식 (9-9)에서 주어진 미분파동방정식을 풀어서 무한히 긴 전송선로에서의 전압파 및 전류파 표현식을 구할 수 있다. 이들 파의 전파특성은 무한 매질에서의 균일평면파의 전파특성과 동일하다. 만약 전송선로가 높은 전도도의 도체로 만들어졌다면 식 (9-10)에서 직렬저항 R이 무시되므로 전파상수는 아래와 같이 주어진다.

$$\gamma = \sqrt{j\omega L(G + j\omega C)} = j\omega\sqrt{LC}\sqrt{1 - j\frac{G}{\omega C}} \qquad \text{(전송선로)} \tag{9-11}$$

만약 직렬저항이 0이면 전기장은 도체 표면에 수직이어야 한다(접선성분은 도체에 무한대의 전류를 유도한다). 따라서 전기장벡터는 횡단면에 평행으로 주어지므로 전송선로에서의 진행파는 TEM 파이다.

식 (8-77)에서처럼 무손실이고 무한한 유전체에서 진행하는 균일평면파의 전파상수는 아래와 같다.

$$\gamma = j\omega\sqrt{\mu\varepsilon}\sqrt{\left(1 - j\frac{\sigma}{\omega\varepsilon}\right)} \qquad \text{(유전체)} \qquad (8\text{-}77)(9\text{-}12)$$

여기서 주목할 것은, 윗식의 σ는 유전체의 전도도이다.

식 (4-55)에서 설명한 것처럼 두 도체로 이루어진 시스템의 R과 C의 곱은 두 도체 사이 유전체의 완화시간상수(relaxation time constant)와 같다. 이것을 달리 표현하면, 식 (4-56)에서와 같이 정전용량과 컨덕턴스 사이의 비는 완화시간상수와 같다. 즉

$$\boxed{\frac{C}{G} = \frac{\varepsilon}{\sigma}} \tag{9-13}$$

여기서 σ는 두 도체 사이 유전체의 전도도이다. 식 (9-13)의 도움으로 식 (9-11)과 (9-12)를 비교하면

$$\boxed{LC = \mu\varepsilon} \tag{9-14}$$

식 (9-13)과 (9-14)로부터 전송선로의 파라미터들 L, G, C가 도체 주위의 유전체 파라미터 μ, ε, σ와 연관되어 있다는 것을 알 수 있다. 예를 들어, 전송선로의 정전용량 C를 알고 있다면 식 (9-13)으로부터 분로컨덕턴스 G를 구할 수 있고, 식 (9-14)로부터 유도용량 L을 구할 수 있다.

Exercise 9.1

식 (9-11)에서 손실탄젠트는 무엇인가?

Ans $\tan\xi = \frac{\varepsilon''}{\varepsilon'} = \frac{G}{\omega C}$

Review Questions with Hints

RQ 9.1 전송선로와 전기회로를 구별하여 설명하라. [그림 9-1]

RQ 9.2 전송선로 방정식을 실순시형태와 위상자형태로 표시하라. [(9-3)(9-5)(9-7)]

RQ 9.3 전송선로의 $\tilde{V}$와 $\tilde{I}$를 정의하는 헬름홀츠 식을 서술하라. [(9-9)]

RQ 9.4 전송선로의 전파상수를 정의하라. [(9-10)]

RQ 9.5 어떤 조건에서 하나의 전송선로에 TEM 파가 진행할 수 있는가? [(9-11)]

RQ 9.6 전송선로의 파라미터와 그 유전체의 파라미터 사이의 관계식을 설명하라. [(9-13)(9-14)]

9.2 전송선로의 파라미터(TRANSMISSION LINE PARAMETERS)

전송선로의 전압과 전류 사이의 관계는 전송선로의 분산파라미터 R, L, G, C에 의해 결정된다. 만약 직렬저항이 무시되면 전기장선들은 전송선로에 수직인 평면에 놓이게 되어 이때의 진행파는 TEM 파이다. 이러한 조건에서 수직평면에서의 전기 및 자기장의 분포는 정전기 및 정자기장 분포와 동일하다. 그러므로 전송선로의 파라미터들을 정전자기 상태(static field condition)를 가정하여 구할 수 있다. 앞장에서 이미 여러 개의 파라미터들을 계산했다. 나머지의 값들은 식 (9-13)과 (9-14)를 이용해 구할 수 있다. 이 절에서는 3개의 일반적인 전송선로에 대한 파라미터들을 정리하여 기록할 것이다.

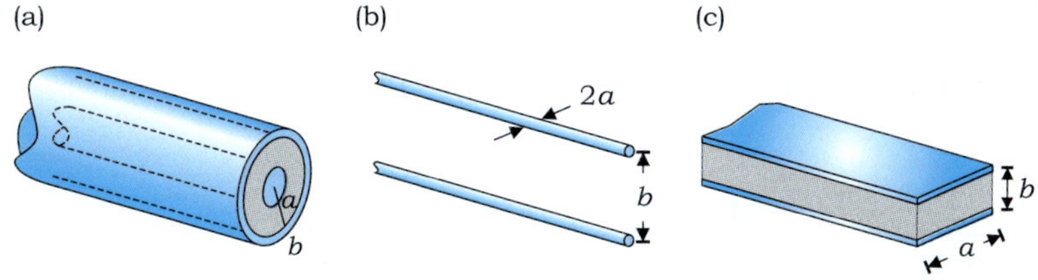

그림 9-4 3개의 일반적인 전송선로들 (a) 동축선로, (b) 도선선로, (c) 평행판선로

9.2.1 동축선로(Coaxial Transmission Line)

[그림 9-4(a)]의 동축선로에서 반지름 a의 안쪽도체가 안쪽 반지름이 b인 바깥도체와 ε과 μ를 가진 유전체에 의해 서로 분리되었다. 식 (3-193)에 의해 단위 길이당 정전용량은 다음과 같다.

$$C = \frac{2\pi\varepsilon}{\ln(b/a)} \quad [\mathrm{F/m}] \tag{9-15a}$$

단위 길이당 유도용량은 식 (5-110)을 사용하거나 혹은 식 (9-14)을 이용해 얻을 수 있다.

$$L = \frac{\mu}{2\pi}\ln\frac{b}{a} \quad [\mathrm{H/m}] \tag{9-15b}$$

이것은 외부유도용량이다. 여기서 내부유도용량은 무시되는데 그 이유는 높은 주파수에서 침투두께가 매우 얇기 때문에 도체 안의 자기장이 무시되기 때문이다. 식 (9-15a)를 식 (9-13)에 대입하면 단위 길이당 분로컨덕턴스를 다음과 같이 구할 수 있다.

$$G = \frac{2\pi\sigma}{\ln(b/a)} \quad [\mathrm{S/m}] \tag{9-15c}$$

여기서 σ는 두 도체 사이 유전체의 전도도이다. 직렬저항은 전류가 도체의 침투두께 내에 균일하게 분포한다고 가정하고 식 (8-100)의 ac-저항을 구하여 계산한다. 안쪽도체에서 전류길(path)의 단면은 $S_i = 2\pi a\delta$이고 바깥도체의 전류길의 단면은 $S_o = 2\pi b\delta$이다. 그리하여 단위 길이당 직렬저항은 다음과 같다.

$$R = \frac{1}{\sigma_c S_i} + \frac{1}{\sigma_c S_o} = \frac{1}{2\pi}\left(\frac{1}{a} + \frac{1}{b}\right)\sqrt{\frac{\pi f \mu_c}{\sigma_c}} \qquad [\Omega/\text{m}] \tag{9-15d}$$

여기서 σ_c와 μ_c는 도체의 전도도와 투자율이다(유전체의 그것이 아님). 윗식에서 침투두께는 안쪽도체의 반지름 및 바깥도체의 두께보다 매우 작다고 가정한다.

9.2.2 도선선로(Two-Wire Transmission Line)

[그림 9-4(b)]의 도선선로에서, 반지름이 a인 두 원통형 도선이 ε과 μ의 유전체 안에서 축과 축 사이 거리 b로 서로 떨어져 있다. 식 (3-196)으로부터 단위 길이당 정전용량은 다음과 같다.

$$C = \frac{\pi\varepsilon}{\cosh^{-1}(b/2a)} \qquad [\text{F/m}] \tag{9-16a}$$

식 (9-16a)를 식 (9-14)에 대입하면 단위 길이당 유도용량은 다음과 같다.

$$L = \frac{\mu}{\pi}\cosh^{-1}(b/2a) \qquad [\text{H/m}] \tag{9-16b}$$

조건 $b \gg a$에서 식 (9-16b)에 근사화 $\cosh^{-1}(b/2a) \approx \ln(b/a)$를 적용하면 이 식은 식 (5-110)의 외부유도용량과 동일하다. 그 다음, 식 (9-16a)를 식 (9-13)에 대입하면 단위 길이당 분로컨덕턴스를 구할 수 있다.

$$G = \frac{\pi\sigma}{\cosh^{-1}(b/2a)} \qquad [\text{S/m}] \tag{9-16c}$$

만약 총 전류가 도체의 침투두께 안에서 균일하게 흐른다고 가정하면, 전류길의 단면적은 $S = 2\pi a\delta$로 주어진다. 따라서 식 (8-100)을 이용하면 단위 길이당 직렬저항은 아래와 같다.

$$R = \frac{2}{2\pi a\delta\sigma_c} = \frac{1}{\pi a}\sqrt{\frac{\pi f \mu_c}{\sigma_c}} \quad [\Omega/\text{m}] \tag{9-16d}$$

여기서 σ_c와 μ_c는 도체 안에서의 값이다. 윗식에서 침투두께는 도체의 반지름 a보다 매우 작다고 가정한다. 식 (9-16d)의 분자의 2는 두 도체에서의 저항을 계산하기 위해 필요하다.

9.2.3 평판선로(Parallel-Plate Transmission Line)

[그림 9-4(c)]의 평판선로에서 동일한 폭 a의 두 평판도체가 두께 b의 유전체에 의해 분리되어 있다. 단위 길이당 정전용량은 식 (3-187)로부터 구할 수 있다.

$$C = \frac{\varepsilon a}{b} \quad [\text{F/m}] \tag{9-17a}$$

여기서 조건 $b \ll a$를 가정하고 평판 가장자리에서의 전기장 휘어짐 현상을 무시했다. 식 (9-17a)를 식 (9-14)에 대입하여 단위 길이당 유도용량을 구한다.

$$L = \frac{\mu b}{a} \quad [\text{H/m}] \tag{9-17b}$$

그 다음, 식 (9-17b)를 식 (9-13)에 대입하여 단위 길이당 분로컨덕턴스를 구한다.

$$G = \frac{\sigma a}{b} \quad [\text{S/m}] \tag{9-17c}$$

총 전류가 도체의 침투두께 내에서 균일하다고 가정하면 전류길의 단면적은 $S = a\delta$이다. 식 (8-100)으로부터 단위 길이당 직렬저항은 아래와 같다.

$$R = \frac{2}{a\delta\sigma_c} = \frac{2}{a}\sqrt{\frac{\pi f \mu_c}{\sigma_c}} \quad [\Omega/\text{m}] \tag{9-17d}$$

여기서 σ_c와 μ_c는 도체 내에서의 값들이다. 윗식에서 침투두께는 도체의 두께보다 매우 작다고 가정한다. 식 (9-17d)의 분자의 2는 두 도체의 저항을 계산하기 위해 필요하다.

여기서 주목할 것은, 식 (9-15b), (9-16b), (9-17b)는 외부유도용량을 의미한다. 높은 주파수에서 도체의 침투두께는 무시되므로 내부유도용량은 무시된다.

Exercise 9.2

유전체의 ε, μ, σ가 주파수에 독립이어도 R, L, G, C가 주파수에 대한 함수로 주어지는가?

Ans $R \sim \sqrt{f}$

9.3 무한 전송선로(INFINITE TRANSMISSION LINE)

식 (9-9)의 미분파동방정식은 전송선로 위의 V와 I의 특성을 결정한다. 식 (9-9)의 일반해는 서로 반대방향으로 진행하는 두 진행파의 선형결합(linear combination)으로 주어진다. 즉

$$\tilde{V}(z) = V_o^+ e^{-\gamma z} + V_o^- e^{+\gamma z} \equiv \tilde{V}^+(z) + \tilde{V}^-(z) \tag{9-18a}$$

$$\tilde{I}(z) = I_o^+ e^{-\gamma z} + I_o^- e^{+\gamma z} \equiv \tilde{I}^+(z) + \tilde{I}^-(z) \tag{9-18b}$$

여기서 V_o^+, V_o^-, I_o^+, I_o^-은 복소진폭으로 경계면 조건에 의해 결정된다. 이때 경계면 조건들은 전송선로의 끝단에 연결된 원천과 다른 끝단에 연결된 부하에 의해 결정된다. 위의 식들에서 $\tilde{V}^+(z)$와 $\tilde{V}^-(z)$는 각각 $+z$-와 $-z$-방향으로 진행하는 조화전압파의 위상자를 나타내고, $\tilde{I}^+(z)$와 $\tilde{I}^-(z)$는 각각 $+z$-와 $-z$-방향으로 진행하는 조화전류파의 위상자를 나타낸다. 무한히 긴 전송선로에서 + 혹은 − 진행파는 다른 파에 방해받지 않고 또한 중간에 반사되지 않고 진행한다. 따라서 윗식의 두 전압파는 서로 독립이다.

또한 두 전류파도 서로 독립이다. 식 (9-10)으로부터 전파상수 γ는 다음과 같다.

$$\boxed{\begin{aligned}\gamma &= \sqrt{(R + j\omega L)(G + j\omega C)} \\ &\equiv \alpha + j\beta\end{aligned}} \tag{9-19}$$

여기서 α는 감쇠상수(attenuation constant)로 미터당 네퍼(nepers per meter[Np/m])로 주어지고, β는 위상상수(phase constant)로 미터당 라디안(radians per meter[rad/m])으로 주어진다.

전송선로에서의 V와 I의 부호규정이 [그림 9-5]에 표시되었다. 플러스 전압($\tilde{V}^+(z_1) > 0$ 혹은 $\tilde{V}^-(z_1) > 0$)은 점 $z = z_1$에서, 전압파의 진행방향에 관계없이, 윗도체가 아랫도체보다 더 높은 전위에 있다는 것을 의미한다. 반면 전류의 방향은 전류파의 진행방향에 따라 달라진다. $\tilde{I}^+(z_1) > 0$의 플러스 전류는 윗도체 위의 점 $z = z_1$에서 전류가 $+z$-방향으로 흐른다는 것을 의미하고, 반면에 $\tilde{I}^-(z_1) > 0$의 플러스 전류는 윗도체 위의 점 $z = z_1$에서 전류가 $-z$-방향으로 흐른다는 것을 의미한다.

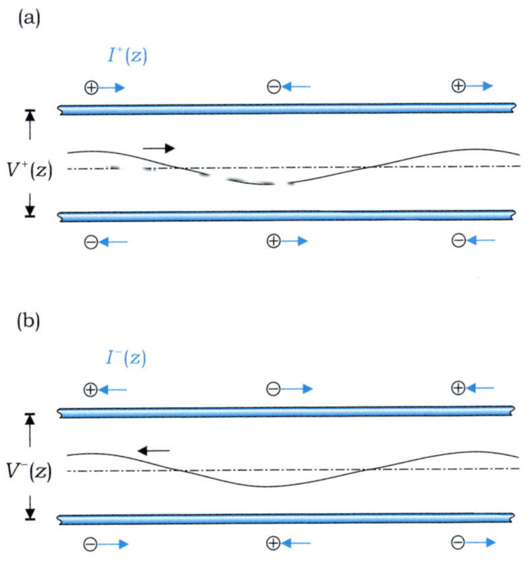

그림 9-5 전송선로 위의 V와 I의 부호규정. 주어진 파가 (a) $+z$-방향, (b) $-z$-방향으로 진행.
파랑 화살은 전류의 방향을 나타내고, 원은 전압의 극성을 나타낸다.

무한히 긴 전송선로에서 비록 V^+ 파와 V^- 파는 서로 독립이지만, 이들은 각각 I^+ 파와 I^- 파에 직접 연관되어 있다. 다음에, 식 (9-18)의 복소진폭들 사이의 관계식을 구한다. 식 (9-18)의 일반해를 식 (9-7a)의 전송선로 방정식에 대입하여 다음 식을 얻는다.

$$\gamma V_o^+ e^{-\gamma z} - \gamma V_o^- e^{+\gamma z} = (R + j\omega L)\left[I_o^+ e^{-\gamma z} + I_o^- e^{+\gamma z}\right] \tag{9-20}$$

윗식 양변의 $e^{-\gamma z}$항 (혹은 $e^{\gamma z}$항)의 계수들을 등호로 연결하여 주어진 전송선로의 특성임피던스(characteristic impedance)를 아래와 같이 정의한다.

$$\boxed{\begin{aligned} Z_o &\equiv \frac{V_o^+}{I_o^+} = -\frac{V_o^-}{I_o^-} \\ &= \sqrt{\frac{R + j\omega L}{G + j\omega C}} \equiv R_o + jX_o \end{aligned}} \quad [\Omega] \tag{9-21}$$

특성임피던스의 실수부에 대한 이름은 저항(resistance)이고 허수부에 대한 이름은 반응저항(reactance)이다. 저항 R_o의 단위는 옴(ohm)이다. 이것을 미터당 옴으로 표시되는 직렬저항과 혼동하지 말아야 한다. 전송선로의 특성임피던스 Z_o은 균일평면파가 진행하는 매질의 고유임피던스와 유사하다. 임피던스 Z_o과 η는 두 복소진폭들 사이의 비다. Z_o은 전압과 전류복소진폭들 사이의 비이고, η는 전기장과 자기장복소진폭들 사이의 비다.

전파상수 γ와 특성임피던스 Z_o은 주어진 전송선로의 특성을 설명하는 두 파라미터이다. 이들은 전송선로 위의 전압파와 전류파의 진행특성을 설명하는데 사용된다. 이들 파라미터는 전송선로 파라미터 R, L, G, C 뿐만 아니라 주파수에 대한 함수로 주어진다.

특성임피던스 Z_o의 역수는 특성어드미턴스(characteristic admittance)이다. 즉 $Y_o = 1/Z_o$이다.

Exercise 9.3

특성임피던스 $Z_o = 100[\Omega]$의 전송선로에 총 전압이 $v(t) = 20\cos(10^7 t - 0.13z) + 10\cos(10^7 t + 0.13z)$[V]로 주어질 때 총 전류는?

Ans $i(t) = 0.2\cos(10^7 t - 0.13z) - 0.1\cos(10^7 t + 0.13z)$[A]

Exercise 9.4

완전도체로 이루어진 전송선로에서 (a) R_o는 항상 0인가? (b) R_o가 음수일 수 있는가?

Ans (a) 아니오 (b) 아니오

Exercise 9.5

하나의 전송선로에서 다음을 가정할 수 있는가?

(a) $R = 0 = G$ (b) $L = 0 = C$

Ans (a) 예 (b) 아니오

9.3.1 무손실 전송선로(Lossless Transmission Line)

무손실 전송선로(lossless transmission line)는 완전도체($\sigma_c = \infty$)와 무손실 유전체($\sigma = 0$)로 만들어진다. 무손실 전송선로에서는 에너지의 손실 없이 파가 진행할 수 있다. 무손실 전송선로에서

$$R = 0 = G \tag{9-22}$$

$$\gamma = j\beta = j\omega\sqrt{LC} \quad \text{(전파상수)} \tag{9-23a}$$

$$Z_o = R_o = \sqrt{L/C} \quad \text{(특성임피던스)} \tag{9-23b}$$

$$v_p = \frac{\omega}{\beta} = \frac{1}{\sqrt{LC}} \quad \text{(위상속도)} \tag{9-23c}$$

전파상수 γ는 허수이므로 감쇠상수 α가 0이다. 따라서 무손실 전송선로에서의 진행파의 감쇠는 0이다. 특성임피던스는 실수로 주어지므로 무손실 전송선로 모든 지점에서 전압과 전류는 동위상이다. 식 (9-14)를 식 (9-23c)에 대입하면 무손실 전송선로에서의 위상속도는 두 도체 사이의 유전체가 마치 무한대라고 가정하였을 때 이것을 통과하는 균일평면파의 위상속도와 동일하다.

Exercise 9.6

무손실 전송선로가 무손실 유전체(ε과 μ)로 만들어졌다. 다음의 값들은?

(a) 위상속도 (b) 위상상수

Ans (a) $v_p = 1/\sqrt{\mu\varepsilon}$ (b) $\beta = \omega\sqrt{\mu\varepsilon}$

Exercise 9.7

무손실 전송선로의 두 평행 도체판의 폭은 a이다. 두 도체는 두께 b인 유전체($\varepsilon = \varepsilon_o \varepsilon_r$)에 의해 서로 분리되었다. 특성임피던스를 구하라.

Ans $Z_o = 120\pi b/(a\sqrt{\varepsilon_r})$

9.3.2 비왜곡 전송선로(Distortionless Transmission Line)

손실전송선로에서 감쇠상수는 0이 아니며, 이것은 식 (9-19)에서와 같이 주파수에 대한 함수로 주어진다. 더구나 위상상수는 주파수에 대해 선형적으로 변하지 않으므로 위상속도 또한 주파수에 대한 함수로 주어진다. 이러한 전송선로를 분산전송선로라 한다. 만약 하나의 신호파가 이러한 분산전송선로를 따라 진행한다면 이 파에 찌그러짐(distortion)이 발생한다. 그 이유는, 일반적으로 신호파는 주파수 띠(band of frequencies)를 가지게 되고, 서로 다른 주파수-성분은 서로 다른 위상속도로 진행하기 때문이다. 더구나 서로 다른 주파수-성분은 서로 다른 감쇠상수를 가지므로 그 신호파는 추가의 찌그러짐이 발생한다. 비왜곡 전송선로(distortionless transmission line)는 신호파를, 비록 그 세기는 줄어들지라도, 모양의 변화없이 전송시킬 수 있다. 비왜곡 전송선로를 위해 감쇠상수 α는 주파수에 독립이고 위상상수 β는 주파수에 대해 선형적으로 변해야 한다. 식 (9-19)의 전송선로 파라미터들이 아래의 조건을 만족한다면 비왜곡 전송선로를 얻는다. 즉

$$\boxed{\frac{R}{L} = \frac{G}{C}} \tag{9-24}$$

이러한 조건에서 전파상수는 다음과 같다.

$$\begin{aligned}\gamma &= \sqrt{LC\left(\frac{R}{L} + j\omega\right)\left(\frac{G}{C} + j\omega\right)} = \sqrt{LC}\left(\frac{G}{C} + j\omega\right) \\ &\equiv \alpha + j\beta\end{aligned} \tag{9-25a}$$

여기서

$$\alpha = G\sqrt{L / C} = R\sqrt{C / L} \tag{9-25b}$$

$$\beta = \omega\sqrt{LC} \tag{9-25c}$$

비왜곡 전송선로의 다른 파라미터들은 아래와 같다.

$$Z_o = \sqrt{\frac{L(R / L + j\omega)}{C(G / C + j\omega)}} = \sqrt{\frac{L}{C}} \qquad \text{(특성임피던스)} \tag{9-25d}$$

$$v_p = \frac{\omega}{\beta} = \frac{1}{\sqrt{LC}} \qquad \text{(위상속도)} \tag{9-25e}$$

비왜곡 전송선로의 파라미터들 β, Z_o, v_p는 무손실 전송선로의 그것과 동일하다. 단지 차이는 비왜곡 전송선로에서 감쇠상수 α는 0이 아니다.

Example 9-1

특성임피던스 100[Ω]의 무손실 전송선로가 주파수 200[MHz]에서 작동할 때 위상상수가 5[rad/s]로 주어진다. 이 선로의 단위 길이당 정전용량과 유도용량을 구하라.

Solution

위상상수를 식 (9-23a)로부터 구한다.

$$\beta = \omega\sqrt{LC} = 2\pi \times 2 \times 10^8 \sqrt{LC} = 5$$

특성임피던스를 식 (9-23b)로부터 구한다.

$$Z_o = \sqrt{L / C} = 100$$

두 값 β와 Z_o을 곱하면

$$2\pi \times 2 \times 10^8 L = 500$$

따라서

$$L = 0.40[\mu\text{H/m}]$$
$$C = 40[\text{pF/m}]$$

Example 9-2

비왜곡 전송선로에서 주파수가 $f = 100$[MHz]일 때 특성임피던스가 $Z_o = 50$[Ω]이고 전파상수가 $\gamma = 0.01 + j4.0[\text{m}^{-1}]$이다. 이 선로의 R, L, G, C, v_p를 구하라.

Solution

식 (9-25c)와 (9-25d)로부터 아래의 값들을 얻는다.

$$\beta = \omega\sqrt{LC} = 2\pi \times 10^8 \sqrt{LC} = 4.0$$

$$Z_o = \sqrt{L / C} = 50$$

위의 식들을 풀어서 다음을 얻는다.

$$L = 318\,[\text{nH/m}]$$

$$C = 127\,[\text{pF/m}]$$

식 (9-25b)로부터

$\alpha = G\sqrt{L / C} = GZ_o = 0.01$이다. 따라서

$$G = 200\,[\mu\text{S/m}]$$

관계식 $RC = GL$을 이용하면 다음을 구할 수 있다.

$$R = \frac{GL}{C} = \frac{200 \times 10^{-6} \times 318 \times 10^{-9}}{127 \times 10^{-12}} = 0.50\,[\Omega/\text{m}]$$

따라서 위상속도는 다음과 같다.

$$v_p = \frac{\omega}{\beta} = \frac{2\pi \times 10^8}{4} = 1.57 \times 10^8\,[\text{m/s}]$$

Exercise 9.8

하나의 전송선로가 주파수 $f = 100$[MHz]에서 비왜곡 특성을 보인다. 전송선로의 값들 ε, μ, σ가 주파수에 독립이더라도 이 선로는 주파수 $f = 200$[MHz]에서도 비왜곡 특성을 갖는가?

Ans 아니오

9.3.3 전력전달 및 전력손실(Power Transmission and Power Loss)

전압파와 전류파는 협동으로 전송선로를 따라 전력을 전달할 수 있다. 만약 선로가 z-축에 평행이라면, $+z$-방향으로 전달되는 실순시 전력은 $+z$-방향으로 진행하는 실순시 전압파와 전류파 사이의 곱으로 표시된다. 즉

$$\begin{aligned}\mathscr{P}(z,t) &= v(z,t)i(z,t)\\ &= \frac{1}{2}\left[\tilde{V}^{+}e^{j\omega t} + \tilde{V}^{+*}e^{-j\omega t}\right]\frac{1}{2}\left[\tilde{I}^{+}e^{j\omega t} + \tilde{I}^{+*}e^{-j\omega t}\right]\\ &= \frac{1}{4}\left[\tilde{V}^{+}\tilde{I}^{+*} + \tilde{V}^{+*}\tilde{I}^{+} + \tilde{V}^{+}\tilde{I}^{+}e^{j2\omega t} + \tilde{V}^{+*}\tilde{I}^{+*}e^{-j2\omega t}\right]\\ &= \frac{1}{2}\mathrm{Re}\left[\tilde{V}^{+}\tilde{I}^{+*} + \tilde{V}^{+}\tilde{I}^{+}e^{j2\omega t}\right]\end{aligned} \tag{9-26}$$

여기서 $\tilde{V}^{+}$와 $\tilde{I}^{+}$는 $+z$-방향으로 진행하는 전압파 및 전류파의 위상자들이다. 윗식에서 *는 공액 복소수를 나타낸다. 여기서 주목할 것은, $\mathscr{P}$는 단순히 $\mathrm{Re}[\tilde{V}^{+}e^{j\omega t}]$와 $\mathrm{Re}[\tilde{I}^{+}e^{j\omega t}]$사이의 곱으로 표시될 수 없다.

전송선로를 따라 전달되는 시간평균 전력은 아래와 같이 표시된다.

$$\langle\mathscr{P}\rangle = \frac{1}{T}\int_0^T \mathscr{P}(z,t)dt \tag{9-27}$$

여기서 T는 시간조화 함수 $\mathscr{P}(z, t)$의 시간주기이다. 식 (9-26)을 식 (9-27)에 대입하면 시간평균 전력을 전압 및 전류 위상자를 이용해 표시할 수 있다. 즉

$$\boxed{\langle\mathscr{P}\rangle = \frac{1}{2}\mathrm{Re}\left[\tilde{V}^{+}\tilde{I}^{+*}\right]} \quad [\mathrm{W}] \tag{9-28}$$

식 (9-18)의 $\tilde{V}^{+}$와 $\tilde{I}^{+}$를 식 (9-28)에 대입하면

$$\begin{aligned}\langle\mathscr{P}\rangle &= \frac{1}{2}\mathrm{Re}\left[V_o^{+}e^{-(\alpha+j\beta)z}I_o^{+*}e^{-(\alpha-j\beta)z}\right] = \frac{1}{2}\mathrm{Re}\left[Z_oI_o^{+}I_o^{+*}e^{-2\alpha z}\right]\\ &= \frac{1}{2}\left|I_o^{+}\right|^2 R_oe^{-2\alpha z}\end{aligned} \tag{9-29}$$

여기서 관계식 $V_o^+/I_o^+ = Z_o = R_o + jX_o$을 사용했다. 식 (9-29)를 다시 쓰면, 전송선로 위의 한 점에서의 시간평균 전력은 아래와 같다.

$$\langle \mathscr{P}(z) \rangle = \langle \mathscr{P}(0) \rangle e^{-2\alpha z} \quad [\mathrm{W}] \tag{9-30}$$

시간평균 전력은 전송선로 위에서 위치에 따라 지수함수적으로 감소한다.

손실전력은 일반적으로 아래와 같이 데시벨로 표시한다.

$$\text{dB power loss} \equiv -10\log_{10}\left[\frac{\mathscr{P}(z)}{\mathscr{P}(0)}\right] = -20\log_{10}\left[\frac{|\tilde{V}^+(z)|}{|\tilde{V}^+(0)|}\right] \tag{9-31}$$

관계식 $\tilde{V}^+(z) = V_o^+ e^{-(\alpha + j\beta)z}$를 사용하면, 식 (9-31)을 아주 간단한 식으로 표시할 수 있다.

$$\text{dB power loss} = -20\log_{10}\left[e^{-\alpha z}\right] = 8.69\alpha z \tag{9-32}$$

이것을 이용하면 감쇠상수 α를 dB-전력손실로 손쉽게 변환할 수 있다.

Example 9-3

하나의 전송선로에서 거리 100[m] 마다 전력이 1.5[dB] 감소한다. 다음을 구하라.

(a) 감쇠상수

(b) 입력단과 1[Km] 떨어진 지점 사이의 전력의 비

Solution

(a) 식 (9-32)로부터

$$\alpha = \frac{\text{dB power loss}}{8.69z} = \frac{1.5}{8.69 \times 100} = 0.0017[\mathrm{Np/m}]$$

(b) 식 (9-30)으로부터

$$\frac{\langle \mathscr{P}(1000) \rangle}{\langle \mathscr{P}(0) \rangle} = e^{-2\times 0.0017\times 1000} = 0.033$$

Exercise 9.9

식 (9-32)의 오른쪽에 있는 수의 소수점 3자리를 서술하라.

Ans 686

Exercise 9.10

손실전력이 각각 2.3[dB]와 1.8[dB]로 주어지는 두 선로가 서로 이어지면 그 경계면은 추가로 3.5[dB]의 전력손실을 유발한다. 총 dB-전력손실은?

Ans 7.6[dB]

Exercise 9.11

0.1[Np]에 해당하는 dB-전력손실은?

Ans 0.869[dB]

Review Questions with Hints

RQ 9.7 전송선로에서의 시간조화 $\tilde{V}$와 $\tilde{I}$에 대한 일반해는 어떤 형태로 주어지는가? [(9-18)]

RQ 9.8 전송선로에서의 전파상수를 정의하라. [(9-19)]

RQ 9.9 전송선로의 특성임피던스를 정의하라. [(9-21)]

RQ 9.10 어떤 조건에서 하나의 전송선로가 무손실 선로가 되는가? 이 선로의 특징적인 파라미터는 무엇인가? [(9-22)(9-23)]

RQ 9.11 어떤 조건에서 선로가 비왜곡 특성을 갖는가? 이 선로의 특징적인 파라미터는 무엇인가? [(9-24)(9-25)]

RQ 9.12 시간평균 전력을 위상자 $\tilde{V}$와 $\tilde{I}$로 표시하라. [(9-28)]

RQ 9.13 전송선로에서 감쇠상수와 dB-전력손실과의 관계는? [(9-32)]

9.4 유한한 전송선로(FINITE TRANSMISSION LINE)

유한한 길이의 전송선로는 부하를 원천에 연결하기 위해 사용된다. 이때 부하는 합선회로(short circuit), 열린회로(open circuit) 혹은 다른 전송선로일 수 있다. 만약 원천이 사인꼴 전압 혹은 전류를 발생시킨다면 이것은 전송선로에 시간조화 전압파 및 전류파를 유도한다. 이전에 설명한 것처럼 이들 파의 진행은 전송선로 방정식 혹은 식 (9-9)로 표시되는 헬름홀츠 식을 이용해 해석할 수 있다. 전송선로 위의 전압 및 전류는 식 (9-18)의 일반해와 전송선로 양단에서 주어지는 경계면 조건을 이용해 정확하게 표시할 수 있다. 무한 전송선로에서 V^+와 V^-의 두 진행파는 서로 독립이지만, 유한 전송선로에서 이들은 서로 밀접한 연관을 맺게 되는데 그 이유는 한쪽 끝단에 연결된 부하 때문이다. 이 경우 V^+는 입사파를 의미하고 V^-는 부하에 의해 반사된 반사파를 의미한다.

[그림 9-6]에서처럼 길이 ℓ의 유한 전송선로를 살펴보자. 유한 전송선로를 논할 때 항상 원천이 $z=0$에 위치하고 부하는 $z=\ell$에 위치한다고 가정한다. 원천의 내부임피던스(internal impedance)는 Z_g로 표시되고 부하임피던스는 Z_L로 표시된다. 특성임피던스 Z_o의 유한 전송선로에서 전압과 전류에 대한 일반해는 아래와 같이 표시된다.

$$\boxed{\tilde{V}(z) \equiv \tilde{V}^+(z) + \tilde{V}^-(z) = V_o^+ e^{-\gamma z} + V_o^- e^{\gamma z}} \quad (9\text{-}33a)$$

$$\tilde{I}(z) \equiv \tilde{I}^{+}(z) + \tilde{I}^{-}(z) = \frac{V_o^{+}}{Z_o} e^{-\gamma z} - \frac{V_o^{-}}{Z_o} e^{\gamma z} \tag{9-33b}$$

여기서 V_o^+과 V_o^-은 각각 순방향(forward)과 역방향(backward)으로 진행하는 전압파의 복소진폭을 의미하고, γ는 식 (9-19)의 전파상수이다. 만약 전압-전류관계 $\tilde{V}^+(z) / \tilde{I}^+(z) = Z_o$을 만족하는 순방향 전압파 $\tilde{V}^+(z)$가 부하임피던스 Z_L에 도달하면, 그 전압파 혼자서는 부하에서의 전압-전류 관계 $V_L/I_L = Z_L$을 만족시키지 못한다. 그리하여 이러한 임피던스 불일치는 필연적으로 입사파의 반사를 초래하고, 이때의 입사파와 반사파의 합은 부하에서의 전압-전류 관계를 만족시킨다.

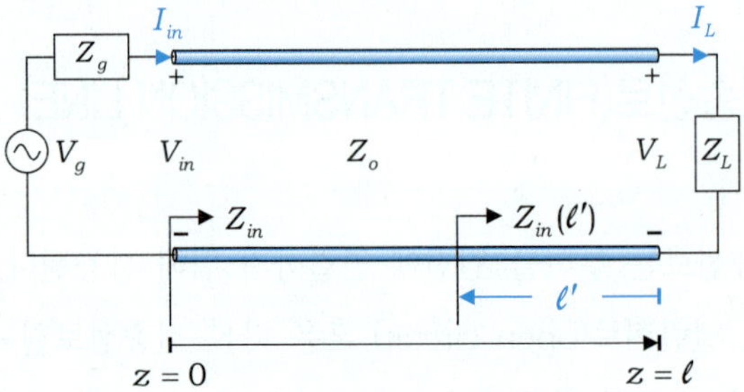

그림 9-6 원천과 부하를 연결하는 유한 전송선로

9.4.1 입력임피던스(Input Impedance)

일반적으로 한 점 $z = 0$에서 출발한 진행파는 Z_g와 Z_L 사이에서 끝없이 왕복하게 되는데 그 이유는 $z = 0$과 $z = \ell$에 존재하는 임피던스 불일치 때문이다. 이런 반사들을 일일이 따져야 하는 상황을 피하기 위해 순방향으로의 모든 반사를 더하여 그것을 복소진폭 V_o^+을 가진 순방향 전압파로 가정하고, 마찬가지로 역방향으로의 모든 반사를 더하여 그것을 복소진폭 V_o^-을 가진 역방향 전압파로 가정한다. 이러한 이유로 순방향 파는 부하에 입사하는 파를 의미하고 역방향 파는 부하에서 반사된 파를 의미한다. 부하에서의 총 전압과 총 전류를 각각 부하전압(load voltage) V_L과 부하전류(load current) I_L이라 부른다. 점 $z = \ell$에서의 부하전압과 부하전류는, 식 (9-33)에 주어진 일반해를 이용하면 다음과 같이 표시된다.

$$V_L = V_o^+ e^{-\gamma\ell} + V_o^- e^{\gamma\ell} \qquad (9\text{-}34a)$$

$$I_L = \frac{V_o^+}{Z_o} e^{-\gamma\ell} - \frac{V_o^-}{Z_o} e^{\gamma\ell} \qquad (9\text{-}34b)$$

윗식에서 부하전압과 부하전류는 관계식 $V_L = I_L Z_L$에 의해 서로 연관되고, 이 때 Z_L은 부하임피던스이다. 관계식 $V_L = I_L Z_L$을 이용해 위의 식들을 결합하면 다음과 같이 순방향 및 역방향 전압파의 복소진폭을 구할 수 있다.

$$V_o^+ = \frac{I_L}{2}(Z_L + Z_o) e^{\gamma\ell} \qquad (9\text{-}35a)$$

$$V_o^- = \frac{I_L}{2}(Z_L - Z_o) e^{-\gamma\ell} \qquad (9\text{-}35b)$$

식 (9-35)를 식 (9-33)에 대입하여 전송선로 위에서의 시간조화 전압과 전류에 대한 위상자를 아래와 같이 구할 수 있다.

$$\tilde{V}(z) = \frac{I_L}{2}\left[(Z_L + Z_o) e^{\gamma(\ell - z)} + (Z_L - Z_o) e^{-\gamma(\ell - z)}\right] \quad [\text{V}] \qquad (9\text{-}36a)$$

$$\tilde{I}(z) = \frac{I_L}{2Z_o}\left[(Z_L + Z_o) e^{\gamma(\ell - z)} - (Z_L - Z_o) e^{-\gamma(\ell - z)}\right] \quad [\text{A}] \qquad (9\text{-}36b)$$

입력단($z = 0$)에서의 총 전압 및 총 전류를 각각 입력전압(input voltage) V_{in}과 입력전류(input current) I_{in}이라 부른다. 전송선로의 입력임피던스(input impedance)는 입력전압과 입력전류 사이의 비다. 즉

$$Z_{in} = \frac{V_{in}}{I_{in}} = \frac{\tilde{V}(0)}{\tilde{I}(0)} = Z_o \frac{Z_L\left(e^{\gamma\ell} + e^{-\gamma\ell}\right) + Z_o\left(e^{\gamma\ell} - e^{-\gamma\ell}\right)}{Z_o\left(e^{\gamma\ell} + e^{-\gamma\ell}\right) + Z_L\left(e^{\gamma\ell} - e^{-\gamma\ell}\right)} \qquad (9\text{-}37)$$

쌍곡선 함수들 $\cosh\theta = (e^{\theta} + e^{-\theta})/2$, $\sinh\theta = (e^{\theta} - e^{-\theta})/2$, $\tanh\theta = \sinh\theta / \cosh\theta$의 도움으로 식 (9-37)을 더 간단한 식으로 다시 쓸 수 있다. 따라서 길이가 ℓ이고 끝단이 부하임피던스 Z_L에 연결된 유한 전송선로의 입력임피던스는 아래와 같다.

$$Z_{in} = Z_o \frac{Z_L + Z_o \tanh \gamma \ell}{Z_o + Z_L \tanh \gamma \ell} \quad [\Omega] \text{ (손실전송선로)} \tag{9-38}$$

위에서 Z_o은 특성임피던스이고, γ는 일반적으로 복소수인 전파상수이다.

만약 관심사가 오직 하나의 전송선로에 주입되는 전력이라면 [그림 9-7]에서와 같이 그 전송선로는 입력임피던스 Z_{in}으로 대치될 수 있다. 이러한 등가회로를 이용하면 입력전압 V_{in}과 입력전류 I_{in}을 쉽게 구할 수 있다.

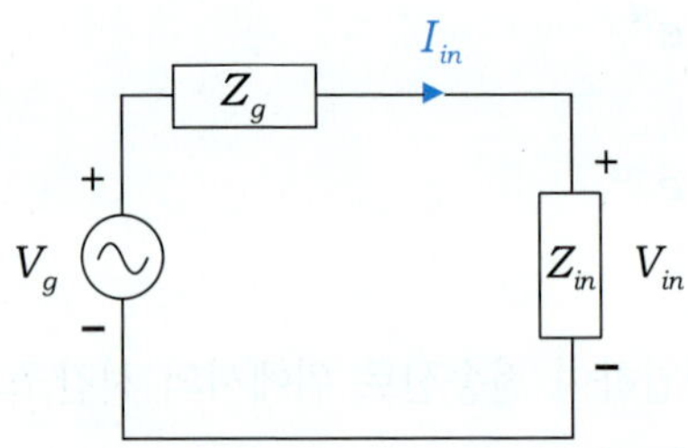

그림 9-7 원천과 전송선로에 대한 등가회로

식 (9-23)에서 보듯이 무손실 전송선로에서의 전파상수는 허수($\gamma = j\beta$)이고 특성임피던스는 실수($Z_o = R_o$)이다. 이러한 조건에서 식 (9-38)의 $\tanh(j\beta\ell)$은 $j\tan(\beta\ell)$이 된다. 따라서 길이 ℓ이고 부하임피던스 Z_L에 연결된 무손실 전송선로의 입력임피던스는 아래와 같다.

$$Z_{in} = R_o \frac{Z_L + jR_o \tan \beta \ell}{R_o + jZ_L \tan \beta \ell} \quad [\Omega] \text{ (무손실 전송선로)} \tag{9-39}$$

여기서 R_o은 실수값으로 주어지는 특성임피던스이고 β는 위상상수이다. 식 (9-39)의 입력임피던스는 선로길이 ℓ에 따라 주기적으로 변한다는 것에 주목하자.

Example 9-4

길이 2[m]의 전송선로 한 끝은 부하임피던스 $Z_L = 10 + j40[\Omega]$에 연결되고 다른 쪽은 전압원 $v_g(t) = 20\cos(10^7 t)[V]$, $Z_g = 50[\Omega]$에 연결되어 있다. 전송선로에서 $\gamma = 0.15 + j3.5[m^{-1}]$이고 $Z_o = 110 + j80[\Omega]$일 때 다음을 구하라.

(a) 입력임피던스

(b) 입력전류

(c) 입력전압

Solution

(a) 문제에서 주어진 값들로부터 다음을 얻는다.

$$\gamma\ell = 0.3 + j7.0$$

$$\tanh(\gamma\ell) = \frac{e^{\gamma\ell} - e^{-\gamma\ell}}{e^{\gamma\ell} + e^{-\gamma\ell}} = \frac{1 - e^{-0.6 - j14}}{1 + e^{-0.6 - j14}} = 0.482 + j0.749$$

식 (9-38)을 이용하면

$$Z_{in} = Z_o \frac{Z_L + Z_o \tanh\gamma\ell}{Z_o + Z_L \tanh\gamma\ell}$$

$$= (110 + j80)\frac{(10 + j40) + (110 + j80)(0.482 + j0.749)}{(110 + j80) + (10 + j40)(0.482 + j0.749)} \tag{9-40a}$$

$$= 45.86 + j153.9$$

(b) 등가회로에서 입력전류를 다음과 같이 계산한다.

$$I_{in} = \frac{V_g}{Z_g + Z_{in}} = \frac{20}{50 + 45.86 + j153.9} = 0.0583 - j0.0936[A] \tag{9-40b}$$

(c) 그리하여 입력전압은 다음과 같다.

$$V_{in} = Z_{in} I_{in} = (45.86 + j153.9)(0.0583 - j0.0936) = 17.08 + j4.68[V] \tag{9-40c}$$

Exercise 9.12

식 (9-33)을 이용해 $V_o^+ = (1/2)(V_{in} + Z_o I_{in})$, $V_o^- = (1/2)(V_{in} - Z_o I_{in})$이 된다는 것을 보여라.

Exercise 9.13

무손실 전송선로의 특성저항이 $Z_o = R_o$이고 부하 Z_L에 연결되었을 때 Z_{in}을 다음의 경우에 대해 구하라.

(a) 전송선로의 길이가 ¼ 파장 (b) ½ 파장

Ans (a) $Z_{in} = R_o^2/Z_L$ (b) $Z_{in} = Z_L$

Exercise 9.14

Z_g와 Z_{in}이 복소수일 때, 전송선로에 주입되는 전력이 최대가 되기 위한 조건을 구하라.

Ans $Z_{in} = Z_g^*$

9.4.2 반사계수 및 정재파비 (Reflection Coefficient and Standing Wave Ratio)

특성임피던스 Z_o을 가진 전송선로 위의 순방향 진행파는 부하임피던스 Z_L이 Z_o과 같지 않다면 필연적으로 부하에서 반사된다. 부하에서의 반사파의 복소진폭과 입사파의 복소진폭 사이의 비를 전압 반사계수(voltage reflection coefficient) Γ라 한다. 여기서 $\ell' = \ell - z$로 정의되는 새로운 공간좌표 ℓ'를 정의한다. 이것은 부하로부터 원천방향으로의 거리(distance from the load toward the generator) 혹은 간단히 부하로부터의 거리(distance from the load)라 부른다. 여기서 주목할 것은 ℓ'는 변수이고 전송선로 길이 ℓ은 상수라는 것이다. 그러면 식 (9-36a)의 시간조화 전압은 ℓ'를 이용해 아래와 같이 다시 쓸 수 있다.

$$\tilde{V}(\ell') = \frac{I_L}{2}\left[(Z_L + Z_o)e^{\gamma\ell'} + (Z_L - Z_o)e^{-\gamma\ell'}\right] \equiv V_o'^{+}e^{\gamma\ell'} + V_o'^{-}e^{-\gamma\ell'} \tag{9-41}$$

여기서 $e^{\gamma\ell'}$의 항은 복소진폭 $V_o'^{+}$을 가진 순방향 진행파를 의미하고, $e^{-\gamma\ell'}$의 항은 복소진폭 $V_o'^{-}$을 가진 역방향 진행파를 의미한다. 식 (9-41)로부터 부하임피던스 Z_L의 전압 반사계수는 $\Gamma = V_o'^{-} / V_o'^{+}$으로 정의된다. 즉

$$\boxed{\Gamma = \frac{Z_L - Z_o}{Z_L + Z_o} \equiv |\Gamma| e^{j\phi}} \tag{9-42}$$

이것은 일반적으로 복소수인데 그 크기는 1 보다 크지 않다. 즉 $|\Gamma| \le 1$이다. 식 (9-42)의 Z_o과 Z_L이 각각 인접한 두 매질의 고유임피던스 η_1과 η_2로 대치되면, 식 (9-42)의 반사계수는 그 경계면에 수직입사하는 균일평면파의 반사계수와 동일하다(식 (8-107a) 참조). 만약 $Z_L = Z_o$이면 식 (9-42)로부터 $\Gamma = 0$을 얻는다. 이 경우 그 전송선로는 부하에 임피던스 맞춤(impedance match) 되었다고 말한다. 비슷한 방법으로 전류 반사계수를 반사전류파의 복소진폭과 입사전류파의 복소진폭 사이의 비로 정의한다. 전류반사계수는 전압반사계수에 마이너스 부호를 붙인 것과 같다.

전송선로 위의 한 점에서의 전압(혹은 전류)을 순방향 전압파(전류파)의 복소진폭만을 이용해 표시할 수 있다. 이를 위해 식 (9-35)와 (9-42)를 식 (9-36)에 대입하면 전송선로 위에서

$$\boxed{\tilde{V}(z) = V_o^{+} e^{-\gamma z}\left[1 + \Gamma e^{-2\gamma\ell'}\right]} \quad [\mathrm{V}] \tag{9-43a}$$

$$\boxed{\tilde{I}(z) = I_o^{+} e^{-\gamma z}\left[1 - \Gamma e^{-2\gamma\ell'}\right]} \quad [\mathrm{A}] \tag{9-43b}$$

여기서 전송선로 길이 ℓ은 상수인 반면에 ℓ'는 변수로, 관계식 $\ell' = \ell - z$에 의해 서로 연관되어 있다. 식 (9-33a)와 (9-43a)를 비교하면 식 (9-43a) 브라켓의 첫째 항은 부하로부터 ℓ'거리에서 관찰되는 순방향 전압파를 의미하고, 둘째 항은 부하로부터 반사되어 부하로부터 거리 ℓ'에서 관찰되는 역방향 전압파를 의미한다. 식 (9-43a)의 항들을 아

래와 같이 다시 쓸 수 있다.

$$\begin{aligned}\tilde{V}(z) &= V_o^+ e^{-\gamma z}\left(1-|\Gamma|+|\Gamma|+\Gamma e^{-2\gamma\ell'}\right)\\ &= V_o^+ e^{-\gamma z}\left(1-|\Gamma|\right)+V_o^+ e^{-\gamma z}|\Gamma|\left(1+e^{j\phi}e^{-2\gamma\ell'}\right)\\ &= V_o^+ e^{-\gamma z}\left(1-|\Gamma|\right)+V_o^+|\Gamma|e^{j\phi/2-\gamma\ell}\left(e^{-j\phi/2}e^{\gamma\ell'}+e^{j\phi/2}e^{-\gamma\ell'}\right)\end{aligned} \tag{9-44}$$

여기서 관계식 $\Gamma=|\Gamma|e^{j\phi}$가 사용되었다. 무손실 전송선로를 가정하면 전파상수가 허수로 주어진다($\gamma=j\beta$). 식 (9-44)로부터 실순시 전압은 아래와 같이 주어진다.

$$\begin{aligned}v(z,t) &= V_o^+\left(1-|\Gamma|\right)\cos\left(\omega t-\beta z\right)\\ &\quad+2V_o^+|\Gamma|\cos\left(\beta\ell'-\phi/2\right)\cos\left(\omega t+\phi/2-\beta\ell\right)\end{aligned} \tag{9-45}$$

윗식 오른쪽 첫째 항은 진폭 $V_o^+(1-|\Gamma|)$의 진행파를 나타내고, 둘째 항은 진폭 $2V_o^+|\Gamma|$의 정재파를 나타낸다. 다른 말로 설명하면, 순방향파의 일부가 부하로부터 반사하여 입사하는 파와 간섭을 일으키고 그 결과 정재파가 형성된다. 반면 입사파의 나머지는 부하를 향해 진행한다.

정재파는 시간조화 전압의 진폭이 전송선로에서 위치에 따라 변하도록 만든다. 따라서 식 (9-43a)으로부터 무손실 전송선로 위의 전압은 아래와 같이 주어진다.

$$\tilde{V}(z)=V_o^+e^{-j\beta z}\left[1+|\Gamma|e^{j(\phi-2\beta\ell')}\right] \tag{9-46}$$

전송선로 위에서 전압진폭의 위치에 대한 변화는 식 (9-46)의 브라켓 항에 의해 결정된다. 그 이유는 V_o^+은 상수이고 $\left|e^{-j\beta z}\right|=1$이기 때문이다. 전압의 최대치는 부하로부터 $\ell'_{\max}$의 거리에서 나타난다. 즉

$$\boxed{\ell'_{\max}=\frac{1}{2\beta}(\phi+2m\pi)} \qquad (m=0,1,2..) \tag{9-47a}$$

여기서 β는 진행파의 위상상수이고 ϕ는 반사계수의 위상각이다. 최대전압은 반파장(half-wavelength) 거리의 주기로 전송선로 위에서 반복적으로 나타난다. 식 (9-47a)를

식 (9-46)에 대입하여 전압 최대값을 얻는다.

$$V_{o,\max} = \left|V_o^+\right|\left(1+|\Gamma|\right) \tag{9-47b}$$

비슷한 방법으로 전송선로 위의 전압 최소값을 구할 수 있다. 최소전압은 부하로부터 거리 $\ell'_{\min}$에서 나타난다. 즉

$$\boxed{\ell'_{\min} = \frac{1}{2\beta}\left[\phi+(2m+1)\pi\right]} \qquad (m=0,1,2..) \tag{9-48a}$$

식 (9-46)으로부터 전압 최소값을 구할 수 있다.

$$V_{o,\min} = \left|V_o^+\right|\left(1-|\Gamma|\right) \tag{9-48b}$$

식 (9-48a)에서 알 수 있듯이 두 인접한 최소전압 사이의 거리는 주어진 파의 반파장 거리에 해당한다.

전압 정재파비(voltage standing wave ratio: SWR)는 전송선로 위의 전압 최대치와 전압 최소치 사이의 비로 정의된다. 즉

$$\boxed{S = \frac{V_{o,\max}}{V_{o,\min}} = \frac{1+|\Gamma|}{1-|\Gamma|}} \tag{9-49}$$

여기서 주목할 것은, 윗식의 $V_{o,\max}$과 $V_{o,\min}$은 하나의 전송선로 위의 서로 다른 지점에서 측정된다는 사실이다(이들은 시간에 대한 최대, 최소 진폭을 의미). $|\Gamma|$이 0에서 1로 증가할 때 S는 1에서 ∞로 증가한다. 높은 정재파비는 바람직하지 않은데 그 이유는 부하에서 반사가 크고 따라서 전력이 부하로 잘 전달되지 않는다는 것을 의미하기 때문이다. 식 (9-49)를 뒤집어서 다시 쓰면 다음의 관계식을 얻을 수 있다.

$$\boxed{|\Gamma| = \frac{S-1}{S+1}} \tag{9-50}$$

주어진 부하 임피던스 값을 측정하기 위해 그것을 슬롯선로(slotted-line)에 연결하여 전압 정재파비를 구하여 그 값을 알아낼 수 있다. 슬롯선로는 무손실 동축케이블의 바깥 도체에 뚫린 가늘고 긴 구멍을 따라 작은 탐침이 움직일 수 있도록 만들어진 전송도선이다. 이 탐침은 전기장세기를 측정하여 전압 최대치 및 최소치를 알려줄 뿐만 아니라 이들 사이의 간격도 알려준다. 이러한 측정된 전압 최대치와 최소치 사이의 비로부터 정재파비를 구하고 그 다음 식 (9-50)으로부터 반사계수의 크기를 구한다. 인접한 최대전압들 혹은 최소전압들 사이의 거리를 측정하면 식 (9-47a)와 (4-48a)로부터 반사계수의 위상각을 구할 수 있다. 슬롯선로의 특성임피던스와 측정된 반사계수를 식 (9-42)에 대입하면 부하임피던스 Z_L을 구할 수 있다.

그 다음, 원천으로부터 무손실 전송선로를 통해 부하에 전달되는 전력을 계산하자. 식 (9-43)으로부터 전송도선 위의 한 점에서의 시간평균 전력은 아래와 같다.

$$\begin{aligned}\langle \mathscr{P} \rangle &= \frac{1}{2}\mathrm{Re}\left[\tilde{V}(z)\tilde{I}^*(z)\right] \\ &= \frac{1}{2}\mathrm{Re}\left[V_o^+ e^{-j\beta z}\left(1+\Gamma e^{-j2\beta\ell'}\right)\left(\frac{V_o^+}{R_o}e^{-j\beta z}\left(1-\Gamma e^{-j2\beta\ell'}\right)\right)^*\right] \\ &= \frac{1}{2}\frac{\left|V_o^+\right|^2}{R_o}\mathrm{Re}\left[1-|\Gamma|^2+\left\{\Gamma e^{-j2\beta\ell'}-\Gamma^* e^{j2\beta\ell'}\right\}\right]\end{aligned} \tag{9-51}$$

윗식의 브레이스 { }는 순전히 허수이므로 시간평균 전력에 기여하지 못한다. 따라서 부하에 전달되는 시간평균 전력은 다음과 같다.

$$\langle \mathscr{P} \rangle = \frac{1}{2}\frac{\left|V_o^+\right|^2}{R_o}\left(1-|\Gamma|^2\right) \tag{9-52}$$

윗식 괄호의 첫째 항은 입사파의 전력을 의미하고, 둘째 항은 반사파의 전력을 의미한다.

Example 9-5

Example 9-4의 전송선로에서 다음을 구하라.

(a) 반사계수 (b) 선로 위의 한 점에서의 총 전압

(c) 부하에서 소모된 전력 (d) 선로에서 소모된 전력

Solution

(a) 반사계수를 식 (9-42)로부터 구한다.

$$\Gamma = \frac{Z_L - Z_o}{Z_L + Z_o} = \frac{(10 + j40) - (110 + j80)}{(10 + j40) + (110 + j80)} = 0.635e^{j2.74}$$

(b) 주어진 값 $z = 0$과 $\ell' = 2$[m]를 식 (9-43a)에 대입하여 입력전압을 구한다:

$$V_{in}(z = 0, \ell' = 2) = V_o^+\left[1 + \Gamma e^{-4\gamma}\right] = V_o^+\left[1 + 0.635e^{j2.74}e^{-0.6-j14}\right]$$
$$= V_o^+(1.0911 + j0.336)[\text{V}]$$

이 식과 식 (9-40c)를 비교하여 순방향 전압파의 진폭을 구한다.

$$V_o^+ = 15.51e^{-j0.031}[\text{V}]$$

따라서 선로 위의 총 전압은 다음과 같다.

$$\tilde{V}(z) = V_o^+ e^{-\gamma z}\left[1 + \Gamma e^{-2\gamma\ell'}\right]$$
$$= 15.51e^{-j0.031}e^{-(0.15+j3.5)z}\left[1 + 0.635e^{j2.74}e^{-(0.3+j7.0)\ell'}\right][\text{V}] \quad (9\text{-}53)$$

(c) 주어진 값 $z = 2$[m]와 $\ell' = 0$을 식 (9-53)에 대입하여 부하전압을 구한다.

$$V_L = 15.51e^{-j0.031}e^{-(0.3+j7.0)}\left[1 + 0.635e^{j2.74}\right] = 5.56e^{-j0.210}[\text{V}]$$

부하에서 소모된 시간평균 전력은 아래와 같다.

$$\langle \mathscr{P}_L \rangle = \frac{1}{2}\text{Re}\left[V_L\left(\frac{V_L}{Z_L}\right)^*\right] = \frac{1}{2}\text{Re}\left[\frac{(5.56)^2}{10 - j40}\right] = 90.9[\text{mW}]$$

(d) 식 (9-40b)와 (9-40c)의 입력전압과 입력전류를 이용해 부하와 선로에서 소모된 총 전력을 구한다.

$$\langle \mathscr{P}_{in} \rangle = \frac{1}{2}\mathrm{Re}\left[V_{in}I_{in}^*\right] = \frac{1}{2}\mathrm{Re}[(17.08 + j4.68)(0.0583 + j0.0936)]$$
$$= 279[\mathrm{mW}]$$

따라서 선로에서 소모된 전력은 아래와 같다.

$279 - 90.9 = 188.1[\mathrm{mW}]$

Example 9-6

특성임피던스 R_o의 무손실 전송선로가 부하임피던스 Z_L에 연결되었다. 이 선로 위의 진행파들의 위상상수는 β로 주어진다. 부하로부터 원천을 향해 거리 ℓ'인 지점에서 부하 쪽으로의 입력임피던스(input impedance looking toward the load)는 $Z_{in}(\ell') \equiv \tilde{V}(\ell') / \tilde{I}(\ell')$로 정의되고 이 지점에서의 반사계수는 $\Gamma(\ell') = \tilde{V}^-(\ell') / \tilde{V}^+(\ell')$로 정의된다. 다음을 구하라

(a) $\Gamma(\ell')$의 표현식

(b) $V_{o,\max}$과 $V_{o,\min}$이 관측되는 지점에서의 $\Gamma(\ell')$

(c) $V_{o,\max}$과 $V_{o,\min}$이 관측되는 지점에서의 $Z_{in}(\ell')$

(d) $V_{o,\max}$이 관측되는 지점에서 관계식 $S = Z_{in}(\ell')/R_o$이 성립함을 보여라.

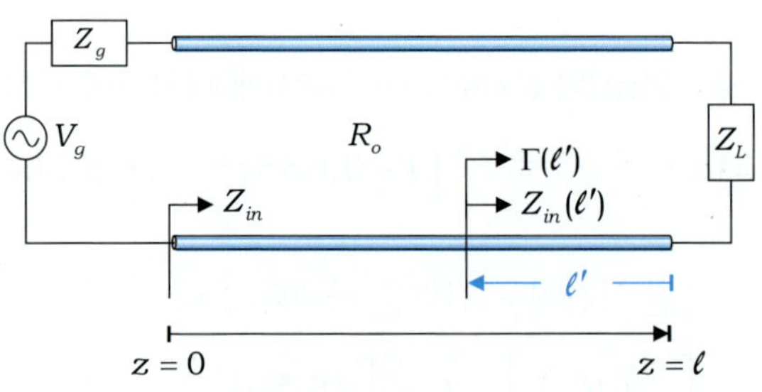

그림 9-8 부하로부터 거리 ℓ'에서의 입력임피던스 및 반사계수

Solution

(a) 전송선로 위의 점 $z = z_1$, 혹은 부하로부터 거리 $\ell' = \ell - z_1$에서 순방향 전압파는 식 (9-46) 오른쪽의 첫째 항으로 주어진다.

$$\tilde{V}^+(z_1) = V_o^+ e^{-j\beta z_1}$$

동일한 지점에서 역방향 전압파는 식 (9-46) 오른쪽의 둘째 항으로 주어진다.

$$\tilde{V}^-(z_1) = V_o^+ e^{-j\beta z_1} |\Gamma| e^{j(\phi - 2\beta\ell')}$$

따라서 부하로부터 거리 ℓ'에서의 반사계수는 다음과 같다.

$$\Gamma(\ell') = \frac{\tilde{V}^-(z_1)}{\tilde{V}^+(z_1)} = |\Gamma| e^{j(\phi - 2\beta\ell')} \qquad (9\text{-}54)$$

(b) 식 (9-46)에서 보듯이 조건 $e^{j(\phi-2\beta\ell')} = 1$이 만족되면 최대전압이 얻어지고, 조건 $e^{j(\phi-2\beta\ell')} = -1$이 만족되면 최소전압이 얻어진다. 따라서 식 (9-54)로부터 아래의 관계를 구한다.

$$\Gamma(\ell') = |\Gamma| \qquad (V_{o,\max}\text{의 위치에서}) \qquad (9\text{-}55a)$$

$$\Gamma(\ell') = -|\Gamma| \qquad (V_{o,\min}\text{의 위치에서}) \qquad (9\text{-}55b)$$

$V_{o,\max}$과 $V_{o,\min}$의 위치에서 $\Gamma(\ell')$는 실수로 주어진다.

(c) 식 (9-43)으로부터, 부하로부터 ℓ'위치에서의 입력임피던스는 아래와 같이 구해진다.

$$\boxed{Z_{in}(\ell') = \frac{V_o^+ e^{-j\beta z}\left[1 + \Gamma e^{-j2\beta\ell'}\right]}{I_o^+ e^{-j\beta z}\left[1 - \Gamma e^{-j2\beta\ell'}\right]} = R_o \frac{\left[1 + |\Gamma| e^{j\phi} e^{-j2\beta\ell'}\right]}{\left[1 - |\Gamma| e^{j\phi} e^{-j2\beta\ell'}\right]}} \qquad (9\text{-}56)$$

여기서 관계식 $\gamma = j\beta$와 $Z_o = R_o$을 사용했다.

최대전압을 위해 $e^{j(\phi-2\beta\ell')} = 1$이어야 하고, 최소전압을 위해 $e^{j(\phi-2\beta\ell')} = -1$이어야 한다. 그러므로 식 (9-56)으로부터 아래의 식을 구할 수 있다.

$$Z_{in}(\ell') = R_o \frac{1 + |\Gamma|}{1 - |\Gamma|} \qquad (\mathrm{V}_{\max}\text{의 위치에서}) \qquad (9\text{-}57a)$$

$$Z_{in}(\ell') = R_o \frac{1-|\Gamma|}{1+|\Gamma|} \qquad (\text{V}_{\text{min}}\text{의 위치에서}) \tag{9-57b}$$

$V_{o,\max}$과 $V_{o,\min}$의 위치에서 $Z_{in}(\ell')$은 실수로 주어진다.

(d) $V_{o,\max}$이 발생하는 위치에서 식 (9-57a)의 양변을 R_o으로 나누면

$$\frac{Z_{in}(\ell')}{R_o} = \frac{1+|\Gamma|}{1-|\Gamma|} = S \tag{9-58}$$

Exercise 9.15

전송선로 위의 정재파가 하나의 최대전압 및 하나의 최소전압을 갖기 위한 전송선로의 최소 길이는?

Ans 1/4 파장

9.4.3 닫힌회로 및 열린회로의 전송선로 (Short-Circuited and Open-Circuited Lines)

전송선로는 진행파를 가이드하는 것 외의 다른 목적으로도 사용된다. 닫힌회로 혹은 열린회로의 전송선로는 유도반응저항(inductive reactance) 혹은 정전반응저항(capacitive reactance)을 가진 하나의 회로소자로 사용될 수 있다.

(1) 닫힌회로의 전송선로(Short-Circuited Line)

닫힌회로는 부하임피던스가 0이다. 만약 길이 ℓ의 무손실 전송선로의 끝단이 닫힌회로로 주어진다면, 그 입력임피던스는 식 (9-39)로부터 다음과 같이 주어진다.

$$\boxed{Z_{in}^{s} = jR_o \tan\beta\ell} \tag{9-59}$$

닫힌회로의 입력임피던스는 조건 $0<\beta\ell<\pi/2$하에서 순전히 유도반응저항(purely inductive)으로 주어진다(임피던스가 양수의 허수이다). 반면, 조건 $\pi/2<\beta\ell<\pi$하에서는 순전히 정전반응저항(purely capative)으로 주어진다(임피던스가 음수의 허수이다). 조건 $\beta\ell=\pi/2$하에서(즉 $\ell=\lambda/4$) 그 입력임피던스는 무한대가 되어 닫힌전송선로는 하나의 열린단자로서 작동한다.

(2) 열린회로 전송선로(Open-Circuited Line)

열린단자는 그 부하임피던스가 무한대이다. 만약 길이 ℓ의 무손실 전송선로의 끝단이 열려 있다면 입력임피던스는 식 (9-39)로부터 다음과 같이 주어진다.

$$\boxed{Z_{in}^{o} = -jR_o \cot\beta\ell} \tag{9-60}$$

조건 $0<\beta\ell<\pi/2$하에서 입력임피던스는 순전히 정전반응저항으로 주어지고 반면 조건 $\pi/2<\beta\ell<\pi$하에서는 순전히 유도반응저항으로 주어진다. 전송선로의 길이가 사분파장이면(즉 $\ell=\lambda/4$) 그 입력임피던스는 0이 되어, 열린 전송선로는 마치 합선된 단자처럼 작동한다.

두 입력임피던스 Z_{in}^{s}과 Z_{in}^{o}을 이용하면 주어진 전송선로의 특성임피던스 및 전파상수를 구할 수 있다. 즉

$$R_o = \sqrt{Z_{in}^{s} Z_{in}^{o}} \qquad [\Omega] \tag{9-61a}$$

$$\beta\ell = \tan^{-1}\sqrt{\left|\frac{Z_{in}^{s}}{Z_{in}^{o}}\right|} + n\pi \qquad (n = 0, 1, 2..) \tag{9-61b}$$

여기서 n은 0을 포함하여 양의 정수이다.

Example 9-7

무손실 전송선로의 길이가 10[m]보다 짧다고 알려졌다. 만약 이것의 끝단이 열려 있으면 그 입력임피던스는 $Z_{in}^{o} = -j81[\Omega]$로 주어진다. 만약 이것의 끝단이 닫혀 있으면 그 입력임피던스는 $Z_{in}^{s} = j144[\Omega]$로 주어지고 첫째 전압최대점은 닫힌 끝단으로부터 거리 2.5[m]에 위치한다. 다음을 구하라.

(a) R_o　　(b) β

(c) ℓ

Solution

(a) 특성임피던스는 식 (9-61a)로부터 다음과 같이 주어진다.

$$R_o = \sqrt{Z_{in}^{s} Z_{in}^{o}} = \sqrt{(j144)(-j81)} = 108[\Omega]$$

(b) 식 (9-42)로부터 닫힌회로($Z_L = 0$)의 반사계수는 $\Gamma = -1 = e^{j\pi}$로 주어진다. 따라서 $\phi = \pi$를 얻는다.

주어진 값들 $\phi = \pi$, $m = 0$, $\ell'_{\max} = 2.5[m]$를 식 (9-47a)에 대입하여 다음을 얻는다.

$$\beta = 0.2\pi \tag{9-62}$$

(c) 식 (9-61b)로부터

$$\beta\ell = \tan^{-1}\sqrt{144/81} + n\pi = 0.93 + n\pi \tag{9-63}$$

식 (9-62)를 식 (9-63)에 대입하여 선로의 길이를 찾아낸다.

$$\ell = (0.93 + n\pi)/(0.2\pi)$$
$$= 1.48[m],\ 6.48[m],\ 11.48[m], \ldots$$

길이 ℓ은 2.5[m]보다 길어야 하고 10[m]보다 짧아야 한다.

그러므로 $\ell = 6.48[m]$이다.

Example 9-8

75[Ω]의 무손실 전송선로가 그 값이 알려지지 않은 부하임피던스 Z_L에 연결되어 있다. 전송선로 위의 정재파비는 $S=3$으로 주어지고, 그 첫째 및 둘째 전압 최대점들은 부하로부터 각각 거리 4[cm], 14[cm]에 위치한다. 다음을 구하라.

(a) Γ (b) Z_L

Solution

(a) 인접한 두 전압최대점 사이의 거리는 이분파장에 해당한다. 따라서 파장과 위상상수는 아래와 같이 주어진다.

$$\lambda = 2\times(14-4) = 20[\text{cm}]$$

$$\beta = 2\pi/\lambda = 10\pi[\text{rad/m}]$$

주어진 값들 $\ell'_{max}=0.04[\text{m}]$, $m=0$, $\beta=10\pi$를 식 (9-47a)에 대입하면

$$\phi = 0.8\pi[\text{rad}] \tag{9-64a}$$

정재파비 $S=3$을 식 (9-50)에 대입하여 다음을 얻는다.

$$|\Gamma| = \frac{3-1}{3+1} = 0.5 \tag{9-64b}$$

식 (9-64a)와 (9-64b)로부터 반사계수를 구한다.

$$\Gamma = 0.5e^{j0.8\pi} \tag{9-65}$$

(b) 식 (9-65)를 식 (9-42)에 대입하여 아래의 식을 얻는다.

$$\frac{Z_L-75}{Z_L+75} = 0.5e^{j0.8\pi}$$

따라서

$$Z_L = 27.3 + j21.4[\Omega]$$

Exercise 9.16

(a) 닫힌단자와 (b) 열린단자의 반사계수는?

Ans (a) $\Gamma = -1$ (b) $\Gamma = 1$

Review Questions with Hints

RQ 9.14 $\tilde{V}$와 $\tilde{I}$에 대한 두 일반해 사이의 관계를 설명하라. [(9-33)]

RQ 9.15 특성임피던스와 입력임피던스를 구별하여 설명하라. [(9-38)]

RQ 9.16 부하임피던스 Z_L의 반사계수 표현식을 서술하라. [(9-42)]

RQ 9.17 $\tilde{V}$와 $\tilde{I}$의 일반해를 Γ를 이용해 서술하라. [(9-43)]

RQ 9.18 $V_{o,\max}$과 $V_{o,\min}$을 $|\Gamma|$을 이용해 표시하고, 그들의 위치를 전송선로 위에서 찾아라. [(9-47)(9-48)]

RQ 9.19 정재파비를 정의하라. [(9-49)]

RQ 9.20 부하임피던스에 전달된 시간평균 전력을 Γ을 이용해 표시하라. [(9-52)]

RQ 9.21 닫힌 전송선로와 열린 전송선로의 입력임피던스를 구하라. [(9-59)(9-60)]

9.5 스미스 차트(THE SMITH CHART)

스미스 차트는, 복잡한 복소수 계산을 하지 않고도, 간단한 그래프를 이용해 여러 가지 전송선로에 관련된 문제들을 풀 수 있도록 해준다. 이 차트의 수평축은 전압반사계수의 실수부를, 수직축은 허수부를 나타낸다. 이것은 정규화된 부하임피던스의 실수부와 허수부 중에서 하나는 고정하고 다른 하나를 변화시키면서 그린 반사계수 곡선들을 포함하고 있다. 식 (9-43)에서 보듯이 전송선로 위의 전압과 전류값들은 반사계수에 의해 결정된다. 따라서 전송선로 위의 모든 파동특성은 반사계수를 이용해 표시할 수 있다. 이런 이유로 스미스 차트를 이용하면 정재파비, 입력임피던스, 부하어드미턴스등을 쉽게 구할 수 있고 또한 임피던스 맞춤 문제들을 쉽게 풀 수 있다.

9.5.1 Γ과 Z_L 사이의 관계(Relationship between Γ and Z_L)

우선 특성임피던스가 $Z_o = R_o$으로 주어지는 무손실 전송선로가 부하임피던스 Z_L에 연결된 경우를 살펴보자. 식 (9-42)로부터 부하의 반사계수는 아래와 같이 표시된다.

$$\begin{aligned}\Gamma &= \frac{Z_L - R_o}{Z_L + R_o} \\ &\equiv \Gamma_R + j\Gamma_I \equiv |\Gamma| e^{j\phi}\end{aligned} \tag{9-66}$$

여기서 Γ_R과 Γ_I는 각각 전압반사계수 Γ의 실수부와 허수부를 의미하고, ϕ는 Γ의 위상각을 나타낸다. 부하임피던스 Z_L을 R_o으로 정규화하여 아래와 같은 식을 쓸 수 있다.

$$\begin{aligned}z_L &= \frac{Z_L}{R_o} = \frac{R_L + jX_L}{R_o} \\ &\equiv r + jx\end{aligned} \tag{9-67}$$

여기서 R_L과 X_L은 각각 Z_L의 저항(resistance)과 반응저항(reactance)이고, r과 x는 각각 정규화 부하저항(normalized load resistance)과 정규화 부하반응저항(normalized load reactance)이다. Γ와 z_L 사이의 관계를 다른 형태로 표시할 수 있다.

즉

$$\Gamma = \frac{z_L - 1}{z_L + 1} \tag{9-68a}$$

$$\boxed{z_L = \frac{1+\Gamma}{1-\Gamma} = \frac{1+|\Gamma|e^{j\phi}}{1-|\Gamma|e^{j\phi}}} \tag{9-68b}$$

$$r + jx = \frac{1+\Gamma_R + j\Gamma_I}{1-\Gamma_R - j\Gamma_I} \tag{9-68c}$$

식 (9-68c)의 실수부와 허수부를 분리하면

$$r = \frac{1-\Gamma_R^2 - \Gamma_I^2}{(1-\Gamma_R)^2 + \Gamma_I^2} \tag{9-69a}$$

$$x = \frac{2\Gamma_I}{(1-\Gamma_R)^2 + \Gamma_I^2} \tag{9-69b}$$

식 (9-69)를 아래와 같이 다시 쓸 수 있다.

$$\boxed{\left(\Gamma_R - \frac{r}{1+r}\right)^2 + \Gamma_I^2 = \left(\frac{1}{1+r}\right)^2} \tag{9-70a}$$

$$\boxed{(\Gamma_R - 1)^2 + \left(\Gamma_I - \frac{1}{x}\right)^2 = \left(\frac{1}{x}\right)^2} \tag{9-70b}$$

여기서 주목할 것은, 식 (9-70a)에서 Γ는 x에 대한 함수이고 식 (9-70b)에서 Γ는 r에 대한 함수이다. 고정된 r에 대해 식 (9-70a)는 반지름이 $1/(1+r)$이고 중심이 (Γ_R, Γ_I)-평면 위의 한 점 $(r/(1+r), 0)$에 해당하는 원을 나타낸다. 반면, 고정된 x에 대해 식 (9-70b)는 반지름이 $1/|x|$이고 중심이 (Γ_R, Γ_I)-평면 위의 한 점 $(1, 1/x)$에 해당하는 원을 나타낸다.

만약 정규화된 부하임피던스가 $r = r'$와 $x = x'$로 주어진다면 식 (9-70a)와 (9-70b)를 풀어서 반사계수를 구할 수 있다. 즉 $(\Gamma_R, \Gamma_I) = (\Gamma'_R, \Gamma'_I)$ 혹은 $(\Gamma_R, \Gamma_I) = (1, 0)$이다. 여기서 둘째 해는 무시되는데 그 이유는 이것이 r과 x에 무관하게 항상 식 (9-70a)와 (9-70b)를 만족시키기 때문이다. 이들은 식 (9-70a)와 (9-70b)의 두 원이 (Γ_R, Γ_I)-평면상에서 서로 교차하여 만드는 교점을 의미한다([그림 9-9] 참조). 두 원은 (Γ_R, Γ_I)-평면 위의 점 $(1, 0)$을 동시에 통과하여 점 (Γ'_R, Γ'_I)에서 직각으로 교차한다. 결론적으로 주어진 정규화 부하임피던스 $z_L = r' + jx'$에 대해 반사계수는 $\Gamma = \Gamma'_R + j\Gamma'_I$로 구해진다.

스미스 차트는 2개의 원 집단을 포함하는데, 하나는 상수-r의 원 집단이고 다른 하나는 상수-x의 원 집단이다. 양의 x 값을 가진 원들은 영역 $\Gamma_I > 0$에 위치하고 음의 x 값을 가진 원들은 영역 $\Gamma_I < 0$에 위치한다. 만약 $r = r'$원과 $x = x'$원의 교점 A'가 스미스 차트 위에서 찾아지면 반사계수의 크기를, 원점으로부터 $|\Gamma| = 1$인 점까지의 거리에 대해 선분 $\overline{OA'}$의 상대적인 길이를 측정하여 구한다.

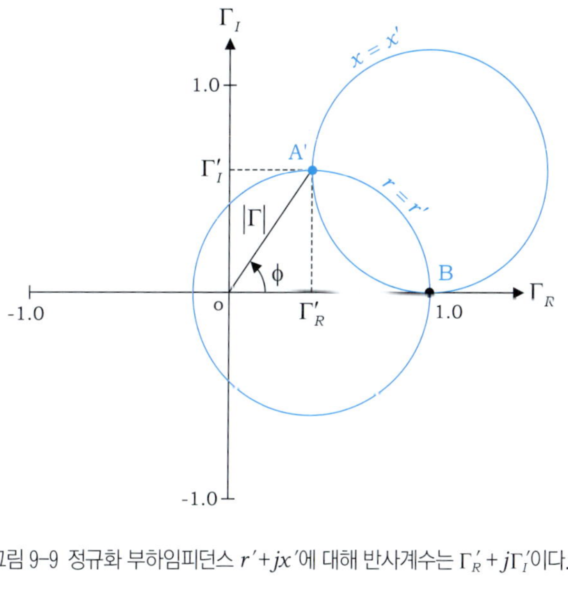

그림 9-9 정규화 부하임피던스 $r' + jx'$에 대해 반사계수는 $\Gamma'_R + j\Gamma'_I$이다.

Exercise 9.17

스미스 차트를 이용해 다음의 정규화 부하임피던스에 대한 Γ 를 구하라.

(a) $z_L = 3$ (b) $z_L = 1 + j1$

(c) $z_L = -j10$ (d) $z_L = 0$

(e) $z_L = \infty$

Ans (a) $\Gamma = 0.5$ (b) $\Gamma = 0.45\angle 63.4°$ (c) $\Gamma = 1\angle -11.4°$
(d) $\Gamma = -1$ (e) $\Gamma = 1$

Exercise 9.18

스미스 차트를 이용해 다음의 반사계수를 발생시키는 정규화 부하임피던스를 구하라.

(a) $\Gamma = 1\angle 45°$ (b) $\Gamma = -0.5$

(c) $\Gamma = j$

Ans (a) $z_L = j2.41$ (b) $z_L = 0.33$ (c) $z_L = j$

9.5.2 Γ와 Z_{in} 사이의 관계(Relationship between Γ and Z_{in})

길이 ℓ의 무손실 전송선로($\gamma = j\beta$)에 대해 살펴보자. 이 전송선로 위의 전압과 전류는 식 (9-43)으로부터 아래와 같이 주어진다.

$$\tilde{V}(z) = V_o^+ e^{-j\beta z}\left[1 + \Gamma e^{-j2\beta\ell'}\right] \tag{9-71a}$$

$$\tilde{I}(z) = I_o^+ e^{-j\beta z}\left[1 - \Gamma e^{-j2\beta\ell'}\right] \tag{9-71b}$$

여기서 $\ell' = \ell - z$인데 부하로부터 원천으로 향하는 거리다. 이 전송선로의 입력임피던스는 $z = 0$, 즉 $\ell' = \ell$에서 관찰되는 V와 I 사이의 비다. 특성저항 R_o인 무손실 전송선로에서 관계식 $V_o^+ = R_o I_o^+$를 이용해 길이 ℓ의 전송선로의 입력임피던스를 아래와 같이 표시할 수 있다.

$$Z_{in} = \frac{\tilde{V}(\ell' = \ell)}{\tilde{I}(\ell' = \ell)} = R_o \frac{\left[1 + \Gamma e^{-j2\beta\ell}\right]}{\left[1 - \Gamma e^{-j2\beta\ell}\right]} = R_o \frac{\left[1 + |\Gamma| e^{j(\phi - 2\beta\ell)}\right]}{\left[1 - |\Gamma| e^{j(\phi - 2\beta\ell)}\right]} \tag{9-72}$$

여기서 ϕ는 Γ의 위상각이다.

윗식의 Z_{in}을 R_o으로 정규화하면 아래 식을 얻을 수 있다.

$$z_{in} \equiv \frac{Z_{in}}{R_o} = \frac{\left[1 + |\Gamma| e^{j(\phi - 2\beta\ell)}\right]}{\left[1 - |\Gamma| e^{j(\phi - 2\beta\ell)}\right]} \tag{9-73}$$

윗식 (9-73)의 z_{in}은 위상각 $\phi - 2\beta\ell$을 제외하면 식 (9-68b)의 z_L과 동일하다. 식 (9-68b)와 (9-73)을 비교하여, 만약 스미스 차트의 두 원 집단이 각각 상수-Re[z_{in}]의 원 집단과 상수-Im[z_{in}]의 원 집단이라고 가정하면, 식 (9-73)의 항 $|\Gamma| e^{j(\phi - 2\beta\ell)}$은 스미스 차트에서 마치 식 (9-68b)의 항 $|\Gamma| e^{j\phi}$처럼 행동한다. [그림 9-10]에서 반사계수 $|\Gamma| e^{j\phi}$에 해당하는 점을 A'로 표시하였는데 이 점은 [그림 9-9]에 찾은 $r = r'$ 원과 $x = x'$ 원 사이의 교점이다. 그 다음, 스미스 차트에서 항 $|\Gamma| e^{j(\phi - 2\beta\ell)}$에 해당하는 점을 찾으면, 이 점에서 교차하는 두 원은 각각 z_{in}의 실수부와 허수부를 표시한다(식 (9-73) 참조). 그런데 항 $|\Gamma| e^{j(\phi - 2\beta\ell)}$은 단순히 Γ의 위상각을 $2\beta\ell$[rad] 만큼 감소시킨 것에 불과하다. [그림 9-10]은 선분 $\overline{OA'}$가 시계방향으로 $2\beta\ell$[rad] 만큼 회전하면서 그 끝점이 '상수-$|\Gamma|$ 원'('circle of constant $|\Gamma|$')을 따라 점 A'에서 점 A''으로 이동한 것을 보여준다. 스미스 차트의 점 A''에서 $r = r''$ 원과 $x = x''$ 원이 교차한다는 것을 알아내면, 정규화 입력임피던스는 $z_{in} = r'' + jx''$로 찾아낼 수 있다. 따라서 길이 ℓ, 특성저항 R_o인 무손실 전송선로가 부하임피던스 Z_L에 연결된 경우 입력임피던스는 아래와 같이 구해진다.

$$Z_{in} = R_o z_{in} = R_o r'' + jR_o x'' \quad [\Omega] \tag{9-74}$$

이것을 정리하면,

(1) Z_L을 R_o으로 정규화하여 $z_L = r' + jx'$를 얻는다.

(2) 스미스 차트에서 $r = r'$ 원과 $x = x'$ 원의 교점을 표시한다.

(3) 그 교점을 통과하며 중심이 원점인 원을 그린다('상수-$|\Gamma|$ 원').

(4) '상수-$|\Gamma|$ 원' 위에서 그 점의 위상각이 $2\beta\ell$[rad] 만큼 감소하도록 시계방향으로 이동시킨다.

(5) 새로운 점을 통과하는 두 원을 찾는다.

(6) 스미스 차트로부터 $r = r''$, $x = x''$를 읽는다.

(7) 입력임피던스는 $Z_{in} = R_o r'' + jR_o x''$[Ω]이다.

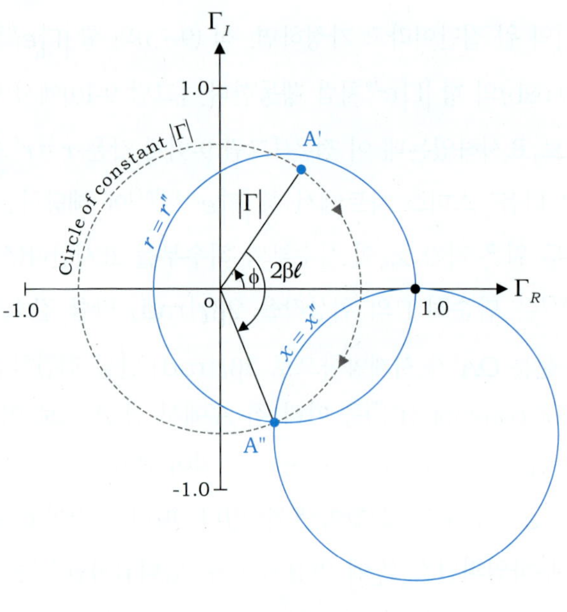

그림 9-10 점 A''는 z_{in}을 나타내고 점 A'는 Γ를 나타낸다.

[그림 9-8]에서 보듯이 $Z_{in}(\ell')$은 부하로부터 거리 ℓ'에서, 부하를 향해 바라다본 입력임피던스이다. 다시 말해 부하로부터 거리 ℓ'에서 전압과 전류 사이의 비다. 즉

$$Z_{in}(\ell') = \frac{\tilde{V}(\ell')}{\tilde{I}(\ell')} = R_o \frac{\left[1+|\Gamma| e^{j(\phi-2\beta\ell')}\right]}{\left[1-|\Gamma| e^{j(\phi-2\beta\ell')}\right]} \tag{9-75}$$

윗식에서 $Z_{in}(\ell')$은 길이가 ℓ'[m]인 전송선로의 입력임피던스와 수식 형태가 동일하다. 따라서 정규화 임피던스 $z_{in}(\ell') = Z_{in}(\ell')/R_o$과 반사계수 사이의 관계는 식 (9-73)의 z_{in}과 Γ 사이의 관계와 동일하다. 그러므로 스미스 차트에서 Γ의 위상각을 $2\beta\ell'$[rad] 만큼 감소시켜서 $z_{in}(\ell')$을 구할 수 있다.

상수-$|\Gamma|$ 원에서의 한 바퀴는 전송선로 위에서 반파장 거리에 해당한다. 즉 $2\beta\ell' = 2\pi$[rad]이다. 전송선로 위에서의 거리 ℓ' 만큼의 이동을 표시하기 위해, 원천을 향한 파장(wavelengths toward generator: *wtg*)이라 불리는 눈금이 반지름이 1 인 상수-$|\Gamma|$ 원 혹은 스미스 차트 둘레에 설치되었다. 이 *wtg* 눈금은 파장의 단위로 표시된다. 일반적으로 *wtg* 눈금의 원점은 마이너스 Γ_R-축 위에 설정된다. *wtg*는 시계방향으로 증가한다.

예를 들어 길이가 0.169λ인 무손실 전송선로가 하나의 부하에 연결되어 반사계수 $\Gamma = 0.73\angle 55^\circ$를 발생시키는 경우를 살펴보자. 이것의 정규화 입력임피던스는 [그림 9-11]에 보인 것처럼 스미스 차트를 이용해 구할 수 있다. 우선 위상각 $\phi = 55^\circ$를 *wtg* 눈금으로 바꾼다. 즉 $wtg = 0.174\lambda = (\lambda/2)(180^\circ - 55^\circ)/360^\circ$이다. 여기서 180°에서 55°를 빼는 이유는, ϕ는 플러스 Γ_R-축으로부터 시작해 반시계방향으로 증가하지만, *wtg*는 마이너스 Γ_R-축으로부터 시작해 시계방향으로 증가하기 때문이다. 또한 $\lambda/2$가 사용된 이유는 상수-$|\Gamma|$ 원에서의 한 바퀴는 반파장에 해당하기 때문이다. Γ에 해당하는 점은, 원점에서 *wtg* 눈금 0.174λ까지 이어진 직선 위에서 원점으로부터 거리 0.73 떨어져 놓인 점이다([그림 9-11]의 점 A). 그 다음 Γ 점을 상수-$|\Gamma|$ 원 위에서, *wtg*를 0.174λ에서 0.343λ(=0.174λ+0.169λ)로 증가시키면서 점 A에서 점 B로 이동시킨다([그림 9-11] 참조). 그 다음 점 B에서 값 $r = 0.49$와 $x = -1.40$ 읽는다. 따라서 정규화 입력임피던스는 $z_{in} = 0.49 - j1.40$이다.

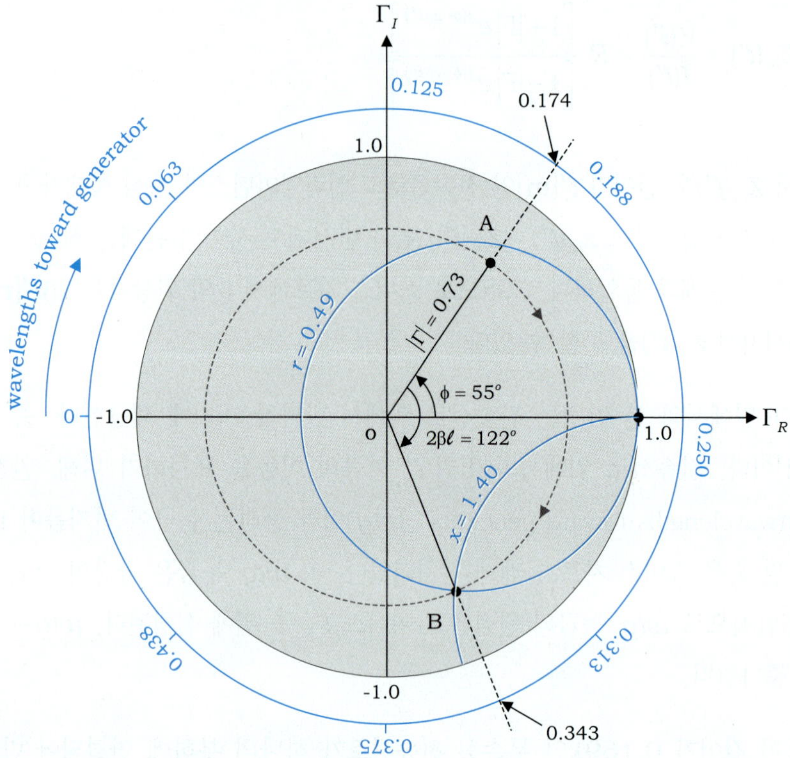

그림 9-11 점 A의 반사계수 Γ와 점 B의 정규화 입력임피던스 z_{in}

> **Exercise 9.19**
>
> 스미스 차트를 이용해 사분파장의 전송선로의 입력임피던스는 부하임피던스와 동일하다는 것을 보여라.

9.5.3 Γ와 정재파비 사이의 관계 (Relationship between Γ and Standing Wave Ratio)

특성저항 R_o의 무손실 전송선로가 순저항 $R_L(R_L > R_o)$에 연결되어 있는 경우를 살펴본다. 식 (9-42)에 의해 부하에서의 반사계수는 다음과 같다.

$$\Gamma = \frac{R_L - R_o}{R_L + R_o} \tag{9-76}$$

특성저항 $R_o(R_L > R_o)$의 무손실 전송선로에 연결된 저항부하 R_L에서의 반사계수는 양의 실수로 주어진다. 즉 $\Gamma = |\Gamma|$을 사용해 식 (9-76)을 다시 쓰면

$$\frac{R_L}{R_o} = \frac{1+|\Gamma|}{1-|\Gamma|} \equiv S \tag{9-77}$$

위에서 왼쪽의 정규화 부하임피던스는 전송선로 위의 정재파비와 동일한 수식 형태로 주어진다. 여기서 주목할 것은, 이러한 관계는 부하임피던스가 특성저항보다 클 때 성립한다($R_L > R_o$).

그 다음 특성저항 R_o인 무손실 전송선로가 [그림 9-12(a)]와 같이 임의의 부하임피던스 Z_L에 연결된 경우를 살펴본다. 전송선로에서, 부하로부터의 거리 ℓ'가 증가하면 스미스 차트에서 점 $|\Gamma|e^{j(\phi-2\beta\ell')}$는 상수-$|\Gamma|$ 원을 따라 시계방향으로 움직인다. 그 점이 플러스 Γ_R-축에 도달하면 관계식 $\phi - 2\beta\ell' = 0$이 성립하는데, 이로 인하여 식 (9-75)에서 보듯이 입력임피던스는 순저항으로 주어진다. 즉 $Z_{in}(\ell') \equiv R'_{in}$이다. 만약 부하로부터 ℓ'거리에서 이 전송선로를 끊어서 [그림 9-12(b)]에서와 같이 저항 R'_{in}을 연결하면 짧아진 전송선로 위의 진행파에는 아무런 변화도 일어나지 않는다. 또한 식 (9-77)로부터, 이러한 짧아진 전송선로에서의 정재파비는 $S = R'_{in} / R_o$으로 주어진다. 다시 말해 무손실 전송선로의 정재파비는 부하로부터 ℓ'거리에서 부하를 바라다본 순저항으로 주어지며, 크기가 1보다 큰 정규화 입력임피던스와 동일하다. 즉 정재파비는 스미스 차트의 플러스 Γ_R-축 위에서 찾아진다.

예를 들어 어떤 부하의 반사계수가 $\Gamma = 0.73\angle 55^\circ$로 주어지면 스미스 차트를 이용해 아래 절차에 따라 그 전송선로에서의 정재파비를 구할 수 있다. 우선 Γ 점을 스미스 차트에서 찾아서 [그림 9-13]에서와 같이 A로 표시한다. 그 다음 상수-$|\Gamma|$ 원을 따라 점 A에서 점 B로 이동하여 플러스 Γ_R-축과 만난다. 점 B에서 값 $r = 6.4$와 $x = 0$을 읽는다. 그러면 정규화 입력임피던스 $z_{in} = 6.4 + j0$은 순저항이고 1보다 크므로 이 전송선로에서의 정재파비는 $S = 6.4$이다.

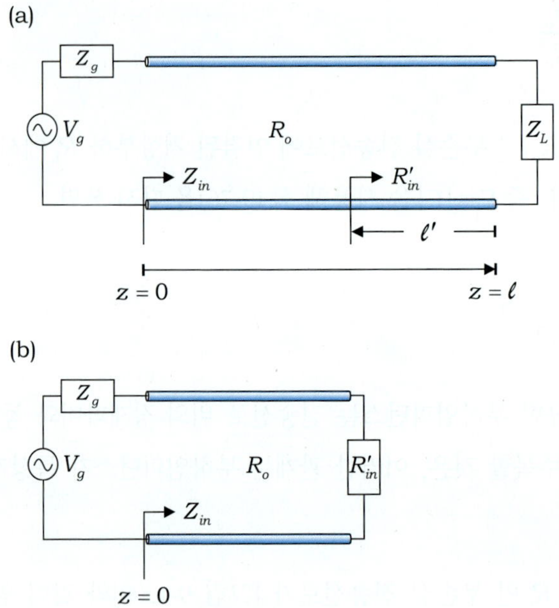

그림 9-12 (a) 부하로부터 ℓ'거리의 순저항 입력임피던스, (b) 등가 전송선로, 잘라서 순저항을 연결

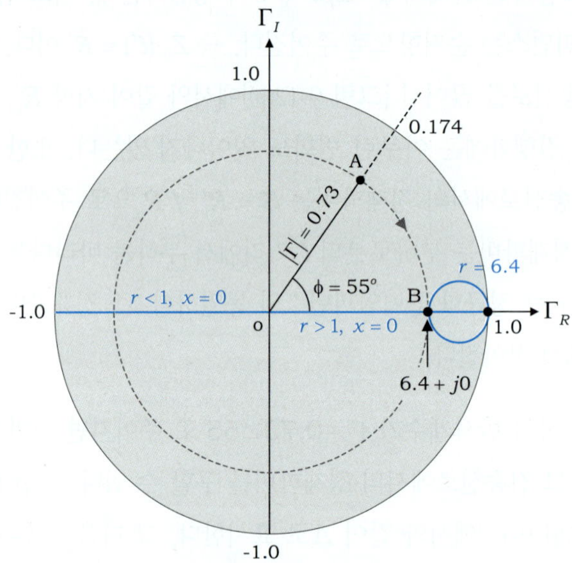

그림 9-13 정재파비를 점 B에서 찾아낸다.

Exercise 9.20

식 (9-49)에서 S가 고정되었을 때 스미스 차트에서 Γ는 어떤 도형으로 주어지는가?

Ans 원점이 중심인 원

9.5.4 어드미턴스 차트(Admittance on the Smith Chart)

특성임피던스가 R_o이고 길이가 사분파장인 무손실 전송선로가 부하임피던스 Z_L에 연결되어 있다. 값 $\beta\ell=\pi/2$를 식 (9-39)에 대입하면 이것의 입력임피던스를 구할 수 있다.

$$Z_{in} = R_o \frac{Z_L + jR_o \tan(\pi/2)}{R_o + jZ_L \tan(\pi/2)} = \frac{R_o^2}{Z_L} \tag{9-78}$$

어드미턴스 관계식 $Y_L=1/Z_L$과 $Y_o=1/R_o$을 이용해 식 (9-78)을 다시 쓰면

$$\frac{Z_{in}}{R_o} = \frac{Y_L}{Y_o} \tag{9-79}$$

윗식의 왼편은 정규화 입력임피던스 z_{in}이고 오른쪽은 정규화 부하어드미턴스 y_L이다. 즉

$$z_{in} = y_L \equiv g + jb \tag{9-80}$$

여기서 g는 정규화 부하전도율(normalized load conductance)이고 b는 정규화 부하서셉턴스(normalized load susceptance)이다. 여기서 주목할 것은 위의 모든 관계식들이 값 $\beta\ell=\pi/2$에서 출발했다는 것이다.

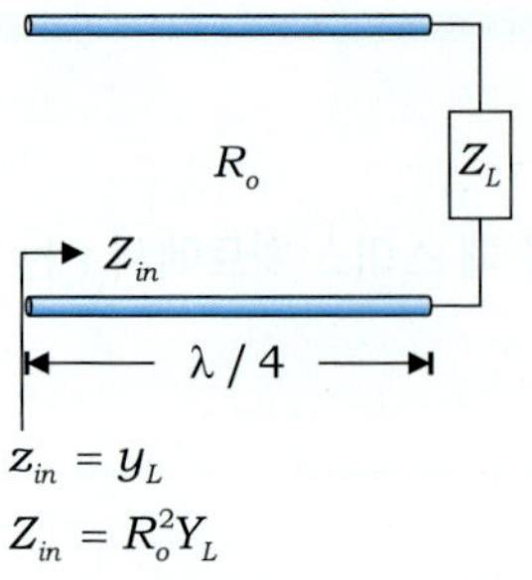

그림 9-14 사분파장 전송선로의 입력임피던스

스미스 차트는 어드미턴스 차트로도 사용될 수 있다. 이 경우에는 상수-r 원들을 상수 g 원들이라고 생각하고, 상수-x 원들을 상수-b 원들이라고 가정한다. 식 (9-80)에 의하여 부하어드미턴스 $Y_L = 1/Z_L$을 스미스 차트를 이용해 구할 수 있다([그림 9-15] 참조). 만약 부하임피던스가 Z_L로 주어지면, 우선 정규화 부하임피던스 $z_L = Z_L/z_L = Z_L/R_o = r' + jx'$에 해당하는 점을 스미스 차트 위에서 찾는다. 이 점은 $r = r'$ 원과 $x = x'$ 원 사이의 교점으로, [그림 9-15]에 A로 표시되었다. 이 점에서 반사계수 $\Gamma = |\Gamma| \angle \phi^\circ$를 구한다. 그 다음 사분파장 전송선로의 입력임피던스를 구하기 위해 상수-$|\Gamma|$ 원 위에서, 점 A에서 점 B로 위상각 ϕ를 180° 감소시키면서(혹은 wtg를 0.25λ 증가시키면서) 이동한다. 그 다음 점 B에서 $r = r''$와 $x = x''$를 읽어서 정규화 입력임피던스를 구한다. 그러면 식 (9-80)에 따라 정규화 부하어드미턴스를 $y_L = r'' + jx''$로 구할 수 있다. 그리하여 부하임피던스 Z_L에 대한 어드미턴스를 아래와 같이 구한다.

$$\begin{aligned} Y_L &= \frac{y_L}{R_o} = \frac{z_{in}}{R_o} \\ &= (r'' + jx'')/R_o \end{aligned} \tag{9-81}$$

어드미턴스는 지멘스(siemens[S]) 단위로 표시된다. [그림 9-15]에서 보듯이 스미스 차트에서 y_L 점과 z_L 점은 원점을 중심으로 서로 반전관계에 있다.

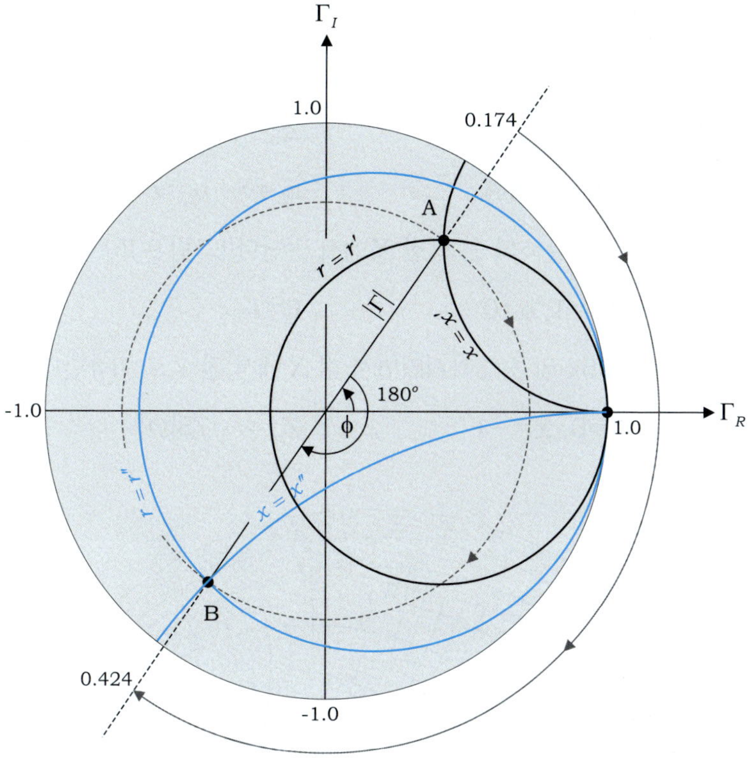

그림 9-15 정규화 부하임피던스는 점 A에서, 정규화 부하어드미턴스는 점 B에서 찾아진다.

Example 9-9

무손실 전송선로의 특성저항이 $R_o = 75[\Omega]$이고 길이가 $\ell = \lambda/8$이다. 이것의 끝단이 (a) 닫힌회로, (b) 열린회로로 주어지는 경우 스미스 차트에 z_L 점을 표시하고 Γ와 z_{in}을 구하라.

Solution

(a) 합선단자는 $Z_L = 0$이므로 $\quad\therefore z_L = r + jx = 0 + j0$

$r = 0$인 원과 $x = 0$인 원은 점 V에서 만난다([그림 9-16] 참조).

점 V에서 $|\Gamma| = 1$, $\phi = \pi$. $\quad\therefore \Gamma = -1$

선로길이 $\ell=\lambda/8$은 wtg 0.125λ에 해당한다.

wtg를 0.125λ만큼 증가시키면서 점 V에서 점 W로 이동한다.

W에서 $r=0,\ x=1$: $Z_{in}=j75[\Omega]$

(b) 열린단자는 $Z_L=\infty$이다. : $z_L=r+jx=\infty+j\infty$

$r=\infty$의 원과 $x=\infty$의 원은 점 X에서 만난다([그림 9-16] 참조).

점 X에서 $|\Gamma|=1,\ \phi=0$: $\Gamma=1$

wtg를 0.125λ 만큼 증가시키면서 점 X에서 점 Y로 이동한다.

점 Y에서 $r=0,\ x=-1$: $Z_{in}=-j75[\Omega]$

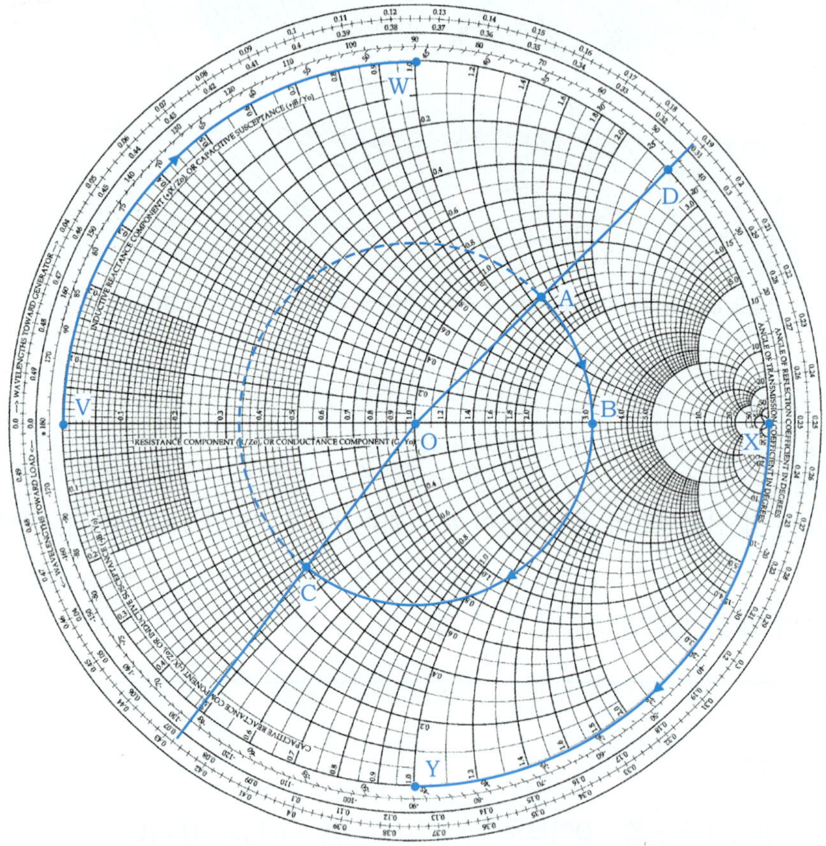

그림 9-16 Example 9-9과 Example 9-10의 스미스 차트

Example 9-10

100[Ω]의 무손실 전송선로의 길이는 0.24λ이다. 이것이 부하임피던스 $Z_L = 140 + j130$[Ω]에 연결되었을 때 스미스 차트를 이용해 다음을 구하라.

(a) 전압반사계수

(b) 입력임피던스

(c) 정재파비

(d) 부하로부터 첫째 전압최대점의 위치

Solution

(a) 정규화 부하임피던스는

$$z_L = (140 + j130)/100 = 1.4 + j1.3$$

$r = 1.4$ 원과 $x = 1.3$ 원의 교점이 [그림 9-16]에서 A로 표시되었다. 스미스 차트로부터 다음을 얻는다.

(1) $\dfrac{\overline{OA}}{\overline{OD}} = 0.5 = |\Gamma|$.

(2) 점 A는 0.188λ의 wtg 값을 갖는다.

1λ의 wtg가 4π[rad]에 해당한다는 것을 고려하여 A의 위상각을 아래와 같이 구한다.

$\phi = (0.25 - 0.188) \times 4\pi = 0.78$[rad]

따라서 $\Gamma = 0.5e^{j0.78}$

(b) 점 A에서 점 C로, $|\Gamma| = 0.5$ 원을 따라, 시계방향으로 wtg를 0.24λ만큼 증가시키면서 이동한다.

점 C에서 차트를 읽어 $r = 0.40$, $x = -0.42$를 찾아낸다.

그리하여 입력임피던스는 아래와 같다.

$Z_{in} = 100(0.40 - j0.42) = 40 - j42$[Ω]

(c) $|\Gamma|=0.5$의 원이 점 B에서 플러스 Γ_R-축을 만난다. 이 점에서 $r=3.0$이고 $x=0$이다. 따라서 정재파비는 $S=3.0$이다.

(d) 전압 최대점이 부하로부터 거리 ℓ'에서 발생한다면 이 점에서 $z_{in}(\ell')=r'+j0(r'>1)$이다. 이 점을 B로 표시한다. 점 B와 점 A 사이의 wtg 차이는 곧 ℓ'와 같다. 따라서

$$\ell'=(0.25-0.188)\lambda=0.062\lambda$$

Exercise 9.21

50[Ω]이고 길이가 0.5λ인 무손실 전송선로가 부하 $Z_L=j200$[Ω]에 연결되었다. 스미스 차트를 이용해 다음을 구하라. (a) Γ의 wtg, (b) Γ, (c) Z_{in}, (d) Y_L, (e) 부하로부터 $V_{o,\max}$의 위치, (f) 부하로부터 $V_{o,\min}$의 위치, (g) S

Ans (a) 0.211λ

(b) $|\Gamma|=1,\ \phi=(0.25-0.211)\times4\pi=0.49[\text{rad}]$

(c) $Z_{in}=50(j4)=j200[\Omega]$

(d) $Y_L=(-j0.25)/50=-j5[\text{mS}]$

(e) 0.039λ

(f) 0.289λ

(g) $S=\infty$

Exercise 9.22

스미스 차트를 이용해 식 $\coth(a+jb)=0.5e^{j0.78}$을 풀어서 a와 b를 구하라.
[힌트: 식 (9-68b)]

Ans $a=0.32,\ b=2.0$

9.5.5 토막에 의한 임피던스 맞춤(Impedance Matching with a Single-Stub)

하나의 전송선로가 원천에서 부하로 최대의 전력을 전달하기 위해서는 부하임피던스가 전송선로의 특성임피던스와 동일하여 전송선로에 정재파가 발생하지 말아야 한다. 그러나 일반적으로 하나의 부하를 특성임피던스에 임피던스 맞춤(impedance matching) 시키기가 쉽지 않다. 그 이유는 부하는 일반적으로 다른 독립적인 동작을 하도록 설계되었기 때문이다. 차선책으로 임피던스 맞춤 회로망(impedance matching network)이 전송선로와 부하 사이에 끼워져서 사용된다. 이러한 임피던스 맞춤 회로망에는 토막맞춤 회로망(stub matching network)과 변압기(transformer)가 있다.

토막맞춤에서는 전송선로에서의 임피던스를 변경하기 위해 닫힌 혹은 열린토막을 원래의 전송선로에 직렬 혹은 병렬로 연결한다. 일반적으로 직렬토막은 다루기가 불편하고 열린토막은 높은 주파수로 동작할 때 전자기 에너지를 방출하는 단점이 있다. 원래의 전송선로와 동일한 특성임피던스를 가진 닫힌토막을 병렬로 연결하여 부하임피던스를 전송선로에 맞춤시킬 수 있는데 이것을 단일토막 맞춤(single-stub matching)이라 부른다. 병렬로 연결된 회로에서의 어드미턴스는 서로 더해지므로 이 경우 스미스 차트를 어드미턴스 차트로 변경하여 사용하면 편리하다.

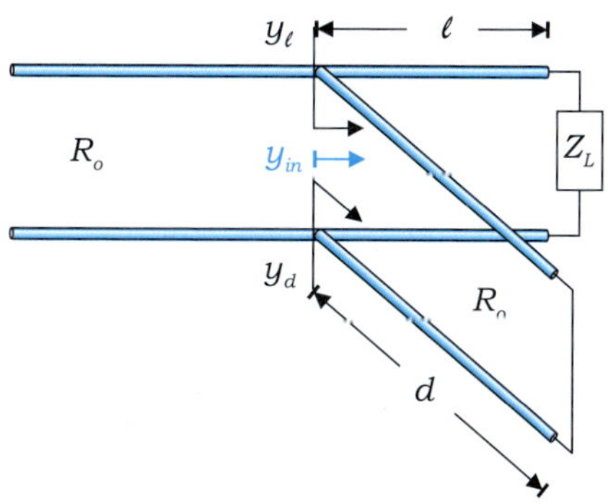

그림 9-17 단일토막 맞춤

[그림 9-17]은 하나의 단일토막 맞춤의 예를 보여준다. 우리는 이 토막의 길이 및 위치를 변경하여 그 연결지점에서 부하를 바라본 정규화 입력어드미턴스가 1이 되도록 만든다($y_{in} = 1$). 닫힌토막에 대한 정규화 입력어드미턴스는 허수로 주어진다($y_d = -jb_d$).

이 경우 전송선로에서 부하를 바라본 정규화 입력어드미턴스는 $y_\ell = 1 + jb_d$가 되어야 한다. 그러면 연결지점에서의 총 정규화 어드미턴스는 $y_{in} = y_\ell + y_d = 1$이 된다.

Example 9-11

50[Ω] 무손실 전송선로가 부하 $Z_L = 17.5 - j55[\Omega]$에 연결되어 있다. 임피던스 맞춤을 위해 병렬로 연결되는 닫힌토막의 길이 및 위치를 구하라.

Solution

정규화 부하임피던스는

$z_L = (17.5 - j55)/50 = 0.35 - j1.1$

$r = 0.35$ 원과 $x = -1.1$ 원의 교점이 [그림 9-18]에 A로 표시되었다. 이 점은 또한 wtg 값 0.363λ를 가지고 있다.

정규화 부하어드미턴스를 구하기 위해, 원점을 축으로 점 A의 반전, 즉 점 B에서 $r = 0.26$과 $x = 0.83$을 읽는다. 점 B는 0.113λ의 wtg 값을 가지고 있으므로 $y_L = 0.26 + j0.83$이다.

그 다음 상수-$|\Gamma|$ 원을 따라 점 B에서 점 C로 이동하면 $r = 1$인 원 위에 위치하게 된다. 점 C에서 $x = 2.2$와 $wtg = 0.191\lambda$를 읽는다. 점 C와 점 B 사이의 wtg 차이는 $(0.191 - 0.113)\lambda = 0.078\lambda$이다.

따라서 부하로부터 0.078λ의 거리에서 $y_\ell = 1 + j2.2$이다.

닫힌단자는 $Z_L = 0$이고 $Y_L = \infty$이다. 이것이 [그림 9-18]의 어드미턴스 차트에 점 D로 표시되었다. 점 D에서 점 E로 이동하는데 이 점은 원 $|\Gamma| = 1$과 원 $b = -2.2$가 만나는 교점이다. 점 E에서 wtg 값 0.318λ를 읽는다.

점 E와 점 D 사이의 wtg 차이가 곧 토막의 길이다.

즉 $d = (0.318 - 0.25)\lambda = 0.068\lambda$

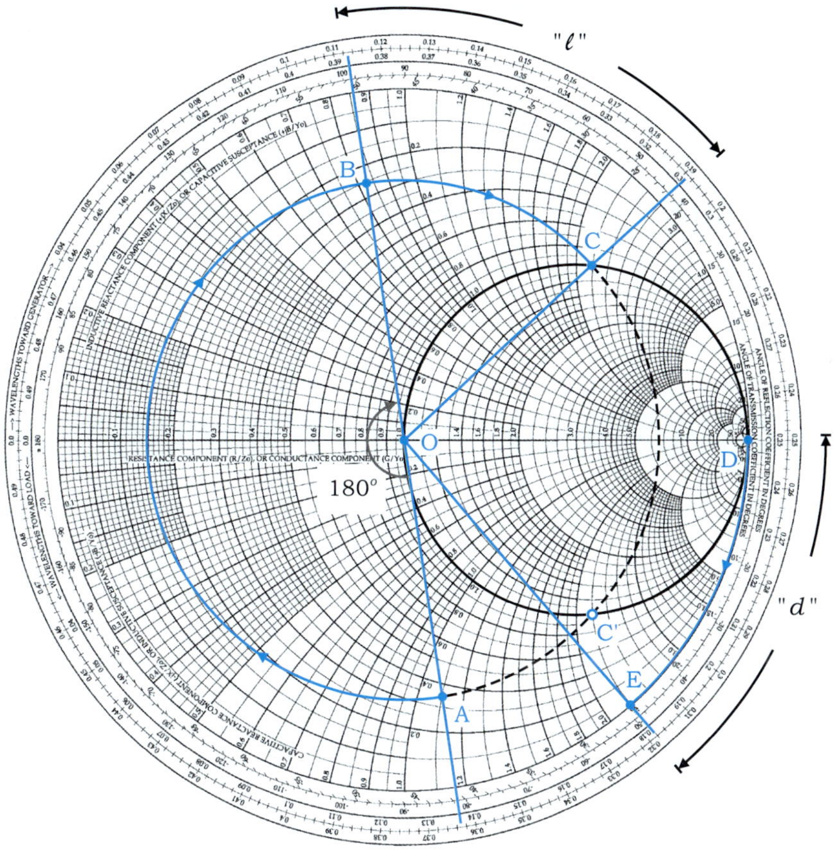

그림 9-18 단일토막에 의한 임피던스 맞춤

Exercise 9.23

하나의 부하가 전송선로에 임피던스 맞춤되었을 때 정규화 부하임피던스의 스미스 차트 위에서의 위치는?

Ans 중앙

Exercise 9.24

100[Ω]의 무손실 전송선로가 부하 $Z_L = 160 + j220$[Ω]에 연결되어 있고, 인접한 두 전압 최대점 사이의 거리가 5[cm]로 측정된다. 임피던스 맞춤을 위해 (a) 부하로부터 닫힌토막까지의 최소 거리, (b) 토막의 최단 길이를 구하라.

Ans (a) 2.31[cm] (b) 0.81[cm]

Review Questions with Hints

RQ 9.22 스미스 차트의 원들은 무엇을 나타내는가? [(9-70)]

RQ 9.23 스미스 차트의 수평, 수직축은 무엇을 의미하는가? [(9-70)]

RQ 9.24 스미스 차트 위의 한 점의 극좌표값의 의미는? [그림 9-9]

RQ 9.25 스미스 차트의 수평축 위의 한 점의 r과 x 값은? [그림 9-13]

RQ 9.26 스미스 차트 최외곽에서의 $|\Gamma|$ 값은? [그림 9-13]

RQ 9.27 상수-$|\Gamma|$ 원 위에서의 이동은 무엇을 의미하는가? [그림 9-10]

RQ 9.28 상수-$|\Gamma|$ 원에서의 한 바퀴는 무엇을 의미하는가? [(9-75)]

RQ 9.29 상수-$|\Gamma|$ 원 위에서 $V_{o,\max}$과 $V_{o,\min}$에 해당하는 점들을 찾아라. [(9-47)(9-48)(9-75)]

RQ 9.30 스미스 차트를 이용해 Γ와 S를 찾는 방법을 설명하라. [그림 9-13]

RQ 9.31 스미스 차트 위에서 정규화 부하임피던스와 어드미턴스 사이의 기하학적 관계는? [그림 9-15]

RQ 9.32 단일토막을 이용한 임피던스 맞춤에 어드미턴스 차트가 더 편리한 이유는? [그림 9-17]

PROBLEMS

9-1 하나의 동축케이블이 반지름이 $a=0.51[\mathrm{mm}]$인 안쪽도체와 안쪽 반지름이 $b=2.4[\mathrm{mm}]$인 바깥도체로 이루어졌다. 이들이 사이가 폴리에틸렌($\varepsilon_r=2.26$, $\varepsilon''/\varepsilon'=0.0002$)으로 채워져 있고 동작주파수가 $f=1$ [GHz]일 때 다음을 구하라.

(a) R, L, G, C

(b) α, β, Z_o

(c) 거리 30[m]에서의 dB-전력손실

9-2 특성저항이 75[Ω]인 무손실 전송선로가 주파수 80[MHz]로 동작할 때 위상상수가 8.42[rad/m] 로 주어진다. 이 선로의 L과 C를 구하라.

9-3 앞의 문제 9-1의 동축케이블에서 유전율, 투자율, 전도도가 주파수에 독립일 때 이 케이블이 비왜곡 전송선로가 되는 주파수는?

9-4 공기에 의해 절연된 손실전송선로에서 다음의 사항이 주파수에 관계없이 항상 성립한다는 것을 증명하라.

(a) Z_o의 위상각은 영역 $-\pi/4 \le \theta_{Z_o} \le 0$ 안에 있다.

(b) γ의 위상각은 영역 $\pi/4 < \theta_\gamma \le \pi/2$ 안에 있다.

(c) $\theta_\gamma - \theta_{Z_o} = \pi/2$

9-5 $V_g=10\angle 0^\circ[\mathrm{V}]$이고 $Z_g=20+j15[\Omega]$인 전압원이 사분파장 길이의 무손실 전송선로 한쪽에 연결되어 있고, 이 전송선로의 다른쪽은 부하 Z_L에 연결되어 있다. 다음을 구하라.

(a) 전압원에서 부하에 최대전력이 전달될 때의 Z_L 값

(b) 부하에 전달되는 최대전력

9-6 내부임피던스 $Z_g = 75 + j75[\Omega]$의 전압원이 부하에 직접 연결되어 있는데, 이 부하는 그 끝단이 75[Ω]의 저항에 연결된 특성임피던스 75[Ω]의 토막이다. 이 저항에 최대전력이 전달되기 위해 필요한 토막의 최소길이를 λ의 단위로 구하라.

9-7 100[Ω]의 동축케이블이 완전도체와 완전유전체($\varepsilon = 2.56\varepsilon_o$, $\mu = \mu_o$)로 만들어졌다. 이 케이블은 길이가 1.5[m] 이고 한쪽은 부하 $Z_L = 60 + j50$에 연결되어 있다. 동작주파수가 200[MHz] 일 때 입력임피던스를 구하라.

9-8 특성저항 100[Ω]이고, 공기로 절연되고, 길이 0.6[m]인 무손실 전송선로가 그 값이 알려지지 않은 부하임피던스 Z_L에 연결되면 그 입력임피던스는 동작주파수 $f = 50[\text{MHz}]$에서 $Z_{in} = 100 + j130[\Omega]$로 측정된다. 부하임피던스 Z_L을 구하라.

9-9 특성저항이 200[Ω]인 무손실 전송선로가 그 값이 알려지지 않은 부하임피던스에 연결되었을 때, 그 입력임피던스가 $Z_{in} = 169 + j210[\Omega]$로 주어지고 그 전송선로에 입력되는 전력의 1/4이 반사된다. 그 입력단에서의 전압반사계수를 구하라.

9-10 부하임피던스 $Z_L = 280 + j140[\Omega]$에 연결된 무손실 전송선로에서 정재파비가 3.58로 주어진다. 이 전송선로의 특성임피던스는 150[Ω]보다 작다고 알려져 있다. 이것의 정확한 값을 구하라.

9-11 길이 2[m] 인 전송선로의 입력임피던스가 그 끝이 열린 경우 $Z_{in}^o = 56.81 - j213.5[\Omega]$로 주어지고, 그 끝이 닫힌 경우 $Z_{in}^s = 182.9 + j16.37[\Omega]$로 주어진다. 이 전송선로의 Z_o과 γ를 구하라.

9-12 하나의 무손실 전송선로에서 $Z_o = 50[\Omega]$이고 $\beta = 1.2\pi[\text{rad/m}]$이다. 이 전송선로가 부하임피던스 $Z_L = 80 + j120[\Omega]$에 연결되면 순방향 전압파의 진폭이 $V_o^+ = 10[\text{V}]$로 주어진다. 다음을 구하라.

(a) 부하에서의 반사계수

(b) 부하로부터 거리 ℓ'에서의 전압

(c) 부하로부터 첫째 전압최대점까지의 거리

9-13 부하로부터 거리 ℓ'에서 부하를 바라본 입력임피던스는 $Z_{in}(\ell')$으로 표시된다. 다음을 증명하라.

(a) 최대입력임피던스 $|Z_{in}(\ell')|_{max}$의 위치와 최대전압 $V_{o,max}$의 위치는 동일하다.

(b) 최대정규화입력임피던스 $Z_{in}(\ell')|_{max}$는 정재파비와 동일하다.

9-14 특성저항 100[Ω]의 무손실 전송선로가 특성저항이 50[Ω]이고 길이가 0.4λ인 또 다른 전송선로에 연결되어 있다. 이것은 최종적으로 부하저항 100[Ω]에 연결되었는데 이 경우 각 전송선로에서의 정재파비를 구하라.

9-15 특성저항이 100[Ω]이고 길이가 0.2λ인 무손실 전송선로가 특성저항이 50[Ω]인 또 다른 무손실 전송선로와 하나의 저항 75[Ω] 사이에 삽입되었다. 이 전송선로의 입력단에서 입력되는 시간평균 전력이 4[W] 일 때 저항에서의 시간평균 소모전력을 두 전송선로의 연결점에서의 반사계수를 이용해 계산하라.

9-16 앞의 문제 9-15 반사계수를 부하에 걸리는 전압을 이용해 계산하라.

9-17 특성임피던스 Z_o의 무손실 전송선로가 부하임피던스 Z_L에 임피던스 맞춤되기 위해 [그림 9-19]에서와 같이 또 다른 무손실의 사분파장 선송선로가 사용될 수 있다.

(a) Z_L이 순저항인 경우 Z_1을 구하라.

(b) 부하가 순저항이 아니어도 임피던스 맞춤이 가능한가?

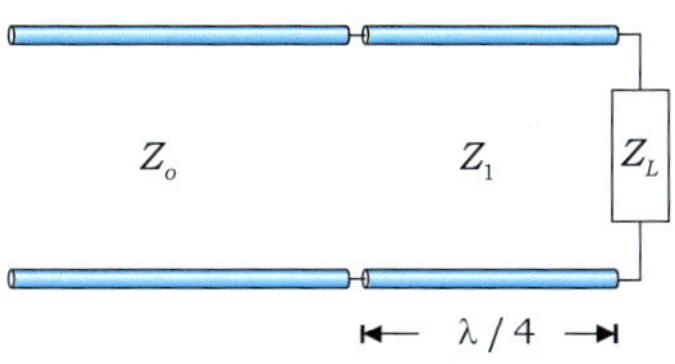

그림 9-19 직렬 사분파장 변환기(Problem 9-17)

9-18 무손실 전송선로의 특성임피던스가 $Z_{o1} = 100[\Omega]$이고 길이가 $\ell_1 = 2[\text{m}]$이다. 이것은 특성임피던스가 $Z_{o2} = 50[\Omega]$이고 길이가 $\ell_2 = 1.25[\text{m}]$이며 그 끝이 부하 $Z_L = 75[\Omega]$에 연결된 또 하나의 무손실 전송선로에 연결되었다. 이들 두 전송선로는 모두 공기 절연이다. 첫째 전송선로의 입력단의 입력전압이 $v_{in} = 10\cos(3\pi \times 10^8 t)$로 주어질 때 다음을 구하라.

(a) 각 전송선로에서의 정재파비

(b) 각 전송선로에서의 전압 표현식

(c) 부하에서의 시간평균 소모전력

(d) 입력단에서의 시간평균 전력

9-19 특성저항 R_1, 길이 ℓ_1의 무손실 전송선로가 특성임피던스 $Z_o = 75[\Omega]$의 무손실 전송선로와 부하임피던스 $Z_L = 100 - j50[\Omega]$ 사이에 삽입되어 부하를 Z_o의 전송선로에 임피던스 맞춤되도록 한다. R_1과 ℓ_1을 파장 λ로 표시하라.

9-20 스미스 차트를 이용해 식 $\tanh(a + jb) = -1.01 - j0.73$을 풀어서 a와 b를 구하라.

9-21 임피던스 $Z_L = 30 + j44[\Omega]$의 부하가 특성저항이 $100[\Omega]$이고 길이가 0.336λ인 무손실 전송선로에 연결되었다. 스미스 차트를 이용해 다음을 구하라.

(a) Γ

(b) S

(c) $V_{o,\max}$의 위치

(d) Z_{in}

(e) Y_{in}

9-22 스미스 차트에서 $r = r'$의 원과 $x = x'$의 원이 교차할 때 그 교차점의 (a) 위상각, (b) wtg 값을 r'와 x'를 이용해 표시하라.

9-23 75[Ω]의 무손실 전송선로에서 정재파비가 3.0으로 주어지고, 전압최대점과 그 이웃하는 전압최소점 사이의 거리는 5[cm]이고, 첫째 전압최소점은 부하로부터 2.5[cm]의 거리에 있다. 스미스 차트를 이용해 다음을 구하라.

(a) 부하임피던스

(b) 반사계수

9-24 120[Ω]의 무손실 전송선로가 그 값이 알려지지 않은 부하임피던스에 연결되어 있다. 측정에 의하면 정재파비는 3.1이고, 첫째 전압최소점은 부하로부터 거리 2.52[cm]인 점에 위치하고, 첫째 전압최대점은 부하로부터 거리 6.27[cm] 인 점에 위치한다. 스미스 차트를 이용해 다음을 구하라.

(a) 부하임피던스 Z_L

(b) 부하에 임피던스 맞춤하기 위한 닫힌토막의 길이 및 위치

9-25 특성저항이 50[Ω], 길이 29.6[cm]인 무손실 전송선로는 무손실 유전체 ($\varepsilon = 2.25\varepsilon_o$, μ_o)로 이루어졌다. 이 전송선로가 그 값이 알려지지 않은 부하임피던스 Z_L에 연결되면 동작주파수 $f = 100$[MHz]에서 그 입력임피던스가 $Z_{in} = 140 + j100$ [Ω]로 주어진다. 스미스 차트를 이용해 다음을 구하라.

(a) 부하임피던스 Z_L

(b) 부하에서의 전압반사계수

9-26 200[Ω]의 무손실 전송선로가 그 값이 알려지지 않은 부하임피던스에 연결되면 입력임피던스가 $Z_{in} = 56 - j68$[Ω]로 주어지고, 만약 그 전송선로가 닫힌회로가 되면 입력임피던스는 $Z_{in}^{s} = j250$[Ω]로 주어진다. 스미스 차트를 이용해 부하임피던스를 구하라.

CHAPTER

10

도파관

(WAVEGUIDE)

9장에서 설명한 것처럼 하나의 전송선로는 수직 전자기장파(TEM)를 이용해 전자기 신호를 한 점에서 다른 점으로 전송하는데 사용된다. 동작주파수가 SHF(3-30 [GHz]) 혹은 EHF(30-300[GHz]) 밴드에 속하는 경우 2선 전송선로에서는 도체의 유한한 전도도로 인한 표피현상 때문에 매우 높은 전력손실이 뒤따른다. 반면 도파관(waveguide)은 이들 주파수 밴드의 신호들을 전송시키는데 매우 효과적일 수 있다. 여기서 도파관은 일반적으로 사각형 혹은 원형의 균일한 횡단면을 가진 속이 빈 금속 파이프를 의미한다. 도파관의 감쇄상수는 매우 작은데 그 이유는 도파관을 형성하는 도체의 매우 넓은 표면적 때문이다. 도파관과 전송선로는 여러 가지 중요한 관점에서 서로 다르다. 도파관 안에서는 종방향 전기장-성분이 0인 수직 전기장파(transverse electric: TE)와 종방향 자기장-성분이 0인 수직 자기장파(transverse magnetic: TM)가 진행할 수 있지만, 전송선로에서는 오직 수직 전자기장파(transverse electromagnetic wave: TEM)만이 진행할 수 있다. 도파관에서의 동작주파수는 차단주파수(cutoff frequency)보다 커야 하지만 전송선로에서는 차단주파수가 존재하지 않으므로 하나의 전송선은 DC 전압 및 전류를 전송시키는데 사용될 수도 있다. 도파관을 해석하기 위해서는 전자기파 이론이 엄격하게 사용되어야 하지만 전송선로는 전압과 전류를 다루는 기초 회로이론을 이용해 해석될 수 있다. 그러나 동작주파수가 가시광선 혹은 적외선에 해당하는 광학 주파수에서 속이 빈 금속 도파관은 도체의 표피현상으로 인하여 매우 큰 전력손실을 발생시킨다. 이러한 어려움을 극복하기 위해 광섬유(optical fiber)와 유전체 도파관(dielectric waveguide)에서 처럼 공기-도체 경계면을 유전체-유전체 경계면으로 대치한다. [그림 10-1]은 여러 종류의 속이 빈 금속 파이프 형태의 도파관을 보여주고, [그림 10-2]는 광섬유와 유전체판 도파로(dielectric slab waveguide)를 보여주고 있다.

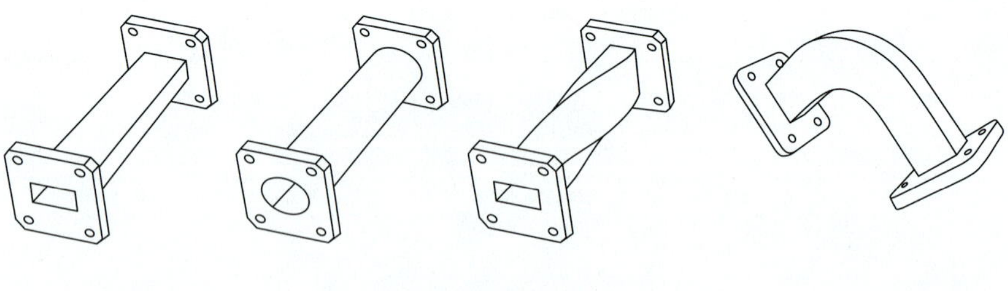

그림 10-1 금속 도파관

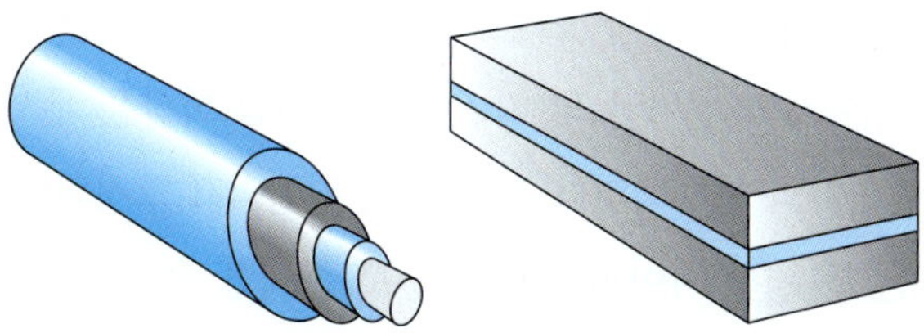

그림 10-2 광섬유 및 유전체판 도파로

10.1 평판 도파로(PARALLEL-PLATE WAVEGUIDE)

모든 금속 도파관은 동일한 기본원리로 동작한다. 도파관 안에서 전자기장이 어떻게 전파하는지를 알아보기 위해 [그림 10-3]에서와 같이 두 평판도체로 이루어진 평판 도파로를 이용한다. 이 평판 도파로는 금속 도파관의 가장 간단한 형태인데 그 이유는 전자기장이 도파관의 수직평면 위에서 균일하거나, 혹은 그 수직평면 위에서 한 방향으로만 변하기 때문이다. 하나의 도파관 혹은 도파로에서 진행하는 전자기파는 맥스웰 방정식에 따라 어떤 특정한 전기장 및 자기장 분포를 가져야 한다. 구체적으로 시변 전기장 및 자기장은 도파관 안에서 미분파동방정식을 만족시켜야 하고 도체-유전체 경계면에서 경계면 조건을 만족시켜야 한다.

10.1.1 수직 전자기장파(Transverse Electromagnetic(TEM) Wave)

7장에서 설명한 것처럼 균일평면파는 3차원 미분파동방정식의 해이다. 시간영역에서는 이 파를 시간조화파(time-harmonic wave)라 부른다. 전자기파는 중첩의 원리를 따르므로 동일한 파수(wavenumber)를 가지고 서로 다른 방향으로 진행하는 균일평면파들의 합은 주어진 공간영역에서 유일해일 수 있다. 이러한 이유로 하나의 도파관 안에서의 전자기파의 진행을 균일평면파를 이용해 해석할 수 있다.

다음은 [그림10-3]이 보여주는 평판 도파로를 살펴보자. 여기서 2개의 평행 평판은 완전도체이고 가장자리에서의 전기장 및 자기장의 휘어짐 현상은 무시된다고 가정한다. 만약 하나의 균일평면파의 파수벡터가 두 평판에 평행이고 그것의 전기장이 평판에 수직이면, 이 평면파는 두 평판 사이의 공간에 홀로 존재할 수 있다. 여기서 전기장이 반드시 평판에 수직이어야 하는 이유는, 완전도체면 위에서의 전기장의 접선성분은 항상 0이라는 경계면 조건을 만족시켜야 하기 때문이다. 이러한 조건하에서 전기장세기 벡터와 자기장세기 벡터는 모두 그 수직평면에 포함된다. 여기서 수직평면은 전자기파가 진행하는 방향에 대해 수직인 평면을 의미한다. 이러한 전기장 및 자기장 분포를 갖는 파를 수직 전자기장모드(transverse electromagnetic(TEM) mode)라 부른다. 도파관에서의 진행파의 특정한 전기장 및 자기장 패턴을 모드라고 부르는데, 이것은 그 모양의 변화없이 도파관을 따라 진행한다. 위에서 설명한 조건들이 만족된다면 2개의 균일평면파가 서로 더해져 도체면 위에서의 경계면 조건을 만족시키면서 평판 도파로 안에서 하나의 모드를 형성할 수 있다.

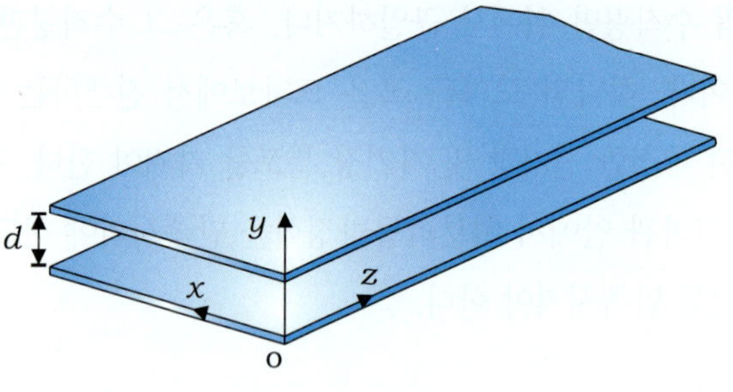

그림 10-3 평판 도파로

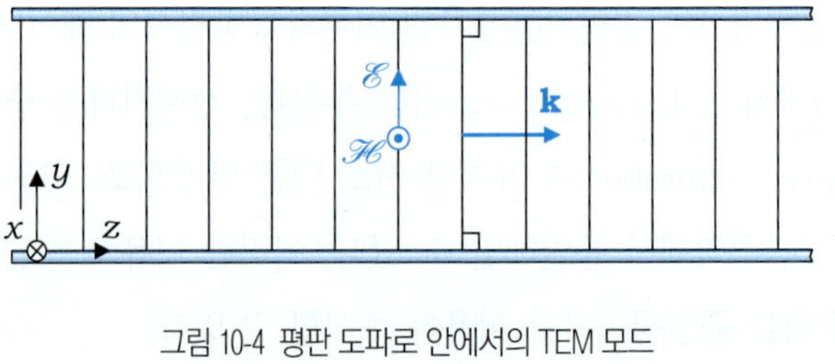

그림 10-4 평판 도파로 안에서의 TEM 모드

10.1.2 수직 전기장파(Transverse Electric(TE) Wave)

앞에서 설명한 수직 전자기장파가 평판 도파로의 유일한 진행모드는 아니다. [그림 10-5]에서처럼 z-축과 각도 θ를 이루며 윗평판에 입사하는 하나의 균일평면파를 살펴보자. 이 파는 윗평판에서 반사하고 곧이어 아랫평판에서 반사할 것이다. 이러한 지그재그 관점에서 본다면 주어진 파는 두 평판 사이에서 끊임없이 위 아래로 왕복하면서 도파로를 따라 진행한다고 생각할 수 있다. 또 다른 관점에서, 주어진 파는 자유공간을 진행하므로, 2개의 균일평면파가 두 평판 사이의 공간에서 하나는 윗방향으로 또 다른 하나는 아랫방향으로, 미분파동방정식을 만족하면서 진행한다고 생각할 수 있다. 이러한 두 관점은 각각 전자기파의 도체 표면에서의 경계면 조건과 균일매질에서의 미분파동방정식에 기초하고 있다.

[그림 10-5]에서 상향 진행파의 파면은 실선으로 표시되고 하향 진행파의 파면은 점선으로 표시되었다. 또한 파랑색 선은, 실선 혹은 점선에 관계없이, 파수벡터의 방향을 나타낸다. 비록 두 진행파가 도체 평판에 평행한 전기장-성분을 가지고 있더라도 이들은 서로 합쳐져 도체 표면 위에서 전기장의 접선성분이 0이 되도록 하므로 이들은 평판 도파로에서의 진행모드가 될 수 있다. 전기장과 자기장의 분포에 따라 하나의 도파로 모드는 전기장의 종방향-성분(longitudinal component)이 0인 수직 전기장모드(TE)가 되거나 혹은 자기장의 종방향-성분이 0인 수직 자기장모드(TM)가 될 수 있다.

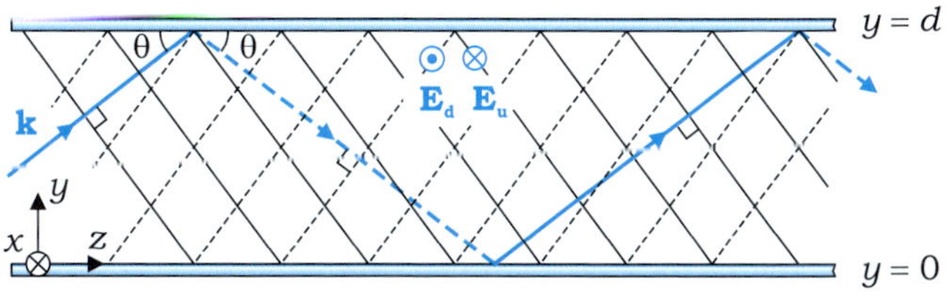

그림 10-5 평판 도파로에서의 TE 모드

[그림 10-5]에서와 같이 평판 도파로에서 하나의 TE 모드가 주어질 때, 이것의 상향과 하향 평면파들 사이의 위상관계에 대해 살펴보자. 이때 입사하는 균일평면파의 전기장은 입사면에 수직이라고 가정한다. 여기서 입사면은 [그림 10-5]의 yz-평면에 해당한

다. 이 평면파는 z-축에 대해 θ의 각도를 이루며 윗평판에 입사한다. 이 파를 상향파(upward wave)라 부른다. 이 상향파의 전기장을 위상자형태로 표시하면 아래와 같다.

$$\tilde{\mathbf{E}}_u = \mathbf{a}_x E_o e^{-j(k_y y + k_z z)} \tag{10-1}$$

여기서 E_o은 진폭이고, $\mathbf{a}_x$는 전기장벡터 방향으로의 단위벡터이다. 또한 k_y와 k_z는 각각 파수벡터의 y-와 z-성분을 의미한다. 이때 파수벡터는 $\mathbf{k} = k_y\mathbf{a}_y + k_z\mathbf{a}_z = k\sin\theta\mathbf{a}_y + k\cos\theta\mathbf{a}_z$로 주어진다. 따라서 파수는 다음과 같다.

$$k^2 = k_x^2 + k_y^2 \tag{10-2}$$

반사법칙에 따르면 반사파(하향파)는 파수벡터가 $\mathbf{k}' = -k\sin\theta\mathbf{a}_y + k\cos\theta\mathbf{a}_z$로 주어져야 하는데, 이것은 y-성분의 마이너스 부호를 제외하면 입사파의 파수벡터와 동일하다. 다시 말해 $\mathbf{k}$와 $\mathbf{k}'$는 그 크기가 같은데, 그 이유는 상향파와 하향파가 동일한 매질에서 진행하기 때문이다. 따라서 하향파의 전기장을 위상자형태로 표시하면 아래와 같다.

$$\tilde{\mathbf{E}}_d = -\mathbf{a}_x E_o e^{-j(-k_y y + k_z z)} \tag{10-3}$$

윗식의 마이너스 부호는 수직편광에 대한 프레넬 식에 기인한다. 즉 완전도체 표면에서의 수직편광의 반사계수는 $\Gamma_\perp = -1$이다. 이 부호는 전기장 $\tilde{\mathbf{E}}_d$가 $\tilde{\mathbf{E}}_u$에 대해 180° 위상차이가 난다는 것을 의미한다. 도파로 안의 총 전기장은 $\tilde{\mathbf{E}}_u$와 $\tilde{\mathbf{E}}_d$의 합으로 주어진다. 즉

$$\tilde{\mathbf{E}} = \tilde{\mathbf{E}}_u + \tilde{\mathbf{E}}_d = E_o\,\mathbf{a}_x\left[e^{-jk_y y} - e^{jk_y y}\right]e^{-jk_z z} \tag{10-4a}$$

식 (10-4a)를 다시 쓰면

$$\boxed{\tilde{\mathbf{E}} = -j2E_o\,\mathbf{a}_x\sin(k_y y)e^{-jk_z z}} \tag{10-4b}$$

그 다음 전기장에 대한 경계면 조건을 $y=0$과 $y=d$에 있는 도체 표면에 적용한다. 즉 접선성분의 전기장이 0이다($\tilde{\mathbf{E}}(y=0)=0$, $\tilde{\mathbf{E}}(y=d)=0$). 경계면 조건을 적용하면 식 (10-4b)로부터 아래의 관계식을 얻는다.

$$\boxed{k_y = \frac{m\pi}{d}} \qquad (m = 1,2,3,\ldots) \tag{10-5}$$

식 (10-5)의 도움으로 식 (10-4b)는 미분파동방정식의 해가 되고 동시에 주어진 경계면 조건을 만족한다. 따라서 식 (10-4b)의 전기장은 평판 도파로의 모드이다. 식 (10-4b)로부터 주어진 파가 z-방향으로 위상상수 k_z를 가지고 진행하며, 그 전기장은 x-방향으로 주어지고 수직평면, 즉 xy-평면에서 y에 대한 함수로 주어진다는 것을 알 수 있다. 식 (10-4b)의 도파로 모드는 전기장의 종방향-성분이 0이므로 수직 전기장모드(transverse electric(TE) mode)이고, 정수 m은 모드번호(mode number)이다.

식 (10-5)의 TE에 대한 고유치(eigenvalue)를 상향파와 하향파 사이의 공진조건으로부터 구할 수 있다. 식 (10-4b)의 사인항은 도파로의 수직평면에서 y-방향으로 정재파가 형성되어 있다는 것을 의미하는데, 이것은 식 (10-4a)의 두 평면파 $e^{-jk_y y-jk_z z}$와 $e^{jk_y y-jk_z z}$ 사이의 간섭에 의한 것이다. 비록 이들 두 평면파가 서로 다른 파수벡터를 가지고 있지만, 이들은 도파로에서 서로 같이 행동하여, 마치 하나의 진행파가 도파로 안에서 지그재그로 움직이는 것처럼 보인다. 그 진행파가 위 아래 평판 사이에서 왕복할 때 그 파에 가해지는 총 위상변화 ψ는 아래와 같다.

$$\begin{aligned}\psi &= k_y d + \phi + k_y d + \phi \\ &= 2\pi m\end{aligned} \qquad (m = 1,2,3,\ldots) \tag{10-6}$$

여기서 $k_y d$는 위쪽 혹은 아래쪽으로 거리 d 만큼 진행할 때의 위상변화이고, ϕ는 완전도체 표면에서 반사할 때의 위상변화이다. 프레넬 식에 의하면 수직편광에 대해 $\Gamma_\perp = -1$ 이므로 TE 모드에 대해 $\phi=\pi$이다. 수직공진조건(transverse resonance condition)에 의하면 위상변화 ψ는 2π의 정수배가 되어야 한다. 그렇지 않으면 그 두 파는 서로 상쇄간섭을 하므로 도파로 내에 전기장이 존재할 수 없다. 식 (10-6)의 고유치 k_y는 식 (10-4)의 그것과 동일하다.

고유치 k_y 대신 k_z를 이용하면 TE 모드를 구별하기가 더 수월하다. 식 (10-5)를 식 (10-2)에 대입하면 아래의 식을 얻는다.

$$\beta_m \equiv k_z = \pm\sqrt{k^2 - k_y^2} = \pm\sqrt{\left(\frac{n\omega}{c}\right)^2 - \left(\frac{m\pi}{d}\right)^2} \qquad (m = 1,2,3,\ldots) \tag{10-7}$$

여기서 식 $k = n\omega/c$를 사용하는데 이것은 두 평판 사이의 유전체가 일반적으로 비자성이고 무손실이라고 가정한 결과이다. 즉 $\mu = \mu_o$이고 $\varepsilon = \varepsilon_r\varepsilon_o = n^2\varepsilon_o$이다. 윗식에서 n은 굴절률, m은 모드번호, c는 진공 중의 빛의 속도, d는 두 평판 사이의 거리이다.

동작주파수 f에서 그 진행모드는 도파로를 따라 +z-방향으로 식 (10-7)의 위상상수 (phase constant) β_m을 가지고 진행한다. 식 (10-7)을 플러스 부호를 택하여 다시 쓰면

$$\boxed{\beta_m = k\sqrt{1 - \left(\frac{f_{c(m)}}{f}\right)^2}} \qquad [\text{rad/m}] \tag{10-8}$$

여기서 차단주파수(cutoff frequency) $f_{c(m)}$은 아래와 같이 정의된다.

$$\boxed{f_{c(m)} = \frac{mc}{2nd}} \qquad [\text{rad/s}] \tag{10-9}$$

여기서 주목할 것은 k는 주어진 파가 무한한 유전체를 진행한다고 가정할 때의 위상상수이고, β_m은 실제로 도파로를 따라 진행하는 모드 m의 +z-방향으로 위상상수이다.

만약 동작주파수 f가 차단주파수 $f_{c(m)}$ 보다 작으면 식 (10-7)과 (10-8)의 근호(radicand)가 음수가 된다. 이 경우 식 (10-7)을 마이너스 부호를 택하여 $k_z \equiv -j|\alpha_m|$으로 표시할 수 있다. 마이너스의 의미는 바로 아래에서 명백해진다. 식 (10-7)을 식 (10-4)에 대입하면 주어진 모드의 전기장이 지수함수적으로 즉 $e^{-|\alpha_m|z}$로 도파로를 따라 감쇠한다는 것을 알 수 있다. 플러스 부호는 진폭이 무한대로 증가함을 의미하므로 물리적으로 맞지 않는다. 차단주파수보다 작은 주파수에서 주어진 모드는 도파로에서 진행하지 못한다.

각도 θ는 [그림 10-5]에서와 같이 파수벡터 $\mathbf{k}$와 z 축 사이에서 측정된다. 여기서 모드 m의 각도 θ_m과 차단주파수 $f_{c(m)}$ 사이의 관계에 대해 살펴본다. 동작주파수를 점점 줄여 차단주파수에 근접하게 만드는 경우, 그 주파수는 아직도 차단주파수보다 크므로 식 (10-7)과 (10-8)에서 보듯이 관계식 $f_{c(m)} / f = k_y / k$는 계속 유효하다. 또한 [그림 10-5]에서 보듯이 $\sin\theta_m = k_y / k$의 관계가 존재하므로, 이 둘을 묶으면 차단주파수보다 큰 동작주파수에서 모드 m의 각도 θ_m은 아래와 같이 주어진다.

$$\sin\theta_m = \frac{k_y}{k} = \frac{f_{c(m)}}{f} \tag{10-10}$$

여기서 파수 $k = n\omega/c$인데, 이것은 두 평행판 사이에 비자성, 무손실 유전체를 가정한 결과이다. 식 (10-10)에서 보듯이 f가 $f_{c(m)}$에 접근함에 따라 θ_m은 $\pi/2$가 된다. 이 경우 그 파는 도파로의 수직방향으로 움직이므로 도파로를 따라 진행하는 파가 아니다.

식 (10-4)에 의하면 TE_m모드는 2개의 평면파로 이루어져 있는데 이들은 동일한 위상속도 $v_p = \omega / k = 1 / \sqrt{\mu\varepsilon}$로 진행하지만 서로 다른 각도 θ_m과 $-\theta_m$의 방향으로 진행한다. 여기서 v_p는 무한대 유전체에서의 위상속도이다. 다음의 관계식 $\beta_m = k_z = k\cos\theta_m$과 $k = n\omega/c$을 이용하면 도파로를 따라 측정되는 모드 m의 위상속도를 아래와 같이 구할 수 있다.

$$\boxed{v_{p(m)} = \frac{\omega}{\beta_m} = \frac{c}{n\cos\theta_m}} \quad [\mathrm{m/s}] \tag{10-11}$$

비록 $v_{p(m)}$이 무한 유전체 안에서의 빛의 속도 c/n 보다 크지만 이것은 자연법칙에 위배되지 않는다. 그 이유는 $v_{p(m)}$은 도파로를 따라 관측되는 단순한 위상속도이기 때문이다.

전자기 에너지는 도파로에서 군속도로 전달되는데, 식 (10-8)로부터 모드 m의 군속도를 아래와 같이 구할 수 있다.

$$\boxed{v_{g(m)} = \frac{d\omega}{d\beta_m} = \frac{1}{d\beta_m / d\omega} = \frac{c}{n}\sqrt{1 - \left(\frac{f_{c(m)}}{f}\right)^2}} \quad [\mathrm{m/s}] \tag{10-12}$$

식 (10-12)를 식 (10-10)을 이용해 다시 쓰면, 모드 m의 군속도를 다음과 같이 간단하게 표시할 수 있다.

$$v_{g(m)} = \frac{c}{n}\cos\theta_m \qquad [\text{m/s}] \qquad (10\text{-}13)$$

식 (10-13)에서 모드 m의 군속도는 소속 평면파의 위상속도를 그 모드가 진행하는 방향, 즉 z-방향으로 투영(projection)한 것과 같다는 것을 알 수 있다. 따라서 군속도는 무한 유전체의 위상속도보다 항상 작다.

모드 m의 실순시 전기장을 구하기 위해 식 (10-4)에 시간조화항 $e^{j\omega t}$를 곱하고 그것의 실수부를 취한다. 차단주파수보다 큰 주파수에서 TE_m 모드의 전기장은 아래와 같다.

$$\mathscr{E}_{TE} = 2E_o\mathbf{a}_x \sin\left(\frac{m\pi}{d}y\right)\sin(\omega t - \beta_m z) \qquad (\omega < \omega_{c(m)}) \qquad (10\text{-}14)$$

차단주파수보다 작은 주파수에서, $f < f_{c(m)}$, 식 (10-7)의 위상상수 β_m은 허수가 된다. 즉 $\beta_m = -j\alpha_m$이다. 여기서 α_m은 감쇠상수(attenuation constant)이다. 따라서 차단주파수 아래에서 TE_m 모드의 전기장은 다음과 같다.

$$\mathscr{E}_{TE} = 2E_o\mathbf{a}_x \sin\left(\frac{m\pi}{d}y\right)e^{-\alpha_m z}\sin(\omega t) \qquad (\omega < \omega_{c(m)}) \qquad (10\text{-}15)$$

감쇠상수는 다음과 같다.

$$\boxed{\alpha_m = \frac{n\omega_{c(m)}}{c}\sqrt{1-\left(\frac{f}{f_{c(m)}}\right)^2}} \qquad [\text{Np/m}] \qquad (10\text{-}16)$$

여기서 $\omega_{c(m)} = 2\pi f_{c(m)}$이다. 차단수파수 아래에서 주어진 모드는 도파로에서 진행하지 못하고 에버네센트 모드(evanescent mode)가 된다.

Exercise 10.1

길이 d=5[mm] 의 공기 간극을 가진 평판 도파로에서 $m=1$의 TE 모드에 대한 차단 주파수는?

Ans 30[GHz]

Exercise 10.2

[그림 10-5]에 표시된 TE 모드의 모드 번호는?

Ans $m=4$

10.1.3 수직 자기장파(Transverse Magnetic(TM) Wave)

[그림 10-6]은 평판 도파로에 입사된 수평편광의 균일평면파를 보여준다. 우리의 부호 규칙에 따르면 수평편광일 때 전기장벡터 $\mathbf{E}$의 플러스 방향은 경계면에 투영된 $\mathbf{E}$와 $\mathbf{k}$가 서로 평행일 때 주어지는 방향으로 정의한다([그림 8-17] 참조). 식 (8-151a)의 프레넬 식에 의하면, 완전도체에서 반사한 수평편광의 반사계수는 $\Gamma_{\parallel} = -1$이다. 이들을 고려하면 상향파 및 하향파의 전기장벡터 $\tilde{\mathbf{E}}_u$와 $\tilde{\mathbf{E}}_d$는 [그림 10-6]에서처럼 입사면에 포함되어야 한다. 그리하여 도파로에서의 총 전기장은 아래와 같이 표시된다.

$$\begin{aligned}\tilde{\mathbf{E}} &= \tilde{\mathbf{E}}_u + \tilde{\mathbf{E}}_d \\ &= \left(-\mathbf{a}_y \cos\theta + \mathbf{a}_z \sin\theta\right) E_o e^{-j(k_y y + k_z z)} - \left(\mathbf{a}_y \cos\theta + \mathbf{a}_z \sin\theta\right) E_o e^{j(k_y y - k_z z)}\end{aligned}$$

여기서 파수벡터는 [그림 10-6]에서 보듯이 $\mathbf{k} = k_y \mathbf{a}_y + k_z \mathbf{a}_z = k\sin\theta\, \mathbf{a}_y + k\cos\theta\, \mathbf{a}_z$로 주어진다. 위의 식을 정리하여 다시 쓰면

$$\boxed{\tilde{\mathbf{E}} = -2E_o\left[\mathbf{a}_y \cos\theta\cos(k_y y) + \mathbf{a}_z j\sin\theta\sin(k_y y)\right] e^{-jk_z z}} \tag{10-17}$$

식 (10-17)을 식 (8-9a)에 대입하면 도파로에서의 자기장은 아래와 같다.

$$\tilde{\mathbf{H}} = -\frac{1}{j\omega\mu}\nabla\times\tilde{\mathbf{E}} = \mathbf{a}_x\frac{2E_o}{\eta}\cos(k_y y)e^{-jk_z z} \quad (10\text{-}18)$$

여기서 $\eta = \sqrt{\mu/\varepsilon}$ 인데 이것은 도파로 내의 유전체의 고유임피던스이다. 식 (10-17)과 (10-18)의 전기장과 자기장은 도파로를 따라 위상상수 k_z를 가지고 +z-방향으로 진행하는 하나의 모드를 형성한다. 이 도파로 모드는 종방향의 자기장이 0이므로 수직 자기장모드(transverse magnetic(TM) mode)라 부른다.

전기장 $\mathbf{E}$에 대한 경계면 조건에 의하면 평면 $y=0$과 $y=d$에 위치한 도체 표면에서 $\mathbf{E}$의 접선성분은 0이 되어야 한다. 이러한 경계면 조건을 만족시키기 위해 식 (10-17)의 사인항은 $y=0$과 $y=d$에서 0이 되어야 한다. 이러한 경계면 조건을 적용하면 식 (10-5)와 동일한 고유치를 얻게 된다. 따라서 평판 도파로의 TM 모드에 대해 식 (10-5), (10-8)~(10-13), (10-16)를 모두 사용할 수 있다.

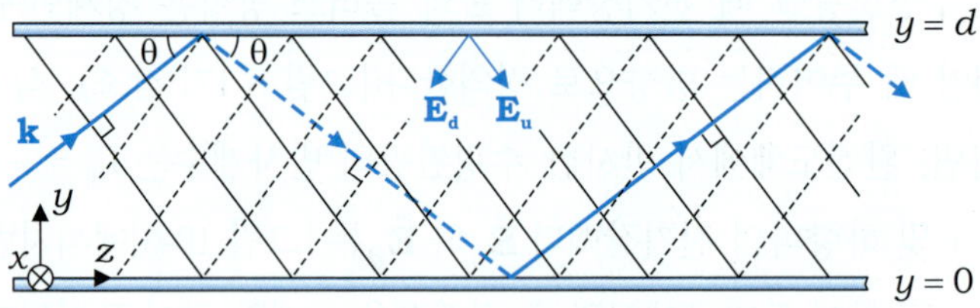

그림 10-6 평판 도파로에서의 TM 모드

Example 10-1

[그림 10-3]의 평판 도파로는 길이 d[m] 의 공기 간극을 가지고 있다.

(a) 식 (10-4b)에 주어진 TE 모드들은 서로 수직의 관계에 있다는 것을 보여라. 즉

$$\int_{y=0}^{y=d}\tilde{\mathbf{E}}_m\cdot\tilde{\mathbf{E}}_n^* dy = 0 \qquad (m \neq n)$$

(b) TE 모드들 사이의 직교규격계(orthonormal set)를 찾아라. 즉

$$\int_{y=0}^{y=d}\bar{\mathbf{E}}_m\cdot\bar{\mathbf{E}}_m^* dy = 1$$

Solution

(a) 식 (10-4b)를 이용해 아래의 관계를 증명한다.

$$\begin{aligned}\int_{y=0}^{y=d}\tilde{\mathbf{E}}_m\cdot\tilde{\mathbf{E}}_n^* dy &= 4E_o^2\int_{y=0}^{y=d}\sin\left(\frac{m\pi}{d}y\right)\sin\left(\frac{n\pi}{d}y\right)dy\\ &= 2E_o^2\int_{y=0}^{y=d}\left[\cos\left\{(m-n)\frac{\pi y}{d}\right\}-\cos\left\{(m+n)\frac{\pi y}{d}\right\}\right]dy\\ &= 0\end{aligned}$$

(b) 파트 (a)에서 $m = n$을 가정하여 아래의 식을 얻는다.

$$\int_{y=0}^{y=d}\tilde{\mathbf{E}}_m\cdot\tilde{\mathbf{E}}_m^* dy = 2dE_o^2$$

식 (10-4b)를 $\sqrt{2dE_o^2}$ 으로 나누면 TE 모드에 대한 직교규격계를 구할 수 있다.

$$\boxed{\bar{\mathbf{E}}_m = -j\sqrt{\frac{2}{d}}\mathbf{a}_x\sin\left(\frac{m\pi}{d}y\right)e^{-jk_z z}} \qquad (m=1,2,3,\ldots) \qquad (10\text{-}19)$$

하나의 전자기장이 평판 도파로에서 진행할 때 그것의 $\mathbf{E}$의 종방향-성분이 0이라면 그 전기장은 식 (10-19)의 직교규격계로 전개할 수 있다.

Example 10-2

공기 간극 1[cm]의 평판 도파로가 주파수 35[GHz]로 동작하고 있다. 도파로 내의 z=0 평면에서의 전기장이 $\tilde{\mathbf{E}}=10\mathbf{a}_x\sin^2(200\pi y)$로 주어질 때 TE_1, TE_2, TE_3 모드에 대해 다음을 구하라.

(a) 차단주파수

(b) 평면 z=0에서의 전기장

(c) 평면 z=2[cm]에서의 전기장

[힌트: $\sin^2 a\sin b = \frac{1}{2}\sin b - \frac{1}{4}\sin(2a+b)+\frac{1}{4}\sin(2a-b)$]

Solution

(a) 식 (10-9)로부터 TE_m 모드의 차단주파수는 아래와 같다.

$$f_{c(m)} = \frac{mc}{2nd} = \frac{m \times 3 \times 10^8}{2 \times 10^{-2}} = m \times 15[\text{GHz}]$$

TE_1, TE_2, TE_3 모드에 대한 차단주파수를 계산하면 아래와 같다.

$f_{c(1)} = 15[\text{GHz}]$, $f_{c(2)} = 30[\text{GHz}]$ 그리고 $f_{c(3)} = 45[\text{GHz}]$

$f_{c(1)}$과 $f_{c(2)}$는 차단주파수보다 크고 반면 $f_{c(3)}$은 차단주파수보다 작다.

(b) 식 (10-19)로부터, 평면 $z = 0$에서 전기장 $\mathbf{E}$를 구성하는 성분 중의 하나인 TE_1 모드의 진폭을 아래와 같이 구한다.

$$\begin{aligned}\int_{y=0}^{y=d} \tilde{\mathbf{E}} \cdot \bar{\mathbf{E}}_1^* dy &= j100\sqrt{2}\int_{y=0}^{y=0.01} \sin^2(200\pi y)\sin(100\pi y)\,dy \\ &= j0.48\end{aligned} \tag{10-20a}$$

비슷한 방법으로 TE_2 모드에 대한 진폭은 아래와 같다.

$$\begin{aligned}\int_{y=0}^{y=d} \tilde{\mathbf{E}} \cdot \bar{\mathbf{E}}_2^* dy &= j100\sqrt{2}\int_{y=0}^{y=0.01} \sin^2(200\pi y)\sin(200\pi y)\,dy \\ &= 0\end{aligned} \tag{10-20b}$$

TE_3 모드의 진폭은

$$\begin{aligned}\int_{y=0}^{y=d} \tilde{\mathbf{E}} \cdot \bar{\mathbf{E}}_3^* dy &= j100\sqrt{2}\int_{y=0}^{y=0.01} \sin^2(200\pi y)\sin(300\pi y)\,dy \\ &= j0.34\end{aligned} \tag{10-20c}$$

식 (10-19)와 (10-20)을 이용해, 평면 $z = 0$에서 세 파의 전기장 위상자를 아래와 같이 구한다.

$$\tilde{\mathbf{E}}_1 = 4.8\sqrt{2}\,\mathbf{a}_x \sin(100\pi y) \tag{10-21a}$$

$$\tilde{\mathbf{E}}_2 = 0 \tag{10-21b}$$

$$\tilde{\mathbf{E}}_3 = 3.4\sqrt{2}\,\mathbf{a}_x \sin(300\pi y) \tag{10-21c}$$

(c) TE_1 모드의 위상상수를 식 (10-7)로부터 구한다.

$$\beta_1 = \sqrt{\left(\frac{2\pi \times 35 \times 10^9}{3 \times 10^8}\right)^2 - \left(\frac{\pi}{0.01}\right)^2} = 662.3[\mathrm{rad/m}] \tag{10-22a}$$

TE_3 모드의 감쇠상수를 식 (10-16)으로부터 구한다.

$$\alpha_3 = \frac{2\pi \times 45 \times 10^9}{3 \times 10^3}\sqrt{1 - \left(\frac{35}{45}\right)^2} = 592[\mathrm{Np/m}] \tag{10-22b}$$

식 (10-21)과 (10-22)를 식 (10-19)에 대입하여 평면 z=2[cm]에서 다음을 구한다.

$$\tilde{\mathbf{E}}_1 = 4.8\sqrt{2}\,\mathbf{a}_x \sin(100\pi y) e^{-j662.3\times0.02} = 6.79\,\mathbf{a}_x \sin(100\pi y) e^{-j2.11}$$
$$\tilde{\mathbf{E}}_2 = 0$$
$$\tilde{\mathbf{E}}_3 = 3.4\sqrt{2}\,\mathbf{a}_x \sin(300\pi y) e^{-592\times0.02} = 3.5\times10^{-5}\,\mathbf{a}_x \sin(300\pi y)$$

Exercise 10.3

공기 간극 1.5[cm]를 가진 평판 도파로에서 오직 TEM 모드만이 진행하기 위한 최대 동작주파수는?

Ans 10[GHz]

Exercise 10.4

평판 도파로의 간극이 d=1[cm]인데, 유전체(n=2.5)로 채워져 있고 주파수 f=15[GHz]로 동작한다. 도파로를 따라 1[cm] 진행한 후 TM_1과 TM_2 사이의 시간 지연은?

Ans 49[ps]

Review Questions with Hints

RQ 10.1 세 종류의 도파로 모드를 설명하라. [그림 10-4,10-5,10-6]

RQ 10.2 수직공진조건을 설명하라. [(10-6)]

RQ 10.3 도파로 모드의 위상상수를 정의하라. [(10-8)]

RQ 10.4 도파로의 차단주파수를 설명하라. [(10-9)]

RQ 10.5 도파로에서의 진행모드의 위상속도와 군속도를 구별하여 설명하라. [(10-11)(10-12)]

10.2 직사각형 도파관(REACTNAGULAR WAVEGUIDE)

10.1절에서 평판 도파로를 해석할 때 두 평행판 도체가 무한히 크다고 가정했다. 그러므로 전기장이 도파로의 수직평면에서 균일하거나 혹은 한 방향으로만 변했다. 이때 평판 도파로에서의 전자기장의 전파는 손쉽게 이해될 수 있었다. 그러나 실제의 경우, 폭이 유한한 도체 평판은 그 가장자리에서 전기장 및 자기장의 휘어짐 현상이 존재하고 이로 인하여 평판 도파로의 옆 방향으로 전자기 에너지의 손실이 발생한다. 이러한 에너지 손실을 방지하기 위해 실제의 도파로는 속이 빈 금속 파이프 형태로 제작된다. 직사각형 도파관은 일반적인 도파로 중의 하나인데 4개의 도체 면에 둘러싸여 있고 직사각형 단면을 가지고 있다. 평판 도파로에서와 마찬가지로 직사각형 도파관의 진행모드도 동일한 위상상수를 가지고 도파관을 진행하는 균일평면파들의 합으로 해석할 수 있다. 직사각형 도파관에서의 전자기파의 진행은 평판 도파로에서와 같이 손쉽게 시각화하여 이해할 수는 없지만, 직사각형 도파관과 평판 도파로는 모두 동일한 원리에 따라 작동한다.

[그림 10-6]의 직사각형 도파관의 진행모드에 대한 전기장 및 자기장 분포는 서로 다른 두 방법을 이용해 구할 수 있다. 첫째, 3차원 미분파동방정식 혹은 벡터 헬름홀츠 식으

로부터 출발하여 전기장과 자기장의 일반해를 구하고 $\mathscr{E}$ 와 $\mathscr{H}$ 에 대한 경계면조건들을 도파관의 네 도체 표면에 적용하여 $\mathscr{E}$ 와 $\mathscr{H}$ 에 대한 특수해, 즉 도파관의 진행모드를 구할 수 있다. 둘째, 도파관 안의 유전체가 무한대라고 가정하였을 때 도파관 안에서 미분파동방정식 혹은 벡터 헬름홀츠 식으로부터 얻어지는 균일평면파들을 이용한다. 이들 평면파를 선형결합하여 도체 표면에서의 경계면조건이 만족되도록 만들면 도파관의 진행모드에 대한 표현식을 구할 수 있다. 이러한 방법은 전자기파의 중첩의 원리와 유일성 정리, 즉 하나의 해가 미분파동방정식과 경계면 조건을 모두 만족시키면 그것은 유일해라는 사실에 의해 정당화된다.

둘째 방법에 따라 하나의 직사각형 도파관의 진행모드는 동일한 파수 k와 z-방향으로의 동일한 위상상수 k_z를 갖는 균일평면파들의 합이라고 가정한다. 일반적인 경우 직사각형 도파관은 투자율 μ, 유전율 ε의 유전체로 채워져 있다.

하나의 직사각형 도파관의 진행모드를 아래와 같은 일반적인 식으로 표현한다.

$$\begin{aligned}\mathscr{E}(\mathbf{r},t) &= \mathrm{Re}\left[\tilde{\mathbf{E}}(\mathbf{r})e^{j\omega t}\right] \\ &= \mathrm{Re}\left[\left\{E_x(x,y)\mathbf{a}_x + E_y(x,y)\mathbf{a}_y + E_z(x,y)\mathbf{a}_z\right\}e^{-\gamma z}e^{j\omega t}\right]\end{aligned} \tag{10-23}$$

윗식으로부터 공간좌표 x와 y가 공간좌표 z와 분리되었고, 세 항들 $E_x(x,y)$, $E_y(x,y)$, $E_z(x,y)$는 세 전기장 성분들의 수직평면에서의 분포를 나타내고, 항 $e^{-\gamma z}$는 도파관을 따라 z방향으로의 전기장의 변화를 나타낸다. 여기에서 사용된 가정은 전기장 패턴은 z-방향으로 전파상수 γ를 가지고 진행하되 xy-평면에서의 전기장 분포는 진행 중에 바뀌지 않는다는 것이다. 위상자를 사용하면 직사각형 도파관의 전기장을 아래와 같이 표시할 수 있다.

$$\boxed{\tilde{\mathbf{E}}(\mathbf{r}) \equiv \left\{E_x(x,y)\mathbf{a}_x + E_y(x,y)\mathbf{a}_y + E_z(x,y)\mathbf{a}_z\right\}e^{-\gamma z}} \tag{10-24}$$

만약 시간조화함수 $\mathscr{E}(\mathbf{r},t)$가 도파관 진행모드의 전기장을 나타낸다면 그것은 미분파동방정식을 만족시켜야 하고, 그것의 위상자 $\tilde{\mathbf{E}}(\mathbf{r})$는 그 매질이 도파관 내로 제한되었는지에 관계없이 벡터 헬름홀츠 식을 만족시켜야 한다. 즉

$$\nabla^2\tilde{\mathbf{E}} + k^2\tilde{\mathbf{E}} = 0 \tag{10-25}$$

파수는 투자율 μ, 유전율 ε의 매질에서 $k=\omega\sqrt{\mu\varepsilon}$로 표시되고, 동작 각주파수는 $\omega=2\pi f$로 표시된다. 식 (10-24)를 식 (10-25)에 대입하면

$$\nabla_{xy}^2\left(E_x\mathbf{a}_x+E_y\mathbf{a}_y+E_z\mathbf{a}_z\right)+\left(\gamma^2+k^2\right)\left(E_x\mathbf{a}_x+E_y\mathbf{a}_y+E_z\mathbf{a}_z\right)=0 \tag{10-26}$$

여기서 2차원 라플라시안 연산자는 아래와 같이 정의된다.

$$\nabla_{xy}^2\equiv\frac{\partial^2}{\partial x^2}+\frac{\partial^2}{\partial y^2} \tag{10-27}$$

식 (10-26)의 세 단위벡터는 서로 독립이므로, 식 (10-26)은 아래와 같은 동일한 형태의 세 편미분방정식으로 나뉠 수 있다.

$$\boxed{\nabla_{xy}^2E_x+\left(\gamma^2+k^2\right)E_x=0} \tag{10-28a}$$

$$\boxed{\nabla_{xy}^2E_y+\left(\gamma^2+k^2\right)E_y=0} \tag{10-28b}$$

$$\boxed{\nabla_{xy}^2E_z+\left(\gamma^2+k^2\right)E_z=0} \tag{10-28c}$$

여기서 γ는 도파관을 따라서 측정되는 전파상수이고 k는 진행모드를 구성하는 평면파의 파수이다. 즉 $k=\omega\sqrt{\mu\varepsilon}$이다. 식 (10-28)을 풀어서 일반해를 구하고 도파관 도체 표면에 $\mathbf{E}$에 대한 경계면 조건을 적용하면, 전기장의 세 성분들 $E_x(x,y)$, $E_y(x,y)$, $E_z(x,y)$에 대한 유일해를 구할 수 있고 또한 전파상수 γ 의 유일해도 구할 수 있다.

비슷한 방법으로 직사각형 도파관의 자기장에 대한 일반적인 표현식을 다음과 같이 쓸 수 있다.

$$\begin{aligned}\mathscr{H}(\mathbf{r},t)&=\mathrm{Re}\left[\tilde{\mathbf{H}}(\mathbf{r})e^{j\omega t}\right]\\&=\mathrm{Re}\left[\left\{H_x(x,y)\mathbf{a}_x+H_y(x,y)\mathbf{a}_y+H_z(x,y)\mathbf{a}_z\right\}e^{-\gamma z}e^{j\omega t}\right]\end{aligned} \tag{10-29}$$

여기에서의 가정은 자기장 패턴은 $\mathbf{E}$와 동일한 파수벡터를 가지고 도파관을 따라 진행하되 그 수직방향으로의 분포는 변치 않는다는 것이다. 마찬가지로 자기장 위상자는

다음의 헬름홀츠 식을 만족시켜야 한다. 즉

$$\nabla_{xy}^2\left(H_x\mathbf{a}_x + H_y\mathbf{a}_y + H_z\mathbf{a}_z\right) + \left(\gamma^2 + k^2\right)\left(H_x\mathbf{a}_x + H_y\mathbf{a}_y + H_z\mathbf{a}_z\right) = 0 \quad (10\text{-}30)$$

윗식을 풀어 일반해를 구하고 도체 표면에서의 $\mathbf{H}$에 대한 경계면 조건을 적용하면 도파관 내의 자기장과 전파상수를 구할 수 있다.

직사각형 도파관에서 E_z-성분이 0인 TE 모드 혹은 H_z-성분이 0인 TM 모드가 진행할 수 있다. 그러면 이 도파관에서 TEM 모드도 진행할 수 있는가? 이 질문에 답하기 위해 식 (10-24)와 (10-29)에 주어진 $\tilde{\mathbf{E}}(\mathbf{r})$와 $\tilde{\mathbf{H}}(\mathbf{r})$를 위상자형태로 표시된 맥스웰 방정식, 즉 $\nabla\times\tilde{\mathbf{E}} = -j\omega\mu\tilde{\mathbf{H}}$와 $\nabla\times\tilde{\mathbf{H}} = j\omega\varepsilon\tilde{\mathbf{E}}$에 대입하고 $E_z = 0 = H_z$를 가정한다. 그러면 $\tilde{\mathbf{E}}$와 $\tilde{\mathbf{H}}$가 모두 x와 y에 독립이어야 한다는 것을 알 수 있다. 즉

$$\tilde{\mathbf{E}}(\mathbf{r}) = \left\{E_{xo}\mathbf{a}_x + E_{yo}\mathbf{a}_y\right\}e^{-\gamma z} \quad (10\text{-}31a)$$

$$\tilde{\mathbf{H}}(\mathbf{r}) = \left\{H_{xo}\mathbf{a}_x + H_{yo}\mathbf{a}_y\right\}e^{-\gamma z} \quad (10\text{-}31b)$$

여기서 E_{xo}, E_{yo}, H_{xo}, H_{yo}은 모두 상수이다. $\mathbf{E}$에 대한 경계면 조건을 도파관의 도체 벽면에 적용하면 E_{xo}과 E_{yo}은 그 도파관의 도체 벽면에서 영이어야 하므로 도파관 내부에서도 영이다. 비슷한 방법으로 직사각형 도파관에서 $\mathbf{H}$가 0이 된다는 것을 증명할 수 있다. 결론적으로 TEM ***모드는 직사각형 도파관에서 신행할 수 없다!***

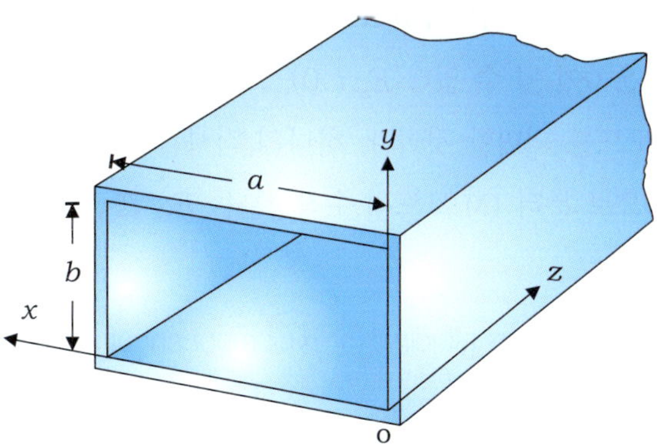

그림 10-7 직사각형 도파관

Exercise 10.5

식 (10-31)을 조건 $E_z=0=H_z$의 가정하에 유도하여 전기장 및 자기장이 수직평면에서 상수임을 보여라.

Review Questions with Hints

RQ 10.6 무엇이 TEM 모드를 직사각형 도파관에서 진행하지 못하도록 하는가? [(10-31)]

RQ 10.7 직사각형 도파관에서 전파상수 γ와 파수 k를 구별하여 설명하라. [(10-28)]

RQ 10.8 식 (10−23)에서와 같은 도파관 모드에 대한 일반적인 표현식은 어떠한 가정하에서 성립하는가? [(10-4)]

10.2.1 수직 자기장모드(Transverse Magnetic(TM) Mode)

하나의 직사각형 도파관에서 비록 TM 모드의 종방향 자기장-성분은 0이지만($H_z=0$), 종방향 전기장-성분은 0이 될 수 없다($E_z \neq 0$). 그렇지 않으면 이것은 도파관에서 진행하지 못하는 TEM 모드를 의미할 것이다. 하나의 직사각형 도파관에서 전기장-성분 E_z가 주어진다면 그것으로 부터 TM 모드의 수직성분들 E_x, E_y, H_x, H_y를 구할 수 있다.

(1) TM 모드의 종방향 전기장(Longitudinal Field Component of a TM Mode)

하나의 직사각형 도파관에서 TM 모드의 종방향-성분(전기장 E_z)은 식 (10-28c)의 미분방정식을 만족시켜야 한다. 즉

$$\boxed{\frac{\partial^2 E_z}{\partial x^2} + \frac{\partial^2 E_z}{\partial y^2} + h^2 E_z = 0} \tag{10-32}$$

여기서 h는 아래와 같이 정의된다.

$$h^2 \equiv \gamma^2 + k^2 \tag{10-33}$$

무손실 도파관에서 전파상수는 $\gamma = jk_z$로 주어진다. 여기서 k_z는 도파관의 위상상수인데 파수벡터 $\mathbf{k}$의 z-방향 성분에 해당한다. 이러한 사실로부터 고유치 h가 $\mathbf{k}$의 수직평면(xy-평면)으로의 투영에 해당하고 따라서 $h^2 = k_x^2 + k_y^2$으로 표시된다는 것을 알 수 있다. 반복하면 γ는 도파관을 따라 진행하는 파에 대한 전파상수이고 k는 도파관 내의 유전체가 마치 무한히 큰 것처럼 가정하고 진행하는 균일평면파의 전파상수이다.

우선 식 (10-24)에 주어진 복소진폭 $E_z(x, y)$의 두 공간변수가 서로 분리 가능하다고 가정한다. 즉

$$E_z(x, y) = X(x)Y(y) \tag{10-34}$$

만약 식 (10-34)가 도파관의 도체 벽면에서 경계면 조건을 만족시킨다면, 유일성 정리(uniqueness theorem)에 의해 이 시범해(trial solution)는 도파관에서의 유일해가 된다. 식 (10-34)를 식 (10-32)에 대입하고 정리하면 다음의 식을 얻는다.

$$-\frac{1}{X}\frac{d^2 X}{dx^2} = \frac{1}{Y}\frac{d^2 Y}{dy^2} + h^2 \tag{10-35}$$

식 (10-35)에서 두 공간변수 x와 y는 서로 완전히 분리되었다. 이들 두 변수는 서로 독립이므로 식 (10-35)의 등호는 그 양변이 분리상수(separation constant)라고 불리는 하나의 상수값으로 주어질 때 만족된다. 상수 k_x^2을 분리상수로 생각하면 식 (10-35)는 두 파트로 나뉠 수 있다. 즉

$$\frac{d^2 X}{dx^2} + k_x^2 X = 0 \tag{10-36a}$$

$$\frac{d^2Y}{dy^2}+\left(h^2-k_x^2\right)Y=0 \tag{10-36b}$$

식 (10-36a)와 (10-36b)의 일반 해는 아래와 같다.

$$X = A\sin\left(k_x x\right)+B\cos\left(k_x x\right) \tag{10-37a}$$

$$Y = C\sin\left(k_y y\right)+D\cos\left(k_y y\right) \tag{10-37b}$$

여기서 아래의 정의가 사용되었음을 주목하자.

$$k_y^2 \equiv h^2 - k_x^2 \tag{10-38}$$

식 (10-34)의 종방향 전기장 E_z는 도파관의 네 벽면에서 접선성분의 전기장이 되므로 경계면 조건을 만족시키기 위해 전기장 E_z는 도파관 네 벽면에서 모두 0이 되어야 한다. 즉

$$E_z(x=0,y)=0 \tag{10-39a}$$

$$E_z(x=a,y)=0 \tag{10-39b}$$

$$E_z(x,y=0)=0 \tag{10-39c}$$

$$E_z(x,y=b)=0 \tag{10-39d}$$

이러한 경계면 조건을 식 (10-37)에 적용하면

$$B=0 \text{ 그리고 } k_x=\frac{m\pi}{a} \qquad (m=1,2,3,\ldots) \tag{10-40a}$$

$$D=0 \text{ 그리고 } k_y=\frac{n\pi}{b} \qquad (n=1,2,3,\ldots) \tag{10-40b}$$

식 (10-37)과 (10-40)을 식 (10-34)에 대입하면 TM 모드의 종방향-성분을 아래와 같이 구할 수 있다.

$$\boxed{E_z(x,y)=E_o\sin\left(\frac{m\pi}{a}x\right)\sin\left(\frac{n\pi}{b}y\right)} \qquad (m,n=1,2,3,\ldots) \tag{10-41}$$

$$\mathscr{E}_z(x,y,z,t) = \mathrm{Re}\left[E_o \sin\left(\frac{m\pi}{a}x\right)\sin\left(\frac{n\pi}{b}y\right)e^{-\gamma z}e^{j\omega t}\right] \quad [\mathrm{V/m}] \tag{10-42}$$

여기서

$$\gamma = \pm\sqrt{h^2 - k^2} = \pm j\sqrt{\omega^2\mu\varepsilon - \left(\frac{m\pi}{a}\right)^2 - \left(\frac{n\pi}{b}\right)^2} \equiv \alpha_{mn} + j\beta_{mn} \quad [\mathrm{m}^{-1}] \tag{10-43}$$

$$h^2 = k_x^2 + k_y^2 = \left(\frac{m\pi}{a}\right)^2 + \left(\frac{n\pi}{b}\right)^2 \tag{10-44}$$

$$k = \omega\sqrt{\mu\varepsilon} \quad [\mathrm{rad/m}] \tag{10-45}$$

윗식에서 m과 n은 모드번호를 나타낸다. 모드번호 n은 굴절률 n과 혼동하지 말아야 한다. 만약 물질파라미터 ε과 μ가 실수이고 동작주파수 ω가 충분히 커서 식 (10-43)의 근호가 양수(positive number)라면, 감쇠상수 α_{mn}은 0이고 전파상수는 간단히 $\gamma = -j\beta_{mn}$으로 표시된다. 이 경우 식 (10-42)의 종방향 전기장 $\mathscr{E}_z$는 위상상수 β_{mn}을 가지고 도파관을 따라 z-방향으로 진행하되, x-와 y-방향으로는 정재파를 형성하는 하나의 전자기파를 형성한다. 부호규칙에 의해 α_{mn}과 β_{mn}은 +z-방향으로 진행하는 파에 대해 플러스 값을 가진다. 정수 m과 n을 포함하는 특정한 전기장 및 자기장 패턴을 TM_{mn} 모드라 한다. 첫째 번호는 x-축 위의 $\mathscr{E}_z$의 피크 개수를 나타내고 둘째 번호는 y-축 위의 $\mathscr{E}_z$의 피크 개수를 나타낸다.

TM_{mn} 모드에 대한 전파상수는 차단주파수(cutoff frequency) $f_{c(mn)}$에서 0이 된다. 식 (10-43)으로부터 TM_{mn} 모드의 차단주파수를 아래와 같이 구할 수 있다.

$$f_{c(mn)} = \frac{1}{2\sqrt{\mu\varepsilon}}\sqrt{\left(\frac{m}{a}\right)^2 + \left(\frac{n}{b}\right)^2} \quad [\mathrm{Hz}] \tag{10-46}$$

차단주파수보다 작은 동작주파수에서 식 (10-43)의 근호는 마이너스 값이 된다. 이 경우 루트 앞에 플러스 부호를 붙여 전파상수가 양의 실수가 되게 만든다. 즉 $\gamma = \alpha_{mn} > 0$이다. 이러한 조건에서 TM_{mn} 모드는 도파관에서 전파하지 못하는 에버네센트 파가 된다.

관계식 $v_p = 1/\sqrt{\mu\varepsilon} = f\lambda$을 사용하면 식 (10-46)의 차단주파수를 TM_{mn} 모드에 대한 차단파장(cutoff wavelength)으로 변환할 수 있다. 즉

$$\lambda_{c(mn)} = \frac{v_p}{f_{c(mn)}} = \frac{2}{\sqrt{\left(\frac{m}{a}\right)^2 + \left(\frac{n}{b}\right)^2}} \quad [\mathrm{m}] \tag{10-47}$$

파장이 $\lambda < \lambda_{c(mn)}$인 전자기파는 직사각형 도파관에서 TM_{mn} 모드로 진행할 수 있다.

TM_{mn} 모드에서 모드번호 m 혹은 n의 가장 작은 값은 1이다. 따라서 TM_{11} 모드가 가장 낮은 차단주파수를 갖는다. 가로 및 세로가 $a > b$ 인 직사각형 도파관에서 TM_{21} 모드는 두 번째로 낮은 차단주파수를 갖는다. 따라서, 동작주파수가 $f_{c(11)} < f < f_{c(21)}$ 영역에 있는 전자기파는 주어진 도파관에서 TM_{11} 모드로 동작한다.

하나의 전자기파가 도파관에서 TM_{mn} 모드로 진행하기 위해 그 주파수는 차단주파수보다 커야 한다. 즉 $f < f_{c(mn)}$이다. 차단주파수보다 큰 주파수 영역에서 TM_{mn} 모드의 위상상수는 아래와 같다.

$$\beta_{mn} = k\sqrt{1 - \left(\frac{f_{c(mn)}}{f}\right)^2} \quad [\mathrm{rad/m}] \tag{10-48}$$

이것은 식 (10-46)을 식 (10-43)에 대입하여 얻을 수 있다. 위상상수 β_{mn}은 파수 $k = \omega\sqrt{\mu\varepsilon}$ 보다 항상 작다는 것에 주목하자. 파장 λ가 파수 k에 $\lambda = 2\pi/k$로 연관되는 것처럼, 도파관파장(waveguide wavelength) λ_{mn}은 위상상수 β_{mn}과 아래와 같이 연관된다.

$$\lambda_{mn} = \frac{2\pi}{\beta_{mn}} = \frac{\lambda}{\sqrt{1 - \left(f_{c(mn)}/f\right)^2}} \quad [\mathrm{m}] \tag{10-49}$$

여기서 λ_{mn}은 도파관을 따라 측정되는 공간주기이고 반면 λ는 무한대 유전체에서 진행하는 파의 파장이다. 다른 말로 설명하면 TM_{mn} 모드의 전기장 및 자기장 분포는 도파관을 따라 거리 λ_{mn}을 진행할 때마다 그 패턴이 반복된다.

식 (10-49)의 도파관파장 λ_{mn}과 식 (10-47)의 차단파장 $\lambda_{c(mn)}$을 혼동하지 말아야 하는데, 이들 사이의 차이는 $\lambda_{c(mn)}$은 무한 유전체에서 측정된다는 사실이다. 위상속도에 대한 표현식 $v_p = f\lambda = f_{c(mn)}\lambda_{c(mn)}$을 이용해 식 (10-49)를 다시 쓰면 아래와 같다.

$$\frac{1}{\lambda^2} = \frac{1}{\lambda_{mn}^2} + \frac{1}{\lambda_{c(mn)}^2} \tag{10-50}$$

여기서 λ는 파장, λ_{mn}은 도파관파장, $\lambda_{c(mn)}$은 차단파장이다.

정리하면, TM_{mn} 모드의 위상상수 β_{mn}과 도파관파장 λ_{mn}은 $\beta_{mn} = 2\pi/\lambda_{mn}$으로 연관되어 있다. 이들은 모두 도파관을 따라서 측정된다. 파수 k는 무한대 유전체에서 $k = \omega\sqrt{\mu\varepsilon} = \omega / v_p$로 정의된다. 만약 무손실 유전체가 비자성($\mu = \mu_o$)이면 파수는 단순히 $k = n\omega / c$이고 위상속도는 $v_p = c / n$이다. 여기서 굴절률은 $n = \sqrt{\varepsilon / \varepsilon_o}$ 이다.

무한 유전체에서의 위상속도는 아래와 같이 표시된다.

$$v_p = \frac{\omega}{k} = f\lambda = f_{c(mn)}\lambda_{c(mn)} \tag{10-51}$$

여기서 $k = \omega\sqrt{\mu\varepsilon}$ 이다. 반면에 TM_{mn} 모드의 위상속도는 아래와 같다.

$$v_{p(mn)} = \frac{\omega}{\beta_{mn}} = f\lambda_{mn} \tag{10-52a}$$

이것은 도파관을 따라 측정된다. 식 (10-51)과 (10-52a)를 결합하여 앞으로 편리하게 사용될 수 있는 관계식을 얻는다.

$$v_{p(mn)} = \frac{v_p}{\sqrt{1 - \left(f_{c(mn)} / f\right)^2}} \tag{10-52b}$$

여기서 $v_p = 1 / \sqrt{\mu\varepsilon}$

(2) TM 모드의 횡방향 전자기장(Transverse Field Components of a TM Mode)

앞에서 TM 모드의 종방향-성분 E_z에 대한 표현식을 구하고 이것을 이용해 TM 모드의 전파특성을 해석했다. 이제 E_z로부터 얻어지는 TM 모드의 수직성분들, 즉 E_x, E_y, H_x, H_y에 대해 살펴본다.

앞에서 설명한 것처럼 TM 모드는 동일한 파수, 동일한 위상상수를 가지고 도파관을 진행하는 균일평면파들의 합으로 표시할 수 있다. 이러한 가정에 기초하여 직사각형 도파관에서의 TM 모드의 전기장 및 자기장에 대한 일반적인 표현식을 아래와 같이 쓸 수 있다.

$$\begin{aligned}\mathscr{E}(x,y,z,t) &= \mathrm{Re}\left[\tilde{\mathbf{E}}e^{j\omega t}\right] \\ &= \mathrm{Re}\left[\left\{E_x(x,y)\mathbf{a}_x + E_y(x,y)\mathbf{a}_y + E_z(x,y)\mathbf{a}_z\right\}e^{-\gamma z}e^{j\omega t}\right]\end{aligned} \tag{10-53a}$$

$$\begin{aligned}\mathscr{H}(x,y,z,t) &= \mathrm{Re}\left[\tilde{\mathbf{H}}e^{j\omega t}\right] \\ &= \mathrm{Re}\left[\left\{H_x(x,y)\mathbf{a}_x + H_y(x,y)\mathbf{a}_y\right\}e^{-\gamma z}e^{j\omega t}\right]\end{aligned} \tag{10-53b}$$

여기서 종방향-성분 $E_z(x,y)$는 식 (10-41)과 동일하다.

식 (10-53)을 위상자형태의 맥스웰 방정식에 대입하면 아래의 식들을 얻을 수 있다.

① $\nabla \times \tilde{\mathbf{E}} = -j\omega\mu\tilde{\mathbf{H}}$로부터

$$\frac{\partial E_z}{\partial y} + \gamma E_y = -j\omega\mu H_x \tag{10-54a}$$

$$-\gamma E_x - \frac{\partial E_z}{\partial x} = -j\omega\mu H_y \tag{10-54b}$$

$$\frac{\partial E_y}{\partial x} - \frac{\partial E_x}{\partial y} = 0 \tag{10-54c}$$

② $\nabla \times \tilde{\mathbf{H}} = j\omega\varepsilon\tilde{\mathbf{E}}$로부터

$$\gamma H_y = j\omega\varepsilon E_x \tag{10-55a}$$

$$-\gamma H_x = j\omega\varepsilon E_y \tag{10-55b}$$

$$\frac{\partial H_y}{\partial x} - \frac{\partial H_x}{\partial y} = j\omega\varepsilon E_z \tag{10-55c}$$

식 (10-54)와 (10-55)를 결합하여 E_x, E_y, H_x, H_y를 E_z로 표시할 수 있다. 예를 들어, 식 (10-54b)와 (10-55a)를 결합하면 E_x를 E_z를 이용해 표시할 수 있다. 여기서, 앞으로 자주 사용되는 TM_{mn} 모드의 종방향-성분 즉 식 (10-41)의 E_z를 다시 적어 놓는다. 즉

$$\boxed{E_z(x,y) = E_o \sin\left(\frac{m\pi}{a}x\right)\sin\left(\frac{n\pi}{b}y\right)} \qquad (m,n=1,2,3,\ldots) \tag{10-41}$$

식 (10-41)을 식 (10-54)와 (10-55)에 대입하고 그 미분항들을 계산하면 TM_{mn} 모드의 수직성분들을 아래와 같이 구할 수 있다.

$$\boxed{E_x = -\frac{\gamma}{h^2}\left(\frac{m\pi}{a}\right)E_o \cos\left(\frac{m\pi}{a}x\right)\sin\left(\frac{n\pi}{b}y\right)} \qquad (m,n=1,2,3,\ldots) \tag{10-56a}$$

$$\boxed{E_y = -\frac{\gamma}{h^2}\left(\frac{n\pi}{b}\right)E_o \sin\left(\frac{m\pi}{a}x\right)\cos\left(\frac{n\pi}{b}y\right)} \tag{10-56b}$$

$$\boxed{H_x = \frac{j\omega\varepsilon}{h^2}\left(\frac{n\pi}{b}\right)E_o \sin\left(\frac{m\pi}{a}x\right)\cos\left(\frac{n\pi}{b}y\right)} \tag{10-56c}$$

$$\boxed{H_y = -\frac{j\omega\varepsilon}{h^2}\left(\frac{m\pi}{a}\right)E_o \cos\left(\frac{m\pi}{a}x\right)\sin\left(\frac{n\pi}{b}y\right)} \tag{10-56d}$$

무손실 도파관에서 전파상수는 $\gamma = j\beta_{mn}$로 주어진다. 고유치 h는 단순히 파수벡터 $\mathbf{k}$ 이 수직방향 성분이다. 즉

$$\begin{aligned} h^2 &= \gamma^2 + k^2 \\ &= k_x^2 + k_y^2 = \left(\frac{m\pi}{a}\right)^2 + \left(\frac{n\pi}{b}\right)^2 \end{aligned} \tag{10-57}$$

위 식들에서 모드번호는 양의 정수이다. 즉 $m = 1,2,3,\ldots$ 그리고 $n = 1,2,3,\ldots$. 따라서 식 (10-41)과 (10-56)의 전기장은 서로 묶여서 폭과 높이가 각각 a와 b로 주어지는 직사각형 도파관의 TM_{mn} 모드를 형성한다.

무손실($\alpha_{mn}=0$) 직사각형 도파관의 TM_{mn} 모드의 파동임피던스(wave impedance)를 아래와 같이 정의한다.

$$\eta_{TM} = \frac{\tilde{E}_x}{\tilde{H}_y} = -\frac{\tilde{E}_y}{\tilde{H}_x} \qquad [\Omega] \tag{10-58a}$$

식 (10-55a) 혹은 (10-55b)를 식 (10-58a)에 대입하면 TM_{mn} 모드의 파동임피던스를 아래와 같이 구할 수 있다.

$$\eta_{TM} = \frac{\beta_{mn}}{\omega\varepsilon} \tag{10-58b}$$

여기서 무손실 도파관을 가정하여 $\alpha_{mn}=0$과 $\gamma = j\beta_{mn}$의 관계식을 사용하였다. 식 (10-48)을 식 (10-58b)에 대입하면 TM_{mn} 모드의 파동임피던스를 아래와 같이 구할 수 있다.

$$\eta_{TM} = \sqrt{\frac{\mu}{\varepsilon}}\sqrt{1-\left(\frac{f_{c(mn)}}{f}\right)^2} \qquad [\Omega] \tag{10-58c}$$

윗식의 η_{TM}은 주파수에 대한 함수이고, 이것은 동작주파수가 차단주파수보다 큰 영역($f > f_{c(mn)}$)에서 항상 유전체의 고유임피던스 ($\eta = \sqrt{\mu / \varepsilon}$)보다 작다.

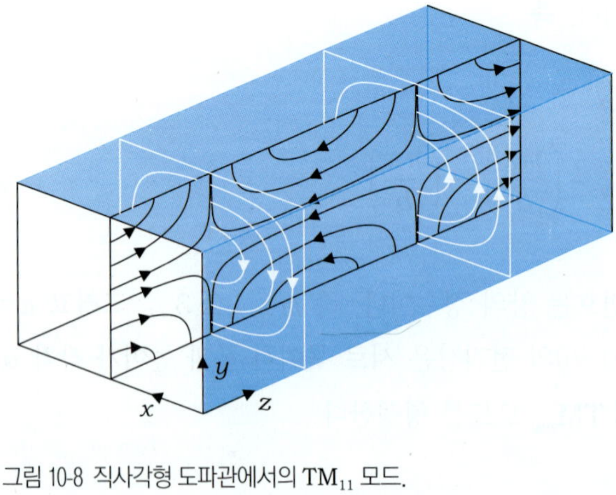

그림 10-8 직사각형 도파관에서의 TM_{11} 모드.
검은색 선은 전기장선을 나타내고 흰색 선은 자기장선을 나타낸다.

(3) TM 모드의 직교규격계(Orthonormal Set for TM Mode)

하나의 직사각형 도파관 안에서 진행하는 서로 다른 TM 모드들의 **H**-성분은 그 수직평면에서 서로 직교관계(mutually orthogonal)에 있다. 즉

$$\int_{y=0}^{y=b}\int_{x=0}^{x=a} \tilde{\mathbf{H}}_{mn} \cdot \tilde{\mathbf{H}}_{m'n'}^{*}\, dxdy = 0 \qquad (m \neq m' \text{ or } n \neq n') \tag{10-59}$$

이 관계식은 식 (10-56)을 직접 대입하면 쉽게 증명할 수 있다. 그 다음 직사각형 도파관의 하나의 TM 모드의 **H**-성분을 아래와 같이 규격화 한다.

$$\int_{y=0}^{y=b}\int_{x=0}^{x=a} \bar{\mathbf{H}}_{mn} \cdot \bar{\mathbf{H}}_{mn}^{*}\, dxdy = 1 \tag{10-60}$$

여기서 꼭대기의 바(bar)는 규격화를 의미함.

식 (10-56)을 식 (10-60)에 대입하고, 무손실 도파관을 가정하여 $\alpha_{mn}=0$과 $\gamma=j\beta_{mn}$을 적용하면, 아래의 식을 얻는다.

$$\begin{aligned}
&\int_{y=0}^{y=b}\int_{x=0}^{x=a} \tilde{\mathbf{H}}_{mn} \cdot \tilde{\mathbf{H}}_{mn}^{*}\, dxdy \\
&= \int_0^b\int_0^a \left[\left(H_x \mathbf{a}_x + H_y \mathbf{a}_y\right) e^{-j\beta_{mn}z}\right] \cdot \left[\left(H_x \mathbf{a}_x + H_y \mathbf{a}_y\right) e^{-j\beta_{mn}z}\right]^{*} dxdy \\
&= \int_0^h\int_0^a \left(\left|H_x\right|^2 + \left|H_y\right|^2\right) dxdy \\
&= \omega^2\varepsilon^2 \frac{E_o^2}{h^2}\frac{ab}{4}
\end{aligned} \tag{10-61}$$

여기서 ω는 동작 각주파수이고, ε은 도파관 유전체의 유전율이고, h는 식 (10-57)로 주어지는 고유치이고, a와 b는 도파관의 폭과 높이이다. 식 (10-61)에 루트를 취하여 이것을 식 (10-56c)와 (10-56d)에 대한 규격화 인수로 삼는다. 그리하여 TM_{mn} 모드의 규격화된 $\bar{\mathbf{H}}$의 일반적인 표현식을 아래와 같이 쓸 수 있다.

$$\boxed{\bar{\mathbf{H}}_{mn} = \left(\bar{H}_x\, \mathbf{a}_x + \bar{H}_y\, \mathbf{a}_y\right) e^{-j\beta_{mn}z}} \tag{10-62a}$$

여기서 꼭대기의 바(bar)는 규격화를 의미한다. TM_{mn} 모드의 규격화된 $\bar{\mathbf{H}}$의 x- 및 y-성분은 아래와 같이 주어진다.

$$\bar{H}_x = \frac{2j}{h\sqrt{ab}}\left(\frac{n\pi}{b}\right)\sin\left(\frac{m\pi}{a}x\right)\cos\left(\frac{n\pi}{b}y\right) \qquad (m,n=1,2,3,\ldots) \qquad (10\text{-}62b)$$

$$\bar{H}_y = -\frac{2j}{h\sqrt{ab}}\left(\frac{m\pi}{a}\right)\cos\left(\frac{m\pi}{a}x\right)\sin\left(\frac{n\pi}{b}y\right) \qquad (m,n=1,2,3,\ldots) \qquad (10\text{-}62c)$$

여기서 $j=\sqrt{-1}$, $h^2=(m\pi/a)^2+(n\pi/b)^2$이고 a와 b는 직사각형 도파관의 폭과 높이를 나타낸다. 식 (10-62)에 주어진 $\tilde{\mathbf{H}}$는 직사각형 도파관의 TM 모드의 직교규격계(orthonormal set)를 형성한다. 이들은 각각 규격화되어 있고 서로 직교관계에 있다.

Example 10-3

하나의 직사각형 도파관의 안쪽 폭과 높이가 각각 $a=1.5$[cm]와 $b=1$[cm]로 주어진다. 이 도파관은 비자성 무손실 유전체($\varepsilon_r=1.96$)로 채워져 있고, 하나의 전자기파($f=15$[GHz])가 TM_{11} 모드 형태로 진행한다. 다음을 구하라.

(a) λ, (b) $f_{c(11)}$, (c) λ_{11}

Solution

(a) 무한 유전체 안에서의 파수는

$$k=\frac{2\pi}{\lambda}=\omega\sqrt{\mu_o\varepsilon}=\frac{2\pi\times15\times10^9\times1.4}{3\times10^8}$$

따라서 파장은

$\lambda=14.3$[mm]

(b) 식 (10-46)으로부터 차단주파수를 구한다.

$$f_{c(11)} = \frac{1}{2\times 1.4\times\sqrt{\mu_o\varepsilon_o}}\sqrt{\left(\frac{1}{1.5\times 10^{-2}}\right)^2+\left(\frac{1}{10^{-2}}\right)^2} = 12.9[\text{GHz}]$$

(c) 식 (10-49)로부터 도파관파장을 구한다.

$$\lambda_{11} = \frac{\lambda}{\sqrt{1-\left(f_{c(11)}/f\right)^2}} = \frac{14.3\times 10^{-3}}{\sqrt{1-(12.9/15)^2}} = 28.0[\text{mm}]$$

Example 10-4

폭과 높이가 각각 a와 b인 직사각형 도파관의 TM_{21} 모드는 몇 개의 평면파들로 이루어져 있는가?

Solution

식 (10-41)로부터 아래의 식을 쓴다.

$$\begin{aligned} E_z &= E_o \sin\left(\frac{2\pi}{a}x\right)\sin\left(\frac{\pi}{b}y\right) \\ &= E_0\frac{1}{2j}\left(e^{j2\pi x/a}-e^{-j2\pi x/a}\right)\frac{1}{2j}\left(e^{j\pi y/b}-e^{-j\pi y/b}\right) \\ &= -\frac{E_0}{4}\left[e^{j2\pi x/a+j\pi y/b}-e^{j2\pi x/a-j\pi y/b}-e^{-j2\pi x/a+j\pi y/b}+e^{-j2\pi x/a-j\pi y/b}\right] \end{aligned}$$

식 (10-56a)로부터 아래의 식을 쓴다.

$$\begin{aligned} E_x &= -\frac{\gamma}{h^2}\left(\frac{2\pi}{a}\right)E_o\cos\left(\frac{2\pi}{a}x\right)\sin\left(\frac{\pi}{b}y\right) \\ &= -\frac{\gamma}{h^2}\left(\frac{2\pi}{a}\right)E_o\frac{1}{2}\left(e^{j2\pi x/a}+e^{-j2\pi x/a}\right)\frac{1}{2j}\left(e^{j\pi y/b}-e^{-j\pi y/b}\right) \\ &= -\frac{\gamma}{h^2}\left(\frac{2\pi}{a}\right)\frac{E_o}{4j}\left[e^{j2\pi x/a+j\pi y/b}-e^{j2\pi x/a-j\pi y/b}+e^{-j2\pi x/a+j\pi y/b}-e^{-j2\pi x/a-j\pi y/b}\right] \end{aligned}$$

식 (10-56b)로부터 아래의 식을 쓴다.

$$E_y = -\frac{\gamma}{h^2}\left(\frac{\pi}{b}\right)E_o \sin\left(\frac{2\pi}{a}x\right)\cos\left(\frac{\pi}{b}y\right)$$
$$= -\frac{\gamma}{h^2}\left(\frac{\pi}{b}\right)E_o \frac{1}{2j}\left(e^{j2\pi x/a} - e^{-j2\pi x/a}\right)\frac{1}{2}\left(e^{j\pi y/b} + e^{-j\pi y/b}\right)$$
$$= -\frac{\gamma}{h^2}\left(\frac{\pi}{b}\right)\frac{E_o}{4j}\left[e^{j2\pi x/a+j\pi y/b} + e^{j2\pi x/a-j\pi y/b} - e^{-j2\pi x/a+j\pi y/b} - e^{-j2\pi x/a-j\pi y/b}\right]$$

전기장의 세 성분들은, 무손실 직사각형 도파관($\gamma = j\beta_{21}$)에서 다음과 같이 전기장 위상자로 표시될 수 있다.

$$\tilde{\mathbf{E}} = \left\{E_x(x,y)\mathbf{a}_x + E_y(x,y)\mathbf{a}_y + E_z(x,y)\mathbf{a}_z\right\}e^{-j\beta_{21}z}$$

따라서 TM_{21} 모드는 다음의 네 평면파-성분들로 이루어져 있다.

$$e^{j2\pi x/a+j\pi y/b-j\beta_{21}z},\ e^{j2\pi x/a-j\pi y/b-j\beta_{21}z},\ e^{-j2\pi x/a+j\pi y/b-j\beta_{21}z},\ e^{-j2\pi x/a-j\pi y/b-j\beta_{21}z}$$

여기서 주목할 것은, 4개의 평면파-성분들은 동일한 위상상수 β_{21}뿐만 아니라 동일한 파수 k를 가진다는 사실이다.

Example 10-5

속이 빈 직사각형 도파관의 안쪽 폭 및 높이가 각각 $a = 5[\mathrm{cm}]$와 $b = 2.5[\mathrm{cm}]$로 주어지고, 여기서 주파수 8[GHz]의 전자기파가 $+z$-방향으로 진행한다. 평면 $z=0$과 일치하는 횡단면에서 자기장이 z-방향 성분은 0인 채 $\tilde{\mathbf{H}} = 4\mathbf{a}_x \sin(20\pi x)\sin(60\pi y) + 3\mathbf{a}_y \cos(20\pi x)\cos(60\pi y)[\mathrm{A/m}]$로 주어진다. 다음을 구하라.

(a) 도파관 내의 TM 모드들

(b) 가장 낮은 차단주파수를 가진 에버네센트 파의 감쇠상수 α_{mn}

(c) 평면 $z=1[\mathrm{m}]$에서의 자기장 분포

Solution

(a) 식 (10-46)으로부터 차단주파수를 구한다.

$$f_{c(11)} = \frac{1}{2\sqrt{\mu_o\varepsilon_o}}\sqrt{\left(\frac{1}{0.05}\right)^2 + \left(\frac{1}{0.025}\right)^2} = 6.7[\text{GHz}]$$

$$f_{c(21)} = \frac{1}{2\sqrt{\mu_o\varepsilon_o}}\sqrt{\left(\frac{2}{0.05}\right)^2 + \left(\frac{1}{0.025}\right)^2} = 8.5[\text{GHz}]$$

$$f_{c(12)} = \frac{1}{2\sqrt{\mu_o\varepsilon_o}}\sqrt{\left(\frac{1}{0.05}\right)^2 + \left(\frac{2}{0.025}\right)^2} = 12.4[\text{GHz}]$$

TM_{21}과 TM_{12}는 주파수 8[GHz]로 동작하는 도파관에서 에버네센트 파이다.

(b) 식 (10-43)으로부터 TM_{21} 모드의 감쇠상수를 구한다.

$$\alpha_{21} = \pi\sqrt{\left(\frac{2}{0.05}\right)^2 + \left(\frac{1}{0.025}\right)^2 - \left(\frac{2\times 8\times 10^9}{3\times 10^8}\right)^2} = 59[\text{Np/m}]$$

감쇠상수 α_{21}이 매우 크므로 이 에버네센트 파는 평면 $z=1[\text{m}]$에서 무시될 수 있다.

(c) 그 다음 $\bar{\mathbf{H}}_{11}$을 식 (10-62)로부터 얻는다.

$$\begin{aligned}\bar{\mathbf{H}}_{11} &= \frac{2j}{h\sqrt{ab}}\left(\frac{\pi}{0.025}\right)\mathbf{a}_x \sin(20\pi x)\cos(40\pi y) \\ &\quad - \frac{2j}{h\sqrt{ab}}\left(\frac{\pi}{0.05}\right)\mathbf{a}_y \cos(20\pi x)\sin(40\pi y)\end{aligned}$$

$\tilde{\mathbf{H}}$에 포함된 TM_{11} 모드의 크기를 다음과 같이 구한다.

$$\begin{aligned}&\int_{x=0}^{x=0.05}\int_{y=0}^{y=0.25}\tilde{\mathbf{H}}\cdot\bar{\mathbf{H}}_{11}^{*}\,dxdy \\ &= -\frac{8j}{h\sqrt{ab}}\left(\frac{\pi}{0.025}\right)\int_{x=0}^{x=0.05}\sin^2(20\pi x)dx\int_{y=0}^{y=0.025}\sin(60\pi y)\cos(40\pi y)dy \\ &\quad + \frac{6j}{h\sqrt{ab}}\left(\frac{\pi}{0.05}\right)\int_{x=0}^{x=0.05}\cos^2(20\pi x)dx\int_{y=0}^{y=0.025}\cos(60\pi y)\sin(40\pi y)dy \\ &= -\frac{0.3j}{h\sqrt{ab}}\end{aligned} \quad (10\text{-}63)$$

식 (10-62)에 식 (10-63)에서 주어진 값을 곱하여 다음을 얻는다.

$$H_x = 3.06\sin\left(\frac{\pi}{0.05}x\right)\cos\left(\frac{\pi}{0.025}y\right) \quad [\text{A/m}] \tag{10-64a}$$

$$H_y = -1.53\cos\left(\frac{\pi}{0.05}x\right)\sin\left(\frac{\pi}{0.025}y\right) \quad [\text{A/m}] \tag{10-64b}$$

식 (10-48)로부터 TM_{11} 모드에 대한 위상상수를 구한다.

$$\beta_{mn} = k\sqrt{1-\left(\frac{f_{c(mn)}}{f}\right)^2} = \frac{2\pi \times 8 \times 10^9}{3 \times 10^8}\sqrt{1-\left(\frac{6.7}{8}\right)^2} = 91.6[\text{rad/m}] \tag{10-65}$$

평면 $z=1[\text{m}]$에서 식 (10-64)와 (10-65)를 결합하여 자기장 위상자를 아래와 같이 구한다.

$$\tilde{\mathbf{H}} = \left[H_x(x,y)\mathbf{a}_x + H_y(x,y)\mathbf{a}_y\right]e^{-j91.6}$$

Exercise 10.6

동일한 규격의 두 직사각형 도파관에서 하나는 비자성 무손실 유전체($\varepsilon_r = 2.25$)로 다른 하나는 공기로 채워졌다. TM_{mn} 모드에 대한 차단주파수의 비를 구하라.

Ans $f_{c(mn)}^{①} / f_{c(mn)}^{②} = 1/1.5$

Exercise 10.7

직사각형 도파관에서 TM_{mn} 모드에 대한 군속도를 구하라.

Ans $v_{g(mn)} = (d\beta_{mn}/d\omega)^{-1} = (c/n)\sqrt{1-\left(f_{c(mn)}/f\right)^2}$ (10-66)

Review Questions with Hints

RQ 10.9 직사각형 도파관에서 h, γ, k를 정의하라. [(10-33)]

RQ 10.10 직사각형 도파관에서 진행하는 TM 모드의 종방향 전기장 $\tilde{E}_z$의 경계면 조건을 설명하라. [(10-39)]

RQ 10.11 직사각형 도파관에서 어떤 TM 모드가 가장 낮은 차단주파수를 가지는가? [(10-46)]

10.2.2 수직 전기장모드(Transverse Electric(TE) Mode)

수직 전기장모드(TE)는 $\tilde{\mathbf{E}}$의 종방향-성분이 0이다. 따라서 하나의 도파관 모드가 H_z-성분을 가지고 있다면 이것은 하나의 TE 모드임에 틀림없다. 그 이유는 이것이 TEM 모드 혹은 TM 모드가 될 수 없기 때문이다. 전파상수 γ를 갖는 TE 모드에 대한 일반적인 표현식은 아래와 같다.

$$\mathscr{H}_z(x, y, z, t) = \mathrm{Re}\left[H_z(x, y)e^{-\gamma z}e^{j\omega t}\right] \quad [\mathrm{A/m}] \tag{10-67}$$

앞 절에서 식 (10-28c)를 풀어서 TM 모드의 E_z-성분을 구했다. 여기서 동일한 헬름홀츠 식을 풀어 TE 모드의 H_z-성분을 구한다. 즉

$$\frac{\partial^2 H_z}{\partial x^2} + \frac{\partial^2 H_z}{\partial y^2} + h^2 H_z = 0 \tag{10-68}$$

여기서 상수 h는 파수벡터 $\mathbf{k}$의 수직평면에서의 성분이다(식 (10-33) 참고). 식 (10-34)에서 시작해 식 (10-37)에 도달하기까지 사용된 동일한 논리에 따라 H_z에 대한 일반해를 아래와 같이 표시할 수 있다.

$$H_z(x, y) = \left[A\sin(k_x x) + B\cos(k_x x)\right]\left[C\sin(k_y y) + D\cos(k_y y)\right] \tag{10-69}$$

비록 식 (10-69)의 종방향 자기장-성분이 아직 정해지지 않은 상수들 A, B, C, D 를 포함하고 있더라도, 이것에 개의치 않고 H_z가 TE 모드의 전기장 및 자기장의 수직성분들과 어떤 연관이 있는지를 살펴본다.

(1) 패러데이 법칙 $\nabla \times \tilde{\mathbf{E}} = -j\omega\mu\tilde{\mathbf{H}}$로부터 다음의 식을 얻는다.

$$\gamma E_y = -j\omega\mu H_x \tag{10-70a}$$

$$-\gamma E_x = -j\omega\mu H_y \tag{10-70b}$$

$$\frac{\partial E_y}{\partial x} - \frac{\partial E_x}{\partial y} = -j\omega\mu H_z \tag{10-70c}$$

(2) 암페어 법칙 $\nabla \times \tilde{\mathbf{H}} = j\omega\varepsilon\tilde{\mathbf{E}}$로부터, 도파관 내의 완전유전체($\tilde{\mathbf{J}} = 0$)를 가정하고 다음의 식을 얻는다.

$$\frac{\partial H_z}{\partial y} + \gamma H_y = j\omega\varepsilon E_x \tag{10-71a}$$

$$-\gamma H_x - \frac{\partial H_z}{\partial x} = j\omega\varepsilon E_y \tag{10-71b}$$

$$\frac{\partial H_y}{\partial x} - \frac{\partial H_x}{\partial y} = 0 \tag{10-71c}$$

식 (10-70b)와 (10-71a)를 결합시키고 또한 식 (10-70a)와 (10-71b)도 결합시켜 다음의 관계식을 얻는다.

$$E_x = -\frac{j\omega\mu}{h^2}\frac{\partial H_z}{\partial y} \tag{10-72a}$$

$$E_y = \frac{j\omega\mu}{h^2}\frac{\partial H_z}{\partial x} \tag{10-72b}$$

$$H_x = -\frac{\gamma}{h^2}\frac{\partial H_z}{\partial x} \tag{10-72c}$$

$$H_y = -\frac{\gamma}{h^2}\frac{\partial H_z}{\partial y} \tag{10-72d}$$

전기장에 대한 경계면 조건에 따르면, 수직평면 위의 전기장-성분 E_x와 E_y가 만약 도파관 벽면에 접하게 된다면 이들은 모두 그 벽면에서 0이 되어야 한다. 즉

$$E_x(x, y=0) = -\frac{j\omega\mu}{h^2}\frac{\partial H_z}{\partial y}\bigg|_{y=0} = 0 \qquad (10\text{-}73a)$$

$$E_x(x, y=b) = -\frac{j\omega\mu}{h^2}\frac{\partial H_z}{\partial y}\bigg|_{y=b} = 0 \qquad (10\text{-}73b)$$

$$E_y(x=0, y) = \frac{j\omega\mu}{h^2}\frac{\partial H_z}{\partial x}\bigg|_{x=0} = 0 \qquad (10\text{-}73c)$$

$$E_y(x=a, y) = \frac{j\omega\mu}{h^2}\frac{\partial H_z}{\partial x}\bigg|_{x=a} = 0 \qquad (10\text{-}73d)$$

식 (10-69)를 식 (10-73)에 대입하면 간단히 $A=C=0$을 얻는다. 따라서 TE 모드의 종방향 자기장은 아래와 같이 주어진다.

$$H_z(x, y) = H_o \cos\left(\frac{m\pi}{a}x\right)\cos\left(\frac{n\pi}{b}y\right) \qquad (m, n = 0, 1, 2, \ldots) \qquad (10\text{-}74)$$

식 (10-74)를 식 (10-72)에 대입하면 TE_{mn} 모드의 수직평면에서의 전기장 및 자기장 성분을 다음과 같이 구할 수 있다.

$$E_x = \frac{j\omega\mu}{h^2}\left(\frac{n\pi}{b}\right)H_o \cos\left(\frac{m\pi}{a}x\right)\sin\left(\frac{n\pi}{b}y\right) \qquad (m, n = 0, 1, 2, \ldots) \qquad (10\text{-}75a)$$

$$E_y = -\frac{j\omega\mu}{h^2}\left(\frac{m\pi}{a}\right)H_o \sin\left(\frac{m\pi}{a}x\right)\cos\left(\frac{n\pi}{b}y\right) \qquad (10\text{-}75b)$$

$$H_x = \frac{\gamma}{h^2}\left(\frac{m\pi}{a}\right)H_o \sin\left(\frac{m\pi}{a}x\right)\cos\left(\frac{n\pi}{b}y\right) \qquad (10\text{-}75c)$$

$$H_y = \frac{\gamma}{h^2}\left(\frac{n\pi}{b}\right)H_o \cos\left(\frac{m\pi}{a}x\right)\sin\left(\frac{n\pi}{b}y\right)$$

비록 모드번호 m 혹은 n은 0이 될 수 있지만 두 개가 동시에 0이 될 수는 없다. 직사각형 도파관에서 TE_{00} 모드는 정의되지 않는다.

TE 모드와 TM 모드의 전기장 및 자기장 패턴을 비교하면, TE 모드의 종방향-성분 H_z는 2개의 코사인함수를 포함하는데 반하여 TM 모드의 종방향-성분 E_z는 2개의 사인함수를 포함하고 있다. 그러나 TE 모드와 TM 모드의 수직평면상의 전기장 및 자기장 성분들은 공통적으로 하나의 사인함수와 하나의 코사인함수를 포함한다.

식 (10-43)~(10-45)에서 주어지는 TM 모드에 대한 h, γ, k에 대한 정의는 TE 모드에서도 유효하다. 따라서 식 (10-46)~(10-52)로 주어지는 값들, 즉 $f_{c(mn)}$, $\lambda_{c(mn)}$, β_{mn}, λ_{mn}, υ_p, $\upsilon_{p(mn)}$를 TE_{mn} 모드에서도 사용할 수 있다.

가장 낮은 차단주파수를 가진 도파관 모드를 기본모드(dominant mode)라 한다. 규격이 $a > b$로 주어지는 직사각형 도파관에서 TE_{10} 모드가 가장 낮은 차단주파수를 가지므로 도파관에서 기본모드이다. 이 경우 기본모드에 대한 차단주파수는 아래와 같이 주어진다.

$$f_{c(10)} = \frac{1}{2a\sqrt{\mu\varepsilon}} = \frac{\upsilon_p}{2a} \quad \text{[Hz]} \tag{10-76}$$

여기서 주목할 것은 TE_{10} 모드는 직사각형 도파관에서 가장 작은 감쇠상수를 갖는 모드라는 것이다. 또한 TE_{10} 모드는 전기장이 오직 y-축에 평행으로 주어진다.

TE_{mn} 모드의 파동임피던스는 식 (10-70a)와 (10-70b)로부터 아래와 같이 정의된다.

$$\eta_{TE} = \frac{E_x}{H_y} = -\frac{E_y}{H_x} = \frac{\omega\mu}{\beta_{mn}} \tag{10-77a}$$

식 (10-48)을 식 (10-77a)에 대입하면 모드에 대한 파동임피던스를 아래와 같이 표시할 수 있다.

$$\eta_{TE} = \sqrt{\frac{\mu}{\varepsilon}} \frac{1}{\sqrt{1-\left(f_{c(mn)}/f\right)^2}} \quad [\Omega] \tag{10-77b}$$

파동임피던스 η_{TM} 혹은 η_{TE}는 무손실 유전체로 채워진 직사각형 도파관을 진행하는 파에 대해 순수한 저항으로 주어지는데 그 이유는 ε과 μ가 실수값으로 주어지기 때문이다. 비록 η_{TM}와 η_{TE}가 동작주파수에 대한 함수로 주어지지만, 이들 사이의 곱은 하나의 상수값으로 주어진다. 즉 $\eta_{TM}\eta_{TE} = \eta^2$. 여기서 유전체의 고유임피던스 $\eta = \sqrt{\mu / \varepsilon}$ [Ω]이다.

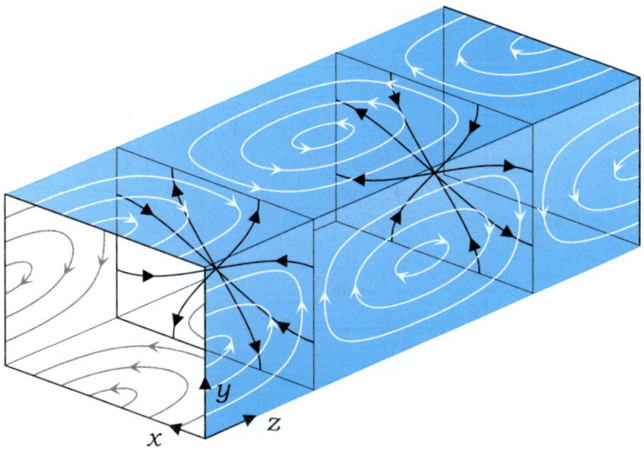

그림 10-9 TE_{11} 모드의 전기장선(검정색 선)과 자기장선(흰색 선)

식 (10-43)에서 보듯이 만약 TE_{mn}과 TM_{mn} 파가 동일한 모드번호를 가진다면 이들은 동일한 위상상수 β_{mn}을 가지고 직사각형 도파관에서 진행한다. 또한 식 (10-48)에서 보듯이 위상상수는 동작주파수에 대한 함수로 주어진다. β와 ω 사이의 관계를 분산관계(dispersion relation)라 부른다. 여기서 $k = \omega / v_p$와 $\omega_{c(mn)} = 2\pi f_{c(mn)}$을 이용해 식 (10-48)을 다시 쓰면 아래와 같다.

$$\omega = \frac{\beta_{mn} v_p}{\sqrt{1 - \left(\omega_{c(mn)} / \omega\right)^2}} \tag{10-78}$$

[그림 10-10]의 ω-β 도표는 주어진 도파관 모드의 분산관계를 설명하는데 매우 유용하게 사용된다. 차단주파수 $\omega_{c(mn)}$를 가진 진행모드에 대해 점 p에서 ω-β 도표에 접한 접선의 기울기는 위상상수 β_{mn}로 진행하는 모드의 군속도를 나타내고, 원점에서 점 p까지의 직선 기울기는 그 진행모드의 위상속도를 나타낸다. [그림 10-10]에서 보듯이 TM 및 TE 모드는 동일한 위상속도 및 군속도를 가지는데, 위상속도 $v_{p(mn)}$과 군속

도 $v_{g(mn)}$은 $v_{g(mn)} < v_p < v_{p(mn)}$을 만족한다. 여기서 v_p는 무한 유전체에서의 위상속도이다. 동작주파수 ω가 차단주파수보다 매우 크면 두 속도 $v_{p(mn)}$과 $v_{g(mn)}$은 점근선 값(asymptotic value) v_p와 동일하게 주어진다.

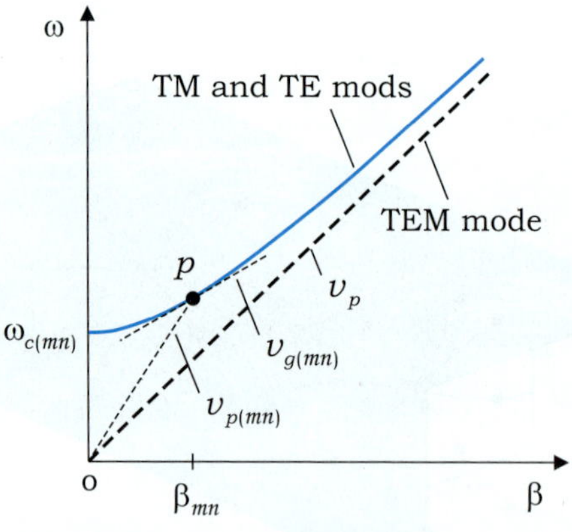

그림 10-10 차단주파수 ω_c를 가진 모드에 대한 ω-β 도표

(1) TE 모드의 직교규격계(Orthonormal Set for TE mode)

TM 모드에서와 마찬가지로, 직사각형 도파관의 서로 다른 TE 모드들의 전기장은 수직 평면에서 서로 직교관계에 있다. 즉

$$\int_{y=0}^{y=b}\int_{x=0}^{x=a} \tilde{\mathbf{E}}_{mn} \cdot \tilde{\mathbf{E}}^*_{m'n'}\, dxdy = 0 \quad (m \neq m' \text{ or } n \neq n') \tag{10-79}$$

이 식은 식 (10-75)를 직접 대입하면 쉽게 증명할 수 있다. 무손실 직사각형 도파관에서 TE 모드의 수직평면에서의 전기장은 아래와 같이 규격화될 수 있다.

$$\int_{x=0}^{x=a}\int_{y=0}^{y=b} \bar{\mathbf{E}}_{mn} \cdot \bar{\mathbf{E}}^*_{mn}\, dxdy = 1 \tag{10-80}$$

여기서 꼭대기의 바(bar)는 규격화를 의미함.

무손실 직사각형 도파로($\alpha_{mn}=0$, $\gamma=j\beta_{mn}$)를 가정하고 식 (10-75)를 이용하면 아래의 결과를 얻을 수 있다. 즉

$$\begin{aligned}
&\int_{y=0}^{y=b}\int_{x=0}^{x=a}\tilde{\mathbf{E}}_{mn}\cdot\tilde{\mathbf{E}}_{mn}^{*}\,dxdy \\
&=\int_0^b\int_0^a\left[\left(E_x\mathbf{a}_x+E_y\mathbf{a}_y\right)e^{-j\beta_{mn}z}\right]\cdot\left[\left(E_x\mathbf{a}_x+E_y\mathbf{a}_y\right)e^{-j\beta_{mn}z}\right]^{*}dxdy \\
&=\int_0^b\int_0^a\left(\left|E_x\right|^2+\left|E_y\right|^2\right)dxdy \\
&=\omega^2\mu^2\frac{H_o^2}{h^2}\frac{ab}{4}
\end{aligned} \tag{10-81}$$

여기서 ω는 동작 각주파수이고, μ는 도파로 유전체의 투자율이고, h는 식 (10-57)로 주어지는 고유치이고, a와 b는 직사각형 도파관의 폭과 높이다. 만약 μ와 H_o가 각각 ε과 E_o로 대치된다면 식 (10-81)은 (10-61)과 동일하다는 것에 주목하자. 식 (10-81)의 값에 루트를 취하고 이것을 식 (10-75a) 및 식 (10-75b)에 대한 규격화 인수로 삼으면 TE_{mn} 모드의 규격화된 전기장을 아래와 같은 일반식으로 표현할 수 있다.

$$\boxed{\bar{\mathbf{E}}_{mn}=\left(\bar{E}_x\,\mathbf{a}_x+\bar{E}_y\,\mathbf{a}_y\right)e^{-j\beta_{mn}z}} \tag{10-82}$$

여기서 꼭대기의 바(bar)는 규격화를 의미한다. TM_{mn} 모드의 규격화된 전기장의 x- 및 y-성분은 아래와 같이 주어진다.

$$\boxed{\bar{E}_x=\frac{2j}{h\sqrt{ab}}\left(\frac{n\pi}{b}\right)\cos\left(\frac{m\pi}{a}x\right)\sin\left(\frac{n\pi}{b}y\right)}\quad(m,n=0,1,2,\ldots) \tag{10-83a}$$

$$\boxed{\bar{E}_y=-\frac{2j}{h\sqrt{ab}}\left(\frac{m\pi}{a}\right)\sin\left(\frac{m\pi}{a}x\right)\cos\left(\frac{n\pi}{b}y\right)}\quad(m,n=0,1,2,\ldots) \tag{10-83b}$$

여기서 $j=\sqrt{-1}$, $h^2=\left(m\pi/a\right)^2+\left(n\pi/b\right)^2$이고 a와 b는 직사각형 도파관의 폭과 높이다. 식 (10-83)의 전기장은 직사각형 도파관의 TE 모드의 직교규격계(orthonormal set)을 형성한다. 이들 전기장은 1로 규격화되었고 서로 직교관계에 있다.

Example 10-6

주파수 3[GHz]의 TE_{10} 모드가 규격이 $a=2b=4$[cm]이고 비자성 무손실 유전체($n=1.4$)로 채워진 직사각형 도파관을 진행하고 있다. 다음을 구하라.

(a) 차단주파수 (b) 위상상수

(c) 위상속도 (d) 파동임피던스

Solution

(a) 식 (10-46)으로부터 차단주파수를 구한다.

$$f_{c(10)} = \frac{1}{2\sqrt{\mu\varepsilon}}\sqrt{\left(\frac{1}{a}\right)^2 + \left(\frac{0}{b}\right)^2} = \frac{3\times10^8}{2\times1.4}\left(\frac{1}{0.04}\right) = 2.68[\text{GHz}]$$

(b) 식 (10-48)으로부터 위상상수를 구한다.

$$\beta_{mn} = \frac{n\omega}{c}\sqrt{1-\left(\frac{f_{c(mn)}}{f}\right)^2} = \frac{1.4\times2\pi\times3\times10^9}{3\times10^8}\sqrt{1-\left(\frac{2.68}{3}\right)^2}$$
$$= 12.58\pi[\text{rad/m}]$$

(c) 식 (10-52a)로부터 TE_{10} 모드의 위상속도를 구한다.

$$v_{p(10)} = \frac{\omega}{\beta_{10}} = \frac{2\pi\times3\times10^9}{12.58\pi} = 4.77\times10^8[\text{m/s}]$$

(d) 식 (10-77b)로부터 파동임피던스를 구한다.

$$\eta_{TE} = \frac{377}{1.4}\times\frac{1}{\sqrt{1-(2.68/3)^2}} = 599.2[\Omega]$$

Example 10-7

직사각형 도파로의 폭/높이 비가 $a/b=2(a<10[\mathrm{cm}])$로 주어진다. 하나의 TE 모드에 의해 도파관의 수직평면 위의 한 점($x=a/8$ and $y=b/4$)에서 전기장세기가 $\mathscr{E}=4(\mathbf{a}_x-\mathbf{a}_y)\sin(20\pi z-1.8\pi\times10^{10}t)[\mathrm{V/m}]$로 주어진다. 다음을 구하라.

(a) 위상속도

(b) 차단주파수

(c) 도파관 내의 $\mathscr{E}$

Solution

(a) 주어진 $\mathscr{E}$로부터 $\beta_{mn}=20\pi$, $\omega=1.8\pi\times10^{10}$을 얻는다.

따라서 위상속도는 식 (10-52a)로부터

$$v_{p(mn)}=\frac{\omega}{\beta_{mn}}=\frac{1.8\pi\times10^{10}}{20\pi}=9\times10^{8}[\mathrm{m/s}]$$

(b) 식 (10-48)을 다시 쓰면

$$f_{c(mn)}=f\sqrt{1-\left(\frac{\beta_{mn}c}{\omega}\right)^2}=9\times10^{9}\sqrt{1-\left(\frac{20\pi\times3\times10^{8}}{1.8\pi\times10^{10}}\right)^2}=8.485[\mathrm{GHz}]$$

(c) 주어진 값 $x=a/8$, $y=b/4$를 TE_{mn} 모드에 대한 식 (10-75a)와 (10-75b)에 대입하면

$$E_x=\frac{j\omega\mu}{h^2}\left(\frac{n\pi}{b}\right)H_o\cos\left(\frac{m\pi}{8}\right)\sin\left(\frac{n\pi}{4}\right) \tag{10-84a}$$

$$E_y=-\frac{j\omega\mu}{h^2}\left(\frac{m\pi}{a}\right)H_o\sin\left(\frac{m\pi}{8}\right)\cos\left(\frac{n\pi}{4}\right) \tag{10-84b}$$

식 (10-84)의 전기장들이 결합되어 문제에서 주어진 것처럼 $4(\mathbf{a}_x-\mathbf{a}_y)$의 형태로 주어져야 한다. 관계식 $a=2b$를 이용해 식 (10-84)로부터 아래의 식을 얻는다.

$$n\pi\cos\left(\frac{m\pi}{8}\right)\sin\left(\frac{n\pi}{4}\right) = (m\pi/2)\sin\left(\frac{m\pi}{8}\right)\cos\left(\frac{n\pi}{4}\right)$$

이것을 다시 쓰면

$$\left(\frac{n\pi}{4}\right)\tan\left(\frac{n\pi}{4}\right) = \left(\frac{m\pi}{8}\right)\tan\left(\frac{m\pi}{8}\right)$$

이 식은 $X\tan X = Y\tan Y$의 형태를 띠고 있으므로 그 답은 $X = Y$이다. 즉

$$m = 2n \tag{10-85}$$

그 다음 식 (10-46)으로부터 차단주파수를 구한다.

$$f_{c(mn)} = \frac{1}{2\sqrt{\mu_o \varepsilon_o}}\sqrt{\left(\frac{m}{a}\right)^2 + \left(\frac{n}{b}\right)^2} = 8.485\times 10^9 \tag{10-86}$$

관계식 $a = 2b$를 이용해 식 (10-85)와 (10-86)을 풀면

$$n/b = 40 \tag{10-87a}$$

$$m/a = 40 \tag{10-87b}$$

식 (10-87)을 식 (10-75)에 대입하면

$$\begin{aligned}\mathscr{E} = A\big[\,&\mathbf{a}_x\cos(40\pi x)\sin(40\pi y) - \mathbf{a}_y\sin(40\pi x)\cos(40\pi y)\big]\\ &\times\sin\left(20\pi z - 1.8\pi\times 10^{10}t\right)[\text{V/m}]\end{aligned} \tag{10-88}$$

여기서 A는 상수이다.

주어진 값 $x = a/8$, $y = b/4$를 식 (10-88)에 넣고, 식 (10-88)과 문제의 $\mathscr{E}$를 비교하면 아래의 결과를 얻는다.

$a = 1/20$, $b = 1/40$ 그리고 $A = 8$

따라서 진행모드의 실순시 전기장은 다음과 같다.

$$\begin{aligned}\mathscr{E} = 8\big[\,&\mathbf{a}_x\cos(40\pi x)\sin(40\pi y) - \mathbf{a}_y\sin(40\pi x)\cos(40\pi y)\big]\\ &\times\sin\left(20\pi z - 1.8\pi\times 10^{10}t\right)[\text{V/m}]\end{aligned}$$

Example 10-8

폭과 높이가 각각 a와 b인 직사각형 도파관의 TE_{10} 모드에 포함되어 있는 평면파-성분들을 구하라.

Solution

주어진 TE_{10} 모드에 대해 식 (10-74)를 다시 쓰면

$$H_z = H_o \cos\left(\frac{\pi}{a}x\right) = H_0 \frac{1}{2}\left(e^{j\pi x/a} + e^{-j\pi x/a}\right) \tag{10-89}$$

식 (10-75)에서 보듯이 TE_{10} 모드는 E_x-와 H_y-성분이 0이다. 따라서 식 (10-75c)를 TE_{10} 모드에 대해 다시 쓰면

$$H_x = \frac{\gamma}{h^2}\left(\frac{\pi}{a}\right)H_o \sin\left(\frac{\pi}{a}x\right) = \frac{\gamma}{h^2}\left(\frac{\pi}{a}\right)H_o \frac{1}{2j}\left(e^{j\pi x/a} - e^{-j\pi x/a}\right) \tag{10-90}$$

무손실 도파관($\gamma = j\beta_{10}$)을 가정하고 식 (10-89)와 (10-90)을 결합하면 자기장 위상자의 일반적인 표현식을 아래와 같이 쓸 수 있다.

$$\tilde{\mathbf{H}} = \left\{H_x(x,y)\mathbf{a}_x + H_y(x,y)\mathbf{a}_y + H_z(x,y)\mathbf{a}_z\right\}e^{-j\beta_{10}z}$$

위의 결과로부터 우리는 TE_{10} 모드가 두 개의 평면파-성분들로 이루어짐을 알 수 있다: $e^{j\pi x/a - j\beta_{10}z}$ 그리고 $e^{-j\pi x/a - j\beta_{10}z}$.

Exercise 10.8

직사각형 도파관에서 진행모드의 위상속도 $v_{p(mn)}$과 군속도 $v_{g(mn)}$이 무한 유전체에서의 위상속도 v_p와 $v_{p(mn)}v_{g(mn)} = v_p^2$으로 연관됨을 보여라.

Exercise 10.9

규격($a=1.5b=3$[cm])의 직사각형 도파관이 공기로 채워졌다. 오직 기본모드만이 진행하기 위한 동작주파수 범위는?

Ans 5[GHz] $< f <$ 7.5[GHz]

Exercise 10.10

직사각형 도파관에 TE 모드가 진행할 때 수직평면의 중앙에서 전기장이 0이다. 이 모드의 모드번호는?

Ans TE_{11}

Exercise 10.11

TE_{mn} 모드가 직사각형 도파관에서 $-z$-방향으로 진행한다. 이것의 전기장 및 자기장 성분을 $+z$-방향으로 진행할 때의 그것과 비교하라.

Ans $\tilde{H}_x$와 $\tilde{H}_y$의 방향이 뒤집어진다.

Review Questions with Hints

RQ 10.12 직사각형 도파관에서의 위상속도가 차단주파수 근처 ($f \approx f_{c(mn)}$)에서 항상 c 보다 큰가? [(10-52b)]

RQ 10.13 다음의 값들, 즉 $f_{c(mn)}$, β_{mn}, $v_{p(mn)}$, 파동임피던스 중에서 직사각형 도파관의 TM_{mn}과 TE_{mn} 모드($m \neq 0$과 $n \neq 0$)에 동일하게 적용되는 것은? [(10-46)-(10-52)]

RQ 10.14 직사각형 도파관의 에버네센트 파를 설명하라. [(10-46)]

RQ 10.15 TE 모드의 H_z에 대한 경계면 조건을 설명하라. [(10-73)]

RQ 10.16 직사각형 도파관의 기본모드를 설명하라. [(10-76)]

10.2.3 전력손실(Power Attenuation)

도파관의 진행파는 진행하는 도중에 그 전력이 감소할 수 있는데 그 이유는 도파관의 손실유전체 혹은 손실도체 때문이다. 만약 손실되는 전력이 일반적인 도파관에서처럼 매우 작다면, 이러한 손실은 수직평면 위의 전기장 및 자기장에는 변화가 없다고 가정한 후 감쇠상수를 이용해 편리하게 구할 수 있다. 여기서 우선 도파관의 진행파에 대한 시간평균 전력밀도에 대해 살펴보자. 이것은 시간평균 포인팅 벡터를 의미하는데 아래와 같이 주어진다.

$$\langle \mathbf{S} \rangle = \frac{1}{2}\mathrm{Re}\left[\tilde{\mathbf{E}} \times \tilde{\mathbf{H}}^*\right] \qquad (10\text{-}91)$$

여기서 $\tilde{\mathbf{E}}$와 $\tilde{\mathbf{H}}$는 주어진 파의 전기장 및 자기장 위상자이다. 따라서 도파관의 횡단면을 통과하는 총 시간평균 전력은 아래와 같이 구해진다.

$$\langle P \rangle = \int_s \langle \mathbf{S} \rangle \cdot d\mathbf{s} = \int_s \frac{|E_x(x,y)|^2 + |E_y(x,y)|^2}{2\eta_w} e^{-2\alpha z} dxdy = P_o e^{-2\alpha z} \qquad (10\text{-}92)$$

여기서 TM 모드인 경우 $\eta_w = \eta_{TM}$이고 TE 모드인 경우 $\eta_w = \eta_{TE}$이다. 편의상 감쇠상수 α를 두 파트로 나눈다. 즉

$$\alpha = \alpha_d + \alpha_c \qquad (10\text{-}93)$$

위에서 α_d는 손실유전체($\sigma \neq 0$)에 의한 것이고 α_c는 불완전한 도체($\sigma_c \neq 0$)에 의한 것이다.

비록 직사각형 도파관이 저손실 유전체로 채워져 있어도 이전의 무손실 도파관에 관한 모든 관계식들이 저손실 도파관에 그대로 적용될 수 있다. 단지 차이점은 유전율 ε이 저손실 도파관에서는 복소수로 주어진다는 것이다. 즉

$$\hat{\varepsilon} \equiv \varepsilon' - j\varepsilon'' = \varepsilon - j\frac{\sigma}{\omega} \qquad (10\text{-}94)$$

여기서 ε과 σ는 유전체의 유전율 및 전도도이다. 꼭대기의 캐럿(caret)은 복소수를 표시한다. 유전체에서 저손실을 가정하면 도파관 모드의 전파상수는 아래와 같이 표시된다.

$$\gamma \equiv \alpha_{mn} + j\beta_{mn} = \sqrt{\left(\frac{m\pi}{a}\right)^2 + \left(\frac{n\pi}{b}\right)^2 - \omega^2\mu\left(\varepsilon - j\frac{\sigma}{\omega}\right)} \tag{10-95}$$

윗식을 실수부와 허수부로 나누면

$$\alpha_{mn}^2 - \beta_{mn}^2 = \left(\frac{m\pi}{a}\right)^2 + \left(\frac{n\pi}{b}\right)^2 - \omega\mu\varepsilon \tag{10-96a}$$

$$2\alpha_{mn}\beta_{mn} = \omega\mu\sigma \tag{10-96b}$$

저손실을 가정하면, $\alpha_{mn} << \beta_{mn}$, 식 (10-96a)의 왼쪽에 근사화 $\alpha_{mn}^2 - \beta_{mn}^2 \approx -\beta_{mn}^2$을 적용하여 위상상수를 아래와 같이 근사화할 수 있다.

$$\beta_{mn} = \sqrt{\omega\mu\varepsilon - \left(\frac{m\pi}{a}\right)^2 - \left(\frac{n\pi}{b}\right)^2} = \omega\sqrt{\mu\varepsilon}\sqrt{1 - \left(\frac{f_{c(mn)}}{f}\right)^2} \tag{10-97}$$

윗식은 무손실 도파로의 그것과 동일하다는 것에 주목하자. 식 (10-97)을 식 (10-96)에 대입하면 저손실 유전체로 채워진 도파로에서 진행파의 감쇠상수를 아래와 같이 구할 수 있다.

$$\boxed{\alpha_{mn} = \alpha_d = \frac{\sigma\sqrt{\mu/\varepsilon}}{2\sqrt{1 - \left(f_{c(mn)}/f\right)^2}} \qquad [\mathrm{m}^{-1}]} \tag{10-98}$$

여기서 첨자 d는 감쇠상수가 유전체(dielectric)에 기인한다는 것을 나타낸다.

불완전 도체에 의한 진행파의 감쇠상수 α_c를 해석적으로 구하는 것은 자질구레한 수학적 계산을 요구하므로 여기서는 단지 그 절차에 대해 광범위하게 설명한다. 도파관 도체의 유한한 전도도에 의해 발생하는 옴 전력손실은 당연히 도파관의 네 벽면에서 손실되는 전력의 합으로 주어진다. 즉

$$\langle P_c \rangle = \langle P(y=0) \rangle + \langle P(y=b) \rangle + \langle P(x=0) \rangle + \langle P(x=a) \rangle \text{ [W]} \qquad (10\text{-}99)$$

여기서 부호 ⟨ ⟩는 시간평균을 의미한다. 앞절 8.2.4.3에서 설명한 것처럼 면적 $w \times \ell$ [m²], 침투두께 δ[m]의 평판도체에서 발생되는 시간평균 전력손실은 아래와 같다.

$$\langle P_c \rangle = \frac{1}{4\sigma} w\ell\, \delta J_o^2 \qquad \text{[W]} \qquad (8\text{-}97)$$

여기서 J_o은 도체 표면에서의 전류밀도로, 표면전류밀도가 아님에 유의해야 한다. 이것은 도체 표면에 접한 전기장세기와 전도도 사이의 곱으로 주어진다. 즉 $J_o = \sigma E_o$이다. 따라서 폭과 높이가 a와 b로 주어지는 직사각형 도파로에서 z-방향으로 단위 길이당 손실전력은 아래와 같다.

$$\begin{aligned} \langle \bar{P}_c \rangle = & \frac{\sigma\delta}{4} e^{-2\alpha z} \int_{x=0}^{x=a} \left[|E_x(y=0)|^2 + |E_z(y=0)|^2 + |E_x(y=b)|^2 + |E_z(y=b)|^2 \right] dx \\ & + \frac{\sigma\delta}{4} e^{-2\alpha z} \int_{y=0}^{y=b} \left[|E_y(x=0)|^2 + |E_z(x=0)|^2 + |E_y(x=a)|^2 + |E_z(x=a)|^2 \right] dy \end{aligned} \qquad (10\text{-}100)$$

이것은 미터당 와트[W/m]로 측정된다. 꼭대기의 바(bar)는 도파관의 단위 길이당 손실전력을 의미한다. 도파관이 무손실 유전체로 채워져 있다고 가정하면 식 (10-100)에서 주어지는 도체에서의 옴 손실전력은 그 도파관을 진행하는 진행파의 감쇠와 밀접한 연관이 있다. 그리하여 식 (10-93)에서 $\alpha = \alpha_c$이다. 에너지 보존법칙에 따라 도파관의 단위 길이당 시간평균 손실전력은 아래와 같다.

$$\langle \bar{P}_c \rangle = -\frac{d}{dz}\left(P_o e^{-2\alpha z} \right) = 2\alpha P_o e^{-2\alpha z} \text{ [W/m]} \qquad (10\text{-}101)$$

여기서 P_o는 $z=0$인 점에서의 시간평균 전력이고 괄호는 도파관을 따라 거리 z 만큼 떨어진 점으로 전달된 전력이다. 식 (10-100)과 (10-101)을 같다고 놓으면 저손실 도파관에서 진행파의 감쇠상수 α 를 구할 수 있다.

Example 10-9

공기로 채워진 직사각형 도파로의 길이가 1[m]이고 폭과 높이가 $3a = 4b = 12$[cm]로 주어진다. 이것이 주파수 4[GHz]로 동작할 때 여기에 감쇠상수 $\alpha = 2 \times 10^{-3}$[Np/m]의 파가 진행한다. 출력단의 전력이 1.5[kW]일 때 다음을 구하라.

(a) 도파관에서의 총 시간평균 손실전력

(b) 도파로에서의 최대 전기장세기

(c) 전기장 최대점의 위치

Solution

(a) 입력전력을 계산하면

$$P_{in} = P_{out}e^{\alpha\ell} = 1.5 \times 10^3 e^{0.002 \times 2 \times 1} = 1{,}506[\text{W}] \tag{10-102}$$

따라서 도파관에서 손실된 전력은 6[W]

(b) 기본모드의 차단주파수는

$$f_{c(10)} = \frac{c}{2a} = \frac{3 \times 10^8}{2 \times 0.04} = 3.75[\text{GHz}] \tag{10-103}$$

그 다음의 높은 차단주파수는 4.5[GHz]로 TE_{01} 모드에 해당한다. 동작주파수가 4[GHz] 이므로 도파관에 오직 TE_{10} 모드만 존재한다.

식 (10-75)와 (10-77b)로부터 TE_{10} 모드의 수직평면에서의 전기장 및 자기장을 다음과 같이 구한다.

$$E_y = -\frac{j\omega\mu}{h^2}\left(\frac{\pi}{a}\right)H_o \sin\left(\frac{\pi}{a}x\right) \equiv E'_o \sin\left(\frac{\pi}{a}x\right) \tag{10-104a}$$

$$H_x = \frac{j\beta_{10}}{h^2}\left(\frac{\pi}{a}\right)H_o \sin\left(\frac{\pi}{a}x\right) = -\frac{E'_o}{\eta_{TE}} \sin\left(\frac{\pi}{a}x\right) \tag{10-104b}$$

도파관의 입력단($z=0$)에서 식 (10-77b)를 이용해 총 시간평균 전력을 아래와 같이 계산한다.

$$P_{in} = \frac{1}{2}\int_{y=0}^{y=b}\int_{x=0}^{x=a} \tilde{\mathbf{E}} \times \tilde{\mathbf{H}}^* \cdot \mathbf{a}_z dxdy = \frac{ab(E_o')^2}{4} \frac{\sqrt{1-\left(f_{c(10)}/f\right)^2}}{\eta_o} \quad (10\text{-}105)$$

식 (10-102)와 (10-103)을 식 (10-105)에 대입하면

$$1,506 = \frac{0.04 \times 0.03 (E_o')^2}{4} \frac{\sqrt{1-(3.75/4)^2}}{377}$$

따라서

$$E_o' = 73.7[\text{kV/m}]$$

(c) 식 (10-104)로부터 전기장세기의 최대값은 $x = a/2 = 0.02[\text{m}]$에서 관찰된다.

Example 10-10

하나의 직사각형 도파관에서 비록 TM_{mn} 모드와 TE_{mn} 모드가 동일한 위상상수를 가지고 동일한 군속도로 진행하여도 이들은 서로 독립이라는 것을 증명하라.

Solution

TM_{mn} 모드의 전기장 및 자기장 위상자 $\tilde{\mathbf{E}}_{\text{TM}}$과 $\tilde{\mathbf{H}}_{\text{TM}}$은 식 (10-41)과 (10-56)으로 주어진다. 반면 TE_{mn} 모드의 위상자 $\tilde{\mathbf{E}}_{\text{TE}}$와 $\tilde{\mathbf{H}}_{\text{TE}}$는 식 (10-74)와 (10-75)로 주어진다. 따라서 도파관 내의 총 전기장 및 총 자기장은

$$\tilde{\mathbf{E}} = \tilde{\mathbf{E}}_{\text{TM}} + \tilde{\mathbf{E}}_{\text{TE}} \quad (10\text{-}106a)$$

$$\tilde{\mathbf{H}} = \tilde{\mathbf{H}}_{\text{TM}} + \tilde{\mathbf{H}}_{\text{TE}} \quad (10\text{-}106b)$$

시간평균 전력밀도를 도파관 안에서 계산하면 아래와 같다.

$$\begin{aligned}\langle P \rangle &= \int_s \langle \mathbf{S} \rangle \cdot d\mathbf{s} = \frac{1}{2}\text{Re}\int_s (\tilde{\mathbf{E}} \times \tilde{\mathbf{H}}^*) \cdot \mathbf{a}_z dxdy \\ &= \frac{1}{2}\text{Re}\left[\int_s (\tilde{\mathbf{E}}_{\text{TM}} \times \tilde{\mathbf{H}}_{\text{TM}}^* + \tilde{\mathbf{E}}_{\text{TE}} \times \tilde{\mathbf{H}}_{\text{TE}}^*) \cdot \mathbf{a}_z dxdy\right] \\ &\quad + \frac{1}{2}\text{Re}\left[\int_s (\tilde{\mathbf{E}}_{\text{TM}} \times \tilde{\mathbf{H}}_{\text{TE}}^* + \tilde{\mathbf{E}}_{\text{TE}} \times \tilde{\mathbf{H}}_{\text{TM}}^*) \cdot \mathbf{a}_z dxdy\right]\end{aligned} \quad (10\text{-}107)$$

윗식 오른편 두 번째 적분의 피적분 함수를 다시 쓰면

$$\tilde{\mathbf{E}}_{\mathrm{TM}} \times \tilde{\mathbf{H}}^*_{\mathrm{TE}} + \tilde{\mathbf{E}}_{\mathrm{TE}} \times \tilde{\mathbf{H}}^*_{\mathrm{TM}} = \left(E_{x,\mathrm{TM}} H^*_{y,\mathrm{TE}} + E_{y,\mathrm{TM}} H^*_{x,\mathrm{TE}}\right) + \left(E_{x,\mathrm{TE}} H^*_{y,\mathrm{TM}} + E_{y,\mathrm{TE}} H^*_{x,\mathrm{TM}}\right) \quad (10\text{-}108)$$

식 (10-56)과 (10-75)를 식 (10-108)에 넣고 $\gamma = j\beta_{mn}$을 이용하면 식 (10-108)의 두 괄호가 적분 중에 모두 0이 된다는 것을 알 수 있다. 따라서 식 (10-107)을 아래와 같이 쓸 수 있다.

$$\langle P \rangle = \frac{1}{2}\mathrm{Re}\left[\int_S (\tilde{\mathbf{E}}_{\mathrm{TM}} \times \tilde{\mathbf{H}}^*_{\mathrm{TM}}) \cdot \mathbf{a}_z dxdy\right] + \frac{1}{2}\mathrm{Re}\left[\int_S (\tilde{\mathbf{E}}_{\mathrm{TE}} \times \tilde{\mathbf{H}}^*_{\mathrm{TE}}) \cdot \mathbf{a}_z dxdy\right] \quad (10\text{-}109)$$

식 (10-109) 오른쪽 첫째 항은 TM_{mn} 모드의 총 전력이고, 둘째 항은 TE_{mn} 모드의 총 전력이다. 이들 사이에 어떠한 결합도 존재하지 않으므로 TM_{mn} 모드와 TE_{mn} 모드는 주어진 도파관에서 서로 독립이다.

Exercise 10.12

감쇠상수 0.05[dB/m]는 $\alpha = 5.75 \times 10^{-3}$[Np/m]에 해당함을 보여라.

Ans $20\log_{10}\left(e^{-0.00575}\right) = -0.05$

Review Questions with Hints

RQ 10.17 TE_{21} 모드와 TE_{02} 모드는 $a = 2b$의 직사각형 도파관에서 동일한 위상상수 및 위상속도를 갖는다. 한 모드의 에너지가 다른 모드로 전환될 수 있는가? [(10-83)]

RQ 10.18 직사각형 도파관의 도체 벽면에서의 손실전력과 감쇠상수와의 관계는? [(10-101)]

PROBLEMS

10-1 평판 도파로가 주파수 영역 $0 < f < 10$[GHz]에서 오직 TEM 모드만이 진행하도록 설계되었다. 두 평판 사이가 유전체($n = 1.5$)로 채워져 있을 때 두 평판 사이의 최대거리를 구하라.

10-2 평판 도파로의 두 도체판이 두께 $d = 4$[cm], 굴절률 $n = 1.25$의 유전체에 의해 서로 분리되었다. 주파수 $f = 7$[GHz]의 전자기파가 도파로를 진행하는데 이것의 전기장은 x-방향 성분이 0이다. 이 진행파는 어떤 모드들로 이루어져 있는가?

10-3 앞의 문제 10-2에서의 전자기파들이 도파로를 따라 20[cm] 진행하였을 때 서로 다른 모드들 사이의 시간지연의 최대값을 구하라.

10-4 하나의 TE 파가 유전율 ε, 투자율 μ의 유전체로 채워진 평판 도파로에 입력되었다. TE_m 모드의 전기장 및 자기장 위상자가 식 (10-4b)와 (10-5)로 주어질 때 다음을 구하라.

(a) 자기장 위상자 $\tilde{\mathbf{H}}$ (b) 실순시 값 $\mathscr{E}$와 $\mathscr{H}$.

10-5 평판 도파로의 반쪽이 [그림 10-11]에서와 같이 무손실 유전체 ($\varepsilon = 2.25\varepsilon_o$, $\mu = \mu_o$)로 채워졌다. 주파수 $f = 12$[GHz]의 TE_1 모드가 영역 $z < 0$에서 $+z$-방향으로 진행하여 평면 $z = 0$에 해당하는 공기-유전체 경계면에 입사한다. 영역 $z < 0$에서 입사파의 전기장 위상자가 $\tilde{\mathbf{E}} = -j2\mathbf{a}_x \sin(50\pi y)e^{-j\beta_1 z}$[V/m]로 주어질 때

(a) 영역 $z < 0$에서 $f_{c(1)}$, β_1, θ_1을 구하라.

(b) 영역 $z > 0$에서 어떤 모드들이 진행하는가?

(c) 영역 $z > 0$에서의 전기장을 구하라.

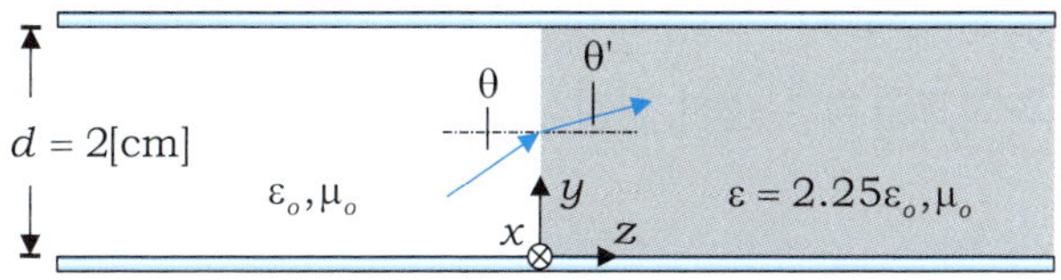

그림 10-11 부분적으로 채워진 평판 도파로

10-6 [그림 10-11]에서 왼쪽($z<0$)은 유전체($\varepsilon = 2.25\varepsilon_o$)로 채워졌고 오른쪽($z>0$)은 유전체($\varepsilon = 1.69\varepsilon_o$)로 채워졌다. TE_1 모드가 왼쪽 영역에서 $+z$-방향으로 진행하여 $z=0$의 유전체-유전체 경계면에 입사한다.

(a) TE_1 모드에 대한 차단주파수를 두 영역에서 구하라.

(b) TE_1 모드가 왼쪽 영역에서는 진행하되 오른쪽 영역에서는 차단되는 주파수 범위를 구하라.

(c) 파트 (b)에서의 진행모드의 차단은 그 모드를 형성하는 평면파-성분들의 경계면 $z=0$에서의 전반사(total internal reflection)에 기인함을 보여라.

10-7 속이 빈 직사각형 도파관의 폭과 높이가 각각 $a=2$[cm], $b=1.5$[cm]이다. 어떤 주파수 범위에서 이 도파관에 (a) 하나의 모드, (b) 2개의 모드가 진행하는가?

10-8 직사각형 도파관의 동작주파수가 TE_{mn} 모드의 차단주파수보다 10% 만큼 작다. 감쇠상수 α_{mn}을 차단주파수 $f_{c(mn)}$을 이용해 표시하라.

10-9 폭과 높이가 $a=5$[cm]와 $b=4$[cm]로 주어지는 직사각형 도파관에서 진행파의 전기장의 종방향-성분이 $\mathscr{E}_z = 4\sin(40\pi x)\sin(25\pi y)\sin(16\pi \times 10^9 t - \beta z)$로 주어진다.

(a) 이것은 어떤 모드에 해당하는가?

(b) 차단주파수, 위상상수, 파동임피던스를 구하라.

10-10 공기로 채워진 직사각형 도파관의 폭과 높이가 $a=2b=4$[cm]로 주어지고 그 수직평면에 평행인 전기장-성분이 $\mathscr{E}_t = 1.5\,\mathbf{a}_x \cos(25\pi x)\sin(50\pi y)\cos(20\pi \times 10^9 t)$로 주어진다.

(a) 어떤 모드들이 진행하고 있는가?

(b) 진행모드들의 차단주파수 및 위상상수를 구하라.

(c) 그 모드들의 실순시 전기장을 구하라.

10-11 공기로 채워지고 단면이 $a[\mathrm{m}] \times b[\mathrm{m}]$인 직사각형 도파관에서 기본모드의 전기장의 진폭이 E_0으로 주어진다. 이 모드의 총 시간평균 전력을 동작주파수 f에 대한 함수로 표시하라.

10-12 폭과 높이가 $a = 1.5b = 7.5[\mathrm{cm}]$로 주어지는 직사각형 도파관이 저손실 유전체($\varepsilon_r = 2$, $\sigma = 3 \times 10^{-5}[\mathrm{S/m}]$)로 채워졌다. 이 도파관이 주파수 2[GHz]에서 동작할 때 주어진 모드의 감쇠상수를 구하라.

10-13 정사각형 도파관($a = b = 1$)의 수직평면에서 TM_{11} 모드의 자기장선이 식 $dy/dx = -\tan(\pi y)/\tan(\pi x)$으로부터 구해질 수 있음을 보여라.

10-14 유전체 ($n = 1.2$)로 채워진 직사각형 도파로의 수직평면에서 전기장의 x-성분이 $\mathscr{E}_x = 1.6\cos(50\pi)\sin(40\pi)\cos(18\pi \times 10^9 t)$로 주어진다. 주어진 진행모드에 대해 다음을 구하라.

(a) 차단주파수 (b) 위상속도

(c) 군속도

10-15 식 (10-75)에 주어진 TE_{mn}에 대해 (a) 이 모드를 4개의 평면파-성분으로 분해하라. (b) 주어진 모드의 전력이 4개의 평면파들에 골고루 분포됨을 보여라.

INDEX

A

B

C

D

E

F

G

H

M

Q

R

S

ㅈ

ㅍ

ㅎ